Ulrich Hahn
**Physik für Ingenieure 2**
De Gruyter Studium

# Weitere empfehlenswerte Titel

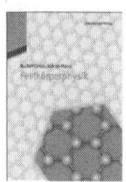

*Festkörperphysik*
Rudolf Gross, Achim Marx, 2012
ISBN 978-3-486-71294-0, e-ISBN 978-3-486-71486-9

*Das Entropieprinzip, 2. Auflage*
André Thess, 2014
ISBN 978-3-486-76045-3, e-ISBN (PDF) 978-3-486-85864-8,
e-ISBN (ePUB) 978-3-486-99078-2

*Elektrische Maschinen und Aktoren*
Wolfgang Gerke, 2012
ISBN 978-3-486-71265-0, e-ISBN 978-3-486-71984-0

*Festkörperphysik, 4. Auflage*
Neil W. Ashcroft, David N. Mermin, 2012
ISBN 978-3-486-71301-5

# Ulrich Hahn

# Physik für Ingenieure

Band 2: Elektrizität und Magnetismus,
Optik, Messungen und ihre Auswertung

2. Auflage

**Autor**

Prof. Dr. rer. nat. Ulrich Hahn
Fachhochschule Dortmund
Fachbereich Informations- und Elektrotechnik
Sonnenstr. 96
44139 Dortmund
hahn@fh-dortmund.de

ISBN 978-3-11-037722-4
e-ISBN (PDF) 978-3-11-037723-1
e-ISBN (ePUB) 978-3-11-037724-8

Bibliografische Information der Deutschen Nationalbibliothek
Die Deutsche Nationalbibliothek verzeichnet diese Publikation in der Deutschen
Nationalbibliografie; detaillierte bibliografische Daten sind im Internet über http://dnb.dnb.de
abrufbar.

© 2015 Walter de Gruyter GmbH, Berlin/München/Boston
Einbandabbildung: iStock/Thinkstock
Druck und Bindung: CPI books GmbH, Leck
♾ Gedruckt auf säurefreiem Papier
Printed in Germany

www.degruyter.com

# Vorwort zur zweiten Auflage

Nun sind fast sieben Jahre vergangen seit dem Erscheinen meines Lehrbuches „Physik für Ingenieure", die Resonanz war überaus positiv. Die neuen, gestuften Studiengänge sind nun flächendeckend eingeführt worden. Bei der Festlegung des zeitlichen Arbeitsaufwandes, der so genannten „workload", der von den Studierenden erwartet wird, liegen die Präsenzzeiten in den ingenieurwissenschaftlichen BA-Studiengängen an der Fachhochschule Dortmund für das Fach Physik bei 50% (Maschinenbau) bzw. 37,5% (Elektrotechnik), davon sind weniger als 30% Übungen. Somit ist die Notwendigkeit, den Lehrstoff selbstständig nachzubereiten, immens gestiegen.

Die Bedeutung des Internets als „Wissensquelle" hat in den sieben Jahren erheblich an Bedeutung gewonnen, dank mobiler Computer und Funknetzen ist diese Wissen auch praktisch an jedem Ort und zu jeder Zeit abrufbar. Allerdings werden die Nutzer häufig von der Flut der Treffer einer Suchanfrage „erschlagen" und die Erfahrung, die ich bei Rechercheversuchen in Physikübungen gemacht habe, zeigen, dass die Quelle Internet oft nur bedingt zur Lösung beitragen kann, zumal Begrifflichkeit und Nomenklatur recht uneinheitlich sind. Vielfach müssen die in den Quellen verwendeten Begriffe und Symbole für Größen erst einmal „übersetzt" werden, um verständlich zu werden. Mit einem inhaltlich abgestimmten Lehrbuch erschließt sich der Stoff dann in den meisten Fällen wesentlich ökonomischer.

Seitens des Verlages DeGruyter-Oldenbourg kam der Vorschlag, das Lehrbuch in zwei Teile zu gliedern, um spezifischer auf den Lehrstoff eingehen zu können. Der erste Band umfasst die Themen Mechanik, Thermodynamik sowie Schwingungen und Wellen, während im zweiten Band Elektrizität und Magnetismus, Optik und Auswertung von Messungen abgehandelt werden. Diesem Vorschlag bin ich gern gefolgt, denn so wird das Lehrbuch im wahrsten Sinne des Wortes „handlicher".

Leider hat sich in der ersten Auflage hin und wieder der Druckfehlerteufel eingeschlichen, dank vieler wachsamer Augen meiner Studierenden ist hier Abhilfe geschaffen worden. Auch bei der zweiten Auflage freue ich mich auf Anregungen und Kritik.

Dortmund, im Juli 2014                                                      Ulrich Hahn

# Vorwort zur ersten Auflage

Als vor etwa drei Jahren der Oldenbourg-Verlag anfragte, ob ich Interesse hätte, ein Physik-Lehrbuch für Ingenieure zu verfassen, war ich zunächst verwundert, denn es sind bekanntlich schon sehr viele derartige Lehrbücher auf dem Markt. Allerdings war mir aus meiner über zehnjährigen Lehrtätigkeit an der Fachhochschule Dortmund bekannt, dass Studierende häufig Probleme mit den vorhandenen Lehrbüchern haben, insbesondere wenn versucht wird, die gesamte Physik darzustellen, so dass der Stoff auf Kosten der Verständlichkeit nur angerissen werden kann.

Leider hat sich in den letzten Jahren auch der Stellenwert des Faches Physik in den ingenieurwissenschaftlichen Studiengängen gewandelt. Unter dem Zwang, einerseits den Umfang des Studiums zu verkleinern, andererseits aber auch der Vermittlung nichttechnischer Kenntnisse einen größeren Raum zu gewähren, ist die Physikausbildung zusammengestrichen worden um den Preis, dass in den Fächern des Hauptstudiums nicht mehr auf solides Grundlagenwissen zurückgegriffen werden kann. Allerdings wird in den neuen, gestuften Studiengängen ausdrücklich erwartet, dass Studierende sich selbstständig neue, über den Lehrplan hinausgehende Kenntnisse erarbeiten.

Diese Gründe bewogen mich, das Abenteuer, ein neues Physik-Lehrbuch für ingenieurwissenschaftliche Studiengänge an Fachhochschulen zu schreiben, zu wagen. Darin müssen zum einen die Grundlagen gelegt werden, die für das Verständnis technischer Anwendungen erforderlich sind. Zum anderen sollen aber auch Kenntnisse über Methoden und Strategien vermittelt werden, mit denen neues Wissen insbesondere in Naturwissenschaft und Technik erlangt wird. Da technische Probleme zunehmend interdisziplinär gelöst werden, ist eine solche Methodenkompetenz unerlässlich. Dieses Wissen soll in den Kapiteln

- Mechanik,
- Thermodynamik,
- Schwingungen und Wellen,
- Elektrizität und Magnetismus sowie
- Optik

vermittelt werden. Der dargestellte Stoffumfang ist deutlich größer als der, der in einem derzeit üblichen zweisemestrigen Kurs gelehrt werden kann. So wird den Studierenden Gelegenheit geboten, die Basiskenntnisse zu vertiefen, ohne auf Spezialliteratur zurückgreifen zu müssen. Außerdem werden ausführlich Themen behandelt, die Schnittstellen zu solchen Fächern sind, in denen die technischen Grundlagen des jeweiligen Studiengangs gelehrt werden. In einem separaten Kapitel wird auf Methoden zur Auswertung von Experimenten sowie auf elementare Statistik eingegangen. Dies ist im Studium für die Beurteilung der Aussagekraft von Ergebnissen in Praktikumsversuchen unerlässlich und in der späteren Berufspraxis z. B. in der Qualitätssicherung von Bedeutung.

Großer Wert wird auf die ausführliche Herleitung der physikalischen Zusammenhänge und die dazugehörenden lückenlosen Ketten von Schlussfolgerungen gelegt. Physikalische Gesetzt „fallen nicht vom Himmel", Physikalische Größen werden nicht durch „von oben verordnete" Definitionen eingeführt, stattdessen wird anhand exemplarischer Beispiele deren Nutzen bei der Beschreibung physikalischer Sachverhalte demonstriert. Beweise werden nicht dem Leser überlassen! Dies soll die Studierenden ermuntern, auch im späteren Berufsleben z. B. Normen wirklich verstehen zu wollen und ggf. kritisch zu hinterfragen statt sie gläubig und kritiklos anzuwenden.

Für viele Studierende stellt die Mathematik zur Beschreibung physikalischer Sachverhalte eine nicht zu unterschätzende Hürde dar, zumal Mathematik- und Physikkurse in der Regel zeitlich parallel abgehalten werden. In vielen Fällen kann man somit die erforderlichen Mathematikkenntnisse nicht voraussetzen. Daher wird z. B. die Vektorrechnung in der Mechanik schrittweise eingeführt und zur Darstellung der Zusammenhänge verwendet. Bei Differential- und teilweise Integralrechnung kann häufig auf Schulkenntnisse zurückgegriffen werden, daher wird hier nur auf die „physikspezifischen" Dinge eingegangen. So werden Volumenintegrale, wie sie für die Berechnung von Schwerpunkten und Trägheitsmomenten erforderlich sind, anhand von Beispielsrechnungen auf gewöhnliche Integrale zurückgeführt. Ähnlich wird bei Differentialgleichungen verfahren: Es werden Lösungsverfahren angegeben, die nur entsprechende Schulkenntnisse voraussetzen.

Simulation physikalischer Vorgänge erleichtert in vielen Fällen das Verständnis und ermöglicht, Probleme zu lösen, deren Bearbeitung „mit Bleistift und Papier" zu aufwendig oder gar unmöglich wäre. Mittlerweile sind viele Programme wie EXCEL, MATLAB, MAPLE... verfügbar, mit denen solche Simulationen einfach am Rechner ohne aufwendige Programmierung durchgeführt werden können. Für einige Fälle wie schiefer Wurf mit Luftreibung oder Wärmeleitung durch eine Kante eines Bauteils werden Simulationen mit EXCEL angegeben.

Im Buch wird ausschließlich die „klassische" Physik abgehandelt. Relativistische Physik ist zwar in einzelnen technischen Bereichen von Bedeutung wie z. B. beim Global Positioning System, sie spielt aber bei den meisten technischen Fragestellungen keine Rolle. Auch auf die Darstellung der Quantenphysik habe ich bewusst verzichtet, da sie entweder nur sehr elementar behandelt werden kann, so dass kein nachvollziehbarer Bezug zu technischen Anwendungen herstellbar ist, oder der Umfang eines entsprechenden Kapitels zu groß geworden wäre. Selbstverständlich spielt die Quantenphysik besonders für das Verständnis moderner Werkstoffe eine große Rolle.

Ohne Unterstützung wäre es mir nicht möglich gewesen, dieses Buch zu schreiben. So möchte ich der Fachhochschule für die Gewährung eines Freisemesters danken, in dem ein großer Teil des Buches entstanden ist. Auch meiner Familie, die mir viel Verständnis für den großen Zeitaufwand entgegengebracht hat, gilt mein großer Dank. Frau Dipl. Des. Frauke Habig hat einen großen Teil der Zeichnungen dieses Buches mit großer Sorgfalt angefertigt und ist mit viel Geduld meinen zahlreichen Verbesserungsvorschlägen gefolgt. Herr Gerhard Borowski vom Physiklabor der Fachhochschule Dortmund war mir bei der Aufnahme der zahlreichen Photos sehr behilflich und hat mit manch gutem Rat zur Seite gestanden.

Ohne Begeisterung und ständiges Fragen nach den Zusammenhängen ist eine gute Lehre nicht möglich, denn sie soll in den Studierenden ebenfalls dieses Interesse wecken, es ist ein wichtiger Antrieb für die spätere erfolgreiche Tätigkeit als Ingenieur. Dieses Interesse in mir geweckt haben meine Lehrer in Schule und Universität, die Herren Dr. Otto Heidrich, Prof. Dr. Joachim Kessler und Prof. Dr. Horst Merz.

Kein Werk ist fehlerfrei und auch Gutes kann noch verbessert werden, daher bin ich für Anregungen und Kritik sehr dankbar. Ich wünsche allen Leserinnen und Lesern viel Spaß beim Erlangen und Vertiefen ihrer physikalischen Kenntnisse mit Hilfe dieses Buches.

Dortmund, im Juni 2006                                                              Ulrich Hahn

# Inhalt Band 2

# Inhalt Band 1

# 5    Elektrizität und Magnetismus

Erscheinungen, die wir mit Elektrizität und Magnetismus verknüpfen, werden in vielen Bereichen der Technik angewandt, moderne Kommunikation wie Telefon, Radio oder Fernsehen, Computer, elektrische Antriebe und Beleuchtung, sowie die Automatisierung vieler Produktionsprozesse in der Industrie sind Beispiele dafür. Hervorzuheben ist auch die Rolle der elektrischen Energie im modernen Leben. Ihr problemloser Transport in elektrischen Leitern sowie ihre leichte Übertragbarkeit auf andere Energieträger ermöglichen viele Einsatzbereiche. Erst mit Elektrotechnik und Elektronik konnte die moderne Industriegesellschaft entstehen.

Im Zusammenhang mit Elektrizität kommt neben der Masse eine neue Eigenschaft der Materie ins Spiel, die so genannte „Ladung". Schon im Altertum war bekannt, dass Bernstein (griechisch „electron") durch Reibung aufgeladen werden kann und dann Kräfte auf andere Objekte ausübt. Es war schon damals bekannt, dass die Natur dieser Kräfte anders ist als die der allgegenwärtigen Schwerkraft. Auch der Magnetismus war schon im antiken Griechenland bekannt, die dort vorkommende Gesteinsart „Magnetit" zieht z. B. Eisen an. Die Erde selbst ist ein großer Magnet, magnetische Kompassnadeln zeigen zum Nordpol. Lange Zeit wurden Elektrizität und Magnetismus als voneinander unabhängige Phänomene angesehen, bis Experimente ergaben, dass bewegte Ladungen, also elektrische Ströme, Kräfte auf Magnete ausüben. Maxwell ist es schließlich im 19. Jahrhundert gelungen, alle Erscheinungen von Elektrizität und Magnetismus durch vier Gleichungen zu beschreiben, welche auch heute noch uneingeschränkt gültig sind. Elektrizität und Magnetismus werden daher unter dem Begriff „elektromagnetische Wechselwirkung", „Elektromagnetismus" oder „Elektrodynamik" zusammengefasst.

Die Rolle der elektromagnetischen Wechselwirkung geht weit über die technischen Anwendungen hinaus. Die Bausteine der Materie, die Atome, sind aus Teilchen aufgebaut, die Ladung tragen. Der Atomkern ist positiv geladen, die Elektronenhülle dagegen negativ. Kräfte zwischen diesen Ladungen halten die Atome zusammen. Durch die elektromagnetische Wechselwirkung der Elektronenhüllen werden aus Atomgruppen Moleküle gebildet, alle chemischen Eigenschaften sind auf die Struktur der geladenen Elektronenhülle von Atomen zurückzuführen. Das Gleiche gilt für den Aufbau von Festkörpern und Flüssigkeiten, die Kohäsion, der Zusammenhalt, sowie ihre Deformationseigenschaften werden durch Kräfte zwischen den Atomen, also durch elektromagnetische Kräfte, bewirkt. Alle Kräfte, die im „täglichen Leben" vorkommen, mit Ausnahme der Schwerkraft, können auf elektromagnetische Wechselwirkungskräfte zurückgeführt werden.

# 5.1     Ladung und Ladungsstrom

Die „elektrische Aufladung" von Gegenständen, genauer gesagt die Ladungstrennung, kann man gut beim Auftreten von Reibungselektrizität beobachten. Zieht man bei trockenem Wetter einen Pullover über ein Hemd, so erfolgt kurz nach der Aufladung die Entladung oder der Ladungsausgleich in Form von Funken und kleinen Blitzen. Auch beim Aussteigen aus einem Auto kann man einen „Schlag" bekommen, wenn die Ladung, die man durch Reibung am Sitz erhalten hat, beim Berühren des Erdbodens abfließt.

Ein weiteres charakteristisches Merkmal von Körpern, die elektrisch aufgeladen worden sind, ist, dass sie Kräfte aufeinander ausüben. Je nachdem, aus welchen Materialien die Körper bestehen, bei denen durch Reibung eine elektrische Aufladung erfolgt, stoßen sie sich ab oder ziehen sich an. Werden zwei Glasstäbe an einem Katzenfell gerieben, so stoßen sie sich ab. Das gleiche ist der Fall, wenn die Stäbe durch Reibung an einem Seidentuch aufgeladen wurden. Ist dagegen einer der Stäbe an einem Katzenfell, der andere aber an einem Seidentuch aufgeladen, so ziehen sie sich an. Offensichtlich gibt es zwei Arten von Ladung.

> Objekte, die gleichartig geladen sind, stoßen sich ab, bei unterschiedlicher Ladung ziehen sie sich an.

Die Art der Ladung wurde von Franklin[1] mit „positiv, +" oder „negativ, –" bezeichnet, er definierte, dass ein Glasstab, der an einem Seidentuch gerieben wird, positiv geladen ist. Nach dieser Konvention werden auch heute Ladungen bezeichnet.

Im „Normalzustand" sind alle Gegenstände ungeladen, d. h. sie haben die gleiche Menge an positiver und negativer Ladung, die Ladung der Atomkerne ist gleich der Ladung der Elektronenhülle. Beim Reiben des Glasstabs am Seidentuch gehen Elektronen des Stabs auf das Tuch über, aufgrund des nun vorhandenen Ladungsüberschusses der Atomkerne weist der Glasstab insgesamt eine positive Ladung auf, das Seidentuch dagegen eine negative. Dem Betrage nach sind beide Ladungen gleich.

Die Versuche zur Reibungselektrizität und viele andere Experimente machen deutlich, dass Ladung weder erzeugt noch vernichtet werden kann. Diese Ladungserhaltung ist ein fundamentales Naturgesetz, das universell vom Elementarteilchen bis zur Galaxie gültig ist.

Eine weitere wichtige Eigenschaft der Ladung ist ihre Quantisierung. Sämtliche Ladungen sind ganzzahlige Vielfache der Elementarladung $e$. Sie beträgt

$$e = 1{,}602 \cdot 10^{-19} \, \text{C} \, . \tag{5.1}$$

Die Elementarladung wurde 1909 von R. A. Millikan[2] an elektrisch geladenen Öltröpfchen gemessen. Die Einheit für Ladung ist das „Coulomb[3]" C. Bei der elektrischen Aufladung durch Reibung können etwa 10…100 nC erreicht werden.

---

[1]     B. Franklin (1706 – 1790).
[2]     R. A. Millikan (1868 – 1953).
[3]     C. A. Coulomb (1736 – 1806).

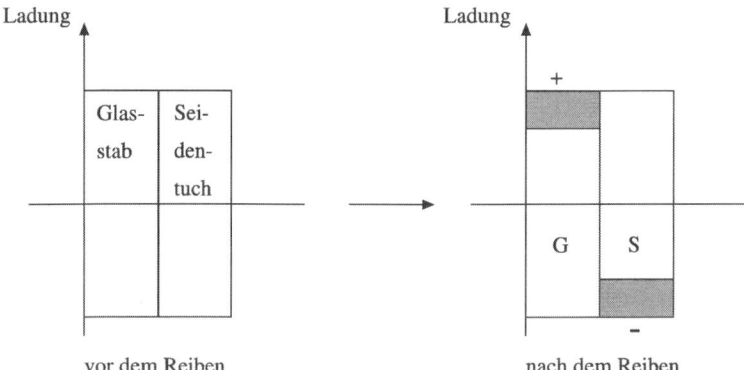

**Abb. 5.1**  *Aufladen eines Glasstabes durch Reiben an einem Seidentuch. Vom Glasstab geht negative Ladung (Elektronen) auf das Seidentuch über, das dann negativ geladen ist. Durch die positive Überschussladung ist der Glasstab positiv aufgeladen.*

Ist ein Körper aufgeladen, so kann man seine Ladung (teilweise) auf andere Körper übertragen. Berührt man mit einem geladenen Glasstab eine isolierte Metallkugel, so erhält diese einen Teil der Ladung. Trennt man beide wieder, so stoßen sie sich ab, da sie die gleiche Art von Ladung tragen.

Die Abstoßung von Körpern, die die gleiche Art von Ladung tragen, kann zur Messung der Ladungsmenge ausgenutzt werden. Diese Geräte nennt man „Elektroskope", Geräte also, die die Ladung sichtbar machen. Zwei an einem ihrer Enden verbundene dünne Metallstreifen hängen an einer Metallplatte. Sobald die Metallplatte aufgeladen wird, gelangt ein Teil der Ladung auf die Metallfolien, die sich dann gegenseitig abstoßen.

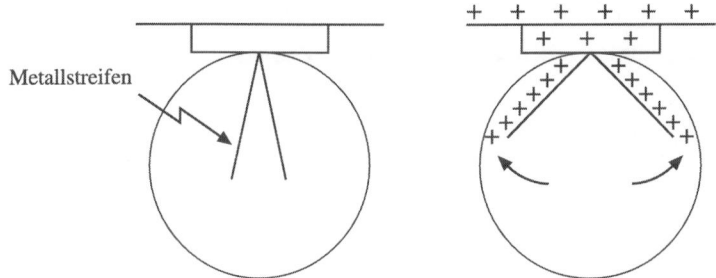

**Abb. 5.2**  *Elektroskop zur Messung von Ladung. Wird die Metallplatte geladen, so gelangt Ladung gleicher Art auf die Metallstreifen, die sich dann abstoßen. Zum Schutz gegen Luftströmungen befinden sich die Metallstreifen in einem Glasbehälter.*

## 5.1.1    Elektrische Leiter und Ladungsträger

Die Übertragung von Ladung eines Körpers auf einen anderen kann durch direktes Berühren oder über einen weiteren Körper, einen Ladungsstromleiter oder kurz gesagt über einen Leiter, erfolgen. So zeigt ein Elektroskop wie in **Abb. 5.2** Ladung an, wenn es entweder direkt von einem aufgeladenen Glasstab berührt wird oder sich zwischen beiden ein Metalldraht befindet, welcher an dem einen Ende das Elektroskop und an dem anderen Ende den Glasstab berührt. In beiden Fällen fließt ein elektrischer Strom, es bewegen sich Ladungsträger. Häufig verwendete Leiter sind Körper aus Metall oder spezielle Flüssigkeiten, so genannte „Elektrolyte". Körper aus Plastik, Holz oder Glas dagegen leiten nicht. Leiter sind elektrisch neutrale Systeme, deren Ladung sich nicht ändert. Der Strom, der an einem Ende hineinfließt, kommt am anderen Ende wieder heraus.

Der Fluss von Ladung ist verbunden mit einer Bewegung von Teilchen, welche die Ladung tragen. Charakteristisches Merkmal von Leitern sind somit leicht bewegliche Ladungsträger. Folgende Ladungsträger sind für den Transport elektrischer Ladung von technischer Bedeutung:

- Elektronen: Aus ihnen ist die „Elektronenhülle" der Atome aufgebaut, ihre negative Ladung ist dem Betrage nach gleich der positiven Kernladung, Atome sind daher normalerweise elektrisch neutral. Bei Metallen bilden die Atome Kristalle, bei denen ein oder mehrere Elektronen nicht mehr an individuelle Atome gebunden sind, sondern (nahezu) frei beweglich im Kristall sind. Durch Zu- oder Abfuhr von Elektronen können Körper aus Metall elektrisch aufgeladen werden.
- Ionen: Werden aus den Elektronenhüllen von Atomen oder Molekülen Elektronen entfernt, so entstehen aufgrund der positiven Überschussladung der Atomkerne positiv geladene Ionen[1]. Nehmen die Elektronenhüllen dagegen Elektronen auf, so sind die entstandenen Ionen negativ geladen. Ladungsträger in leitfähigen Flüssigkeiten sind Ionen, die durch Dissoziation, d. h. dem Zerfall von Säure-, Laugen- oder Salzmolekülen entstehen. Atome oder Moleküle können auch durch Stöße oder energiereiche Strahlung ionisiert werden, diese Mechanismen sind für die Leitfähigkeit von Gasen von Bedeutung.

Neben dem Transport durch Ladungsträger, die in einem festen oder flüssigen Leiter „gebunden" sind, kann Ladung auch durch „freie" Ladungsträger fließen. Dies geschieht z. B. in Elektronenröhren, Bildröhren, Röntgengeneratoren oder Teilchenbeschleunigern.

*Tab. 5.1* *Eigenschaften verschiedener Ladungsträger.*

| Ladungsträger | Ladung in $e$ | Masse in kg | Ladungsträger | Ladung in $e$ | Masse in kg |
|---|---|---|---|---|---|
| Elektron | $-e$ | $9{,}11 \cdot 10^{-31}$ | Positron | $+e$ | $9{,}10 \cdot 10^{-31}$ |
| Proton | $+e$ | $1{,}66 \cdot 10^{-27}$ | Myon | $-e$ | $1{,}89 \cdot 10^{-28}$ |
| Kupferion | $+2e$ | $1{,}05 \cdot 10^{-25}$ | Pion | $+e, -e$, neutral | $2{,}49 \cdot 10^{-28}$ |
| Sulfation | $-2e$ | $1{,}50 \cdot 10^{-25}$ | | | |

Neben den oben erwähnten Ladungsträgern sind weitere bekannt wie z. B. Positronen, Myonen oder Pionen.

Im Gegensatz zu Leitern gibt es bei Isolatoren keine frei beweglichen Ladungsträger. Reiben zwei Isolatoren aneinander, so werden Elektronen von der Oberfläche des einen auf die

---

[1]    Griech. „Wanderer".

Oberfläche des anderen übertragen. Welcher Isolator Elektronen abgibt, hängt von der Stärke der Bindung ab. Elektronen sind in einem Glasstab schwächer gebunden als in einem Seidentuch, in einem Katzenfell sind sie noch schwächer als im Glasstab gebunden.

## 5.1.2 Ladungserhaltung und Kontinuitätsgleichung

Ladung ist eine mengenartige Größe, so wie der Impuls in der Mechanik oder die Entropie in der Thermodynamik, und hat die im Kapitel 2.3.2 beschriebenen Eigenschaften. Da Ladung eine Erhaltungsgröße ist, gilt für ein System (2.53). Die Ladung $q$ innerhalb der Systemgrenze kann sich nur ändern, wenn ein Ladungsstrom $I_q$ über die Systemgrenze fließt.

$$\frac{\mathrm{d}q}{\mathrm{d}t} = I_q, \ [I_q] = \mathrm{A} = \frac{\mathrm{C}}{\mathrm{s}} \tag{5.2}$$

Die Einheit für die Stärke des Ladungsstroms oder elektrischen Stroms ist das Ampère[1], eine der sieben Basisgrößen des internationalen Maßsystems. Wegen der großen Bedeutung des elektrischen Stroms im täglichen Leben lässt man meistens die Worte „elektrisch" bzw. „Ladung" weg und spricht nur noch vom „Strom", diese Vereinfachung werden wir im Folgenden auch machen. Ströme von anderen physikalischen Größen werden wir entsprechend bezeichnen, wie z. B. Energieströme, Massenströme oder Impulsströme, den elektrischen Strom oder Ladungsstrom dagegen nicht. Wenn keine Verwechslungsgefahr besteht, werden wir für die Stromstärke „$I$" statt mit „$I_q$" schreiben. Gibt es mehrere Pfade, über die Ladung die Systemgrenze passieren kann, so ist über alle Ströme zu summieren. Gemäß der Konvention werden Ströme in das System positiv gezählt, Ströme aus dem System dagegen negativ.

Die Systemgrenze umschließt ein Raumgebiet mit dem Volumen $V$, für dieses Gebiet kann man analog zur Massendichte (2.172) eine Ladungsdichte definieren.

$$\rho_q := \frac{q}{V}, \ [\rho_q] = \frac{\mathrm{C}}{\mathrm{m}^3} \tag{5.3}$$

(5.3) definiert wie (2.172) eine mittlere Ladungsdichte. Die an einem Ort $\vec{s}$ vorliegende lokale Dichte ist anlog zu (2.173) definiert.

$$\rho_q(\vec{s}) := \frac{\mathrm{d}q}{\mathrm{d}V}\bigg|_{\vec{s}} \tag{5.4}$$

**Kirchhoffsche Knotenregel**
Können in ein System, das ein bestimmtes Raumgebiet umschließt, über verschiedene Leiter elektrische Ströme zu oder abfließen, so gilt (5.2) für die Summe aller Ströme.

$$\frac{\mathrm{d}q}{\mathrm{d}t} = \sum_k I_k \tag{5.5}$$

---

[1] A. M. Ampère (1775 – 1839).

Wird das System durch die Ströme nicht aufgeladen oder entladen, ändert sich die Ladung des Systems also nicht, was bei miteinander zu einem „Knoten" verbundenen Leitern immer der Fall ist, so vereinfacht sich (5.5) zu

$$0 = \sum_k I_k \ . \tag{5.6}$$

Diesen Zusammenhang nennt man auch die Kirchhoffsche Knotenregel, sie gilt nicht nur für elektrische Ströme, sondern auch für alle anderen, bei denen eine Kontinuitätsgleichung wie (5.2), (2.375) oder (3.119) gilt. Auch das 3. Newtonsche Axiom (Kapitel 2.3.4) ist ein Beispiel dafür.

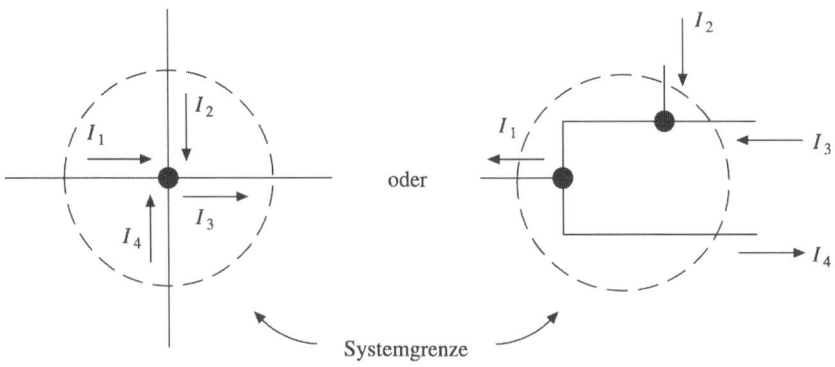

**Abb. 5.3** *Knoten von elektrischen Leitern.*

### Feldbegriff, Fluss eines Vektorfeldes
Als Feld bezeichnet man allgemein eine physikalische Größe, die an allen Orten eines Raumgebietes definiert ist und entsprechende Werte annehmen kann. Skalare Felder beschreiben ungerichtete Größen. Beispiele sind das Temperaturfeld, das sich in einem Wärmeleiter zwischen Wärmequelle und Wärmesenke ausbildet, oder die Lautstärke einer punktförmigen Schallquelle. Vektorfelder dagegen beschreiben gerichtete Größen, so wie die Energiestromdichte einer Schallquelle oder die Geschwindigkeitsverteilung einer Wasserströmung im Rohr. Im Zusammenhang mit Elektrizität und Magnetismus werden wir noch andere Vektorfelder kennen lernen.

Am Beispiel von Massenströmen, wie sie z. B. bei fließenden Gewässern vorkommen, hatten wir im Kapitel 2.7.3 eine Stromdichte $j_m$ definiert. Für jede (mengenartige) physikalische Größe $X$, deren Strom $I_X$ eine Kontinuitätsgleichung erfüllt, gilt

$$\frac{\mathrm{d}X}{\mathrm{d}t} = \int \mathrm{d}I_X = -\oint_A \vec{j}_X \bullet \mathrm{d}\vec{a} \ . \tag{5.7}$$

$A$ ist eine geschlossene Hüllfläche, die das System von der Umgebung abgrenzt, wobei $\mathrm{d}\vec{a}$ nach außen weist, und $\vec{j}_X$ ist die Stromdichte auf dieser Hülle. Allgemein nennt man ein Flächenintegral

$$\Phi := \int_A \vec{V} \bullet \mathrm{d}\vec{a} \qquad\qquad (5.8)$$

den Fluss $\Phi$ des Vektorfeldes $\vec{V}$ durch die Fläche $A$. In unserem Fall ist $\vec{V}$ der örtliche Verlauf der Stromdichte. Wie bei den Massenströmen im Kapitel 2.7.3 oder den Wärmeströmen im Kapitel 3.10.1 spielt für den Fluss nur die Projektion des differentiellen Flächenelementes $\mathrm{d}\vec{a}$ [1] auf $\vec{V}$ eine Rolle, dieser Tatsache wird durch das Skalarprodukt $\vec{V} \bullet \mathrm{d}\vec{a}$ Rechnung getragen. Festzustellen ist, dass der Fluss nur für ein Vektorfeld berechnet werden kann.

## 5.1.3 Elektrischer Strom und Energiestrom

Elektrischer Strom ist ein wichtiges Medium für den Energietransport. In einer (elektrischen) Energiequelle wird Energie von einem anderen Träger auf die fließende Ladung übertragen. Dies kann durch einen „Generator[2]" geschehen, wo mechanische Energie in elektrische umgewandelt wird, oder durch eine Batterie, die chemische Energie in elektrische überführt. Auf die Funktionsweise von Generatoren und Batterien werden wir später noch eingehen. An einer anderen Stelle wird die mit Hilfe eines Ladungsstroms durch elektrische Leiter dorthin transportierte Energie von der Ladung einem anderen Träger zugeführt. So wird in einem Elektromotor elektrische Energie in mechanische, in einer Glühbirne elektrische Energie in Licht und Wärme oder beim Laden eines Akkumulators elektrische Energie in chemische Energie umgewandelt. Diese Vorrichtungen nennt man in der Elektrotechnik auch „Verbraucher" elektrischer Energie.

Energieerzeuger und Verbraucher sind während des Betriebes elektrisch neutral, daher muss der Ladungsstrom vom Erzeuger zum Verbraucher durch einen gleich großen Rückstrom vom Verbraucher zum Erzeuger kompensiert werden.

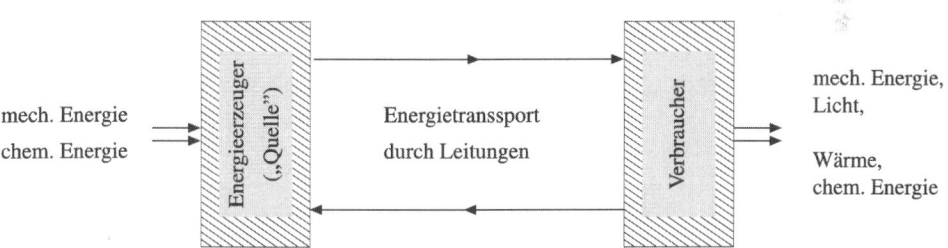

**Abb. 5.4** *System aus einem Erzeuger elektrischer Energie, Leitern für den Energietransport und einem Verbraucher.*

---

[1]    Die Richtung von $\mathrm{d}\vec{a}$ weist senkrecht zur Fläche $A$. „-" in (5.7) ist in der Vorzeichenkonvention für Ströme begründet.
[2]    Generator, lat. Erzeuger

Elektrische Energie kann nur in einem „Stromkreis" übertragen werden.

Zwei identische Stromkreise (gleiche Quelle, gleiche Leitungen, gleiche Verbraucher) transportieren jeweils die gleiche Energie, dabei fließen in ihren Leitungen die gleichen Ströme. Werden Quellen und Verbraucher wie in **Abb. 5.5** parallel geschaltet, d. h. die Quellen speisen den jeweiligen Strom über einen Knoten $K_1$ in eine gemeinsame Hinleitung ein und teilen den Gesamtstrom der gemeinsamen Rückleitung am Knoten $K_3$ in die Einzelströme auf. Entsprechend wird am Knoten $K_3$ der Strom der Hinleitung auf die beiden Verbraucher aufgeteilt und am Knoten $K_4$ die einzelnen Rückströme zu einem gemeinsamen Rückstrom vereinigt. Es wird der doppelte Energiestrom von den Quellen zu den Verbrauchern übertragen und es fließt in den gemeinsamen Leitungen der doppelte elektrische Strom eines einzelnen Stromkreises.

Die von jeder Leitung übertragene Leistung ist proportional zum in ihr fließenden elektrischen Strom.

$$P \sim I \text{ oder } P = \varphi I \,,\, [\varphi] = \frac{W}{A} := V \tag{5.9}$$

a)

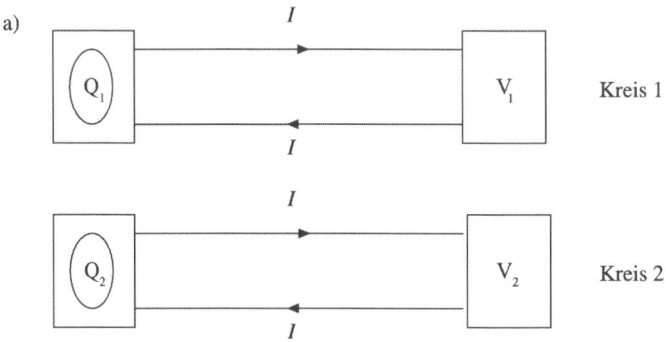

b)

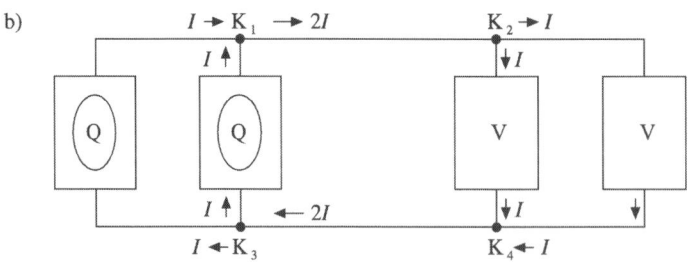

**Abb. 5.5** *Zur Proportionalität von Energie- und Ladungsstrom. Die parallel geschalteten Quellen speisen den doppelten Energiestrom in die gemeinsamen Leitungen, die parallel geschalteten Verbraucher entnehmen die doppelte Leistung.*

Der Proportionalitätsfaktor $\varphi$ heißt „elektrisches Potential" der Leitung, durch die der Strom $I$ fließt. Die Einheit für das elektrische Potential ist das „Volt[1]". Im Stromkreis der **Abb. 5.4** sind Hin- und Rückstrom zum Verbraucher entgegengesetzt gleich groß, damit netto von der Quelle zum Verbraucher Energie transportiert wird, müssen die elektrischen Potentiale von Hin- und Rückleitung unterschiedlich groß sein.

$$P = \varphi_{Hin} I_{Hin} + \varphi_{Rück} I_{Rück} = (\varphi_{Hin} - \varphi_{Rück}) I_{Hin} \tag{5.10}$$

Um Leistung zu übertragen, muss also zwischen Hin- und Rückleitung eine Potentialdifferenz oder elektrische Spannung $U := \varphi_{Hin} - \varphi_{Rück}$ bestehen. Sie wird ebenfalls in Volt angegeben. Der Nullpunkt des elektrischen Potentials kann beliebig gewählt werden. Da man die Erde als sehr großen Leiter und Ladungsreservoir ansehen kann, bezieht man Spannungen üblicherweise auf das Potential der Erde.

Gleichungen wie (5.10) haben wir schon im Zusammenhang mit Energietransport in der Mechanik und in der Thermodynamik kennen gelernt. In der Mechanik wird der Energiestrom durch einen Impulsstrom begleitet, der Proportionalitätsfaktor ist die Geschwindigkeit, in der Thermodynamik wird neben einem Wärmestrom auch Entropie transportiert, der Proportionalitätsfaktor ist in diesem Fall die (absolute) Temperatur. Die Differenz des elektrischen Potentials oder die elektrische Spannung zwischen den Leitern ist eine intensive Größe, die in ähnlicher Weise wie die Geschwindigkeit oder die Temperatur beschreibt, wie stark der begleitende Strom mit Energie „beladen" ist. Allgemein nennt man den Proportionalitätsfaktor zwischen Energiestrom $P_X$ und dem Strom $I_X$ des Energieträgers $X$ (Impuls, Entropie, Ladung) die zu diesem Strom „energiekonjugierte" intensive Größe $\xi_X$. Diese Größe, multipliziert mit der Größe des begleitenden Stroms des Energieträgers, ergibt immer einen Energiestrom.

*Energiestrom = Energieträgerstrom × konjugierte intensive Größe*

$$P_X = I_X \xi_X, \ [I_X][\xi_X] = W \tag{5.11}$$

**Tab. 5.2** *Energieströme in Mechanik, Thermodynamik sowie elektrische Energieströme (siehe auch* **Tab. 3.10***).*

| | Energiestrom | begleitender Strom einer extensiven Größe (Energieträger) $I_X$ | energiekonjugierte intensive Größe $\xi_X$ |
|---|---|---|---|
| **Mechanik** | $P = \dot{\vec{p}} \bullet \vec{v} = \vec{v} \bullet \vec{F}$ | $\dot{\vec{p}} = \vec{F}$ | $\vec{v}$ |
| | $P = (\wp_1 - \wp_2)\dot{V}^2$ | $\dot{V}$ | $\wp$ |
| **Thermodynamik** | $P = \dot{Q} = T\dot{S}$ | $\dot{S}$ | $T$ |
| **elektrische Energie** | $P = (\varphi_1 - \varphi_2)I = UI$ | $\dot{q} = I$ | $\varphi_1 - \varphi_2 = U$ |

Zu bemerken ist, dass in der Mechanik aufgrund des 3. Newtonschen Axioms immer zwei Objekte wechselwirken. Somit ist $\vec{v}$ die Relativgeschwindigkeit zwischen den beiden Objekten. Wird der dem einen Objekt zugeführte Energiestrom z. B. durch Reibung wieder abgeführt, so

---

[1]  Benannt nach A. Volta (1745 – 1827).
[2]  $\wp$ bezeichnet hier den Druck.

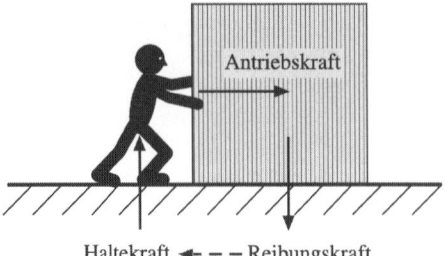

Haltekraft ◄ – – Reibungskraft

*Abb. 5.6 Geschlossener Impulsstromkreis.*

dass der Impuls konstant bleibt, so entspricht dies dem Sachverhalt aus **Abb. 5.4**. Schiebt eine Person eine Kiste, die sich unter dem Einfluss von Gleitreibung auf einem horizontalen Boden bewegt, so erfolgt die Rückleitung des abgeführten Impulses über den Boden. Der Impulsstromkreis wird über die Person geschlossen, die sich beim Schieben vom Boden abstoßen muss (3. Newtonsches Axiom) und somit als „Impulspumpe" wirkt. Entscheidend ist die Relativgeschwindigkeit zwischen Kiste und Boden, so wie im elektrischen Fall die Potentialdifferenz zwischen den Leitungen von Bedeutung ist.

Ein anderes Beispiel eines geschlossenen Stromkreises ist die Kombination einer Wärmekraftmaschine und einer Wärmepumpe in einem adiabaten System (siehe **Abb. 3.65**). Werden beide reversibel betrieben und sind die mechanischen Leistungen gleich, so ist der Entropiestrom im warmen Reservoir von der Einspeisung der Wärmepumpe zur Abnahme der Wärmekraftmaschine gleich dem Entropiestrom von der Abwärmeeinspeisung der Wärmekraftmaschine zur Wärmezuführung der Wärmepumpe im kalten Reservoir. Das warme Reservoir kann z. B. eine Fernwärmeleitung sein, das kalte Reservoir ein Gewässer.

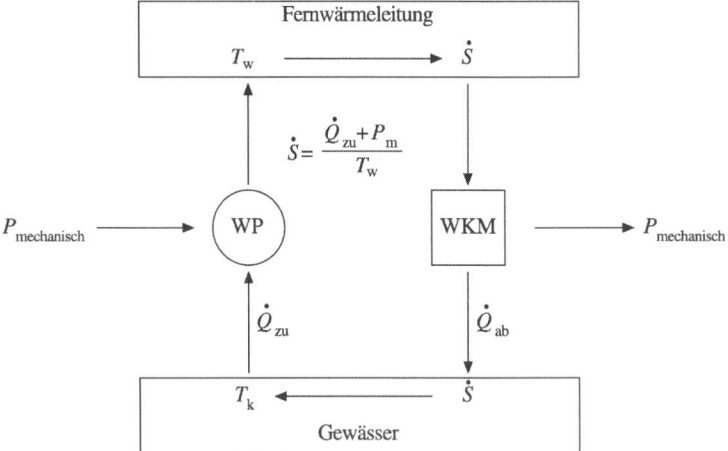

*Abb. 5.7 Entropiestromkreis eines adiabaten Systems aus Wärmepumpe und Wärmekraftmaschine.*

**Maschenregel und elektrische Spannung**

In zwei Stromkreisen, in denen die gleiche Energie transportiert wird und in denen zwischen Hin- und Rückleitung die gleiche Potentialdifferenz herrscht, fließt nach (5.10) der gleiche Strom. Kombinieren wir die beiden Stromkreise so, dass die Hinleitung des einen und Rückleitung des anderen Stromkreises zusammenfallen, so fließt in dieser Leitung kein Strom.

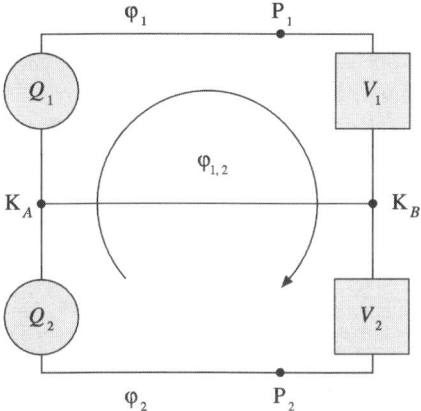

**Abb. 5.8**  *Kombination von zwei Stromkreisen zu einem. In der gemeinsamen Leitung fließt kein Strom. Zwischen den verschiedenen Punkten herrschen Potenzialdifferenzen.*

An den Leitungsknoten $K_A$ und $K_B$ in **Abb. 5.8** beträgt das elektrische Potential $\varphi_{1,2}$ und an Punkten $P_1$ und $P_2$ $\varphi_1$ bzw. $\varphi_2$. Berechnen wir die Potentialdifferenzen eines geschlossenen „Maschenumlaufes" von $K_A$ über $P_1$, $K_B$ und $P_2$ zurück nach $K_A$, so betragen diese

$$\varphi_1 - \varphi_{1,2} + \varphi_{1,2} - \varphi_1 + \varphi_2 - \varphi_{1,2} + \varphi_{1,2} - \varphi_2 = 0 \,. \tag{5.12}$$

Dieser Zusammenhang gilt allgemein für so genannte Maschen, geschlossene Wege eines beliebigen elektrischen Netzwerkes, in dem Energiequellen und Energieverbraucher über elektrische Leiter miteinander verbunden sind. Entsprechend gilt für die Spannungen zwischen den Punkten

$$U(P_1, K_A) + U(K_B, P_1) + U(P_2, K_B) + U(K_A, P_2) = 0 \,. \tag{5.13}$$

Für eine beliebige Masche in einem Netzwerk mit verschiedenen Spannungsquellen und Verbrauchern gilt daher ebenfalls die Maschenregel

$$\sum_i U_i = 0 \,. \tag{5.14}$$

> Die Summe aller Spannungen einer Masche in einem elektrischen Netzwerk ist null.

Das Bezugspotential ist, wie oben schon erwähnt das Potential der Erde. Bei einem Umlauf wie in **Abb. 5.8** muss die „Bewegungsrichtung" festgelegt werden.

**Richtungskonvention für die Spannung**

Die Spannung zwischen zwei Punkten in einer Masche wird immer aus der Potentialdifferenz zwischen Anfangspunkt und dem Endpunkt der „Bewegung" beim Maschenumlauf berechnet. Diese Konvention ist folgendermaßen begründet:

In einem idealen elektrischen Leiter wird keine elektrische Energie in andere Energieformen überführt. Daher ist die Potentialdifferenz zwischen Anfang und Ende eines Leiters null. Bei einem „Verbraucher" wechselt die Energie ihren Träger, elektrische Energie wird in einem Elektromotor in mechanische Energie, in einer Heizspirale in Wärme oder in einer Glühlampe in Licht umgewandelt. Ein Teil des umlaufenden Energiestroms verlässt das elektrische System. Die Leitung, mit der die Ladung in den Verbraucher strömt, muss gegenüber der Leitung, über die die Ladung den Verbraucher wieder verlässt, ein höheres Potential aufweisen, damit die Ladung durch den Verbraucher strömen kann. Man sagt auch, dass an einem Verbraucher ein „Spannungsabfall" vorliegt.

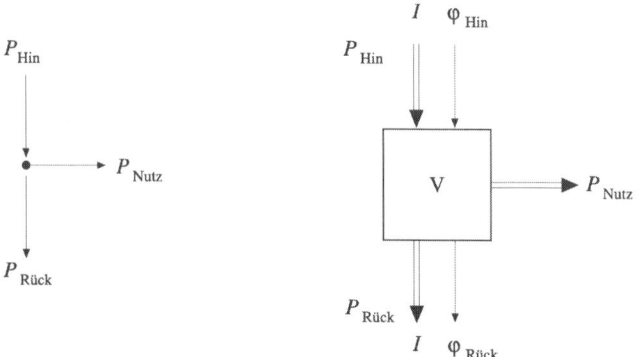

***Abb. 5.9***  *Energiestrom und elektrischer Ladungsstrom durch einen Verbraucher.*

Eine derartige Potentialdifferenz stellt einen Antrieb für einen positiven Strom vom Ladungseintritt zum Ladungsaustritt dar, so wie eine Temperaturdifferenz einen positiven Wärmestrom von warm (hohes Potential) nach kalt (negatives Potential) bewirkt. Solche Antriebe bezeichnet man auch als Spannung. Somit ist die Spannung an einem Verbraucher positiv, wenn die Potentialdifferenz zwischen Endpunkt $E$ und Anfangspunkt $A$ des Stromes negativ ist.

> Die elektrische Spannung entspricht der negativen Potentialdifferenz in Stromrichtung.

$$U_{A \to E} = -(\varphi_E - \varphi_A) = \varphi_A - \varphi_E \tag{5.15}$$

So wurden auch aus (5.12) die Spannungen in (5.13) mit der in **Abb. 5.8** festgelegten Richtung des Maschenumlaufs ermittelt.

## Widerstand

Zwischen dem Strom durch den Verbraucher und der anliegenden Spannung besteht ein funktionaler Zusammenhang, er wird bestimmt durch den Mechanismus der Energieumwandlung. Den Verlauf $I(U)$ bezeichnet man auch als „Kennlinie" eines Verbrauchers. Der Energiestrom vom Betrage $P = UI$ verlässt über einen anderen Energieträger den Stromkreis.

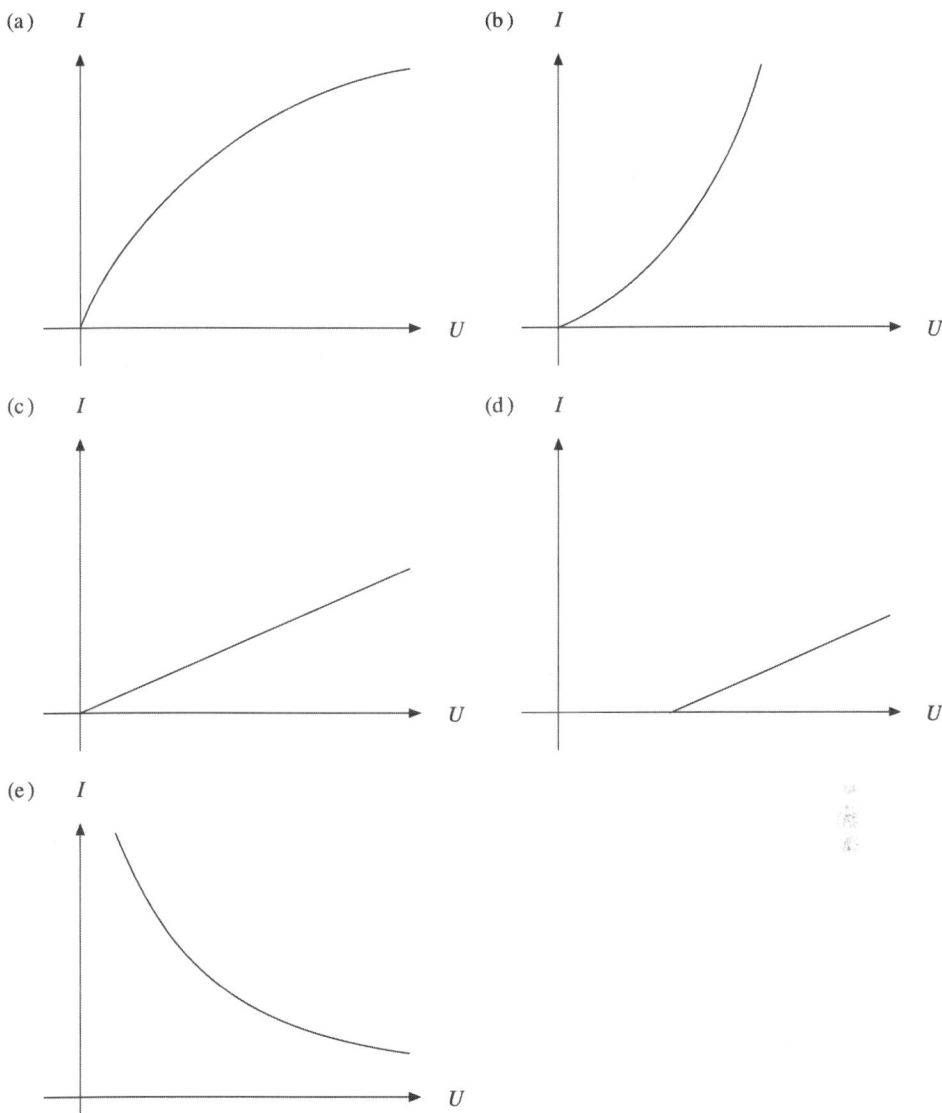

**Abb. 5.10** *Kennlinien einiger Verbraucher (a): Glühlampe und Heizleiter, (b) Gleichrichterdiode, (c) technischer Widerstand, (d) Elektrolysezelle oder Akkumulator beim Laden, (e) Gasentladungslampe.*

Die Steigung der Kennlinie eines Verbrauchers heißt auch „Leitwert" $G$, sein Kehrwert „elektrischer Widerstand" $R$ des Verbrauchers. Ein Sonderfall liegt vor, wenn die Steigung der Kennlinie und damit Leitwert bzw. Widerstand konstant sind. In diesem Fall spricht man von einem Widerstand, der dem „Ohmschen[1] Gesetz" gehorcht. Technische Widerstände, die in der Elektronik zur Steuerung von Strömen verwendet werden, sind extra auf dieses lineare Verhalten zwischen Strom und anliegender Spannung ausgelegt. Zu bemerken ist, dass der Widerstand eines Verbrauchers häufig von der Temperatur abhängig ist. Für einen konstanten Widerstand (Ohmschen Widerstand) gilt

$$U = RI \text{ bzw. } I = GU \text{ mit } [R] = \frac{V}{A} := \Omega, \ [G] = \frac{A}{V} = \frac{1}{\Omega} := S^2. \tag{5.16}$$

Mit (5.10) ergeben sich somit quadratische Zusammenhänge zwischen Energiestrom und Strom bzw. Spannung.

$$P = RI^2 \text{ bzw. } P = GU^2 = \frac{U^2}{R} \tag{5.17}$$

Bei allen anderen Verbrauchern muss man den differentiellen Widerstand bzw. den differentiellen Leitwert für einen bestimmten Strom $I_0$ bzw. eine bestimmte Spannung $U_0$ nehmen.

$$R = \left.\frac{dU}{dI}\right|_{I_0} \text{ bzw. } G = \left.\frac{dI}{dU}\right|_{U_0} \tag{5.18}$$

Bei einem Ohmschen Widerstand ist die Konstanz des Verhältnisses anliegende Spannung dividiert durch fließenden Strom eine Eigenschaft des Werkstoffes, aus dem der Leiter besteht. Im einfachsten Fall können wir annehmen, dass bei konstanter Querschnittsfläche A des Leiters und konstanter Ladungsdichte $\rho_q$ im Leiter die Stromdichte $j$ ebenfalls konstant ist und wie in (2.373) der Zusammenhang

$$j = \rho_q v_D \tag{5.19}$$

besteht. Damit ist die Strömungs- oder Driftgeschwindigkeit $v_D$ der Ladungsträger ebenfalls überall im Leiter gleich. Im Leiter der Länge $l$ wird der elektrische Energiestrom in einen Wärmestrom umgewandelt, dazu muss zwischen den Enden des Leiters eine Potentialdifferenz vorliegen. Da der Leiter überall gleich aufgebaut ist, können wir annehmen, dass pro Länge gleich viel Energie umgesetzt wird, der Widerstand somit proportional zur Länge des Leiters ist. Aufgrund der Konstanz der Stromdichte ist dagegen der Widerstand umgekehrt proportional zur Querschnittsfläche des Leiters, somit gilt

$$R \sim \frac{l}{A} \text{ oder } R = \rho\frac{l}{A} = \frac{1}{\kappa}\frac{l}{A} \text{ mit } [\rho] = \Omega m \text{ und } [\kappa] = \frac{S}{m}. \tag{5.20}$$

---

[1]   G. S. Ohm (1789–1854). Der elektrische Widerstand wird in „Ohm" (Symbol $\Omega$) angegeben.
[2]   Die Einheit des elektrischen Leitwertes ist „Siemens", benannt nach W. von Siemens (1816–1892).

Der Proportionalitätsfaktor $\rho^1$ ist der spezifische Widerstand, sein Kehrwert $\kappa$ heißt auch spezifische elektrische Leitfähigkeit des Leiterwerkstoffes. Innerhalb gewisser Grenzen ist $\rho$ konstant, meistens liegt jedoch eine Temperaturabhängigkeit vor. Reale, in der Elektrotechnik verwendete Leiter zum Transport von elektrischer Energie können als Ohmsche Widerstände betrachtet werden, deren Leitungswiderstand (5.20) folgt. Thermische Widerstände von ebenen Wärmeleitern weisen mit (3.294) eine zu (5.20) analoge Gesetzmäßigkeit auf.

*Tab. 5.3* *Spezifische elektrische Leitfähigkeit $\kappa$ verschiedener Werkstoffe bei 20°C.*

| Leiter | | Halbleiter | | Nichtleiter | |
|---|---|---|---|---|---|
| **Werkstoff** | $\kappa$ **in $10^6$ S/m** | **Werkstoff** | $\kappa$ **in S/m** | **Werkstoff** | $\kappa$ **in S/m** |
| Silber | 61,4 | Graphit | $2{,}9 \cdot 10^4$ | Diamant | $10^{-16}$ |
| Kupfer | 58,0 | Germanium | 2,3 | Luft | $10^{-15}$ |
| Gold | 45,0 | Silizium | $4{,}4 \cdot 10^{-4}$ | Glas | $10^{-13} \ldots 10^{-14}$ |
| Aluminium | 34,5 | Indiumantimonit | $3{,}5 \cdot 10^2$ | Porzellan | $10^{-9} \ldots 10^{-15}$ |
| Eisen | 11,0 | | | Glimmer | $10^{-13} \ldots 10^{-15}$ |
| Blei | 5,2 | | | Polystyrol | $10^{-14}$ |
| Bronze | 10,0 | | | Bernstein | $< 10^{-16}$ |
| Konstantan | 1,0 | | | Holz | $10^{-8} \ldots 10^{-14}$ |
| Zinn (grau) | 1,0 | | | | |

Eine grobe Klassifikation unterscheidet zwischen Leitern ($\kappa > 10^4$ S/m), Halbleitern ($10^4$ S/m $< \kappa < 10^{-8}$ S/m) und Nichtleitern ($\kappa < 10^{-8}$ S/m). Leiter haben viele bewegliche Ladungsträger, Halbleiter wenige, aber sehr gut bewegliche, Nichtleiter dagegen praktisch keine frei beweglichen Ladungsträger.

Auch für nicht elektrische Energieströme können wir Widerstände definieren. So wird in der Mechanik durch Reibung Bewegungsenergie in Wärme umgewandelt, dazu ist erforderlich, dass eine Geschwindigkeitsdifferenz der reibenden Objekte vorliegt. Wir haben im Kapitel 2.3.5 verschiedene Typen von Reibungskräften kennen gelernt. Der Reibungswiderstand wird analog zu (5.16) aus dem Verlauf $\Delta v(F_R)$ berechnet.

*Tab. 5.4* *Reibungswiderstände bei äußerer und innerer Reibung*

| | $F_R$ | $\Delta v(F_R)$ | $R_{Reib}$ |
|---|---|---|---|
| **äußere Gleitreibung** | const. | beliebig | $\infty$ |
| **innere Reibung (laminar)** | $b\Delta v$ | $\dfrac{F_R}{b}$ | $\dfrac{1}{b}$ |
| **innere Reibung (turbulent)** | $dv^2$ | $\sqrt{\dfrac{F_R}{d}}$ | $\dfrac{1}{2}\sqrt{\dfrac{1}{F_R d}}$ |

---

[1] Die Symbole sind für Dichte(n) und spezifischen Widerstand gleich. In der Regel ergibt sich die Größe aus dem Zusammenhang.

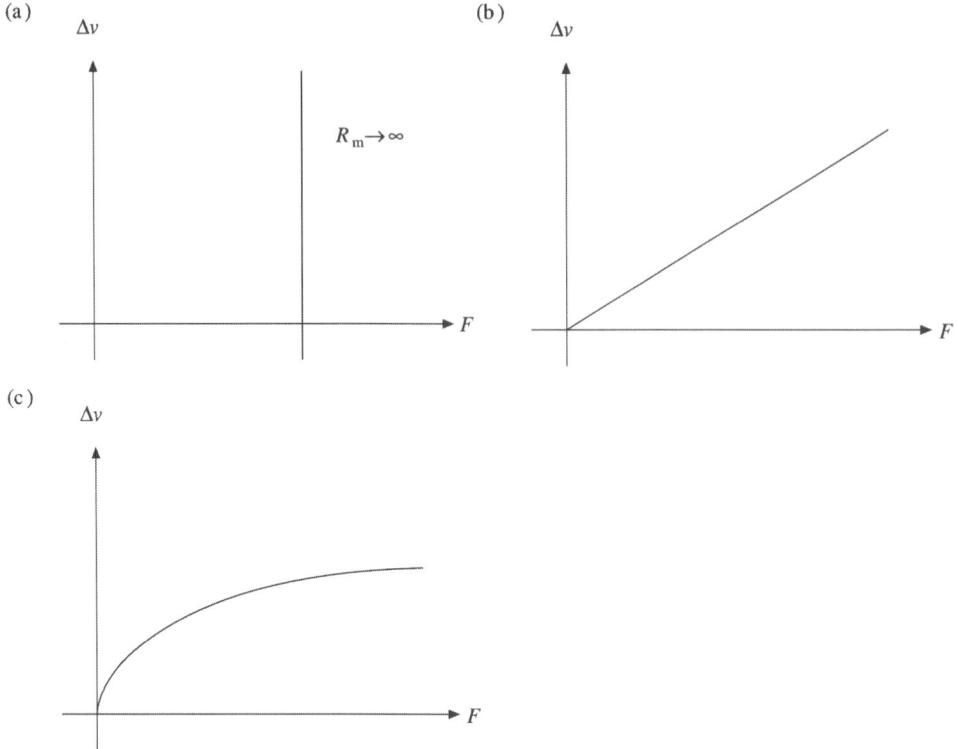

**Abb. 5.11**  *Verlauf $\Delta v(F_R)$ bei (a) äußerer und (b) innerer Reibung (laminar) (c) innere Reibung (turbulent).*

### Energieumwandlung durch unterschiedlicher Systeme

Elektrische Verbraucher und ihre Gegenstücke, die elektrischen Energiequellen, sind Systeme, in denen der Energiestrom teilweise den Energieträger wechselt. Bei einem Verbraucher wird der elektrische Ladungsstrom vom hohen elektrischen Potential auf niedriges Potential überführt, während die energiekonjugierte intensive Größe des begleitenden Stroms vom anderen Energieträger ihren Wert vergrößert. Ein System, das einen Energiestrom von einem Energieträger auf einen anderen überführt, einen „Energiekonverter", können wir folgendermaßen beschreiben:

Im allgemeinen Fall „kreuzen" sich zwei Energieströme, ein „Primärenergiestrom" mit dem Träger $X$, von dem die Energie auf einen „Sekundärenergiestrom" mit dem Träger $Y$ übertragen wird. Der Energiestrom $P_X$ (Primärenergie) tritt in den Energiekonverter, der Energieträger ist durch die mengenartige physikalische Größe $X$ bzw. ihren Strom $I_X$ festgelegt. Mit diesem Strom und dem Energiestrom ergibt sich mit (5.11) die energiekonjugierte Größe $\xi_{X,1}$ am Eingang vom Primärenergiepfad des Energiekonverters. Ist die Größe $X$ eine Erhaltungsgröße wie z. B. die Ladung und verändert der Energiekonverter seine Menge an $X$ nicht, so verlässt ein Strom $I_X$ den Konverter durch den Ausgang des Primärenergiepfades wieder. Damit ein Netto-Energiestrom $P_X$ umgesetzt werden kann, muss die energiekonjugierte Größe am Ausgang den Wert $\xi_{X,2} < \xi_{X,1}$ annehmen. Am Ausgang des Sekundärenergiepfades

Größe $X$, „Primärenergie"

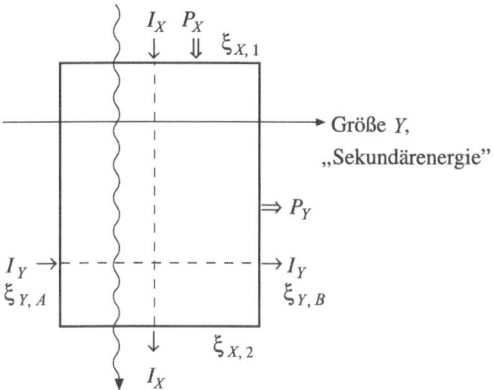

*Abb. 5.12* *Energiekonverter mit den Größen des begleitenden Stroms $I_X$ einer extensiven physikalischen Größe sowie der dazu energiekonjugierten intensiven Größe $\xi_X$.*

verlässt der Energiestrom $P_Y$ den Energiekonverter mit der mengenartigen Größe $Y$ bzw. ihrem Strom $I_Y$ als Energieträger, dabei hat die energiekonjugierte Größe $\xi_Y$ den Wert $\xi_{Y,B}$. Falls $Y$ eine Erhaltungsgröße ist, muss dem Energiekonverter über den Eingang des Sekundärenergiepfades der Strom $I_Y$ zugeführt werden, die Größe $\xi_Y$ muss dann einen Wert $\xi_{Y,A} < \xi_{Y,B}$ aufweisen.

Bei einem „idealen" Energiekonverter wird der primäre Energiestrom vollständig auf den sekundären „Nutzenergiestrom" übertragen. Allerdings haben wir im Kapitel 3.8.3 erkannt, dass jeder Umwandlungsprozess „Verluste" erleidet, also aufgrund der Irreversibilität Entropie erzeugt wird. Dieser Entropiestrom begleitet einen Strom von Wärme, die bei dem Umwandlungsprozess erzeugt wird. Um diesen Wärmestrom wird der Nutzenenergiestrom vermindert. Entsprechend ergeben sich der Wirkungsgrad des Energiekonverters und daraus die erzeugte Entropie zu

$$\eta = \frac{|P_Y|}{P_X} = \frac{P_X - \dot{Q}}{P_X} = 1 - \frac{T_{Konv.}\dot{S}_{erz.}}{P_X}\,^{1} \tag{5.21}$$

$$\dot{S}_{erz.} = (1-\eta)\frac{P_X}{T_{Konv.}}\,. \tag{5.22}$$

Zu bemerken ist, dass die erzeugte Entropie umso kleiner ist, je höher die (als konstant angenommene) Temperatur des Energiekonverters ist. Die eingesetzte Primärenergie wird mit steigender Temperatur weniger entwertet, der Wärmestrom kann z. B. in einer Wärmekraftmaschine weiter mit den Einschränkungen des 2. Hauptsatzes der Thermodynamik in andere Energieformen umgewandelt werden. Das gleiche gilt, wenn die Nutzenergie Wärme ist. Tabelle 5.5 stellt einige Energiekonverter vor.

---

[1]    Den Energiekonverter verlassende Ströme werden der Konvention gemäß negativ gezählt.

**Tab. 5.5** *Energiekonverter und ihre Kenngrößen. Erhaltungsgrößen sind mit einem * gekennzeichnet, dann wird der Energiestrom in Anlehnung an (5.10) durch $P_X = (\xi_{X,1} - \xi_{X,2})I_X$ bzw. $P_Y = (\xi_{Y,A} - \xi_{Y,B})I_Y$ (siehe **Abb. 5.12**) berechnet.*

| Konverter | Primärenergie | | | Sekundärenergie (Nutzenergie) | | |
|---|---|---|---|---|---|---|
| | Energieträger $X$ | $I_X$ | $\xi_X$ | Energieträger $Y$ | $I_Y$ | $\xi_Y$ |
| **Technischer Widerstand** | Ladung $q$ * | Strom $I$ | elektrisches Potential $\varphi$ | Entropie $S$ | $\dot{S}_{erz.}$ | $T_R$ |
| **Elektromotor** | Ladung $q$ * | Strom $I$ | elektrisches Potential $\varphi$ | Drehimpuls $L$ * | Drehmoment $\dot{L} = M$ | Winkelgeschwindigkeit $\omega$ |
| **Generator** | Drehimpuls $L$ * | Drehmoment $\dot{L} = M$ | Winkelgeschwindigkeit $\omega$ | Ladung $q$ * | Strom $I$ | elektrisches Potential $\varphi$ |
| **mechanische Reibung** | Impuls $p$ * | Kraft $F$ | Geschwindigkeit $v$ | Entropie $S$ | $\dot{S}_{erz.}$ | Temperatur $T$ |
| **Getriebe** | Drehimpuls $L$ * | Drehmoment $\dot{L} = M$ | Winkelgeschwindigkeit $\omega$ | Drehimpuls $L$ * | Drehmoment $\dot{L} = M$ | Winkelgeschwindigkeit $\omega$ |
| **Wärmepumpe (reversibel)** | Impuls $p$ * | Kraft $F$ | Geschwindigkeit $v$ | Entropie $S$ * | $\dot{S}$ | Temperatur $T$ |
| **Wärmekraftmaschine (revers.)** | Entropie $S$ * | $\dot{S}$ | Temperatur $T$ | Impuls $p$ * | Kraft $F$ | Geschwindigkeit $v$ |

Bei den Geschwindigkeiten bzw. Winkelgeschwindigkeiten gehen wir davon aus, dass sich der Teil des Energiekonverters, der die Reaktionskraft bzw. das Reaktionsdrehmoment aufnimmt, in Ruhe befindet. Damit ist der zugeordnete Energiestrom null.

Eine besondere Klasse von Energiekonvertern stellen Batterien dar. In ihnen wird chemische Energie in elektrische umgewandelt. Bei wieder aufladbaren Batterien oder Akkumulatoren[1] geschieht der umgekehrte Vorgang: elektrische Energie wird in chemische Energie umgesetzt. Bei einer chemischen Reaktion werden Ausgangsstoffe zu so genannten Reaktionsprodukten umgewandelt, ein Beispiel ist die Verbrennung von Erdgas (Methan) mit Luftsauerstoff. Aus diesen Ausgangsstoffen entstehen Wasser und Kohlendioxid sowie Wärme als sekundäre Nutzenergie.

Allgemein wird der Strom chemischer Energie von einem oder mehreren Massen- oder Stoffmengenströmen der Ausgangsstoffe sowie entsprechenden Strömen der Reaktionsprodukte begleitet. Die gemäß (5.11) dazugehörigen energiekonjugierten intensiven Größen nennt man „chemische Potentiale" $\mu$ der betreffenden Stoffe. Sie entsprechen den in Kapitel 3.8.4 behandelten thermodynamischen Potentialen, bezogen auf die Massen- bzw. Stoffmengenströme. Welches thermodynamische Potential im Einzelfall zu wählen ist, hängt von den Randbedingungen der chemischen Reaktion ab. Erfolgt die Reaktion isotherm und isobar, so entspricht dem chemischen Potential die spezifische bzw. molare freie Enthalpie.

---

[1]    Von lat. accumulare, (Ladung) anhäufen, sammeln.

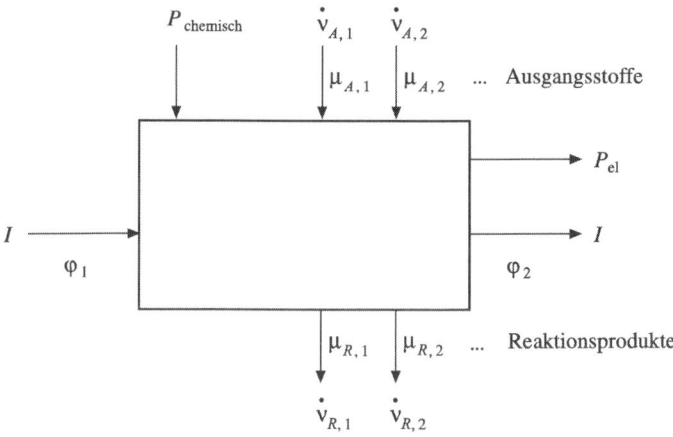

**Abb. 5.13** *Batterie als Energiekonverter chemische Energie → elektrische Energie.*

Die netto zur Verfügung stehende chemische Energie, die in elektrische umgewandelt werden kann, beträgt

$$P_{chem.} = \mu_{A,1}\dot{\nu}_{A,1} + \mu_{A,2}\dot{\nu}_{A,2} + \ldots - (\mu_{R,1}\dot{\nu}_{R,1} + \mu_{R,2}\dot{\nu}_{R,2} + \ldots). \tag{5.23}$$

Dabei bezeichnen „A" die Ausgangsprodukte und „R" die Reaktionsprodukte der chemischen Reaktion. Auf die konkreten Reaktionen bei Batterien und Akkumulatoren, die man auch unter dem Begriff „galvanische Zellen" zusammenfasst, sowie bei der Elektrolyse wollen wir hier nicht eingehen.

Aufgrund des 2. Hauptsatzes der Thermodynamik wird bei jedem Wechsel des Energieträgers in einem Energiekonverter Entropie erzeugt, es wird nicht die gesamte eingespeiste Primärenergie in Nutzenergie umgewandelt. Prozesse, bei denen Entropie erzeugt wird, laufen „von selbst" ab, bis die Entropie des abgeschlossenen Systems ein Maximum erreicht hat. Diesen Zustand nennt man „Gleichgewicht". Die intensiven Größen der Teilsysteme, zwischen denen Energiestrom und der begleitende Strom floss, weisen dann gleiche Werte auf.

- Es fließt keine Ladung mehr, wenn die Potentialdifferenz zwischen zwei aufgeladenen Objekten, die durch einen elektrischen Leiter verbunden sind, null ist.
- Zwei Objekte befinden sich im thermischen Gleichgewicht, wenn ihre Temperaturen gleich sind. Durch einen Wärmeleiter fließt dann kein Entropiestrom mehr.
- Zwischen zwei Objekten, die sich in Kontakt befinden und sich mit gleichen Geschwindigkeiten bewegen, wirken keine Gleitreibungskräfte.
- Ist die Summe der chemischen Potentiale der Ausgangsstoffe einer chemischen Reaktion gleich der Summe der chemischen Potentiale der Reaktionsprodukte, so findet keine stoffliche Umwandlung mehr statt.

## 5.1.4    Elektrische Netzwerke (Gleichstrom)

Elektrische Verbraucher und Energiequellen können in vielfältiger Art und Weise durch Leiter miteinander verbunden werden. Diese Systeme bezeichnet man auch als „elektrische Netzwerke". Da eine Energiequelle immer auch eine Potentialdifferenz oder Spannung zwischen Hin- und Rückleitung der Ladung aufweist, wird sie üblicherweise auch als „Spannungsquelle" bezeichnet. Man kennzeichnet den Anschluss mit dem höheren Potential als „Pluspol", den mit dem niedrigeren Potential als „Minuspol" der Spannungsquelle.

Da in der Anfangszeit der Elektrotechnik noch nicht klar war, welche Ladungsträger sich z. B. in einem Kupferdraht bewegen, hat man sich damals darauf geeinigt, dass die Richtung für den elektrischen Ladungsstrom gleich der Bewegungsrichtung von positiven Ladungen ist. Diese bewegen sich vom Pluspol einer Spannungsquelle über einen Verbraucher zum Minuspol. Die bislang gebrauchten Begriffe „Hinleitung" und „Rückleitung" gelten für Träger mit positiver Ladung. Zwar bewegen sich bei allen metallischen Leitern negativ geladene Elektronen, jedoch sind mit (5.19) die Stromdichte und damit auch der Strom gleich, wenn sich sonst gleiche, aber negativ geladene Träger in die umgekehrte Richtung, also vom Minuspol zum Pluspol, bewegen.

Zunächst wollen wir Netzwerke behandeln, bei denen Ströme und Spannungen zwischen unterschiedlichen Punkten des Netzwerkes zeitlich konstant sind. Einen zeitlich konstanten Strom bezeichnet man als Gleichstrom, eine zeitlich konstante Spannung als Gleichspannung. Für einen Knoten, der mehrere Leiter miteinander verbindet, ist für die Ströme die Knotenregel (5.6) zu beachten, Ströme in den Knoten werden positiv, Ströme aus dem Knoten negativ gezählt. Bei einer Masche, einem geschlossenen Weg über mehrere Energiequellen und -verbraucher, gilt die Maschenregel (5.14). Spannungen im Umlaufsinn werden positiv gezählt, Spannungsabfälle $RI$ an Verbrauchern sind positiv, wenn die Richtung des Stromes und der Umlaufsinn übereinstimmen.

Mit diesen Zusammenhängen können wir Netzwerke analysieren und so aus komplexen Schaltungen einfachere Ersatzschaltungen herleiten sowie Teilspannungen oder Teilströme berechnen. Zunächst wollen wir uns auf lineare Netzwerke beschränken, d. h. die Verbraucher sind Ohmsche Widerstände. Die Leitungen betrachten wir als ideal mit dem Widerstand null. Reale Leitungen können wir uns aus einer idealen Leitung und einem Ohmschen Widerstand gemäß

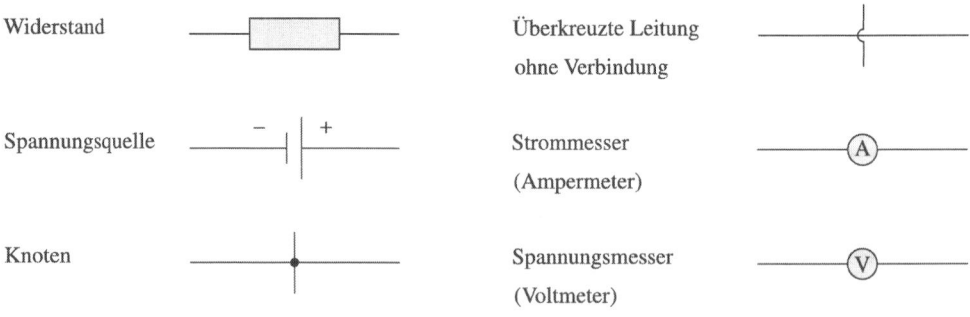

*Abb. 5.14 Schaltungssymbole.*

(5.20), in dem Leitungslänge, Leitungsquerschnitt sowie der Werkstoff berücksichtigt werden, zusammengesetzt denken. Wir verwenden dabei die Schaltungssymbole aus **Abb. 5.14**.

**Parallelschaltung von Widerständen**

Alle Widerstände sind mit dem einen Anschluss über den Knoten $A$ und mit dem anderen über Knoten $B$ miteinander verbunden. Diese Knoten sind wiederum an jeweils einem Pol der Spannungsquelle angeschlossen. Somit liegt zwischen den Knoten die Spannung der Quelle an. Aus **Abb. 5.15** können wir zwei Gleichungen für die Knoten $A$ und $B$ sowie für drei Maschen aufstellen.

$$\text{Knoten } A: \; I - I_1 - I_2 = 0 \qquad \text{Masche 1: } U - R_1 I_1 = 0$$
$$\text{Knoten } B: \; I - I_1 - I_2 = 0 \qquad \text{Masche 2: } U - R_2 I_2 = 0$$
$$\text{Masche 3: } R_1 I_1 - R_2 I_2 = 0 \qquad (5.24)$$

Die Gleichungen sind nicht unabhängig voneinander, die Knotengleichungen sind identisch. Maschengleichung 3 geht aus der Subtraktion von Maschengleichung 2 und Maschengleichung 1 hervor. Wir suchen einen Zusammenhang zwischen den Widerständen $R_1$ und $R_2$ und einem Gesamtwiderstand $R_g$, durch den bei gleicher Spannung $U$ der gleiche Strom $I$ fließt wie bei der Parallelschaltung. Lösen wir die beiden ersten Maschengleichungen nach den Teilströmen $I_1$ bzw. $I_2$ auf und setzen diese in die Knotengleichung ein, so erhalten wir

$$I_1 = \frac{U}{R_1}, \; I_2 = \frac{U}{R_2} \; \Rightarrow \; I - \frac{U}{R_1} - \frac{U}{R_1} = 0 = I - \frac{U}{R_g} \; \Rightarrow$$

$$\frac{1}{R_g} = \frac{1}{R_1} + \frac{1}{R_2} \qquad \Rightarrow \quad R_g = \frac{R_1 R_2}{R_1 + R_2}. \qquad (5.25)$$

Das gleiche Ergebnis hätten wir auch erhalten, wenn wir in der Knotengleichung die Teilströme gemäß (5.16) durch die an den Widerständen anliegende Spannung $U$ und die jeweiligen Leitwerte $G_i = 1/R_i$ ausgedrückt hätten.

$$I = G_g U = G_1 U + G_1 U \; \Rightarrow \; G_g = G_1 + G_1 \qquad (5.26)$$

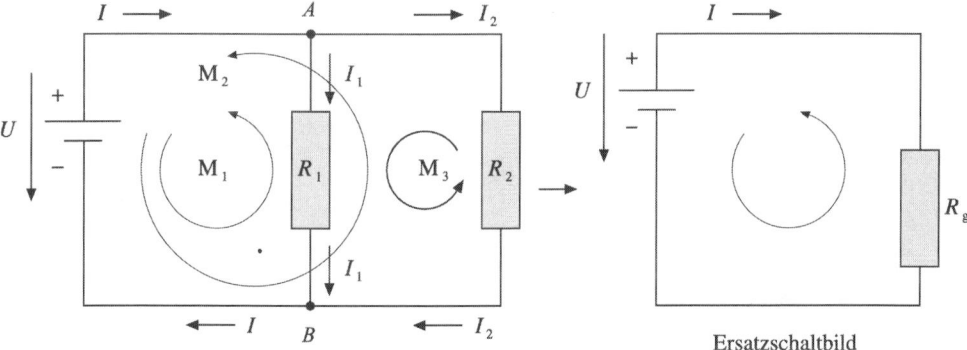

**Abb. 5.15** *Parallelschaltung von Widerständen.*

Bei einer Parallelschaltung von Widerständen addieren sich die einzelnen Leitwerte zum Gesamtleitwert.

Aus der Maschengleichung 3 in (5.24) erhalten wir den Zusammenhang zwischen den Teil-strömen.

$$\frac{I_1}{I_2} = \frac{R_2}{R_1} \qquad (5.27)$$

Aus (5.16) folgt allgemein für die Verhältnisse von den Teilströmen zum Gesamtstrom und den Teilströmen untereinander

$$\frac{I}{I_1} = \frac{G_g U}{G_1 U} = \frac{R_1}{R_g} \ \text{ und } \ \frac{I_1}{I_2} = \frac{G_1 U}{G_2 U} = \frac{R_2}{R_1} \ . \qquad (5.28)$$

Die obigen Zusammenhänge für die Parallelschaltung von zwei Widerständen können wir leicht auf die Parallelschaltung von mehreren Widerständen erweitern.

$$(5.26) \rightarrow G_g = \sum_i G_i \ \text{ oder } \ \frac{1}{R_g} = \sum_i \frac{1}{R_i} \qquad (5.29)$$

$$\frac{I}{I_k} = \frac{G_g}{G_k} \ \text{ und } \ \frac{I_n}{I_m} = \frac{G_n}{G_m} \qquad (5.30)$$

Dabei sind $I_k$, $I_m$ und $I_n$ die Teilströme durch die Widerstände mit den Leitwerten $G_k$, $G_m$ und $G_n$ der Parallelschaltung.

**Reihenschaltung von Widerständen**
Spannungsquelle und Widerstände stellen in **Abb. 5.16** eine Masche dar, der Strom $I$ fließt durch alle Widerstände in gleicher Weise. In jedem wird ein Teil des von der Spannungs-quelle in den Stromkreis eingespeisten Energiestroms in Wärme umgewandelt. Mit dem in **Abb. 5.16** angegebenen Umlaufsinn der Masche ergibt sich aus (5.14)

$$-U + R_1 I + R_2 I = 0 \ \Rightarrow \ U = (R_1 + R_2)I = R_g I \ \Rightarrow \ R_g = \sum_i R_i \ . \qquad (5.31)$$

Bei einer Reihenschaltung von Widerständen addieren sich die einzelnen Widerstands-werte zum Gesamtwiderstand.

$$I = \frac{U_1}{R_1} = \frac{U_2}{R_2} ... = \frac{U_k}{R_k} \ . \qquad (5.32)$$

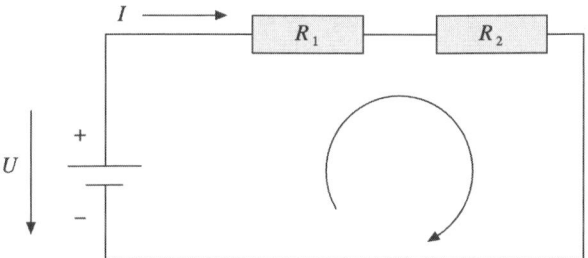

*Abb. 5.16* *Reihen- oder Serienschaltung von Widerständen. Da durch alle Widerstände der Strom I fließt, gilt für die Spannungsabfälle oder Teilspannungen an den einzelnen Widerständen.*

**Messung von Strom und Spannung**
Ladung, Strom und Spannung sowie der elektrische Widerstand sind der direkten Beobachtung nicht zugänglich (außer bei einem „Stromschlag" mit in der Regel nicht erwünschten gesundheitlichen Auswirkungen). Bei Elektroskopen zur Messung von Ladungsmengen (siehe **Abb. 5.2**) werden Abstoßungskräfte gleichnamiger Ladungen benutzt, um diese als Zeigerausschlag sichtbar zu machen.

*Amperemeter*
Geräte zum Messen von elektrischen Strömen, so genannte Amperemeter, nutzen andere Effekte aus. Fließt Strom durch einen (Ohmschen) Widerstand, so wird die elektrische Energie in Wärme umgesetzt, in Abhängigkeit vom thermischen Leitwert zwischen dem Widerstand und der Umgebung erwärmt sich dieser auf eine bestimmte Temperatur. Diese Temperaturänderung wiederum bewirkt eine Längenänderung des Widerstandes, die als Zeigerausschlag sichtbar gemacht werden kann. Die Temperatur ist abhängig von der umgesetzten Leistung und diese hängt wiederum von der Stromstärke ab. Nach diesem Messprinzip arbeiten so genannte „Hitzdrahtamperemeter". Andere Amperemeter (Dreheisen und Drehspulinstrumente) nutzen magnetische Kräfte, die durch einen Strom bewirkt werden, aus. Diese bewirken wie beim Elektroskop einen Zeigerausschlag, der von der Stromstärke abhängig ist. Auf diese Effekte werden wir im Kapitel 5.3.2 eingehen. Alle Messwerke von Amperemetern haben einen elektrischen Innenwiderstand $R_A$. Bei in der Praxis verwendeten Geräten beträgt dieser ca. $20\Omega$ bei einem maximalen Strom $I_A$ von $500\mu A$ (Vollausschlag).

Zur Messung von Strömen müssen diese durch das Amperemeter fließen (siehe **Abb. 2.13**), somit muss dieses in Reihe mit dem Verbraucher geschaltet werden. Damit vergrößert es den Gesamtwiderstand, was eine Verminderung des Stromes zur Folge hat. Der Innenwiderstand des Messwerkes muss daher möglichst klein[1] sein, um Verfälschungen der Strommessung in Grenzen zu halten. Der maximale Strom, der gemessen werden kann, ist zunächst auf den Wert bei Vollausschlag begrenzt. Um auch größere Ströme messen zu können, wird zum Messwerk ein Widerstand (Nebenwiderstand oder Shunt[2]) parallel geschaltet, über den ein entsprechender Teil des Gesamtstroms fließt.

---

[1]    Man sagt auch, ein Amperemeter müsse möglichst „niederohmig" sein.
[2]    Engl. Nebenschluss, ein Zweig der Parallelschaltung.

(a)                                                      (b)

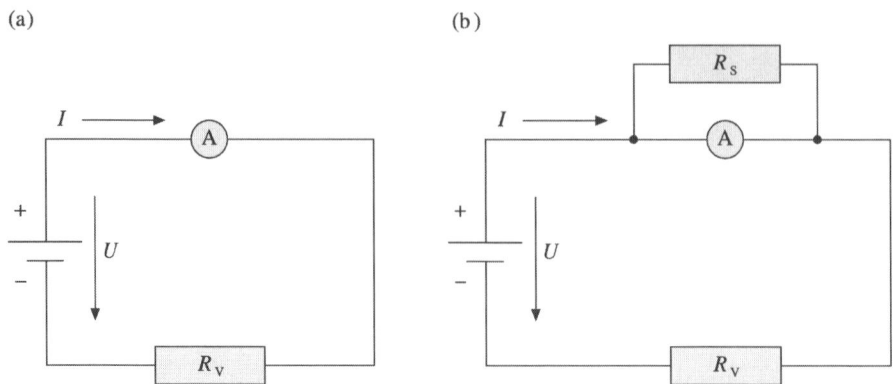

**Abb. 5.17** *Messung von Strömen durch ein Amperemeter. Messbereichserweiterung durch Parallelschalten eines Nebenwiderstandes oder Shunts.*

Soll der Messbereich des Amperemeters auf $I_M$ erweitert werden, so muss ein Strom $I_M - I_A$ durch den Shunt fließen. Aus dem Verhältnis der Teilströme kann nach (5.27) das Verhältnis von $R_S$, dem Widerstand des Shunts und Innenwiderstand $R_A$ des Messwerkes berechnet werden.

$$\frac{I_A}{I_M - I_A} = \frac{R_S}{R_A} \quad \Rightarrow \quad R_S = \frac{I_A}{I_M - I_A} R_A \tag{5.33}$$

Für einen Messbereich von 10A muss dem Messwerk ($R_A = 20\Omega$, $I_A = 500\mu A$) ein Shunt von $10m\Omega$ parallel geschaltet werden. Das gesamte Amperemeter (Messwerk und Shunt) hat gemäß (5.25) einen Widerstand von

$$R_{Ampm.} = \frac{R_S R_A}{R_S + R_A} , \tag{5.34}$$

in diesem Fall also von $10m\Omega$. Je größer der Shunt ist, je größer also der Messbereich, desto kleiner sind der Widerstand der Messanordnung und damit die Verfälschung der Messung durch diese. Die Abweichung des gemessenen Stroms von seinem wahren Wert beträgt

$$\Delta I := I_{wahr} - I_{mess} = \frac{U}{R_V} - \frac{U}{R_V + R_{Ampm}} = U \frac{R_{Ampm}}{R_V + R_{Ampm}} . \tag{5.35}$$

Im kleinsten Messbereich ohne Shunt sind die Abweichungen am größten.

*Voltmeter*
Spannungen oder Potentialdifferenzen können zwischen zwei Punkten eines Netzwerkes vorliegen. Bei einer Spannungsmessung müssen diese Punkte über das Spannungsmessgerät oder Voltmeter miteinander verbunden werden. Grundsätzlich kann für eine Spannungsmes-

(a)                                              (b)

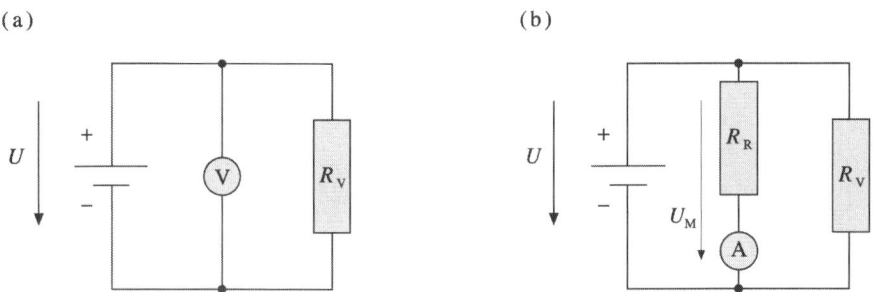

**Abb. 5.18** *Messung von Spannungen. Wird ein Amperemeter verwendet, so muss der Strom durch das Messwerk durch einen Widerstand, der mit ihm in Reihe geschaltet wird, begrenzt werden.*

sung ein Amperemeter benutzt werden, wenn sein Innenwiderstand über den Messbereich konstant ist. Allerdings darf die zu messende Spannung den Wert $R_A I_A$ nicht überschreiten, bei dem oben betrachteten Messwerk also 0,01 V.

Um größere Spannungen messen zu können, muss ein Widerstand in Reihe mit dem Messwerk geschaltet werden, so dass der Strom zwischen den Messpunkten kleiner als der Strom $I_A$ bei Vollausschlag ist. Für einen Messbereich $U_M$ muss der Reihenwiderstand $R_R$

$$(R_R + R_A)I_A = U_M \quad \Rightarrow \quad R_R = \frac{U_M}{I_A} - R_A \tag{5.36}$$

betragen. Mit $U_M = 10$ V ergibt sich ein Reihenwiderstand von 20,02 kΩ.

Auch Voltmeter (Amperemeter mit Reihenwiderstand) können Spannungsmessungen verfälschen. Soll der Spannungsabfall an einem von zwei in Serie geschalteten Verbrauchern gemessen werden, so bewirkt die Parallelschaltung des Voltmeters einen kleineren Gesamtwiderstand der Einheit Verbraucher-Voltmeter.

Der Spannungsabfall $U_1$ am Widerstand $R_1$ beträgt ohne parallel geschaltetes Voltmeter

$$U_1 = R_1 I \text{ , mit } U = (R_1 + R_2)I \quad \Rightarrow \quad U_1 = \frac{U}{R_1 + R_2} \cdot \tag{5.37}$$

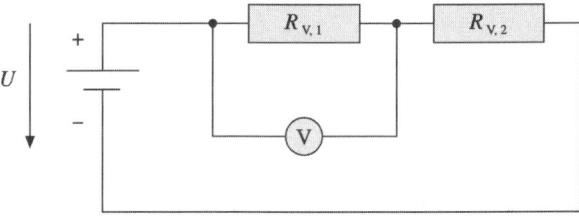

**Abb. 5.19** *Einfluss des Voltmeters auf die Spannungsmessung bei zwei in Reihe geschalteten Verbrauchern.*

Wird dem Widerstand $R_1$ ein Voltmeter mit dem Innenwiderstand $R_V = R_A + R_R$ parallel geschaltet, so fällt insgesamt nur $U_1'$ an dem Gesamtwiderstand $R_1' = R_1 R_V / (R_1 + R_V)$ der Parallelschaltung ab. Diese Spannung beträgt

$$U_1' = R_1' I', \text{ mit } U = (R_1' + R_2)I' \;\Rightarrow\; U_1' = \frac{U}{\dfrac{R_1 R_V}{R_1 + R_V} + R_2}. \tag{5.38}$$

Auch hier wird die Abweichung der gemessenen Spannung $U_1'$ von dem wahren Wert $U_1$ umso größer, je kleiner der Innenwiderstand des Voltmeters ist. Voltmeter sollten daher möglichst „hochohmig" sein.

*Ohmmeter*
Der Widerstand eines elektrischen Verbrauchers berechnet sich nach (5.16) bzw. (5.18) aus dem Quotienten der anliegenden Spannung und dem fließenden Strom. Gebräuchliche „Vielfachmessinstrumente" können neben Strömen und Spannungen auch Widerstände messen, in diesem Modus bezeichnet man sie auch als „Ohmmeter". Sie haben eine interne Spannungsquelle, die in Reihe mit dem Messwerk eines Amperemeters und einem Widerstand $R_R$ zur Anpassung des Messbereiches geschaltet ist.

Der Widerstand $R_R$ ist so bemessen, dass bei gegebener Spannung $U$ der Spannungsquelle der Strom zum Vollausschlag $I_A$ des Amperemeters führt, wenn der zu messende Widerstand null ist, die Klemmen des Ohmmeters also kurzgeschlossen werden. Bei offenen Klemmen, wenn kein Widerstand angeschlossen ist, wird der Wert „unendlich" angezeigt. Wird ein Widerstand $R_{mess}$ angeschlossen, so fließt ein Strom

$$I = \frac{U}{R_A + R_R + R_{mess}}, \text{ mit } R_R = \frac{U}{I_A} - R_A \;\Rightarrow\; I = \frac{U I_A}{R_{mess} I_A + U}. \tag{5.39}$$

Der Verlauf $I(R_{mess})$ ist nicht linear, daher muss die Skala mit bekannten Widerständen kalibriert werden, damit man direkt die gemessenen Widerstandswerte ablesen kann.

Zu beachten ist bei dem Gebrauch von Ohmmetern, dass empfindliche Bauelemente, deren Widerstand gemessen werden soll, durch den Messstrom $I$, in unserem Beispiel $< 500\mu A$, nicht beschädigt werden.

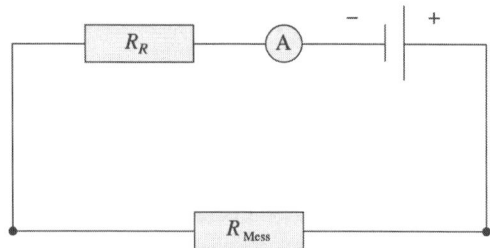

**Abb. 5.20** *Ohmmeter als Reihenschaltung einer Spannungsquelle, einem Amperemeter und einem Widerstand zur Anpassung des Messbereiches.*

**Reale Spannungsquellen**

Spannungs- oder Energiequellen überführen Energie anderer Träger in elektrische Energie und speisen diese in Stromkreise, die als Netzwerke wie die oben beschriebenen Parallel- oder Reihenschaltungen von Widerständen strukturiert sein können, ein. Eine ideale Spannungsquelle speist in einen Stromkreis immer soviel Energie ein, wie vom Verbraucher abgeführt wird, dabei bleibt die Spannung $U$ konstant. Bei einem „Ohmschen" Verbraucher mit einem konstanten Widerstand $R$ stellt sich gemäß (5.16) ein Strom $I = U/R$ ein, den die Spannungsquelle unabhängig von $R$ dem Verbraucher „liefert". Der Energiestrom $P = U^2/R$ kann u. U. bei kleinen Widerständen sehr hoch werden.

Eine reale Spannungsquelle kann dagegen nur einen endlichen maximalen Energiestrom in den Stromkreis einspeisen. Häufig besteht ein linearer Zusammenhang zwischen der Spannung an den Polen der realen Spannungsquelle, der „Klemmenspannung", und dem eingespeisten Strom: Die Klemmenspannung $U_{Kl.}$ sinkt linear mit steigendem Strom. Dieses Verhalten kann man durch einen fiktiven „Innenwiderstand" $R_i$ der Spannungsquelle beschreiben.

$$U_{Kl.} = U_0 - R_i I \tag{5.40}$$

Dabei ist $U_0$ die „Urspannung" der Spannungsquelle, d. h. die (konstante) Spannung, welche die Spannungsquelle im Idealfall aufweisen würde, wenn sie unabhängig vom Strom Energie in den Stromkreis speisen würde. Am Innenwiderstand erfolgt ein Spannungsabfall, durch den die Urspannung auf die Klemmenspannung reduziert wird. Diese Urspannung ist ein charakteristisches Merkmal, das z. B. bei einer Batterie durch die Art der chemischen Reaktion bestimmt wird. Die Klemmenspannung ist gleich der Urspannung, wenn im angeschlossenen Stromkreis kein Strom fließt. Daher bezeichnet man die Urspannung einer Spannungsquelle auch als „Leerlaufspannung".

Die (negative) Steigung der Geraden in **Abb. 5.22** entspricht dem Innenwiderstand der Spannungsquelle. Er ist bei vielen Spannungsquellen ebenfalls eine charakteristische Konstante. Wird die Spannungsquelle kurzgeschlossen, d. h. ihre Pole werden durch einen Leiter miteinander verbunden, so beträgt die Klemmenspannung null und es fließt der Kurzschluss-

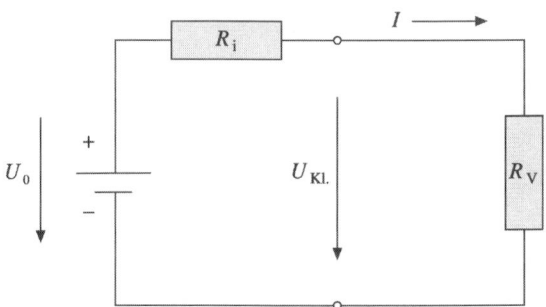

**Abb. 5.21** *Schaltbild einer realen Spannungsquelle, die aus einer idealen Spannungsquelle und einem mit ihr in Reihe geschalteten Innenwiderstand aufgebaut ist.*

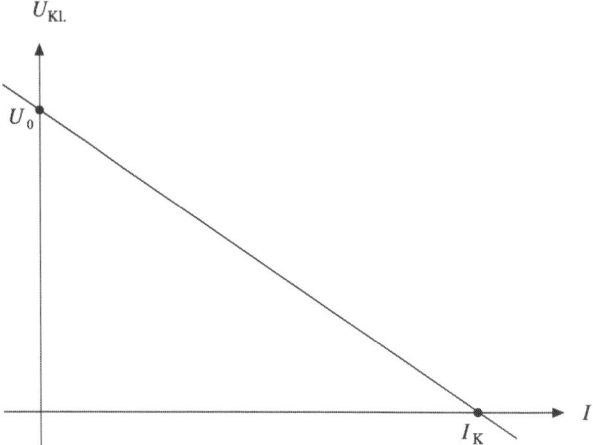

**Abb. 5.22** *Verlauf der Klemmenspannung einer realen Spannungsquelle in Abhängigkeit vom Strom.*

strom $I_K$. Dies entspricht dem Schnittpunkt der Geraden in **Abb. 5.22** mit der $I$-Achse. Mit (5.40) ergibt sich der Kurzschlussstrom zu

$$I_K = \frac{U_0}{R_i} \,. \tag{5.41}$$

Die Leistung, die ein (Ohmscher) Verbraucher mit einem Widerstand $R_V$ der Spannungsquelle entnehmen kann, beträgt

$$P_V = U_{Kl.} I = U_0 I - R_i I^2 \,. \tag{5.42}$$

Sie wird im Leerlauf ($R_V = \infty$, $I = 0$) und bei Kurzschluss ($R_V = 0$, $U_{Kl.} = 0$) null. Das Maximum der Leistung wird bei

$$\frac{\mathrm{d}P_V}{\mathrm{d}I} = 0 = U_0 - 2R_i I \;\;\Rightarrow\;\; I_{max.} = \frac{U_0}{2R_i} \tag{5.43}$$

erreicht und beträgt

$$P_V(I_{max.}) = U_0 \frac{U_0}{2R_i} - R_i \frac{U_0^2}{4R_i^2} = \frac{U_0^2}{4R_i} \,. \tag{5.44}$$

Der Widerstand des Verbrauchers muss dann

$$R_V = \frac{U_{Kl.}(I_{max.})}{I_{max.}} = \frac{U_0 - R_i I_{max.}}{I_{max.}} = \frac{U_0}{\frac{U_0}{2R_i}} - R_i = R_i \tag{5.45}$$

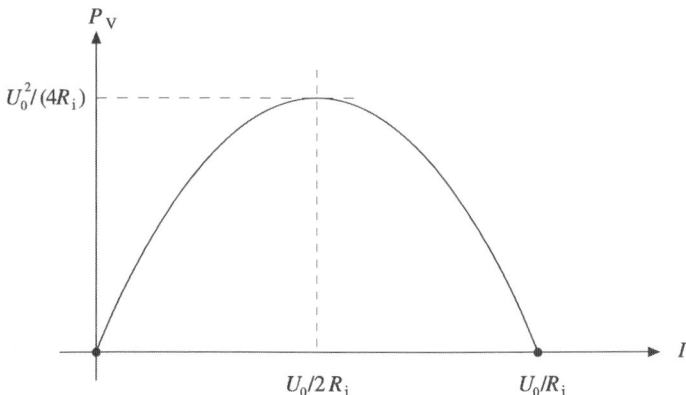

**Abb. 5.23** *Verlauf der Leistung, die eine reale Spannungsquelle in einen Verbraucher einspeisen kann, in Abhängigkeit vom Strom.*

groß sein. Maximale Leistung wird von der Spannungsquelle zum Verbraucher übertragen, wenn der Widerstand des Verbrauchers gleich dem Innenwiderstand der Spannungsquelle ist. Dies heißt auch „Widerstandsanpassung" des Verbrauchers an die Spannungsquelle.

Urspannung und Kurzschlussstrom einer Spannungsquelle können in der Regel nicht direkt gemessen werden. Stattdessen misst man Klemmenspannung und Strom bei messtechnisch gut realisierbaren Werten, bestimmt aus der Steigung der Geraden in **Abb. 5.22** den Innenwiderstand der Quelle. Urspannung und Kurzschlussstrom berechnet man dann aus den Schnittpunkten der extrapolierten Geraden mit den $U_{Kl}$- bzw. $I$-Achsen.

Spannungsquellen, insbesondere Batterien, haben in der Regel bestimmte Urspannungen und bestimmte Innenwiderstände, die durch die Art der elektrochemischen Energieumwandlung und den Aufbau festgelegt werden. Um andere Spannungen oder um kleinere Innenwiderstände zu erhalten, damit die Klemmenspannung bei großen Strömen nicht zu stark absinkt, werden einzelne Spannungsquellen, bei Batterien nennt man diese auch „Zellen", miteinander kombiniert.

*Parallelschaltung von Spannungsquellen*
Werden $n$ gleiche Spannungsquellen (gleiche Urspannung $U_0$ und gleicher Innenwiderstand $R_i$) parallel geschaltet, so ist die resultierende Urspannung gleich. Die Innenwiderstände der Spannungsquellen sind parallel geschaltet, so dass sich insgesamt ein Innenwiderstand von

$$R_{i,Parallel} = \frac{R_i}{n} \tag{5.46}$$

ergibt. Eine Parallelschaltung von Zellen bietet sich also an, wenn bei großen Strömen die Klemmenspannung möglichst konstant sein soll, die Gerade aus **Abb. 5.22** also möglichst flach verläuft. Der Innenwiderstand der Quelle ist dann gegenüber dem Widerstand des Verbrauchers vernachlässigbar klein.

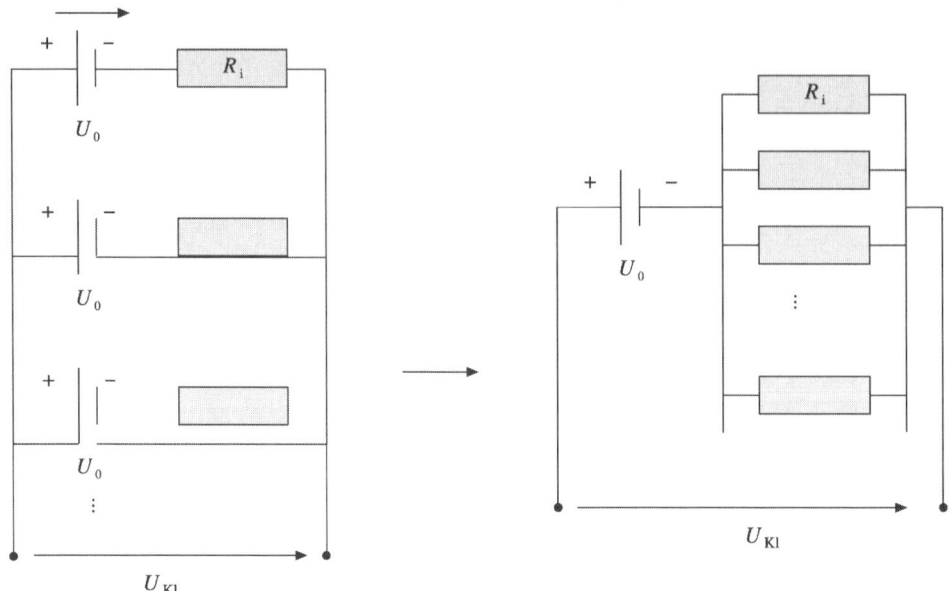

***Abb. 5.24*** *Parallelschaltung von Spannungsquellen mit gleicher Urspannung und gleichem Innenwiderstand.*

## Reihenschaltung von Spannungsquellen

Reicht die Spannung einer Zelle für die Energieversorgung eines Verbrauchers nicht aus, so kann die Versorgungsspannung durch eine Reihenschaltung erhöht werden (siehe **Abb. 5.8**). Da sowohl die $n$ (idealen) Spannungsquellen als auch die $n$ Innenwiderstände in Reihe geschaltet werden, addieren sich die Urspannungen $U_0$ zur resultierenden Urspannung $nU_0$ und die Innenwiderstände $R_i$ zum Gesamtinnenwiderstand $nR_i$.

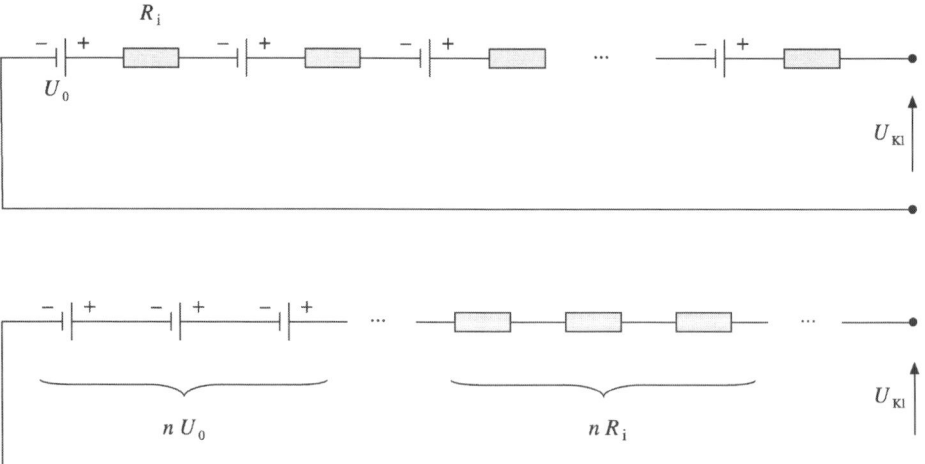

***Abb. 5.25*** *Reihenschaltung von Spannungsquellen mit gleicher Urspannung und gleichem Innenwiderstand.*

*Gruppenschaltung von Spannungsquellen*

Ist der Innenwiderstand einer Spannungsquelle, in der mehrere Zellen in Reihe geschaltet sind, zu groß, so kann dieser gesenkt werden, indem man einige der Spannungsquellen parallel schaltet. Eine solche kombinierte Reihen- und Parallelschaltung von Zellen nennt man Gruppenschaltung.

Die Zahl $n$ der in Reihe geschalteten Zellen bestimmt die Urspannung der Zellgruppe, sie beträgt $nU_0$, wenn $U_0$ die Urspannung einer einzelnen Zelle mit dem Innenwiderstand $R_i$ ist. Der Innenwiderstand vergrößert sich auf $nR_i$.

$$\text{Reihenschaltung:} \quad U_{0,Reihe} = nU_0, \quad R_{i,Reihe} = nR_i \tag{5.47}$$

Werden $m$ solcher Reihen parallel zu einer Gruppe zusammengeschaltet, so ergeben sich als Urspannung die Urspannung der Reihe und als Innenwiderstand der Gruppe

$$\text{Gruppenschaltung:} \quad U_{0,Grp.} = U_{0,Reihe}, \quad R_{i,Grp.} = \frac{nR_i}{m}. \tag{5.48}$$

Eine Gruppenschaltung von Zellen bietet sich besonders da an, wo ein maximaler Energiestrom aus den Spannungsquellen dem Verbraucher zugeführt werden soll. Durch entsprechendes Kombinieren der Zellen in parallel geschaltete Reihen kann so eine Widerstandsanpassung der Spannungsquelle an den Verbraucher wie in (5.45) realisiert werden.

**Verzweigte Netzwerke**

In verzweigten Netzwerken oder Stromkreisen können Widerstände und Spannungsquellen in beliebiger Weise miteinander verschaltet sein. Oft besteht die Aufgabe darin, bei gegebenen Widerständen und Spannungen der Quellen die auftretenden Ströme sowie die Spannungen zwischen verschiedenen Knoten zu berechnen oder für ein komplexes Widerstandsnetzwerk den Ersatzwiderstand zu finden.

Die Ströme von Knoten hängen über die Knotenregel (5.6) zusammen. Außerdem lässt sich jedes Netzwerk in verschiedene Maschen, geschlossene Pfade über Leitungen, Widerstände und Spannungsquellen, gliedern, für die die Maschenregel (5.14) gilt. Für jeden Knoten[1] und jede Masche erhalten wir eine Gleichung, in der Ströme bzw. Spannungen und Spannungsabfälle, die aus Widerständen sowie Strömen zusammengesetzt sind, in Beziehung gesetzt werden. Wichtig ist dabei, dass die Gleichungen voneinander unabhängig sind, d. h. nicht aus der Addition oder Subtraktion anderer Gleichungen oder durch Multiplikation mit einem Faktor hervorgehen. So waren nur drei der fünf Gleichungen (5.24) eines Netzwerkes aus einer Spannungsquelle und zwei parallel geschalteten Widerständen (siehe **Abb. 5.15**) unabhängig voneinander. Ist die Zahl der unabhängigen Gleichungen gleich der Zahl der unbekannten Größen, so sind diese eindeutig bestimmbar. Gibt es weniger Gleichungen, so sind die Lösungen vieldeutig, d. h. es gibt funktionale Abhängigkeiten der Unbekannten voneinander. Ist die Zahl der Gleichungen dagegen größer als die Zahl der Unbekannten, so ist das Gleichungssystem überbestimmt, es kann eindeutige Lösungen geben, es besteht aber auch die Möglichkeit, dass Widersprüche zwischen den Gleichungen bestehen.

---

[1] Sinnvollerweise stellt man nur Gleichungen für Knoten auf, in denen sich mindestens drei Leitungen treffen.

Ein (scheinbares) Problem ist es, die richtige Richtung der Ströme bei den Knoten und zur Bestimmung der Spannungsabfälle an Widerständen in den Maschengleichungen zu „erraten", wenn das Vorzeichen von Potentialdifferenzen noch nicht bekannt ist. Man kann jedoch beim Aufstellen der Gleichungen die Stromrichtungen zunächst willkürlich festlegen. Ist das Vorzeichen des später berechneten Stromes positiv, so fließt der Strom tatsächlich in die vorher festgelegte Richtung. Bei negativem Vorzeichen dagegen fließt er in die entgegengesetzte Richtung. Hätten wir z. B. bei dem Netzwerk in **Abb. 5.15** die Richtung des Stroms $I_2$ umgekehrt festgelegt, so hätten sich die Gleichungen

$$\text{Masche 1: } U - R_1 I_1 = 0 \qquad\qquad \text{Knoten } A: \ I - I_1 + I_2 = 0$$
$$\text{Masche 2: } U + R_2 I_2 = 0 \qquad\qquad\qquad\qquad\qquad\qquad (5.49)$$

ergeben. Löst man die Maschengleichungen nach den Teilströmen $I_1$ bzw. $I_2$ auf, so erhält man den gleichen Zusammenhang zwischen dem Gesamtwiderstand der Parallelschaltung und den Einzelwiderständen.

Sind in einem Netzwerk Widerstände parallel oder in Reihe geschaltet, so ist es sinnvoll, diese Kombination von Widerständen durch ihre Gesamtwiderstände gemäß (5.29) bzw. (5.31) zu ersetzen. Wir wollen nun einige Netzwerke analysieren und die obigen Strategien anwenden. Dabei ist es wichtig, linear unabhängige Gleichungen aus den Knoten- und Maschenbedingungen zu erhalten. Diese erhält man leicht, wenn man möglichst nur „innere" Maschen verwendet.

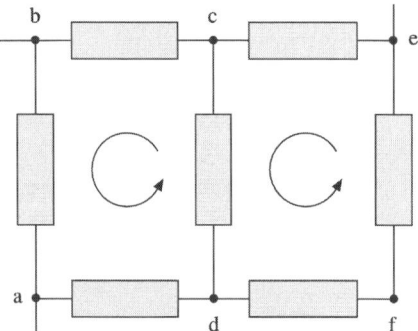

**Abb. 5.26** *Innere und äußere Maschen eines Netzwerkes. Die Maschen (abcd) und (dcef) sind „innere" Maschen, während die Masche (abef) eine „äußere" Masche darstellt.*

Die erhaltenen Ergebnisse kann man überprüfen, indem man sie in weitere Maschengleichungen einsetzt. Diese Gleichungen müssen ebenfalls erfüllt werden.

Ein häufiges Problem ist die Zusammenschaltung unterschiedlicher Spannungsquellen, d. h. Urspannungen und Innenwiderstände sind verschieden. Dieser Fall kann z. B. auch bei scheinbar gleichen Batterien vorkommen, wenn eine der Batterien stark entladen ist. Dann sinkt die Urspannung unter den nominalen Wert. Innenwiderstände können verschieden sein, wenn eine Zelle beschädigt ist. Werden unterschiedliche Batterien in Reihe geschaltet, so addieren sich Urspannungen $U_1$, $U_2$ und Innenwiderstände $R_1$, $R_2$ wie in (5.47) angegeben zur Urspannung und zum Innenwiderstand der Kombination.

$$U_{0,Reihe} = U_1 + U_2, \quad R_{i,Reihe} = R_1 + R_2 \tag{5.50}$$

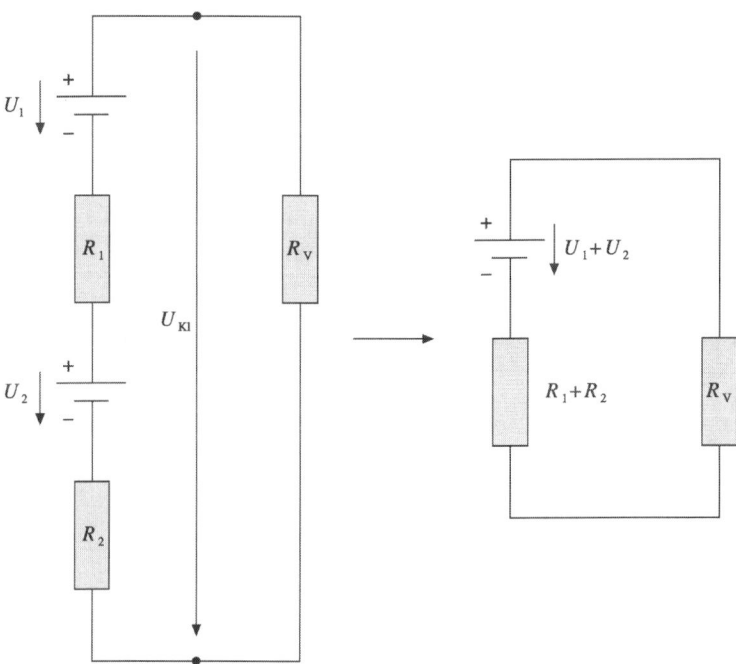

**Abb. 5.27** *Reihenschaltung von Batterien mit unterschiedlichen Urspannungen und Innenwiderständen.*

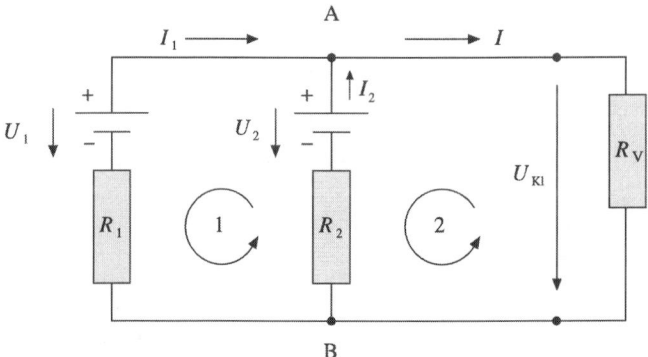

**Abb. 5.28** *Parallelschaltung von unterschiedlichen Batterien.*

Bei einer Parallelschaltung unterschiedlicher Batterien tragen beide zum Gesamtstrom $I$ durch den Verbraucher $R_V$ bei. Die Ströme ergeben sich aus den Knoten- und Maschengleichungen in **Abb. 5.28**.

$$\text{Masche 1: } U_1 - R_1 I_1 + R_2 I_2 - U_2 = 0 \text{ , Knoten } A: I_1 + I_2 - I = 0$$

$$\text{Masche 2: } U_2 - R_2 I_2 - R_V I = 0 \tag{5.51}$$

Zur Lösung des Gleichungssystems bringen wir alle Terme mit den unbekannten Strömen auf die linke und die bekannten Spannungen auf die rechte Seite der Gleichungen. Wir eliminieren sukzessive $I$ und $I_1$ und können so $I_2$ berechnen.

$$
\begin{array}{llll}
-I + & I_1 + & I_2 = 0 \\
R_V I & + & R_2 \ \ I_2 = U_2 \\
\hline
& R_V \ I_1 + & (R_V + R_2) \ \ I_2 = U_2 \\
& - R_1 \ I_1 + & R_2 \ \ I_2 = U_2 - U_1 \\
\hline
& (R_1(R_V + R_2) + R_V R_2) I_2 & = R_1 U_2 + R_V (U_2 - U_1)
\end{array}
$$

$$I_2 = \frac{R_1 U_2 + R_V (U_2 - U_1)}{R_1(R_V + R_2) + R_V R_2} \tag{5.52}$$

Entsprechend ergeben sich $I_1$ und $I$.

$$I_1 = \frac{R_2 U_1 + R_V (U_1 - U_2)}{R_1(R_V + R_2) + R_V R_2} = \frac{R_2 U_1 + R_V (U_1 - U_2)}{R_V (R_1 + R_2) + R_1 R_2} \tag{5.53}$$

$$I = \frac{R_2 U_1 + R_1 U_2}{R_V (R_1 + R_2) + R_1 R_2} \tag{5.54}$$

Zu beachten ist, dass auch im Leerlauf ($R_V \to \infty$) in der Masche 1 ein Strom fließt. Mit $I = 0$ und $I_{1,L} = -I_{2,L} = I_L$ beträgt der Leerlaufstrom $I_L$

$$I_L = \frac{U_1 - U_2}{R_1 + R_2} . \tag{5.55}$$

Ist $U_1 > U_2$, so wird auch im Leerlauf die Batterie 1 durch den Strom entladen, während der Energiestrom die Batterie 2 lädt, durch sie somit ein Strom vom Minuspol zum Pluspol fließt.[1] Die Leerlaufspannung (Klemmenspannung der parallel geschalteten Batterien) zwischen den Knoten $A$ und $B$ in **Abb. 5.28** beträgt

$$U_{K,L} = U_1 - R_1 I_L = U_1 - R_1 \frac{U_1 - U_2}{R_1 + R_2} = \frac{U_1 R_2 + U_2 R_1}{R_1 + R_2} . \tag{5.56}$$

---

[1]  Dies kann bei anderen Spannungsquellen wie Solarzellen zu Problemen führen. Daher wird dieser Strom dort durch Dioden unterbrochen.

Mit $R_V = 0$ ergibt sich der Kurzschlussstrom zu

$$I_K = \frac{U_1 R_2 + U_2 R_1}{R_1 R_2}. \tag{5.57}$$

Eine weitere, häufig gebrauchte Schaltung ist der Spannungsteiler oder die Potentiometerschaltung. Sie wird immer dann benötigt, wenn die Spannung einer Spannungsquelle zu groß für die Versorgung eines Verbrauchers ist und man mit Hilfe einer Spannungsquelle eine oder mehrere Teilspannungen erzeugen möchte. Bei der Betrachtung der Reihenschaltung von Widerständen haben wir gesehen, dass an den Widerständen Teilspannungen abfallen, die nach (5.32) proportional zum Widerstand sind. Ein Spannungsteiler besteht aus mehreren in Reihe geschalteten Widerständen, an denen dann die Teilspannungen abgegriffen werden können.

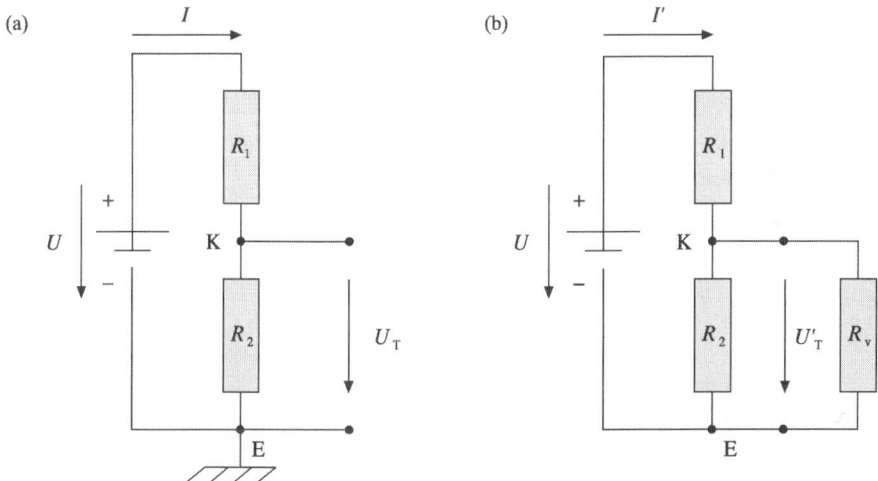

**Abb. 5.29** *Spannungsteiler (a) unbelastet, (b) mit einem Verbraucher $R_V$ belastet.*

Soll die gewünschte Teilspannung eine Potentialdifferenz zum Minuspol der Spannungsquelle in **Abb. 5.29** erzeugen, so wird sie als Spannungsabfall am Widerstand $R_2$ zwischen den Punkten $E$ und $K$ abgegriffen. Die Teilspannung $U_T$ beträgt mit (5.31) und (5.32) im unbelasteten Fall, wenn zwischen $E$ und $K$ kein weiterer Verbraucher parallel zu $R_2$ geschaltet ist:

$$U_T = R_2 I = R_2 \frac{U}{R_1 + R_2}. \tag{5.58}$$

Diese Spannung ändert sich bei Parallelschaltung eines Verbrauchers $R_V$ zu $R_2$. Der Gesamtwiderstand der parallel geschalteten Widerstände $R_V$ und $R_2$ ist mit $R_2 R_V/(R_2 + R_V)$ kleiner als $R_2$, daher ist die Teilspannung $U_T'$ auch kleiner als im unbelasteten Fall. Diese beträgt

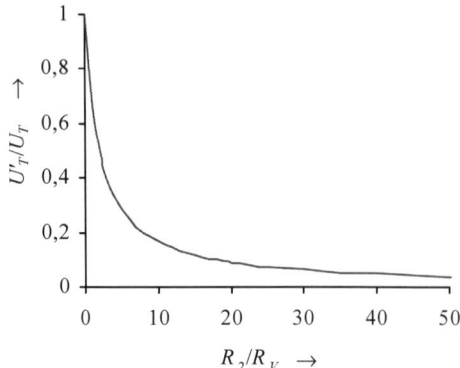

**Abb. 5.30** *Verlauf der Teilspannung am Verbraucher $R_V$, bezogen auf die Teilspannung des unbelasteten Spannungsteilers in Abhängigkeit des Verhältnisses $R_2/R_V$.*

$$U_T' = \frac{R_2 R_V}{R_2 + R_V} I' \text{ , mit } I' = \frac{U}{R_1 + \dfrac{R_2 R_V}{R_2 + R_V}} \quad \Rightarrow$$

$$U_T' = \frac{R_2 R_V}{R_1 R_2 + R_1 R_V + R_2 R_V} U \tag{5.59}$$

Die Spannung $U_T'$ wird umso kleiner, je kleiner $R_V$ wird, je stärker also der Verbraucher den Spannungsteiler belastet. Für $R_V \to \infty$ geht (5.59) in (5.58) über.

**Vereinfachungen durch Symmetrien im Netzwerk**
Weisen komplizierte Netzwerke Symmetrien in Spannungen und/oder Widerständen auf, so kann ihre Analyse stark vereinfacht werden. Als Beispiel betrachten wir eine „Brückenschaltung" von Widerständen.

Zur Bestimmung der sechs unbekannten Ströme sind vier Knotengleichungen und zwei Maschengleichungen aufzustellen. Die Aufgabe vereinfacht sich erheblich, wenn die Widerstände $R_1 = R_2 = R_a$ und $R_3 = R_4 = R_b$ sind. In diesem Fall sind die Pfade über die Knoten $ABD$ und $ACD$ symmetrisch und damit die Potentiale von $B$ und $C$ gleich. Damit fließt über den Widerstand $R_5$ kein Strom, sein Wert spielt für die Schaltung keine Rolle. Er kann somit entweder durch einen widerstandslosen Leiter ersetzt oder auch weggelassen werden. Damit ergibt sich das Ersatzschaltbild in **Abb. 5.32**.

Der Gesamtwiderstand der Brückenschaltung zwischen den Knoten $A$ und $D$ ergibt sich nach **Abb. 5.32** (a) zu

$$R_{Br.} = \frac{R_a}{2} + \frac{R_b}{2} \tag{5.60}$$

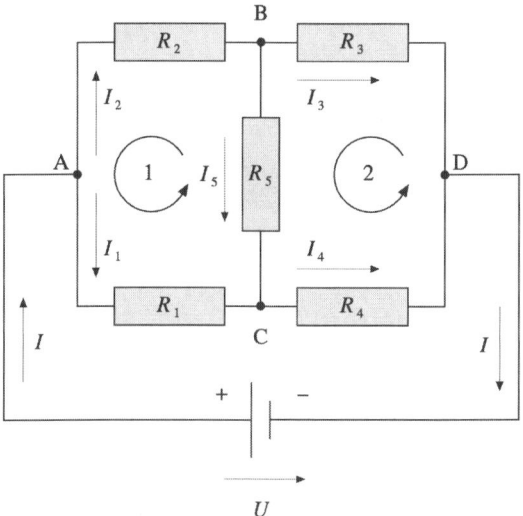

**Abb. 5.31** *Brückenschaltung von Widerständen.*

und nach **Abb. 5.32** (b) zu

$$R_{Br.} = \frac{1}{2}(R_a + R_b),$$
(5.61)

d. h. es spielt für den Gesamtwiderstand keine Rolle, wie der Widerstand $R_5$ behandelt wird. Auch für andere Widerstandswerte $R_1 \dots R_4$ kann erreicht werden, dass kein Strom durch $R_5$ fließt, also die Brückenschaltung durch Ersatzschaltungen nach **Abb. 5.32** beschrieben werden kann. Um dies zu erreichen, müssen die Spannungsabfälle an $R_1$ und an $R_2$ gleich sein.

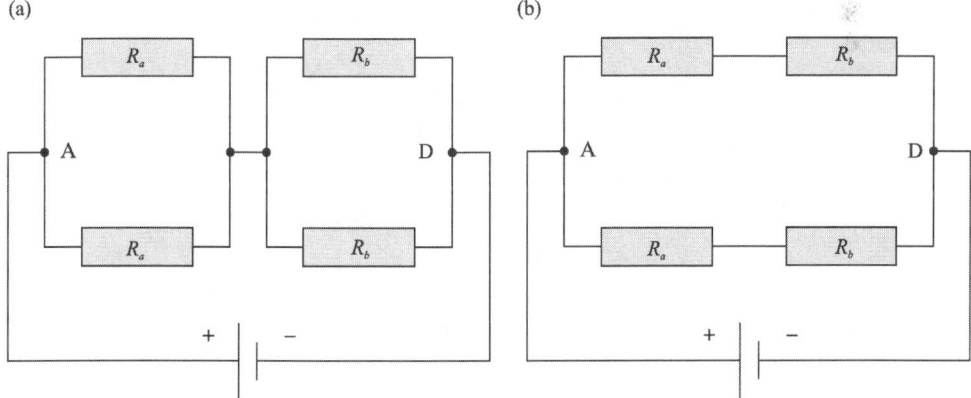

**Abb. 5.32** *Ersatzschaltbilder für die Brückenschaltung aus* **Abb. 5.31**, *wenn $R_1 = R_2 = R_a$ und $R_3 = R_4 = R_b$. Der Widerstand $R_5$ kann überbrückt (a) oder weggelassen (b) werden, da durch ihn kein Strom fließt.*

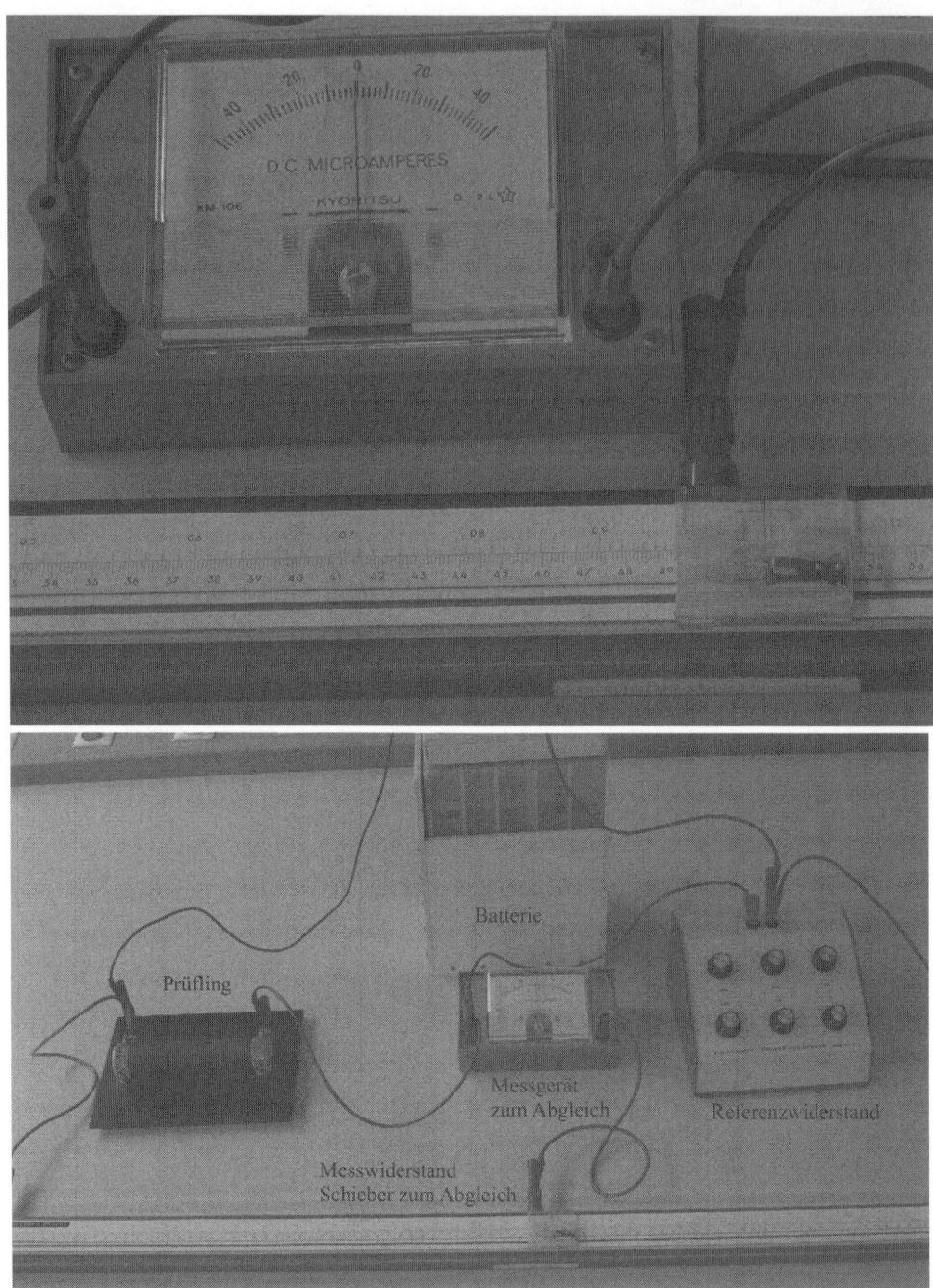

**Abb. 5.33**  *Wheatstonesche Brücke zur Bestimmung von Widerständen.*

Aus **Abb. 5.32** (b) geht hervor, dass in **Abb. 5.31** die Ströme $I_1 = I_4$ und $I_2 = I_3$ sind. Damit gilt

$$R_1 I_1 = R_2 I_2 \text{ und } R_4 I_1 = R_3 I_2 \Rightarrow \frac{R_1}{R_2} = \frac{I_2}{I_1} = \frac{R_4}{R_3} \text{ oder } \frac{R_1}{R_4} = \frac{R_2}{R_3}. \tag{5.62}$$

Auch für diese Widerstandsverhältnisse bleibt die Brücke über den Widerstand $R_5$ stromlos. Der Gesamtwiderstand der Schaltung beträgt dann

$$R_{Br.} = \frac{(R_2 + R_3)(R_1 + R_4)}{R_1 + R_2 + R_3 + R_4}. \tag{5.63}$$

Diese Schaltung ist auch als „Wheatstonesche[1] Brücke" bekannt und wird gern zur Bestimmung von unbekannten Widerständen gebraucht. $R_1$ und $R_4$ werden durch ein Schleifpotentiometer realisiert, über einem Widerstandsdraht kann ein Schleifkonkakt (der Knoten $C$ in **Abb. 5.31**) verschoben werden, so dass bei konstantem $R_1 + R_4$ die Widerstände $R_1$ und $R_4$ variierbar sind. Ist der Wert von z. B. $R_2$ bekannt, so kann durch Verschieben des Schleifkontaktes ein Amperemeter, das statt $R_5$ eingebaut wurde, auf null abgeglichen werden. Der unbekannte Widerstand $R_3$ kann dann mit (5.62) berechnet werden.

Ein weiteres Beispiel soll den Vorteil von Symmetriebetrachtungen bei der Knotenanalyse von Widerstandsnetzwerken verdeutlichen: Zwölf gleiche Widerstände befinden sich an den Kanten eines Würfels, die Knoten sollen die acht Ecken des Würfels bilden.

Wir können dies in der Ebene folgendermaßen darstellen: Im Knoten $A$ spaltet sich der eingespeiste Strom $I$ in drei gleiche Teilströme $I/3$ auf. Diese Teilströme gelangen über die Widerstände zu den Knoten $B$, $D$ und $E$. Dort teilen sie sich wieder in je zwei gleiche Ströme auf. Jeweils zwei dieser Teilströme der Stärke $I/6$ vereinigen sich wieder in den Knoten $C$, $F$ und $H$ zu Strömen von $I/3$ und schließlich im Knoten $G$ dann zum Gesamtstrom $I$.

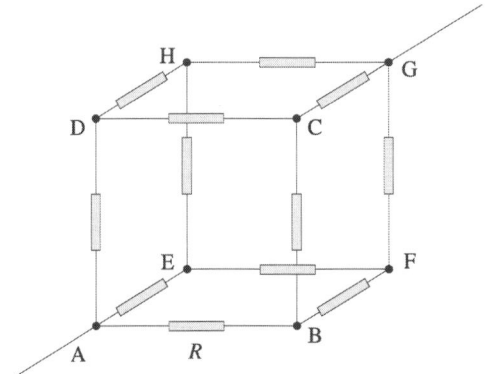

***Abb. 5.34*** *Widerstandsnetzwerk aus zwölf gleichen Widerständen. Gesucht ist der Widerstand zwischen den Knoten A und G.*

---

[1]    C. Wheatstone (1802 – 1875).

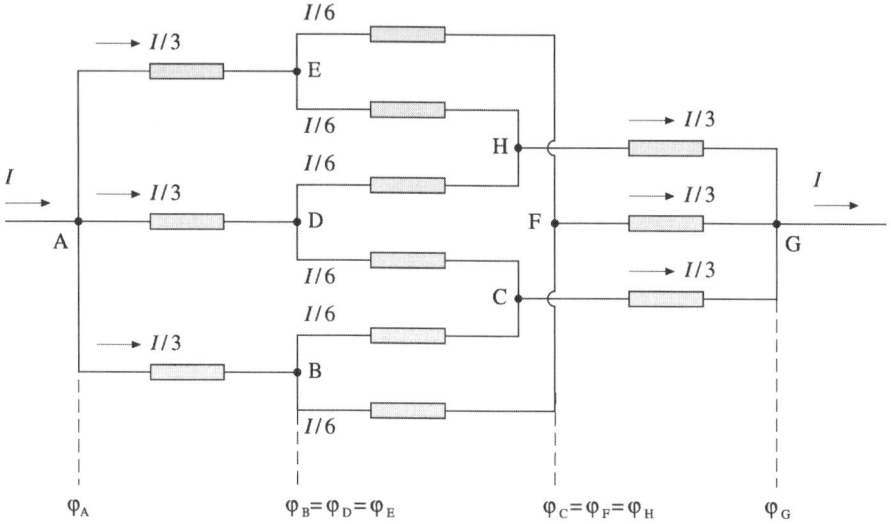

**Abb. 5.35** *Das Widerstandsnetzwerk aus Abb. 5.34, dargestellt in der Ebene.*

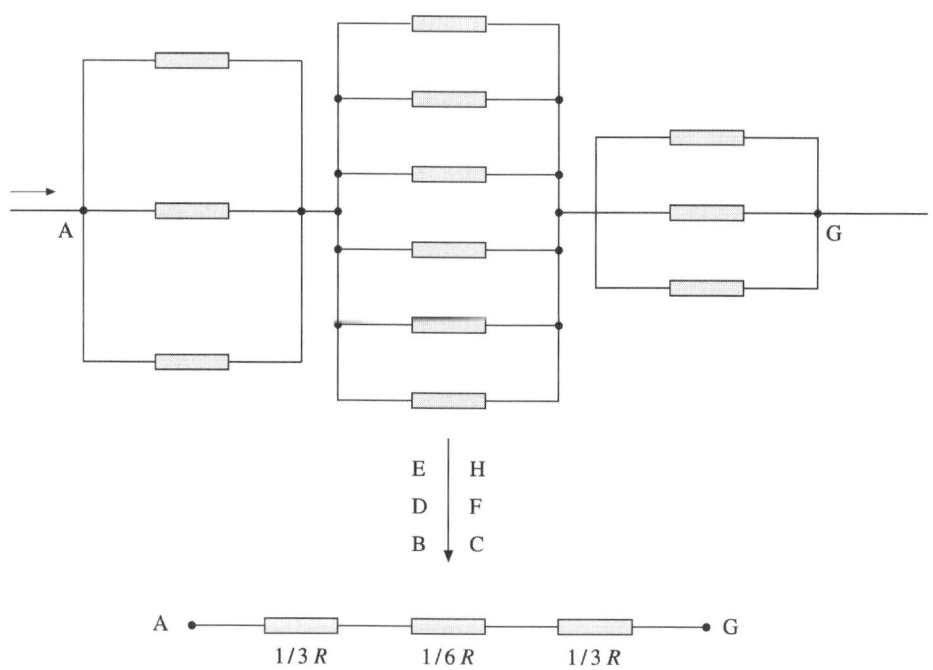

**Abb. 5.36** *Widerstandsnetzwerk aus* **Abb. 5.35**, *nachdem berücksichtigt wurde, dass sich die Knoten B, D und E sowie C, F und H auf gleichem Potential befinden.*

Da keiner der Knoten $B$, $D$ und $E$ ausgezeichnet ist, befinden sie sich alle auf dem gleichen Potential, so wie die Knoten $C$, $F$ und $H$. Daher können wir die Knoten $B$, $D$ und $E$ miteinander durch widerstandslose Leitungen verbinden, ebenso die Knoten $C$, $F$ und $H$. Die drei Widerstände zwischen $A$ und $B$, $D$ sowie $E$, die sechs Widerstände zwischen $B$, $D$, $E$ und $C$, $F$, $H$ und die drei Widerstände zwischen $C$, $F$, $H$ und $G$ sind parallel geschaltet. Damit vereinfacht sich das Netzwerk aus **Abb. 5.35** zu **Abb. 5.36**.

Damit beträgt der Widerstand zwischen den Knoten $A$ und $G$

$$R_{AG} = \frac{1}{3}R + \frac{1}{6}R + \frac{1}{3}R = \frac{5}{6}R . \tag{5.64}$$

Auch für unendlich ausgedehnte Netzwerke aus Widerständen kann man durch Symmetrieüberlegungen Gesamtwiderstände angeben. Als Beispiel betrachten wir eine unendlich ausgedehnte Widerstandskette, wobei die Einzelwiderstände gleich sein sollen.

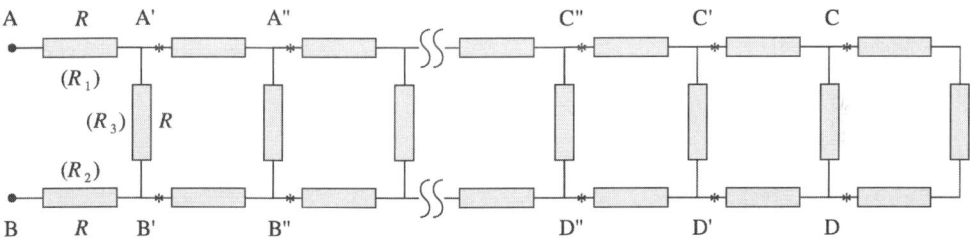

**Abb. 5.37** *Unendlich lange Widerstandskette aus gleichen Widerständen.*

Beginnen wir mit der Berechnung des Gesamtwiderstandes der Kette an ihrem rechten Ende in **Abb. 5.37**, so erhalten wir für die Widerstände zwischen den Punkten

$C$ und $D$: $\quad R_{CD} \quad = 3R$,

$C'$ und $D'$: $\quad R_{C'D'} \quad = 2R + \dfrac{RR_{CD}}{R + R_{CD}} = 2R + \dfrac{3}{4}R = \dfrac{11}{4}R$,

$C''$ und $D''$: $\quad R_{C''D''} = 2R + \dfrac{RR_{C'D'}}{R + R_{C'D'}} = 2R + \dfrac{11}{15}R = \dfrac{41}{15}R$

$C'''$ und $D'''$: $R_{C'''D'''} = 2R + \dfrac{RR_{C''D''}}{R + R_{C''D''}} = 2R + \dfrac{41}{15}R = \dfrac{153}{56}R$ . $\tag{5.65}$

Der Gesamtwiderstand der unendlich langen Kette konvergiert zu einem Wert zwischen $2R$ und $3R$. Den exakten Wert erhalten wir leichter, wenn wir die Kette von der anderen Seite, von ihrem Anfang aus betrachten. Da die Kette unendlich lang ist, werden sich die Widerstände zwischen den Punkten $A$ und $B$ sowie $A'$ und $B'$ nicht unterscheiden. Damit erhalten wir den Widerstand der Kette

$$R_{AB} = 2R + \frac{R R_{A'B'}}{R + R_{A'B'}} \cong 2R + \frac{R R_{AB}}{R + R_{AB}} \implies$$

$$(R_{AB} - 2R)(R + R_{AB}) = R R_{AB} \implies R_{AB}^2 - 2R R_{AB} - 2R^2 = 0 \implies$$

$$R_{AB} = (1 + \sqrt{3})R . \tag{5.66}$$

Zur Überprüfung kann man den Rest der Kette auch in den Punkten $A''$ und $B''$ beginnen lassen. Das Ergebnis für den Gesamtwiderstand der Kette bleibt das gleiche.

Sind die „Glieder" der Widerstandskette aus unterschiedlichen Widerständen aufgebaut $((R_1), (R_2), (R_3)$ in **Abb. 5.37**), so modifiziert sich (5.66) mit $R_1 + R_2 := R_R$ und $R_3 := R_P$ zu

$$R_{AB} \cong R_R + \frac{R_P R_{AB}}{R_P + R_{AB}} \implies (R_{AB} - R_R)(R_P + R_{AB}) = R_P R_{AB} \implies$$

$$R_{AB}^2 - R_R R_{AB} - R_R R_P = 0 \implies R_{AB} = \frac{R_R}{2}(1 + \sqrt{1 + 4\frac{R_P}{R_R}}) . \tag{5.67}$$

Im Grenzfall $R_P \to \infty$ strebt $R_{AB}$ ebenfalls gegen unendlich, da alle Widerstände $(R_1)$, $(R_2)$ in Reihe geschaltet sind. Ist dagegen $R_P = 0$, d. h. alle Kettenglieder bis auf das erste werden kurzgeschlossen, so beträgt $R_{AB} = R_R$. Sind die Widerstände gleich, so ergibt sich (5.66).

**Brückenschaltung mit beliebigen Widerständen (Dreieck-Stern-Transformation)**
Genügen die Widerstände einer Brückenschaltung aus **Abb. 5.31** nicht der Bedingung (5.62), so kann sie nicht auf die Ersatzschaltschaltung in **Abb. 5.32**, d. h. auf Reihen- und Parallelschaltungen von Widerständen zurückgeführt werden.

Vorteilhaft ist es, das Netzwerk der Widerstände zwischen den Knoten $A$, $B$ und $C$, die ein Dreieck bilden, durch ein Netzwerk aus drei anderen Widerständen, die einen Stern mit den Endpunkten $A$, $B$ und $C$ und einem Knoten im Mittelpunkt, dem Sternpunkt $S$, bilden, umzuwandeln. Die „Sternschaltung" muss die gleichen Widerstände zwischen den Knoten der Brückenschaltung bewirken wie die „Dreieckschaltung", so dass der gleiche Strom durch das gesamte Netzwerk fließt, wenn zwischen den Knoten $A$ und $D$ eine Spannung angelegt wird. Nach der Dreieck-Stern-Transformation der Widerstände $R_{AB}$, $R_{AC}$ und $R_{BC}$ in $R_{AS}$, $R_{BS}$ und $R_{CS}$ kann die Brückenschaltung in eine Reihen und eine Parallelschaltung zergliedert werden.

Der gesamte Widerstand zwischen den Knoten $A$ und $B$ kann sowohl durch eine Reihenschaltung der Sternwiderstände $R_{AS}$ und $R_{BS}$ als auch durch eine Parallelschaltung der Dreieckswiderstände $R_{AB}$ und $R_{AC} + R_{BC}$ dargestellt werden. Bei der Sternschaltung geht die ein-

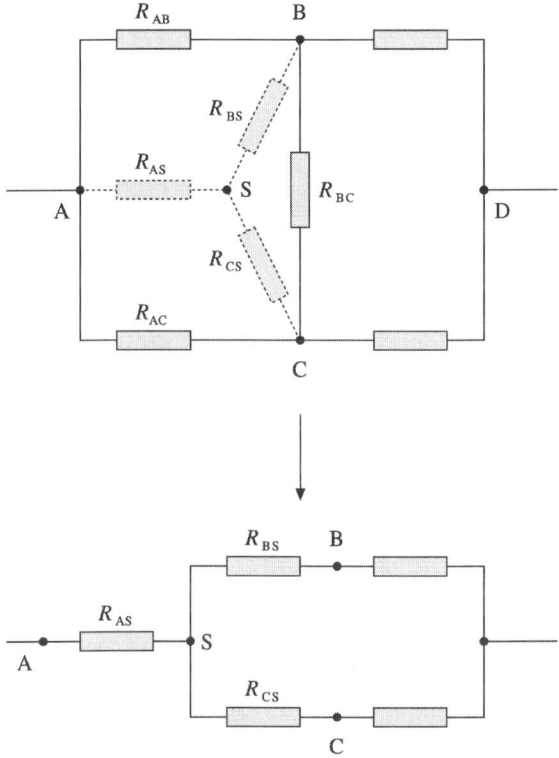

**Abb. 5.38** *Brückenschaltung mit beliebigen Widerständen.*

zige „galvanische[1]", d. h. stromführende Verbindung zwischen den Knoten $A$ und $B$ über $R_{AS}$ und $R_{BS}$.

$$R_{AB,ges.} = R_{AS} + R_{BS} = \frac{R_{AB}(R_{AC} + R_{BC})}{R_{AB} + R_{AC} + R_{BC}} \tag{5.68}$$

Entsprechend ergeben sich die Widerstände zwischen den Knoten $A$, $C$ und $B$, $C$ zu

$$R_{AC,ges.} = R_{AS} + R_{CS} = \frac{R_{AC}(R_{AB} + R_{BC})}{R_{AB} + R_{AC} + R_{BC}} \tag{5.69}$$

$$R_{BC,ges.} = R_{BS} + R_{CS} = \frac{R_{BC}(R_{AB} + R_{AC})}{R_{AB} + R_{AC} + R_{BC}} . \tag{5.70}$$

---

[1]  L. Galvani (1737 – 1798).

Wir lösen die drei Gleichungen bei gegebenen Dreieckswiderständen $R_{AB}$, $R_{AC}$ und $R_{BC}$ nach den unbekannten Sternwiderständen $R_{AS}$, $R_{BS}$ und $R_{CS}$ auf und erhalten:

$$R_{AB,ges.} - R_{AB,ges.} = R_{BS} - R_{CS} , \tag{5.71}$$

$$(5.71) + (5.70) \Rightarrow 2R_{BS} = R_{AB,ges.} - R_{AB,ges.} + R_{BC,ges.} \Rightarrow$$

$$R_{BS} = \frac{R_{AB}R_{BC}}{R_{AB} + R_{AC} + R_{BC}} \tag{5.72}$$

$$R_{AS} = R_{AB,ges.} - R_{BS} \Rightarrow R_{AS} = \frac{R_{AB}R_{AC}}{R_{AB} + R_{AC} + R_{BC}} \tag{5.73}$$

$$R_{CS} = R_{AC,ges.} - R_{AS} \Rightarrow R_{CS} = \frac{R_{AC}R_{BC}}{R_{AB} + R_{AC} + R_{BC}} \tag{5.74}$$

Soll umgekehrt eine Sternschaltung von Widerständen in eine Dreiecksschaltung umgewandelt werden, so dividieren wir z. B. (5.74) durch (5.73) und (5.74) durch (5.72).

$$\frac{R_{CS}}{R_{AS}} = \frac{R_{AC}}{R_{AB}} \Rightarrow R_{AC} = \frac{R_{CS}}{R_{AS}}R_{AB} \tag{5.75}$$

$$\frac{R_{CS}}{R_{BS}} = \frac{R_{BC}}{R_{AB}} \Rightarrow R_{BC} = \frac{R_{CS}}{R_{BS}}R_{AB} \tag{5.76}$$

Wir setzen die Dreieckswiderstände $R_{AC}$ und $R_{BC}$ in (5.68) ein und erhalten

$$R_{AS} + R_{BS} = \frac{R_{AB}(\frac{R_{CS}}{R_{AS}}R_{AB} + \frac{R_{CS}}{R_{BS}}R_{AB})}{R_{AB} + \frac{R_{CS}}{R_{AS}}R_{AB} + \frac{R_{CS}}{R_{BS}}R_{AB}} = \frac{R_{AB}(\frac{1}{R_{AS}} + \frac{1}{R_{BS}})}{\frac{1}{R_{CS}} + \frac{1}{R_{AS}} + \frac{1}{R_{BS}}} \Rightarrow$$

$$R_{AB} = R_{AS} + R_{BS} + \frac{R_{AS}R_{BS}}{R_{CS}} . \tag{5.77}$$

Entsprechend gilt für die anderen Dreieckswiderstände

$$R_{AC} = R_{AS} + R_{CS} + \frac{R_{AS}R_{CS}}{R_{BS}} \tag{5.78}$$

$$R_{BC} = R_{BS} + R_{CS} + \frac{R_{BS}R_{CS}}{R_{AS}} . \tag{5.79}$$

# 5.2     Elektrostatik

Ladungen üben aufeinander Kräfte aus, bei gleichnamigen Ladungen sind diese abstoßend, bei ungleichnamigen dagegen anziehend. Sind die Ladungen oder Ladungsverteilungen ortsfest, so sind die elektrischen Kräfte, die sie aufeinander ausüben, zeitlich konstant, daher spricht man auch von dem Gebiet der „Elektrostatik".

## 5.2.1     Coulombsches Gesetz

Die Gesetze, denen die Kräfte von Ladungen gehorchen, wurden von Ch. Coulomb experimentell untersucht. Dabei waren die aufgeladenen Objekte klein gegen ihre Abstände, so dass er sie als „Punktladungen" auffassen konnte. Die Ergebnisse der Experimente werden im „Coulombschen Gesetz" der Kräfte, die Punktladungen aufeinander ausüben, zusammengefasst. Die Kraft, die eine Punktladung $q_1$, die sich am Ort $\vec{r}_1$ befindet, auf eine zweite Punktladung $q_2$ am Ort $\vec{r}_2$ ausübt, beträgt

$$\vec{F}_{1\to2} = \frac{1}{4\pi\varepsilon_0}\frac{q_1 q_2}{r_{1\to2}^2}\vec{e}_{r_{1\to2}}, \tag{5.80}$$

mit $\vec{e}_{r_{1\to2}} = \dfrac{\vec{r}_{1\to2}}{r_{1\to2}} = \dfrac{\vec{r}_{1\to2}}{|\vec{r}_2-\vec{r}_1|}$ und $\vec{r}_{1\to2} = \vec{r}_2 - \vec{r}_1$.

Diese Kraft ist

- proportional zu zum Produkt der Ladungen,
- umgekehrt proportional zum Quadrat des Abstandes $r_{1\to2}$ der beiden Punktladungen,
- bei gleichnamigen Ladungen von der Ladung $q_1$ zur Ladung $q_2$ gerichtet (in Richtung von $\vec{e}_{r_{1\to2}}$), bei ungleichnamigen Ladungen ist die Kraft entgegengesetzt gerichtet.
- Die Kraft zwischen zwei Punktladungen ist eine Zentralkraft.

Die Größe $\varepsilon_0$ im Proportionalitätsfaktor heißt elektrische Feldkonstante, absolute Dielektrizitätskonstante, Dielektrizitätskonstante des Vakuums oder Influenzkonstante. Ihr Wert beträgt

$$\varepsilon_0 = 8{,}854\cdot10^{-12}\,\frac{C^2}{Nm^2} = 8{,}854\cdot10^{-12}\,\frac{C^2}{Jm} = 8{,}854\cdot10^{-12}\,\frac{As}{Vm}. \tag{5.81}$$

Bei der Umrechnung der Einheiten wurde der Zusammenhang (5.9) zwischen (elektrischem) Energiestrom und elektrischem Potential benutzt. Das „Herausziehen" des Faktors $1/4\pi$ in (5.80) hat einen praktischen Grund, auf den wir später eingehen werden.

Dem 3. Newtonschen Axiom zufolge erfährt die Ladung $q_1$ ebenfalls eine Kraft, die entgegengesetzt gleich groß ist wie $\vec{F}_{1\to2}$ in (5.80). Formal ist dies auch darin begründet, dass bei der Kraft $\vec{F}_{2\to1}$ der Richtungsvektor $\vec{e}_{r_{2\to1}} = -\vec{e}_{r_{1\to2}}$ ist. Der Betrag $F$ der Kraft zwischen zwei Punktladungen, die einen Abstand $r = |\vec{r}_{1\to2}| = |\vec{r}_{2\to1}|$ voneinander aufweisen, lautet somit

$$F = \frac{1}{4\pi\varepsilon_0}\frac{q_1 q_2}{r^2}. \tag{5.82}$$

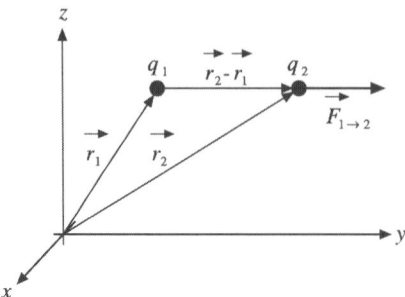

**Abb. 5.39** *Kraft zwischen zwei gleichnamigen Punktladungen.*

Das Coulombsche Gesetz (5.80) entspricht formal dem Newtonschen Gravitationsgesetz (2.59), allerdings ist die Schwerkraft im Gegensatz zur elektrischen Kraft nur anziehend, denn es gibt keine verschiedenen Arten von Masse. Vergleicht man elektrostatische Kraft und Schwerkraft zwischen zwei gleichen Elementarteilchen, z. B. zwischen zwei Protonen ( $q_P = 1{,}602 \cdot 10^{-19}$ C , $m_P = 1{,}673 \cdot 10^{-27}$ kg ), so ergibt das Verhältnis der Kräfte mit der Gravitationskonstanten $\gamma = 6{,}672 \cdot 10^{-11}$ Nm²/kg²

$$\frac{F_{el.}}{F_S} = \frac{1}{4\pi\varepsilon_0} \frac{q_P^2}{r^2} \frac{1}{\gamma} \frac{r^2}{m_P^2} = 1{,}236 \cdot 10^{36} \ . \tag{5.83}$$

Die elektrostatische Kraft dominiert bei weitem. Nur wenn zwei Objekte elektrisch neutral sind, ist die Gravitation bei der Wechselwirkung von Objekten zu berücksichtigen. Dass die Schwerkraft überhaupt eine Rolle spielt, liegt daran, dass die Erde und die meisten Gegenstände des täglichen Lebens elektrisch neutral sind.

Befinden sich mehrere Punktladungen im Raum, so üben diese paarweise Kräfte aufeinander aus. Die resultierende Kraft auf eine der Ladungen $q_0$, die sich am Ort $\vec{r}_0$ befindet, ist die vektorielle Summe der Kräfte, die die anderen an den Orten $\vec{r}_i$ befindlichen Ladungen $q_i$ gemäß (5.80) auf sie ausüben.

$$\vec{F} = \sum_i \vec{F}_{i\to 0} = \frac{q_0}{4\pi\varepsilon_0} \sum_i \frac{q_i}{r_{i\to 0}^2} \vec{e}_{r_{i\to 0}} = \frac{q_0}{4\pi\varepsilon_0} \sum_i \frac{q_i}{|\vec{r}_0 - \vec{r}_i|^3} (\vec{r}_0 - \vec{r}_i) \tag{5.84}$$

Hervorzuheben ist, dass die Kräfte zwischen zwei Ladungen durch weitere Ladungen nicht beeinflusst werden, elektrostatische Kräfte überlagern sich unabhängig. Diese weitere Aussage des Coulombschen Gesetzes wurde bislang in allen Experimenten bestätigt.

## 5.2.2   Das elektrische Feld

Im Gegensatz zu Kontaktkräften oder Reibungskräften wirkt die elektrostatische Kraft auch über sehr große Entfernungen, ihre Reichweite ist im Prinzip unendlich groß, auch wenn die Kraft gemäß (5.80) dann gegen null strebt. Gleiches ist auch bei der Gravitation der Fall. Diese Fernwirkung eines oder mehrerer Objekte auf ein anderes beschreibt man durch Fel-

der, welche die Kraftwirkung entfernter Objekte über den Raum vermitteln. Da dem Coulombschen Gesetz zufolge die Kraft auf einen Körper proportional zu seiner Ladung $q_0$ ist,
unterscheidet man in (5.80) bzw. (5.84) zwei Faktoren: $\vec{F} = q_0 \vec{E}$. $\vec{E}$ nennt man das elektrische Feld, durch das andere Ladungen eine resultierende Kraft auf eine positive Ladung $q_0$
am Ort $\vec{r}_0$ ausüben.

$$\vec{E} = \frac{\vec{F}}{q_0}, \; [E] = \frac{N}{C} = \frac{J}{Cm} = \frac{Ws}{Cm} = \frac{VAs}{Asm} = \frac{V}{m} \tag{5.85}$$

Die Ladung $q_0$ bezeichnet man auch als Probeladung, sie soll so klein sein, dass sie das elektrische Feld am Ort $\vec{r}_0$ nicht verändert. Durch die Einführung des Begriffes „elektrisches Feld"
wird die Kraftwirkung am Ort $\vec{r}_0$ durch die lokalen Größen Ladung und Feldstärkevektor am
Ort $\vec{r}_0$, dem „Aufpunkt", bestimmt. Durch welche Ladungsverteilung im Raum die lokale
Feldstärke bewirkt wird, spielt keine Rolle. Das elektrische Feld einer Punktladung $q_P$, die sich
am Ort $\vec{r}_P$ befindet, beträgt am Aufpunkt $\vec{r}_0$

$$\vec{E} = \frac{1}{4\pi\varepsilon_0} \frac{q_P}{|\vec{r}_0 - \vec{r}_P|^2} \frac{\vec{r}_0 - \vec{r}_P}{|\vec{r}_0 - \vec{r}_P|} = \frac{q_P}{4\pi\varepsilon_0} \frac{\vec{r}_0 - \vec{r}_P}{|\vec{r}_0 - \vec{r}_P|^3} . \tag{5.86}$$

Für alle Aufpunkte, die den gleichen Abstand von der Punktladung haben, ist der Betrag des
Feldes oder die Feldstärke $E$ gleich. Daher nennt man diese Felder auch radialsymmetrisch. Für
wachsende Abstände sinkt die Feldstärke umgekehrt proportional zum Quadrat des Abstandes.

$$E = \frac{1}{4\pi\varepsilon_0} \frac{q_P}{|\vec{r}_0 - \vec{r}_P|^2} . \tag{5.87}$$

Der Vektor des elektrischen Feldes positiver Ladungen ist immer von ihnen weg gerichtet
(Kraft auf positive Probeladungen), bei negativen Ladungen zeigt er auf diese.

Das resultierende Feld, das mehrere Punktladungen im Aufpunkt $\vec{r}_0$ erzeugt, ergibt sich aus
der vektoriellen Addition der Einzelfelder.

$$\vec{E} = \sum_i \vec{E}_i = \frac{1}{4\pi\varepsilon_0} \sum_i q_i \frac{\vec{r}_0 - \vec{r}_i}{|\vec{r}_0 - \vec{r}_i|^3} . \tag{5.88}$$

**Feldlinien elektrischer Felder**
Mit Hilfe von Feldlinien kann man sich den räumlichen Verlauf elektrischer Felder leicht
verdeutlichen. Sie beschreiben zum einen die Richtung des Feldes und zum anderen die
Feldstärke. Der Verlauf einer Feldlinie entspricht der Bahnkurve, längs der sich eine positive
Probeladung aus der Ruhe in einem elektrischen Feld bewegen würde. Da die Kraftrichtung
immer eindeutig ist, überkreuzen sich Feldlinien nie. Die Tangente an eine Feldlinie gibt die
Richtung der Kraft an dieser Stelle an.

Die Feldlinien einer Punktladung verlaufen radial von ihr weg (positive Ladung) oder kommen radial auf sie zu (negative Ladung). Wir betrachten eine Auswahl von Feldlinien, die

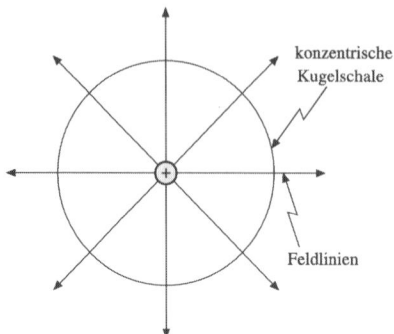

konzentrische
Kugelschale

Feldlinien

**Abb. 5.40** *Auswahl von Feldlinien einer positiven Punktladung. Die Dichte der Feldlinien sinkt mit wachsendem Abstand von der Punktladung. Der Abfall der Dichte wird nur qualitativ richtig wiedergegeben, im Dreidimensionalen fällt sie quadratisch mit dem Abstand, im Zweidimensionalen dagegen nur linear ab.*

eine zur positiven Punktladung konzentrische Kugel durchdringen. Diese Feldlinien sollen außerdem auf der Kugel gleichmäßig verteilt sein. Verfolgen wir die Feldlinien in Richtung auf die Punktladung, so wird mit sinkendem Abstand ihre Dichte immer größer. Mit wachsendem Abstand sinkt sie dagegen.

Da mit wachsendem Abstand die Feldstärke einer Punktladung sinkt, können wir die Dichte der Feldlinien als Maß für die Feldstärke ansehen. Da diese wiederum proportional zur Ladung ist, ist die Dichte der Feldlinien auch zur Ladung proportional. Die Dichte der Feldlinien und damit die Feldstärke streben gegen unendlich am Ort der Punktladung.

Die Feldlinien beginnen bei einer positiven Ladung, denn eine ebenfalls positive Probeladung bewegt sich von ihr weg, daher bezeichnet man positive Ladungen auch als Quelle von Feldlinien bzw. als Quelle von elektrischen Feldern. Entsprechend stellen negative Ladungen Senken von Feldlinien bzw. von elektrischen Feldern dar, denn Feldlinien enden dort. In der Elektrostatik gibt es somit keine geschlossenen Feldlinien.

Den qualitativen Verlauf von Feldlinien elektrischer Felder, die durch Überlagerung der Felder zweier Punktladungen[1] entstehen, kann man grafisch ermitteln. Man zeichnet zunächst die radialsymmetrischen Feldlinien der einzelnen Ladungen mit ausreichender Dichte, wobei die Zahl der Feldlinien proportional zur Ladung sein muss. Die sich schneidenden Feldlinien erzeugen ein Muster aus Vierecken, deren Diagonalen die Richtung des resultierenden Feldes festlegen. Kennzeichnet man in einem Viereck die Richtung der Einzelfelder, dann ist die Diagonale zu wählen, die sich aus der Parallelogrammkonstruktion einer Vektoraddition ergeben würde. Viele kleine Vierecke ergeben eine hohe Dichte der resultierenden Feldlinien und damit eine hohe Gesamtfeldstärke, während Zonen großer Vierecke auf eine geringe Feldstärke hindeuten.

Betrachten wir das Feld, das aus der Überlagerung von Feldern gleich großer gleichnamiger Punktladungen, die durch einen Abstand $d$ voneinander getrennt sind, entsteht. In der Mitte der

---

[1]    Bei einer zweidimensionalen Zeichnung erhält man die Überlagerung der Felder zweier geladener Drähte, die senkrecht zur Zeichenebene verlaufen.

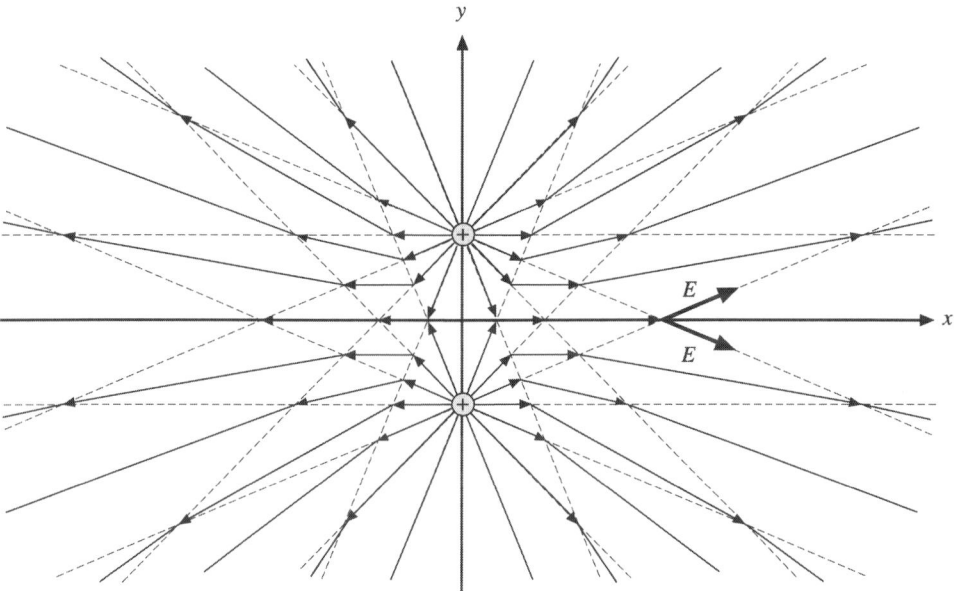

**Abb. 5.41** *Überlagerung der Felder von gleich großen gleichnamigen Punktladungen.*

Verbindungslinie sind die Einzelfeldstärken entgegengesetzt gleich groß, das resultierende Feld verschwindet. Auf der Mittelsenkrechten der Verbindungslinie addieren sich die zu ihr parallelen Komponenten der Einzelfeldstärken zur Gesamtfeldstärke. In jedem Punkt auf der Mittelsenkrechten sind die zur Verbindungslinie parallelen Komponenten der Einzelfeldstärken entgegengesetzt gleich groß und kompensieren sich, während die Komponenten in Richtung der Mittelsenkrechten gleich sind. Daher ist die Gesamtfeldstärke auf der Mittelsenkrechten senkrecht zur Verbindungslinie der beiden Punktladungen gerichtet.

Im übrigen Raum dominiert bei Abständen, die klein sind gegenüber dem Abstand der beiden gleichnamigen Punktladungen, das Feld, das von der jeweiligen Punktladung erzeugt

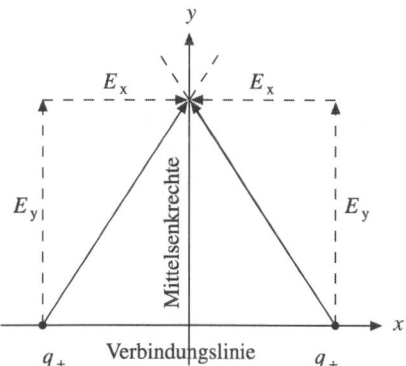

**Abb. 5.42** *Feld auf der Mittelsenkrechten der Verbindungslinie.*

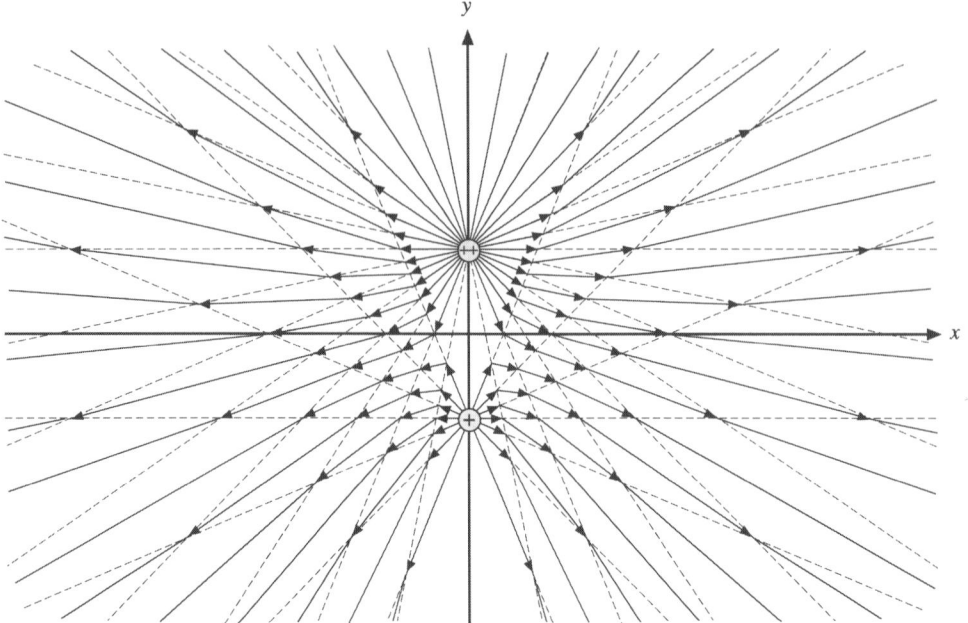

***Abb. 5.43*** *Überlagerung der Felder von zwei positiven Punktladungen, wobei die eine die doppelte Ladung der anderen trägt.*

wird. In großen Abständen zu den Ladungen verlaufen ihre Feldlinien nahezu parallel und die Feldstärken sind nahezu gleich. Das resultierende Feld entspricht dem einer in einem Punkt konzentrierten doppelten Ladung.

Systeme aus Punktladungen, die sich in einem begrenzten Gebiet an unterschiedlichen Orten befinden und deren Gesamtladung nicht verschwindet, verhalten sich ähnlich: in der Nähe einer Einzelladung entspricht das resultierende Feld dem Feld der einzelnen Ladung, in großem Abstand von dem System gleicht das Gesamtfeld dem der in einem Punkt vereinigten Gesamtladung.

$$\vec{r}_S := \frac{\sum_i q_i \vec{r}_i}{\sum_i q_i} \qquad (5.89)$$

Ein anderer Fall liegt vor, wenn die Gesamtladung des Systems aus Punktladungen null ist. Im einfachsten Fall überlagern sich die Felder gleich großer ungleichnamiger Ladungen, die einen Abstand $d$ voneinander haben. Ein derartiges System aus Ladungen nennt man auch einen elektrischen Dipol.

Die Feldlinien, die von der positiven Ladung ausgehen, enden am Ort der negativen Ladung, sie können jedoch unendlich lang sein. Das elektrische Feld eines Dipols ist rotationssymmetrisch zur Verbindungslinie, da senkrecht zu ihr keine Richtung ausgezeichnet ist. Die

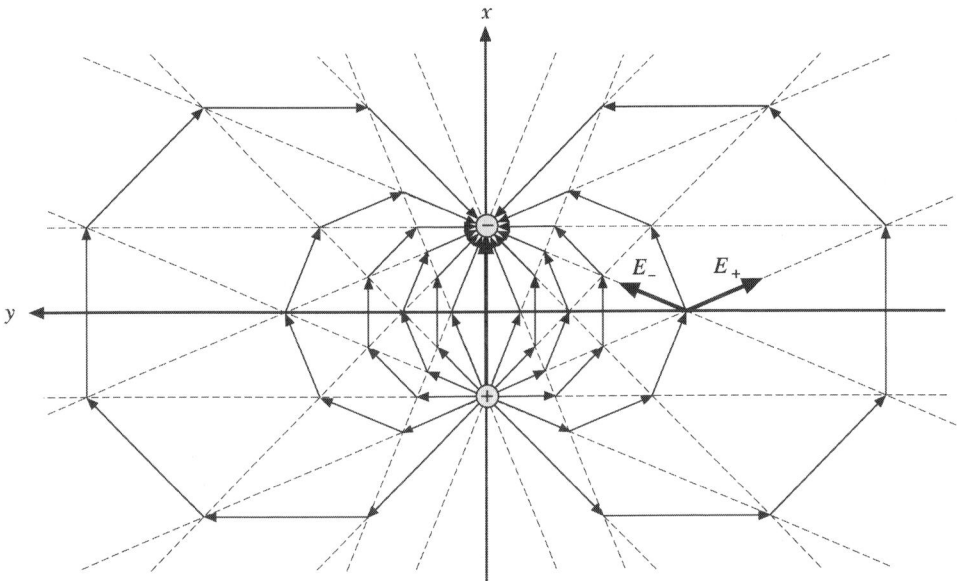

*Abb. 5.44* *Überlagerung der Felder von gleich großen ungleichnamigen Punktladungen.*

Dichte der Feldlinien und damit die Feldstärke sind am größten zwischen den beiden Punktladungen. In der Mitte der Verbindungslinie ist das resultierende Feld doppelt so stark wie
die Einzelfelder. Auf der Mittelsenkrechten verläuft die Feldrichtung parallel zur Verbindungslinie der Ladungen. Sind die Ladungen symmetrisch zum Ursprung des Koordinatensystems auf der $x$-Achse an den Orten $d/2$ (negative Ladung) und $-d/2$ (positive Ladung)
angeordnet, so beträgt mit (5.86) das Feld des Dipols im Aufpunkt[1] $\vec{r}$

$$\vec{E} = \frac{q}{4\pi\varepsilon_0} \frac{\vec{r} + \frac{d}{2}\vec{e}_x}{|\vec{r} + \frac{d}{2}\vec{e}_x|^3} - \frac{q}{4\pi\varepsilon_0} \frac{\vec{r} - \frac{d}{2}\vec{e}_x}{|\vec{r} - \frac{d}{2}\vec{e}_x|^3} \,. \tag{5.90}$$

Die $y$-Achse entspricht dann einer Mittelsenkrechten auf der Verbindungslinie. Um einen
Eindruck über den Verlauf des Dipolfeldes zu gewinnen, betrachten wir zwei Spezialfälle von
(5.90): Seinen Verlauf längs der $x$-Achse außerhalb der Ladungen und längs der $y$-Achse. Für
den ersten Fall gilt $\vec{r} = x\vec{e}_x$, damit ist in (5.90) $\vec{E}(x) = E(x)\vec{e}_x$, die Feldlinien des Dipols auf
der $x$-Achse sind parallel zu $\vec{e}_x$ gerichtet.

$$E(x) = \frac{q}{4\pi\varepsilon_0} \left( \frac{x + \frac{d}{2}}{|x + \frac{d}{2}|^3} - \frac{x - \frac{d}{2}}{|x - \frac{d}{2}|^3} \right) \tag{5.91}$$

---

[1]   Da wir im Folgenden den Aufpunkt als Variable behandeln wollen, um den räumlichen Verlauf des elektrischen
      Feldes zu beschreiben, lassen wir den Index „0" weg.

Wegen der Beträge in (5.91) müssen wir Fallunterscheidungen durchführen:

- $x < -\dfrac{d}{2} : |x + \dfrac{d}{2}| = (-1)(x + \dfrac{d}{2}), \ |x - \dfrac{d}{2}| = (-1)(x - \dfrac{d}{2}) \ \Rightarrow$

$$E(x) = \frac{q}{4\pi\varepsilon_0}\left(\frac{x + \dfrac{d}{2}}{|x + \dfrac{d}{2}|^3} - \frac{x - \dfrac{d}{2}}{|x - \dfrac{d}{2}|^3}\right) = \frac{q}{4\pi\varepsilon_0}\frac{(x - \dfrac{d}{2})^2 - (x + \dfrac{d}{2})^2}{(x^2 - \dfrac{d^2}{4})^2}$$

$$E(x) = \frac{q}{4\pi\varepsilon_0}\frac{2xd}{(x^2 - \dfrac{d^2}{4})^2} \ , \text{ wenn } x \ll -\frac{d}{2} \ \Rightarrow \ E(x) = \frac{2qd}{4\pi\varepsilon_0 x^3} \tag{5.92}$$

- $x > \dfrac{d}{2} : |x + \dfrac{d}{2}| = (x + \dfrac{d}{2}), \ |x - \dfrac{d}{2}| = (x - \dfrac{d}{2}) \ \Rightarrow$

$$E(x) = \frac{q}{4\pi\varepsilon_0}\frac{(x - \dfrac{d}{2})^2 - (x + \dfrac{d}{2})^2}{(x^2 - \dfrac{d^2}{4})^2} = -\frac{q}{4\pi\varepsilon_0}\frac{2xd}{(x^2 - \dfrac{d^2}{4})^2} \ ,$$

wenn $x \gg \dfrac{d}{2} \ \Rightarrow \ E(x) = -\dfrac{2qd}{4\pi\varepsilon_0 x^3} \tag{5.93}$

- $-\dfrac{d}{2} < x < \dfrac{d}{2} : |x + \dfrac{d}{2}| = (x + \dfrac{d}{2}), \ |x - \dfrac{d}{2}| = (-1)(x - \dfrac{d}{2}) \ \Rightarrow$

$$E(x) = \frac{q}{4\pi\varepsilon_0}\frac{(x - \dfrac{d}{2})^2 + (x + \dfrac{d}{2})^2}{(x^2 - \dfrac{d^2}{4})^2} = \frac{q}{4\pi\varepsilon_0}\frac{2(x^2 + \dfrac{d^2}{4})}{(x^2 - \dfrac{d^2}{4})^2} \tag{5.94}$$

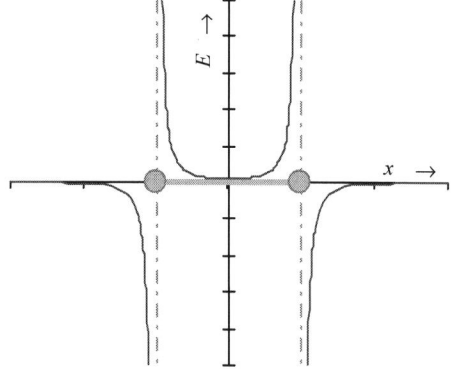

**Abb. 5.45**  *Verlauf des elektrischen Feldes eines Dipols auf der x-Achse.*

Auf der $x$-Achse fällt in großem Abstand vom Dipol das Feld $\sim x^3$ ab. Die Größe $qd$ bezeichnet man als Betrag des Dipolmomentes der Ladungsanordnung. Das Dipolmoment selbst ist eine vektorielle Größe:

$$\vec{p}_{el} := q\vec{d} \tag{5.95}$$

Dabei ist $\vec{d}$ der Vektor vom Ort der negativen Ladung des Dipols zur positiven Ladung.

Auf der $y$-Achse sind die $y$-Komponenten der Einzelfelder entgegengesetzt gleich groß, während die $x$-Komponenten gleich sind. Das Dipolfeld auf der $y$-Achse ergibt sich somit zu

$$\vec{E}(y) = \frac{q}{4\pi\varepsilon_0}\left(\frac{y\vec{e}_y + \frac{d}{2}\vec{e}_x}{(y^2 + \frac{d^2}{4})^{\frac{3}{2}}} - \frac{y\vec{e}_y - \frac{d}{2}\vec{e}_x}{(y^2 + \frac{d^2}{4})^{\frac{3}{2}}}\right), \text{ wenn } y >> \frac{d}{2} \Rightarrow$$

$$\vec{E}(y) = \frac{qd}{4\pi\varepsilon_0 |y|^3}\vec{e}_x{}^{1}. \tag{5.96}$$

Die Feldstärke auf der $y$-Achse fällt ebenfalls für große Abstände vom Ursprung mit der dritten Potenz des Abstandes ab. Diese Tatsache gilt auch für beliebige Richtungen.

Verlaufen in einem Raumgebiet die Feldlinien eines elektrischen Feldes parallel und ist die Feldstärke dort konstant, so spricht man von einem homogenen Feld. In sehr großer Entfernung von Punktladungen sind die Felder (nahezu) homogen. Wir werden später noch andere Anordnungen von Ladungen kennen lernen, deren Felder homogen sind.

## 5.2.3    Elektrische Felder kontinuierlicher Ladungsverteilungen

Punktladungen stellen wie Massenpunkte Idealisierungen dar, die immer dann sinnvoll sind, wenn die konkrete Gestalt der Objekte für die Problemstellung keine Rolle spielt. Aufgeladene Objekte können immer dann als Punktladungen behandelt werden, wenn die räumliche Ausdehnung des Objektes klein gegen die Abstände zum Objekt sind. Ist dies nicht der Fall, so muss die räumliche Verteilung der Ladung berücksichtigt werden. Sind die Ladungsträger, z. B. Elektronen, sehr zahlreich und ihre Ausdehnung klein gegen die Ausdehnung des geladenen Objektes, so kann man die räumliche Verteilung der Ladung durch eine Ladungsdichte (5.3) am Ort $\vec{r}$ beschreiben. Die Gesamtladung des Körpers beträgt bei gegebener lokaler Ladungsdichte $\rho_q(\vec{r})$

$$q = \int\limits_{\substack{Volumen \\ des\ Körpers}} \rho_q\, dV. \tag{5.97}$$

Derartige Volumenintegrale haben wir schon bei der Berechnung von Schwerpunkten und Trägheitsmomenten ausgedehnter Objekte kennen gelernt. Die mathematische Vorgehens-

---

[1]    Zu beachten ist, dass $\sqrt{X^2} = |X|$.

weise ist die gleiche. Je nach Geometrie des Körpers und der Ladungsverteilung kann es vorteilhaft sein, das Volumenelement $dV$ als Würfel $dxdydz$, als Scheibe $2\pi r^2 dz$, als Ring $2\pi r dr dz$ usw. darzustellen.

Für linienförmige Ladungsverteilungen, wie z.B. dünne aufgeladene Drähte, ist es häufig zweckmäßig, eine Linienladungsdichte

$$\lambda_q := \frac{dq}{dl} = \underbrace{\int \rho_q dA}_{\substack{\text{Querschnittsfläche} \\ \text{der Linienladung}}}, \quad [\lambda_q] = \frac{C}{m} = \frac{As}{m} \tag{5.98}$$

zu definieren. Eine entsprechende Größe ist bei flächenförmigen Ladungsverteilungen die Flächenladungsdichte

$$\sigma_q := \frac{dq}{da} = \underbrace{\int \rho_q dh}_{\substack{\text{Dicke der} \\ \text{Flächenladung}}}, \quad [\sigma_q] = \frac{C}{m^2} = \frac{As}{m^2}. \tag{5.99}$$

**Berechnung elektrischer Felder mit dem Coulombschen Gesetz**

Das elektrische Feld eines aufgeladenen Körpers setzt sich zusammen aus der Summe der Felder, welche die als Punktladungen angesehenen Ladungen $dq = \rho_q dV$, die sich an den Stellen $\vec{s}_q$ in dem Körper befinden, im Aufpunkt $\vec{r}$ erzeugen.

$$\vec{E} = \underbrace{\int d\vec{E}}_{\substack{\text{Volumen} \\ \text{des Körpers}}}, \text{ mit (5.88) und der Ladungsdichte (5.3)} \implies$$

$$\vec{E} = \frac{1}{4\pi\varepsilon_0} \underset{\substack{Volumen \\ d.Körpers}}{\int} dq \frac{\vec{r} - \vec{s}_q}{|\vec{r} - \vec{s}_q|^3} = \frac{1}{4\pi\varepsilon_0} \underset{\substack{Volumen \\ d.Körpers}}{\int} \rho_q(\vec{s}_q) \frac{\vec{r} - \vec{s}_q}{|\vec{r} - \vec{s}_q|^3} dV. \tag{5.100}$$

Bei der Berechnung der Komponenten des elektrischen Feldes gehen wir ähnlich vor wie bei der Schwerpunktberechnung (2.175): Die $x$-Komponente des Feldes am Aufpunkt $\vec{r} = (x, y, z)$ lautet

$$E_x = \frac{1}{4\pi\varepsilon_0} \underset{\substack{Volumen \\ d.Körpers}}{\int} \rho_q(\vec{s}_q) \frac{x - s_{q,x}}{|\vec{r} - \vec{s}_q|^3} dV. \tag{5.101}$$

Die $y$- und die $z$-Komponente des Feldes ergeben sich in analoger Weise. Wir wollen nun die elektrischen Felder von Linienladungen und Flächenladungen berechnen.

**Elektrisches Feld einer geraden homogenen Linienladung**

Der geladene Draht der Länge $l$ soll symmetrisch zum Ursprung des Koordinatensystems längs der $x$-Achse angeordnet sein, damit ist $\vec{s}_q = s_{q,x}\vec{e}_x$. Seine Linienladungsdichte $\lambda_q$ soll

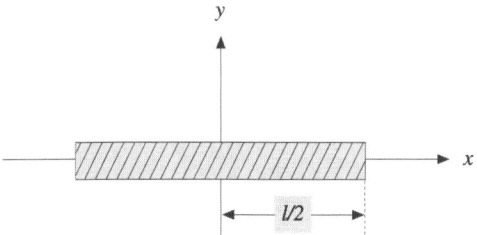

**Abb. 5.46** *Homogen geladener Draht.*

konstant und positiv sein. Im umgekehrten Fall kehren sich nur die Feldrichtungen um. Da es senkrecht zum Draht keine ausgezeichnete Richtung gibt, ist das Feld rotationssymmetrisch zur Längsachse des Drahtes.

Das Feld für einen Aufpunkt auf der $x$-Achse, $\vec{r} = x\vec{e}_x$ beträgt mit (5.100)

$$\vec{E}(x) = \frac{\lambda_q}{4\pi\varepsilon_0} \int\limits_{-\frac{l}{2}}^{\frac{l}{2}} \frac{(x - s_{q,x})\vec{e}_x}{|x - s_{q,x}|^3}\, ds_{q,x} \ . \tag{5.102}$$

Aufgrund der Beträge in (5.102) müssen wir folgende Fallunterscheidungen machen. Für $x > l/2$ ist $x - s_{q,x} > 0$ für alle $s_{q,x}$ und wir erhalten

$$\vec{E}(x) = \frac{\lambda_q \vec{e}_x}{4\pi\varepsilon_0} \int\limits_{-\frac{l}{2}}^{\frac{l}{2}} \frac{ds_{q,x}}{(x - s_{q,x})^2} = \frac{\lambda_q \vec{e}_x}{4\pi\varepsilon_0}\left[\frac{1}{x - s_{q,x}}\right]_{-\frac{l}{2}}^{\frac{l}{2}} \quad \Rightarrow$$

$$\vec{E}(x) = \frac{\lambda_q \vec{e}_x}{4\pi\varepsilon_0} \frac{l}{x^2 - (\frac{l}{2})^2} = \frac{q}{4\pi\varepsilon_0}\frac{1}{x^2 - (\frac{l}{2})^2}\vec{e}_x \ . \tag{5.103}$$

Ist dagegen $x < -l/2$, so ist $x - s_{q,x} < 0$ für alle $s_{q,x}$. In diesem Fall müssen wir (5.103) mit $-1$ multiplizieren, wodurch sich die Feldrichtung umkehrt. Auf die Fälle $-l/2 < x < l/2$, d. h. Felder innerhalb des Drahtes, wollen wir hier nicht weiter eingehen. Zu beachten ist, dass die Feldstärke bei $x = \pm l/2$ gegen unendlich strebt.

Das Feld auf der $y$-Achse, welche auch die Mittelsenkrechte zum Draht darstellt, erhalten wir durch folgende Überlegung: Im Draht gibt es zu jedem Punkt mit der Ladung $dq$ rechts vom Ursprung einen spiegelbildlichen Punkt $dq'$ mit der gleichen Ladung links vom Ursprung. Das Feld, das durch die Überlagerung der Einzelfelder dieser beiden Punkte entsteht, hat nur eine Komponente in $y$-Richtung. Zur Berechnung des Feldes in einem Aufpunkt auf der $y$-Achse brauchen wir nur die resultierenden Felder aller Punkte rechts vom Ursprung und deren spiegelbildlichen Punkte links vom Ursprung zu summieren bzw. integrieren.

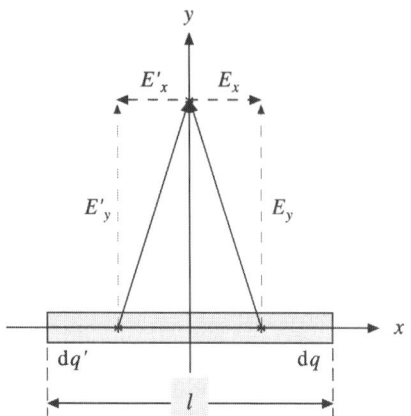

**Abb. 5.47**  *Das resultierende Feld eines Punktes im Draht rechts vom Ursprung und seines Spiegelpunktes links vom Ursprung weist in y-Richtung wie das Feld in **Abb. 5.42**.*

$$\vec{E}(y) = \frac{\lambda_q}{4\pi\varepsilon_0} \int_0^{\frac{l}{2}} (\frac{y\vec{e}_y + s_{q,x}\vec{e}_x}{(y^2 + s_{q,x}^2)^{3/2}} + \frac{y\vec{e}_y - s_{q,x}\vec{e}_x}{(y^2 + s_{q,x}^2)^{3/2}}) ds_{q,x} \quad \Rightarrow$$

$$\vec{E}(y) = \frac{\lambda_q 2y\vec{e}_y}{4\pi\varepsilon_0} \int_0^{\frac{l}{2}} \frac{ds_{q,x}}{(y^2 + s_{q,x}^2)^{3/2}} = \frac{\lambda_q 2y\vec{e}_y}{4\pi\varepsilon_0} \left[ \frac{s_{q,x}}{y^2(y^2 + s_{q,x}^2)^{1/2}} \right]_0^{\frac{l}{2}} \quad \Rightarrow$$

$$\vec{E}(y) = \frac{\lambda_q 2y\vec{e}_y}{4\pi\varepsilon_0} \frac{\frac{l}{2}}{y^2(y^2 + \frac{l^2}{4})^{1/2}} = \frac{\lambda_q l}{4\pi\varepsilon_0} \frac{1}{y\sqrt{y^2 + \frac{l^2}{4}}} \vec{e}_y \qquad (5.104)$$

Sind $x$ in (5.102) und $y$ in (5.104) wesentlich größer als die Drahtlänge $l$, so fällt das Feld auf der $x$-Achse mit $1/x^2$ und das Feld auf der $y$-Achse mit $1/y^2$ ab. Dieser Verlauf entspricht dem einer Punktladung mit $q = \lambda_q l$.

Ist dagegen die Länge $l$ des Drahtes wesentlich größer als der Abstand $y$ des Aufpunktes, so können wir $y^2$ unter der Wurzel in (5.104) vernachlässigen. Die $y$-Achse kann auch beliebig nach links oder rechts verschoben werden, sie bleibt immer „Mittelsenkrechte" des unendlich langen Drahtes. Das Feld ist radial zum Draht gerichtet, da die $y$-Achse beliebig um die $x$-Achse gedreht werden kann. Das Feld ergibt sich somit zu

$$\vec{E} = \frac{\lambda_q}{2\pi\varepsilon_0 y} \vec{e}_y . \qquad (5.105)$$

Die Feldstärke ist umgekehrt proportional zum Abstand des Aufpunktes zum Draht, die Feldlinien sind senkrecht zu ihm gerichtet.

**Axiales Feld eines homogen geladenen Ringes**
Auch das Feld eines kreisförmigen Ringes mit konstanter positiver Linienladungsdichte können wir mit obigem Verfahren für Aufpunkte berechnen, die sich auf der Achse, die senkrecht zur Kreisebene durch den Mittelpunkt verläuft, befinden.

Wir nutzen wieder die Tatsache aus, dass zu einer Ladung d$q$ auf dem oberen Halbkreis eine zu ihr spiegelbildliche Ladung d$q'$ auf dem unteren Halbkreis existiert. Die Felder der Teilladungen werden dann längs des (oberen) Halbkreises aufintegriert. In Anlehnung an (5.100) und (5.104) erhalten wir mit $\vec{r} = z\vec{e}_z$, $\vec{s}_q = R\vec{e}_R$ und d$s_q = Rd\varphi$

$$\vec{E}(z) = \frac{\lambda_q}{4\pi\varepsilon_0} \int_0^\pi (\frac{z\vec{e}_z + R\vec{e}_R}{(z^2 + R^2)^{3/2}} + \frac{z\vec{e}_z - R\vec{e}_R}{(z^2 + R^2)^{3/2}})Rd\varphi . \tag{5.106}$$

Das Feld der Ringladung auf der $z$-Achse verläuft in $z$-Richtung. Da $R$ und $z$ nicht von $\varphi$ abhängen, können wir den Term vor das Integral ziehen und erhalten mit $q_{Ring} = \lambda_q 2\pi R$

$$\vec{E}(z) = \frac{\lambda_q}{4\pi\varepsilon_0} \frac{2zR\vec{e}_z}{(z^2 + R^2)^{3/2}} \int_0^\pi d\varphi = \frac{\lambda_q}{4\pi\varepsilon_0} \frac{2\pi Rz\vec{e}_z}{(z^2 + R^2)^{3/2}} \Rightarrow$$

$$\vec{E}(z) = \frac{q_{Ring}}{4\pi\varepsilon_0} \frac{z}{(z^2 + R^2)^{3/2}} \vec{e}_z . \tag{5.107}$$

Im Ursprung des Koordinatensystems bei $z = 0$ ist auch das Feld null, aus Symmetriegründen kompensieren sich die Einzelfelder der Ladungen d$q$. Für negative $z$ kehrt sich die Richtung des Feldes um. In großen Abständen können wir $R^2$ im Nenner von (5.107) vernachlässigen. Die Feldstärke ist dann ~ $1/z^2$ und entspricht der einer Punktladung mit $q_{Ring}$.

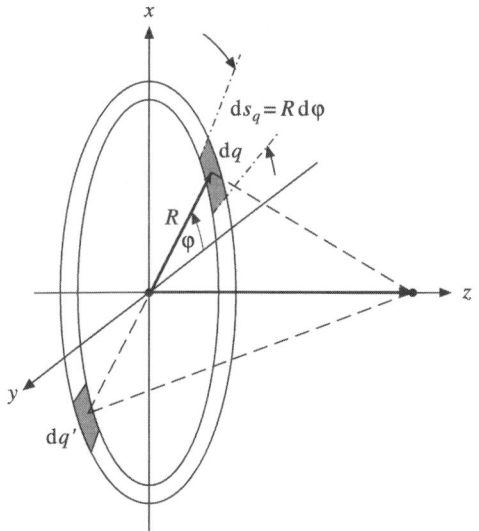

*Abb. 5.48  Ring mit konstanter Linienladungsdichte. Berechnung des Feldes auf der z-Achse.*

## Axiales Feld einer homogen geladenen Kreisscheibe

Die ebene Scheibe mit der konstanten positiven Flächenladungsdichte $\sigma_q$ und dem Radius $R_S$ können wir uns aus einzelnen konzentrischen Ringen mit dem Radius $R$ und der Dicke $dR$ aufgebaut denken. Die von den Ringladungen gemäß (5.107) in einem Punkt auf der $z$-Achse bewirkten Felder überlagern sich dort.

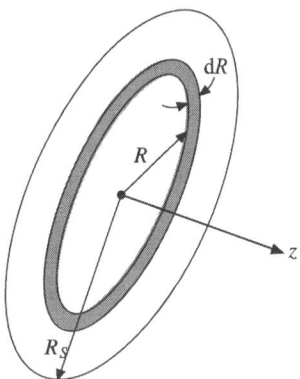

**Abb. 5.49** *Berechnung des Feldes auf der z-Achse einer homogen geladenen Kreisscheibe.*

Um (5.107) zur Berechnung des Feldes verwenden zu können, müssen wir die Ladung $dq_{Ring}$ der einzelnen Ringe von der Linienladungsdichte $\lambda_q$ in (5.107) auf die Flächenladungsdichte $\sigma_q$ umrechnen. Zwischen $\lambda_q$ und $\sigma_q$ besteht der Zusammenhang

$$dq_{Ring} = \lambda_q \, 2\pi R = \sigma_q \, 2\pi R \, dR \quad \Rightarrow \quad \lambda_q = \sigma_q \, dR \,. \tag{5.108}$$

Das resultierende Feld der Kreisscheibe ergibt sich aus der Integration über die Felder der Kreisringe.

$$\vec{E}(z) = \int_{Scheibe} d\vec{E}_{Ring} = \int_{Scheibe} \frac{dq_{Ring}}{4\pi\varepsilon_0} \frac{z\vec{e}_z}{(z^2 + R^2)^{\frac{3}{2}}} = \frac{\sigma_q \, 2\pi z \vec{e}_z}{4\pi\varepsilon_0} \int_0^{R_S} \frac{R \, dR}{(z^2 + R^2)^{\frac{3}{2}}}$$

$$\vec{E}(z) = \frac{\sigma_q z \vec{e}_z}{2\varepsilon_0} \left[ -\frac{1}{(z^2 + R^2)^{\frac{1}{2}}} \right]_0^{R_S} = \frac{\sigma_q z \vec{e}_z}{2\varepsilon_0} \left( -\frac{1}{\sqrt{z^2 + R_S^2}} + \frac{1}{z} \right) \quad \Rightarrow$$

$$\vec{E}(z) = \frac{\sigma_q}{2\varepsilon_0} \left( 1 - \frac{z}{\sqrt{z^2 + R_S^2}} \right) \vec{e}_z \tag{5.109}$$

Zu beachten ist, dass (5.109) nur für $z > 0$ gilt, denn für $z = 0$ kann die Integration in (5.109) nicht bei $R = 0$ beginnen, da in diesem Fall der Nenner des Integranden verschwindet. Das Anwenden der l'Hospitalschen Regel liefert $\vec{E}(z = 0) = 0$. Für $z < 0$ kehrt sich aus Symmetriegründen das Vorzeichen von $\vec{E}(z)$ um, denn die Feldlinien verlaufen in die entgegengesetzte Richtung.

Ist der Radius $R_S$ der Scheibe wesentlich größer als der Abstand $z$ des Aufpunktes von der Scheibe, so können wir den zweiten Term in (5.109) gegenüber der eins vernachlässigen und erhalten

$$\vec{E}(z, R_S \to \infty) = \frac{\sigma_q}{2\varepsilon_0} \vec{e}_z .$$
(5.110)

Das Feld in der Nähe einer homogen geladenen ebenen Scheibe oder das Feld einer unendlich ausgedehnten Ebene verläuft senkrecht zu ihr, die Feldstärke ist konstant. Ein solches Feld bezeichnet man als „homogenes elektrisches Feld". In diesem Fall beschreibt (5.110) nicht nur den Feldverlauf auf der Achse, die senkrecht zur Kreisscheibe durch ihren Mittelpunkt verläuft, sondern auch in hinreichend großem Abstand von ihrem Rand. Für negative $z$ kehrt sich ebenfalls das Vorzeichen des Feldes um, auf der Scheibe ist das Feld wie in (5.109) null.

Vergleichen wir die Symmetrien von Ladungsverteilungen und den von ihnen erzeugten Feldern, so stellen wir fest, dass die Felder die gleichen Symmetrien wie die Ladungsverteilungen aufweisen.

• Punktladung: Keine Richtung ausgezeichnet $\to$ kugelsymmetrisches Feld $\to$ Feldlinien radial zur Punktladung.
• Zwei Punktladungen: Verbindungslinie ausgezeichnet $\to$ achsensymmetrisches Feld $\to$ Feldlinien rotationssymmetrisch zur Verbindungslinie.
• Linienladung (gerader Draht): Draht definiert Achse $\to$ achsensymmetrisches Feld, spiegelsymmetrisch zur Mitte des Drahtes $\to$ Feldlinien rotationssymmetrisch zum Draht.
• Linienladung (Ring): Kreisebene und Mittelpunktachse ausgezeichnet $\to$ achsensymmetrisches Feld, spiegelsymmetrisch zur Kreisebene $\to$ Feldlinien rotationssymmetrisch zur Mittelpunktachse.
• Große geladene Ebene: Ebenennormale ausgezeichnet $\to$ homogenes Feld senkrecht zur Ebene $\to$ Feldlinien verlaufen senkrecht zur Ebene.

Dabei wurde vorausgesetzt, dass bei kontinuierlichen Ladungsverteilungen die jeweilige Ladungsdichte konstant ist. Aufgrund der Symmetrie ergibt sich außerdem, dass die Feldlinien in hinreichend großer Entfernung zu den „Enden" von Ladungsverteilungen senkrecht zu ihnen verlaufen.

## 5.2.4   3. Maxwellgleichung

Die Verwendung des Coulombschen Gesetzes zur Berechnung der elektrischen Felder von Ladungsverteilungen wird in vielen Fällen recht kompliziert. Daher ist es häufig sinnvoll, bei der Berechnung von Feldern eine andere Eigenschaft von ihnen auszunutzen.

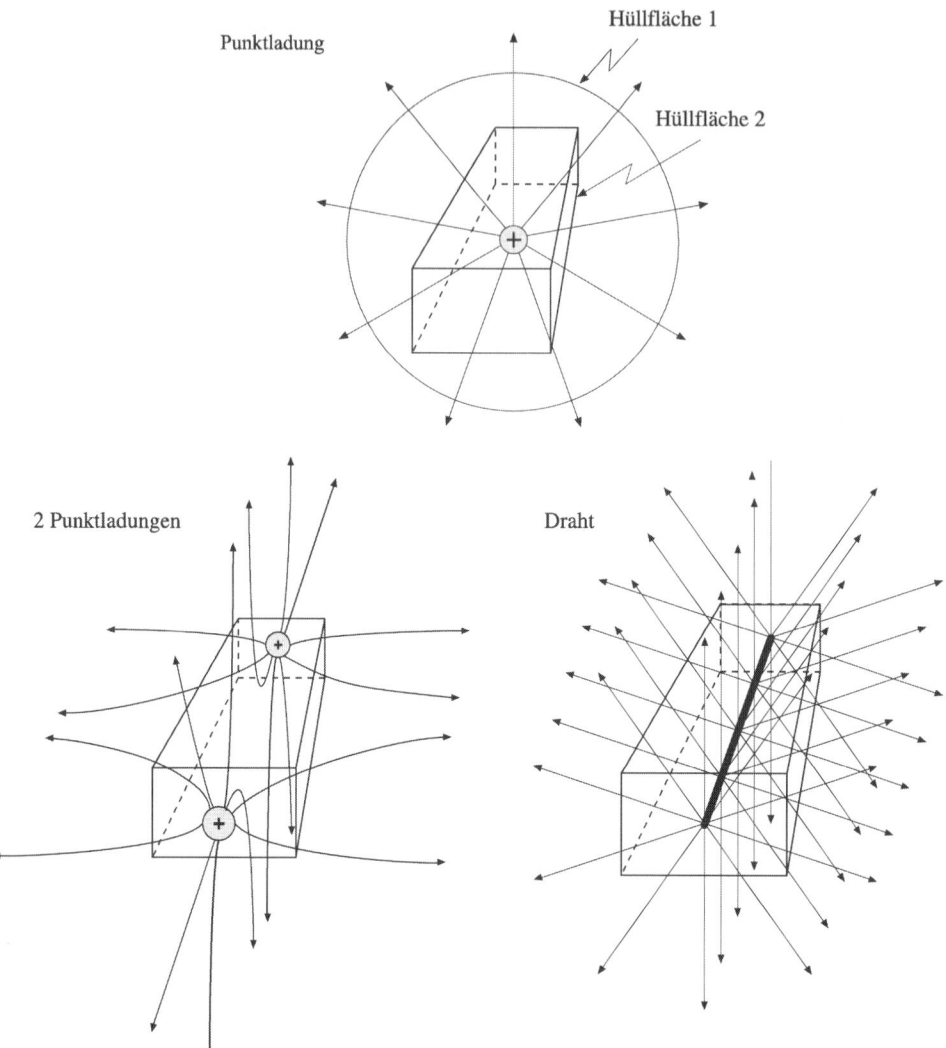

***Abb. 5.50*** *Quaderförmige Hüllfläche umschließt positive Ladungen. Die Zahl der Feldlinien, die aus der Hülle dringen, ist proportional zur Ladung. Die gleichen Feldlinien durchdringen eine kugelförmige Hüllfläche, welche die gleiche Ladung umschließt.*

Elektrische Felder werden von Ladungen im Raum bewirkt, anschaulich verdeutlicht haben wir dies durch die Feldlinien. Der Betrag des Feldes an einem bestimmten Ort wird durch die Dichte der Feldlinien in seiner unmittelbaren Umgebung angegeben, die Richtung des Feldes wird durch die Richtung der Tangente der Feldlinie bestimmt. Der Konvention zufolge beginnen die Feldlinien an positiven Ladungen und enden an negativen. Umschließen wir die Ladung mit einer (gedachten) Hüllfläche, so treten die Feldlinien positiver Ladungen aus der Hülle heraus, die Feldlinien negativer Ladungen dringen dagegen in die Hülle ein. Dem

Coulombschen Gesetz (5.86) zufolge sind die Feldstärke und damit die Dichte der Feldlinien immer proportional zur Ladung, die das Feld erzeugt. Damit ist auch die Zahl der Feldlinien oder die über die Fläche gemittelte Feldstärke auf einer beliebig geformten geschlossenen Hüllfläche proportional zur Ladung, die diese Fläche umschließt.

Zu beachten ist, dass in **Abb. 5.51** und **Abb. 5.52** ein Teil der Feldlinien entweder vollständig innerhalb der Hüllfläche verläuft oder an einer Stelle die Hülle verlässt und an einer anderen Stelle wieder in die Hülle eindringt. Diese Feldlinien sind bei der Bilanzierung der durch die Hülle tretenden Feldlinien nicht zu berücksichtigen, relevant für die Proportionali-

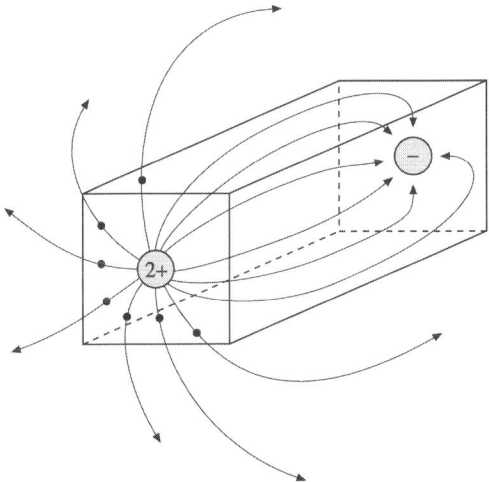

*Abb. 5.51 Quaderförmige Hüllfläche umschließt eine positive und eine negative Punktladung, die positive Ladung ist doppelt so groß wie die negative.*

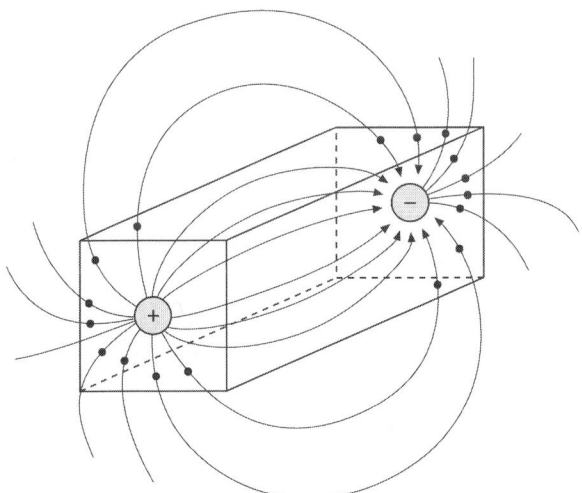

*Abb. 5.52 Quaderförmige Hüllfläche umschließt einen Dipol.*

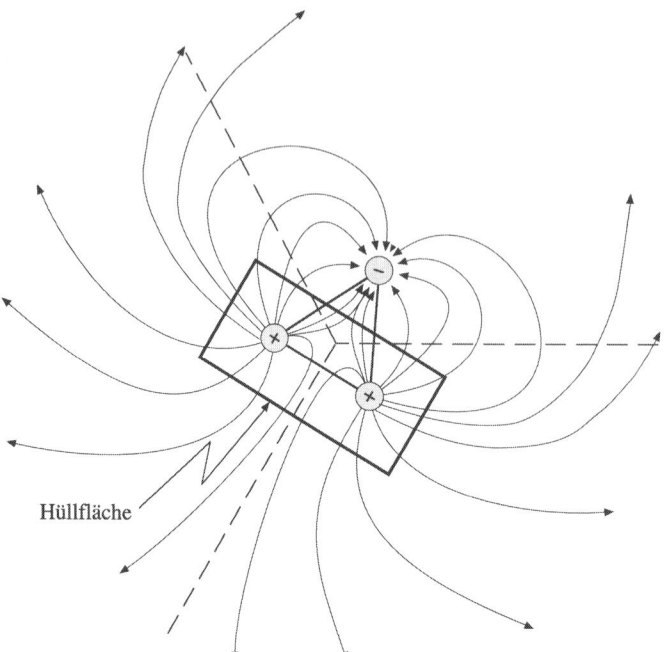

Hüllfläche

**Abb. 5.53** *Die Hüllfläche schließt nur einen Teil der felderzeugenden Ladungen ein. Die Zahl der Feldlinien, die durch die Hülle dringen, wird nur durch die eingeschlossene Ladung bestimmt.*

tät zur eingeschlossenen Ladung, der „Nettoladung", ist auch nur die „Nettozahl" der Feldlinien. Der Konvention zufolge werden aus der Hülle dringende Feldlinien positiv, die anderen negativ gezählt. Gleiches ist der Fall, wenn die Hüllfläche nur einen Teil der felderzeugenden Ladungen einschließt. Der Feldverlauf ist natürlich anders als wenn die Ladungen außerhalb der Hülle nicht vorhanden wären, jedoch ist die Zahl der Feldlinien, die von den Ladungen ausgehen bzw. zu ihnen gelangen, unverändert, da sie ein Maß für die Größe der Ladung sind.

Wird von einer Hüllfläche überhaupt keine Ladung eingeschlossen, so ist in einem elektrischen Feld die Zahl der Feldlinien, die in die Hülle eindringen, gleich der Zahl der Feldlinien, die die Hülle verlassen.

Für die Bilanz der Feldlinien ist die von der Hüllfläche eingeschlossene Ladung von Bedeutung, die konkrete Form der Hülle dagegen nicht. Die Nettozahl der durch eine geschlossene Hüllfläche dringenden Feldlinien drückt man quantitativ durch den Fluss (5.8) des elektrischen Feldes $\vec{E}$ durch die Hülle $A$ aus.

$$\Phi = \oint_A \vec{E} \bullet d\vec{a} , \ [\Phi] = \mathrm{Vm} \tag{5.111}$$

Der Konvention gemäß (siehe **Abb. 2.124**) weist die Richtung des Vektors $d\vec{a}$ senkrecht zur Fläche $A$ nach außen.

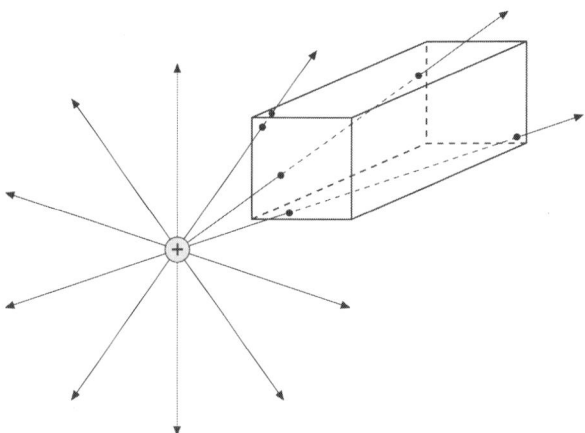

**Abb. 5.54** *Eine Hülle im elektrischen Feld schließt keine Ladung ein. Die Zahl der eindringenden Feldlinien ist gleich der Zahl der die Hülle verlassenden Feldlinien.*

Den Fluss des elektrischen Feldes einer Punktladung $q_P$ können wir sehr einfach berechnen, wenn wir als Hüllfläche eine Kugel mit einem beliebigen Radius $R$, in deren Mittelpunkt sich die Punktladung befindet, wählen. Der Betrag des Feldes ist auf der Kugel konstant, Feldrichtung und Flächennormale weisen in jedem Punkt der Kugel in die gleiche Richtung, das Skalarprodukt $\vec{E} \bullet \mathrm{d}\vec{a}$ ist gleich dem Produkt der Beträge $E\mathrm{d}a$. Damit ist

$$\Phi_{Punktladung} = \oint\limits_{Kugel} \vec{E}_{Punktladung} \bullet \mathrm{d}\vec{a} = E_{Punktladung} \oint\limits_{Kugel} \mathrm{d}a = E_{Punktladung} A_{Kugel} \,. \tag{5.112}$$

Die Punktladung hat den Abstand $R$ von der Hüllfläche, mit (5.87) und der Kugeloberfläche $A_{Kugel} = 4\pi R^2$ erhalten wir den Fluss

$$\Phi = \frac{1}{4\pi\varepsilon_0} \frac{q_P}{R^2} 4\pi R^2 = \frac{q_P}{\varepsilon_0} \,. \tag{5.113}$$

(5.113) drückt die Proportionalität des elektrischen Flusses oder die Nettozahl der Feldlinien einer Punktladung, die eine sie einschließende Hüllfläche durchdringen, zur Ladung aus.

Diese Proportionalität zwischen eingeschlossener Ladung und Fluss des von ihr erzeugten elektrischen Feldes durch eine sie umschließende Hüllfläche beliebiger Form gilt allgemein. Wir können nämlich jede beliebige Ladungsverteilung mit (5.100) durch eine Überlagerung von Punktladungsfeldern beschreiben. Mit der Überlagerung der Felder addieren sich auch die elektrischen Flüsse der einzelnen Ladungen durch eine Hüllfläche. Für den Fluss einer Punktladung ist es unerheblich, ob die Hüllfläche eine konzentrische Kugel um den Ort der Ladung oder eine konzentrische Kugel um den Ort einer anderen Ladung ist, nur muss die betreffende Ladung von der Hülle eingeschlossen werden.

Wir können den Fluss des elektrischen Feldes beliebiger Verteilungen von Punktladungen durch eine Hüllfläche $A$, die alle Ladungen umschließt, berechnen, indem wir die Flüsse

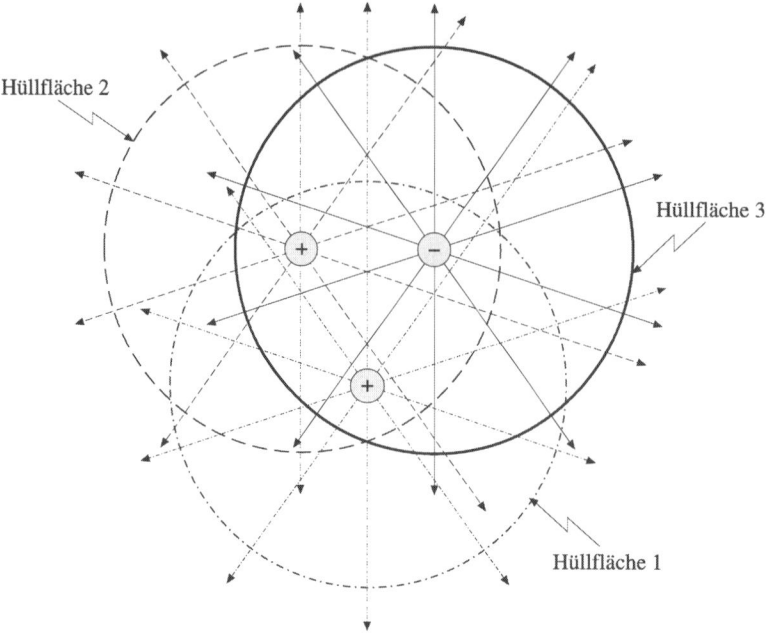

**Abb. 5.55** *Der Fluss des elektrischen Feldes von Punktladungen ist unabhängig von der Wahl der sie einschließenden Hüllflächen. Hier ist der Gesamtfluss der Felder aller Ladungen durch eine der Kugeln gleich der Summe der Flüsse der Felder von den einzelnen Ladungen durch die jeweiligen, zu ihnen konzentrischen Kugeln.*

(5.113) der elektrischen Felder der einzelnen Ladungen durch die sie umschließenden konzentrischen Kugeln summieren. Die Feldlinien der einzelnen Ladungen durchstoßen zum einen die Hüllfläche $A$ einmal, zum anderen aber auch die jeweiligen konzentrischen Kugeln einmal[1].

$$\Phi = \sum_i \Phi_i = \oint_A \vec{E} \bullet \mathrm{d}\vec{a} = \sum_i \oint_{\substack{konzentr. \\ Kugel, i}} \vec{E}_{Pktl.,i} \bullet \mathrm{d}\vec{a}_i = \frac{1}{\varepsilon_0} \sum_i q_i \ . \tag{5.114}$$

Entsprechend beträgt der Fluss einer kontinuierlichen Ladungsverteilung mit der lokalen Ladungsdichte $\rho(\vec{r})$

$$\Phi = \oint_A \vec{E} \bullet \mathrm{d}\vec{a} = \frac{q_{innerhalb\ A}}{\varepsilon_0} = \frac{1}{\varepsilon_0} \int_{\substack{Volumen. \\ innerhalb\ A}} \rho(\vec{r}) \mathrm{d}V \ . \tag{5.115}$$

(5.115) ist die dritte von vier Gleichungen, die J. C. Maxwell aufgestellt hat und die alle Gesetzmäßigkeiten der Elektrodynamik beschreiben. Wir haben die Formulierung des Zu-

---

[1]   Zu beachten ist, dass Flüsse von Feldern positiver Ladungen (5.113) zufolge ebenfalls positiv sind, Flüsse bei negativen Ladungen dagegen negativ.

sammenhanges zwischen elektrischem Feld und Ladungsverteilung in Integralform vorliegen. Daneben kann man (5.115) auch in differentieller Form als partielle Differentialgleichung darstellen, wir wollen aber darauf nicht weiter eingehen.

Die 3. Maxwellgleichung eignet sich so wie das Coulombsche Gesetz zur Berechnung von
elektrischen Feldern, welche räumliche Ladungsverteilungen erzeugen. Besonders bei Symmetrien bietet die 3. Maxwellgleichung rechentechnische Vorteile, da bei der Feldberechnung über das Coulombsche Gesetz (5.100) schwer zu lösende Integrale auftreten. Außerdem
ist die Behandlung von bewegten Ladungen mit der 3. Maxwellgleichung einfacher als mit
dem Coulombschen Gesetz. Hervorzuheben ist, dass beide äquivalent sind, denn wir haben ja
schließlich die 3. Maxwellgleichung aus dem Coulombschen Gesetz hergeleitet.

## 5.2.5    Feldberechnung mit Hilfe der 3. Maxwellgleichung

Der elektrische Fluss (5.111) lässt sich besonders einfach berechnen, wenn

- die Feldstärke auf der Hüllfläche konstant ist und
- die Vektoren des elektrischen Feldes und der Flächennormalen kollinear sind oder
- Feldvektor und Flächennormale senkrecht aufeinander stehen.

Weist die Ladungsverteilung, die das Feld erzeugt, Symmetrien auf, so hat auch das Feld
diese Symmetrien. Dann kann man meistens eine passende Hüllfläche finden, auf der obige
Bedingungen erfüllt sind.

**Kugelsymmetrie**
Kugelsymmetrie einer Ladungsverteilung liegt immer dann vor, wenn ein bestimmter Punkt
ausgezeichnet ist, ihn nennen wir den Mittelpunkt der Ladungsverteilung. Es ist keine Richtung ausgezeichnet, daher hängen die Feldstärken nur vom Abstand $r$ zum Mittelpunkt ab.
Die Feldrichtung verläuft radial zum Mittelpunkt.

*Punktladung*
Ein „triviales" Beispiel ist die Berechnung des Feldes einer Punktladung, bei der man die
Herleitung der 3. Maxwellgleichung aus dem Coulombschen Gesetz „zurückrechnet". Aufgrund der Kugelsymmetrie des (noch) unbekannten Feldes einer Punktladung $q$ wählen wir
als Hüllfläche eine zum Ort der Ladung konzentrische Kugeloberfläche mit dem Radius $r$,
die die obigen Bedingungen erfüllt. Der Fluss des elektrischen Feldes beträgt

$$\Phi = \oint_{Kugel} \vec{E} \bullet d\vec{a} = E(r) \oint_{Kugel} da = E(r) 4\pi r^2 = \frac{q}{\varepsilon_0} \Rightarrow$$

$$E(r) = \frac{q}{4\pi\varepsilon_0 r^2} . \tag{5.116}$$

Das Feld ist gleich dem des Coulombschen Gesetzes. Nun wird auch klar, warum der Faktor
$1/4\pi$ in (5.80) bzw. (5.82) und (5.86) bzw. (5.87) getrennt ausgewiesen wurde. Er gehört zur
Fläche der Hülle um die Punktladung.

*Homogen geladene Kugeloberfläche*

Die Oberfläche der Kugel soll eine konstante Flächenladungsdichte $\sigma_q$ aufweisen, im Innern soll die Kugel ungeladen sein. Hier wählen wir als Hüllfläche ebenfalls eine zum Mittelpunkt der Ladungsverteilung konzentrische Kugel, deren Radius $r$ größer als der Radius $R$ der Ladungsverteilung ist. Die Gesamtladung $q$ der Kugel beträgt $\sigma_q 4\pi R^2$. Die 3. Maxwellgleichung ergibt

$$\Phi = E(r) \underbrace{\oint da}_{Kugel} = E(r)4\pi r^2 = \frac{q}{\varepsilon_0} = \frac{\sigma_q 4\pi R^2}{\varepsilon_0} \quad \Rightarrow$$

$$E(r) = \frac{q}{4\pi\varepsilon_0 r^2} = \frac{\sigma_q 4\pi R^2}{4\pi\varepsilon_0 r^2} = \frac{\sigma_q R^2}{\varepsilon_0 r^2} \text{ mit } r \geq R. \tag{5.117}$$

Im Inneren der Kugel ist das Feld null, da von den kugelförmigen Hüllflächen, deren Radius $r < R$ ist, keine Ladungen eingeschlossen werden.

*Homogen geladene Kugel*

Die Ladungsdichte $\rho_q$ der (massiven) Kugel mit dem Radius $R$ ist konstant, die Gesamtladung $q$ beträgt somit $\rho_q(4/3)\pi R^3$. Mit einer zum Kugelmittelpunkt konzentrischen Kugel als Hüllfläche, deren Radius $r$ größer ist als der Radius $R$ der geladenen Kugel, erhalten wir

$$\Phi = E(r) \underbrace{\oint da}_{Kugel} = E(r)4\pi r^2 = \frac{q}{\varepsilon_0} = \frac{\rho_q 4\pi R^3}{3\varepsilon_0} \quad \Rightarrow$$

$$E(r) = \frac{q}{4\pi\varepsilon_0 r^2} = \frac{\rho_q 4\pi R^3}{3 \cdot 4\pi\varepsilon_0 r^2} = \frac{\rho_q R^3}{3\varepsilon_0 r^2} \text{ mit } r \geq R. \tag{5.118}$$

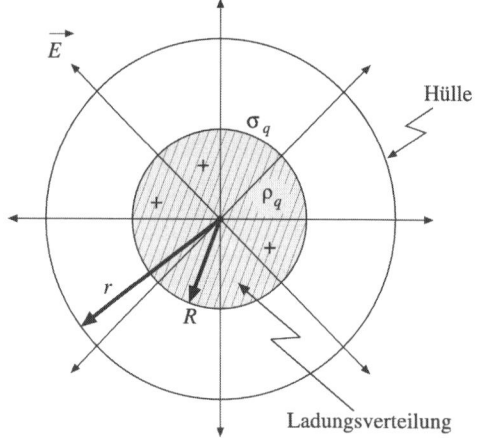

**Abb. 5.56** *Homogen geladene Kugeloberfläche bzw. homogen geladene Kugel mit konzentrischer Kugel als Hüllfläche zur Berechnung des elektrischen Feldes außerhalb der Ladungsverteilung. Die Felder entsprechen dem Feld einer Punktladung.*

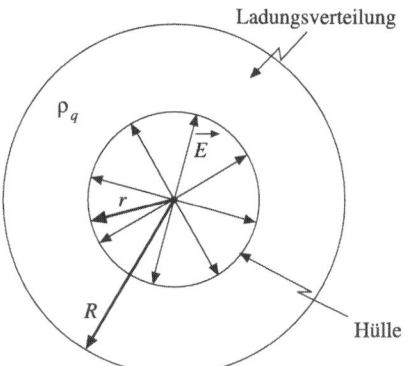

**Abb. 5.57** *Zur Feldberechnung im Inneren der homogen geladenen Kugel.*

Außerhalb der Kugel entspricht das Feld dem einer homogen geladenen Kugeloberfläche bzw. dem einer Punktladung.

Im Inneren schließt eine kugelförmige Hüllfläche jedoch nur noch einen Teil der Gesamtladung $q$ ein. Da die Ladungsdichte homogen ist, ist die Ladung $q^*$, die eine Kugel mit einem Radius $r < R$ einschließt, proportional zum Volumen dieser Kugel.

$$\sigma_q = \frac{q}{V_{Kugelladung}} = \frac{3q}{4\pi R^3} = \frac{q^*}{V_{Hülle}} = \frac{3q^*}{4\pi r^3} \quad \Rightarrow \quad q^* = \frac{r^3}{R^3} q \tag{5.119}$$

Setzen wir die Ladung $q^*$ in (5.118) ein, so erhalten wir

$$\Phi = E(r) \oint_{Kugel} da = E(r)4\pi r^2 = \frac{q^*}{\varepsilon_0} = \frac{q}{\varepsilon_0}\frac{r^3}{R^3} = \frac{\rho_q 4\pi R^3}{3\varepsilon_0}\frac{r^3}{R^3} \quad \Rightarrow$$

$$E(r) = \frac{q^*}{4\pi\varepsilon_0 r^2} = \frac{q}{4\pi\varepsilon_0 R^3} r = \frac{\rho_q}{3\varepsilon_0} r \text{ mit } r < R. \tag{5.120}$$

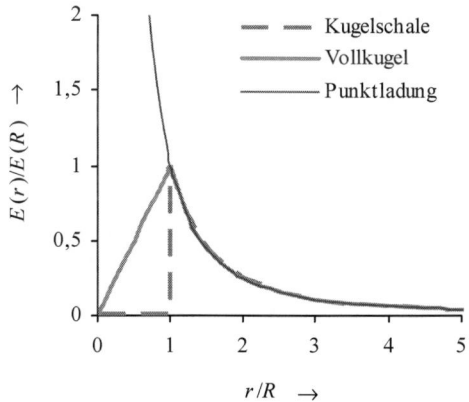

**Abb. 5.58** *Vergleich des radialen Verlaufes der Feldstärke einer Punktladung, einer geladenen Kugeloberfläche und einer geladenen Kugel. Außerhalb der Kugel ist der Feldverlauf gleich.*

Das Feld steigt im Inneren der homogen geladenen Kugel linear mit $r$ von $E(r = 0) = 0$ bis $E(R) = \rho_q R / 3\,\varepsilon_0$, dem Wert an der Kugeloberfläche.

## Zylindersymmetrie

In diesem Fall ist eine Achse ausgezeichnet, die Rotationsachse des Zylinders. Die Stärke von Feldern mit dieser Symmetrie hängt zur vom Abstand $r$ zur Achse ab, die Position auf der Achse ist unerheblich. Da bezüglich der Achse keine Richtung ausgezeichnet ist, verlaufen die Felder radial zur Achse.

*Homogen geladener, unendlich langer gerader Draht*

Die Feldstärke ist nur abhängig vom Abstand zum Draht mit der konstanten Linienladungsdichte $\lambda_q$, die Feldvektoren sind radial zu ihm gerichtet. Zur Berechnung des Feldes wählen wir als Hüllfläche einen Zylinder mit dem Radius $r$ und der Länge $l$, dessen Achse mit dem Draht zusammenfällt. Auf dem Zylindermantel sind Feldvektoren und Flächennormalen kollinear, auf den Stirnflächen stehen sie senkrecht aufeinander.

Damit ist der Fluss des elektrischen Feldes durch die Stirnflächen null, der gesamte Fluss geht durch die Mantelfläche des Zylinders.

$$\Phi = \oint_{Zylinder} \vec{E} \bullet \mathrm{d}\vec{a} = E(r) \int_{\substack{Zylinder-\\mantel}} \mathrm{d}a = E(r)2\pi r l = \frac{q_{Hülle}}{\varepsilon_0} = \frac{\lambda_q l}{\varepsilon_0} \Rightarrow$$

$$E(r) = \frac{\lambda_q}{2\pi\varepsilon_0 r} \tag{5.121}$$

Das ist das gleiche Ergebnis, wie wir es mit (5.105) schon erhalten haben, allerdings ist hier der radiale Verlauf des Feldes durch die Wahl der Hüllfläche schon vorab in die Berechnung eingebracht worden.

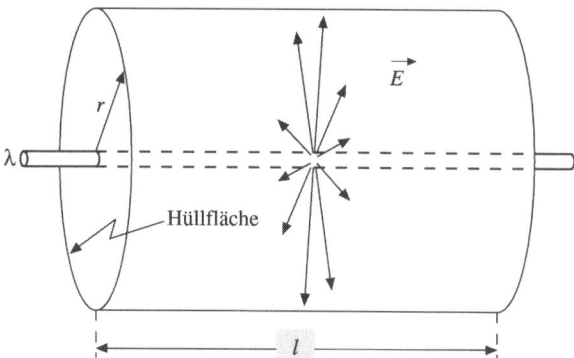

**Abb. 5.59** *Homogen geladener Draht und konzentrischer Zylinder als Hüllfläche zur Berechnung des Feldes.*

*Homogen geladener unendlich langer Zylindermantel*

Der Zylindermantel mit dem Radius $R$ weist eine konstante Flächenladungsdichte $\sigma_q$ auf, im Innern soll der Zylinder nicht geladen sein. Hier können wir ähnlich vorgehen wie bei der zuvor behandelten homogen geladenen Kugeloberfläche. Wie beim Draht wählen wir einen Zylinder mit dem Radius $r$ und der Länge $l$ als Hüllfläche, dessen Achse mit der des geladenen Zylindermantels zusammenfällt, dessen Radius aber größer als $R$ ist. Mit der 3. Maxwellgleichung erhalten wir

$$\Phi = \underset{Zylinder}{\oint} \vec{E} \bullet \mathrm{d}\vec{a} = E(r) \underset{\substack{Zylinder- \\ mantel}}{\int} \mathrm{d}a = E(r)2\pi rl = \frac{q_{H\ddot{u}lle}}{\varepsilon_0} = \frac{\sigma_q 2\pi Rl}{\varepsilon_0} \Rightarrow$$

$$E(r) = \frac{q_{H\ddot{u}lle}}{2\pi\varepsilon_0 rl} = \frac{\sigma_q 2\pi Rl}{\varepsilon_0 2\pi rl} = \frac{\sigma_q R}{\varepsilon_0 r} \text{ mit } r \geq R. \tag{5.122}$$

Aus den gleichen Gründen wie bei der homogen geladenen Kugeloberfläche ist im Innern des Zylinders das Feld null, denn Hüllflächen im Innern schließen keine Ladungen ein.

*Homogen geladener Zylinder*

Die Ladungsdichte $\rho_q$ des Zylinders mit dem Radius $R$ ist konstant. Wie oben wählen wir als Hüllfläche einen konzentrischen Zylinder der Länge $l$ und dem Radius $r > R$. Aus dem Fluss durch den Zylindermantel der Hüllfläche berechnen wir die dort vorliegende elektrische Feldstärke.

$$\Phi = \underset{Zylinder}{\oint} \vec{E} \bullet \mathrm{d}\vec{a} = E(r) \underset{\substack{Zylinder- \\ mantel}}{\int} \mathrm{d}a = E(r)2\pi rl = \frac{q_{H\ddot{u}lle}}{\varepsilon_0} = \frac{\rho_q \pi R^2 l}{\varepsilon_0} \Rightarrow$$

$$E(r) = \frac{q_{H\ddot{u}lle}}{2\pi\varepsilon_0 rl} = \frac{\rho_q \pi R^2 l}{\varepsilon_0 2\pi rl} = \frac{\rho_q R^2}{2\varepsilon_0 r} \text{ mit } r \geq R. \tag{5.123}$$

Wie beim Draht und beim geladenen Zylindermantel fällt die Feldstärke mit $1/r$ ab. Ersetzen wir in (5.122) $\sigma_q 2\pi R$ bzw. in (5.123) $\rho_q\pi R^2$ durch eine äquivalente Längenladungsdichte $\lambda$, so ergeben sich für Draht, Zylindermantel und Zylinder die gleichen Ausdrücke für den Verlauf der Feldstärke außerhalb des Zylinders.

Zur Berechnung des Feldverlaufes im Inneren des Zylinders beachten wir, dass wie bei der Kugel nur noch ein Teil der Ladung von der zylindrischen Hüllfläche, deren Radius $r$ kleiner als der Zylinderradius $R$ ist, eingeschlossen wird. Wegen der konstanten Ladungsdichte gilt

$$q_r = \rho_q \pi r^2 l. \tag{5.124}$$

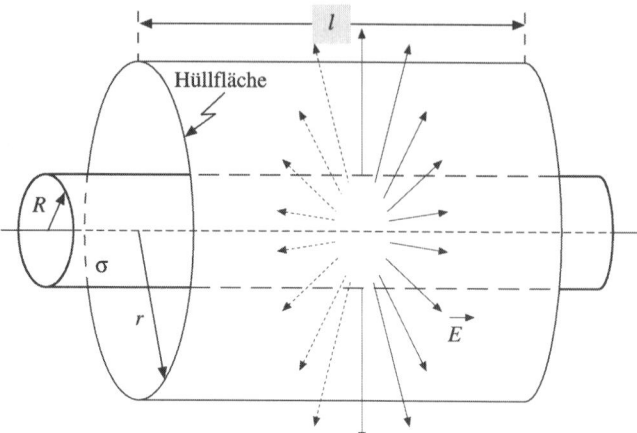

**Abb. 5.60** *Hüllfläche zur Berechnung des äußeren Feldes eines homogen geladenen Zylinders bzw. eines homogen geladenen Zylindermantels. Die Felder außerhalb der Ladungsverteilungen entsprechen dem Feld eines geladenen Drahtes.*

Setzen wir $q_r$ als $q_{Hülle}$ in (5.123) ein, so erhalten wir

$$\Phi = \underset{Zylinder}{\oint \vec{E} \bullet d\vec{a}} = E(r) \underset{\substack{Zylinder-\\mantel}}{\int da} = E(r)2\pi r l = \frac{q_r}{\varepsilon_0} = \frac{\rho_q \pi r^2 l}{\varepsilon_0} \quad \Rightarrow$$

$$E(r) = \frac{q_r}{2\pi \varepsilon_0 r l} = \frac{\rho_q \pi r^2 l}{\varepsilon_0 \, 2\pi r l} = \frac{\rho_q}{2\varepsilon_0} r \quad \text{mit } r < R. \tag{5.125}$$

Die Feldstärke im Inneren des homogen geladenen Zylinders steigt linear von null auf der Zylinderachse bis $\rho_q R/2\varepsilon_0$ auf dem Zylindermantel. Vergleicht man die Feldstärken auf den Oberflächen homogen geladener Kugeln und Zylinder mit gleicher Ladungsdichte und gleichem Radius, so ist die Feldstärke auf dem Zylindermantel 1,5-mal stärker als auf der Kugeloberfläche.

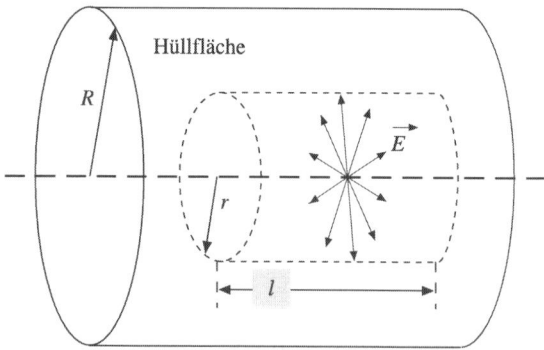

**Abb. 5.61** *Hüllfläche zur Berechnung des Feldes im Inneren eines homogen geladenen Zylinders.*

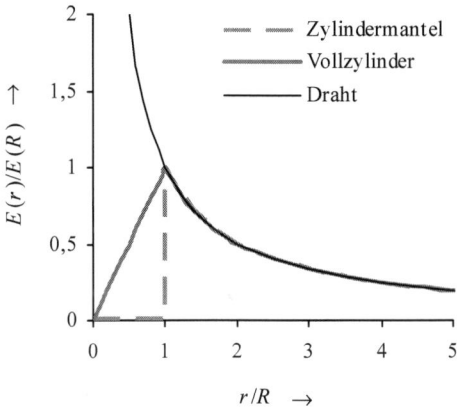

**Abb. 5.62** *Vergleich des radialen Verlaufes der Feldstärken eines geladenen Drahtes, eines Zylindermantels und eines Zylinders.*

## Unendlich ausgedehnte ebene Körper

Ebenen zeichnen eine Richtung aus: Den Normalenvektor, welcher senkrecht auf der Fläche steht und von ihr weg weist. Die Feldstärke ebener Ladungsverteilungen hängt nur vom Abstand zur Ebene ab, die Feldrichtung ist kollinear zum Normalenvektor.

### Dünne Platte mit homogen geladener Oberfläche

Wir betrachten einen unendlich ausgedehnten, ebenen Körper, dessen Dicke vernachlässigbar ist. Seine Flächenladungsdichte $\sigma_q$ soll konstant sein. Zur Berechnung des elektrischen Flusses wählen wir z. B. einen Quader als Hüllfläche, von dem zwei gegenüberliegende Teilflächen parallel zur Platte verlaufen. Ihre Abstände von der Platte sollen jeweils $|z|$, ihre Flächen jeweils $A$ betragen. Die übrigen vier Seiten des Quaders sind senkrecht zum Körper gerichtet und tragen daher nicht zum Fluss bei.[1] Das elektrische Feld $\vec{E}(z) = E(z)\vec{e}_n = E(z)\vec{e}_z$, das die geladene Platte auf der einen Seite erzeugt, ist dem Feld der anderen Seite entgegengerichtet, denn es gilt $\vec{E}'(|z|) = \vec{E}'(-z) = E(z)\vec{e}_{n'} = -E(z)\vec{e}_z$. Da die Normalenvektoren $\vec{e}_n$ und $\vec{e}_{n'}$ der entsprechenden Quaderflächen in entgegengesetzte Richtungen zeigen, ergibt die 3. Maxwellgleichung somit

$$\Phi = \oint_{Quader} \vec{E} \bullet d\vec{a} = E(z)\, 2A = \frac{q_{Hülle}}{\varepsilon_0} = \frac{\sigma_q A}{\varepsilon_0} \quad \Rightarrow \quad E(z) = \frac{\sigma_q}{2\varepsilon_0}. \tag{5.126}$$

Die Feldstärke ist unabhängig vom Abstand zur Platte, das Feld ist in Betrag und Richtung konstant. Das gleiche Ergebnis, ein homogenes Feld, haben wir bei der Berechnung des Feldes einer homogen geladenen, unendlich großen Scheibe mit Hilfe des Coulombschen Gesetzes erhalten.

---

[1] Es können auch andere Hüllflächen gewählt werden. Sie müssen nur aus zwei gleich großen, parallel zu der Ebene außerhalb des Körpers befindlichen Teilflächen bestehen. Weiterhin müssen die übrigen, zum Schließen der Hülle erforderlichen Flächen senkrecht zu dem ebenen Körper verlaufen. Eine alternative Hüllfläche kann ein Zylinder sein.

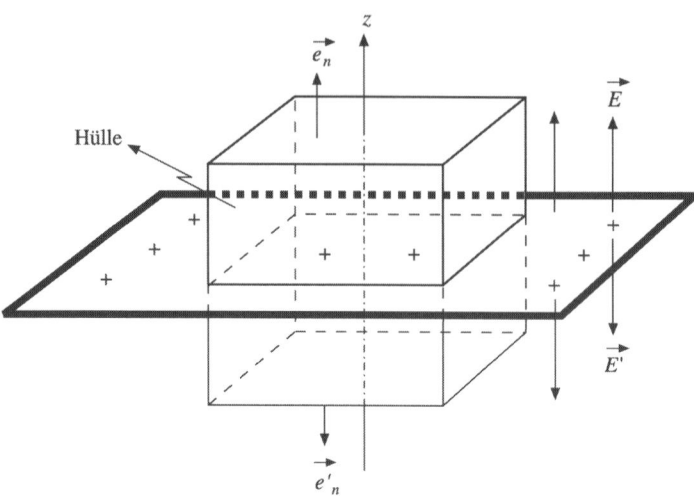

**Abb. 5.63** *Elektrisches Feld einer dünnen, homogen geladenen Platte. Die Feldrichtungen auf den beiden Seiten sind entgegengesetzt. Als Hüllfläche wird ein Quader gewählt.*

*Durch eine homogen geladene Ebene begrenzter Körper*

In diesem Fall soll der Körper durch eine unendlich ausgedehnte Ebene mit konstanter Flächenladungsdichte $\sigma_q$ begrenzt sein, im Gegensatz zu oben ist er aber auch senkrecht zu dieser Begrenzung beliebig ausgedehnt. Im Inneren soll er jedoch nicht geladen sein. Wie schon bei der Kugeloberfläche und dem Zylindermantel mit homogener Flächenladung ist auch in diesem Fall das Feld im Inneren des Körpers null. Auf der Außenseite der Begrenzung bei $z = 0$ verläuft das Feld senkrecht zu ihr, die Feldstärke hängt aus Symmetriegründen nur vom Abstand ab. Wir wählen als Hüllfläche einen Quader mit zur Ebene parallelen Seitenflächen der Größe $A$. Der Abstand soll wiederum $z$ betragen. Zum elektrischen Fluss trägt jedoch nur die Fläche außerhalb des Körpers bei.

$$\Phi = \oint_{Quader} \vec{E} \bullet d\vec{a} = E(z) \int_{\substack{Quader-\\fläche}} da = E(z)\,A = \frac{q_{Hülle}}{\varepsilon_0} = \frac{\sigma_q\,A}{\varepsilon_0} \quad \Rightarrow$$

$$E(z) = \frac{\sigma_q}{\varepsilon_0} \tag{5.127}$$

Das homogene Feld ist doppelt so groß wie bei der dünnen Platte (5.126), denn dort muss die Flächenladungsdichte $\sigma_q$ Felder auf beiden Seiten der Platte aufbauen.

*Homogen geladene Platte endlicher Dicke*

Im Gegensatz zum oben behandelten Fall soll die Platte eine endliche Dicke $d$ und eine konstante Ladungsdichte $\rho_q$ haben. Als Hüllfläche verwenden wir einen Quader, bei dem zwei gegenüberliegende Flächen der Größe $A$ parallel zur Platte sind und deren Abstände $z - d/2$ bzw. $|-z + d/2|$ zu den jeweiligen Seiten der Platte gleich groß sind.

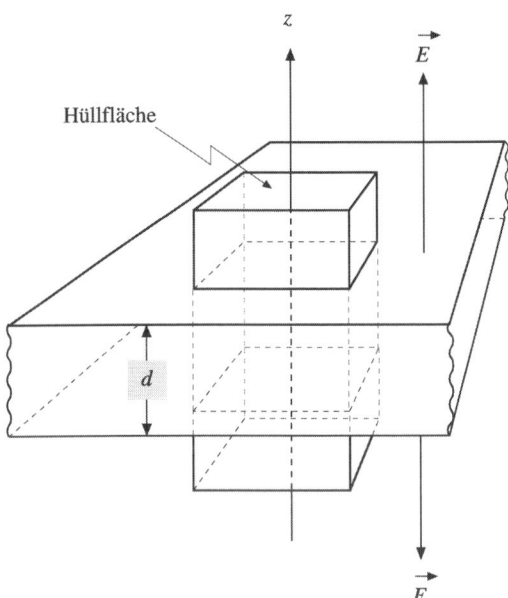

**Abb. 5.64** *Platte endlicher Dicke. Hüllfläche zur Berechnung des elektrischen Feldes.*

Die Feldstärke ist wiederum nur abhängig vom Abstand zur Platte, die Felder verlaufen auf den gegenüberliegenden Seiten in entgegengesetzter Richtung. Mit $z = 0$ in der Mitte der Platte erhalten wir für das Feld außerhalb ($z \geq d/2$ bzw. $z \leq -d/2$)

$$\Phi = \oint\limits_{Quader} \vec{E} \bullet \mathrm{d}\vec{a} = E(z)\,2A = \frac{q_{H\ddot{u}lle}}{\varepsilon_0} = \frac{\rho_q A d}{\varepsilon_0} \quad \Rightarrow \quad E(z) = \frac{\rho_q d}{2\varepsilon_0}. \tag{5.128}$$

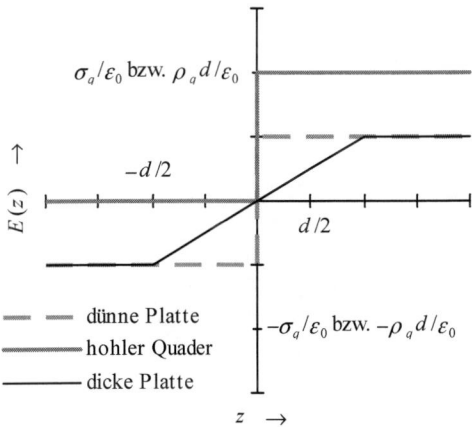

**Abb. 5.65** *Elektrisches Feld einer dünnen ebenen Platte, einer Oberfläche eines hohlen Quaders sowie einer dicken Platte.*

Auch bei einer dicken Platte ist das äußere Feld homogen. Im Inneren umschließt die Hüll-fläche nur noch einen Teil der Ladung. Damit ergibt sich das Feld im Inneren der Platte zu

$$\Phi = \oint_{Quader} \vec{E} \bullet d\vec{a} = E(z)\,2A = \frac{q_{Hülle}}{\varepsilon_0} = \frac{\rho_q\,2zA}{\varepsilon_0} \quad \Rightarrow \quad E(z) = \frac{\rho_q}{\varepsilon_0}\,z\,. \tag{5.129}$$

Die Feldstärke steigt linear von null in der Mitte der Platte zu $\rho_q d/(2\varepsilon_0)$, dem Wert außen, an. Diese Tatsache ist im Nachhinein eine weitere Rechtfertigung, in (5.109) und (5.110) den Wert der Feldstärke bei $z = 0$ zu null zu setzen.

**Sprung der Normalkomponente des elektrischen Feldes bei Körpern mit geladenen Oberflächen**

Bei den obigen Betrachtungen haben wir festgestellt, dass die Feldstärke auf einer homogen geladenen Kugeloberfläche (5.117), auf einem homogen geladenen Zylindermantel (5.122) und auf einer homogen geladenen ebenen Begrenzung eines Körpers (5.127) immer $\sigma_q/\varepsilon_0$ beträgt, wenn die Körper im Inneren keine Ladung und damit auch kein elektrisches Feld haben. Aufgrund der Konstanz der Flächenladungsdichte und der Geometrie verliefen die Felder immer senkrecht zu den Oberflächen. Überlagern sich Felder dieser Oberflächen mit anderen elektrischen Feldern, so weist die Normalkomponente des resultierenden Feldes immer einen Sprung von $\sigma_q/\varepsilon_0$ auf. Auch das elektrische Feld einer dünnen ebenen Platte (5.126) ändert seine Feldstärke im Falle positiver Ladung von $\sigma_q/(2\varepsilon_0)$ auf $-\sigma_q/(2\varepsilon_0)$. Es macht also insgesamt einen Sprung um $\sigma_q/\varepsilon_0$. Da man näherungsweise alle dünnen geladenen Flächen in kleinen Bereichen als eben ansehen kann, gilt dies für beliebig geformte Flächen. Auf diese Tatsache werden wir bei der Behandlung von geladenen Leitern und bei der Pola-risation in Dielektrika zurückkommen.

## 5.2.6  Arbeit und elektrisches Potential

Auf einen Ladungsträger, der sich in einem von einem elektrischen Feld durchsetzten Raum-gebiet befindet, wird eine elektrostatische Kraft ausgeübt. Ist er nicht durch andere Kräfte an seinem Ort fixiert und ist die elektrostatische Kraft dominant[1], so wird er mit

$$\vec{a} = \frac{q}{m}\,\vec{E}\,. \tag{5.130}$$

beschleunigt. Dabei ist $q$ die Ladung und $m$ die Masse des Ladungsträgers. Die Größe $q/m$ bezeichnet man auch als „spezifische Ladung". Elektronen, Protonen oder andere Teilchen mit sehr kleiner Masse können nach kurzer Zeit Geschwindigkeiten erreichen, die in der Größenordnung der Lichtgeschwindigkeit im Vakuum liegen. In diesen Fällen müssen die Gesetze der Newtonsche Mechanik aus Kapitel 2.3 durch die spezielle Relativitätstheorie Einsteins ersetzt werden. Wir werden uns hier aber auf die nicht relativistische Mechanik beschränken.

---

[1]   Die Schwerkraft kann bei Anwesenheit von elektrischen Feldern wegen (5.83) vernachlässigt werden.

Die elektrische Kraft verrichtet auf dem Weg vom Anfangspunkt $\vec{r}_A$ zum Endpunkt $\vec{r}_E$ der Bewegung Arbeit, diese ändert gemäß (2.132) die kinetische Energie des Ladungsträgers.

$$W_{el} = \int_{\vec{r}_A}^{\vec{r}_E} \vec{F}_{el} \bullet \mathrm{d}\vec{r} = q \int_{\vec{r}_A}^{\vec{r}_E} \vec{E} \bullet \mathrm{d}\vec{r} = \Delta E_{kin} \,. \tag{5.131}$$

Von großem Interesse ist es, ob die elektrostatische Kraft eine konservative Kraft ist, ob also die mechanische Gesamtenergie bei einer Bewegung unter ihrem Einfluss erhalten bleibt. Im Kapitel 2.3.9 (Konservative Kräfte) haben wir gesehen, dass bei konservativen Kräften die verrichtete Arbeit nur vom Anfangs- und Endpunkt der Bewegung abhängt, der Weg jedoch beliebig gewählt werden kann. Bei einem geschlossenen Weg, bei dem Anfangs- und Endpunkt identisch sind, ist die Arbeit null. Dies wollen wir anhand der Bewegung einer Probeladung $q_P$ im Feld einer Punktladung $q$ untersuchen.

Bewegt sich die Probeladung auf einer um die Punktladung konzentrischen Kugelschale mit konstantem Radius, so verläuft der Weg senkrecht zum elektrischen Feld, die verrichtete Arbeit ist null. Bei radialen Bewegungen hängt die Arbeit nur von den Abständen des Anfangs- und Endpunktes von der Punktladung ab, nicht aber von der konkreten Feldlinie. Befindet sich die Punktladung im Ursprung des Koordinatensystems, so lautet die Arbeit, die bei einer radialen Bewegung verrichtet wird

$$W_{el} = q_P \int_{\vec{r}_A}^{\vec{r}_E} \vec{E} \bullet \mathrm{d}\vec{r} = q_P \int_{r_A}^{r_E} \frac{q\,\mathrm{d}r}{4\pi\varepsilon_0 r^2} = -\frac{q_P q}{4\pi\varepsilon_0}\left(\frac{1}{r_E} - \frac{1}{r_A}\right). \tag{5.132}$$

Dabei sind $r_A$ und $r_E$ die Abstände, welche Anfangs- und Endpunkt $\vec{r}_A$ und $\vec{r}_E$ der Bewegung von der Punktladung haben. Da es sich bei (5.132) um ein gewöhnliches Integral, dessen Integrand von einer Variablen abhängt, handelt, kann das Integrationsintervall in beliebige Teilintervalle zerlegt werden.

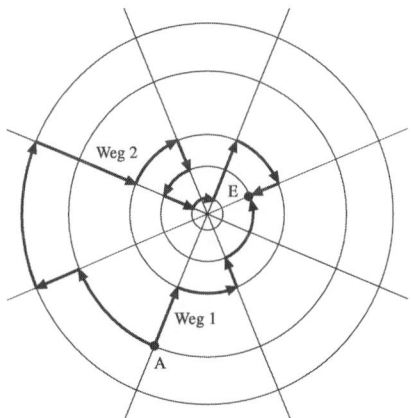

**Abb. 5.66** *Bewegung einer Probeladung im Feld einer Punktladung. Der Endpunkt der Bewegung kann durch unterschiedliche Kombinationen von radialen Bewegungen und Bewegungen auf zur Punktladungen konzentrischen Kugelschalen vom Anfangspunkt aus erreicht werden.*

Da man, wie in **Abb. 5.66** gezeigt, vom Anfangspunkt über verschiedene Wege zum Endpunkt der Bewegung gelangen kann, ist die dabei verrichtete Arbeit vom Weg unabhängig.
Die Kraft, die das Feld einer Punktladung auf eine Probeladung ausübt, ist eine konservative
Kraft. Da man jedes Feld aus der Überlagerung von Feldern verschiedener Punktladungen
bilden kann, gilt allgemein:

> Elektrostatische Kräfte sind konservative Kräfte.

Da elektrische Felder in der Elektrostatik von Quellen (positive Ladungen) ausgehen und in
Senken (negative Ladungen) verschwinden, es somit keine geschlossenen Feldlinien (Wir-
bel) gibt, können wir Bedingungen formulieren, denen Felder genügen müssen, wenn die von
ihnen verursachten Kräfte konservativ sein sollen.

> Felder mit Quellen, die keine Wirbel aufweisen, verursachen konservative Kräfte.

So ist auch das Gravitationsfeld ein wirbelfreies Quellenfeld und bewirkt die konservative
Schwerkraft.

Für die konservative elektrostatische Kraft können wir gemäß (2.135) eine potentielle Energie definieren:

$$W_{el} = q_P \int_{\vec{r}_A}^{\vec{r}_E} \vec{E} \bullet \mathrm{d}\vec{r} = -\Delta E_{pot} \implies \Delta E_{pot} = -q_P \int_{\vec{r}_A}^{\vec{r}_E} \vec{E} \bullet \mathrm{d}\vec{r} \qquad (5.133)$$

Dividiert man (5.133) durch $q_P$, so ist die Gleichung nur noch von den Eigenschaften des
Feldes abhängig. Die Änderung der potentiellen Energie pro Ladung heißt auch Differenz
des elektrischen Potentials $\Delta\varphi$ oder elektrische Spannung $U$ zwischen dem Anfangs- und
dem Endpunkt der Bewegung.

$$\Delta\varphi := \frac{\Delta E_{pot}}{q_P} = -\int_{\vec{r}_A}^{\vec{r}_E} \vec{E} \bullet \mathrm{d}\vec{r} = \varphi(\vec{r}_E) - \varphi(\vec{r}_A) \qquad (5.134)$$

Das hier definierte elektrische Potential entspricht dem in (5.9) eingeführten elektrischen
Potential, das die energiekonjugierte intensive Größe zum Ladungsstrom, der den elektrischen Energiestrom trägt, darstellt. Damit von einem Anfangspunkt zu einem Endpunkt
ein Strom von positiven Ladungsträgern fließen kann, muss eine positive Potentialdifferenz oder Spannung zwischen dem Anfangspunkt und dem Endpunkt bestehen, d. h.
$\varphi$(Anfangspunkt) $> \varphi$(Endpunkt). Strom und Stromdichte (5.19) sind positiv, die Richtung
der Geschwindigkeit der Ladungsträger zeigt vom Anfangs- zum Endpunkt ihrer Bewegung.
Eine Bewegung unter Einfluss einer konservativen Kraft verringert immer die potentielle
Energie.

Eine positive Probeladung bewegt sich von einer positiven Punktladung weg, denn gleichnamige Ladungen stoßen sich ab. Der Anfangspunkt der Bewegung ist daher näher an der Punktladung als der Endpunkt, mit (5.132) ist

$$\varphi(r_A) = \frac{q}{4\pi\varepsilon_0} \frac{1}{r_A} > \varphi(r_E) = \frac{q}{4\pi\varepsilon_0} \frac{1}{r_E} \quad \text{für } r_A < r_E \tag{5.135}$$

und damit lautet die Spannung zwischen Anfangs- und Endpunkt gemäß der Konvention (5.15)

$$U_{A \to B} = -\frac{\Delta E_{pot}}{q_P} = \int_{\vec{r}_A}^{\vec{r}_E} \vec{E} \bullet d\vec{r} = \varphi(\vec{r}_A) - \varphi(\vec{r}_E). \tag{5.136}$$

Die Feldlinien der Punktladung zeigen somit in Richtung des abnehmenden Potentials. Zu beachten ist, dass das elektrische Potential bezüglich eines Referenzpunktes, der beliebig gewählt werden kann, festzulegen ist. Dessen Potential setzt man zu null. Üblicherweise wählt man in der Elektrotechnik das Potential der Erde als Bezugspotential. Werden in der Elektrostatik Probleme behandelt, bei denen Ladungen in einem begrenzten Raumgebiet lokalisiert sind, so wählt man als Bezugspotential das eines davon weit entfernten Punktes, bei dem diese Ladungen praktisch keine Kräfte mehr ausüben. Dort ist das elektrische Feld null. Bezüglich eines solchen weit entfernten Referenzpunktes beträgt gemäß (5.134) das Potential einer Punktladung $q$, die sich im Ursprung des Koordinatensystems befindet, an einem Punkt $\vec{r}$

$$\varphi(\vec{r}) = \varphi(r) = -\int_{\infty}^{r} \frac{q\,dr'}{4\pi\varepsilon_0 r'^2} = -\frac{q}{4\pi\varepsilon_0}\left[-\frac{1}{r'}\right]_{\infty}^{r} = \frac{q}{4\pi\varepsilon_0 r}. \tag{5.137}$$

**Potential, Spannung, Spannungsquellen, Verbraucher**
Wir haben im Kapitel 5.1.3 gesehen, dass zum Energietransport durch elektrische Ladung von einer Energie- bzw. Spannungsquelle zu einem Energieverbraucher ein Stromkreis erforderlich ist. Für die (positiv angenommenen) Ladungsträger muss die „Hinleitung", über die die Ladungsträger dem Verbraucher zugeführt werden, ein (positiv) höheres elektrisches Potential aufweisen als die „Rückleitung", welche die Ladungsträger vom Verbraucher der Spannungsquelle zuführt.

Zur Verdeutlichung der Zusammenhänge vergleichen wir einen „normalen" Stromkreis und einen Stromkreis, bei dem Ladung im elektrischen Feld einer Punktladung bewegt wird.

In der Spannungsquelle wird die potentielle Energie der Ladung, die sich im Stromkreis auf niedrigem elektrischem Potential in die Spannungsquelle bewegt, erhöht. Äußere Kräfte bewegen die Ladung gegen das elektrische Feld vom niedrigen auf höheres elektrisches

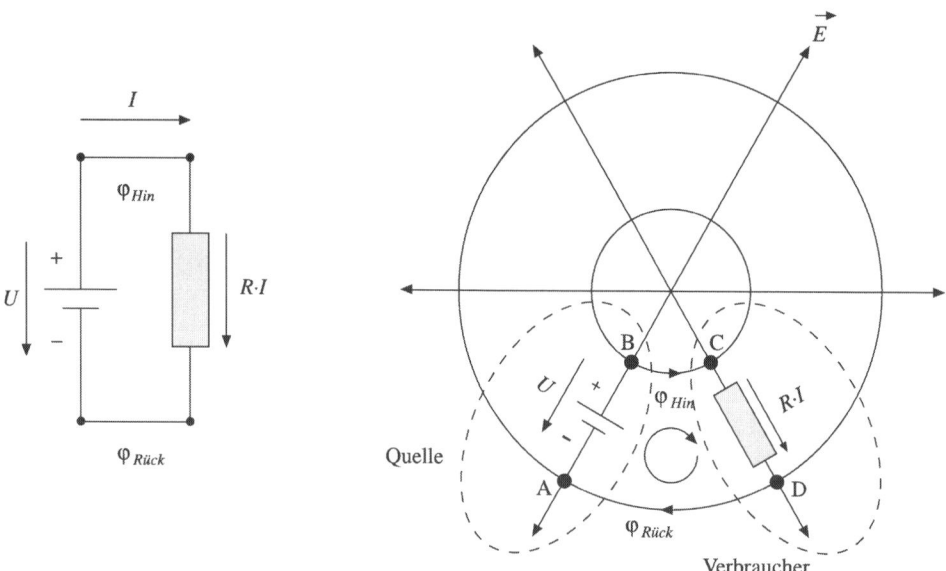

***Abb. 5.67*** *Elektrischer Stromkreis und Bewegung von Ladung im elektrischen Feld.*

Potential. Bewegen sich die Ladungen langsam, so kann die Änderung der kinetischen Energie der Ladungen vernachlässigt werden und wir erhalten für die Spannungsquelle

$$W = \int_{\vec{r}(\varphi_{R\ddot{u}ck})}^{\vec{r}(\varphi_{Hin})} \vec{F}_{ext} \bullet d\vec{r} + q \int_{\vec{r}(\varphi_{R\ddot{u}ck})}^{\vec{r}(\varphi_{Hin})} \vec{E} \bullet d\vec{r} = 0 = W_{ext} - \Delta E_{pot} \quad \Rightarrow$$

$$W_{ext} = \Delta E_{pot} = q(\varphi_{Hin} - \varphi_{R\ddot{u}ck}) > 0 \,. \tag{5.138}$$

Auf hohem elektrischem Potential gelangt die Ladung von der Spannungsquelle zum Verbraucher, dort wird die potentielle Energie der Ladungsträger wieder verkleinert, die Differenz wird durch Verrichten von Arbeit über einen anderen Energieträger abgeführt. Auf niedrigem Potential gelangt schließlich die Ladung wieder zur Spannungsquelle. Da die elektrostatische Kraft eine konservative Kraft ist, muss die Arbeit längs eines geschlossenen Weges $A \rightarrow B \rightarrow C \rightarrow D \rightarrow A$ null sein.[1] Da die Potentiale $\varphi_B = \varphi_C = \varphi_{Hin}$ und $\varphi_A = \varphi_D = \varphi_{R\ddot{u}ck}$ betragen, gilt

$$(\varphi_B - \varphi_A) + (\varphi_C - \varphi_B) + (\varphi_D - \varphi_C) + (\varphi_A - \varphi_D) = 0 \quad \Rightarrow$$

$$U_{A\rightarrow B} + U_{C\rightarrow D} = 0 \,. \tag{5.139}$$

---

[1]  Wir haben die Richtung, mit der der geschlossene Weg durchlaufen wird, so gewählt, dass sie der Bewegungsrichtung positiver Ladungsträger bei einem Energietransport von der Spannungsquelle zum Verbraucher entspricht. Spannungsabfälle an Verbrauchern werden nach Konvention in Stromrichtung positiv gezählt.

Da aber $\varphi_D - \varphi_C < 0$, der Konvention zufolge wegen der positiven Stromrichtung jedoch $U_{CD} > 0$ ist, muss gelten

$$U_{C \to D} = -(\varphi_D - \varphi_C) > 0 \,, \quad (5.139) \quad \Rightarrow \quad U_{A \to B} = -(\varphi_B - \varphi_A) < 0 \,. \tag{5.140}$$

Dies entspricht der Konvention (5.15) für die Spannung. Die Maschenregel (5.14) ist eine Konsequenz aus der Tatsache, dass elektrostatische Kräfte konservativ sind.

**Potential und elektrisches Feld**
Bei einer Punktladung haben wir gesehen, dass die Zonen konstanten elektrischen Potentials zur Punktladung konzentrische Kugelschalen sind. Diese nennt man auch „Äquipotentialflächen". Die Feldlinien verlaufen radial, also senkrecht zu den Äquipotentialflächen in Richtung des abnehmenden Potentials. Dieser Zusammenhang gilt nicht nur für Felder und Potentiale von Kugelladungen, sondern allgemein. Bewegt sich eine Ladung im elektrischen Feld auf einer Äquipotentialfläche, so ändern sich das Potential und ihre potentielle Energie nicht und die verrichtete Arbeit (5.133) ist null.

$$\Delta\varphi = 0 = - \int_{\vec{r}_A}^{\vec{r}_E} \vec{E} \bullet d\vec{r} \quad \Rightarrow \quad \vec{E} \bullet d\vec{r} = E\,dr \cos(\angle \vec{E}, d\vec{r}) = 0 \tag{5.141}$$

Da bei der Bewegung weder die Feldstärke $E$ noch der Betrag des Wegelementes $dr$ null sind, muss der Kosinus des von beiden eingeschlossenen Winkels null sein, die beiden Vektoren $\vec{E}$ und $d\vec{r}$ senkrecht aufeinander stehen.

---

Elektrische Felder verlaufen immer senkrecht zu den Äquipotentialflächen.

---

Dieses Verhalten zeigen alle konservativen Kräfte, z. B. die Schwerkraft, sowie die Wärmestromdichte und die Isothermen, die Flächen gleicher Temperatur (siehe Kapitel 2.3.9 (Potentielle Energie und Kraft) und Kapitel 3.10.1 (Nichtebene Wärmeleiter)). So verläuft bei einem zylindersymmetrischen Wärmeleiter die Wärmestromdichte radial zur Zylinderachse, dem größten Temperaturgefälle, die Flächen gleicher Temperatur sind konzentrische Zylinder. So wie zwischen Wärmestromdichte und Temperaturverteilung der Zusammenhang (3.317) besteht, so gilt für elektrisches Feld und Potential

$$\vec{E} = -\overrightarrow{\mathrm{grad}}\,\varphi \quad \Rightarrow \quad E_x = -\frac{\partial\varphi}{\partial x}, \; E_y = -\frac{\partial\varphi}{\partial y}, \; E_z = -\frac{\partial\varphi}{\partial z} \,. \tag{5.142}$$ [1]

Da der Gradient in Richtung des steilsten Anstieges zeigt, das Feld jedoch in Richtung des steilsten Abfalls verläuft, muss das Minuszeichen eingefügt werden. Berechnen wir aus dem

---

[1] Der Pfeil symbolisiert die Vektoreigenschaft des Gradienten, wird aber üblicherweise nicht verwendet.

Potential (5.137) einer Punktladung mit (5.142) das elektrische Feld, so erhalten wir nach Anwenden der Kettenregel

$$\vec{E} = -\text{grad}(\frac{q}{4\pi\varepsilon_0 r}) = -\frac{q}{4\pi\varepsilon_0}\,\text{grad}(\frac{1}{\sqrt{x^2+y^2+z^2}}) \quad \Rightarrow$$

$$E_x = -\frac{q}{4\pi\varepsilon_0}\frac{\partial}{\partial x}(\frac{1}{\sqrt{x^2+y^2+z^2}}) = -\frac{q}{4\pi\varepsilon_0}(-\frac{1}{2})\frac{2x}{\sqrt{x^2+y^2+z^2}^3}$$

$$E_x = \frac{q}{4\pi\varepsilon_0}\frac{x}{r^3}. \tag{5.143}$$

Dies entspricht der $x$-Komponente des Feldes (5.86) einer Punktladung, die sich im Ursprung des Koordinatensystems befindet.

Das Potential einer Punktladung $q$, die sich an einem Ort $\vec{r}_P$ außerhalb des Ursprungs befindet, ist bezüglich eines unendlich entfernten Referenzpunktes in Anlehnung an (5.137) zu berechnen. Wir wählen wieder den Integrationsweg längs der Feldlinien. Sie verlaufen u. a. in Richtung von $\vec{r} - \vec{r}_P$, dabei ist $\vec{r}$ der Vektor zum Aufpunkt.

Bezeichnen wir den Abstand des Aufpunktes $\vec{r}$ vom Ort der Ladung $\vec{r}_P$ mit $a =|\vec{r} - \vec{r}_P|$, so ergibt sich das Potential im Aufpunkt zu

$$\varphi(\vec{r}) = \varphi(a) = -\int_{\infty}^{a}\frac{q\,da'}{4\pi\varepsilon_0 a'^2} = -\frac{q}{4\pi\varepsilon_0}\left[-\frac{1}{a'}\right]_{\infty}^{a} = \frac{q}{4\pi\varepsilon_0 a} \quad \Rightarrow$$

$$\varphi(\vec{r}) = \frac{q}{4\pi\varepsilon_0 |\vec{r} - \vec{r}_P|}. \tag{5.144}$$

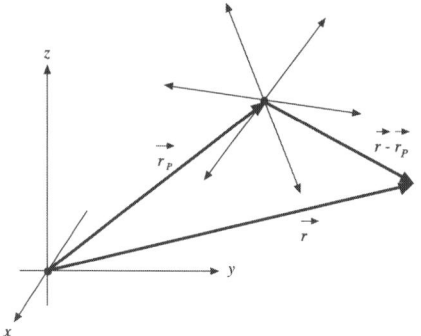

**Abb. 5.68** *Zur Berechnung des Potentials einer Punktladung, die sich nicht im Koordinatenursprung befindet.*

### Potentiale von Ladungsverteilungen
Das Potential eines Feldes, das durch Überlagerung der Felder $\vec{E}_i$ mehrerer Punktladungen $q_i$ entsteht, berechnet sich aus der Summe der einzelnen Potentiale, denn so wie bei einer

„gewöhnlichen" Ableitung ist der Gradient einer Summe von Funktionen gleich der Summe von den Gradienten der einzelnen Funktionen.

$$\vec{E} = -\text{grad}\varphi = \sum_i \vec{E}_i = \sum_i (-\text{grad}\varphi_i) = -\text{grad}\sum_i \varphi_i \ \Rightarrow$$

$$\varphi = \sum_i \varphi_i = \frac{1}{4\pi\varepsilon_0} \sum_i \frac{q_i}{|\vec{r} - \vec{r}_i|} \ . \tag{5.145}$$

So beträgt das Potential eines Dipols in **Abb. 5.44**, dessen positive Ladung $q$ bei $-d/2$ und die negative Ladung $-q$ bei $d/2$ auf der $x$-Achse symmetrisch zum Ursprung des Koordinatensystems angeordnet sind, im Aufpunkt $\vec{r}$ gegen einen unendlich entfernten Referenzpunkt

$$\varphi_D = \frac{q}{4\pi\varepsilon_0} \left( \frac{1}{|\vec{r} + \frac{d}{2}\vec{e}_x|} - \frac{1}{|\vec{r} - \frac{d}{2}\vec{e}_x|} \right), \text{ dabei ist}$$

$$\left|\vec{r} + \frac{d}{2}\vec{e}_x\right| = \sqrt{\left(\vec{r} + \frac{d}{2}\vec{e}_x\right) \bullet \left(\vec{r} + \frac{d}{2}\vec{e}_x\right)} = \sqrt{r^2 + \vec{r} \bullet d\vec{e}_x + \frac{d^2}{4}} \ . \tag{5.146}$$

Da die Potentiale der Einzelladungen entgegengesetzt gleich groß sind, ist das Potential der Ebene, die senkrecht zur Verbindungslinie durch ihre Mitte geht, aus Symmetriegründen null. In großer Entfernung vom Dipol können wir in den Beträgen $d^2/4$ gegenüber den anderen Termen vernachlässigen. Näherungsweise gilt dann

$$\varphi_D \approx \frac{q}{4\pi\varepsilon_0} \left( \frac{1}{\sqrt{r^2 + \vec{r} \bullet d\vec{e}_x}} - \frac{1}{\sqrt{r^2 - \vec{r} \bullet d\vec{e}_x}} \right) \ \Rightarrow$$

$$\varphi_D \approx \frac{q}{4\pi\varepsilon_0} \frac{1}{r} \left( \left(1 + \frac{\vec{r} \bullet d\vec{e}_x}{r^2}\right)^{-\frac{1}{2}} - \left(1 - \frac{\vec{r} \bullet d\vec{e}_x}{r^2}\right)^{-\frac{1}{2}} \right) \ \Rightarrow$$

$$\varphi_D \approx \frac{q}{4\pi\varepsilon_0} \frac{1}{r} \left( \left(1 - \frac{1}{2}\frac{\vec{r} \bullet d\vec{e}_x}{r^2}\right) - \left(1 + \frac{1}{2}\frac{\vec{r} \bullet d\vec{e}_x}{r^2}\right) \right) = -\frac{q}{4\pi\varepsilon_0} \frac{\vec{r} \bullet d\vec{e}_x}{r^3} \ . \tag{5.147}$$

Wir können das Potential für $r \gg d$ durch das Dipolmoment (5.95) ausdrücken, in dem die wesentlichen Eigenschaften des Dipols zusammengefasst sind. Da der Vektor des Dipolmomentes von der negativen zur positiven Ladung zeigt, gilt $\vec{p}_{el} = q\vec{d} = -qd\vec{e}_x$.

$$\varphi_D \approx \frac{1}{4\pi\varepsilon_0} \frac{\vec{r} \bullet \vec{p}_{el}}{r^3} = \frac{\vec{p}_{el} \bullet \vec{e}_r}{4\pi\varepsilon_0 r^2} \tag{5.148}$$

Diese Gleichung ist auch für beliebige Richtungen des Dipolmomentes im Raum gültig. Das Potential eines Dipols fällt mit dem Quadrat des Abstandes vom Ursprung ab.

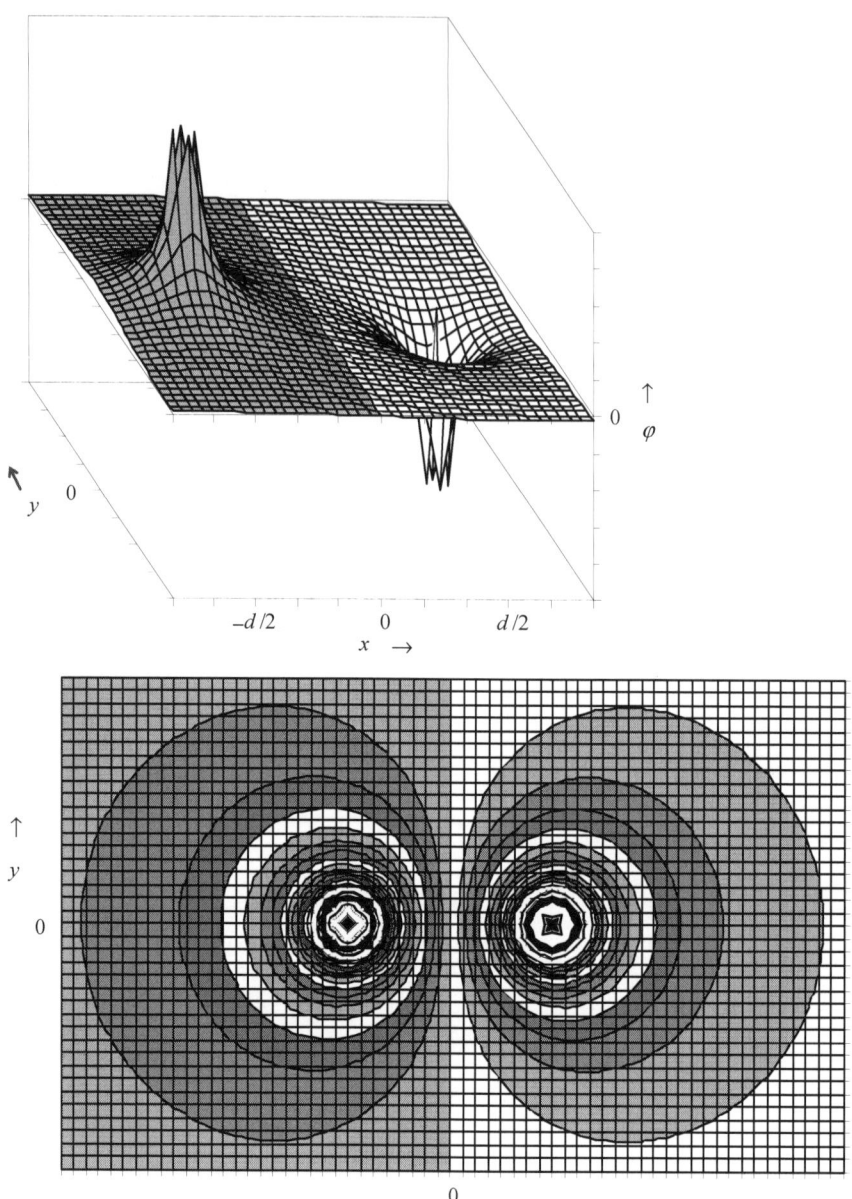

**Abb. 5.69** *Potential eines Dipols in der Ebene, in der sich die Ladungen befinden.*

Das elektrische Feld in großer Entfernung vom Dipol erhalten wir durch Berechnung des Gradienten von (5.147). Die $x$-Komponente des Fernfeldes lautet mit $\vec{r} \bullet \vec{e}_x = x$ und $r = \sqrt{x^2 + y^2 + z^2}$ :

$$E_x = -\frac{\partial}{\partial x}\left(\frac{-qd}{4\pi\varepsilon_0}\frac{x}{(x^2+y^2+z^2)^{\frac{3}{2}}}\right) = \frac{qd}{4\pi\varepsilon_0}\frac{r^3 - x\frac{3}{2}(x^2+y^2+z^2)^{\frac{1}{2}}2x}{(x^2+y^2+z^2)^3}$$

$$E_x = \frac{qd}{4\pi\varepsilon_0}\frac{r^2 - 3x^2}{r^5}. \tag{5.149}$$

Entsprechend ergeben sich die $y$- und die $z$-Komponente zu

$$E_y = -\frac{\partial}{\partial y}\left(\frac{-qd}{4\pi\varepsilon_0}\frac{x}{(x^2+y^2+z^2)^{\frac{3}{2}}}\right) = \frac{qd}{4\pi\varepsilon_0}x\left(-\frac{3}{2}\right)(x^2+y^2+z^2)^{-\frac{5}{2}}2y$$

$$E_y = -\frac{qd}{4\pi\varepsilon_0}\frac{3xy}{r^5}, \quad E_z = -\frac{qd}{4\pi\varepsilon_0}\frac{3xz}{r^5}. \tag{5.150}$$

Zum Vergleich mit den „direkt" aus dem Coulombschen Gesetz berechneten Feld (5.91) auf der $x$-Achse setzen wir in (5.149) und (5.150) $y = z = 0$ und erhalten $E_x = -2qd/(4\pi\varepsilon_0|x|^3)$, $E_y = E_z = 0$, das Ergebnis aus (5.92) bzw. (5.93). Entsprechend setzen wir für das Feld auf der $y$-Achse $x = z = 0$ mit dem Ergebnis $E_x = qd/(4\pi\varepsilon_0|y|^3)$, $E_y = E_z = 0$. Dies entspricht dem Ergebnis in (5.96). Die Feldstärke fällt mit $1/r^3$ ab. Um das Feld für beliebige Orientierungen des Dipols zu erhalten, drücken wir (5.149) und (5.150) wieder durch das Dipolmoment aus.

$$\vec{E} = -\frac{qd}{4\pi\varepsilon_0 r^5}\begin{pmatrix} 3x^2 - r^2 \\ 3xy \\ 3xz \end{pmatrix} = -\frac{qd}{4\pi\varepsilon_0 r^5}(3x\vec{r} - r^2\vec{e}_x) \text{, mit}$$

$$\vec{e}_x = -\frac{\vec{p}_{el}}{qd} \text{ und } x = \vec{r} \bullet \vec{e}_x = -\frac{\vec{r} \bullet \vec{p}_{el}}{qd} \Rightarrow \vec{E} = \frac{3(\vec{r} \bullet \vec{p}_{el})\vec{r} - r^2\vec{p}_{el}}{4\pi\varepsilon_0 r^5} \tag{5.151}$$

Das Feld ist rotationssymmetrisch bezüglich der vom Dipolmoment definierten Achse. Die Feldrichtung liegt immer in der Ebene, die von $\vec{r}$ und $\vec{p}_{el}$ aufgespannt wird. Häufig spaltet man das Feld in eine radiale Komponente und eine zu dieser senkrechten polaren Komponente auf.

Wegen der universellen Gleichverteilung von Ladungen sind Ladungsasymmetrien grundsätzlich räumlich beschränkt und können bei grober Betrachtung als Dipole behandelt werden. Da die Feldstärke mit $1/r^3$ abfällt, sinkt der elektrische Fluss des Dipolfeldes durch eine Kugeloberfläche mit dem Radius $r$ wegen $A_{Kugel} = 4\pi r^2$ mit $1/r$ und verschwindet daher für große $r$. Der elektrische Fluss ist jedoch ein Maß für die Reichweite elektrostatischer Kräfte. Somit ist die Reichweite dieser Kräfte beschränkt.

Zur Berechnung von elektrischen Feldern, die ausgedehnte Körper mit kontinuierlicher Ladungsverteilung (lokale Ladungsdichte $\rho_q$) erzeugen, haben wir die Summe der Felder einzelner Punktladungen d$q$ gebildet. Entsprechend können wir die Potentiale solcher aufgeladener Körper durch die Überlagerung der Punktladungspotentiale wie in (5.145) berechnen. Diese Punktladungen d$q = \rho_q \mathrm{d}V$ befinden sich an den Orten $\vec{s}_q$.

$$\varphi = \int\limits_{\substack{Volumen \\ des\,Körpers}} \mathrm{d}\varphi \text{ , mit (5.144)} \Rightarrow$$

$$\varphi = \frac{1}{4\pi\varepsilon_0} \int\limits_{\substack{Volumen \\ d.Körpers}} \frac{\mathrm{d}q}{|\vec{r} - \vec{s}_q|} = \frac{1}{4\pi\varepsilon_0} \int\limits_{\substack{Volumen \\ d.Körpers}} \frac{\rho_q(\vec{s}_q)}{|\vec{r} - \vec{s}_q|}\mathrm{d}V \, . \tag{5.152}$$

Als Beispiel berechnen wir das Potential eines homogen geladenen, geraden Stabes der Länge $l$, der längs der $x$-Achse symmetrisch zum Ursprung des Koordinatensystems angeordnet sein soll (siehe **Abb. 5.46**). Mit der konstanten Linienladungsdichte $\lambda_q$ und $\vec{s}_q = s_{q,x}\vec{e}_x$ erhalten wir das Potential im Aufpunkt $\vec{r}$ außerhalb der $x$-Achse.

$$\varphi = \frac{\lambda_q}{4\pi\varepsilon_0} \int\limits_{-\frac{l}{2}}^{\frac{l}{2}} \frac{\mathrm{d}s_{q,x}}{|\vec{r} - s_{q,x}\vec{e}_x|} = \frac{\lambda_q}{4\pi\varepsilon_0} \int\limits_{-\frac{l}{2}}^{\frac{l}{2}} \frac{\mathrm{d}s_{q,x}}{\sqrt{(x - s_{q,x})^2 + y^2 + z^2}} \, . \tag{5.153}$$

Zur Lösung des Integrals substituieren wir $x - s_{q,x} = \xi$, $\mathrm{d}s_{q,x} = -\mathrm{d}\xi$ und beachten, dass $y^2 + z^2$ den Abstand $r_x$ des Aufpunktes $\vec{r}$ zur $x$-Achse darstellt. Aus der Formelsammlung erhalten wir für das Integral

$$\varphi = -\frac{\lambda_q}{4\pi\varepsilon_0} \int\limits_{x+\frac{l}{2}}^{x-\frac{l}{2}} \frac{\mathrm{d}\xi}{\sqrt{\xi^2 + r_x^2}} = -\frac{\lambda_q}{4\pi\varepsilon_0} \left[ \ln(\xi + \sqrt{\xi^2 + r_x^2}) \right]_{x+\frac{l}{2}}^{x-\frac{l}{2}} \Rightarrow$$

$$\varphi = -\frac{\lambda_q}{4\pi\varepsilon_0} \ln(\frac{x - \frac{l}{2} + \sqrt{(x - \frac{l}{2})^2 + r_x^2}}{x + \frac{l}{2} + \sqrt{(x + \frac{l}{2})^2 + r_x^2}}) \Rightarrow$$

$$\varphi = \frac{\lambda_q}{4\pi\varepsilon_0} \ln(\frac{x + \frac{l}{2} + |\vec{r} + \frac{l}{2}\vec{e}_x|}{x - \frac{l}{2} + |\vec{r} - \frac{l}{2}\vec{e}_x|}) \, . \tag{5.154}$$

Das Feld berechnen wir durch Bildung des Gradienten, dies ist etwas mühsam, aber gradlinig. Zur Berechnung des Potentials auf der $x$-Achse ($r_x = 0$) müssen wir wegen des Betrages im Nenner von (5.153) Fallunterscheidungen für die verschiedenen $x$ durchführen. Wollen wir nur das Potential außerhalb des Stabes berechnen, so müssen wir zwischen den Fällen $x > l/2$ und $x < -l/2$ unterscheiden. Im ersten Fall erhalten wir

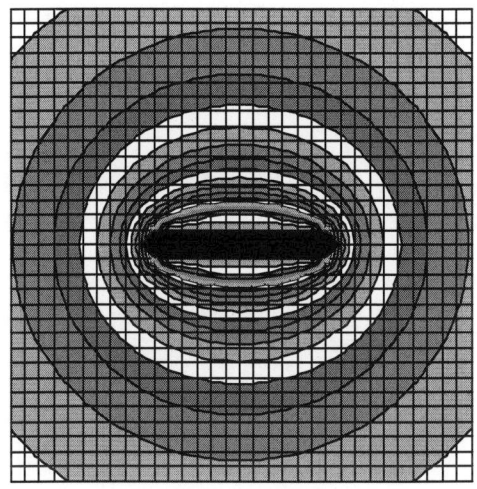

*Abb. 5.70* *Potential eines geladenen Stabes.*

$$\varphi(x) = \frac{\lambda_q}{4\pi\varepsilon_0} \int\limits_{-\frac{l}{2}}^{\frac{l}{2}} \frac{ds_{q,x}}{x - s_{q,x}} = -\frac{\lambda_q}{4\pi\varepsilon_0} \left[\ln(x - s_{q,x})\right]_{-\frac{l}{2}}^{\frac{l}{2}} = \frac{\lambda_q}{4\pi\varepsilon_0} \ln(\frac{x + \frac{l}{2}}{x - \frac{l}{2}}) . \tag{5.155}$$

Im zweiten Fall müssen wir wegen $|x - s_{q,x}| = -(x - s_{q,x})$ das Ergebnis von (5.155) mit $-1$ multiplizieren. Das Feld auf der $x$-Achse berechnen wir durch Bildung des Gradienten. Da $\varphi(x)$ nur von $x$ abhängt, sind die partiellen Ableitungen nach $y$ und $z$ null, das Feld weist in $x$-Richtung. Mehrmaliges Anwenden der Kettenregel ergibt

$$E_x = -\frac{\partial\varphi(x)}{\partial x} = -\frac{\lambda_q}{4\pi\varepsilon_0} \frac{x - \frac{l}{2}}{x + \frac{l}{2}} \frac{x - \frac{l}{2} - (x + \frac{l}{2})}{(x - \frac{l}{2})^2} = \frac{\lambda_q}{4\pi\varepsilon_0} \frac{l}{x^2 - (\frac{l}{2})^2} . \tag{5.156}$$

Dies ist das gleiche Ergebnis, das wir auch durch die direkte Berechnung in (5.103) erhalten haben.

Die Berechnung des Potentials ausgedehnter Körper mit kontinuierlicher Ladungsverteilung und anschließender Bildung des Gradienten ist eine alternative Methode zur Berechnung des elektrischen Feldes mit dem Coulombschen Gesetz oder über die 3. Maxwellgleichung. Letztere Methode kann nur bei sehr symmetrischen Körpern erfolgreich verwendet werden. Die Potentialberechnung ist häufig einfacher, da nur eine skalare Funktion bestimmt werden muss im Gegensatz zum elektrischen Vektorfeld. Insbesondere ist die Überlagerung von Potentialen verschiedener geladener Körper wesentlich einfacher als die vektorielle Überlagerung von Feldern.

Die Feldlinien der in den Kapiteln 5.2.3 und 5.2.5 berechneten Felder homogener Ladungsverteilungen stehen immer senkrecht auf der Oberfläche der Ladungsverteilung. Wir können daraus schließen, dass die Oberfläche eine Äquipotentialfläche darstellt. Ist das elektrische Feld im Inneren eines Körpers null, so ist dort das Potential konstant.

Bei einer Kugel ist der Verlauf der Feldlinien bekannt. In diesem Fall ist es einfacher, ihr Potential durch direkte Integration gemäß (5.134) zu bestimmen statt sie aus der Überlagerung der Punktladungspotentiale nach (5.152) zu berechnen. Wie bei einer Punktladung verschwindet in großem Abstand das elektrische Feld und wir können das Potential bezüglich eines unendlich entfernten Referenzpunktes festlegen. Das elektrische Feld einer homogen geladenen Kugel mit dem Radius $R$ und der Ladung $q$ weist außerhalb der Kugel den gleichen Verlauf wie das einer Punktladung $q$ auf. Daher entspricht das Potential ebenfalls dem einer Punktladung. Ist das Feld in der Kugel null, d. h. nur die Kugeloberfläche ist homogen mit konstanter Flächenladungsdichte $\sigma_q$ geladen, so ist das Potential im Inneren konstant und hat den Wert des Potentials der Kugeloberfläche.

$$\varphi(\vec{r}) = \varphi(r) = \frac{q}{4\pi\varepsilon_0 r} = \frac{\sigma_q 4\pi R^2}{4\pi\varepsilon_0 r} \quad \text{außerhalb der Kugel,} \tag{5.157}$$

$$\varphi(\vec{r}) = const. = \frac{q}{4\pi\varepsilon_0 R} = \frac{\sigma_q R}{\varepsilon_0} \quad \text{auf und innerhalb der Kugel.} \tag{5.158}$$

Falls die Kugel auch im Inneren der Kugel mit konstanter Ladungsdichte $\rho_q$ geladen ist, verläuft das Feld (5.120) linear mit $r$. Damit ist

$$\varphi(r) - \varphi(0) = -\int_0^r \frac{\rho_q}{3\varepsilon_0} r' dr' = -\frac{\rho_q}{3\varepsilon_0}\left[\frac{r'^2}{2}\right]_0^r = -\frac{\rho_q}{6\varepsilon_0} r^2. \tag{5.159}$$

Um einen stetigen Anschluss an das Potential außerhalb der Kugel zu erreichen, setzen wir die Potentiale (5.157) und (5.158) an der Oberfläche der Kugel gleich und berechnen das Potential im Mittelpunkt der Kugel.

$$\varphi(R) = \frac{q}{4\pi\varepsilon_0 R} = \frac{\rho_q \frac{4\pi}{3} R^3}{4\pi\varepsilon_0 R} = \frac{\rho_q}{3\varepsilon_0} R^2 = \varphi(0) - \frac{\rho_q}{6\varepsilon_0} R^2 \Rightarrow$$

$$\varphi(0) = \frac{\rho_q}{3\varepsilon_0} R^2 + \frac{\rho_q}{6\varepsilon_0} R^2 = \frac{\rho_q}{2\varepsilon_0} R^2 \Rightarrow \varphi(r) = \frac{\rho_q}{6\varepsilon_0}(3R^2 - r^2) \tag{5.160}$$

Von der Oberfläche der Kugel steigt das Potential bis zum Maximalwert $\varphi(0)$ im Mittelpunkt der Kugel.

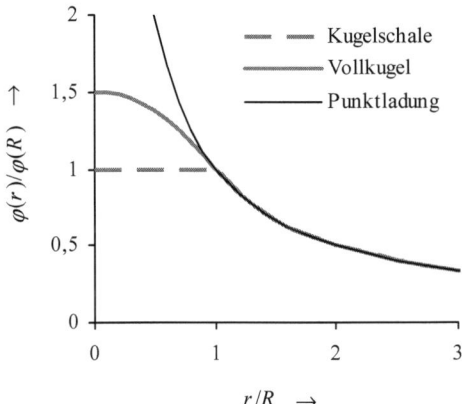

**Abb. 5.71** *Verlauf der Potentiale einer Punktladung, einer Kugel mit konstanter Flächenladungsdichte und einer Kugel mit konstanter Raumladungsdichte.*

Bei sehr großen (unendlich ausgedehnten) Ladungsverteilungen können wir deren Potential nicht mit (5.152) berechnen, da dort vorausgesetzt wird, dass das Potential des Körpers im Unendlichen verschwindet. Dies ist aber bei unendlich ausgedehnten Ladungsverteilungen nicht der Fall. Ist jedoch der räumliche Verlauf der Feldlinien bekannt, so kann auch hier durch direkte Integration gemäß (5.134) das Potential bezüglich einer anderen Referenz bestimmt werden. Üblicherweise bezieht man das Potential im Raum um den geladenen Körper auf das Potential des Körpers. Den Wert kann man je nach Problemstellung auch von null verschieden wählen.

Um das Potential einer unendlich ausgedehnten, homogen geladenen Ebene zu bestimmen, integrieren wir (5.126). Der Normalenvektor der Ebene durch den Ursprung des Koordinatensystems soll in $z$-Richtung weisen. Mit (5.134) erhalten wir die Differenz zwischen dem Potential eines Punktes im Abstand $z$ von der Ebene und dem Potential der Ebene.

$$\varphi(z) - \varphi(0) = -\int_0^z \frac{\sigma_q}{2\varepsilon_0}\,dz' = -\frac{\sigma_q}{2\varepsilon_0}z \;\Rightarrow\; \varphi(z) = \varphi(0) - \frac{\sigma_q}{2\varepsilon_0}z \;,\, z > 0 \tag{5.161}$$

Da sich die Feldrichtung für negative $z$ umkehrt, lautet das Potential in diesem Fall

$$\varphi(z) - \varphi(0) = \int_0^z \frac{\sigma_q}{2\varepsilon_0}\,dz' = \frac{\sigma_q}{2\varepsilon_0}z \;\Rightarrow\; \varphi(z) = \varphi(0) + \frac{\sigma_q}{2\varepsilon_0}z \;,\, z < 0. \tag{5.162}$$

Im Gegensatz zum elektrischen Feld, das am Ort der Ebene seinen Wert sprunghaft um $\sigma_q/\varepsilon_0$ ändert, verläuft das Potential stetig.

In ähnlicher Weise können wir das Potential eines unendlich langen homogen geladenen Zylinders mit dem Radius $R$ und der Flächenladungsdichte $\sigma_q$ bestimmen. Sein äußeres Feld (5.122) fällt linear mit $r$ ab. Das Potential ergibt sich mit (5.134) zu

$$\varphi(r) - \varphi(R) = -\int_R^r \frac{\sigma_q R}{\varepsilon_0}\frac{dr'}{r'} = -\frac{\sigma_q R}{\varepsilon_0}\big[\ln r'\big]_R^r = -\frac{\sigma_q R}{\varepsilon_0}\ln(\frac{r}{R}). \tag{5.163}$$

Zu beachten ist, dass die Potentialdifferenz (5.163) für $r \to \infty$ gegen $-\infty$ strebt, denn der Logarithmus ist eine monoton wachsende Funktion, folglich ist das Potential in unendlich großem Abstand vom Zylinder nicht als Referenz geeignet. Wir beziehen folglich das Potential auf das Potential auf der Zylinderoberfläche.

$$\varphi(r) = \varphi(R) - \frac{\sigma_q R}{\varepsilon_0} \ln(\frac{r}{R}) \tag{5.164}$$

Bei einem Zylinder mit konstanter Raumladungsdichte $r_q$ zeigt das Feld im Inneren die gleiche radiale Abhängigkeit wie das Feld im Inneren einer Kugel. Daher ist auch der Verlauf des Potentials im Innern eines Zylinders qualitativ gleich wie der Verlauf (5.160) in der Kugel. Im Fall eines unendlich langen geladenen Drahtes ist die Flächenladungsdichte $\sigma_q$ durch die Linienladungsdichte $\lambda_q = 2\pi R \sigma_q$ zu ersetzen. Statt auf das Potential des Drahtes, das wegen $R = 0$ gegen $-\infty$ strebt, müssen wir das Potential auf das eines bestimmten Abstandes $d$ zum Draht beziehen. Damit lautet das Potential eines geladenen Drahtes

$$\varphi(r) = \varphi(d) - \frac{\lambda_q}{2\pi\varepsilon_0} \ln(\frac{r}{d}) . \tag{5.165}$$

## 5.2.7    Leiter im elektrischen Feld

In den vorigen Kapiteln sind wir nicht weiter auf die Ladungsträger, die sich in aufgeladenen Körpern befinden, eingegangen. Wir haben bei den Überlegungen zu den Feldern bzw. Potentialen, die sie verursachen, nur bestimmte Annahmen über die räumliche Verteilung gemacht. Die räumliche Verteilung der Ladungsträger wird jedoch wiederum von der Materie, in der sie sich befinden, und von äußeren Feldern wesentlich beeinflusst. Grundsätzlich unterscheiden wir in der Elektrostatik die Materie zwischen Leitern und Nichtleitern. In Leitern, in der Regel Metalle, sind die Ladungsträger, Elektronen, frei beweglich. Unter dem Einfluss von äußeren und von ihnen selbst bewirkten Feldern bewegen sie sich so lange, bis die Felder keine Kräfte mehr auf sie ausüben. Dieser Zustand wird auch als „elektrostatisches Gleichgewicht" bezeichnet. Dies hat folgende Konsequenzen:

• Das elektrische Feld im Leiter ist null.
• Die Oberfläche des Leiters ist eine Äquipotentialfläche, das Potential im Innern des Leiters ist konstant.
• Feldlinien äußerer Felder stehen senkrecht auf der Oberfläche des Leiters.

Wird ein Leiter aufgeladen, herrscht also ein Überschuss oder ein Mangel an Elektronen, so bewegen sich die Ladungsträger, bis wiederum ein elektrostatisches Gleichgewicht herrscht. Die Ladungsträger befinden sich dann an der Oberfläche des Leiters, denn für die Feldfreiheit im Inneren dürfen sich der 3. Maxwellgleichung zufolge in einer geschlossenen Hüllfläche keine Ladungen befinden. Dabei kann der Abstand der Hüllfläche von der Oberfläche des Leiters sehr klein sein.

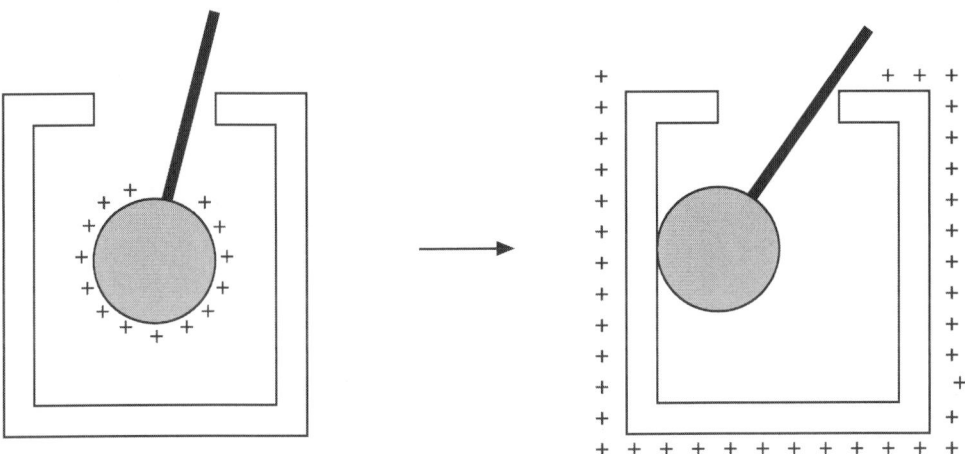

*Abb. 5.72  Zur Wirkungsweise eines Faradaybechers.*

Das Gleiche gilt für metallische Hohlkörper. Auch hier befinden sich die Träger der Überschussladung auf der äußeren Oberfläche. Diese Tatsache kann man zur vollständigen Entladung eines metallischen Körpers in einem „Faradaybecher"[1] benutzen. Dieser Becher ist ein
Hohlkörper aus Metall mit einer Öffnung, durch die man einen anderen geladenen Körper ins
Innere bringen kann. Berührt dieser Körper den Faradaybecher im Inneren, so bilden beide
einen leitenden Verbundkörper und die Ladungsträger bewegen sich sofort an die Oberfläche
des Faradaybechers. Der eingebrachte, vorher aufgeladene Körper gibt alle überschüssigen
Ladungsträger ab und ist danach ungeladen. Verbindet man den Faradaybecher mit einem
Elektrometer, so kann man die Ladung einfach messen.

## Influenz

Befindet sich ein ungeladener Leiter in einem Feld, welches von anderen Ladungen verursacht wird, so werden durch dieses Feld die frei beweglichen Ladungsträger so verschoben,
dass der Leiter wieder ein konstantes Potential aufweist. Diese Ladungsverschiebung nennt
man auch „Influenz"[2]. Das elektrische Feld fließt in den Leiter und bewegt die Ladungen, bis
sich ein elektrostatisches Gleichgewicht eingestellt hat.

Die Feldlinien des äußeren homogenen Feldes enden an den negativen Ladungen auf der
Oberfläche des Leiters und beginnen wieder auf der gegenüberliegenden Seite an den positiven Ladungen. Die Influenz hat eine Ladungstrennung bewirkt. Bei einem Metall sind die
Elektronen in **Abb. 5.73** nach links, den Feldlinien des äußeren Feldes entgegengewandert.
Die auf der rechten Seite fehlenden Elektronen bewirken eine positive Aufladung. Im Inneren ist das Feld null, äußeres Feld und das von den verschobenen Ladungen verursachte Feld
kompensieren sich. Da die Feldlinien immer senkrecht auf die Oberfläche treffen bzw. von
ihr ausgehen, bewirkt das Einbringen eines Leiters in ein elektrisches Feld eine Verzerrung
des Feldverlaufes (siehe **Abb. 5.74**).

---

[1]    M. Faraday (1791 – 1867).
[2]    Influere, lat. einfließen.

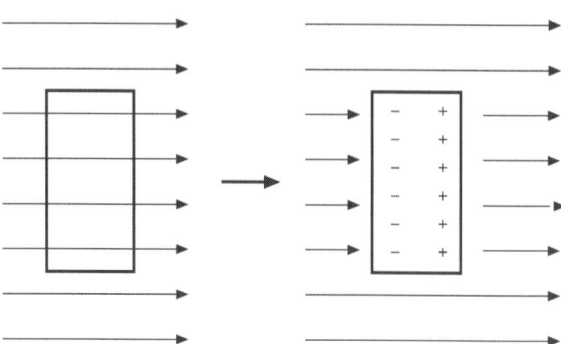

***Abb. 5.73*** *Influenz: Das homogene elektrische Feld verschiebt im Leiter die Ladungsträger, bis sein Potential konstant bzw. das Feld im Leiter null ist.*

Entsprechendes gilt für einen von Metall umschlossenen Hohlraum in einem äußeren Feld: Auch hier ist das Innere feldfrei, da sich die durch die Influenz verschobenen Ladungen an der Oberfläche befinden. Einen solchen Hohlraum oder „Faradayschen Käfig" verwendet man häufig, um elektrische Felder abzuschirmen. Dabei darf der Hohlraum durchaus „Löcher" haben, ohne dass die abschirmende Wirkung beeinträchtigt wird. So sind die Insassen eines Autos vor den Folgen eines Blitzschlages bei einem Gewitter geschützt, die Ladungen, welche der Blitz transportiert, fließen an der Außenhaut der Karosserie zur Erde, der gesamte Innenraum bleibt auf konstantem Potential.

Befindet sich ein geladener Körper in einem metallischen Hohlraum, so wird das Feld ebenfalls durch die Influenz verzerrt. Als Beispiel betrachten wir eine positiv geladene Metallkugel, die von einer größeren, ungeladenen und innen hohlen Metallkugel umschlossen wird.

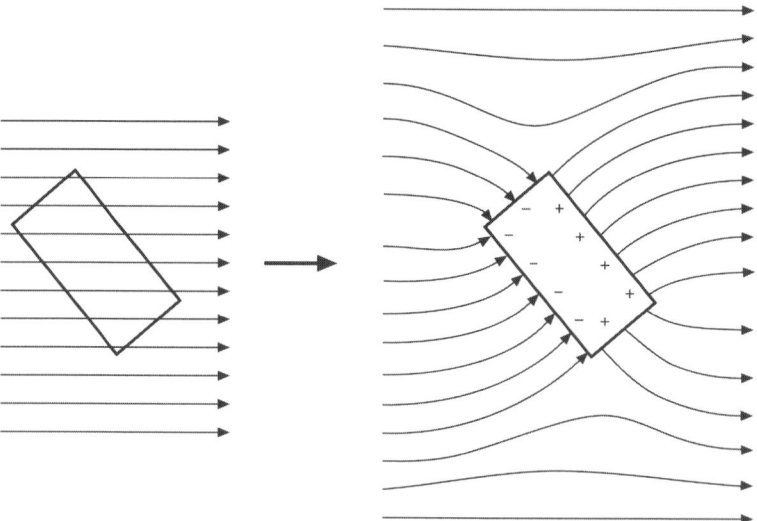

***Abb. 5.74*** *Feldverzerrung durch Einbringen eines Leiters in ein homogenes Feld.*

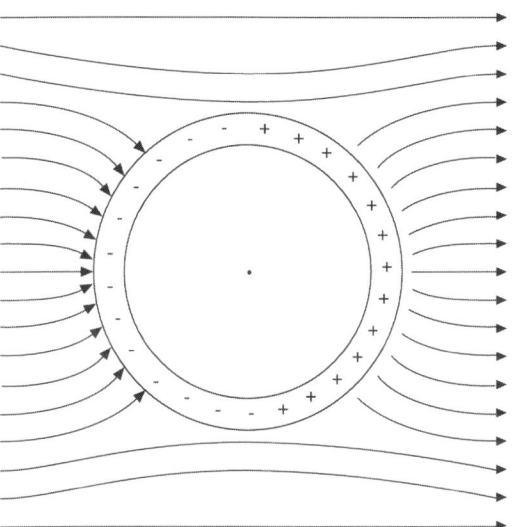

**Abb. 5.75** *Faradayscher Käfig: Das Innere des Hohlraums ist feldfrei.*

Das Feld im Inneren der Hohlkugel bildet sich so aus, dass die Feldlinien senkrecht von der Oberfläche der inneren Kugel ausgehen und senkrecht auf der Innenfläche der Hohlkugel enden. Zur Erlangung des elektrostatischen Gleichgewichtes sind die entsprechenden negativen Ladungen auf der Innenseite platziert worden, deren Gesamtladung dem Betrage nach gleich der Ladung der inneren Kugel ist. Da die Hohlkugel insgesamt elektrisch neutral ist, bewirkt die negative Aufladung der Innenseite eine entsprechende positive Aufladung der Außenseite, die das gleiche Potential wie die Innenseite aufweist. Sind außen keine weiteren Ladungen, so stellt sich das radialsymmetrische Feld einer Kugel mit konstanter Flächenladungsdichte und

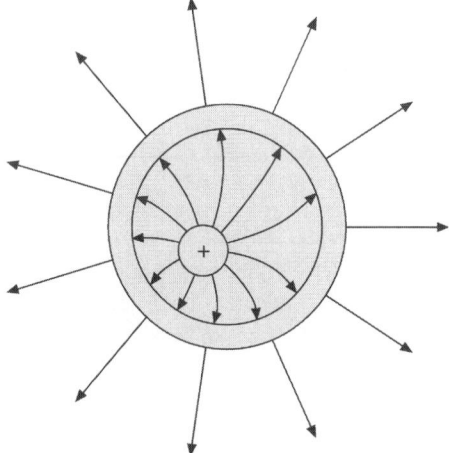

**Abb. 5.76** *Geladene Metallkugel, die sich in einer ungeladenen größeren hohlen Metallkugel befindet. Die Zahl der inneren Feldlinien ist gleich der Zahl der äußeren Feldlinien.*

der Gesamtladung, die gleich der Ladung der inneren Kugel ist, ein. Die sehr asymmetrische Feldverteilung im Inneren ist in eine symmetrische im Außenraum umgeformt worden.

### Flächenladungsdichte von Leitern im elektrischen Feld

Leiter weisen im elektrostatischen Gleichgewicht immer konstantes Potential auf. Dieses ist abhängig von ihrer Ladung und von den Abständen und Ladungen der Körper, die sich in ihrer Nähe befinden. Um dieses Gleichgewicht zu erreichen, muss sich an ihrer Oberfläche eine entsprechende Flächenladungsdichte einstellen, die lokal sehr unterschiedlich sein kann. Die dort vorliegende Feldstärke beträgt, da man einen kleinen Bereich der Oberfläche immer als homogen geladen und eben ansehen kann, gemäß (5.127)

$$E = \frac{\sigma_q}{\varepsilon_0}. \tag{5.166}$$

Entscheidend für die Größe der Feldstärke und damit der Flächenladungsdichte ist die Form des Leiters. Dazu vergleichen wir die Ladungen und die Flächenladungsdichten von zwei Kugeln mit unterschiedlichen Radien $R_1$ und $R_2$, die sich auf gleichem Potential befinden, also z. B. durch einen Leiter miteinander verbunden sein können.

$$\varphi = \frac{q_1}{4\pi\varepsilon_0 R_1} = \frac{q_2}{4\pi\varepsilon_0 R_2} \qquad \Rightarrow \qquad \frac{q_1}{q_2} = \frac{R_1}{R_2} \tag{5.167}$$

$$\varphi = \frac{\sigma_{q,1} 4\pi R_1^2}{4\pi\varepsilon_0 R_1} = \frac{\sigma_{q,2} 4\pi R_2^2}{4\pi\varepsilon_0 R_2} \qquad \Rightarrow \qquad \frac{\sigma_{q,1}}{\sigma_{q,2}} = \frac{R_2}{R_1} \tag{5.168}$$

Die Kugel mit dem größeren Radius trägt zwar die größere Ladung, jedoch sind die Flächenladungsdichte der kleineren und damit auch die an der Oberfläche vorliegende Feldstärke größer. Da man jede gekrümmte Oberfläche eines Leiters durch eine Kugelfläche annähern kann, gilt:

> Je stärker eine Oberfläche eines Leiters gekrümmt ist, je kleiner ihr Krümmungsradius ist, umso größer sind die Flächenladungsdichte und damit auch die Feldstärke.

Dieser Effekt ist auch als „Spitzenwirkung" bekannt. Sehr hohe Feldstärken können so genannte „elektrische Durchschläge" zwischen Leitern mit unterschiedlichem Potential bewirken. Im Normalfall sind die Leiter von Luft umgeben, deren Moleküle von starken Feldern ionisiert werden können, dabei werden Elektronen aus dem Molekül herausgelöst. Diese Ladungsträger, Restmolekül (Ion) und Elektronen bewegen sich dann im elektrischen Feld. Da positiv geladene Ionen zum Leiter mit niedrigem (negativem) Potential, die Elektronen zum Leiter mit hohem Potential fliegen, bewirkt der Strom einen Ladungsausgleich zwischen den Leitern. Funken und Blitze sind Beispiele solcher elektrischen Durchschläge. Zur Vermeidung von Durchschlägen wird besonders in der Hochspannungstechnik großer Wert auf abgerundete Oberflächen gelegt. Anderseits verwendet man „Funkenstrecken" zur Span-

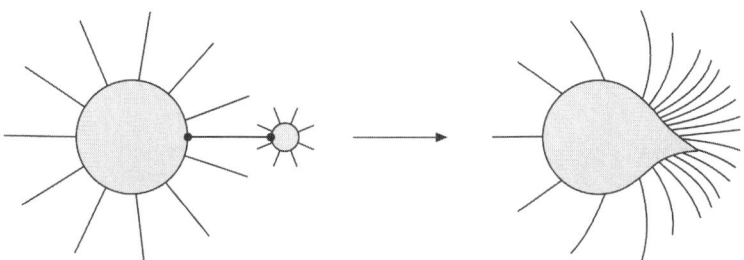

*Abb. 5.77 Stärker gekrümmte Oberflächen von Leitern haben die größere Flächenladungsdichte und damit auch die größere Feldstärke.*

nungsbegrenzung. Soll zwischen zwei Leitern eine gewisse Spannung nicht überschritten werden, so versieht man sie mit zwei sich gegenüberstehenden Spitzen. Oberhalb einer kritischen Potentialdifferenz wird durch die Feldstärke ein elektrischer Durchschlag ausgelöst, so dass die Ladung auf den Leitern ausgeglichen wird.

**Spiegelladungen**

Um den Verlauf des elektrischen Feldes in der Umgebung von neutralen Leitern zu beschreiben, ist das Konzept der Spiegelladungen sehr hilfreich. Dazu betrachten wir das Feld einer Punktladung, die sich vor einer ebenen Metallplatte befindet. Durch die Influenz der Punktladung werden auf die Oberfläche entsprechende Gegenladungen verschoben, so dass im elektrostatischen Gleichgewicht die Feldlinien senkrecht zur Oberfläche verlaufen.

Der Verlauf des Feldes entspricht dem eines Dipols von einer Ladung bis zur Symmetrieebene zwischen den Ladungen, wie in **Abb. 5.44** gezeigt. Statt durch die (realen) Influenzladungen auf der Leiteroberfläche kann man das Feld auch durch eine Ladung mit entgegengesetz-

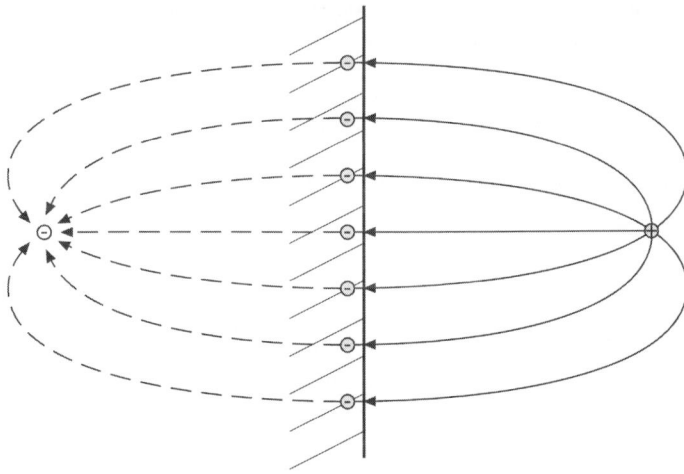

*Abb. 5.78 Eine Punktladung in der Nähe einer ebenen Leiteroberfläche: Durch das Feld der Punktladung werden die Ladungsträger so an die Oberfläche verschoben, dass die Feldlinien senkrecht auf der Oberfläche stehen. Der Feldverlauf entspricht dem eines Dipols aus **Abb. 5.44**.*

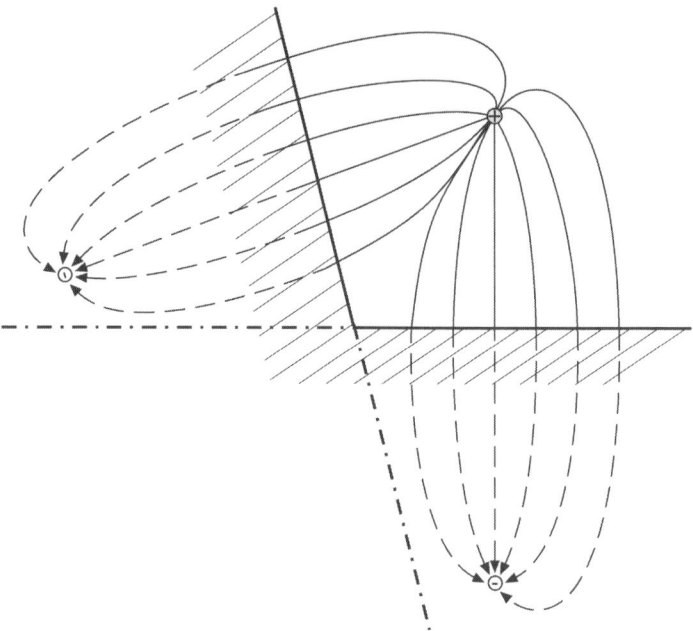

**Abb. 5.79** *Punktladung in der Nähe zweier sich schneidender ebener Leiter.*

tem Vorzeichen erzeugen, deren Position durch das Spiegelbild der Punktladung an der Leiteroberfläche bestimmt wird. Diese Ladung nennt man auch Spiegelladung zur felderzeugenden Ladung. Bezieht man das Potential wieder auf einen unendlich fernen Referenzpunkt, so ist das Potential des Leiters null. Auch für andere Leiter- und Ladungsgeometrien kann man die Methode der Spiegelladungen anwenden: Für eine Punktladung, die sich in der Nähe von zwei ebenen Leitern, die sich unter einem gewissen Winkel schneiden, befindet, muss die Spiegelung an jeder Ebene durchgeführt werden, das resultierende Feld ergibt sich aus der Überlagerung beider Dipolfelder.

In gleicher Weise kann durch Spiegelladungen auch der Feldverlauf bei sphärischen oder zylindrischen Leiteroberflächen bestimmt werden. Die Position der Spiegelladungen erhalten wir durch Anwenden der Reflexionsgesetze an gekrümmten Oberflächen (siehe Kapitel 6.2.2 (Bildkonstruktion bei sphärischen Spiegeln)).

**Ladungstrennung durch Influenz**

Durch ein äußeres elektrisches Feld erfolgt in einem ungeladenen Leiter eine Ladungstrennung: negative Ladungsträger (Elektronen) werden zur Quelle des äußeren Feldes verschoben, positive Ladungsträger dagegen in Richtung der Senke, dies entspricht einem Mangel an Elektronen. Befinden sich zwei aufeinander gepresste, dünne ebene Platten in einem homogenen Feld, wobei das Feld senkrecht zu den Platten verlaufen soll, so wird die Oberfläche der einen Platte positiv, die andere negativ aufgeladen.

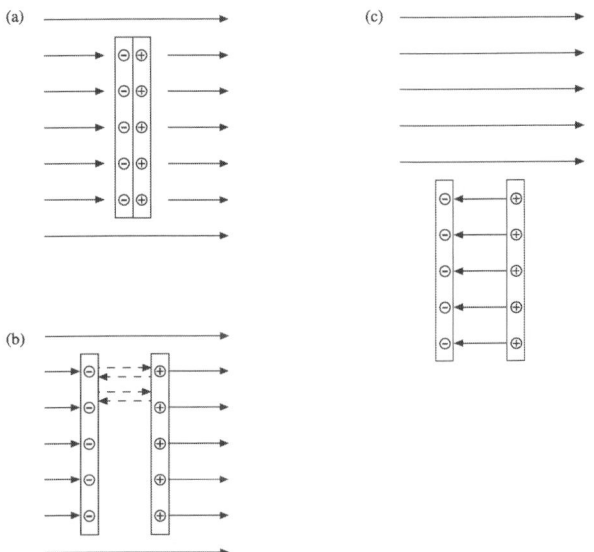

***Abb. 5.80*** *Ladungstrennung in einer Doppelplatte durch Influenz eines homogenen Feldes.*

Beträgt die Feldstärke $E$, so wird mit (5.166) eine Flächenladungsdichte

$$\sigma_q = \varepsilon_0 E. \tag{5.169}$$

influenziert. Sind die Platten sehr dünn, so hat das Einbringen in das Feld keine Auswirkungen auf seinen Verlauf, obwohl sich der von ihnen eingenommene Raum auf gleichem Potential befindet. Trennt man im äußeren Feld die beiden Platten, so bleibt der Raum zwischen ihnen feldfrei, da sich äußeres Feld und das von den Influenzladungen verursachte Feld kompensieren. Bringt man die beiden getrennten Platten aus dem Raum des äußeren Feldes, so bleibt die auf ihnen befindliche Ladung erhalten und kann mit einem Elektroskop gemessen werden.

Damit eröffnet sich neben der Kraftwirkung auf Probeladungen eine weitere Möglichkeit der Messung von elektrischen Feldern, nämlich durch Messung der Ladung, die sie z. B. in ein oben beschriebenes Leitersystem influenzieren. Wichtig dabei ist, dass die beiden Platten im Feld getrennt werden. Nur dann tragen sie entgegengesetzte Ladungen. Werden dagegen zwei nicht miteinander verbundene Platten in ein elektrisches Feld gebracht, so erfolgt in jeder der Platten eine Ladungstrennung durch Influenz. Außerhalb des Feldes wird diese Ladungstrennung wieder aufgehoben, durch die freie Beweglichkeit der Ladungsträger werden lokale Überschüsse bzw. Mängel ausgeglichen.

Die Größe der influenzierten Flächenladung ist abhängig von der Orientierung der Leiterplatten im Feld: Bei gegebener Feldstärke, also gegebener Dichte der Feldlinien, enden die meisten Feldlinien auf der der Quelle zugewandten Platte, wenn diese senkrecht zum Feld ausgerichtet ist, Feldvektor und Normalenvektor der Platte also kollinear sind. Stehen beide Vektoren senkrecht aufeinander, so werden keine Ladungen getrennt.

(a)                              (b)                              (c)

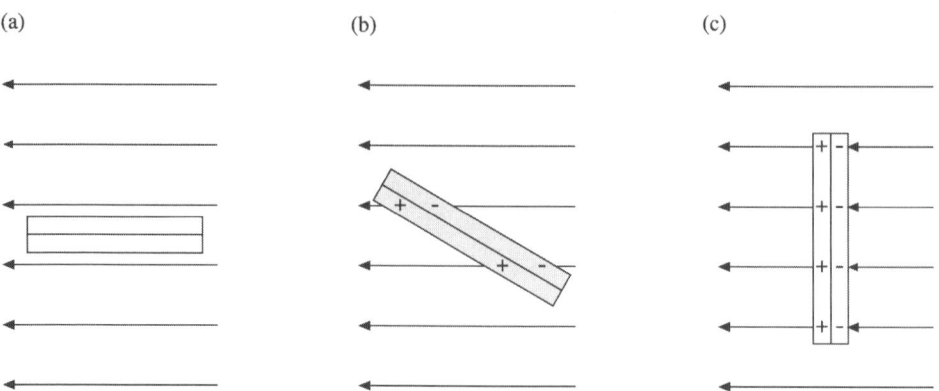

***Abb. 5.81*** *Influenzierte Ladung in Abhängigkeit von der Orientierung der Leiterplatten zur Feldrichtung.*

Dieses Verhalten können wir mit dem Fluss (5.8) des (ungestörten) elektrischen Feldes durch die Leiterplatte beschreiben. Mit der Definition (5.99) der Flächenladungsdichte erhalten wir für beliebig geformte Leiter die influenzierte Ladung

$$dq = \sigma_q\, da = \varepsilon_0 \vec{E} \bullet d\vec{a} \;\Rightarrow\; q = \int\limits_{\substack{\text{Fläche der}\\\text{Leiterplatte}}} \varepsilon_0 \vec{E} \bullet d\vec{a} \,. \tag{5.170}$$

Zu beachten ist, dass die Fläche nicht geschlossen sein darf, denn der 3. Maxwellgleichung zufolge ist die Gesamtladung null, d. h. auf der geschlossenen Leiteroberfläche befinden sich gleich viele positive und negative Influenzladungen, die aber, wie wir gesehen haben, räumlich getrennt sind.

**Kapazität eines Leiters**

Das Potential eines elektrisch geladenen Leiters endlicher Ausdehnung gegenüber einem unendlich entfernten Referenzpunkt ist proportional zur Ladung auf dem Leiter, im Falle einer Kugel gilt (5.158). Dies gilt für beliebig geformte Leiter: Verdoppelt man die Ladung bzw. die Ladungsdichte, ohne die Geometrie zu ändern, so verdoppeln sich auch das Feld und damit das Potential. Damit ist auch die Spannung (5.136) zwischen zwei Punkten im elektrischen Feld des Leiters proportional zu seiner Ladung. Das Verhältnis Ladung auf dem Leiter zu Spannung gegen einen unendlich fernen Punkt nennt man Kapazität $C$ des Leiters.

$$C := \frac{q}{U}, \; [C] = \frac{\text{As}}{\text{V}} := \text{F} \tag{5.171}$$

Die Einheit der Kapazität ist das Farad[1]. Im Falle der Kugel ist die Kapazität einer Kugel mit dem Radius $R$ gemäß (5.158)

$$C = \frac{q}{U} = \frac{q}{\varphi(R) - \varphi(\infty)} = 4\pi\varepsilon_0 R \,. \tag{5.172}$$

---

[1]    Benannt nach M. Faraday.

In die Kapazität geht neben Konstanten nur der Radius als geometrische Kenngröße des Leiters ein. Diese Tatsache gilt allgemein: Die Kapazität wird im Wesentlichen durch die Kapazität der Leiteranordnung bestimmt. Ein Elektroskop wie in **Abb. 5.2** kann, da es ebenfalls eine bestimmte Kapazität aufweist, im Prinzip auch zur Messung von Spannungen verwendet werden.

Anzumerken ist, dass die Einheit „Farad" für den praktischen Fall extrem groß ist: Eine Metallkugel mit einem Radius von 1 m hat eine Kapazität von $1,1 \cdot 10^{-10}$ F = 110 pF.

## 5.2.8    Kondensatoren

Eine Anordnung aus zwei Leitern, die entgegengesetzt gleich große Ladungen tragen, nennt man Kondensator. Sie werden in der Elektrotechnik häufig zum kurzzeitigen Speichern von Ladungen und damit auch als Spannungsquelle verwendet. Wie wir noch sehen werden, bedeutet die Speicherung von Ladung auch die Speicherung von Energie. Zwischen den beiden Leitern herrscht ein elektrisches Feld, sie befinden sich damit auch auf unterschiedlichen Potentialen. Zur Berechnung der Kapazität eines Kondensators muss die Ladung in Abhängigkeit von der Potentialdifferenz berechnet werden. Ist der Verlauf des Feldes bekannt, so kann sie durch direkte Integration von (5.136) berechnet werden. Sinnvollerweise wählt man dabei als Weg den Verlauf der Feldlinien. So ist es möglich, die Potentialdifferenz zwischen zwei Leitern zu berechnen, deren Einzelpotentiale im Unendlichen nicht verschwinden. Wir wollen nun die Kapazität einiger ausgewählter Leiteranordnungen bestimmen.

**Kapazitäten ausgewählter Leiteranordnungen**

*Plattenkondensator*
Diese Anordnung wird in der Elektrotechnik und Elektronik am häufigsten verwendet. Er ist aus zwei parallelen Leiterplatten der Fläche $A$ und dem Abstand $d$ aufgebaut. In gewisser Entfernung von den Plattenrändern überlagern sich die homogenen Felder (5.126) der einzelnen Platten. Zwischen den Platten verstärken sich die Felder, die Feldstärke beträgt

$$E_{PK} = \frac{|\sigma_q|}{\varepsilon_0} = \frac{q}{\varepsilon_0 A} \cdot \tag{5.173}$$

Außerhalb des Kondensators heben sich die Einzelfelder der Platten auf.

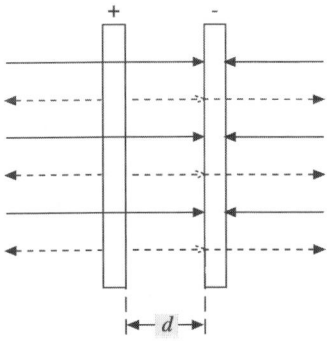

*Abb. 5.82*   *Plattenkondensator: Zwischen den Platten verstärken sich die Einzelfelder, außerhalb heben sie sich auf.*

Legen wir die positiv geladene Platte in die *x/y*-Ebene des Koordinatensystems und schneidet die negativ geladene Platte die *z*-Achse bei *d*, lautet die Spannung der positiv geladenen Platte gegenüber der negativ geladenen

$$U = \int\limits_{+Platte}^{-Platte} \vec{E} \bullet d\vec{r} = \int\limits_0^d E_{PK} dz = E_{PK} d = \frac{\sigma_q d}{\varepsilon_0} = \frac{qd}{\varepsilon_0 A} \,. \tag{5.174}$$

Damit ergibt sich die Kapazität des Plattenkondensators zu

$$C = \frac{q}{U} = \varepsilon_0 \frac{A}{d} \,. \tag{5.175}$$

Besonders große Kapazitäten erhält man bei großen Plattenflächen und kleinen Plattenabständen. Daher werden Kondensatoren oft als „Wickelkondensatoren", bei denen die Platten aus dünnen Metallfolien, die durch eine Isolatorfolie getrennt sind, aufgebaut. So erreicht man Kapazitäten bis etwa 0,5µF. Größere Kapazitäten erreicht man mit metallisierten Kunststoff-Folien oder „Elektrolytkondensatoren", in denen die Elektroden, wie man die Platten auch bezeichnet, durch wenige Nanometer dicke Oxidschichten getrennt sind.

*Zylinderkondensator*
Hier besteht die Leiteranordnung aus zwei konzentrischen Zylindern mit unterschiedlichen Radien. In der Hochfrequenztechnik verwendete Koaxialkabel sind Anwendungsbeispiele von Zylinderkondensatoren. Die Einzelfelder sind durch (5.122) gegeben, zu beachten ist, dass das von den jeweiligen Ladungen im Inneren des Leiters verursachte Feld null ist. Damit herrscht zwischen den beiden Zylindern das von der Ladung auf dem inneren Zylinder verursachte Feld, während sich die Felder beider Ladungen außerhalb des äußeren Zylinders kompensieren. Dies erklärt auch das Einsatzfeld für Koaxialkabel: Der äußere Zylinder oder Mantel des Kabels dient als Abschirmung für das Feld, das vom inneren Zylinder, der Seele, ausgeht.

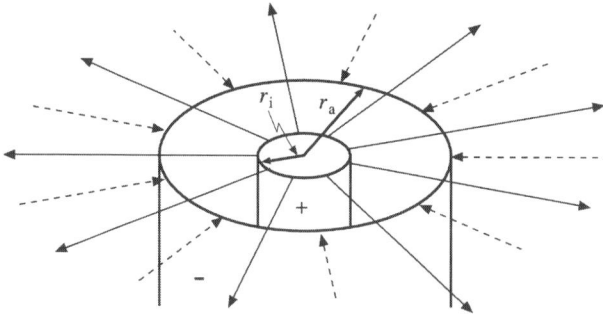

**Abb. 5.83** *Zylinderkondensator: Zwischen den Leitern herrscht das Feld, das der innere Zylinder verursacht, außen ist das Feld null.*

Mit (5.163) erhalten wir die Spannung (negative Potentialdifferenz) zwischen den Zylindern (Innenradius $r_i$, Außenradius $r_a$)

$$U = \frac{\sigma_q r_i}{\varepsilon_0} \ln(\frac{r_a}{r_i}) = \frac{\sigma_q 2\pi l r_i}{2\pi l \varepsilon_0} \ln(\frac{r_a}{r_i}) = \frac{q}{2\pi\varepsilon_0 l} \ln(\frac{r_a}{r_i}) \,. \tag{5.176}$$

Dabei ist $\sigma_q$ die Flächenladungsdichte und $l$ die Länge des Zylinderkondensators. Somit lautet die Kapazität des Zylinderkondensators

$$C = \frac{q}{U} = \frac{2\pi\varepsilon_0 l}{\ln(\frac{r_a}{r_i})} \quad \text{oder} \quad \frac{C}{l} = \frac{2\pi\varepsilon_0}{\ln(\frac{r_a}{r_i})} \,. \tag{5.177}$$

Aus Gründen, die wir später noch kennen lernen, strebt man eine möglichst kleine längenbezogene Kapazität von Koaxialkabeln an. Dies erreicht man durch große Unterschiede in den Radien bzw. einen möglichst kleinen Radius der Seele des Kabels.

Sind die Unterschiede zwischen den Radien dagegen sehr klein, so kann man $r_a = r_i + \Delta r$ darstellen. Damit ergibt sich die Kapazität mit der Näherung $\ln(1+x) \approx x$ zu

$$C = \frac{2\pi\varepsilon_0 l}{\ln(\frac{r_i + \Delta r}{r_i})} = \frac{2\pi\varepsilon_0 l}{\ln(1 + \frac{\Delta r}{r_i})} \approx \frac{2\pi\varepsilon_0 l}{\frac{\Delta r}{r_i}} = \varepsilon_0 \frac{A_{Zylindermantel}}{\Delta r} \,. \tag{5.178}$$

Dies entspricht der Kapazität des Plattenkondensators (5.175).

*Kugelkondensator*
Lokal begrenzte Ladungen oder Ladungsverteilungen sind häufig von entsprechend großen Gegenladungen umgeben. Diese Anordnung kann man näherungsweise durch einen Kugelkondensator, bestehend aus zwei konzentrischen Kugeln, beschreiben. Auch hier wird wie beim Zylinderkondensator das Feld zwischen den Kugeln durch das Feld der inneren Kugel bestimmt, außerhalb der äußeren Kugel ist das Feld null. Sind $r_i$ und $r_a$ die Radien der inneren und der äußeren Kugel, so beträgt die Spannung mit (5.134)

$$U = \frac{q}{4\pi\varepsilon_0}(\frac{1}{r_i} - \frac{1}{r_a}) = \frac{q}{4\pi\varepsilon_0} \frac{r_a - r_i}{r_a r_i} \tag{5.179}$$

und damit die Kapazität

$$C = \frac{q}{U} = 4\pi\varepsilon_0 \frac{r_a r_i}{r_a - r_i} \,. \tag{5.180}$$

Für kleine Unterschiede der Radien setzen wir wieder $r_a = r_i + \Delta r$ und erhalten

$$C = 4\pi\varepsilon_0 \frac{(r_i + \Delta r)r_i}{r_i + \Delta r - r_i} \approx \varepsilon_0 \frac{4\pi r_i^2}{\Delta r} = \varepsilon_0 \frac{A_{Kugel}}{\Delta r}. \tag{5.181}$$

Auch hier ergibt sich die Kapazität des Plattenkondensators. Für sehr große Radienunter-schiede ($r_a \to \infty$) dagegen ergibt (5.180)

$$C = 4\pi\varepsilon_0 \frac{r_a r_i}{r_a - r_i} = 4\pi\varepsilon_0 \frac{1}{\dfrac{1}{r_i} - \dfrac{1}{r_a}} \approx 4\pi\varepsilon_0 r_i. \tag{5.182}$$

Die Kapazität strebt für $1/r_a \to 0$ gegen die Kapazität (5.172) einer Kugel mit dem Radius $r_i$.

*Doppelleitung*
Elektrische Energie kann nur mit einem Stromkreis transportiert werden, dafür sind zwischen Energiequelle (= Spannungsquelle) und Verbraucher zwei Leitungen, die sich auf unter-schiedlichem Potential befinden, erforderlich. Somit herrscht zwischen den Leitungen ein elektrisches Feld, die in einer Leitung befindliche Ladung wird durch die Kapazität zwischen den Leitungen bestimmt. Wir wollen nun die Kapazität zweier paralleler Drähte, die den (gleichen) Radius $R$ und den Abstand $d$ haben, berechnen. Dabei nehmen wir an, dass sich die Felder der einzelnen Drähte ungestört überlagern, d. h. es befinden sich keine weiteren geladenen Körper in ihrer Umgebung.

Der Verlauf des elektrischen Feldes in einer Ebene senkrecht zu den Drähten ähnelt dem Feld eines Dipols in der Ebene, in der sich die Ladungen befinden. Im Koordinatensystem von **Abb. 5.84** lautet mit (5.122) das Feld auf der $x$-Achse zwischen den Drähten unter Be-rücksichtigung der Tatsache, dass die Felder der einzelnen Drähte in $x$-Richtung weisen

$$\vec{E}(x) = \frac{\sigma_q R}{\varepsilon_0}\left(\frac{1}{\left|x + \dfrac{d}{2}\right|} + \frac{1}{\left|x - \dfrac{d}{2}\right|}\right)\vec{e}_x = \frac{\sigma_q R}{\varepsilon_0}\left(\frac{1}{x + \dfrac{d}{2}} - \frac{1}{x - \dfrac{d}{2}}\right)\vec{e}_x. \tag{5.183}$$

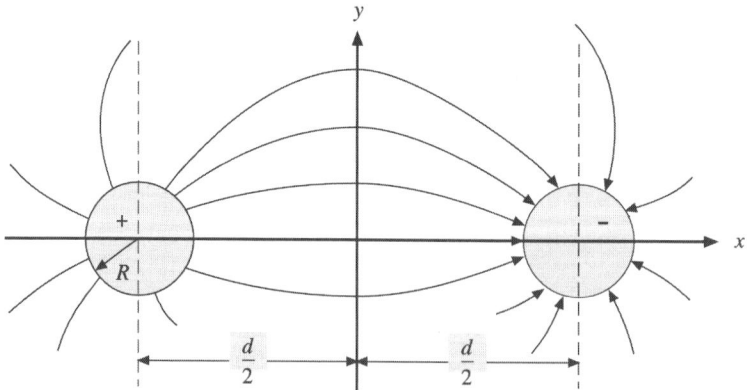

***Abb. 5.84*** *Querschnitt durch eine Doppelleitung aus zwei parallelen Drähten.*

Für die Beträge in (5.183) gilt: $x + d/2 \leq 0$ für $x \leq - d/2$, $x - d/2 \leq 0$ für $x \leq d/2$. Zur Berechnung der Spannung wählen wir den Integrationsweg auf der $x$-Achse von der Oberfläche des
linken Drahtes in **Abb. 5.84** zur Oberfläche des rechten.

$$U = \int_{-d/2+R}^{d/2-R} \vec{E}(x) \bullet \vec{e}_x \mathrm{d}x = \frac{\sigma_q R}{\varepsilon_0} \int_{-d/2+R}^{d/2-R} (\frac{1}{x+d/2} - \frac{1}{x-d/2}) \mathrm{d}x \quad \Rightarrow$$

$$U = \frac{\sigma_q R}{\varepsilon_0} ([\ln(x+d/2)]_{-d/2+R}^{d/2-R} - [\ln(x-d/2)]_{-d/2+R}^{d/2-R}) \quad \Rightarrow$$

$$U = \frac{\sigma_q R}{\varepsilon_0} (\ln(\frac{d-R}{R}) - \ln(\frac{-R}{R-d})) = \frac{\sigma_q R}{\varepsilon_0} \ln(\frac{d-R}{R})^2 \quad \Rightarrow$$

$$U = \frac{2\sigma_q R}{\varepsilon_0} \ln(\frac{d-R}{R}) = \frac{2\pi l R \sigma_q}{\pi l \varepsilon_0} \ln(\frac{d-R}{R}) = \frac{q}{\pi l \varepsilon_0} \ln(\frac{d-R}{R}) \qquad (5.184)$$

Hier ist $l$ die Länge der Doppelleitung. Die Kapazität der Doppelleitung beträgt damit

$$C = \frac{q}{U} = \frac{\pi l \varepsilon_0}{\ln(\frac{d-R}{R})} . \qquad (5.185)$$

Nähert sich $d$ dem Wert $2R$, so strebt die Kapazität der Doppelleitung gegen unendlich.

**Zusammenschalten von Kondensatoren**
In der Elektrotechnik werden häufig Kondensatoren (Schaltungssymbol: –||–, die vertikalen
Striche symbolisieren die Platten) miteinander kombiniert, um z. B. bestimmte Kapazitäten,
die nicht marktverfügbar sind, zu erhalten. Auch können bestimmte Leiteranordnungen Kapazitäten aufweisen, die als Kombination verschiedener Einzelkapazitäten beschreibbar sind.

*Parallelschaltung*
Die Platten $a$ und $c$ sowie die Platten $b$ und $d$ in **Abb. 5.85** befinden sich auf gleichen Potentialen, zwischen ihnen herrscht die gleiche Spannung $U$. Damit addieren sich die auf ihnen
befindlichen Ladungen zur gesamten Ladung der parallel geschalteten Kondensatoren $C_1$ und
$C_2$. Die Gesamtladung beträgt mit der Definition (5.171)

$$q_1 = C_1 U , \quad q_2 = C_2 U \quad \Rightarrow \quad q_g = q_1 + q_2 = C_1 U + C_2 U \qquad (5.186)$$

und damit die Gesamtkapazität

$$C_g = \frac{q_g}{U} = \frac{C_1 U + C_2 U}{U} = C_1 + C_2 . \qquad (5.187)$$

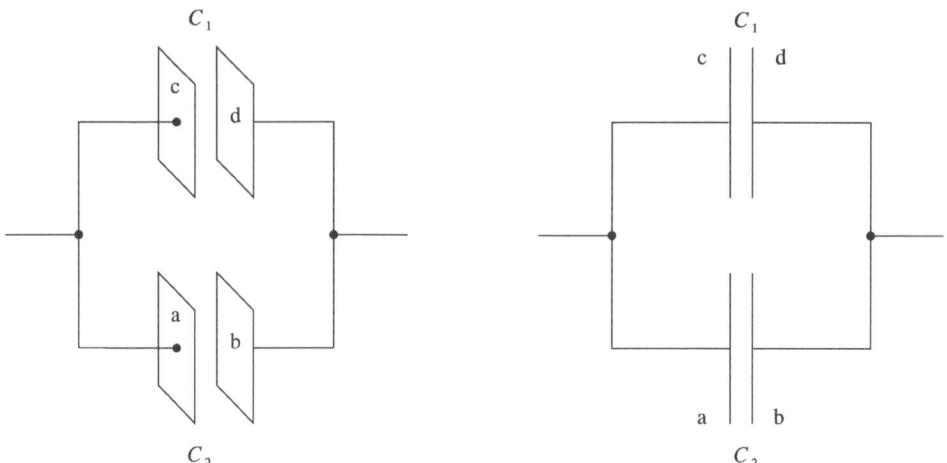

*Abb. 5.85  Parallelschaltung von Kondensatoren.*

Bei einer Parallelschaltung wird die Gesamtkapazität gegenüber den Einzelkapazitäten vergrößert. Allgemein gilt:

> Werden Kondensatoren parallel geschaltet, so addieren sich ihre Kapazitäten.

*Reihenschaltung*
Die Platten $b$ und $c$ in **Abb. 5.86** befinden sich auf gleichem Potential. Durch Influenz erhält
die Platte $b$ die Gegenladung der Platte $a$. Der Ladungsträgerüberschuss oder -mangel in der
Platte $b$ wird kompensiert durch eine entgegengesetzt gleich große Ladung in der Platte $c$, die
der Ladung auf $a$ entspricht. Da in der Kombination der Kondensatoren gleich viele positive
und negative Ladungen vorhanden sein müssen, weist Platte $d$ die Ladung von $b$ auf. Somit
ist die Ladung $q$ in beiden Kondensatoren gleich. Entsprechend bilden sich elektrische Felder
aus und es herrschen im Kondensator $C_1$ zwischen den Platten $a$ und $b$ die Spannung $U_1$ und
im Kondensator $C_2$ zwischen den Platten $c$ und $d$ die Spannung $U_2$.

$$U_1 = \frac{q}{C_1} \, , \, U_2 = \frac{q}{C_2} \qquad\qquad (5.188)$$

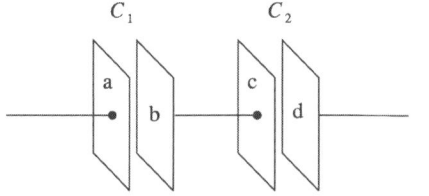
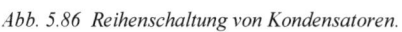
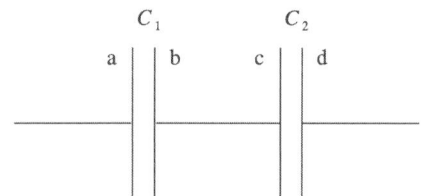

*Abb. 5.86  Reihenschaltung von Kondensatoren.*

Mit der an der Reihenschaltung anliegenden Spannung $U = U_1 + U_2$ erhalten wir die Gesamt-kapazität der Reihenschaltung

$$U = \frac{q}{C_1} + \frac{q}{C_2} = \frac{q}{C_g} \quad \Rightarrow \quad \frac{1}{C_g} = \frac{1}{C_1} + \frac{1}{C_2} \quad \Rightarrow \quad C_g = \frac{C_1 C_2}{C_1 + C_2}. \tag{5.189}$$

Die Gesamtkapazität einer Reihenschaltung von Kondensatoren ist kleiner als die Einzelka-pazitäten. Schaltet man mehrere Kondensatoren in Reihe, so gilt für die Gesamtkapazität:

> Die Kehrwerte der Einzelkapazitäten addieren sich zum Kehrwert der Gesamtkapazität in Reihe geschalteter Kondensatoren.

## 5.2.9 Dielektrika

Befinden sich Leiter in elektrischen Feldern, so werden durch sie die frei beweglichen La-dungsträger verschoben, bis das Potential des Leiters konstant ist. Werden anderseits zwei unterschiedlich aufgeladene Leiter, zwischen denen ein elektrisches Feld herrscht, durch einen dritten verbunden, so fließen Ladungen durch ihn, bis die Potentiale ausgeglichen sind und das elektrische Feld abgebaut ist. Wir haben außerdem gesehen, dass man mit Leitern elektrische Felder abschirmen kann.

In Nichtleitern gibt es keine frei beweglichen Ladungsträger und damit auch keine Ab-schirmeffekte, ein elektrisches Feld „greift" durch Nichtleiter „hindurch". Es bleibt z. B. durch Kraftwirkung zwischen zwei aufgeladenen Objekten wirksam, auch wenn zwischen beide ein ausgedehnter Nichtleiter gebracht wird. Daher nennt man Nichtleiter auch „Di-elektrika"[1], Materie, durch die Elektrizität hindurch„geht".

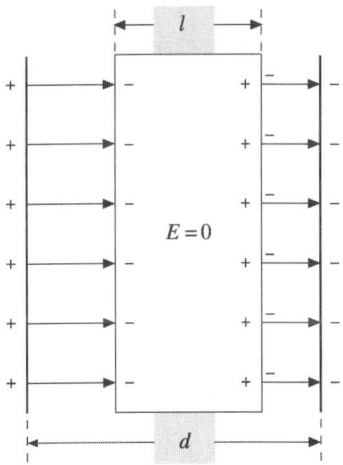

**Abb. 5.87** *Zwischen den Platten eines Kondensators befindet sich ein Leiter, der durch Influenz aufgeladen wird.*

---

[1]   Von dia, griechisch durch.

Man stellt allerdings fest, dass das Feld im Dielektrikum gegenüber dem äußeren Feld geschwächt wird. Bringt man in einen Plattenkondensator, dessen Platten (Abstand $d$) die Flächenladungsdichte $\sigma_q$ tragen[1], so dass zwischen den Platten die Spannung $U_0 = (\sigma_q/\varepsilon_0)d$ herrscht, ein Dielektrikum ein, so verkleinert sich die Spannung. Wird das Dielektrikum wieder entfernt, steigt die Spannung auf den alten Wert.

Einen ähnlichen Effekt erwarten wir, wenn wir wie in **Abb. 5.87** einen quaderförmigen Leiter in einen Plattenkondensator einbringen, der den gesamten Querschnitt ausfüllt, jedoch die Platten nicht berührt.

Vor dem Einbringen des Leiters besteht zwischen den Platten die Spannung $U_0 = (\sigma_q/\varepsilon_0)d$. Befindet sich der Leiter mit der Ausdehnung $l$ senkrecht zu den Platten im Kondensator, werden dessen Seiten, die den Platten gegenüberstehen, durch Influenz so aufgeladen, dass der Leiter überall das gleiche Potential aufweist und in seinem Inneren das elektrische Feld verschwindet. Damit dies der Fall ist, muss die influenzierte Flächenladungsdichte entgegengesetzt gleich groß sein wie diejenige auf den Platten. Dann kompensieren sich genau das äußere Feld und das Feld, das die Influenzladungen verursachen. Das Feld außerhalb des Leiters bleibt somit unverändert. Allerdings herrscht zwischen den Platten nur noch die Spannung $U_1 = (\sigma_q /\varepsilon_0)(d - l)$.

Die Ursache für die Verkleinerung der Spannung eines Plattenkondensators nach Einbringen eines Dielektrikums ist ähnlich: auch hier bewirkt das äußere Feld eine Aufladung. Aus historischen Gründen nennt man dies jedoch nicht „Influenz", sondern „Polarisation". Während bei dem oben betrachteten Leiter das Feld im Inneren verschwindet, wird das Feld im Dielektrikum nur geschwächt. Die Flächenladungsdichte ist dem Betrage nach kleiner als auf den Platten. Das Verhältnis der Feldstärke in einem Plattenkondensator ohne Dielektrikum $E_0$ zur Feldstärke mit Dielektrikum $E_m$ bezeichnet man auch als „relative Dielektrizitätskonstante" des Dielektrikums.

$$\varepsilon_r := \frac{E_0}{E_m} \tag{5.190}$$

Sie wird bei statischen Feldern durch den molekularen Aufbau des Dielektrikums sowie bei manchen Stoffen durch die Temperatur bestimmt. Da alle Dielektrika das Feld schwächen, muss $\varepsilon_r > 1$ gelten. Füllt das Dielektrikum den Plattenkondensator vollständig aus, so wird mit (5.175) und (5.190) die Kapazität

$$C_m = \frac{q}{U_m} = \frac{\sigma_q A}{E_m d} = \frac{\sigma_q A}{\dfrac{\sigma_q}{\varepsilon_0} d} = \varepsilon_r \varepsilon_0 \frac{A}{d} = \varepsilon_r C_0 \tag{5.191}$$

um $\varepsilon_r$ gegenüber der Kapazität ohne Dielektrikum vergrößert. Folgende Tabelle zeigt $\varepsilon_r$ einiger Stoffe. Bei Gasen weicht $\varepsilon_r$ nur sehr wenig von $\varepsilon_r = 1$, dem Wert für das Vakuum ab. Auf die Polarisationsmechanismen, die die Werte von $\varepsilon_r$ bestimmen, gehen wir später ein.

---

[1]   Der Kondensator wurde z. B. mit einer Spannungsquelle zum Aufladen verbunden und dann wieder von ihr abgekoppelt.

**Tab. 5.6** *Relative Dielektrizitätskonstante $\varepsilon_r$ verschiedener Stoffe.*

| Festkörper | | Flüssigkeiten | | Gase | |
|---|---|---|---|---|---|
| Paraffin | 2,2 | Transformatoröl | 2,24 | Helium | 1,00006 |
| Polystyrol | 2,5 | Äthanol | 25,8 | Argon | 1,00050 |
| Polyester | 3,3 | Methanol | 34 | Luft | 1,00058 |
| Glas | 5 – 10 | Glyzerin | 41 | Wasserstoff | 1,00026 |
| Porzellan | 6 | Wasser (0°C) | 88 | Stickstoff | 1,00061 |
| Glimmer | 7,5 | Wasser (20°C) | 81 | $CO_2$ | 1,00098 |
| Zellulose | 4,5 | | | $SO_2$ | 1,0099 |
| $Al_2O_3$ | 12 | | | | |
| $BaTiO_3$ | 1000 | | | | |

### Polarisation und Verschiebungsdichte

Wird der Raum zwischen den Platten eines Kondensators mit einem Dielektrikum ausgefüllt, so wird dort die Feldstärke um den Faktor $1/\varepsilon_r$ gegenüber dem Wert im Vakuum reduziert, da Polarisationsladungen (Ladungsdichte $\sigma_{Pol}$) den Ladungen auf den Platten (Ladungsdichte $\sigma_q$) gegenüberstehen. Dabei hat $\sigma_{Pol}$ das umgekehrte Vorzeichen wie $\sigma_q$. Entsprechend baut die Polarisationsladung ein Feld auf, das dem von $\sigma_q$ verursachten entgegengesetzt gerichtet ist.

$$E_m = \frac{E_0}{\varepsilon_r} = \frac{|\sigma_q| - |\sigma_{Pol}|}{\varepsilon_0} \quad \Rightarrow \quad |\sigma_{Pol}| = |\sigma_q| - \frac{\varepsilon_0 E_0}{\varepsilon_r} \text{ , mit}$$

$$|\sigma_q| = \varepsilon_0 E_0 \quad \Rightarrow \quad |\sigma_{Pol}| = \varepsilon_0 E_0 - \frac{\varepsilon_0 E_0}{\varepsilon_r} = (1 - \frac{1}{\varepsilon_r})\varepsilon_0 E_0 \tag{5.192}$$

Die Polarisationsladung nennt man auch „gebundene" Ladung, da ihre Ladungsträger sich nicht frei bewegen können. Schneidet man das Dielektrikum parallel zu den Kondensatorplatten in zwei Teile, so laden sich die Grenzflächen wiederum mit Polarisationsladungen gleicher Flächenladungsdichte auf. Auch wenn man das Dielektrikum vielfach teilt, so laden sich die Grenzflächen mit der Flächenladungsdichte (5.192) auf. Alle Schichten stellen Dipole dar, die elementaren Dipole sind die Atome oder Moleküle des Dielektrikums. Diese weisen ein

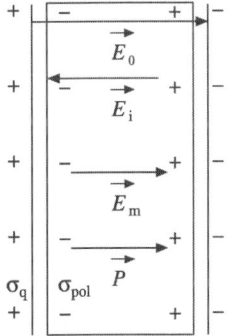

**Abb. 5.88** *Plattenkondensator mit Dielektrikum zwischen den Platten: Verlauf der Felder und der Polarisation.*

Dipolmoment (5.95) auf. Ist $\sigma_{Pol}A$ die Ladung $q_{Pol}$ auf einer Grenzfläche der Größe $A$ und $l$ die Dicke der Schicht, so ergibt sich der Betrag des Dipolmomentes vom Dielektrikum zu

$$p_{el} = ql = |\sigma_{Pol}| Al. \tag{5.193}$$

Da $Al$ das Volumen der Schicht ist, kann man $|\sigma_{Pol}|$ auch als Betrag der Dipolmomentdichte $\rho_D$ auffassen. Diese selbst ist wie auch das Dipolmoment eine vektorielle Größe. Da nach Definition (5.95) das Dipolmoment von der negativen zur positiven Ladung des Dipols gerichtet ist, weist der Vektor der Dipolmomentdichte ebenfalls von der negativen Ladung zur positiven Ladung der Schicht. Die Dipolmomentdichte nennt man auch „elektrische Polarisation" $\vec{P}$. Sie zeigt wegen der Richtungsdefinition des Dipolmomentes $\vec{p}_{el}$ des Dielektrikums in Richtung des äußeren Feldes $\vec{E}_0$.

$$\vec{P} := \frac{d\vec{p}_{el}}{dV}, \ |\vec{P}| = |\sigma_{Pol}| = \rho_D. \tag{5.194}$$

Aus (5.192) folgt

$$\vec{P} = (1 - \frac{1}{\varepsilon_r})\varepsilon_0 \vec{E}_0 = (\varepsilon_r - 1)\varepsilon_0 \vec{E}_m. \tag{5.195}$$

Unter Berücksichtigung der Richtungen (siehe **Abb. 5.88**) gilt für das resultierende Feld $\vec{E}_m$ im Dielektrikum, das sich aus der Überlagerung der elektrischen Felder, die von den Ladungen auf den Kondensatorplatten und von den Polarisationsladungen verursacht werden, ergibt:

$$\vec{E}_m + \frac{\vec{P}}{\varepsilon_0} = \vec{E}_0 \quad \text{oder} \quad \varepsilon_0 \vec{E}_m + \vec{P} = \varepsilon_0 \vec{E}_0 \tag{5.196}$$

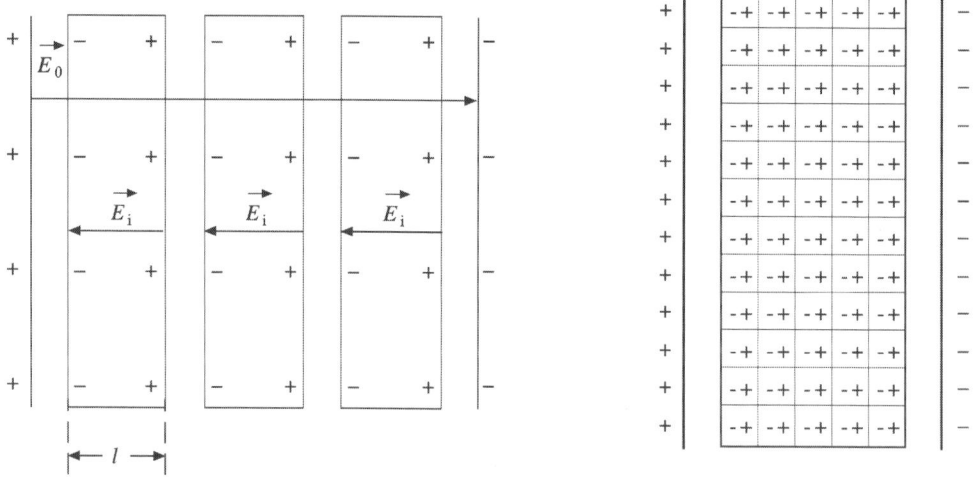

**Abb. 5.89** *Aufteilung des Dielektrikums in viele Schichten. Die Grenzflächen laden sich mit Polarisationsladungen auf. Jede Schicht kann man sich aus übereinander gestapelten Einzeldipolen aufgebaut vorstellen.*

Der Betrag der linken Seite von (5.196) entspricht der Flächenladungsdichte auf den Platten des Kondensators, diese bezeichnet man im Gegensatz zu den gebundenen Ladungen als „wahre" Ladungen. Nur diese fließen beim Laden des Kondensators auf die Platten. Nach dem Abkoppeln von der Spannungsquelle bleibt die Ladungsmenge unverändert. Der Fluss durch eine geschlossene Hüllfläche um z. B. die positiv geladene Platte beträgt

$$\oint_{\text{Hülle}} (\varepsilon_0 \vec{E}_m + \vec{P}) \bullet \mathrm{d}\vec{a} = \oint_{\text{Hülle}} \varepsilon_0 \vec{E}_0 \bullet \mathrm{d}\vec{a} = q_{Platte} \,. \tag{5.197}$$

Die Feldlinien von $\varepsilon_0 \vec{E}_m + \vec{P}$ beginnen bei den positiven wahren Ladungen und enden bei den negativen. Daher fasst man dieses Feld zur dielektrischen Verschiebungsdichte oder elektrischen Flussdichte zusammen.

$$\vec{D} := \varepsilon_0 \vec{E}_m + \vec{P} \,, \ [D] = [P] = \frac{\text{As}}{\text{m}^2} \tag{5.198}$$

Die 3. Maxwellgleichung kann somit etwas einprägsamer formuliert werden:

$$\oint_{\text{Hülle}} \vec{D} \bullet \mathrm{d}\vec{a} = q_w \,. \tag{5.199}$$

Die Einführung einer weiteren Feldgröße unterstreicht die Rolle der Ladung bei der Erzeugung von elektrischen Feldern. Die elektrische Flussdichte spielt immer dann eine Rolle, wenn Ladungen Felder erzeugen, wie es die 3. Maxwellgleichung beschreibt. Bei der Influenz haben wir schon die Bedeutung von $\varepsilon_0 \vec{E}$ in (5.170) für die Ladungsmenge gesehen. Das elektrische Feld wird wichtig bei der Betrachtung der Kräfte von Feldern auf Ladungen. Weiterhin folgt aus (5.196) und aus (5.192)

$$\vec{D} = \varepsilon_0 \vec{E}_0 = \varepsilon_r \varepsilon_0 \frac{\vec{E}_0}{\varepsilon_r} = \varepsilon_r \varepsilon_0 \vec{E}_m \,, \tag{5.200}$$

$$\vec{D} = \varepsilon_0 \vec{E}_m + \vec{P} = \varepsilon_r \varepsilon_0 \vec{E}_m \ \Rightarrow \ \vec{P} = \vec{D} - \varepsilon_0 \vec{E}_m = (1 - \frac{1}{\varepsilon_r})\vec{D} \tag{5.201}$$

$$\Rightarrow \ \vec{P} = (\varepsilon_r - 1)\varepsilon_0 \vec{E}_m \,. \tag{5.202}$$

Die Größe $\varepsilon_r - 1$ bezeichnet man auch als „elektrische Suszeptibilität"[1] $\chi_e$ des Dielektrikums. Die Polarisation stellt sozusagen die „Antwort" des Dielektrikums auf das in ihm herrschende elektrische Feld dar.

Bei Leitern spricht man statt von Polarisation von Influenz, da die Ladungen nicht wie beim Nichtleiter gebunden, sondern frei beweglich sind. Das Feld $E_m$ im Leiter, der sich in einem

---

[1]  Von suscipere, lat. aufnehmen. Suszeptibilität: Aufnahmefähigkeit.

elektrischen Feld befindet, ist null. Nach (5.196) ist einerseits $\vec{P} = \varepsilon_0 \vec{E}_0 \neq 0$, anderseits gilt (5.202). Somit strebt die Suszeptibilität $\chi_e = \varepsilon_r - 1$ eines Leiters gegen unendlich.

Unsere Überlegungen beziehen sich auf den Plattenkondensator, in dem die Feldlinien senkrecht zu den Platten verlaufen. Die Begrenzungen des Dielektrikums im Feld sind ebenfalls senkrecht zum Feld gerichtet. Die elektrische Flussdichte ändert sich nicht, auch wenn das Dielektrikum zwar den ganzen Querschnitt, aber nicht den ganzen Abstand zwischen den Platten ausfüllt. Das elektrische Feld dagegen ändert seine Stärke sprungartig an den Grenzflächen. Diese Tatsachen können wir zur Bestimmung der Kapazität, bezogen auf die Kapazität ohne Dielektrikum, verwenden.

Auf den Platten des Kondensators möge sich die Ladung $q$ befinden. Ohne Dielektrikum beträgt nach (5.175) die Kapazität $C_0 = q/U_0$, wobei $U_0$ die Spannung zwischen den Platten (Abstand $d$) ist, und es herrscht ein homogenes Feld $E_0 = U_0/d$. Mit dem Dielektrikum der Dicke $l$ und der relativen Dielektrizitätskonstante $\varepsilon_r$ sinkt die Spannung zwischen den Platten auf $U$. Sie setzt sich aus der Summe der Teilspannungen $U_1$ und $U_2$ zwischen den Grenzflächen zusammen. Die elektrische Flussdichte $D = \varepsilon_0 E_0 = \varepsilon_r \, \varepsilon_0 E_1$ bleibt unverändert. Im Dielektrikum sinkt die Feldstärke von $E_0$ auf $E_1 = E_0/\varepsilon_r$, außerhalb bleibt sie unverändert.

$$U = U_1 + U_2 = E_1 l + E_0(d-l) = \frac{E_0}{\varepsilon_r} l + E_0(d-l)$$

$$U = \frac{U_0}{d} \frac{l + \varepsilon_r(d-l)}{\varepsilon_r} \tag{5.203}$$

Die Kapazität mit Dielektrikum beträgt dann

$$C = \frac{q}{U} = \frac{q}{U_0} \frac{\varepsilon_r d}{l + \varepsilon_r(d-l)} = C_0 \frac{\varepsilon_r d}{l + \varepsilon_r(d-l)} . \tag{5.204}$$

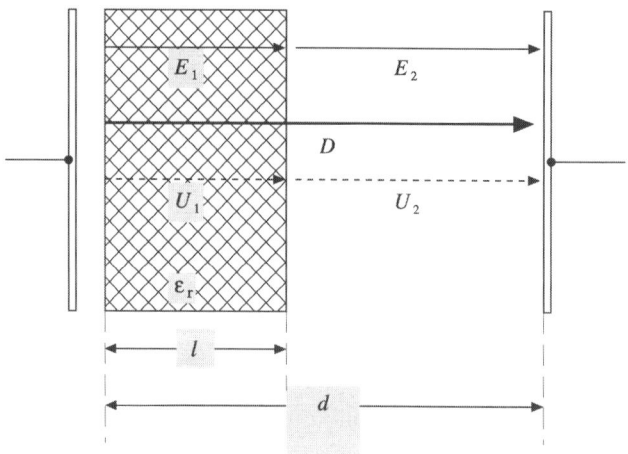

**Abb. 5.90** *Kondensator, bei dem das Dielektrikum nur einen Teil des Raumes ausfüllt.*

Im Grenzfall $\varepsilon_r \to \infty$ (Dielektrikum wird zum Leiter) ergibt sich aus (5.204) $C = C_0\, d/(d-l)$. Dies entspricht einem Kapazitätsverhältnis $C/C_0 = d/(d-l)$, das sich aus (5.175) für Kondensatoren mit den Plattenabständen $d-l$ bzw. $d$ ergeben würde.

Wird im Gegensatz zu den vorigen Betrachtungen der Kontakt des Kondensators mit der Spannungsquelle während des Einbringens des Dielektrikums aufrechterhalten, so wirkt sich die Erhöhung der Kapazität in einer vergrößerten Ladung auf den Platten aus. Füllt das Dielektrikum den Kondensatorraum vollständig aus, so erhöht sich die Ladung gemäß (5.191) um den Faktor $\varepsilon_r$. Entsprechend vergrößert sich auch die elektrische Flussdichte $D_m$ im Dielektrikum. Das elektrische Feld $E_0$ bleibt gegenüber dem Kondensator ohne Dielektrikum unverändert.

$$\vec{D}_m = \varepsilon_0 \varepsilon_r \vec{E}_0 = \varepsilon_0 \vec{E}_0 + \vec{P} \;\Rightarrow\; \vec{P} = (\varepsilon_r - 1)\varepsilon_0 \vec{E}_0 = \chi_e \varepsilon_0 \vec{E}_0 = \chi_e \vec{D}_0 \tag{5.205}$$

In diesem Fall beschreibt $\chi_e$ die Antwort des Dielektrikums auf die elektrische Flussdichte, die eine äußere Spannungsquelle in einem Kondensator im Vakuum bewirken würde. Entsprechend ändert sich auch (5.197):

$$\underset{H\ddot{u}lle}{\oint} \varepsilon_0 \vec{E}_0 \bullet \mathrm{d}\vec{a} = \underset{H\ddot{u}lle}{\oint} \vec{D}_0 \bullet \mathrm{d}\vec{a} = \underset{H\ddot{u}lle}{\oint} (\vec{D}_m - \vec{P}) \bullet \mathrm{d}\vec{a} = q_{Platte} \tag{5.206}$$

Während die Feldlinien immer senkrecht auf der Oberfläche eines Leiters verlaufen, ist dies bei Dielektrika nicht notwendigerweise der Fall: Die gebundenen Ladungen können sich nur auf molekularem Maßstab bewegen im Gegensatz zu den Ladungsträgern im Leiter. Daher ist die Oberfläche eines Dielektrikums nur in Ausnahmefällen eine Äquipotentialfläche, so wie in den oben betrachteten Plattenkondensatoren. Auch für beliebige Richtungen von Feld und Flussdichte gilt an einer Grenzfläche zwischen zwei Dielektrika mit unterschiedlichen $\varepsilon_r$, von denen eins das Vakuum sein kann:

> Die Normalkomponente der elektrischen Flussdichte sowie die Tangentialkomponente des elektrischen Feldes ändern sich nicht.
>
> Die Tangentialkomponente der Flussdichte und die Normalkomponente des Feldes ändern sich dagegen sprunghaft.

Ersteres ist in der 3. Maxwellgleichung in der Form (5.199) begründet. Nur die Normalkomponente trägt zum Fluss durch eine quaderförmige Hüllfläche (zwei Flächen parallel zur eben angenommenen Grenzfläche) bei. Da sich auf der Grenzfläche keine freien Ladungen befinden, ist der Fluss null. Da die Normalenvektoren auf der Hülle für $D_{1,n}$ und $D_{2,n}$ in entgegengesetzte Richtungen zeigen, müssen die Komponenten gleich sein.

Da die Potentialdifferenz zwischen zwei sehr nahe beieinander liegenden Punkten auf der Grenzfläche im Dielektrikum 1 und Dielektrikum 2 gleich sein muss, gilt dies auch für die Tangentialkomponenten $E_{1,t}$ und $E_{2,t}$. Sind z. B. $\vec{D}_1$, $\varepsilon_1$, $\varepsilon_2$ und der Normaleneinheitsvektor $\vec{e}_n$ gegeben, so können wir sukzessive die anderen Feldgrößen berechnen.

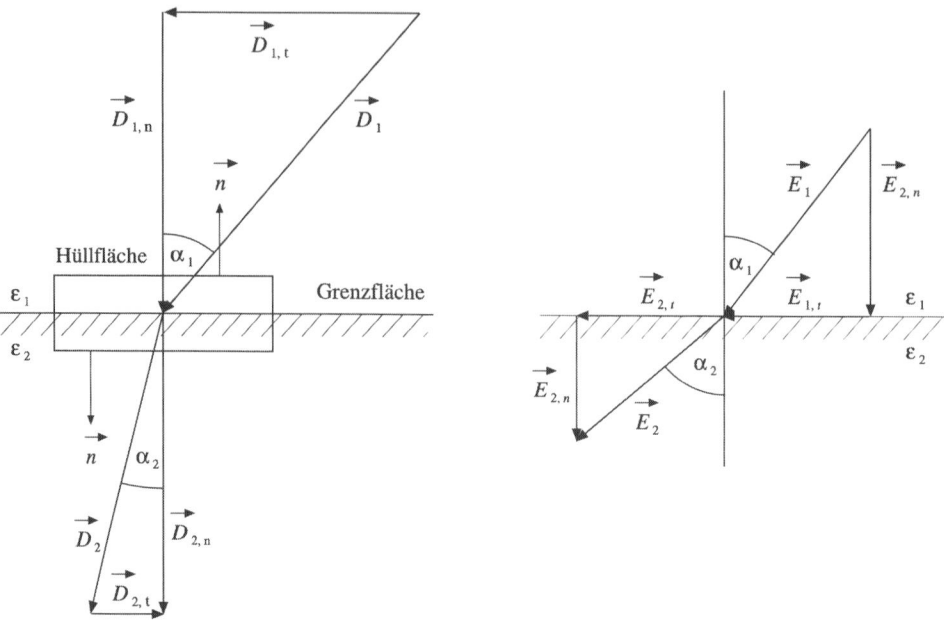

**Abb. 5.91** *Zur Stetigkeit der Normalkomponente der elektrischen Flussdichte und der Tangentialkomponente des elektrischen Feldes an der Grenzfläche zweier Dielektrika ($\varepsilon_1 > \varepsilon_2$).*

$$\vec{D}_{1,n} = \vec{D}_{2,n} = (\vec{D}_1 \bullet \vec{e}_n)\vec{e}_n , \quad \vec{D}_{1,t} = \vec{D}_1 - \vec{D}_{1,n} = \vec{D}_1 - (\vec{D}_1 \bullet \vec{e}_n)\vec{e}_n ,$$

$$\varepsilon_1 \varepsilon_0 \vec{E}_{1,n} = \vec{D}_{1,n} , \quad \varepsilon_1 \varepsilon_0 \vec{E}_{1,t} = \vec{D}_{1,t} , \quad \varepsilon_2 \varepsilon_0 \vec{E}_{2,n} = \vec{D}_{1,n} , \quad \varepsilon_2 \varepsilon_0 \vec{E}_{1,t} = \vec{D}_{2,t} ,$$

$$\vec{D}_2 = \vec{D}_{1,n} + \vec{D}_{2,t} = \vec{D}_{1,n} + \varepsilon_2 \varepsilon_0 \vec{E}_{1,t} = \vec{D}_{1,n} + \frac{\varepsilon_2}{\varepsilon_1} \vec{D}_{1,t} ,$$

$$\vec{E}_2 = \vec{E}_{2,n} + \vec{E}_{1,t} = \frac{\vec{D}_{1,n}}{\varepsilon_2 \varepsilon_0} + \frac{\vec{D}_{1,t}}{\varepsilon_1 \varepsilon_0} = \frac{\varepsilon_1}{\varepsilon_2} \vec{E}_{1,n} + \vec{E}_{1,t} \qquad (5.207)$$

Aus (5.207) können wir die Verhältnisse der Normal- und Tangentialkomponenten von den elektrischen Flussdichten und Feldern bestimmen.

$$\varepsilon_1 \varepsilon_0 E_{1,n} = D_{1,n} , \quad \varepsilon_2 \varepsilon_0 E_{2,n} = D_{2,n} = D_{1,n} \qquad \Rightarrow \qquad \frac{E_{1,n}}{E_{2,n}} = \frac{\varepsilon_2}{\varepsilon_1} \qquad (5.208)$$

$$\varepsilon_1 \varepsilon_0 E_{1,t} = D_{1,t} , \quad \varepsilon_2 \varepsilon_0 E_{2,t} = D_{2,t} = \varepsilon_2 \varepsilon_0 E_{1,t} \qquad \Rightarrow \qquad \frac{D_{1,t}}{D_{2,t}} = \frac{\varepsilon_1}{\varepsilon_2} \qquad (5.209)$$

Für die Winkel $\alpha_1$ und $\alpha_2$, welche die Vektoren der Flussdichten bzw. der Felder zur Normalen der Grenzfläche einschließen, gilt

$$\frac{\dfrac{D_{1,t}}{D_{1,n}}}{\dfrac{D_{2,t}}{D_{2,n}}} = \frac{D_{1,t}}{D_{2,t}} = \frac{\tan\alpha_1}{\tan\alpha_2} = \frac{\varepsilon_1}{\varepsilon_2} \text{, mit (5.208)} \Rightarrow \frac{E_{1,n}}{E_{2,n}} = \frac{\varepsilon_2}{\varepsilon_1} = \frac{\tan\alpha_2}{\tan\alpha_1} \, . \tag{5.210}$$

**Polarisationsmechanismen**

Um eine Polarisation in einem Nichtleiter zu bewirken, der Nichtleiter sich somit wie ein Dipol verhalten soll, dürfen die Ladungsschwerpunkte der positiven und negativen Ladung nicht zusammenfallen. Bei vielen Dielektrika, wie z.B. die in **Tab. 5.6** aufgelisteten, wird die Polarisation durch das äußere Feld bewirkt. Wird das Feld „abgeschaltet", so verschwindet auch die Polarisation. In diesem Fall spricht man von „induzierter" Polarisation. Die Polarisation verläuft in Richtung des äußeren Feldes.

Im anderen Fall besteht das Dielektrikum schon aus (molekularen) Dipolen, die sich aufgrund der gegenseitigen Anziehung schon ohne äußeres Feld so ausrichten, dass eine Polarisation entsteht. Diesen Zustand bezeichnet man als „permanente" Polarisation. Hier werden die Richtungen von Polarisation und äußerem Feld in der Regel nicht übereinstimmen. Bei der induzierten Polarisation unterscheidet man zwei grundsätzliche Mechanismen:

*Verschiebungspolarisation*

Atome, aus denen die Materie aufgebaut ist, bestehen aus einer negativ geladenen Elektronenhülle und einem positiv geladenen Kern. Unter dem Einfluss eines äußeren elektrischen Feldes $E_a$ wird die Elektronenhülle gegenüber dem Kern verschoben, bis zwischen den Kräften des äußeren Feldes und der Anziehungskraft von Kern und Elektronenhülle ein Gleichgewicht herrscht. Betrachten wir die Elektronenhülle näherungsweise als mit $z$ Elementarladungen homogen geladene Kugel mit dem Radius $R$, so herrscht Gleichgewicht bei einem Abstand $x$ der Ladungsschwerpunkte von Kern und Hülle, wenn

$$zeE_a = zeE_{Kern-Hülle} \, . \tag{5.211}$$

Das Feld ergibt sich aus (5.120). Damit erhalten wir den Gleichgewichtsabstand $x$ und das Dipolmoment $p_{el}$

$$E_a = \frac{ze}{4\pi\varepsilon_0 R^3} x \;\Rightarrow\; p_{el} = zex = 4\pi\varepsilon_0 R^3 E_a \, . \tag{5.212}$$

Mit der Dipoldichte $\rho_D$ (Zahl der Dipole pro Volumeneinheit) erhalten wir die Polarisation und die Suszeptibilität

$$P = \rho_D p_{el} = \rho_D 4\pi\varepsilon_0 R^3 E_a \, , \; \chi_e = \frac{P}{\varepsilon_0 E_m} \approx \frac{P}{\varepsilon_0 E_a} = \rho_D 4\pi R^3 \, . \tag{5.213}$$

Hier haben wir näherungsweise äußeres Feld und Feld im Dielektrikum gleichgesetzt, was bei Gasen mit geringer Dichte erlaubt ist. Die Verschiebungspolarisation oder Elektronenpolarisation erfolgt bei jedem Stoff, allerdings ist die Suszeptibilität klein und kann durch andere Polarisationsmechanismen überlagert werden. Zu bemerken ist, dass durch Messung der Suszeptibilität der Radius der Elektronenhülle bestimmt werden kann. Besteht das Dielektrikum aus einem Salzkristall, der aus positiv und negativ geladenen Ionen aufgebaut ist, so werden diese im Kristall verschoben.

*Orientierungspolarisation*

Weisen die Moleküle des Dielektrikums schon ein Dipolmoment auf, so werden sie von einem äußeren Feld ausgerichtet, die Dipole ändern durch das Feld ihre Orientierung. Ohne Feld sind sie in der Regel ungeordnet durch die thermische Bewegung der Moleküle. Daher ist die Polarisation auch temperaturabhängig, je höher die Temperatur, umso schwächer ist die Ausrichtung durch das Feld. Die Polarisation in Abhängigkeit vom äußeren Feld und von der Temperatur wird beschrieben durch die Langevin[1]-Funktion, die wir hier nicht herleiten wollen:

$$P = \frac{N}{V} p_{Mol.} L(\frac{p_{Mol.}E}{k_B T}) \ \text{ mit } \ L(\frac{p_{Mol.}E}{k_B T}) = \coth(\frac{p_{Mol.}E}{k_B T}) - \frac{k_B T}{p_{Mol.}E}) \, . \tag{5.214}$$

Dabei ist $p_{Mol.}$ das Dipolmoment des Moleküls, $N/V$ die Dipoldichte und $T$ die absolute Temperatur des Dielektrikums. Für tiefe Temperaturen (oder sehr starke Felder) kann der zweite Term der Langevin-Funktion vernachlässigt werden und sie strebt gegen eins, alle Dipole sind ausgerichtet und die Polarisation ist (nahezu) konstant. Diesen Fall bezeichnet man auch

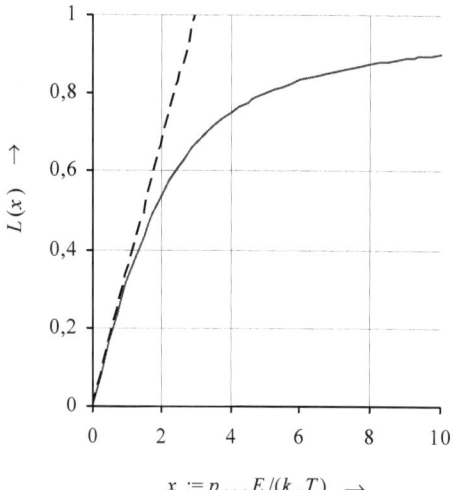

**Abb. 5.92** *Verlauf der Langevin-Funktion.*

---

[1]    P. Langevin (1872 – 1946).

als Sättigung. Bei hohen Temperaturen ($p_{Mol.}E \gg k_BT$) dagegen verläuft sie wie $p_{Mol.}E/(3k_BT)$. Die Polarisation ist $\sim E$ und die Suszeptibilität lautet

$$\chi_{el} = \frac{N}{V}\frac{p_{Mol.}^2}{3\varepsilon_0 k_B T}. \tag{5.215}$$

Stoffe mit hohen relativen Dielektrizitätskonstanten (siehe **Tab. 5.6**) weisen ein permanentes Dipolmoment auf, man spricht auch von polaren Molekülen. Hervorzuheben ist das Wasser mit $\varepsilon_r = 81$ bei 20°C und entsprechend großem molekularem Dipolmoment. Dieses ist verantwortlich für einige charakteristische Eigenschaften des Wassers:

- Anomalie der Dichte: Wasser weist bei etwa 4°C die größte Dichte auf.
- Dissoziationsfähigkeit: In Wasser werden viele andere polare Moleküle wie z. B. Salzsäure, Kochsalz usw. dissoziiert, d. h. in positive und negative Ionen zerlegt. Wasser ist das wichtigste Lösungsmittel für Elektrolyte, das sind elektrisch leitfähige Flüssigkeiten.

Bei Festkörpern gibt es Stoffe mit noch wesentlich höheren $\varepsilon_r$ als Wasser, z. B. BaTiO$_3$, die Dipolmomente der Moleküle sind ebenfalls wesentlich größer, so dass es auch ohne äußeres Feld zu einer Polarisation kommt. In Anlehnung an ferromagnetische Stoffe, bei denen auch ohne äußeres Magnetfeld eine Magnetisierung bzw. magnetische Polarisation vorliegt, nennt man diese Stoffe „ferroelektrisch". Überlagern sich das von der permanenten Polarisation bewirkte Feld und das äußere Feld, so verläuft im Allgemeinen das resultierende Feld nicht in Richtung des äußeren Feldes.

Bei anderen Stoffen wie z. B. Quarz (SiO$_2$) kann durch äußere Kräfte eine Polarisation bewirkt werden. Sind ohne Kräfte die Ladungsschwerpunkte der negativen (O$_2$) und der positiven (Si) Teilladungen gleich, so werden diese unter Einfluss von Kräften gegeneinander verschoben. Derartige Stoffe nennt man „piezoelektrisch". Sie haben große technische Bedeutung als elektro-mechanische Wandler erlangt, wie z. B. als Drucksensor, Schwingquarz, Präzisionsversteller im Rastertunnelmikroskop oder als Lautsprecher. Da zwischen den Enden eines piezoelektrischen Kristalls hohe Spannungen erzeugt werden können, sind piezoelektrische Zünder in Gasherden sehr verbreitet.

Dielektrika, die auch ohne äußeres Feld polarisiert sind, erzeugen außerhalb ein Dipolfeld (5.151), das Dipolmoment beträgt bei örtlich konstanter Polarisation $\vec{p}_{el} = \vec{P}V_{Dielektrikum}$.

## 5.2.10    Bewegungen geladener Teilchen in elektrischen Feldern

Befindet sich ein Ladungsträger (Ladung $q$, Masse $m$) in einem elektrischen Feld und wirken keine weiteren Kräfte, so wird er gemäß (5.130) beschleunigt. Zwischen Anfangs- und Endpunkt der Bewegung überwindet er die Potentialdifferenz (5.134) bzw. die Spannung (5.136), seine kinetische Energie ändert sich wie

$$\Delta E_{kin} = \frac{m}{2}(v_E^2 - v_A^2) = -\Delta E_{pot} = -q\Delta\varphi = -q(\varphi(\vec{r}_E) - \varphi(\vec{r}_A)) = qU. \tag{5.216}$$

Ist der Ladungsträger ein Teilchen mit nur einigen Elementarladungen (5.1), so werden die Energien in (5.216) unhandlich klein. Daher gibt man Energien in der Atom- und Kernphysik statt in „Joule" lieber in „Elektronenvolt" an. Das ist die kinetische Energie, die ein Teilchen mit einer Elementarladung in einer Potentialdifferenz von 1V aufnimmt. Entsprechend ist die Umrechnung

$$1 \text{ Elektronenvolt (eV)} = 1{,}602 \cdot 10^{-19} \text{As} \cdot 1\text{V} = 1{,}602 \cdot 10^{-19} \text{J}. \tag{5.217}$$

**Bewegung freier Ladungsträger**

In einem homogenen Feld bewegt sich der Ladungsträger somit gleichmäßig beschleunigt. Je nach Anfangsgeschwindigkeit beim Eintritt in das Raumgebiet mit dem elektrischen Feld ergibt sich eine Fall- oder eine Wurfbewegung mit der Beschleunigung (5.130). Für die Zusammenhänge zwischen Position und Geschwindigkeit des Ladungsträgers gelten (2.29) – (2.36).

Ein wichtiges Anwendungsfeld freier Elektronen in elektrischen Feldern sind Elektronenstrahl- oder Kathodenstrahlröhren, wie Braunsche[1] Röhren in Oszilloskopen, Bildschirmröhren, Verstärkerröhren, Elektronenmikroskope, usw. Damit sich die Elektronen ungehindert bewegen können, sind diese Röhren evakuiert. Die Elektronen werden durch thermische Anregung aus einer Kathode emittiert und durch ein elektrisches Feld zur Anode beschleunigt. Um einen Elektronenstrahl zu formen, ist diese mit einem Loch versehen, durch das ein Teil der Elektronen in einen zunächst feldfreien Raum weiterfliegt. Dort können sie durch homogene Felder, die durch Plattenkondensatoren erzeugt werden, abgelenkt werden. Schließlich gelangen sie zum Bildschirm, der sich in der Regel auf gleichem Potential wie die Anode befindet. Dort dringen sie in die Elektrode ein, geben ihre zwischen Kathode und Anode gewonnene Energie wieder ab und schließen so den Stromkreis Kathode-Anode bzw. Kathode-Bildschirm. Der Bildschirm ist mit einem lumineszierenden Stoff beschichtet, der von den eindringenden Elektronen zur Lichtemission angeregt wird und so den Elektronenstrahl sichtbar macht.

Die symmetrisch zum nicht abgelenkten Elektronenstrahl angeordneten Platten der Ablenkkondensatoren werden so mit Spannung versorgt, dass das Potential in der Mitte gleich dem Anodenpotential ist. Ein Elektron, das mit einer Geschwindigkeit $v_0$ senkrecht zum dort herrschenden Feld in den Kondensator fliegt, macht eine Wurfbewegung.

Wir legen den Ursprung an den Anfang des Kondensators wie in **Abb. 5.94**, das in $x$-Richtung fliegende Elektron dringt bei $y = 0$ zum Zeitpunkt $t_A = 0$ in das in $y$-Richtung weisende homogene Feld $E_K$ ein. Die Geschwindigkeiten am Anfang und am Ende des Kondensators der Länge $l$ betragen mit (2.29) und (5.130)

$$\vec{v}_A = \begin{pmatrix} v_0 \\ 0 \end{pmatrix}, \; \vec{v}_E = \begin{pmatrix} v_0 \\ 0 \end{pmatrix} + (-\frac{e}{m_e}) \begin{pmatrix} 0 \\ -E_K \end{pmatrix} t_E. \tag{5.218}$$

---

[1]   K. F. Braun (1850 – 1918).

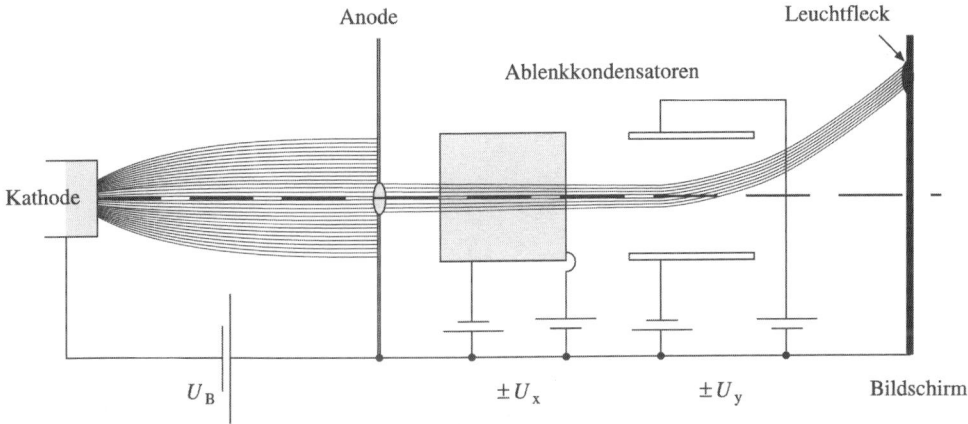

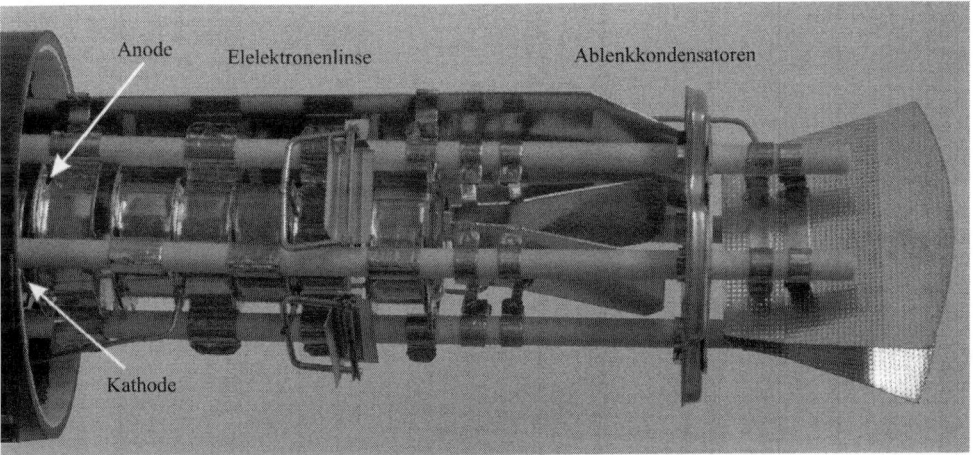

*Abb. 5.93 Braunsche Röhre zur Erzeugung und Ablenkung von Elektronenstrahlen.*

Der Winkel $\varphi$, um den der Elektronenstrahl zur $x$-Achse abgelenkt wird, berechnet sich aus (2.36) mit der Flugzeit $t_E = l/v_0$ zu

$$\tan \varphi = \frac{v_y(t_E)}{v_x(t_E)} = \frac{eE_K t_E}{m_e v_0} = \frac{eE_K l}{m_e v_0^2} . \tag{5.219}$$

Die Elektronen werden aus der Kathode mit $v \approx 0$ emittiert und von der Beschleunigungsspannung $U_B$ zwischen Kathode und Anode auf $v_0$ beschleunigt. Das Feld $E_K$ des Ablenkkondensators wird durch Anlegen der Spannung $U_K$ an die Platten (Abstand $d$) erzeugt. Damit können wir den Ablenkwinkel (5.219) durch die leicht messbaren Spannungen $U_B$ und $U_K$ ausdrücken:

$$\tan \varphi = \frac{eU_K l}{2eU_B d} = \frac{U_K}{U_B} \frac{l}{2d} . \tag{5.220}$$

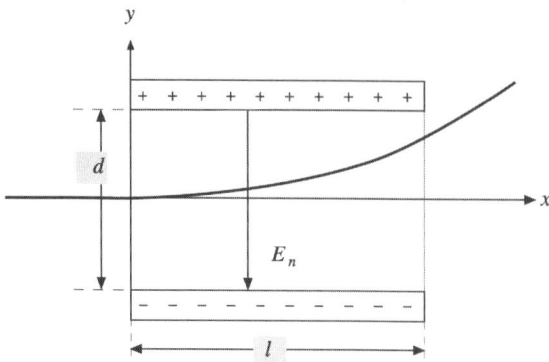

**Abb. 5.94** *Ablenkung eines Elektrons durch ein homogenes Feld in einem Plattenkondensator.*

Die Ablenkkondensatoren Braunscher Röhren von Elektronenstrahloszilloskopen sind rechtwinklig zueinander orientiert. Um den Verlauf eines zeitabhängigen Signals durch Ablenken des Elektronenstrahls auf dem Bildschirm sichtbar zu machen, wird das horizontale Ablenkfeld durch eine „Sägezahnspannung" linear gesteigert, während die Spannung an dem vertikalen Plattenpaar proportional zu dem zu messenden Signal ist. Nach Durchlaufen des Bildschirms in horizontaler Richtung wird die Sägezahnspannung schlagartig wieder auf den Ausgangswert gesetzt. Um bei periodischen Messsignalen ein stehendes Bild zu erhalten, müssen Sägezahnspannung und Messsignal synchronisiert werden.

Sind die Kräfte auf ein geladenes Teilchen bekannt, so kann seine Ladung bestimmt werden. Mit dieser Methode gelang es R. A. Millikan, die Elementarladung an geladenen Öltröpfchen zu messen. Die Tröpfchen, z. B. durch Reibungselektrizität aufgeladen, befinden sich in einem luftgefüllten Plattenkondensator, dessen elektrisches Feld dem Schwerefeld der Erde entgegengesetzt gerichtet ist. Bewegt sich das Tröpfchen in Feldrichtung entgegen der Schwerkraft, so wirken die

- elektrische Kraft $\quad F_{el} = qE$
- Schwerkraft $\quad\quad\ \ F_G = -mg$
- Auftriebskraft $\quad\ \ F_A = \rho_L V_{Tr} g$
- Reibungskraft[1] $\quad\ F_R = -6\pi\eta_L r_{Tr} v,$

dabei sind $m$ die Masse, $V_{Tr}$ das Volumen und $r_{Tr}$ der Radius des Tröpfchens, $\rho_L$, $\eta_L$ Dichte und Viskosität der Luft sowie $v$ die Geschwindigkeit des Tröpfchens.

Im Fall der gleichförmigen Bewegung ist die Summe dieser Kräfte null. Damit berechnet sich die Ladung des kugelförmig angenommenen Tröpfchens zu

$$0 = qE - mg + \rho_L V_{Tr} g - 6\pi\eta_L r_{Tr} v \quad \Rightarrow$$

$$q = \frac{mg - \rho_L V_{Tr} g + 6\pi\eta_L r_{Tr} v}{E} = \frac{(\rho_{Öl} - \rho_L)\dfrac{4\pi}{3} r_{tr}^3 g + 6\pi\eta_L r_{Tr} v}{E}. \qquad (5.221)$$

---

[1]   Angenommen ist die Stokessche Reibung einer laminar von der Luft umströmten Kugel.

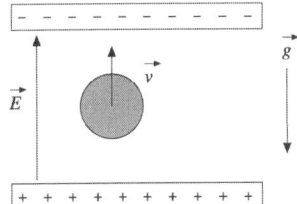

**Abb. 5.95** *Bestimmung der Elementarladung nach Millikan: Ein geladenes Öltröpfchen bewegt sich gegen die Schwerkraft im elektrischen Feld eines Plattenkondensators. Durch die Luft im Kondensator wirken außerdem noch Auftriebs- und Reibungskraft.*

Der Radius des Öltröpfchens muss noch gemessen werden. Dies kann durch Messung der Sinkgeschwindigkeit $v^*$ bei abgeschaltetem elektrischem Feld geschehen. Auch hier bewegt sich das Tröpfchen gleichförmig und der Tröpfchenradius bestimmt sich zu

$$0 = -mg + \rho_L V_{Tr} g - 6\pi\eta_L r_{Tr} v^* \quad \Rightarrow$$

$$6\pi\eta_L r_{Tr} v^* = -(\rho_{\ddot{O}l} - \rho_L)\frac{4\pi}{3} r_{tr}^3 g \quad \Rightarrow \quad r_{Tr} = \sqrt{\frac{9}{2}\frac{\eta_L \,|\, v^* \,|}{(\rho_{\ddot{O}l} - \rho_L)g}} \ . \tag{5.222}$$

In (5.221) und (5.222) stehen nur noch Konstanten bzw. Messgrößen, so dass $q$ bestimmt werden kann. Millikan stellte fest, dass die Ladungen quantisiert sind, d. h. ganzzahlige Vielfache der Elementarladung (5.1).

**Bewegung von Ladungsträgern in Leitern**
Zum Transport von elektrischer Energie fließen Ladungsträger durch einen elektrischen Leiter, der in der Regel einen Ohmschen Widerstand darstellt. Um die Bewegung der Ladungsträger zu ermöglichen, muss zwischen dem Anfang und dem Ende des Leiters eine Spannung herrschen. Ein Teil der elektrischen Energie wird bei dem Transport in Wärme umgewandelt, der Leiter ist also gleichzeitig auch ein Energiekonverter.

Bei einem zeitlich konstantem Strom und konstanter Dichte $\rho_q$ der Ladung sind mit (5.19) auch Stromdichte und Driftgeschwindigkeit $v_D$ konstant. Als Driftgeschwindigkeit bezeichnet man die mittlere Geschwindigkeit, mit der sich die Ladungsträger im Leiter bewegen. Die einzelnen Momentangeschwindigkeiten können u. U. stark davon abweichen. Unter der Annahme, dass der Leiter homogen ist, können wir (5.20) in (5.16) einsetzen und erhalten mit der Leitfähigkeit $\kappa$, der Länge $l$ und dem Querschnitt $A$ des Leiters

$$U = RI = \frac{1}{\kappa}\frac{l}{A} I = \frac{l}{\kappa} j \quad \Rightarrow \quad j = \kappa\frac{U}{l} = \kappa E \ . \tag{5.223}$$

$U/l$ ist das elektrische Feld, das die Spannung $U$ in dem Leiter der Länge $l$ bewirkt. Wir haben (5.223) aus den nicht lokalen Größen Strom $I$ und Spannung $U$ hergeleitet. Stromdichte $j$ und elektrisches Feld $E$ sind jedoch lokale Größen, so dass (5.223) auch lokal gilt, auch wenn der Leiter nicht mehr homogen ist, so dass Stromdichte und Feld nicht mehr konstant sind. Mit (5.142) lautet dann

$$\vec{j} = \kappa \vec{E} = -\kappa \, \mathrm{grad}\varphi \, . \tag{5.224}$$

Setzen wir anderseits (5.19) und (5.223) gleich, so können wir die Abhängigkeit der Leitfähigkeit von den Kenngrößen des Leiters ausdrücken.

$$j = \rho_q v_D = \kappa E \quad \Rightarrow \quad \kappa = \rho_q \frac{v_D}{E} = z \, | \, e \, | \frac{N}{V} \mu \tag{5.225}$$

Dabei ist $z$ die Zahl der Elementarladungen, die ein Ladungsträger hat, $N/V$ die Zahl der Ladungsträger pro Volumen oder Ladungsträgerkonzentration bzw. Ladungsträgerdichte (nicht zu verwechseln mit der Ladungsdichte) und $\mu$ die Beweglichkeit der Ladungsträger. Diese ist definiert als Driftgeschwindigkeit, bezogen auf die elektrische Feldstärke, die die Bewegung antreibt:

$$\mu := \frac{| \, v_D \, |}{E} \, , \ [\mu] = \frac{[v]}{[E]} = \frac{\mathrm{m}}{\mathrm{s}} \frac{\mathrm{m}}{\mathrm{V}} = \frac{\mathrm{m}^2}{\mathrm{Vs}} \tag{5.226}$$

Bei metallischen Leitern sind die Ladungsträger die freien (Leitungs)elektronen. Daher ist $z = 1$. Die Leitfähigkeit eines Metalls wird somit von zwei Faktoren bestimmt: von der Leitungselektronendichte und ihrer Beweglichkeit. Diese ist ein Maß dafür, wie viel elektrische Energie eines Ladungsträgers in Wärme umgewandelt wird: Je größer die Beweglichkeit, umso weniger elektrische Energie „geht verloren". Verlustmechanismen sind vor allem unelastische Stöße an Kristallbaufehlern.

**Dipole in elektrischen Feldern**
Die Ladungen eines Dipols erfahren in einem homogenen Feld entgegengesetzt gleich große Kräfte. Die resultierende Kraft ist null, allerdings erfährt der Dipol ein Drehmoment (2.275)

$$\vec{M} = \vec{d} \times \vec{F}_+ = q\vec{d} \times \vec{E} = \vec{p}_{el} \times \vec{E} \, , \ | \, \vec{M} \, | = p_{el} E \, | \sin(\angle(\vec{p}_{el}, \vec{E})) \, | \, . \tag{5.227}$$

Dabei ist $\vec{d}$ der Vektor von der negativen zur positiven Ladung und $\vec{p}_{el}$ das Dipolmoment (5.95). Das Drehmoment ist null, wenn der Winkel zwischen Dipolmoment- und Feldvektor null oder 180° beträgt. In diesen Fällen liegt ein stabiles bzw. labiles Gleichgewicht vor.

Ein um den Winkel $\vartheta$ gegen die Feldrichtung gedrehter Dipol weist gegenüber der stabilen Gleichgewichtslage bei $\vartheta = 0$ die potentielle Energie (2.318)

$$E_{pot} = -W(0 \to \vartheta) = -\int_0^\vartheta \vec{M} \bullet d\vec{\vartheta}' = -\int_0^\vartheta | \, \vec{M} \, | \, d\vartheta' \cos 180°$$

$$E_{pot} = \int_0^\vartheta p_{el} E \sin \vartheta' \, d\vartheta' = -p_{el} E \cos \vartheta = -\vec{p}_{el} \bullet \vec{E} \tag{5.228}$$

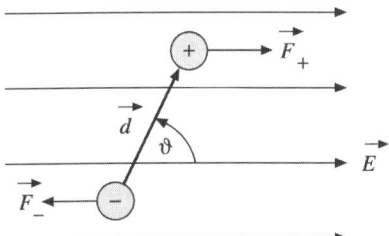

**Abb. 5.96** *Dipol im homogenen Feld: Die Kräfte bewirken ein Drehmoment.*

auf. Zu beachten ist dabei, dass Drehachse (Richtung von $\vec{\vartheta}$) und Drehmoment $\vec{M}$ antiparallel sind. (siehe „Rechte-Hand-Regel" auf Seite 121 und (2.257).)

In einem inhomogenen Feld sind die Kräfte auf die positive und die negative Ladung unterschiedlich groß und der Dipol erfährt eine resultierende Kraft. Befindet sich die negative Ladung am Ort $\vec{r}$, so wirkt auf den Dipol die resultierende Kraft

$$\vec{F} = \vec{F}_+ + \vec{F}_- = q(\vec{E}(\vec{r} + \vec{d}) - E(\vec{r})) . \tag{5.229}$$

Befindet sich der Dipol in einer stabilen Gleichgewichtslage bezüglich Rotation, d. h. das Dipolmoment weist in Feldrichtung, die wir als $x$-Richtung bezeichnen wollen, und sind die Unterschiede der Feldstärken an den Orten der positiven und negativen Ladungen klein gegen die mittlere Feldstärke, so beträgt die Kraft

$$F_x = \vec{F}_+ + \vec{F}_- = q(E_x(x+d) - E_x(x)) = q\frac{\mathrm{d}E}{\mathrm{d}x}d = p_{el}\frac{\mathrm{d}E}{\mathrm{d}x} . \tag{5.230}$$

Im Feld einer positiven Punktladung ist $\mathrm{d}E/\mathrm{d}x < 0$, der Dipol mit der negativen Ladung voran entgegen der Feldrichtung zur Punktladung gezogen. Ist die felderzeugende Punktladung dagegen negativ, weist auch die Kraft in Feldrichtung, der Dipol wird ebenfalls, allerdings mit der positiven Ladung voran, zur Punktladung gezogen.

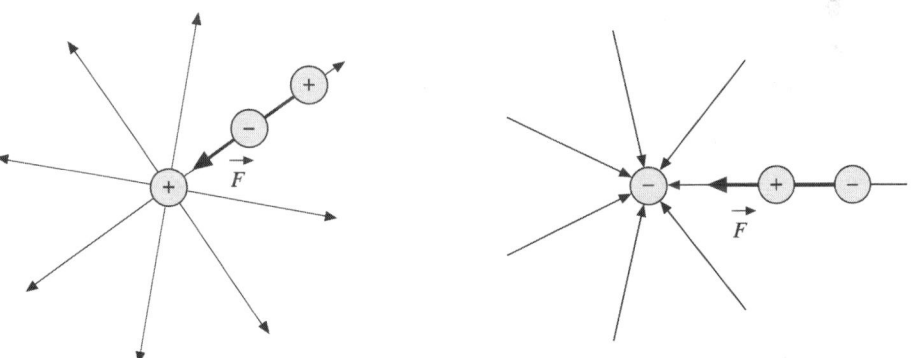

**Abb. 5.97** *Inhomogene Felder (hier die von Punktladungen) wirken immer anziehend auf Dipole, die in Feldrichtung orientiert sind.*

Werden Moleküle im elektrischen Feld ausschließlich durch Verschiebung der Elektronenhülle gegenüber dem Kern polarisiert, so sind die Dipole immer in Feldrichtung orientiert.
Diese Moleküle werden von geladenen Körpern, die inhomogene Felder verursachen, immer
angezogen. Besonders Spitzen geladener Körper zeigen diese „Saugwirkung".

## 5.2.11    Energie des elektrischen Feldes

Um einen Kondensator zu laden, muss Ladung auf seine Platten fließen. Zu Beginn des Ladevorgangs, wenn sich noch keine Ladungen auf den Platten befinden, ist das elektrische
Feld im Kondensator null, ebenso wie die Spannung zwischen den Platten. Während des
Ladens bauen die Ladungen im Kondensator das elektrische Feld auf, um weitere Ladungen
von der Spannungsquelle auf die Platten zu bringen, muss deren Spannung etwas größer als
die Spannung zwischen den Platten sein.

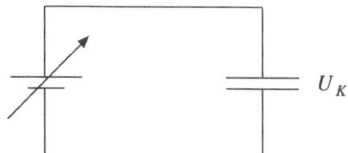

**Abb. 5.98** *Laden eines Plattenkondensators: Damit Ladung auf die Platten fließt, muss die Spannung der Spannungsquelle ein wenig größer sein als die Spannung zwischen den Platten.*

Mit dem Ladungsstrom $I$ verbunden ist ein Energiestrom

$$P(t) = U(t)I(t) = U(t)\frac{\mathrm{d}q}{\mathrm{d}t} .$$
(5.231)

Um den anfänglich ungeladenen Kondensator mit einer Ladung $Q$ zu beschicken, muss eine
Energie[1]

$$W = \int P(t)\mathrm{d}t = \int_0^Q U(q(t))\mathrm{d}q = \int_0^Q \frac{q}{C}\mathrm{d}q$$
(5.232)

von der Spannungsquelle zum Kondensator fließen. Dabei haben wir den Zusammenhang
(5.171), $q = CU$, zwischen Ladung und Spannung eines Kondensators verwendet. Da die
Kapazität $C$ des Kondensators konstant ist, erhalten wir

$$W = \frac{1}{C}\int_0^Q q\mathrm{d}q = \frac{Q^2}{2C} = \frac{1}{2}CU^2 .$$
(5.233)

---

[1]    Um Verwechselungen zwischen elektrischem Feld und Energie zu vermeiden, verwenden wir in diesem Kapitel
das Symbol „$W$" für die Energie.

Diese Energie wird, da sie nicht einem anderen Energieträger zugeführt wird, im Kondensator gespeichert. Sie ist die negative potentielle Energie einer Platte des Kondensators im Feld der anderen bzw. die Energie, die zum Aufbau des elektrischen Feldes erforderlich ist. Für einen Plattenkondensator (Plattenabstand $d$, Plattenfläche $A$) kann man in (5.233) die Kapazität (5.191) einsetzen und mit $U = Ed$ die Energie, die im elektrischen Feld steckt, durch die Feldstärke ausdrücken.

$$W = \frac{1}{2}\varepsilon_r\varepsilon_0 \frac{A}{d}U^2 = \frac{1}{2}\varepsilon_r\varepsilon_0 \frac{U^2}{d^2} Ad = \frac{1}{2}\varepsilon_r\varepsilon_0 E^2 Ad \;. \tag{5.234}$$

$Ad$ entspricht dem Volumen, das der Plattenkondensator und damit das Raumgebiet des elektrischen Feldes einnehmen. $\frac{1}{2}\varepsilon_r\varepsilon_0 E^2$ ist daher die Energiedichte des homogenen Feldes im Kondensator.

$$w_{el} = \frac{1}{2}\varepsilon_r\varepsilon_0 E^2 = \frac{1}{2}\varepsilon_r\varepsilon_0 \vec{E}\bullet\vec{E} = \frac{1}{2}\vec{D}\bullet\vec{E}\;. \tag{5.235}$$

(5.234) haben wir aus den nicht lokalen Größen Spannung und Kapazität hergeleitet, da aber elektrisches Feld und Flussdichte lokale Größen sind, gilt (5.235) für jeden Punkt im Raum auch dann, wenn das Feld nicht mehr homogen ist.

### Laden und Entladen eines Kondensators

Nun wollen wir den zeitlichen Verlauf des Ladevorgangs bei einem Kondensator betrachten, der an eine Spannungsquelle mit konstanter Spannung $U_0$ angeschlossen wird. Die Zuleitungen sollen den Ohmschen Widerstand $R$ aufweisen (es kann auch ein zusätzlicher Widerstand zur Strombegrenzung hinzugefügt werden).

Der Stromkreis Spannungsquelle-Widerstand-Kondensator ist zunächst durch einen Schalter unterbrochen. Wird dieser geschlossen, so beginnt der Ladevorgang, Ladung $q$ wird durch den Strom $I = \dot{q}$ auf den Kondensator mit der Kapazität $C$ transportiert. Die momentan herrschenden Spannungen werden durch die Maschenregel (5.14) bestimmt. Mit dem in **Abb. 5.99** eingezeichneten Umlaufsinn erhalten wir unter Berücksichtigung von (5.171)

$$0 = -U_0 + U_R + U_C \text{, mit } U_R = RI = R\dot{q} \text{ und } q = CU_C \;\Rightarrow$$
$$U_0 = R\dot{q} + \frac{1}{C}q \tag{5.236}$$

Die Maschengleichung (5.236) ist eine Differentialgleichung, die den zeitlichen Verlauf der Ladung auf den Kondensatorplatten beschreibt. Bei einer Differentialgleichung erster Ordnung können wir die gesuchte Funktion $q(t)$ durch Trennen der Variablen $q$ und $t$ und getrenntes Integrieren beider Seiten der Gleichung finden.

$$CU_0 - q = RC\frac{dq}{dt} \;\Rightarrow\; \int_0^t dt' = RC\int_0^Q \frac{dq}{CU_0 - q} \tag{5.237}$$

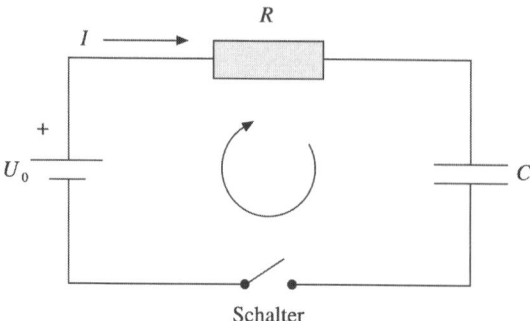

Schalter

**Abb. 5.99** *Laden eines Kondensators durch eine Spannungsquelle. Der Ladevorgang beginnt mit dem Schließen des Schalters.*

Zur Lösung des Integrals auf der rechten Seite von (5.237) substituieren wir $q^* = CU_0 - q$, $\Rightarrow$ $dq^* = -\,dq$. Der Schalter wird bei $t' = 0$ geschlossen, zu diesem Zeitpunkt ist die Ladung $q$ auf dem Kondensator null. Zum Zeitpunkt $t$ befindet sich die Ladung $Q$ auf dem Kondensator. Entsprechend beträgt $q^*(0) = CU_0$ und $q^*(t) = CU_0 - Q$. Damit erhalten wir

$$t = -RC\big[\ln q^*\big]_{CU_0}^{CU_0-Q} \;\Rightarrow\; t = -RC\ln\!\left(\frac{CU_0 - Q}{CU_0}\right) \;\Rightarrow$$

$$\frac{CU_0 - Q}{CU_0} = e^{-\frac{t}{RC}} \;\Rightarrow\; Q(t) = CU_0\big(1 - e^{-\frac{t}{RC}}\big) \tag{5.238}$$

$RC$ wird auch als die „Zeitkonstante" des Aufladens bezeichnet. Für sehr große Zeiten befindet sich auf den Platten die Ladung $Q(t \to \infty) = CU_0$. Nach $t = RC$ beträgt die Ladung auf dem Kondensator $(1 - 1/e)CU_0 \approx 0{,}63\,Q_\infty$. Während des Ladens beträgt die Spannung am Kondensator

$$U_C = \frac{Q(t)}{C} = U_0\big(1 - e^{-\frac{t}{RC}}\big) \tag{5.239}$$

und der Strom

$$I = \frac{dQ(t)}{dt} = CU_0\big(-\frac{1}{RC}e^{-\frac{t}{RC}}\big) = \frac{U_0}{R}e^{-\frac{t}{RC}} = I_0 e^{-\frac{t}{RC}}. \tag{5.240}$$

Der Strom fällt exponentiell mit der Zeit von seinem Anfangswert $I_0 = U_0/R$ ab. Nach $t = RC$ ist er auf $I_0/e \approx 0{,}37\,I_0$ abgefallen.

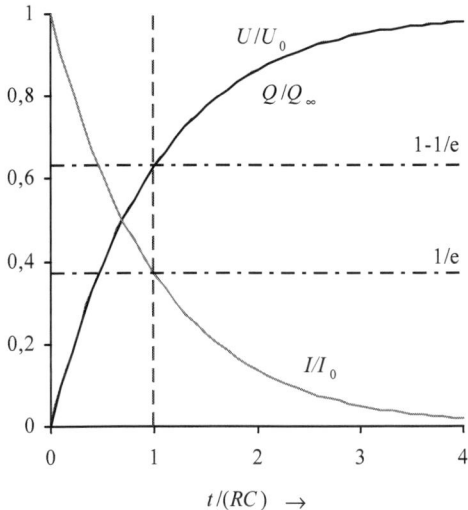

**Abb. 5.100** *Zeitlicher Verlauf von Ladung, Kondensatorspannung und Strom beim Laden eines Kondensators mit einer konstanten Spannung $U_0$.*

Beim Laden des Kondensators fließt der Strom über einen Ohmschen Widerstand, in dem elektrische Energie in Wärme umgewandelt wird. Der Energiestrom, der dem Stromkreis entzogen wird, beträgt gemäß (5.17)

$$P_V = RI^2 = RI_0^2 e^{-\frac{2t}{RC}}. \tag{5.241}$$

Nach vollständigem Aufladen des Kondensators ist

$$W_V = \int_0^\infty P_V\, dt = RI_0^2 \int_0^\infty e^{-\frac{2t}{RC}}\, dt = RI_0^2 (-\frac{RC}{2}) \left[ e^{-\frac{2t}{RC}} \right]_0^\infty = -\frac{R^2 C}{2} I_0^2 (-1)$$

$$\Rightarrow\ W_V = \frac{R^2 C}{2} \frac{U_0^2}{R^2} = \frac{1}{2} C U_0^2 \tag{5.242}$$

elektrische Energie in Wärme(verlust) umgewandelt worden. Diese Verlustenergie ist gleich der Energie (5.233), die im elektrischen Feld des Kondensators gespeichert ist. Zum Laden wird der Batterie doppelt so viel Energie entzogen, wie im Kondensator gespeichert wird, unabhängig von der Größe der Zuleitungswiderstände!

Zum Entladen verbindet man die Platten des vorher von einer Batterie aufgeladenen Kondensators über einen Ohmschen Widerstand $R$. Sobald der Schalter geschlossen ist, fließt ein Strom zum Ladungsausgleich von der positiv aufgeladenen Platte zur negativen.

Die Spannung $U_0 = Q_0/C$, die zwischen den Platten des mit der Ladung $Q_0$ aufgeladenen Kondensators der Kapazität $C$ herrschte, wird während des Entladevorgangs reduziert. Zu jedem Zeitpunkt ist die Summe der Spannungen am Kondensator und am Widerstand null.

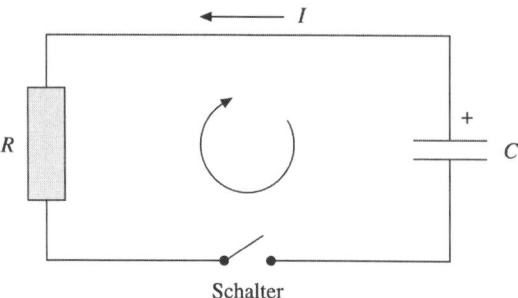

Schalter

**Abb. 5.101** *Entladen eines Kondensators. Der Strom fließt, sobald der Schalter geschlossen ist.*

Allerdings vermindert im Gegensatz zum Aufladevorgang das Fließen des Stromes von der positiven Platte die Ladung des Kondensators: $I = -\dot{q}$. Damit erhalten wir unter Beachtung des Umlaufsinnes in der Masche von **Abb. 5.101**

$$0 = U_R + U_C \text{, mit } U_R = RI = -R\dot{q}, \quad q = CU_C \;\Rightarrow\; 0 = R\dot{q} + \frac{1}{C}q. \tag{5.243}$$

Diese Differentialgleichung lösen wir wieder durch Trennen der Variablen $t$ und $q$.

$$q = -RC\frac{dq}{dt} \;\Rightarrow\; \int_0^t dt' = -RC\int_{Q_0}^{Q}\frac{dq}{q} \;\Rightarrow\; t = -RC\big[\ln q\big]_{Q_0}^{Q} \;\Rightarrow\;$$

$$Q(t) = Q_0 e^{-\frac{t}{RC}} \tag{5.244}$$

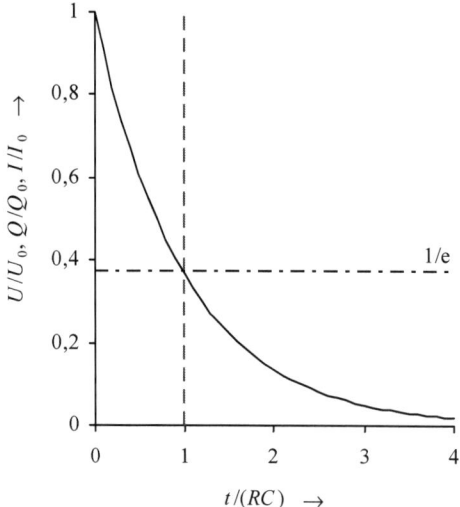

**Abb. 5.102** *Zeitlicher Verlauf von Ladung, Spannung und Strom beim Entladen eines Kondensators.*

Die Ladung auf den Kondensatorplatten sinkt exponentiell mit der Zeit vom Anfangswert $Q_0$. Entsprechend vermindern sich die Spannung zwischen den Platten, $U(t) = Q(t)/C$, und der Strom

$$I = -\dot{Q} = \frac{Q_0}{RC} e^{-\frac{t}{RC}} = \frac{U_0}{R} e^{-\frac{t}{RC}} = I_0 e^{-\frac{t}{RC}} . \tag{5.245}$$

Nach $t = RC$ sind Ladung, Spannung und Strom auf $1/e \approx 0,37$ ihrer Anfangswerte abgefallen.

**Kraft zwischen den Platten eines Kondensators**
In einem Kondensator ziehen sich die ungleichnamig geladenen Platten an, bzw. die eine Platte erfährt eine Kraft durch das von der Ladung der anderen Platte bewirkte Feld. Um (5.85) anwenden zu können, darf die Ladung, die die Kraft erfährt, das Feld der anderen Ladung nicht verändern. Das Feld einer Platte (5.126) ist homogen und halb so groß wie das Feld $E$ im Kondensator. Da sich die Felder unabhängig überlagern, wird es vom Feld der anderen Platte nicht beeinflusst. Daher beträgt die Kraft $F$ zwischen den Platten

$$F = Q_{Platte\,1} E_{Platte\,2} = Q \frac{\sigma_q}{2\varepsilon_r \varepsilon_0} = -\frac{A\sigma_q^2}{2\varepsilon_r \varepsilon_0} = -\frac{1}{2}\varepsilon_r \varepsilon_0 E^2 A = -w_{el} A$$

$$F = -\frac{W_{Feld}}{d} . \tag{5.246}$$

Das negative Vorzeichen ergibt sich aus den ungleichnamigen Plattenladungen. Die Kraft wirkt der Vergrößerung von $d$ entgegen.

Wir hätten auch anders vorgehen können: Um bei einem geladenen Kondensator den Plattenabstand zu vergrößern, ist eine Kraft $F'$ erforderlich, die sich mit (2.157) berechnen lässt. Bei gleich bleibender Ladung auf den Platten wird die Kapazität (5.191) geändert. Damit beträgt die Kraft

$$F' = \frac{dW}{dd} = \frac{d}{dd}(\frac{1}{2}\frac{Q^2}{C}) = \frac{Q^2}{2}\frac{d}{dd}(\frac{1}{C}) = \frac{Q^2}{2}(-\frac{1}{C^2})\frac{dC}{dd} \Rightarrow$$

$$F' = -\frac{Q^2}{2}\frac{d^2}{(\varepsilon_r \varepsilon_0 A)^2}(-\frac{\varepsilon_r \varepsilon_0 A}{d^2}) = \frac{Q^2}{2\varepsilon_r \varepsilon_0 A} = \frac{Q^2}{2Cd} = \frac{W_{Kond.}}{d} = \frac{W_{Feld}}{d} . \tag{5.247}$$

Diese Kraft ist erforderlich, um die Plattenanziehung zu überwinden. Damit ist $F' = -F$.

# 5.3    Das Magnetfeld

Magnetische Kräfte galten bis zum Anfang des 19. Jahrhunderts als von völlig anderer Natur als die elektrischen Kräfte zwischen aufgeladenen Körpern. Magnetisierte Körper aus Magnetit oder Eisen zeigen zwar untereinander Anziehungs- und Abstoßungskräfte, jedoch wird ein Magnet nicht durch elektrisch aufgeladene Körper beeinflusst. Ein weiterer Unterschied zwischen magnetisierten und elektrisch aufgeladenen Körpern ist, dass es zwei unterschiedliche Ladungsarten gibt, die auch getrennt auf unterschiedlichen Körpern lokalisiert sein können, magnetische Körper jedoch immer als Dipole in Erscheinung treten. Trennt man einen elektrischen Dipol in der Mitte durch, so erhält man zwei Körper, die entgegengesetzt gleich aufgeladen sind. Die Hälften eines durchtrennten magnetischen Dipols, z.B. eines Stabmagneten, sind wiederum Dipole. Die elementaren Dipole sind schließlich die Atome des Magneten.

Die magnetischen Kraftwirkungen sind wie die elektrischen Kräfte Fernwirkungen, daher werden sie ebenfalls durch Vektorfelder beschrieben. Die Kraftwirkungen von mehreren Magneten überlagern sich vektoriell, entsprechend ist das resultierende Magnetfeld die Vektorsumme der Einzelfelder. Wie in der Elektrostatik wird auch bei der magnetischen Wechselwirkung zwischen magnetischen Feldern und magnetischer Flussdichte unterschieden, allerdings sind die Rollen Kraftwirkung und Felderzeugung vertauscht.

Auf der Erde allgegenwärtig ist das irdische Magnetfeld, wegen seiner eindeutigen Richtung wurde es schon lange Zeit zu Navigationszwecken gebraucht. Ausgenutzt wird dabei die Tatsache, dass sich frei drehbare Dipole in einem Feld (elektrische Dipole im elektrischen Feld, magnetische Dipole im Magnetfeld) so ausrichten, dass ihre potentielle Energie minimal wird. Magnetische Kompassnadeln richten sich unabhängig von ihrem Standort in der Horizontalen nach Norden aus, weil die Erde ein Magnetfeld aufweist, das dem Dipolfeld eines Stabmagneten sehr ähnlich ist. Der Konvention zufolge bezeichnet man das Ende einer Kompassnadel, welches nach Norden zeigt, als Nordpol des Stabmagneten. In Anlehnung an die Elektrostatik bezeichnet man Pole von Stabmagneten, zwischen denen Abstoßungskräfte auftreten, als gleichnamig, bei Anziehungskräften dagegen als ungleichnamig. Daher weist der Nordpol der Kompassnadel zum magnetischen Südpol der Erde. Dieser befindet sich nicht am geographischen Nordpol, sondern im Nordwesten Kanadas. Diese Abweichung bezeichnet man auch als „Deklination".

Die Richtung des Magnetfeldes in einem kleinen Raumgebiet wird angegeben durch die Richtung, in die eine Kompassnadel zeigt. Beim Dipolfeld eines Stabmagneten weisen somit die Feldlinien immer vom Nordpol zum Südpol. Da im Erdmagnetfeld die „Inklination", die Neigung des Feldes zur Horizontalen, in der Nähe der magnetischen Pole sehr groß wird, ist dort die Navigation mit einem „normalen" Kompass sehr ungenau.

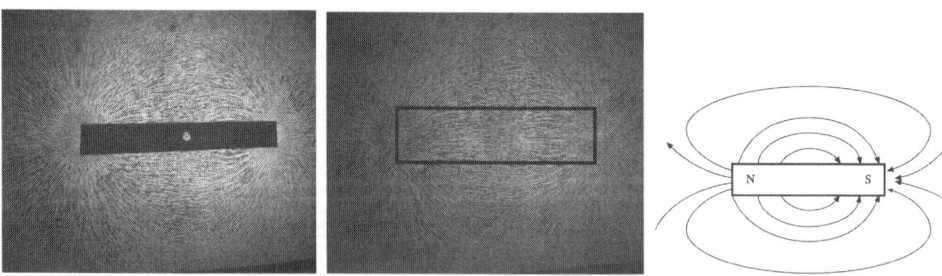

**Abb. 5.103**  *Feldlinien eines Stabmagneten und ihre Sichtbarmachung durch Eisenfeilspäne.*

## 5.3.1    Magnetische Flussdichte, 4. Maxwellgleichung

Magnete sind aus (atomar kleinen) Dipolen aufgebaut, die ein Magnetfeld erzeugen können. Ähnlich einem Dielektrikum ist das magnetische Material polarisiert, weil sich die Dipole aufgrund der zwischen ihnen wirkenden Kräfte in eine Vorzugsrichtung orientieren. Längs dieser Vorzugsrichtung bildet sich am einen Ende des Magneten ein Nordpol und an dem anderen Ende ein Südpol aus.

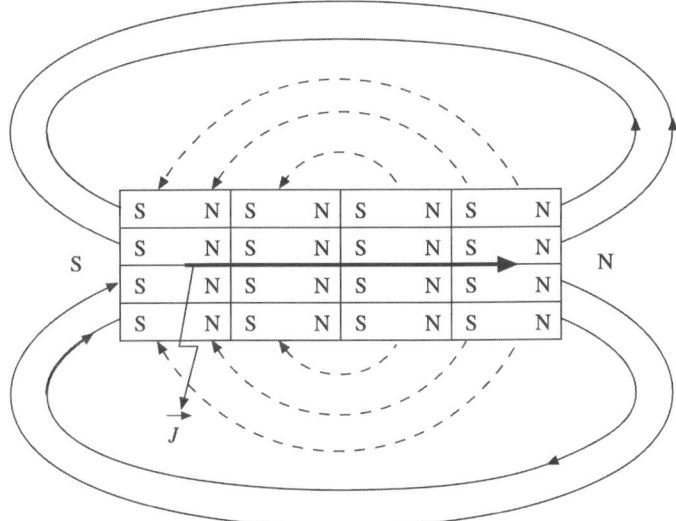

**Abb. 5.104** *Ein Stabmagnet ist aus vielen Dipolen aufgebaut. Das Material ist magnetisch polarisiert. Der Polarisationsvektor $\vec{J}$ weist vom Südpol zum Nordpol. Zwischen Dipolen, die nicht an den Polen enden, bilden sich Streufelder aus.*

Wie bei einem Dielektrikum beschreibt man diese magnetische Polarisation durch einen Vektor $\vec{J}$, dessen Betrag wie im dielektrischen Fall (5.194) die Dipolmomentdichte angibt. Der Vektor des magnetischen Dipolmomentes $\vec{m}_C$ [1] des Magneten weist vom Südpol des Dipols zum Nordpol. Seine Richtung ist somit ähnlich definiert wie die Richtung des elektrischen Dipolmomentes, die von der negativen Ladung zur positiven weist. Damit ist

$$\vec{J} := \frac{\mathrm{d}\vec{m}_C}{\mathrm{d}V} \,, \; | \vec{J} |= \rho_{D,mag} \,. \tag{5.248}$$

Die Einheiten für die im Zusammenhang mit Magnetfeldern definierten Größen werden wir später kennen lernen. Im Zusammenhang mit der Polarisation eines Dielektrikums ist mit (5.198) eine elektrische Flussdichte $\vec{D}$ definiert worden, die mit dem elektrischen Feld $\vec{E}$ über die Materialgleichung (5.200) zusammenhängt. Beim Übergang von einem Dielektrikum in ein anderes ändert sich die zur Grenzfläche senkrechte Komponente der elektrischen Fluss-

---

[1]    Das hier eingeführte Dipolmoment entspricht dem Coulombschen magnetischen Moment.

dichte nicht. Bis auf wenige Ausnahmen (ferroelektrische oder piezoelektrische Dielektrika) ist eine Polarisation immer an das Vorhandensein eines äußeren elektrischen Feldes gebunden. Ohne äußeres Feld ist bei diesen Stoffen im Dielektrikum $\vec{D} = \vec{P}$. Im Außenraum ($\varepsilon_r = 1$) stellt das polarisierte Dielektrikum einen Dipol dar, der wiederum dort ein elektrisches Feld (5.151) bzw. eine elektrische Flussdichte $\vec{D} = \varepsilon_0 \vec{E}$ verursacht.

Analog zu $\vec{D}$ ist im magnetischen Fall eine magnetische Flussdichte $\vec{B}$ definiert. Bei einem Stabmagneten, der nicht durch die Felder anderer Magnete beeinflusst wird, ist im Inneren $\vec{B} = \vec{J}$. Wie bei der elektrischen Flussdichte ändert sich die Normalkomponente der magnetischen Flussdichte an den Grenzflächen des Magneten nicht. Dies gilt insbesondere an den Polen des Magneten in **Abb. 5.104**, dort treten die Feldlinien bei nicht allzu großer Fläche praktisch senkrecht zur Stirnfläche aus. Sie setzen sich im Außenraum fort zu einer Flussdichte, deren räumlicher Verlauf in großer Entfernung dem Dipolfeld (5.151) gleicht. Wir müssen nur das elektrische durch das magnetische Dipolmoment ersetzen. Im Falle konstanter Polarisation beträgt dieses

$$\vec{m}_C = \vec{J} V_{Magnet} \, . \tag{5.249}$$

Falls die Polarisation im Magneten nicht konstant sein sollte, können wir eine mittlere Polarisation einsetzen. Damit lautet die magnetische Flussdichte des Stabmagneten in großer Entfernung

$$\vec{B} = \frac{3(\vec{r} \bullet \vec{m}_C)\vec{r} - r^2 \vec{m}_C}{4\pi r^5} \, . \tag{5.250}$$

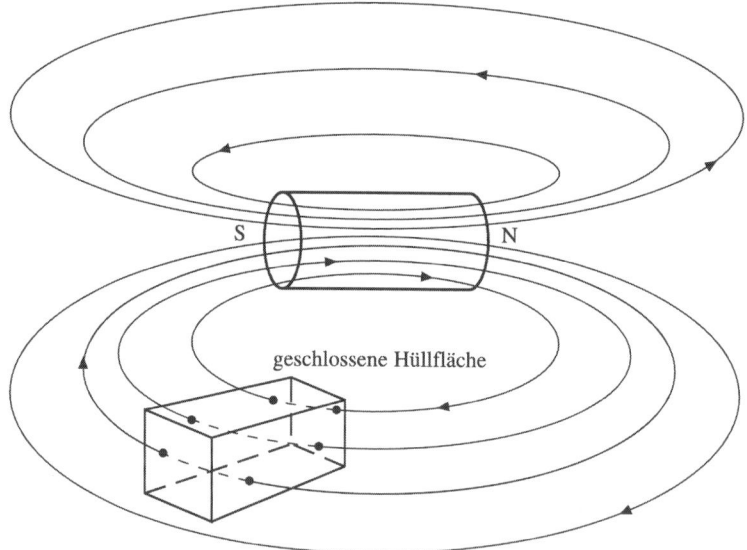

S

N

geschlossene Hüllfläche

**Abb. 5.105** *Wirbelfeld der magnetischen Flussdichte eines Stabmagneten. Die Feldlinien im Inneren entsprechen denen der Polarisation, die außen denen eines Dipolfeldes. Der Fluss durch eine geschlossene Hüllfläche ist null.*

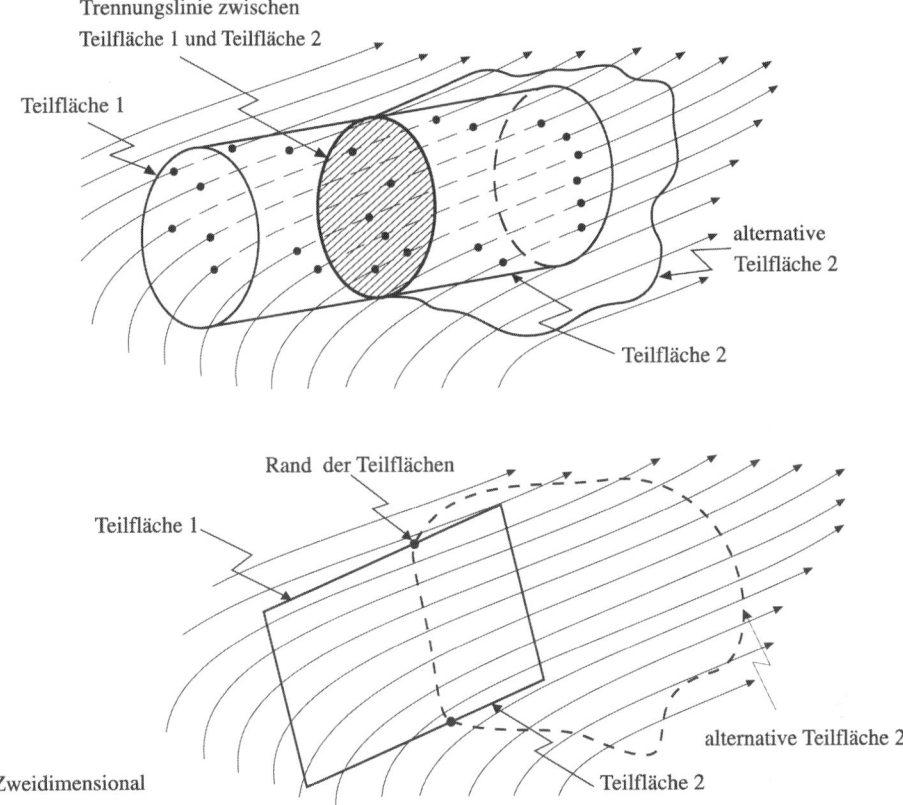

**Abb. 5.106** *Zur Unabhängigkeit des Flusses durch eine nicht geschlossene Fläche von der Form der Fläche.*

Die Linien der magnetischen Flussdichte oder des $\vec{B}$-Feldes sind somit geschlossen. Im Gegensatz zu den elektrischen Feldern und Flussdichten haben sie keinen Anfang und kein Ende, also keine Quellen und keine Senken. Derartige Felder bezeichnet man auch als „Wirbelfelder" oder „quellenfreie" Felder. Die Ursache liegt daran, dass es keine „magnetischen Ladungen", keine magnetischen Monopole gibt, sondern nur Dipole.

In eine geschlossene Hüllfläche treten immer genau so viele Feldlinien ein wie auch heraustreten. Der Fluss (5.8) eines Wirbelfeldes durch eine geschlossene Hüllfläche ist daher null. Daher gilt für die magnetische Flussdichte

$$\oint_{\substack{\text{geschlossene} \\ \text{Hüllfläche}}} \vec{B} \bullet \mathrm{d}\vec{a} = 0 \,. \tag{5.251}$$

Teilen wir die geschlossene Hüllfläche in zwei aneinander grenzende nicht geschlossene Teilflächen, so sind die Flüsse durch die Teilflächen entgegengesetzt gleich groß. Beide Teilflächen haben als „Rand" eine gemeinsame geschlossen Kurve. Ersetzt man eine der beiden Teilflächen durch eine andere, die aber den gleichen Rand hat, so bleibt der Fluss unverändert.

---

Der Fluss eines Wirbelfeldes durch eine Fläche, die von einer geschlossenen Kurve begrenzt wird, ist nur abhängig von der Kurve, nicht aber von der Form der Fläche.

---

(5.251) ist die 4. Maxwellgleichung, sie stellt das magnetische „Gegenstück" zur 3. Maxwellgleichung (5.115) dar. Schon jetzt sei darauf hingewiesen, dass auch eine zum elektrischen Feld $E$ korrespondierende Größe „magnetisches Feld" $H$ zur Beschreibung magnetischer Erscheinungen verwendet wird.

## 5.3.2    Magnetische Kraft auf Ladungsträger

Bis zu einem entscheidenden Experiment, das Oersted[1] im Jahre 1820 durchführte, bestanden keine Zusammenhänge zwischen den Erscheinungen von Elektrizität und Magnetismus. Bei diesem Experiment wurde eine Kompassnadel abgelenkt, wenn durch einen zu ihr parallel verlaufenden Leiter ein elektrischer Strom floss. Durch elektrische Ströme werden wie durch magnetisch polarisierte Körper Magnetfelder verursacht. Darauf werden wir im Kapitel 5.3.3 eingehen. Umgekehrt erfahren stromdurchflossene Leiter oder nicht leitergebundene bewegliche Ladungsträger in Magnetfeldern[2] Kräfte.

Die Resultate zahlreicher Experimente hat H. A. Lorentz[3] 1895 in folgenden Zusammenhang zwischen den Eigenschaften der Ladungsträger, der magnetischen Flussdichte und der wirksamen Kraft zusammengefasst, ihm zu Ehren wird die Kraft auf bewegte Ladungsträger in Magnetfeldern auch Lorentzkraft genannt.

$$\vec{F} = q\vec{v} \times \vec{B} , \; | \vec{F} | = | q | vB\sin(\angle(\vec{v}, \vec{B})) \tag{5.252}$$

Dabei ist $q$ die Ladung des Ladungsträgers, $\vec{v}$ seine Geschwindigkeit und $\vec{B}$ die am Ort der Ladung wirkende magnetische Flussdichte. Die Lorentzkraft wirkt immer senkrecht zur von $\vec{v}$ und $\vec{B}$ aufgespannten Ebene. Sie wird null, wenn $\vec{v}$ und $\vec{B}$ kollinear sind. (Zu den Eigenschaften des Vektorproduktes, insbesondere die „Rechte-Hand-Regel", siehe Kapitel 2.6.3 (Eigenschaften des Vektorproduktes)). Dabei ist es unerheblich, wie das Magnetfeld erzeugt wird, ob durch polarisierte Materie oder, wie wir noch sehen werden, durch elektrische Ströme. Mit (5.252) haben wir außerdem eine Festlegung für die Einheit der magnetischen Flussdichte bekommen:

$$[B] = \frac{[F]}{[q][v]} = \frac{N}{Cm/s} = \frac{N}{Am} = \frac{J}{Am^2} = \frac{Ws}{Am^2} = \frac{VAs}{Am^2} = \frac{Vs}{m^2} := T \;^4 \tag{5.253}$$

---

[1]    H. C. Oerstedt (1777 – 1851).
[2]    Als „Magnetfeld" wollen wir den Oberbegriff von „magnetischer Flussdichte" und „magnetischem Feld" verstehen. Für die physikalischen Gesetze sind die jeweiligen Feldgrößen $B$ und $H$ zu verwenden.
[3]    H. A. Lorentz (1853 – 1928).
[4]    Benannt nach N. Tesla (1856 – 1943).

Entsprechend lautet die Einheit des in der 4. Maxwellgleichung (5.251) definierten magnetischen Flusses $[\varPhi] = $ Vs:$=$ Wb (Weber[1]). Der magnetische Fluss durch die Begrenzungsflächen an den Polen von Magneten wird auch als „Polstärke" bezeichnet. Hilfsweise kann man diese Polstärke auch als Ersatzgröße für die magnetische Ladung eines Monopols verwenden und die entsprechenden Parallelen zur Elektrostatik ausnutzen. Weiterhin ergibt sich die Einheit des magnetischen Dipolmomentes (5.249) zu

$$[m_C] = [J][V] = [B][V] = \frac{\text{Vs}}{\text{m}^2}\,\text{m}^3 = \text{Vsm}\,. \tag{5.254}$$

Hier ist die Ähnlichkeit mit dem elektrischen Dipolmoment (5.95) erkennbar: Man kann den magnetischen Dipol durch zwei magnetische „Ladungen" beschreiben, die durch eine Strecke $d$ voneinander getrennt sind.

Zur Berechnung der Kraft auf einen stromdurchflossenen Leiter im Magnetfeld nehmen wir zunächst einmal an, dass im Raumgebiet des Magnetfeldes die Flussdichte homogen ist, d. h. in Betrag und Richtung konstant ist, sowie das Leiterstück der Länge $l$ dort gerade verläuft (siehe **Abb. 5.107** (a)). Weiterhin soll die Stromdichte im Leiterstück konstant sein. Mit (5.19) besteht zwischen der Stromdichte $j$, der Ladung in dem Leiterstück $q$ sowie der Driftgeschwindigkeit $v$ der Zusammenhang

$$\vec{j} = \rho_q \vec{v} = \frac{q}{V_{LS}}\vec{v} \;\Rightarrow\; q\vec{v} = \vec{j}V_{LS} = \vec{j}A_{LS}l = \mid I \mid l\vec{e}_j = Il\vec{e}_l = I\vec{l}\,. \tag{5.255}$$

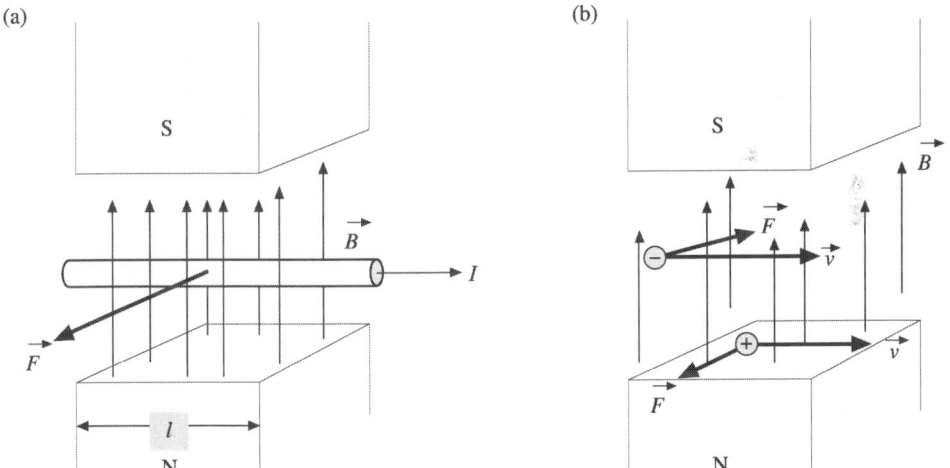

**Abb. 5.107** *Stromdurchflossene Leiter (a) oder sich bewegende freie Ladungsträger (b) erfahren in Magnetfeldern Kräfte. Eine homogene Flussdichte kann man z. B. im Raum zwischen den ungleichnamigen Polen zweier Stabmagnete erzeugen.*

---

[1]   W. E. Weber (1804 – 1891).

Zu bemerken ist, dass die Stromdichte gleich ist, wenn sich positiv geladene Teilchen in die positive Richtung oder negativ geladene Teilchen gleich schnell in die entgegengesetzte Richtung bewegen. Der Konvention nach folgt die Stromdichte immer der Richtung des Leiters vom „+"-Pol der Spannungsquelle zum „–"-Pol. Drücken wir das Volumen $V_{LS}$ des Leiterstückes durch Querschnittsfläche $A_{LS}$ mal Länge $l$ aus, so können wir Stromdichte mal Querschnitt zum Strom $I$ zusammenfassen. Häufig ordnet man der Länge des Leiters einen Vektor zu, dieser kann parallel oder antiparallel zum Stromdichtevektor sein. Entsprechend ist der Strom positiv, wenn beide Vektoren parallel sind, er ist negativ im umgekehrten Fall. Setzen wir (5.255) in (5.252) ein, so erhalten wir die Kraft

$$\vec{F} = I\vec{l} \times \vec{B}, \; |\vec{F}| = |I| \, |lB| \sin(\angle(\vec{l}, \vec{B}))| \,. \tag{5.256}$$

Bei einem nicht geraden Leiter im homogenen Magnetfeld zerlegen wir den Leiter in gerade Teilstücke $\Delta\vec{l}$, an die die jeweiligen Teilkräfte $\Delta\vec{F}$ angreifen. Die Größe

$$I\Delta\vec{l} \tag{5.257}$$

nennt man auch „Stromelement". Zur Berechnung von Kräften auf freie Ladungsträger beschreibt man diese durch „$q\vec{v}$", bei leitergebundenen Ladungen benutzt man lieber „$I\Delta\vec{l}$". Die resultierende Kraft auf den stromdurchflossenen Leiter ist die vektorielle Summe aller auf die Stromelemente wirkenden Teilkräfte. Für infinitesimal kleine Stromelemente $I d\vec{l}$ geht die Summe in das Wegintegral längs des Leiters über.

$$\vec{F} = \sum_i I\Delta\vec{l}_i \times \vec{B} \tag{5.258}$$

Die resultierende Kraft greift im Schwerpunkt des als starr angesehenen Leiters an. Weiterhin bewirken die Teilkräfte Drehmomente (2.275), die sich zu einem Gesamtdrehmoment überlagern. Das Gesamtdrehmoment beträgt mit den Ortsvektoren $\vec{r}_i$ zu den Stromelementen $I\Delta\vec{l}_i$ unter Berücksichtigung von (2.263)

$$\vec{M} = \sum_i \vec{r}_i \times \vec{F}_i = \sum_i \vec{r}_i \times (I\Delta\vec{l}_i \times \vec{B}) = \sum_i I(\Delta\vec{l}_i (\vec{r}_i \bullet \vec{B}) - \vec{B}(\vec{r}_i \bullet \Delta\vec{l}_i)) \,. \tag{5.259}$$

Befindet sich der Leiter in einem inhomogenen Magnetfeld, z. B. in dem eines Stabmagneten, so muss der Leiter ebenfalls in (gerade) Teilstücke zerlegt werden, bei denen das Feld als homogen angesehen werden kann. Die resultierende Kraft und das Gesamtdrehmoment berechnen sich ebenfalls nach (5.258) und (5.259).

Vergleichen wir die Wirkungen von elektrischen Feldern und Magnetfeldern auf Ladungen, sind in beiden Fällen die Kräfte proportional zur Ladung und zur Feldstärke am Ort der Ladung. Diese kann man durch die Dichte der Feldlinien veranschaulichen. Allerdings wirken elektrische Kräfte in Richtung der Feldlinien, magnetische dagegen senkrecht zu ihnen. Wir wollen nun einige spezielle Bewegungen von Ladungsträgern in Magnetfeldern betrachten.

**Bewegung freier Punktladungen im Magnetfeld**

Ein freier Ladungsträger, z. B. ein Elektron in einem Elektronenstrahl, der sich mit der Geschwindigkeit $v$ durch den Raum bewegt, erfährt, sobald er in ein Gebiet mit einem Magnetfeld eintritt, eine Kraft (5.252) senkrecht zur Bewegungsrichtung. Daher ändert die Kraft nur die Bewegungsrichtung, nicht aber den Betrag der Geschwindigkeit. Die von ihr bewirkte Beschleunigung wirkt wie die Zentripetalbeschleunigung bei der Kreisbewegung radial. Somit verrichtet die Lorentzkraft auch keine Arbeit, die kinetische Energie des Ladungsträgers wird nicht geändert.

Tritt ein Ladungsträger mit der Masse $m$, der Ladung $q$ und der Geschwindigkeit $\vec{v}$ in ein homogenes, senkrecht zu $\vec{v}$ gerichtetes Magnetfeld $B$, so beträgt die Zentripetalbeschleunigung (2.44)

$$| \vec{a}_{ZP} | = \frac{v^2}{r} = \frac{F_L}{m} = \frac{1}{m} qvB , \tag{5.260}$$

diese wird durch die Lorentzkraft bewirkt. Der Ladungsträger bewegt sich auf einer Kreisbahn in einer Ebene senkrecht zum Magnetfeld mit dem Radius

$$r = \frac{mv}{qB} . \tag{5.261}$$

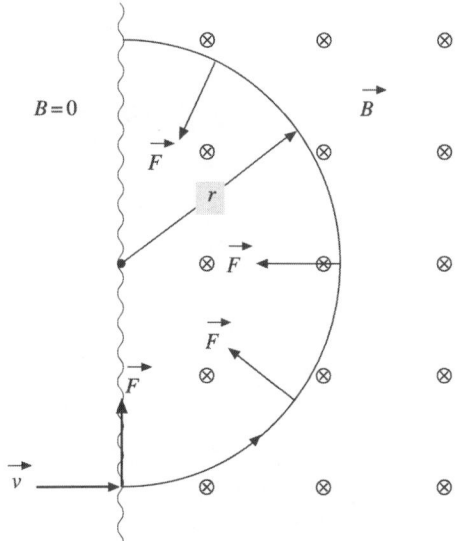

*Abb. 5.108* Ein Ladungsträger tritt vom feldfreien Raum in ein Gebiet mit homogenem Magnetfeld senkrecht zur Geschwindigkeit. Er bewegt sich in diesem Gebiet auf einer Kreisbahn. ⊗ symbolisiert, dass das Feld in die Papierebene hineinzeigt.

Die Zeit $T$ für einen Umlauf des Ladungsträgers auf der Kreisbahn beträgt mit der Bahngeschwindigkeit $v$

$$T = \frac{2\pi r}{v} = \frac{2\pi m}{qB} \qquad (5.262)$$

und ist nicht abhängig von der Geschwindigkeit und vom Bahnradius, sondern nur noch von der spezifischen Ladung $q/m$ sowie der Feldstärke $B$. Den Kehrwert nennt man auch Zyklotronfrequenz.

Magnetfelder eignen sich wie elektrische Felder zum Ablenken von Elektronenstrahlen. Im Gegensatz zu den Ablenkkondensatoren in Braunschen Röhren von Elektronenstrahloszilloskopen ermöglichen Magnetfelder stärkere Ablenkungen, daher werden sie bevorzugt zur Ablenkung in Bildröhren von Fernsehgeräten eingesetzt.

Bei bekannter Flussdichte und bekannter Geschwindigkeit kann man die spezifische Ladung von Teilchen, z. B. Elektronen, messen. Werden diese von einer Beschleunigungsspannung $U_B$ aus der Ruhe beschleunigt, so beträgt ihre Geschwindigkeit mit (5.216)

$$v = \sqrt{\frac{2eU_B}{m_e}} \qquad (5.263)$$

und mit (5.261) der Radius der Kreisbahn

$$r = \frac{m_e}{eB}\sqrt{\frac{2eU_B}{m_e}} = \frac{\sqrt{2U_B}}{B}\sqrt{\frac{m_e}{e}} \; . \qquad (5.264)$$

Misst man den Radius der Kreisbahn, so kann man aus (5.264) die spezifische Ladung $e/m$ des Elektrons berechnen. Besonders einfach kann man dies in einem „Fadenstrahlrohr"

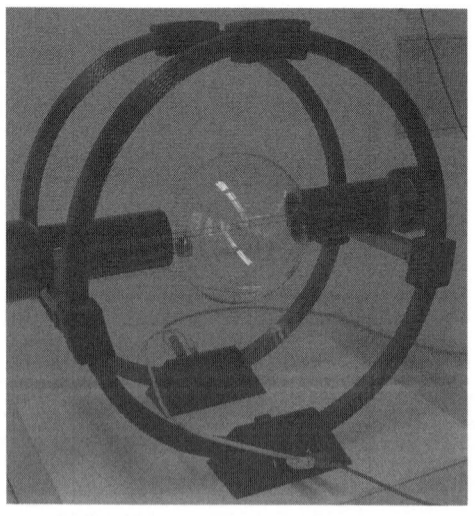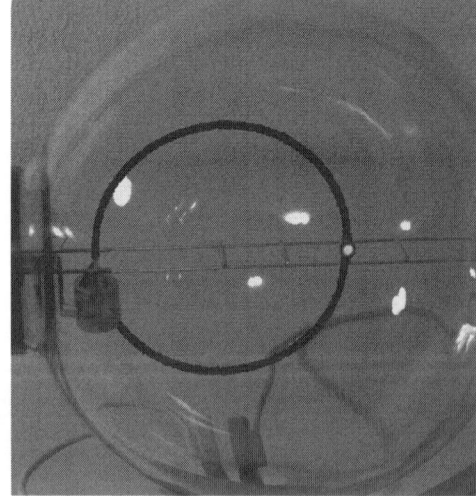

*Abb. 5.109* *Fadenstrahlrohr zur Bestimmung der spezifischen Ladung von Elektronen.*

durchführen. Ein Glaskolben ist nicht vollständig evakuiert, so dass die Restgasmoleküle durch die Elektronen zur Lichtemission angeregt werden und der Elektronenstrahl mit dem Auge gut sichtbar ist. Typische Ablenkradien sind einige Zentimeter bei kinetischen Energien von einigen Hundert Elektronenvolt und magnetischen Flussdichten von einigen Millitesla.

In ähnlicher Weise werden in der Atom- und Kernphysik Magnetfelder in so genannten Massenspektrometern verwendet. Befinden sich Ionen mit gleicher Ladung, aber unterschiedlichen Massen in einem Teilchenstrahl, so werden sie auf Kreisbahnen mit unterschiedlichen Radien abgelenkt und können so voneinander getrennt werden (siehe **Abb. 5.108**). So kann man z. B. Isotope, das sind Atome des gleichen Elementes, allerdings mit unterschiedlichen Massen, untersuchen.

Das Wiensche Geschwindigkeitsfilter dagegen trennt nur Teilchen unterschiedlicher Geschwindigkeit. Ein elektrisches Feld wirkt neben dem Magnetfeld auf die Teilchen und ist so gerichtet, dass es die Lorentzkraft (5.252) aufhebt. Die Feldlinien des elektrischen Feldes und des Magnetfeldes stehen somit senkrecht aufeinander. Die Kräftefreiheit gilt wegen der Geschwindigkeitsabhängigkeit der Lorentzkraft nur für eine bestimmte Teilchengeschwindigkeit $v_D$, und zwar unabhängig von seiner Masse und seiner Ladung. Stehen die Richtungen von Magnetfeld, elektrischem Feld und Teilchengeschwindigkeit senkrecht aufeinander, so gilt für die Durchlassgeschwindigkeit

$$qE = qv_D B \quad \Rightarrow \quad v_D = \frac{E}{B} . \tag{5.265}$$

Mit einer Blende am Ende des Wienfilters können Teilchen, die von den Feldern abgelenkt worden sind, am Weiterflug gehindert werden. Entstehen in der Ionenquelle vor einem Massenspektrometer unterschiedlich geladene Teilchen, so erreichen diese in einem elektrischen Beschleunigungsfeld sehr unterschiedliche Geschwindigkeiten. Mit einem vorgeschalteten

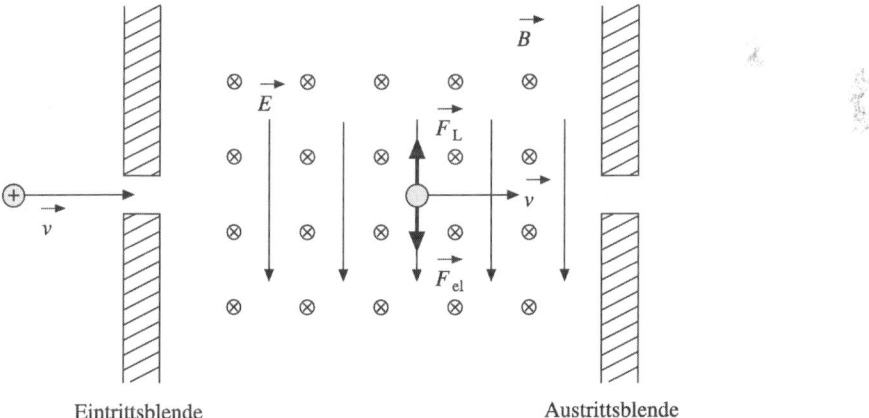

Eintrittsblende                                            Austrittsblende

*Abb. 5.110* Wienfilter: Magnetfeld und elektrisches Feld verlaufen senkrecht zueinander. Ein Ladungsträger, der sich senkrecht zu beiden bewegt, wird bei einer ganz bestimmten Geschwindigkeit nicht abgelenkt. Die Kräfte sind für ein positiv geladenes Teilchen eingezeichnet.

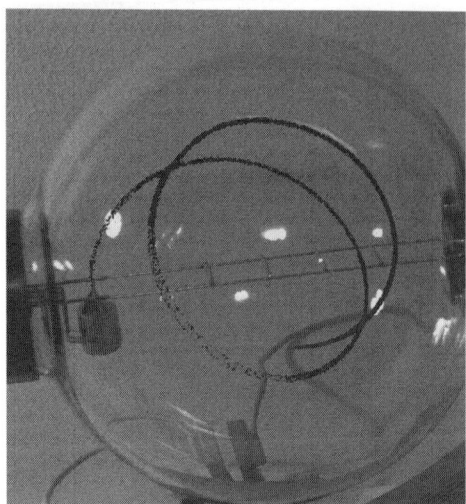

***Abb. 5.111*** *Elektronen im Fadenstrahlrohr bewegen sich auf einer Schraubenlinie.*

Wienfilter kann der Geschwindigkeitsbereich der in das Massenspektrometer eintretenden Teilchen stark begrenzt werden.

Bewegen sich Ladungsträger nicht senkrecht zum Magnetfeld, so kann man ihre Geschwindigkeit in Komponenten senkrecht und parallel zur Feldrichtung zerlegen. Nur die senkrechte Komponente trägt zur Ablenkung bei, in einem homogenen Feld bewegt sich das Teilchen auf einer Schraubenlinie.

**Stromdurchflossene Leiterschleife im homogenen Magnetfeld**
Eine Leiterschleife stellt eine spezielle Anordnung eines Leiters dar, die aus mehreren unterschiedlichen Stromelementen (5.257) aufgebaut ist, wobei die aneinander gereihten Teilstücke $\Delta \vec{l}$, die alle von dem gleichen Strom $I$ durchflossen werden, eine geschlossene Kurve aufbauen. Zur Vereinfachung betrachten wir eine rechteckige Leiterschleife im homogenen Magnetfeld. Die Zuleitungen zur (außerhalb des Magnetfeldes gelegenen) Spannungsquelle verlaufen parallel zum Feld, so dass sie keine Kräfte erfahren.

Mit den in **Abb. 5.112** eingezeichneten Stromrichtungen erfahren die Leiterstücke $a$ und $c$ sowie $b$ und $d$ Kräfte, die entgegengesetzt gleich groß sind. Die auf die Leiterschleife wirkende resultierende Kraft ist null. Die Angriffspunkte der Kräfte auf $a$ und $c$ liegen auf einer Wirkungslinie, die der Kräfte auf $b$ und $d$ dagegen nicht. Diese bilden ein Kräftepaar und verursachen ein Drehmoment. Mit der Kraft $\vec{F}_b$ und dem Kraftarm $\vec{l}_a$ beträgt dieses unter Berücksichtigung von (2.263)

$$\vec{M} = \vec{l}_a \times \vec{F}_b = \vec{l}_a \times I(\vec{l}_b \times \vec{B}) = I(\vec{l}_b(\vec{l}_a \bullet \vec{B}) - \vec{B}(\vec{l}_a \bullet \vec{l}_b)) \,. \tag{5.266}$$

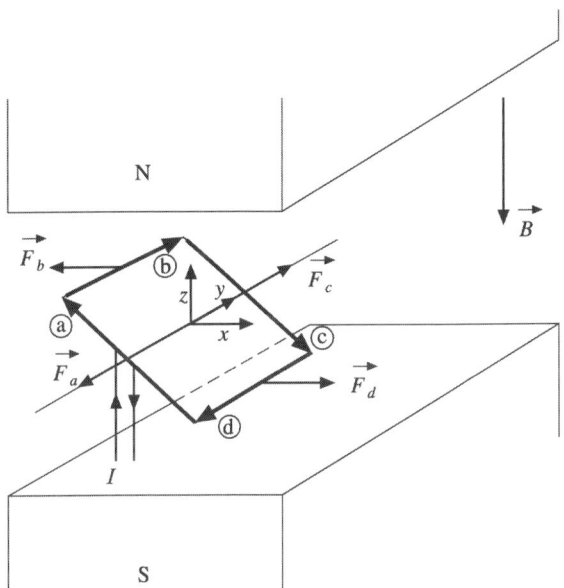

*Abb. 5.112 Rechteckige Leiterschleife im homogenen Magnetfeld.*

Da aber $\vec{l}_a$ und $\vec{l}_b$ senkrecht aufeinander stehen, ist ihr Skalarprodukt null und (5.266) vereinfacht sich zu

$$\vec{M} = I(\vec{l}_a \bullet \vec{B})\vec{l}_b = IB\cos(\angle(\vec{l}_a, \vec{B}))l_a\vec{l}_b = -IB\cos(\angle(\vec{l}_a, \vec{B}))l_a l_b \vec{e}_y. \tag{5.267}$$

Da in **Abb. 5.113** der Winkel $\varphi'$ zwischen $\vec{l}_a$ und $\vec{B} > 90°$ ist, wird der Kosinus negativ, das Drehmoment zeigt in Richtung von $-\vec{l}_b$, dabei ist $\vec{l}_b = -l_b\vec{e}_y$. Das Drehmoment weist somit in $x$-Richtung und ist

- proportional zum Strom und dem Betrag der magnetischen Flussdichte,
- proportional zur Fläche $l_a l_b$ des Rechtecks, das die Leiterschleife einschließt,
- null, wenn die Leiterschleife senkrecht zum Feld steht,
- maximal, wenn die Leiterschleife in Feldrichtung steht.

Die Abhängigkeit des Drehmomentes von der Orientierung der Leiterschleife kann man auch anstelle der Richtungen der senkrecht zueinander stehenden Leiterstücke $\vec{l}_a$ und $\vec{l}_b$ auch durch den senkrecht zu beiden stehenden Normalenvektor der Leiterschleife ausdrücken. Da der in der Leiterschleife umlaufende Strom einen Drehsinn festlegt, wählen wir seine Richtung in Anlehnung an die „Rechte-Hand-Regel" auf Seite 121: Die Finger weisen in die Stromrichtung, der abgespreizte Daumen zeigt dann in Richtung des Normaleneinheitsvektors $\vec{e}_n$ der Leiterschleife. Dieser schließt mit dem Feld den Winkel $\varphi = \varphi' - 90°$ ein (siehe **Abb. 5.113**). Mit $\cos(90° + \alpha) = \cos 90° \cos\alpha - \sin 90° \sin\alpha = -\sin\alpha$ lautet (5.267)

$$\vec{M} = IB\sin(\angle(\vec{e}_n, \vec{B}))A_{Schleife}\vec{e}_y. \tag{5.268}$$

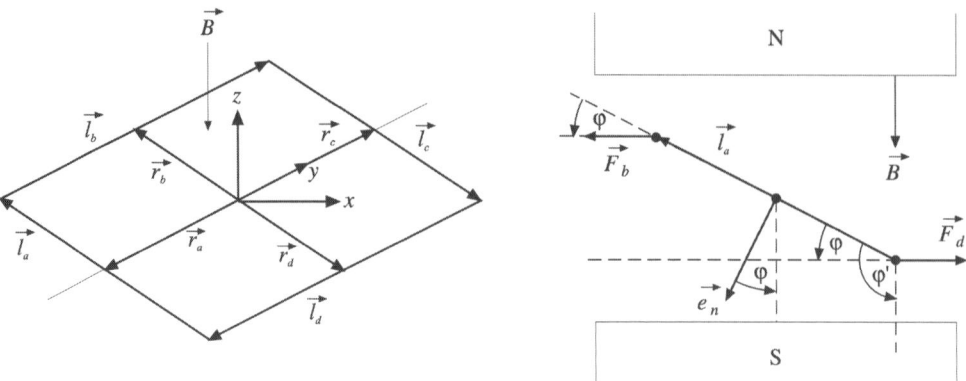

**Abb. 5.113** *Leiterschleife in der x/z-Ebene von* **Abb. 5.112**.

Das Drehmoment steht senkrecht auf $\vec{B}$ und $\vec{e}_n$. Seine Abhängigkeit von $\sin(\angle(\vec{e}_n, \vec{B}))$ legt eine Darstellung von (5.268) als Vektorprodukt (2.256) nahe. Fassen wir $A_{Schleife}\vec{e}_n$ zum Flächenvektor $\vec{A}_{Schleife}$ zusammen, so können wir das Drehmoment als Vektorprodukt

$$\vec{M} = I\vec{A}_{Schleilfe} \times \vec{B} \tag{5.269}$$

formulieren. In der Elektrostatik erfahren Dipole in homogenen elektrischen Feldern Drehmomente, die sich als Vektorprodukte (5.227) des Dipolmomentes und des elektrischen Feldes darstellen lassen. In ähnlicher Weise können wir (5.269) auch als Vektorprodukt des magnetischen Dipolmomentes der Leiterschleife

$$\vec{m}_A := I\vec{A}_{Schleilfe} \, , \, [m_A] = \text{Am}^2, \tag{5.270}$$

und der magnetischen Flussdichte interpretieren. Seine Richtung wird durch den Umlaufsinn des Stroms gemäß der „Rechten-Hand-Regel" festgelegt: Ihre Finger weisen in die Stromrichtung, der abgespreizte Daumen in Richtung des Dipolmomentes. Das so definierte Dipolmoment oder magnetische Moment einer Leiterschleife unterscheidet sich von dem in (5.249) eingeführten Coulombschen magnetischen Moment eines Stabmagneten um einen konstanten Faktor, es wird auch als „Ampèresches magnetisches Moment" bezeichnet. Damit ergibt sich das Drehmoment zu

$$\vec{M} = \vec{m}_A \times \vec{B} \, . \tag{5.271}$$

Wird statt einer Leiterschleife eine Spule mit $N$ Windungen verwendet, die mit dem Strom $I$ durchflossen wird, so muss in (5.270) $NI$ eingesetzt werden, denn das magnetische Moment einer Spule ist $N$-mal so groß wie das einer einzelnen Windung.

Wir haben diesen Zusammenhang für eine rechteckige Leiterschleife hergeleitet, er gilt aber auch für beliebig geformte ebene Leiterschleifen. Befindet sich eine aus vielen, rechtwinklig zueinander verlaufenden Leiterstücken in einem homogenen Magnetfeld, wobei die Flächennormale und Feldrichtung senkrecht zueinander stehen, so erfahren nur die ebenfalls senkrecht zur Feldrichtung verlaufenden Leiterstücke Kräfte, welche ein resultierendes Drehmoment

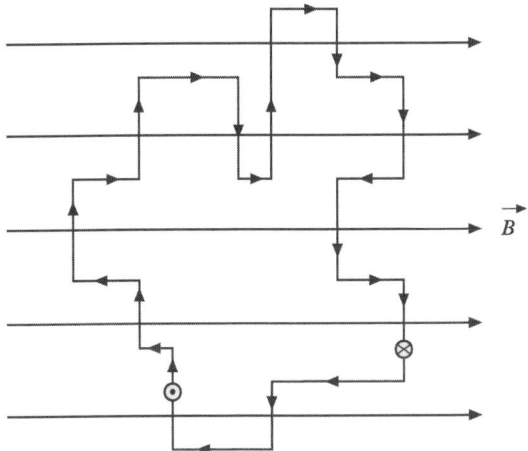

**Abb. 5.114** *Kräfte auf eine ebene Leiterschleife, die aus senkrecht zueinander verlaufenden Leiterstücken aufgebaut ist. Die Leiterstücke parallel zum Feld erfahren keine Kraft. Die Kräfte auf die anderen Leiterstücke zeigen in die Zeichenebene (⊗) oder aus der Zeichenebene (⊙).*

bewirken. Wird die Leiterschleife aus dieser Stellung um eine Achse senkrecht zum Feld und der Flächennormalen gekippt, so erfahren auch die anderen, vormals in Feldrichtung verlaufenden Leiterstücke Kräfte parallel und antiparallel zur Drehachse. Allerdings sind die Angriffspunkte der resultierenden parallelen und der resultierenden antiparallelen Kraft auf einer Wirkungslinie und verursachen daher kein Drehmoment.

Alternativ können wir uns auch eine beliebig geformte ebene Leiterschleife aus vielen rechteckigen Schleifen zusammengesetzt denken, die alle vom Strom $I$ durchflossen werden. Innere Leiterstücke von Einzelschleifen können wir uns aus gedachten Leitern, durch die zwei entgegengesetzt gleiche Ströme fließen, aufgebaut denken.

Hervorzuheben ist, dass sich eine stromdurchflossene Leiterschleife und eine Kompassnadel ähnlich verhalten: Beide erfahren in Magnetfeldern Drehmomente und richten sich, wenn sie sich bewegen können, so aus, dass sie eine stabile Gleichgewichtslage annehmen. Dann weist das Dipolmoment in Richtung des Feldes. In der labilen Gleichgewichtslage schließen beide einen Winkel von 180° ein. Die potentielle Energie einer Leiterschleife, die um den Winkel $J$ aus der stabilen Gleichgewichtslage gedreht ist, beträgt in Anlehnung an (5.228)

$$E_{pot} = -\vec{m}_A \bullet \vec{B} \, . \tag{5.272}$$

Die Tatsache, dass sich sowohl magnetisch polarisierte Materie als auch stromdurchflossene Leiterschleifen wie Dipole verhalten, erklärt eine Ursache der Polarisation: Atomare Ringströme, hervorgerufen durch die Bewegung der Elektronen in der Elektronenhülle um den Atomkern.[1] Die zweite Ursache ist in dem nur quantenmechanisch erklärbaren „Spin",

---

[1]    Die Existenz mikroskopischer Ringströme wurde bereits von Ampère anfangs des 19. Jahrhunderts vermutet.

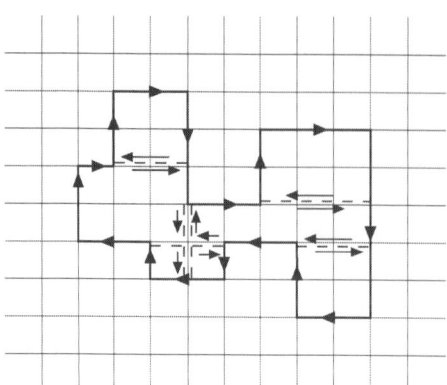

**Abb. 5.115** *Ebene Leiterschleife, die aus einzelnen rechteckigen Schleifen zusammengesetzt ist. Fehlende Leiterstücke werden durch gedachte Leiter, durch die netto kein Strom fließt, dargestellt.*

dem Eigendrehimpuls der Elektronen begründet, der ebenfalls ein magnetisches Moment bewirkt.

Aufschlussreich ist auch der Zusammenhang zwischen dem magnetischen Moment einer kreisförmig angenommenen Leiterschleife und dem Drehimpuls der Elektronen bezüglich des Mittelpunktes. Fließt ein Strom $I$ durch die Schleife mit dem Radius $r$, der Querschnittsfläche $A_{Leiter}$ und der Ladungsdichte $\rho_q$, so bewegen sich die Elektronen mit der Driftgeschwindigkeit

$$v_D = \frac{j}{\rho_q} = -\frac{j}{ne} = -j\frac{V_{Leiter}}{Ne} = -\frac{I}{A_{Leiter}}\frac{A_{Leiter}2\pi r}{Ne} = -\frac{2\pi rI}{Ne}. \qquad (5.273)$$

Dabei wurde die Driftgeschwindigkeit $v_D$ mit (5.19) durch die Stromdichte $j = I/A_{Leiter}$ ausgedrückt sowie die Ladungsdichte $\rho_q$ durch die Elektronendichte $n = N/V_{Leiter} = /(A_{Leiter}2\pi r)$. Der Drehimpuls (2.288) weist in Richtung der Achse senkrecht zur Kreisebene durch den Mittelpunkt. Sein Betrag lautet

$$L = rNm_e v_D = -rNm_e\frac{2\pi rI}{Ne} = -2\pi r^2 I\frac{m_e}{e}. \qquad (5.274)$$

Mit dem magnetischen Moment (5.270) der Leiterschleife erhalten wir schließlich

$$\vec{L} = -2\frac{m_e}{e}\vec{m}_A. \qquad (5.275)$$

Der kleinste von null verschiedene Drehimpuls, den ein Elektron aufweisen kann, beträgt $h/2\pi$. Mit $h = 6{,}63\cdot10^{-34}$Js und $e/m_e = 1{,}76\cdot10^{11}$As/kg ergibt sich ein magnetisches Moment von $9{,}27\cdot10^{-24}$Am². Dieses elementare magnetische Moment nennt man auch das „Bohrsche Magneton". Es spielt in der Atomphysik eine bedeutende Rolle.

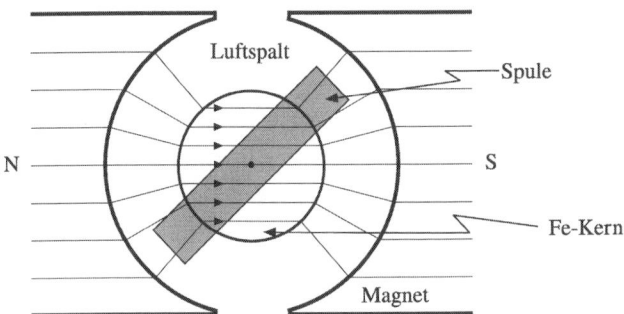

**Abb. 5.116** *Prinzip des Drehspulinstrumentes. Im Spalt zwischen den Magnetpolen und einem Eisenzylinder bewegt sich die stromdurchflossene Spule. Der Eisenzylinder lenkt das Feld so, dass es im Spalt radial verläuft (Begründung siehe Seite 651). Da der Spalt sehr schmal ist, ist das Magnetfeld darin nahezu homogen.*

Stromdurchflossene Leiterschleifen eignen sich wegen (5.269) zur Messung von Strömen. Eine sehr verbreitete Ausführungsform ist das Drehspulinstrument, in dem sich eine meist rechteckige Leiterschleife in einem (nahezu) homogenen, immer senkrecht zum magnetischen Moment orientierten Magnetfeld bewegt.

**Hall-Effekt**

Elektronen im stromdurchflossenen Leiter erfahren die Lorentzkraft (5.252), diese wirkt sich, wie wir in den vorigen Betrachtungen gesehen haben, als kollektive Kraft (5.256) auf den Leiter aus. Dies liegt daran, dass die Elektronen den Leiter aufgrund der Bindungskräfte nicht verlassen können, daher wird die primär auf die Elektronen wirkende Kraft auf den gesamten Leiter übertragen. Allerdings werden die im Leiter nahezu frei beweglichen Elektronen durch die Lorentzkraft verschoben, so dass sich verschiedene Bereiche des Leiters ähnlich wie bei der Influenz unterschiedlich aufladen und ein elektrisches Feld im Leiter bewirken. Diesen Effekt nennt man auch nach seinem Entdecker Hall-Effekt[1]. Mit ihm ist es möglich, das Vorzeichen der Ladung, die sich in einem Leiter bewegt, zu ermitteln. Wir betrachten dazu ein Leiterstück im homogenen Magnetfeld, durch das ein Strom senkrecht zur Feldrichtung fließt.

Bewegen sich Ladungsträger mit positiver Ladung durch den Leiter, so weist ihre Driftgeschwindigkeit $v_D$ in die Richtung des Stromes $I$. Die Ladungsträger werden durch die Lorentzkraft in **Abb. 5.117** nach oben abgelenkt und sammeln sich an der Oberseite des Leiters. Dort bewirken sie eine positive Aufladung. Entsprechend tritt an der Unterseite ein Mangel an Ladungsträgern auf, der dort eine negative Aufladung zur Folge hat. Diese Aufladung bewirkt ein elektrisches Feld, dessen Kraft der Lorentzkraft entgegengerichtet ist, so dass oberhalb einer bestimmten Feldstärke $E_0$ eine weitere Ablenkung der Ladungsträger aus der Bewegungsrichtung im feldfreien Fall unterbleibt. Dann gilt

$$0 = \vec{E}_0 + \vec{v}_D \times \vec{B}. \tag{5.276}$$

---

[1]    E. H. Hall (1855 – 1938).

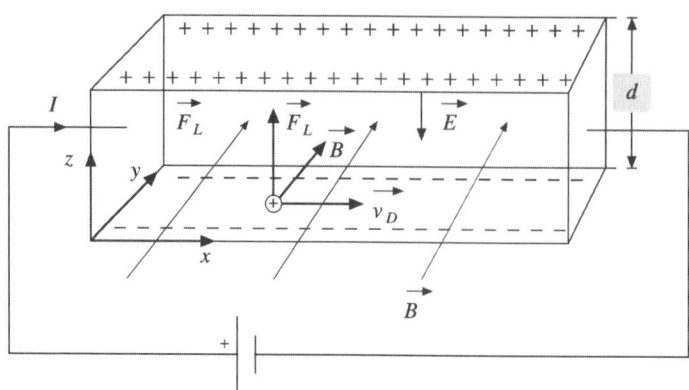

**Abb. 5.117** *Zum Hall-Effekt: Ein Strom fließt durch ein quaderförmiges Leiterstück, das sich im homogenen Magnetfeld senkrecht zur Stromrichtung (hier senkrecht in die Zeichenebene gerichtet) befindet.*

Zwischen Ober- und Unterseite besteht dann eine Spannung, die so genannte Hall-Spannung $U_H$. Mit dem Abstandsvektor $\vec{d} = -d\vec{e}_z$ von der Ober- zur Unterseite beträgt diese Spannung, da $\vec{v}_D = v_D\vec{e}_x$ und $\vec{B} = B\vec{e}_y$ senkrecht aufeinander stehen,

$$U_H = \vec{E}_0 \bullet \vec{d} = -v_D B\vec{e}_z \bullet (-d)\vec{e}_z = v_D B d \, . \tag{5.277}$$

Drücken wir die Driftgeschwindigkeit $v_D$ mit (5.19) durch die Stromdichte $j$ aus, so ergibt sich die Hallspannung zu

$$U_H = \frac{j}{\rho_q} B d = A_H j B d \, . \tag{5.278}$$

Der Faktor $1/\rho_q$ wird auch als „Hallkonstante" $A_H$ bezeichnet. Üblicherweise drückt man diese nicht durch die Ladungsdichte $\rho_q := Q/V$, sondern durch die Ladungsträgerdichte $n := N/V$ und der Ladung des einzelnen Trägers aus:

$$A_H := \frac{1}{nq} \, . \tag{5.279}$$

Zu beachten ist, dass das Vorzeichen der Hallspannung abhängig vom Vorzeichen der Ladung, die sich im Leiter bewegt, ist. Sind die Richtungen von Strom bzw. Stromdichte durch die Konvention durch die Polarität der Spannungsquelle, die den Strom antreibt, festgelegt, so ist die Bewegungsrichtung negativer Ladungsträger umgekehrt zur Bewegungsrichtung positiver Ladungen. Damit würde die Oberseite des Leiterstücks in **Abb. 5.117** negativ aufgeladen und die Hallspannung hätte das umgekehrte Vorzeichen. Dies schlägt sich auch in (5.277) und (5.279) nieder.

Mit der Polarität der Hallspannung kann somit festgestellt werden, welches Vorzeichen die fließende Ladung hat, im Fall des Ladungstransportes durch metallische Leiter ist es negativ.

Außerdem kann über die Messung der Hallspannung die Ladungsdichte und bei bekannter Einzelladung auch Ladungsträgerdichte bestimmt werden. Ist diese bekannt, so kann man auch ohne theoretische Annahmen, die Kenntnisse über den mikroskopischen Aufbau des Leiters erfordern, die Beweglichkeit der Ladungsträger aus der spezifischen Leitfähigkeit (5.225) ermitteln. Sind in einem Leiter mehrere Ladungsträgerarten mit unterschiedlichem Vorzeichen vorhanden, wie es z. B. bei Elektrolyten oder Halbleitern vorkommt, so kann man mit der Messung der Hallspannung zumindest die Ladungsträger bestimmen, die hauptsächlich für die Leitung verantwortlich sind. Diese heißen auch „Majoritätsladungsträger".

Eine weitere wichtige Anwendung des Hall-Effektes ist die Messung von Magnetfeldern. Sind Material, Dicke quer zum Feld und zum Strom sowie die Stromdichte bekannt, so kann über (5.278) die Stärke des Magnetfeldes bestimmt werden.

$$B = \frac{U_H}{A_H\, j d} \tag{5.280}$$

Alternativ kalibriert man die Hall-Sonde bei konstantem Strom mit einem bekannten Magnetfeld.

Eine Besonderheit stellt der „Quanten-Hall-Effekt" dar, der 1980 durch K. v. Klitzing entdeckt wurde. Bei sehr tiefen Temperaturen und starken Magnetfeldern wächst die Hall-Spannung nicht mehr linear mit der Feldstärke. Ihr Verlauf $U_H(B)$ weist Stufen auf, die darauf hindeuten, dass die Hall-Spannung nur bestimmte Werte annehmen kann, sie also ähnlich wie die Ladung quantisiert ist. Bezieht man die Hall-Spannung auf den Strom, der durch den Leiter fließt, so erhält man den Hall-Widerstand, auch dieser kann nur ganzzahlige Vielfache eines bestimmten Wertes, der Von-Klitzing-Konstanten $R_K = 25813\,\Omega$, annehmen. Diese ist mit dem Planckschen Wirkungsquantum $h$ und der Elementarladung $e$ folgendermaßen verknüpft und wird, da sie messtechnisch sehr genau bestimmbar ist, als Widerstandsnormal verwendet.

$$R_K = \frac{h}{e^2} \tag{5.281}$$

### 5.3.3 Erzeugung von Magnetfeldern durch elektrische Ströme

In dem am Anfang des Kapitel 5.3.2 erwähnten Experiment von Oerstedt werden durch Ladungsströme Magnetfelder bewirkt, durch die z. B. Kompassnadeln abgelenkt werden. Bei Magnetfeldern spielen offensichtlich Ströme eine ähnliche Rolle wie Ladungen in der Elektrostatik: Ladungen erfahren Kräfte durch elektrische Felder, anderseits verursachen Ladungen elektrische Felder. Zu beachten sind die vertauschten Rollen von Flussdichte und Feld bei der elektrischen und der magnetischen Kraftwirkung: Elektrische Kräfte werden durch elektrische Felder bewirkt, magnetische Kräfte jedoch durch magnetische Flussdichten.

Die Resultate verschiedener weiterer Experimente, bei denen mit stromdurchflossenen Leitern Magnetfelder erzeugt wurden, können folgendermaßen zusammengefasst werden: Wird ein gerader Draht von einem konstanten Strom durchflossen, so

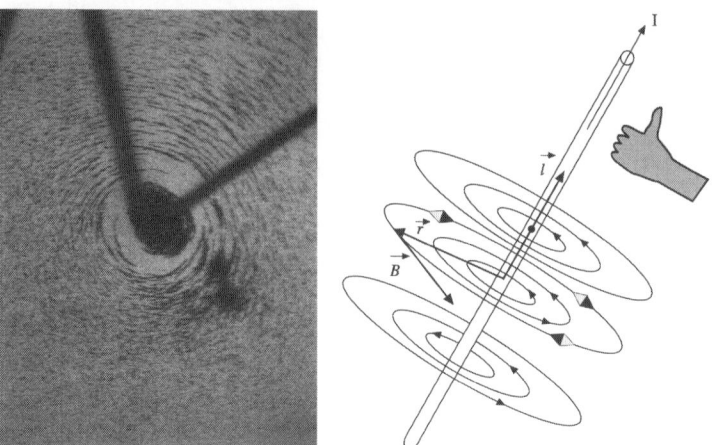

**Abb. 5.118** *Magnetfeld eines stromdurchflossenen geraden Drahtes.*

- ist die Stärke der magnetischen Flussdichte proportional zum Strom durch den Leiter,
- nimmt die Stärke der magnetischen Flussdichte mit dem Abstand vom Leiter ab,
- sind die Feldlinien konzentrische Kreise mit dem Leiter im Mittelpunkt,
- ist die Richtung der magnetischen Flussdichte durch die „Rechte-Hand-Regel" gegeben: Weist der abgespreizte Daumen in die Stromrichtung, so zeigen die gekrümmten Finger in Richtung des Magnetfeldes.

Die letzten beiden Punkte drücken die Symmetrie der Anordnung aus. Aufgrund der Zylindersymmetrie muss die Feldstärke auf konzentrischen Zylindermänteln um den Draht konstant sein. Das Feld darf keine radiale Komponente aufweisen, denn dann wären die Feldlinien nicht geschlossen und die 4. Maxwellgleichung (5.251) verletzt. Eine Komponente in Richtung der Zylinderachse müsste aus gleichem Grund konstant sein, auch bei unendlich großen Abständen zum Draht. In diesem Fall erwarten wir jedoch, dass die Wirkung des Magnetfeldes verschwindet. Somit muss das Feld tangential zu konzentrischen Kreisen um den Draht gerichtet sein.

Unter Berücksichtigung dieser Tatsachen kann man den Betrag der magnetischen Flussdichte im Abstand $r$ eines mit dem Strom $I$ durchflossenen geraden Drahtes folgendermaßen berechnen:

$$B(r) = \frac{\mu_0}{2\pi} \frac{I}{r}, \tag{5.282}$$

dabei ist $\mu_0$ die magnetische Feldkonstante. Sie wird auch als absolute Permeabilität[1] oder Permeabilität des Vakuums bezeichnet. Ihr Wert beträgt

$$\mu_0 = 4\pi \cdot 10^{-7} \frac{Vs}{m^2} \frac{m}{A} = 4\pi \cdot 10^{-7} \frac{Vs}{Am}. \tag{5.283}$$

---

[1]  Von permeabilis, lat. gangbar, überschreitbar. Permeabilität: Gangbarkeit des Raumes für das Magnetfeld.

Die Richtung des Feldes ist gemäß der „Rechten-Hand-Regel" durch die Richtung des Vektorproduktes aus Stromdichte bzw. Längenvektor $\vec{l}$ und Abstandsvektor $\vec{r}$ vom Leiter zum Aufpunkt festgelegt.

**Definition der Einheit für die Stromstärke**

In dem Zusammenhang (5.282) ist auch die gesetzliche Definition der Einheit für die elektrische Stromstärke, die Basisgröße Ampere, zu erklären. Das von einem Strom $I_1$ durchflossenen Leiter verursachte Magnetfeld $\vec{B}$ übt wiederum eine Kraft auf einen ebenfalls von einem (anderen) Strom $I_2$ durchflossenen Leiter aus. Die Kraft auf ein Stromelement $I_2 \Delta \vec{l}_2$ dieses Leiters beträgt mit (5.256), wenn die Leiter parallel mit dem Abstand $R$ verlaufen

$$\vec{F} = I_2 \Delta \vec{l}_2 \times \vec{B} = I_2 \Delta \vec{l}_2 \times (\frac{\mu_0 I_1}{2\pi R} \vec{e}_{l_1} \times \vec{e}_R) , \quad (2.263) \quad \Rightarrow$$

$$\vec{F} = \frac{\mu_0 I_1 I_2}{2\pi R} (\vec{e}_{l_1} (\Delta \vec{l}_2 \bullet \vec{e}_R) - \vec{e}_R (\vec{e}_{l_1} \bullet \Delta \vec{l}_2)) = -\frac{\mu_0 I_1 I_2}{2\pi R} \Delta l_2 \vec{e}_R . \quad (5.284)$$

Somit wirkt die Kraft dem Abstandsvektor, der vom felderzeugenden Leiter 1 zum Leiter 2 gerichtet ist, entgegen, wenn die Ströme in die gleiche Richtung fließen ($\vec{e}_{l_1} \bullet \Delta \vec{l}_2 = \Delta l_2$). Die beiden Leiter ziehen sich an. Fließen die Ströme in entgegengesetzte Richtungen, dann ist $\vec{e}_{l_1} \bullet \Delta \vec{l}_2 = -\Delta l_2$, sie stoßen sich ab.

Aus (5.284) ist auch die Definition der Basisgröße Ampère abgeleitet:

Zwischen zwei im Abstand von 1 m parallel verlaufenden, jeweils von einem Strom der Stärke 1 Ampère durchflossenen, geradlinigen Leitern, deren Durchmesser gegen den Abstand vernachlässigbar ist, herrscht eine Kraft von $2 \cdot 10^{-7}$ N pro Meter Leiterlänge.

Diese Definition bedingt außerdem den Wert der magnetischen Feldkonstanten (5.283).

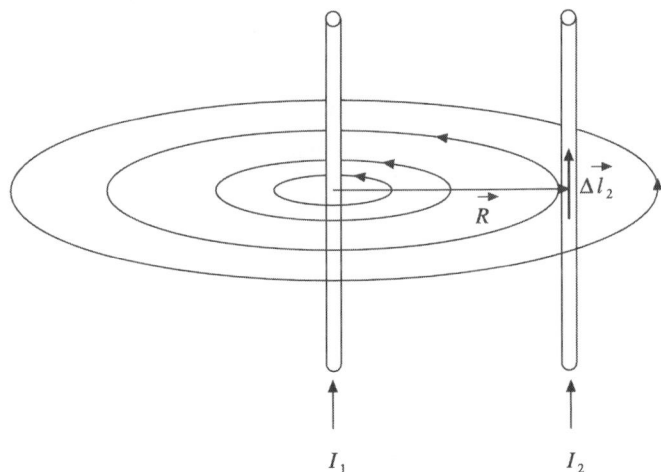

***Abb. 5.119*** *Kraft zwischen zwei stromdurchflossenen parallelen geraden Leitern.*

**Ampèrescher Satz oder Durchflutungsgesetz**

Die $1/r$-Abhängigkeit der magnetischen Flussdichte eines stromdurchflossenen geraden Leiters können wir durch Umstellen von (5.282) auch so ausdrücken:

$$B2\pi r = \mu_0 I \tag{5.285}$$

Der Weg auf einer kreisförmigen Feldlinie, multipliziert mit der Feldstärke auf der Feldlinie, ist proportional zum Strom durch den Mittelpunkt des Kreises. Teilt man den Kreis in verschiedene Sektoren auf und ändert an den Enden den Radius des Kreises, so erhält man eine neue, nicht mehr kreisförmige geschlossene Kurve um den Leiter.

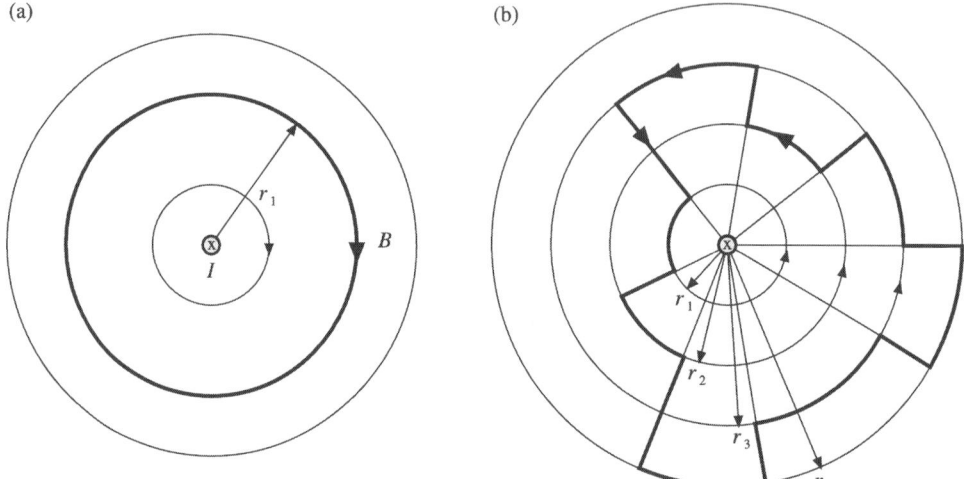

**Abb. 5.120** *Umlauf um den Leiter in einer Ebene senkrecht zum Leiter, (a) konzentrischer Kreis, (b) zusammengesetzt aus verschiedenen Sektoren unterschiedlicher Radien. Die Enden der Sektoren sind durch radial verlaufende Wegstücke verbunden.*

Die Länge des $i$-ten Bogenstücks beträgt Sektorwinkel mal Radius des Kreises: $\varphi_i r_i$. Multipliziert man die Länge des Bogenstücks mit der auf ihm herrschenden Flussdichte und summiert über alle Bogenstücke, so erhält man unter Beachtung der Tatsache, dass die Summe der Sektorenwinkel $2\pi$ beträgt,

$$\sum_i \frac{\mu_0 I}{2\pi r_i}\varphi_i r_i = \sum_i \frac{\mu_0 I}{2\pi}\varphi_i = \frac{\mu_0 I}{2\pi}\sum_i \varphi_i = \mu_0 I \ . \tag{5.286}$$

Bei einem Umlauf um diese neue geschlossene Kurve bleibt die Summe der Produkte Feldstärke mal Bogenlänge nach wie vor $\mu_0 I$. Da man beliebige geschlossene Kurven aus radialen Teilen und zum Leiter konzentrischen Kreisbogenstücken sowie auch Wegstücken parallel zur Stromrichtung zusammensetzen kann, aber nur die Wegstücke längs der Kreisbogen zur Summe (5.286) beitragen, kann man (5.286) auch allgemein so formulieren:

$$\oint_C \vec{B} \bullet d\vec{s} = \mu_0 I.$$ (5.287)

Dabei ist $C$ eine beliebig geformte, geschlossene Kurve um den Leiter, deren Durchlaufen einen Umlaufsinn definiert. Entsprechend der „Rechten-Hand-Regel" sind Ströme positiv zu zählen, wenn sie in Richtung des abgespreizten Daumens fließen und die gekrümmten Finger in Richtung des Umlaufsinnes von $C$ weisen. Werden mehrere stromführende Leiter von der Kurve $C$ eingeschlossen, so überlagern sich die von ihnen verursachten Magnetfelder. Für jedes dieser Felder gilt (5.287) und damit für das resultierende Feld

$$\oint_C \sum_i \vec{B}_i \bullet d\vec{s} = \oint_C \vec{B}_{res.} \bullet d\vec{s} = \mu_0 \sum_i I_i .$$ (5.288)

Die Ströme können alternativ auch als Fluss der Stromdichte durch eine Fläche, die durch die Kurve $C$ umrandet wird, dargestellt werden. Damit lautet (5.288)

$$\oint_C \vec{B} \bullet d\vec{s} = \mu_0 \int_{\substack{Fläche \\ mit\ Rand\ C}} \vec{j} \bullet d\vec{a}.$$ (5.289)

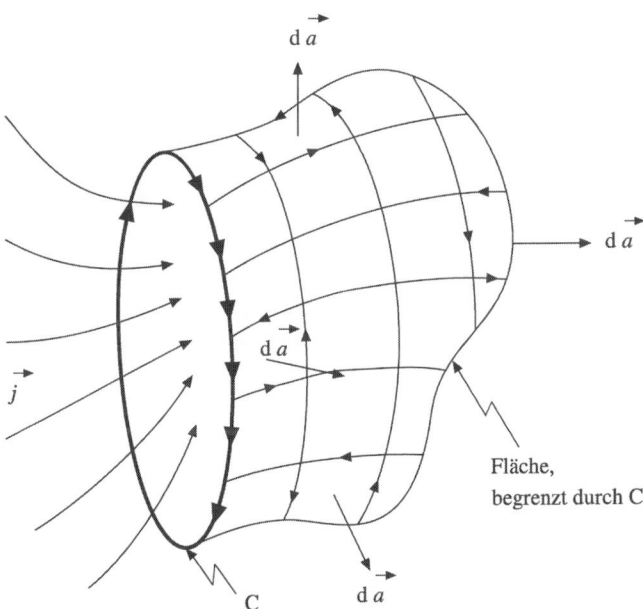

**Abb. 5.121** *Geschlossene Kurve C und die Fläche, deren Rand sie darstellt. Der Umlaufsinn von C legt auch den Umlaufsinn der Ränder der Flächenelemente fest.*

Um konsistent mit Feld- und Stromrichtungen zu sein, ist der Umlaufsinn der Ränder von den Flächenelementen $d\vec{a}$ der gleiche wie der vom Rand $C$ der Gesamtfläche. Die $d\vec{a}$ müssen ebenfalls der „Rechten-Hand-Regel" gehorchen: die gekrümmten Finger weisen in Richtung des Umlaufsinnes, dann legt der abgespreizte Daumen die Richtung der $d\vec{a}$ fest.

(5.288) bzw. (5.289) sind Formulierungen des Ampèreschen Satzes oder „Durchflutungsgesetzes", denn der Fluss durch die Fläche, die von der geschlossenen Kurve $C$ begrenzt wird, wird auch als „Durchflutung" der Fläche von dem Stromdichtefeld bezeichnet. Das Durchflutungsgesetz beschreibt ähnlich wie die 3. Maxwellgleichung eine Art „Erhaltungsgesetz": Feldstärke und Abstand von der endlich ausgedehnten „Ursache" des Feldes verhalten sich gegenläufig.

## 5.3.4    Magnetfeldberechnung mit dem Ampèreschen Satz

Wie die 3. Maxwellgleichung kann auch der Ampèresche Satz zur Berechnung von Feldern verwendet werden. Wie in der Elektrostatik bei der Feldberechnung mit Hilfe der 3. Maxwellgleichung die Berechnung des elektrischen Flusses besonders einfach ist, wenn die feld-erzeugende Ladungsverteilung Symmetrien aufweist, die sich auch in der Symmetrie des elektrischen Feldes widerspiegeln, so ist auch die Berechnung der Linienintegrale in (5.288) bzw. (5.289) einfach bei Leitern bzw. Stromdichten mit räumlichen Symmetrien. Dann wählt man eine geschlossene Kurve, auf der

- der Betrag der magnetischen Flussdichte konstant ist und
- Feldvektor und Linienelement kollinear sind oder
- beide Vektoren senkrecht aufeinander stehen.

**Zylindersymmetrische Stromdichteverteilung**
Hier zeichnet die Symmetrie eine Achse aus, die Zylinderachse. Die Stromdichtevektoren verlaufen in Richtung der Zylinderachse, während der Betrag der Stromdichte nur vom Abstand von der Achse abhängt. Daher ist auch zu erwarten, dass der Betrag der magnetischen Flussdichte nur vom Abstand zur Achse abhängt, die Feldlinien somit konzentrische Kreise sind, wobei die Zylinderachse senkrecht zur Kreisebene verläuft.

*Unendlich langer gerader Draht*
Diese Berechnung ist im Grunde genommen trivial, da wir den Ampèreschen Satz aus der Feldverteilung des geraden, von einem konstanten Strom $I$ durchflossenen Drahtes hergeleitet haben. Als geschlossene Kurve wählen wir einen Kreis mit dem Radius $r$, durch dessen Mittelpunkt der Draht geht. (5.287) ergibt

$$\oint_{Kreis} \vec{B} \bullet d\vec{s} = B \oint_{Kreis} ds = B 2\pi r = \mu_0 I \;\Rightarrow\; B(r) = \frac{\mu_0 I}{2\pi} \frac{1}{r}. \tag{5.290}$$

*Unendlich langer Zylinder, durch den ein axialer Strom konstanter Dichte fließt*
Außerhalb des Zylinders mit dem Radius $R$ entspricht die radiale Abhängigkeit der magnetischen Flussdichte der des geraden Drahtes, dabei beträgt der Gesamtstrom $I = j\pi R^2$. Mit dem Ampèreschen Satz erhalten wir

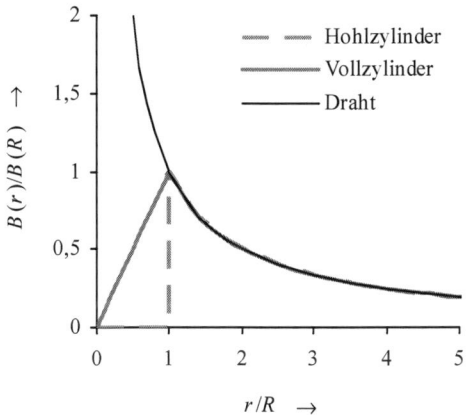

**Abb. 5.122** *Radialer Verlauf des Betrages der magnetischen Flussdichte eines Zylinders, der von einem axialen Strom konstanter Dichte durchflossen wird. Der Verlauf entspricht dem der elektrischen Feldstärke eines homogen geladenen Zylinders.*

$$B \oint_{Kreis} \mathrm{d}s = B2\pi r = \mu_0 I = \mu_0 j\pi R^2 \;\Rightarrow\; B(r) = \frac{\mu_0 I}{2\pi}\frac{1}{r} = \frac{\mu_0 jR^2}{2}\frac{1}{r}. \tag{5.291}$$

Zur Feldberechnung im Inneren wählen wir für $C$ einen zur Achse konzentrischen Kreis, dessen Radius $r < R$ ist. Dieser Kreis schließt nur noch einen Teil des Gesamtstroms $I$ ein. Somit beträgt das Feld im Inneren des Zylinders

$$B \oint_{Kreis} \mathrm{d}s = B2\pi r = \mu_0 j\pi r^2 = \mu_0 I \frac{r^2}{R^2} \;\Rightarrow\; B(r) = \frac{\mu_0 j}{2} r = \frac{\mu_0 I}{2\pi R^2} r. \tag{5.292}$$

Die Feldstärke steigt im Inneren des Zylinders linear von $B = 0$ auf $\mu_0 I/(2\pi R)$ an und fällt außerhalb mit $1/r$ ab. Fließt dagegen der Strom nur in einer dünnen Schicht an der Zylinderoberfläche, so ist das Feld im Inneren null, denn Kreise mit Radien $< R$ schließen dann keine Ströme ein.

### Ebene Symmetrie

In Analogie zur homogen geladenen Platte in der Elektrostatik betrachten wir eine unendlich ausgedehnte Platte, durch die ein Strom mit konstanter Stromdichte fließt. Die von diesem Strom bewirkte magnetische Flussdichte ist wie beim Draht senkrecht zur Stromdichte und zum Abstandsvektor gerichtet. Der Betrag muss auf Ebenen parallel zur Platte konstant sein und kann daher nur vom Abstand abhängen. Zur Berechnung des Feldes mit (5.289) wählen wir als Weg $C$ den Rand eines Rechteckes in einer Ebene senkrecht zur Platte, wobei zwei Kanten parallel zu ihr verlaufen. Den Koordinatenursprung legen wir in die Mitte des Rechtecks.

Fließt der Strom in $z$-Richtung, so weist aufgrund der „Rechten-Hand-Regel" die magnetische Flussdichte für positive $y$ („Vorderseite") in negative $x$-Richtung, für negative $y$ („Rückseite") dagegen in positive $x$-Richtung, d. h. $\vec{B}(y) = -\vec{B}(-y)$. Die Wegstücke senkrecht zur Platte in

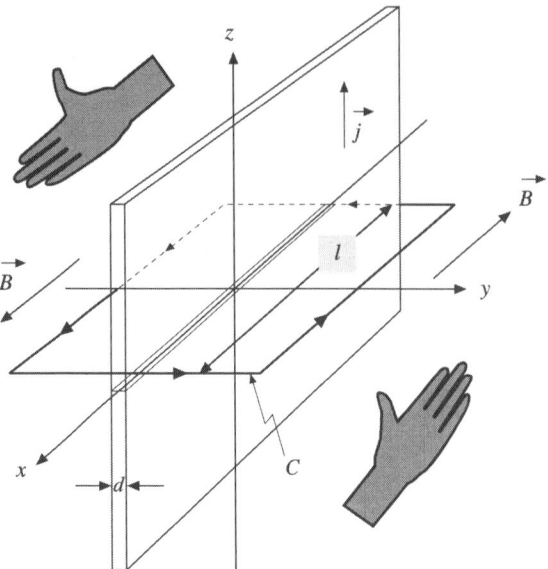

**Abb. 5.123** *Zur Feldberechnung einer von einem Strom konstanter Dichte durchflossenen Platte.*

$y$-Richtung tragen daher zum Integral in (5.289) nicht bei. Hat die Platte die Dicke $d$, so fließt durch das Rechteck der Strom $I = jdl$, wobei $l$ die Kantenlänge des Rechteckes parallel zur Platte ist. Der Ampèresche Satz ergibt

$$\oint_{Rechteck} \vec{B} \bullet \mathrm{d}\vec{s} = 2B(y)l = \mu_0\,jdl \;\Rightarrow\; B = \mu_0\,\frac{jd}{2}. \tag{5.293}$$

Der Betrag der magnetischen Flussdichte ist unabhängig vom Abstand zur Platte und damit konstant. Beim Wechsel von der Vorder- auf die Rückseite der Platte „springt" die magnetische Flussdichte um $\mu_0 jd$. Ähnlich ist es beim elektrischen Feld, das beim Wechsel der Seiten um $\rho_q d/\varepsilon_0 = \sigma_q/\varepsilon_0$ springt. Allerdings ist die magnetische Flussdichte tangential zur Platte gerichtet, das elektrische Feld dagegen senkrecht (siehe **Abb. 5.91**).

Zwischen zwei parallelen Platten, durch die Ströme mit entgegengesetzt gleich großen Stromdichten fließen, herrscht eine magnetische Flussdichte von $\mu_0 jd$, da sich die Magnetfelder dort addieren. Im Außenraum dagegen heben sie sich auf.

**Spulen**
Spulen bestehen aus einem stromdurchflossenen Draht, der auf einen Körper aufgewickelt ist. Die Felder der einzelnen Windungen überlagern sich. Sehr häufig werden Zylinderspulen verwendet, der Draht ist dann auf einen Zylinder gewickelt. Bei hinreichend dicht gewickelten Zylinderspulen, d. h. die Abstände der Windungen sind klein gegen den Durchmesser der Spule, können wir die Spule auch als stromdurchflossene Platte mit der Dicke $d$ des Drahtdurchmessers ansehen, die zu einem Zylinder aufgewickelt ist.

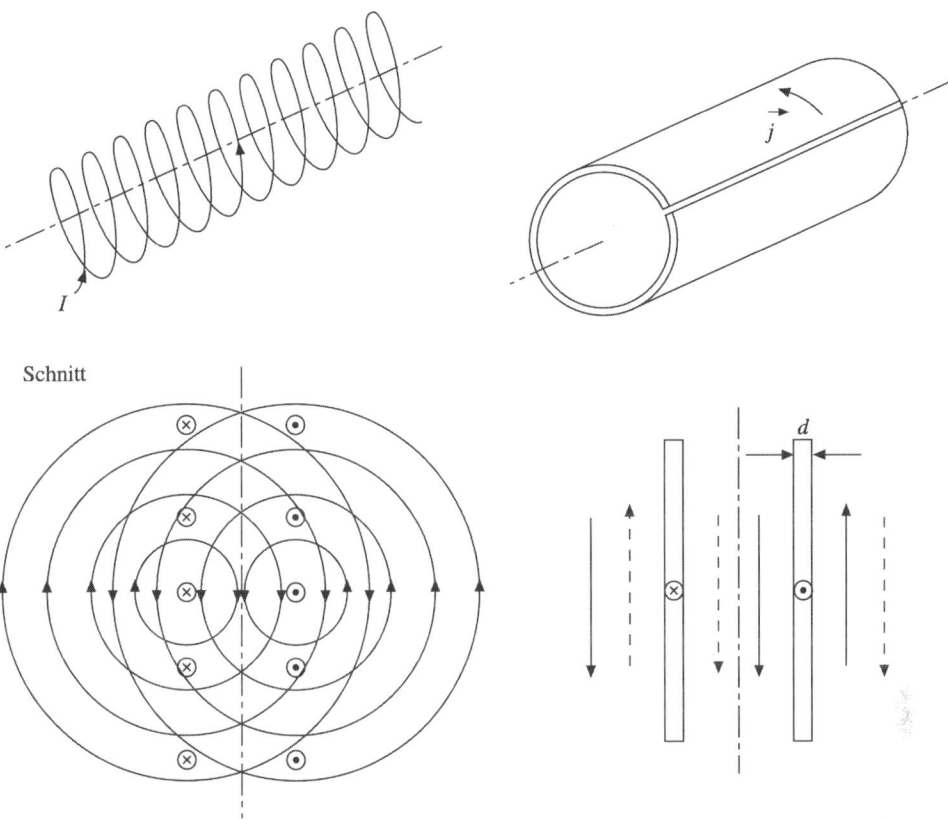

***Abb. 5.124*** *Lange Zylinderspule und ihre Modellierung durch eine aufgewickelte Platte. Im Inneren überlagern sich die Felder der einzelnen Windungen zum konstanten Gesamtmagnetfeld, außen kompensieren sie sich.*

Wie bei zwei sehr großen parallelen Platten, die von entgegengesetzten Strömen durchflossen werden, kompensieren sich, wie in der Schnittzeichnung von **Abb. 5.124** dargestellt, außerhalb der sehr langen Zylinderspule die Felder, während sie sich innen zu $B = \mu_0 j d$ überlagern. Da sich sehr viele kreisförmige Feldlinien der einzelnen Drähte einer Reihe überlagern, ergibt sich praktisch eine konstante Feldstärke auf beiden Seiten der Drähte. Im Zwischenraum sind die resultierenden Felder gleich gerichtet, außen jedoch entgegengesetzt. Befinden sich $N/l$ Windungen pro Länge auf der Spule, die von einem Strom $I$ durchflossen werden, so entspricht dies einer Stromdichte von $j = NI/(ld)$. Damit beträgt die magnetische Flussdichte

$$B = \mu_0 j d = \mu_0 \frac{NI}{ld} d = \mu_0 \frac{N}{l} I \, . \tag{5.294}$$

Es kommt offensichtlich nicht auf den Drahtdurchmesser an. Die Richtung des Feldes ergibt sich wieder aus der „Rechten-Hand-Regel", die aber etwas anders formuliert ist: Die ge-

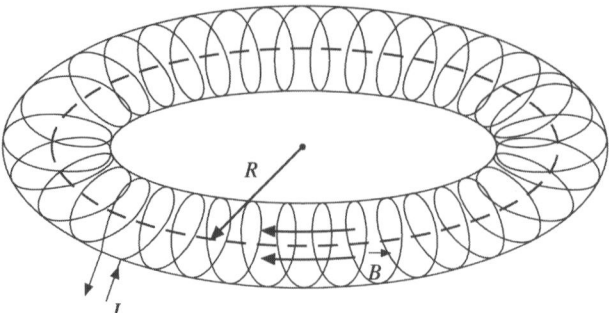

*Abb. 5.125 Ringspule.*

krümmten Finger weisen in Richtung des Stromes, der abgespreizte Daumen zeigt dann in Feldrichtung.

Auch bei einer so genannten Ringspule oder Toroidspule kann man das Magnetfeld leicht mit dem Ampèreschen Satz berechnen. Eine solche Spule entsteht, wenn eine Zylinderspule auf einen Kreis gebogen wird. Die Achse durch den Mittelpunkt des Kreises, auf den die Zylinderachse gebogen wird, nennt man auch Torusachse, sie steht senkrecht auf der Kreisebene.

Ist der Durchmesser der Windungen wesentlich kleiner als der Radius $R$ des Ringes, so entsprechen die Verhältnisse denen der langen Zylinderspule: Innerhalb der Windungen überlagern sich die Felder der einzelnen Drähte zu einem Feld konstanter Stärke, während außerhalb des Ringes das Feld null ist. Die Feldrichtung ist tangential zu Kreisen, deren Mittelpunkte auf der Torusachse liegen, gerichtet, die Achse verläuft senkrecht zu den Kreisebenen. Zur Berechnung des Feldes wählen wir als Weg $C$ einen Kreis[1] mit dem Radius $R$ und Mittelpunkt auf der Torusachse, auf dem Kreis ist die magnetische Flussdichte tangential gerichtet. Der Ampèresche Satz (5.288) ergibt bei $N$ Windungen auf dem Ring

$$B \oint_{Kreis} ds = B2\pi R = \mu_0 NI \implies B = \frac{\mu_0 NI}{2\pi R}. \tag{5.295}$$

**Grenzen für die Anwendung des Ampèreschen Satzes**
Die Berechnung von Magnetfeldern mit Hilfe des Ampèreschen Satzes ist immer dann leicht möglich, wenn aufgrund der Symmetrie der Stomverteilung geschlossene Kurven für (5.288) oder (5.289) gewählt werden können, auf denen die Berechnung der Integrale sich auf die Berechnung der Weglänge beschränkt. Schon bei einer kurzen Zylinderspule ist eine Berechnung nicht mehr möglich, da das Feld im Außenbereich nicht verschwindet und im Inneren besonders im Bereich der Enden nicht mehr homogen ist. Eine „einfache" Kurve $C$ kann nicht mit Hilfe von Symmetriebetrachtungen gefunden werden. Weiterhin muss der Einfluss

---

[1] Da der Windungsdurchmesser gegenüber $R$ vernachlässigbar ist, sind die Umfänge anderer Kreise innerhalb des Ringes nahezu gleich lang. Geschlossene Wege $C'$ in der gleichen Ebene, aber außerhalb des Torus schließen entweder gar keine Ströme oder Ströme entgegengesetzter Richtungen ein.

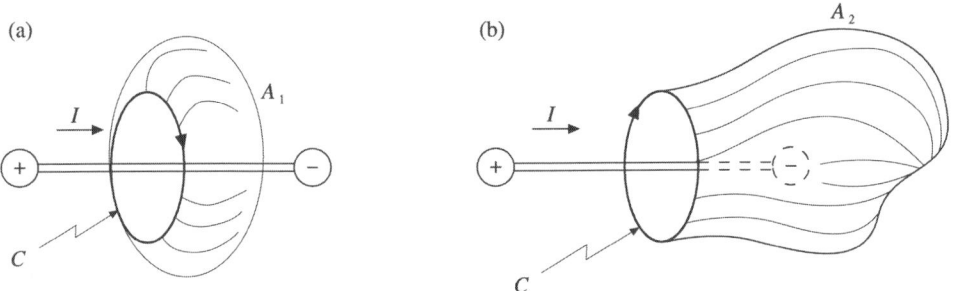

**Abb. 5.126** *Der Strom beim Ladungsausgleich verursacht ein Magnetfeld: Die geschlossene Kurve C ist Rand der Hüllen $A_1$ und $A_2$. (a): durch $A_1$ fließt ein Strom und kann für den Ampèreschen Satz ausgewertet werden, (b): durch $A_2$ dagegen nicht.*

von Zuleitungen geprüft werden: Auch sie erzeugen Magnetfelder, die sich u. U. mit dem zu berechnenden Feld überlagern und so Symmetriebetrachtungen den Sachverhalt nur unzulänglich erfassen.

Bei der Anwendung des Ampèreschen Satzes sind wir immer davon ausgegangen, dass die Ströme und Stromdichten zeitlich konstant sind. In diesem Fall ist ein Stromkreis erforderlich, bei dem eine Spannungsquelle mit konstanter Spannung die Bewegung der Ladungsträger antreibt. Ohne dass ein Stromkreis existiert, kann aber auch ein Strom zwischen unterschiedlich aufgeladenen Körpern fließen. In diesem Fall ändert sich der Strom jedoch zeitlich, da die Spannung zwischen den Körpern sinkt, bis sie beim Ladungsausgleich auf null abgefallen ist. Durch „ungeschickte" Wahl der Hülle in (5.289) kann es passieren, dass auf ihr $j = 0$ ist, dies ist der Fall, wenn die Hülle z. B. eine der Ladungen umschließt.

Das Stromdichtefeld der leitenden Verbindung zwischen den Ladungen erzeugt einen Fluss durch die Fläche $A_1$ in **Abb. 5.126**, deren Rand die geschlossene Kurve $C$ ist, damit ist das Integral in (5.289) von null verschieden. Durch die Fläche $A_2$ hingegen ist der Fluss des Stromdichtefeldes null, obwohl sie den gleichen Rand wie $A_1$ hat. Statt des Stromes durch $A_1$ ändert sich durch $A_2$ der Fluss des elektrischen Feldes bzw. die elektrische Flussdichte zwischen den beiden Ladungen. Auf diesen „Verschiebungsstrom" werden noch eingehen.

## 5.3.5    Biot-Savartsches Gesetz

Magnetische und elektrische Flussdichte eines von einem konstanten Strom durchflossenen bzw. eines homogen geladenen geraden Drahtes weisen die gleiche $1/r$ Abhängigkeit der Feldstärke vom Abstand auf. Allerdings sind die Richtungen unterschiedlich: Während die elektrische Flussdichte radial gerichtet ist, steht die magnetische Flussdichte senkrecht auf Stromdichte- und Abstandsvektor. In gleicher Weise verhalten sich Platten: Magnetische und elektrische Flussdichten sind konstant, wenn die Platte von einem Strom konstanter Dichte durchflossen wird bzw. die Platte homogen geladen ist. Die Felder stehen ebenfalls senkrecht aufeinander, wie beim Draht.

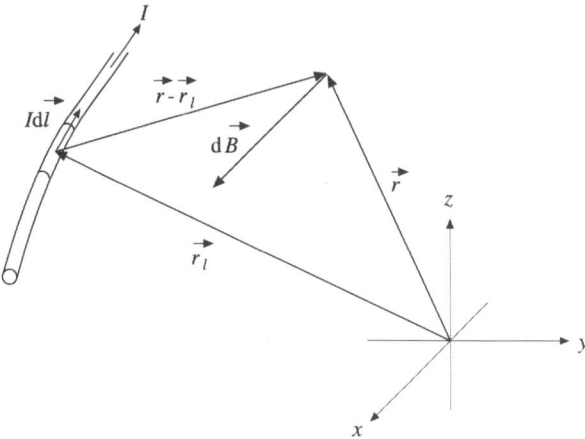

**Abb. 5.127**   *Zum Biot-Savartschen Gesetz: Das Stromelement* $I\vec{dl}$   *verursacht im Aufpunkt eine magnetische Flussdichte.*

Die elektrischen Felder von Draht und Platte konnten wir im Kapitel 5.2.3 aus der Überlagerung von Feldern einzelner Punktladungen, aus denen wir uns Draht und Platte zusammengesetzt gedacht haben, berechnen. In analoger Weise kann man stromdurchflossene Leiter aus einzelnen „punktförmigen" Leiterelementen zusammensetzen, deren Einzelfelder sich zu einem resultierenden Magnetfeld überlagern. In Anlehnung an (5.86) beträgt die magnetische Flussdichte $d\vec{B}$, die von einem Stromelement $I\vec{dl}$ eines von einem Strom $I$ durchflossen Leiters, das sich am Ort $\vec{r}_l$ befindet, am Aufpunkt $\vec{r}$

$$d\vec{B} = \frac{\mu_0}{4\pi} \frac{I\vec{dl} \times (\vec{r} - \vec{r}_l)}{|\vec{r} - \vec{r}_l|^3} \,.\tag{5.296}$$

Diesen Zusammenhang haben Biot und Savart[1] kurz nachdem Oerstedt sein wegweisendes Experiment durchgeführt hatte und Ampère das Abstandsgesetz (5.282) formuliert hatte, erkannt und wird ihnen zu Ehren Biot-Savartsches Gesetz genannt. Das Vektorprodukt in (5.296) bedingt, dass die Flussdichte senkrecht zur Stromrichtung und zum Abstandsvektor $\vec{r} - \vec{r}_l$ vom Leiterstück zum Aufpunkt gerichtet ist.

Mit Hilfe des Biot-Savartschen Gesetzes kann man durch Integration von (5.296) längs des Leiters das Feld beliebig geformter Leiter berechnen. Die Einschränkungen des Ampèreschen Satzes gelten nicht, allerdings kann die Integration im Einzelfall recht kompliziert werden. Wir wollen nun die Magnetfelder für einige ausgesuchte Leitergeometrien berechnen.

### Leiterschleife
Ein kreisförmiger Leiter mit dem Radius $R$ werde von einem Strom $I$ durchflossen. Das Magnetfeld im Mittelpunkt des Kreises soll berechnet werden, dazu legen wir den Koordinatenursprung in den Mittelpunkt, der Kreis soll sich in der $x/y$-Ebene befinden. Die von

---

[1]   J. B. Biot (1774 – 1862), F. Savart (1791 – 1841).

den einzelnen Stromelementen $Id\vec{l}$ verursachten Flussdichten $d\vec{B}$ stehen senkrecht auf der Kreisebene, da $Id\vec{l}$ und $\vec{r}_l$ in der Kreisebene verlaufen. Mit $\varphi$ als Winkel zwischen $\vec{r}_l$ und der x-Achse können wir die Komponenten von $d\vec{l}$ und $\vec{r}_l$ durch die Komponenten ausdrücken und mit (5.296) erhalten wir

$$d\vec{B} = \frac{\mu_0}{4\pi} \frac{Id\vec{l} \times (-\vec{r}_l)}{R^3} = \frac{\mu_0}{4\pi} \frac{I}{R^3} dl \begin{pmatrix} -\sin\varphi \\ \cos\varphi \\ 0 \end{pmatrix} \times R \begin{pmatrix} -\cos\varphi \\ -\sin\varphi \\ 0 \end{pmatrix} = \frac{\mu_0}{4\pi} \frac{Idl}{R^2} \vec{e}_z. \qquad (5.297)$$

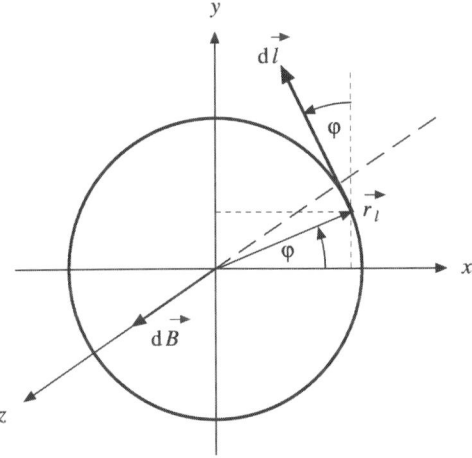

**Abb. 5.128** *Stromdurchflossene kreisförmige Leiterschleife. Berechnung der magnetischen Flussdichte im Mittelpunkt des Kreises.*

Die resultierende Flussdichte erhalten wir durch Integration von (5.297) über den Kreis, dabei ist $dl = Rd\varphi$.

$$\vec{B} = \int\limits_{\substack{Leiter-\\schleife}} d\vec{B} = \frac{\mu_0}{4\pi} \frac{I\vec{e}_z}{R^2} \int\limits_{\substack{Leiter-\\schleife}} dl = \frac{\mu_0}{4\pi} \frac{I\vec{e}_z}{R^2} R \int\limits_0^{2\pi} d\varphi = \frac{\mu_0}{4\pi} \frac{I\vec{e}_z}{R^2} 2\pi R = \frac{\mu_0 I}{2R} \vec{e}_z \qquad (5.298)$$

Für Aufpunkte auf der z-Achse außerhalb des Kreismittelpunktes ($\vec{r} = (0,0,z)$) ist

$$|\vec{r} - \vec{r}_l| = \sqrt{(\vec{r} - \vec{r}_l) \bullet (\vec{r} - \vec{r}_l)} = \sqrt{z^2 + R^2 - 2\vec{r} \bullet \vec{r}_l} = \sqrt{z^2 + R^2}, \qquad (5.299)$$

da $\vec{r}$ und $\vec{r}_l$ senkrecht aufeinander stehen. Wir berücksichtigen dies in (5.296) bei der Berechnung der magnetischen Flussdichte auf der z-Achse entsprechend (5.297):

$$d\vec{B} = \frac{\mu_0}{4\pi} \frac{Id\vec{l} \times (\vec{r} - \vec{r}_l)}{(z^2 + R^2)^{3/2}} = \frac{\mu_0}{4\pi} \frac{IRd\varphi}{(z^2 + R^2)^{3/2}} (\begin{pmatrix} -\sin\varphi \\ \cos\varphi \\ 0 \end{pmatrix} \times \begin{pmatrix} 0 \\ 0 \\ z \end{pmatrix} + R\vec{e}_z) \qquad (5.300)$$

Die gesamte resultierende Flussdichte in $\vec{r} = (0,0,z)$ erhalten wir durch Integration von (5.300) über $\varphi$, dabei ist die Integration über alle drei Komponenten von $\vec{B}$ durchzuführen.

$$\vec{B} = \frac{\mu_0}{4\pi} \frac{IR}{(z^2 + R^2)^{3/2}} \int_0^{2\pi} (z \begin{pmatrix} \cos\varphi \\ \sin\varphi \\ 0 \end{pmatrix} + R\vec{e}_z)\,d\varphi \quad \Rightarrow$$

$$\vec{B} = \frac{\mu_0}{4\pi} \frac{IR}{(z^2 + R^2)^{\frac{3}{2}}} (z \left[\begin{pmatrix} \sin\varphi \\ -\cos\varphi \\ 0 \end{pmatrix}\right]_0^{2\pi} + 2\pi R\vec{e}_z) = \frac{\mu_0}{4\pi} \frac{I2\pi R^2}{(z^2 + R^2)^{\frac{3}{2}}}\vec{e}_z \qquad (5.301)$$

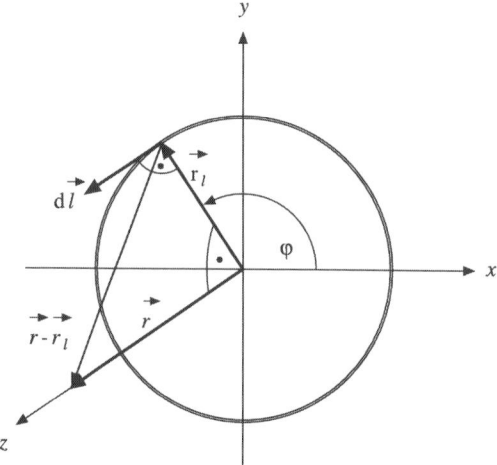

**Abb. 5.129** *Berechnung der magnetischen Flussdichte auf der z-Achse.*

Für $z \gg R$ können wir $R$ im Nenner von 5.301 vernachlässigen. Das Fernfeld der Leiterschleife auf der $z$-Achse lautet dann

$$\vec{B} = \frac{\mu_0}{4\pi} \frac{I2\pi R^2}{|z|^3}\vec{e}_z = \frac{\mu_0}{2\pi} \frac{I\pi R^2}{|z|^3}\vec{e}_z = \frac{\mu_0}{2\pi} \frac{\vec{m}_A}{|z|^3} . \qquad (5.302)$$

Der Ausdruck $I\pi R^2$, Strom mal Fläche der Leiterschleife entspricht dem Ampèreschen Dipolmoment (5.270). Eine stromdurchflossene Leiterschleife erzeugt ein Magnetfeld, das dem eines Dipols, z. B. eines kurzen Stabmagneten (5.250), gleicht. Setzen wir in (5.250) $\vec{r} = (0,0,z)$ und $\vec{m}_C = m_C\vec{e}_z$, so ergibt sich bis auf einen Faktor $\mu_0$ der gleiche Ausdruck wie in (5.302). Wir können daraus schließen, dass zwischen Coulombschen und Ampèreschen Dipolmoment folgender Zusammenhang gilt

$$\vec{m}_C = \mu_0\vec{m}_A . \qquad (5.303)$$

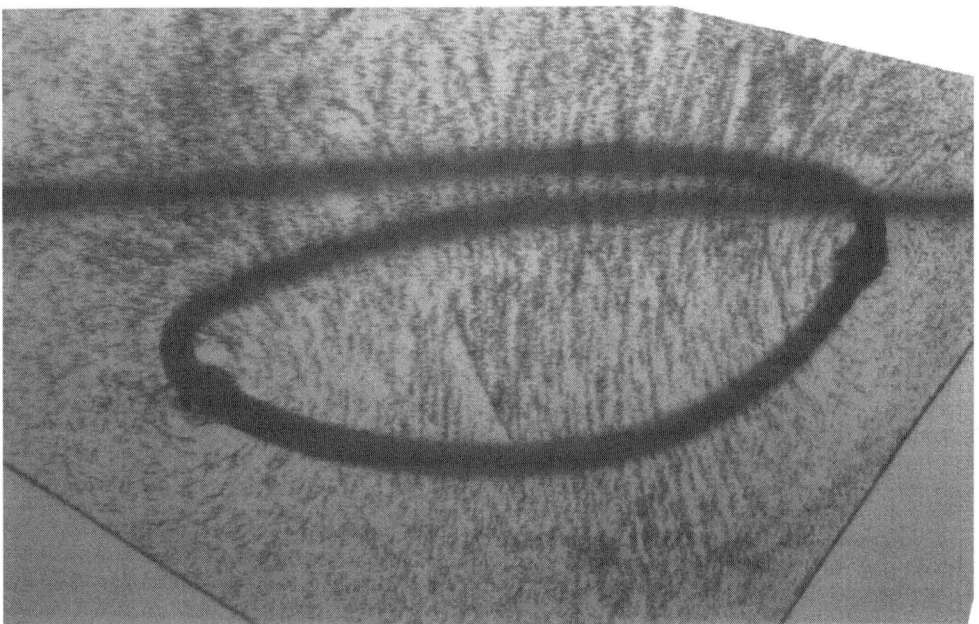

***Abb. 5.130*** *Feldlinien einer Leiterschleife.*

Eine stromdurchflossene Leiterschleife verhält sich im äußeren Magnetfeld wie ein Dipol. Außerdem erzeugt sie selbst ein Dipolfeld. Das Dipolmoment ist Strom mal Fläche der Leiterschleife, seine Richtung wird durch die „Rechte-Hand-Regel" festgelegt.

**Helmholtz-Spule**

Diese Spule besteht aus zwei kreisförmigen Leiterschleifen mit gleichen Radien, die die gleiche Achse senkrecht zu den Kreisebenen durch die Mittelpunkte haben und deren Abstand gleich dem Radius ist. Die Schleifen werden von gleich starkem Strom im gleichen Umlaufsinn durchflossen.

Die einzelnen Schleifen erzeugen magnetische Flussdichten auf der $z$-Achse, die in $z$-Richtung weisen. Zur Berechnung des Feldverlaufes legen wir den Koordinatenursprung in die Mitte zwischen den Schleifen. Jede von ihnen erzeugt eine magnetische Flussdichte gemäß 5.301, allerdings sind die Mittelpunkte der Schleifen um $-R/2$ bzw. $R/2$ aus dem Ursprung verschoben. Damit ergibt sich die resultierende magnetische Flussdichte auf der $z$-Achse zu

$$\vec{B} = \frac{\mu_0}{2} IR^2 \left( \frac{1}{\left(\left(z-\frac{R}{2}\right)^2 + R^2\right)^{3/2}} + \frac{1}{\left(\left(z+\frac{R}{2}\right)^2 + R^2\right)^{3/2}} \right) \vec{e}_z . \tag{5.304}$$

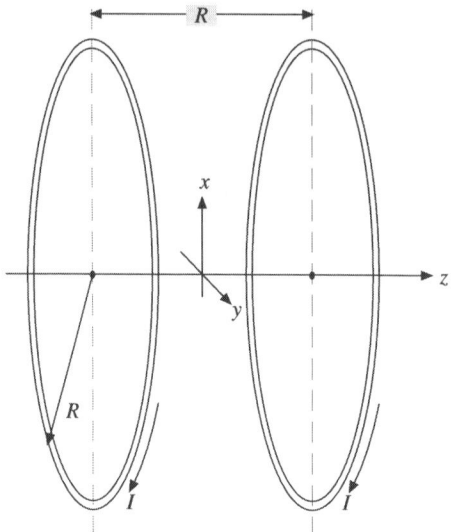

*Abb. 5.131 Helmholtz-Spule.*

Im Koordinatenursprung ($z = 0$) beträgt

$$\vec{B}(0) = \frac{\mu_0}{2} IR^2 \left( \frac{1}{((-\frac{R}{2})^2 + R^2)^{\frac{3}{2}}} + \frac{1}{((\frac{R}{2})^2 + R^2)^{\frac{3}{3}}} \right) \vec{e}_z = \mu_0 \frac{I}{R} \left(\frac{4}{5}\right)^{\frac{3}{2}} \vec{e}_z .$$ (5.305)

Bestehen die Leiterschleifen aus mehreren ($N$) Windungen, die vom Strom $I$ durchflossen werden, so ist in (5.304) und (5.305) $I$ durch $NI$ zu ersetzen. Das Feld einer Helmholtz-Spule ist zwischen den Spulen in einem großen Bereich recht homogen. Da der Raum zwischen den Spulen frei zugänglich ist, wird sie gern für Experimente mit homogenen Magnetfeldern

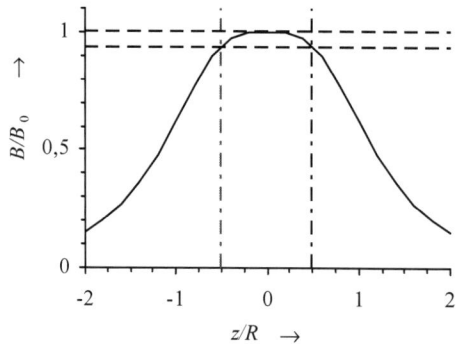

**Abb. 5.132** *Verlauf der magnetischen Flussdichte auf der Achse einer Helmholtz-Spule.*

verwendet, wie z. B. für die Messung der spezifischen Ladung von Elektronen im Faden-strahlrohr (siehe **Abb. 5.109**).

### Kurze Zylinderspule

Im Gegensatz zur langen Zylinderspule ist das Feld einer kurzen Spule im Inneren nicht mehr homogen und im Außenraum ist es in großen Bereichen von null verschieden. Wir können uns die kurze Zylinderspule aus vielen Leiterschleifen zusammengesetzt denken. Wird die Spule der Länge $l$ und mit $N$ Windungen vom Strom $I$ durchflossen, so wird eine Einzelschleife der Drahtstärke $dz_S$, deren Mittelpunkt sich am Ort $z_S$ auf der Zylinderachse befindet, von einem Strom $dI = (NI/l)dz_S$ durchflossen. Diese Schleife mit dem Radius $R$ trägt gemäß (5.301) den Anteil

$$d\vec{B} = \frac{\mu_0}{2} \frac{dIR^2}{((z+z_S)^2 + R^2)^{3/2}} \vec{e}_z = \frac{\mu_0}{2} \frac{N/lIR^2 dz_S}{((z+z_S)^2 + R^2)^{3/2}} \vec{e}_z \qquad (5.306)$$

zur gesamten magnetischen Flussdichte auf der Achse bei. Dabei nehmen wir an, dass die Zylinderachse in $z$-Richtung orientiert ist. Das Vorzeichen für $I$ wird durch die „Rechte-Hand-Regel" festgelegt: Die gekrümmten Finger weisen in Stromrichtung. Zeigt der abge-spreizte Daumen in $z$-Richtung, so ist $I$ positiv. Befindet sich die Spulenmitte im Koordina-tenursprung, so ergibt sich die gesamte Flussdichte an einem Punkt auf der $z$-Achse durch Integration von (5.306) über die Länge der Spule zu

$$\vec{B} = \frac{\mu_0}{2} \frac{NIR^2}{l} \vec{e}_z \int_{-l/2}^{l/2} \frac{dz_S}{((z+z_S)^2 + R^2)^{3/2}}. \qquad (5.307)$$

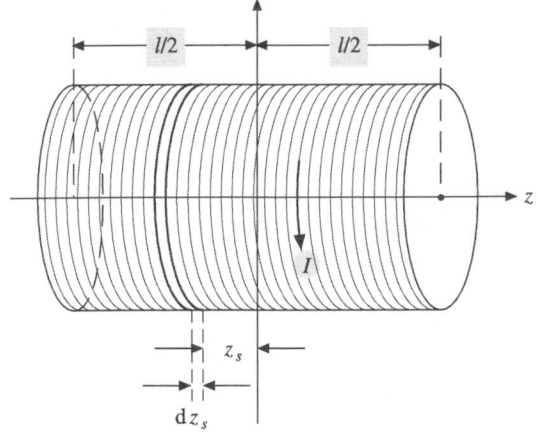

*Abb. 5.133* Zur Berechnung der magnetischen Flussdichte einer kurzen Zylinderspule.

Zur Lösung des Integrals substituieren wir $z + z_S := \zeta$. Mit $d\zeta/dz_S = 1 \Rightarrow d\zeta = dz_S$ erhalten wir die Lösung des Integrals aus der Formelsammlung:

$$\vec{B} = \frac{\mu_0 NIR^2 \vec{e}_z}{2l} \int_{-\frac{l}{2}+z}^{\frac{l}{2}+z} \frac{d\zeta}{(\zeta^2 + R^2)^{\frac{3}{2}}} = \frac{\mu_0 NIR^2 \vec{e}_z}{2l} \left[ \frac{\zeta}{R^2(\zeta^2 + R^2)^{\frac{1}{2}}} \right]_{-\frac{l}{2}+z}^{\frac{l}{2}+z}$$

$$\vec{B} = \frac{\mu_0}{2} \frac{NI}{l} \left( \frac{z + \frac{l}{2}}{\sqrt{(z + \frac{l}{2})^2 + R^2}} - \frac{z - \frac{l}{2}}{\sqrt{(z - \frac{l}{2})^2 + R^2}} \right) \vec{e}_z \tag{5.308}$$

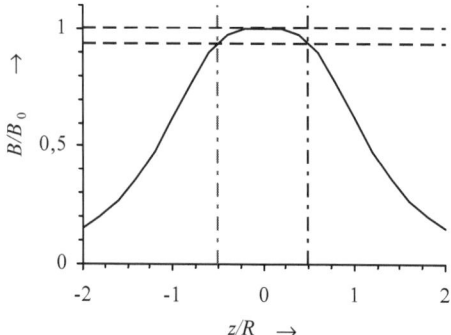

**Abb. 5.134** *Magnetische Flussdichte auf der Zylinderachse, bezogen auf die Flussdichte einer unendlich langen Spule.*

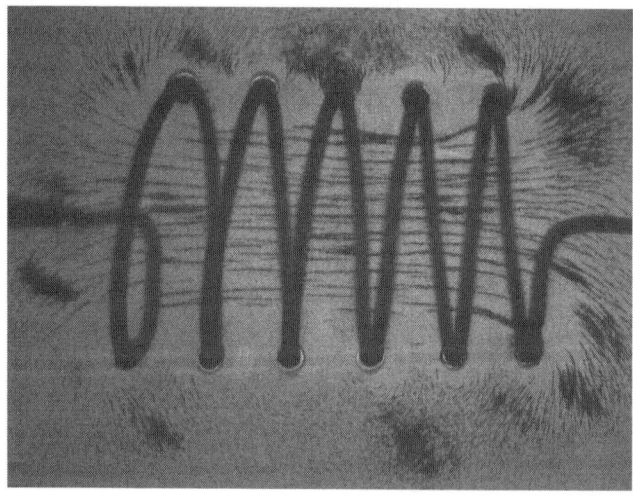

**Abb. 5.135** *Feldlinien einer kurzen Zylinderspule.*

In der Mitte der Spule ($z = 0$) beträgt die magnetische Flussdichte

$$\vec{B}(0) = \frac{\mu_0 NI}{2l}\left(\frac{\frac{l}{2}}{\sqrt{(\frac{l}{2})^2 + R^2}} - \frac{-\frac{l}{2}}{\sqrt{(-\frac{l}{2})^2 + R^2}}\right)\vec{e}_z = \frac{\mu_0 NI}{2\sqrt{(\frac{l}{2})^2 + R^2}}\vec{e}_z. \tag{5.309}$$

Ist die Spule sehr lang, so kann der Radius gegenüber der Länge vernachlässigt werden. Dann ergibt sich die magnetische Flussdichte in der Spulenmitte zu

$$\vec{B}(0) = \mu_0 \frac{NI}{l}\vec{e}_z, \tag{5.310}$$

dies entspricht dem Feld (5.294), das eine unendlich lange Zylinderspule im Inneren aufweist. Dieses Feld herrscht auch in der Umgebung der Spulenmitte, wenn in (5.308) $z$ und $R$ klein gegen $l$ sind. An den Enden der Spule bei $z = \pm l/2$ beträgt die magnetische Flussdichte

$$\vec{B} = \frac{\mu_0}{2}\frac{NI}{l}\frac{l}{\sqrt{l^2 + R^2}}\vec{e}_z = \frac{\mu_0}{2}\frac{NI}{\sqrt{l^2 + R^2}}\vec{e}_z. \tag{5.311}$$

Im Fall einer langen Spule mit $l \gg R$ ist die Feldstärke auf die Hälfte des Wertes in der Mitte der Spule abgefallen.

## 5.3.6    Materie im Magnetfeld, magnetische Erregung

Befindet sich Materie, die magnetisiert werden kann, im Feld eines anderen Magneten oder eines stromdurchflossenen Leiters, so wird sie polarisiert, d. h. ihre elementaren Dipole richten sich aus. Dieser Vorgang entspricht der Polarisation eines Dielektrikums. Befindet sich dieses in einem Plattenkondensator, so wird, wenn eine äußere Spannungsquelle angeschlossen bleibt, die elektrische Flussdichte $D$ um die elektrische Polarisation $P$ bzw. um den Faktor $\varepsilon_r$ erhöht. Die elektrische Polarisation ist dabei die Dichte (5.194) des elektrischen Dipolmomentes.

Ähnliches geschieht z. B. bei einer Spule, in deren Inneren sich magnetisierbare Materie befindet. Wir wollen zunächst annehmen, dass es sich um „weichmagnetische" Stoffe handelt, deren elementare Dipole sich leicht in einem äußeren Feld ausrichten. Wie im Dielektrikum, bei dem sich die elektrischen Dipolmomente, die von der negativen zur positiven Ladung des Dipols zeigen, in Feldrichtung ausrichten, so orientieren sich die magnetischen Dipolmomente, deren Richtung vom Süd- zum Nordpol des Dipols weisen, ebenfalls in Feldrichtung. Die Flussdichte eines Magnetfeldes erhöht sich um die magnetische Polarisation J der Materie bzw. um den Faktor $\mu_r$ gegenüber dem Wert $\vec{B}_0$ ohne Materie. Die magnetische Polarisation entspricht der Dichte (5.248) der magnetischen Dipolmomente. Die Vektoren von $\vec{B}_0$ und $\vec{J}$ sind kollinear. Den Faktor $\mu_r$ nennt man auch „relative Permeabilität" des magnetisierbaren Stoffes.

$$\vec{B}_m = \vec{B}_0 + \vec{J} = \mu_r \vec{B}_0 \;\Rightarrow\; \vec{J} = (\mu_r - 1)\vec{B}_0 = \chi_m \vec{B}_0 \tag{5.312}$$

Analog zur der elektrischen Suszeptibilität $\chi_e$ in (5.205) ist die magnetische Suszeptibilität $\chi_m$ definiert. Sie beschreibt die „Antwort" des magnetischen Stoffes auf die Flussdichte, die von dem Strom durch die Windungen der Spule im Vakuum erzeugt würde.

Die Suszeptibilitäten der meisten Stoffe sind sehr klein, nur Eisen und Nickel weisen hohe Werte auf. Auffällig ist, dass viele Stoffe negative $\chi_m$ aufweisen, d. h. eine Polarisation gegen die äußere Flussdichte aufbauen. Diese Stoffe nennt man „diamagnetisch", durch das äußere Magnetfeld wird ein Dipolmoment induziert. Bei positivem $\chi_m$ heißen die Stoffe „paramagnetisch" oder „ferromagnetisch".

**Tab. 5.7** *Magnetische Suszeptibilität $\chi_m$ verschiedener Stoffe.*

| Gase (20°C, 1013hPa) | | Flüssigkeiten | | Festkörper | |
|---|---|---|---|---|---|
| $CO_2$ | $-2,3 \cdot 10^{-9}$ | Wasser | $-7,2 \cdot 10^{-6}$ | Wismut | $-1,5 \cdot 10^{-4}$ |
| Stickstoff | $-5,0 \cdot 10^{-9}$ | Sauerstoff (fl.) | $3,6 \cdot 10^{-3}$ | Gold | $-2,5 \cdot 10^{-5}$ |
| Wasserstoff | $-9,9 \cdot 10^{-9}$ | Quecksilber | $-3,6 \cdot 10^{-5}$ | Kupfer | $-1,0 \cdot 10^{-5}$ |
| Luft | $3,5 \cdot 10^{-7}$ | | | Aluminium | $2,4 \cdot 10^{-5}$ |
| Sauerstoff | $1,9 \cdot 10^{-6}$ | | | Nickelchlorid | $2,1 \cdot 10^{-3}$ |
| Helium | $-7,9 \cdot 10^{-11}$ | | | Eisenchlorid | $3,9 \cdot 10^{-3}$ |
| Argon | $-8,1 \cdot 10^{-10}$ | | | Ferrite (weichm.) | $1,1 \cdot 10^{3}$ |
| Xenon | $-1,8 \cdot 10^{-9}$ | | | Eisen | $\approx 10^{4}$ |
| | | | | Mu-Metall (FeNi) | bis $9 \cdot 10^{4}$ |

## Polarisationsmechanismen

Wie bei der Polarisation von Dielektrika im elektrischen Feld unterscheidet man bei der Polarisation magnetischer Stoffe ebenfalls zwischen Stoffen mit permanent vorhandenem atomaren Dipolmoment und Stoffen, bei denen das äußere Magnetfeld ein magnetisches Moment induziert.

*Permanente atomare magnetische Dipolmomente (Para- und Ferromagnetismus)*
Im Kapitel 5.3.5 haben wir gesehen, dass eine stromdurchflossene Leiterschleife ein magnetisches Moment, das proportional zum Strom und zur eingeschlossenen Fläche ist, aufweist. Für eine grobe Betrachtung nähern wir die Bewegung der Elektronen in den Hüllen durch gleichförmige Kreisbewegungen an. Ein Elektron, das sich auf einer Kreisbahn bewegt, hat einen Drehimpuls (2.288). Dieser Drehimpuls ist eine wichtige quantenmechanische Bestimmungsgröße, mit der die Eigenschaften der Hüllenelektronen beschrieben werden. Dipolmoment und Drehimpuls eines Hüllenelektrons sind über (5.275) miteinander verknüpft. Entsprechend ist das magnetische Dipolmoment eines Atoms mit mehreren Hüllenelektronen proportional zur (nach quantenmechanischen Regeln gebildeten) Vektorsumme der Drehimpulse. Ist der Gesamtdrehimpuls ungleich null, so weist das Atom ein permanentes magnetisches Dipolmoment auf. In einem äußeren Magnetfeld werden diese Dipolmomente so ausgerichtet, dass Polarisation und äußere Flussdichte in die gleiche Richtung weisen, die Suszeptibilität $\chi_m$ somit positiv ist.

Diese Ausrichtung der magnetischen Momente wird gestört durch die thermische Bewegung der Atome. Wird die Polarisation im Wesentlichen durch die Eigenschaften der Atome bestimmt, so nennt man den Stoff paramagnetisch, ohne äußeres Feld verschwindet aufgrund der thermischen Bewegung auch die Polarisation. Die Polarisation ist wie bei den Dielektrika temperaturabhängig und wird ähnlich (5.214) durch die Langevin-Funktion beschrieben, bei tiefen Temperaturen und hohen Feldstärken ist eine Sättigung, d.h. keine weitere Steigerung der Polarisation durch Erhöhung der Feldstärke, möglich. Bei hohen Temperaturen beträgt

$$\chi_m = \frac{N}{V} \frac{p_{C,At.}^2}{3\mu_0 k_B T},$$
(5.313)

$N/V$ ist die Dipoldichte und $p_{C,At.}$ das Coulombsche magnetische Moment des Atoms. Außerhalb der Sättigung sind $\chi_m$ und damit auch $\mu_r$ nur temperaturabhängig. Die $1/T$-Abhängigkeit in (5.313) nennt man auch das Curiesche[1] Gesetz.

Sehr hohe $\chi_m$ erreichen „Ferromagnetika", bei denen der Stoff im Gegensatz zu den Paramagnetika Zonen mit makroskopischer Polarisation, die den Sättigungswert erreicht, aufweist. Der Verlauf $J(B_0)$ in (5.312) ist nicht linear, $\chi_m$ ist keine Stoffkonstante wie bei den Dia- oder Paramagnetika. Außerdem kann es bei Ferromagneten vorkommen, dass die Polarisation nicht mehr kollinear zur äußeren Flussdichte ist. Dies kommt speziell bei den als Permanentmagnete verwendeten „hartmagnetischen" Stoffen vor. Darauf werden wir später noch eingehen.

*Induzierte atomare Dipolmomente (Diagmagnetismus)*
Ist der Gesamtdrehimpuls der Elektronen in der Hülle eines Atoms null, so hat das Atom auch kein permanentes Dipolmoment. In der einfachen Modellvorstellung von Elektronen auf Kreisbahnen bedeutet dies, dass sich genauso viele Elektronen im Uhrzeigersinn wie gegen den Uhrzeigersinn bewegen. Verläuft die Richtung des Magnetfeldes senkrecht zur Kreisebene in Richtung des Vektors der Winkelgeschwindigkeit, so wirkt die Lorentzkraft (5.252) wegen der negativen Elektronenladung zentripetal, d. h. zum Kreismittelpunkt hin. Bei der umgekehrten Bewegungsrichtung ist ihre Richtung zentrifugal, vom Mittelpunkt weg.

Die Zentripetalkraft, die das Elektron auf der Kreisbahn hält, setzt sich zusammen aus der elektrostatischen Anziehungskraft des Atomkerns mit der Kernladungszahl $z$ und der Lorentzkraft. Sie beträgt, wenn Magnetfeldrichtung und Vektor der Winkelgeschwindigkeit gleich gerichtet sind

$$\vec{F}_{zp} = -m_e \frac{v^2}{r} \vec{e}_r = -\frac{ze^2}{4\pi\varepsilon_0 r^2} \vec{e}_r - e\vec{v} \times \vec{B} = -\frac{ze^2}{4\pi\varepsilon_0 r^2} \vec{e}_r - evB\vec{e}_r.$$
(5.314)

Für den Betrag der Geschwindigkeit $v$ erhalten wir aus (5.314) eine quadratische Gleichung.

$$v^2 - \frac{erB}{m_e} v - \frac{ze^2}{4\pi\varepsilon_0 m_e r} = 0 \Rightarrow v_{1,2} = \frac{erB}{2m_e} \pm \sqrt{\left(\frac{erB}{2m_e}\right)^2 + \frac{ze^2}{4\pi\varepsilon_0 m_e r}}$$
(5.315)

---

[1]    P. Curie (1859 – 1906).

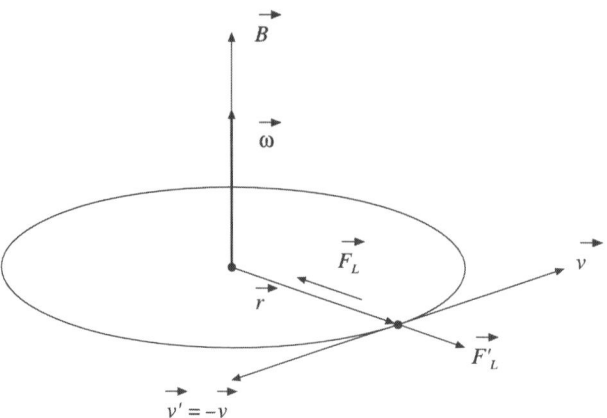

**Abb. 5.136** *Elektron auf einer Kreisbahn im Magnetfeld senkrecht zur Kreisebene.*

Da die elektrostatische Kraft groß gegen die Lorentzkraft ist, kommt in (5.315) nur die positive Wurzel in Frage und wir können den ersten Term unter der Wurzel gegen den zweiten vernachlässigen.

$$v = \frac{erB}{2m_e} + \sqrt{\frac{ze^2}{4\pi\varepsilon_0 m_e r}} = \Delta v + v_0 \tag{5.316}$$

Dabei ist $v_0$ die Geschwindigkeit, die das Elektron ohne Magnetfeld erreichen würde, diese wird um $\Delta v$ erhöht, da die Zentripetalkraft dann größer ist. Entsprechend erhöhen sich gemäß (5.273) der Strom und damit auch das magnetische Moment $m_A$. (5.275) zufolge ist das magnetische Moment dem Magnetfeld entgegengesetzt gerichtet.

$$v = -\frac{2\pi r I}{e} \quad \Rightarrow \quad m_A = I\pi r^2 \quad \Rightarrow \quad m_A = -\frac{er}{2}(v_0 + \Delta v) = m_{A.0} + \Delta m_A. \tag{5.317}$$

Bewegt sich das Elektron auf dem gleichen Kreis, aber in entgegengesetzte Richtung, so ändert sich (5.314) in

$$\vec{F}_{zp} = -m_e \frac{v^2}{r}\vec{e}_r = -\frac{ze^2}{4\pi\varepsilon_0 r^2}\vec{e}_r + evB\vec{e}_r . \tag{5.318}$$

Entsprechend verringern sich die Geschwindigkeit $v_0$ um $\Delta v$ und damit das magnetische Moment, das nun in Richtung des Magnetfeldes zeigt. Da sich sowohl in der einen als auch in der anderen Umlaufrichtung ein Elektron bewegt, beträgt das gesamte magnetische Moment in Richtung des Magnetfeldes $\vec{e}_B$

$$\vec{m}_A = -\frac{er}{2}(v_0 + \Delta v)\vec{e}_B + \frac{er}{2}(v_0 - \Delta v)\vec{e}_B = -er\Delta v\vec{e}_B = -\frac{e^2 r^2 B}{2m_e}\vec{e}_B . \tag{5.319}$$

Es ist dem Magnetfeld entgegengerichtet, so dass auch die Suszeptibilität negativ ist. In einem Atom mit $z$ Elektronen in der Hülle fließt auch der $z$-fache Strom auf Bahnen mit einer Fläche, die im Mittel $<\pi r^2>$ beträgt. Ist $<R^2> = <x^2> + <y^2> + <z^2>$ das erst durch quantenmechanische Rechnungen bestimmbare mittlere Quadrat des Atomradius, so ist für das magnetische Moment nur die Bewegung in der $x/y$-Ebene von Bedeutung. Das mittlere Quadrat $<r^2>$ beträgt dann nur $<x^2> + <y^2>$. Unter der Annahme $<x^2> = <y^2> = <z^2>$ ergibt sich dann $<r^2> = 2/3 <R^2>$. Die Polarisation bzw. die Suszeptibilität berechnet sich daher mit $z/2$ Elektronenpaaren aus (5.319) zu

$$\vec{J} = \frac{N}{V} \mu_0 < \vec{m}_A > = -\frac{N}{V} \mu_0 \frac{ze^2 <r^2> \vec{B}}{4m_e} = -\frac{N}{V} \mu_0 \frac{ze^2 <R^2> \vec{B}}{6m_e}$$

$$\chi_m = -\frac{N}{V} \mu_0 \frac{ze^2 <R^2>}{6m_e} . \tag{5.320}$$

Allgemein gilt, dass größere Atome mit mehr Elektronen auch die größere Suszeptibilität aufweisen (siehe Edelgase in **Tab. 5.7**). Umgekehrt kann man bei kugelförmig angenommenen Atomen ihren mittleren Radius bestimmen.

Da alle Atome eine Elektronenhülle haben, sind auch alle diamagnetisch, allerdings kann der Diamagnetismus durch Para- oder Ferromagnetismus so stark überlagert werden, dass er praktisch nicht mehr bemerkbar ist.

**Magnetisches Feld oder magnetische Erregung**
Wir haben im Zusammenhang mit der elektrischen Polarisation in Dielektrika neben dem elektrischen Feld eine weitere Feldgröße, die elektrische Flussdichte (5.198) eingeführt, um der Tatsache Rechnung zu tragen, dass nur diese von „freien" Ladungen herrührt, die von äußeren Spannungsquelle auf die Kondensatorplatten gebracht werden. Im Falle der konstanten Spannung zwischen den Platten bleibt die elektrische Feldstärke $E_0$ und damit elektrische Flussdichte $D_0 = \varepsilon_0 E_0 = D_m - P = \varepsilon_r D_0 - \chi_e D_0 = (\varepsilon_r - (\varepsilon_r - 1))D_0$ konstant. Bei Anwesenheit eines Dielektrikums wird der Zusammenhang zwischen Ladungen und Flussdichte durch die 3. Maxwellgleichung (5.206) beschrieben. Anschaulich bedeutet dies, dass nur Feldlinien von $\vec{D}_m - \vec{P}$ durch die Ladungen $q_{Platte}$ verursacht werden.

Den Zusammenhang zwischen Spulenstrom und magnetischer Flussdichte stellt der Ampèresche Satz (5.287) bzw. (5.289) her. Für konstanten Strom durch die Windungen einer sehr langen Spule bleibt $B_0$ im Inneren konstant, wenn der Innenraum durch magnetisierbare Materie ausgefüllt wird, so wie $D_0$ im Plattenkondensator konstant bleibt. In Anlehnung an (5.206) können wir daher schreiben

$$\oint_C \vec{B}_0 \bullet d\vec{s} = \oint_C (\vec{B}_m - \vec{J}) \bullet d\vec{s} = \mu_0 I_{Spule} . \tag{5.321}$$

Zur Unterstreichung der Rolle des Spulenstromes dividieren wir (5.321) durch $\mu_0$.

$$\oint_C \frac{\vec{B}_0}{\mu_0} \bullet d\vec{s} = \oint_C \frac{(\vec{B}_m - \vec{J})}{\mu_0} \bullet d\vec{s} = I_{Spule} . \tag{5.322}$$

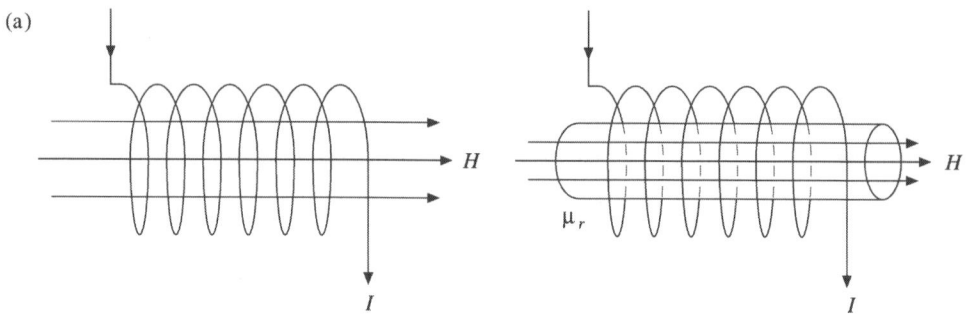

**Abb. 5.137** *Magnetisierbare Materie füllt eine sehr lange Spule, die von einem konstanten Strom durchflossen wird, vollständig aus: H = const.*

Von $I_{Spule}$ werden nur die Feldlinien von $(\vec{B}_m - \vec{J})/\mu_0$ erzeugt, so wie beim Plattenkondensator die Feldlinien von $\vec{D}_m - \vec{P}$ durch $q_{Platte}$ verursacht werden. Daher fasst man $(\vec{B}_m - \vec{J})/\mu_0$ zu einer neuen magnetischen Feldgröße, dem magnetischen Feld oder der magnetischen Erregung $\vec{H}$ zusammen.

$$\vec{H} := \frac{(\vec{B}_m - \vec{J})}{\mu_0} \;,\; [H] = \frac{[B]}{[\mu_0]} = \frac{\text{Vs}}{\text{m}^2}\frac{\text{Am}}{\text{Vs}} = \frac{\text{A}}{\text{m}} \tag{5.323}$$

Der Ampèresche Satz oder das Durchflutungsgesetz (5.289) lautet somit

$$\oint_C \vec{H} \bullet \mathrm{d}\vec{s} = I_{Leiter\,in\,C} = \int_{\substack{Fläche \\ mit\,Rand\,C}} \vec{j} \bullet \mathrm{d}\vec{a} \;. \tag{5.324}$$

Da Magnetfelder häufig von Leiterbündeln oder Spulen erzeugt werden, wird die magnetische Erregung auch in „Ampèrewindungen pro Meter" angegeben. Den Strom aller Windungen, der durch die Fläche mit dem Rand $C$ geht, bezeichnet man auch als „Durchflutung" $\Theta$. Bei der Erzeugung von Magnetfeldern durch Ströme ist die magnetische Erregung im Inneren einer langen Spule, die überall von gleichartiger Materie ausgefüllt wird, $H = H_m = H_0$. Damit folgt aus (5.312)

$$\vec{B}_m = \mu_r \vec{B}_0 = \mu_r \mu_0 \vec{H}_0 \;\Rightarrow\; \vec{B}_m = \mu_0 \vec{H}_m \;. \tag{5.325}$$

Auch die 4. Maxwellgleichung ist erfüllt, da in der langen Spule sowohl $B$ als auch $H$ konstant sind, außerhalb jedoch null.

*Dipole in Magnetfeldern*
Magnetische Dipole erfahren in Magnetfeldern Drehmomente. Beschreiben wir den Dipol, z. B. eine stromdurchflossene Leiterschleife, durch das Ampèresche magnetische Moment (5.270), so ergibt sich das Drehmoment gemäß (5.271) als Vektorprodukt von Ampèreschem magnetischen Moment und magnetischer Flussdichte. Das Dipolmoment einer Kompassna-

del wird meist durch das Coulombsche magnetische Moment (5.248) beschrieben. Entsprechend ergibt sich das Drehmoment in einem Magnetfeld zu

$$\vec{M} = \vec{m}_C \times \vec{H} .$$                                                            (5.326)

**Magnetische Erregung und Flussdichte bei Ferromagneten**

Wegen der großen technischen Bedeutung von ferromagnetischem Material sollen hier die wichtigsten Eigenschaften vorgestellt werden, insbesondere die Abhängigkeit der Flussdichte von der magnetischen Erregung, die so genannte Magnetisierungskurve. Ferromagnetismus tritt bei den Elementen Eisen, Nickel und Kobalt, einigen seltenen Erdmetallen sowie bei verschiedenen Legierungen auf. Charakteristisch ist die sehr starke Vergrößerung der Flussdichte gegenüber nicht magnetisierbarer Materie bei gegebener magnetischer Erregung sowie die nichtlineare Abhängigkeit der Flussdichte von der magnetischen Erregung in (5.325). Ursache dafür ist, dass die atomaren magnetische Momente sich nicht wie beim Paramagnetismus unabhängig voneinander in einem äußeren Feld ausrichten, sondern sich gegenseitig beeinflussen sowie von der Kristallstruktur beeinflusst werden. Auch ohne äußeres Feld kann sich eine makroskopische Polarisation aufbauen wie z. B. beim Dauermagneten.

Normalerweise ist ein Eisenstück unmagnetisch. Trotzdem ist es in viele Bereiche unterteilt, die alle bis zur Sättigung magnetisiert sind. Diese Bereiche nennt man auch Domänen oder Weißsche[1] Bezirke. Die Polarisationsrichtungen der Domänen sind regellos bzw. so verteilt, dass das Eisenstück nach außen unmagnetisch erscheint. Aufgrund der Kristallstruktur gibt es Vorzugsrichtungen für die Polarisation (leichte Richtungen). In diese Richtungen sind die Domänen magnetisiert.

Befindet sich das Eisenstück in einem Magnetfeld mit zunehmender Feldstärke, so werden zunächst die Domänen, deren Polarisation Komponenten in Feldrichtung aufweist, auf Kosten der anderen vergrößert. Schließlich werden die atomaren magnetischen Momente in die

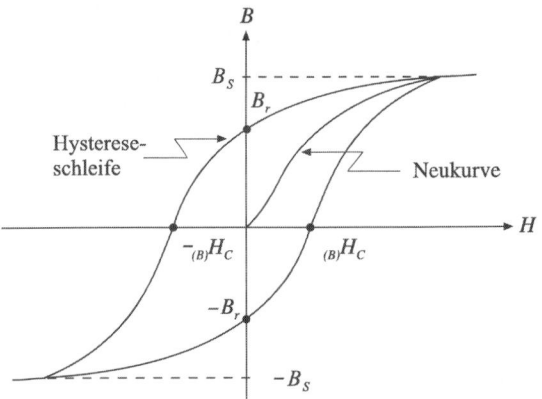

**Abb. 5.138** *Magnetisierungskurve von Eisen: Neukurve und Hystereseschleife.*

---

[1]    P. E. Weiß (1865 – 1940).

Richtung des äußeren Feldes gedreht. Sind alle ausgerichtet, so ist die Sättigung erreicht. Ein weiterer Anstieg der magnetischen Erregung bewirkt nur noch eine Steigerung der Flussdichte ~ $\mu_0$. Der Verlauf $B(H)$ für ein vorher unmagnetisches Eisenstück wird auch „Neukurve" genannt.

Wird, nachdem das Eisenstück bis zur Sättigungsflussdichte $B_S$, oberhalb der $B = \mu_0 H$ gilt, magnetisiert wurde, die magnetische Erregung $H$ wieder vermindert, so verkleinert sich auch die Flussdichte $B$. Da Drehung der Polarisation in Feldrichtung und Verschiebung der Domänengrenzen (Bloch[1]-Wände) mit irreversiblen Effekten verknüpft sind, bleibt auch bei $H = 0$ eine von null verschiedene Polarisation bzw. Flussdichte im Eisen, die Remanenzflussdichte oder Remanenz[2] $J_r = B_r$. Um die Flussdichte weiter zu verkleinern, ist eine magnetische Erregung mit umgekehrtem Vorzeichen erforderlich. Die Erregung, bei der die Flussdichte null wird, nennt man Koerzitivfeldstärke[3] oder Koerzitivkraft, $-_{(B)}H_C$. Bei weiterer Vergrößerung der (negativen) Erregung wird schließlich die Sättigung der Flussdichte bei $-B_S$ erreicht. Wird von dort $H$ wieder auf null reduziert, so verbleibt wiederum eine Remanenz $-B_r$. Zum Erreichen von $B = 0$ muss die Erregung $_{(B)}H_C$ betragen. Die Magnetisierung erfolgt nun nicht mehr auf der Neukurve, sondern wegen der „Vorgeschichte" auf einer so genannten Hystereseschleife. Zieht man von der Flussdichte $\mu_0 H$ ab, so erhält man mit (5.312) die Hystereseschleife der Polarisation $J$. Dabei ist $J_r = B_r$, allerdings unterscheiden sich die Koerzitivfeldstärken. Im $J(H)$ Diagramm wird sie mit $_{(J)}H_C$ bezeichnet.

Diese Hysterese, der unterschiedliche Verlauf $B(H)$ für steigende und fallende magnetische Erregung, ist charakteristisch für Ferromagnetika. Die Größe der Koerzitivfeldstärke ist ein

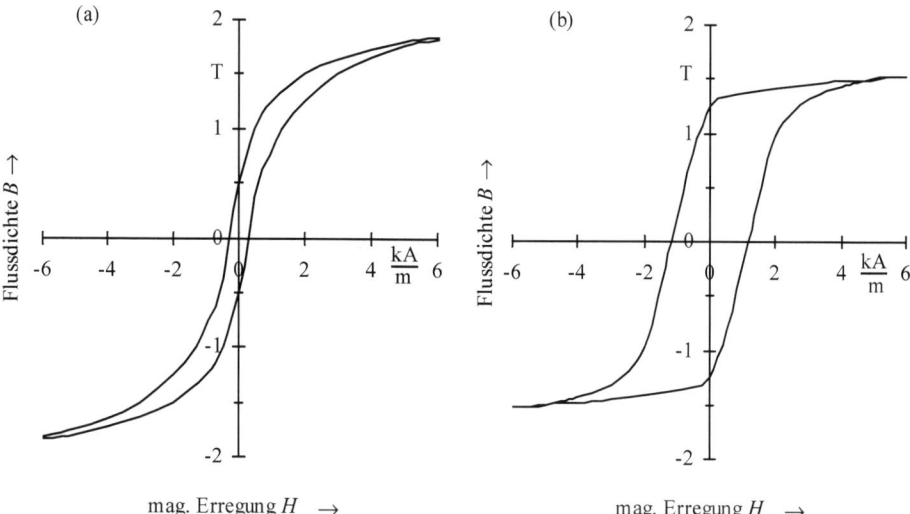

**Abb. 5.139** *Hysteresekurven von weichmagnetischem (a) und hartmagnetischem Eisen (b).*

---

[1]     F. Bloch (1905 – 1983).
[2]     Remanere, lat. zurückbleiben.
[3]     Coercere, lat. in die Schranken verweisen.

Maß für die magnetische Härte des Materials. Weichmagnetische Stoffe haben eine kleine Koerzitivfeldstärke und können leicht durch ein äußeres Magnetfeld ummagnetisiert werden. Sie werden vorzugsweise in Transformatoren, Übertragern und elektrischen Maschinen eingesetzt. Hartmagnetische Stoffe eignen sich als Dauermagnete, ihre Ummagnetisierung erfordert starke Felder. Bei weichmagnetischen Stoffen ist die Remanenzflussdichte in der Regel wesentlich kleiner als die Sättigungsflussdichte, bei Hartmagneten ist der Unterschied klein.

Die Domänen in einem Ferromagneten sind bis zur Sättigung magnetisiert, auch wenn er nach außen hin unmagnetisch ist. Alle magnetischen Momente sind in die leichten Richtungen orientiert, allerdings wird diese Ordnung durch die thermische Bewegung der Atome gestört. Diese Störung wird umso stärker, je höher die Temperatur ist. Oberhalb einer kritischen Temperatur, der Curie-Temperatur, wird die ferromagnetische Ordnung zerstört, der Ferromagnet verhält sich dann wie ein Paramagnet. Um einen Magneten zu entmagnetisieren, kann man ihn über die Curietemperatur erhitzen.

*Tab. 5.8 Kenngrößen weichmagnetischer Werkstoffe.*

| Werkstoff | Curietemperatur in °C | Sättigungspolarisation in T | Koerzitivfeldstärke in A/m |
|---|---|---|---|
| Reineisen | 770 | 2,15 | 12 ... 160 |
| Nickeleisen | 280 ... 520 | 0,8 ... 1,55 | 0,8 ... 20 |
| Dynamoblech | ≈ 760 | ≤ 2,1 | 10 ... 100 |
| Amorphe Legierungen | 210 ... 430 | 0,55 ... 1,4 | 0,3 ... 3 |

*Tab. 5.9 Kenngrößen hartmagnetischer Werkstoffe.*

| Werkstoff | Curietemperatur in °C | Remanenzflussdichte in T | Koerzitivfeldstärke in kA/m |
|---|---|---|---|
| Werkzeugstahl | ? | 1,3 | 1,8 |
| Kobaltstahl | ? | 0,84 | 9,5 ... 18,3 |
| AlNiCo-Legierungen | 850 ... 860 | 0,7 ... 1,3 | 53 ... 110 |
| Pt-Co Legierung | ? | 0,63 | ≈ 380 |
| Seltene Erden-Co-Legierungen | ≈ 720 | ≈ 0,9 | ≈ 600 |
| Ferrite | 450 | 0,35 | 320 |

Wegen des nicht linearen Verlaufes der Hysteresekurven von Ferromagneten gibt es keine konstante relative Permeabilität gemäß (5.325). Um trotzdem mit (5.325) arbeiten zu können, sind für die verschiedenen Fragestellungen relative Permeabilitäten definiert worden, die sich auf die relevanten Bereiche der Hysteresekurve beziehen.

Den ferromagnetischen Stoffen sehr verwandt sind die ferrimagnetischen Stoffe, die als Ferrite ebenfalls große technische Bedeutung haben. Sie bestehen meistens aus einem Gemisch von Oxiden unterschiedlicher Metalle, wobei die magnetischen Momente der Metallatome entgegengesetzt gerichtet sind und sich teilweise kompensieren. Trotzdem erreichen Ferrite hohe relative Permeabilitäten (siehe **Tab. 5.7**). Ihr Vorteil liegt darin, dass sie als Oxide Nichtleiter sind und somit in ihnen keine Wirbelströme (siehe Kapitel 5.3.7 (Wirbelströme)) induziert werden können.

### Feldverläufe bei Anwesenheit magnetisierbarer Materie

Wird ein Körper aus magnetisierbarer Materie durch ein äußeres homogenes Magnetfeld polarisiert, so ist auch die Polarisation homogen. Sie bewirkt außerhalb des Körpers daher ein Dipolfeld, dessen Flussdichte in großen Abständen durch (5.250) beschrieben wird. Dieses Dipolfeld überlagert sich mit dem äußeren Feld.

Ist der Körper para- oder ferromagnetisch, so wird im Außenraum die Flussdichte $B_a$ und die magnetische Erregung $H_a = B_a/\mu_0$ im Bereich der Pole durch das Dipolfeld verstärkt, ansonsten aber geschwächt.[1] Der magnetische Fluss wird durch den Körper „gebündelt". Dieser Effekt wird umso stärker, je größer die relative Permeabilität $\mu_r$ des Körpers ist. An der Grenzfläche des Körpers, die die Bereiche unterschiedlicher relativer Permeabilitäten trennt, ändern sich Flussdichte und magnetische Erregung aufgrund der Polarisation der Materie.

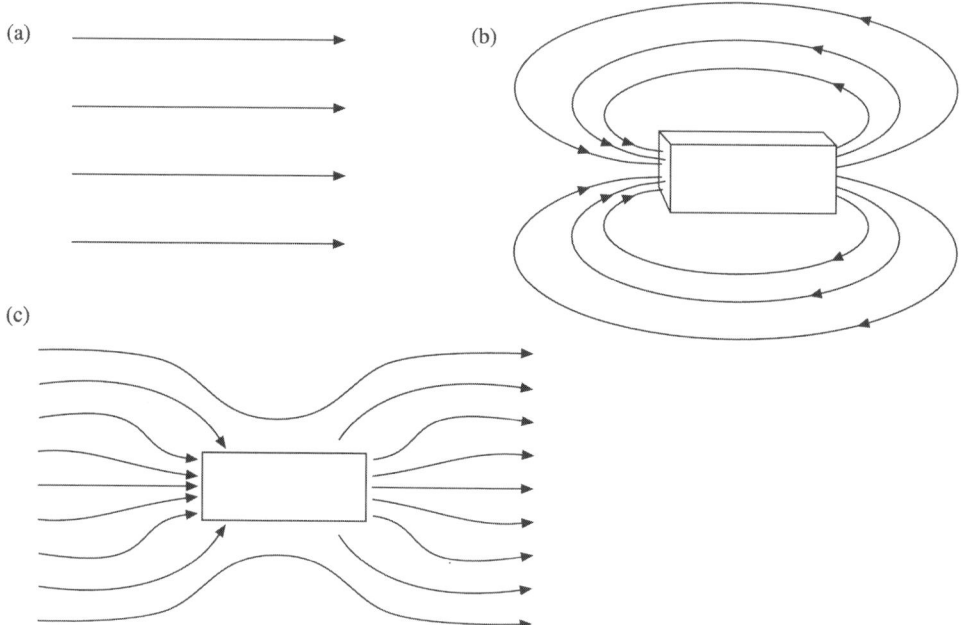

***Abb. 5.140*** *Ein Körper aus magnetisierbarer Materie ($\mu_r > 1$) befindet sich in einem homogenen äußeren Feld: (a) homogenes Feld, (b) Dipolfeld aufgrund der Polarisation, (c) resultierendes Feld.*

---

[1]    Bei diamagnetischen Körpern ist es genau umgekehrt: Feldschwächung im Bereich der Pole, Feldverstärkung im übrigen Raum.

Dort gelten ähnliche Zusammenhänge wie die auf Seite 589 beschriebenen für elektrisches Feld und elektrische Flussdichte an Grenzflächen verschiedener Dielektrika.

> Die Normalkomponente der magnetischen Flussdichte sowie die Tangentialkomponente der magnetischen Erregung ändern sich nicht. Die Tangentialkomponente der Flussdichte und die Normalkomponente der Erregung ändern sich dagegen sprunghaft.

Dabei wird vorausgesetzt, dass auf der Grenzfläche keine Ströme fließen. Entsprechend gilt für die Feldkomponenten (5.207), dabei sind $D$ durch $B$ und $E$ durch $H$ sowie die $\varepsilon$'s durch die $\mu$'s zu ersetzen. Aus (5.207) erhalten wir die Verhältnisse der Tangentialkomponenten von $B$ und der Normalkomponenten von $H$:

$$\mu_{r,1}\mu_0 H_{1,n} = B_{1,n} , \; \mu_{r,2}\mu_0 H_{2,n} = B_{2,n} = B_{1,n} \qquad \Rightarrow \qquad \frac{H_{1,n}}{H_{2,n}} = \frac{\mu_{r,2}}{\mu_{r,1}} \tag{5.327}$$

$$\mu_{r,1}\mu_0 H_{1,t} = B_{1,t} , \; \mu_{r,2}\mu_0 H_{2,t} = B_{2,t} = \mu_{r,2}\mu_0 H_{1,t} \quad \Rightarrow \quad \frac{B_{1,t}}{B_{2,t}} = \frac{\mu_{r,1}}{\mu_{r,2}} . \tag{5.328}$$

Trifft eine Feldlinie der Flussdichte $B_1$ unter dem Winkel $\alpha_1$ zur Normalen auf die Grenzfläche, so wird diese mit dem Winkel $\alpha_2$ fortgesetzt. Mit $\tan\alpha_1 = B_{1,t}/B_{1,n}$ und $\tan\alpha_2 = B_{2,t}/B_{2,n}$ erhalten wir aus (5.328)

$$\frac{\dfrac{B_{1,t}}{B_{1,n}}}{\dfrac{B_{2,t}}{B_{2,n}}} = \frac{B_{1,t}}{B_{2,t}} = \frac{\tan\alpha_1}{\tan\alpha_2} = \frac{\mu_{r,1}}{\mu_{r,2}}, \text{ mit (5.327)} \Rightarrow \frac{H_{1,n}}{H_{2,n}} = \frac{\mu_{r,2}}{\mu_{r,1}} = \frac{\tan\alpha_2}{\tan\alpha_1}. \tag{5.329}$$

Unterscheiden sich die relativen Permeabilitäten stark, wie z. B. an der Grenzfläche von Vakuum ($\mu_{r,1} = 1$) und Eisen ($\mu_{r,2} = 10^4$), so wird die aus dem Vakuum kommende Flussdichte $\vec{B}_1 = \vec{B}_{1,t} + \vec{B}_{1,n}$ mit vorgegebenem $\alpha_1$ praktisch parallel zur Grenzfläche abgelenkt, da mit (5.328) $B_{2,t} = 10^4 B_{1,t}$ ist. Umgekehrt ist die Normalkomponente $H_{2,n}$ $10^4$-mal schwächer als $H_{1,n}$, also verläuft $\vec{H}_2$ ebenfalls nahezu parallel zur Grenzfläche. Ist dagegen $\alpha_2$ z. B. durch eine feste Polarisationsrichtung definiert, so stellt sich $\alpha_1 = 90°$ ein. Dieser Fall ist dem eines Leiters im elektrischen Feld ähnlich, auch hier wird das äußere Feld so deformiert, dass die Feldlinien senkrecht auf dem Leiter verlaufen.

Hohlkörper aus hochpermeablen Stoffen eignen sich daher gut zur Abschirmung von Magnetfeldern, da sie eindringende Felder parallel zur Grenzfläche ablenken, so dass sie praktisch nicht in den Innenraum gelangen. Da jedoch für alle Werkstoffe die relative Permeabilität endlich ist, können Magnetfelder im Gegensatz zu elektrischen Feldern nicht vollständig abgeschirmt werden.

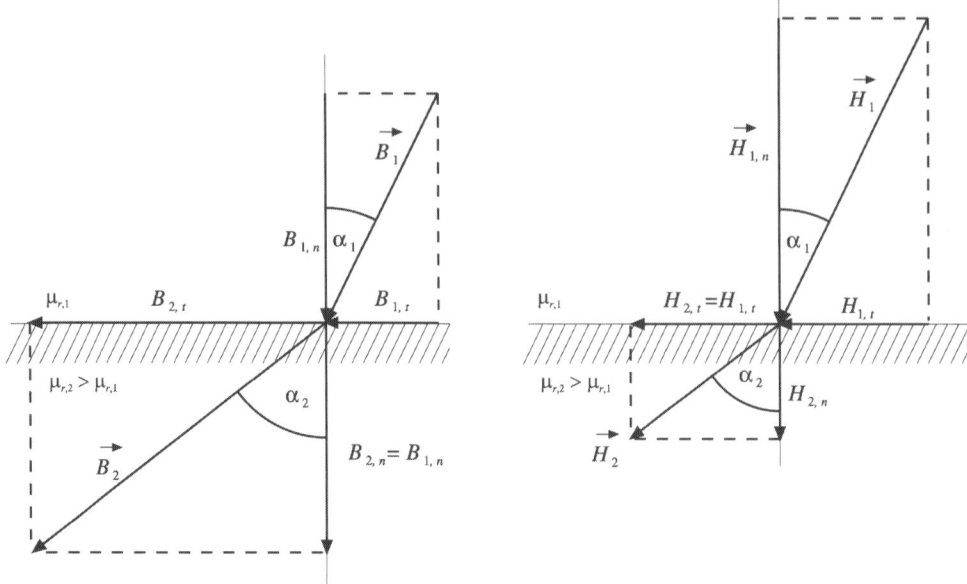

**Abb. 5.141** *Verlauf der Feldlinien für $\vec{B}$ und $\vec{H}$ an der Grenzfläche von zwei Bereichen unterschiedlicher relativer Permeabilitäten.*

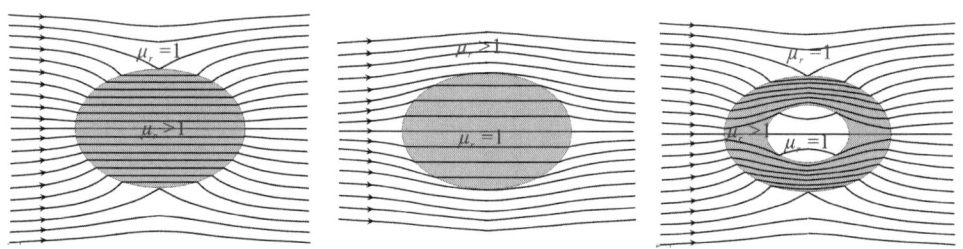

**Abb. 5.142** *Zur Wirkungsweise der Abschirmung von Magnetfeldern.*

## Magnetische Kreise

Zur Einführung der magnetischen Erregung $H$ haben wir eine sehr lange Spule betrachtet, in deren Inneren die Felder konstant sind. Ersatzweise kann man sich die Spule durch eine Toroidspule ersetzt denken, deren Windungsradius klein gegen den Radius des Torus ist. Die Feldstärken sind ebenfalls konstant, allerdings ändern sich die Feldrichtungen. Der Vorteil einer Toroidspule ist, dass wir das Problem des Spulenendes nicht betrachten müssen. Eine solche Spule stellt einen einfachen magnetischen Kreis dar, der gesamte magnetische Fluss verläuft in der Spule.

Ein anderer Fall liegt vor, wenn im Gegensatz zu obigem Beispiel eine Toroidspule nicht vollständig durch einen Kern mit magnetisierbarer Materie ausgefüllt ist, sondern sie durch einen Luftspalt wie in **Abb. 5.144** unterbrochen wird. Seine Grenzflächen sollen senkrecht zum näherungsweise homogenen Feld verlaufen.[1] Im Kern liegt die Flussdichte (5.312) bzw. (5.325) vor. Durch die Polarisation $J$ der Materie wirkt der Kern wie ein Magnet, dessen Pole die Grenzflächen zwischen Kern und Luftspalt darstellen. Die Flussdichte wird dort gegenüber der Flussdichte $B_0$, die in der Spule ohne Kern vorliegen würde, um die Flussdichte $B_{Pol.}$ verstärkt. Ist der Luftspalt klein gegen den Radius der Windungen, so ist $B_{Pol.} = J$, die Flussdichten im Kern und im Luftspalt sind somit gleich, die 4. Maxwellgleichung ist erfüllt.

Allerdings ist die magnetische Erregung $H$ im Kern und im Luftspalt unterschiedlich. Mit der Länge $l_K$ und $l_L$ des Kerns bzw. des Luftspaltes gilt aufgrund des Ampèreschen Satzes, wenn

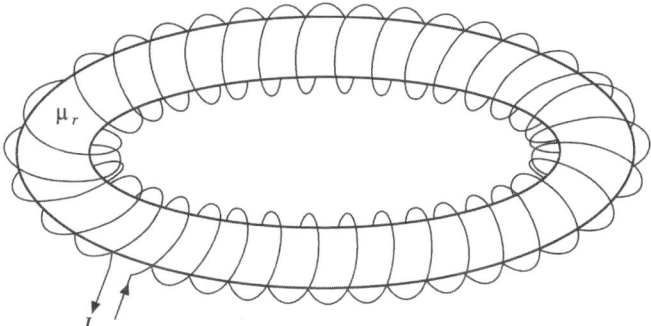

*Abb. 5.143* Toroidspule, deren Inneres mit magnetisierbarer Materie ausgefüllt ist. Die Feldverhältnisse sind mit denen aus *Abb. 5.137* vergleichbar.

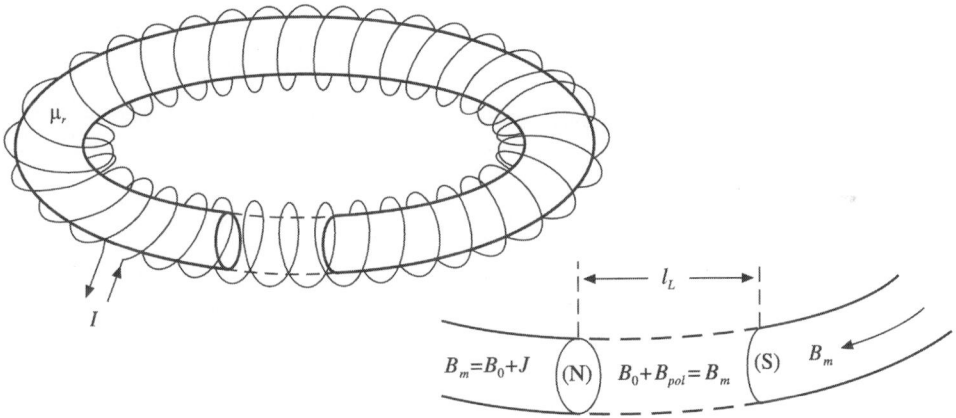

*Abb. 5.144* Magnetisierbare Materie füllt das Innere einer Toroidspule wie in *Abb. 5.143* bis auf einen Luftspalt aus: B = const.

---

[1]    Sind die Abmessungen des Luftspaltes klein gegen die des Kerns, so wird im Luftspalt nur die Feldstärke verändert. Bei größeren Luftspalten oder Spulenkernen, die nicht den gesamten Spulenquerschnitt ausfüllen, ändert sich auch der Verlauf der Feldlinien.

man $H_K$ und $H_L$ als konstant in der Toroidspule, deren $N$ Windungen von einem Strom $I$ durchflossen werden, annimmt:

$$\oint_{\substack{Torus- \\ mittellinie}} \vec{H} \bullet d\vec{s} \approx l_K H_K + l_L H_L = NI \tag{5.330}$$

Die magnetische Erregung beträgt mit (5.325) bei konstanter Flussdichte $B_m$

$$\vec{H}_L = \frac{\vec{B}_m}{\mu_0} \text{ im Luftspalt und } \vec{H}_K = \frac{\vec{B}_m}{\mu_r \mu_0} \text{ im Kern.} \tag{5.331}$$

In einer Toroidspule mit einem Kern, der von einem Luftspalt unterbrochen wird und durch deren $N$ Windungen ein Strom $I$ fließt, beträgt die Flussdichte $B_m$

$$\frac{B_m}{\mu_0} l_L + \frac{B_m}{\mu_r \mu_0} l_K = NI , \Rightarrow B_m = \frac{NI}{\dfrac{l_L}{\mu_0} + \dfrac{l_K}{\mu_r \mu_0}} = \mu_r \mu_0 \frac{NI}{\mu_r l_L + l_K} . \tag{5.332}$$

Vergleicht man diese Flussdichte mit der Flussdichte der gleichen Spule, allerdings ohne Luftspalt,

$$\vec{B}'_m = \mu_r \mu_0 \vec{H}_0 \text{, mit } \oint_{\substack{Torus- \\ mittellinie}} \vec{H} \bullet d\vec{s} = NI \Rightarrow B'_m = \mu_r \mu_0 \frac{NI}{l_K + l_L} , \tag{5.333}$$

so sieht man, dass durch den Luftspalt die Flussdichte in der Spule verkleinert wird. Ein Luftspalt wirkt für paramagnetische oder ferromagnetische Stoffe „entmagnetisierend". Auch mit Luftspalt ist diese Anordnung ein magnetischer Kreis, der gesamte magnetische Fluss bleibt in der Toroidspule.

Umfassen die Wicklungen nicht den gesamten Kern, der nicht von einem Luftspalt unterbrochen sein soll, so dringen einige Feldlinien aus dem Kern und verursachen einen so genannten „Streufluss". Dieser ist umso kleiner, je höher die relative Permeabilität des Kerns ist. Mit dieser Einschränkung kann man Toroide oder ähnlich geschlossene Strukturen[1] aus hochpermeablem Material, die nur in bestimmten Bereichen durch Ströme magnetisch erregt werden, als magnetische Kreise ansehen, bei denen der magnetische Fluss im Wesentlichen in dem vom Material ausgefüllten Bereich bleibt. Häufig kann näherungsweise die magnetische Erregung in dem Kreis wie bei einer Toroidspule als konstant angesehen werden.

Die 4. Maxwellgleichung (5.251) bedeutet, dass für die Flussdichte in einem magnetischen Kreis keine Quellen existieren. Der magnetische Fluss ist konstant. In gleicher Weise gibt es in einem Ladungsstromkreis wegen der Erhaltung der Ladung keine Quellen für die Stromdichte, der Strom ist in einem unverzweigten Stromkreis konstant.

---

[1]  Allgemein bezeichnet man diese Geometrien als mehrfach zusammenhängende Gebiete.

---

Korrespondenz zwischen elektrischen Stromkreisen und magnetischen Flusskreisen:

Die Stromdichte $j$ entspricht der magnetischen Flussdichte $B$, der Strom $I$ dem magnetischen Fluss $\Phi$.

---

Bei Stromverzweigungen gilt die Kirchhoffsche Knotenregel (5.6). Entsprechendes gilt für magnetische Kreise bei Verzweigungen: Die Summe der Flüsse an einem Knoten ist null.

Der magnetische Fluss $\Phi$ wird verursacht durch die magnetische Erregung $H$, die ihrerseits durch Ströme bewirkt wird. Den Zusammenhang zwischen den Strömen und der magnetischen Erregung stellt der Ampèresche Satz (5.324) über die Durchflutung $\Theta$ her. Diese ist der gesamte Strom durch eine Fläche, die der magnetische Kreis umschließt. Bei $N$ Windungen um den Kern, die von dem Strom $I$ durchflossen werden, beträgt $\Theta = NI$. Weist der Kern des magnetischen Kreises einen konstanten Querschnitt $A_K$ senkrecht zur Flussdichte $B_K$ auf und ist die Länge $l_K$ der Feldlinien im Kern als konstant anzusehen, so gilt mit (5.325) der Zusammenhang zwischen Durchflutung $\Theta$ bzw. Strom und magnetischem Fluss $\Phi$:

$$\oint_C \vec{H} \bullet d\vec{s} = NI = \Theta \text{, mit } B_K = \mu_r \mu_0 H = \mu_r \mu_0 \frac{\Theta}{l_K} = \mu_r \mu_0 \frac{NI}{l_K} \;\Rightarrow$$

$$\Theta = NI = \frac{B_K}{\mu_r \mu_0} l_K \text{, mit } \Phi = B_K A_K \;\Rightarrow\; \Theta = \frac{1}{\mu_r \mu_0} \frac{l_K}{A_K} \Phi . \tag{5.334}$$

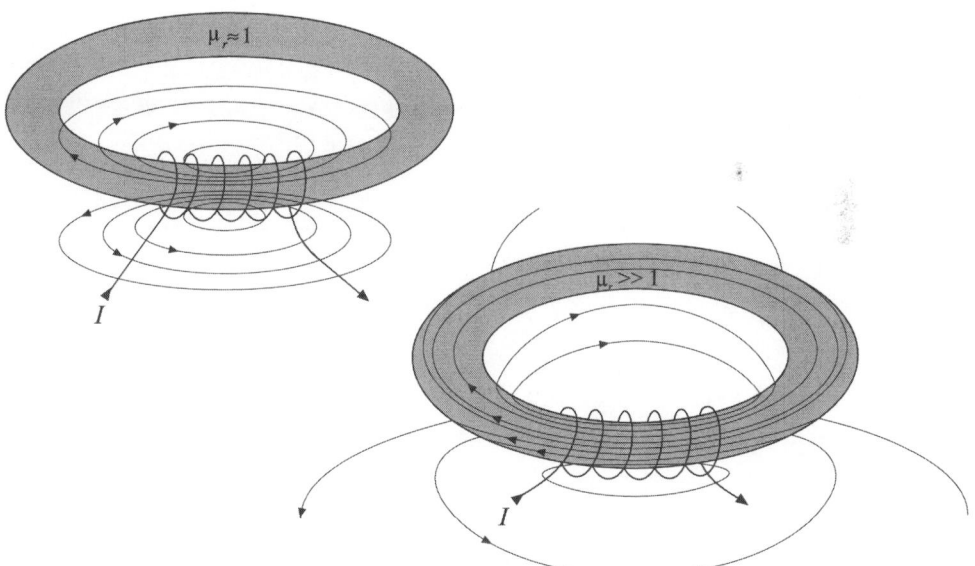

**Abb. 5.145** *Magnetischer Kreis, der nur in einem Bereich durch einen Strom angeregt wird.*

Dabei wurde vereinfachend angenommen, dass $H$ längs der Feldlinien und $B_K$ in der Querschnittsfläche des Kerns konstant sind. Vergleicht man (5.334) mit dem Ohmschen Gesetz (5.16), so korrespondiert $\Theta$ mit der elektrischen Spannung, die zur Aufrechterhaltung des Stroms erforderlich ist, und

$$R_m = \frac{1}{\mu_r \mu_0} \frac{l_K}{A_K} \qquad (5.335)$$

mit dem Ohmschen Widerstand des Leiters. Die Durchflutung $\Theta$ wird auch als „magnetische Spannung" bezeichnet. Auch bei den Bestimmungsgrößen $\mu_r \mu_0$, $l_K$ und $A_K$ für den magnetischen Widerstand $R_m$ des magnetischen Kreises, der dem Ohmschen Widerstand des Stromkreises entspricht, gibt es gemäß (5.20) Korrespondenzen: $\mu_r \mu_0$ entspricht der elektrischen Leitfähigkeit $\kappa$ und wird daher als magnetische Leitfähigkeit bezeichnet, $l_K$ und $A_K$ der Länge und der Querschnittsfläche des Widerstandes. Der Fluss $\Phi$ entspricht dem elektrischen Strom. (5.334) kann man daher als „Ohmsches Gesetz des magnetischen Kreises" formulieren:

$$\Theta = R_m \Phi \qquad (5.336)$$

Allerdings gibt es zwischen magnetischem und Ohmschem Widerstand einen gravierenden Unterschied:

> Beim magnetischen Fluss durch einen magnetischen Widerstand entsteht keine Wärme.

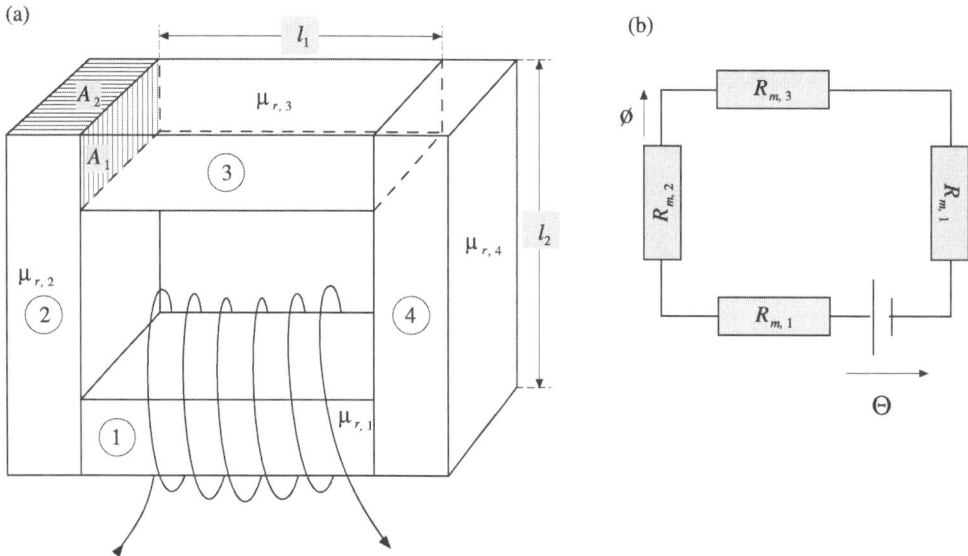

**Abb. 5.146** *(a):Magnetischer Kreis mit Elementen unterschiedlicher relativer Permeabilität, Länge und Querschnittsfläche. (b): Ersatzschaltbild.*

Besteht der magnetische Kreis wie in **Abb. 5.146** (a) aus Elementen unterschiedlicher relativer Permeabilität $\mu_r$, Länge $l$ und Querschnittsfläche $A$, wobei der der Fluss hauptsächlich im Material bleibt, so ist der Weg längs der Feldlinien im Material entsprechend aufzuteilen. Im unverzweigten Kreis ist der Fluss konstant. In den jeweiligen Abschnitten drücken wir $H$ durch den Fluss $\Phi = BA$ aus.

$$\oint_C \vec{H} \bullet \mathrm{d}\vec{s} = NI = \Theta = H_1 l_1 + H_2 l_2 + H_3 l_3 + H_4 l_4 \,,$$

$$\Theta = \frac{B_1}{\mu_{r,1}\mu_0}l_1 + \frac{B_2}{\mu_{r,2}\mu_0}l_2 + \frac{B_3}{\mu_{r,3}\mu_0}l_3 + \frac{B_4}{\mu_{r,4}\mu_0}l_4 \,, \text{ mit } \Phi = B_i A_i \;\Rightarrow$$

$$\Theta = NI = \left(\frac{l_1}{\mu_{r,1}\mu_0 A_1} + \frac{l_2}{\mu_{r,2}\mu_0 A_1} + \frac{l_3}{\mu_{r,3}\mu_0 A_1} + \frac{l_4}{\mu_{r,4}\mu_0 A_1}\right)\Phi \,,$$

$$\Theta = NI = (R_{m1} + R_{m1} + R_{m1} + R_{m1})\Phi \,. \tag{5.337}$$

Wie bei einer Reihenschaltung Ohmscher Widerstände addieren sich die magnetischen Widerstände. Wir können ein Ersatzschaltbild **Abb. 5.146** (b) wie bei einem Stromkreis mit Spannungsquelle und Widerständen angeben. Der „Pluspol" der magnetischen Spannungsquelle entspricht dem „Nordpol" der Spule, aus dessen Richtung die Feldlinien kommen. Die Korrespondenz von elektrischen Netzwerken und magnetischen Kreisen ermöglicht es auch bei komplizierteren Strukturen, die Zusammenhänge aus Kapitel 5.1.4 für die Berechnungen zu verwenden.

Auch wenn der Torus des Kerns in **Abb. 5.145** von einem nicht allzu großen Luftspalt unterbrochen wird, können der Fluss $\Phi$ und die magnetische Erregung $H$ dort als konstant angesehen werden. Der Luftspalt der Länge $l_L$ und der Querschnittsfläche $A_L$ weist einen entsprechenden magnetischen Widerstand

$$R_{m,L} = \frac{1}{\mu_0} \frac{l_L}{A_L} \tag{5.338}$$

auf. Wie bei der Toroidspule in **Abb. 5.144** wirkt auch hier der Luftspalt entmagnetisierend. Bei größeren Luftspalten kann die Flussdichte nicht mehr als konstant angesehen werden,

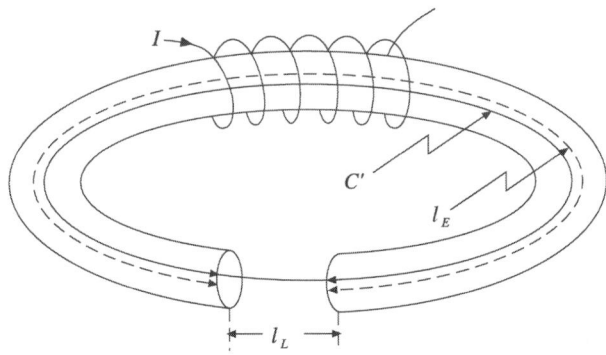

*Abb. 5.147 Magnetischer Eisenkreis mit Luftspalt.*

das Feld im Luftspalt „baucht" aus und nähert sich einem Dipolfeld an. Die „einfache" Berechnung magnetischer Kreise wird dann ungenau, für die Streuflüsse müssen weitere Widerstände in das magnetische Netzwerk eingeführt werden.

Wichtig ist, dass bei ferromagnetischen Kernen, so genannten „Eisenkreisen", die magnetische Leitfähigkeit $\mu_r\mu_0$ keine Konstante ist. Zur Berechnung der Flussdichte eines Eisenkreises mit Luftspalt bei gegebenem Strom durch die Windungen können wir nicht in Anlehnung an (5.337) vorgehen, da der magnetische Widerstand des Eisenkerns nicht mit (5.335) zu berechnen ist. Unter Vernachlässigung von Streuflüssen gilt (5.324) mit näherungsweise konstanten magnetischen Erregungen und Flussdichten im Kern und Luftspalt, wobei die Querschnittsflächen von Kern und Luftspalt an den Grenzen gleich sind.

$$\oint_C \vec{H} \bullet \mathrm{d}\vec{s} = NI = H_K l_K + H_K l_K \text{ , mit } B_K = B_L = \mu_0 H_L \ \Rightarrow$$

$$NI = H_K l_K + \frac{B_K}{\mu_0} l_L \ \Rightarrow \ B_K = \frac{\mu_0}{l_L}(NI - H_K l_K) \ \Rightarrow$$

$$B_K = -\mu_0 \frac{l_K}{l_L} H_K + \frac{\mu_0}{l_L} NI \tag{5.339}$$

Dabei haben wir den Weg $C$ der Feldlinien in den Eisenweg der Länge $l_K$ und den Luftweg $l_L$ aufgeteilt. (5.339) beschreibt den funktionalen Zusammenhang $B_K(H_K)$, eine Gerade mit der Steigung $-\mu_0 l_K/l_L$ und dem Achsenabschnitt $\mu_0 NI/l_L$ auf der $B_K$-Achse. Weiterhin muss das Wertepaar $(B_K, H_K)$ auf der Magnetisierungskurve, der Hystereseschleife, liegen. Der

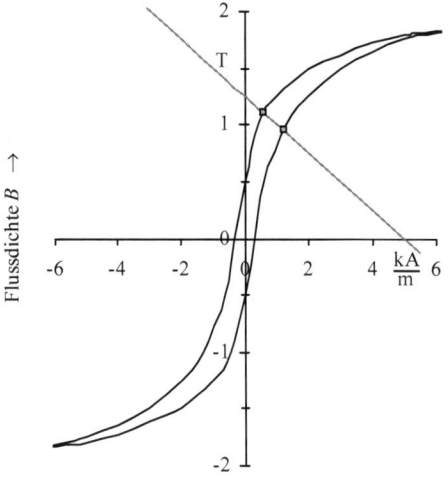

**Abb. 5.148** *Zur Bestimmung von $B_K$ und $H_K$ im Eisenkreis mit Luftspalt ($l_K/l_L = 200$, $NI = 10$ kA). Aufgrund der Hysterese der Magnetisierungskurve gibt es zwei Schnittpunkte mit der Geraden (5.339).*

Schnittpunkt der Geraden (5.339) und der Magnetisierungskurve legt daher die Werte von magnetischer Flussdichte und Erregung fest.

Aus den Schnittpunkten der Magnetisierungskurve $B_K(H_K)$ des Eisens mit der Geraden (5.339) können wir hilfsweise mit $B_K = \mu_r\mu_0 H_K$ ein mittleres $\mu_r$ bestimmen. Setzen wir dieses $\mu_r$ in (5.339) ein, so erhalten wir (5.332).

Magnetische Kreise bestehen immer aus einem Körper aus hochpermeablem Material, der von Luft umgeben ist. Magnetfelder, die durch stromdurchflossene Leiter verursacht werden, können wegen dieser Inhomogenität des Raumes, der sie umgibt, nicht mit den Methoden des Biot-Savartschen Gesetzes berechnet werden. Dieses setzt nämlich voraus, dass der Raum um die Leiter homogen ist, d. h. eine einheitliche relative Permeabilität hat.

**Dauermagnete**
Wird bei einer Toroidspule mit geschlossenem Eisenkern (siehe **Abb. 5.143**), durch deren Windungen ein Strom fließt, durch den der Kern bis zur Sättigung magnetisiert wird, der Strom durch die Spule abgeschaltet, so ist dem Ampèreschen Satz (5.324) zufolge die magnetische Erregung $H = 0$ im Kern. Aus der Magnetisierungskurve, z. B. **Abb. 5.139**, folgt dann, dass im Kern die Remanenzflussdichte, die der magnetischen Polarisation entspricht, vorliegt.

Weist dieser magnetische Kreis einen Luftspalt auf, so entspricht dies dem eben behandelten Eisenkreis mit $I = 0$. Der Zusammenhang (5.339) zwischen magnetischer Erregung und Flussdichte im Dauermagneten (im Kern) lautet in diesem Fall

$$B_L = B_K = -\mu_0 \frac{l_K}{l_L} H_K. \tag{5.340}$$

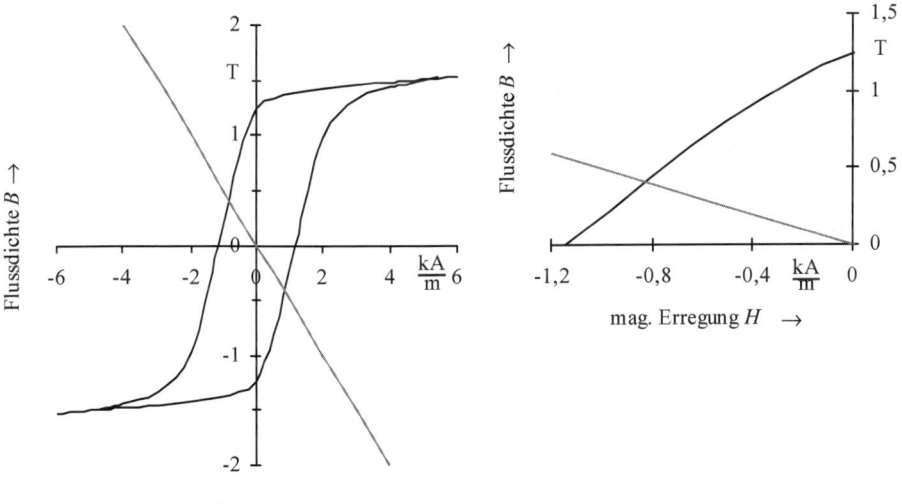

**Abb. 5.149** *Bestimmung von $B_K$ und $H_K$ in einem magnetischen Kreis mit Permanentmagneten (rechts: Ausschnitt des 2. Quadranten).*

Aus (5.340) geht hervor, dass Flussdichte und magnetische Erregung im Dauermagneten entgegengesetzt gerichtet sind. Der funktionale Zusammenhang $B_K(H_K)$ wird somit durch eine Gerade mit der Steigung $- \mu_0 l_K/l_L$ beschrieben. Das Wertepaar $(B_K, H_K)$ befindet sich außerdem (bei positiv angenommenem $B_K$) im zweiten Quadranten der Hystereseschleife in **Abb. 5.139**. Die Flussdichte, die sich gemäß (5.340) einstellt, ist generell kleiner als die Remanenz, daher nennt man die Hystereseschleife im zweiten Quadranten auch „Entmagnetisierungskurve". $B_K$ und $H_K$ findet man somit durch den Schnittpunkt der durch (5.340) festgelegten Geraden mit der Entmagnetisierungskurve.

Um vorgegebene Werte $B_K$ und $H_K$ zu erhalten, muss das Verhältnis $l_K/l_L$ geeignet gewählt werden. Dieser „Arbeitspunkt" ist davon abhängig, wie der Dauermagnet eingesetzt wird. Ist der Dauermagnet in einen magnetischen Kreis mit Luftspalt eingebaut, so kann der Zusammenhang $B_K(H_K)$ über die Betrachtung der magnetischen Widerstände der einzelnen Komponenten des Kreises erhalten werden.

Die oben gemachten Betrachtungen setzen voraus, dass magnetische Erregung und Flussdichte in den jeweiligen Elementen als konstant angesehen werden können. Bei einem Stabmagneten ist dies sowohl für den Außenraum als auch im Magneten nicht der Fall, der Streufluss ist hier der Hauptfluss. Das Magnetfeld entspricht in seiner räumlichen Verteilung in großer Entfernung zum Magneten einem Dipolfeld. Hier kann der magnetische Widerstand nur durch Lösen des Ampèreschen Satzes und der 4. Maxwellgleichung berechnet werden. Auch ohne diese Rechnungen kann festgestellt werden, dass die Längen der Feldlinien im Außenraum wesentlich länger sind als im Magneten, so dass (5.340) eine sehr kleine Flussdichte im Magneten ergibt. Die magnetische Erregung nimmt somit Werte in der Nähe der Koerzitivfeldstärke an.

## 5.3.7 Magnetische Induktion

Im Kapitel 5.3.2 haben wir die Kraftwirkung magnetischer Felder auf stromdurchflossene Leiter kennen gelernt. Die Lorentzkraft (5.252) wirkt dabei auf die Ladungsträger, die sich mit einer kollektiven Driftgeschwindigkeit bewegen. Angetrieben werden die Ladungsträger von einer an den Enden des Leiters wirkenden Spannung, durch die der Ohmsche Widerstand überwunden wird. Eine Konsequenz der Lorentzkraft ist der Hall-Effekt, bei dem sich eine Spannung im Leiter ausbildet, wenn Strom und Magnetfeld senkrecht aufeinander stehen.

Bewegt sich dagegen ein Leiter als Ganzes in einem Magnetfeld, so erfahren die in ihm befindlichen frei beweglichen Ladungsträger ebenfalls die Lorentzkraft senkrecht zur Bewegungsrichtung und zum Feld und setzen sich in Bewegung. Dadurch wird die Gleichverteilung der Ladungsträger im Leiter gestört und zwischen den Enden des Leiters bildet sich aufgrund der Aufladung eine Spannung aus.

Um die Spannung zwischen den Leiterenden messen zu können, muss jedoch ein Messgerät angeschlossen werden. Leiter im Magnetfeld, Zuleitungen zum Messgerät sowie das Gerät selbst bilden einen Stromkreis, von dem sich u. U. nicht alle Komponenten im Magnetfeld befinden. Daher wollen wir untersuchen, welche Spannung sich ausbildet zwischen zwei eng benachbarten Punkten einer Leiterschleife, die sich vollständig in einem homogenen Feld befindet und dort mit konstanter Geschwindigkeit senkrecht zur Feldrichtung bewegt wird.

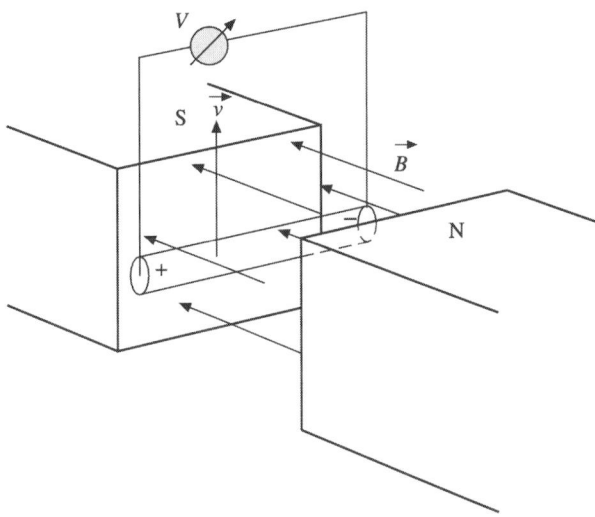

**Abb. 5.150** *Ein gerades Leiterstück bewegt sich in einem homogenen Magnetfeld. Zwischen den Enden des Leiters bildet sich eine Spannung aus.*

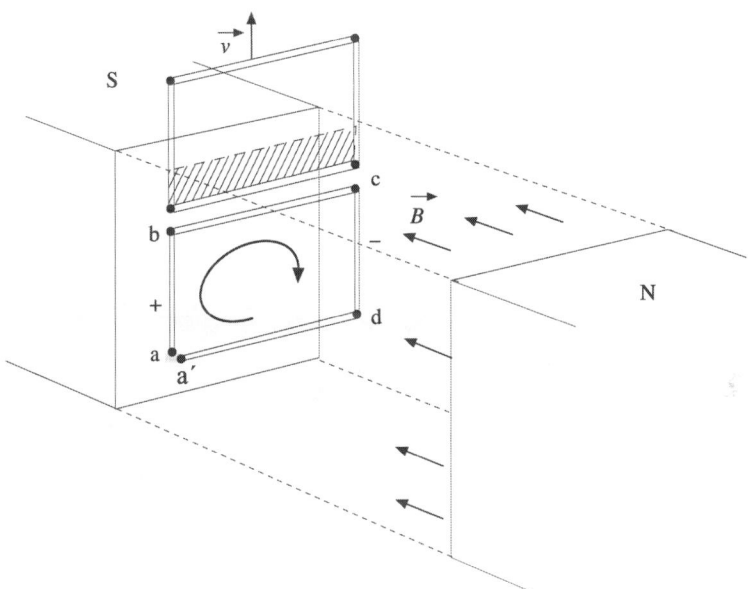

**Abb. 5.151** *Leiterschleife bewegt sich im homogenen Magnetfeld: Zwischen zwei benachbarten Punkten der Schleife herrscht keine Spannung. Erst wenn ein Teil der Schleife außerhalb des Feldes ist, entsteht eine Spannung.*

Die Leiterstücke $\overline{ab}$ und $\overline{cd}$ in **Abb. 5.151** werden durch die Ladungstrennung in den Leiterstücken $\overline{bc}$ und $\overline{a'd}$ unterschiedlich aufgeladen, die Ladungstrennung in $\overline{ab}$ und $\overline{cd}$ spielt keine Rolle. Zur Berechnung der Spannung zwischen den benachbarten Punkten $a$ und

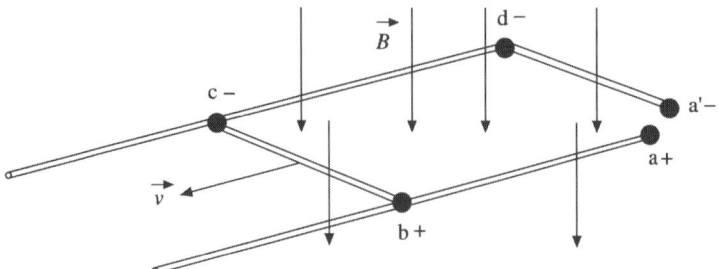

**Abb. 5.152** *Nur ein Leiterstück der Schleife bewegt sich im Feld. Es ergibt sich eine Spannung.*

$a'$ summieren wir über alle Spannungen, die zwischen den Enden der jeweiligen Leiterstücke herrschen.

$$U_{a,a'} = U_{a,b} + U_{b,c} + U_{c,d} + U_{d,a'} = 0 \tag{5.341}$$

$U_{a,b}$ und $U_{c,d}$ sind null, da die Ladungstrennung senkrecht zu Leiterrichtung erfolgt. Aus **Abb. 5.151** geht hervor, dass aufgrund der Aufladung $U_{b,c} = - U_{d,a'}$ ist. Daher ist $U_{a,a'}$ null. Befindet sich dagegen die Leiterschleife nur teilweise im magnetfelderfüllten Raum, ist wie in **Abb. 5.151** das Leiterstück $\overline{bc}$ nicht mehr im Magnetfeld, so ist $U_{b,c} = 0$, und $U_{a,a'} = U_{dca'}$ In gleicher Weise erhalten wir eine von null verschiedene Spannung $U_{a,a'}$, wenn wie in **Abb. 5.152** drei Leiterstücke ruhen und sich nur z. B. $\overline{bc}$ im Feld bewegt. Dann ist $U_{a,a'} = U_{b,c}$.

Eine weitere Möglichkeit, durch die Wirkung der Lorentzkraft auf die Ladungsträger eine Spannung zwischen zwei benachbarten Punkten in einer Leiterschleife zu erzeugen, besteht

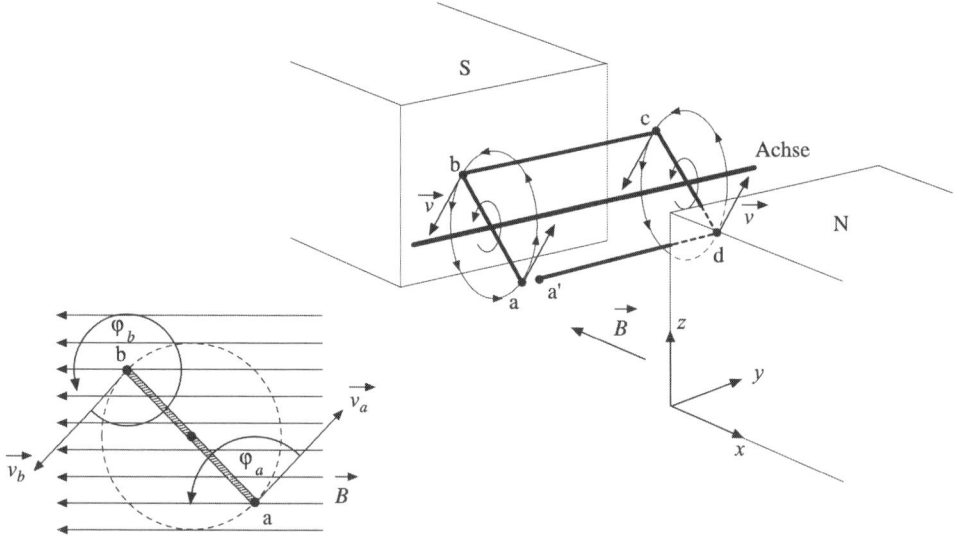

**Abb. 5.153** *Eine Leiterschleife rotiert im Magnetfeld.*

darin, die Leiterschleife zu drehen. Dreht sich die Schleife aus **Abb. 5.151** um eine Achse durch die Mitten von $\overline{ab}$ und $\overline{cd}$, so sind die Geschwindigkeiten, mit denen sich $\overline{bc}$ und $\overline{a'd}$ bewegen, entgegengesetzt gleich groß. Damit ist $U_{b,c} = U_{d,a'}$ und $U_{a,a}$ ist von null verschieden. Bei einer Rotation mit konstanter Winkelgeschwindigkeit $\omega$ ist wegen (5.252) die Spannung proportional zum Sinus des Drehwinkels $\varphi$ bezüglich der Feldrichtung.

$$U_{a,a'} \sim \sin(\angle(\vec{v}, \vec{B}))\,, \quad U_{a,a'} \sim \sin(\omega t) \tag{5.342}$$

Ist das Magnetfeld, in dem sich die Leiterschleife bewegt, nicht homogen, so bewirkt die Lorentzkraft an den Enden der verschiedenen Leiterstücke aus **Abb. 5.151** unterschiedlich große Spannungen, so dass zwischen zwei benachbarten Punkten $a$ und $a'$ eine Spannung herrscht, auch wenn sich die Schleife vollständig im magnetfelderfüllten Raum befindet. Die magnetische Flussdichte ändert sich im Laufe der Bewegung der Leiterschleife im Betrag und/oder in der Richtung. Der gleiche Effekt wird auch erzielt, wenn sich die Schleife nicht bewegt, wohl aber sich das Magnetfeld zeitlich ändert.

### Induktionsgesetz

Wir können die Ergebnisse der obigen Betrachtungen, die Faraday 1831 aus verschiedenen Versuchen ohne Kenntnis der Lorentzkraft erhalten hatte, folgendermaßen zusammenfassen:

Zwischen zwei sehr eng benachbarten Punkten einer Leiterschleife, die sich in einem magnetfelderfüllten Raum befindet, entsteht eine Spannung, man sagt auch, in die Leiterschleife wird eine Spannung induziert[1], wenn

- sich die Fläche der Leiterschleife zeitlich ändert,
- sich die Orientierung der Leiterschleife zum Magnetfeld zeitlich ändert, z. B. durch Rotation der Schleife,
- sich die magnetische Flussdichte in Betrag und/oder Richtung zeitlich ändert.

Entscheidend ist offensichtlich die zeitliche Änderung des Produktes aus Schleifenfläche und Flussdichte, also die zeitliche Änderung des Flusses $\Phi$ von $B$ durch die Leiterschleife. Die Spannung wird gemäß (5.136) durch ein elektrisches Feld längs der Schleife bewirkt. Da die Punkte, zwischen denen die Spannung entsteht, eng benachbart sind, ist der Weg $C$, längs dessen die Spannung aus den Teilspannungen der Leiterstücke berechnet wird, geschlossen. Diese und die oben aufgelisteten Tatsachen sind in der 2. Maxwellgleichung, dem Induktionsgesetz, zusammengefasst.

$$U_{ind} = \oint_C \vec{E} \bullet d\vec{s} = -\frac{d\Phi}{dt} = -\frac{d}{dt} \int\limits_{\substack{Fl\ddot{a}che \\ mit\ Rand\ C}} \vec{B} \bullet d\vec{a} \ ^2 \tag{5.343}$$

Hinsichtlich des Umlaufsinnes von $C$ und der Orientierung der Flächenelemente $d\vec{a}$ gelten die gleichen Konventionen wie beim Ampèreschen Satz (5.289) (siehe **Abb. 5.121**). Wäh-

---

[1]   Von inducere, lat. einführen, veranlassen.
[2]   In der Elektrotechnik werden üblicherweise zeitabhängige Spannungen und Ströme mit kleinen Buchstaben bezeichnet.

rend Faraday die Induktionserscheinungen nur auf Leiterschleifen beschränkte, an denen man die induzierte Spannung abgreifen kann, erkannte Maxwell, dass das elektrische Feld auch dort existiert, wo keine Leiter vorhanden sind.

Man kann (5.343) für eine Leiterschleife, die eine ebene Fläche $A$ begrenzt und deren Normale $\vec{A}$ mit $\vec{B}$ den Winkel $\varphi$ einschließt, auch so formulieren:

$$U_{ind} = -(\frac{dB}{dt} A \cos\varphi + B \frac{dA}{dt} \cos\varphi + BA \frac{d\cos\varphi}{dt}) \qquad (5.344)$$

Wird statt einer „einfachen" Leiterschleife eine Spule mit $N$ Windungen verwendet, so ist die rechte Seite von (5.344) mit $N$ zu multiplizieren. Zwei wichtige technische Anwendungen werden von (5.344) beschrieben: Der Transformator, bei dem die induzierte Spannung durch $dB/dt$ bewirkt wird, und der Generator, der induzierte Spannungen durch rotierende Leiterschleifen erzeugt, hier wirkt $d\cos\varphi/dt$.

Die Spannung, die in die mit der konstanten Winkelgeschwindigkeit $\omega$ rotierende, aus $N$ Windungen bestehende Leiterschleife aus **Abb. 5.153** induziert wird, beträgt mit (5.343)

$$U_{ind.} = -BNA_{Schleife} \frac{d\cos\varphi}{dt}, \text{ mit } \varphi = \angle(\vec{A}_{Schleife}, \vec{B}) = \omega t \implies$$

$$U_{ind.} = BNA_{Schleife}\omega\sin(\omega t). \qquad (5.345)$$

Die induzierte Spannung hat den gleichen zeitlichen Verlauf wie die Geschwindigkeit einer harmonischen Schwingung mit der Amplitude $\hat{U} = NBA\omega$. Diesen zeitlichen Verlauf hat auch der in der Elektrotechnik sehr verbreitete Wechselstrom, seine Frequenz beträgt meistens 50 Hz oder 60 Hz.

Hervorzuheben ist, dass das induzierte elektrische Feld keine konservative Kraft auf Ladungen bewirkt, denn die Arbeit, die das elektrische Feld an Ladungen, die sich längs des geschlossenen Weges $C$ bewegen, verrichtet, ist nicht null. Das elektrische Feld ist wie die magnetische Flussdichte ein Wirbelfeld. Damit trotzdem der Energiesatz nicht verletzt wird, steht in (5.343) das Minuszeichen, es verhindert, dass mit der Induktion ein Perpetuum mobile gebaut werden kann. Es ergibt sich grundsätzlich aus der Richtung der Lorentzkraft auf die Ladungen in der Leiterschleife, anschaulicher ist aber die Erklärung durch die Lenzsche[1] Regel.

### Lenzsche Regel
Kann in einer Leiterschleife ein Strom fließen, weil die Leiter nicht an einer Stelle unterbrochen sind, so bewegen sich die Ladungsträger mit der Driftgeschwindigkeit in Richtung des Leiters. Durch diese Bewegung im Leiter erfahren sie eine weitere Komponente der Lorentzkraft, die senkrecht zum Leiter gerichtet ist. Im Falle der rechteckigen Leiterschleife in **Abb. 5.152**, deren Seite $\overline{bc}$ mit der Geschwindigkeit $v$ die Fläche vergrößert, bewegen sich die Elektronen von $c$ nach $b$. Die induzierte Spannung beträgt mit $l$ als Länge der Seite $\overline{bc}$

$$U_{ind} = -\frac{d\Phi}{dt} = -B \frac{dA_{Schleife}}{dt} = -Blv. \qquad (5.346)$$

---

[1]    H. F. E. Lenz (1804 – 1865).

Da nur $\overline{bc}$ sich bewegt, herrscht $U_{ind.}$ bzw. ein elektrisches Feld $E = U_{ind.}/l$ zwischen $c$ und $b$. Dieses Feld bewirkt die Bewegung der Elektronen mit der Driftgeschwindigkeit $v_D$. Diese berechnen wir mit (5.19) aus der Stromdichte $j$, die mit dem elektrischen Feld über (5.223) zusammenhängt. Mit der spezifischen Leitfähigkeit $\kappa$ und der Ladungsdichte $\rho_q$ des Leiters erhalten wir

$$\vec{j} = \rho_q \vec{v}_D = \kappa \vec{E} \implies \vec{v}_D = \frac{\kappa}{\rho_q} \vec{E}. \tag{5.347}$$

Die Kraft $q\vec{E}$ durch das elektrische Feld, die jeden Ladungsträger $q$ bewegt, ist aber gleich der Lorentzkraft $q\vec{v} \times \vec{B}$. Damit erfährt jeder Ladungsträger eine weitere Kraft

$$\vec{F}_q = q\vec{v}_D \times \vec{B} = q\frac{\kappa}{\rho_q}\vec{E} \times \vec{B} = q\frac{\kappa}{\rho_q}(\vec{v} \times \vec{B}) \times \vec{B} = -q\frac{\kappa}{\rho_q}\vec{B} \times (\vec{v} \times \vec{B})$$

$$\implies \vec{F}_q = -q\frac{\kappa}{\rho_q}(\vec{v}(\vec{B} \bullet \vec{B}) - \vec{B}(\vec{B} \bullet \vec{v})) = -q\frac{\kappa}{\rho_q}B^2\vec{v} \tag{5.348}$$

entgegen der Bewegungsrichtung $\vec{v}$ des Leiterstücks. Da die Elektronen jedoch an den Leiter gebunden sind, übertragen sie die Kraft auf das Metall, die Bewegung des Leiterstücks wird gehemmt. Befinden sich $N$ Ladungsträger im Leiterstück mit der Querschnittsfläche $A_L$ und der Länge $l$, so beträgt die Gesamtkraft, die die Bewegung hemmt

$$\vec{F} = -Nq\frac{\kappa}{\rho_q}B^2\vec{v}, \text{ mit } Nq = \rho_q A_L l \implies \vec{F} = -A_L l\kappa B^2\vec{v}, \text{ mit}$$

$$E = vB = \frac{j}{\kappa} \implies \vec{F} = -A_L l\kappa B v B \frac{\vec{v}}{v} = -lA_L jB\vec{e}_v = -IlB\vec{e}_v. \tag{5.349}$$

Dies aber entspricht der Kraft (5.256), die ein stromdurchflossener Leiter im Magnetfeld erfährt. In diesem Fall handelt es sich um den Induktionsstrom.

Wir können auch mit dem Magnetfeld argumentieren, das durch das Fließen des Stromes durch die Leiterschleife aufgebaut wird. Der Strom fließt von $a \to d \to c \to b \to a$. Gemäß der „Rechten-Hand-Regel" ist das Magnetfeld dieses Stromes dem äußeren entgegengerichtet. Dies ist die wesentliche Aussage der Lenzschen Regel:

> Die induzierte Spannung und der von ihr bewirkte Strom sind immer so gerichtet, dass sie ihrer Ursache entgegenwirken.

Beim Fließen des Stromes, angetrieben durch die induzierte Spannung, entsteht in einem widerstandsbehafteten Leiter Joulesche Wärme. Diese Energie wird dem bewegten Leiterstück entzogen, so dass die Relativgeschwindigkeit zu dem System, welches das Magnetfeld erzeugt, z. B. ein Magnet oder ein stromdurchflossener Leiter, verringert wird. Oder anders herum: Um den Bewegungszustand des bewegten Leiterstücks aufrecht zu erhalten, muss mechanische Energie zugeführt werden. Diese Betrachtung erleichtert häufig die Bestim-

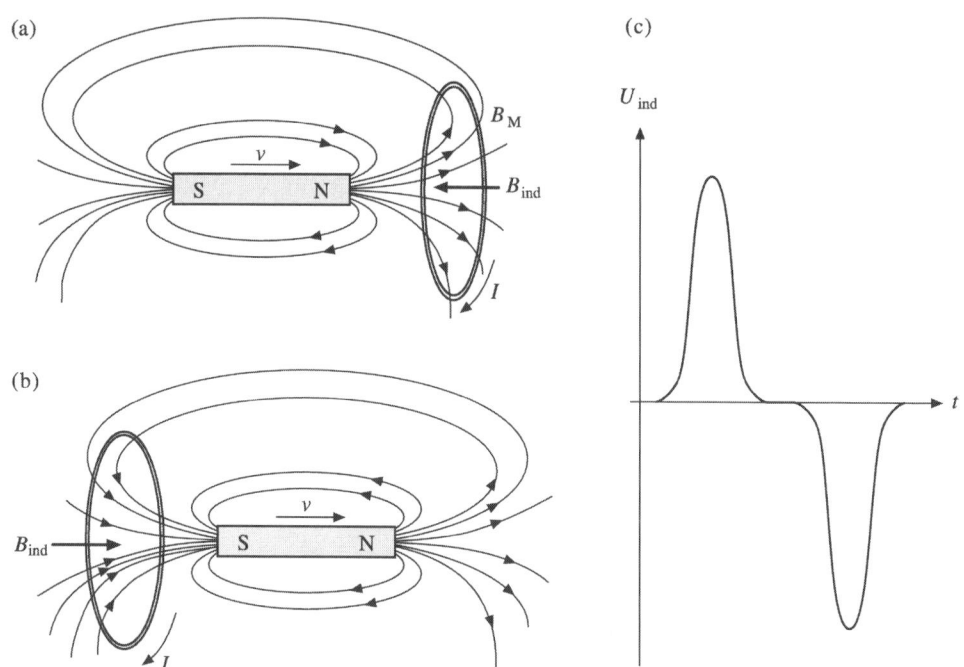

**Abb. 5.154** *(a): Stabmagnet und Leiterschleife bewegen sich aufeinander zu: Beide stoßen sich ab. (b) Beide bewegen sich voneinander weg: Sie ziehen sich an. (c): Qualitativer Verlauf der induzierten Spannung.*

mung des Vorzeichens der induzierten Spannung bzw. die Richtung des von ihr verursachten Stromes. Folgende Beispiele sollen dies verdeutlichen:

Wird durch eine ringförmige Leiterschleife ein Stabmagnet, dessen Magnetfeld inhomogen ist, bewegt, so ist das vom induzierten Strom bewirkte Magnetfeld so gerichtet, dass die Relativgeschwindigkeit und damit die kinetische Energie verkleinert werden. Entsprechend zeigen die magnetischen Momente des Magneten und der Leiterschleife in entgegengesetzte Richtungen, wenn der Magnet in die Schleife eindringt. Beide Magnete, Stabmagnet und Leiterschleife stoßen sich ab. Beim Verlassen der Leiterschleife kehrt sich die Richtung des induzierten Stromes um. Stabmagnet und Leiterschleife ziehen sich an, die magnetischen Momente sind gleich gerichtet. Passiert der Stabmagnet die Mitte der Leiterschleife, so ist der Fluss nahezu konstant und die induzierte Spannung null.

Die Änderung des Flusses durch eine Leiterschleife oder Spule kann auch ohne Bewegung durch Änderung der magnetischen Erregung einer anderen Spule, deren Magnetfeld die Leiterschleife bzw. Spule durchsetzt, erfolgen. Hier spricht man von einer „induktiven" Kopplung der beiden Spulen, die z. B. durch eine Stange mit hochpermeablem Material sehr groß sein kann.

Wird der Strom $I$ durch die Erregerspule 1 in **Abb. 5.155** gesteigert, so wächst mit der magnetischen Erregung $H$ die magnetische Flussdichte, $B$ und $\dot{B}$ weisen in die gleiche Richtung.

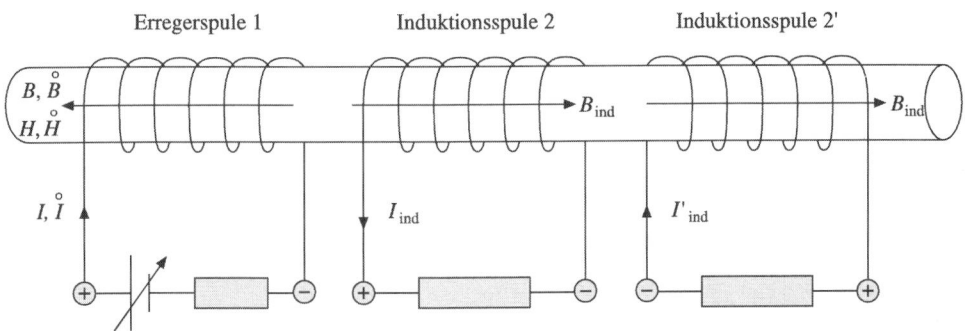

**Abb. 5.155** *Durch die Änderung der magnetischen Erregung in Spule 1 wird eine Spannung in Spule 2 induziert. Ein dort von ihr bewirkter Strom verursacht ein Magnetfeld, das der Änderung der Erregung in Spule 1 entgegengerichtet ist.*

Da die Flächennormale aufgrund des Wicklungssinnes[1] der Erregerspule ebenfalls in diese Richtung weist, ist die Flussänderung positiv. Die induzierte Spannung in Spule 2 bewirkt gemäß der Lenzschen Regel einen Strom, dessen magnetisches Feld $H_{ind.}$ der Änderung der Flussdichte $\dot{B}$ entgegengesetzt ist. Der induzierte Strom $I_{ind.}$ ist, wenn die Spule 2 den gleichen Wicklungssinn wie Spule 1 hat, dem Strom $I$ entgegengerichtet. Hat die Induktionsspule dagegen den umgekehrten Wicklungssinn, so kehrt sich der Strom $I_{ind.}$ um.

Die Änderung der Flussdichte $\dot{B}$ kehrt ihre Richtung um, wenn der Strom durch die Erregerspule verkleinert wird (nicht aber die Flussdichte $B$). Dadurch kehrt sich auch die Richtung des induzierten Stromes um. Dem Induktionsgesetz (5.343) zufolge ist die induzierte Spannung umso größer, je größer die Flussänderung ist, je kürzer also die Zeitspanne ist, in der sich der Fluss von einem Wert auf einen anderen ändert. Dies ist insbesondere beim Ein- oder Ausschalten eines ansonsten konstanten Stroms durch die Erregerspule der Fall.

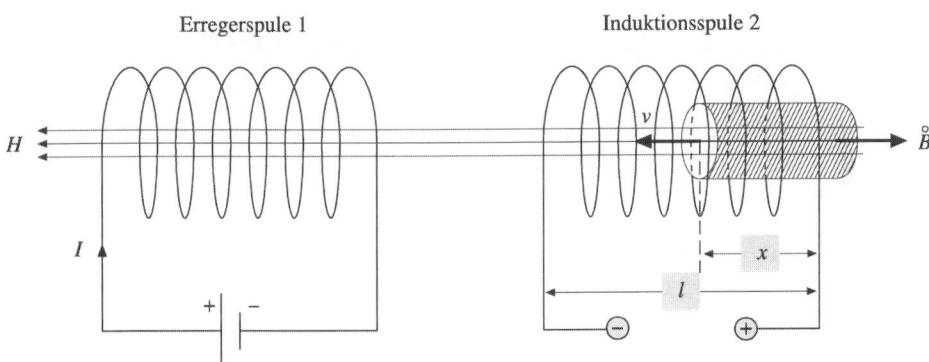

**Abb. 5.156** *Flussänderung in einer von homogener magnetischer Erregung durchsetzten Induktionsspule durch Einbringen eines hochpermeablen Kerns. Die Flächennormalen der Windungen zeigen in Richtung von H.*

---

[1] Der Wicklungssinn einer Spule entspricht dem Drehsinn der Leiterschleifen, der über die „Rechte-Hand-Regel" auf Seite 618 definiert ist.

Wie die Flussänderung zustande kommt, ist für das elektrische Wirbelfeld und damit die in eine Leiterschleife oder Spule induzierte Spannung unerheblich. So kann auch das Einbringen eines hochpermeablen Kernes in eine Spule ebenfalls gemäß (5.325) den Fluss ändern und eine Induktionsspannung hervorrufen.

Die Induktionsspule habe $N$ Windungen auf einer Länge $l$. Füllt der Kern mit der relativen Permeabilität $\mu_r$ die Länge $x$ ($x < l$) der Spule über ihre Querschnittsfläche $A$ aus und nehmen wir an, dass die magnetische Erregung $H$ im Inneren der Spule konstant ist, so setzt sich der Fluss anteilig aus dem Spulenteil ohne Kern und dem Spulenteil mit Kern zusammen.

$$\Phi = (N_{ohne}B_{ohne} + N_{mit}B_{mit})A = \mu_0(N\frac{l-x}{l} + \mu_r N\frac{x}{l})HA \;\Rightarrow$$

$$\Phi = \mu_0 H\frac{N}{l}A(l + (\mu_r - 1)x) \;\Rightarrow$$

$$\frac{d\Phi}{dt} = \mu_0 H\frac{N}{l}A(\mu_r - 1)\frac{dx}{dt} = \mu_0 H\frac{N}{l}A(\mu_r - 1)v(t) \tag{5.350}$$

Die Flussänderung und damit die induzierte Spannung sind proportional zur Relativgeschwindigkeit $v$, mit der der Kern in die Spule geschoben wird. Beim Herausziehen des Kerns aus der Spule kehrt sich das Vorzeichen der Flussänderung um.

**Der Spannungsstoß**
Wird, wie im obigen Fall, ein Kern mit einer relativen Permeabilität $\mu_r > 1$ in eine vorher leere Spule, die sich in einem konstanten Magnetfeld befindet, geschoben, so ändert sich der Fluss proportional zur Geschwindigkeit $v$, solange noch nicht die ganze Spule vom Kern ausgefüllt ist. Dann ist der Fluss konstant, es wird keine Spannung in die Spule induziert. Bei konstanter Geschwindigkeit $v$ springt die induzierte Spannung von null auf einen durch (5.350) bestimmten Wert, sobald der Kern in die Spule gelangt. Die Spannung fällt ebenso schlagartig wieder auf null, sobald die gesamte Spule vom Kern ausgefüllt ist.

Die Fläche unter der Kurve $U_{ind}(t)$ ist ein Maß für die Flussänderung in der Spule mit Kern gegenüber der Spule ohne Kern. Aus dem Induktionsgesetz (5.343) folgt

$$U_{ind}\,dt = -d\Phi \;\Rightarrow\; \int_{t_{ohne\,Kern}}^{t_{mit\,Kern}} U_{ind}\,dt = -(\Phi_{mit\,Kern} - \Phi_{ohne\,Kern})\,. \tag{5.351}$$

Dabei kann die Integration zu einem beliebigen Zeitpunkt, bei dem kein Kern in der Spule ist, beginnen und zu einem anderen Zeitpunkt, zu dem sich der Kern vollständig in der Spule befindet, enden. Der Wert des Integrals entspricht immer der Flussänderung, unabhängig vom dem Verlauf der Funktion $U_{ind}(t)$.

Der Spannungsstoß entspricht dem Kraftstoß in der Mechanik: Kurzzeitig wirkende Kräfte bei einer Kollision ändern die Impulse der Objekte, unabhängig vom konkreten zeitlichen Verlauf der Kraft beschreibt der Kraftstoß (2.119) die Impulsänderung (siehe **Abb. 2.65**). Wie bei einem ballistischen Pendel zur Bestimmung von Geschossgeschwindigkeiten kann man den Spannungsstoß oder den von ihm verursachten Stromstoß mit einem „ballistischen

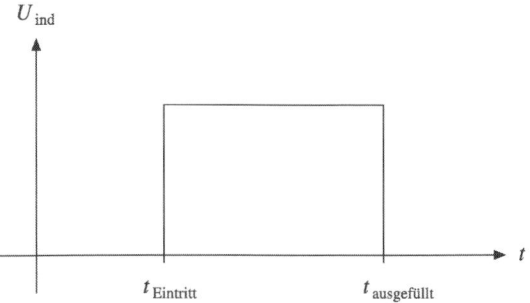

**Abb. 5.157** *Zeitlicher Verlauf der induzierten Spannung, wenn der Kern mit konstanter Geschwindigkeit in die Induktionsspule aus **Abb. 5.156** eingebracht wird.*

Galvanometer" messen. Dieser bewirkt im Messwerk einen Drehmomentstoß bzw. eine Drehimpulsänderung. Wie beim ballistischen Pendel ist der Ausschlag des Messwerkes proportional zur Drehimpulsänderung bzw. zum Spannungsstoß.

Vor der technischen Umsetzung des Hall-Effektes zur Messung magnetischer Flussdichten wurden diese durch die Messung von Induktionsspannungen bestimmt, indem Spulen in dem auszumessenden Magnetfeld bewegt wurden oder dieses an- oder ausgeschaltet wurde. Daher erklärt sich auch eine weitere Bezeichnung von $B$: „Magnetische Induktion".

### Wirbelströme

Bis jetzt haben wir Ströme betrachtet, die durch Flussänderung in eindimensionalen Leitern induziert werden. Das der Induktion zugrunde liegende elektrische Wirbelfeld ist jedoch räumlich ausgedehnt. Befindet sich darin ein ausgedehnter Leiter, so werden in ihm entsprechende Ströme, so genannte Wirbelströme, induziert. Deren Stromdichte beträgt mit (5.223)

$$\oint_C \vec{E} \bullet \mathrm{d}\vec{s} = \oint_C \kappa \vec{j} \bullet \mathrm{d}\vec{s} \;\; \Rightarrow \;\; \oint_C \kappa \vec{j} \bullet \mathrm{d}\vec{s} = -\frac{\mathrm{d}\Phi}{\mathrm{d}t} = -\frac{\mathrm{d}}{\mathrm{d}t} \int\limits_{\substack{\text{Fläche} \\ \text{mit Rand } C}} \vec{B} \bullet \mathrm{d}\vec{a} \,, \tag{5.352}$$

dabei ist $\kappa$ die spezifische Leitfähigkeit des Materials. Der Lenzschen Regel zufolge verursachen diese Wirbelströme Magnetfelder, die den ursprünglichen Feldern entgegengerichtet sind. Erfolgt die Flussänderung durch Bewegung des ausgedehnten Leiters, so wird die Bewegung gehemmt. Diese Bremswirkung kann man besonders gut am „Waltenhofen-Pendel" in **Abb. 5.154** demonstrieren: Zwischen den Polschuhen eines Elektromagneten ist ein Pendel, an dessen Ende ein flächiges Metallblech befestigt ist, aufgehängt. Ist der Elektromagnet abgeschaltet, so schwingt das Pendel nahezu ungedämpft zwischen den Polen. Bei eingeschaltetem Feld wird die Schwingung sehr stark gedämpft, da im Blech Wirbelströme induziert werden.

Tritt das Pendel in den magnetfelderfüllten Raum ein, so sind die Wirbelströme so gerichtet, dass eine abstoßende Kraft auftritt, wie bei einer Leiterschleife, die sich einem Stabmagneten nähert (siehe **Abb. 5.154** (a)). Verlässt das Blech das Magnetfeld, so wirkt eine anziehende Kraft, die Richtung der Wirbelströme hat sich umgedreht.

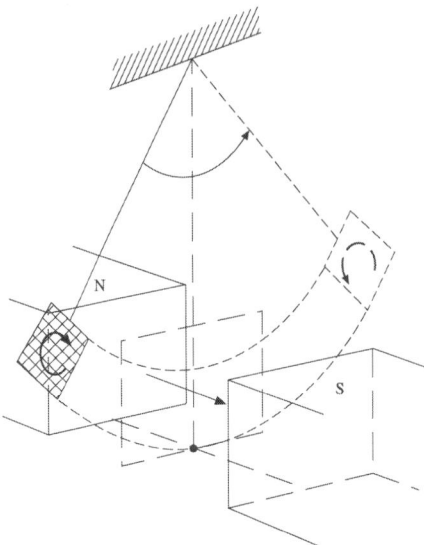

**Abb. 5.158** *Waltenhofensches Pendel zur Demonstration der Wirbelströme.*

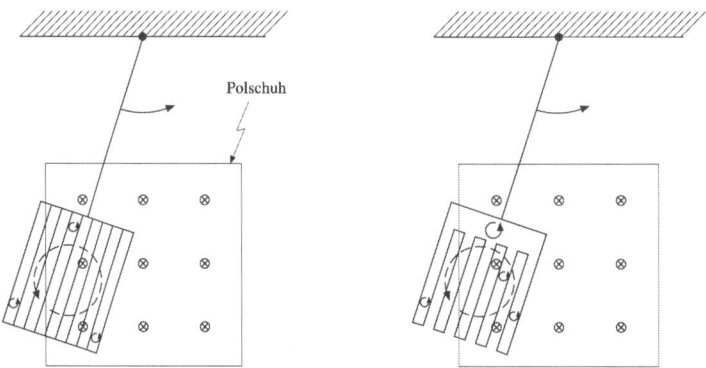

Polschuh

**Abb. 5.159** *Reduzieren der Wirbelströme durch Verwenden von Stapeln gegeneinander isolierter Bleche statt massivem Leiter oder Schlitzen des Leiters. Es können sich nur noch räumlich sehr begrenzte Wirbelströme ausbilden.*

Wirbelströme können stark reduziert werden, wenn der Stromfluss unterbrochen wird, sei es durch Unterbrechung des Leiters senkrecht zur Bewegungsrichtung, durch „Schlitzen" des Bleches wie in **Abb. 5.154** oder durch Wahl von Werkstoffen mit hohem spezifischen Widerstand, z. B. Ferrite.

Da Wirbelströme elektrische Energie in Wärme umwandeln, sind sie in vielen Bereichen nicht erwünscht. Daher werden Transformatorenkerne oder Kerne von Wicklungen in Elektromotoren aus Stapeln dünner Bleche, die gegeneinander isoliert sind, realisiert.

Es gibt aber auch Fälle, in denen Wirbelströme erwünscht sind. So werden sie eingesetzt, um Schwingungen von Zeigern in Messinstrumenten zu dämpfen, so dass bei einer Änderung

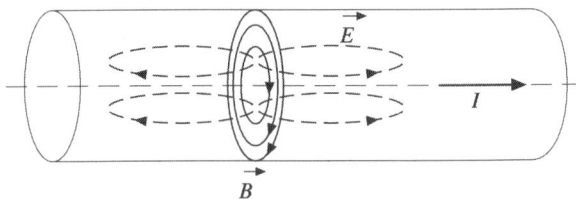

**Abb. 5.160** *Haut- oder Skineffekt: Verdrängung von Wechselströmen aus dem Inneren von Leitern durch induzierte Wirbelströme.*

des Messwertes schneller abgelesen werden kann. Der Zeiger wird wie beim Waltenhofenschen Pendel mit einem Metallstück verbunden, das sich zwischen den Polen eines Magneten bewegt. Die induzierten Wirbelströme sind wegen (5.350) proportional zur Geschwindigkeit des Zeigers. Durch geeignete Wahl des Magnetfeldes kann daher aperiodisch gedämpft werden (siehe Kapitel 4.2.2, (Aperiodischer Grenzfall)). Ein weiteres Beispiel für den technischen Einsatz von Wirbelströmen ist die Wirbelstrombremse bei der Eisenbahn. Elektromagnete induzieren Wirbelströme in die Gleise, wodurch die Züge gebremst werden. Dies entspricht der Umkehrung des Waltenhofenschen Pendels: Der Magnet bewegt sich, der Leiter ist in Ruhe. Die Kraft zwischen einem Magneten und einem massiven Leiter, in den Wirbelströme induziert werden, kann auch zu Antriebs- oder Messzwecken verwendet werden: Beispiele sind der Wirbelstrommotor oder der Wirbelstromtachometer.

Fließt ein Wechselstrom durch einen zylindrischen Leiter, so kommt es durch das magnetische Wechselfeld, dessen Feldlinien konzentrische Kreise um die Zylinderachse sind, zur Induktion von Wirbelströmen, die im Inneren des Leiters gegen die Stromrichtung, außen aber in Stromrichtung orientiert sind. Daher kommt es zu einer „Stromverdrängung" im Inneren des Leiters, dessen Widerstand aufgrund des verkleinerten effektiven Querschnittes steigt.

Dieser so genannte „Haut-" oder „Skineffekt" tritt jedoch erst bei sehr hohen Frequenzen (> 10 MHz) in Erscheinung. Als Abhilfe werden in der Hochfrequenztechnik Litzen dünner Drähte oder Hohlleiter verwendet.

### Selbstinduktion
Bei der bisherigen Betrachtung von Induktionsvorgängen sind wir davon ausgegangen, dass die Erzeugung des Magnetfeldes und der Leiter, in den Spannungen bzw. Ströme induziert werden, getrennte Systeme darstellen. Der oben erwähnte Skineffekt ist jedoch ein Beispiel dafür, dass auch in das System, welches das Magnetfeld erzeugt, Spannungen induziert werden, wenn sich der Fluss des Feldes durch das System ändert. Diesen Vorgang nennt man „Selbstinduktion". Der Lenzschen Regel gemäß sind die selbstinduzierten Spannungen und die davon bewirkten Ströme so gerichtet, dass sie der Flussänderung entgegenwirken. Insbesondere steigt der Strom durch eine Spule nach dem Verbinden mit einer Spannungsquelle nicht schlagartig an und fällt beim Abschalten der Spannungsquelle nicht sofort auf null. Die beim Abschalten entstehende Induktionsspannung kann wegen der Kürze des Zeitraumes, in dem sich der magnetische Fluss ändert, sehr groß werden, so dass es zu Funken oder Lichtbögen im Schalter kommen kann.

Eine lange Spule, deren Windungen (Windungsdichte $N/l$) von einem Strom $I$ durchflossen werden, hat nach (5.294) eine homogene magnetische Erregung $H = (N/l)I$. Gleichzeitig wird aber die Querschnittsfläche $A$ der Spule von der Flussdichte $B = \mu_r\mu_0 H$ durchsetzt, der magnetische Fluss in jeder Windung beträgt $\Phi_W = BA$, der Gesamtfluss $\Phi = NBA$. Ändert sich dieser Fluss zeitlich, weil sich der Strom $I$ zeitlich ändert, so wird in die Spule die Spannung

$$U_{ind.} = -\frac{d\Phi}{dt} = -NA\frac{dB}{dt} = -NA\mu_r\mu_0\frac{dH}{dt} = -NA\mu_r\mu_0\frac{N}{l}\frac{dI}{dt} \Rightarrow$$

$$U_{ind.} = -\mu_r\mu_0 A\frac{N^2}{l}\frac{dI}{dt} \qquad\qquad (5.353)$$

induziert. Die quadratische Abhängigkeit von der Windungszahl kann beim Ausschalten des Stromes hohe induzierte Spannungen bewirken, insbesondere wenn die Spule einen Kern mit hohem $\mu_r$ hat.

**Selbstinduktivität**

Die Größe $\mu_r\mu_0 AN^2/l$ in (5.353) hängt nur von den Eigenschaften der Spule und der relativen Permeabilität ihres Kernes ab und ist ein Charakteristikum der Spule. Daher fasst man diese Größe zur „Selbstinduktivität" $L$ der Spule zusammen. Sie beschreibt allgemein die Proportionalität der selbstinduzierten Spannung zur Änderung des Stromes durch ein Leitersystem. Die vom Strom verursachte magnetische Erregung ist dem Biot-Savartschen Gesetz (5.296) zufolge proportional zum Strom, damit ist auch der magnetische Fluss $\Phi$ durch das Leitersystem proportional zum Strom $I$. Daher können wir für die lange Spule (5.353) auch so ausdrücken:

$$U_{ind.} = -\frac{d\Phi}{dt} = -\frac{d}{dt}(\mu_r\mu_0 A\frac{N^2}{l}I) = -\frac{d}{dt}(LI) \quad \text{mit}$$

$$L = \mu_r\mu_0 A\frac{N^2}{l} \qquad\qquad (5.354)$$

$$\Rightarrow U_{ind.} = -L\dot{I} \qquad\qquad (5.355)$$

Die Selbstinduktivität $L$ ist dabei definiert als magnetischer Fluss durch das Leitersystem dividiert durch den Strom durch das Leitersystem, durch den der Fluss verursacht wird. Sie hat eine ähnliche Bedeutung wie die Kapazität eines Leitersystems.

$$L := \frac{\Phi}{I}, \; [L] = \frac{[\Phi]}{[I]} = \frac{Wb}{A} = \frac{Vs}{A} = \Omega s := H \qquad\qquad (5.356)$$

Die Einheit der Induktivität wird zu Ehren von J. Henry[1], der die Erscheinungen der Selbstinduktion beim Ausschalten des Spulenstroms entdeckt hat, nach diesem benannt. Für eine Spule mit einem Durchmesser von 2 cm, einer Länge von 20 cm und einer Drahtstärke von 1 mm ergibt sich eine Induktivität von etwa $8\cdot10^{-5}$ H, wenn die Drähte aneinander liegen und die Spule keinen Kern hat. Mit einem Kern ($\mu_r \approx 10^3...10^4$) würde die Induktivität entsprechend gesteigert.

---

[1]    J. Henry (1797 – 1878).

Soll dagegen ein Widerstand, z. B. eine Heizwendel, die aus einem aufgewickelten Draht besteht, eine möglichst kleine Induktivität aufweisen, so muss die Wicklung „bifilar" sein, d. h. aus zwei Teilwindungen mit entgegengesetztem Windungssinn bestehen. Deren Magnetfelder heben sich fast vollständig auf, so dass keine Selbstinduktion erfolgen kann.

Zur Berechnung der Selbstinduktivität einer Leiteranordnung muss man den räumlichen Verlauf ihrer magnetischen Flussdichte z. B. mit Hilfe des Biot-Savartschen Gesetzes (5.296) bestimmen. Den Fluss ermittelt man mit (5.8). Wir wollen nun die Selbstinduktivität einiger einfacher Leiteranordnungen berechnen.

*Koaxialleitung*
Sie besteht aus zwei langen konzentrischen Zylindern (Radien $R_i$ und $R_a$), die von zwei entgegengesetzt gleichen Strömen durchflossen werden. Die Feldlinien des Magnetfeldes zwischen den Zylindern sind konzentrische Kreise um die Zylinderachse. Aufgrund des Ampèreschen Satzes (5.287) bzw. (5.325) ist das Feld im Außenraum null, da die Summe der Ströme, die durch eine geschlossenen Kurve $C$, welche beide Leiter umfasst, fließen, null ist. Für das Magnetfeld zwischen den Leitern ist nur der Strom durch den inneren Zylinder von Bedeutung. Ist der innere Leiter ein Hohlzylinder, so ist in seinem Inneren das Feld null, sonst steigt es dort gemäß (5.292) bei konstanter Stromdichte linear mit dem Radius.

Das Magnetfeld in Rechteck mit den Kanten $l$ und $R_a$ in **Abb. 5.161** nimmt gemäß (5.291) mit $1/r$ ab. Daher nehmen wir für die Berechnung des Flusses durch das Rechteck streifenförmige Flächenelemente $da = l\,dr$. Der Fluss beträgt dann für den Fall, dass das Feld im Innenzylinder null ist,

$$\Phi = \int_{\text{Fläche}} \vec{B} \bullet d\vec{a} = l\frac{\mu_r\mu_0 I}{2\pi}\int_{R_i}^{R_a}\frac{dr}{r} \quad \Rightarrow \quad \Phi = l\frac{\mu_r\mu_0 I}{2\pi}\ln(\frac{R_a}{R_i}). \tag{5.357}$$

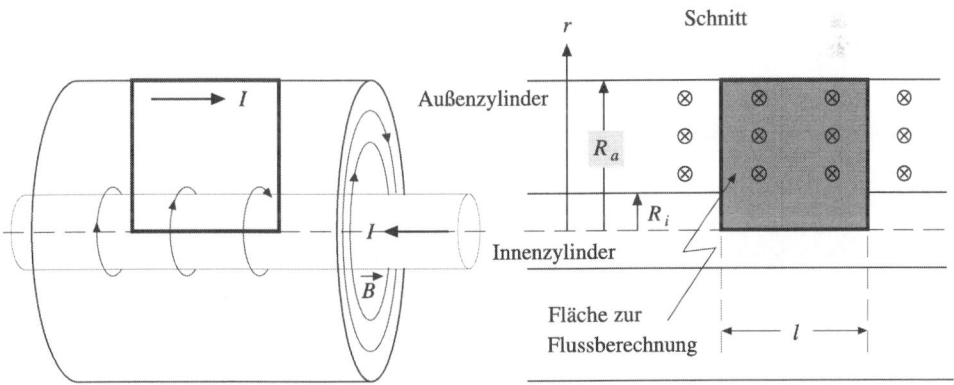

**Abb. 5.161** *Selbstinduktivität einer Koaxialleitung: Berechnung des Flusses. Das Magnetfeld verläuft senkrecht zur Fläche.*

Damit lautet die Selbstinduktivität der Koaxialleitung

$$L = l \frac{\mu_r \mu_0}{2\pi} \ln(\frac{R_a}{R_i}) \, . \tag{5.358}$$

Ist der Innenleiter massiv, so muss das Feld (5.292) in seinem Inneren berücksichtig werden. Allerdings ist bei der Berechnung dieses Anteils der Induktivität, der inneren Induktivität, gemäß (5.356) zu beachten, dass nur der Teilstrom $I'$ berücksichtigt wird, der das Feld verursacht. Bei konstanter Stromdichte beträgt $I' = (r^2/R_i^2)I$. Die innere Induktivität ergibt sich aus der Intgration über die Teilflüsse durch die Flächenelemente d$a$.

$$L_i = \int_0^{R_i} \frac{d\Phi_i}{I} = \int_0^R \frac{\mu_0 I'}{2\pi R^2 I} rl\, dr = \int_0^R \frac{\mu_0 \dfrac{r^2}{R^2}}{2\pi R^2} rl\, dr = \frac{\mu_0 l}{2\pi R^4} \int_0^R r^3 dr = \frac{\mu_0 l}{8\pi} \, . \tag{5.359}$$

Die gesamte Induktivität der Koaxialleitungen ist dann die Summe aus (5.358) und (5.359). Koaxialleitungen mit $\mu_r = 1$ zwischen den Leitern haben längenbezogene Induktivitäten von einigen $10^{-7}$ H/m.

*Doppelleitung*
Wir betrachten zwei lange zylindrische Massivleiter mit gleichem Radius $R$, die parallel im Abstand $a$ verlaufen und durch die entgegengesetzt gleich große Ströme $I$ fließen.

Die Feldlinien der Magnetfelder, die die einzelnen Leiter umgeben, sind konzentrische Kreise um die Leiter. In der Ebene, die von den Leitern aufgespannt wird, sind zwischen den Leitern die Felder gleich gerichtet, die Feldlinien verlaufen senkrecht zu der Ebene. Außerhalb der Leiter berechnen sich die Felder nach (5.291), im Inneren der Leiter jedoch gemäß (5.292). Da die Radien der Leiter gleich sind, tragen beide Felder in gleicher Weise zum Fluss durch ein Rechteck (Kantenlängen $l$ und $b$) zwischen den Leitern bei. Mit den Flächenelementen d$a$ = $l$d$r$ erhalten wir den Fluss durch das Rechteck. Allerdings müssen wir berücksichtigen, dass die Felder im Inneren der Leiter nur von einem Teil des Stromes $I$ bewirkt werden. Die gesamte Induktivität der Doppelleitung setzt sich aus der äußeren Induktivität des Feldes außerhalb der Leiter und der inneren Induktivität des Feldes in den Leitern zusammen. Mit der Definition (5.356) der Selbstinduktivität erhalten wir für die äußere Induktivität

$$L_a = \frac{\Phi_a}{I} = 2l\frac{\mu_0}{2\pi} \int_R^{b-R} \frac{dr}{r} = l\frac{\mu_0}{\pi} \ln(\frac{b-R}{R}) \, . \tag{5.360}$$

Bei der Berechnung der inneren Induktivität beachten wir, dass der Teilstrom, der zum Fluss durch das Flächenelement d$a$, das zwischen $r$ und $r + dr$ liegt, gehört, $I' = (r^2/R^2)I$ beträgt. Mit dem Feld (5.292) im Inneren des Leiters ergibt sich die innere Induktivität zu

$$L_i = \int_0^R \frac{d\Phi_i}{I} = \int_0^R 2\frac{\mu_0 I'}{2\pi R^2 I} rl\, dr = \int_0^R 2\frac{\mu_0 \dfrac{r^2}{R^2}}{2\pi R^2} rl\, dr = \frac{\mu_0 l}{\pi R^4} \int_0^R r^3 dr = \frac{\mu_0 l}{4\pi} \, . \tag{5.361}$$

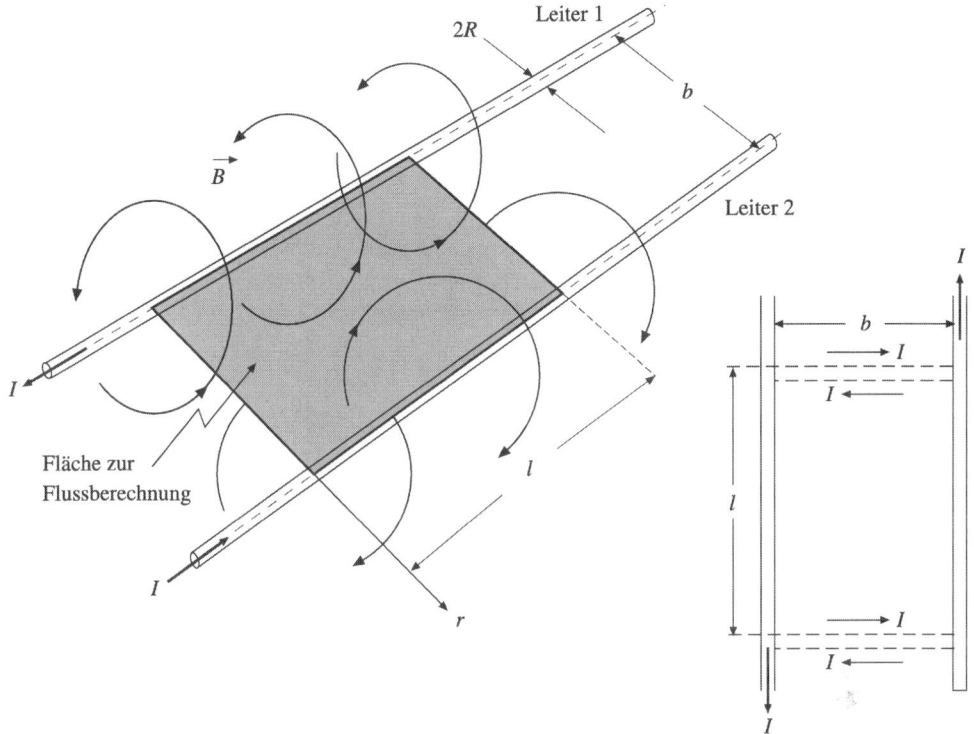

**Abb. 5.162** *Doppelleitung aus zwei parallelen zylindrischen Leitern. Die Leiterschleifen werden gebildet durch gedachte Leiterstücke, die von gegenläufigen Strömen durchflossen werden.*

Damit beträgt die Gesamtinduktivität der Doppelleitung

$$L = L_i + L_a = l\frac{\mu_0}{\pi}(\frac{1}{4} + \ln(\frac{b-R}{R}))\,. \tag{5.362}$$

Die längenbezogene Induktivität einer Doppelleitung hat die gleiche Größenordnung wie die einer Koaxialleitung.

*Selbstinduktivität magnetischer Kreise*
Erregt eine Spule mit $N$ Windungen und einer Querschnittsfläche $A_S$ einen magnetischen Kreis mit einem gesamten magnetischen Widerstand $R_m$, so beträgt der Fluss durch die Spule

$$\Phi = N\Phi_{Windung} = N\Phi_{Kreis}\,. \tag{5.363}$$

Anderseits ist der Fluss $\Phi_{Kreis}$ durch den magnetischen Kreis mit der Durchflutung $\Theta$ und damit über den Strom $I$ gemäß (5.334) verknüpft. Damit können wir den Fluss durch die

Spule durch den magnetischen Widerstand ausdrücken. Mit (5.356) erhalten wir die Induktivität des magnetischen Kreises

$$\Phi = N \frac{\Theta}{R_m} = N \frac{NI}{R_m} = \frac{N^2}{R_m} I \; \Rightarrow \; L = \frac{N^2}{R_m} . \tag{5.364}$$

*Kombination von Selbstinduktivitäten*
Werden mehrere Selbstinduktivitäten vom gleichen Strom durchflossen, weil sie in Reihe geschaltet sind, so addieren sich die einzelnen induzierten Spannungen, die bei einer Änderung des sie durchfließenden Stroms gemäß (5.354) entstehen.

$$U_{ind.,ges.} = U_{ind.,1} + U_{ind.,2} + ... = -(L_1 + L_2 + ...)\dot{I} = U_{ind.,ges.} = -L_{ges.}\dot{I}$$

$$\Rightarrow \; L_{ges.,Reihe} = \sum_i L_i . \tag{5.365}$$

Voraussetzung ist, dass sich die Magnetfelder der einzelnen Leitersysteme nicht gegenseitig durchdringen.

Reihenschaltung

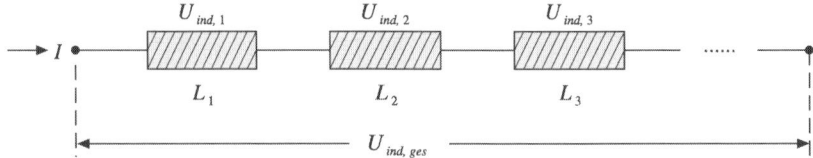

Parallelschaltung

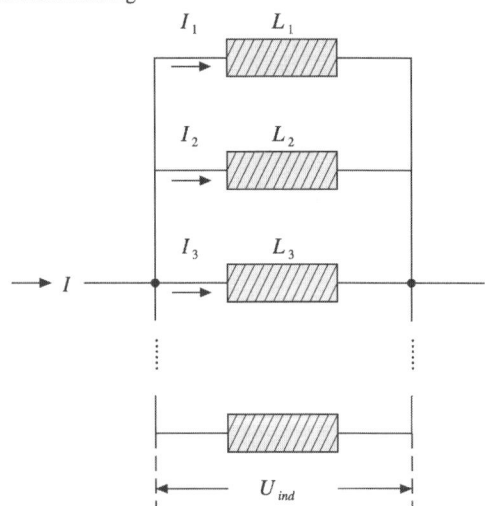

**Abb. 5.163** *Reihenschaltung und Parallelschaltung von Selbstinduktivitäten. Das Schaltungssymbol für eine Induktivität ist* ▬ *.*

Bei einer Parallelschaltung von Selbstinduktivitäten teilt sich der Strom so auf, dass die jeweiligen induzierten Spannungen gleich sind. Aufgrund der Kirchhoffschen Knotenregel gilt

$$I = I_1 + I_2 + \dots \;\Rightarrow\; \dot{I} = \dot{I}_1 + \dot{I}_2 + \dots \;\Rightarrow\; \frac{U}{L_{ges.,Par.}} = \frac{U}{L_1} + \frac{U}{L_1} + \dots.$$

$$\Rightarrow \frac{1}{L_{ges.,Par.}} = \sum_i \frac{1}{L_i}. \tag{5.366}$$

Selbstinduktivitäten verhalten sich beim Zusammenschalten ähnlich wie Ohmsche Widerstände.

**Gegeninduktivität**
Selbstinduktion in einem Leitersystem wird durch Flussänderung verursacht, die durch die zeitliche Änderung des Stromes durch das Leitersystem bewirkt wird. Wird zusätzlich das Leitersystem von einem sich zeitlich ändernden Magnetfeld eines anderen Leitersystems durchdrungen, so wird zusätzlich Spannung induziert. Diesen Vorgang gegenseitiger Induktion bezeichnet man als „Gegeninduktion". Der räumliche Verlauf der Magnetfelder kann mit dem Biot-Savartschen Gesetz (5.296) berechnet werden. Ist der Strom durch das erzeugende Leitersystem nicht ortsabhängig, so kann der Fluss immer durch einen geometrieabhängigen Faktor und den Strom ausgedrückt werden, wie wir es bei der Berechnung der Selbstinduktivität gesehen haben. Diesen Faktor nennt man auch „Gegeninduktivität" $M_{1,2}$. Sie ist analog zur Selbstinduktivität (5.356) definiert.

$$M_{1,2} := \frac{\Phi_{1,2}}{I_1} \quad \text{mit } \Phi_{1,2} = \int_{\substack{Fläche \\ Leiters.2}} \vec{B}_1 \bullet \mathrm{d}\vec{a}_2 \tag{5.367}$$

Die in das Leitersystem 2 induzierte Spannung setzt sich aus der selbstinduzierten und der gegeninduzierten Spannung zusammen. Werden die die Leitersysteme von den Strömen $I_1$ und $I_2$ durchflossen, so gilt

$$U_{ind.,2} = U_{s.i} + U_{g.i.} = -L_2 \dot{I}_2 - M_{1,2} \dot{I}_1. \tag{5.368}$$

Einfach lässt sich die Gegeninduktivität zweier ineinander gesteckter langer Spulen mit unterschiedlichen Radien berechnen, da die Felder homogen sind.

Wir wollen nun die Gegeninduktivität, die eine induzierte Spannung in Spule 2 aufgrund der dortigen Flussänderung des Magnetfeldes, das durch einen Strom $I_1$ in Spule 1 verursacht, berechnen. Die magnetische Flussdichte $\vec{B}_1$ ist homogen und verläuft in Richtung der Spulenachse. Sie beträgt mit (5.294) $\mu_r\mu_0(N_1/l)I_1$, dabei ist $N_1/l$ die Windungsdichte und $\mu_r$ die relative Permeabilität des Mediums, in dem sich die Spulen befinden. Mit der Querschnittsfläche $A_2$ und der Windungszahl $N_2$ der Spule 2 (die kleinere Spule in **Abb. 5.164**) erhalten wir für den magnetischen Fluss $\Phi_{1,2}$ und damit die Gegeninduktivität $M_{1,2}$.

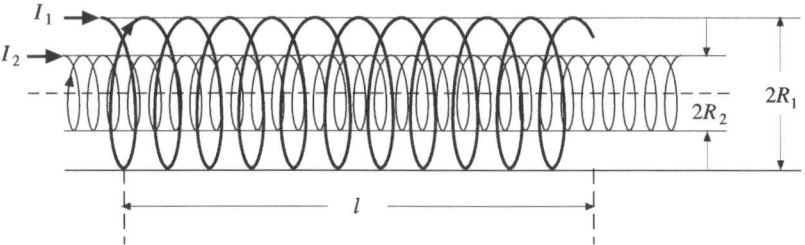

**Abb. 5.164** *Gegeninduktion bei zwei ineinander gesteckten Spulen.*

$$\Phi_{1,2} = B_1 N_2 A_2 = \mu_r \mu_0 \frac{N_1}{l} I_1 N_2 A_2 \;\Rightarrow\; M_{1,2} = \mu_r \mu_0 \frac{N_1}{l} N_2 A_2 \tag{5.369}$$

Im Falle der Gegeninduktivität $M_{2,1}$ ist die Situation umgekehrt: Das Magnetfeld des Stroms $I_2$ durch die Spule 2 (Windungsdichte $N_2/l$) bewirkt einen Fluss durch die Spule 1. Bei einer langen Spule ist das Magnetfeld im Außenraum null, daher wird die für den Fluss relevante Querschnittsfläche der Spule 1 auf die Querschnittsfläche $A_2$ der Spule 2 reduziert. Damit beträgt der Fluss $\Phi_{2,1}$ und die Gegeninduktivität $M_{1,2}$

$$\Phi_{2,1} = B_2 N_1 A_2 = \mu_r \mu_0 \frac{N_2}{l} I_2 N_1 A_2 \;\Rightarrow$$

$$M_{2,1} = \mu_r \mu_0 \frac{N_2}{l} N_1 A_2 = M_{1,2} \,. \tag{5.370}$$

Die Gegeninduktivitäten, die ja die geometrischen Verhältnisse der beiden Leitersysteme beschreiben, sind für beide Fälle gleich. Was wir hier für den Spezialfall lange Spulen hergeleitet haben, gilt allgemein für beliebige Leitersysteme.

Insbesondere für Transformatoren (siehe Kapitel 5.4.3) sind magnetische Kreise mit einem Eisenkern, die von einem Strom $I$ in einer Spule mit $N_1$ Windungen erregt werden, von Bedeutung. Bei einer Durchflutung $\Theta = N_1 I$ beträgt der Fluss im Eisenkern mit einem magnetischen Widerstand $R_m$

$$\Phi_{Kreis} = \frac{\Theta}{R_m} = \frac{N_1 I}{R_m} \,. \tag{5.371}$$

Durchsetzt dieser Fluss eine zweite Spule mit $N_2$ Windungen vollständig, so ergibt sich damit ein Fluss von

$$\Phi = N_2 \Phi_{Kreis} = N_2 \frac{\Theta}{R_m} = \frac{N_1 N_2}{R_m} I \;\Rightarrow\; M_{1,2} = \frac{N_1 N_2}{R_m} \,. \tag{5.372}$$

Vergleichen wir Gegeninduktivität (5.372) zweier Spulen mit ihren Selbstinduktivitäten (5.364), so ergibt sich bei vollständiger Kopplung

$$M_{1,2}^2 = \frac{N_1^2}{R_m} \frac{N_2^2}{R_m} = L_1 L_2 .$$
(5.373)

Wird die Spule 2 nur von einem Teil des von Spule 1 verursachten Flusses durchsetzt, so ist die Gegeninduktivität kleiner. Das Verhältnis

$$k := \frac{M_{1,2}}{\sqrt{L_1 L_2}}$$
(5.374)

nennt man auch den Kopplungsfaktor der beiden Spulen.

Werden mehrere Induktivitäten zusammengeschaltet, so muss man in (5.365) bzw. (5.366) im Allgemeinen auch noch die magnetische Kopplung und damit die Gegeninduktivitäten berücksichtigen.

## 5.3.8 Energie des Magnetfeldes

Ähnlich wie bei einem elektrischen Feld ist auch im Magnetfeld Energie gespeichert. Im Kapitel 5.2.11 haben wir die Größe der elektrischen Feldenergie aus der Leistung, die zum Aufbau des Feldes erforderlich ist, hergeleitet. In gleicher Weise können wir vorgehen, wenn wir die magnetische Feldenergie z. B. einer Spule berechnen wollen. Wir verbinden eine Induktivität[1] mit einer Spannungsquelle, deren Spannung $U$ man von null auf beliebige Werte einstellen kann.

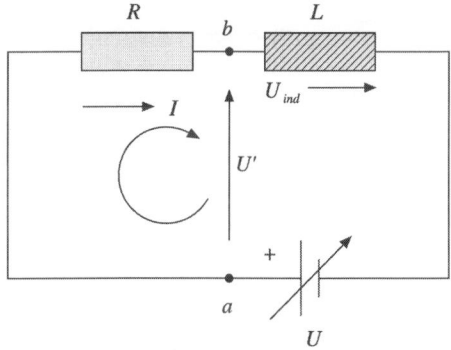

**Abb. 5.165** *Induktivität im Stromkreis: Damit der Strom erhöht werden kann, muss die Spannungsquelle neben dem Spannungsabfall am Ohmschen Widerstand der Spule auch die induzierte Spannung überwinden.*

---

[1] Induktivität ist der Oberbegriff für alle Leiteranordnungen, insbesondere Spulen, die auf eine Änderung des durch sie fließenden Stromes mit einer Gegenspannung aufgrund Selbstinduktion reagieren.

Wenn diese Spannung $U$ fortlaufend gesteigert wird, muss die Spannungsquelle neben dem Spannungsabfall am Ohmschen Widerstand $R$ der Spule auch die induzierte Spannung (5.355) überwinden. Die den Strom durch den Widerstand $R$ antreibende Spannung $U'$ ist somit die Summe aus $U$ und der induzierten Spannung $U_{ind.} = -L\dot{I}$. Für den Maschenumlauf in **Abb. 5.165** gilt

$$RI - U' = 0 \quad \Rightarrow \quad RI - (U - L\dot{I}) = 0 \quad \Rightarrow \quad U = RI + L\dot{I} \,. \tag{5.375}$$

Mit dem Ladungsstrom $I$ verbunden ist ein Energiestrom $P(t)$ aus der Spannungsquelle, den wir aus der Multiplikation von (5.375) mit $I$ erhalten.

$$P(t) = U(t)I(t) = RI^2 + LI\frac{\mathrm{d}I}{\mathrm{d}t} \,. \tag{5.376}$$

Der Energiestrom deckt zum einen die Ohmschen Verluste und zum anderen dient er zum Aufbau des Magnetfeldes in der Spule. Wurde der Strom von null auf den Endwert $I_S$ gesteigert, so wurde die Arbeit

$$W_{mag.} = \int P(t)\mathrm{d}t = \int_0^{I_S} LI\mathrm{d}I = \frac{1}{2}LI_S^2 \tag{5.377}$$

für den Aufbau des Magnetfeldes verwendet und ist dort im Magnetfeld gespeichert, solange der Strom $I_S$ durch die Spule fließt. Die Größe $LI_S$ stellt gemäß (5.356) den magnetischen Fluss $\Phi$ durch die Querschnittsfläche $A$ der Spule mit $N$ Windungen dar. Mit der magnetischen Flussdichte $B$ in der Spule gilt

$$LI_S = \Phi = NBA \,. \tag{5.378}$$

Die Flussdichte wird von einer magnetischen Erregung $H$ bewirkt, die ihrerseits wieder vom Spulenstrom $I_S$ verursacht wird. Diese magnetische Erregung beträgt nach (5.294) $H = (N/l)I_S$, wobei $l$ die Länge der Spule ist. Setzen wir dies in (5.377) ein, so können wir die Energie des Magnetfeldes durch die magnetische Flussdichte und die magnetische Erregung ausdrücken:

$$W_{mag.} = \frac{1}{2}LI_S^2 = \frac{1}{2}NBAH\frac{l}{N} = \frac{1}{2}BHAl = \frac{1}{2}BHV_{Spule} \tag{5.379}$$

$Al$ ist das Volumen der Spule und damit das Raumgebiet mit einem homogenen Magnetfeld. $\frac{1}{2}BH$ ist somit die Energiedichte des Magnetfeldes in der Spule. In Anlehnung an (5.235) gilt allgemein für die Energiedichte

$$w_{mag} = \frac{1}{2}\vec{B} \bullet \vec{H} \,. \tag{5.380}$$

Wir haben (5.379) aus den nicht lokalen Größen Induktivität und Spulenstrom hergeleitet. Magnetische Flussdichte und magnetische Erregung sind jedoch lokale Größen, daher ist (5.380) für jeden Punkt des magnetfelderfüllten Raumes gültig, selbst wenn das Feld nicht homogen ist.

Die Zusammenhänge (5.377) und (5.380) können auch zur Berechnung von Selbstinduktivitäten verwendet werden, wenn die Energiedichte des Magnetfeldes in dem Raumgebiet bekannt ist.

**Optimierung von Dauermagnetsystemen**
Dauermagnete werden häufig zur Erzeugung der magnetischen Flussdichte bei Generatoren, Elektromotoren, Lautsprechern oder Messinstrumenten eingesetzt. Dafür ist es erforderlich, in einem Luftspalt einen bestimmten Betrag der Flussdichte zu erzielen. Meist ist der Dauermagnet Bestandteil eines magnetischen Kreises (siehe Seite 652), der von dem Magneten erzeugte Fluss wird über Polschuhe aus einem hochpermeablen Werkstoff zum Luftspalt geleitet. Dies hat u. a. den Vorteil, dass die Querschnittsflächen von Magnet und Luftspalt unabhängig voneinander variiert werden können.

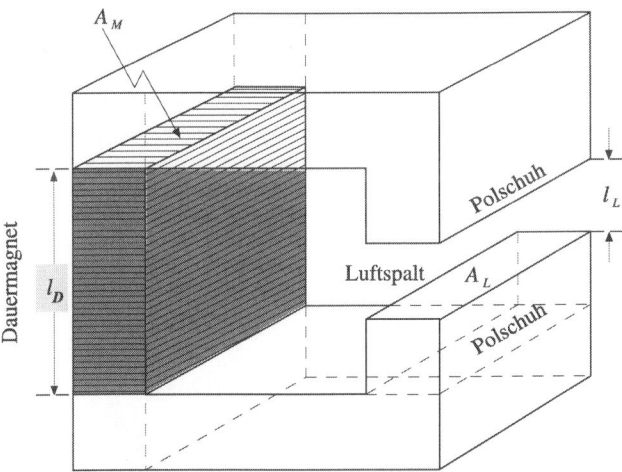

**Abb. 5.166** *Magnetischer Kreis mit einem Dauermagneten.*

Unter der Annahme, dass der magnetische Widerstand für die Polschuhe vernachlässigt werden kann, ergibt sich aus der Serienschaltung der magnetischen Widerstände $R_{m,D}$ bzw. $R_{m,L}$ von Dauermagnet und Luftspalt der Zusammenhang (5.337) zwischen Durchflutung und dem Fluss $\Phi$:

$$\Theta = 0 = (R_{m,D} + R_{m,L})\Phi \,, \text{ mit } R_{m,L} = \frac{1}{\mu_0}\frac{l_L}{A_L} \text{ und } R_{m,D}\Phi = l_D H_D$$

$$\Rightarrow \ 0 = l_D H_D + \frac{1}{\mu_0}\frac{l_L}{A_L}\Phi = l_D H_D + \frac{1}{\mu_0}\frac{l_L}{A_L}A_L B_L \ \Rightarrow$$

$$B_L = -\mu_0 \frac{l_D}{l_L} H_D \tag{5.381}$$

Dabei sind $A_D$ und $A_L$ die für den Fluss relevanten Querschnittsflächen des Magneten und des Luftspaltes sowie $l_D$ und $l_L$ die Länge der Feldlinien im Magnet und Luftspalt. Die Durchflutung $\Theta$ ist wegen der Abwesenheit von Strömen null. Wie in den vorigen Betrachtungen werden die Felder als homogen angenommen, Streuflüsse werden vernachlässigt. Anderseits gilt wegen der Konstanz des Flusses $\Phi = A_L B_L = A_D B_D$. Der Zusammenhang $B_D(H_D)$ ist durch den Verlauf der Hystereseschleife der Magnetisierungskurve im zweiten Quadranten gegeben. Für die Beträge von Flussdichte und magnetischer Erregung folgt dann aus (5.381)

$$B_L = -\mu_0 \frac{l_D}{l_L} H_D = \frac{A_D}{A_L} B_D \quad \Rightarrow \quad |B_L| = \sqrt{(\mu_0 \frac{l_D}{l_L} H_D)(\mu_0 \frac{l_D}{l_L} H_D)} \, . \tag{5.382}$$

Wir ersetzen einen der Klammerausdrücke unter der Wurzel durch $(A_M/A_L)B_D$ und erhalten

$$|B_L| = \sqrt{\mu_0 \frac{l_D}{l_L} \frac{A_D}{A_L} B_D H_D} = \sqrt{\mu_0 \frac{V_D}{V_L} B_D H_D} \, , \tag{5.383}$$

wobei $V_D$ und $V_L$ die Volumina des Magneten und des Luftspaltes sind. Bei geforderter Flussdichte und gefordertem Luftspaltvolumen kann das Magnetvolumen in Abhängigkeit vom Arbeitspunkt $B_D(H_D)$ gewählt werden. Minimales Volumen ist bei maximaler Energiedichte $B_D H_D$ erreichbar, dieser optimale Arbeitspunkt muss aus der Magnetisierungskurve bestimmt werden.

Dazu trägt man $B_D$ über der Energiedichte $B_D H_D$ ab. Der Schnittpunkt der Magnetisierungskurve mit der Horizontalen, welche durch $B_D(B_D H_D)_{max}$ gegeben ist, legt den optimalen Arbeitspunkt des Dauermagneten fest. Näherungsweise kann man den optimalen Arbeitspunkt aus dem Schnittpunkt der Geraden durch den Ursprung und $(B_r, _{(B)}H_C)$ mit der Magnetisierungskurve ermitteln.

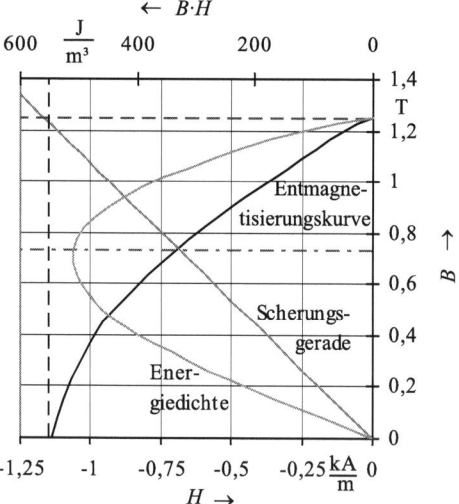

**Abb. 5.167** *Bestimmung des optimalen Arbeitspunktes eines Dauermagneten.*

**Kraft von Magneten**

Die Platten eines Kondensators ziehen sich aufgrund der Kräfte zwischen ungleichnamigen Ladungen an. Beim Vergrößern des Plattenabstandes ist daher Arbeit zu verrichten, die in der Energie des elektrischen Feldes gespeichert wird. In ähnlicher Weise können wir die Kraft berechnen, mit der z. B. ein Hufeisenmagnet ein Eisenstück anzieht. Diese Kraft muss überwunden werden, um die Länge des Luftspaltes zwischen ihm zu vergrößern.

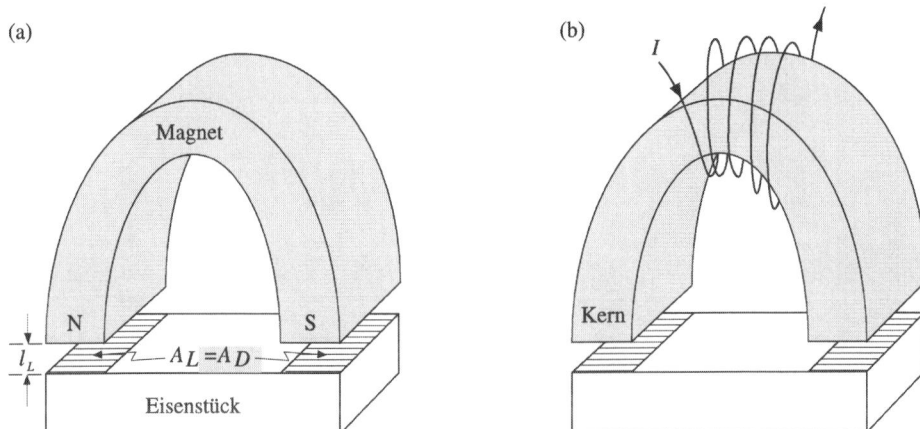

**Abb. 5.168**  *Ein Hufeisenmagnet (a) bzw. ein Elektromagnet (b) zieht ein Eisenstück an.*

Unter Annahme homogener Felder beträgt die Kraft in Anlehnung an (5.246)

$$F = -\frac{W_{Feld}}{2l_L} = -\frac{B_L H_L V_L}{2 \cdot 2l_L} = -\frac{B_L H_L A_L 2l_L}{2 \cdot 2l_L} = -\frac{1}{2} B_L H_L A_L \,. \tag{5.384}$$

Bei einem Dauermagneten kann die Flussdichte im Luftspalt mit (5.381) durch die magnetische Erregung $H_D$ im Magneten ausgedrückt werden. Diese erhalten wir aus dem Schnittpunkt der Geraden $B_D(H_D)$ mit der Magnetisierungskurve des Dauermagneten. Den Verlauf dieser Geraden können wir aus dem Ampèreschen Satz (5.324) bei Durchflutung null bestimmen.

$$H_D l_D + 2 H_L l_L + H_E l_E = 0 \tag{5.385}$$

Wir drücken die „magnetischen Spannungsabfälle" an den Luftspalten und am Eisenstück durch die magnetischen Widerstände $R_m$ und den magnetischen Fluss $\Phi = B_D A_D$ aus.

$$H_D = -\frac{1}{l_D}(2R_{m,L} + R_{m,E})A_D B_D \tag{5.386}$$

Mit den gegebenen magnetischen Widerständen erhalten wir den Arbeitspunkt des Dauermagneten. Entsprechend lautet der Zusammenhang zwischen $H_D$ und $B_L$ wegen $\Phi = B_L A_L$

$$H_D = -\frac{1}{l_D}(2R_{m,L} + R_{m,E})A_L B_L \,, \tag{5.387}$$

woraus sich mit (5.384) und $B_L = \mu_0 H_L$ die Kraft, mit der das Eisenstück angezogen wird, ergibt.

$$F = -\frac{1}{2\mu_0} B_L^2 A_L = -\frac{1}{2\mu_0} \left(\frac{l_D}{2R_{m,L} + R_{m,E}}\right)^2 \frac{1}{A_L} H_D^2 \tag{5.388}$$

Im Fall des Elektromagneten mit $N$ Windungen, die von einem Strom $I$ durchflossen werden, und einem Kern (**Abb. 5.168** (b)) lautet (5.385)

$$H_K l_K + 2H_L l_L + H_E l_E = NI = (R_{m,K} + 2R_{m,L} + R_{m,E})\Phi \text{, mit}$$

$$\Phi = A_L B_L \;\Rightarrow\; B_L = \frac{NI}{(R_{m,K} + 2R_{m,L} + R_{m,E})A_L}. \tag{5.389}$$

Die Kraft beträgt somit

$$F = -\frac{1}{2\mu_0} B_L^2 A_L = -\frac{1}{2\mu_0} \frac{1}{A_L} \left(\frac{NI}{R_{m,K} + 2R_{m,L} + R_{m,E}}\right)^2. \tag{5.390}$$

### Ein- und Ausschaltvorgänge mit Induktivitäten

Wird eine Spule mit einer Spannungsquelle verbunden, deren Spannung $U_0$ konstant ist, so steigt der Strom nicht schlagartig an, wie er es im Fall eines Ohmschen Widerstandes tun würde, sondern nähert sich allmählich seinem Endwert $U_0/R$, der sich ohne Induktivität sofort einstellen würde. $R$ ist dabei der Ohmsche Widerstand der Spulenwicklungen sowie der Zuleitungen. Wir wollen nun untersuchen, wie der zeitliche Verlauf des Stromes vom Einschalten bis zum Erreichen des Endwertes ist.

Sobald der Schalter in **Abb. 5.169** geschlossen ist, beginnt der Strom zu fließen und bewirkt damit eine Änderung des magnetischen Flusses in der Spule, so dass eine dadurch hervorgerufene Induktionsspannung die Spannung $U_0$ der Spannungsquelle verkleinert, wie wir es

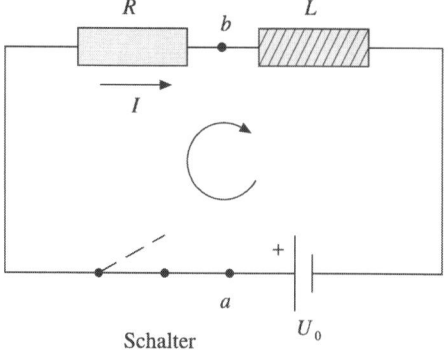

**Abb. 5.169** *Eine Spule wird mit einer Spannungsquelle verbunden. Der Strom beginnt zu fließen, sobald der Schalter geschlossen wird.*

schon bei der Herleitung der magnetischen Feldenergie gesehen haben. Entsprechend gilt für die Masche in **Abb. 5.169**

$$U_0 - L\dot{I} = RI \quad \Rightarrow \quad U_0 = RI + L\dot{I} . \tag{5.391}$$

Diese Differentialgleichung beschreibt den zeitlichen Verlauf des Stromes $I$. Sie gleicht formal der Differentialgleichung (5.236), die das Laden eines Kondensators beschreibt. Diese Differentialgleichung der gesuchten Funktion $f(t)$ und ihre Lösung können allgemein so formuliert werden:

$$U_0 = af + b\dot{f} \text{ , Lösung: } f(t) = \frac{1}{b}U_0(1 - e^{-\frac{b}{a}t}) . \tag{5.392}$$

Beim Laden des Kondensators war $b = 1/C$ und $a = R$. Auf (5.391) angewendet bedeutet dies: $a = L$, $b = R$. Damit lautet die gesuchte Funktion $I(t)$

$$I(t) = \frac{U_0}{R}(1 - e^{-\frac{R}{L}t}) . \tag{5.393}$$

$L/R$ ist dabei die „Zeitkonstante" zum Aufbau des Magnetfeldes in der Spule. $U_0/R$ ist der Strom, gegen den $I(t \to \infty)$ strebt. Nach $t = L/R$ hat $I(t)$ 63% des Endwertes erreicht. Direkt nach dem Einschalten ist die Änderung des Stromes $\dot{I}(t = 0)$ am größten. Leiten wir (5.393) nach $t$ ab und setzen $t = 0$, so beträgt die anfängliche Änderung $U_0/L$. Die induzierte Gegenspannung der Spule ist dann $U_{ind.} = -L\dot{I}(t = 0) = -U_0$, d. h. genauso groß wie die Spannung der Spannungsquelle.

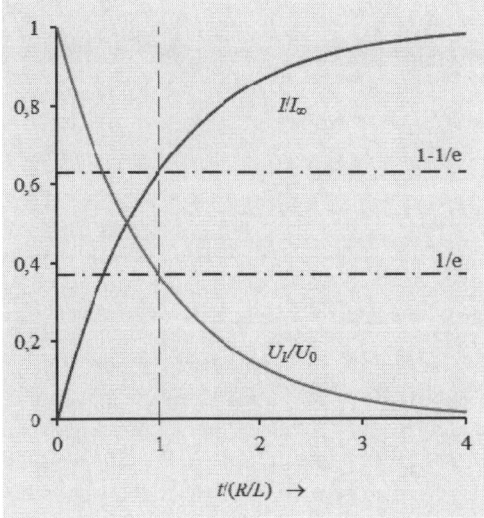

**Abb. 5.170** *Zeitlicher Verlauf des Stromes durch eine Spule nach dem Einschalten der Spannungsquelle.*

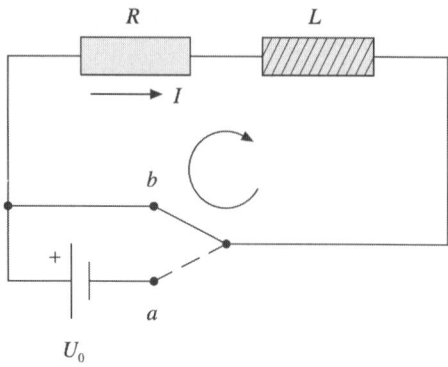

*Abb. 5.171* *Überbrücken der Spannungsquelle, die einen konstanten Strom durch die Spule fließen lässt, bewirkt eine Induktionsspannung der Spule.*

Wie beim Einschalten bzw. beim Erhöhen des Stromes durch eine Spule eine Spannung induziert wird, so geschieht dies auch beim Verkleinern des Stromes, wenn z. B. die Spannungsquelle durch einen Schalter wie in **Abb. 5.171** überbrückt wird.

In der Schalterstellung *a* ist die Spule an die Batterie wie in **Abb. 5.169** angeschlossen und nach einer gewissen Zeit hat sich der Strom *I* dem Endwert $U_0/R$ angenähert. Wird der Schalter in Stellung *b* umgelegt, so sinkt der Strom *I* nicht schlagartig von $I_0 = U_0/R$ auf null, da nun die in die Spule induzierte Spannung den Stromfluss aufrechterhalten will. Für die Masche in **Abb. 5.171** gilt (5.391), allerdings ist in Schalterstellung *b* $U_0$ mit null anzusetzen.

$$- L\dot{I} = RI \tag{5.394}$$

Diese Differentialgleichung entspricht der Gleichung (5.243), die das Entladen eines Kondensators beschreibt. Ersetzen wir wie oben beim Einschaltvorgang $R$ durch $L$ und $1/C$ durch $R$, so erhalten wir die Lösung für (5.394) aus der Lösung (5.244):

$$I(t) = I_0 e^{-\frac{R}{L}t} \tag{5.395}$$

Der Strom vermindert sich exponentiell mit der Zeit. Zum Zeitpunkt $t = L/R$ ist er auf $1/e \approx 37\%$ des Anfangswertes gesunken. Sowohl beim Einschalten als auch beim Ausschalten des Stromes wirkt die induzierte Spannung so, dass sie der Änderung des Stromes entgegenwirkt, den momentan vorliegenden Strom also beibehalten will.

Von großer praktischer Bedeutung ist noch folgender Fall: Wird in **Abb. 5.169** der Schalter wieder geöffnet, nachdem sich der Strom auf seinen Endwert $U_0/R$ stabilisiert hat, so kann die induzierte Spannung auf sehr hohe Werte steigen, da der Strom im offenen Stromkreis innerhalb sehr kurzer Zeit auf null sinkt. Da die Schalterkontakte noch nicht sehr weit auseinander sind, entstehen dort sehr hohe elektrische Feldstärken, so dass die Luftmoleküle ionisiert werden und es zur Zündung eines Lichtbogens kommen kann.

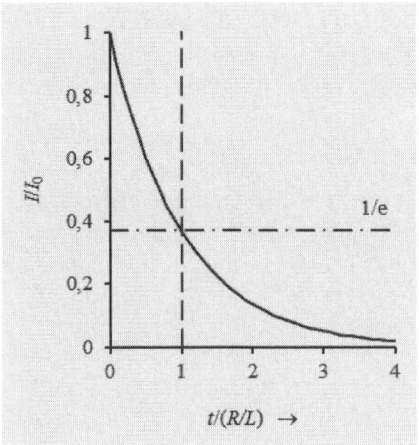

**Abb. 5.172** *Verlauf des Stromes, nachdem die Spannungsquelle von der Spule abgekoppelt wurde.*

## 5.4 Wechselstrom

Als Wechselstrom bezeichnet man Ströme, die einen zeitlich periodischen Verlauf aufweisen. Von besonderer Bedeutung sind harmonische Wechselströme, deren Zeitabhängigkeit sinus- bzw. kosinusförmig ist. Da, wie wir im Kapitel 4.2.6 gesehen haben, alle anderen periodischen Verläufe als Überlagerung harmonischer Wechselströme mit unterschiedlichen Frequenzen dargestellt werden können, können wir uns in diesem Kapitel auf diese beschränken.

Die große technische Bedeutung von Wechselstrom liegt in der Möglichkeit, elektrische Energie in dieser Form über große Entfernungen verlustarm zu transportieren. Bei gegebenem Ohmschen Leitungswiderstand beträgt die Verlustleistung, d. h. der Teil des elektrischen Energiestroms, welcher in Wärme umgewandelt wird, gemäß (5.17) $P_V = RI^2$. Daher wird durch „Transformatoren", deren Wirkung auf der magnetischen Induktion beruht, zur Energieübertragung die elektrische Stromstärke $I$ reduziert unter Beibehaltung der Energiestromstärke $P = UI$, wobei $U$ die Potentialdifferenz zwischen Hin- und Rückleitung der Energieübertragungsstrecke ist. Diese Spannung $U$ wird somit entsprechend erhöht, die Energieübertragung erfolgt in der Regel über „Hochspannungsleitungen". Da die Transformation von Niederspannung auf Hochspannung auf der Erzeugerseite und die Umkehrung auf der Verbraucherseite sehr verlustarm erfolgt, hat sich die Übertragung von elektrischer Energie in Wechselstromnetzen weltweit durchgesetzt.

Ein weiterer Grund, elektrische Energie in der Form von Wechselstrom zu nutzen, liegt in der Erzeugung, genauer gesagt in der Art der Energiekonverter, die Energie von anderen Trägern auf elektrische Ladung übertragen. Dieser Wechsel der Energieträger erfolgt in der Regel in so genannten „Generatoren" von mechanischer Energie auf elektrische. Auch hier beruht die Funktion der Generatoren auf der magnetischen Induktion: Eine in einem homogenen Magnetfeld rotierende Spule erzeugt gemäß (5.345) eine sinusförmige Wechselspannung, die dann von einem Transformator weiter verarbeitet werden kann. Andere Energiekonverter wie Batterien, in denen chemische Energie in elektrische Energie umgewandelt wird, spielen nur in besonderen Bereichen, wie z. B. Fahrzeugtechnik oder bei mobilen Geräten eine Rolle.

Während für die elektrische Energietechnik Wechselströme mit Frequenzen von 50 oder 60 Hz[1] gearbeitet wird, werden für die Übertragung von Information in Form von elektrischen Signalen wesentlich höhere Frequenzen verwendet. In der Rundfunk- und Fernsehtechnik variieren die Frequenzen von einigen kHz bis zu einigen MHz, bei mobilen Telefonen werden die Signale mit einigen GHz übertragen. Das Gleiche gilt für die Informationsverarbeitung in Computern, moderne Prozessoren arbeiten mit Taktfrequenzen von einigen GHz, der Informationsfluss zwischen Speichern und Prozessoren erfolgt mit einigen 100 MHz.

## 5.4.1    Wechselstromkreise

Im Kapitel 5.1.4 wurden Netzwerke behandelt, die von Gleichströmen durchflossen werden. Die Zusammenhänge, die dort hergeleitet wurden, gelten unter der Voraussetzung, dass die Ladung in jedem Abschnitt des Stromkreises erhalten bleibt. Eine Konsequenz davon ist die Kirchhoffsche Knotenregel (5.6). Wird in einem einfachen Stromkreis die (Gleich)spannung der Quelle geändert, so ändert sich auch der Strom durch die Ohmschen Widerstände. Dabei gelten die Gesetzmäßigkeiten von Gleichstromnetzwerken, solange bei der Änderung des Stromes im Stromkreis praktisch ein Ladungsgleichgewicht herrscht, sich also durch die Änderung des Stromes keine Bereiche mit Ladungsüberschuss oder -mangel ausbilden. Auch bei Wechselstromkreisen kann man die Gesetze aus Kapitel 5.1.4 anwenden, solange die Periodendauern von Strom und Spannung groß sind gegen die Zeit, in der sich im Stromkreis das Ladungsgleichgewicht einstellt.

Die harmonische Wechselspannung, mit der eine Spannungsquelle, z. B. ein Generator, in einem Stromkreis einen Wechselstrom bewirkt, entspricht in ihrem zeitlichen Verlauf einer harmonischen Schwingung, wie wir sie im Kapitel 4.2.1 kennen gelernt haben.

$$U(t) = \hat{U} \cos(\omega t + \varphi) \tag{5.396}$$

Dabei sind $\hat{U}$ die Amplitude, $\omega = 2\pi/T = 2\pi f$ die Kreisfrequenz, $T$ die Periodendauer, $f = 1/T$ die Frequenz und $\varphi$ der Nullphasenwinkel der Wechselspannung, der sich aus der Wahl des Nullpunktes der Zeitangabe bestimmt. Wenn nicht anders erforderlich, werden wir $\varphi = 0$ wählen. Wie auch schon bei den harmonischen Schwingungen ist es in vielen Fällen von Vorteil, Größen, die einen harmonischen zeitlichen Verlauf aufweisen, als in der Gaußschen Zahlenebene rotierende Zeiger einer komplexen Größe darzustellen. Die Länge oder der Betrag des Zeigers entspricht dabei der Amplitude der Wechselspannung.

$$U(t) = \mathrm{Re}(\underline{U}(t)) = \mathrm{Re}(\hat{U}\mathrm{e}^{\mathrm{j}(\omega t + \varphi)}) \tag{5.397}$$

---

[1]    Allerdings beträgt die Frequenz des Bahnstromes in Deutschland $50/3 = 16^2/_3$ Hz.

**Wechselstromkreis mit Ohmschem Widerstand**

An eine Wechselspannungsquelle ist ein Ohmscher Widerstand angeschlossen. Um die Kirchhoffsche Maschenregel anwenden zu können, legen wir die Polarität der Spannungs-quelle willkürlich für einen bestimmten Zeitpunkt fest. Entsprechend ergibt sich die momen-tane Stromrichtung vom momentanen Pluspol zum Minuspol der Spannungsquelle. Der momentane Spannungsabfall am Widerstand $R$ beträgt $U_R = RI$. Der Maschenumlauf in **Abb. 5.173** ergibt

$$RI - U = 0 \quad \Rightarrow \quad I = \frac{U}{R} = \frac{\hat{U}}{R}\cos(\omega t) = \hat{I}\cos(\omega t) \,. \tag{5.398}$$

Die am Ohmschen Widerstand anliegende Spannung und der durch ihn fließende Strom schwingen im Takt oder in Phase, Maximal- oder Minimalwerte der Spannung ziehen eben-falls Maximal- bzw. Minimalwerte des Stromes nach sich. $\hat{I}$ ist dabei die Amplitude des Stroms, dessen Frequenz gleich der der Spannung ist.

Am Ohmschen Widerstand wird der elektrische Energiestrom $P = UI$ in Wärme überführt. Dieser Energiestrom beträgt mit (5.396) und (5.398)

$$P = \hat{U}\cos(\omega t)\hat{I}\cos(\omega t) = \frac{\hat{U}^2}{R}\cos^2(\omega t) = \hat{I}^2 R\cos^2(\omega t) \,, \tag{5.399}$$

oder mit $\cos^2\alpha = \frac{1}{2}(\cos 2\alpha + 1)$

$$P = \frac{\hat{U}^2}{2R}\cos(2\omega t) + \frac{\hat{U}^2}{2R} = \frac{1}{2}\hat{I}^2 R\cos(2\omega t) + \frac{1}{2}\hat{I}^2 R \,. \tag{5.400}$$

Der in Wärme umgewandelte Energiestrom, die „Verlustleistung", schwingt mit der Kreis-frequenz $2\omega$, dabei schwankt die Leistung zwischen null und $\hat{I}^2 R$. Im zeitlichen Mittel be-trägt die Leistung

$$<P> = \frac{\hat{U}^2}{2R} = \frac{1}{2}\hat{I}^2 R \,. \tag{5.401}$$

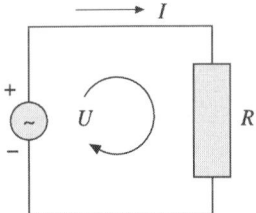

*Abb. 5.173 Wechselspannungsquelle mit Ohmschem Widerstand.*

Allgemein wird dieser Mittelwert einer periodischen Funktion $f(t)$ mit der Periodendauer $T$ wie folgt berechnet:

$$< f(t) >= \frac{1}{T} \int_0^T f(t)\mathrm{d}t \;.$$

(5.402)

Die Leistung (5.401) würde am gleichen Widerstand $R$ in Wärme umgewandelt, wenn dieser von einem Gleichstrom $I_=$ der Stärke

$$< P >= \frac{1}{2} \hat{I}^2 R = I_=^2 R \;\Rightarrow\; I_= = \frac{\hat{I}}{\sqrt{2}}$$

(5.403)

durchflossen würde oder der Widerstand mit einer Gleichspannungsquelle der Spannung

$$< P >= \frac{\hat{U}^2}{2R} = \frac{U_=}{R} \;\Rightarrow\; U_= = \frac{\hat{U}}{\sqrt{2}}$$

(5.404)

verbunden wäre.

**Effektivwerte**
Die Spannung $U_=$ bzw. der Strom $I_=$ verursachen an einem Ohmschen Widerstand die gleiche Verlustleistung wie eine Wechselspannung bzw. ein Wechselstrom der Amplituden $\hat{U}$ bzw. $\hat{I}$. Dabei ist die Frequenz der Wechselspannung ohne Bedeutung. Daher nennt man $U_=$ bzw. $I_=$ die „Effektivwerte" $U_{eff}$ und $I_{eff}$ der Wechselspannung bzw. des Wechselstroms.

> Die Effektivwerte von Wechselspannungen und -strömen sind die Werte, die entsprechende Gleichspannungen und -ströme haben müssten, um die gleiche mittlere Leistung an einem Ohmschen Verbraucher in Wärme umzuwandeln.

Mit der allgemeinen Definition (5.402) des Mittelwertes berechnen sich aus der mittleren Leistung die Effektivwerte für Spannung und Strom:

$$< P(t) >= \frac{1}{T} \int_0^T P(t)\mathrm{d}t = \frac{1}{R}\frac{1}{T} \int_0^T U^2(t)\mathrm{d}t = \frac{<U^2>}{R} = \frac{U_{eff}^2}{R} \;\Rightarrow$$

$$U_{eff} = \sqrt{<U^2>} = \sqrt{\frac{1}{T} \int_0^T U^2(t)\mathrm{d}t} \;.$$

(5.405)

$$< P(t) >= R\frac{1}{T} \int_0^T I^2(t)\mathrm{d}t = R <I^2> \;\Rightarrow$$

$$I_{eff} = \sqrt{<I^2>} = \sqrt{\frac{1}{T} \int_0^T I^2(t)\mathrm{d}t}$$

(5.406)

Für harmonische Wechselspannungen und -ströme ergeben sich Proportionalitätsfaktoren (5.403) und (5.404) zwischen Effektivwert und Amplitude. In Deutschland beträgt der Effektivwert der Spannung des Niederspannungsnetzes 230 V. Damit beträgt die Amplitude der Wechselspannung $\sqrt{2} \cdot 230\,\text{V} = 325\,\text{V}$.

Messgeräte für Wechselspannungen oder Wechselstrom zeigen in der Regel die Effektivwerte der Größen an. Zuvor müssen diese allerdings noch „gleichgerichtet" werden. Für andere, nicht harmonische periodische Verläufe ergeben sich andere Proportionalitätsfaktoren zwischen Effektivwerten und Amplituden.

### Kapazitäten im Wechselstromkreis

Kondensatoren werden durch ihre Kapazität beschrieben, diese gibt an, welche Ladungsmenge bei anliegender Spannung, der Potentialdifferenz zwischen den Platten, gespeichert ist. In ähnlicher Weise haben wir die Masse als Impulskapazität, sie gibt an, wie viel Impuls ein Objekt bei gegebener Relativgeschwindigkeit aufweist, kennen gelernt. Ebenso gibt die Wärmekapazität an, wie viel Wärme(energie) über die Grenze eines thermodynamischen Systems transportiert werden muss, um seine Temperatur zu ändern. Kapazitäten weisen nicht nur Kondensatoren als elektrische Bauelemente, sondern beliebige Leiteranordnungen, zwischen denen Spannungen herrschen, auf. Bei der Behandlung eines Netzwerkes beschreibt man diese Kapazitäten durch entsprechende Kondensatoren.

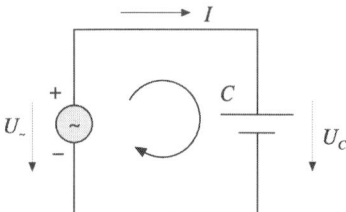

**Abb. 5.174** *Wechselstromkreis mit einem Kondensator.*

Für Gleichstrom stellt der Kondensator in **Abb. 5.174** eine Unterbrechung der leitenden Verbindung zwischen den Polen der Spannungsquelle dar, es fließt kein Strom, der Gleichstromwiderstand eines Kondensators ist unendlich groß. Ändert sich jedoch die Spannung beim Einschalten von null auf den Wert $U$ so fließt ein Strom $I$, bis durch die Ladung auf den Kondensatorplatten eine entsprechende Gegenspannung (5.239) aufgebaut worden ist.

Ist der Kondensator an eine Wechselspannungsquelle mit kosinusförmigem Spannungsverlauf angeschlossen, so findet ein ständiges Laden und Entladen des Kondensators statt. Im Stromkreis von **Abb. 5.174** ergibt der Maschenumlauf für die momentan herrschenden Spannungen

$$0 = -U_\approx + U_C \text{ , mit } q = CU_C \text{ und } U_\approx = \hat{U}\cos(\omega t) \Rightarrow$$

$$\frac{q}{C} = \hat{U}\cos(\omega t) \, . \tag{5.407}$$

Dabei ist $q$ die Ladung des Kondensators mit der Kapazität $C$. Durch den Strom $I$ wird die Ladung des Kondensators geändert.

$$I = \frac{dq}{dt} = \frac{d}{dt}(C\hat{U}\cos(\omega t)) = -\omega C\hat{U}\sin(\omega t) = \omega C\hat{U}\cos(\omega t + \frac{\pi}{2}). \qquad (5.408)$$

Der Strom hat wie die Spannung der Quelle einen kosinusförmigen Verlauf, er ist aber um $\pi/2$ phasenverschoben.

$$I = \hat{I}\cos(\omega t + \frac{\pi}{2}) = \hat{I}\cos(\omega(t + \frac{1}{\omega}\frac{\pi}{2})) = \hat{I}\cos(\omega(t + \frac{T}{4})). \qquad (5.409)$$

Der Strom eilt der Spannung der Quelle, die gleich der Spannung am Kondensator ist, um $T/4$ voraus. Die Amplitude des Stroms beträgt $\hat{I} = \omega C\hat{U}$. Der Strom ist null, wenn die Ladung $q$ des Kondensators maximal ist, dann ist auch $U_C = q/C$ maximal. Andererseits wird das Strommaximum beim ungeladenen Kondensator erreicht.

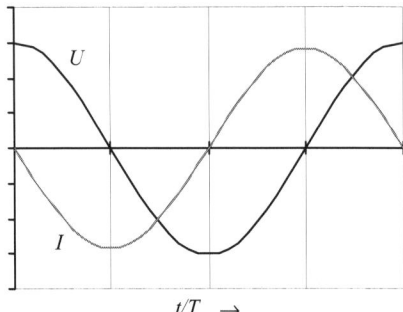

**Abb. 5.175**  *Verläufe von Spannung und Strom bei einem Kondensator.*

Zwischen den Amplituden von Spannung und Strom besteht der Zusammenhang $\hat{I} = \omega C\hat{U}$ bzw. $\hat{U} = \hat{I}/(\omega C)$. Da Amplituden und Effektivwerte proportional zueinander sind, gilt entsprechend

$$U_{eff} = \frac{1}{\omega C}I_{eff} \text{ oder } \frac{U_{eff}}{I_{eff}} = \frac{1}{\omega C} := X_C, [X_C] = \Omega. \qquad (5.410)$$

Die Größe $1/(\omega C)$ bezeichnet man auch als „kapazitiven Widerstand" des Kondensators. Je höher die Frequenz, umso geringer wird der Widerstand. (5.410) ist eine Analogie zum Ohmschen Gesetz $U = RI$.

Hervorzuheben ist, dass zwar ein Kondensator einen kapazitiven Widerstand aufweist, jedoch keine Ladung „durch" den Kondensator transportiert wird. Es fließen durch die Spannung nur Ladungen auf die Platten und von den Platten herunter. Die daraus resultierende Änderung der elektrischen Flussdichte zwischen den Platten bezeichnet man auch als „Verschiebungsstrom" ohne Ladungsträgertransport. Darauf werden wir im Kapitel 5.5 eingehen.

Im Gegensatz zum Ohmschen Widerstand wird an einem kapazitiven Widerstand keine elektrische Energie in Wärme umgewandelt, die mittlere Leistung beträgt

$$< P >=< U(t)I(t) >=< \hat{U}\cos(\omega t)\hat{I}\cos(\omega t + \frac{\pi}{2}) > ,$$

$$< P >= -\hat{U}\hat{I}\frac{1}{T}\int_0^T\cos(\omega t)\sin(\omega t)\mathrm{d}t = -\hat{U}\hat{I}\frac{1}{T}\int_0^T\sin(2\omega t)\mathrm{d}t = 0 .$$ (5.411)

**Induktivitäten im Wechselstromkreis**

Spulen sind durch ihre Selbstinduktivität gekennzeichnet, diese ist ein Maß für die Höhe der Spannung, die in die Spule induziert wird, wenn sie von einem sich zeitlich ändernden Strom durchflossen wird. Neben Spulen weist jede Anordnung von geschlossenen Leiterschleifen, und damit jeder Stromkreis eine Selbstinduktivität auf, die bei der Betrachtung von Netzwerken durch Spulen, die auch Induktivitäten genannt werden, berücksichtigt wird.

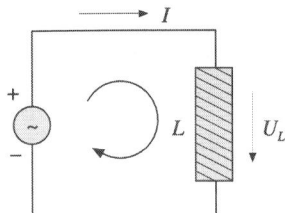

***Abb. 5.176*** *Wechselstromkreis mit einer Induktivität.*

Zur Vereinfachung nehmen wir an, dass der Ohmsche Widerstand der Spule in **Abb. 5.176** zu vernachlässigen ist. Wird die Spule von einem Strom $I$ durchflossen, so wird eine Spannung induziert. Diese beträgt gemäß (5.355) $U_{ind} = - L\dot{I}$. Ist für die in **Abb. 5.176** angenommene Stromrichtung die Änderung des Stromes $\dot{I} > 0$, so ist die induzierte Spannung der Spannung $U_\approx$ der Quelle entgegengerichtet, es ist der Spannungsabfall $U_L = -U_{ind}$ zu überwinden. Dieser Spannungsabfall ist generell bei der Aufstellung von Maschengleichungen (5.14) zu verwenden. Der Maschenumlauf ergibt hier

$$0 = -U_\approx + U_L , \text{ mit } U_L = L\dot{I} \text{ und } U_\approx = \hat{U}\cos(\omega t) \Rightarrow$$
$$L\dot{I} = \hat{U}\cos(\omega t) .$$ (5.412)

Um den zeitlichen Verlauf des Stromes zu berechnen, muss (5.412) integriert werden.

$$\int L\frac{\mathrm{d}I}{\mathrm{d}t}\mathrm{d}t = L\int\mathrm{d}I = \hat{U}\int\cos(\omega t)\mathrm{d}t \Rightarrow$$

$$L(I + K_I) = \hat{U}\frac{1}{\omega}\sin(\omega t) + \hat{U}K_U \Rightarrow$$

$$I(t) = \frac{1}{L\omega}\hat{U}\sin(\omega t) + \hat{U}\frac{K_U}{L} - K_I = \frac{1}{L\omega}\hat{U}\sin(\omega t) + I_\approx .$$ (5.413)

Dabei sind $K_I$ und $K_U$ die Integrationskonstanten der linken bzw. der rechten Seite von (5.412). $\hat{U}K_U/K_I := I_=$ ist der zeitliche Mittelwert von $I(t)$, da $<\sin(\omega t)> = 0$ ist. Dieser Gleichstrom kann dem Wechselstrom der Quelle überlagert sein, ohne dass sich die Verhältnisse ändern. Liefert die Quelle keinen Gleichstromanteil, so ist $I_= = 0$. In diesem Fall ist

$$I(t) = \frac{1}{L\omega}\hat{U}\sin(\omega t) = \hat{I}\sin(\omega t) = \hat{I}\cos(\omega t - \frac{\pi}{2}) = \hat{I}\cos(\omega(t - \frac{T}{4})) . \tag{5.414}$$

Der zeitliche Verlauf des Stromes ist wie der Spannungsverlauf der Quelle kosinusförmig, er eilt jedoch der Spannung an der Spule, die gleich der Quellenspannung ist, um $\pi/2$ bzw. $T/4$ nach. Die Amplitude des Stromes ergibt sich aus (5.414) zu $\hat{I} = \hat{U}/(\omega L)$. Das Maximum des Stromes liegt vor, wenn die induzierte Spannung null ist. Dies ist aber in den Extrema der Sinusfunktion der Fall, dort ist die Änderung null. Anderseits ist die Änderung des Stromes nahe den Nullstellen maximal und damit auch die Spannung, die überwunden werden muss.

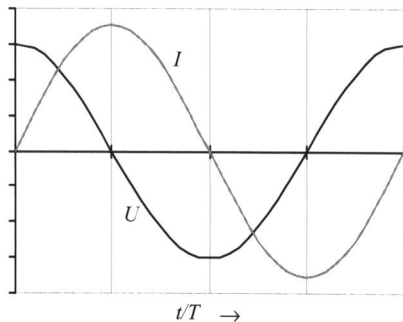

**Abb. 5.177** *Zeitlicher Verlauf von Spannung und Strom an einer Induktivität.*

Wie beim Kondensator folgt aus dem Zusammenhang $\hat{U} = \omega L\hat{I}$ zwischen der Strom- und der Spannungsamplitude der gleiche Zusammenhang für die Effektivwerte von Strom und Spannung:

$$U_{eff} = L\omega I_{eff} \text{ oder } \frac{U_{eff}}{I_{eff}} = L\omega := X_L, [X_L] = \Omega . \tag{5.415}$$

$X_L$ bezeichnet man auch als „induktiven Widerstand" der Spule. Er wächst mit wachsender Frequenz. Auch hier können wir die Analogie von (5.415) zum Ohmschen Gesetz $U = RI$ erkennen. Wie auch beim Kondensator wird bei einer Induktivität keine elektrische Energie in Wärme umgewandelt. Die mittlere Verlustleistung beträgt

$$< P >=< U(t)I(t) >=< \hat{U}\cos(\omega t)\hat{I}\cos(\omega t - \frac{\pi}{2}) > ,$$

$$< P >= \hat{U}\hat{I}\frac{1}{T}\int_0^T\cos(\omega t)\sin(\omega t)dt = \hat{U}\hat{I}\frac{1}{T}\int_0^T\sin(2\omega t)dt = 0 . \tag{5.416}$$

Widerstände, an denen keine elektrische Energie in Wärme umgewandelt wird, heißen auch „Blindwiderstände". In ihnen wird die Energie zwischenzeitlich in elektrischer (Kapazität) oder magnetischer (Induktivität) Feldenergie zwischengespeichert. Der periodische Auf- und Abbau der Felder verursacht die Phasenverschiebung zwischen Strom und Spannung. Ohmsche Widerstände dagegen werden „Wirkwiderstände" genannt.

**Beschreibung von Wechselstromkreisen in der komplexen Ebene**
Die phasenverschiebende Wirkung von Kapazitäten und Induktivitäten kann man besonders einfach durch die Darstellung von Strom und Spannung als in der komplexen Ebene mit der Kreisfrequenz $\omega$ rotierende Zeiger darstellen. Für eine Kapazität, die an eine Wechselspannungsquelle wie in **Abb. 5.174** angeschlossen ist, deren Spannung in der komplexen Ebene durch (5.397) beschrieben wird, lautet (5.408)

$$\underline{I} = \omega C \hat{U} \mathrm{e}^{j(\omega t + \frac{\pi}{2})} = \omega C \underline{U} \mathrm{e}^{j\frac{\pi}{2}}. \tag{5.417}$$

Nach $\underline{U}$ aufgelöst erhalten wir

$$\underline{U} = \frac{1}{\omega C} \mathrm{e}^{-j\frac{\pi}{2}} \underline{I}, \text{ mit } \mathrm{e}^{-j\frac{\pi}{2}} = -j \ \Rightarrow \ \underline{U} = -\frac{j}{\omega C} \underline{I}. \tag{5.418}$$

Der Zusammenhang (5.418) zwischen den Zeigern von Strom und Spannung an einer Kapazität entspricht dem Ohmschen Gesetz $U = RI$, allerdings wird der Zeiger $\underline{I}$ mit dem Zeiger $\underline{U}$ durch den komplexen Widerstand der Kapazität

$$\underline{Z}_C = |\underline{Z}_C| \, \mathrm{e}^{j\varphi_{UI}} = \frac{1}{\omega C} \mathrm{e}^{-j\frac{\pi}{2}} = -\frac{j}{\omega C} \tag{5.419}$$

verknüpft. Neben der Frequenzabhängigkeit ihres Betrages beinhaltet der komplexe Widerstand, die Impedanz[1], auch die Phasenverschiebung $\varphi_{UI}$ der Spannung gegenüber dem Strom, hier eilt die Spannung dem Strom nach. (5.417) dagegen ist analog zu $I = GU$, daher ist

$$\underline{Y}_C = \omega C \mathrm{e}^{j\frac{\pi}{2}} = j\omega C \tag{5.420}$$

der komplexe Leitwert, die Admittanz[2], der Kapazität. So wie bei Ohmschen Widerständen $G = 1/R$ ist, so gilt auch für den komplexen Leitwert und den komplexen Widerstand

$$\underline{Y} = \frac{1}{\underline{Z}} = |\underline{Y}| \, \mathrm{e}^{j\varphi_{IU}} \ , \ \underline{Y} = \frac{1}{|\underline{Z}| \, \mathrm{e}^{j\varphi_{UI}}} = \frac{1}{|\underline{Z}|} \mathrm{e}^{-j\varphi_{UI}} \tag{5.421}$$

$$\Rightarrow \ |\underline{Y}| = \frac{1}{|\underline{Z}|}, \ \varphi_{IU} = -\varphi_{UI}. \tag{5.422}$$

---

[1] Impedire, lat. hemmen, im Wege stehen.
[2] Admittere, lat. Zutritt gewähren.

$\varphi_{IU}$ gibt beim komplexen Leitwert die Phasenverschiebung des Stromes gegenüber der Spannung an. Für nicht-Ohmsche Widerstände im Wechselstromkreis kann (5.16) allgemein so formuliert werden:

$$\underline{U} = \underline{Z}\,\underline{I} \quad \text{bzw.} \quad \underline{I} = \underline{Y}\,\underline{U} \;.$$
(5.423)

In gleicher Weise können wir den komplexen Widerstand einer Induktivität bestimmen. (5.414) in komplexer Schreibweise lautet

$$\underline{I} = \frac{1}{L\omega}\hat{U}\mathrm{e}^{j(\omega t - \frac{\pi}{2})} = \frac{1}{L\omega}\underline{U}\mathrm{e}^{-j\frac{\pi}{2}} = -\frac{j}{L\omega}\underline{U} \;.$$
(5.424)

Der komplexe Leitwert der Induktivität ist dabei

$$\underline{Y}_L = -\frac{j}{\omega L} \;.$$
(5.425)

Hieraus ergibt sich der komplexe Widerstand zu

$$\underline{Z}_L = \frac{1}{\underline{Y}_L} = -\frac{\omega L}{j} = j\omega L \;.$$
(5.426)

Komplexe Zahlen können entweder „kartesisch", also durch Real- und Imaginärteil, oder „polar", d. h. durch Betrag und Phase dargestellt werden. Die komplexen Widerstände von Kapazitäten und Induktivitäten sind imaginär, die Phasenverschiebung um $-\pi/2$ bzw. $\pi/2$ zwischen Strom und Spannung ist die charakteristische Eigenschaft dieser Blindwiderstände. Der Ohmsche Widerstand dagegen ist reell, die Phasenverschiebung ist null.

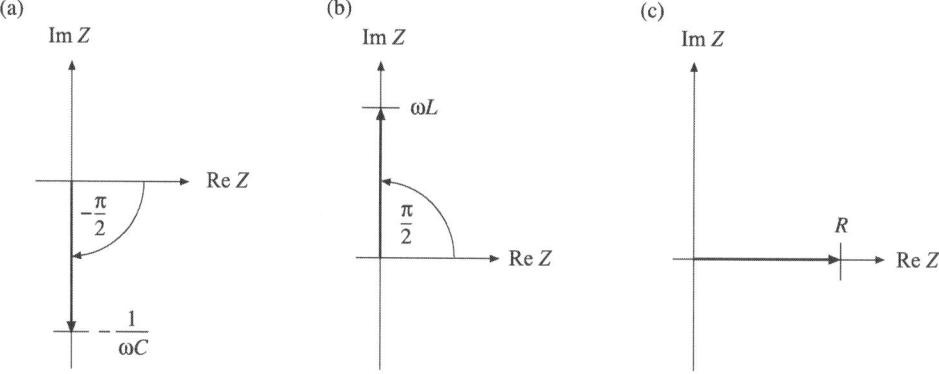

**Abb. 5.178** *Impedanzen von (a) Kapazität, (b) Induktivität und (c) Ohmschem Widerstand in der komplexen Ebene.*

**Tab. 5.10** *Impedanzen von Kapazität, Induktivität und Ohmschem Widerstand.*

| | Realteil | Imaginärteil | Betrag | Phasenverschiebung $\varphi_{UI}$ (Spannung gegen Strom) |
|---|---|---|---|---|
| Kapazität | - | $-\dfrac{1}{\omega C}$ | $\dfrac{1}{\omega C}$ | $-\dfrac{\pi}{2}$ |
| Induktivität | - | $\omega L$ | $\omega L$ | $\dfrac{\pi}{2}$ |
| Ohmscher Widerstand | $R$ | - | $R$ | $0$ |

**Tab. 5.11** *Admittanzen von Kapazität, Induktivität und Ohmschem Widerstand.*

| | Realteil | Imaginärteil | Betrag | Phasenverschiebung $\varphi_{IU}$ (Strom gegen Spannung) |
|---|---|---|---|---|
| Kapazität | - | $\omega C$ | $\omega C$ | $\dfrac{\pi}{2}$ |
| Induktivität | - | $-\dfrac{1}{\omega L}$ | $\dfrac{1}{\omega L}$ | $-\dfrac{\pi}{2}$ |
| Ohmscher Widerstand | $1/R$ | - | $1/R$ | $0$ |

Amplituden bzw. Zeigerlängen und Effektivwerte unterscheiden sich um den Faktor $\sqrt{2}$. Daher gilt allgemein der Zusammenhang zwischen den Effektivwerten von Spannung und Strom

$$U_{eff} = |\underline{Z}| \, I_{eff} \ \text{ bzw. } \ I_{eff} = |\underline{Y}| \, U_{eff} \, . \tag{5.427}$$

Die Kirchhoffsche Knotenregel (5.6) und die Maschenregel (5.14) gelten bei Wechselstromnetzwerken für die Momentanwerte von Strom und Spannung. Entsprechend addieren sich bei einem Knoten die Zeiger der Ströme und bei einer Masche die Zeiger der Spannungen zu null. Der Vorteil der Zeigerdarstellung ist, dass die Additionen graphisch oder wie eine Vektoraddition durchgeführt werden kann. Das Gleiche gilt für die Addition der komplexen Widerstände bei der Reihenschaltung von Induktivitäten, Kapazitäten und Ohmschen Widerständen bzw. für die Addition der komplexen Leitwerte bei einer Parallelschaltung dieser Bauteile.

**Schwingkreise ohne Wechselspannungsquelle**
Werden Kapazitäten und Induktivitäten in einem Stromkreis zusammengeschaltet, so können Strom und Spannung Schwingungen ausführen. Dazu betrachten wir die Schaltung aus **Abb. 5.179**.

Der Kondensator mit der Kapazität $C$ wird von der Batterie mit der Spannung $U_0$ geladen, der Schalter befindet sich dabei in Stellung 1. Zum Zeitpunkt $t = 0$ wird der Schalter in Stellung 2 umgelegt, es fließt ein Strom $I$, der den Kondensator entlädt. Die Maschengleichung für **Abb. 5.179** ergibt

$$-\frac{q_C}{C} + L\dot{I} = 0 \, . \tag{5.428}$$

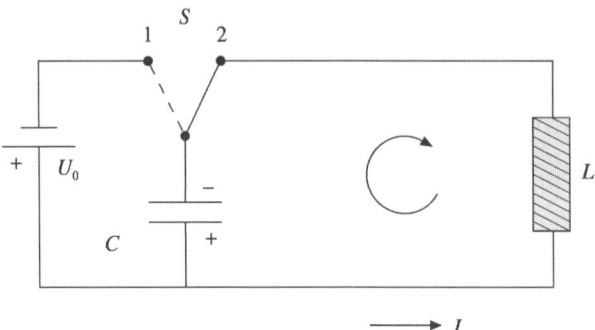

**Abb. 5.179** *Wechselstromkreis, bestehend aus einem Kondensator und einer Spule (LC-Kreis). Zu beachten ist, dass im Gegensatz zu* **Abb. 5.174** *die Stromrichtung umgekehrt gewählt wurde. Der Kondensator spielt hier die Rolle der Spannungsquelle in* **Abb. 5.174**.

Durch den Strom $I$ wird die Ladung $q_C$ des Kondensators vermindert, d. h. $I = -\dot{q}_C$. Damit lautet (5.428)

$$-\frac{q_C}{C} - L\ddot{q}_C = 0 \quad \text{oder} \quad L\ddot{q}_C + \frac{1}{C}q_C = 0 \,. \tag{5.429}$$

Vergleichen wir diese Differentialgleichung, die den zeitlichen Verlauf der Ladung des Kondensators beschreibt, mit (4.27), so sehen wir, dass $q_C$ eine freie harmonische Schwingung mit der Kreisfrequenz

$$\omega_f = \sqrt{\frac{1}{LC}} \tag{5.430}$$

ausführt. $L$ beschreibt die Trägheit, $1/C$ die Rückstelleigenschaften des Schwingkreises. Amplitude und Nullphasenwinkel sind gemäß (4.26) durch die Anfangsbedingungen $q_C(t = 0)$ und $\dot{q}_C(t = 0)$ festgelegt. In diesem Fall ist

$$q_C(t = 0) = CU_0 \quad \text{und} \quad \dot{q}_C(t = 0) = I(t = 0) = 0 \ \Rightarrow$$
$$\hat{q}_C = CU_0 \quad \text{und} \quad \tan\varphi_0 = 0 \,. \tag{5.431}$$

Der zeitliche Verlauf von $q_C$ lautet somit

$$q_C(t) = \hat{q}_C \cos(\omega t) = CU_0 \cos(\frac{t}{\sqrt{LC}}) \,. \tag{5.432}$$

Der Strom $I$ und die Spannung $U_C$ am Kondensator betragen

$$I(t) = -\dot{q}_C(t) = \hat{q}_C\omega\sin(\omega t) = \sqrt{\frac{C}{L}}U_0 \sin(\frac{t}{\sqrt{LC}}) = \hat{I} \sin(\omega t) \,, \tag{5.433}$$

$$U_C = Cq_C(t) = C\hat{q}_C \cos(\omega t) = U_0 \cos(\omega t) = \hat{U} \cos(\omega t) \,. \tag{5.434}$$

Im Kondensator ist zum Zeitpunkt $t = 0$ die Energie $W_C = \frac{1}{2}CU_0^2$ im elektrischen Feld gespeichert. Mit dem Abbau des elektrischen Feldes durch Verringerung der Ladung wird mit wachsendem Strom in der Spule das Magnetfeld aufgebaut, dessen Energie $W_L = \frac{1}{2}LI^2$ wird maximal, wenn der Strom maximal wird. Wie bei mechanischen freien ungedämpften Schwingungen ist die Gesamtenergie

$$W_{ges.} = W_C(t) + W_L(t) = \frac{1}{2}C\hat{U}^2\cos^2(\omega t) + \frac{1}{2}L\hat{I}^2\sin^2(\omega t) ,$$

mit $\hat{U} = U_0$ und $\hat{I} = \sqrt{\dfrac{C}{L}}U_0 \Rightarrow$

$$W_{ges.} = \frac{1}{2}CU_0^2\cos^2(\omega t) + \frac{1}{2}L\frac{C}{L}U_0^2\sin^2(\omega t) = \frac{1}{2}CU_0^2 \tag{5.435}$$

konstant und gleich der Energie des Kondensators zum Zeitpunkt $t = 0$.

In der Praxis muss der Schwingkreis aus **Abb. 5.179** um die Ohmschen Leitungswiderstände ergänzt werden, diese können wir in einen Widerstand $R$ zusammenfassen.

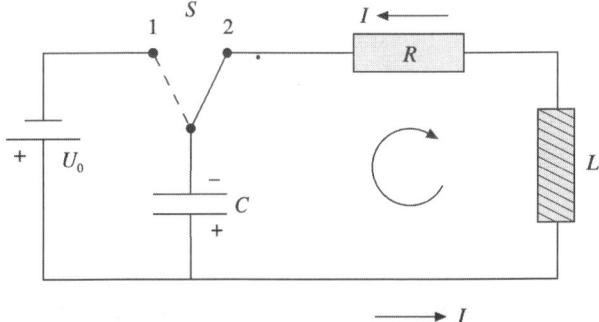

**Abb. 5.180**  *Stromkreis wie **Abb. 5.179**, ergänzt durch einen Ohmschen Widerstand.*

Der Maschenumlauf ergibt

$$-\frac{q_C}{C} + L\dot{I} + RI = 0 , \text{ mit } I = -\dot{q}_C \Rightarrow \ddot{q}_C + \frac{R}{L}\dot{q}_C + \frac{1}{LC}q_C = 0 . \tag{5.436}$$

Diese Differentialgleichung entspricht der einer gedämpften mechanischen Schwingung (4.73), bei der die Reibungskraft proportional zur momentanen Geschwindigkeit ist. Der Dämpfungskoeffizient $\delta$ beträgt beim gedämpften elektrischen Schwingkreis in **Abb. 5.180**

$$\delta = \frac{R}{2L} . \tag{5.437}$$

Abhängig von der Dämpfung liegt beim zeitlichen Verlauf der Ladung des Kondensators der

- Schwingfall ($\delta < \omega_f \Rightarrow \dfrac{R}{2L} < \sqrt{\dfrac{1}{LC}}$ ) mit der Kreisfrequenz (4.79), $\omega_d = \sqrt{\omega_f^2 - \delta^2}$ , der
- aperiodische Grenzfall ($\delta = \omega_f$) oder der
- Kriechfall ($\delta > \omega_f$)

vor. Dabei wird $q(t)$ durch (4.83) im Schwingfall, durch (4.90) im aperiodischen Grenzfall und durch (4.94) im Kriechfall beschrieben und der zeitliche Verlauf in **Abb. 4.16** darge-stellt. Anfangsauslenkung $x_0$ und Anfangsgeschwindigkeit $v_0$ sind für den Schwingkreis in **Abb. 5.180** durch die anfängliche Ladung $q_C(t = 0)$ und $\dot{q}_C(t = 0)$ zu ersetzen. Den zeitli-chen Verlauf der Spannung am Kondensator erhalten wir aus $U_C(t) = Cq(t)$.

Der zeitliche Verlauf des Stromes ergibt sich aus $I = -\dot{q}_C$ und damit auch die Spannung $U_R$, die am Widerstand abfällt. Der Zeiger $\underline{U}_R$ berechnet sich zu

$$\underline{U}_R = -R\frac{d}{dt}(\hat{q}_0 e^{-\delta t} e^{j(\omega_d t + \varphi_0)})$$

$$\underline{U}_R = -R(-\hat{q}_0 \delta e^{-\delta t} e^{j(\omega_d t + \varphi_0)} + j\omega_d \hat{q}_0 e^{-\delta t} e^{j(\omega_d t + \varphi_0)}) = Rq(t)(\delta - j\omega_d)$$

$$\underline{U}_R = RCU_C(t)(\delta - j\omega_d) .\tag{5.438}$$

Die Zeiger $\underline{U}_C$ und $\underline{U}_R$ schließen den Winkel $\psi = \arctan(-\omega_d/\delta)$ ein. $\underline{U}_L$ ergibt sich aus der Bedingung $\underline{U}_C + \underline{U}_R + \underline{U}_R = 0$. Alle Zeiger rotieren mit der Winkelgeschwindigkeit $\omega_d$ um den Ursprung, die Zeigerlängen werden mit $e^{-\delta t}$ kürzer.

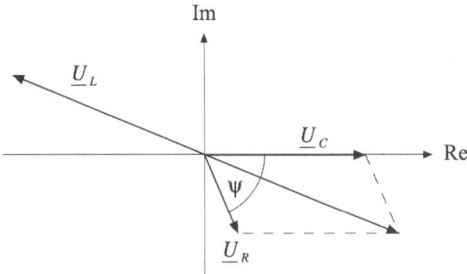

**Abb. 5.181** Zeiger $\underline{U}_C$, $\underline{U}_R$ und $\underline{U}_R$ im gedämpften elektrischen Schwingkreis.

**Wechselstromkreise mit Kapazitäten, Induktivitäten und Ohmschen Widerständen**

*RC-Kreise*
Ergänzen wir den Stromkreis aus **Abb. 5.174** um einen Ohmschen Widerstand, den wir in Reihe zur Kapazität schalten, so erhalten wir einen *RC*-Kreis.

Um Amplitude und Phasenverschiebung des Stromes bezüglich der Spannung der Quelle zu bestimmen, müssen wir die Gesamtimpedanz der Reihenschaltung berechnen. Sie ergibt sich aus der komplexen Summe der Einzelimpedanzen.

$$\underline{Z}_{ges.} = R - \frac{j}{\omega C} \cdot \qquad (5.439)$$

Den Betrag von $\underline{Z}_{ges}$ nennt man auch den „Scheinwiderstand" der Reihenschaltung, den Realteil Wirkwiderstand oder Resistanz[1] $R$ und den Imaginärteil Blindwiderstand oder Reaktanz[2] $X$. Betrag und Phasenverschiebung $\varphi_{UI}$ lauten

$$| \underline{Z}_{ges.} | = \sqrt{R^2 + \frac{1}{(\omega C)^2}} \ , \ \tan \varphi_{UI} = -\frac{\omega C}{R} \cdot \qquad (5.440)$$

Abhängig von der Frequenz $\omega$ variiert die Impedanz $\underline{Z}_{ges.}$ von $\infty$ bei $\omega = 0$ (Gleichstrom) bis zum Wert $R$ des Ohmschen Widerstandes, wenn $\omega \to \infty$ strebt.

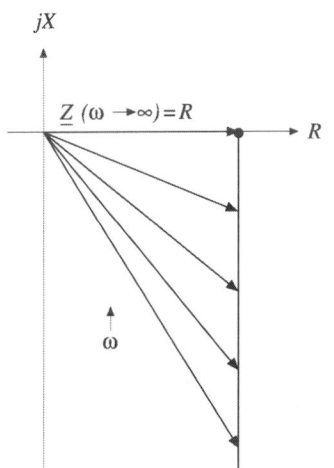

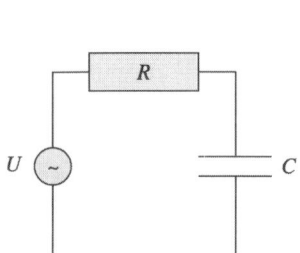

**Abb. 5.182** *RC-Kreis (Serienschaltung).*

**Abb. 5.183** *Verlauf von $\underline{Z}$ in der komplexen Ebene in Abhängigkeit von $\omega$.*

Um den Strom bei gegebenem Spannungsverlauf zu berechnen, müssen wir aus (5.439) bzw. (5.440) die Admittanz der Reihenschaltung berechnen. Ihr Betrag und die Phasenverschiebung des Stromes gegenüber der Spannung ergeben sich mit (5.422) zu

---

[1]    Resistere, lat. Widerstand leisten.
[2]    Reactio, lat. Entgegenhaltung.

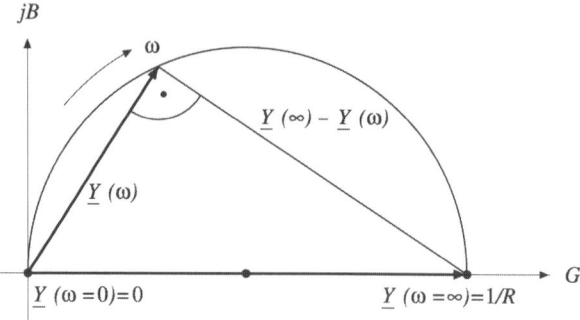

**Abb. 5.184** *Verlauf von $\underline{Y}$ in der komplexen Ebene in Abhängigkeit von $\omega$.*

$$\underline{Y} = \frac{1}{R - \dfrac{j}{\omega C}} = \frac{R}{R^2 + \dfrac{1}{(\omega C)^2}} + j\frac{\dfrac{1}{\omega C}}{R^2 + \dfrac{1}{(\omega C)^2}}, \tag{5.441}$$

$$|\underline{Y}| = \frac{1}{\sqrt{R^2 + \dfrac{1}{(\omega C)^2}}} = \frac{\omega C}{\sqrt{(\omega RC)^2 + 1}}, \quad \tan\varphi_{IU} = \frac{1}{\omega RC}. \tag{5.442}$$

Die Admittanz $\underline{Y}$ ist bei $\omega = 0$ ebenfalls null, während sie für hohe Frequenzen gegen den Leitwert $1/R$ des Ohmschen Widerstandes strebt.

Von Bedeutung ist die Tatsache, dass die $\underline{Y}$ in **Abb. 5.184** auf einem Halbkreis mit dem Durchmesser $1/R$ liegen. Nach dem Satz des Thales muss dann der Winkel zwischen den Zeigern $\underline{Y}(\omega)$ und $\underline{Y}(\omega = \infty) - \underline{Y}(\omega)$ für beliebige $\omega$ 90° betragen. Im Umkehrschluss bedeutet dies: Beträgt der Winkel 90°, so liegen alle $\underline{Y}(\omega)$ auf einem Halbkreis. Behandeln wir die Zeiger als Vektoren mit den Komponenten Realteil oder Konduktanz[1] $G(\omega)$ und Imaginärteil oder Suszepanz[2] $B(\omega)$, so ist im Fall des rechten Winkels das Skalarprodukt zwischen ihnen null.

$$\underline{Y}(\omega) = \begin{pmatrix} G(\omega) \\ B(\omega) \end{pmatrix}, \ \underline{Y}(\omega = \infty) - \underline{Y}(\omega) = \begin{pmatrix} 1/R \\ 0 \end{pmatrix} - \begin{pmatrix} G(\omega) \\ B(\omega) \end{pmatrix} \ \Rightarrow$$

$$\begin{pmatrix} G \\ B \end{pmatrix} \bullet \begin{pmatrix} 1/R - G \\ -B \end{pmatrix} = \frac{G}{R} - G^2 - B^2 = \frac{1}{R^2 + \dfrac{1}{(\omega C)^2}} - |\underline{Y}|^2 = 0. \tag{5.443}$$

Mit den Verläufen von $\underline{Z}$ und $\underline{Y}$ in der komplexen Ebene können sehr einfach die jeweiligen Kehrwerte graphisch ermittelt werden.

---

[1] Ducere, lat. leiten.
[2] Suscipere, lat. aufnehmen.

Werden Ohmscher Widerstand und Kondensator parallel geschaltet, so addieren sich ihre Admittanzen. Ein solcher Ohmscher Widerstand kann durch die Restleitfähigkeit des Dielektrikums im Kondensator verursacht werden.

$$\underline{Y}_{ges.} = \frac{1}{R} + j\omega C , \ |\underline{Y}_{ges.}| = \sqrt{\frac{1}{R^2} + (\omega C)^2} , \ \tan\varphi_{IU} = \omega RC . \tag{5.444}$$

Die Impedanz der Parallelschaltung aus Ohmschem Widerstand und Kondensator ergibt sich zu

$$\underline{Z} = \frac{1}{\frac{1}{R} + j\omega C} = \frac{1}{\frac{1}{R^2} + (\omega C)^2}(\frac{1}{R} - j\omega C) . \tag{5.445}$$

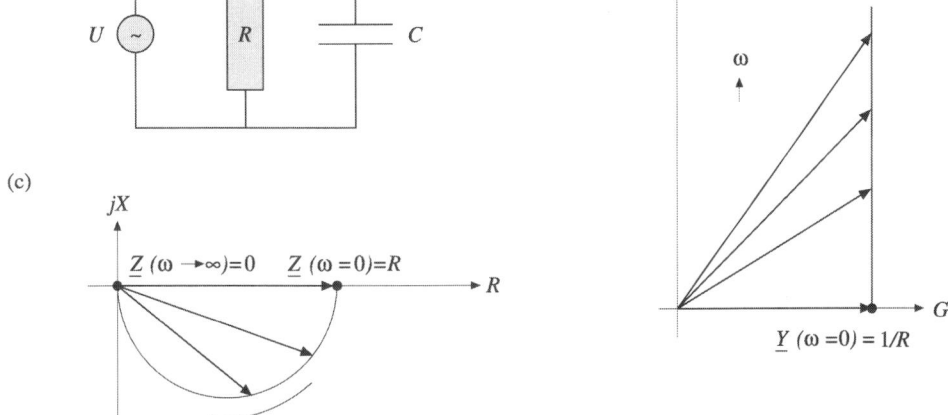

**Abb. 5.185** *RC-Kreis (Parallelschaltung), (a) Schaltbild, (b) Verlauf von $\underline{Y}_{ges.}$ und (c) von $\underline{Z}$ in der komplexen Ebene.*

Die Admittanz beträgt für $\omega = 0$ $1/R$, für $\omega \to \infty$ strebt sie gegen unendlich, der Kondensator stellt einen Kurzschluss dar. Der Verlauf von $\underline{Y}_{ges.}$ in der komplexen Ebene entspricht dem von $\underline{Z}_{ges.}$ der Reihenschaltung, allerdings an der $R$-Achse gespiegelt. Gleiches gilt für $\underline{Z}$ der Parallelschaltung: Der Verlauf gleicht dem an der $G$-Achse gespiegelten Verlauf von $\underline{Y}$ der Reihenschaltung.

*RL-Kreise*
Hier wird zu der Spule im Stromkreis von **Abb. 5.176** ein Ohmscher Widerstand in Reihe geschaltet. Dieser Ohmsche Widerstand kann sich durch den Widerstand der Spulenwicklung ergeben. Die Gesamtimpedanz dieser Reihenschaltung berechnet sich zu

$$\underline{Z}_{ges.} = R + j\omega L , \ |\underline{Z}_{ges.}| = \sqrt{R^2 + (\omega L)^2} , \ \tan\varphi_{UI} = \frac{\omega L}{R} . \tag{5.446}$$

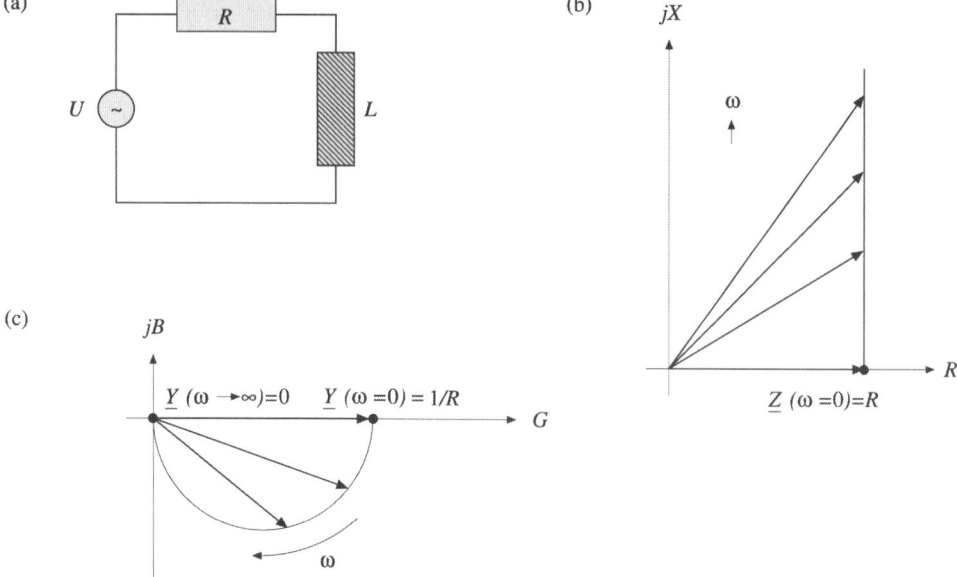

**Abb. 5.186** *RL-Kreis (Reihenschaltung), (a) Schaltbild, (b) Verlauf von $\underline{Z}_{ges}$ und (c) von $\underline{Y}$ in der komplexen Ebene.*

Die Admittanz der Reihenschaltung von Spule und Ohmschem Widerstand beträgt

$$\underline{Y} = \frac{1}{R + j\omega L} = \frac{1}{R^2 + (\omega L)^2}(R - j\omega L) . \tag{5.447}$$

Im Gleichstromfall wird die Impedanz durch den Ohmschen Widerstand bewirkt, bei $\omega \to \infty$ strebt auch die Impedanz gegen unendlich. Vergleichen wir die Verläufe von $\underline{Z}_{ges.}$ und $\underline{Y}$ in der komplexen Ebene, so gleichen sie denen von $\underline{Y}_{ges.}$ und $\underline{Z}$ einer Parallelschaltung von Ohmschem Widerstand und Kondensator.

Bei einer Parallelschaltung von Spule und Ohmschem Widerstand addieren sich die einzelnen Admittanzen.

$$\underline{Y}_{ges.} = \frac{1}{R} - \frac{j}{\omega L} , \; |\underline{Y}_{ges.}| = \sqrt{\frac{1}{R^2} + \frac{1}{(\omega L)^2}} , \; \tan \varphi_{IU} = -\frac{R}{\omega L} \tag{5.448}$$

Die Impedanz lautet entsprechend

$$\underline{Z} = \frac{1}{\dfrac{1}{R} - \dfrac{j}{\omega L}} = \frac{1}{\dfrac{1}{R^2} + \dfrac{1}{(\omega L)^2}} \left(\frac{1}{R} + \frac{j}{\omega L}\right) = \frac{R + j\dfrac{R^2}{\omega L}}{1 + \left(\dfrac{R}{\omega L}\right)^2} = R\frac{1 - j\tan\varphi_{IU}}{1 + \tan^2\varphi_{IU}} . \tag{5.449}$$

Bei Gleichstrom schließt die Spule die Spannungsquelle kurz, die Admittanz strebt gegen unendlich, während sie für $\omega \to \infty$ dem Leitwert des Ohmschen Widerstandes entspricht. Die

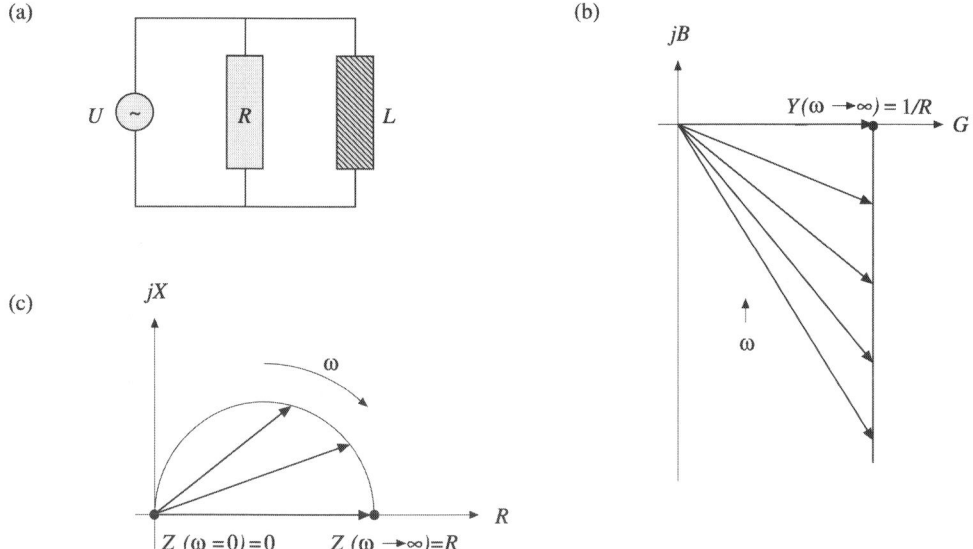

**Abb. 5.187** *RL-Kreis (Parallelschaltung), (a) Schaltbild, (b) Verlauf von $\underline{Y}_{ges.}$ und (c) von $\underline{Z}$ in der komplexen Ebene.*

Verläufe von $\underline{Y}_{ges.}$ und $\underline{Z}$ in der komplexen Ebene gleichen den Verläufen von $\underline{Z}_{ges.}$ und $\underline{Y}$ der Reihenschaltung von Kondensator und Ohmschem Widerstand.

*RLC-Kreise*
Diese Kreise bezeichnet man auch als Schwingkreise, da, wie wir gesehen haben, Schwingungen schon durch einmalige Energiezufuhr, z. B. durch Aufladen des Kondensators, angeregt werden können. Im Gegensatz dazu können in *RC*-Kreisen oder *RL*-Kreisen nur Entladungsvorgänge stattfinden, die Energien im Kondensator bzw. in der Spule werden monoton fallend abgebaut. Wird eine Reihenschaltung aus Kondensator, Ohmschen Widerstand und Spule an eine Wechselspannungsquelle angeschlossen, so regt diese den Kreis zu erzwungenen Schwingungen mit der Frequenz der Quelle an, so wie ein mechanischer Oszillator durch eine äußere Kraft zu Schwingungen mit deren Frequenz angeregt wird. Die Impedanz des Reihenschwingkreises beträgt

$$\underline{Z} = R + j\omega L - j\frac{1}{\omega C} = R + j(\omega L - \frac{1}{\omega C}) , \tag{5.450}$$

$$|\underline{Z}| = \sqrt{R^2 + (\omega L - \frac{1}{\omega C})^2} \ , \ \tan\varphi_{UI} = \frac{\omega L - \dfrac{1}{\omega C}}{R} . \tag{5.451}$$

Für kleine Frequenzen dominiert der Blindwiderstand des Kondensators, für große Frequenzen dagegen der Blindwiderstand der Spule. Bei einer bestimmten Frequenz der Spannungsquelle

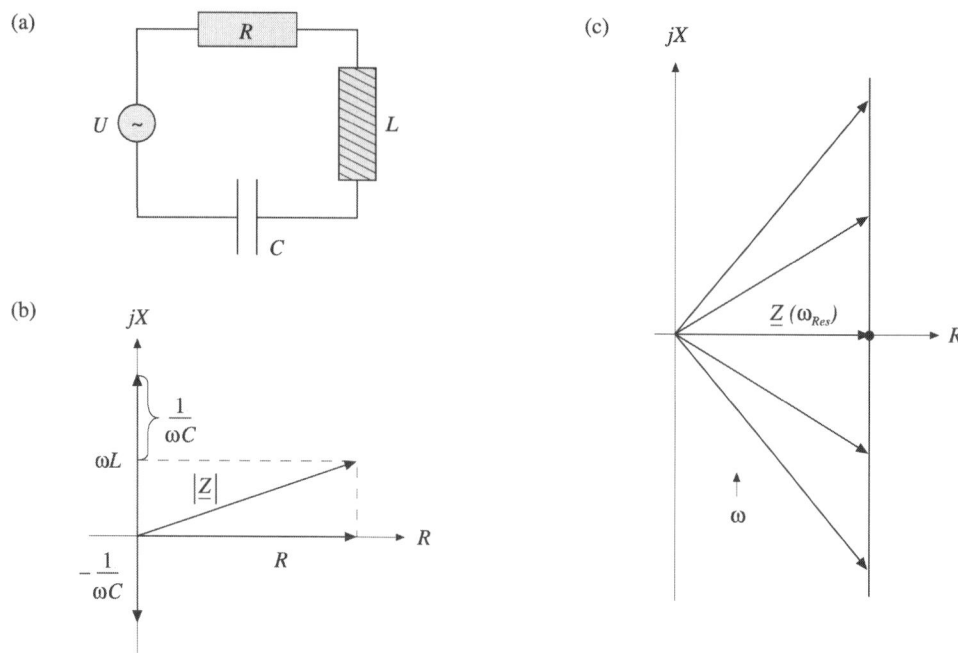

**Abb. 5.188** *Reihenschwingkreis, (a) Schaltbild, (b) Stellung der Zeiger von R, $X_L$ und $X_C$, (c) Verlauf der Impedanz in Abhängigkeit von der Frequenz.*

wird die Impedanz minimal. Die Amplitude des durch den Schwingkreis fließenden Stroms wird dann maximal. Diesen Zustand nennt man auch Resonanz des Schwingkreises, sie tritt ein, wenn die Blindwiderstände von Kapazität und Induktivität entgegengesetzt gleich groß sind. Dann wird die Impedanz nur noch durch den Ohmschen Widerstand bewirkt.

$$\omega_{Res} L = \frac{1}{\omega_{Res} C} \ \Rightarrow \ \omega_{Res} = \frac{1}{\sqrt{LC}} \tag{5.452}$$

Diese Frequenz entspricht der Frequenz $\omega_f$ in (5.430), mit dieser Frequenz schwingt der *LC*-Kreis (kein Ohmscher Widerstand) nach einmaliger Anregung. Die Phasenverschiebung zwischen Strom und der Spannung der Quelle ist bei der Resonanz gemäß (5.451) null, da nur der Wirkwiderstand den Strom beeinflusst.

Dies hat bei im Verhältnis zum Ohmschen Widerstand großen Blindwiderständen zur Folge, dass die Spannungen $U_B$ an ihnen große Werte annehmen können, wodurch eine Beschädigung der Bauelemente verursacht werden kann. Im Resonanzfall beträgt die Amplitude des Stroms $\hat{I} = \hat{U}/R$, die Amplituden der Spannungen an den Blindwiderständen somit

$$\hat{U}_B = |\underline{U}_B| = X\hat{I} = \frac{X}{R}\hat{U} . \tag{5.453}$$

Der Energiestrom, den die Spannungsquelle in den Schwingkreis einspeist, wird am Ohm-schen Widerstand in Wärme umgewandelt. Diese mittlere Leistung beträgt gemäß (5.403)

$$<P>=\frac{1}{2}\hat{I}^2 R = RI_{\textit{eff}}^2\,,\ (5.427)\ \Rightarrow\ <P>=R\frac{U_{\textit{eff}}^2}{|\underline{Z}|^2}\,. \tag{5.454}$$

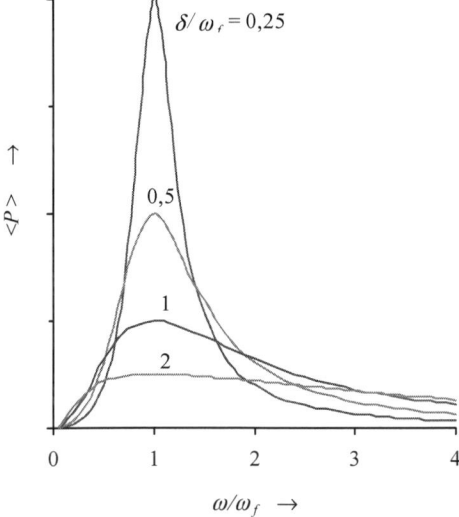

**Abb. 5.189** *Verlauf der Leistung, die von der Spannungsquelle in den Schwingkreis eingespeist wird, in Abhängig-keit von der Frequenz, bezogen auf* $\omega_f = 1/\sqrt{LC}$ *, bei unterschiedlich starker Dämpfung* $\delta = R/(2L)$*.*

Die eingespeiste Leistung wird bei der Resonanzfrequenz maximal, ihr Verlauf in Abhängigkeit von der Frequenz der Spannungsquelle ist ähnlich dem der Amplitudenresonanzfunktion in **Abb. 4.22** eines mechanischen Oszillators. Das Maximum bei der Resonanzfrequenz (5.452) ist umso ausgeprägter, je geringer die Dämpfung ist. Entsprechend wird auch die „Bandbreite" $\Delta\omega$, das Frequenzintervall, dessen Grenzen die Frequenzen sind, bei denen die mittlere eingespeiste Leistung auf die Hälfte des Wertes bei der Resonanzfrequenz abgefallen ist, geringer.

Reihenschwingkreise werden häufig als Filter für Signale mit bestimmter Frequenz verwendet, so z. B. in der Rundfunktechnik, um einen Empfänger auf das Signal eines Senders abzustimmen. Dabei wird die Resonanzfrequenz des Empfängers mit Hilfe eines Kondensators, dessen Kapazität verändert werden kann, auf die Frequenz des Senders eingestellt. Die Trennung des gewünschten Signals von den anderen ist umso besser, je kleiner die Bandbreite $\Delta\omega$ oder je größer die Güte

$$Q := \frac{\omega_{Res}}{\Delta\omega} \tag{5.455}$$

des Schwingkreises ist. Reihenschwingkreise lassen Signale mit Frequenzen innerhalb der Bandbreite $\Delta\omega$ passieren, man bezeichnet sie daher auch als „Bandpässe". Wie bei den mechanischen Schwingungen gilt für kleine Dämpfungen $\Delta\omega \approx 2\delta$ mit $\delta = R/(2L)$

$$Q = \frac{\omega_{Res}}{2\delta} = \frac{\omega_{Res} L}{R} . \tag{5.456}$$

An dieser Stelle muss angemerkt werden, dass die Resonanzfrequenz (5.452) nicht mit der Resonanzfrequenz (4.124) übereinstimmt. Stellen wir für den Reihenschwingkreis in **Abb. 5.188** (a) die Maschengleichung auf, so erhalten wir wie im Fall der einmaligen Anregung einer Schwingung eine Differentialgleichung für die Ladung, die sich auf den Kondensatorplatten befindet.

$$\hat{U}_a \cos(\omega t) = L\ddot{q}_C + R\dot{q}_C + \frac{1}{C} q_C . \tag{5.457}$$

Berechnen wir die Frequenz, bei der die Amplitude der Ladung auf dem Kondensator maximal wird, so erhalten wir mit $\underline{U}_C = \underline{Z}_C \underline{I}$ und $\underline{I} = \underline{Y} U_a$

$$\underline{q}_C = C\underline{U}_C = C\underline{Z}_C \underline{Y} U_a = C(-\frac{j}{\omega C}) \frac{R - j(\omega L - \frac{1}{\omega C})}{R^2 + (\omega L - \frac{1}{\omega C})^2} \underline{U}_a \quad \Rightarrow$$

$$\underline{q}_C = \frac{L - \frac{1}{\omega^2 C} - j\frac{R}{\omega}}{R^2 + (\omega L - \frac{1}{\omega C})^2} \underline{U}_a \quad \Rightarrow \quad |\underline{q}_C| = \hat{q} = \frac{\sqrt{(L - \frac{1}{\omega^2 C})^2 + \frac{R^2}{\omega^2}}}{R^2 + (\omega L - \frac{1}{\omega C})^2} \hat{U}_a . \tag{5.458}$$

Dabei haben wir $|U_a| = \hat{U}_a$ gesetzt. Wir können (5.458) durch $\delta = R/(2L)$ und $\omega_f = 1/\sqrt{LC}$ ausdrücken.

$$\hat{q} = \frac{\sqrt{L^2((1 - \frac{\omega_f^2}{\omega^2})^2 + \frac{4\delta^2}{\omega^2})}}{L^2\omega^2 (\frac{4\delta^2}{\omega^2} + (1 - \frac{\omega_f^2}{\omega^2})^2)} \hat{U}_a = \frac{\frac{\hat{U}_a}{L}}{\omega^2 \sqrt{(1 - \frac{\omega_f^2}{\omega^2})^2 + \frac{4\delta^2}{\omega^2}}} \quad \Rightarrow$$

$$\hat{q} = \frac{\hat{U}_a / L}{\sqrt{(\omega^2 - \omega_f^2)^2 + 4\delta^2\omega^2}} . \tag{5.459}$$

Dieser Ausdruck für die Amplitude der Ladung entspricht (4.122), der Amplitudenresonanzfunktion einer mechanischen Schwingung. Im Gleichstromfall ($\omega \approx 0$) beträgt die Ladung gemäß (5.459) $\hat{U}_a/(L\omega_f^2) = C\hat{U}_a$. Das Maximum erreicht (5.459) bei der Frequenz (4.124). Bei kleinen Dämpfungen ist jedoch diese Frequenz gleich der in (5.452).

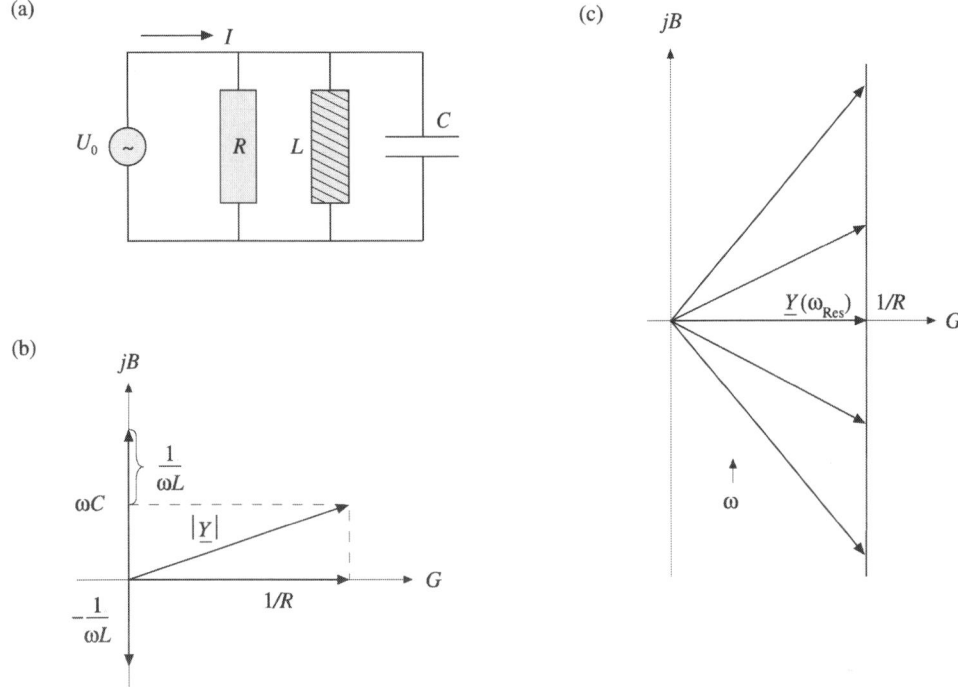

**Abb. 5.190** *Parallelschwingkreis. (a) Schaltbild, (b) Stellung der Zeiger von G, $B_L$ und $B_C$, (c) Verlauf der Admittanz in der komplexen Ebene in Abhängigkeit von der Frequenz.*

Bei einem Parallelschwingkreis in **Abb. 5.190** addieren sich die Admittanzen von Ohmschem Widerstand, Spule und Kondensator.

$$\underline{Y} = \frac{1}{R} + j\omega C - j\frac{1}{\omega L} = \frac{1}{R} + j(\omega C - \frac{1}{\omega L}), \tag{5.460}$$

$$|\underline{Y}| = \sqrt{\frac{1}{R^2} + (\omega C - \frac{1}{\omega L})^2} \ , \quad \tan\varphi_{IU} = R(\omega C - \frac{1}{\omega L}). \tag{5.461}$$

Bei kleinen Frequenzen schließt die Spule die Spannungsquelle praktisch kurz, während dies für hohe Frequenzen der Kondensator tut. Der Betrag des Stromes $\underline{I} = \underline{I}_R + \underline{I}_L + \underline{I}_C$ wird minimal, wenn $|\underline{Y}|$ minimal ist. Dies ist bei der Resonanzfrequenz

$$\omega_{Res} L = \frac{1}{\omega_{Res} C} \quad \Rightarrow \quad \omega_{Res} = \frac{1}{\sqrt{LC}} \tag{5.462}$$

der Fall, dann wird die Admittanz ausschließlich durch den Ohmschen Widerstand bewirkt, die Phasenverschiebung zwischen der Quellenspannung und dem Strom $I$ ist null. Ein großer Teil des Stromes pendelt zwischen Spule und Kondensator, $I$ dient nur zur Kompensation der Ohmschen Verluste im Schwingkreis. Oberhalb und unterhalb der Resonanzfrequenz ist der

Betrag der Admittanz größer, der Betrag der Impedanz somit kleiner als bei der Resonanzfrequenz. Ein Parallelschwingkreis wirkt daher als Bandsperre für Signale in einem Frequenzintervall $\Delta\omega$ um die Resonanzfrequenz.

**Leistung in Wechselstromkreisen**
Bei der Betrachtung von Ohmschen Widerständen, Kondensatoren und Spulen in Wechselstromkreisen haben wir gesehen, dass nur am Ohmschen Widerstand elektrische Energie in Wärme umgewandelt wird, hier gilt (5.401), Spannung und Strom sind in Phase. Bei Kapazitäten und Induktivitäten sind Spannungen und Ströme um 90° phasenverschoben, während einer halben Periode strömt elektrische Energie in die Bauelemente und baut dort elektrische oder magnetische Felder auf. In der anderen Halbperiode werden diese Felder wieder abgebaut, die Energie strömt in die Spannungsquelle zurück. Im zeitlichen Mittel wird keine Energie umgesetzt bzw. verlässt über einen anderen Träger den Stromkreis.

Wird ein beliebiges Netzwerk aus Ohmschen Widerständen, Kondensatoren und Spulen an eine Wechselspannungsquelle angeschlossen, so sind Spannung und Strom gegeneinander phasenverschoben. Diese Phasenverschiebung drücken wir durch den Phasenwinkel $\varphi_{IU}$ des Stroms $I(t)$ gegenüber der Spannung $U(t) = \hat{U}\cos(\omega t)$ der Quelle aus.

$$I(t) = \hat{I}\cos(\omega t + \varphi_{IU}) = \hat{I}\cos\varphi_{IU}\cos(\omega t) - \hat{I}\sin\varphi_{IU}\sin(\omega t) \qquad (5.463)$$

Die momentane Leistung, die am Wirkwiderstand in Wärme umgewandelt wird, beträgt

$$P(t) = U(t)I(t) = \hat{U}\cos(\omega t)(\hat{I}\cos\varphi_{IU}\cos(\omega t) - \hat{I}\sin\varphi_{IU}\sin(\omega t))$$
$$P(t) = \hat{U}\hat{I}\cos\varphi_{IU}\cos^2(\omega t) - \hat{U}\hat{I}\sin\varphi_{IU}\sin(\omega t)\cos(\omega t)$$
$$P(t) = \hat{U}\hat{I}\cos\varphi_{IU}(\frac{1}{2}\cos(2\omega t) + \frac{1}{2}) - \frac{1}{2}\hat{U}\hat{I}\sin\varphi_{IU}\sin(2\omega t)$$
$$P(t) = \frac{1}{2}\hat{U}\hat{I}\cos\varphi_{IU} + \frac{1}{2}\hat{U}\hat{I}\cos(2\omega t + \varphi_{IU}). \qquad (5.464)$$

Die momentane Leistung besteht aus zwei Anteilen: einem zeitlich konstanten und einem Anteil, der kosinusförmig mit der doppelten Frequenz um den konstanten Anteil schwingt. Der zeitliche Mittelwert der Leistung entspricht dem konstanten Anteil in (5.464).

$$< P(t) >= \frac{1}{2}\hat{U}\hat{I}\cos\varphi_{IU} = U_{eff}I_{eff}\cos\varphi = P_W \qquad (5.465)$$

Diesen Anteil der Leistung nennt man auch die „Wirkleistung" $P_W$ des Netzwerkes. Dabei haben wir $\cos\varphi_{IU} = \cos(-\varphi_{UI}) = \cos\varphi$ gesetzt. Der Term $\cos\varphi$ heißt auch „Leistungsfaktor". Stellt man den zeitlichen Verlauf der Leistung in der komplexen Ebene dar, so rotiert der Zeiger, der den Terms ½ $\hat{U}\hat{I}\cos(2\omega t + \varphi_{IU})$ in (5.465) darstellt, um den Mittelpunkt $P_W$ auf der reellen Achse. Die Zeigerlänge beträgt ½ $\hat{U}\hat{I} = U_{eff}I_{eff}$. Diese Größe wird auch als „Scheinleistung" $P_S$ bezeichnet.

$$P_S = U_{eff}I_{eff}. \qquad (5.466)$$

Die Schnittpunkte des Kreises mit der imaginären Achse legen die „Blindleistung" $P_B$ fest. Um diese Größen an ihren Einheiten erkennen zu können, wird die Wirkleistung in Watt, die Scheinleistung in VA (Volt Ampere) und die Blindleistung in var (Volt Ampere Reaktiv) angegeben. Aus **Abb. 5.191** ergibt sich die Blindleistung zu

$$P_B = \sqrt{P_S^2 - P_W^2} = U_{eff} I_{eff} \sin \varphi .$$ (5.467)

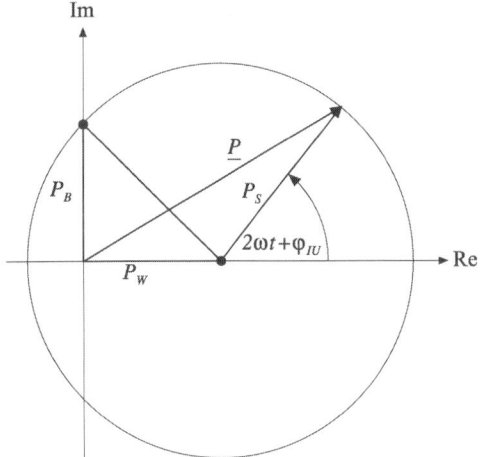

***Abb. 5.191*** *Darstellung der Leistung eines Wechselstromnetzwerkes in der komplexen Ebene. Zu beachten ist, dass der Zeiger* $\underline{P}$ *der Momentanleistung keinen konstanten Betrag hat.*

Unter Beachtung von (5.427) können wir Wirk-, Schein und Blindleistung auch folgendermaßen ausdrücken:

$$P_W = |\underline{Z}| I_{eff}^2 \cos \varphi = RI_{eff}^2, \; P_S = |\underline{Z}| I_{eff}^2 \; \text{und} \; P_B = |\underline{Z}| I_{eff}^2 \sin \varphi = XI_{eff}^2$$ (5.468)

Nur die Wirkleistung, die ein Maß für die Umwandlung von elektrischer Energie in Wärme durch den Verbraucher ist, erfordert eine entsprechende Bereitstellung von Energie der Spannungsquelle, die Blindleistung wird nur kurzzeitig „ausgeliehen". Daher wird von den Energieversorgungsunternehmen auch nur die (über den Abrechnungszeitraum gemittelte) Wirkleistung berechnet. Allerdings können bei Verbrauchern mit hohem Blindleistungsanteil wie z. B. Elektromotoren momentan hohe Ströme fließen. Diese Ströme bewirken aber zusätzliche Spannungsabfälle in den Zuleitungen und an den Innenwiderständen der Generatoren, so dass diese dort anfallenden Wirkleistungen zusätzlich aufgebracht werden müssen. Bei hohem Blindleistungsanteil sind die Verbraucher gehalten, eine Blindstromkompensation durchzuführen. In der Praxis wird die Phasenverschiebung meist durch induktive Blindwiderstände verursacht, daher sind entsprechende kapazitive Widerstände in die Stromkreise einzubauen. Die Blindleistung pendelt dann nicht mehr zwischen Spannungsquelle und (induktivem) Verbraucher, sondern nur noch zwischen Verbraucher und Kompensationskapazität.

## 5.4.2    Drehstrom

Die Versorgung mit elektrischer Energie erfolgt in der Regel durch miteinander verkettete
Wechselströme, so genannten Drehstrom. Die Erzeugung erfolgt durch magnetische Induktion
in Generatoren, bei denen zueinander verdrehte Leiterschleifen (Wicklungen des Generators)
im homogenen Magnetfeld rotieren. Üblicherweise werden drei zueinander um 120° phasenverschobene Wechselspannungen erzeugt.

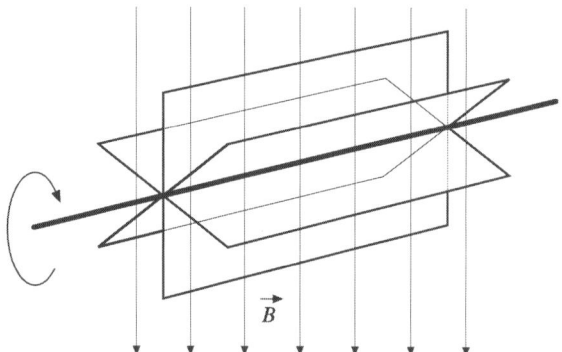

**Abb. 5.192** *Drehstromgenerator (schematisch): Drei um 120° verdrehte Leiterschleifen rotieren im homogenen
Magnetfeld.*

Statt die in den Wicklungen induzierten Spannungen einzeln über je zwei Leitungen Verbrauchern zur Verfügung zu stellen, werden sie sie miteinander „verkettet", d. h. jeweils ein
Anschluss von zwei Wicklungen (Dreieckschaltung) oder ein Anschluss von drei Wicklungen (Sternschaltung) werden miteinander verbunden. Dies hat den Vorteil, dass zum Energietransport statt sechs Leitungen nur drei bzw. vier Leitungen erforderlich sind.

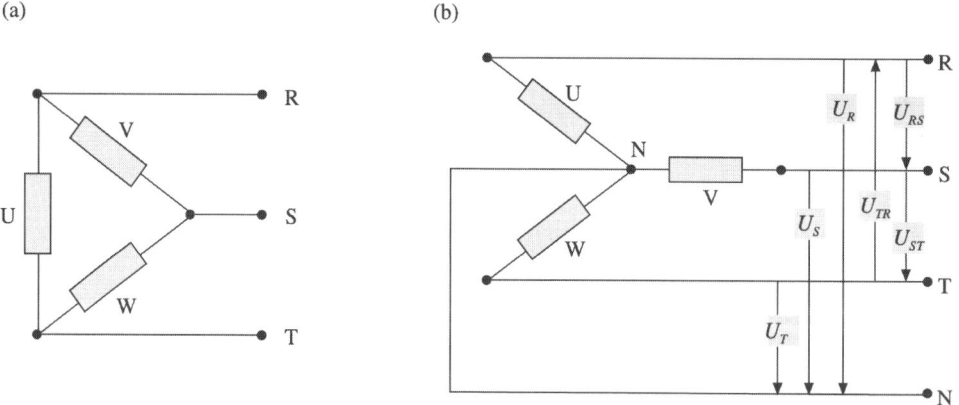

**Abb. 5.193** *Verkettung der in den Wicklungen U, V und W erzeugten Wechselspannungen durch eine (a) Dreiecksschaltung, (b) Sternschaltung.*

Die Leiter R, S und T bezeichnet man als „Außenleiter", den Leiter vom Sternpunkt N der Stern-schaltung Mittelleiter, Sternpunktleiter oder Nullleiter. Die Spannungen an den Wicklungen bzw. die Ströme durch die Wicklungen heißen Strangspannungen bzw. Strangströme, die Span-nungen zwischen den Leitern dagegen Leiterspannungen, die Ströme Leiterströme.

Im Niederspannungsnetz der Energieversorgung wird die Sternschaltung bevorzugt, da die einzelnen Leiter auch unsymmetrisch belastet werden können. Die Strangspannungen $U_R$, $U_S$ und $U_T$ der Leiter R, S und T gegen den Sternpunkt N haben den Effektivwert von 230 V, die Summe ihrer Momentanwerte und damit ihrer Zeiger beträgt zu jedem Zeitpunkt null.

$$\underline{U}_R + \underline{U}_S + \underline{U}_T = \hat{U}e^{j\omega t} + \hat{U}e^{j(\omega t - 2\pi/3)} + \hat{U}e^{j(\omega t - 4\pi/3)}$$

$$\underline{U}_R + \underline{U}_S + \underline{U}_T = \hat{U}e^{j\omega t}(1 - \frac{1}{2} - j\frac{\sqrt{3}}{2} - \frac{1}{2} + j\frac{\sqrt{3}}{2}) = 0 \tag{5.469}$$

Die Spannungen zwischen den Leitern ergeben sich entsprechend zu

$$\underline{U}_{RS} = \underline{U}_R - \underline{U}_S = \hat{U}e^{j\omega t} - \hat{U}e^{j(\omega t - 2\pi/3)} = \hat{U}e^{j\omega t}(1 + \frac{1}{2} + j\frac{\sqrt{3}}{2})$$

$$\underline{U}_{RS} = \hat{U}e^{j\omega t}(\frac{3}{2} + j\frac{\sqrt{3}}{2}) = \sqrt{3}\hat{U}e^{j(\omega t + \pi/6)}, \tag{5.470}$$

$$\underline{U}_{ST} = \hat{U}e^{j\omega t}(-\frac{1}{2} - j\frac{\sqrt{3}}{2} + \frac{1}{2} - j\frac{\sqrt{3}}{2}) = \sqrt{3}\hat{U}e^{j(\omega t + 3\pi/2)}, \tag{5.471}$$

$$\underline{U}_{TR} = \hat{U}e^{j\omega t}(-\frac{1}{2} + j\frac{\sqrt{3}}{2} - 1) = \sqrt{3}\hat{U}e^{j(\omega t + 5\pi/6)}. \tag{5.472}$$

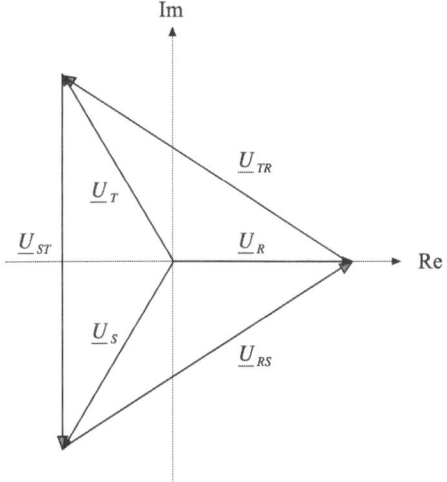

**Abb. 5.194** *Zeiger der Strang- und Leiterspannungen bei Sternschaltung.*

Der Betrag bzw. der Effektivwert der Leiterspannungen ist um $\sqrt{3}$ größer als bei den Strangspannungen, sie sind wie die Strangspannungen um 120° phasenverschoben. Der Effektivwert der Leiterspannung beträgt $\sqrt{3}\,230$ V = 400 V. Die Sternschaltung hat somit den Vorteil, dass elektrische Energie Verbrauchern in zwei Spannungen angeboten wird, die sich um den Faktor $\sqrt{3}$ unterscheiden.

Werden die Stromkreise durch Verbraucher mit entsprechenden Impedanzen geschlossen, so fließen durch die Leiter Ströme. Je nachdem, ob die Verbraucher zwischen den Außenleitern oder zwischen Außenleiter und Nullleiter angeschlossen sind, unterscheidet man zwischen verbraucherseitiger Dreiecks- oder Sternschaltung.

**Sternschaltung beim Verbraucher**

Die Spannung zwischen den Knoten 1 und 2 in **Abb. 5.195** ist null, die Spannungen der Quellen bewirken die Strangströme

$$\underline{I}_R = \frac{\underline{U}_R}{\underline{Z}_R}, \ \underline{I}_S = \frac{\underline{U}_S}{\underline{Z}_S} \ \text{und} \ \underline{I}_T = \frac{\underline{U}_T}{\underline{Z}_T}, \tag{5.473}$$

die gleich den Leiterströmen sind. Der Strom durch den Nullleiter ergibt sich aus der Knotenregel zu

$$\underline{I}_N + \underline{I}_R + \underline{I}_S + \underline{I}_T = 0 \ \Rightarrow \ \underline{I}_N = -(\frac{\underline{U}_R}{\underline{Z}_R} + \frac{\underline{U}_S}{\underline{Z}_S} + \frac{\underline{U}_T}{\underline{Z}_T}). \tag{5.474}$$

Sind die Impedanzen gleich, so ist wegen $\underline{U}_R + \underline{U}_S + \underline{U}_T = 0$ auch der Strom durch den Nullleiter null, dieser kann somit weggelassen werden. Die Effektivwerte der Ströme sind gleich, sie sind um 120° phasenverschoben. Die Impedanz ihrerseits verursacht eine Phasenverschiebung von $\varphi_{IU}$ des Stromes gegenüber der jeweiligen Spannung.

Sind jedoch die Impedanzen unterschiedlich, so fließt durch den Nullleiter ein Strom, der entgegengesetzt gleich groß wie die Summe der Strangströme ist. Sein Effektivwert kann

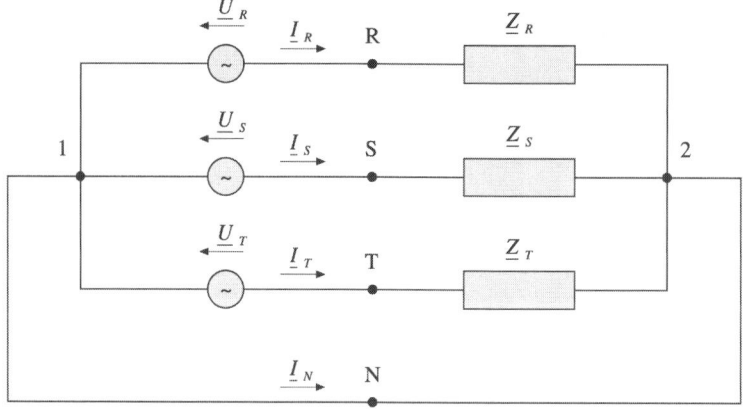

**Abb. 5.195** *Verbraucherseitige Sternschaltung. Der Drehstromgenerator wird durch drei Wechselspannungsquellen dargestellt.*

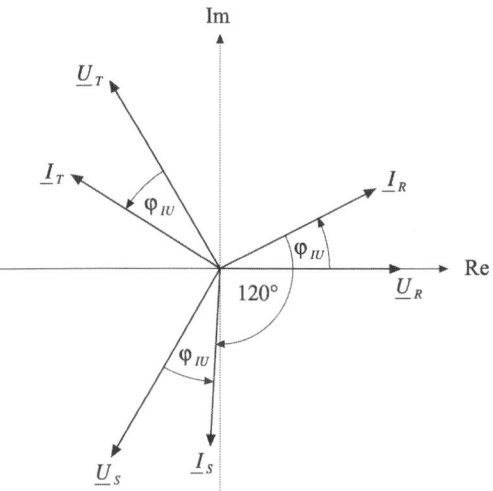

**Abb. 5.196** *Ströme bei gleichen Impedanzen.*

dabei sehr hohe Werte erreichen, im Extremfall die Summe der Effektivwerte der drei Strangströme. Ist dagegen kein Nullleiter vorhanden, so ist die Summe der Ströme in den Knoten 1 bzw. 2 null, die Effektivwerte bzw. die Amplituden sind jedoch nicht gleich. Zwischen den Knoten 1 und 2 in **Abb. 5.198** herrscht eine Spannung

$$\underline{U}_{12} = \underline{U}_R - \underline{Z}_R \underline{I}_R = \underline{U}_S - \underline{Z}_S \underline{I}_S = \underline{U}_T - \underline{Z}_T \underline{I}_T, \tag{5.475}$$

man spricht dann von einer Sternpunktverlagerung. Dieser Effekt kann ebenfalls auftreten, wenn der Nullleiter unterbrochen wurde. Im ungünstigsten Fall kann diese Spannung die Strangspannung erreichen.

Die Niederspannungsnetze sind in der Regel mit Nullleiter ausgeführt, bei Mittel- und Hochspannungsnetzen weichen die Belastungen durch den Verbraucher nur wenig von der symmetrischen Belastung ab, so dass dort auf einen Nullleiter verzichtet werden kann.

(a)                                        (b)

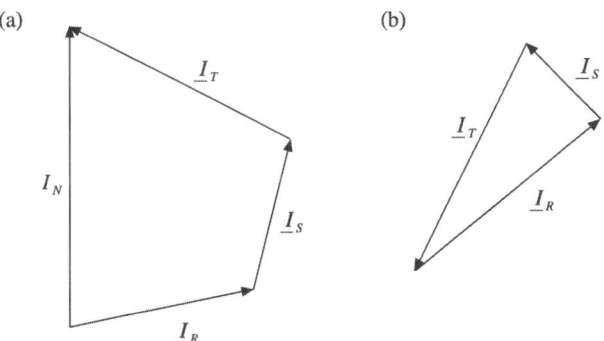

**Abb. 5.197** *Ströme bei ungleichen Impedanzen, (a) mit Nullleiter, (b) ohne Nullleiter.*

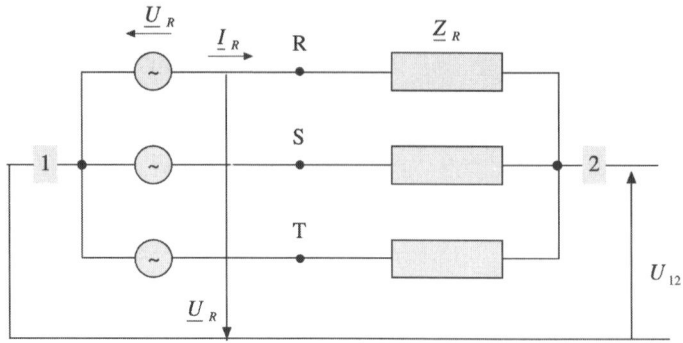

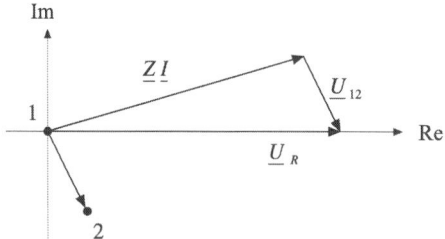

**Abb. 5.198**   *Zur Sternpunktverlagerung bei ungleichen Impedanzen.*


## Dreieckschaltung beim Verbraucher

Die Verbindung der Knoten R und S, S und T sowie T und R über die Impedanzen $\underline{Z}_{RS}$, $\underline{Z}_{ST}$ und $\underline{Z}_{TR}$ bezeichnet man als „Strang". Die Strangströme in **Abb. 5.199** berechnen sich zu

$$\underline{I}_{RS} = \frac{\underline{U}_R - \underline{U}_S}{\underline{Z}_{RS}} = \frac{\underline{U}_{RS}}{\underline{Z}_{RS}}, \ \underline{I}_{ST} = \frac{\underline{U}_{ST}}{\underline{Z}_{ST}} \ \text{und} \ \underline{I}_{TR} = \frac{\underline{U}_{TR}}{\underline{Z}_{TR}}. \tag{5.476}$$

Die Kirchhoffsche Knotenregel für R, S und T ergibt

$$\underline{I}_R = \underline{I}_{RS} - \underline{I}_{TR}, \ \underline{I}_S = \underline{I}_{ST} - \underline{I}_{RS} \ \text{und} \ \underline{I}_T = \underline{I}_{TR} - \underline{I}_{ST}, \ \Rightarrow \tag{5.477}$$

$$\underline{I}_R + \underline{I}_S + \underline{I}_T = \underline{I}_{RS} - \underline{I}_{TR} + \underline{I}_{ST} - \underline{I}_{RS} + \underline{I}_{TR} - \underline{I}_{ST} = 0. \tag{5.478}$$

Die Summe der Leiterströme ist, unabhängig von der Symmetrie der Impedanzen, immer null. Sind die Impedanzen gleich, so ist auch die Summe der Strangströme null, ihre Effektivwerte sind gleich, ebenso die Effektivwerte der Leiterströme.

$$\underline{I}_{RS} + \underline{I}_{ST} + \underline{I}_{TR} = \frac{\underline{U}_{RS}}{\underline{Z}} + \frac{\underline{U}_{ST}}{\underline{Z}} + \frac{\underline{U}_{TR}}{\underline{Z}}$$

$$\underline{I}_{RS} + \underline{I}_{ST} + \underline{I}_{TR} = \frac{1}{\underline{Z}}(\underline{U}_R - \underline{U}_S + \underline{U}_S - \underline{U}_T + \underline{U}_T - \underline{U}_R) = 0 \tag{5.479}$$

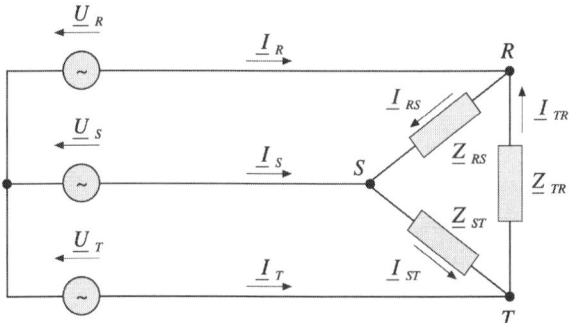

**Abb. 5.199** *Verbraucherseitige Dreieckschaltung.*

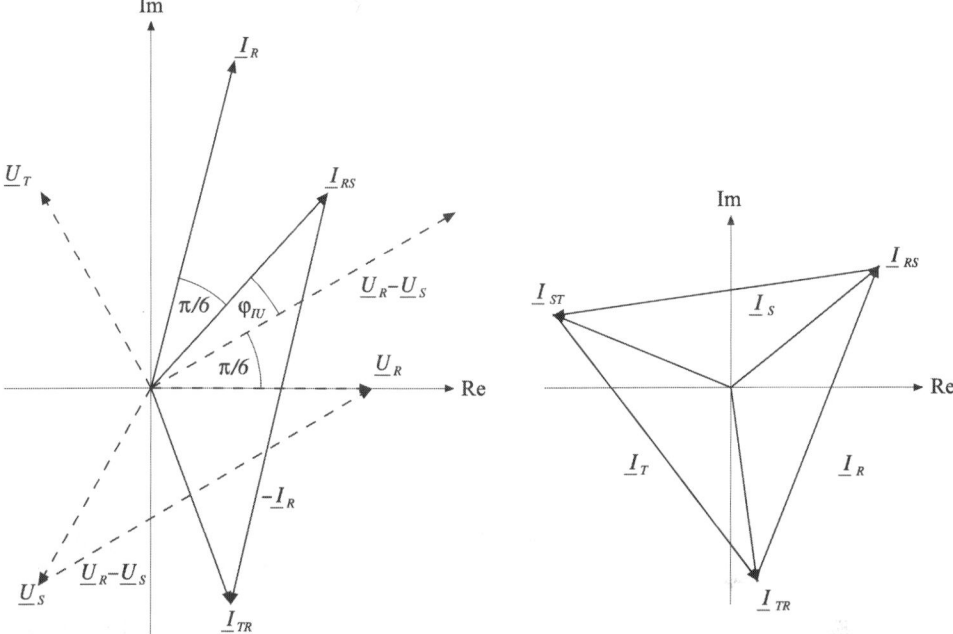

**Abb. 5.200** *Zeiger von Strang- und Leiterströmen bei gleichen Impedanzen.*

Die Phasenverschiebung der Strangströme beträgt 120°, beschreibt man ihren zeitlichen Verlauf wie

$$\underline{I}_{RS} = \hat{I}_{Strang} e^{j(\omega t + \varphi_{IU})},$$

$$\underline{I}_{ST} = \hat{I}_{Strang} e^{j(\omega t + \varphi_{IU} - 2\pi/3)} = \hat{I}_{Strang} e^{j(\omega t + \varphi_{IU})} (-\frac{1}{2} - j\frac{\sqrt{3}}{2}) \text{ und}$$

$$\underline{I}_{TR} = \hat{I}_{Strang} e^{j(\omega t + \varphi_{IU} - 4\pi/3)} = \hat{I}_{Strang} e^{j(\omega t + \varphi_{IU})} (-\frac{1}{2} + j\frac{\sqrt{3}}{2}), \tag{5.480}$$

wobei $\varphi_{IU}$ die Phasenverschiebung des Stromes gegenüber der Spannung ist, so ergeben sich die Leiterströme gemäß (5.477) zu

$$\underline{I}_R = \hat{I}_{Strang}\, e^{j(\omega t + \varphi_{IU})} (1 + \frac{1}{2} - j\frac{\sqrt{3}}{2}) = \sqrt{3}\, \hat{I}_{Strang}\, e^{j(\omega t + \varphi_{IU} + \pi/6)},$$

$$\underline{I}_S = \hat{I}_{Strang}\, e^{j(\omega t + \varphi_{IU})} (-\frac{1}{2} - j\frac{\sqrt{3}}{2} - 1) = \sqrt{3}\, \hat{I}_{Strang}\, e^{j(\omega t + \varphi_{IU} + 5\pi/6)} \quad \text{und}$$

$$\underline{I}_T = \hat{I}_{Strang}\, e^{j(\omega t + \varphi_{IU})} (j\sqrt{3}) = \sqrt{3}\, \hat{I}_{Strang}\, e^{j(\omega t + \varphi_{IU} + 9\pi/6)}. \tag{5.481}$$

Bei der Dreieckschaltung auf der Verbraucherseite sind die Leiterströme um $\sqrt{3}$ gegenüber den Strangströmen erhöht. Die Strangspannungen entsprechen dagegen den Leiterspannungen.

Sind die Impedanzen $\underline{Z}_{RS}$, $\underline{Z}_{ST}$ und $\underline{Z}_{TR}$ unterschiedlich, so wird das gleichseitige Dreieck, das von den Stromzeigern in **Abb. 5.200** (b) aufgespannt wird, asymmetrisch. (5.478) gilt auch in diesem Fall, nicht aber (5.479), die Summe der Strangströme ist ungleich null.

**Leistung im Drehstromsystem**
Durch die Leiter R, S und T der Drehstromsysteme in **Abb. 5.195** bzw. **Abb. 5.199** wird elektrische Energie vom Generator zum Verbraucher transportiert. Der gesamte Energiestrom setzt sich zusammen aus den Energieströmen durch die einzelnen Leiter.

$$P_{ges.}(t) = U_R(t)I_R(t) + U_S(t)I_S(t) + U_T(t)I_T(t) \tag{5.482}$$

Bei gleichen Impedanzen sind die Leiterströme und -spannungen um einen festen Phasenwinkel $\varphi$ gegeneinander verschoben. Mit (5.454) erhalten wir die einzelnen Energieströme.

$$P_R(t) = \frac{1}{2}\hat{U}\hat{I}\cos\varphi + \frac{1}{2}\hat{U}\hat{I}\cos(2\omega t + \varphi), \tag{5.483}$$

$$P_S(t) = \hat{U}\cos(\omega t)(\hat{I}\cos\varphi\cos(\omega t - \frac{2\pi}{3}) - \hat{I}\sin\varphi\sin(\omega t - \frac{2\pi}{3})) \Rightarrow$$

$$P_S(t) = \frac{1}{2}\hat{U}\hat{I}\cos\varphi + \frac{1}{2}\hat{U}\hat{I}\cos(2\omega t - \frac{4\pi}{3} + \varphi), \tag{5.484}$$

$$P_T(t) = \hat{U}\cos(\omega t)(\hat{I}\cos\varphi\cos(\omega t - \frac{4\pi}{3}) - \hat{I}\sin\varphi\sin(\omega t - \frac{4\pi}{3})) \Rightarrow$$

$$P_T(t) = \frac{1}{2}\hat{U}\hat{I}\cos\varphi + \frac{1}{2}\hat{U}\hat{I}\cos(2\omega t - \frac{8\pi}{3} + \varphi). \tag{5.485}$$

Da aber $\cos(\alpha - 8\pi/3) = \cos(\alpha - 8\pi/3 + 2\pi) = \cos(\alpha - 2\pi/3)$ ist, beträgt der gesamte Energiestrom unter Beachtung von (5.469)

$$P_{ges.}(t) = \frac{3}{2}\hat{U}\hat{I}\cos\varphi = 3U_{eff,Leiter}\,I_{eff,Leiter}\cos\varphi = const. \tag{5.486}$$

Der gesamte Energiestrom in einem symmetrisch belasteten Drehstromsystem ist zeitlich konstant, es wird das Dreifache der mittleren Leistung eines einfachen Wechselstroms übertragen. Die Konstanz der Leistung hat zur Folge, dass ein Drehstrommotor ebenfalls eine konstante mechanische Leistung abgibt, somit bei konstanter Drehzahl sein Drehmoment konstant ist.

## 5.4.3    Transformatoren

Elektrische Energie wird als Wechsel- bzw. Drehstrom über große Entfernungen übertragen, weil man bei gegebener Leistung den Ladungsstrom bei gleichzeitiger Erhöhung der Spannung zwischen Hin- und Rückleitung reduzieren kann und damit auch die Ohmschen Verluste, die durch die Leitungswiderstände verursacht werden. Diese Umformung geschieht durch „Transformatoren[1]", deren Funktionsweise auf dem Induktionsgesetz (5.343) beruhen. Die Anordnung in **Abb. 5.164** stellt solch einen Transformator dar: Wird eine der Spulen, die Primärspule, von einem Wechselstrom durchflossen, so wird in die andere Spule, der Sekundärspule, eine Spannung induziert, deren Größe abhängig ist von den Windungszahlen der beiden Spulen. Fließt durch die Sekundärspule kein Strom ($I_2 = 0$), ist also kein Verbraucher angeschlossen, so beträgt gemäß (5.368) die induzierte Spannung

$$U_2 = -M_{1,2}\dot{I}_1 .$$                                                               (5.487)

Um in der Primärspule den Strom $I_1$ fließen zu lassen, muss dort der Spannungsabfall

$$U_1 = L_1 \dot{I}_1$$                                                                     (5.488)

überwunden werden. Das Verhältnis der Sekundärspannung zur Primärspannung ergibt sich mit der Gegeninduktivität $M_{1,2}$ aus (5.370) und der Selbstinduktivität $L_1$ der Primärspule aus (5.354) bei gleichem Windungssinn zu

$$\frac{U_2}{U_1} = -\frac{\dot{\Phi}_{1,2}}{L_1 \dot{I}_1} = -\frac{M_{1,2}\dot{I}_1}{L_1 \dot{I}_1} = -\frac{\mu_r \mu_0 \dfrac{N_1}{l} N_2 A_2}{\mu_r \mu_0 A_1 \dfrac{N_1^2}{l}} = -\frac{N_2 A_2}{N_1 A_1} ,$$    (5.489)

wobei die Querschnittsfläche $A_2$ der Sekundärspule nur bis zur Größe $A_1$ der Primärspule berücksichtigt wird. Das Minuszeichen bedeutet, dass die beiden Spannungen gegenphasig sind, d. h. ihre Phasenverschiebung beträgt 180°. Sind die Querschnittsflächen von Primärspule und Sekundärspule gleich, ist also der Fluss durch eine Primärwindung gleich dem Fluss durch eine Sekundärwindung, so vereinfacht sich (5.489) zu

$$\frac{U_2}{U_1} = -\frac{N_2}{N_1} .$$                                                     (5.490)

Ist $N_2 > N_1$, so ist die Sekundärspannung größer als die Primärspannung. Das Verhältnis $N_2/N_1$ nennt man auch das „Übersetzungsverhältnis" des Transformators.

---

[1]    Transformare, lat. verwandeln.

## Verlustloser Transformator

In der Praxis werden Transformatoren nicht durch unendlich lange Luftspulen realisiert, sondern der Fluss einer endlich langen Primärspule oder -wicklung wird über einen Eisenkern (nahezu) vollständig in die Sekundärspule übertragen. Damit bleibt (5.490) gültig, man nennt den Transformator verlustlos.

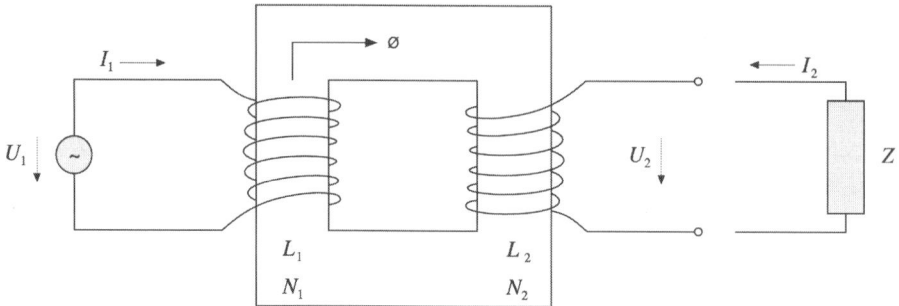

**Abb. 5.201**   *Transformator mit Eisenkern.*

Beim unbelasteten Transformator ist der Strom $I_1$ an der Primärseite um $-\pi/2$ gegenüber der Spannung $U_1$ phasenverschoben, da die Primärwicklung eine reine induktive Last darstellt. Daher wird auch keine Wirkleistung umgesetzt. Für die Zeiger $\underline{U}_1$ und $\underline{U}_2$ gilt

$$\underline{U}_1 = j\omega L_1 \underline{I}_1, \ \underline{U}_2 = -j\omega M_{1,2}\underline{I}_1. \tag{5.491}$$

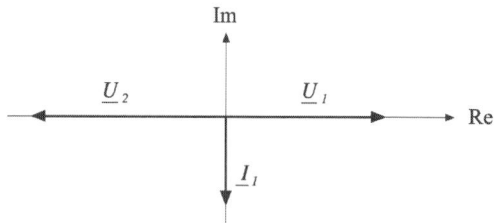

**Abb. 5.202**   *Zeiger von $U_1$, $U_2$ und $I_1$ beim unbelasteten Transformator.*

Mit der Selbstinduktivität (5.364) und der Gegeninduktivität (5.372) beträgt das Verhältnis $\underline{U}_2/\underline{U}_1 = -N_1/N_2$, dies entspricht (5.490).

Wird die Sekundärseite mit einer Impedanz $\underline{Z}_2$ belastet, so fließt dort ein Strom $\underline{I}_2$. Die von der Primärseite induzierte Spannung (5.491) wird an den Klemmen der Sekundärseite um den Spannungsabfall an der Induktivität $L_2$ der Sekundärwicklung vermindert. Diese Spannung treibt den Strom $\underline{I}_2$ und bewirkt an der Last $\underline{Z}_2$ den Spannungsabfall $\underline{Z}_2\underline{I}_2$.

$$\underline{U}_2 = -j\omega M_{1,2}\underline{I}_1 - j\omega L_2 \underline{I}_2 \ \Rightarrow \ 0 = -j\omega M_{1,2}\underline{I}_1 - (j\omega L_2 + \underline{Z}_2)\underline{I}_2 \tag{5.492}$$

Anderseits induziert der Strom $\underline{I}_2$ eine Spannung in die Primärwicklung, so dass $\underline{U}_1$ den Spannungsabfall

$$\underline{U}_1 = j\omega L_1 \underline{I}_1 + j\omega M_{1,2} \underline{I}_2 \tag{5.493}$$

überwinden muss. Bei gegebener Quellenspannung $\underline{U}_1$ können wir aus (5.492) und (5.493) den Strom $\underline{I}_2$ berechnen und mit ihm dann die Spannung $\underline{U}_2$ sowie den Strom $\underline{I}_1$.

$$\underline{I}_2 = \frac{M_{1,2}}{-(j\omega L_2 + \underline{Z}_2)L_1 + j\omega M_{1,2}^2} \underline{U}_1, \; \underline{U}_2 = \underline{Z}_2 \underline{I}_2,$$

$$\underline{I}_1 = -\frac{j\omega L_2 + \underline{Z}_2}{j\omega M_{1,2}} \underline{I}_2 = -(\frac{L_2}{M_{1,2}} - j\frac{\underline{Z}_2}{\omega M_{1,2}})\underline{I}_2 \tag{5.494}$$

Durchsetzt der Fluss im Kern, den die Spannung $\underline{U}_1$ erzeugt, vollständig die Sekundärwicklung, so ist der Kopplungsgrad (5.374) $k = 1$ und $M_{1,2}^2 = L_1 L_2$. Damit lauten $\underline{I}_2$, $\underline{I}_1$ und $\underline{U}_2$ unter Beachtung von (5.364)

$$\underline{I}_2 = \frac{\sqrt{L_1 L_2}}{-\underline{Z}_2 L_1} \underline{U}_1 = -\sqrt{\frac{L_2}{L_1}} \frac{1}{\underline{Z}_2} \underline{U}_1 = -\frac{1}{\underline{Z}_2} \frac{N_2}{N_1} \underline{U}_1, \tag{5.495}$$

$$\underline{I}_1 = (-\sqrt{\frac{L_2}{L_1}} + j\frac{\underline{Z}_2}{\omega\sqrt{L_1 L_2}})\underline{I}_2, \; (5.495) \; \Rightarrow$$

$$\underline{I}_1 = -\sqrt{\frac{L_2}{L_1}} \underline{I}_2 - \frac{j}{\omega L_1} \underline{U}_1 = -\frac{N_2}{N_1} \underline{I}_2 - \frac{j}{\omega L_1} \underline{U}_1, \tag{5.496}$$

$$\underline{U}_2 = -\sqrt{\frac{L_2}{L_1}} \underline{U}_1 = -\frac{N_2}{N_1} \underline{U}_1. \tag{5.497}$$

Die Spannungsübersetzung bleibt bei Belastung des Transformators gleich. Im Falle einer rein Ohmschen Last ($Z_2 = R$) ist der Strom auf der Sekundärseite der Primärspannung entgegengerichtet. Der Strom auf der Primärseite hat zwei Anteile: einen, der dem Strom auf der Sekundärseite entgegengerichtet ist, und einen, der der Spannung um 90° nacheilt. Dieser Anteil entspricht dem Strom in (5.491) bei nicht belastetem Transformator.

Ist dieser Strom vernachlässigbar, so bezeichnet man den Transformator als ideal. Dies ist der Fall, wenn

$$|\frac{N_2}{N_1} \underline{I}_2| = |\frac{1}{R}\frac{L_2}{L_1} \underline{U}_1| >> |\frac{j}{\omega L_1} \underline{U}_1| \; \Rightarrow \; \omega L_2 >> R. \tag{5.498}$$

Die Eingangsimpedanz, die Impedanz der Primärseite, ergibt sich aus $\underline{Z}_1 = \underline{U}_1/\underline{I}_1$ zu

$$\underline{Z}_1 = \frac{\underline{U}_1}{\underline{I}_1} = \frac{\underline{U}_1}{\underline{I}_1}\frac{\underline{I}_2}{\underline{U}_2}\frac{\underline{U}_2}{\underline{I}_2} = \frac{N_2^2}{N_1^2} \underline{Z}_2. \tag{5.499}$$

Ein Transformator kann dazu verwendet werden, die Impedanz eines Verbrauchers an die Impedanz einer Quelle anzupassen. Sind deren Impedanzen gleich, so erhält der Verbraucher die maximale Leistung aus der Quelle. Dies ist insbesondere bei Quellen mit hohem Innenwiderstand von Bedeutung.

Die momentane und die mittlere Leistung, die auf der Sekundärseite dem Transformator entnommen wird, beträgt bei Ohmscher Last

$$P_2(t) = U_2(t)I_2(t) = \frac{1}{R}\frac{N_2^2}{N_1^2}U_1^2(t) \;\Rightarrow\; <P_2> = \frac{1}{R}\frac{N_2^2}{N_1^2}U_{1,eff}^2 \,. \tag{5.500}$$

Auf der Primärseite wird der Quelle die momentane Leistung

$$P_1(t) = U_1(t)I_1(t) = \frac{1}{R}\frac{N_2^2}{N_1^2}U_1^2(t) - \frac{1}{\omega L_1}U_1(t)U_1(t-\frac{T}{4}) \tag{5.501}$$

entnommen. Der zweite Term entspricht der Blindleistung, die die Quelle in den unbelasteten Transformator einspeist bzw. eine halbe Periodendauer $T$ später wieder aufnimmt. Die mittlere Leistung von (5.501), die der Transformator auf der Primärseite von der Quelle erhält, ist gleich der mittleren Leistung (5.500), die er zum Verbraucher auf der Sekundärseite leitet. Beim idealen Transformator ist die Blindleistung zu vernachlässigen.

Um den Einfluss der Magnetisierungskurve des Kerns abzuschätzen, ist es erforderlich, die Amplitude der Flussdichte bei gegebener magnetischer Erregung zu ermitteln. Dies kann überschläglich am unbelasteten Transformator geschehen. Zwischen dem magnetischen Fluss $\Phi$ und der Erregung $\Theta = N_1 I_1$ der Primärwicklung besteht der Zusammenhang (5.336), unter Berücksichtigung von (5.491) gilt für die Amplituden der Spannung $U_1$ und des Flusses

$$\hat{\Theta} = N_1\hat{I}_1 = N_1\frac{\hat{U}_1}{\omega L_1} = R_m\hat{\Phi}, \text{ mit } L_1 = \frac{N_1^2}{R_m} \;\Rightarrow$$

$$N_1\frac{\hat{U}_1}{\omega N_1^2}R_m = R_m\hat{\Phi} \;\Rightarrow\; \hat{\Phi} = \hat{B}A = \frac{\hat{U}_1}{\omega N_1} = \frac{\sqrt{2}U_{1,eff}}{2\pi f N_1} = \frac{U_{1,eff}}{4,44\,f N_1} \,. \tag{5.502}$$

Dabei sind $A$ die als konstant angenommene Querschnittsfläche des Kerns und $f$ die Frequenz der Spannung $U_1$. Es ist generell zu vermeiden, dass der Kern die Sättigungsflussdichte erreicht. Wegen der Nichtlinearität der Magnetisierungskurve ist im Allgemeinen der zeitliche Verlauf von $\Phi$ nicht harmonisch, dies ist nur bei kleiner Aussteuerung $\hat{U}_1$ der Fall.

**Verluste am Transformator**
Bei den obigen Betrachtungen haben wir vorausgesetzt, dass der vom primärseitigen Strom bewirkte Fluss im Kern vollständig die Sekundärwicklung durchsetzt. Da Kerne und Wicklungen von Transformatoren in der Regel keine Toroidform aufweisen, bleibt der Fluss nicht auf den Kern beschränkt, die Streuflüsse durch die primär- und sekundärseitigen Ströme durchsetzen nicht die jeweils anderen Wicklungen. Dadurch werden die jeweils in die andere Wicklung induzierten Spannungen verkleinert. Das Verhältnis von Primär- und Sekundärspannung ist kleiner als das Übersetzungsverhältnis $N_2/N_1$.

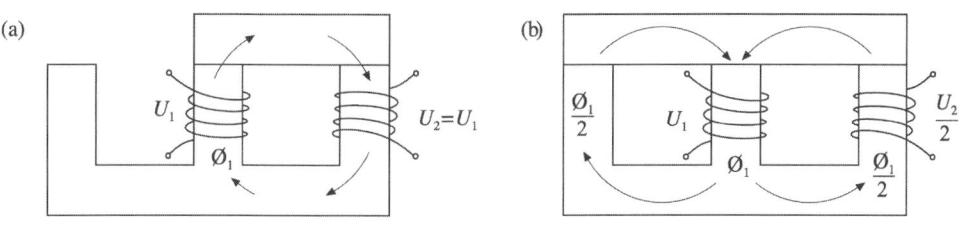

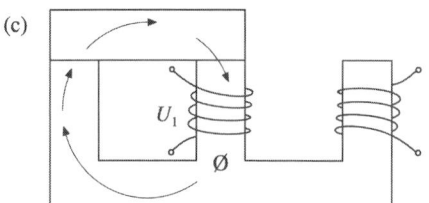

**Abb. 5.203** *Flussaufteilung in einem dreischenkligen Transformatorkern ($N_1 = N_2$): (a) keine Teilung. (b) Wird der Fluss hälftig aufgeteilt, so wird nur noch die Hälfte der Spannung in die Sekundärwicklung induziert. (c) Ohne magnetischen Fluss wird keine Spannung induziert.*

Wird der Fluss, den die Primärwicklung in **Abb. 5.203** (a) verursacht, durch das Joch vollständig durch die Sekundärwicklung geleitet, so ist $U_1 = U_2$, wenn beide Wicklungen gleiche Windungszahlen haben. Teilt sich der Fluss dagegen auf und wird die Sekundärwicklung nur noch von der Hälfte des Primärflusses durchsetzt, so halbiert sich auch die Sekundärspannung. Gelangt überhaupt kein magnetischer Fluss durch die Sekundärwicklung, so ist auch die Sekundärspannung null. Durch den Auf- und Abbau der Magnetfelder verursachen die Streuflüsse induktive Widerstände, die die Blindströme verkleinern, so dass die übertragene Scheinleistung ebenfalls verkleinert wird.

Weiterhin hat jede Wicklung, die in der Regel aus Kupferdraht besteht, einen endlichen Ohmschen Widerstand. Sowohl an der Primär- als auch an der Sekundärseite werden an diesen Wirkwiderständen elektrische Energie in Wärme umgewandelt. Diese Energieströme, auch „Kupferverluste" genannt, können dem Verbraucher nicht mehr zur Verfügung gestellt werden.

Zum Dritten ist auch die Ummagnetisierung des Transformatorkerns in jeder Periode des Wechselstroms mit Verlusten, den so genannten „Eisenverlusten", behaftet. Die zeitliche Änderung des Flusses induziert in den Kern Wirbelströme, die durch die endliche elektrische Leitfähigkeit des Eisens die Wirbelstromverluste verursachen. Diese Verluste können dadurch vermindert werden, dass der Kern aus dünnen, gegeneinander isolierten Blechen, die senkrecht zur Hauptflussrichtung gestapelt sind, besteht. Berechnungen, auf die hier nicht weiter eingegangen werden kann, ergeben folgende Abhängigkeit der Wirbelstromverluste von der Amplitude $\hat{B}$ der Flussdichte im Kern, der Frequenz $f$ des Wechselstroms und der Blechdicke $b$:

$$P_W \sim \hat{B}^2 f^2 b^2 \tag{5.503}$$

Bei den für Transformatorenkerne verwendeten Werkstoffen weist die Magnetisierungskurve wie z. B. in **Abb. 5.139** eine Hysterese auf. Daher ist der Zusammenhang zwischen Durchflutung und magnetischem Fluss nicht durch (5.336) beschreibbar. Der Strom $I_1$ auf der Primärseite baut über die Durchflutung $\Theta = N_1 I_1$ des magnetischen Kreises den Fluss $\Phi$ auf und ab. Dafür ist der Energiestrom $P(t) = U_1(t)I_1(t)$ erforderlich, wobei $U_1(t) = N_1 d\Phi/dt$ die Induktionsspannung überwindet. Die Durchflutung bewirkt eine magnetische Erregung $H = \Theta/l$, wobei $l$ die mittlere Länge der Feldlinien im magnetischen Kreis ist. Nehmen wir vereinfachend an, dass die Querschnittsfläche $A$ des Kerns konstant ist, so gilt

$$P(t) = U_1(t)I_1(t) = N_1 \frac{d\Phi}{dt} \frac{\Theta}{N_1} = HlA \frac{dB}{dt} = V_{Kern} H \frac{dB}{dt} \ . \tag{5.504}$$

Das Produkt $HdB$ ist aber nichts anderes als ein Flächenstück der Breite $dB$ unter der Kurve $H(B)$, der Umkehrfunktion der Magnetisierungskurve $B(H)$. Dieses Flächenstück entspricht der Energie, die erforderlich ist, um die Flussdichte von $B$ auf den Wert $B + dB$ zu verändern.

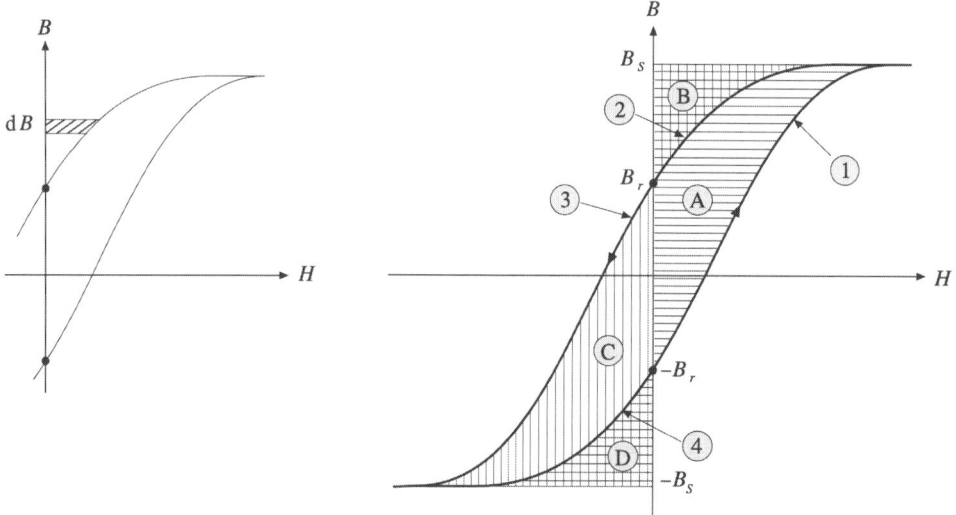

**Abb. 5.204** *Energie zum Ummagnetisieren während einer Periode.*

Durchläuft die Spannung auf der Primärseite eine Periode, so muss zum Auf- und Abbau des Magnetfeldes die Energie

$$\int_0^T P(t)dt = V_{Kern} \int_{B(t=0)}^{B(t=T)} H(B(t))dB = V_{Kern} \underset{Hysterese-\ schleife}{\oint} H(B)dB \tag{5.505}$$

aufgebracht werden. Unterteilen wir die Hystereseschleife in **Abb. 5.204** in die Abschnitte (1) – (4), so ist die Fläche (A) unter dem Abschnitt (1) positiv, da $H > 0$ und $dB > 0$, die Fläche (B) unter dem Abschnitt (2) negativ ($H > 0$ und $dB < 0$), die Fläche (C) unter dem Abschnitt (3) positiv ($H < 0$ und $dB < 0$) und schließlich die Fläche (D) negativ ($H < 0$ und $dB > 0$) zu zählen. Insgesamt ist eine Energie pro Periode zum Ummagnetisieren erforderlich, die proportional zur Fläche ist, die die Hystereseschleife einschließt. Diese Energie wird in Wärme umgewandelt, geht also der Sekundärseite verloren. Die Hystereseverluste betragen somit

$$P_H = \frac{W_H}{T} = fV_{Kern} \underset{\substack{Hysterese-\\schleife}}{\oint} H(B)dB \, . \tag{5.506}$$

Um die Hystereseverluste klein zu halten, werden Transformatorenkerne aus weichmagnetischen Werkstoffen hergestellt, die eine möglichst kleine Hysterese aufweisen.

## 5.4.4    Elektrische Maschinen

Elektromotoren dienen als Konverter von elektrischer Energie in mechanische Arbeit, Generatoren wandeln dagegen mechanische Arbeit in elektrische Energie um. Beide beruhen darauf, dass bewegte Ladungsträger im Magnetfeld die Lorentzkraft (5.252) erfahren.

Ein einfacher Elektromotor ist eine Anordnung wie in **Abb. 5.107** (a), dabei soll die Stromzuführung zu dem beweglichen Leiterstück durch zwei feste Leiter, die einen Abstand $l$ voneinander haben, erfolgen. Der Strom $I$ wird durch eine Spannungsquelle $U_0$ angetrieben, den Gesamtwiderstand von Zuführung und beweglichem Leiterstück fassen wir in $R$ zusammen. Das Magnetfeld mit der Feldstärke $B$ soll homogen sein.

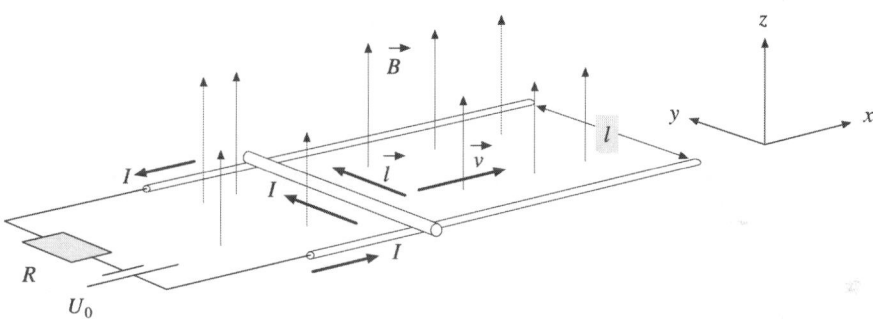

**Abb. 5.205** *Einfaches Modell eines Elektromotors mit gradliniger Bewegung (Linearmotor).*

Befindet sich das Leiterstück zunächst in Ruhe, so erfährt es nach Einschalten der Spannung $U_0$ eine Kraft $F$ gemäß (5.256) in $x$-Richtung. Sobald das beschleunigte Leiterstück jedoch eine von null verschiedene Geschwindigkeit erreicht hat, so wird eine Spannung (5.346) induziert, die $U_0$ entgegengerichtet ist, so dass der Strom $I$ entsprechend reduziert wird. Damit wirkt nur noch die Kraft

$$F = IBl \, , \text{ mit } I = \frac{U}{R} = \frac{U_0 - Blv}{R} \quad \Rightarrow \quad F = \frac{U_0 - Blv}{R} Bl \, . \tag{5.507}$$

Diese Kraft und ggf. noch weitere, in $x$-Richtung wirkende Kräfte, z. B. Reibungskräfte, beschleunigen das bewegliche Leiterstück der Masse $m$. Sind diese der Kraft $F$ entgegengerichtet, so nennen wir sie Lastkräfte $F_{Last}$.

$$F - F_{Last} = \frac{U_0 - Blv}{R} Bl - F_{Last} = ma \ . \tag{5.508}$$

Das bewegliche Leiterstück wird beschleunigt, bis die antreibende Kraft $F - F_{Last} = 0$ ist, dann hat es die maximale Geschwindigkeit $v_m$ erreicht. Diese beträgt

$$\frac{U_0 - Blv_m}{R} Bl - F_{Last} = 0 \quad \Rightarrow \quad v_m = \frac{U_0}{Bl} - \frac{R}{(Bl)^2} F_{Last} \ , \tag{5.509}$$

wobei der Strom

$$I = \frac{U_0 - Blv_m}{R} = \frac{U_0}{R} - \frac{Bl}{R}(\frac{U_0}{Bl} - \frac{F_{Last} R}{(Bl)^2}) = \frac{F_{Last}}{Bl} \tag{5.510}$$

fließt.

Der Verlauf von $v_m$ in Abhängigkeit der Last $F_{Last}$ ist linear fallend, die Steigung ist umgekehrt proportional zu $B$. Diese Kennlinie kann durch Veränderung von $U_0$ bzw. $B$ variiert werden. Eine Änderung von $U_0$ bewirkt eine Parallelverschiebung, durch Variation von $B$ wird die Steigung verändert. Bei kleinen Lasten wirkt eine Verkleinerung von $B$ geschwindigkeitssteigernd, da weniger Spannung induziert wird. Oberhalb einer bestimmten Last kehrt $v_m$ sein Vorzeichen um, die Last zwingt das Leiterstück zu einer Bewegung entgegen der antreibenden Kraft $F$.

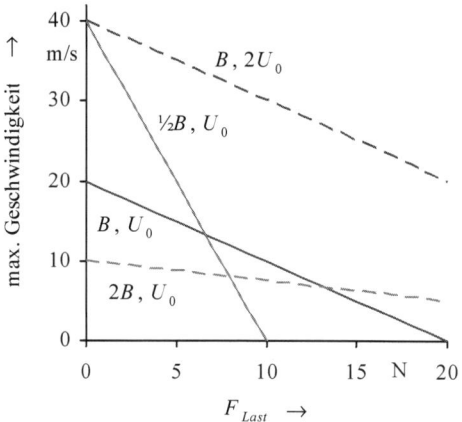

**Abb. 5.206** *Erreichbare Maximalgeschwindigkeiten $v_m$ des bewegten Leiterstücks in **Abb. 5.205** in Abhängigkeit von der Last $F_{Last}$ bei verschiedenen Spannungen $U_0$ und Feldstärken B.*

Die elektrische Leistung, die der Spannungsquelle entnommen wird, beträgt mit (5.510)

$$P_{el.} = U_0 I(v_m) = U_0 \frac{F_{Last}}{Bl} = F_{Last} v_{m,L} \,, \tag{5.511}$$

wobei $v_{m,L} = v_m(F_{Last} = 0) = U_0/(Bl)$ die Leerlaufgeschwindigkeit ohne Einfluss äußerer Kräfte darstellt. Der Motor gibt dabei die mechanische Leistung

$$P_{mech.} = F_{Last} v_m \tag{5.512}$$

ab. Die Differenz

$$\Delta P = P_{el.} - P_{mech.} = F_{Last}(v_{m,L} - v_m) = F_{Last} \frac{F_{Last} R}{(Bl)^2} = I^2 R \tag{5.513}$$

ist die elektrische Leistung, die am Widerstand $R$ in Wärme umgesetzt wird.

Wirkt die externe Kraft in Richtung von $F$, so wird $v_m$ gegenüber der Leerlaufgeschwindigkeit gesteigert. Ist der Strom in (5.507) im Leerlauffall null, da induzierte Spannung und Quellenspannung sich aufheben, so überwiegt nun die induzierte Spannung, die Stromrichtung kehrt sich um und der Motor wirkt als Generator. Besonders interessant ist der Fall $U_0 = 0$. Der Strom, den die induzierte Spannung (5.346) verursacht, beträgt $-Blv_mR$.

**Gleichstrommaschinen**
Für viele Anwendungen werden Motoren benötigt, die eine Rotationsbewegung ausführen. Wir haben gesehen, dass eine stromdurchflossene Leiterschleife im Magnetfeld ein Drehmoment (5.268) erfährt, das proportional zum Strom durch die Leiterschleife ist. Dieses Drehmoment ist u. a. abhängig vom Sinus des Winkels zwischen Feldrichtung und dem magnetischen Moment (5.270), so dass seine Komponente in Feldrichtung mit jeder halben Umdrehung seine Richtung wechselt. Bei konstantem Strom bewegt sich die Leiterschleife vom labilen Gleichgewicht (Magnetisches Moment und Feldrichtung antiparallel) zum stabilen Gleichgewicht, in dem beide Richtungen parallel sind.

Damit die Bewegung nicht beendet wird, muss diese Stellung durch Umkehrung des Stromes und damit des magnetischen Momentes in eine labile Gleichgewichtslage umgewandelt werden. Diese Aufgaben haben so genannte Stromwender oder Kommutatoren[1]. Diese bestehen aus zwei Lamellen, die auf einem Rad, das auf der Welle der Leiterschleife angebracht ist, befestigt sind und den Umfang des Rades in zwei gleich große Segmente unterteilen. Die Stromzufuhr erfolgt über so genannte Bürstenkontakte, die nicht mitrotieren, so dass pro Umdrehung die Stromrichtung in der Schleife umgekehrt wird.

Damit der zeitliche Verlauf des Drehmomentes gleichmäßiger wird als in **Abb. 5.208**, werden auf der Welle mehrere, zueinander verdrehte Leiterschleifen zum so genannten Rotor angeordnet. Die Drehmomente der einzelnen Schleifen, die um den entsprechenden Winkel zeitlich versetzt verlaufen, addieren sich zum Gesamtdrehmoment.

---

[1] Commutare, lat. vertauschen.

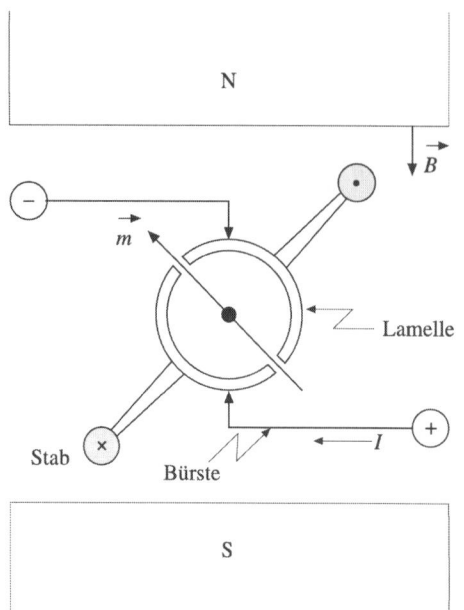

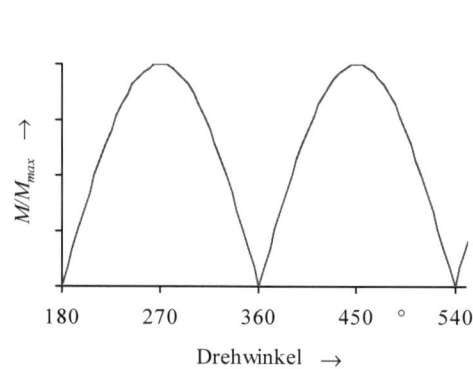

**Abb. 5.207** *Rotationsmotor mit einer Leiterschleife und Kommutator. Die momentanen Stromrichtungen durch die „Stäbe" der Leiterschleife, die immer senkrecht zur Flussdichte stehen, sind durch ⊗ (in die Zeichenebene) und ⊙ (aus der Zeichenebene heraus) gekennzeichnet.*

**Abb. 5.208** *Verlauf des Drehmomentes eines Motors aus* **Abb. 5.207***, ausgehend vom labilen Gleichgewicht bei einem Drehwinkel von 180° der Leiterschleifennormale gegen die Feldrichtung.*

Die Stromzuführung erfolgt auch hier durch einen Kommutator, jede Leiterschleife hat dabei zwei gegenüberliegende Lamellen. Damit nur zwei Bürsten benötigt werden, trennt man die die Leiterschleifen auf und verschaltet die Stäbe, das sind die Leiterstücke, welche immer senkrecht zur Feldrichtung stehen, anders. Dies hat keine Auswirkung auf die Drehmomente der Leiterschleifen, da die Kräfte, welche die Drehmomente bewirken, nur durch den Strom durch die Stäbe verursacht werden. Es muss nur gewährleistet sein, dass die Ströme von zwei auf dem Rotor gegenüberliegenden Stäben entgegengesetzt gerichtet sind. **Abb. 5.210** zeigt ein mögliches Verdrahtungsschema für einen Rotor mit zwei um 90° verdrehten Leiterschleifen.

Das gesamte Drehmoment eines Rotors mit $n$ zueinander um gleich große Winkel $\delta$ verdrehten Leiterschleifen der Fläche $A$ beträgt mit (5.268)

$$M = \sum_{i=1}^{n} IAB \mid \sin(\varphi(t) + (i-1)\delta) \mid = IAB \sum_{i=0}^{n-1} \mid \sin(\varphi(t) + (i-1)\delta) \mid,$$

$$M \approx IABk_{\Sigma} = IBk,$$

$$(5.514)$$

dabei ist $\varphi(t)$ der momentane Drehwinkel. Der Betrag ergibt sich aus der Stromwenderfunktion des Kommutators. Bei hinreichend großer Zahl von Leiterschleifen ist die Summe näherungs-

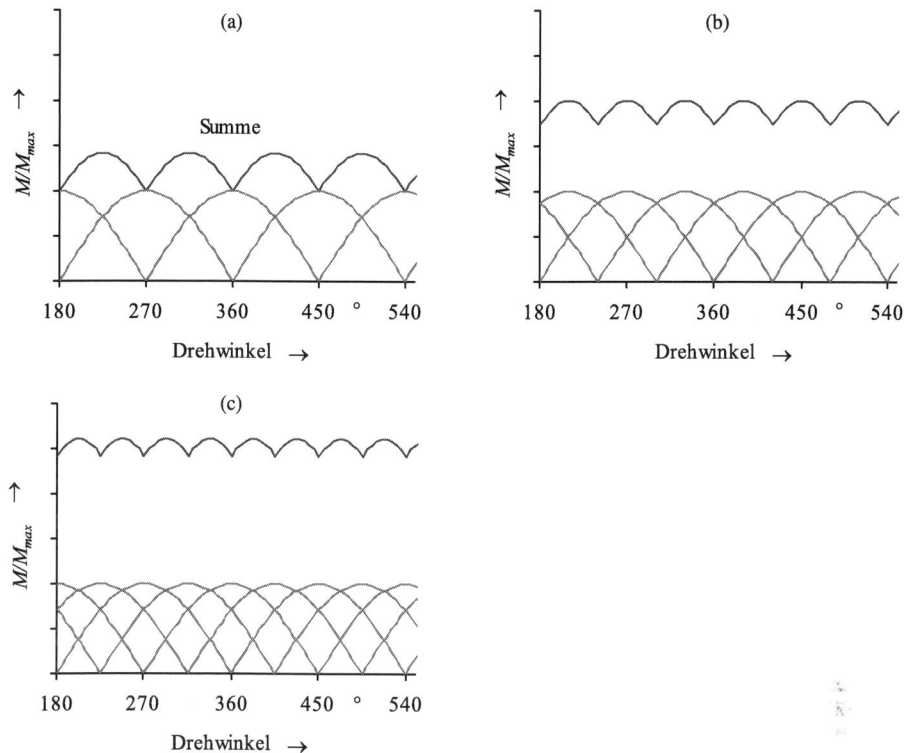

**Abb. 5.209** *Verlauf des Gesamtdrehmomentes von Rotationsmotoren mit (a) zwei um 90°, (b) drei um 60° und (c) vier um 45° verdrehten Leiterschleifen.*

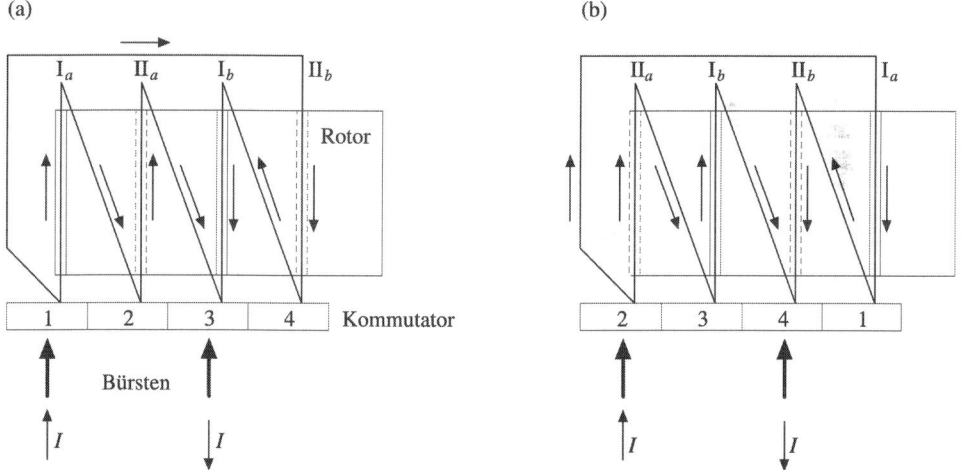

**Abb. 5.210** *(a) Verdrahtungsschema eines Rotors mit zwei um 90° verdrehten Leiterschleifen (4 Stäbe). Es ist die Abwicklung des Rotors und des Kommutators dargestellt. (b) dto. nach einer Vierteldrehung. Die Stromrichtung in den Stäben Ia und Ib ist umgekehrt worden.*

weise konstant mit dem Wert $k_\Sigma$, diese fassen wir mit $A$ zur Motorkonstanten $k$ zusammen. Die Stromversorgung erfolgt über eine Quelle mit der Spannung $U_0$, allerdings wird durch die Rotation in die Leiterschleifen gemäß (5.345) eine Spannung

$$U_{ind.} = \sum_{i=1}^{n} -BA \left| \frac{\mathrm{d}\cos(\varphi + (i-1)\delta)}{\mathrm{d}t} \right| = BA \sum_{i=1}^{n} \dot{\varphi} \left| \sin(\varphi + (i-1)\delta) \right|,$$

$$\text{mit } \omega = \dot{\varphi} \;\; \Rightarrow \;\; U_{ind} \approx B\omega A k_\Sigma = Bk\omega \tag{5.515}$$

induziert, so dass die den Strom treibende Spannung nur die um die induzierte Spannung verminderte Quellenspannung ist. Vergleichen wir (5.514) und (5.515) mit (5.507), so entspricht die Kraft $F$ des Linearmotors dem Drehmoment $M$ des Rotationsmotors, die Geschwindigkeit $v$ entspricht der Winkelgeschwindigkeit $\omega$, die Länge $l$ des beweglichen Leiterstücks im Linearmotor entspricht der Motorkonstanten $k$. In Anlehnung an (5.509) ergibt sich der Zusammenhang zwischen einem Lastdrehmoment $M_{Last}$ und der Winkelgeschwindigkeit $\omega_m$, die der Motor dabei erreicht zu

$$\omega_m = \frac{U_0}{Bk} - \frac{R}{(Bk)^2} M_{Last}. \tag{5.516}$$

Ein positives Lastdrehmoment $M_{Last}$ ist einer positiven Winkelgeschwindigkeit $\omega_m$ entgegengerichtet. Der Widerstand $R$ ist der gesamte Ohmsche Widerstand aller Leiterschleifen sowie der Stromzuführung. Der Verlauf (5.516) der erreichten Winkelgeschwindigkeit bei gegebenem Lastdrehmoment entspricht dem Verlauf (5.509) der Geschwindigkeit eines Linearmotors bei gegebener Last (siehe **Abb. 5.206**). Variationen von $U_0$ und $B$ wirken sich in gleicher Weise aus: Eine Veränderung von $U_0$ hat eine Parallelverschiebung der Kennlinien zur Folge, bei unterschiedlichen Flussdichten $B$ ändert sich die Steigung. $U_0/(Bk) = \omega_{m,L}$ ist die Leerlaufwinkelgeschwindigkeit des Motors ohne Einfluss äußerer Drehmomente. Der Motor nimmt die elektrische Leistung

$$P_{el.} = U_0 I(\omega_m), (5.510) \;\; \Rightarrow \;\; I(\omega_m) = \frac{M_{Last}}{Bk} \;\; \Rightarrow$$

$$P_{el.} = U_0 \frac{M_{Last}}{Bk} = M_{Last}\omega_{m,L} \tag{5.517}$$

auf, die er in mechanische Leistung

$$P_{mech.} = M_{Last}\omega_m \tag{5.518}$$

und Wärme umwandelt. Hieraus ergibt sich ein Wirkungsgrad

$$\eta_{Motor} = \frac{P_{mech.}}{P_{el.}} = \frac{\omega_m}{\omega_{m,L}} = \frac{\dfrac{U_0}{Bk} - \dfrac{M_{Last}R}{(Bk)^2}}{\dfrac{U_0}{Bk}} = 1 - \frac{M_{Last}R}{U_0 Bk}. \tag{5.519}$$

Dieser sinkt mit wachsendem Lastdrehmoment bis auf null, dann ist die Last so groß geworden, dass $\omega_m = 0$ ist. Negative $\eta$ bedeuten, dass durch die Last die Drehrichtung des Motors gegenüber dem Leerlauf umgekehrt wurde und damit durch die Bewegung der Last keine Leistung abgegeben, sondern aufgenommen wird.

Wie der Linearmotor arbeitet der Rotationsmotor im Generatorbetrieb, wenn durch eine negative Last bzw. einen externen Antrieb die Winkelgeschwindigkeit gegenüber dem Leerlaufwert gesteigert wird. Ohne äußere Spannungsquelle treibt die induzierte Spannung den Strom durch den Widerstand der Leiterschleifen (Wicklungswiderstand) und einem Lastwiderstand, an dem die elektrische Energie abgegriffen wird, an.

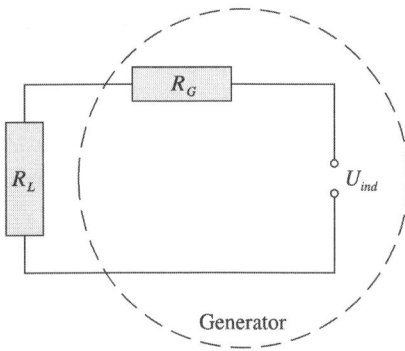

**Abb. 5.211** *Generator im Stromkreis mit Wicklungswiderstand und Lastwiderstand.*

Bei gegebener Winkelgeschwindigkeit $\omega_m$ wird eine Spannung $U_{ind.} = Bk\omega_m$ induziert, die im Stromkreis $I = U_{ind.}/R = U_{ind.}/(R_G + R_L)$ antreibt. Die elektrische Leistung, die der Quelle mit der Spannung $U_{ind.}$ entnommen wird, beträgt

$$P_{el.} = U_{ind}I = \frac{U_{ind.}^2}{R_G + R_L} = \frac{(Bk\omega_m)^2}{R_G + R_L}. \tag{5.520}$$

Zum Antrieb des Generators ist gemäß (5.516) ($U_0 = 0$) ein (negatives) Lastdrehmoment oder ein positives Antriebsdrehmoment $M_A$

$$-M_{Last} = \frac{(Bk)^2}{R_G + R_L}\omega_m = M_A \tag{5.521}$$

erforderlich. Die mechanische Leistung

$$P_{mech.} = M_A\omega_m = \frac{(Bk)^2}{R_G + R_L}\omega_m^2 \tag{5.522}$$

entspricht der elektrischen Leistung, allerdings kann einem Verbraucher mit dem Widerstand $R_L$ nur

$$P_{Nutz} = R_L I^2 = R_L \frac{U_{ind.}^2}{(R_G + R_L)^2} = R_L \frac{(Bk\omega_m)^2}{(R_G + R_L)^2} \tag{5.523}$$

zur Verfügung gestellt werden. Entsprechend beträgt der Wirkungsgrad des Generators

$$\eta_{Generator} = \frac{P_{Nutz}}{P_{mech.}} = \frac{R_L}{R_G + R_L} \, , \, R_G \ll R_L \Rightarrow \eta_{Generator} \approx 1 - \frac{R_G}{R_L} \, . \tag{5.524}$$

Bei den bislang betrachten Motoren bzw. Generatoren sind wir davon ausgegangen, dass die Flussdichte $B$ für jeden Betriebszustand konstant ist. Dies ist immer der Fall, wenn das Magnetfeld durch einen Permanentmagneten erzeugt wird. Diesen Teil der Maschine, der sich nicht bewegt, bezeichnet man auch als Stator. Um die Flussdichte $B$ an den Stäben des Rotors zu erhöhen, besteht dieser üblicherweise aus Material mit hoher relativer Permeabilität. In diesen Körper sind die Stäbe eingelassen. Zur Vermeidung von Wirbelströmen besteht der Rotor in der Regel aus einem Stapel dünner Bleche. Näherungsweise ist die Flussdichte $B$ am Ort der Stäbe konstant.

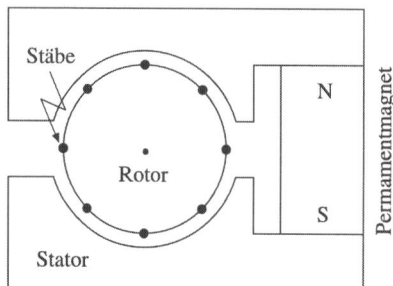

**Abb. 5.212**  *Elektromotor, bei dem das Magnetfeld durch einen Permanentmagneten erzeugt wird.*

Alternativ zum Permanentmagneten kann die Magnetfelderzeugung auch durch Elektromagnete erfolgen. Dies ist bei größeren Maschinen von Vorteil, wenn Permanentmagnete in dem magnetischen Kreis von Stator und Rotor die erforderliche Flussdichte nicht mehr mit vertretbarem Aufwand erzielen können. Bei Motoren werden diese Statorwicklungen ebenfalls durch die externe Spannungsquelle versorgt. Grundsätzlich können Stator- und Rotorwicklungen parallel oder in Reihe geschaltet werden. Im ersten Fall spricht man auch von einer Nebenschlussmaschine, im zweiten von einer Hauptschlussmaschine.

*Nebenschlussmotor*
Der Strom $I$ aus der Spannungsquelle teilt sich in die Ströme $I_S$ durch die Statorwicklung und $I_R$ durch die Rotorwicklung auf. Die Flussdichte $B$ am Ort der Stäbe im Rotor ist proportional

zum Strom durch die Statorwicklung, dieser wird wiederum durch die Quellenspannung $U_0$ und den Ohmschen Widerstand $R_S$ der Statorwicklung bestimmt.

$$B = k_S I_S, \; U_0 = R_S I_S \; \Rightarrow \; B = k_S \frac{U_0}{R_S} \tag{5.525}$$

Setzen wir (5.525) in (5.516) ein, so erhalten wir den Zusammenhang zwischen Winkelgeschwindigkeit $\omega_m$ und dem Lastdrehmoment $M_{Last}$.

$$\omega_m = \frac{U_0}{k_S \dfrac{U_0}{R_S} k} - \frac{M_{Last} R_R}{(k_S \dfrac{U_0}{R_S} k)^2} \; \Rightarrow \; \omega_m = \frac{R_S}{k_S k} - \frac{R_R R_S^2}{(k_S k U_0)^2} M_{Last} \tag{5.526}$$

(5.526) zeigt wie (5.516) einen linearen Zusammenhang zwischen $\omega_m$ und $M_{Last}$. Zu beachten ist, dass der magnetische Kreis von Rotor und Stator nicht die Sättigungsmagnetisierung erreicht. In diesem Fall würde die Flussdichte nicht mehr mit $k_S$ proportional zum Strom $I_S$ sein, sondern geringer, so dass die Winkelgeschwindigkeit ebenfalls absinkt. Außerhalb der Sättigungsmagnetisierung kann die Winkelgeschwindigkeit bei gegebener Last durch die Versorgungsspannung $U_0$ oder den Statorwiderstand $R_S$ geregelt werden. In letzterem Fall wird mit der Statorwicklung ein regelbarer Widerstand in Reihe geschaltet.

Durch geeignete Wahl der Parameter kann die Kennlinie $\omega_m(M_{Last})$ sehr flach verlaufen, so dass bei Lastschwankungen die Drehzahl nur wenig verändert wird. Daher werden Nebenschlussmotoren bevorzugt dort eingesetzt, wo es auf möglichst geringe Drehzahlschwankungen ankommt, so z. B. als Antrieb von Werkzeugmaschinen.

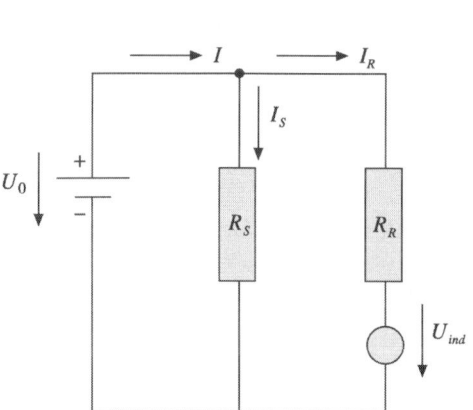

**Abb. 5.213** *Schaltbild eines Nebenschlussmotors.*

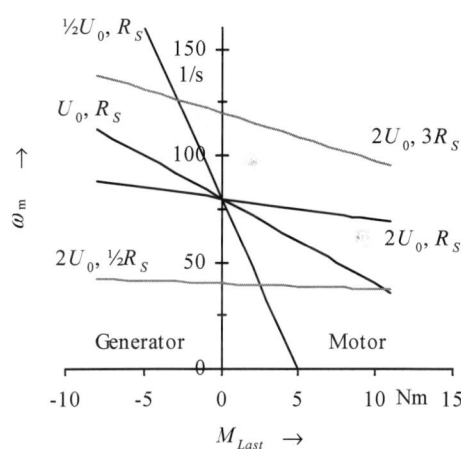

**Abb. 5.214** *Maximale Winkelgeschwindigkeit in Abhängigkeit von der Last $M_{Last}$ bei einer Nebenschlussmaschine (verschiedene Kombinationen von Spannung $U_0$ und Statorwiderstand $R_S$. Bei negativen Lasten arbeitet die Maschine als Generator.*

*Hauptschlussmotor*
Hier fließt der Strom $I$ aus der Spannungsquelle sowohl durch die Stator- als auch durch die Rotorwicklung. Die Flussdichte ist proportional zum Strom durch den Stator, $B = k_S I$. Der Strom $I$ lässt sich aus der Maschengleichung von **Abb. 5.215** berechnen.

$$U_0 - U_{ind} = (R_S + R_R)I \text{, mit } U_{ind} = Bk\omega_m \text{ und } B = k_S I \implies$$

$$I = \frac{U_0}{(R_S + R_R) + kk_S\omega_m} \tag{5.527}$$

In Anlehnung an (5.510) ergibt sich der Zusammenhang

$$I(\omega_m) = \frac{M_{Last}}{Bk} \implies M_{Last} = IBk \text{, mit } B = k_S I \implies M_{Last} = kk_S I^2. \tag{5.528}$$

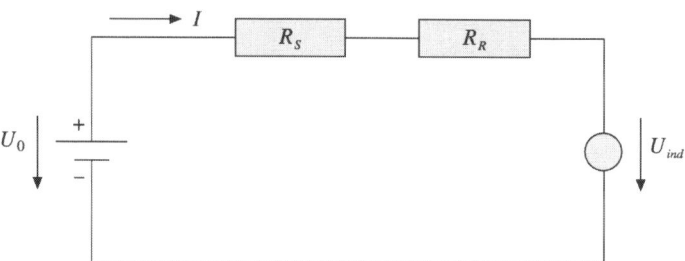

**Abb. 5.215** *Elektromotor, bei dem Rotor und Stator in Reihe geschaltet sind.*

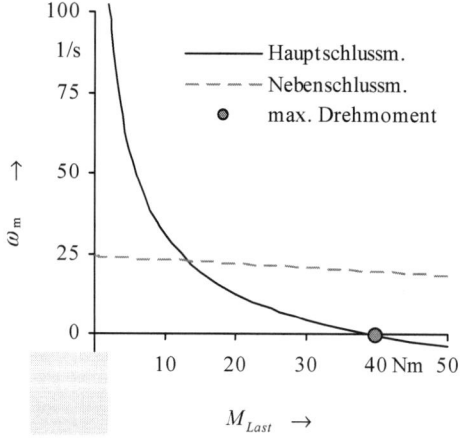

**Abb. 5.216** *Verlauf der Winkelgeschwindigkeit in Abhängigkeit vom Lastdrehmoment. Zum Vergleich die Kennlinie eines Nebenschlussmotors mit den gleichen Betriebsbedingungen. Negative Winkelgeschwindigkeit bedeutet, dass die Last den Motor in die entgegengesetzte Richtung dreht.*

Lösen wir (5.528) nach $I$ auf und setzen dies in (5.527) ein, so erhalten wir die Winkelgeschwindigkeit in Abhängigkeit vom Lastdrehmoment.

$$\sqrt{\frac{M_{Last}}{kk_S}} = \frac{U_0}{(R_S + R_R) + kk_S \omega_m} \Rightarrow \omega_m = \frac{U_0}{\sqrt{kk_S M_{Last}}} - \frac{R_S + R_R}{kk_S} \tag{5.529}$$

Die Kennlinie $\omega_m(M_{Last})$ verläuft beim Hauptschlussmotor gekrümmt, bei geringen Lasten steigt die Winkelgeschwindigkeit stark an und wird nur durch Reibung im Motor begrenzt. Große Lastdrehmomente können bei sehr kleinen Winkelgeschwindigkeiten erreicht werden, daher werden Hauptschlussmotoren gern als Anlasser für Verbrennungsmaschinen eingesetzt.

**Wechselstrommaschinen**
Die in den vorigen Seiten beschriebenen Maschinen können, als Motoren eingesetzt, auch mit Wechselstrom betrieben werden. Wird das Magnetfeld durch einen Permanentmagneten erzeugt und der Wechselstrom dem Rotor über Schleifringe, also ohne Umpolung, zugeführt, so ist ein antreibendes Drehmoment möglich, wenn die Winkelgeschwindigkeit der Kreisfrequenz des Wechselstroms entspricht. Dies gelingt allerdings nur, wenn der Motor mit der richtigen Drehzahl angeworfen wird. Diese wird für unterschiedliche Lastdrehmomente beibehalten.

Auch Nebenschluss- und Hauptschlussmotoren eignen sich für den Wechselstrombetrieb, da die Richtung des Statorfeldes (nahezu) gleichzeitig mit der Richtung des Rotorstromes wechselt. Bei der Behandlung der Gleichstrommaschinen haben wir die Induktivität der Rotorwicklungen nicht berücksichtigt. Sie bewirkt, dass der Strom der antreibenden Spannung nacheilt, so dass das Drehmoment verkleinert wird. Wird dagegen der Rotor mit einem Wechselstrom durchflossen, dessen Frequenz groß gegen die Drehzahl ist, so können wir die Induktivität des Rotors nicht mehr vernachlässigen. Der Hauptschlussmotor, bei dem die Induktivitäten im Rotor und Stator klein gehalten sind, wird häufig als „Universalmotor" eingesetzt, wenn die Anforderungen an das Lastdrehmoment nicht besonders groß sind wie z. B. bei Haushaltsgeräten.

Diese Nachteile hat der Induktionsmotor oder Asynchronmotor nicht. Bei ihm wird der Strom durch die Leiterschleifen des Rotors durch induzierte Spannungen bewirkt. Dem In-

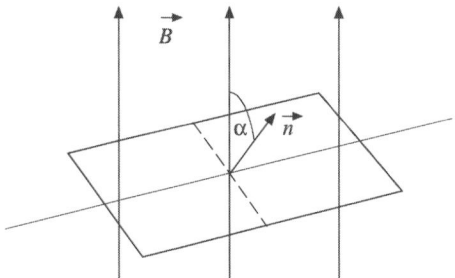

**Abb. 5.217** *Starre Leiterschleife im Magnetfeld. Eine Spannung kann induziert werden, wenn sich die Feldstärke oder die Orientierung der Schleife zum Feld ändert.*

duktionsgesetz (5.343) sind sie gleich der zeitlichen Änderung des magnetischen Flusses durch die Leiterschleife. Diese Änderung kann durch Änderung der magnetischen Feldstärke, der Größe der von der Leiterschleife eingeschlossenen Fläche oder der Orientierung der Leiterschleife zur Feldrichtung bewirkt werden.

Wird mit einer Wechselspannungsquelle das Statorfeld aufgebaut, so ändert sich mit deren Frequenz $\omega_F$ die Feldstärke wie $B(t) = \hat{B}\cos(\omega_F t)$. Nach (5.344) wird in die Leiterschleife eine Spannung induziert, die einen zu ihr phasenverschobenen Strom verursacht. Dieser Phasenwinkel $\varphi_{IU}$ beträgt mit (5.446) und dem Ohmschen Widerstand $R_R$ und der Induktivität $L_R$ der Leiterschleife

$$\cos\varphi_{IU} = \cos\varphi_{UI} = \frac{R_R}{\sqrt{R_R^2 + (\omega_F L_R)^2}} \tag{5.530}$$

Die Leiterschleife, deren Flächennormale einen Winkel $\alpha$ zur Feldrichtung einschließt, erfährt ein Drehmoment (5.268), das sich zeitlich ändert und die Leiterschleife in Drehung versetzt.

$$M = I_{ind} B A_R \sin\alpha = \frac{U_{ind}}{Z_R}\hat{B}\cos(\omega_F t)A_R \sin\alpha \,, (5.344) \Rightarrow$$

$$M = \frac{A_R\hat{B}}{|\underline{Z}_R|}\omega_F \sin(\omega_F t + \varphi_{IU})\cos\alpha A_R\hat{B}\cos(\omega_F t)\sin\alpha \tag{5.531}$$

Dabei ist $\left|\underline{Z}_R\right| = \sqrt{R_R^2 + (\omega_F L_R)^2}$ der Scheinwiderstand und $A_R$ die Fläche der Leiterschleife. Allerdings ist wegen $<\sin\alpha\cos\alpha> = 0$ der Mittelwert von $M$ über eine volle Drehung null.

Daher wird beim Asynchronmotor durch ein rotierendes Magnetfeld in den Windungen des Rotors ein Strom induziert. Ein Drehfeld kann leicht durch die Überlagerung von zwei zueinander senkrecht verlaufenden Feldern, deren Feldstärken sich harmonisch mit der gleichen Frequenz ändern, erzeugt werden. Beide Felder müssen dann eine Phasenverschiebung von $\pi/2$ aufweisen. Dieser Fall entspricht der Überlagerung von zwei linearen harmonischen Schwingungen gleicher Frequenz und Phasenverschiebung $\pi/2$, deren Auslenkungsrichtungen senkrecht zueinander verlaufen. Der zeitliche Verlauf der resultierenden Auslenkung beschreibt als Lissajous-Figur einen Kreis, der Oszillator rotiert mit der Kreisfrequenz der Schwingungen. Statt zwei senkrecht zueinander schwingenden Feldrichtungen werden in der Regel drei um jeweils 120° zueinander verdrehte und um 120° phasenverschobene Feldrichtungen verwendet, diese werden mit Drehstrom aus dem Netz gespeist.

Hat die Leiterschleifennormale in **Abb. 5.217** den Winkel $a$ zur momentanen Feldrichtung, so wird dem dritten Term in (5.344) zufolge eine Spannung

$$U_{ind} = -BA_R\frac{d\cos\alpha}{dt} = BA_R\dot{\alpha}\sin\alpha \tag{5.532}$$

induziert, die periodisch ist. Dabei ist $\dot{\alpha}$ die Winkelgeschwindigkeit, mit der sich das Feld gegen die Leiterschleifennormale dreht. Diese verursacht in der Leiterschleife einen Strom, der phasenverschoben zur induzierten Spannung ist. Diese Phasenverschiebung (5.446) wird u. a. bestimmt durch die (momentane) Kreisfrequenz $\dot{\alpha}$, mit der sich der magnetische Fluss durch die Leiterschleife ändert. Damit erfährt die Leiterschleife ein Drehmoment (5.268).

$$M = I_{ind} BA_R \sin\alpha = \frac{(BA_R)^2 \dot{\alpha}}{|\underline{Z}_R|} \sin(\alpha + \varphi_{IU}) \sin\alpha \,,$$

$$M = \frac{(BA_R)^2 \dot{\alpha}}{|\underline{Z}_R|} (\sin^2\alpha \cos\varphi_{IU} + \cos\alpha \sin\alpha \sin\varphi_{IU}) \implies$$

$$<M>_\alpha = <\frac{(BA_R)^2 \dot{\alpha}}{|\underline{Z}_R|} \sin^2\alpha \cos\varphi_{IU} > \tag{5.533}$$

Befindet sich die Leiterschleife anfangs in Ruhe, so entspricht $\dot{\alpha}$ der Winkelgeschwindigkeit, mit der das Feld rotiert. Das (mittlere) Drehmoment versetzt die Leiterschleife in beschleunigte Drehbewegung, dadurch sinken $\dot{\alpha}$ und damit auch das Drehmoment. Wirkt auf die Motorwelle ein äußeres Lastdrehmoment, so beschleunigt die Leiterschleife bis zu einer mittleren Winkelgeschwindigkeit $\omega_R$. Dann hat sich auch eine mittlere Winkelgeschwindigkeit $<\dot{\alpha}> := \omega_S$ eingestellt, sie ist die Differenz zwischen $\omega_F$ und $\omega_R$. Diese Winkelgeschwindigkeit $\omega_S$ ist auch maßgeblich für die Impedanz $\underline{Z}_R$ der Leiterschleife. Das Verhältnis $\omega_S/\omega_F$ nennt man auch „Schlupf" des Asynchronmotors.

Die momentanen Winkelgeschwindigkeiten nähern sich wie beim Gleichstrommotor umso besser dem zeitlichen Mittelwert an, wenn mehrere zueinander verdrehte Leiterschleifen den Rotor bilden. Dabei werden die senkrecht zur Feldrichtung verlaufenden Stäbe an ihren Enden durch Metallringe kurzgeschlossen. Wegen der Ähnlichkeit mit einem Käfig nennt man diese Konstruktion auch „Käfigläufer". Der große Vorteil ist, dass kein Strom externer Quellen durch Schleifringe oder Kommutatoren in den Rotor transportiert werden muss.

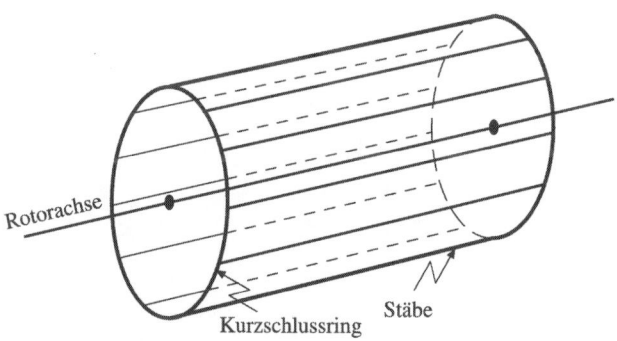

*Abb. 5.218* *Käfig- oder Kurzschlussläufer.*

Im Gleichgewicht mit einem Lastdrehmoment $M_{Last}$ erhalten wir aus (5.533) unter Beachtung von (5.446) einen Zusammenhang $M_{Last}(\omega_S)$.

$$< M >_\alpha = M_{Last} = \frac{1}{2} \frac{(BA_R)^2 \, \omega_S}{|Z_R|} \cos \varphi_{IU}$$

$$M_{Last} = \frac{1}{2} \frac{(BA_R)^2 \, \omega_S}{\sqrt{R_R^2 + (\omega_S L_R)^2}} \frac{R_R}{\sqrt{R_R^2 + (\omega_S L_R)^2}} = \frac{\Phi_{eff}^2 \, \omega_S R_R}{R_R^2 + (\omega_S L_R)^2} \tag{5.534}$$

Hier haben wir $\frac{1}{2}(BA_R)^2$ zum Quadrat des Effektivwertes des magnetischen Flusses durch die Leiterschleifen zusammengefasst. Lösen wir (5.534) nach $\omega_S$ auf und berechnen die Winkelgeschwindigkeit des Motors $\omega_R = \omega_F - \omega_S$, so erhalten wir die Kennlinie des Asynchronmotors.

Der Verlauf $M_{Last}(\omega_S)$ in (5.534) weist ein Maximum bei $\omega_S = R_R/L_R$ auf, das maximale Drehmoment, mit dem der Asynchronmotor belastet werden kann, beträgt $\Phi_{eff}^2/(2L_R)$. Bei noch höherer Belastung ist keine Rotation mehr möglich, $\omega_S (M_{Last})$ wird komplex, der Motor bleibt stehen. Daher nennt man das maximale Drehmoment auch „Kippmoment", den dazugehörenden Schlupf „Kippschlupf". Das Maximum ist umso ausgeprägter, je kleiner das Verhältnis $R_R/L_R$ ist, mit wachsendem $R_R/L_R$ wird das maximale Drehmoment bei größerem Schlupf, also kleineren Rotordrehzahlen, erreicht. Die Größe des maximalen Drehmomentes ändert sich jedoch nicht. Im Leerlauf bei $M_{Last} = 0$ ist auch der Schlupf null, der Rotor dreht sich mit $\omega_F$, der Winkelgeschwindigkeit des Statorfeldes.

Die Kennlinie $\omega_R(M_{Last})$ des Asynchronmotors hat vom Leerlauf bis zum Drehmomentmaximum einen ähnlichen Verlauf wie der Nebenschlussmotor (siehe **Abb. 5.214**), ausgehend von der Winkelgeschwindigkeit $\omega_F$ des Statorfeldes sinkt die Winkelgeschwindigkeit des Rotors mit steigender Belastung bis zum Erreichen des maximalen Drehmomentes. Wird die Belastung wieder zurückgenommen, so kann der Motor Zustände in der Kennlinie unterhalb des Drehmomentmaximums erreichen: Mit sinkender Belastung verringert sich die Drehzahl.

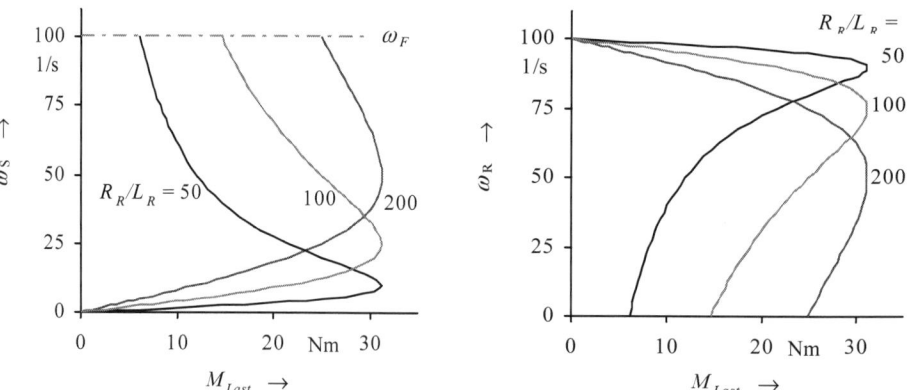

**Abb. 5.219** *Verlauf von $M_{Last}(\omega_S)$ und $M_{Last}(\omega_R)$ für verschiedene Verhältnisse $R_R/L_R$.*

Diese Zustände sind instabil und werden beim Anfahren des Motors aus der Ruhe durchlaufen. Beim Starten muss daher das Lastdrehmoment $M_{Start}$ kleiner sein als $M_{Last}(\omega_R = 0)$ in **Abb. 5.219**. Der Motor beschleunigt dann unter Einfluss des Drehmomentes (5.533), vermindert um $M_{Start}$, und erreicht schließlich einen Zustand im stabilen Bereich der Kennlinie oberhalb des Kippmomentes mit $\omega_R(M_{Start})$.

Der instabile Bereich mit unter Umständen großen Winkelbeschleunigungen wird mit wachsendem $R_R/L_R$ kleiner, daher wird in der Praxis beim Anlassen $R_R$ vergrößert, indem man externe Widerstände in die Leiterschleifen des Rotors einfügt. Dafür werden die Rotorwindungen aufgetrennt und über Schleifringe Kontakte bereitgestellt, an die Anlasswiderstände angeschlossen werden können. Weiterhin kann durch Variation der Widerstände die Drehzahl geregelt werden. Allerdings hat der Einbau von Widerständen eine Reduktion des Wirkungsgrades zur Folge, da ein Teil der in den Stator eingespeisten elektrischen Energie in Wärme umgewandelt wird und nicht mehr als mechanische Arbeit zur Verfügung steht.

Mit moderner Elektronik kann dieser Nachteil umgangen werden, indem die Frequenz des Statorfeldes variiert wird und so Ohmsche Verluste vermieden werden. Da der Asynchronmotor im Vergleich zu anderen Elektromotoren sehr einfach gebaut ist, hat er eine große Verbreitung gefunden. Durch elektronisch angepasste Ansteuerung kann er den unterschiedlichen Anforderungen genügen.

# 5.5     Elektromagnetische Wellen

Elektromagnetische Wellen, insbesondere als „Licht", spielen in der Natur eine große Rolle. Schließlich hat die Erzeugung durch den Menschen als „Radiowellen" der Informationsübertragung völlig neue Wege eröffnet. Wie wir in Kapitel 4.3 gesehen haben, breiten sich Wellen in einem „Medium" aus, das an einer Stelle von einem Anregungszentrum aus seinem Gleichgewichtszustand gebracht wurde. Durch die Kopplung im Medium breitet sich diese Störung mit einer charakteristischen Geschwindigkeit aus, die abhängig ist von der Stärke der Kopplung und der Trägheit, mit der sich das Medium einer Zustandsänderung widersetzt.

Eine solche „Fernwirkung" kann durch elektrische und magnetische Felder erreicht werden, die durch Ladungen bzw. bewegte Ladungen verursacht werden. Diese stellen das Anregungszentrum dar, während der Raum, der von den Feldern erfüllt wird, als Medium fungiert. Damit stellt sich auch die Frage nach der Geschwindigkeit, mit der sich ein Feld ausbreitet, wenn ein Körper aufgeladen oder ein Strom eingeschaltet wird. Diese Ausbreitungsgeschwindigkeit spielte bislang in unseren Betrachtungen elektrischer und magnetischer Felder keine Rolle, da wir nur statische Ladungs- oder Stromverteilungen bei der Felderzeugung zugelassen haben oder bei Wechselströmen die Raumgebiete von Spulen und Kondensatoren so klein waren, dass die Felder praktisch zeitgleich mit ihrer Ursache auftraten. Aus dieser Tatsache können wir umgekehrt auf eine sehr hohe Ausbreitungsgeschwindigkeit schließen. Wir werden sehen, dass sie der Lichtgeschwindigkeit im Vakuum entspricht.

Alle Erscheinungen, die mit elektrischen und magnetischen Feldern zusammenhängen, können durch vier Grundgleichungen, die J. C. Maxwell erstmalig formulierte, beschrieben werden. Diese Gleichungen sind der Ampèresche Satz oder das Durchflutungsgesetz (5.289) bzw. (5.324), das Induktionsgesetz (5.343) sowie (5.199) und (5.251).

$$(5.324): \oint_C \vec{H} \bullet \mathrm{d}\vec{s} = I = \int_{\substack{Fläche\,m.\\Rand\,C}} \vec{j} \bullet \mathrm{d}\vec{a}\,, \qquad (5.343): \oint_C \vec{E} \bullet \mathrm{d}\vec{s} = -\frac{\mathrm{d}}{\mathrm{d}t} \int_{\substack{Fläche\\mit\,Rand\,C}} \vec{B} \bullet \mathrm{d}\vec{a}$$

$$(5.199): \oint_{Hülle} \vec{D} \bullet \mathrm{d}\vec{a} = q\,, \qquad (5.251): \oint_{Hülle} \vec{B} \bullet \mathrm{d}\vec{a} = 0$$

Bei Abwesenheit von Ladungen und Strömen im betrachteten Raumgebiet sind (5.199) und (5.251) symmetrisch, (5.324) und (5.343) dagegen nicht. Dem Induktionsgesetz zufolge erzeugt die Änderung des magnetischen Flusses ein elektrisches Wirbelfeld. Maxwell ergänzte den Ampèreschen Satz um einen Term, dem zufolge die Änderung des elektrischen Flusses ein magnetisches Wirbelfeld bewirkt. Da die elektrische Flussdichte auch Verschiebungsdichte genannt wird, bezeichnet man die Ergänzung des Ampèreschen Satzes auch als „Verschiebungsstrom". Dieser spielt eine entscheidende Rolle bei der Ausbreitung elektromagnetischer Wellen.

## 5.5.1    Verschiebungsstrom

Dem Ampèreschen Satz (5.324) zufolge ist jeder stromdurchflossene Leiter von einem Magnetfeld umgeben, maßgeblich ist dafür der Ladungsstrom, der durch die von der geschlossenen Kurve $C$ umrandeten, ansonsten beliebig geformten Fläche $A$ fließt. Ist der Stromkreis durch einen Kondensator unterbrochen, so kann immer noch ein Wechselstrom fließen, weil der Kondensator fortwährend ge- und entladen wird. Die Zuleitungsdrähte sind von einem magnetischen Wechselfeld umgeben. Verläuft die Fläche $A$ durch das Gebiet des Kondensators, ohne dass sie von den Zuleitungsdrähten durchdrungen wird, so müsste nach (5.324) das Magnetfeld null sein.

Im Kondensator wird durch den Ladungsstrom ein elektrisches Feld aufgebaut, das sich so wie der Wechselstrom zeitlich ändert. Entsprechend gibt es einen elektrischen Fluss durch

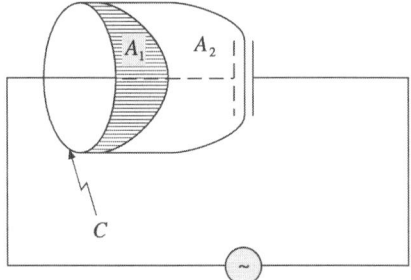

**Abb. 5.220** *Kondensator im Wechselstromkreis: Zur Berechnung des Stromes, der das Magnetfeld verursacht, werden zwei von der geschlossenen Kurve C berandete Flächen gewählt.*

die Fläche $A_2$ in **Abb. 5.220**. Der elektrische Fluss durch eine geschlossene Fläche wiederum ist der 3. Maxwellgleichung (5.199) zufolge gleich der eingeschlossenen Ladung $q_K$. Wird die geschlossene Fläche aus den Teilflächen $A_1$ und $A_2$ zusammengesetzt, so gilt

$$q_K = \oint_{A_1 \& A_2} \vec{D} \bullet \mathrm{d}\vec{a} = \int_{A_1} \vec{D} \bullet \mathrm{d}\vec{a} + \int_{A_2} \vec{D} \bullet \mathrm{d}\vec{a} = \int_{A_2} \vec{D} \bullet \mathrm{d}\vec{a} \,, \tag{5.535}$$

da die elektrische Flussdichte außerhalb des Kondensators und damit überall auf $A_1$ null ist. Der Wechselstrom verursacht eine zeitliche Änderung von $\vec{D}$, die dadurch entstehende zeitliche Änderung des elektrischen Flusses durch $A_2$ stellt einen Strom dar, den Verschiebungsstrom $I_V$

$$\int_{A_2} \dot{\vec{D}} \bullet \mathrm{d}\vec{a} = \frac{\mathrm{d}}{\mathrm{d}t} \int_{A_2} \vec{D} \bullet \mathrm{d}\vec{a} = \dot{q}_K = I_V \tag{5.536}$$

mit der Verschiebungsstromdichte $\dot{\vec{D}}$. Da die Änderung $\dot{q}_K$ der Ladung auf den Kondensatorplatten durch den Ladungsstrom $I$ in den Zuleitungsdrähten bewirkt wird, ist der Verschiebungsstrom gleich dem Ladungsstrom. Wie der Ladungsstrom hat auch der Verschiebungsstrom ein Magnetfeld zur Folge. Im Allgemeinen überlagern sich Ladungs- und Verschiebungsströme, so z.B. in Leitern mit geringer Leitfähigkeit, wo in Richtung des Ladungsstromes ein beträchtliches elektrisches Feld vorliegt. Das Magnetfeld wird von Ladungs- und Verschiebungsstrom bewirkt. Damit können wir den Ampèreschen Satz (5.324) so formulieren:

$$\oint_C \vec{H} \bullet \mathrm{d}\vec{s} = I + I_V = \underset{\substack{\text{Fläche m.}\\\text{Rand } C}}{\int \vec{j} \bullet \mathrm{d}\vec{a}} + \frac{\mathrm{d}}{\mathrm{d}t} \underset{\substack{\text{Fläche m.}\\\text{Rand } C}}{\int \vec{D} \bullet \mathrm{d}\vec{a}} \tag{5.537}$$

Dies ist die 1. Maxwellgleichung, die den Zusammenhang zwischen Strömen und den von ihnen verursachen Magnetfeldern beschreibt. In einem Dielektrikum setzt sich die elektrische Flussdichte $D$ gemäß (5.198) aus dem elektrischen Feld $\varepsilon_0 E$ und der Polarisation $P$ zusammen. Daher hat der Verschiebungsstrom dort zwei Anteile: zum einen den vom elektrischen Feld direkt verursachten und zum anderen den von ungleichförmig bewegten Polarisationsladungen bewirkten Anteil.

## 5.5.2 Maxwellgleichungen und elektromagnetische Wellen

Ein Magnetfeld, dessen Feldstärke sich zeitlich ändert, induziert gemäß (5.343) ein elektrisches Feld, das in einer geschlossenen Leiterschleife einen Strom fließen lässt, der wiederum ein Magnetfeld verursacht. Ändert sich dieses Magnetfeld seinerseits mit der Zeit, so hat es ebenfalls ein elektrisches Feld zur Folge. Der 2. Maxwellgleichung zufolge ist jedoch für das induzierte elektrische Wirbelfeld keine Leiterschleife erforderlich. Aufgrund (5.537) bewirkt dieses elektrische Feld wiederum ein sekundäres magnetisches Feld.

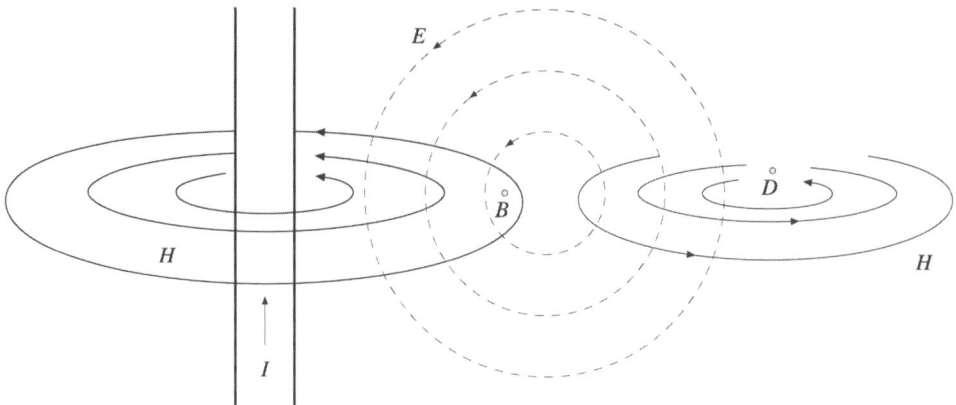

***Abb. 5.221*** *Verkettete Magnet- und elektrische Felder eines Leiters, der von einem zeitlich sich ändernden Strom durchflossen wird. Dargestellt ist ein momentaner Zustand.*

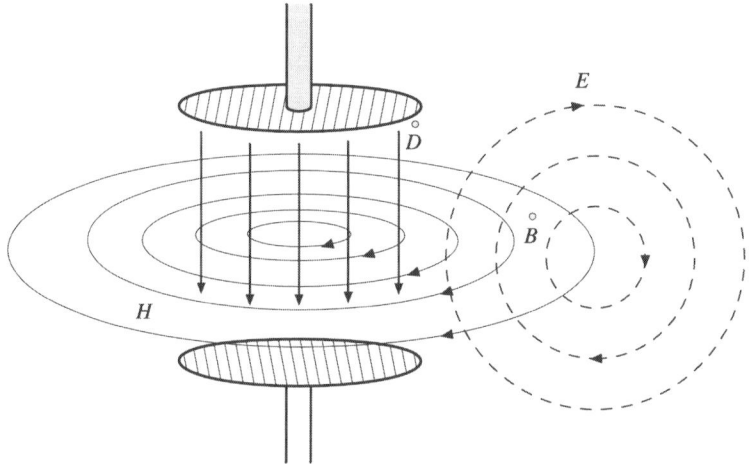

***Abb. 5.222*** *Verkettete elektrische und magnetische Felder eines Kondensators, der an einer Wechselspannungsquelle angeschlossen ist.*

In ähnlicher Weise wird durch einen Verschiebungsstrom in einem Kondensator ein Magnetfeld verursacht, das wiederum, wenn es sich zeitlich ändert, ein elektrisches Wirbelfeld induziert. Ist dagegen der Verschiebungsstrom konstant, so entsteht kein sekundäres elektrisches Feld. Gleiches ist der Fall beim stromdurchflossenen Leiter. Ändert sich der Strom gleichmäßig, so wird kein sekundäres Magnetfeld aufgebaut.

Schon Maxwell erkannte, dass die Verkettung von magnetischen- und elektrischen Feldern Ähnlichkeit mit der Ausbreitung elastischer Wellen in einem Medium hat. Ändert sich in einem Plattenkondensator die elektrische Flussdichte, weil man die Spannung zwischen den Platten ändert, so stellt sich die Frage, wie schnell sich die Felder im Raum aufbauen. Um dies zu klären, untersuchen wir, ob die einfachste Art einer Welle, eine harmonische ebene Welle, die Maxwellgleichungen erfüllt. Die Auslenkung des Mediums, in diesem Fall der freie Raum

(Vakuum), ist das elektrische Feld, das mit (4.197) bei einer Welle, die sich in $z$-Richtung ausbreiten soll, folgenden räumlichen und zeitlichen Verlauf hat:

$$\vec{E}(x, y, z, t) = \hat{\vec{E}} \cos \omega(t - \frac{z}{c}) \tag{5.538}$$

Dabei sind $\hat{\vec{E}}$ die Amplitude, $\omega$ die Kreisfrequenz und $c$ die Ausbreitungsgeschwindigkeit der Welle. Im Vakuum vereinfachen sich die ersten drei Maxwellgleichungen zu

$$\oint_{\substack{Rand \\ von\, A}} \vec{H} \bullet d\vec{s} = \frac{d}{dt} \int_A \vec{D} \bullet d\vec{a}, \quad A = \text{const.} \Rightarrow \oint_{\substack{Rand \\ von\, A}} \vec{H} \bullet d\vec{s} = \int_A \dot{\vec{D}} \bullet d\vec{a}, \tag{5.539}$$

$$\oint_{\substack{Rand \\ von\, A}} \vec{E} \bullet d\vec{s} = -\frac{d}{dt} \int_A \vec{B} \bullet d\vec{a}, \quad A = \text{const.} \Rightarrow \oint_{\substack{Rand \\ von\, A}} \vec{E} \bullet d\vec{s} = -\frac{d}{dt} \int_A \dot{\vec{B}} \bullet d\vec{a}, \tag{5.540}$$

$$\oint_{H\ddot{u}lle} \vec{D} \bullet d\vec{a} = 0. \tag{5.541}$$

Mit dem elektrischen Feld der harmonischen Welle bzw. ihrer Flussdichte ist mit (5.539) ein magnetisches Feld verbunden, das ebenfalls eine harmonische ebene Welle ist. Wählen wir in (5.539) als Fläche $A$ eine Ebene, deren Normalenvektor parallel zur Richtung des elektrischen Feldes verläuft, so ist das Wegelement $d\vec{s}$ auf dem Rand von $A$ senkrecht zur Ebenennormale gerichtet. Eine Änderung des elektrischen Flusses erzeugt nur Magnetfelder, die parallel zur Fläche $A$ gerichtet sind. Somit stehen elektrisches Feld und magnetisches Feld der Welle senkrecht aufeinander. Die gleiche Tatsache hätten wir auch aus der 2. Maxwellgleichung erhalten können, in diesem Fall hätten wir die Fläche so wählen müssen, dass die Richtung des elektrischen Feldes in der Ebene von $A$ verläuft.

Weiterhin folgt aus der 3. Maxwellgleichung, dass im ladungsfreien Raum elektrisches Feld und Ausbreitungsrichtung der Welle senkrecht aufeinander stehen. Ist dies nicht der Fall, so müssten in Ausbreitungsrichtung Ladungen vorhanden sein, welche die longitudinale Feldkomponente erzeugen. Diese Ladungen müssen außerdem mit der Welle mitwandern.

> Elektromagnetische Wellen im Vakuum sind Transversalwellen. Elektrisches und magnetisches Feld stehen senkrecht aufeinander, beide verlaufen senkrecht zur Ausbreitungsrichtung der Welle.

Um weitere Zusammenhänge zwischen elektrischem und magnetischem Feld einer ebenen elektromagnetischen Welle zu erhalten, betrachten wir eine Welle, die sich in $z$-Richtung ausbreitet und deren elektrischer Feldvektor in der $x/z$-Ebene schwingt.

$$\vec{E}(x, y, z, t) = \vec{e}_x \hat{E} \cos \omega(t - \frac{z}{c}) \tag{5.542}$$

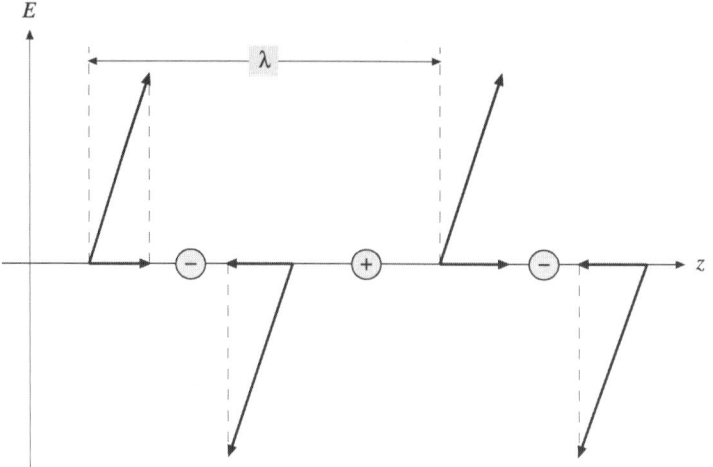

**Abb. 5.223** *Momentaufnahme des elektrischen Feldes einer Welle, deren Amplitude Komponenten in der Ausbreitungsrichtung hat. Um diese Feldkomponente zu erzeugen, müssen in Ausbreitungsrichtung im Abstand einer halben Wellenlänge positive und negative Ladungen vorhanden sein. Dargestellt sind die Feldvektoren an Orten maximaler Feldstärke.*

Das magnetische Feld verläuft in der $x/y$-Ebene. Zur Berechnung des magnetischen Feldes aus (5.539) wählen wir die Fläche $A$ in der $y/z$-Ebene. Setzen wir (5.542) in (5.539) ein, so erhalten wir

$$\oint_{\substack{Rand \\ von\,A}} \vec{H} \bullet d\vec{s} = y_0(H(z_1) - H(z_2)) = \int_A \dot{\vec{D}} \bullet d\vec{a} = -\varepsilon_0 \int_A \hat{E}\omega \sin \omega(t - \frac{z}{c}) da$$

$$y_0(H(z_1) - H(z_2)) = -\varepsilon_0 y_0 \hat{E}\omega \int_{z_1}^{z_2} \sin \omega(t - \frac{z}{c}) dz$$

$$H(z_1) - H(z_2) = \varepsilon_0 \hat{E}c \cos \omega(t - \frac{z_1}{c}) - \varepsilon_0 \hat{E}c \cos \omega(t - \frac{z_2}{c}). \qquad (5.543)$$

Das magnetische Feld einer elektromagnetischen Welle schwingt somit in Phase mit dem elektrischen Feld.

$$\vec{H}(x, y, z, t) = \vec{e}_y \hat{H} \cos \omega(t - \frac{z}{c}) \qquad (5.544)$$

$$\hat{H} = \varepsilon_0 c \hat{E} \qquad (5.545)$$

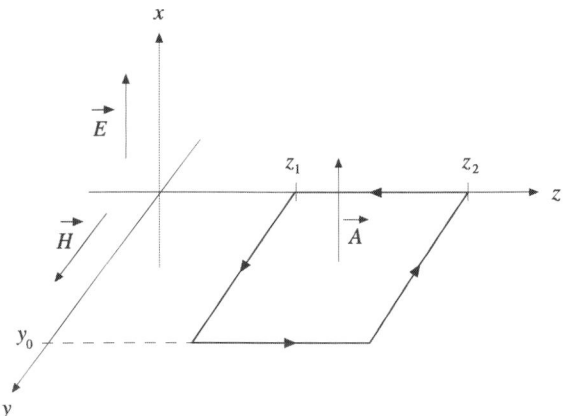

**Abb. 5.224** *Fläche A und Weg, über die in der 1. Maxwellgleichung (5.539) integriert wird. Die Orientierung des Weges ergibt sich aus der „Rechten-Hand-Regel" in **Abb. 5.121**.*

Aus der 2. Maxwellgleichung (5.343) (in Abb. 5.225) erhalten wir, wenn wir das elektrische Feld (5.542) und das magnetische Feld (5.544) einsetzen:

$$\oint_{\substack{Rand \\ von\,A}} \vec{E} \bullet d\vec{s} = x_0(-E(z_1) + E(z_2)) = -\int_A \dot{\vec{B}} \bullet d\vec{a} = \mu_0 \int_A \hat{H}\omega \sin \omega(t - \frac{z}{c})da$$

$$x_0(E(z_2) - E(z_1)) = \mu_0 x_0 \int_{z_1}^{z_2} \hat{H}\omega \sin \omega(t - \frac{z}{c})dz$$

$$\hat{E}(\cos \omega(t - \frac{z_2}{c}) - \cos \omega(t - \frac{z_2}{c})) = \mu_0 c\hat{H}(\cos \omega(t - \frac{z_2}{c}) - \cos \omega(t - \frac{z_1}{c})) \qquad (5.546)$$

$$\Rightarrow \hat{E} = \mu_0 c\hat{H}, (5.545) \Rightarrow \hat{E} = \mu_0 c\varepsilon_0 c\hat{E} \Rightarrow c = \frac{1}{\sqrt{\varepsilon_0 \mu_0}} \qquad (5.547)$$

Mit $\varepsilon_0 = 8{,}85 \cdot 10^{-12}$ F/m und $\mu_0 = 1{,}26 \cdot 10^{-6}$ H/m ergibt sich die Ausbreitungsgeschwindigkeit elektromagnetischer Wellen zu $3{,}00 \cdot 10^8$ m/s, dies entspricht der Lichtgeschwindigkeit im Vakuum. Aus dieser Tatsache schloss Maxwell, dass Licht eine elektromagnetische Welle ist. Wird der Raum, in dem sich die elektromagnetische Welle ausbreitet, von Materie, deren Eigenschaften durch die relative Dielektrizitätskonstante $\varepsilon_r$ und die relative Permeabilität $\mu_r$ beschrieben wird, erfüllt, so reduziert sich dort die Ausbreitungsgeschwindigkeit zu

$$c = \frac{1}{\sqrt{\varepsilon_r \varepsilon_0 \mu_r \mu_0}} = \frac{c_0}{\sqrt{\varepsilon_r \mu_r}} \cdot {}^1 \qquad (5.548)$$

---

[1]   Die Ausbreitungsgeschwindigkeit von Licht im Vakuum bezeichnen wir im Folgenden mit $c_0$.

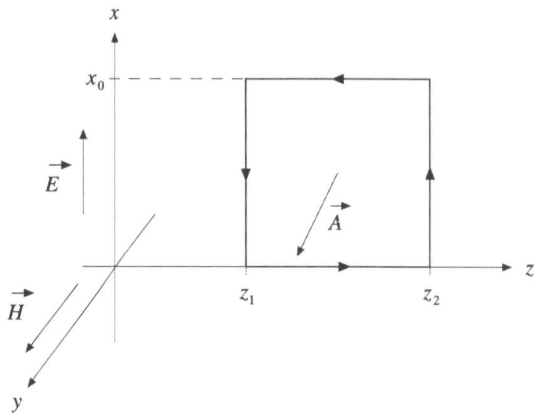

**Abb. 5.225** *Fläche A und Weg, über die in der 2. Maxwellgleichung (5.539) integriert wird.*

Bei für Licht transparenten Medien ist meistens $\mu_r \approx 1$. Die Lichtgeschwindigkeit in solch einem Medium beträgt dann

$$c = \frac{c_0}{\sqrt{\varepsilon_r}} = \frac{c_0}{n} . \tag{5.549}$$

Das Verhältnis $c_0/c := n$ bezeichnet man auch als „Brechungsindex" des Mediums. Ausbreitungsgeschwindigkeit $c$ und Frequenz $v = \omega/(2\pi)$ sind gemäß (4.198) – (4.200) über die Wellenlänge $\lambda$ bzw. die Wellenzahl $k$ miteinander verknüpft. Wellenzahl, multipliziert mit dem Einheitsvektor der Ausbreitungsrichtung $\vec{e}_c$ ergibt den Wellenvektor $\vec{k}$.

$$c = \lambda v , \quad k = \frac{2\pi}{\lambda} , \quad \omega = \vec{k} \bullet \vec{c} \tag{5.550}$$

Setzen wir (5.547) in (5.545) ein, so folgt weiterhin der Zusammenhang zwischen den Amplituden des elektrischen und magnetischen Feldes:

$$\hat{H} = \varepsilon_r \varepsilon_0 \frac{1}{\sqrt{\varepsilon_r \varepsilon_0 \mu_r \mu_0}} \hat{E} = \sqrt{\frac{\varepsilon_r \varepsilon_0}{\mu_r \mu_0}} \hat{E} \quad \Rightarrow \quad \hat{E} = \sqrt{\frac{\mu_r \mu_0}{\varepsilon_r \varepsilon_0}} \hat{H} = Z_W \hat{H} . \tag{5.551}$$

Das Verhältnis

$$\frac{\hat{E}}{\hat{H}} := Z_W = \sqrt{\frac{\mu_r \mu_0}{\varepsilon_r \varepsilon_0}} \tag{5.552}$$

hat die Einheit Ohm und wird daher auch „Wellenwiderstand" des Mediums genannt. Für das Vakuum beträgt dieser $Z_{Vak.} = 376{,}7\ \Omega$. Für die anderen Feldgrößen gilt entsprechend

$$\hat{E} = \sqrt{\frac{\mu_r \mu_0}{\varepsilon_r \varepsilon_0}} \frac{1}{\mu_r \mu_0} \hat{B} = c\hat{B} , \quad \hat{E} = \frac{1}{\varepsilon_r \varepsilon_0} \hat{D} = \sqrt{\frac{\mu_r \mu_0}{\varepsilon_r \varepsilon_0}} \hat{H} \quad \Rightarrow \quad \hat{D} = c\hat{H} . \tag{5.553}$$

### 5.5.3 Energietransport durch elektromagnetische Felder

Wird Energie mit einem Ladungsstrom $I$ als Energieträger transportiert, so beträgt der momentane Energiestrom $P = UI$, wobei $U$ die Spannung oder Potentialdifferenz zwischen den Leitern des Stromkreises ist. Eine Spannung zwischen den Leitern hat zur Folge, dass zwischen ihnen ein elektrisches Feld herrscht, weiterhin sind die stromdurchflossenen Leiter von Magnetfeldern umgeben.

Der Energiestrom $P$, der wie jeder Strom als Fluss (5.8) der Energiestromdichte $\vec{j}_E$ durch eine Fläche, die Energiequelle und Verbraucher trennt, dargestellt werden kann, muss sich auch aus den Feldern berechnen lassen. Insbesondere wird $\vec{j}_E$ an jedem Ort durch die dort vorliegenden elektrischen und magnetischen Felder festgelegt. Zur Bestimmung der Abhängigkeit der Energiestromdichte von $\vec{E}$ und $\vec{H}$ betrachten wir eine Anordnung von Leitern, zwischen denen die Felder homogen und außerhalb null sind.

Das elektrische Feld zwischen den beiden streifenförmigen Leitern in **Abb. 5.227** entspricht dem eines Plattenkondensators, das magnetische berechnen wir in Abwesenheit eines Verschiebungsstroms mit (5.293).

$$U = |\vec{E}|\,a\,, \; I = |\vec{H}|\,b \; \Rightarrow \; P = UI = |\vec{E}|\,a\,|\vec{H}|\,b \tag{5.554}$$

Dieser Energiestrom $P$ fließt durch die Fläche $A$ in **Abb. 5.227**. Damit ergibt sich der Betrag der Energiestromdichte zu $|\vec{j}_E| = P/A = |\vec{E}\,\|\,\vec{H}|$.

Die Energie fließt mit dem Strom auf dem positiven Leiter von der Quelle zum Verbraucher, damit verläuft $\vec{j}_E$ senkrecht zu $\vec{E}$ und $\vec{H}$. Unter Berücksichtigung aller Richtung erhalten wir damit

$$\vec{j}_E := \vec{S} = \vec{E} \times \vec{H}\,. \tag{5.555}$$

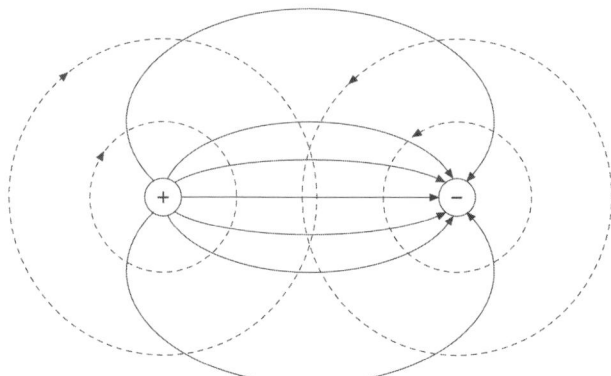

**Abb. 5.226** *Elektrische und magnetische Felder, die die Zuleitungsdrähte von einer Energiequelle zum Verbraucher umgeben. Der Strom im Leiter mit der positiven Spannung fließt in die Zeichenebene.*

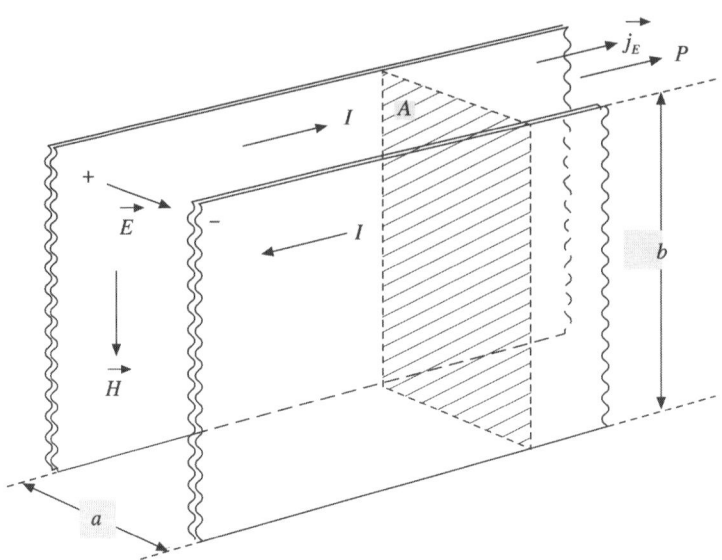

**Abb. 5.227** *Leiteranordnung zur Berechnung der Energiestromdichte.*

Die Energiestromdichte wird auch als Poynting[1]-Vektor $\vec{S}$ bezeichnet. Auch für den Energietransport durch zwei Kabel wie in **Abb. 5.226** angedeutet ergibt sich eine Energiestromdichteverteilung um die Kabel gemäß (5.555). Verlaufen die Kabel parallel, so ist $\vec{j}_E$ ebenfalls parallel zu den Kabeln gerichtet. Mit wachsendem Abstand zu den Kabeln sinken die Feldstärken und damit auch die Energiestromdichte. Der Energietransport durch Gleichstrom ist in der Umgebung der Kabel lokalisiert, im Inneren eines ideal leitenden Kabels dagegen ist $\vec{j}_E = 0$, da dort kein elektrisches Feld vorliegt.

Bei einer ebenen elektromagnetischen Welle (5.542), die sich in $z$-Richtung ausbreitet, ergibt sich der Poynting-Vektor mit (5.551) zu

$$\vec{S} = \vec{e}_z \hat{E}\hat{H} \cos^2 \omega(t - \frac{z}{c}) = \vec{e}_z \frac{\hat{E}^2}{Z_W} \frac{1}{2}(1 + \cos 2\omega(t - \frac{z}{c})) \,. \tag{5.556}$$

Der zeitliche Mittelwert von $|\vec{S}|$ entspricht der Intensität (4.226) der Welle.

$$I_{Welle} = \frac{\hat{E}^2}{2Z_W} = \frac{E_{eff}^2}{Z_W} \,. \tag{5.557}$$

Mit (4.227) erhalten wir aus (5.557) die mittlere Energiedichte

$$w_{Welle} = \frac{I}{c} = \frac{\hat{E}^2}{2Z_W c} = \frac{\varepsilon_r \varepsilon_0}{2} \hat{E}^2 \,. \tag{5.558}$$

---

[1]   J. H. Poynting (1852 – 1914).

Trifft die Welle auf einen Gegenstand und wird dort absorbiert, so erfährt dieser (4.240) zufolge einen Druck $I_{Welle}/c = w_{Welle}$. Bei mechanischen Wellen haben wir gesehen, dass mit diesem Druck ein Impulsstrom (4.239) verbunden ist. Dies ist auch bei elektromagnetischen Wellen der Fall, ihr mittlerer Impuls beträgt

$$\overline{p}_{Welle} = \frac{W_{Welle}}{c} , \qquad (5.559)$$

dabei ist $W_{Welle}$ die mittlere Energie der Welle, d. h. das Integral der mittleren Energiedichte über das Raumgebiet, in dem sich die Welle ausbreitet.

## 5.5.4 Erzeugung elektromagnetischer Wellen

Elektrische Felder werden von Ladungen, Magnetfelder von Strömen verursacht. Die Ausbreitung der elektromagnetischen Felder können wir uns folgendermaßen vorstellen: Wird ein Körper durch Verbinden mit einer Quelle konstanter Spannung „schlagartig" aufgeladen, so breitet sich das damit verbundene elektrische Feld mit Lichtgeschwindigkeit im Raum aus. Seine durch die Gesetze der Elektrostatik vorgegebenen Werte an einem bestimmten Ort erreicht es erst nach $t = r/c$, wenn $r$ der Abstand des Ortes vom Körper ist. Bei elektromagnetischen Wellen wie z. B. (5.542) haben die Felder und damit auch ihre Ursachen, Ladungen und Ströme, einen harmonischen Verlauf. Sehr häufig werden elektrische Dipole, deren Dipolmoment sich periodisch ändert, zur Erzeugung elektromagnetischer Wellen verwendet. Ein solcher Dipol kann durch zwei Kugeln, die mit einer Wechselspannungsquelle verbunden sind, oder durch bewegliche Kugeln mit festen Ladungen realisiert werden. Der zeitliche Verlauf des Dipolmomentes lautet

$$\vec{p} = \hat{\vec{p}} \cos(\omega t) . \qquad (5.560)$$

Die zeitliche Änderung des Dipolmomentes können wir beschreiben durch fortgesetztes Hinzufügen von „elementaren" Dipolmomenten zum Dipol, wie in **Abb. 5.229** angedeutet. Eine Steigerung wird durch Hinzufügen gleich gerichteter Dipolmomente realisiert, eine Verringerung durch entgegengesetzt gerichtete, wobei zu beachten ist, dass nach einer Perio-

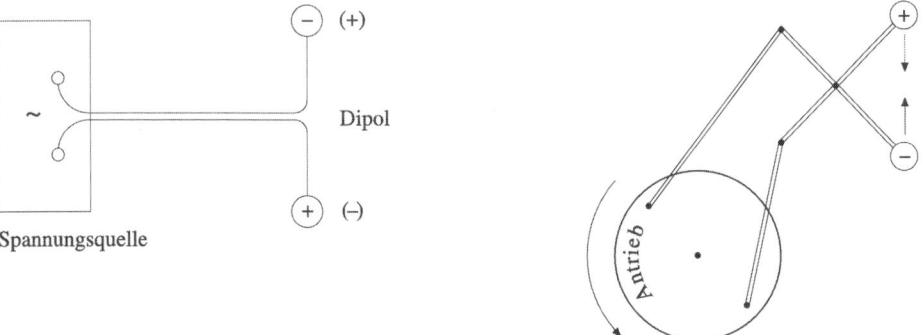

**Abb. 5.228** *Dipol zur Erzeugung elektromagnetischer Wellen.*

dendauer die Summe aller elementaren Dipolmomente null ist. In jedem Zeitintervall d$t$ breiten sich die Dipolfelder der aktuell im Dipol befindlichen Dipolmomente mit $c$ im Raum aus. Im Abstand $r$ vom Dipol liegt zum Zeitpunkt $t_0$ somit das Dipolfeld für das Dipolmoment vor, das der Dipol zum Zeitpunkt $t_0 - r/c$ aufwies (siehe **Abb. 5.230**).

Die Feldverteilung ist wie das statische Dipolfeld (5.151) rotationssymmetrisch um die durch den Dipol definierte Achse. In der Nähe dieser Achse verschwindet das elektrische Feld, da sich die Felder der elementaren Dipole kompensieren.

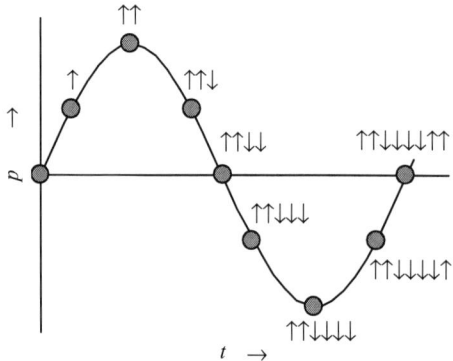

**Abb. 5.229** *Sinusförmiger Verlauf des Dipolmomentes. Die Werte an den markierten Zeitpunkten sind dargestellt als Überlagerung elementarer Dipolmomente.*

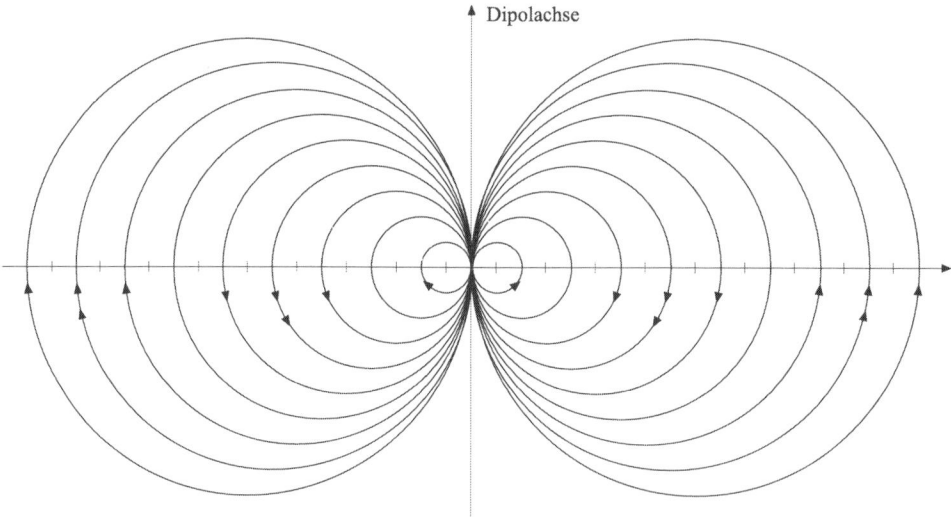

**Abb. 5.230** *Ausbreitung des elektrischen Feldes eines Dipols in einer Ebene, in der die Dipolachse liegt. Das Dipolmoment variiert sinusförmig wie in **Abb. 5.229**. Dargestellt sind die Feldlinien zu den Zeitpunkten T/8, T/4, 3T/8, T/2... (von außen nach innen).*

Weiterhin muss für die ständige Änderung des Dipolmomentes die Ladung des Dipols geändert werden, dies aber bedeutet, dass ein Strom fließen muss. Dieser Strom bewirkt ein Magnetfeld, dessen Feldlinien in zum Dipol konzentrischen Kreisen verlaufen. Da sich die Stärke des elektrischen Feldes zeitlich ändert, bewirkt der dadurch verursachte Verschiebungsstrom ebenfalls Magnetfelder, deren Feldlinien senkrecht zu den elektrischen Feldlinien verlaufen. Diese überlagern sich mit dem Feld des Leitungsstroms im Dipol. Oberhalb und unterhalb ist nur der Verschiebungsstrom Ursache für das Magnetfeld. Da der Verschiebungsstrom in der Nähe der Dipolachse verschwindet, ist dort auch das magnetische Feld null.

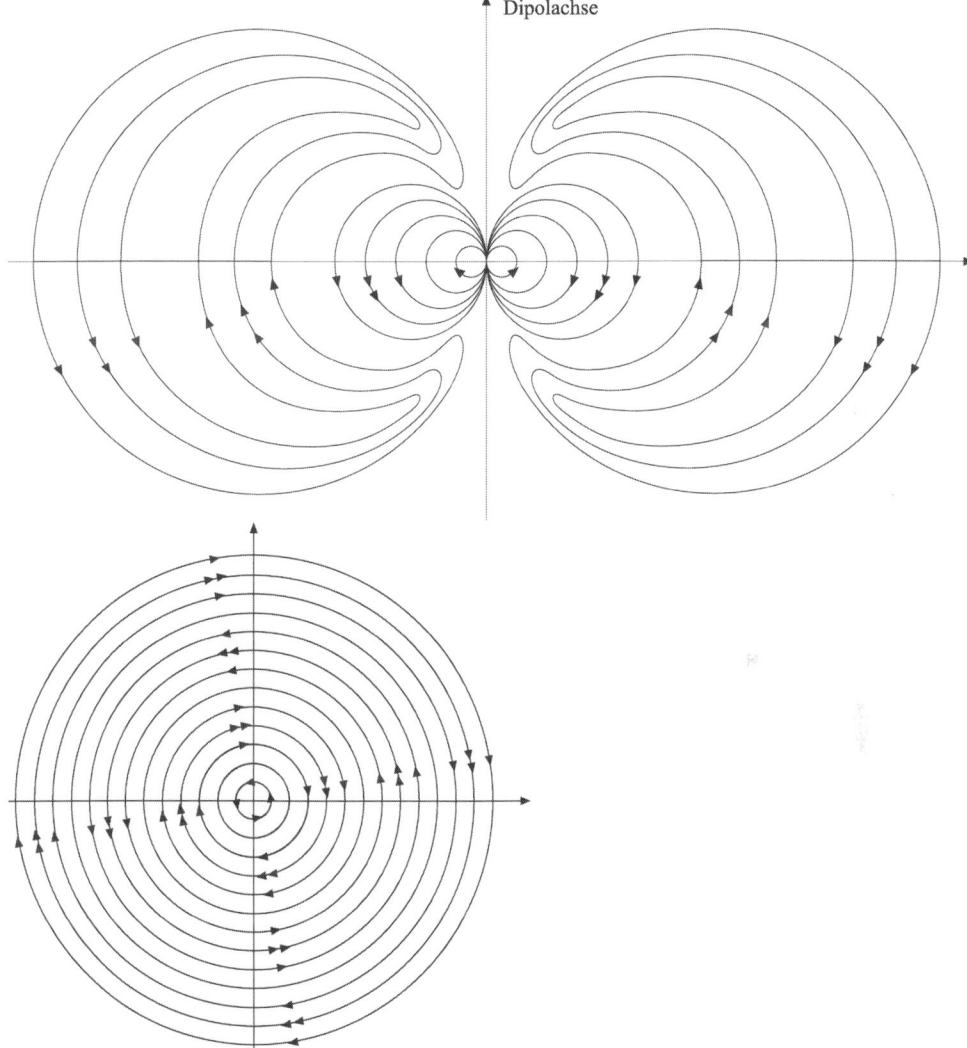

**Abb. 5.231** *(oben) Elektrisches Feld eines Dipolstrahlers in einer Ebene, in der der Dipol liegt, (unten) magnetisches Feld in der Ebene senkrecht dazu.*

Das zeitlich sich ändernde Magnetfeld wiederum induziert elektrische Felder, die sich mit den „primären" Dipolfeldern überlagern. Dies führt schließlich dazu, dass sich ein System von geschlossenen Linien des elektrischen Feldes wie in **Abb. 5.231 oben** ausbildet. Diese geschlossenen Linien haben sich vom Dipol gelöst und breiten sich mit $c$ im Raum aus. Zusammen bilden elektrisches und magnetisches Feld eine elektromagnetische Welle. Die wechselseitige Induktion elektrischer und magnetischer Felder hat zur Folge, dass sie in Phase schwingen.[1] In einer Entfernung zur Dipolachse, die groß gegen die Wellenlänge ist (Fernfeld), hat die Welle die Geometrie einer Kugelwelle, die sich in radialer Richtung vom Dipol ausbreitet. Dieser stellt in großer Entfernung ein nahezu punktförmiges Anregungszentrum dar. In kleinen Raumgebieten ist die Krümmung der Wellenfronten so klein, dass man die Welle als eben betrachten kann.

Die Feldverteilung für das elektrische und magnetische Feld ergibt sich aus der Lösung der Maxwellgleichungen für einen harmonisch schwingenden Dipol (Hertzscher[2] Dipol), die wir hier nicht herleiten können. Für $r >> \lambda$ (der Dipol befindet sich im Ursprung des Koordinatensystems) hat das elektrische Feld mit Ausnahme der Zone in der Nähe der Dipolachse, in der sich die Feldlinien umkehren, nur eine polare Komponente senkrecht zur radialen Richtung in der von dieser und der Dipolachse aufgespannten Ebene (Meridianebene). Das magnetische Feld hingegen hat nur eine azimutale Komponente senkrecht zur radialen Richtung und senkrecht zur Meridianebene. Die Amplituden der Felder am Ort $\vec{r}$ betragen

$$\hat{E}_{pol.} = \frac{\mu_0 \omega^2 \hat{p}}{4\pi r}\sin\vartheta \text{ und } \hat{H}_{azim.} = \frac{\omega^2 \hat{p}}{4\pi c r}\sin\vartheta , \qquad (5.561)$$

wobei $\vartheta$ der Winkel zwischen dem Dipolmoment $\vec{p}$ und $\vec{r}$ ist und $0 \le \vartheta \le \pi$ gilt. Der Poynting-Vektor (5.555) ist radial nach außen gerichtet. Sein zeitlicher Mittelwert beträgt, da sich die Felder mit $\cos(\omega t)$ zeitlich ändern und $\cos^2\alpha = \frac{1}{2}(\cos 2\alpha + 1)$ ist,

$$\bar{S} = \frac{\mu_0 \omega^4 \hat{p}^2}{2(4\pi)^2 c r^2}\sin^2\vartheta . \qquad (5.562)$$

Die Energiestromdichte nimmt mit $1/r^2$ ab, d. h. die abgestrahlte Leistung, die durch eine Kugelfläche, die konzentrisch zum Dipol ist, geht, bleibt konstant. In der Nähe der Dipolachse strebt die Energiestromdichte gegen null. Insgesamt wird die mittlere oder effektive Leistung

$$<P> = \int\limits_{\substack{konz. \\ Kugel}}\bar{S}\mathrm{d}A = \int\limits_0^\pi \frac{\mu_0 \omega^4 \hat{p}^2}{2(4\pi)^2 c r^2}\sin^2\vartheta\, r^2 \sin\vartheta\mathrm{d}\vartheta = \frac{\mu_0 \omega^4 \hat{p}^2}{12\pi c} \qquad (5.563)$$

---

[1]  Dies ist beim „Nahfeld", d. h. bei Abständen vom Dipol, die kleiner als eine Wellenlänge sind, nicht der Fall: Hier sind elektrische und magnetische Felder um 90° phasenverschoben. Die Linien des elektrischen Feldes haben im Nahfeld Quellen und Senken im Dipol, die Linien haben sich noch nicht abgelöst wie die des Fernfeldes. Die Lösung der Maxwellgleichungen für einen schwingenden Dipol berücksichtigt alle Effekte des Nah- und Fernfeldes.

[2]  H. Hertz hat erstmalig die Maxwellgleichungen für einen solchen schwingenden Dipol gelöst.

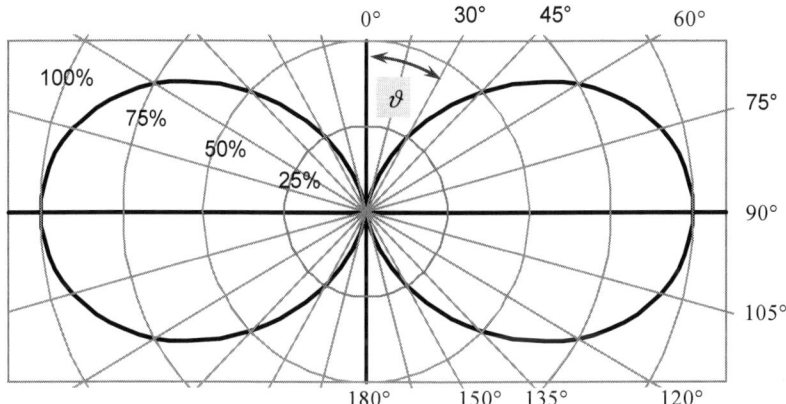

**Abb. 5.232** *Energiestromdichte des Fernfeldes eines harmonisch schwingenden Dipols in Abhängigkeit vom Winkel $\vartheta$ bezüglich der Dipolachse, dargestellt im Polardiagramm. Die Energiestromdichte ist normiert auf $\overline{S}(90°)$.*

abgestrahlt. Bei der Berechnung wurde die Kugeloberfläche in Kugelkappen $dA$ mit dem Radius $r\sin\vartheta$ und der Dicke $d\vartheta$ aufgeteilt. Die abgestrahlte Leistung muss durch eine Spannungsquelle, welche die Änderung des Dipolmomentes bewirkt, nachgeliefert werden. Weiterhin ist die Energiestromdichte $\sim \omega^4$, bei niedrigen Frequenzen, wie der Netzfrequenz von 50 Hz wird praktisch keine Leistung abgestrahlt, während ab etwa hundert kHz die Strahlungsleistung so groß wird, dass sie für die Funktechnik verwendet werden kann.

Der Betrag des Dipolmomentes (5.95) ist das Produkt aus Ladung und deren Abstand. Hat das Dipolmoment einen harmonischen Verlauf (5.560), so kann dies in Anlehnung an **Abb. 5.228** durch eine harmonische Änderung des Abstandes der Ladungen $q$ geschehen. Damit lautet (5.560)

$$\vec{p} = \hat{\vec{p}}\cos(\omega t) = q\hat{\vec{d}}\cos(\omega t). \tag{5.564}$$

Bilden wir die erste und die zweite Ableitung nach der Zeit von (5.564), so erhalten wir

$$\dot{\vec{p}} = -q\hat{\vec{d}}\omega\sin(\omega t) = -\omega\hat{\vec{p}}\sin(\omega t) = -q\hat{\vec{v}}\sin(\omega t) = q\vec{v} \quad \text{und} \tag{5.565}$$

$$\ddot{\vec{p}} = -q\hat{\vec{d}}\omega^2\cos(\omega t) = -\omega^2\hat{\vec{p}}\cos(\omega t) = -q\omega\hat{\vec{v}}\cos(\omega t) = q\dot{\vec{v}} = q\vec{a}. \tag{5.566}$$

Wir können $\omega^4 \hat{p}^2$ somit interpretieren als das Produkt aus Ladung des Dipols und der Beschleunigung, die die Ladungen bei der harmonischen Änderung des Dipolmomentes erfahren. Oder: In einem Dipol, dessen Dipolmoment sich harmonisch ändert, werden die Ladungen beschleunigt, dabei werden elektromagnetische Wellen abgestrahlt. Diese Tatsache gilt auch allgemein:

> Bewegen sich Ladungen beschleunigt, so strahlen sie elektromagnetische Wellen ab.

Dies gilt insbesondere auch für Elektronen, die sich auf Kreisbahnen, z. B. im Synchrotron bewegen. Synchrotrons werden häufig als Strahlungsquelle für elektromagnetische Strahlung verwendet, insbesondere dann, wenn die erwünschten Wellenlängen mit anderen Quellen nicht erzeugt werden können.

Zu bemerken ist, dass elektromagnetische Wellen auch mit magnetischen Dipolen, deren Moment sich zeitlich ändert, erzeugt werden können. Ein solcher magnetischer Dipol ist z. B. eine Leiterschleife, die von einem Wechselstrom durchflossen wird. In diesem Fall vertauschen elektrische und magnetische Felder ihre Rollen gegenüber dem elektrischen Dipol: Die elektrischen Felder verlaufen azimutal als konzentrische Ringe um die Dipolachse, die magnetischen Felder dagegen polar in den Meridianebenen. An der Feldverteilung ist somit erkennbar, ob die Welle von einem elektrischen oder magnetischen Dipol erzeugt wird.

## 5.5.5  Elektromagnetische Wellen in Leitern

Bei der Behandlung des Wechselstromes im Kapitel 5.4 wurde vorausgesetzt, dass die Stromstärke an jedem Ort der Leitungen im Stromkreis in jedem Moment den gleichen Wert hat. Wird ein elektrischer Verbraucher von einer Wechselspannungsquelle über eine Doppelleitung (Hin- und Rückleitung) gespeist, so breitet sich die Information über die Änderung des Stromes am Anfang der Leitung de facto unendlich schnell zum Ende aus. Diese Annahme ist zulässig, solange die Leitungslänge wesentlich kleiner ist als $cT$, wobei $c$ die Ausbreitungsgeschwindigkeit elektromagnetischer Wellen auf der Leitung und $T$ die Periodendauer des Wechselstromes ist. Allgemein weist das System aus Hin- und Rückleitung einen Ohmschen Widerstand, eine Induktivität der Leitung und eine Kapazität zwischen Hin- und Rückleitung auf, diese sind in der Regel proportional zur Leitungslänge. Die Leitung kann somit durch längenbezogene Größen $R' = R/l$, $L' = L/l$ und $C' = C/l$ beschrieben werden.

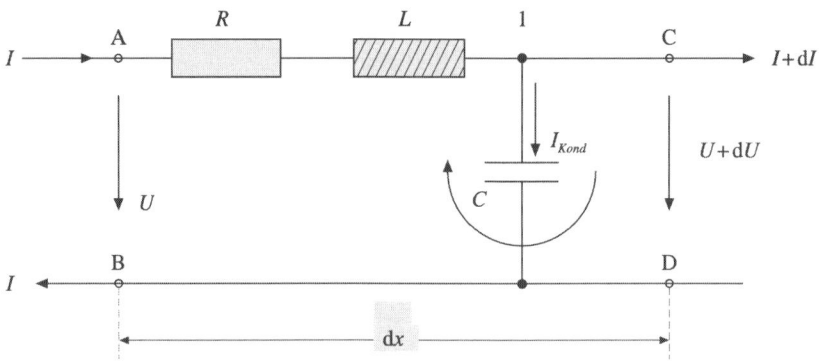

**Abb. 5.233**  *Abschnitt einer Doppelleitung mit Ohmschen Widerstand, Induktivität und Kapazität.*

Wir stellen für die Spannungen im Leiterabschnitt die Maschengleichung und für die Ströme die Gleichung für Knoten 1 in **Abb. 5.233** auf. Ohmscher Widerstand, Induktivität und Kapazität des Leitungsstückes der Länge d$x$ betragen $R'$d$x$, $L'$d$x$ und $C'$d$x$.

$$0 = -U + R'\mathrm{d}xI + L'\mathrm{d}x\dot{I} + U + \mathrm{d}U \quad \Rightarrow \quad -\frac{\partial U}{\partial x} = R'I + L'\dot{I} \quad \text{und} \tag{5.567}$$

$$0 = I - I_{Kond.} - I - \mathrm{d}I = -C'\mathrm{d}x\dot{U} - \mathrm{d}I \quad \Rightarrow \quad -\frac{\partial I}{\partial x} = C'\dot{U}^{\,1} \tag{5.568}$$

Den Strom $I_{Kond.}$ durch den Kondensator erhalten wir aus (5.171), die wir nach der Zeit ableiten. Zur Elimination von $U$ aus (5.567) und (5.568) leiten wir (5.567) nach $t$ und (5.568) nach $x$ ab.

$$-\frac{\partial^2 U}{\partial x \partial t} = R'\dot{I} + L'\ddot{I}, \; -\frac{\partial^2 I}{\partial x^2} = C'\frac{\partial^2 U}{\partial x \partial t} \quad \Rightarrow \quad \frac{\partial^2 I}{\partial x^2} = R'C'\dot{I} + L'C'\ddot{I} \tag{5.569}$$

In gleicher Weise können wir $I$ aus (5.567) und (5.568) eliminieren, hierzu leiten wir (5.567) nach $x$ und (5.568) nach $t$ ab.

$$-\frac{\partial^2 U}{\partial x^2} = R'\frac{\partial I}{\partial x} + L'\frac{\partial^2 I}{\partial x \partial t}, \; -\frac{\partial^2 I}{\partial x \partial t} = C'\ddot{U}, \text{mit} \; -\frac{\partial I}{\partial x} = C'\dot{U} \quad \Rightarrow$$

$$\frac{\partial^2 U}{\partial x^2} = R'C'\dot{U} + L'C'\ddot{U} \tag{5.570}$$

(5.569) und (5.570) sind völlig symmetrisch in $U$ und $I$, wegen der Bedeutung von Zweidrahtleitungen in der Fernmeldetechnik werden sie auch „Telegraphengleichungen" genannt. Für vernachlässigbar kleinen längenbezogenen Ohmschen Widerstand $R'$ gehen beide Telegraphengleichungen in die Wellengleichung (4.211) über.

$$\frac{\partial^2 I}{\partial x^2} = L'C'\ddot{I}, \; \frac{\partial^2 U}{\partial x^2} = L'C'\ddot{U} \tag{5.571}$$

Spannung und Strom breiten sich bei kosinusförmiger Anregung als harmonische Welle phasengleich auf der Leitung mit der Geschwindigkeit

$$c = \frac{1}{\sqrt{L'C'}} \tag{5.572}$$

---

[1]   Bei der Bildung des Differentialquotienten ist zu beachten, dass $U$ und $I$ von $x$ und $t$ abhängen, die Ableitungen sind daher partielle Ableitungen nach $x$ und $t$.

aus. Setzen wir in (5.572) für eine Doppelleitung, deren Drähte von Luft umgeben sind, für den Induktivitätsbelag $L'$ (5.362) unter Vernachlässigung der inneren Induktivität und für den Kapazitätsbelag $C'$ (5.185) ein, so ergibt sich die Ausbreitungsgeschwindigkeit zu

$$c = \cfrac{1}{\sqrt{\cfrac{\pi\varepsilon_0}{\ln(\cfrac{d-R}{R})}\cfrac{\mu_0}{\pi}\ln(\cfrac{d-R}{R})}} = \frac{1}{\sqrt{\varepsilon_0\mu_0}} = c_0. \tag{5.573}$$

Auf der Doppelleitung breitet sich die elektromagnetische Welle mit Vakuumlichtgeschwindigkeit aus, unabhängig vom Drahtradius $R$ und dem Drahtabstand $d$. Sind jedoch die Drähte mit einem Isolator umhüllt, so erhöht sich der Kapazitätsbelag, so dass die Ausbreitungsgeschwindigkeit sinkt. Bei Telefonkabeln beträgt sie etwa $1{,}5 \cdot 10^7$ m/s. Elektrisches und magnetisches Feld der Leiter stehen senkrecht aufeinander, der Energietransport erfolgt senkrecht in Richtung der Leiter.

Die Lösungen der Wellengleichung (5.571), eindimensionale Wellen, die sich von der Quelle zum Verbraucher ausbreiten, beschreiben den zeitlichen und örtlichen Verlauf von Strom und Spannung in einer Doppelleitung.

$$U(x,t) = \hat{U}\cos\omega(t - \frac{x}{c}) \quad \text{und} \quad I(x,t) = \hat{I}\cos\omega(t - \frac{x}{c}) \tag{5.574}$$

Leiten wir $U(x,t)$ nach $t$ und $I(x,t)$ nach $x$ ab und setzen dies in (5.568) ein, so können wir Spannungs- und Stromamplituden $\hat{U}$ und $\hat{I}$ in Beziehung setzen.

$$\frac{\partial U(x,t)}{\partial t} = -\omega\hat{U}\sin\omega(t - \frac{x}{c}), \quad \frac{\partial I(x,t)}{\partial x} = \frac{\omega}{c}\hat{I}\sin\omega(t - \frac{x}{c}) \implies$$

$$\frac{1}{c}\hat{I} = C'\hat{U}, \text{ mit (5.572)} \implies \hat{U} = \sqrt{\frac{L'}{C'}}\hat{I} = Z_{W,L}\hat{I} \tag{5.575}$$

Dabei ist $Z_{W,L}$ der Wellenwiderstand der Leitung. Er ist unabhängig von der Frequenz $\omega$ der Wechselspannung, solange die Leitung keinen Ohmschen Widerstand aufweist. Für eine Doppelleitung in Luft beträgt er mit (5.362) und (5.185)

$$Z_{W,L} = \sqrt{\frac{\mu_0}{\varepsilon_0}}\frac{1}{\pi}\ln(\frac{d-R}{R}) \approx \frac{Z_{Vak.}}{\pi}\ln(\frac{d}{R}). \tag{5.576}$$

Für eine Leitung mit einem Drahtradius $R = 0{,}25$ cm und einem Drahtabstand $d$ von 50 cm ergibt sich ein Wellenwiderstand von 636 $\Omega$.

Wie wir in Kapitel 4.3.2 gesehen haben, wird ein Teil der Wellen an der Grenzfläche zweier Medien reflektiert, der Rest dringt in das zweite Medium ein. Endet das Medium, so wird die

Welle vollständig reflektiert. Daher werden elektromagnetische Wellen an den Stellen einer Leitung reflektiert, an denen sich der Wellenwiderstand ändert. Je nachdem, ob es sich um ein „festes" oder ein „loses" Ende handelt, wird die Welle mit einem Phasensprung um $\pi$ oder ohne Phasensprung reflektiert.

Wir betrachten die Grenzfälle „offene Leitung", d. h. es ist kein Verbraucher angeschlossen bzw. der Widerstand des Verbrauchers strebt gegen unendlich, und „kurzgeschlossene Leitung", bei der die Enden miteinander verbunden sind. Bei der offenen Leitung liegt für die Spannung zwischen den Leitern ein loses Ende vor, denn am Ende kann die Spannung ihre Amplituden erreichen. Der Strom dagegen ist immer null, daher ist das Ende der Leitung für ihn ein festes Ende. Für die Spannung ist somit die Reflexion gleichphasig, der Strom dagegen wird gegenphasig reflektiert. Genau umgekehrt ist der Fall bei der kurzgeschlossenen Leitung: Für die Spannung liegt ein festes, für den Strom ein loses Ende vor, daher wird die Spannung gegenphasig, der Strom gleichphasig reflektiert.

Ist der Widerstand des Verbrauchers wesentlich höher als der Wellenwiderstand der Leitung, so entspricht dies der offenen Leitung, im umgekehrten Fall liegt eine kurzgeschlossene Leitung vor. Gleiches gilt für die Spannungsquelle am anderen Ende der Leitung: die Wellen werden auch hier reflektiert. Örtlicher und zeitlicher Spannungs- und Stromverlauf ergeben sich aus der Interferenz von primären und reflektierten Wellen. Beträgt die Phasenverschiebung zwischen primärer, von der Spannungsquelle ausgesandter Welle und der an beiden Enden reflektierten Welle eine Phasenverschiebung von Vielfachen von $2\pi$, so bilden sich auf der Leitung stehende Wellen aus (siehe Kapitel 4.3.3). In diesem Fall wird keine Energie mehr über die Leitung transportiert. Anzustreben ist daher die Widerstandsanpassung von Quelle und Verbraucher an die Leitung, für die Welle stellt dann dieses System ein einheitliches Medium dar, es erfolgen keine Reflexionen an die Enden. Außerdem ist die übertragene Leistung maximal (siehe Seite 509).

Zur Berechnung von Reflexions- und Transmissionsgrad gemäß (4.234) betrachten wir die Aufteilung der mittleren Energieströme von einlaufender, reflektierter und transmittierter Welle an der Grenze, die Bereiche mit den Wellenwiderständen $Z_{W,1}$ und $Z_{W,2}$ voneinander trennt. Einlaufende und reflektierte Welle sollen sich im Bereich mit $Z_{W,1}$ ausbreiten.

$$< P_e > = < P_r > + < P_t >, \text{ mit } < P > = Z I_{\text{eff}}^2 \ \Rightarrow$$
$$Z_{W,1} I_e^2 = Z_{W,1} I_r^2 + Z_{W,2} I_t^2 \ \Rightarrow \ Z_{W,1} \mid I_e^2 - I_r^2 \mid = Z_{W,2} I_t^2 \tag{5.577}$$

Da die mittleren Leistungen immer positiv sind, ergibt sich der Energiestrom der transmittierten Welle aus dem Betrag der Differenz der Energieströme von einlaufender und reflektierter Welle. Anderseits verzweigen sich an der Grenze die Ströme gemäß der Knotenregel (5.6), daher gilt für die Effektivwerte der Ströme

$$I_e = I_r + I_t \text{ oder } I_t = \mid I_e - I_r \mid, \tag{5.578}$$

auch hier ist der Betrag der Differenz zu nehmen, da der Effektivwert $I_t > 0$ ist. Setzen wir dies in (5.577) ein, so erhalten wir das Verhältnis zwischen dem Strom der einlaufenden und der reflektierten Welle und damit auch den Reflexionsgrad $R_W$.

$$Z_{W,1} \mid I_e^2 - I_r^2 \mid = Z_{W,2}(I_e - I_r)^2 \;\Rightarrow\; Z_{W,1}(I_e + I_r) = Z_{W,2} \mid I_e - I_r \mid$$

$$\Rightarrow\; \mid Z_{W,1} - Z_{W,2} \mid I_e = (Z_{W,1} + Z_{W,2})I_r \;\Rightarrow\; \frac{I_r}{I_e} = \frac{\mid Z_{W,1} - Z_{W,2} \mid}{Z_{W,1} + Z_{W,2}} \tag{5.579}$$

$$R_W := \frac{P_r}{P_e} = \frac{Z_{W,1}I_r^2}{Z_{W,1}I_e^2} \;\Rightarrow\; R_W = \left(\frac{Z_{W,1} - Z_{W,2}}{Z_{W,1} + Z_{W,2}}\right)^2 \tag{5.580}$$

Entsprechend erhalten wir aus (5.578) und (5.579) den Strom der transmittierten Welle und den Transmissionsgrad $T_W$:

$$I_t = I_e + I_e \frac{\mid Z_{W,1} - Z_{W,2} \mid}{Z_{W,1} + Z_{W,2}} \;\Rightarrow\; \frac{I_t}{I_e} = \frac{2Z_{W,1}}{Z_{W,1} + Z_{W,2}} \tag{5.581}$$

$$T_W := \frac{P_t}{P_e} = \frac{Z_{W,2}I_t^2}{Z_{W,1}I_e^2} \;\Rightarrow\; T_W = \frac{4Z_{W,1}Z_{W,2}}{(Z_{W,1} + Z_{W,2})^2} \tag{5.582}$$

Zu bemerken ist, dass wir die gleichen Resultate erzielen, wenn wir die Energieströme durch die Spannungen darstellen. Wird bei einer Doppelleitung (Drahtradius 0,25 cm, Drahtabstand 50 cm) der Drahtabstand „schlagartig" verdoppelt, so wird etwa 0,4% der mittleren Leistung der einlaufenden Welle reflektiert.

Bei den obigen Betrachtungen elektromagnetischer Wellen einer Doppelleitung haben wir den Ohmschen Widerstand der Drähte vernachlässigt. Berücksichtigen wir diesen, so wird Energie des elektrischen und magnetischen Feldes in Wärme umgewandelt und somit der Welle entzogen. Die Welle wird gedämpft, die Amplitude nimmt mit wachsender Entfernung zur Spannungsquelle ab. Wir setzen für den Zeiger der Spannung in der komplexen Ebene exponentielle Dämpfung an, ähnlich dem Schwingkreis mit Dämpfung durch einen Ohmschen Widerstand.

$$\underline{U} = \hat{U}e^{-bx}e^{j(\omega t - kx)} = \hat{U}e^{j\omega t - (b + jk)x} \tag{5.583}$$

Dabei ist $b$ der Dämpfungskoeffizient, $[b] = \mathrm{m}^{-1}$, $\omega$ die Kreisfrequenz und $k$ die Wellenzahl mit $\omega = ck$. Setzen wir die Ableitungen von (5.583) nach $x$ und $t$ in (5.570) ein, so erhalten wir

$$(b + jk)^2 \underline{U} = j\omega R'C'\underline{U} - \omega^2 L'C'\underline{U} . \tag{5.584}$$

(5.584) muss für alle $x$ und $t$ gelten, daher muss für den Realteil bzw. für den Imaginärteil

$$k^2 - b^2 = \omega^2 L'C' \quad \text{und} \quad 2kb = \omega R'C' \tag{5.585}$$

gelten. Wir lösen die zweite Gleichung nach $k$ auf und setzen dies in die erste Gleichung ein. Damit erhalten wir eine Gleichung für $b$ in Abhängigkeit von $\omega$, $R'$, $C'$ und $L'$.

$$\frac{\omega^2 R' C'}{4b^2} - b^2 = \omega^2 L' C' \quad \Rightarrow \quad b^4 + \omega^2 L' C' b^2 - \frac{\omega^2 R' C'}{4} = 0 \quad \Rightarrow$$

$$b^2 = \frac{\omega^2 R' L'}{2} \left( \sqrt{1 + \frac{R'^2}{\omega^2 L'^2}} - 1 \right) \tag{5.586}$$

Bei der Lösung der quadratischen Gleichung für $b^2$ wurde nur die positive Wurzel berücksichtigt, da $b^2 > 0$ sein muss. Aus (5.586) folgt, dass die Dämpfung klein wird, wenn der Induktivitätsbelag der Leitung sehr groß wird. Daher wurde bei Telefonleitungen die Induktivität künstlich vergrößert durch Einbau von Spulen in gewissen Abständen (Pupinleitung[1]) oder durch Umwickeln der Leitung mit dünnem Eisenband (Krarup[2]-Kabel).

---

[1]    M. I. Pupin (1858 – 1935).
[2]    C. E. Krarup.

# 6 Optik

Licht ermöglicht dem Menschen das Sehen, mit dieser „Schnittstelle" zur Umwelt erlangen wir die meisten Informationen über das, was um uns ist und was um uns geschieht. Daher beschäftigten sich schon seit dem Altertum die Menschen mit der Frage, wie das Phänomen „Licht" zu erklären ist, welchen Gesetzmäßigkeiten seine Ausbreitung gehorcht und wie das „Sehen" funktioniert. Aus diesen Fragestellungen ist ein Gebiet der Physik, die Optik, entstanden, das sich zunächst als Lehre vom Licht mit allen Erscheinungen befasste, die mit dem Auge als Sinnesorgan wahrgenommen werden konnten. Wichtigste Eigenschaft des Lichtes ist dabei seine gradlinige Ausbreitung in transparenten Medien, so dass Licht in der „geometrischen" Optik durch „Strahlen" mit den Gesetzen der Geometrie beschrieben werden kann.

Mit der Erkenntnis von Maxwell und Hertz, dass Licht eine elektromagnetische Welle ist, und das Auge nur ein sehr beschränktes Wellenlängenintervall von knapp 400 nm (violett) bis etwa 700 nm (rot) detektiert, wobei Licht unterschiedlicher Wellenlängen als Farben wahrgenommen werden, ist die Optik auch auf nicht sichtbares Licht erweitert worden. Als „Infrarotes" Licht bezeichnet man elektromagnetische Wellen mit größeren Wellenlängen, als „Ultraviolettes" Licht mit kürzeren Wellenlängen. Dabei sind die Grenzen, jenseits derer elektromagnetische Wellen üblicherweise mehr als „Licht" bezeichnet werden, d. h. Mikro- und Radiowellen mit größeren Wellenlängen und Röntgen- bzw. Gammastrahlung mit kürzeren Wellenlängen, fließend. Später, zu Anfang des 20. Jahrhunderts, stellte sich heraus, dass auch Teilchen wie Elektronen, Protonen, ja sogar Atome Welleneigenschaften aufweisen, und diese ähnlich wie Licht gebeugt und gebrochen werden können. Eine bedeutende Anwendung dieser Teilchenoptik ist das Elektronenmikroskop, mit dem wesentlich kleinere Objekte abgebildet werden können als mit einem Lichtmikroskop.

Licht, als elektromagnetische Welle verstanden, beschreibt die Ausbreitung von Licht sowie Reflexion und Beugungserscheinungen korrekt. Das Wellenmodell versagt aber bei Prozessen, bei denen Licht mit Materie wechselwirkt und Energie übertragen wird. Mit dem Teilchenmodell für Licht, dessen Teilchen oder Photonen bestimmte, mit der Wellenlänge verknüpfte Energiequanten tragen, gelang es Planck im Jahr 1900, die spezifische Abstrahlung von schwarzen Körpern zu berechnen. Dabei wirkt das Licht wie ein Gas, man spricht auch vom „Photonengas". Das gleiche Modell war auch bei der Erklärung des äußeren Photoeffektes, bei dem Licht Elektronen aus einer Kathode freisetzt, durch Einstein im Jahr 1905 erfolgreich. Die Quantisierung der Energie von Licht und anderen Teilchen leitete die Entwicklung der Quantenmechanik ein, mit der alle Erscheinungen der Mikrophysik erklärt werden können.

# 6.1     Licht

## 6.1.1     Was ist Licht?

Geht man naiv an diese Frage, so lautet die Antwort: Licht ist eine Erscheinung, die mit dem Auge wahrgenommen werden kann. Unser Auge ist jedoch nicht, wie wir im Kapitel 6.2.8 noch sehen werden, ein einfacher Detektor zum Nachweis von Licht, vielmehr besteht es aus sehr vielen einzelnen lichtempfindlichen Zellen, die zwei wesentliche Eigenschaften des auf sie treffenden Lichtes bestimmen können. Zum einen ist das die Helligkeit oder die Menge des Lichtes, zum anderen die Farbe. Die Signale aus allen Zellen werden im Gehirn zu einem „Bild" zusammengesetzt, aus dem wir die Informationen über unsere Umwelt erhalten. Implizit setzen wir bei der Auswertung dieser Informationen immer voraus, dass sich das Licht gradlinig ausbreitet. Wird z. B. der Verlauf des Lichtes durch einen Spiegel umgelenkt, ohne dass wir dies wissen, so vermuten wir das gesehene Objekt an einer anderen Stelle als es sich tatsächlich befindet.

Der Verlauf des Lichtes kann durch Spiegel, d. h. Körper, an deren Oberfläche es reflektiert wird, umgelenkt werden. Eine Änderung der Ausbreitungsrichtung erfolgt ebenfalls, wenn das Licht durch die Grenzfläche zweier transparenter Körper tritt, diesen Vorgang bezeichnet man als Brechung des Lichtes. Anhand dieser Phänomene kann noch nicht entschieden werden, welcher Natur Licht ist. Sie sind entweder durch das Huygenssche Prinzip (siehe Kapitel 4.3.4) oder durch elastische Stöße (siehe Kapitel 2.5.3) erklärbar und so konkurrierten im 17. und 18. Jahrhundert das von Huygens favorisierte Wellenmodell und Teilchenmodell von Newton. Erst nachdem es Fresnel[1] gelungen war, Beugungs- und Interferenzeffekte beim Licht nachzuweisen, setzte sich das Wellenmodell durch. Aus den Interferenzeffekten können den Farben des Lichtes Wellenlängen zugeordnet werden, violett entspricht Wellenlängen zwischen 380 – 420 nm, rot erscheint uns Licht zwischen 630 nm und 750 nm.

Für den Mechanismus der Wellenausbreitung ist die Art des Mediums entscheidend, dieses wird u. A. charakterisiert durch die Ausbreitungsgeschwindigkeit. Diese wurde erstmals 1675 von Römer[2] mit Hilfe astronomischer Beobachtungen gemessen, allerdings mit einer Abweichung von etwa 25% nach unten. Wesentlich genauer wurde die Lichtgeschwindigkeit von Fizeau[3] bestimmt, sein Wert lag nur 5% über dem heute gültigen Wert von 299 792 458 m/s. Die Übereinstimmung der gemessenen Lichtgeschwindigkeit mit dem Wert, der sich für die Ausbreitungsgeschwindigkeit elektromagnetischer Wellen aus den Maxwellschen Gleichungen ergibt, legt nahe, dass es sich beim Licht ebenfalls um elektromagnetische Wellen handelt. Der Maxwellschen Theorie zufolge sind elektromagnetische Wellen, die sich in Nichtleitern ausbreiten, Transversalwellen. Auch Licht muss eine Transversalwelle sein, da es sich linear polarisieren lässt, d. h. die Auslenkung des Mediums aus seiner Gleichgewichtslage somit in einer Ebene erfolgt. Als Medium, in dem sich Lichtwellen ausbreiten können, kommen das Vakuum sowie Nichtleiter in Frage, wobei sich die Lichtgeschwindigkeit aus der Abhängigkeit (5.548) von der elektrischen und der

---

[1]     A. J. Fresnel (1788 – 1827).
[2]     O. Römer (1644 – 1710).
[3]     A. Fizeau (1819 – 1896).

magnetischen Feldkonstanten ergibt. Eine weitere charakteristische Eigenschaft elektromagnetischer Wellen ist, dass ihre Ausbreitungsgeschwindigkeit im Vakuum unabhängig vom Bezugssystem immer den gleichen Wert $c_0 = 1/\sqrt{\varepsilon_0\mu_0}$ hat. Diese durch die Experimente von Michelson[1] festgestellte Tatsache ist die Grundlage für die spezielle Relativitätstheorie Einsteins.

Die Ausbreitung von Licht ist mit einem Energietransport verbunden, dessen Stromdichte bzw. Intensität durch den Poynting-Vektor (5.555) bestimmt ist. Lichtwellen haben auch einen mittleren Impuls (5.559), werden sie an einer Fläche abgelenkt, so wird ein entsprechender Strahlungsdruck auf die Fläche ausgeübt.

Wird Lichtenergie durch Absorption auf die Elektronen eines Atoms übertragen oder vermindert ein Elektron seine Energie und strahlt dabei aufgrund der Beschleunigung Licht ab, so versagt das Wellenmodell. So ist beim äußeren Photoeffekt die Energie der Elektronen, die durch Photoionisation durch Licht aus Atomen einer Photokathode entfernt werden, unabhängig von der Intensität des Lichtes, jedoch abhängig von seiner Wellenlänge bzw. seiner Frequenz. Das Experiment ergibt eine lineare Abhängigkeit zwischen der Energie der Photoelektronen und der Lichtfrequenz. Unter der Annahme, dass jedes Elektron die Energie eines Lichtteilchens, eines Photons, aufnimmt, ergibt sich ebenfalls eine Proportionalität zwischen Photonenenergie und Lichtfrequenz $f$, der Proportionalitätsfaktor ist das Plancksche Wirkungsquantum $h$.

$$E_{Photon} = hf \;,\; h = 6{,}65 \cdot 10^{-34}\ \text{Js} \tag{6.1}$$

Da Wellen- und Teilchenmodell zunächst nicht miteinander vereinbar waren, sprach man vom Welle-Teilchen-Dualismus des Lichtes. Dieser (scheinbare) Widerspruch wurde mit der Erweiterung der Quantenmechanik zur Quantenelektrodynamik durch Feynman[2] aufgehoben. Solange keine energetischen Aspekte bei der Wechselwirkung von Licht mit Materie zu berücksichtigen sind, können wir für die Erscheinungen in der Optik das Wellenmodell verwenden.

## 6.1.2    Lichtquellen

Im Kapitel 5.5.4 haben wir gesehen, dass elektromagnetische Wellen durch Dipole, deren Dipolmoment sich periodisch ändert, emittiert werden. Besonders effektiv erfolgt die Abstrahlung, wenn die Länge des Dipols etwa eine halbe Wellenlänge beträgt. Entsprechend werden Radiowellen mit Wellenlängen von mehreren km (Lange Wellen) bis etwa einigen cm (Mikrowellen) durch Wechselströme in Leitern erzeugt. Infrarotes Licht bis ca. 0,7 μm Wellenlänge entsteht durch Änderung der Rotations- oder Schwingungsenergie von Molekülen, während sichtbares Licht (380 nm – 750 nm) und ultraviolettes Licht (bis ca. 10 nm) durch den Wechsel eines Elektrons in der äußeren Hülle eines Atoms von einem Orbital höherer in ein Orbital niedrigerer Energie entsteht. Licht noch kürzerer Wellenlänge bezeichnet man als Röntgenstrahlung, wenn es durch Wechsel der Orbitale in der inneren Elektronenhülle eines schweren

[1]    A. A. Michelson (1852 – 1931).
[2]    R. P. Feynman (1918 – 1988).

Atoms entsteht, oder als Gammastrahlung, wenn ein Atomkern seine Energie vermindert. Kürzeste Wellenlängen hat die elektromagnetische kosmische Strahlung, die bei Explosionen von Sternen entsteht. Insgesamt variieren die Wellenlängen des Spektrums elektromagnetischer Wellen um mehr als 20 Größenordnungen.

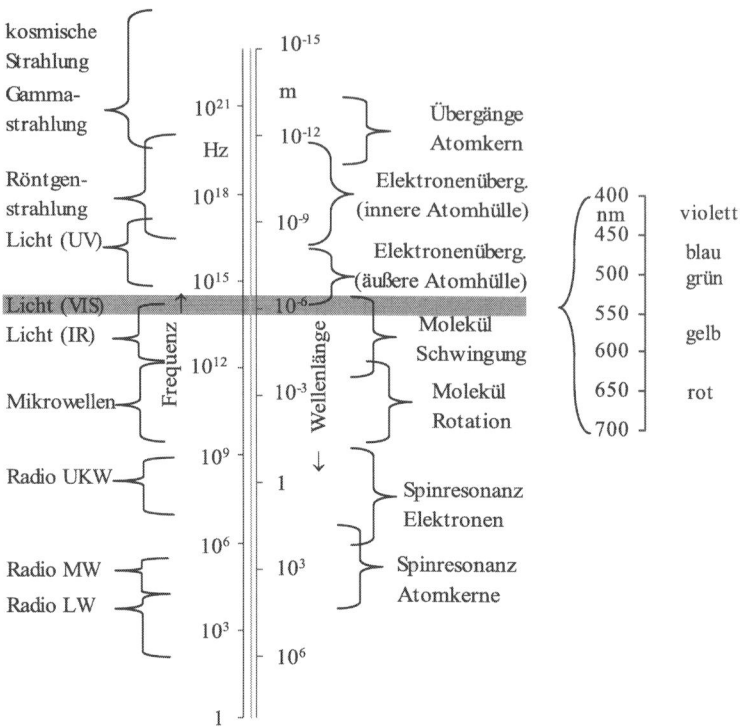

**Abb. 6.1** *Spektrum elektromagnetischer Wellen.*

Damit ein Strahler kontinuierlich elektromagnetische Wellen emittieren kann, muss der abgestrahlte Energiestrom durch zugeführte Energie kompensiert werden. Ist dies nicht der Fall, so erfolgt eine entsprechende Dämpfung der Dipolschwingung des Strahlers, die Amplitude der Schwingung und damit auch der elektromagnetischen Welle nimmt mit der Zeit ab. Die Dauer der Lichtemission eines Atoms, dessen Elektron von einem Orbital höherer Energie in ein Orbital niedrigerer Energie wechselt, beträgt nur etwa $10^{-8}$ s. Entsprechend werden nur Wellenzüge, das sind Raumgebiete, in denen sich das Licht ausbreitet, mit einer Länge von etwa $c_0 \cdot 10^{-8}$ s = 3 m emittiert. Die Welle hat keinen harmonischen zeitlichen Verlauf mit einer definierten Frequenz, sondern ist ein Gemisch mit einem glockenförmigen Frequenzspektrum.

Dieses Spektrum ist der Betrag der Fouriertransformierten des zeitlichen Verlaufes der Schwingung des elektrischen Feldes des vom strahlenden Dipol emittierten Lichtes an einer festen Stelle des Mediums. Nehmen wir für diesen Verlauf eine exponentiell gedämpfte harmonische Schwingung (in komplexer Darstellung)

$$\underline{E} = \hat{E} e^{-\delta t} e^{j\omega_0 t} \tag{6.2}$$

an, die zum Zeitpunkt $t = 0$ beginnt, wobei $\delta$ der Dämpfungskoeffizient, $\omega_0$ die Kreisfrequenz und $\hat{E}$ die Amplitude der Schwingung ist, so lautet die Fouriertransformierte (4.168) von (6.2)

$$\tilde{f}(\omega) = \frac{1}{\sqrt{2\pi}} \int_0^\infty \hat{E} e^{-\delta t} e^{j\omega_0 t} e^{-j\omega t} \, \mathrm{d}t = \frac{1}{\sqrt{2\pi}} \frac{\hat{E}}{j(\omega - \omega_0) - \delta} \left[ e^{-(\delta + j(\omega - \omega_0))t} \right]_0^\infty$$

$$\tilde{f}(\omega) = -\frac{1}{\sqrt{2\pi}} \frac{\hat{E}}{j(\omega - \omega_0) - \delta} = \frac{1}{\sqrt{2\pi}} \frac{\hat{E}}{\delta - j(\omega - \omega_0)} . \tag{6.3}$$

Ihr Betrag und damit das Frequenzspektrum der Amplituden von $E$ ergeben sich zu

$$\hat{E}(\omega) = |\tilde{f}(\omega)| = \frac{1}{\sqrt{2\pi}} \frac{\hat{E}}{\sqrt{\delta^2 + (\omega - \omega_0)^2}} . \tag{6.4}$$

Das Amplitudenspektrum hat einen glockenförmigen Verlauf mit einem Maximum von $\hat{E}/(\sqrt{2\pi}\delta)$ bei $\omega = \omega_0$. Die Breite der Kurve, d. h. das Frequenzintervall um das Maximum, bei dem $\hat{E}(\omega)$ größer als das $1/\sqrt{2}$-fache des Maximalwertes ist, beträgt $2\delta$. Eine gedämpfte Schwingung ist somit im strengen Sinne nicht harmonisch.

Betrachtet man die spektrale Verteilung der Intensität des Lichtes, die sich aus (4.226) und (5.558) ergibt, so erhalten wir mit (6.4)

$$I(\omega) = \frac{\varepsilon_r \varepsilon_0 \hat{E}^2(\omega)}{2} c = \frac{1}{4\pi} \frac{\varepsilon_r \varepsilon_0 \hat{E}^2 c}{\delta^2 + (\omega - \omega_0)^2} . \tag{6.5}$$

Da die Amplitude des elektrischen Feldes nur sehr schwer bestimmbar ist, drückt man diese durch die Gesamtintensität aus, die man durch Integration von (6.5) über alle $\omega$ berechnet.

$$I_{ges.} = \int_{-\infty}^{\infty} I(\omega) \mathrm{d}\omega = \frac{\varepsilon_r \varepsilon_0 \hat{E}^2 c}{4\pi} \int_{-\infty}^{\infty} \frac{\mathrm{d}\omega}{\delta^2 + (\omega - \omega_0)^2}$$

$$I_{ges.} = \frac{\varepsilon_r \varepsilon_0 \hat{E}^2 c}{4\pi} \frac{1}{\delta} [\arctan(\frac{\omega}{\delta})]_{-\infty}^{\infty} = \frac{\varepsilon_r \varepsilon_0 \hat{E}^2 c}{4\pi} \frac{\pi}{\delta} \tag{6.6}$$

Damit lautet die spektrale Verteilung der Intensität von Licht, das von einem Dipol emittiert wird, dessen abgestrahlte Leistung exponentiell abfällt,

$$I(\omega) = I_{ges.} \frac{\delta/\pi}{\delta^2 + (\omega - \omega_0)^2} , \tag{6.7}$$

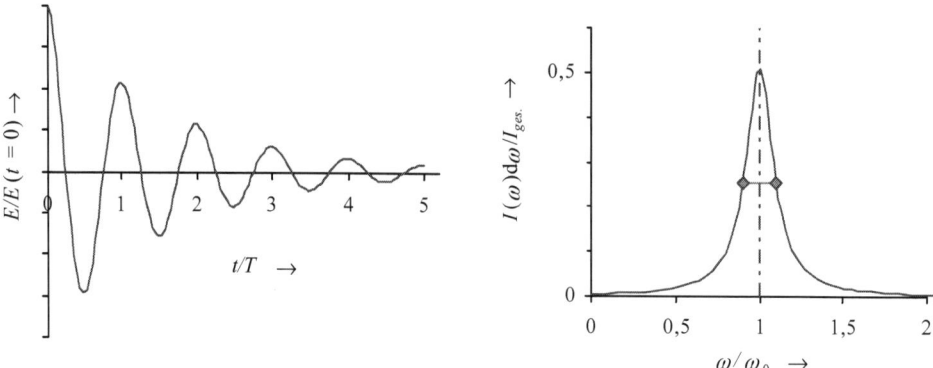

**Abb. 6.2** *Exponentiell gedämpfte Schwingung und das dazugehörige Frequenzspektrum der Intensität.*

diese wird auch „Lorentz-Verteilung" genannt. Ihr Maximum bei $\omega = \omega_0$ beträgt $I_{ges.}/(\pi\delta)$, die Halbwertsbreite $2\delta$. Die Dauer der Lichtemission beträgt etwa $1/\delta$, dann ist die Intensität auf $1/e^2 = 13{,}5\%$ der ursprünglichen Intensität abgefallen. Das Produkt aus Halbwertsbreite und Maximalwert ist bei gleicher Gesamtintensität für unterschiedliche Dämpfungskoeffizienten konstant. Aus der Breite der spektralen Verteilung des Lichtes kann man somit auf die Dauer der Lichtemission schließen.

Die unterschiedlichen Frequenzen des emittierten Lichtes bedeuten im Teilchenbild, dass die Photonen gemäß (6.1) unterschiedliche Energien aufweisen, also eine bestimmte Unschärfe der Lichtenergie vorliegt. Diese wird umso größer, je kürzer die Emissionsdauer des Dipols ist. Viele Lichtquellen weisen eine spektrale Intensitätsverteilung gemäß (6.7) auf, die Lichtemission erfolgt durch einen exponentiell gedämpften, kosinusförmig schwingenden Strahler, der zu einem bestimmten Zeitpunkt „schlagartig" angeregt wurde.

Lichtquellen, die im für das menschliche Auge sichtbaren Spektralbereich von etwa 400 nm – 750 nm Wellenlänge oder $7{,}5 \cdot 10^{14}$ Hz – $4{,}0 \cdot 10^{14}$ Hz emittieren, bestehen aus einer Vielzahl von Strahlern, meist Elektronen der äußeren Elektronenhülle von Atomen oder Molekülen oder Elektronen in Festkörpern. Somit beträgt die Zahl der Strahler typischerweise $10^{21} - 10^{24}$. Die „Mittenfrequenzen" $\omega_0$ ergeben sich mit (6.1) aus der Differenz der Energien der Elektronen vor und nach der Emission des Lichtes. Da die Breite der Lorentzverteilung nur durch die „Lebensdauer" des angeregten Zustandes bestimmt wird, nennt man diese auch die „natürliche" Linienbreite. Die Anregung, d. h. die Zufuhr von Energie, die dann als Licht wieder abgegeben wird, erfolgt diskontinuierlich, z. B. durch Stöße oder Schwingungen. Durch diese Einflüsse und unterschiedliche Geschwindigkeiten der Atome bei der Emission kann die spektrale Verteilung eine andere Form bekommen und wird in der Regel noch verbreitert.

Die Strahler emittieren das Licht völlig unkoordiniert[1], die Richtungen der elektrischen Felder sind beliebig verteilt, zwischen den einzelnen Wellenzügen besteht keine feste Phasenbe-

---

[1]    Eine Ausnahme sind Laser, hier erfolgt die Emission aller Strahler synchron.

ziehung. Solches Licht nennt man auch „inkohärent[1]". Die Mittenfrequenzen können ebenfalls sehr unterschiedlich sein. Der Wellenzug eines Strahlers, der $10^{-8}$ s lang Licht emittiert, ist etwa 3 m lang. Auf dieser Länge hat er mit dem Wellenzug eines anderen Strahlers, der ungefähr zur gleichen Zeit Licht emittiert, eine feste Phasenbeziehung. Interferieren beide Wellen, so entstehen die charakteristischen Interferenzmuster von Verstärkung und Auslöschung, allerdings nur für etwa $10^{-8}$ s. Dieser Zeitraum ist aber viel zu kurz, um diese Interferenzmuster zu beobachten. Die Interferenz anderer Wellenzüge im gleichen Raumgebiet zu späteren Zeitpunkten ergibt zwar wiederum Interferenzmuster, aber an anderen Stellen, so dass sich hell und dunkel zu einer mittleren Helligkeit addieren. Um Interferenzmuster mit den charakteristischen Zonen von Auslöschung der Wellen beobachten zu können, sind besondere Versuchsanordnungen erforderlich, auf die wir im Kapitel 6.3 eingehen wollen.

Die spektrale Verteilung des Lichtes, das einer Quelle, die aus sehr vielen einzelnen Strahlern besteht, entstammt, setzt sich aus des Spektren der einzelnen Strahler zusammen. Dabei unterscheidet man zwei Grundtypen von spektralen Verteilungen: kontinuierliche Verteilungen, bei denen im Prinzip Licht in einem großen Wellenlängenbereich mit nennenswerter Intensität emittiert wird und diskrete Verteilungen, die nur Licht in bestimmten Wellenlängenintervallen mit großer Intensität enthalten. Diese Spektren bestehen im Wesentlichen aus einer oder mehreren glockenförmigen Verteilungen wie in **Abb. 6.2** um bestimmte Wellenlängen. Zu den Quellen mit kontinuierlichen Spektren zählen die Folgenden:

**Temperaturstrahler**
Dies sind in der Regel Festkörper oder Flüssigkeiten, seltener hoch verdichtete Gase, in denen die Elektronen jede Energie aufweisen können. Entsprechend können sie auch beliebige Energiemengen abgeben, wenn sie ihren Bewegungszustand ändern, so dass gemäß (6.1) Licht beliebiger Wellenlängen abgestrahlt wird. Die Energiezufuhr erfolgt durch Erwärmung. Um eine zeitlich konstante Abstrahlung von Licht zu gewährleisten, muss ein Temperaturstrahler entsprechend geheizt werden. Im Kapitel 3.10.3 haben wir die Gesetzmäßigkeiten der Wärmestrahlung kennen gelernt. Die spezifische Abstrahlung $M_e$, d. h. der auf die Emissionsfläche bezogene Energiestrom in den Halbraum darüber mit dem Energieträger elektromagnetische Strahlung aller Wellenlängen, hängt von der Temperatur und vom Emissionsgrad $\varepsilon$ ab.

$$M_e = \varepsilon \sigma_{SB} T^4 \text{, mit } \sigma_{SB} = \frac{2\pi^5 k_B^4}{15 c^2 h^3} = 5{,}670 \cdot 10^{-8} \frac{\text{W}}{\text{m}^2 \text{K}^4} \tag{6.8}$$

Für „schwarze Strahler" ist $\varepsilon = 1$, dieser strahlt bei gegebener Temperatur das meiste Licht ab. Bei anderen Strahlern ist der Emissionsgrad häufig abhängig von der Wellenlänge. Die spektrale Verteilung der spezifischen Abstrahlung eines schwarzen Strahlers (siehe **Abb. 3.103**) ergibt sich aus (3.362), wenn wir $\lambda$ durch $c/f$ bzw. $2\pi c/\omega$ und $d\lambda$ durch $2\pi c/\omega^2 d\omega$ ersetzen.

$$M_{e,\omega}(\omega, T) d\omega = \frac{h\omega^3}{(2\pi)^3 c^2} \frac{d\omega}{e^{\frac{h\omega}{2\pi k_B T}} - 1} \tag{6.9}$$

---

[1]   Cohaerere, lat. zusammenhängen, verbunden sein.

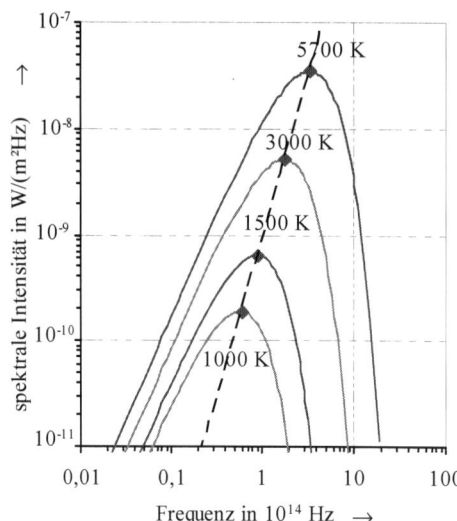

**Abb. 6.3** *Spektrale Verteilung der spezifischen Abstrahlung eines schwarzen Strahlers.*

$M_{e,\omega}$ weist ein Maximum auf, dieses verlagert sich bei steigender Temperatur der Quelle zu größeren Frequenzen. Die Maxima bei verschiedenen Temperaturen liegen auf Hyperbeln, die in der doppelt logarithmischen Darstellung in **Abb. 6.3** als Geraden dargestellt werden.

Beispiele für Temperaturstrahler sind Glühbirnen, Metallschmelzen sowie die Sonne. Besteht der Glühfaden einer Glühbirne aus Wolfram, dessen Schmelzpunkt bei etwa 3700 K liegt, so sind nur Betriebstemperaturen von weniger als 3000 K möglich. Das Emissionsmaximum liegt im Infraroten bei etwa 1,1 µm Wellenlänge, nur ein Bruchteil der Strahlungsleistung wird als sichtbares Licht emittiert. Das Licht einer Glühbirne, das wir mit dem Auge wahrnehmen, enthält alle Wellenlängen, daher empfinden wir es als weißes Licht. Leuchtstoffröhren sind dagegen keine Temperaturstrahler, die Atome bzw. die Ionen emittieren Licht in schmalen Wellenlängenbereichen, derartige Lichtquellen nennt man daher:

**Linienstrahler**
Die Elektronen in der Elektronenhülle von Atomen oder Molekülen, die sich in einem Gas von nicht allzu großer Dichte befinden, können den Gesetzen der Quantenmechanik zufolge nur ganz bestimmte Energien aufweisen. Diese Energieniveaus sind charakteristisch für die Atome eines Elements und durch vergleichsweise große Lücken voneinander getrennt. Normalerweise befinden sich alle Elektronen im energetisch niedrigsten Zustand, dem Grundzustand. Allerdings kann jedes Energieniveau eines Atoms nur eine bestimmte Anzahl von Elektronen aufnehmen, so dass bei den meisten Atomen mehrere Energieniveaus mit Elektronen besetzt sind.

Wird einem Elektron Energie zugeführt, so kann es vom Grundzustand mit der Energie $E_0$ in ein Energieniveau höherer Energie $E_1$, das noch nicht vollständig besetzt ist, gelangen. Dabei nimmt es die Anregungsenergie $E_A = E_1 - E_0$ auf. Der angeregte Zustand ist in der Regel nicht stabil, so dass das Elektron die Anregungsenergie wieder abgibt und wieder in den Grundzustand zurückkehrt. Dabei wird Licht mit der Photonenenergie

$$E_A = hf_0 = \frac{hc}{\lambda_0} = E_1 - E_0 \tag{6.10}$$

emittiert. Die Emission von sichtbarem Licht dauert etwa $10^{-8}$ s und kann, wie wir oben gesehen haben, modellhaft durch einen kosinusförmig mit $f_0$ schwingenden Dipolstrahler beschrieben werden, der exponentiell gedämpft wird. Zu bemerken ist, dass oben beschriebener Mechanismus nur den einfachsten Fall der Lichtemission beschreibt. Die Abgabe der Energie kann auch über Zwischenniveaus oder, wenn das Ausgangsniveau zwischenzeitlich von einem anderen Elektron besetzt wurde, in einen anderen Endzustand erfolgen.

In einem Spektrometer, auf dessen Funktion wir später noch eingehen werden, wird das Licht unterschiedlicher Frequenzen in verschiedene Richtungen gelenkt. Das Licht aus einem Übergang wird als scharfe „Linie" mit einer der Frequenz $f_0$ entsprechenden Farbe und einer Intensitätsverteilung (6.7) registriert, die aufgrund der endlichen Emissionsdauer und u. U. anderer Einflüsse etwas verbreitert ist.

Die Anregung der Atome erfolgt häufig durch „Gasentladung" in einem Lichtbogen. In einem elektrischen Feld wird ein Teil der Atome ionisiert und es entsteht ein Ladungsstrom aus Ionen und den von den Atomen gelösten Elektronen. Diese kollidieren wiederum mit anderen Atomen und regen deren Hüllenelektronen an. Außerdem können die an den Ionen verbleibenden Elektronen durch den Ionisationsprozess angeregt werden. Atome bzw. Ionen mit mehreren Elektronen in der Hülle können durch eine Gasentladung in unterschiedliche Energieniveaus angeregt werden, so dass die Gesamtheit der Atome Licht in mehreren Linien emittiert. Dieses Linienspektrum stellt einen „Fingerabdruck" der Atome in einer Gasentladungslampe dar, mit dem die Elemente identifiziert werden können. Die Emissionsspektroskopie ist daher ein wichtiges Hilfsmittel zur Analyse von Stoffen. Aus den Frequenzen der Linien kann man über (6.10) Rückschlüsse auf die beteiligten Energieniveaus ziehen und somit Informationen über den Aufbau der Elektronenhülle erhalten.

Die relative Stärke der Linien in **Tab**. 6.1 ist ein Maß für die Wahrscheinlichkeit, dass ein Atom in einen Zustand angeregt wird, der Ausgang für den Emissionsprozess der entsprechenden Linie ist, multipliziert mit der Wahrscheinlichkeit, dass dabei der Endzustand erreicht wird.

Im täglichen Leben sehr verbreitet sind „Neonröhren", das in der Röhre befindliche Neon emittiert Licht hauptsächlich im Ultravioletten, das für den Menschen nicht sichtbar ist. Daher werden die Röhren innen mit Quecksilberverbindungen beschichtet. Die Quecksilberatome werden durch das Neonlicht angeregt und emittieren Licht mit vielen unterschiedlichen Linien im Sichtbaren, so dass wir es als „weißes" Licht empfinden. Farbige Leuchtstoffröhren haben entweder eine andere Beschichtung oder sind mit einem anderen Gas gefüllt. Da Gasentladungsröhren keine thermische Energie in Licht umwandeln, bleiben sie während des Betriebes im Vergleich zu Glühbirnen relativ kalt. Ein großer Teil der elektrischen Energie, die für den Aufbau des Lichtbogens erforderlich ist, wird in sichtbares Licht umgewandelt, daher haben diese Quellen einen hohen Wirkungsgrad und werden auch in „Energiesparlampen" eingesetzt.

*Tab. 6.1* *Wellenlängen von Emissionslinien einiger Elemente im Sichtbaren.*

| Element | λ [nm] | Farbe | Rel. Stärke | Element | λ [nm] | Farbe | Rel. Stärke |
|---------|--------|-------|-------------|---------|--------|-------|-------------|
| H | 656,3 | rot | stark | Zn | 636,2 | rot | stark |
|   | 486,1 | blaugrün | mittel |   | 518,2 | grün | stark |
|   | 434,1 | violett | schwach |   | 481,1 | blaugrün | stark |
|   | 410,2 | violett | schwach |   | 472,2 | blau | stark |
| He | 706,5 | dunkelrot | schwach |   | 468 | blau | stark |
|   | 667,8 | rot | stark |   | 463 | blau | mittel |
|   | 587,6 | gelb | sehr stark | Cd | 643,8 | rot | stark |
|   | 504,8 | grün | schwach |   | 515,5 | grün | mittel |
|   | 501,6 | grün | mittel |   | 508,6 | grün | mittel |
|   | 492,2 | blaugrün | mittel |   | 480 | blaugrün | stark |
|   | 471,3 | blau | schwach |   | 467,8 | blau | mittel |
|   | 447,1 | blau | stark |   | 466,2 | blau | mittel |
|   | 438,8 | violett | schwach |   | 441,5 | blau | mittel |
| Li | 670,8 | rot | stark | Hg | 708,2 | dunkelrot | schwach |
|   | 610,4 | gelbrot | schwach |   | 690,7 | rot | schwach |
|   | 460,3 | blau | schwach |   | 623,4 | rot | schwach |
| Na | 616,1 | gelbrot | mittel |   | 579,1 | gelb | sehr stark |
|   | 615,4 | gelbrot | mittel |   | 577 | gelb | sehr stark |
|   | 589,6 | gelb | sehr stark |   | 546 | grün | sehr stark |
|   | 589 | gelb | sehr stark |   | 496 | blaugrün | schwach |
|   | 568,8 | gelbgrün | mittel |   | 491,6 | blaugrün | mittel |
|   | 568,3 | gelbgrün | mittel |   | 435,8 | blau | stark |
| K | 769,9 | dunkelrot | stark |   | 434,8 | blau | mittel |
|   | 766,5 | dunkelrot | stark |   | 433,9 | blau | schwach |
|   | 404,7 | violett | mittel |   | 410,8 | violett | schwach |
|   | 404,1 | violett | mittel |   | 407,8 | violett | mittel |
|   |   |   |   |   | 404,7 | violett | stark |

Eine andere Klasse von Linienstrahlern sind Leuchtdioden (Licht emittierende Dioden oder LEDs). Diese Quellen bestehen aus Halbleitern, z. B. Silizium und zeichnen sich dadurch aus, dass die Elektronen der äußeren Hülle (Valenzelektronen) nur Energien aus bestimmten Intervallen annehmen können. Solche Energieintervalle oder „Energiebänder" sind wie bei den Atomen durch Lücken getrennt, die die Elektronen mit Hilfe thermischer Anregung nur sehr schwer überwinden können. Wie die Energieniveaus bei Atomen kann sich in einem Band auch nur eine bestimmte Anzahl von Elektronen befinden. Im Grundzustand befinden sich die meisten Valenzelektronen eines Halbleiters in einem Band (Valenzband), das nahezu voll besetzt ist. Die übrigen Valenzelektronen nehmen, thermisch angeregt, Zustände im höherenergetischen Leitungsband ein. Obwohl die Bänder eine gewisse Breite haben, werden die meisten Elektronen aus den energetisch höchsten Niveaus des Valenzbandes in die niedrigsten Niveaus des Leitungsbandes angeregt, da aufgrund des Boltzmannfaktors (3.53) hier die Wahrscheinlichkeit der Anregung am größten ist.

Wie bei angeregten Elektronen eines Atoms können die Elektronen im Leitungsband ihre Energie durch Abstrahlen von Licht wieder abgeben, indem sie einen nicht besetzten Zustand („Loch") im Valenzband einnehmen. Man sagt auch, dass das angeregte Elektron im Leitungsband mit dem Loch im Valenzband „rekombiniert". Die Energie des Lichtes entspricht der Energiedifferenz von Leitungsbandunterkante und Valenzbandoberkante. Wegen der endlichen Lebensdauer der angeregten Elektronen sind die Linienspektren verbreitert.

Leuchtdioden bestehen aus zwei unterschiedlich „dotierten" Halbleitern, d. h. der Siliziumkristall teilt sich in zwei Bereiche auf, die durch eindiffundierte Fremdatome gezielt verunreinigt wurden. Diese Dotierung bewirkt, dass Valenz- und Leitungsbänder in den jeweiligen Bereichen unterschiedliche Energiebereiche einnehmen. Durch Anlegen einer äußeren elektrischen Spannung geeigneter Polarität fließt ein Ladungsstrom von Elektronen im Leitungsband und im Valenzband. Da dort nur wenige Elektronen in freie Zustände gelangen können, entspricht der Elektronenstrom im Valenzband einem „Löcherstrom" in umgekehrter Richtung, denn Löcher als nicht vorhandene Elektronen kann man als positiv geladene Ladungsträger behandeln. Man kann diese Löcher mit Luftblasen im Wasser vergleichen: Entsteht in einer bestimmten Wassertiefe eine Luftblase, so steigt sie gegen die Schwerkraft nach oben, das von ihr verdrängte Wasser dagegen sinkt nach unten.

In der Übergangszone zwischen den beiden unterschiedlich dotierten Bereichen stehen besonders viele Elektronen im Leitungsband Löchern im Valenzband gegenüber, daher ist die Rekombination besonders häufig. Die äußere Spannungsquelle bewirkt, dass die Elektronen nach der Rekombination aus der Übergangszone entfernt werden. Die Farbe des Lichtes von Leuchtdioden kann durch geeignetes Dotieren, mit dem die Energiedifferenz zwischen Leitungsband und Valenzband variiert werden kann, beeinflusst werden.

**Laser**
Während bei den oben behandelten Lichtquellen die Atome zu beliebigen Zeitpunkten Licht emittieren, so dass sich nur kurze zusammenhängende Wellenzüge ausbreiten können, erfolgen bei einem Laser[1] die Emissionsprozesse synchron. Dadurch besteht zwischen den Wellenzügen, die die einzelnen Atome des Lasermediums emittieren, eine definierte Phasenbeziehung, so dass sie zu einem einzigen Wellenzug mit sehr großer Länge interferieren.

Es gibt zwei Grundtypen von Lasern, nämlich Dauerstrichlaser und Pulslaser. Bei ersteren erfolgt eine permanente Anregung der Atome, die ihrerseits kontinuierlich Licht emittieren.

---

[1]  Abkürzung für Light Amplification by Stimulated Emission of Radiation (Lichtverstärkung durch stimulierte Strahlungsemission).

Durch konstruktive Maßnahmen können bis zu einigen Kilometern lange Wellenzüge erzeugt werden, wobei die Bandbreite $\Delta f$ nur wenige Megahertz beträgt. Diese Laser werden bevorzugt für Interferenzexperimente verwendet. Sie kommen der idealen Lichtquelle sehr nahe. Diese emittiert ebene Wellen einer bestimmten Frequenz $f_0$, also einer bestimmten Farbe. Daher nennt man diese Lichtquellen auch „monochromatisch"[1].

Beim Pulslaser wird dagegen Licht in kurzzeitigen Pulsen von $10^{-6}$ s – $<10^{-15}$ s Dauer abgestrahlt. Dabei wird ein großer Teil der Energie, mit dem die Atome des Lasermediums angeregt werden, auf die Lichtpulse konzentriert. In den Lichtpulsen werden hohe Leistungsdichten von bis zu $10^{12}$ W/cm² erreicht. Pulslaser werden daher gern zum Schweißen und Schneiden von Metallteilen sowie zum Abtragen dünnster Schichten eingesetzt.

## 6.1.3    Ausbreitung von Licht

Licht als elektromagnetische Welle breitet sich im Vakuum mit $c_0 = 3 \cdot 10^8$ m/s aus, in anderen transparenten Medien ist die Ausbreitungsgeschwindigkeit gemäß (5.549) um den Brechungsindex $n$ vermindert. Die Auslenkung des Mediums wird durch die lokalen elektrischen und magnetischen Felder beschrieben. Da elektromagnetische Wellen Transversalwellen sind, stehen die Feldvektoren senkrecht auf der Ausbreitungsrichtung. Breiten sich Wellenzüge verschiedener Quellen im Medium aus, so addieren sich die momentanen Felder an jeder Stelle vektoriell. In von beiden Wellen eingenommenen Raumgebieten erfolgt Interferenz, die bei hinreichender Kohärenz der Wellen beobachtet werden kann, ansonsten breiten sie sich unabhängig voneinander aus. Derartige Medien nennt man „linear", bei sehr großen Feldstärken kann jedoch u. U. die Überlagerung von der vektoriellen Überlagerung abweichen.

Ist die Ausbreitungsgeschwindigkeit konstant, so breiten sich die Wellen „gradlinig" aus, die Wellenvektoren $\tilde{k}$, die senkrecht zu den Wellenfronten stehen, bleiben konstant. Sehen wir jeden Punkt einer Lichtquelle als Dipolstrahler an, der näherungsweise Kugelwellen emittiert, so sind die Wellenvektoren radial vom Quellpunkt weg gerichtet.

(a)                                                                                    (b)

**Abb. 6.4** *Licht verschiedener Quellen breitet sich ohne gegenseitige Beeinflussung aus.*

---

[1]    Mono, griechisch ein, chroma, griechisch Farbe. Monochromatisch: einfarbig.

Quellpunkt und Wellenvektor definieren einen so genannten „Lichtstrahl".
Die Gesamtheit aller Strahlen bezeichnet man als Strahlenbündel oder „Lichtbündel".

Eine sehr kleine, im Idealfall punktförmige Quelle emittiert Kugelwellen, das Strahlenbündel nennt man „homozentrisch". In großen Abständen von einer Quelle ist die Krümmung der Wellenfronten vernachlässigbar klein, es liegen ebene Wellen vor. Die Lichtstrahlen bilden ein Bündel paralleler Lichtstrahlen. Mit Lasern kann man ebenfalls Bündel mit (nahezu) parallelen Lichtstrahlen erzeugen.

Die elektrischen und magnetischen Felder des Lichtes, das ein elementarer Dipolstrahler emittiert, haben definierte Richtungen. Die Feldrichtungen aller Strahler einer Quelle sind jedoch zufällig orientiert, an einem Punkt des Mediums wechselt daher die Richtung des aus der Überlagerung aller Felder resultierenden Feldes ständig, so dass keine Richtung ausgezeichnet ist. Derartiges Licht heißt „unpolarisiert". Durch geeignete Maßnahmen kann man jedoch eine bestimmte Richtung des elektrischen Feldes aus dem Licht herausfiltern und so polarisiertes Licht erzeugen. Insbesondere nennt man Licht, dessen elektrisches Feld in einer bestimmten Richtung schwingt, linear polarisiert. Darauf werden wir in Kapitel 6.1.4 eingehen.

Man kann Licht immer als Gemisch aus ebenen Wellen unterschiedlicher Frequenz, Ausbreitungsrichtung und Polarisation darstellen.

Das von einer Quelle emittierte Licht wird durch die Eigenschaften des Mediums, in dem es sich ausbreitet, beeinflusst. Man unterscheidet dabei

- Reflexion,
- Brechung,
- Streuung,
- Absorption

von Licht. Bei den ersten drei Prozessen wird die Ausbreitungsrichtung gegenüber der ursprünglichen verändert, während beim letzten die Energie der Lichtwelle entzogen, die Welle also gedämpft wird. Durch die letzten beiden Prozesse kann auch die Polarisation beeinflusst werden.

**Absorption**
Breitet sich Licht in einem Medium aus, das Licht absorbiert[1], so werden durch die Energie der Photonen die Atome angeregt. Absorption ist im Prinzip die Umkehrung des Emissionsprozesses von Licht. Geben dabei Elektronen Energie ab, wobei die überschüssige Energie als Licht emittiert wird, so führt bei der Absorption die Beschleunigung durch das elektrische Feld des Lichtes den Elektronen Energie zu. Diese werden entweder durch einen weiteren Emissionsprozess wieder abgegeben, oder als thermische Energie in ungeordneter Bewegung vom Medium aufgenommen.

---

[1] Absorbere, lat. verschlucken.

Die Verminderung der Intensität eines Parallelbündels bzw. einer ebenen Welle ist abhängig von der Länge des Lichtweges durch das absorbierende Medium. In vielen Fällen ist bei homogenen Medien die längenbezogene Schwächung der Intensität proportional zu ihr: Je mehr Photonen das Medium durchdringen, umso höher ist die Wahrscheinlichkeit, dass ein Absorptionsprozess erfolgt.

$$-\frac{dI}{dx} = \alpha I \ , \ [\alpha] = m^{-1} \tag{6.11}$$

Dabei ist $\alpha$ der Absorptionskoeffizient. Er ist abhängig vom Material, aus dem das Medium besteht, und von der Wellenlänge. Wird das Medium von Licht unterschiedlicher Wellenlängen durchstrahlt, so ist $\alpha$ der mittlere Absorptionskoeffizient. Die Intensität, die an einer Stelle $l$ in Ausbreitungsrichtung gegenüber der an einer Referenzstelle bei $x = 0$ vorliegt, erhalten wir durch Integration der Differentialgleichung (6.11), nachdem wir die Variablen $I$ und $x$ getrennt haben.

$$-\int_{I_0}^{I(l)} \frac{dI}{I} = \alpha \int_0^l dx \ \Rightarrow \ \ln\frac{I(l)}{I_0} = -\alpha l \ \Rightarrow \ I(l) = I_0 e^{-\alpha l} \tag{6.12}$$

Diesen Zusammenhang nennt man auch Lambertsches[1] Gesetz. Besteht das Medium aus verschiedenen Stoffen mit unterschiedlichen Absorptionskoeffizienten, so ist die Wahrscheinlichkeit, dass ein Atom eines bestimmten Stoffes ein Photon absorbiert, proportional zur Konzentration dieses Stoffes im Medium. Der gesamte Absorptionskoeffizient ist somit die Summe aller mit der jeweiligen Stoffkonzentration gewichteten Absorptionskoeffizienten der einzelnen Stoffe.

$$\alpha_{ges.} = c_1\alpha_1 + c_2\alpha_2 + c_3\alpha_3 ... \ \Rightarrow \ I(l) = I_0 e^{-(c_1\alpha_1 + c_2\alpha_2 + c_3\alpha_3...)l} \tag{6.13}$$

(6.13) ist die Erweiterung des Lambertschen Gesetzes zum Lambert-Beerschen[2] Gesetz. Es verliert allerdings seine Gültigkeit, wenn die absorbierenden Atome sich gegenseitig beeinflussen. Absorbiert nur einer der Stoffe im Medium im nennenswerten Maße Licht, so kann mit (6.13) seine Konzentration photometrisch bestimmt werden. Die Konzentrationen verschiedener Stoffe können in ähnlicher Weise ermittelt werden, wenn man die Absorption wellenlängenselektiv misst und die einzelnen Stoffe bei bestimmten, aber unterschiedlichen Wellenlängen stark, sonst aber nur sehr wenig absorbieren.

Anderseits kann man aus den Absorptionsspektren so wie aus den Emissionsspektren z. B. von Linienstrahlern, wichtige Rückschlüsse auf den Aufbau der Absorber, insbesondere auf die Energieniveaus der Elektronen ziehen. Die Absorptionsspektroskopie hat den Vorteil, dass die oft schwierig zu realisierende Anregung entfällt. Man beleuchtet entweder mit einer monochromatischen Lichtquelle, deren Wellenlänge geändert werden kann, oder man analysiert das durchgelassene Licht spektroskopisch.

---

[1]    J. H. Lambert (1728 – 1777).
[2]    A. Beer (1825 – 1863).

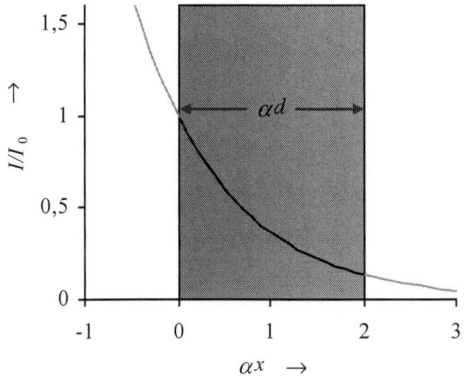

**Abb. 6.5** *Verlauf der Intensität bei Absorption von Licht, die durch das Lambertsche Gesetz beschrieben wird, durch eine Zone der Dicke d.*

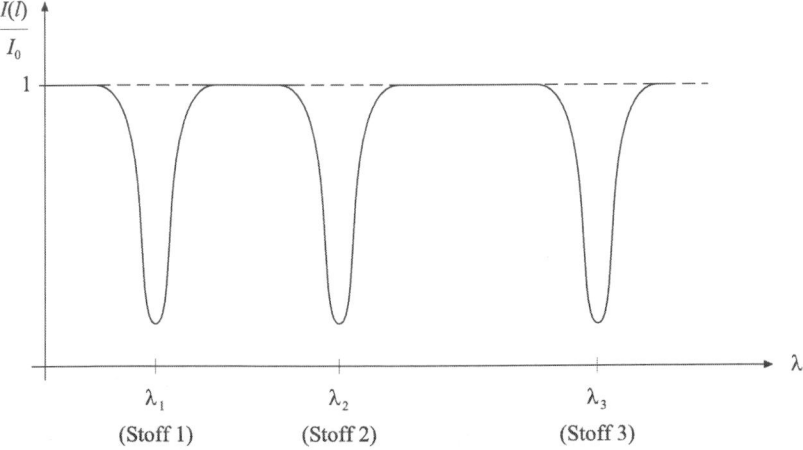

**Abb. 6.6** *Absorptionsspektrum.*

## Streuung

Bei der Betrachtung der Ausbreitung von Licht sind wir bislang von homogenen Medien ausgegangen, was konkret bedeutet, dass z. B. die Ausbreitungsgeschwindigkeit oder der Absorptionskoeffizient über einen Bereich, der groß gegen die Wellenlänge ist, als örtlich konstant angesehen werden können. Befinden sich jedoch in dem Medium unregelmäßig verteilte kleine Partikel, deren optische Eigenschaften sich von denen des Mediums unterscheiden, so wird das Licht gestreut.

Diese Erscheinung kann man sehr gut beobachten, wenn z. B. Autoscheinwerfer im Nebel leuchten. Bei klarer Luft können wir das Licht des Scheinwerfers nicht „von der Seite" sehen, wir müssen entweder in den Scheinwerfer schauen oder auf eine Fläche, die der Scheinwerfer beleuchtet, denn das Licht muss direkt von der Quelle zu unserem Auge gelangen. Ist dagegen die Luft mit Nebel, also kleinen Wassertröpfchen, angereichert, so wird ein

Teil des Lichtes, das der Scheinwerfer abstrahlt, aus der ursprünglichen Richtung abgelenkt und gelangt zum Auge, auch wenn wir weder in den Scheinwerfer noch auf eine von ihm beleuchtete Fläche blicken. Streuung beeinflusst in vielen Fällen die Lichtausbreitung, in der Regel können wir Gegenstände nur sehen, weil an ihren Oberflächen Licht gestreut wird. Würde die Luft das Sonnenlicht nicht streuen, so erschiene uns auch bei Tage der Himmel schwarz, so wie ihn die Astronauten auf dem Mond sehen konnten.

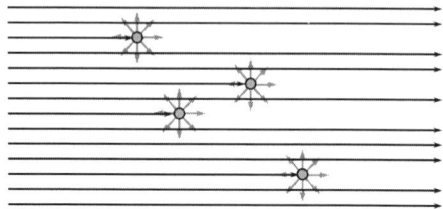

*Abb. 6.7  Streuung von Licht aus einem Parallelbündel.*

Streuzentren können Verunreinigungen wie die Nebeltröpfchen, Staubpartikel, Kolloidteilchen oder Fremdkristallite sein, aber auch Fremdatome oder -moleküle, Störungen in der Kristallstruktur oder Dichteschwankungen im Medium. Je nach Art, Größe und räumlicher Verteilung der Streuzentren und je nach Wellenlänge des Lichtes nach der Streuung unterscheidet man:

- Rayleigh[1]-Streuung: Hier sind die Streuzentren (Atome, Moleküle, statistische Dichteschwankungen) klein gegen die Lichtwellenlänge.
- Mie[2]-Streuung: Die Streuzentren (Nebel, Staub, Kolloidteilchen...) sind wesentlich größer als die Wellenlänge.
- Thomson[3]-Streuung an Elektronen, deren Bindungseigenschaften an Atomkerne vernachlässigt werden kann. Die Energie der Photonen muss wesentlich größer sein als die Bindungsenergie der Elektronen, daher erfahren üblicherweise Röntgenstrahlen diesen Streumechanismus.

Bei diesen drei Streumechanismen ändern sich die Wellenlänge des Streulichtes und damit auch die Energie der Photonen nicht. Man bezeichnet diese Art von Streuung auch als „elastische" Streuung. Dagegen sind folgende Streumechanismen „inelastisch", da die Wellenlängen des gestreuten Lichtes von der des einfallenden Lichtes verschieden sind. Die wesentlichen Mechanismen sind die

- Raman[4]-Streuung: Hier regt entweder das einfallende Licht Moleküle oder Kristalle zu Schwingungen an, so dass die Photonen des Streulichtes eine entsprechend geringere Energie aufweisen, oder es wird Schwingungsenergie auf die Photonen übertragen, wodurch sich ihre Energie vergrößert.

---

[1]    J. W. Rayleigh (1842 – 1919).
[2]    G. A. L. Mie (1868 – 1957).
[3]    J. J. Thomson (1856 – 1940).
[4]    C. V. Raman (1888 – 1970).

- Brillouin[1]-Streuung: Sie hat einen ähnlichen Mechanismus wie die Raman-Streuung. Die Photonen regen entweder Kristallschwingungen (akustische Phononen) an oder nehmen Energie dieser Schwingungen auf.
- Compton[2]-Streuung, bei der sich die Wellenlänge von Röntgenstrahlen, die an Hüllenelektronen von Atomen gestreut werden, vergrößert. Ein Teil der Photonenenergie wird auf das Elektron übertragen.

Auf die Rayleigh-Streuung wollen wir etwas näher eingehen. Dazu nehmen wir vereinfachend an, dass eine ebene monochromatische Lichtwelle auf die Streuzentren trifft. Da sie viel kleiner als die Wellenlänge sind, erfahren sie das Licht als homogenes elektrisches und magnetisches Feld, dessen Stärke sich kosinusförmig ändert. Das elektrische Feld bewirkt eine Polarisation der Atome, wie im Kapitel 5.2.9 (Verschiebungspolarisation) beschrieben. Nähern wir Elektronenhülle und Atomkern durch eine elektrostatische Ladungsverteilung an, so hat das magnetische Feld keinen Einfluss. Das Dipolmoment, das proportional zum elektrischen Feld ist, ändert sich ebenfalls kosinusförmig, somit stellt das Atom einen Dipolstrahler aus Kapitel 5.5.4 dar. Die Energiestromdichte der von ihm abgestrahlten Wellen ist gemäß (5.562) richtungs- und frequenzabhängig. In Richtung des Dipolmomentes, also in Richtung des elektrischen Feldes senkrecht zur Ausbreitungsrichtung des einfallenden Lichtes, wird nichts abgestrahlt, senkrecht zum Feld ist die Energiestromdichte maximal. Weiterhin wächst die vom Dipol abgestrahlte Leistung proportional zu $\omega^4$, für das sichtbare Licht bedeutet dies, dass blaues Licht viel stärker gestreut wird als rotes.

Zu beachten ist jedoch, dass bei einer großen Zahl homogen verteilter Atome die Wahrscheinlichkeit, dass sich im Abstand von $\lambda/2$ senkrecht zur Feld- und in Beobachtungsrichtung ein weiteres Atom befindet, sehr groß ist. Dieses emittiert mit dem ersten Atom phasengleich, so dass sich beide Wellen in Beobachtungsrichtung auslöschen. Allerdings sind in Gasen wegen statistischer Dichteschwankungen die Atome nicht homogen verteilt, so dass dort die Rayleigh-Streuung beobachtet werden kann. Die Blaufärbung des Himmels bei sonnigem Wetter wird durch diesen Effekt bewirkt, denn aus dem weißen Sonnenlicht wird bevorzugt das höherfrequente blaue Licht gestreut. Aus gleichem Grund erscheint die untergehende Sonne rot: dem weißen Licht fehlt der blaue Anteil, der Rest erscheint uns rot.

Die Energiestromdichte des gestreuten Lichtes einer ebenen Welle ist rotationssymmetrisch um die Richtung des elektrischen Feldes und hängt nur vom Winkel der Beobachtungsrichtung zur Feldrichtung ab (siehe **Abb. 5.232**). Auch wenn das einlaufende Parallelbündel unpolarisiert ist, so stehen immer noch die elektrischen Feldvektoren senkrecht auf der Einfallsrichtung in **Abb. 6.8**. Die Feldvektoren zerlegen wir in eine Komponente $E_n$ in Richtung der Normalen der Streuebene, die von der Einfalls- und der Beobachtungsrichtung aufgespannt wird, und eine dazu senkrechte Komponente $E_{//}$. Diese wiederum zerlegen wir in eine Komponente $E_B$ in Beobachtungsrichtung und eine dazu senkrechte Komponente $E_s$.

Nur die Komponenten $E_n$ und $E_s$ des einfallenden Lichtes tragen zur Energiestromdichte des gestreuten Lichtes bei, denn die Feldvektoren verlaufen senkrecht zur Beobachtungsrichtung. Dabei ist die Energiestromdichte, die von der Anregung der Streuer durch $E_n$ herrührt,

---

[1]   L. Brillouin (1889 – 1969).
[2]   A. H. Compton (1892 – 1962).

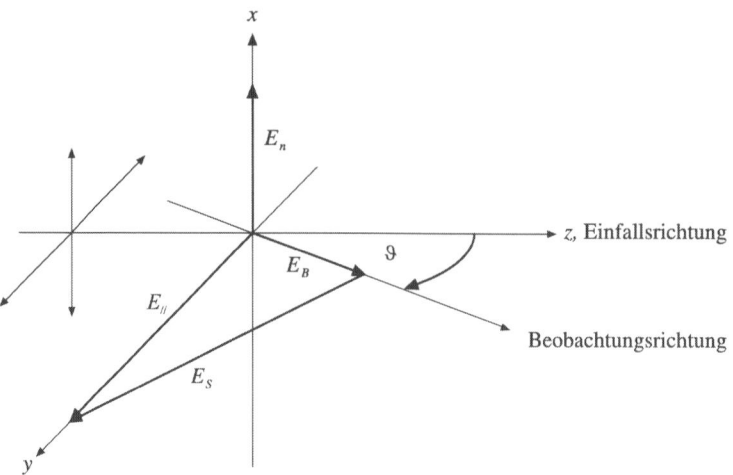

**Abb. 6.8** *Zerlegung von unpolarisiertem Licht, das gestreut wird, in drei zueinander senkrechte Komponenten.*

unabhängig vom Streuwinkel, denn deren Feldstärke ist konstant. Die Komponente $E_s$ wird maximal, nämlich $E_{//}$, in Vorwärts- bzw. Rückwärtsrichtung und null, wenn die Richtung des einfallenden Lichtes und die Beobachtungsrichtung senkrecht aufeinander stehen. Die räumliche Verteilung der gesamten Energiestromdichte des gestreuten Lichtes ist daher rotationssymmetrisch um die Einfallsrichtung, dabei wird gleich stark in Vorwärts- und Rückwärtsrichtung gestreut.

Die Feldvektoren des von der Anregung durch die Feldkomponente $E_n$ herrührenden Streulichtes sind senkrecht zur Streuebene gerichtet, das Licht ist linear in dieser Richtung polarisiert. Stehen Beobachtungs- und Einfallsrichtung des Lichtes senkrecht aufeinander, so trägt nur $E_n$ zum Streulicht bei, dieses ist daher linear polarisiert. Bei anderen Winkeln kommt der von $E_s$ verursachte Anteil, der in der Streuebene polarisiert ist, dazu. Das Streulicht ist somit ein Gemisch aus Licht beider Polarisationsrichtungen, deren Anteile in Vorwärts- und Rückwärtsrichtung gleich groß sind. In diesen Richtungen ist das Streulicht so wie das einfallende Licht unpolarisiert, im Zwischenbereich nennt man es „teilpolarisiert". Die Polarisation nutzt man z. B. bei Sonnenbrillen aus, um die Helligkeit des Himmels zu vermindern.

Bei der Mie-Streuung mit viel größeren Streuzentren sind die Verhältnisse wesentlich komplizierter. Die räumliche Verteilung der Energiestromdichte wurde von G. Mie für kugelförmige Streuzentren berechnet. Aus der Rechnung kann folgende qualitative Aussage getroffen werden: Je größer die Streuzentren sind, umso stärker wird das Licht in Vorwärtsrichtung gestreut.

Durch Streuung wird die Energiestromdichte bzw. Intensität des einlaufenden Lichtes beim Durchtreten des Raumgebietes, in dem sich die Streuzentren befinden, verkleinert. Wie bei der Absorption steigt die Intensitätsminderung mit der Länge des Lichtweges durch das Gebiet. Die längenbezogene Abnahme ist abhängig von der Anzahl $n_Z$ der Streuzentren pro Volumeneinheit sowie deren „Wirkungsquerschnitt" $\sigma_Z$. Dieser ist ein Maß für die Wahrscheinlichkeit, dass Licht an einem Streuzentrum abgelenkt wird. Anschaulich entspricht der Wirkungsquerschnitt der Fläche des Streuzentrums senkrecht zur Einfallsrichtung des

Lichtes, ist aber in der Regel nicht gleich der geometrischen Fläche. Damit erhalten wir einen Zusammenhang, der dem Lambertschen Gesetz (6.11) bzw. (6.12) entspricht.

$$-\frac{\mathrm{d}I}{\mathrm{d}x} = n_Z \sigma_Z I \;\Rightarrow\; I(l) = I_0 e^{-n_Z \sigma_Z l} \tag{6.14}$$

Dabei ist $l$ die Länge des Lichtweges von einer Referenzstelle bei $x = 0$. Die Integration der Differentialgleichung setzt voraus, dass $\sigma_Z$ nicht von der Intensität abhängt. Für die Abschwächung des einlaufenden Lichtes ist es im Prinzip gleichgültig, ob Absorption oder Streuung die Ursache sind. Daher werden häufig Absorptionskoeffizient und $n_Z \sigma_Z$ zum „Extinktionskoeffizienten[1]" zusammengefasst.

Wird Licht durch statistisch in einem Medium verteilte Partikel gestreut, so ist dies ein irreversibler Prozess. Eine monochromatische ebene Lichtwelle mit definierter Ausbreitungsrichtung regt im Fall der Rayleigh-Streuung Atome zu unkoordinierter Lichtemission in alle Raumrichtungen an. Es ist völlig unwahrscheinlich, dass aus dem Licht von zufällig verteilten, unkoordiniert emittierenden Dipolstrahlern durch Interferenz wieder eine ebene monochromatische Welle entsteht.

### Reflexion und Brechung an der Grenzfläche transparenter Medien

Wir haben im Kapitel 4.3.2 gesehen, dass eine Welle, die sich in einem Medium ausbreitet, an der Grenzfläche zu einem anderen Medium teilweise reflektiert wird, nur der übrige Teil überschreitet die Grenzfläche. Transparente Medien, d. h. es gibt weder Absorption noch Streuung, unterscheiden sich hinsichtlich der Geschwindigkeit, mit der sich Wellen ausbreiten können. Diese Ausbreitungsgeschwindigkeit ist abhängig von verschiedenen Eigenschaften des Mediums (siehe **Tab. 4.1**). Für elektromagnetische Wellen beschreibt man Medien auch durch den Brechungsindex (5.549) oder den Wellenwiderstand (5.552). Medien mit einem größeren Brechungsindex werden auch als „optisch dichter" bezeichnet, Medien mit einem kleineren Brechungsindex dagegen als „optisch dünner".

Für die Beschreibung der Ausbreitung von räumlichen Wellenfeldern wie Lichtwellen ist das Huygenssche Prinzip, das wir im Kapitel 4.3.4 kennen gelernt haben, sehr hilfreich.

> Jeder Punkt einer Wellenfront kann als Ausgangspunkt einer elementaren Kugelwelle mit gleicher Frequenz wie die Ausgangswelle angesehen werden. Durch Interferenz der Elementarwellen ergibt sich die Wellenfront zu einem späteren Zeitpunkt.

Mit diesem Modell können sowohl Interferenzeffekte, die wir im Kapitel 6.3 behandeln werden, als auch Reflexion und Brechung von Licht an Grenzflächen erklärt werden. Die Betrachtungen für eine ebene Welle auf Seite 450 ergaben das Reflexionsgesetz:

---

[1]    Extinguere, lat. auslöschen.

- Der Einfallswinkel $\vartheta_i$, d. h. der Winkel zwischen der Grenzflächennormalen, dem Lot, und der Ausbreitungsrichtung der einlaufenden Welle ist gleich dem Ausfallswinkel $\vartheta_r$, d. h. dem Winkel zwischen dem Lot und der Ausbreitungsrichtung der reflektierten Welle.

$$\vartheta_r = \vartheta_i \tag{6.15}$$

Selbstverständlich kann man „ebene Welle" durch „Bündel paralleler Lichtstrahlen" ersetzen. Zu bemerken ist, dass die Winkel beim Reflexionsgesetz (4.294) und **Abb. 4.71** als Winkel zwischen Grenzfläche und Wellenfront definiert sind. Da aber Wellenfront und Ausbreitungsrichtung sowie Grenzfläche und Normale senkrecht aufeinander stehen, sind die Winkel in (6.15) gleich.

- Die Ausbreitungsrichtung der reflektierten Welle verläuft in der Einfallsebene. Diese wird aufgespannt von der Ausbreitungsrichtung der einlaufenden Welle und dem Lot. Zerlegt man den Wellenvektor $\vec{k}$ der einlaufenden Welle in eine Komponente $\vec{k}_\perp$ senkrecht zur Grenzfläche und eine parallele Komponente $\vec{k}_{/\!/}$, so wird bei der Reflexion die Richtung die Richtung von $\vec{k}_\perp$ umgekehrt, $\vec{k}_{/\!/}$ dagegen bleibt unverändert.

Ist die Grenzfläche nicht eben, sondern „rauh", d. h. die Richtung der Oberflächennormalen variiert örtlich in unregelmäßiger Art und Weise, so wird das Licht eines Parallelbündels wie bei der Streuung in alle Richtungen des Halbraums über der Grenzfläche abgelenkt. Diese Reflexion bezeichnet man auch als „diffus". Nur wegen der diffusen Reflexion sind beleuchtete Objekte überhaupt sichtbar.

So wie bei der Reflexion einer ebenen Welle an der Grenzfläche zweier Medien kann auch der Durchtritt, die Transmission, in das andere Medium mit Hilfe des Huygensschen Prinzips beschrieben werden. Daraus ergibt sich das Brechungsgesetz oder Gesetz von Snellius[1]:

- Der Zusammenhang zwischen dem Einfallswinkel $\vartheta_i$ und dem Brechungswinkel $\vartheta_t$, dem Winkel zwischen der Ausbreitungsrichtung der durch die Grenzfläche getretenen Welle und dem Lot ergibt sich aus (4.296) unter Beachtung von (4.297).

$$n_t \sin \vartheta_t = n_i \sin \vartheta_i \tag{6.16}$$

- Die Ausbreitungsrichtung der transmittierten Welle verläuft in der Einfallsebene. Dies gilt allerdings nur für optisch isotrope Medien, bei denen die Ausbreitungsgeschwindigkeit unabhängig von der Richtung ist. Ist dies nicht der Fall, so breiten sich nach dem Durchtritt der einlaufenden Welle durch die Grenzfläche zwei Wellen unterschiedlicher Ausbreitungsrichtungen aus. Dies bezeichnet man auch als „Doppelbrechung".

Bei Lichteinfall von einem optisch dünneren Medium ist (6.16) zufolge der Winkel $\vartheta_t$ der Lichtstrahlen, die in das optisch dichtere Medium eindringen, kleiner als der Einfallswinkel $\vartheta_i$. Man sagt auch, das Licht wird zum Lot hin gebrochen. Für $0 \leq \vartheta_i \leq 90°$ kann sich Licht im optisch dichteren Medium ausbreiten. Im umgekehrten Fall, $n_i > n_t$, werden die Strahlen vom Lot weg-

---

[1]   W. Snellius (1580 – 1626).

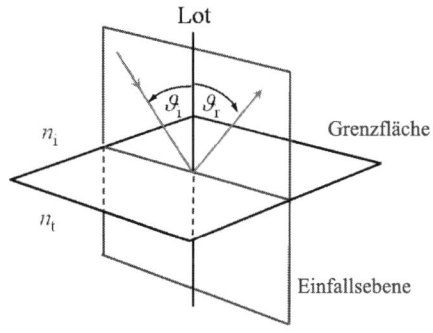 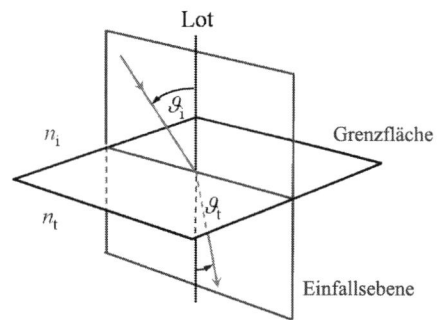

**Abb. 6.9** *Reflexion eines Parallelbündels an einer ebenen Grenzfläche zweier transparenter Medien. Dargestellt ist der Verlauf eines Strahls der parallelen Lichtbündel.*

**Abb. 6.10** *Brechung des Strahls eines Parallelbündels an einer ebenen Grenzfläche zweier Medien.*

gebrochen werden, denn aus (6.16) folgt $\vartheta_t > \vartheta_i$. Da aber $\vartheta_t$ höchstens 90° werden kann, so dass sich das gebrochene Licht parallel zur Grenzfläche ausbreitet, ist $\vartheta_i$ auf den Maximalwert

$$\sin \vartheta_{i,G} = \frac{n_t}{n_i} \tag{6.17}$$

beschränkt. Wie wir im Folgenden sehen werden, wird bei größeren Einfallswinkeln das gesamte einfallende Licht an der Grenzfläche reflektiert. Man spricht daher auch von „Totalreflexion".

Von großer Bedeutung ist die Aufteilung des Energiestroms des einfallenden Lichtes auf das reflektierte und transmittierte Licht. Für senkrechten Einfall können wir das Problem wie bei eindimensionalen Wellen im Kapitel 4.3.2 behandeln. Reflexionsgrad $R$, das Verhältnis aus Intensität des reflektierten Lichtes und Intensität des einlaufenden Lichtes sowie Transmissionsgrad $T$, bei dem stattdessen die Intensität des durch die Grenzfläche tretenden Lichtes ins Verhältnis gesetzt wird, lassen sich durch die Wellenwiderstände $Z_i$ und $Z_t$ der Medien ausdrücken. Aus (5.580) und (5.582) erhalten wir

$$R = \left(\frac{Z_i - Z_t}{Z_i + Z_t}\right)^2 \quad \text{und} \quad T = \frac{4 Z_i Z_t}{(Z_i + Z_t)^2} . \tag{6.18}$$

Zwischen den Wellenwiderständen (5.552) und der Lichtgeschwindigkeit (5.548) besteht der Zusammenhang

$$Z = \sqrt{\frac{\mu_r \mu_0}{\varepsilon_r \varepsilon_0}} = \mu_r \mu_0 \sqrt{\frac{1}{\varepsilon_r \varepsilon_0 \mu_r \mu_0}} = \mu_r \mu_0 c = \mu_0 \frac{c_0}{n} , \tag{6.19}$$

dabei haben wir berücksichtigt, dass für lichtdurchlässige Medien $\mu_r \approx 1$ ist. Setzen wir dies in (6.18) ein, so ergeben sich Reflektivität und Transmissionsgrad zu

$$R = \left(\frac{\dfrac{1}{n_i} - \dfrac{1}{n_t}}{\dfrac{1}{n_i} + \dfrac{1}{n_t}}\right)^2 = \left(\frac{n_t - n_i}{n_t + n_i}\right)^2 = \left(\frac{n_i - n_t}{n_i + n_t}\right)^2, \tag{6.20}$$

$$T = \frac{\dfrac{4}{n_i n_t}}{\left(\dfrac{1}{n_i} + \dfrac{1}{n_t}\right)^2} = \frac{4 n_i n_t}{(n_i + n_t)^2}. \tag{6.21}$$

Für ein Glas mit $n = 1{,}5$ beträgt der Reflexionsgrad an der Grenzfläche zu Luft ($n = 1$) 4%. Da (6.20) hinsichtlich der Brechungsindizes symmetrisch ist, wird auch der gleiche Anteil an einer Grenzfläche Glas-Luft reflektiert.

Um Reflektivität und Transmissionsgrad für andere Einfallswinkel zu bestimmen, müssen wir wie bei der Herleitung von (5.580) und (5.582) der Aufteilung der Energieströme und der Stetigkeit des Übergangs von elektrischen und magnetischen Feldern ausgehen. Ein Bündel paralleler Lichtstrahlen mit einem bestimmten Querschnitt beleuchtet auf der Grenzfläche eine Fläche $A$. Diese ist Ausgang für das reflektierte und das transmittierte Parallel-

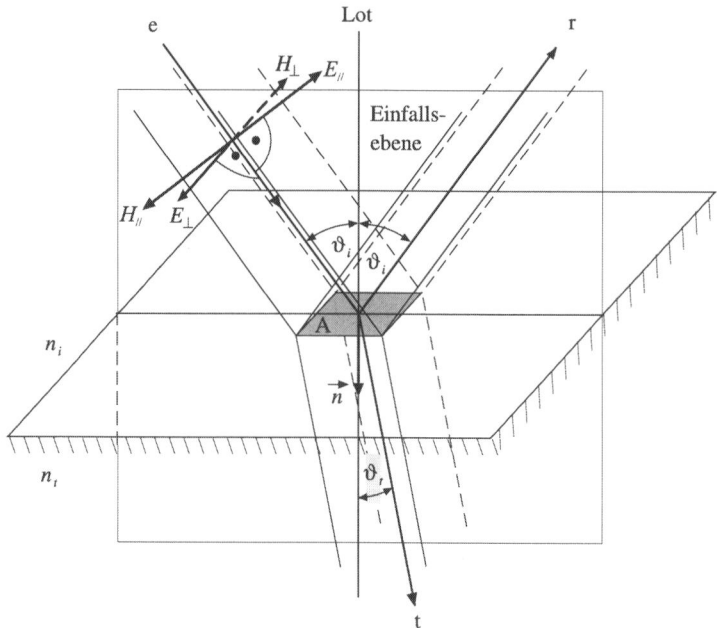

**Abb. 6.11** *Reflexion und Brechung eines Parallelbündels an einer ebenen Grenzfläche.*

bündel. Die Energieströme ergeben sich aus dem Skalarprodukt von Energiestromdichte, ausgedrückt durch den Poynting-Vektor (5.555) der elektromagnetischen Welle, und dem Flächenvektor, dessen Betrag gleich der Fläche und dessen Richtung gleich der Flächennormalen ist.

Der Energiestrom des einfallenden Lichtes teilt sich an der Grenzfläche in die Energieströme des reflektierten und des transmittierten Lichtes auf. Die Poynting-Vektoren können wir mit (5.551) und (6.19) durch die Feldstärken und Wellenwiderstand bzw. Brechungsindizes ausdrücken, die Winkel ergeben sich aus dem Brechungsgesetz (6.16) und dem Reflexionsgesetz (6.15).

$$P_i = \vec{S}_e \bullet \vec{A} = P_r + P_t = \vec{S}_r \bullet \vec{A} + \vec{S}_t \bullet \vec{A} \implies$$

$$\frac{E_i^2}{Z_i}\cos\vartheta_i = \frac{E_r^2}{Z_i}\cos\vartheta_i + \frac{E_t^2}{Z_t}\cos\vartheta_t \implies$$

$$n_i\cos\vartheta_i(E_i^2 - E_r^2) = n_t\cos\vartheta_t E_t^2 \tag{6.22}$$

Für die elektrischen und magnetischen Felder an der Grenzfläche ändert sich die Tangentialkomponente parallel zur Grenzfläche nicht, die Normalkomponente dagegen sprunghaft (siehe **Abb. 5.91** und **5.140**) Dabei ergibt sich das resultierende Feld auf der Seite des einfallenden Lichtes aus der Summe der Feldvektoren von einfallendem und reflektiertem Licht.

Um einen Zusammenhang zwischen den Feldern des einfallenden, reflektierten und transmittierten Lichtes zu erhalten, zerlegt man das elektrische Feld der einfallenden Welle in Komponenten senkrecht und parallel zur Einfallsebene. Reflexion und Brechung dieser beiden Komponenten betrachten wir getrennt:

*Elektrisches Feld senkrecht zur Einfallsebene (Tangentialkomponente)*

$$E_{i,\perp} + E_{r,\perp} = E_{t,\perp} \text{ , eingesetzt in (6.22):} \tag{6.23}$$

$$n_i\cos\vartheta_i(E_{i,\perp}^2 - E_{r,\perp}^2) = n_t\cos\vartheta_t(E_{i,\perp} + E_{r,\perp})^2 \implies$$

$$n_i\cos\vartheta_i(E_{i,\perp} - E_{r,\perp}) = n_t\cos\vartheta_t(E_{i,\perp} + E_{r,\perp}) \implies$$

$$\frac{E_{r,\perp}}{E_{i,\perp}} = \frac{n_i\cos\vartheta_i - n_t\cos\vartheta_t}{n_i\cos\vartheta_i + n_t\cos\vartheta_t} \tag{6.24}$$

Die Reflektivität ist das Verhältnis von reflektiertem und einfallendem Energiestrom.

$$R_\perp = \frac{P_{r,\perp}}{P_{i,\perp}} = \frac{n_i E_{r,\perp}^2\cos\vartheta_i}{n_i E_{i,\perp}^2\cos\vartheta_i} = (\frac{n_i\cos\vartheta_i - n_t\cos\vartheta_t}{n_i\cos\vartheta_i + n_t\cos\vartheta_t})^2 \tag{6.25}$$

Wir drücken $\vartheta_t$ mit Hilfe des Brechungsgesetzes (6.16) durch $\vartheta_i$ aus und berücksichtigen $\sin^2\alpha + \cos^2\alpha = 1$. Mit der Abkürzung

$$n_{rel} := \frac{n_t}{n_i} \tag{6.26}$$

lautet die Reflektivität $R_\perp(\vartheta_i)$

$$R_\perp = (\frac{\cos\vartheta_i - \sqrt{n_{rel}^2 - \sin^2\vartheta_i}}{\cos\vartheta_i + \sqrt{n_{rel}^2 - \sin^2\vartheta_i}})^2 = \frac{(\cos\vartheta_i - \sqrt{n_{rel}^2 - \sin^2\vartheta_i})^4}{(1 - n_{rel}^2)^2}. \tag{6.27}$$

Die Feldstärke der transmittierten Welle ergibt sich durch Einsetzen von (6.24) in (6.23):

$$E_{t,\perp} = E_{i,\perp} + \frac{n_i\cos\vartheta_i - n_t\cos\vartheta_t}{n_i\cos\vartheta_i + n_t\cos\vartheta_t}E_{i,\perp} \quad\Rightarrow$$

$$\frac{E_{t,\perp}}{E_{i,\perp}} = \frac{2n_i\cos\vartheta_i}{n_i\cos\vartheta_i + n_t\cos\vartheta_t} \tag{6.28}$$

Entsprechend erhalten wir den Transmissionsgrad als Verhältnis von transmittiertem und einfallendem Energiestrom.

$$T_\perp = \frac{P_{t,\perp}}{P_{i,\perp}} = \frac{n_t E_{t,\perp}^2 \cos\vartheta_t}{n_i E_{i,\perp}^2 \cos\vartheta_i} = \frac{4 n_i n_t \cos\vartheta_i \cos\vartheta_t}{(n_i\cos\vartheta_i + n_t\cos\vartheta_t)^2} \tag{6.29}$$

Auch hier können wir $\vartheta_t$ eliminieren und den Transmissionsgrad nur durch $\vartheta_i$ ausdrücken.

$$T_\perp = \frac{4 n_i \cos\vartheta_i \sqrt{n_{rel}^2 - \sin^2\vartheta_i}}{(\cos\vartheta_i + \sqrt{n_{rel}^2 - \sin^2\vartheta_i})^2} \tag{6.30}$$

*Elektrisches Feld parallel zur Einfallsebene*
Diese Feldkomponente der elektromagnetischen Welle wird von einem magnetischen Feld begleitet, das senkrecht zur Einfallsebene und somit parallel zur Grenzfläche gerichtet ist. Damit gilt wie in (6.23) für die Felder von einlaufender, reflektierter und transmittierter Welle der Zusammenhang für die Tangentialkomponenten

$$H_{i,\perp} + H_{r,\perp} = H_{t,\perp}. \tag{6.31}$$

Drücken wir die Poynting-Vektoren durch die magnetische Feldstärke und Wellenwiderstand bzw. Brechungsindex aus, so lautet (6.22)

$$Z_i H_i^2 \cos\vartheta_i = Z_r H_r^2 \cos\vartheta_i + Z_t H_t^2 \cos\vartheta_t \quad\Rightarrow$$

$$\frac{\cos\vartheta_i}{n_i}(H_i^2 - H_r^2) = \frac{\cos\vartheta_t}{n_t}H_t^2 \tag{6.32}$$

Wir eliminieren $H_{t,\perp}$ durch Kombination von (6.31) und (6.32).

$$\frac{\cos\vartheta_i}{n_i}(H_{i,\perp} - H_{r,\perp}) = \frac{\cos\vartheta_t}{n_t}(H_{i,\perp} + H_{r,\perp}) \Rightarrow$$

$$\frac{H_{r,\perp}}{H_{i,\perp}} = \frac{Z_i E_{r,//}}{Z_i E_{i,//}} = \frac{E_{r,//}}{E_{i,//}} = \frac{n_t\cos\vartheta_i - n_i\cos\vartheta_t}{n_t\cos\vartheta_i + n_i\cos\vartheta_t} \qquad (6.33)$$

Setzen wir (6.33) in (6.31) ein, so erhalten wir

$$H_{t,\perp} = H_{i,\perp} + \frac{n_t\cos\vartheta_i - n_i\cos\vartheta_t}{n_t\cos\vartheta_i + n_i\cos\vartheta_t}H_{i,\perp} \Rightarrow$$

$$\frac{H_{t,\perp}}{H_{i,\perp}} = \frac{2n_t\cos\vartheta_i}{n_t\cos\vartheta_i + n_i\cos\vartheta_t} = \frac{Z_i H_{t,\perp}}{Z_t H_{i,\perp}} = \frac{n_t H_{t,\perp}}{n_i H_{i,\perp}} \Rightarrow$$

$$\frac{E_{t,//}}{E_{i,//}} = \frac{2n_i\cos\vartheta_i}{n_t\cos\vartheta_i + n_i\cos\vartheta_t} . \qquad (6.34)$$

Reflektivität und Transmissionsgrad betragen

$$R_{//} = \frac{P_{r,//}}{P_{i,//}} = \frac{n_i E_{r,//}^2\cos\vartheta_i}{n_i E_{i,//}^2\cos\vartheta_i} = (\frac{n_t\cos\vartheta_i - n_i\cos\vartheta_t}{n_t\cos\vartheta_i + n_i\cos\vartheta_t})^2 \qquad (6.35)$$

$$T_{//} = \frac{P_{t,//}}{P_{i,//}} = \frac{n_t E_{t,//}^2\cos\vartheta_t}{n_i E_{i,//}^2\cos\vartheta_i} = \frac{4n_i n_t\cos\vartheta_i\cos\vartheta_t}{(n_t\cos\vartheta_i + n_i\cos\vartheta_t)^2} . \qquad (6.36)$$

Bei beiden Größen können wir auch wieder mit dem Brechungsgesetz (6.16) $\vartheta_t$ eliminieren.

$$R_{//} = (\frac{n_{rel}^2\cos\vartheta_i - \sqrt{n_{rel}^2 - \sin^2\vartheta_i}}{n_{rel}^2\cos\vartheta_i + \sqrt{n_{rel}^2 - \sin^2\vartheta_i}})^2 \qquad (6.37)$$

$$T_{//} = \frac{4n_i^2\cos\vartheta_i\sqrt{n_{rel}^2 - \sin^2\vartheta_i}}{(n_{rel}^2\cos\vartheta_i + \sqrt{n_{rel}^2 - \sin^2\vartheta_i})^2} . \qquad (6.38)$$

Die Zusammenhänge (6.24), (6.28), (6.33) und (6.34) zwischen den elektrischen Feldern von einfallendem, reflektiertem und transmittiertem Licht an einer Grenzfläche zweier Medien sowie die dazugehörigen Reflektivitäten und Transmissionsgrade (6.25), (6.35), (6.29) und (6.36) werden auch „Fresnelsche Formeln" genannt. A. J. Fresnel hatte sie 1821 aus einem mechanischen Wellenmodell von Licht hergeleitet. Obwohl sich diese Modellvorstellung aufgrund der Erkenntnisse von J. C. Maxwell und H. Hertz als unzutreffend erwies, können die „Fresnelschen Formeln" auch aus der elektromagnetischen Theorie des Lichtes gewonnen werden. Ihre Gültigkeit ist durch eine Vielzahl von Experimenten bestätigt worden.

*Diskussion von Reflektivität und Transmissionsgrad in Abhängigkeit vom Einfallswinkel*
Beim Einfallswinkel $\vartheta_i = 0$ ist die Reflektivität unabhängig von der Richtung des elektrischen Feldes gegeben durch (6.20). Für die Feldkomponente senkrecht zur Einfallsebene steigt die Reflektivität monoton vom Wert bei $\vartheta_i = 0$ bis zum Maximalwert $R_\perp = 1$. Ist $n_i < n_t$, so wird dieser bei $\vartheta_i = 90°$, also bei streifendem Einfall des Lichtes, erreicht. Wenn dagegen $n_i > n_t$ ist, so wird $R_\perp = 1$ schon beim Grenzwinkel der Totalreflexion (6.17) erreicht. Bei größeren Einfallswinkeln werden die Wurzeln in (6.24), (6.28), (6.33) und (6.34), die sich ergeben, wenn man $\vartheta_t$ mit Hilfe des Brechungsgesetzes (6.16) ausdrückt, imaginär. Die Verhältnisse der Feldstärken von reflektiertem bzw. transmittiertem und einfallendem Licht sind dann komplexe Zahlen. So ist für das reflektierte Licht mit dem elektrischen Feldvektor senkrecht zur Einfallsebene

$$\frac{E_{r,\perp}}{E_{i,\perp}} = \frac{\cos\vartheta_i - j\sqrt{\sin^2\vartheta_i - n_{rel}^2}}{\cos\vartheta_i + j\sqrt{\sin^2\vartheta_i - n_{rel}^2}}$$

$$\frac{E_{r,\perp}}{E_{i,\perp}} = \frac{\cos^2\vartheta_i - \sin^2\vartheta_i + n_{rel}^2}{1 - n_{rel}^2} - j\frac{2\cos\vartheta_i\sqrt{\sin^2\vartheta_i - n_{rel}^2}}{1 - n_{rel}^2} \ . \tag{6.39}$$

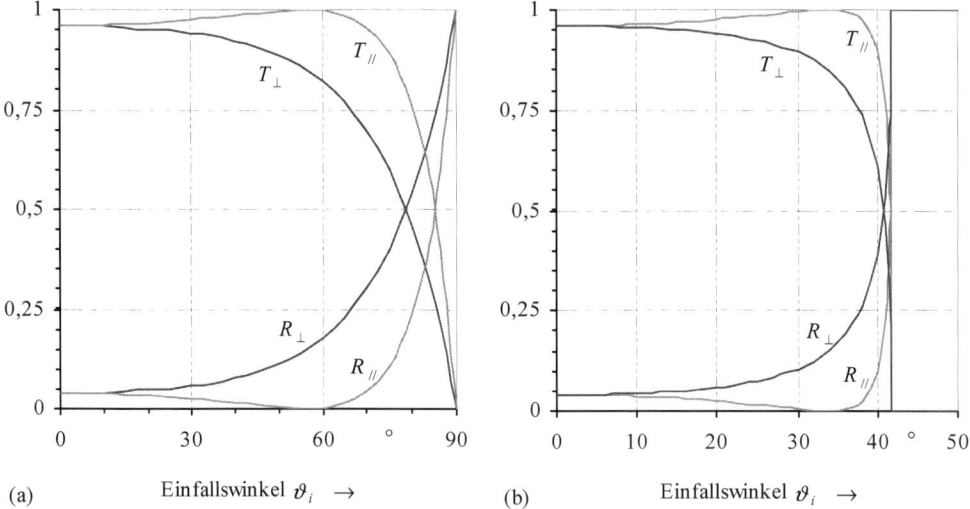

**Abb. 6.12** *Verlauf von Reflektivität und Transmissionsgrad für die Komponenten des elektrischen Feldes senkrecht ($R_\perp$ und $T_\perp$) und parallel ($R_{//}$ und $T_{//}$) zur Einfallsebene. (a): $n_i = 1$; $n_t = 1{,}5$, (b): $n_i = 1{,}5$; $n_t = 1$. Die Reflektivität $R_{//}$ sinkt auf null, wenn das Licht unter dem Brewster-Winkel einfällt.*

Aus diesem komplexen Verhältnis berechnet sich die Reflektivität zu

$$R_\perp = |\frac{E_{r,\perp}}{E_{i,\perp}}|^2 = \frac{(\cos^2\vartheta_i - \sin^2\vartheta_i + n_{rel}^2)^2 + 4\cos^2\vartheta_i(\sin^2\vartheta_i - n_{rel}^2)}{(1-n_{rel}^2)^2}$$

$$R_\perp = \frac{(2\cos^2\vartheta_i - 1 + n_{rel}^2)^2 + 4\cos^2\vartheta_i(1-\cos^2\vartheta_i - n_{rel}^2)}{(1-n_{rel}^2)^2} = 1 . \tag{6.40}$$

Das einfallende Licht wird vollständig reflektiert. Das gleiche Ergebnis erhalten wir für Licht, dessen elektrisches Feld parallel zur Einfallsebene gerichtet ist. Zu bemerken ist, dass auch bei Totalreflexion eine elektromagnetische Welle in das optisch dünnere Medium eindringt. Die Feldstärke fällt jedoch exponentiell mit dem Abstand zur Grenzfläche ab und ist nach wenigen Wellenlängen vollständig abgeklungen. Mit dieser „inhomogenen Welle", deren Wellenfronten senkrecht zur Grenzfläche verlaufen, ist jedoch kein Energietransport in das optisch dünnere Medium verbunden.

Die Reflektivität (6.35) der zur Einfallsebene parallelen Komponente des elektrischen Feldes hat eine Nullstelle beim so genannten Brewster[1]-Winkel. Dann gilt

$$n_t\cos\vartheta_{i,B} = n_i\cos\vartheta_{t,B} , (6.16) \Rightarrow$$

$$\frac{n_t}{n_i}\cos\vartheta_{i,B} = \sqrt{1-(\frac{n_i}{n_t}\sin\vartheta_{i,B})^2} . \tag{6.41}$$

Wir quadrieren die Gleichung und drücken $\cos\vartheta_{i,B}$ und $\sin\vartheta_{i,B}$ durch $\tan\vartheta_{i,B}$ aus.

$$(\frac{n_t}{n_i})^2 \frac{1}{1+\tan^2\vartheta_{i,B}} = 1 - (\frac{n_i}{n_t})^2 \frac{\tan^2\vartheta_{i,B}}{1+\tan^2\vartheta_{i,B}} \Rightarrow$$

$$(\frac{n_t}{n_i})^4 \frac{1}{1+\tan^2\vartheta_{i,B}} = (\frac{n_t}{n_i})^2 - \frac{\tan^2\vartheta_{i,B}}{1+\tan^2\vartheta_{i,B}} \Rightarrow \tan\vartheta_{i,B} = \frac{n_t}{n_i} \tag{6.42}$$

Bei der Brechung vom optisch dichteren in ein optisch dünneres Medium ist der Brewster-Winkel (6.42) immer kleiner als der Grenzwinkel der Totalreflexion (6.17), da in diesem Fall $\arctan(n_t/n_i) < \arcsin(n_t/n_i)$ ist. Außerdem ist wegen $n_t/n_i < 1$ in (6.42) $\vartheta_{i,B} < 45°$. Das durch die Grenzfläche getretene Licht breitet sich unter

$$\sin\vartheta_{t,B} = \frac{n_i}{n_t}\sin\vartheta_{i,B} = \frac{n_i}{n_t}\frac{\tan\vartheta_{i,B}}{\sqrt{1+\tan^2\vartheta_{i,B}}} = \frac{n_i}{\sqrt{n_i^2 + n_t^2}} \tag{6.43}$$

---

[1] D. Brewster (1781 – 1868).

aus. Die Ausbreitungsrichtungen von reflektiertem und transmittiertem Licht stehen senkrecht aufeinander. Drücken wir $\tan\vartheta_{i,B}$ in (6.42) durch $\sin\vartheta_{i,B}$ aus, so ergibt sich aus dem Additionstheorem[1]

$$\vartheta_{i,B} + \vartheta_{t,B} = \arcsin\left(\frac{n_t}{\sqrt{n_i^2 + n_t^2}}\right) + \arcsin\left(\frac{n_i}{\sqrt{n_i^2 + n_t^2}}\right)$$

$$\vartheta_{i,B} + \vartheta_{t,B} = \arcsin\left(\frac{n_t}{\sqrt{n_i^2 + n_t^2}}\sqrt{1 - \frac{n_i^2}{n_i^2 + n_t^2}} + \frac{n_i}{\sqrt{n_i^2 + n_t^2}}\sqrt{1 - \frac{n_t^2}{n_i^2 + n_t^2}}\right)$$

$$\vartheta_{i,B} + \vartheta_{t,B} = \arcsin(1) \quad \Rightarrow \quad \vartheta_{i,B} + \vartheta_{t,B} = 90°. \tag{6.44}$$

Fällt ein Parallelbündel unpolarisiertes Licht, d. h. ein Gemisch von Wellenzügen, deren elektrische Felder keine Vorzugsrichtung aufweisen, auf eine Grenzfläche zweier Medien, so sind wegen der unterschiedlichen Reflektivitäten für die Feldrichtungen senkrecht und parallel zur Einfallsebene die Bündel von reflektiertem und transmittiertem Licht nicht mehr unpolarisiert. Da $R_\perp > R_{//}$ für alle Einfallswinkel ist (siehe **Abb. 6.12**), so wird die Feldrichtung senkrecht zur Einfallsebene bevorzugt reflektiert. Ist der Einfallwinkel gleich dem Brewster-Winkel, so ist das reflektierte Licht vollständig linear polarisiert. Anderseits wird überhaupt kein Licht reflektiert, wenn parallel zur Einfallsebene linear polarisiertes Licht unter dem Brewster-Winkel auf die Grenzfläche einfällt. Das transmittierte Licht ist jedoch immer nur teilweise polarisiert. Reflektivität und Transmissionsgrad für unpolarisiertes Licht sind die Mittelwerte der Reflektivitäten der Feldkomponenten (6.25) senkrecht und (6.35) parallel zur Einfallsebene bzw. die Mittelwerte der entsprechenden Transmissionsgrade (6.29) und (6.36).

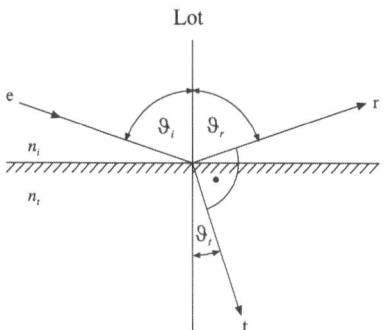

**Abb. 6.13** *Fällt Licht unter dem Brewster-Winkel auf die Grenzfläche, so stehen reflektierter und transmittierter Strahl senkrecht aufeinander.*

---

[1]   $\arcsin(a) + \arcsin(b) = \arcsin(a\sqrt{1 - b^2} + b\sqrt{1 - a^2})$

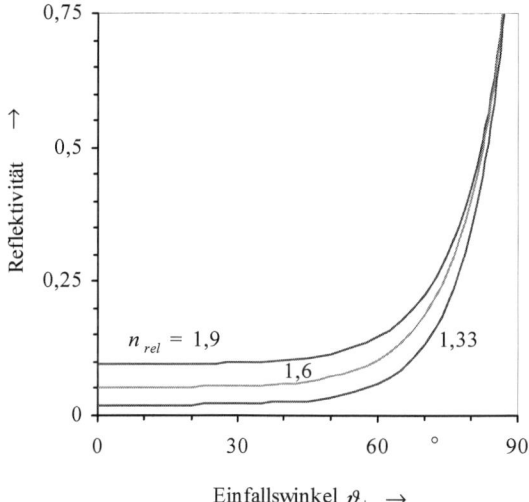

**Abb. 6.14** *Mittlere Reflexionsgrade für verschiedene relative Brechungsindizes. Die Reflektivität steigt mit wachsendem $n_{rel}$.*

**Reflexion an der Grenzfläche zu absorbierenden Medien**

Dringt Licht von einem transparenten Medium in ein Medium ein, dessen Absorptionsverhalten dem Lambertschen Gesetz (6.12) gehorcht, so werden der Energiestrom und damit auch die Amplituden der elektrischen und magnetischen Felder exponentiell gedämpft. Nach Durchlaufen einer Entfernung $x$ von einem Referenzpunkt in Ausbreitungsrichtung beträgt das elektrische Feld (in komplexer Darstellung) einer ebenen Welle mit der Frequenz $\omega$

$$\underline{\vec{E}} = \vec{E}_0 e^{-\frac{\alpha}{2}x} e^{j\omega(t-\frac{x}{c})}.$$ (6.45)

Hier ist $\vec{E}_0$ das elektrische Feld an der Referenzstelle, $\alpha$ der Absorptionskoeffizient und $c$ die Lichtgeschwindigkeit im Medium. Aufgrund des quadratischen Zusammenhanges zwischen Feldstärke und Energiestrom wird die Feldstärke mit $\alpha/2$ exponentiell geschwächt. Wir trennen in (6.45) in den Exponentialtermen die räumlichen und zeitlichen Anteile und berücksichtigen $c = c_0/n$ sowie $c_0/\omega = \lambda/(2\pi)$.

$$\underline{\vec{E}} = \vec{E}_0 e^{-j\frac{\omega}{c_0}x(n-j\frac{\alpha c_0}{2\omega})} e^{j\omega t} = \vec{E}_0 e^{-j\frac{\omega}{c_0}x(n-j\frac{\alpha\lambda}{4\pi})} e^{j\omega t} = \vec{E}_0 e^{-j\frac{\omega}{c_0}\underline{n}x} e^{j\omega t}$$ (6.46)

Zur Beschreibung der Ausbreitung einer ebenen Welle in einem absorbierenden Medium wird der komplexe Brechungsindex

$$\underline{n} := n - j\frac{\alpha\lambda}{4\pi} = n - jk \,^{1}$$ (6.47)

---

[1]   $k$ darf nicht mit der Wellenzahl $2\pi/\lambda$ verwechselt werden!

eingeführt. Der Imaginärteil beschreibt die Schwächung der Welle pro Wellenlänge. Formal wird so die Ausbreitungsgeschwindigkeit ebenfalls komplex. Die Fresnelschen Formeln sind auch noch anwendbar, wenn die Medien durch komplexe Brechungsindizes beschrieben werden. Allerdings treten dann bei schrägem Lichteinfall auf eine Grenzfläche im Brechungsgesetz (6.16) Sinusterme auf, die ebenfalls komplex sind und deren physikalische Bedeutung erst einmal zu klären ist. Wir wollen uns daher auf den Fall des senkrechten Auftreffens von einer ebenen Welle auf die Grenzfläche eines transparenten Mediums zu einem absorbierenden Medium beschränken. Dann sind wie an Grenzflächen von transparenten Medien $\vartheta_r = \vartheta_t = 0$. Die Reflektivität beträgt gemäß (6.20)

$$R = \frac{|n_i - \underline{n}_t|^2}{|n_i + \underline{n}_t|^2} = \frac{|n_i - n_t + jk_t|^2}{|n_i + n_t - jk_t|^2} = \frac{(n_i - n_t)^2 + k_t^2}{(n_i + n_t)^2 + k_t^2} . \tag{6.48}$$

Mit wachsendem $k_t$ steigt auch die Reflektivität gegen 1. Da $k_t$ auch mit der Wellenlänge zunimmt, vergrößert sich bei konstantem $\alpha$ die Reflektivität mit wachsendem $\lambda$. Ist die Absorption auf ein bestimmtes Wellenlängenintervall (im Sichtbaren) beschränkt, so erscheint die Grenzfläche farbig.

Eine besondere Klasse von Licht absorbierenden Stoffen sind Metalle, die sich gegenüber anderen Stoffen durch eine gute elektrische Leitfähigkeit auszeichnen. Wie wir im Kapitel 5.2.7 gesehen haben, hat dies zur Folge, dass im Inneren metallischer Körper die elektrische Feldstärke null ist. Daher wird Licht extrem stark absorbiert, so dass auch die Reflektivität sehr hoch ist, Metalloberflächen erscheinen „glänzend". Eine Metalloberfläche an Luft verhält sich wie ein „festes" Ende eines Mediums, in dem sich Wellen ausbreiten können. Daher wird Licht mit einem Phasensprung von $\pi$ an Metalloberflächen reflektiert. **Abb. 6.15** zeigt die Reflektivitäten von Metalloberflächen an Luft für sichtbares Licht. Vor allem Silber hat eine hohe Reflektivität von über 95%, Aluminium liegt etwas darunter, allerdings variiert die Reflektivität mit der Wellenlänge nur sehr wenig. Daher werden in der Optik sehr gern Aluminiumspiegel verwendet.

Unübertroffen ist jedoch die „verlustfreie" Totalreflexion an der Grenzfläche transparenter Medien. Sie wird besonders dann bevorzugt, wenn das Licht häufiger reflektiert wird, wie

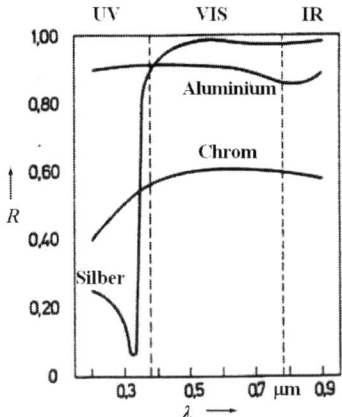

**Abb. 6.15** *Reflektivität von Metalloberflächen an Luft.*

z. B. in einer Spiegelreflexkamera oder bei Ferngläsern. Statt Spiegel werden dort geeignet geformte Glasprismen eingesetzt.

Die Funktion von Lichtleitfasern basiert ebenfalls auf der Totalreflexion. Das Licht, das sich im Faserkern mit hohem Brechungsindex ausbreitet, wird an der Grenzfläche zum Fasermantel total reflektiert. Je nach Fasertyp und -länge wird das Licht viele tausend Mal reflektiert. Auch bei einer Reflektivität von 99% würde das eingespeiste Licht bei 5000 Reflexionen auf $0,99^{5000} = 1,5 \cdot 10^{-22}$ der Ausgangsintensität abgeschwächt!

**Dispersion**

Die Lichtgeschwindigkeit in transparenten Stoffen ist keine Konstante, sondern sie variiert mit der Wellenlänge. Diesen Effekt nennt man Dispersion des Lichtes. Die Lichtgeschwindigkeit wird gemäß (5.549) durch die relative Dielektrizitätskonstante $\varepsilon_r$ des Mediums beeinflusst, setzt man voraus, dass kein relevanter Magnetismus vorliegt, d. h. $\mu_r = 1$ ist. Die Werte für $\varepsilon_r$ werden durch den Polarisationsmechanismus bestimmt, also wie äußere elektrische Felder wie das Licht die gebundenen Ladungen, Elektronen, Ionen, oder Atomgruppen mit elektrischem Dipolmoment verschiebt oder ausrichtet. Da das elektrische Feld von Licht ein harmonisch schwingendes Wechselfeld ist, werden die gebundenen Ladungen zu erzwungenen Schwingungen angeregt, so dass die dielektrische Polarisation abhängig von der Resonanzfunktion ist. Im Bereich optischer Frequenzen liegt im Wesentlichen Elektronenpolarisation vor.

Bei allen Stoffen in **Abb. 6.16** sinkt der Brechungsindex mit wachsender Wellenlänge, blaues Licht wird stärker gebrochen als rotes. Dies kann man besonders gut bei Prismen oder Schmuckdiamanten beobachten. Einen solchen Verlauf bezeichnet man auch als „normale" Dispersion. Daneben gibt es bei vielen Stoffen auch noch Wellenlängenbereiche, in denen der Verlauf umgekehrt ist. Hier liegt „anomale" Dispersion vor. Diese ist stets von Absorption begleitet.

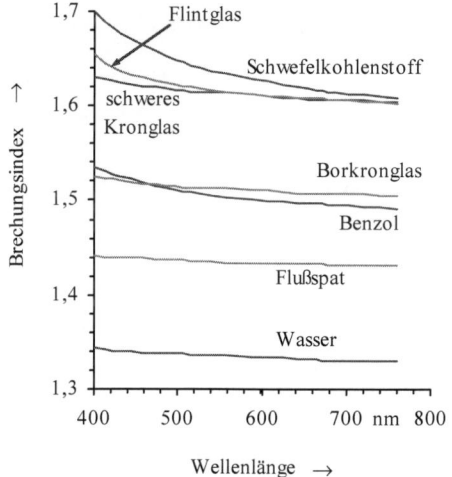

**Abb. 6.16** *Verlauf des Brechungsindex in Abhängigkeit von der Wellenlänge für verschiedene transparente Medien im Sichtbaren.*

Die Abhängigkeit des Brechungsindex von der Wellenlänge hat weiterhin zur Konsequenz, dass Wellenzüge, die Fourierkomponenten unterschiedlicher Frequenzen enthalten, eine Gruppengeschwindigkeit (4.280) haben, die sich von der Phasengeschwindigkeit, also der Lichtgeschwindigkeit im Medium, unterscheidet. Die Gruppengeschwindigkeit in Abhängigkeit vom Brechungsindex ergibt sich aus (4.280) zu

$$c_{Grp.} = c - \lambda \frac{dc}{d\lambda} = c - \lambda \frac{d(\frac{c_0}{n})}{d\lambda} = c - \lambda c_0 \frac{d(\frac{1}{n})}{dn} \frac{dn}{d\lambda} = c + \frac{\lambda c_0}{n^2} \frac{dn}{d\lambda} \Rightarrow$$

$$c_{Grp.} = c + c \frac{\lambda}{n} \frac{dn}{d\lambda}. \tag{6.49}$$

Im Bereich normaler Dispersion ist $dn/d\lambda < 0$, die Gruppengeschwindigkeit ist kleiner als die Lichtgeschwindigkeit. Damit verbunden ist auch ein „Auseinanderlaufen" der Wellenzüge bei gleichzeitiger Reduktion der Energiedichte in den von ihnen eingenommenen Raumgebieten. Besonders bei Lichtleitfasern, die für die Kommunikationstechnik eingesetzt werden, ist man daher bemüht, möglichst dispersionsarme Werkstoffe einzusetzen.

Für optische Geräte werden häufig Gläser eingesetzt. Um ihre optischen Eigenschaften im sichtbaren Spektrum zu charakterisieren, werden meist ein mittlerer Brechungsindex im Gelben bei 589,3 nm sowie die Abbesche[1] Zahl

$$\nu := \frac{n(589,3\text{nm}) - 1}{n(486,1\text{nm}) - n(656,3\text{nm})}, \tag{6.50}$$

die ein Maß für die relative Dispersion ist, angegeben.

**Tab. 6.2** *Mittlere Brechungsindizes bei λ = 589,3 nm verschiedener Stoffe.*

|  | Stoff | *n* |  | Stoff | *n* |  | Stoff | *n* |
|---|---|---|---|---|---|---|---|---|
| Kristalle | Eis | 1,309 | Gläser | Quarzglas | 1,458 | Flüssigkeiten (20°C) | Wasser | 1,333 |
|  | Flussspat | 1,434 |  | Borkronglas | 1,510 |  | Äthanol | 1,360 |
|  | Natriumchlorid | 1,554 |  | Flintglas | 1,613 |  | Glyzerin | 1,473 |
|  | Kalkspat | 1,658 |  |  |  |  | Toluol | 1,496 |
|  | Bariumoxid | 1,980 |  |  |  |  | Benzol | 1,501 |
|  | Diamant | 2,417 |  |  |  |  | Schwefelkohlenstoff | 1,628 |

## 6.1.4    Polarisation von Licht

Licht aus den meisten Quellen ist unpolarisiert, da die elementaren Strahler (im Sichtbaren: Atome) regellos orientiert sind und völlig unkoordiniert Dipolstrahlung emittieren.[2] Die Vektoren von elektrischen und magnetischen Feldern dieser Wellen stehen zwar senkrecht auf einer bestimmten Ausbreitungsrichtung, ansonsten wird aber keine Richtung bevorzugt.

---

[1]    E. Abbe (1840 – 1905).

[2]    Das Licht, das ein einzelner Strahler aussendet, ist sehr wohl polarisiert.

Aus dem Licht eines solchen Parallelbündels kann jedoch mit einem geeigneten „Polarisator" eine bestimmte Feldrichtung ausgewählt werden. Das Licht ist dann in dieser Richtung linear polarisiert.

Zwei Polarisationsmechanismen haben wir schon kennen gelernt:

- Bei der Rayleigh-Streuung ist das Streulicht, das senkrecht zur Richtung des einfallenden Lichtes beobachtet wird, senkrecht zur Streuebene, die durch die Einfalls- und Beobachtungsrichtung aufgespannt wird, linear polarisiert.
- Fällt Licht unter dem Brewster-Winkel auf die Grenzfläche zweier transparenter Medien, so ist das reflektierte Licht senkrecht zur Einfallsebene linear polarisiert. Werden mehrere Grenzflächen unter dem Brewster-Winkel durchschritten, so ist das transmittierte Licht (nahezu) linear in der Einfallsebene polarisiert.

Weitere Möglichkeiten, Licht linear zu polarisieren, sind Absorption und Doppelbrechung.

### Polarisation durch Absorption

Ist die Absorption eines Stoffes abhängig von der Polarisation des Lichtes, so nennt man diesen Stoff „dichroitisch[1]". Seine Struktur ist anisotrop, so dass die dielektrische Polarisation, die von den elektrischen Feldern des Lichtes verursacht wird, richtungsabhängig ist. Heute werden als Polarisationsfilter häufig organische Stoffe eingesetzt, die aus langen Ket-

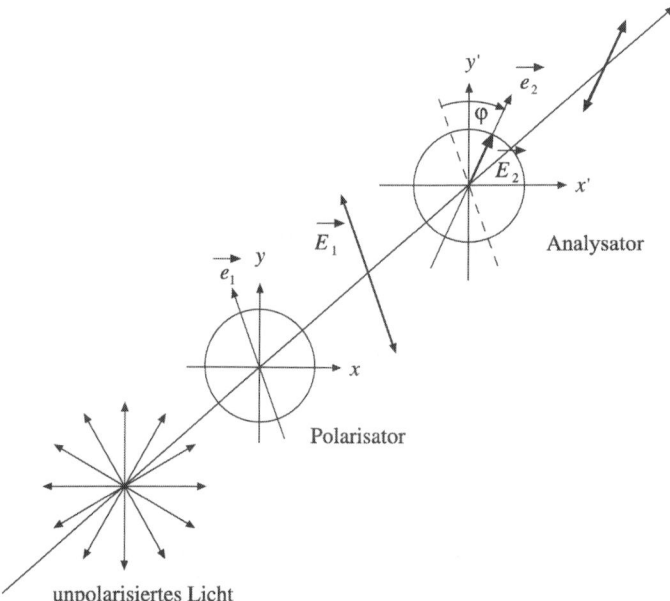

**Abb. 6.17** *Unpolarisiertes Licht passiert zwei Polarisatoren: Nach dem ersten ist es linear polarisiert, der zweite lässt nur noch die Komponente in Richtung seiner Transmissionsachse durch.*

---

[1]    Griech. zweifarbig. Bei den ersten bekannten Stoffen dieser Art ist die Absorption auch noch stark wellenlängenabhängig, so dass sie bei unterschiedlicher Polarisation auch unterschiedliche Farben zeigen.

tenmolekülen bestehen, die beim Herstellungsprozess in eine Richtung orientiert werden. Die elektrische Leitfähigkeit dieser Moleküle ist für Wechselfelder mit sehr hohen Frequenzen groß, so dass Licht, dessen elektrisches Feld parallel zu den Molekülen gerichtet ist, in diesen „Drähten" Ladungsströme auslöst, so dass es stark absorbiert wird. Die Absorption ist dagegen gering, wenn das elektrische Feld senkrecht zu den Molekülen schwingt. Diese Richtung nennt man auch „Transmissionsachse" des Polarisators. Für sichtbares Licht ist die Polarisation bei den meisten derartigen Folien nahezu unabhängig von der Wellenlänge. Sie erscheinen bei Beleuchtung durch unpolarisiertes Licht grau, da höchstens die Hälfte des einfallenden Energiestroms durchgelassen wird. Die Komponenten des elektrischen Feldes der Wellenzüge in Richtung der Transmissionsachse, die im Idealfall den Polarisator ungeschwächt passieren können, transportieren nämlich den gleichen Energiestrom wie die Komponenten senkrecht dazu, die vollständig absorbiert werden.

Das durchgelassene Licht ist dann in Richtung der Transmissionsachse linear polarisiert. Zum Nachweis der Polarisation muss das Licht einen weiteren Polarisator, der auch „Analysator" genannt wird, passieren. Verläuft dessen Transmissionsachse parallel zur Transmissionsachse des ersten Polarisators, so wird das gesamte auf den Analysator fallende Licht durchgelassen. Sind dagegen die Transmissionsachsen senkrecht zueinander orientiert, lässt der Analysator überhaupt kein Licht durch.

Fällt polarisiertes Licht mit der Amplitude des elektrischen Feldes $\vec{E}_1$ auf einen Analysator, dessen Transmissionsachse in Richtung $\vec{e}_2$ weist, so wird von ihm Licht mit der Feldamplitude

$$\vec{E}_2 = (\vec{E}_1 \bullet \vec{e}_2)\vec{e}_2 = E_1 \cos\varphi\, \vec{e}_2 \tag{6.51}$$

durchgelassen. $\Box$ $\varphi$ ist der Winkel zwischen $\vec{E}_1$ und $\vec{e}_2$. Hat das Licht vor dem Polarisator die Intensität $I_1 = E_1^2/(2\mu_0 c_0)$, so beträgt sie hinter dem Analysator

$$I_2 = \frac{E_2^2}{2\mu_0 c_0} = \frac{E_1^2}{2\mu_0 c_0}\cos^2\varphi \quad \Rightarrow \quad I_2 = I_1 \cos^2\varphi \ . \tag{6.52}$$

Dieser Zusammenhang heißt auch nach seinem Entdecker „Gesetz von Malus[1]", es wurde von ihm auf experimentellem Weg gefunden. Dabei ist es gleichgültig, wodurch das Licht polarisiert wird. Unabhängig vom Polarisationsmechanismus (Absorption, Reflexion, Streuung, Doppelbrechung) zeichnet jeder Polarisator eine Transmissionsachse aus. Ist das einfallende Parallelbündel in dieser Richtung linear polarisiert, so wird das Licht ungeschwächt durchgelassen.

Licht, bei dem eine Richtung der Feldstärkevektoren bevorzugt auftritt, nennt man teilpolarisiert. Als Polarisationsgrad $V_P$ definiert man das Verhältnis der Intensität $I_p$ des vollständig polarisierten Lichtes und der Gesamtintensität, der Summe aus $I_p$ und der Intensität $I_u$ des unpolarisierten Lichts.

$$V_P := \frac{I_p}{I_p + I_u} \tag{6.53}$$

---

[1] E. L. Malus (1775 – 1812).

Mit einem Polarisator kann man den Polarisationsgrad messen. Dreht man die Transmissi-onsachse, so wird die Intensität des durchgelassenen Lichtes maximal, wenn die Achse in die Vorzugsrichtung der Feldstärke weist. Die durchgelassene Intensität wird minimal, wenn die Transmissionsachse senkrecht zur Richtung maximaler Intensität steht, das Licht mit der bevorzugten Feldrichtung ausgeblendet wird. Da in jeder beliebigen Stellung des Polarisators die halbe Intensität des unpolarisierten Lichtes durchgelassen wird, ist

$$I_{min} = \frac{1}{2} I_u \quad \text{und} \quad I_{max} = \frac{1}{2} I_u + I_p, \tag{6.54}$$

da in der Stellung maximaler Intensität die Feldrichtung senkrecht zur Vorzugsrichtung ge-blockt wird. Damit können wir den Polarisationsgrad durch $I_{min}$ und $I_{max}$ ausdrücken.

$$V_P = \frac{I_{max} - I_{min}}{I_{max} + I_{min}} \tag{6.55}$$

**Doppelbrechung**

Bei vielen Kristallen wie z. B. Kalkspat ist der Brechungsindex abhängig von der Ausbrei-tungsrichtung des Lichtes, da durch die Kristallstruktur die dielektrische Polarisation rich-tungsabhängig ist. Diese Kristalle nennt man „optisch anisotrop". Ein Parallelbündel, das von Luft durch die Grenzfläche eines solchen Kristalls tritt, spaltet sich in zwei Bündel auf. Die Strahlen des einen Bündels verlaufen wie bei optisch isotropen Medien immer in der Einfalls-ebene, unabhängig vom Einfallswinkel. Diese Strahlen nennt man daher auch „ordentliche Strahlen" oder „o-Strahlen". Für sie ist der Brechungsindex richtungsunabhängig. Das zweite Bündel, die „außerordentlichen Strahlen" oder „e-Strahlen", wird in der Regel in eine Richtung gebrochen, die nicht in der Einfallsebene liegt. Betrachtet man einen Gegenstand durch einen doppelbrechenden Kristall, so sieht man meistens zwei leicht zueinander versetzte Bilder.

Doppelbrechende Kristalle wie Kalkspat oder Quarz haben eine ausgezeichnete Richtung, in der die Brechungsindizes für o- und e-Strahlen gleich sind. Diese Richtung nennt man auch „optische Achse" des Kristalls. Trägt man die Brechungsindizes für alle Richtungen in einem Polardiagramm ab, so erhält man für die o-Strahlen eine Kugel, für die e-Strahlen dagegen ein Rotationsellipsoid. Dessen Symmetrieachse entspricht der optischen Achse, die Halbach-se ist gleich dem Kugelradius der o-Strahlen. Senkrecht zur optischen Achse weichen die Brechungsindizes von o- und e-Strahlen maximal voneinander ab. Ist dort der Brechungsin-dex für die o-Strahlen größer, so spricht man von einem „negativen" Kristall, im anderen Fall von einem „positiven". Kalkspat ist ein negativer Kristall mit $n_o = 1,658$ und $n_e = 1,486$, während Quarz ein positiver Kristall ist ($n_o = 1,544$ und $n_e = 1,553$).

Fällt das Licht so auf die Grenzfläche, dass sich das gebrochene Licht in Richtung der opti-schen Achse ausbreitet, so unterscheiden sich ordentliche und außerordentliche Strahlen nicht und es tritt keine Doppelbrechung auf. Dies ist insbesondere der Fall, wenn die opti-sche Achse senkrecht auf der Grenzfläche steht.

In allen anderen Fällen können die Wellenfronten der e-Strahlen nach der Brechung mit Hilfe des Huygensschen Prinzips konstruiert werden. Die Wellenfronten der Elementarwel-len sind jedoch im Gegensatz zu den o-Strahlen keine Kugelschalen, sondern Rotationsel-

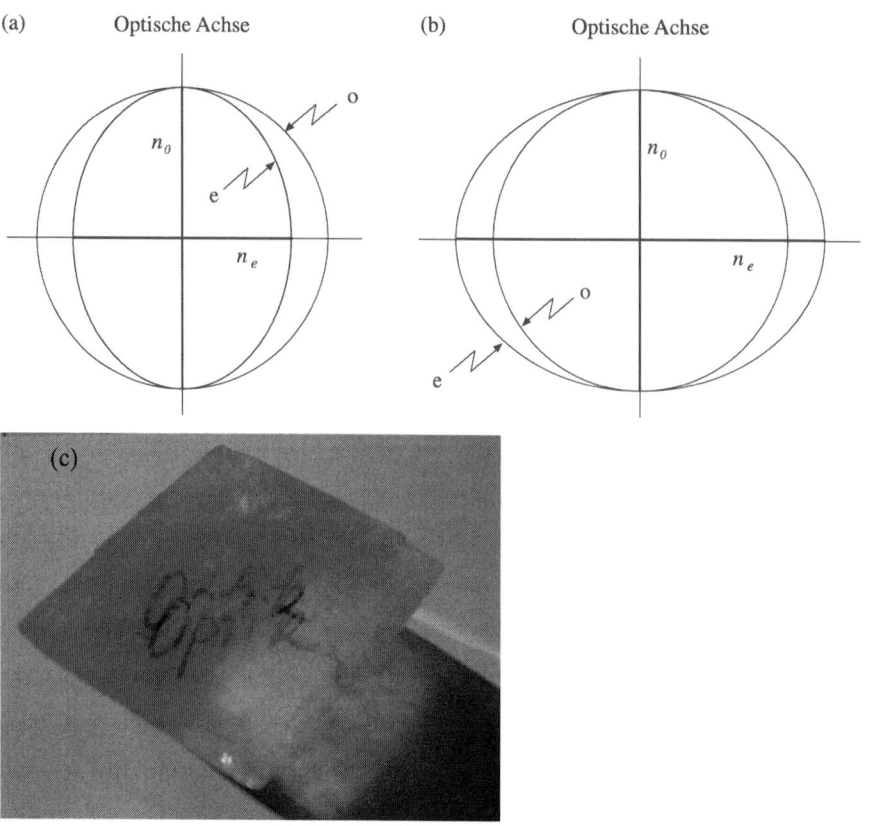

**Abb. 6.18** *Verlauf der Brechungsindizes in Abhängigkeit vom Winkel zur optischen Achse. (a): negativer Kristall, (b): positiver Kristall. (c): Betrachtung eines Gegenstandes durch einen doppelbrechenden Kristall.*

lipsoide. In Richtung der optischen Achse breiten sich die Elementarwellen mit $c_o = c_0/n_o$ aus, senkrecht zu ihr mit $c_e = c_0/n_e$. Bei optisch negativen Kristallen ist der Winkel zwischen e-Strahlen und optischer Achse größer als zwischen o-Strahlen und optischer Achse.

Steht die optische Achse nicht senkrecht auf der Grenzfläche, so spannen optische Achse und Einfallslot eine Ebene, den „Strahlhauptschnitt" auf. Experimente zeigen, dass das Licht von ordentlichen und außerordentlichen Strahlen linear polarisiert ist, die Polarisationsrichtungen stehen senkrecht aufeinander.

> Bei der Doppelbrechung sind ordentliche Strahlen immer senkrecht zum Strahlhauptschnitt, außerordentliche im Strahlhauptschnitt linear polarisiert.

Doppelbrechende Kristalle können als Polarisatoren verwendet werden, wenn man ordentliche und außerordentliche Strahlen durch entsprechende Führung voneinander trennt. Dies kann durch Totalreflexion geschehen wie beim „Glan-Thomson-Prisma", das aus zwei miteinander verkitteten Kalkspatprismen aufgebaut ist. Durch Wahl eines Kitts mit entsprechen-

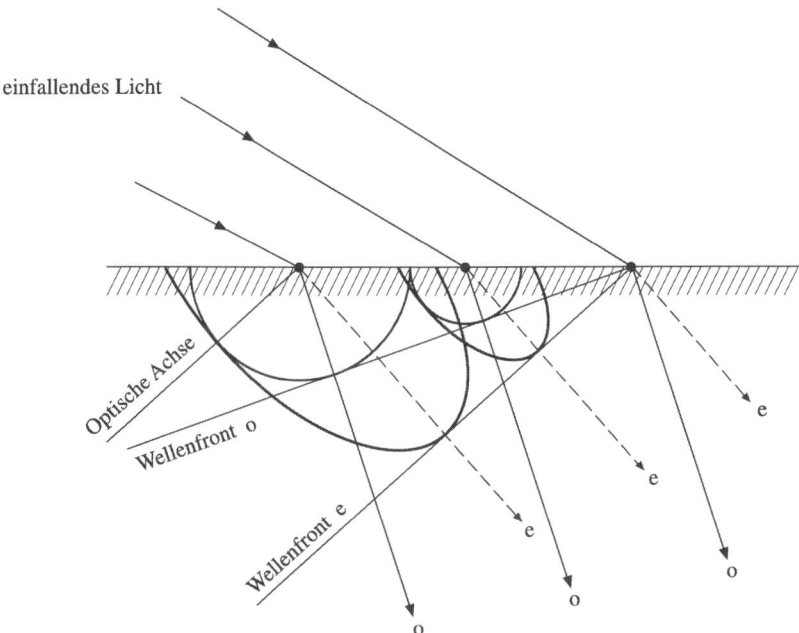

einfallendes Licht

**Abb. 6.19** *Konstruktion der Wellenfronten mit Hilfe des Huygensschen Prinzips bei einem „negativen Kristall". Die optische Achse liegt in der Einfallsebene. Ordentliche(o) und außerordentliche (e) Strahlen werden in unterschiedliche Richtungen abgelenkt.*

dem Brechungsindex kann der Grenzwinkel der Totalreflexion so gewählt werden, dass nur ordentliche Strahlen reflektiert und damit ausgeblendet werden.

Einen wichtigen Spezialfall wollen wir noch betrachten: Licht trifft auf die Grenzfläche eines Kalkspatkristalls, dessen optische Achse parallel zur Grenzfläche, also senkrecht zum Einfallslot, verläuft. Sowohl ordentliche als auch außerordentliche Strahlen werden nicht abgelenkt, breiten sich aber mit unterschiedlichen Lichtgeschwindigkeiten, nämlich mit $c_o = c_0/n_o$ bzw. $c_e = c_0/n_e$ aus. Zwischen den Komponenten des elektrischen Feldes im Strahlhauptschnitt, die sich mit $c_e$ ausbreiten, und den dazu senkrechten (Ausbreitung mit $c_o$) ergibt sich eine Phasendifferenz, abhängig von der Länge des Lichtweges. Man kann die Dicke von Kalkspatplättchen, bei denen die Grenzfläche des Lichteintritts parallel zur Grenzfläche des Lichtaustritts ist, so wählen, dass eine Phasenverschiebung von 90° oder 180° zwischen o- und e-Strahlen entsteht. Nach Durchqueren des Plättchens mit der Dicke $d$ beträgt die Phasenverschiebung zwischen den Wellen

$$\Delta\varphi = \omega(t - \frac{d}{c_e}) - \omega(t - \frac{d}{c_o}) = \frac{\omega}{c_0} d(n_o - n_e) \text{, mit } \frac{\omega}{c_0} = \frac{2\pi}{\lambda_0} \Rightarrow$$

$$\Delta\varphi = d\frac{2\pi}{\lambda_0}(n_o - n_e) . \tag{6.56}$$

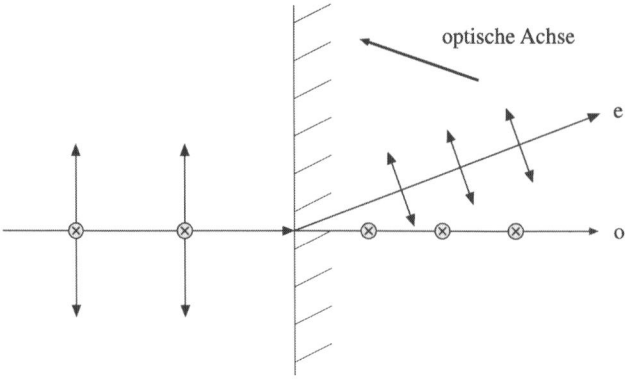

**Abb. 6.20** *Unpolarisiertes Licht trifft senkrecht auf die Grenzfläche eines doppelbrechenden Kristalls. Die optische Achse ist zum Einfallslot geneigt. Der ordentliche Strahl ist senkrecht zum Strahlhauptschnitt, der außerordentliche in der Ebene des Strahlhauptschnitts linear polarisiert. ⊗ stellt die Polarisationsrichtung senkrecht zur Zeichenebene dar.*

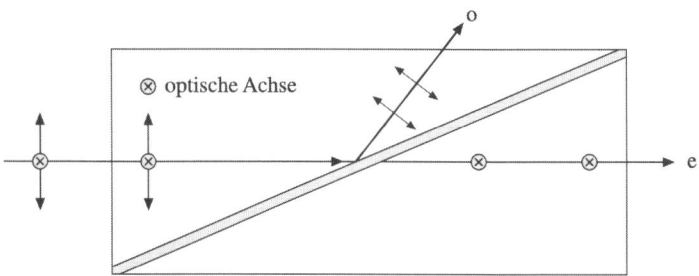

**Abb. 6.21** *Glan-Thomson-Prisma als Polarisator. Die optische Achse verläuft senkrecht zur Zeichenebene.*

Meistens wird die Phasenverschiebung als Gangunterschied zwischen den Wellen in Einheiten von der Wellenlänge angegeben: $\Delta\varphi = 90°$ entspricht einem Gangunterschied von $\lambda/4$. Um diesen Gangunterschied für gelbes Licht mit $\lambda_0 = 589$ nm zwischen e- und o-Strahlen mit einem Kalkspatplättchen ($\Delta n = n_0 - n_e = 0{,}1720$) zu erzeugen, muss es eine Dicke von $d = \lambda_0/(4\Delta n) = 856$ nm haben. Um eine gewisse mechanische Stabilität zu gewährleisten, kann man die Phasenverschiebung auch um Vielfache von $2\pi$ vergrößern, das Plättchen wird dann um Vielfache von $\lambda_0/\Delta n$ dicker.

Fällt linear polarisiertes Licht senkrecht auf ein $\lambda/4$-Plättchen, dessen optische Achse mit der Polarisationsrichtung einen Winkel von 45° einschließt, so werden die einfallenden Wellenzüge in zwei Komponenten aufgespalten, die senkrecht zueinander polarisiert sind und deren Amplituden gemäß (6.51) gleich sind. Am anderen Ende des Plättchens überlagern sich die beiden Komponenten der Wellenzüge wieder, allerdings sind sie um $\Delta\varphi = 90°$ phasenverschoben. Es entsteht „zirkular polarisiertes Licht", der Vektor der elektrischen Feldstärke rotiert um die Ausbreitungsrichtung. Diesen Fall haben wir bei der Behandlung der Lissajous-Figuren (siehe Seite 408) kennen gelernt, diese entstehen, wenn sich zwei Schwingungen, deren Auslenkungen im Winkel von 90° erfolgen, überlagern. Je nach Drehsinn unter-

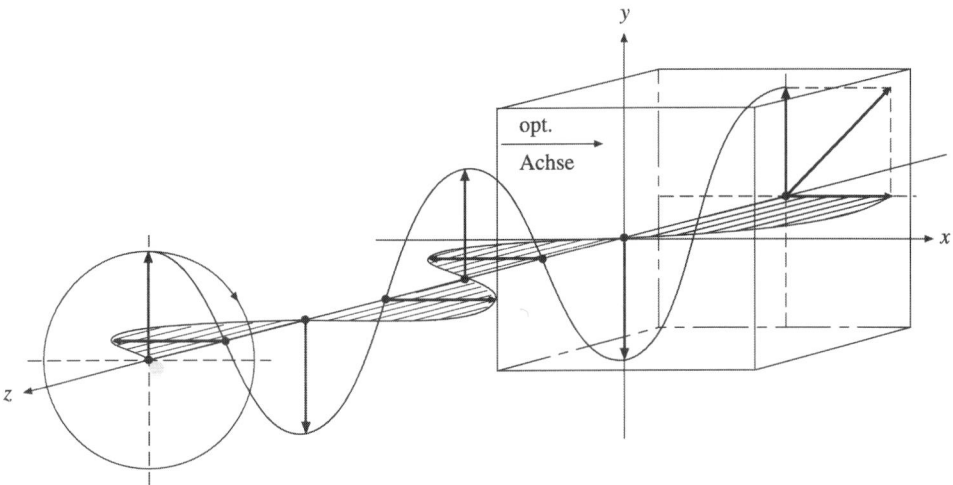

***Abb. 6.22*** *Erzeugung von zirkular polarisiertem Licht aus linear polarisiertem durch ein $\lambda/4$-Plättchen.*

scheidet man zwischen recht- und linkszirkular polarisiertem Licht. Bei Ersterem dreht sich der Feldvektor im Uhrzeigersinn, wenn die Lichtwelle auf den Beobachter zukommt. Eine Phasenverschiebung von 90° bei einem negativen Kristall mit $n_o > n_e$ bewirkt rechts zirkular polarisiertes Licht, ein positiver Kristall links zirkulares Licht. Dies würde auch bei einer Phasenverschiebung um 270° beim negativen Kristall entstehen.

Zirkular polarisiertes Licht ist der Sonderfall von elliptisch polarisiertem Licht, bei dem die Amplituden des elektrischen Feldes in Strahlhauptschnitt und senkrecht dazu unterschiedlich sind. Dies geschieht, wenn der Winkel zwischen der Polarisationsrichtung des einfallenden Lichtes und der optischen Achse nicht 45° oder Vielfache davon betragen. Die Hauptachsen der Ellipse sind parallel und senkrecht zur optischen Achse des Kristalls. Auch bei Phasenverschiebungen zwischen o- und e-Strahlen, die keine Vielfache von 90° oder 270° sind, entsteht beim Einfall von linear polarisiertem Licht eine elliptische Polarisation, allerdings ist die Ellipse zur optischen Achse geneigt.

Zirkular polarisiertes Licht kann mit Hilfe eines Linearpolarisators nicht von unpolarisiertem Licht unterschieden werden. Es wird immer die Hälfte der Lichtintensität durchgelassen, gleichgültig, wie die Transmissionsachse gerichtet ist. Erst wenn das zirkular polarisierte Licht mit einem $\lambda/4$-Plättchen wieder in linear polarisiertes überführt worden ist, kann man es vom unpolarisierten Licht unterscheiden.

Wird statt eines $\lambda/4$-Plättchen ein $\lambda/2$-Plättchen verwendet, so werden die beiden Komponenten des elektrischen Feldes um 180° phasenverschoben, d. h. das Vorzeichen der einen Komponente umgekehrt. Das Licht, das das $\lambda/2$-Plättchen verlässt, ist linear polarisiert, allerdings ist die Polarisationsrichtung gegenüber der ursprünglichen um 90° gedreht.

Beim $\lambda/2$-Plättchen wird einfallendes linear polarisiertes Licht immer in zwei Komponenten (e-Strahlen im Strahlhauptschnitt, o-Strahlen senkrecht dazu) zerlegt, von denen eine um

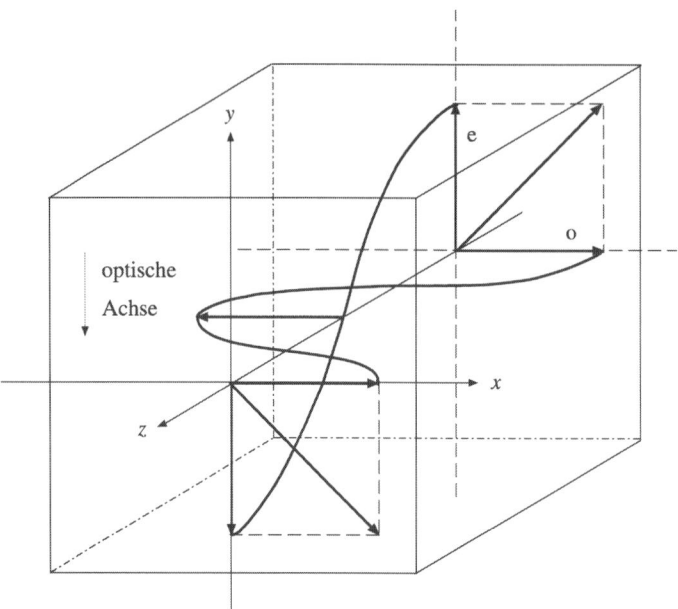

**Abb. 6.23** *Drehung der Polarisationsrichtung von linear polarisiertem Licht durch ein λ/2-Plättchen.*

180° phasenverschoben, also invertiert wird. Schließt die Polarisationsrichtung des einfallenden Lichtes einen Winkel $\alpha$ mit der optischen Achse des $\lambda/2$-Plättchens ein, so wird, wie in **Abb. 6.24** dargestellt, die Polarisation nach dem Durchtritt um $2\alpha$ gedreht. Mit einem $\lambda/2$-Plättchen kann man daher die Polarisationsrichtung beliebig drehen.

Neben optisch anisotropen Kristallen können auch Stoffe, die von Natur aus nicht doppelbrechend sind, durch äußere Einflüsse diese Eigenschaft erhalten. Durch mechanische Spannungen wird der Abstand der Atome in einem Festkörper verändert. So vermindert sich bei einem auf Zug belasteten Glasstab der Brechungsindex in Zugrichtung, da sich der Abstand der Atome vergrößert, gegenüber der Querrichtung. Linear polarisiertes Licht wird durch die Doppelbrechung elliptisch polarisiert, ein nachgeschalteter Linearpolarisator, dessen Transmissionsachse senkrecht zur Polarisationsrichtung des einfallenden Lichtes orientiert ist, lässt Licht durch. Auf diese Weise können bei transparenten Objekten aus Glas oder Kunststoff mechanische Spannungen sichtbar gemacht werden.

Doppelbrechung kann auch durch elektrische oder magnetische Felder bewirkt werden. Beim Kerr[1]-Effekt werden optisch isotrope Stoffe wie z. B. Benzol oder Nitrotoluol durch ein elektrisches Feld, das senkrecht zur Ausbreitungsrichtung des Lichtes verläuft, doppelbrechend. Die Differenz $\Delta n$ der Brechungsindizes von o- und e-Strahlen ist proportional zum Quadrat der Feldstärke. Piezoelektrische Kristalle wie Kaliumdihydrogenphosphat (KDP) oder Lithiumniobat werden durch den Pockels[2]-Effekt, der wie der Kerr-Effekt durch elektri-

[1]    J. Kerr (1824 – 1907)
[2]    W. Pockels (1865 – 1913)

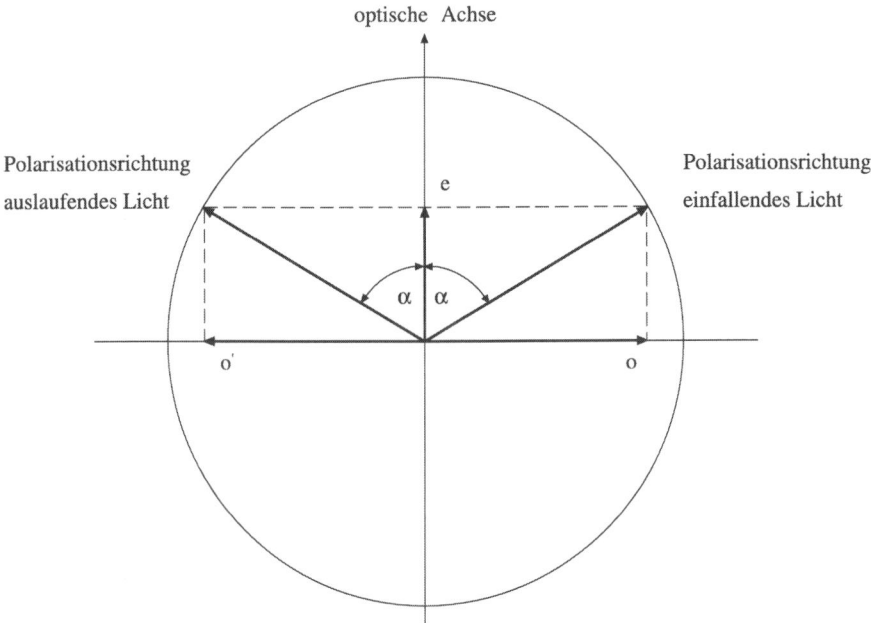

**Abb. 6.24** *Drehung der Polarisationsrichtung um beliebige Winkel.*

sche Felder verursacht wird, doppelbrechend. Allerdings können hier Feldrichtung und Ausbreitungsrichtung des Lichtes sowohl parallel als auch senkrecht zueinander stehen. $\Delta n$ ist
proportional zur Feldstärke. Besonders der Pockels-Effekt wird in elektro-optischen Schal-
tern zur Modulation von Licht eingesetzt, dabei können Modulationsfrequenzen über 1 GHz
erreicht werden. Durch Anlegen einer Spannung wird der Kristall zu einem $\lambda/2$-Plättchen,
mit dem die lineare Polarisation des einfallenden Lichtes um 90° gedreht werden kann, so
dass es von einem weiteren Linearpolarisator geblockt werden kann.

**Optische Aktivität**
Wird die Polarisationsrichtung von linear polarisiertem Licht beim Durchtritt durch ein Medium gedreht, so nennt man dieses Medium „optisch aktiv". Quarz oder wässrige Lösungen
von Rohr- und Traubenzucker sowie Wein- oder Buttersäure sind Beispiele solcher optisch
aktiver Stoffe. Sie sind aus asymmetrischen Molekülen aufgebaut, die eine Drehung der
Polarisationsrichtung bewirken. Der Drehwinkel ist proportional zur Dicke des Mediums und
hängt in hohem Maße von der Wellenlänge ab. Bei Lösungen ist er proportional zur Konzentration des optisch aktiven Stoffes. So wird der Zuckergehalt von Harn zur Diagnose der
Zuckerkrankheit oder von Traubenmost (Öchslegrade) gemessen.

Die Funktion von Flüssigkristallanzeigen (LCD) beruht auch auf der optischen Aktivität,
die durch Anlegen einer elektrischen Spannung ein- und ausgeschaltet werden kann. Ohne
äußere Spannung richten sich die lang gestreckten Moleküle schraubenförmig aus, wodurch
die Polarisationsrichtung des einfallenden Lichtes gedreht wird. Diese Ausrichtung wird

durch eine spezielle Präparation der Elektroden, aufgrund der sich die Moleküle in einer bestimmten Vorzugsrichtung in der Elektrodenebene an sie anlagern, bewirkt. Die Vorzugs-richtungen der Elektroden sind meist um 90° zueinander verdreht, so dass sich im Zwi-schenraum die Ausrichtung der Moleküle kontinuierlich ändert. Wird eine Spannung an die Elektroden gelegt, so richten sich die Moleküle senkrecht zu den Elektroden aus, und die Polarisationsrichtung wird nicht mehr gedreht. Da Flüssigkristalle nur eine sehr geringe elektrische Leitfähigkeit haben, wird zum Betrieb der Flüssigkristallanzeigen nur wenig Energie benötigt.

Magnetische Felder in Richtung der Ausbreitung von Licht durch ein isotropes Medium kön-nen ebenfalls die Polarisationsrichtung drehen. Dieser Effekt wurde 1846 von Faraday entdeckt und heißt ihm zu Ehren Faraday-Effekt. Der Winkel, um den die Polarisationsrichtung des einfallenden Lichtes gedreht wird, ist proportional zur Dicke des Mediums und zur Feldstärke. Auch der Faraday-Effekt wird zur Modulation von Licht mit Frequenzen von einigen hundert MHz verwendet, für infrarotes Licht von 1,2 μm − 5 μm Wellenlänge werden häufig Yttrium-Eisen-Granat-Kristalle eingesetzt. Allerdings ist die Abhängigkeit des Drehwinkels nicht mehr linear von der Feldstärke, außerdem ist der Drehwinkel stark wellenlängenabhängig.

Optische Aktivität kann als Doppelbrechung von zirkular polarisiertem Licht interpretiert werden: Die Schwingung eines Wellenzuges von in $x$-Richtung linear polarisiertem Licht beim Eintritt in das Medium kann als Überlagerung von rechts- und links zirkular polarisier-tem Licht dargestellt werden.

$$\vec{E}_i = E\vec{e}_x \cos \omega t$$

$$\vec{E}_i = \frac{E}{2}(\vec{e}_x \cos \omega t + \vec{e}_y \sin \omega t + \vec{e}_x \cos(-\omega t) + \vec{e}_y \sin(-\omega t)) \qquad (6.57)$$

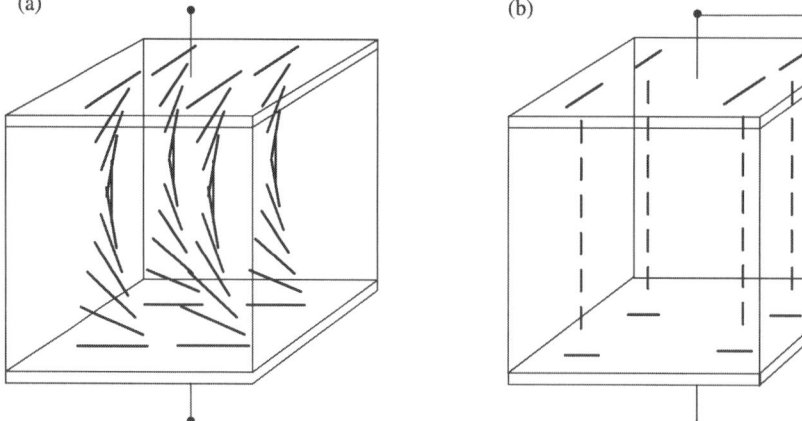

**Abb. 6.25** *Orientierung der Moleküle in einer Flüssigkristallanzeige (a) ohne Spannung an den Elektroden, (b) mit Spannung.*

Erfährt durch die optische Aktivität der links zirkular polarisierte Anteil eine Phasenverschiebung um $\varphi$ beim Verlassen des Mediums gegenüber dem rechts zirkular polarisierten, so ergibt sich der zeitliche Verlauf des elektrischen Feldes zu

$$\vec{E}_a = \frac{E}{2}(\vec{e}_x \cos(\omega t - \varphi) + \vec{e}_y \sin(\omega t - \varphi) + \vec{e}_x \cos(-\omega t) + \vec{e}_y \sin(-\omega t))$$

$$\vec{E}_a = E(\vec{e}_x \cos(\frac{2\omega t - \varphi}{2})\cos(-\frac{\varphi}{2}) + \vec{e}_y \cos(\frac{2\omega t - \varphi}{2})\sin(-\frac{\varphi}{2})) . \qquad (6.58)$$

Dies ist aber eine linear polarisierte Welle, deren Feldrichtung gegenüber der Polarisationsrichtung des einfallenden Lichtes um $-\varphi/2$ gedreht wurde. Wie bei der Doppelbrechung von linear polarisiertem Licht wird die Phasenverschiebung durch Unterschiede im Brechungsindex für rechts- und links zirkular polarisiertes Licht verursacht, (6.56) gilt entsprechend. Für einen Drehwinkel von 20° mit gelbem Licht ($\lambda$ = 589 nm) ergibt sich bei einem Quarzplättchen von 1 mm Dicke ein $\Delta n$ von $10^{-5}$.

# 6.2    Geometrische Optik

Bei den meisten Erscheinungen, die mit Licht zusammenhängen, haben wir das Modell einer „elektromagnetischen Welle" zugrunde gelegt. Die Ausbreitung dieser Wellen können wir entweder durch die Wellenfronten, d. h. die Bereiche im Medium, die phasengleich mit dem Anregungszentrum der Welle schwingen, oder durch Lichtstrahlen, die senkrecht zu den Wellenfronten verlaufen, beschreiben. In homogenen Medien, in denen der Brechungsindex konstant ist, breitet sich das Licht gradlinig aus, an Grenzflächen wird es reflektiert und gebrochen. Der Verlauf der Strahlen gehorcht den Gesetzen der Geometrie, daher wird dieses Teilgebiet der Optik, in dem die Lichtausbreitung durch Lichtstrahlen hinreichend gut beschrieben werden kann, auch als „geometrische Optik" bezeichnet.

Geometrische Optik ist immer dann angemessen, wenn Interferenzeffekte keine Rolle spielen. Dies ist immer dann der Fall, wenn das Licht inkohärent ist, also nur aus sehr kurzen Wellenzügen besteht, deren Interferenzen, also die gegenseitige Verstärkung und Abschwächung sich in den Raumgebieten zeitlich wegmitteln. Interferenz ist der Effekt, auf dem die Beugung von Licht beruht, d. h. das Eindringen von Licht in den geometrischen Schattenraum, der durch lichtundurchlässige Hindernisse verursacht wird. Sind jedoch die lichtdurchlässigen Bereiche dieser Hindernisse groß gegen die Wellenlänge des Lichtes, sind die Bereiche, die trotz Schattenlage beleuchtet werden, vernachlässigbar klein und brauchen bei vielen Fragestellungen nicht weiter beachtet zu werden. Für Lichtstrahlen bedeutet dies, dass sie sich ohne gegenseitige Beeinflussung kreuzen können.

Da Strahlen keine Ausbreitungsrichtung des Lichtes auszeichnen, ist in der geometrischen Optik grundsätzlich der Lichtweg umkehrbar, Quelle und Empfänger können vertauscht werden. Oder: Wer jemanden sehen kann, der wird auch gesehen.

Häufig ist in der Optik das Problem zu lösen, wie für eine bestimmte Aufgabenstellung, wie z. B. Beleuchtung oder Abbildung, die Ausbreitung von Licht geeignet beeinflusst werden kann. Bei den dafür entwickelten optischen Bauelementen werden die Effekte, die wir schon kennen gelernt haben, nämlich Reflexion, Brechung, Absorption und Streuung eingesetzt. Von der Funktion her wird zwischen abbildenden und nicht abbildenden Bauelementen unterschieden, wie die auf Absorption von Licht basierenden Filter, Polarisatoren und Blenden sowie die Licht streuenden Bauelemente wie Mattscheiben oder Schirme.

## 6.2.1 Optische Abbildung

Viele optische Geräte wie z. B. Kameras, Ferngläser oder Mikroskope haben die Aufgabe, Licht emittierende Gegenstände abzubilden, d. h. die Ausbreitung eines Teils des von ihnen abgestrahlten Lichtes so zu beeinflussen, dass entweder

- das Licht, das jeder Punkt des Gegenstandes emittiert, wieder in einem Bildpunkt vereinigt wird oder
- die Verlängerung der Lichtstrahlen, die von jedem Gegenstandspunkt ausgehen und das optische Gerät passiert haben, in einem Bildpunkt vereinigt wird.

Dabei soll jedem Gegenstandspunkt ein Bildpunkt eindeutig zugeordnet werden können. Ein homozentrisches Bündel soll durch die Abbildung wieder in ein homozentrisches Bündel überführt werden. Im ersten Fall spricht man von einem reellen Bild, im zweiten von einem virtuellen Bild. Die Lichtstrahlen zu einem reellen Bildpunkt verlassen das optische System konvergent, beim virtuellen Bild sind die Strahlen dagegen divergent. Das reelle Bild kann projiziert werden, die Lichtverteilung der Bildpunkte kann wiederum als leuchtender Gegenstand aufgefasst werden und mit Hilfe einer Streuscheibe sichtbar gemacht werden. Dies ist beim virtuellen Bild nicht möglich. Soll mit Hilfe von Strahlungsdetektoren, lichtempfindlichen Filmen usw. die Lichtverteilung des Bildes erfasst werden, so muss das Bild reell sein. Das menschliche Auge kann dagegen auch ein virtuelles Bild sehen, da, wie wir im Kapitel 6.2.8 sehen werden, das ankommende Licht auf der Netzhaut in ein reelles Bild umgewandelt wird.

Der Sehvorgang selbst ist ein komplexes Zusammenspiel von Erfassen der Lichtverteilung, die von der Umwelt abgestrahlt wird, und Verarbeiten der Information durch das menschliche Gehirn. Dabei spielt die Erfahrung, dass sich Licht gradlinig ausbreitet, eine entscheidende Rolle für den subjektiven Seheindruck, in dem der auf der Netzhaut entstandenen Lichtverteilung Gegenstandspunkte zugeordnet werden. Dies geschieht dadurch, dass das Gehirn die auf das Auge treffenden, divergenten Lichtstrahlen gradlinig bis zu einem Schnittpunkt verlängert, unabhängig davon, ob die Lichtstrahlen auf dem Weg vom „wahren" Gegenstandspunkt abgelenkt worden sind. Ist dies der Fall, so werden als „empfundene" Gegenstandspunkte die reellen oder virtuellen Bildpunkte erkannt. Ohne weitere Informationen kann der Mensch nicht entscheiden, ob er den Gegenstand selbst oder ein reelles oder virtuelles Bild von ihm sieht.

Eine ideale optische Abbildung ordnet jedem Gegenstandspunkt eindeutig einen Bildpunkt zu. Abweichungen hiervon werden als „Unschärfen" im Bild wahrgenommen. Weiterhin sollen die Helligkeitsverhältnisse im Bild den Helligkeitsverhältnissen des Gegenstandes

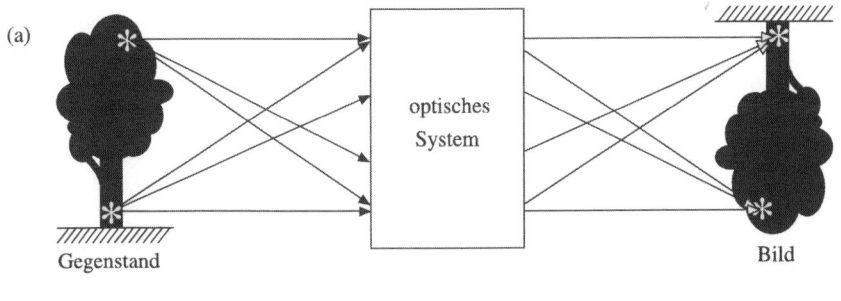

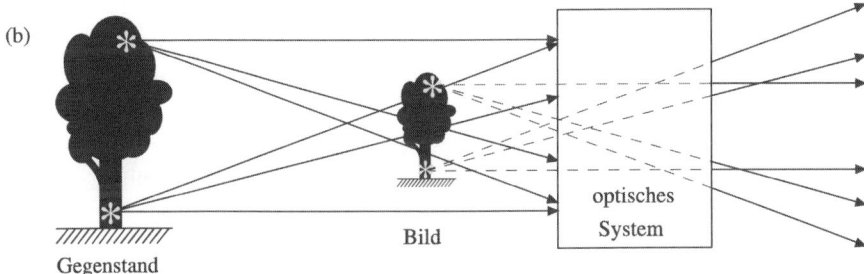

*Abb. 6.26* Abbildung durch ein optisches System: (a): reelle Abbildung, (b): virtuelle Abbildung.

entsprechen. Bei optischen Systemen ist dies manchmal nicht erfüllt, insbesondere Randab-
dunkelungen oder Vignettierung kommen häufig vor.

Die wichtigste Anforderung an eine optische Abbildung ist jedoch die geometrische Ähnlichkeit des Bildes mit dem Gegenstand. Das bedeutet, dass die Winkel verschiedener Strecken untereinander sowie die Streckenverhältnisse im Bild denen des Gegenstandes entsprechen sollen. Nicht gleiche Winkel und Streckenverhältnisse werden als Verzerrung des
Bildes wahrgenommen wie z. B. im Lachpanoptikum, bei dem der Betrachter durch unregelmäßig gekrümmte Spiegel abgebildet wird. Zur Beschreibung der Streckenverhältnisse
verwendet man den Abbildungsmaßstab

$$m := \frac{\text{Strecke im Bild}}{\text{Strecke im Gegenstand}} = \frac{B}{G}, \tag{6.59}$$

wobei vorausgesetzt wird, dass die Winkel zwischen Strecken in Bild und Gegenstand gleich
sind. Kehrt sich die Richtung einer Strecke bei der Abbildung um, wird z. B. eine von unten
nach oben in eine Strecke von oben nach unten abgebildet, so wird der Abbildungsmaßstab
negativ (siehe **Abb. 6.26**).

Häufig ist das Bild wie bei Kameras eben, dann sind für den Abbildungsmaßstab nur Strecken im Gegenstand, die in einer Ebene parallel zur Bildebene verlaufen oder die Projektio-
nen von Strecken auf eine solche Ebene für (6.59) von Bedeutung. Dann spricht man auch
vom „lateralen" Abbildungsmaßstab oder von der lateralen Vergrößerung. Bei den meisten
Abbildungsproblemen beschränkt man sich auf die Angabe dieser Größen.

Die Abbildung eines dreidimensionalen Gegenstandes in eine Bildebene ist nur noch mit Einschränkungen möglich. Gegenstandspunkte mit unterschiedlichen Abständen zur Bildebene, d. h. unterschiedlicher „Tiefe", können nicht mehr scharf abgebildet werden. Bei Kameraobjektiven strebt man an, Gegenstandspunkte unterschiedlicher Tiefe in etwa gleich große „Bildflecke", die der Mensch noch als punktförmig wahrnimmt, abzubilden. Den Bereich im Gegenstandsraum, der so noch eingeschränkt scharf abgebildet wird, bezeichnet man als „Schärfentiefe" (manchmal auch umgekehrt als „Tiefenschärfe").

## 6.2.2    Abbildung mit Spiegeln

**Planspiegel**
Ein Planspiegel ist eine ebene Fläche, an der Licht reflektiert wird, wobei für alle einfallenden Strahlen das Reflexionsgesetz (6.15) gilt. Ein von einem Gegenstandspunkt $P$ in **Abb. 6.27** ausgehendes divergentes Strahlenbündel bleibt nach der Reflexion am Planspiegel divergent, für den Betrachter scheint das Licht als homozentrisches Bündel von einem Punkt $P'$ auszugehen. Er sieht ein virtuelles Bild, das sich „hinter" dem Spiegel befindet. $P$ und $P'$ liegen auf einer Geraden, die senkrecht zur Spiegelebene verläuft. Der Abstand $d'$ des Bildpunktes von der Spiegelebene ist gleich dem Abstand $d$ des Gegenstandspunktes von ihr[1].

Wird wie in **Abb. 6.28** ein dreidimensionaler Gegenstand durch einen Planspiegel abgebildet, so bleibt die Orientierung von Strecken, die in Ebenen parallel zur Spiegelebene verlaufen, erhalten. Dagegen kehrt sich bei Strecken senkrecht zur Spiegelebene die Orientierung um. Durch die Spiegelung wird „vorne" und „hinten" vertauscht. Sieht ein Mensch sein Spiegelbild, so blickt dieses genau in die entgegengesetzte Richtung wie der Betrachter. Da die Seiteninformation „links" oder „rechts" bezüglich der Blickrichtung festgelegt ist, erscheint die rechte Hand des Betrachters, die ja auf der gleichen Seite abgebildet wird, als linke Hand im Spiegelbild. Man sagt auch, das Spiegelbild sei „seitenverkehrt".

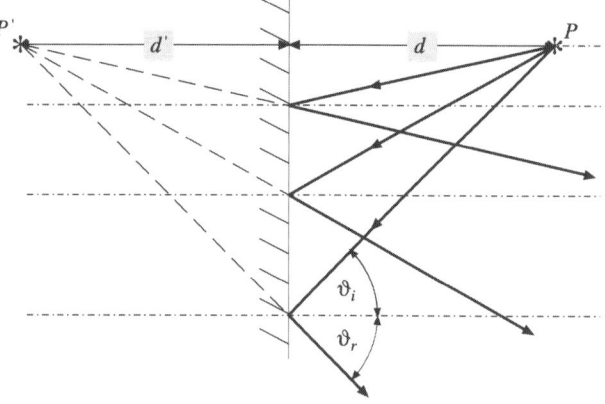

**Abb. 6.27** *Reflexion am Planspiegel: Ein Gegenstandspunkt P wird in einen virtuellen Bildpunkt P' abgebildet.*

---

[1]    In der Optik werden Größen, die mit dem Bild zusammenhängen, durch einen ´ gekennzeichnet.

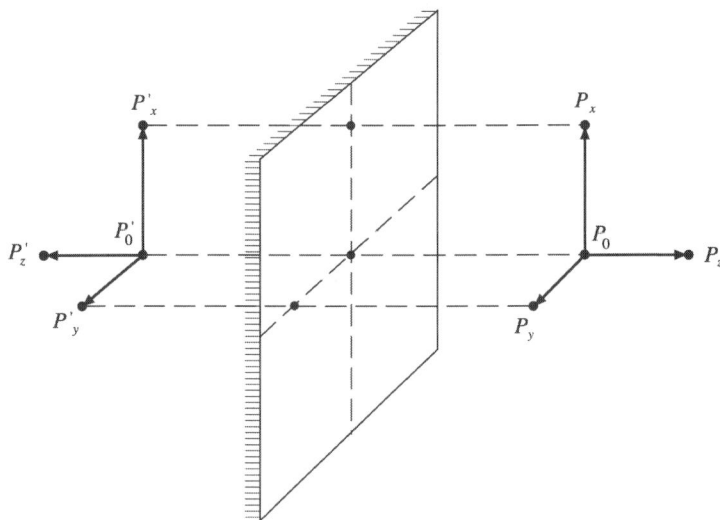

**Abb. 6.28** *Umkehrung von „vorne" und „hinten" bei der Spiegelung eines dreidimensionalen Gegenstandes.*

Geometrisch bedeutet die Spiegelung die Überführung eines „Rechtssystems" in ein „Links-system". Beim Rechtssystem sind die drei senkrecht aufeinander stehenden Einheitsvektoren $\vec{e}_x$, $\vec{e}_y$ und $\vec{e}_z$ wie bei der „rechten-Hand-Regel" zur Berechnung des Vektorproduktes angeordnet: Der Daumen weist in Richtung von $\vec{e}_x$, der Zeigefinger in Richtung von $\vec{e}_y$, dann zeigt der senkrecht zu beiden abgespreizte Mittelfinger in Richtung von $\vec{e}_z = \vec{e}_x \times \vec{e}_y$. Beim Linkssystem dagegen zeigt $\vec{e}_z$ in die entgegengesetzte Richtung.[1]

Die Strecken $\overline{P_x P_0}$ und $\overline{P'_x P'_0}$ sowie $\overline{P_y P_0}$ und $\overline{P'_y P'_0}$ in **Abb. 6.28** sind gleich lang und haben die gleiche Orientierung. Der (laterale) Abbildungsmaßstab ist somit eins, Gegenstand und Spiegelbild sind gleich groß. Den Abstand eines Gegenstandspunktes vom Spiegel nennt man auch „Gegenstandsweite" $g$, entsprechend ist die Bildweite $b$ als Abstand des Bildpunktes von der Spiegelfläche definiert. Beide sind **Abb. 6.27** zufolge gleich.

Die Größe und die Position des Spiegels legen das „Gesichtsfeld" fest. Gegenüber einem unendlich ausgedehnten Spiegel wird nur ein Ausschnitt gesehen, der durch den Winkel, unter dem das (punktförmig angenommene) Auge die Spiegelfläche sieht, festgelegt ist.

Dazu betrachten wir die Gegenstandstandspunkte $A - K$ in **Abb. 6.29**, die auf einer Geraden parallel zur Spiegelebene angeordnet sind. Befindet sich das Auge am Ort des Punktes $E$, so ist das Bild von den Punkten $A$ und $H$ begrenzt, das Auge am Ort $B$ sieht dagegen den Bereich von $D$ bis $K$. Aus dem Strahlensatz folgt, dass die Größe des Bereiches in **Abb. 6.29** nicht von der Position des Auges abhängt, allerdings werden immer andere Bereiche abgebildet. Damit sich z. B. eine Person in voller Größe im Spiegel sehen kann, muss dieser halb

---

[1]    Ob drei Basisvektoren $\vec{e}_x$, $\vec{e}_y$ und $\vec{e}_z$ eines Koordinatensystems ein Rechts- oder Linkssystem bilden, kann anhand des Spatproduktes $(\vec{e}_x \times \vec{e}_y) \bullet \vec{e}_z$ entschieden werden: Ist es positiv, so bilden die Basisvektoren ein Rechtssystem, im anderen Fall ein Linkssystem.

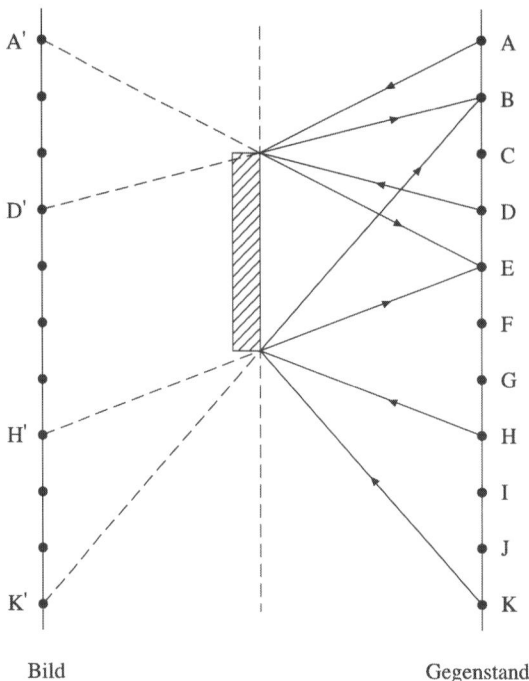

Bild                                   Gegenstand

**Abb. 6.29** *Gesichtsfeld durch einen begrenzten Spiegel.*

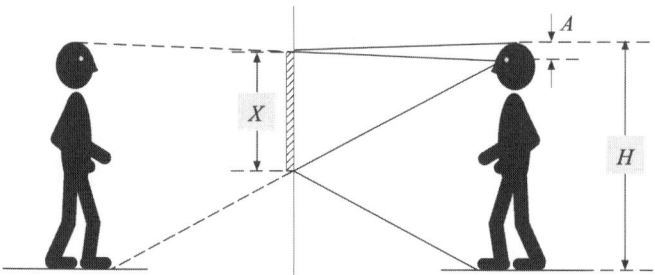

**Abb. 6.30** *Abbildung einer Person durch einen Spiegel. Dieser muss halb so groß sein wie die Person.*

so groß wie die Person sein. Befindet sich das Auge der Person mit der Größe $H$ im Abstand $A$ von der höchsten Stelle, so muss die Spiegeloberkante $A/2$ unter der höchsten Stelle sein, die Spiegelunterkante dagegen bei $(H - A)/2$. Die erforderliche Spiegelgröße $X$ beträgt somit $H - A/2 - (H - A)/2 = H/2$.

Umgekehrt kann ein Auge nur den dazugehörigen Gegenstandspunkt sehen, wenn es sich in einem Winkelbereich, der durch den Bildpunkt und die Spiegelfläche festgelegt ist, befindet. Dies wird in **Abb. 6.31** verdeutlicht. Nur die von $P$ ausgehenden Strahlen innerhalb des Winkelbereiches werden vom Spiegel reflektiert.

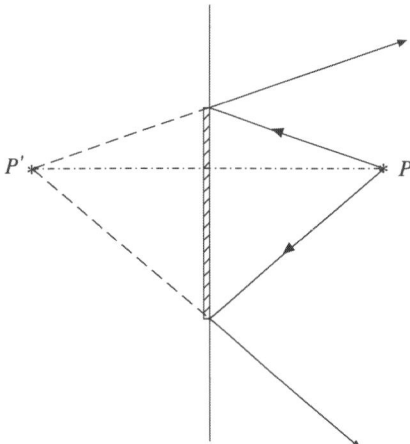

**Abb. 6.31** *Winkelbereich, in dem das Spiegelbild von P von einem Auge gesehen wird.*

Wird das Licht, das von einem Gegenstand abgestrahlt wird, von zwei oder mehreren Planspiegeln reflektiert, die gegeneinander geneigt sind, so nimmt das Auge meist mehrere Bilder wahr. Von einem Gegenstandspunkt $P$ wird zunächst von jeder Spiegelfläche ein Bildpunkt $P_1'$ und $P_2'$ erzeugt. Diese werden wiederum durch die jeweils andere Spiegelfläche in zwei weitere Bildpunkte $P_{1,2}''$ und $P_{2,1}''$ abgebildet. Befindet sich der Gegenstandspunkt in der von den Spiegelnormalen aufgespannten Ebene, so befinden sich auch die vier Bildpunkte in dieser Ebene.

Je nach Augenposition und Spiegelgrößen können einige der vier Bildpunkte nicht gesehen werden. Ein Sonderfall sind Winkelspiegel, bei denen die Spiegelflächen senkrecht aufeinander stehen. Dann sind die von $P$ ausgehenden Strahlen nach Reflexion an den beiden Spiegelflächen immer parallel zueinander und die Bildpunkte $P_{1,2}''$ und $P_{2,1}''$ fallen zusammen. Sind die Spiegel um 45° zueinander geneigt, so stehen einfallende und zweifach reflektierte Strahlen senkrecht aufeinander. Nach zwei Reflexionen erscheint das Bild eines Gegenstandes wieder seitenrichtig, das Linkssystem, das nach der ersten Spiegelung aus einem Rechtssystem entsteht, wird nach erneuter Spiegelung wieder in ein Rechtssystem überführt.

Drei zueinander senkrecht angeordnete Spiegel bilden einen „Retroreflektor". Nach drei Reflexionen verlaufen die auslaufenden Lichtstrahlen immer parallel zu den einfallenden Lichtstrahlen, unabhängig von der Einfallsrichtung. Ein solcher Tripelspiegel wird bei Entfernungsmessungen mit Hilfe der Lichtlaufzeit eingesetzt. So wurde ein Tripelspiegel bei der Mondexpedition benutzt, um einen Laserstrahl auf die Erde zu reflektieren, um die Entfernung Erde-Mond möglichst genau zu messen.

In der Praxis werden statt Spiegelanordnungen lieber Prismen, also Glaskörper, verwendet, an deren Grenzflächen das Licht totalreflektiert wird. Das hat den Vorteil, dass das Licht auch nach mehrmaliger Reflexion nicht geschwächt wird, wie es bei Spiegeln mit Reflektivitäten $R < 1$ der Fall wäre. Beispiele sind Spiegelreflexkameras und Prismenferngläser.

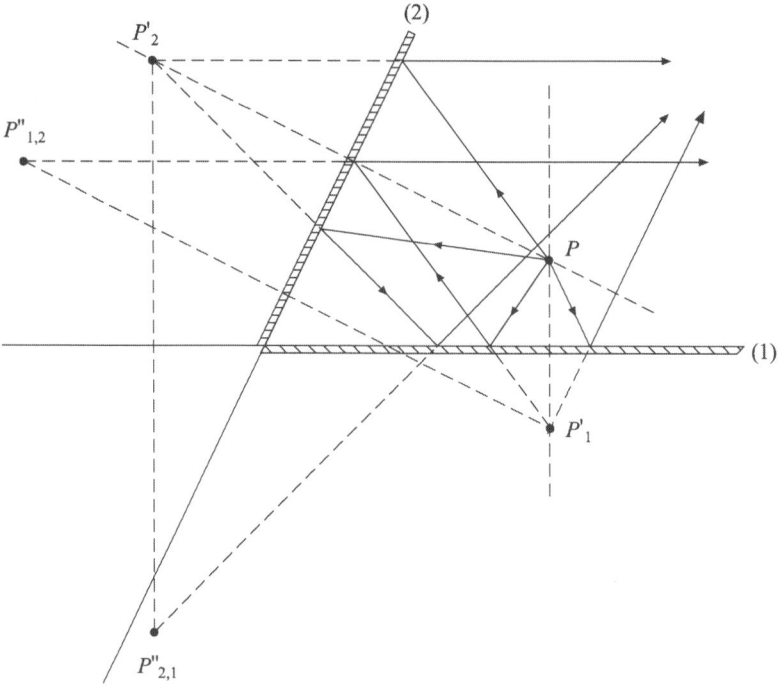

**Abb. 6.32** *Mehrfachreflexion an zwei zueinander geneigten Spiegeln.*

## Sphärische Spiegel

Während Planspiegel Gegenstände nur virtuell im Abbildungsmaßstab eins abbilden können, ist es möglich, durch Reflexion an gekrümmten Oberflächen reelle und virtuelle Bilder mit unterschiedlichen Abbildungsmaßstäben zu erzeugen. Sehr häufig werden Kugeln oder Kugelkappen als Spiegelflächen verwendet, ist die Außenseite verspiegelt, spricht man von einem Wölb- oder Konvexspiegel, bei verspiegelter Innenseite dagegen vom Hohl- oder Konkavspiegel. Auf diese beiden Spiegeltypen wollen wir näher eingehen. Trifft ein Lichtstrahl auf eine gekrümmte Fläche, so hat die Flächennormale im Auftreffpunkt eine bestimmte Richtung und der Strahl wird dort gemäß (6.15) reflektiert. Für ein Bündel von parallelen Lichtstrahlen, das eine ausgedehnte Fläche des gekrümmten Spiegels beleuchtet, ändert sich die Richtung des Lotes, damit werden die Strahlen in unterschiedliche Richtungen reflektiert. Entscheidend für eine Abbildung ist, ob homozentrische, von Gegenstandspunkten ausgehende Bündel, nach der Reflexion an einer Kugelfläche wieder in homozentrische Bündel (reell oder virtuell) überführt werden.

Der einfachste Fall liegt vor, wenn sich der Gegenstandspunkt $P$ im Krümmungsmittelpunkt der Kugel befindet. Alle von ihm ausgehenden Strahlen treffen senkrecht auf die Spiegelfläche und werden in sich reflektiert, so dass sie wieder im Kugelmittelpunkt vereinigt werden. Fallen dagegen Gegenstandspunkt $P$ und Krümmungsmittelpunkt der Kugel nicht zusammen, so zeichnen sie eine Gerade aus, die „optische Achse". Sie schneidet die Kugelfläche

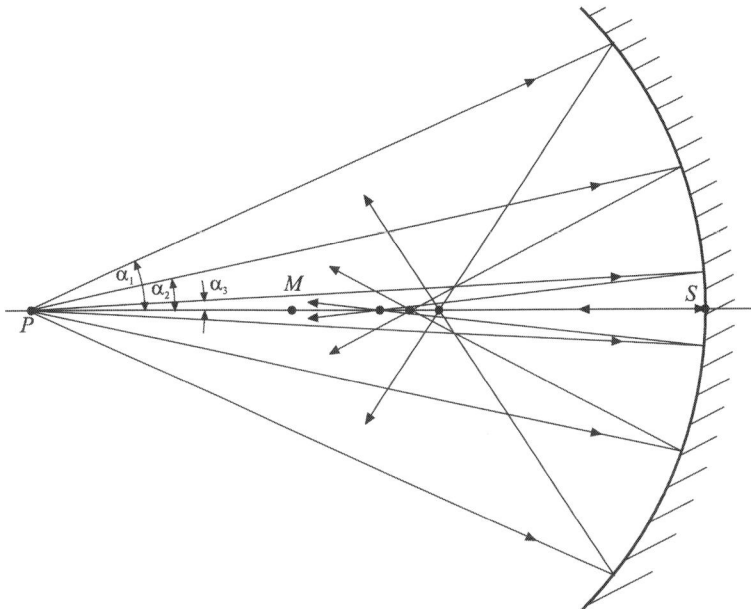

**Abb. 6.33** *Reflexion am Hohlspiegel: Strahlen mit größerer Neigung zur optischen Achse schneiden diese näher am Scheitelpunkt.*

im „Scheitelpunkt" $S$. Für alle Strahlen stellen die Kugelradien die Lote bei der Reflexion dar. Bei einem Hohlspiegel werden alle Strahlen, die unter einem Winkel $\alpha$ zur optischen Achse geneigt sind, in einem Punkt $P'$ auf der optischen Achse in einem reellen Bild vereinigt. Allerdings ändert sich die Lage des Punktes $P'$ in Abhängigkeit vom Neigungswinkel $\alpha$ der einfallenden Strahlen. Je größer $\alpha$, umso näher rückt $P'$ an den Scheitelpunkt $S$. Es kann auch vorkommen, dass einfallende Strahlen dann zweifach reflektiert werden. Für einen Betrachter erscheint das reelle Bild von $P$ nicht mehr scharf. Diesen Bildfehler nennt man auch „sphärische Aberration[1]".

Um ein hinreichend scharfes Bild zu erhalten, müssen Strahlen mit zu großem Neigungswinkel $\alpha$ zur optischen Achse aus dem Bündel ausgeblendet werden. Wir wollen nun die Lage des Bildpunktes für den Fall kleiner Neigungswinkel bestimmen. Der Bildpunkt wird durch den Schnittpunkt zweier am Spiegel reflektierter Strahlen des vom Gegenstandspunkt $P$ ausgehenden Bündels festgelegt. Wir wählen einen auf der optischen Achse verlaufenden Strahl, der in sich selbst reflektiert wird, und einen dazu geneigten Strahl wie in **Abb. 6.34**. Dieser trifft im Punkt $A$ unter dem Winkel $\vartheta$ zum Lot auf den Spiegel. Der reflektierte Strahl schneidet die optische Achse, die in der Einfallsebene liegt, im Bildpunkt $P'$ unter dem Winkel $\gamma$, während das Lot um $\beta$ zur optischen Achse geneigt ist.

---

[1] Von aberrare, lat. abweichen, sich verirren. Bildfehler werden allgemein als „Aberrationen" bezeichnet.

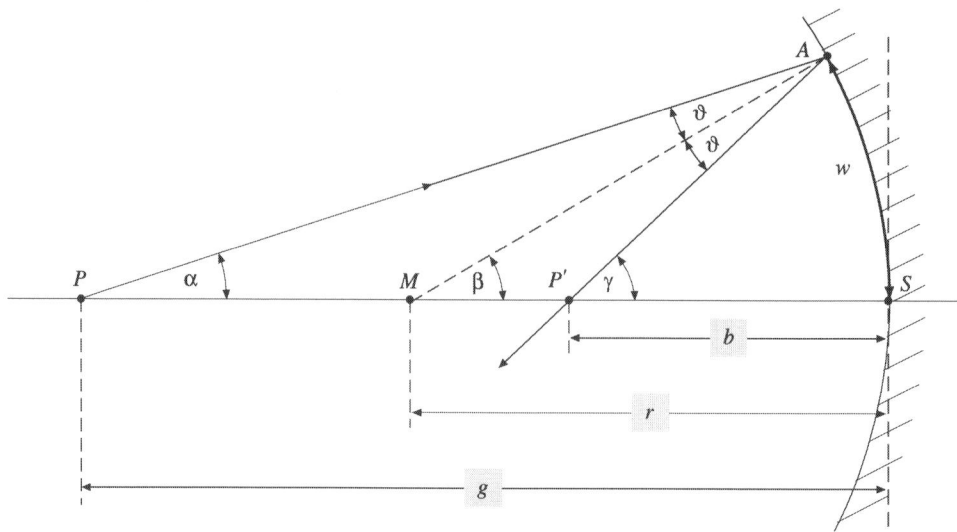

**Abb. 6.34** *Bestimmung der Bildposition beim Hohlspiegel.*

Der Abstand von $P$ zum Scheitelpunkt $S$ ist die Gegenstandsweite $g$, der Abstand von $P'$ zu $S$ die Bildweite $b$. Für die Winkel im Dreieck $PAM$ gilt

$$\alpha + \vartheta + 180° - \beta = 180° \ \Rightarrow\ \vartheta = \beta - \alpha, \tag{6.60}$$

für das Dreieck $P'MA$ dagegen

$$\beta + \vartheta + 180° - \gamma = 180° \ \Rightarrow\ \vartheta = \gamma - \beta. \tag{6.61}$$

Durch Gleichsetzen von (6.60) und (6.61) eliminieren wir $\vartheta$.

$$\alpha + \gamma = 2\beta \tag{6.62}$$

Der Kreisbogen $w$ zwischen $S$ und $A$ wird von den Winkeln $\alpha$, $\beta$ und $\gamma$ eingeschlossen. Für kleine Winkel gilt näherungsweise $\alpha \approx w/g$, $\beta \approx w/r$ und $\gamma \approx w/b$. Berücksichtigen wir dies, so lautet (6.62)

$$\frac{1}{g} + \frac{1}{b} = \frac{2}{r}. \tag{6.63}$$

Wird die Gegenstandsweite $g$ sehr groß, so ist das einfallende Bündel ein Parallelbündel, das nach der Reflexion im Bildpunkt $P'$ bei $b = r/2$ fokussiert wird. Ist das einfallende Licht sehr intensiv wie das Sonnenlicht, so können im Bildpunkt sehr hohe Temperaturen entstehen, daher wird er in diesem Fall als „Brennpunkt" bezeichnet.

Achsenparallele Strahlen werden im Brennpunkt fokussiert. Den Abstand des Brennpunktes vom Scheitelpunkt eines Hohlspiegels nennt man Brennweite des Spiegels.

Befindet sich jedoch der Gegenstandspunkt im Brennpunkt $F$, so verlässt nach der Reflexion ein achsenparalleles Bündel den Spiegel, die Bildweite strebt gegen unendlich. Beim Hohlspiegel beträgt die Brennweite $f$ somit

$$f = \frac{r}{2} \tag{6.64}$$

und (6.63) ergibt dann die „Abbildungsgleichung" des Hohlspiegels.

$$\frac{1}{g} + \frac{1}{b} = \frac{1}{f} \tag{6.65}$$

Ist die Gegenstandsweite $g$ größer als die Brennweite $f$, so wird der Gegenstandspunkt $P$ in einen reellen Bildpunkt $P'$ abgebildet, die Bildweite $b$ ist dann ebenfalls $> f$. Wenn $g > 2f$ ist, dann folgt aus (6.65)

$$\frac{1}{g} = \frac{1}{f} - \frac{1}{b} < \frac{1}{2f} \quad \Rightarrow \quad \frac{1}{2f} < \frac{1}{b} \quad \Rightarrow \quad b < 2f \;. \tag{6.66}$$

Der Bildpunkt liegt zwischen $f$ und $2f$. Im umgekehrten Fall, wenn sich der Gegenstandspunkt zwischen $f$ und $2f$ befindet, ist die Bildweite $b > 2f$. Je näher $P$ beim Brennpunkt liegt, umso kleiner werden die Winkel der reflektierten Strahlen zur optischen Achse. Liegt $P$ im Brennpunkt, so wird aus dem konvergenten, auf $P'$ zulaufenden Bündel ein Parallelbündel. Bei noch kleineren Gegenstandsweiten innerhalb der Brennweite ist das Bündel nach der Reflexion divergent und scheint von einem virtuellen Bildpunkt $P'$ hinter dem Spiegel auszugehen. Bei Gegenstandsweiten $g < f$ ergeben sich aus (6.65) negative Bildweiten $b$.

Virtuelle Bilder beim Hohlspiegel sind mit negativen Bildweiten verknüpft.

Beim Wölbspiegel wird das von einem Gegenstandspunkt P ausgehende Licht an der Außenseite der Kugel reflektiert. Im Gegensatz zum Hohlspiegel werden aber die Lichtstrahlen, die mit der optischen Achse einen Winkel $\alpha$ einschließen, nicht in einem Punkt fokussiert, sondern scheinen nach der Reflexion von einem virtuellen Bildpunkt P' auf der anderen Seite des Spiegels auszugehen.

Aus den gleichen Gründen wie der Hohlspiegel zeigt der Wölbspiegel in **Abb. 6.36** ebenfalls sphärische Aberration, für eine gute Abbildung sollten nur flach zur optischen Achse verlaufende Strahlen verwendet werden. Trifft ein achsenparalleles Bündel eines sehr weit entfernten Gegenstandspunktes auf einen Wölbspiegel, so wird es so reflektiert, als würde es vom virtuellen Brennpunkt hinter dem Spiegel abgestrahlt. Mit ähnlichen Überlegungen wie beim Hohlspiegel können wir das Abbildungsgesetz für den Wölbspiegel herleiten.

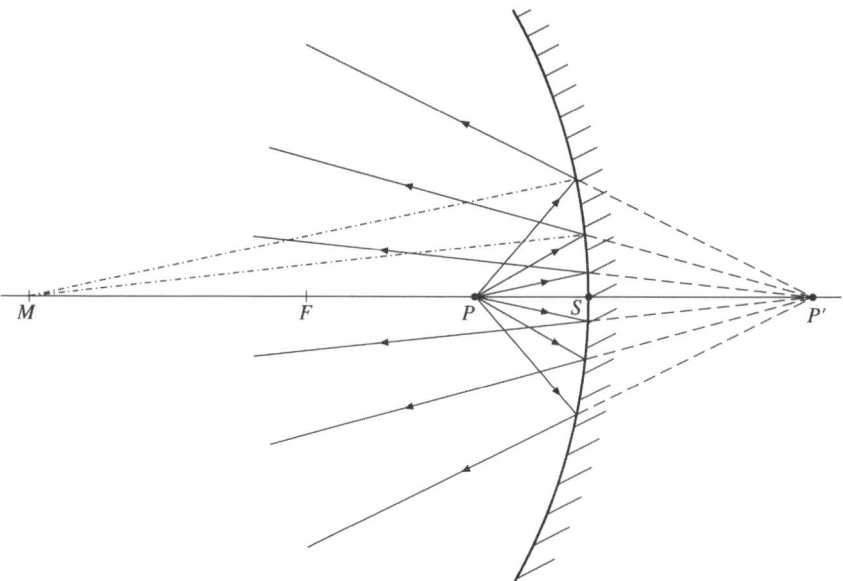

**Abb. 6.35** *Befindet sich der Gegenstandspunkt innerhalb der Brennweite eines Hohlspiegels, so entsteht ein virtuelles Bild hinter dem Spiegel.*

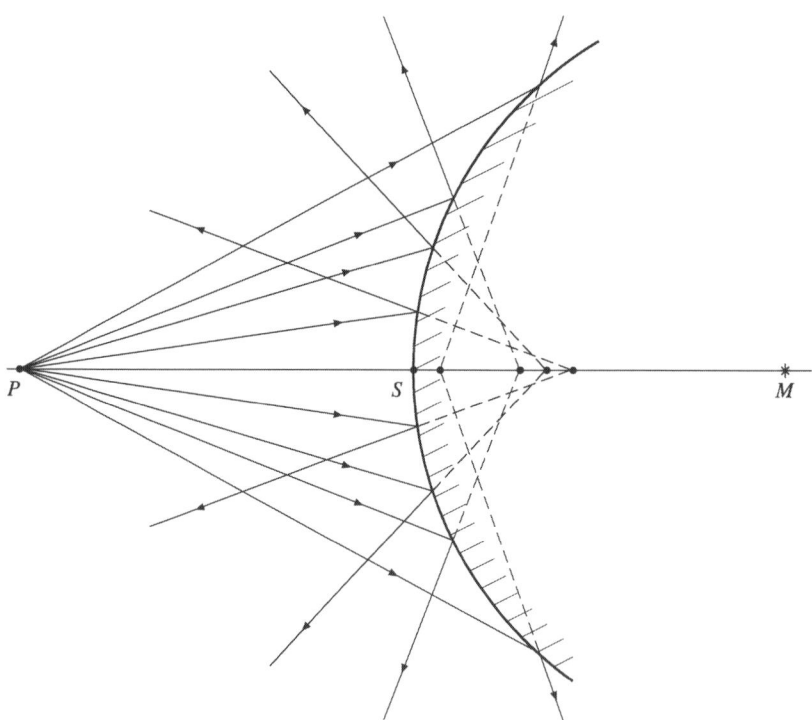

**Abb. 6.36** *Abbildung durch einen Wölbspiegel.*

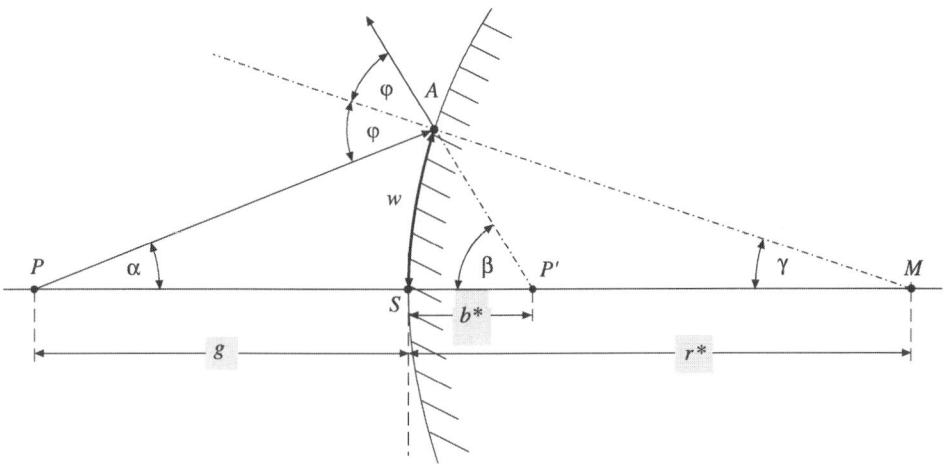

**Abb. 6.37** *Bestimmung der Position des virtuellen Bildes beim Wölbspiegel.*

Für die Winkel der Dreiecke $PAP'$ und $P'AM$ in **Abb. 6.37** gilt

$$\alpha + 180° - 2\vartheta + \beta = 180° \quad \Rightarrow \quad 2\vartheta = \alpha + \beta,$$

$$180° - \beta + \vartheta + \alpha = 180° \quad \Rightarrow \quad 2\vartheta = 2\beta - 2\gamma, \Rightarrow$$

$$2\gamma = \beta - \alpha. \tag{6.67}$$

Drücken wir die Winkel näherungsweise durch $\alpha \approx w/g$, $\beta \approx w/r^*$ und $\gamma \approx w/b^*$ aus, so erhalten wir

$$\frac{2}{r^*} = \frac{1}{b^*} - \frac{1}{g}. \tag{6.68}$$

Aus **Abb. 6.37** geht hervor, dass die Bildweite $b^*$ umso größer wird, je größer die Gegenstandsweite ist. Strebt $g$ gegen unendlich, sind die einfallenden Strahlen parallel zur optischen Achse, so entspricht die Brennweite dem halben Kugelradius $r^*$. Setzt man die Bildweite $b = -b^*$ für ein virtuelles Bild wie beim Hohlspiegel negativ an, so ist auch die Brennweite $f = -r^*/2$ negativ. Berücksichtigt man dies in (6.68), so entspricht (6.68) der Abbildungsgleichung (6.65).

---

Beim Wölbspiegel gehen Brennweite und Bildweite als negative Größen in die Abbildungsgleichung ein.

---

**Bildkonstruktion bei sphärischen Spiegeln**
Jeder Punkt eines Gegenstandes definiert mit dem Kugelmittelpunkt eines sphärischen Spiegels eine optische Achse, so dass die Lage der Bildpunkte auf diesen Achsen mit Hilfe der Abbildungsgleichung (6.65) unter der Voraussetzung „schmaler Bündel" berechnet werden können. Die Brennpunkte aller optischen Achsen liegen auf einer Kugelschale um den Mittelpunkt des Spiegels mit dem halben Kugelradius.

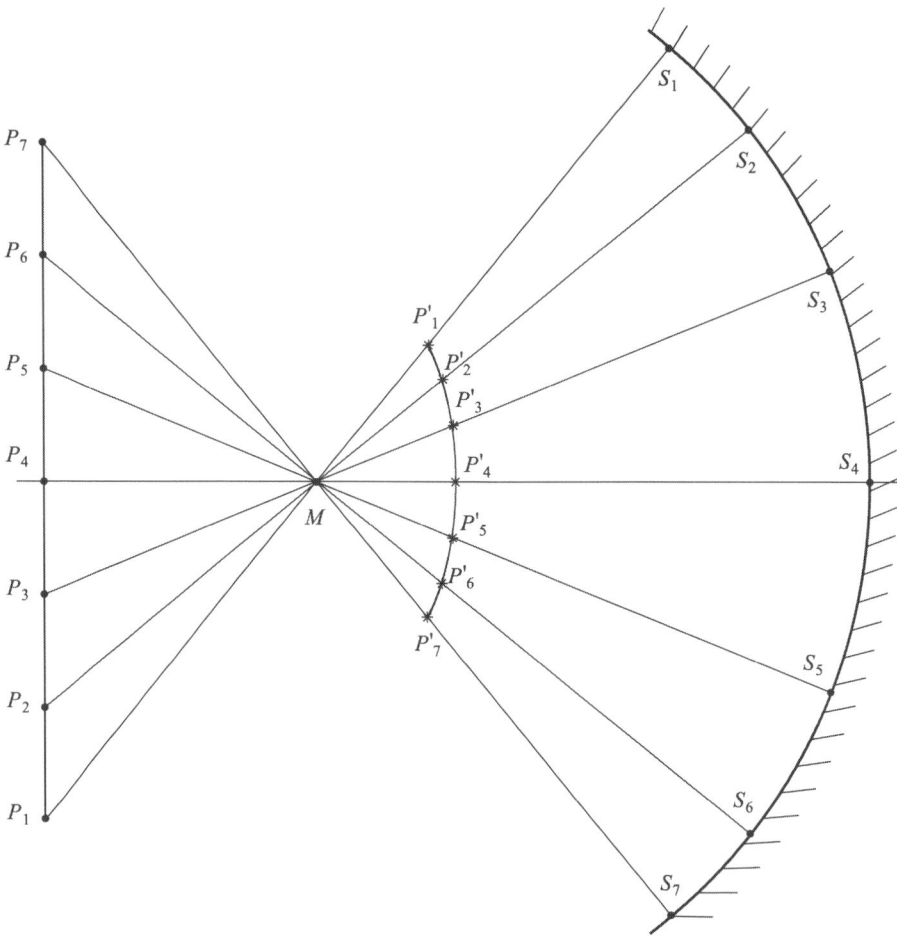

**Abb. 6.38** *Abbildung von sieben auf einer Geraden liegenden Punkten durch einen Hohlspiegel.*

Zunächst betrachten wir die reelle Abbildung durch einen Hohlspiegel: Die Orientierung des Bildes ist umgekehrt wie die Orientierung des Gegenstandes, das Bild steht „auf dem Kopf". Man sieht, dass die Bildpunkte des Gegenstandes in **Abb. 6.38** nicht mehr auf einer Geraden liegen, der Gegenstand wird verzerrt abgebildet. Diesen Effekt nennt man auch „Bildfeldwölbung".

Meistens ist die laterale Vergrößerung von Strecken im Gegenstand, die senkrecht zu einer bestimmten optischen Achse[1] verlaufen, von Interesse. Diese wäre in **Abb. 6.38** die Achse $\overline{P_4 S_4}$. Gegenstands- und Bildweiten von Punkten, die nicht auf dieser Achse liegen, werden dann als Abstände ihrer Fußpunkte zum Scheitelpunkt angegeben. Diese Fußpunkte sind die Schnittpunkte der Senkrechten durch die Gegenstands- und Bildpunkte auf die optische Ach-

---

[1]    Diese Achse nennen wir im Folgenden „optische Achse" für die Abbildung des Gegenstandes. Zu beachten ist, dass durch den Spiegel allein im Gegensatz zu Linsen keine optische Achse definiert ist.

se. Die Bildpunkte, die ebenfalls näherungsweise auf einer Geraden senkrecht zu der optischen Achse liegen, können von vier ausgezeichneten Strahlen aus den homozentrischen Bündeln der Gegenstandspunkte konstruiert werden. Der Verlauf dieser Strahlen nach der Reflexion kann sehr einfach bestimmt werden. Die ausgezeichneten Strahlen sind:

- Der zu der optischen Achse parallele Strahl. Nach der Reflexion geht er durch den Brennpunkt des Spiegels.
- Der Brennpunktstrahl wird als achsenparalleler Strahl reflektiert, denn der Lichtweg ist umkehrbar.
- Der Mittelpunktstrahl trifft senkrecht auf den Spiegel und wird in sich selbst reflektiert.
- Der Zentralstrahl trifft auf den Scheitelpunkt des Spiegels. Die optische Achse ist das Lot, somit wird dieser Strahl unter dem gleichen Winkel zur optischen Achse wie beim Auftreffen reflektiert.

Der Abstand des Gegenstandspunktes zu seinem Fußpunkt auf der Achse heißt Gegenstandsgröße $G$, der Abstand des Bildpunktes zum Fußpunkt Bildgröße $B$. In **Abb. 6.39** ist die Gegenstandsweite größer als die doppelte Brennweite, der Gegenstand wird verkleinert abgebildet, wobei die Bildweite zwischen $f$ und $2f$ liegt. Ist die Gegenstandsweite in diesem Bereich, wird er vergrößert mit einer Bildweite $> 2f$ abgebildet, denn aufgrund der Umkehrung des Lichtweges können Gegenstand und Bild vertauscht werden.

Für die Konstruktion des Bildpunktes sind selbstverständlich nur zwei Strahlen erforderlich, diese kann man aus den vier ausgezeichneten Strahlen frei auswählen. Wenn der größte Abstand der ausgezeichneten Strahlen bei der Bildkonstruktion im Vergleich zum Kugelradius klein ist, kann man die Kugel näherungsweise durch eine Ebene durch den Scheitelpunkt senkrecht zur optischen Achse ersetzen.

Den Abbildungsmaßstab können wir aus dem Verlauf des Zentralstrahls bestimmen. Er schließt vor und nach der Reflexion im Scheitelpunkt mit der optischen Achse den Winkel $\vartheta$ ein. Daher sind die Dreiecke $UPS$ und $U'SP'$ in **Abb. 6.40** ähnlich, die Streckenverhältnisse $\tan\vartheta = G/g$ und $\tan\vartheta = B/b$ sind gleich. Weiterhin geht aus **Abb. 6.39** hervor, dass sich die Orientierung der Strecke $B$ im Bild gegenüber der Strecke $G$ beim Gegenstand umgekehrt hat. Der Abbildungsmaßstab $m$ ist daher negativ und ergibt sich zu

$$m = \frac{B}{G} = -\frac{b}{g} .$$  (6.69)

Drücken wir die Bildweite $b$ in (6.65) durch den Abbildungsmaßstab $m$ aus, so können wir $m$ als Funktion der Gegenstandsweite $g$ (bei konstanter Brennweite $f$) berechnen:

$$\frac{1}{g} - \frac{1}{mg} = \frac{1}{f} \quad \Rightarrow \quad \frac{1}{mg} = \frac{1}{g} - \frac{1}{f} \quad \Rightarrow \quad m = \frac{f}{f-g}$$  (6.70)

Ein verkleinertes reelles Bild ($-1 < m < 0$) entsteht, wenn $g > 2f$ ist. Das Bild ist dagegen vergrößert ($m < -1$), wenn $f < g < 2f$ ist. Wenn $g < f$ ist, so wird $m > 0$, der Gegenstand wird als virtuelles Bild vergrößert und mit gleicher Orientierung abgebildet. Auch in diesem Fall wird die Konstruktion des Bildes mit den ausgezeichneten Strahlen durchgeführt, allerdings müssen sie zur Bestimmung des Schnittpunktes hinter den Spiegel verlängert werden.

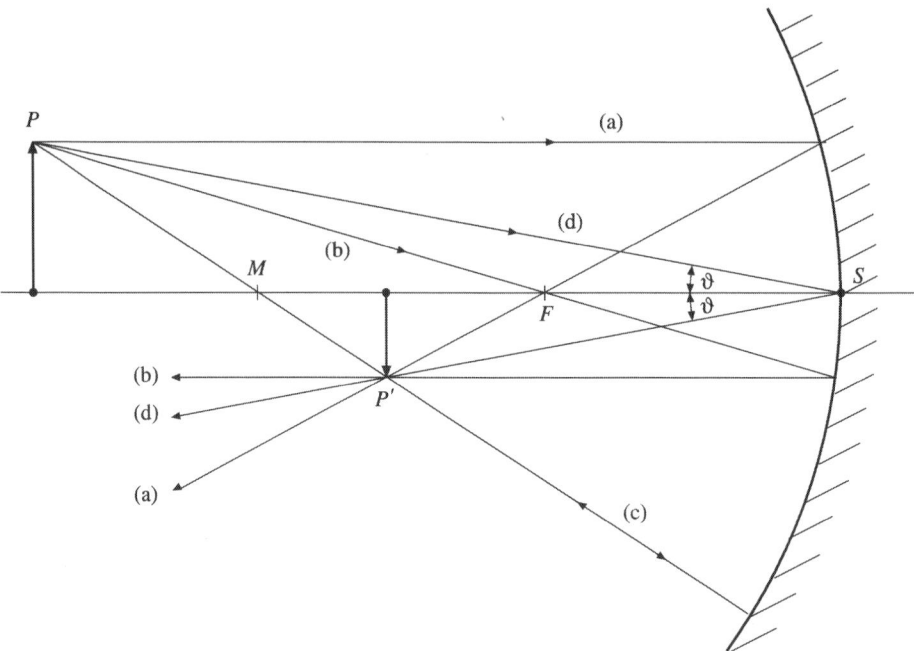

**Abb. 6.39** *Ausgezeichnete Strahlen zur Konstruktion eines Bildpunktes, der nicht auf der vorgegebenen optischen Achse liegt. Die Orientierung der Strecke wird durch einen Pfeil dargestellt.*

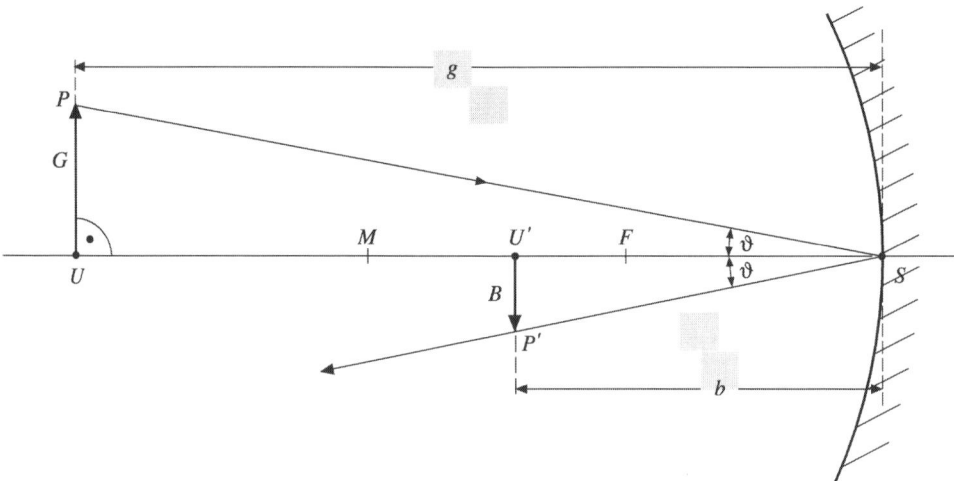

**Abb. 6.40** *Bestimmung des Abbildungsmaßstabes oder der lateralen Vergrößerung für ein reelles Bild beim Hohlspiegel.*

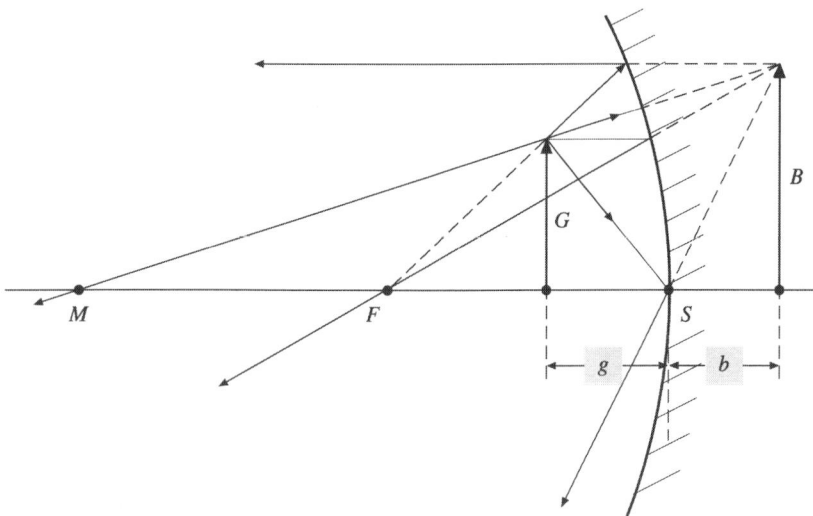

**Abb. 6.41** *Konstruktion des virtuellen Bildes beim Hohlspiegel, wenn g < f ist.*

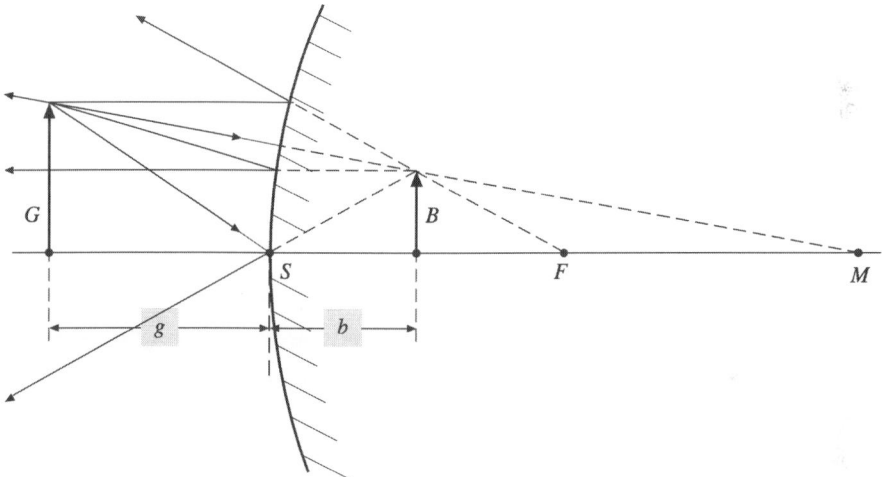

**Abb. 6.42** *Bildkonstruktion beim Wölbspiegel.*

Beim Wölbspiegel liegen die Verhältnisse ähnlich wie beim Hohlspiegel: Das Bild, das durch die von den Gegenstandspunkten und dem Kugelmittelpunkt definierten Achsen und das Abbildungsgesetz (6.65) festgelegt ist, zeigt ebenfalls eine Krümmung des Bildfeldes. Zur Bestimmung des Bildes einer geraden Strecke legt man wie beim Hohlspiegel eine optische Achse senkrecht zu dieser Strecke fest und konstruiert die Bildpunkte mit Hilfe der ausgezeichneten Strahlen. Aus (6.70) geht hervor, dass bei negativen Brennweiten $f$ des Wölbspiegels für den Abbildungsmaßstab immer gilt $0 < m < 1$. Der Wölbspiegel erzeugt grundsätzlich ein virtuelles, verkleinertes Bild.

Bei sphärischen Spiegeln, gleichgültig ob Hohl- oder Wölbspiegel, bleibt sowohl das Abbildungsgesetz (6.65) als auch der Ausdruck für den Abbildungsmaßstab (6.69) gültig, wenn die Vorzeichenkonvention aus **Tab. 6.3** beachtet wird.

***Tab. 6.3*** *Vorzeichenkonvention für die Abbildung durch sphärische Spiegel*

| $g$ | $> 0$ | Gegenstand befindet sich vor dem Spiegel |
|---|---|---|
| $b$ | $> 0$ | Reelles Bild: Bild befindet sich vor dem Spiegel |
| | $< 0$ | Virtuelles Bild: Bild befindet sich hinter dem Spiegel |
| $r, f$ | $> 0$ | Konkavspiegel: Kugelmittelpunkt/Brennpunkt vor dem Spiegel |
| | $< 0$ | Konvexspiegel: Kugelmittelpunkt/Brennpunkt hinter dem Spiegel |

**Nicht sphärisch gekrümmte Flächen**

Neben Kugelflächen werden als Reflektoren häufig auch Rotationsparaboloide (Parabolspiegel) oder Rotationsellipsoide (elliptische Spiegel) verwendet. Eine Ellipse ist dadurch gekennzeichnet, dass sie zwei Brennpunkte hat: Licht einer punktförmigen Quelle in einem Brennpunkt eines Rotationsellipsoides wird nach der Reflexion an der Oberfläche in dem zweiten Brennpunkt fokussiert, und zwar ohne sphärische Aberration. Zylinderspiegel mit ellipsenförmiger Querschnittsfläche werden in der Lasertechnik eingesetzt, um das Licht einer lang gestreckten Blitzlampe auf ein stabförmiges Lasermedium zu fokussieren.

Bei einer Parabel ist im Unterschied zur Ellipse ein Brennpunkt unendlich weit vom Scheitelpunkt, dem Schnittpunkt der Parabel mit der Verbindungsgeraden der Brennpunkte, entfernt. Licht aus einer Quelle im Brennpunkt verlässt den Reflektor als Parallelbündel. Daher werden Parabolspiegel häufig in Scheinwerfern eingebaut. Da keine sphärische Aberration die Abbildung beeinträchtigt, werden bei Spiegelteleskopen ebenfalls Parabolspiegel bevorzugt. Zu beachten ist, dass beim Parabolspiegel eine optische Achse festgelegt ist: die Gerade durch den Scheitelpunkt und den Brennpunkt.

## 6.2.3    Abbildung durch Brechung an Grenzflächen

**Ebene Grenzflächen**

Licht wird an der Grenzfläche zweier Medien mit unterschiedlichen Brechungsindizes dem Brechungsgesetz (6.16) gemäß abgelenkt. Das von einem Gegenstandspunkt $P$ ausgehende Strahlenbündel wird konvergenter, wenn das Licht von einem optisch dünneren in ein optisch dichteres Medium gelangt (**Abb. 6.43** (a)), im umgekehrten Fall wird es divergenter (**Abb. 6.43** (b)). In beiden Fällen wird der Gegenstandspunkt $P$ in einen virtuellen Bildpunkt $P'$ abgebildet.

Die Grenzflächennormale durch den Gegenstandspunkt $P$ legt eine Achse fest, auf der sich der Bildpunkt $P'$ befindet. Gegenstands- bzw. Bildweite sind die Abstände von $P$ und $P'$ von der Grenzfläche. Diese berechnen wir mit Hilfe eines um $\vartheta_i$ zur Achse geneigten Strahls, der

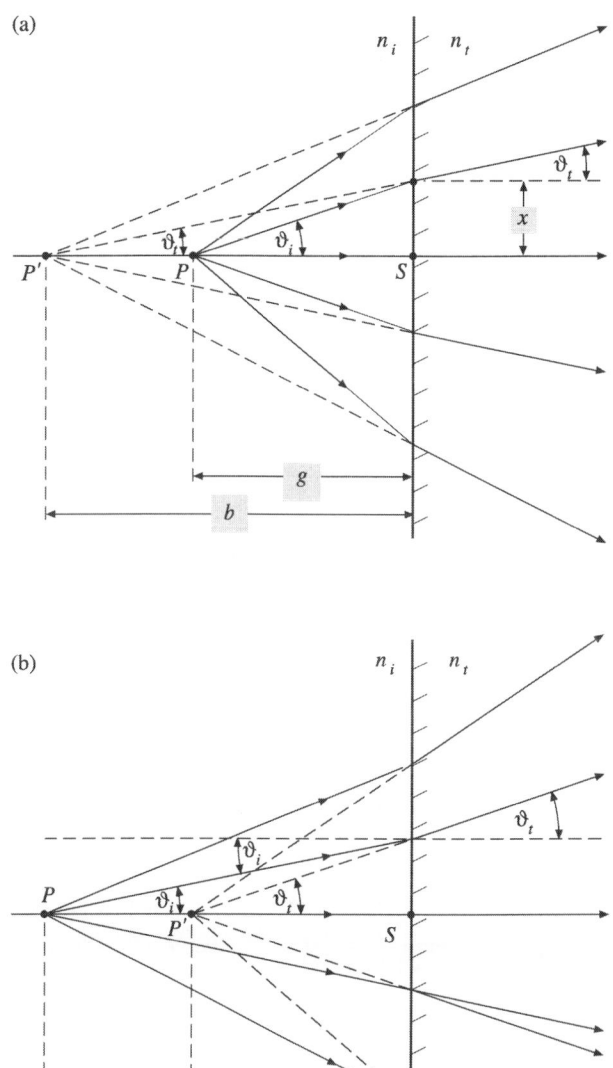

**Abb. 6.43** *Abbildung an einer ebenen Grenzfläche zweier Medien. Durch die Brechung wird ein Gegenstandspunkt in einen virtuellen Bildpunkt abgebildet. (a): $n_i < n_t$, (b): $n_i > n_t$.*

im Abstand x vom Scheitelpunkt $S$ in **Abb. 6.43** auf die Grenzfläche trifft. Nach der Brechung hat seine rückseitige Verlängerung im Bildpunkt $P'$ einen Winkel $\vartheta_t$ zur Achse. Damit gilt unter Berücksichtigung von (6.16) für kleine $\vartheta_i$ und damit $\vartheta_t$

$$x = g \tan \vartheta_i = b \tan \vartheta_t \, , \ (6.16) \quad \Rightarrow$$

$$g \sin \vartheta_i \approx b \sin \vartheta_t = b \frac{n_t}{n_i} \sin \vartheta_i \quad \Rightarrow \quad \frac{n_i}{g} \approx \frac{n_t}{b} \, . \tag{6.71}$$

Blickt man z. B. durch eine Wasseroberfläche und sieht einen auf dem Grund liegenden Gegenstand, so erscheint er dem Betrachter näher als er tatsächlich ist. Befindet sich der Gegenstand in einer Wassertiefe $t$, so sieht der Betrachter das Bild im Abstand von $b = (n_i/n_t)t$. Bei Wasser ($n_t = 1,33$) beträgt die Bildweite $b$ nur etwa 75% der Wassertiefe $t$. Aus dem gleichen Grund meint man, dass ein gerader Stab, der schräg eine Wasseroberfläche schneidet, einen Knick aufweist.

Die Position des (punktförmig angenommenen) Auges zum Gegenstand und zur Grenzfläche legt die Richtung und damit den Winkel $\vartheta_t$ der wahrgenommenen Lichtstrahlen fest. Die Bildweite $b$ hängt für größere Winkel von $\vartheta_t$ und damit auch vom Einfallswinkel $\vartheta_i$ ab. Aus (6.71) ergibt sich ohne Näherung die Abhängigkeit $b(\vartheta_t)$.

$$\frac{g \sin \vartheta_i}{\sqrt{1 - \sin^2 \vartheta_i}} = \frac{b \sin \vartheta_t}{\sqrt{1 - \sin^2 \vartheta_t}} \quad \Rightarrow \quad b = g \frac{n_t}{n_i} \sqrt{\frac{1 - \sin^2 \vartheta_t}{1 - (\frac{n_t}{n_i} \sin \vartheta_t)^2}} \tag{6.72}$$

Bei einem Lichtweg von einem optisch dichteren in ein optisch dünneres Medium wie beim Beispiel oben ist $\vartheta_t$ durch den Grenzwinkel der Totalreflexion (6.17) begrenzt. Unter diesem Betrachtungswinkel erscheint das Bild direkt unter der Grenzfläche ($b = 0$). Bei der Abbildung einer Strecke, die parallel zur Grenzfläche verläuft, entsprechen die Abstände der Bildpunkte denen der Gegenstandspunkte. Die Orientierung der Strecke ändert sich ebenfalls nicht. Der Abbildungsmaßstab beträgt somit eins.

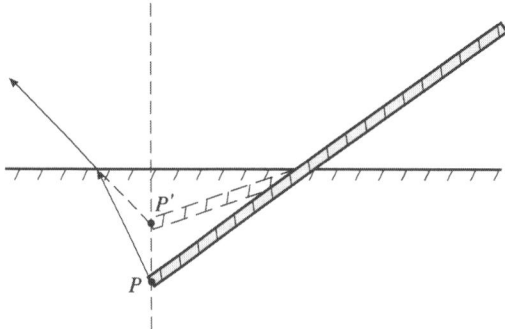

**Abb. 6.44** *Ein Stab, der schräg eine Wasseroberfläche schneidet, scheint einen Knick zu haben.*

**Sphärische Grenzflächen**

Kugelförmige Grenzflächen spielen bei Linsen in der Optik eine wichtige Rolle, denn mit ihnen ist es wie bei sphärischen Spiegeln möglich, auch reelle Bilder zu erzeugen. Bevor wir auf die Linsen eingehen, die durch zwei Kugelflächen begrenzt werden, wollen wir die Abbildungseigenschaften einer einzigen sphärischen Grenzfläche zwischen zwei Medien untersuchen.

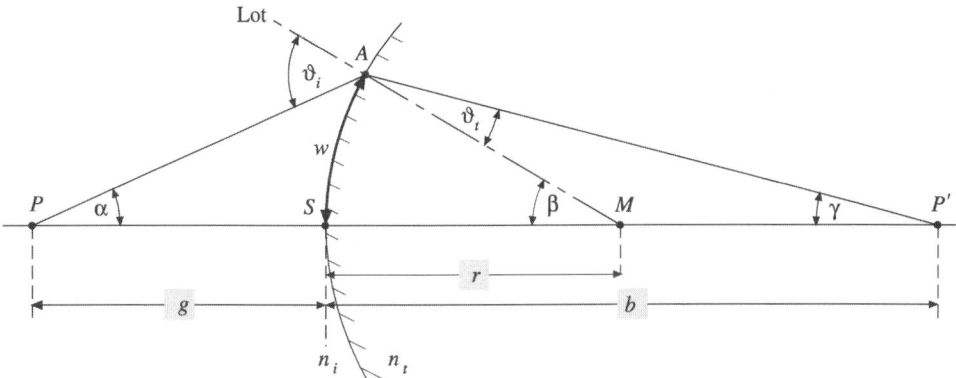

**Abb. 6.45** *Abbildung durch eine konvexe sphärische Grenzfläche.*

Der Gegenstandspunkt $P$ und der Kugelmittelpunkt $M$ der konvexen Grenzfläche in **Abb. 6.45** definieren wie beim Hohlspiegel die optische Achse. Ein Strahl auf der optischen Achse trifft senkrecht auf die Grenzfläche und wird nicht abgelenkt. Jeder andere von $P$ ausgehende Strahl, der auf die Grenzfläche trifft, wird dort unter Einhaltung des Brechungsgesetzes (6.16) gebrochen. Ein Strahl mit einem Winkel $\alpha$ zur optischen Achse erreicht im Punkt $A$ die Grenzfläche und wird dort vom Einfallswinkel $\vartheta_i$ zum Lot abgelenkt. Der gebrochene Strahl (Brechungswinkel $\vartheta_t$) schneidet im Punkt $P'$, dem reellen Bild von $P$, den auf der optischen Achse verlaufenden Strahl unter dem Winkel $\gamma$. Aus den Winkelsummen in den Dreiecken $PAM$ und $P'MA$ erhalten wir die Beziehungen

$$\alpha + 180° - \vartheta_i + \beta = 180° \quad \Rightarrow \quad \vartheta_i = \alpha + \beta \text{ und} \tag{6.73}$$

$$180° - \beta + \vartheta_t + \gamma = 180° \quad \Rightarrow \quad \vartheta_t = \beta - \gamma. \tag{6.74}$$

Für kleine Winkel $\vartheta_i$ und $\vartheta_t$ lautet das Brechungsgesetz (6.16) $n_i \vartheta_i = n_t \vartheta_t$. Drücken wir damit in (6.74) $\vartheta_t$ durch $\vartheta_i$ aus und eliminieren $\vartheta_i$ aus beiden Gleichungen, so erhalten wir

$$\alpha + \beta = \frac{n_t}{n_i} (\beta - \gamma) \quad \Rightarrow \quad n_i\alpha + n_i\gamma = (n_t - n_i)\beta. \tag{6.75}$$

Sind $\vartheta_i$ und $\vartheta_t$ klein, so sind dies auch $\alpha$, $\beta$ und $\gamma$, die wir dann näherungsweise durch den Bogen $w$ zwischen $A$ und $S$ sowie $g$ bzw. $r$ und $b$ ausdrücken können mit $\alpha \approx w/g$, $\beta \approx w/r$ und $\gamma \approx w/b$. Somit lautet (6.75)

$$\frac{n_i}{g} + \frac{n_t}{b} = \frac{n_t - n_i}{r}. \tag{6.76}$$

Zu beachten ist, dass stärker zur Achse geneigte Strahlen des Bündels nicht mehr im Bildpunkt mit der durch (6.76) bestimmten Bildweite vereinigt werden, auch hier wird die Abbildung durch die sphärische Aberration beeinträchtigt. Wie beim Hohlspiegel ist eine Brennweite definiert als Bildweite für $g \to \infty$. Diese ergibt sich zu

$$f' = \frac{n_t}{n_t - n_i} r \,.$$ 
(6.77)

Dies ist die „bildseitige" Brennweite, von der die „objektseitige" Brennweite $f$ streng zu
unterscheiden ist. Diese ist die Gegenstandsweite für $b \to \infty$.

$$f = \frac{n_i}{n_t - n_i} r \,.$$ 
(6.78)

Bei sphärischen Spiegeln sind beide Brennweiten, die sich aus (6.63) ergeben, gleich. Vergleichen wir die Abbildungseigenschaften einer sphärischen konvexen Grenzfläche mit denen eines Hohlspiegels, so entstehen reelle Bilder bei einer Strahlablenkung durch Brechung
in dem Raum auf der dem Gegenstand gegenüberliegenden Seite der Grenzfläche, der
„Transmissionsseite", während sie sich bei Reflexion auf der gleichen Seite befinden. Daher
können wir die Vorzeichenkonvention in **Tab. 6.3** für die Abbildung durch sphärische Spiegel für die Abbildung durch sphärische Grenzflächen „übersetzen", siehe **Tab. 6.4**.

Aus (6.77) geht hervor, dass die Brennweite $f'$ einer konvexen Grenzfläche ($r > 0$) positiv
wird, wenn $n_t > n_i$ ist, die Brechung also vom optisch dünneren ins optisch dichtere Medium
erfolgt. Die Brennweite $f'$ ist ebenfalls positiv, wenn die Grenzfläche konkav und $n_t < n_i$ ist.

**Tab. 6.4** *Vorzeichenkonvention für die Abbildung durch sphärische Grenzflächen.*

| $g$ | $> 0$ | Gegenstand befindet sich vor der brechenden Grenzfläche (Einfallsseite) |
|---|---|---|
| $b$ | $> 0$ | Reelles Bild: Bild befindet sich hinter der Grenzfläche (Transmissionsseite) |
| | $< 0$ | Virtuelles Bild: Bild befindet sich vor der Grenzfläche |
| $r, f'$ | $> 0$ | Konvexe Fläche: Kugelmittelpkt./bilds. Brennpunkt auf der Transmissionsseite |
| | $< 0$ | Konkave Fläche: Kugelmittelpkt./bilds. Brennpunkt auf der Einfallseite |
| $f$ | $> 0$ | Objektseitiger Brennpunkt auf der Einfallseite |
| | $< 0$ | Objektseitiger Brennpunkt auf der Transmissionsseite |

Zur Berechnung der lateralen Vergrößerung oder des Abbildungsmaßstabes bei der Abbildung einer Strecke wählen wir als optische Achse eine Gerade senkrecht zu der Strecke, die
durch den Kugelmittelpunkt der Grenzfläche geht.[1] Wie beim Hohlspiegel wird als Gegenstandsgröße $G$ der Abstand des Schnittpunktes der optischen Achse mit der abzubildenden

---

[1]    Durch die Grenzfläche selbst ist keine optische Achse ausgezeichnet. Daher kann das Bild ähnlich wie beim
Hohlspiegel in **Abb. 6.38** konstruiert werden. Auch die Abbildung durch eine Kugeloberfläche weist eine Bildfeldwölbung auf.

Strecke (Fußpunkt) und dem außeraxialen Gegenstandspunkt $P$ auf der Strecke definiert. Wie beim sphärischen Spiegel können wir den Bildpunkt $P'$ durch vier ausgezeichnete Strahlen konstruieren:

- Der zu der optischen Achse parallele Strahl. Nach der Brechung geht er durch den Brennpunkt auf der Transmissionsseite, dem bildseitigen Brennpunkt.
- Der Strahl durch den objektseitigen Brennpunkt verläuft nach der Brechung achsenparallel.
- Der Mittelpunktstrahl trifft senkrecht auf die Grenzfläche und wird nicht gebrochen.
- Der Zentralstrahl trifft auf den Scheitelpunkt der Grenzfläche. Die Brechung gehorcht (6.16), dabei ist die optische Achse das Lot.

Der Abbildungsmaßstab ist aus dem Verlauf des Zentralstrahls in **Abb. 6.46** bestimmbar. Dieser definiert die Streckenverhältnisse $\tan\vartheta_i = G/g$ und $\tan\vartheta_t = B/b$. Diese können für kleine Winkel, die bei diesen Betrachtungen immer vorausgesetzt werden, durch $\sin\vartheta_i$ bzw. $\sin\vartheta_t$ ersetzt werden. Aus **Abb. 6.46** ist ersichtlich, dass sich die Orientierung des Bildes gegenüber dem Gegenstand umkehrt. Mit dem Brechungsgesetz (6.16) können wir die Winkel eliminieren:

$$\frac{G}{g} = -\frac{n_t}{n_i}\frac{B}{b} \quad \Rightarrow \quad m = \frac{B}{G} = -\frac{n_i}{n_t}\frac{b}{g} \tag{6.79}$$

Beachtet man die Vorzeichenkonvention in **Tab. 6.4**, so gelten (6.79) und (6.76) für reelle und virtuelle Bilder, die sich aus den unterschiedlichen Kombinationen der Brechungsindizes, der Lage des Kugelmittelpunkts sowie der Gegenstandsweite ergeben. Eliminieren wir aus (6.79) und (6.76) die Bildweite $b$, so können wir den Abbildungsmaßstab durch die Gegenstandsweite $g$ und die Brennweite (6.77) ausdrücken.

$$\frac{n_i}{g} - \frac{n_i}{mg} = \frac{n_t}{f'} \quad \Rightarrow \quad \frac{n_i}{mg} = \frac{n_i}{g} - \frac{n_t}{f'} \quad \Rightarrow \quad m = \frac{n_i f'}{n_i f' - n_t g} \tag{6.80}$$

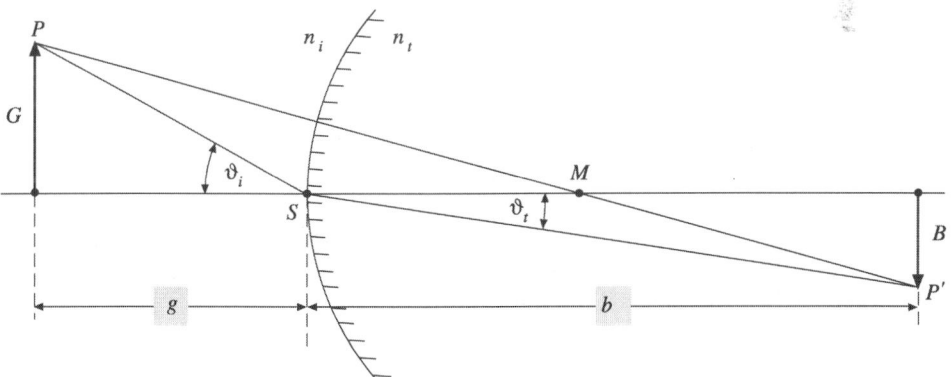

***Abb. 6.46*** *Zur Bestimmung des Abbildungsmaßstabes eines reellen Bildes für $n_t > n_i$.*

Ist $f' > 0$, so wird das Bild reell mit $m < 0$, wenn $g > (n_i/n_t)f'$ ist. Ein virtuelles Bild entsteht, wenn $g < (n_i/n_t)f'$ ist. Bei negativen Brennweiten entstehen bei allen positiven Gegenstands-weiten $g$ virtuelle Bilder. Die Einführung von „virtuellen Gegenständen" mit negativem $g$ ist von Vorteil, wenn die Lichtstrahlen von mehreren Grenzflächen gebrochen werden. In die-sem Fall befindet sich das Bild, das eine Grenzfläche erzeugt, auf der Transmissionsseite der folgenden Grenzfläche. Dieses Bild ist aber wiederum der Gegenstand, den die nächste Grenzfläche abbildet.

Zwischen den Neigungswinkeln der Strahlen, die von einem Gegenstandspunkt außerhalb der optischen Achse ausgehen, und der Gegenstands- bzw. Bildgröße besteht ein wichtiger Zusammenhang. Sind Gegenstands- und Bildgröße wesentlich kleiner als Gegenstands- und Bildweite, so unterscheiden sich die Verläufe von Strahlen außeraxialer und axialer Gegen-standspunkte nicht. Für kleine Neigungswinkel der Strahlen in **Abb. 6.45** gilt $\alpha \approx w/g$ und $\gamma \approx w/b$. Setzen wir dies in (6.79) ein, so erhalten wir

$$\frac{B}{G} = -\frac{n_i}{n_t}\frac{b}{g} = -\frac{n_i}{n_t}\frac{\alpha}{\gamma} \quad \Rightarrow \quad n_i G\alpha = -n_t B\gamma \ . \tag{6.81}$$

> Das Produkt aus Brechungsindex, Gegenstandsgröße und Strahlneigung wird durch eine Abbildung nicht geändert. Es ist eine optische Invariante.

Dieser Zusammenhang wurde 1803 von J. de Lagrange gefunden und später von H. v. Helm-holtz für ein System aus mehreren brechenden Flächen bewiesen und wird Helmholtz-Lagrangesche Gleichung genannt.

## 6.2.4    Abbildung durch Linsen

### Dünne Linsen

Kombiniert man zwei sphärische Grenzflächen, so erhält man eine „Linse". Diese Körper aus transparentem Material werden in vielfältiger Weise zur Abbildung verwendet. Jede Grenzfläche hat abbildende Eigenschaften, die Abbildung durch eine Linse erhalten wir durch Hintereinanderschalten der Abbildungen durch die einzelnen Grenzflächen. Im Ge-gensatz zu einer einzelnen sphärischen Fläche definieren die Kugelmittelpunkte von zwei Flächen die optische Achse der Linse, die damit unabhängig vom abgebildeten Gegenstand ist.

Wir betrachten die Abbildung eines Gegenstandspunktes $P$ auf der optischen Achse, die die beiden Kugelflächen in den Scheitelpunkten $S_1$ bzw. $S_2$ schneidet. Der objektseitige Raum soll durch den Brechungsindex $n$, der bildseitige Raum durch $n'$ gekennzeichnet sein, während die Linse selbst den Brechungsindex $n_L$ aufweist. Ein Lichtstrahl auf der optischen Achse trifft senkrecht auf beide Flächen und wird daher nicht abgelenkt. Ein weiterer, zur optischen Achse geneigter Strahl wird zunächst an der ersten Fläche mit dem Kugelradius $r_1$ gebrochen. Ohne

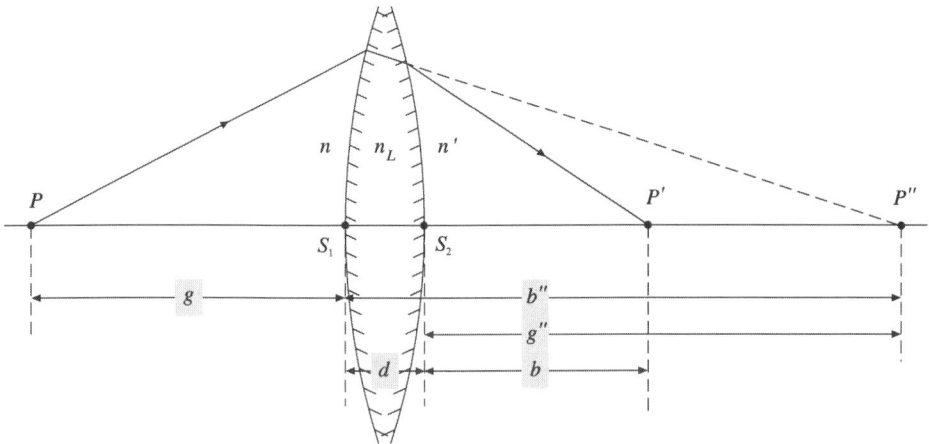

**Abb. 6.47** *Abbildung eines Punktes durch eine Linse. Der Punkt befindet sich auf der optischen Achse.*

weitere Ablenkung träfe er die optische Achse im Punkt $P''$. Dieser hat den Abstand $b''$ vom Scheitelpunkt $S_1$, der mit (6.76) berechnet werden kann.

$$\frac{n}{g} + \frac{n_L}{b''} = \frac{n_L - n}{r_1} \ . \tag{6.82}$$

Der Strahl wird nun an der zweiten Fläche (Kugelradius $r_2$) gebrochen, dabei wird der Bildpunkt $P''$ in den Punkt $P'$ abgebildet. Da $P''$ auf der Transmissionsseite der brechenden Fläche liegt, ist $P''$ ein virtueller Gegenstandspunkt mit der Gegenstandsweite $g'' = -(b'' - d)$, wobei $d$ der Abstand der beiden Scheitelpunkte voneinander ist. Für die Bildweite $b$, gemessen vom Scheitelpunkt $S_2$ erhalten wir mit (6.76)

$$\frac{n_L}{g''} + \frac{n'}{b} = \frac{n' - n_L}{r_2} \quad \Rightarrow \quad -\frac{n_L}{b'' - d} + \frac{n'}{b} = \frac{n' - n_L}{r_2} \ . \tag{6.83}$$

Bei einer „dünnen" Linse kann der Abstand der Scheitelpunkte $d$ in (6.83) vernachlässigt werden. Setzen wir dann $b''$ aus (6.82) ein, so erhalten wir das Abbildungsgesetz oder die Linsengleichung

$$\frac{n}{g} - \frac{n_L - n}{r_1} + \frac{n'}{b} = \frac{n' - n_L}{r_2} \quad \Rightarrow \quad \frac{n}{g} + \frac{n'}{b} = \frac{n_L - n}{r_1} - \frac{n_L - n'}{r_2} \ . \tag{6.84}$$

Die Vorzeichenkonvention ist die gleiche wie in **Tab. 6.4**. Ist $b$ positiv, so befindet sich das Bild auf der anderen Seite der Linse wie der Gegenstand, bei negativem $b$ dagegen wird das Bild virtuell im Objektraum abgebildet. Für Linsen können wir ebenfalls bild- und objektseitige Brennweiten für $g \to \infty$ bzw. $b \to \infty$ definieren:

$$\frac{1}{f'} = \frac{n_L - n}{n' r_1} - \frac{n_L - n'}{n' r_2} \ , \ \frac{1}{f} = \frac{n_L - n}{n r_1} - \frac{n_L - n'}{n r_2} \tag{6.85}$$

Damit können wir die Linsengleichung (6.84) durch die bild- bzw. objektseitigen Brennweiten ausdrücken:

$$\frac{n}{g} + \frac{n'}{b} = \frac{n'}{f'} \, , \, \frac{n}{g} + \frac{n'}{b} = \frac{n}{f} \tag{6.86}$$

Der Kehrwert der Brennweite wird als „Brechkraft" der Linse bezeichnet und wird häufig bei Brillen verwendet. Die Einheit der Brechkraft ist die „Dioptrie", abgekürzt „dpt", dabei wird die Brennweite in Metern angegeben. Ist die Linse von Luft umgeben, so ist $n = n' = 1$ und $n_L > 1$. Bild- und objektseitige Brennweiten sind dann gleich.

$$\frac{1}{f'} = \frac{1}{f} = (n_L - 1)(\frac{1}{r_1} - \frac{1}{r_2}) \tag{6.87}$$

In diesem Fall lautet die Linsengleichung (6.84)

$$\frac{1}{g} + \frac{1}{b} = \frac{1}{f'} = \frac{1}{f} \, . \tag{6.88}$$

Sie unterscheidet sich formal nicht von der Abbildungsgleichung (6.65) für sphärische Spiegel, allerdings unterscheidet sich die Vorzeichenkonvention in **Tab. 6.3**.

Aus der Linsengleichung (6.88) geht hervor, dass Linsen mit negativen Brennweiten einen Gegenstand immer virtuell bei negativen Bildweiten abbilden. Dabei ist die Bildweite betragsmäßig kleiner als die Gegenstandsweite. Das von einem Gegenstandspunkt ausgehende Strahlenbündel wird durch die Brechung divergenter, daher bezeichnet man Linsen mit negativen Brennweiten auch als „Zerstreuungslinsen". Diese können folgende Formen annehmen:

- Bikonkavlinse: $r_1 < 0$, $r_2 > 0$. Von außen betrachtet erscheinen beide Linsenflächen konkav.
- Plankonkavlinse: $r_1 < 0$, $r_2 \to \infty$ oder $r_1 \to \infty$, $r_2 > 0$. Eine Fläche der Linse ist eben.
- Konvexkonkavlinse oder Meniskuslinse: $0 < r_2 < r_1$ oder $0 > r_2 > r_1$. Beide Flächen sind gleichartig gekrümmt.

Allen Zerstreuungslinsen ist gemeinsam, dass ihre Dicke auf der optischen Achse am kleinsten ist.

Linsen mit positiven Brennweiten können dagegen reelle Bilder erzeugen, das von einem Gegenstandspunkt ausgehende Licht wird in einem Bildpunkt „gesammelt". Daher nennt man diese Linsen auch „Sammellinsen". Allerdings können sie wie ein Hohlspiegel auch virtuell abbilden, wenn $g < f$ ist. Bei Sammellinsen unterscheidet man

- Bikonvexlinse: $r_1 > 0$, $r_2 < 0$. Beide Flächen erscheinen von außen konvex.
- Plankonvexlinse: $r_1 > 0$, $r_2 \to \infty$ oder $r_1 \to \infty$, $r_2 < 0$. Eine Fläche der Linse ist eben.
- Konkavkonvexlinse oder Meniskuslinse: $r_2 < r_1 < 0$ oder $0 < r_1 < r_2$. Beide Flächen sind gleichartig gekrümmt.

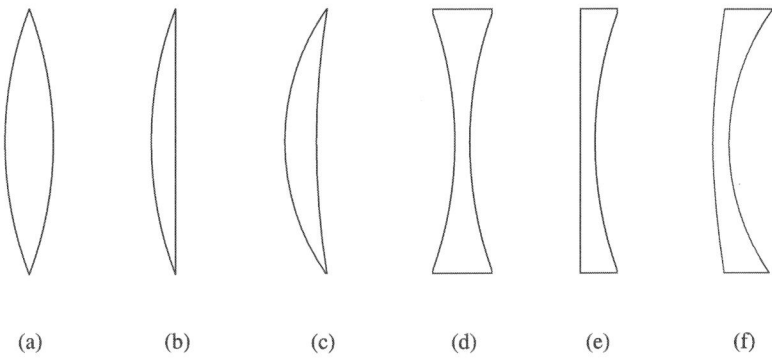

**Abb. 6.48** *Beispiele für Sammel- und Zerstreuungslinsen. (a): Bikonvex-, (b): Plankonvex-, (c): Konkavkonvex-, (d): Bikonkav-, (e): Plankonkav-, (f): Konvexkonkavlinse.*

Das gemeinsame Merkmal von Sammellinsen ist, dass ihre Dicke auf der optischen Achse am größten ist.

Von einem Gegenstandspunkt ausgehende Lichtstrahlen werden beim Durchtritt durch eine Linse zwei Mal gebrochen. Allerdings ist der Abstand von Eintritts- und Austrittsstelle bei dünnen Linsen sehr klein, so dass man näherungsweise die Lichtablenkung so beschreiben kann, als erfolge sie in der Linsenmitte an einer Ebene senkrecht zur optischen Achse. Diese Ebene heißt „Hauptebene" der Linse, der Schnittpunkt mit der optischen Achse „Hauptpunkt". Gegenstands-, Bild- und Brennweiten werden immer bezüglich des Hauptpunktes angegeben.

Zur Konstruktion des Bildpunktes von einem Gegenstandspunkt, der sich außerhalb der optischen Achse befindet, verwendet man wieder zwei von drei ausgezeichneten Strahlen:

- Der zu der optischen Achse parallele Strahl wird durch die Linse in den bildseitigen Brennpunkt abgelenkt.
- Der Strahl durch den objektseitigen Brennpunkt verläuft hinter der Linse achsenparallel.
- Der Zentralstrahl geht durch den Hauptpunkt der Linse und wird nicht abgelenkt. Die Linse wirkt als sehr dünne Planplatte mit vernachlässigbarem Parallelversatz des Strahls.

Gegenstandsgröße $G$ und Bildgröße $B$ sind die Abstände von Gegenstands- bzw. Bildpunkt von der optischen Achse. Im Folgenden setzen wir immer voraus, dass sich die Linse in Luft befindet. Dann sind $f$ und $f'$ gleich und brauchen nicht unterschieden zu werden. Der Abbildungsmaßstab des reellen Bildes, dessen Orientierung sich gegenüber dem Gegenstand umgekehrt hat, ergibt sich dann aus den Streckenverhältnissen $\tan\varphi = G/g = B/b$ in **Abb. 6.49** zu

$$m = \frac{B}{G} = -\frac{b}{g}. \tag{6.89}$$

Dies ist der gleiche Zusammenhang wie bei sphärischen Spiegeln (siehe (6.69)). Damit gilt auch die Abhängigkeit (6.70) zwischen Abbildungsmaßstab und Gegenstandsweite bei vor-

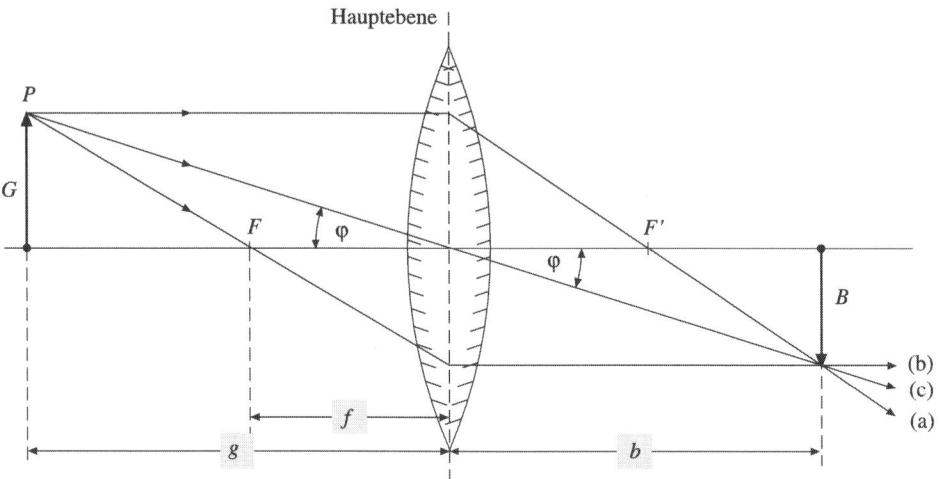

**Abb. 6.49** *Abbildung eines außeraxialen Gegenstandspunktes durch eine Sammellinse.(a): achsenparalleler Strahl, (b): Brennpunktstrahl, (c): Zentralstrahl.*

gegebener Brennweite. Reelle Bilder entstehen bei Sammellinsen, wenn $g > f$ ist. Das Bild ist verkleinert ($-1 < m < 0$), wenn $g > 2f$ ist. Ein vergrößertes Bild ($m < -1$) erhält man, wenn $f < g < 2f$ ist.

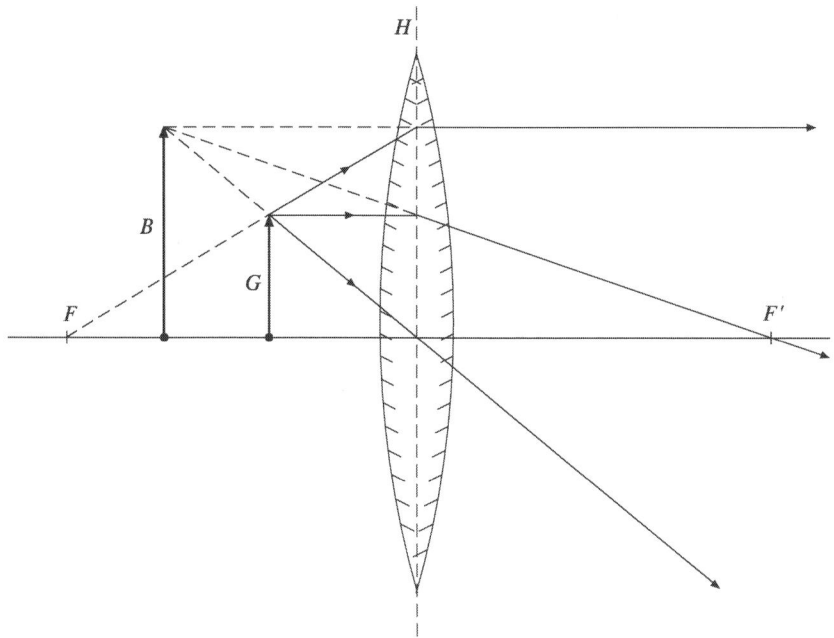

**Abb. 6.50** *Abbildung durch eine Sammellinse bei g < f.*

Bei einer reellen Abbildung darf die Summe aus Gegenstands- und Bildweite einen minimalen Wert nicht unterschreiten. Diese Summe $d$ können wir mit der Linsengleichung (6.88) durch $g$ und $f$ ausdrücken.

$$d = g + b = g + \frac{gf}{g-f} = g + f + \frac{f^2}{g-f} \tag{6.90}$$

Das Minimum von $d$ erhalten wir aus den Nullstellen der Ableitung von $d(g)$ nach $g$.

$$\frac{\mathrm{d}d}{\mathrm{d}g} = 1 - \frac{f^2}{(g-f)^2} = 0 \ \Rightarrow \ g_{\mathrm{min},1} = 0 \ \text{und} \ g_{\mathrm{min},2} = 2f \tag{6.91}$$

Für $g_{\mathrm{min},2}$ ergibt sich daraus ein minimaler Abstand $d_{\mathrm{min}} = 4f$, denn für die 2. Ableitung gilt $d''(2f) > 0$. Damit ist $b_{\mathrm{min}} = 2f = g_{\mathrm{min},2}$, der Abbildungsmaßstab beträgt in diesem Fall eins.

Ist die Gegenstandsweite $g < f$, so bildet eine Sammellinse einen Gegenstandspunkt virtuell ab. Aus (6.70) folgt, dass der Abbildungsmaßstab $m > 1$ ist, das Bild wird vergrößert.

Eine Zerstreuungslinse mit $f < 0$ erzeugt immer verkleinerte virtuelle Bilder, wie leicht anhand (6.70) gezeigt werden kann: $m = (-|f|)/(-|f| - g) = |f|/(|f| + g)$. Damit gilt $0 < m < 1$.

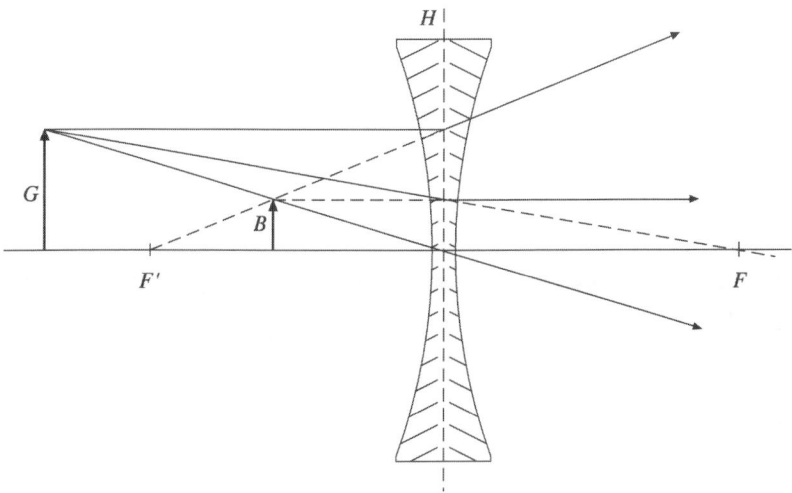

*Abb. 6.51* *Abbildung durch eine Zerstreuungslinse.*

### Systeme aus dünnen Linsen

In vielen abbildenden optischen Systemen wird nicht nur eine Linse verwendet, sondern man kombiniert mehrere Linsen zu einem Linsensystem. Haben alle Linsen des Systems die gleiche optische Achse, liegen also alle Kugelmittelpunkte auf einer Geraden, so spricht man von einem „zentrierten" Linsensystem. Auf diese wollen wir unsere folgenden Betrachtungen beschränken. Das Bild, das ein Linsensystem von einem Gegenstand erzeugt, kann über die

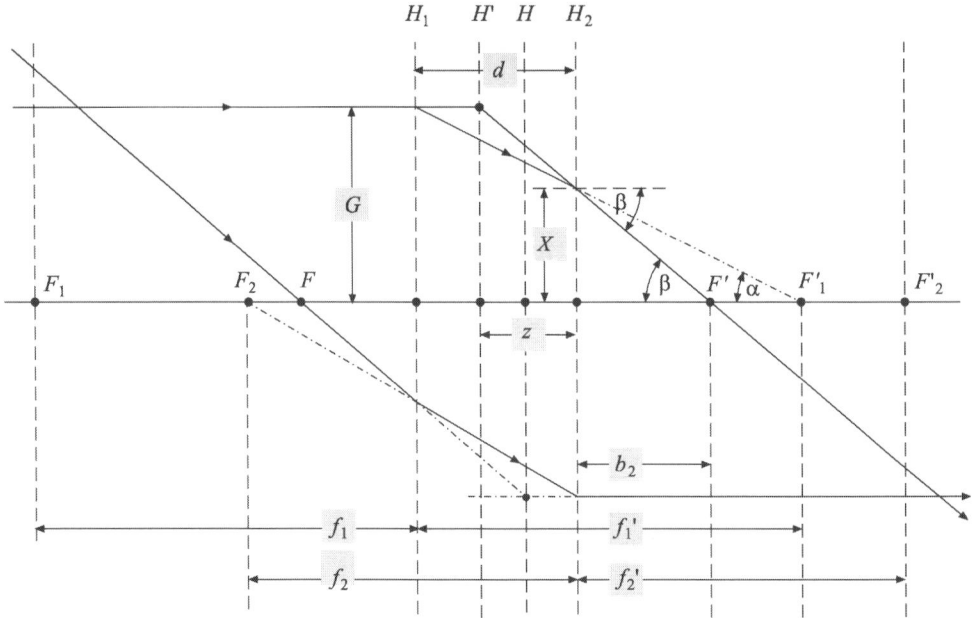

**Abb. 6.52** *Ablenkung eines achsenparallelen Strahls durch ein System aus zwei Sammellinsen.*

sukzessive Abbildung durch die einzelnen Linsen bestimmt werden. Ein achsenparalleler Strahl wird wie bei einer Einzellinse so abgelenkt, dass er oder seine rückseitige Verlängerung die optische Achse im bildseitigen Brennpunkt des Systems schneidet. Ein zur optischen Achse geneigter Strahl, der diese im objektseitigen Brennpunkt schneidet, verlässt das Linsensystem als achsenparalleler Strahl.

Wir betrachten das Linsensystem in **Abb. 6.52**, das aus zwei Sammellinsen (Brennweiten $f_1$ und $f_2$), die einen Abstand $d$ voneinander haben, besteht. Die erste Linse bildet den einfallenden achsenparallelen Strahl in ihren Brennpunkt $F_1'$ ab, dieser ist der Gegenstandspunkt, den die zweite Linse in den Brennpunkt $F'$ abbildet. Seine Position $b_2$ von der Hauptebene $H_2$ der zweiten Linse kann mit der Linsengleichung (6.88) berechnet werden.

$$\frac{1}{f_2} = \frac{1}{g_2} + \frac{1}{b_2}, \text{ mit } g_2 = d - f_1 \;\Rightarrow\; \frac{1}{b_2} = \frac{1}{f_2} - \frac{1}{d - f_1} \tag{6.92}$$

Die Lage des objektseitigen Brennpunktes $F$ kann auf ähnliche Weise bestimmt werden, indem man den Verlauf eines achsenparallelen Strahls, der den umgekehrten Weg nimmt, verfolgt. Er wird von der Linse 2 in den Brennpunkt $F_2$ und dieser dann in $F$ abgebildet.

Den Verlauf nicht ausgezeichneter Strahlen nach der Brechung der ausgezeichneten Strahlen durch die erste Linse kann man folgendermaßen konstruieren (siehe **Abb. 6.53**): Diese Strahlen können als Bestandteile eines zur optischen Achse geneigten Parallelbündels ansehen werden, das u. A. auch einen ausgezeichneten Strahl der zweiten Linse enthält. Hier gilt für die Ablenkung des Lichts:

> Zur optischen Achse geneigte Parallelbündel werden in einen Punkt der Brennebene fo-
> kussiert. Dieser Punkt ist der Schnittpunkt des Zentralstrahls aus diesem Bündel mit der
> Brennebene.

Die Brennebene ist die Ebene senkrecht zur optischen Achse durch den Brennpunkt. Alternativ kann dieser Punkt auch mit Hilfe des Strahls aus dem einfallenden Bündel gefunden werden, der durch den objektseitigen Brennpunkt geht und in einen achsenparallelen Strahl gebrochen wird. Der Punkt, in den das einfallende Bündel fokussiert wird, ist der Schnittpunkt
dieses Strahls mit der Brennebene. Ist ein Gegenstand sehr weit von der Linse entfernt, so
sind alle Bündel, die von den Gegenstandspunkten ausgehen, Parallelbündel, die, abhängig
von der Lage der Gegenstandspunkte, unterschiedliche Neigungswinkel zur optischen Achse
haben. Die Bildpunkte befinden sich somit alle in der Brennebene, ihr Ort hängt vom Neigungswinkel der einfallenden Bündel ab.

Die Bildkonstruktion kann dadurch vereinfacht werden, dass man die beiden Hauptebenen
der Einzellinsen zu einer Hauptebene des Linsensystems zusammenfasst. Sie ist die Ebene $H'$
in **Abb. 6.52**, in der sich die einfallenden achsenparallelen Strahlen mit den Strahlen, die im
bildseitigen Brennpunkt fokussiert werden, schneiden. Diese Hauptebene heißt bildseitige
Hauptebene des Linsensystems. Wie aus **Abb. 6.52** zu sehen ist, definieren die Strahlen
durch den objektseitigen Brennpunkt, die als achsenparalleles Bündel das Linsensystem
verlassen, ebenfalls eine Ebene, die objektseitige Hauptebene $H$. Beide Hauptebenen befinden sich an unterschiedlichen Positionen.

Zur Konstruktion des Bildes von einem Gegenstandspunkt außerhalb der optischen Achse

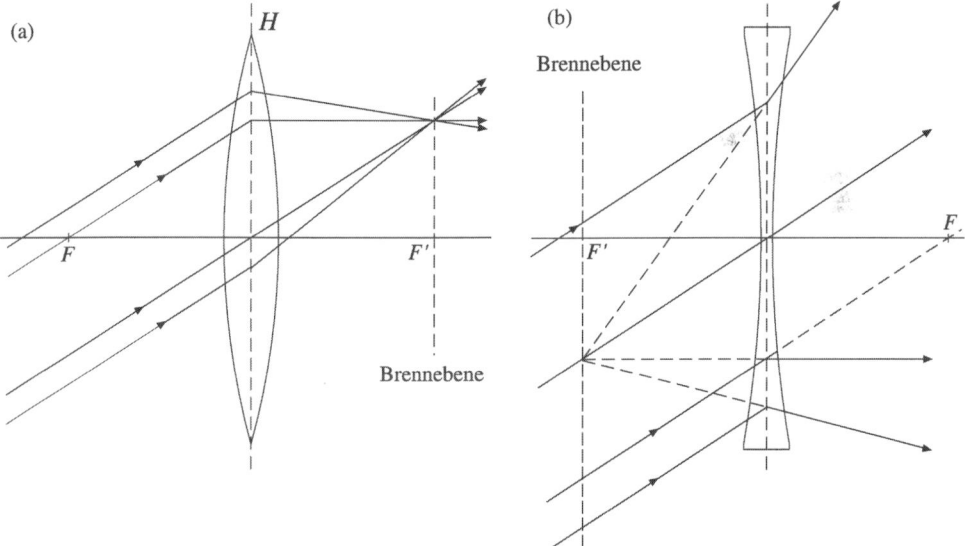

***Abb. 6.53*** *Auf eine Linse einfallende Parallelbündel werden in einen Punkt auf der Brennebene fokussiert. (a) Sammellinse, (b) Zerstreuungslinse.*

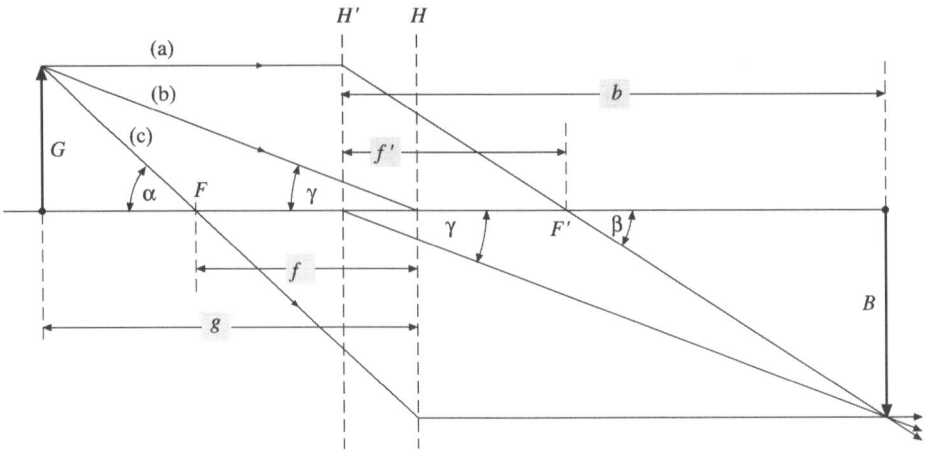

**Abb. 6.54** *Konstruktion eines Bildpunktes durch einen (a) achsenparallelen Strahl, (b) Brennpunktstrahl, (c) Zentralstrahl.*

verwendet man wie bei der Einzellinse zwei von drei ausgezeichneten Strahlen.

- Der zu der optischen Achse parallele Strahl wird an der bildseitigen Hauptebene $H'$ in den bildseitigen Brennpunkt $F'$ abgelenkt.
- Der Strahl durch den objektseitigen Brennpunkt $F$ verlässt nach Ablenkung an der objektseitigen Hauptebene $H$ das Linsensystem als achsenparalleler Strahl.
- Der Zentralstrahl trifft auf den objektseitigen Hauptpunkt $H$ und wird in einen zum einfallenden Strahl parallelen Zentralstrahl durch den bildseitigen Hauptpunkt $H'$ überführt.

Den Abbildungsmaßstab können wir aus **Abb. 6.54** mit Hilfe der Zentralstrahlen unter Berücksichtigung der Bildumkehr beim reellen Bild bestimmen:

$$\tan \gamma = \frac{G}{g}, \ \tan \gamma = \frac{B}{b} \ \Rightarrow \ m = \frac{B}{G} = -\frac{b}{g} \tag{6.93}$$

Dies entspricht den Zusammenhängen bei sphärischen Spiegeln und bei dünnen Einzellinsen. Das Abbildungsgesetz, die Verknüpfung von Gegenstands- Bild- und Brennweiten erhalten wir aus den Streckenverhältnissen $\tan \alpha$ und $\tan \beta$ in **Abb. 6.54**:

$$\tan \alpha = \frac{G}{g-f} = \frac{B}{f}, \ \tan \beta = \frac{G}{f'} = \frac{B}{b-f'} \ \Rightarrow$$

$$\frac{B}{G} = \frac{f}{g-f} = \frac{b-f'}{f'} \ \Rightarrow \ \frac{1}{gf'} + \frac{1}{bf} = \frac{1}{ff'} \tag{6.94}$$

Sind $f$ und $f'$ gleich, was, wie wir unten sehen werden, immer der Fall ist, wenn die Linsen von Luft umgeben werden, so entspricht (6.94) der Abbildungsgleichung sphärischer Spiegel und dünner Einzellinsen.

Auch bei Linsensystemen mit mehr als zwei Linsen sind in gleicher Weise die beiden Hauptebenen $H'$ uns $H$ definiert. Sind ihre Positionen sowie die Positionen der Brennpunkte bekannt, so kann man ohne Detailkenntnisse über den Aufbau des Linsensystems die Bildpunkte
eines Gegenstandes konstruieren sowie (6.93) und (6.94) verwenden. Brennweiten, Bild- und
Gegenstandsweiten werden dabei immer bezüglich der Hauptebenen angegeben. Dazu müssen
wir (6.92) entsprechend umschreiben. Aus **Abb. 6.52** sind folgende Streckenverhältnisse zu
entnehmen, wobei zu beachten ist, dass objekt- und bildseitige Brennweiten der Einzellinsen
gleich sind, da diese von Luft umgeben werden.

$$\tan\alpha = \frac{G}{f_1} = \frac{X}{f_1 - d} \quad\Rightarrow\quad X = \frac{f_1 - d}{f_1}G \tag{6.95}$$

$$\tan\beta = \frac{X}{b_2} = \frac{G - X}{z} \quad\Rightarrow\quad X = \frac{b_2}{z + b_2}G \quad\Rightarrow \tag{6.96}$$

$$\frac{b_2}{z + b_2} = \frac{f_1 - d}{f_1} \quad\Rightarrow\quad z + b_2 = \frac{f_1 b_2}{f_1 - d} = f' \tag{6.97}$$

Setzen wir in (6.97) $b_2$ aus (6.92) ein, so erhalten wir die bildseitige Brennweite des Linsensystems in Abhängigkeit der Brennweiten von den Einzellinsen und ihrem Abstand.

$$f' = \frac{f_2(d - f_1)}{d - f_1 - f_2}\frac{f_1}{f_1 - d} = -\frac{f_1 f_2}{d - f_1 - f_2} = \frac{f_1 f_2}{f_1 + f_2 - d} \quad \text{oder}$$

$$\frac{1}{f'} = \frac{1}{f_1} + \frac{1}{f_2} - \frac{d}{f_1 f_2} \tag{6.98}$$

Die Position der bildseitigen Hauptebene $H'$ des Linsensystems bezüglich der Hauptebene
der Linse 2 ist durch $z$ in (6.97) gegeben. Dabei wird die Strecke der Vorzeichenkonvention
entsprechend positiv, wenn $H_2$ in Lichtrichtung hinter $H'$ liegt. Damit erhalten wir

$$z = \overrightarrow{H'H_2} = f' - b_2 = \frac{f_1 f_2}{f_1 + f_2 - d} - \frac{f_2(d - f_1)}{d - f_1 - f_2} = \frac{f_2 d}{f_1 + f_2 - d}. \tag{6.99}$$

Bei der Bestimmung der objektseitigen Brennweite des Linsensystems geht man ähnlich vor.
Man muss nur in (6.92) sowie in (6.97) $f_1$ mit $f_2$ vertauschen. Damit ist die objektseitige
Brennweite $f$ gleich der bildseitigen Brennweite $f'$. Bei einem Linsensystem sind die Verhältnisse wie bei dünnen Einzellinsen, beide Brennweiten sind gleich, wenn sich die Einzellinsen in Luft befinden. Die Position der objektseitigen Hauptebene $H$ ist negativ, wenn sich
$H$ in Lichtrichtung hinter der Hauptebene $H_1$ befindet.

$$\overrightarrow{HH_1} = -\frac{f_1 d}{f_1 + f_2 - d}. \tag{6.100}$$

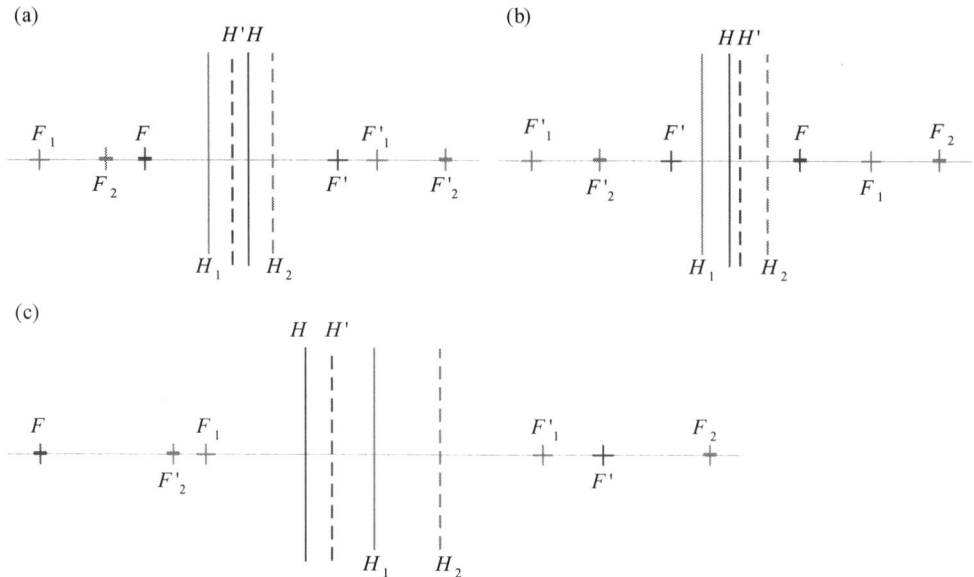

**Abb. 6.55** *Lage der Hauptebenen und Brennpunkte eines Linsensystems, bestehend (a) aus zwei Sammellinsen gleicher Brennweite, (b) aus zwei Zerstreuungslinsen und (c) aus einer Sammel- und einer Zerstreuungslinse, wobei die Brennweite des Linsensystems positiv sein soll.*

Werden gleichartige Linsen kombiniert, so liegen die Hauptebenen des Linsensystems zwischen den Linsen, bei Kombination einer Sammel- und einer Zerstreuungslinse befinden sie sich außerhalb des Linsensystems. Diese Tatsache wird beim Bau von „Teleobjektiven" in der Photographie ausgenutzt. Diese Objektive haben eine kurze Baulänge bei großer Brennweite, wie sie zur Erzielung großer Abbildungsmaßstäbe erforderlich ist.

Ist der Abstand der Linsen relativ groß, so wird u. U. ein Gegenstand reell in den Raum zwischen den Linsen abgebildet. In diesem Fall spricht man von einer Abbildung mit „Zwischenbild", sie wird bei astronomischen Fernrohren und bei Mikroskopen angewandt.

Ist der Abstand der Einzellinsen $d$ im Vergleich zu ihren Brennweiten vernachlässigbar, so vereinfacht sich (6.98) zu

$$\frac{1}{f'} = \frac{1}{f_1} + \frac{1}{f_2} . \tag{6.101}$$

In diesem Fall addieren sich die Brechkräfte der Linsen. Die Hauptebenen des Linsensystems und die Hauptebenen der Einzellinsen fallen zusammen. Aus (6.98) geht hervor, dass die Brechkraft eines Linsensystems mit nicht vernachlässigbarem Linsenabstand $d$ gegenüber einem System mit sehr kleinem $d$ geringer ist.

## Dicke Linsen

Alle Linsen, bei denen man den Abstand der Scheitelpunkte nicht mehr gegen die Kugelradien der brechenden Flächen vernachlässigen kann, heißen „dicke" Linsen. Dicke Linsen können wie ein System aus dünnen Linsen durch zwei Hauptebenen beschrieben werden, an denen achsenparallele Strahlen in den bildseitigen Brennpunkt und vom objektseitigen Brennpunkt ausgehende Strahlen nach der Ablenkung parallel zur optischen Achse gerichtet sind. Gegenstands-, Bild-, und Brennweiten werden wie beim System dünner Linsen bezüglich der Hauptebenen angegeben. Die Ergebnisse einer etwas aufwendigen Rechnung, die wir hier nicht durchführen wollen, lauten für den Fall, dass die dicke Linse von Luft umgeben ist, für die bildseitige Brennweite

$$\frac{1}{f'} = (n_L - 1)(\frac{1}{r_1} - \frac{1}{r_2}) + \frac{(n_L - 1)^2}{n_L} \frac{d}{r_1 r_2} . \tag{6.102}$$

Für $d = 0$ entspricht dies (6.87). Für Plankonvex- oder Plankonkavlinsen ($r_1$ oder $r_2 \to \infty$) ist die Brennweite unabhängig von der Linsendicke $d$, denn die ebene Grenzfläche hat keine abbildenden Eigenschaften. Die objektseitige Brennweite ergibt sich aus (6.102) durch Vertauschen von $r_1$ und $r_2$, wobei zu berücksichtigen ist, dass ihre Vorzeichen umzukehren sind. Damit ist die objektseitige Brennweite gleich der bildseitigen. Die Abstände der Hauptebenen zum objektseitigen Scheitelpunkt $S$ bzw. zum bildseitigen Scheitelpunkt $S'$ betragen

$$H'S' = f' \frac{n_L - 1}{n_L} \frac{d}{r_1} \quad \text{und} \quad HS = -f' \frac{n_L - 1}{n_L} \frac{d}{r_2} . \tag{6.103}$$

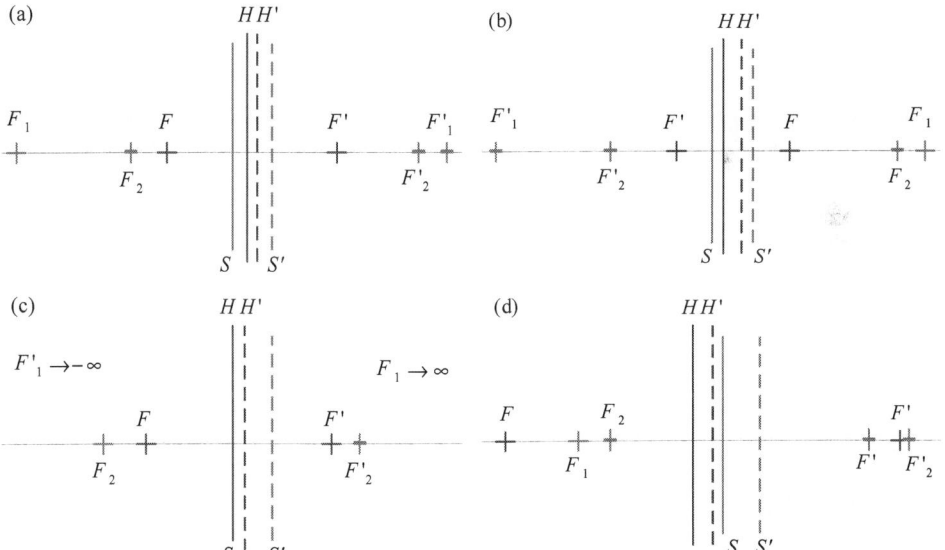

**Abb. 6.56** *Lage der Hauptebenen bei einer (a) Bikonvexlinse, (b) Bikonkavlinse, (c) Plankonvexlinse, (d) Konvexkonkavlinse. Eingezeichnet sind auch die Brennpunkte der einzelnen Kugelflächen.*

Bei Plankonvex- oder -konkavlinsen befindet sich eine Hauptebene im Scheitelpunkt der sphärischen Fläche, während die andere Hauptebene einen Abstand $d/n_L$ von der ebenen Fläche hat.

Sind Brennpunkte und Hauptebenen einer dicken Linse bekannt, so kann das Bild eines Gegenstandes mit den ausgezeichneten Strahlen, wie sie auf Seite 834 beschrieben wurden, konstruiert werden.

## 6.2.5 Strahlbegrenzungen in optischen Systemen

Bauelemente wie Linsen oder Spiegel in optischen Systemen können aufgrund ihrer Abmessungen u. U. die Größe der Bündel aus den Gegenstandspunkten, deren Licht in (reellen) Bildpunkten vereinigt werden soll, begrenzen. Dies hat zwei Konsequenzen:

- Die Lichtmenge, d. h. der Energiestrom, der von einem Gegenstandspunkt in einen Bildpunkt gelangt, wird begrenzt.
- Die Größe des Gegenstandes, der abgebildet werden kann, d. h. das Gesichtsfeld ist beschränkt.

Letzteres haben wir schon bei ebenen Spiegeln gesehen, deren Abmessungen das Gesichtsfeld begrenzt. Im Folgenden wollen wir uns auf zentrierte Systeme, die durch eine optische Achse gekennzeichnet sind, und die rotationssymmetrisch zu ihr sind, beschränken. Die Bündelbegrenzung geschieht in diesen Fällen durch „Blenden", kreisförmige Öffnungen senkrecht zur optischen Achse mit Mittelpunkt auf dieser. Am besten kann man sich die beiden Auswirkungen der Bündelbegrenzung durch Blenden anhand eines einfachen optischen Systems verdeutlichen. Betrachtet man einen Gegenstand durch ein Rohr mit einer gewissen Länge, so begrenzt die hintere Öffnung den Querschnitt der Bündel, deren Licht das Rohr passieren kann, während die vordere Öffnung das Gesichtsfeld begrenzt.[1]

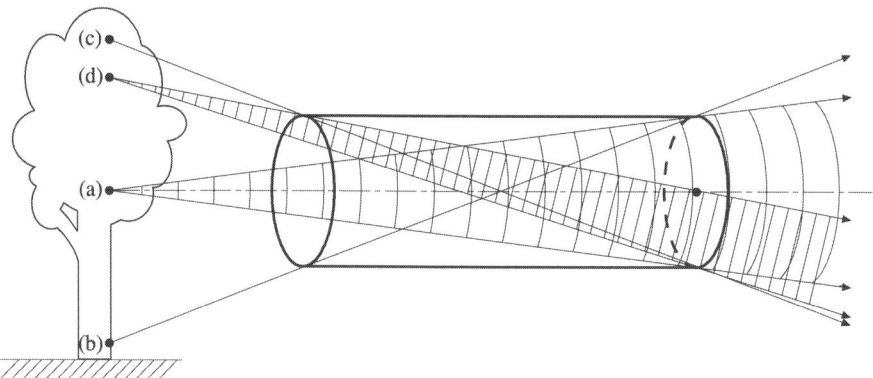

*Abb. 6.57* Betrachtung eines Gegenstandes durch ein Rohr: die hintere Öffnung begrenzt den Bündelquerschnitt, die vordere das Gesichtsfeld.

---

[1]     Bei konischen Rohren mit unterschiedlichen Durchmessern an den Enden kann sich die Rolle der Öffnungen vertauschen.

Offensichtlich ist der Bündelquerschnitt des Lichtes, das vom Punkt (a) in **Abb. 6.57** ausgeht, am größten, während für die Bündel aus den Punkten (b) und (c) der Querschnitt gegen null geht. Die Blende, durch die der Querschnitt der Bündel, die das optische System passieren, begrenzt wird, nennt man Apertur- oder Öffnungsblende, während die Blende, die das Gesichtsfeld begrenzt, Gesichtsfeldblende oder Feldblende heißt. Um die Randabschattung wegen zu geringer Bündeldurchmesser bei der Abbildung von außeraxialen Gegenstandspunkten am Rand des Gesichtsfeldes nicht zu groß werden zu lassen, wird das Gesichtsfeld häufig auf solche Punkte beschränkt, deren Bündel die Mitte der Aperturblende streifen. Damit wäre der obere Rand des Gesichtsfeldes durch den Punkt (d) festgelegt. Keine Randabschattung erfahren die Gegenstandspunkte, deren Bündel die Aperturblende vollständig ausfüllen. Strahlen durch die Mitte der Aperturblende heißen „Hauptstrahlen" der Bündel. Das Gesichtsfeld wird durch die Hauptstrahlen, die den Rand der Feldblende streifen, begrenzt.

In Linsensystemen sind die Blendengrößen zum einen durch die Fassungen der Linsen vorgegeben, anderseits werden auch Blenden eingebaut, um die optischen Eigenschaften zu verbessern. So kann man durch „geschickte" Positionierung von Blenden Abbildungsfehler, die wir im Kapitel 6.2.6 kennen lernen, reduzieren. Auch haben Blenden Einfluss auf die Perspektive, die ein zweidimensionales Bild dem Betrachter vermittelt.

**Pupillen**

Bei vielen optischen Systemen wie z. B. dem menschlichen Auge ist die Aperturblende nicht zugänglich, sondern sie wird durch vor- oder nachgeschaltete Linsen verdeckt. Statt der Aperturblende kann man auch die Begrenzung von Bündeln durch „Ersatzblenden" im Objekt- oder Bildraum beschreiben. Diese Ersatzblenden oder Pupillen begrenzen die einfallenden oder auslaufenden Bündel bzw. deren Verlängerungen so wie die Aperturblende, allerdings werden die Strahlen von den Objekt- bzw. Bildpunkten zur Pupille nicht durch optische Bauelemente abgelenkt. Man unterscheidet zwischen der

- Austrittspupille, sie begrenzt die Bündel, die in den Bildpunkten vereinigt werden, und der
- Eintrittspupille, die die Bündel, die von den Objektpunkten ausgehen, begrenzt.

Die Pupillen sind die Abbildungen der Aperturblende durch Linsen, die sich zwischen ihr und dem Gegenstand bzw. dem Bild befinden. Diese Festlegung hat den Vorteil, dass alle Bündel unabhängig von der Lage der Gegenstandspunkte durch die gleichen Pupillen begrenzt werden. Diese sind somit charakteristische Größen des optischen Systems. Pupillen können sowohl reelle als auch virtuelle Bilder der Aperturblende sein. Sie brauchen nicht durch „echte" Blenden realisiert zu werden. Im Folgenden fassen wir die Linsen zwischen Gegenstand und Aperturblende bzw. Aperturblende und Bild zu jeweils einer Linse zusammen.

Man sieht in **Abb. 6.58** (a), dass der Durchmesser der Eintrittspupille gleich dem Durchmesser des einfallenden achsenparallelen Bündels ist. Aus **Abb. 6.58** (b) geht außerdem hervor: Die Verlängerung vom Hauptstrahl des Eintrittsbündels schneidet die optische Achse in der Mitte der Eintrittspupille, die Verlängerung vom Hauptstrahl des Austrittsbündels geht durch die Mitte der Austrittspupille. Die Menge aller Hauptstrahlen, die von einem Gegenstand durch das optische System in das Bild gelenkt werden, nennt man auch „Strahlengang" des Systems.

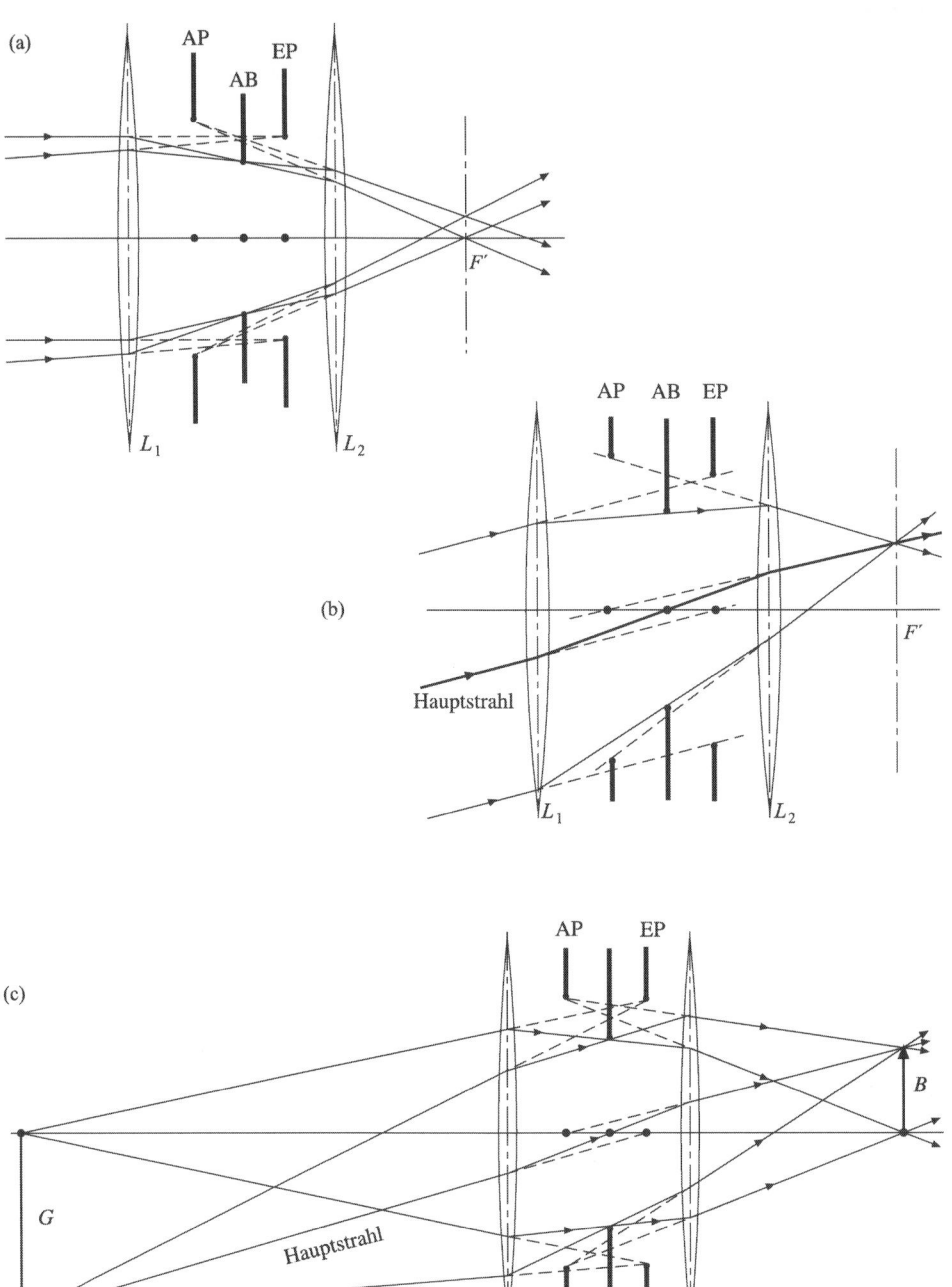

**Abb. 6.58** *System aus zwei Linsen: Aperturblende (AB) und die dazugehörigen Eintritts- (EP) und Austrittspupille (AP). (a) für ein einfallendes achsenparalleles Bündel, das zur optischen Achse geneigte Bündel ist für die Konstruktion der Pupillen erforderlich, (b) für ein zur optischen Achse geneigtes einfallendes Parallelbündel, (c) endliche Gegenstandsweiten.*

Bei der Konstruktion des Hauptstrahls eines einfallenden, zur optischen Achse geneigten Parallelbündels kann man folgendermaßen vorgehen: Zunächst bestimmen wir mit Hilfe der Randstrahlen des Bündels den Fokuspunkt in der Brennebene der ersten Linse, in den diese das Bündel fokussieren würde. Ein Strahl dieses Bündels geht durch den Mittelpunkt der Aperturblende, dieser Strahl ist zwischen den Linsen der Hauptstrahl des Bündels. Er schneidet die Hauptebenen der Linsen, vor dem Eintritt in die erste Linse ist er parallel zum Eintrittsbündel, hinter der zweiten Linse geht der durch den Fokuspunkt des Linsensystems, in den das Eintrittsbündel fokussiert wird.

Aperturblenden an unterschiedlichen Positionen mit entsprechenden Durchmessern wie in **Abb. 6.59** können zwar die gleiche Begrenzung der Bündel bewirken, die dazugehörigen Pupillen befinden sich jedoch an unterschiedlichen Positionen und haben unterschiedliche Durchmesser.

Befindet sich zwischen der Aperturblende und dem Objekt keine Linse, so spricht man von einer „Vorderblende". Sie ist gleichzeitig auch die Eintrittspupille des Systems. Entsprechend ist die Aperturblende zwischen letzter Linse und Bild, die „Hinterblende", die Austrittspupille. Befindet sich diese in der bildseitigen Brennebene des Systems, so liegt die Eintrittspupille im Unendlichen des Bildraums. Die Hauptstrahlen aller Bündel, die von Objektpunkten ausgehen, verlaufen parallel zur optischen Achse. Diesen Strahlengang bezeichnet man auch als „objektseitig telezentrisch". Im umgekehrten Fall, wenn die Austrittspupille im Unendlichen des Objektraums liegt, spricht man von einem „bildseitig telezentrischen" Strahlengang. Ihre Bedeutung liegt in der Unempfindlichkeit der Bildgröße gegenüber kleinen Änderungen der Objekt- oder Bildposition.

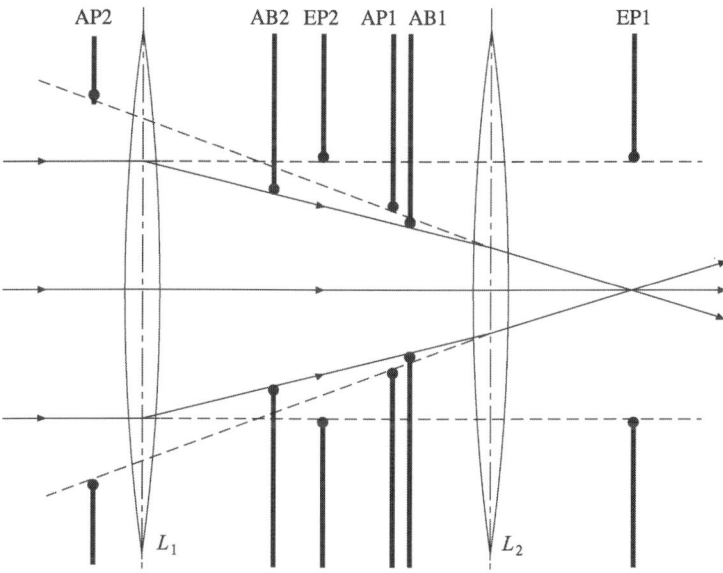

***Abb. 6.59*** *Ein Bündel wird durch zwei Aperturblenden an unterschiedlichen Positionen in gleicher Weise begrenzt. Die zugehörigen Pupillen befinden sich an unterschiedlichen Stellen und haben unterschiedliche Durchmesser.*

Häufig ist bei optischen Systemen die Aperturblende nicht bekannt, sind keine weiteren Blenden in den Strahlengang eingebaut, so bildet eine der Linsenfassungen die Aperturblende. Welche das ist, kann man für eine bestimmte Gegenstandsweite und daraus resultierender Bildweite folgendermaßen ermitteln: Man bildet alle Blenden in den Objekt- und in den Bildraum ab. Das Blendenbild, das von einem Bildpunkt auf der optischen Achse unter dem kleinsten Öffnungswinkel erscheint, ist die Austrittspupille, die dazugehörige Blende die Aperturblende. Unter dem Öffnungswinkel wird der Winkel zur optischen Achse verstanden, unter dem die Blendenöffnung von einem Achsenpunkt gesehen wird. Abhängig von der Gegenstandsweite können u. U. verschiedene Blenden die Rolle der Aperturblende übernehmen.

### Feldblende und Luken
Am Beispiel des Blickes durch ein Rohr haben wir gesehen, dass es neben der Aperturblende in einem optischen System eine weitere Blende gibt, die das Gesichtsfeld, d. h. die Größe des Gegenstandes, der abgebildet werden kann, begrenzt. Wie schon erwähnt, wird das Gesichtsfeld von solchen Gegenstandspunkten begrenzt, von deren Bündeln die Hauptstrahlen in die zugeordneten Bildpunkte gelangen. Befindet sich zwischen Gegenstand und Feldblende keine Linse, so wird die Größe des Gesichtsfeldes durch den Winkel zur optischen Achse beschrieben, unter dem der Rand der Feldblende von der Mitte der Eintrittspupille aus gesehen wird. Ist diese im Unendlichen, so verwendet man den Abstand der achsenparallelen Hauptstrahlen, die von der Feldblende noch durchgelassen werden.

Bei vielen optischen Systemen sind Randabschattungen oder Vignettierungen aufgrund der Verkleinerung des Bündelquerschnitts durch die Feldblende unerwünscht. Um eine „scharfe" Begrenzung des Gesichtsfeldes zu erreichen, dürfen von dem System nur Gegenstandspunkte, die sich in Zone 1 von **Abb. 6.60** befinden, abgebildet werden. Dies kann durch Platzierung der Feldblende in der Objektebene oder in der Bildebene bewirkt werden. Das optische

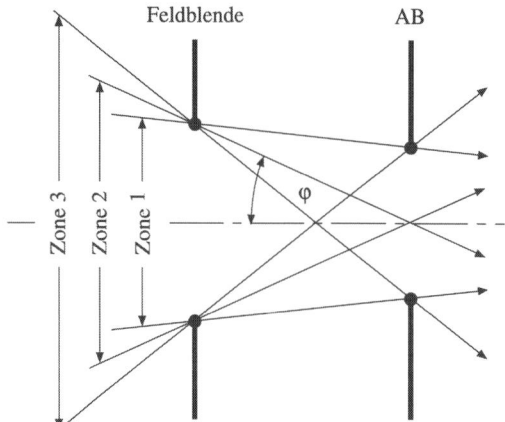

*Abb. 6.60 Die Feldblende begrenzt das Gesichtsfeld, dessen Größe durch den Winkel φ beschrieben wird. Bündel aus Zone 1 erfahren keine Randabschattung. Bei Bündeln aus Zone 2 wird ein Teil durch die Feldblende ausgeblendet, sie gehören aber noch zum Gesichtsfeld. Bündel der Zone 3 enthalten keinen Hauptstrahl und gehören nicht mehr zum Gesichtsfeld.*

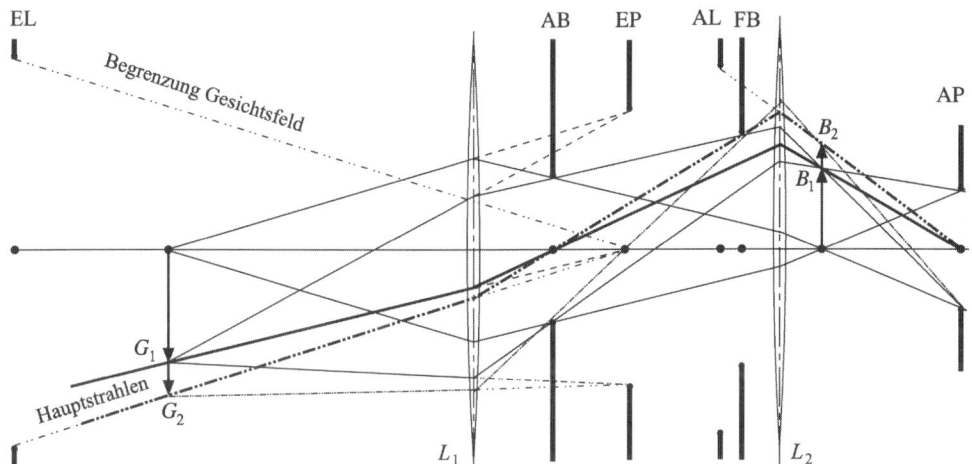

EL

AB   EP   AL FB

AP

Begrenzung Gesichtsfeld

$B_2$

$B_1$

$G_1$

Hauptstrahlen

$G_2$

$L_1$

$L_2$

**Abb. 6.61** *Feldblende sowie Eintritts- und Austrittsluke.*

System bildet die Feldblende in der Objektebene in eine „Austrittsluke" in der Bildebene ab. Umgekehrt wird die Feldblende in der Bildebene in eine „Eintrittsluke" im Objektraum abgebildet. So stellt bei Kameras die Größe des Films die Feldblende dar, Bilder sind somit scharf begrenzt, ihre Helligkeit nimmt zum Rand nicht ab.

Man kann allgemein die Abbildung auf Gegenstandspunkte beschränken, deren Bündel die Eintrittspupille vollständig ausfüllen, wenn man die Feldblende an Stellen des Strahlengangs platziert, wo die Bündelquerschnitte sehr klein sind. Dies sind neben dem Gegenstand selbst und seinem reellen Bild die Orte, an denen Zwischenbilder erzeugt werden. Die Eintrittsluke ist dann das Bild der Feldblende, das durch die Linsen zwischen ihr und dem Gegenstand entworfen wird. Entsprechend ist die Austrittsluke die Abbildung der Feldblende durch die Linsen zwischen ihr und dem Bild des Gegenstandes. Die Größe des Gesichtsfeldes wird dann durch den Winkel, unter dem die Eintrittsluke von der Mitte der Eintrittspupille aus gesehen wird, bestimmt.

## 6.2.6    Abbildungsfehler

Zur Herleitung der Abbildungsgesetze von sphärischen Spiegeln und Linsen mit sphärisch gekrümmten Grenzflächen haben wir vorausgesetzt, dass die Strahlen der Bündel, die von einem Gegenstandspunkt in einen Bildpunkt gelangen, nur einen kleinen Abstand und eine geringe Neigung zur optischen Achse aufweisen. Diese Strahlen nennt man auch „paraxiale" Strahlen, die den Gesetzen der „Gaußschen Optik[1]" gehorchen. Trifft diese Voraussetzung nicht auf alle Strahlen des Bündels zu, so treffen sich nicht mehr alle Strahlen, nachdem sie das optische System passiert haben, in einem Bildpunkt. Die Abbildung wird „unscharf".

---

[1]    C. F. Gauß entwickelte 1840 die mathematischen Grundlagen der Optik paraxialer Strahlen.

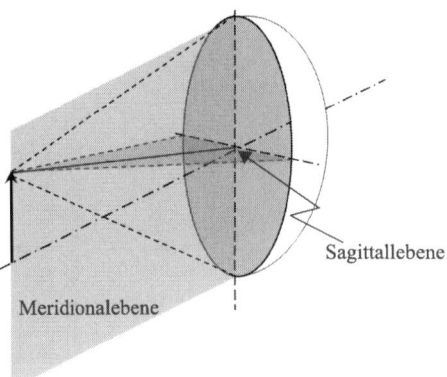

**Abb. 6.62** *Ein Gegenstandspunkt, der nicht auf der optischen Achse liegt, legt die Meridional- und die Sagittalebene fest.*

Wird von einem optischen System mit ausgezeichneter optischer Achse ein Punkt abgebildet, der sich nicht auf dieser Achse befindet, so wird eine Ebene definiert, die die optische Achse und den Punkt enthält. Diese Ebene heißt „Meridionalebene", denn ihre Schnittkreise mit einer sphärischen Grenzfläche sind deren Meridiane. Die Konstruktion von Bildern durch ausgezeichnete Strahlen ist auf diese Ebene beschränkt, in ihr befindet sich auch der Hauptstrahl jedes Bündels. Senkrecht auf der Meridionalebene steht die „Sagittalebene", die ebenfalls den Hauptstrahl enthält.

Strahlen, die sich nicht in der Meridionalebene ausbreiten, nennt man „windschief". Im Gegensatz zu den „Meridionalstrahlen" liegen windschiefe Strahlen nach der Brechung an einer zweiten Fläche nicht mehr in der Einfallsebene der ersten Brechung. Ihr Verlauf kann daher nicht „einfach" konstruiert werden. Windschiefe Strahlen, die den größten Teil der Strahlen eines Bündels ausmachen, verursachen ebenfalls Abbildungsfehler oder Aberrationen, da sie sich nicht in dem von der Gaußschen Optik vorgegebenen Bildpunkt treffen.

Zwei Klassen von Aberrationen sind zu unterscheiden: die chromatischen und die geometrischen Aberrationen. Erstere kommen nur vor, wenn die Abbildung durch Brechung an Grenzflächen zweier Medien geschieht und wird durch die Dispersion, die Abhängigkeit des Brechungsindex von der Wellenlänge des Lichtes, verursacht. Die geometrischen Aberrationen aufgrund der unterschiedlichen Wege des Lichts durch das optische System werden in die fünf Seidelschen[1] Aberrationen unterteilt: Sphärische Aberration (Öffnungsfehler), Koma, Astigmatismus, Bildfeldwölbung und Verzeichnung.

### Sphärische Aberration

Achsenparallele Strahlen werden nicht in einem Punkt, der sich bei Hohlspiegeln am halben Kugelradius, bei dünnen Linsen an der durch (6.87) bestimmten Stelle befindet, fokussiert. Abhängig vom Abstand zur optischen Achse schneiden sie nach der Ablenkung diese an Stellen, die näher am Scheitelpunkt liegen. Statt eines scharfen Bildpunktes hat das Bündel

---

[1]    L. P. von Seidel (1821 – 1896).

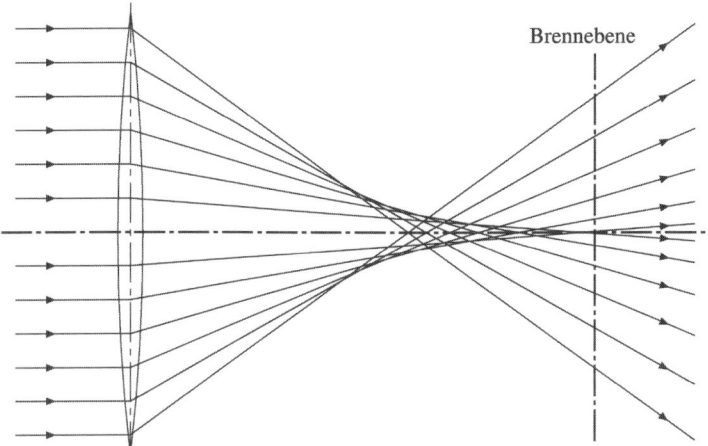

**Abb. 6.63** *Sammellinse mit sphärischer Aberration: Der Zerstreuungskreis mit kleinstem Durchmesser liegt vor der Brennebene.*

an einer Stelle, die in der Regel nicht mit dem geometrischen Bildort übereinstimmt, einen kleinsten Querschnitt, der von der Größe der Eintrittspupille abhängt. Dieser Zerstreuungskreis stellt das Bild dar.

Eine einfache Möglichkeit, die sphärische Aberration zu begrenzen, ist das Verkleinern der Eintrittspupille, allerdings wird dadurch auch die Helligkeit des Bildes verkleinert. Bei Linsen setzt sich die gesamte sphärische Aberration aus den Aberrationen der einzelnen Grenzflächen zusammen. Diese werden umso größer, je stärker ein Strahl gebrochen wird. Daher ist es günstig, die Ablenkung eines Strahls durch zwei Brechungen gleicher Stärke zu erreichen. Je nach Lage des Gegenstandes und damit des Bildes sind andere Kombinationen von Kugelradien für die Linsenflächen zu wählen. Minimal wird die sphärische Aberration bei „Linsen bester Form" mit optimierten Kugelradien. Wegen der chromatischen Aberration von Glas sind die Eigenschaften der Linse aber nur bei einer bestimmten Wellenlänge optimal. Derartige Linsen werden häufig für die Lichtführung bei Lasern verwendet. Ebenfalls klein bleibt die sphärische Aberration, wenn bei ungefähr gleich großen Gegenstands- und Bildweiten bikonvexe Linsen, bei stark unterschiedlichen Gegenstands- und Bildweiten dagegen plankonvexe Linsen verwendet werden. Die plane Fläche soll sich dann auf der Seite der kleineren Weite befinden.

Noch geringere Aberration erreicht man durch Kombination mehrerer Linsen, deren einzelne Aberrationen sich kompensieren. Eine einfache Möglichkeit ist ein System aus einer Sammel- und einer Zerstreuungslinse, die einen gemeinsamen Kugelmittelpunkt haben, aber aus Gläsern mit unterschiedlichen Brechungsindizes bestehen. Diese Kombination wird auch zur Korrektur der chromatischen Aberration eingesetzt und heißt daher auch „Achromat". In Beleuchtungssystemen, die das Licht einer Glühlampe in ein Parallelbündel formen sollen, werden häufig „Kondensoren" aus drei Linsen eingesetzt.

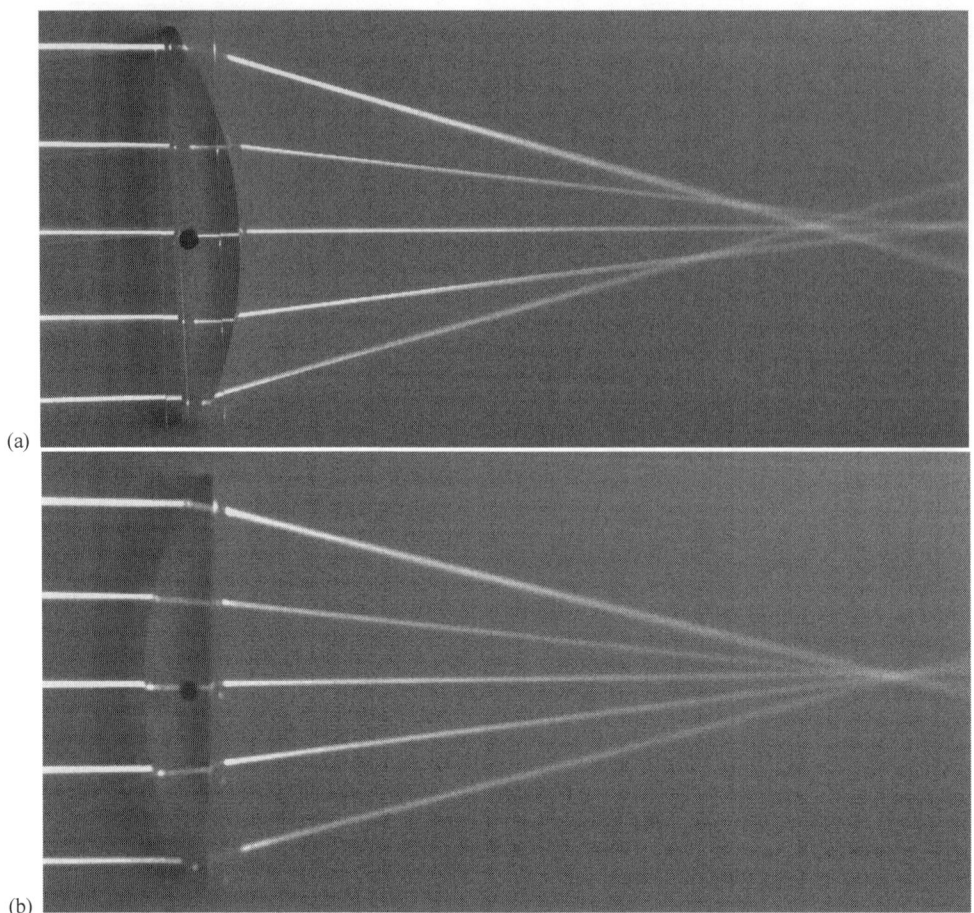

**Abb. 6.64** *Sphärische Aberration bei der Fokussierung eines achsenparallelen Bündels durch eine Plankonvexlinse. (a) Plane Seite zum Brennpunkt gerichtet, (b) sphärische Seite zum Brennpunkt gerichtet.*

## Koma

Die Strahlen eines zur optischen Achse geneigten Parallelbündels werden der Gaußschen Optik zufolge von einer Sammellinse im Schnittpunkt des Zentralstrahls dieses Bündels mit der Brennebene fokussiert. Allerdings ist schon in der Meridionalebene der Lichtweg für Strahlen, die symmetrisch zum Zentralstrahl verlaufen, nicht gleich, so dass Strahlen mit größerem Abstand zum Zentralstrahl an einer anderen Stelle vereinigt werden als Strahlen mit kleinerem Abstand.

Zusammen mit den windschiefen Strahlen aus dem Bündel entsteht in der Brennebene eine Lichtverteilung, die wie ein Kometenschweif aussieht, der von dem Fokus, den die Strahlen durch die Linsenmitte bilden, ausgeht.

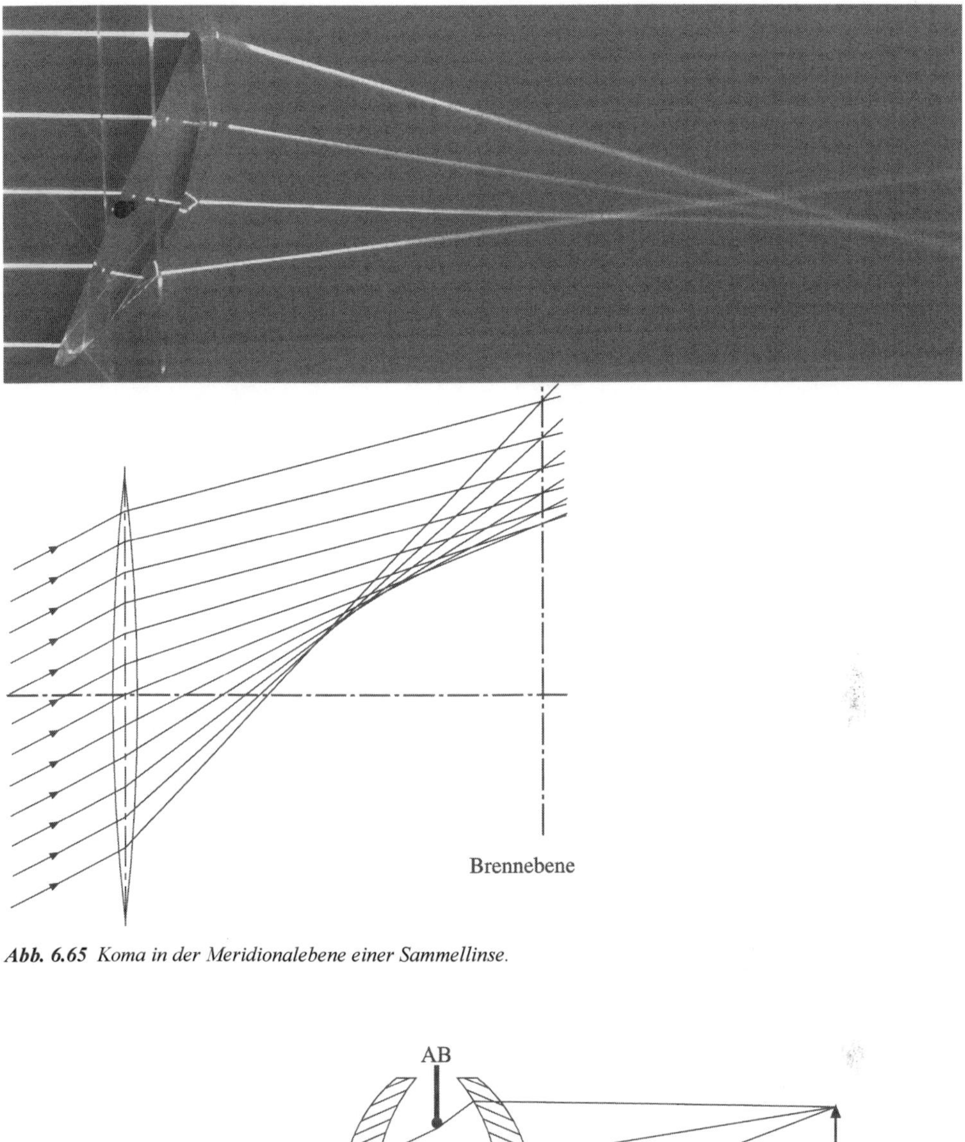

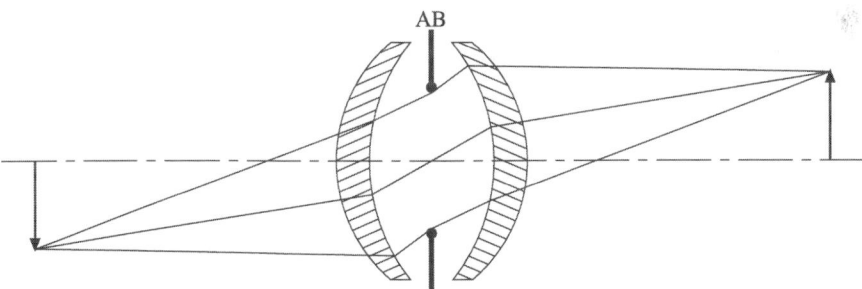

**Abb. 6.65** *Koma in der Meridionalebene einer Sammellinse.*

Brennebene

**Abb. 6.66** *Linsensystem mit symmetrischen Lichtwegen.*

AB

Die Koma kann reduziert werden, wenn in dem Linsensystem der Lichtweg für Strahlen mit großem Abstand zum Hauptstrahl symmetrisch gehalten wird. Das System muss aus Linsenpaaren bestehen, die symmetrisch zur Aperturblende angeordnet werden.

### Astigmatismus[1]

Selbst bei einer öffnungsfehler- und komafreien Abbildung eines Punktes außerhalb der optischen Achse werden die Strahlen in der Meridionalebene in einem anderen Punkt vereinigt als die Strahlen, die in der Sagittalebene verlaufen. Beide Punkte liegen vor dem durch die Gaußsche Optik vorgegebenen Bildort. Der Grund ist die im Allgemeinen unsymmetrische Lage der Linsenflächen für den Hauptstrahl des Bündels. Im meridionalen Fokus entsteht eine linienförmige Lichtverteilung senkrecht zur Meridionalebene, im sagittalen Fokus eine Linie in der Meridionalebene. Zwischen diesen beiden Linien ist die Lichtverteilung ellipsenförmig.

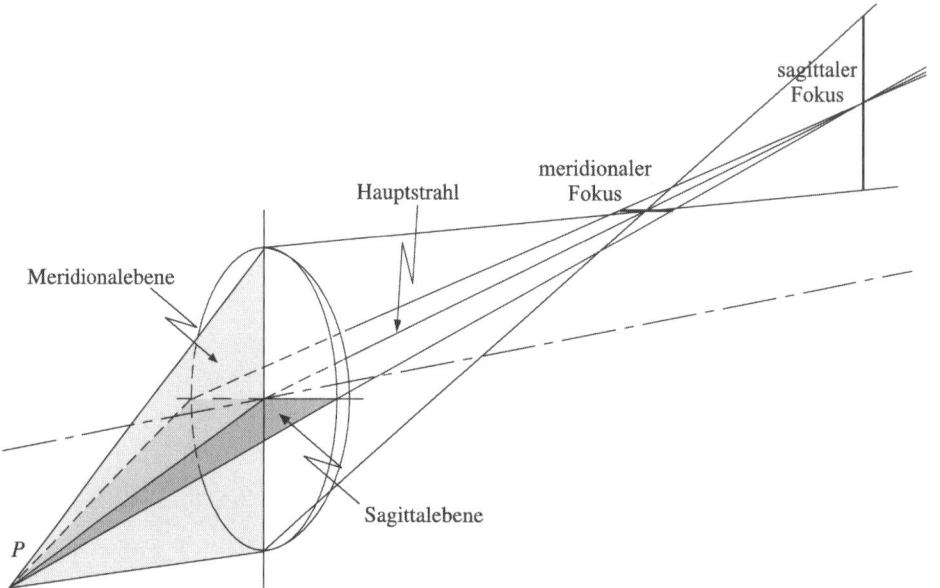

**Abb. 6.67** *Astigmatismus: Die Linse fokussiert das von einem außeraxialen Gegenstandspunkt ausgehende Bündel in zwei Linienfokusse. Diese stehen senkrecht zueinander.*

### Bildfeldwölbung

Wie wir gesehen haben, bilden sphärische Spiegel und Grenzflächen Gegenstandspunkte, die auf einer Geraden liegen, so ab, dass sich die Bildpunkte auf einer gekrümmten Linie befinden (siehe **Abb. 6.38**). Dabei gehorchen die Lichtbündel den Bedingungen der Gaußschen Optik, so dass keine sphärische Aberration und keine Koma die Abbildung stört. Bei der Abbildung durch Linsen kommt es trotz Korrektur von sphärischer Aberration und Koma ebenfalls zur Bildfeldwölbung. Meist ist die Krümmung der Bildfelder für meridionale und sagittale Strahlen unterschiedlich. Dann wird die Bildfeldwölbung vom Astigmatismus be-

---

[1]    Stigma, lat. Brandfleck. Astigmatisums: Das optische System erzeugt keinen Brennfleck.

gleitet. Soll in eine Ebene abgebildet werden, so führt die Bildfeldwölbung zu entsprechenden Unschärfen im Bild. Bildfeldwölbung und Astigmatismus können bei optischen Systemen nur mit Hilfe von mehreren Linsen korrigiert werden.

## Verzeichnung

Die Position der Bildpunkte als Schnittpunkte der Hauptstrahlen mit der von der Gaußschen
Optik vorgegebenen Bildebene entspricht nicht den Positionen, die sich aus der Konstruktion
mit ausgezeichneten Strahlen ergeben. Auf einer Geraden liegende Gegenstandspunkte werden in der Gaußschen Bildebene in Bildpunkte abgebildet, die auf einer gekrümmten Linie
liegen. Je nach Krümmung unterscheidet man zwischen kissen- oder tonnenförmiger Verzeichnung. Bei Ersterer wird das Bild gegenüber dem durch die Gaußsche Optik bestimmten
Bild zu groß, bei der zweiten dagegen zu klein. Durch die Verzeichnung wird die Ähnlichkeit des Bildes mit dem Gegenstand gestört.

(a)                              (b)                                     (c)

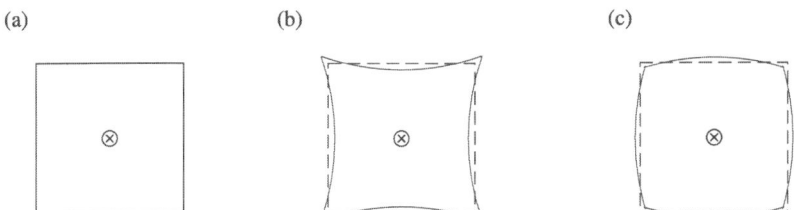

*Abb. 6.68* *Verzeichnung bei der Abbildung eines Quadrates in einer Objektebene senkrecht zur optischen Achse.*
*(a) Gegenstand, (b) Bild mit kissenförmiger Verzeichnung, (c) tonnenförmige Verzeichnung. ⊗: optische Achse.*

Die Abweichungen ergeben sich aus den unterschiedlichen Neigungen der Hauptstrahlen von
den Bündeln der außeraxialen Gegenstandspunkte. Die Neigungen der Hauptstrahlen sind
jedoch wiederum abhängig von der Position der Aperturblende, so dass der Typ der Verzeichnung (kissen- oder tonnenförmig) ebenfalls abhängig von der Aperturblende ist.

Die hier vorgestellten fünf Seidelschen Aberrationen ergeben sich aus Näherungen bei der
Berechnung des Bildortes in Abhängigkeit von der Lage des Gegenstandspunktes und des
Öffnungswinkels des Lichtbündels. Sie beschreiben die ersten „Korrekturterme", d.h. die
Abweichung des realen Bildortes von dem durch die Gaußsche Optik bestimmten. Um eine
noch bessere Korrektur der Abbildung durch das Linsensystem zu erhalten, muss der Verlauf
der Lichtstrahlen berechnet werden. Dies geschieht mit Hilfe von „Raytracing"-Programmen.

## Chromatische Aberration

Die Brennweiten von Linsen werden u. A. durch den Brechungsindex des Linsenwerkstoffes
bestimmt, dieser Berechnungsindex ist aufgrund der Dispersion von der Wellenlänge des
Lichtes abhängig. Ändert sich bei einer dünnen Linse, deren Brennweite mit Hilfe von (6.87)
berechnet werden kann, der Brechungsindex um $\Delta n_L$, so beträgt die daraus resultierende
Änderung der Brennweite in linearer Näherung

$$\Delta f = \frac{\partial f}{\partial n_L}\bigg|_{n_L(\lambda_0)} \Delta n_L = -\frac{r_1 r_2}{r_2 - r_1} \frac{\Delta n_L}{(n_L(\lambda_0) - 1)^2} = -\frac{f(\lambda_0)}{n_L(\lambda_0) - 1} \Delta n_L . \qquad (6.104)$$

Für eine Sammellinse mit einer Brennweite von 100 mm bei $\lambda_0 = 589$ nm, die aus Borkronglas ($n_L(\lambda_0) = 1{,}510$, siehe **Abb. 6.16**) hergestellt ist, ergibt sich $\Delta f$ von etwa 2 mm bei einem $\Delta n_L$ von 0,01. Für das gesamte sichtbare Spektrum ergeben sich noch weit höhere Variationen der Brennweite. Durch diese chromatische Aberration oder den Farbfehler wird die Abbildung unscharf. Auch die geometrischen Aberrationen sind abhängig vom Brechungsindex und tragen zur Bildunschärfe und zu farbigen Rändern des Bildes bei.

Die chromatische Aberration kann durch Kombination von Linsen, deren Farbfehler sich kompensieren, korrigiert werden. Aus (6.104) geht hervor, dass die chromatischen Aberrationen von Sammel- und Zerstreuungslinsen umgekehrte Vorzeichen haben. Kombiniert man daher zwei derartige Linsen, so kann man ein Linsensystem erhalten, bei dem der Farbfehler im sichtbaren Spektrum sehr klein ist. Das einfachste System ist ein „Achromat" mit einer Sammel- und einer Zerstreuungslinse aus unterschiedlichen Gläsern, die einen gemeinsamen Kugelradius haben und miteinander verkittet sind. Durch passende Wahl der beiden anderen Kugelradien und der Brechungsindizes kann neben dem Farbfehler auch die sphärische Aberration korrigiert werden. Noch bessere Korrektur kann durch Kombination mehrerer Linsen erreicht werden.

## 6.2.7    Energietransport durch Licht

Durch elektromagnetische Strahlung wird Energie übertragen, wie wir schon an verschiedenen Stellen gesehen haben. In der Optik interessiert hauptsächlich der Energiestrom, der von einer Lichtquelle über ein optisches System zu einem Lichtempfänger wie z. B. der Netzhaut des Auges, dem Film in einer Kamera oder einem lichtempfindlichen Halbleiterchip einer Digitalkamera gelangt. Neben den energetischen oder strahlungstechnischen Größen zur Beschreibung der Sachverhalte werden in der Optik auch strahlungsphysiologische oder lichttechnische Größen verwendet, die die speziellen Empfängereigenschaften des menschlichen Auges berücksichtigen.

**Raumwinkel**
Reale Lichtquellen emittieren Licht in die verschiedenen Richtungen mit unterschiedlicher Energiestromdichte, ein Maß dafür ist der Poynting-Vektor (5.555). Seine Richtung beschreibt die Richtung der Lichtstrahlen, die von einem Punkt der Lichtquelle ausgehen. Der gesamte Energiestrom, der von einer Quelle, die ein beschränktes Raumgebiet einnimmt, ausgeht, muss durch eine Hüllfläche, die die Quelle umschließt, gelangen, wobei die konkrete Form dieser Hülle gleichgültig ist. Insbesondere fließt durch konzentrische Kugelschalen, in deren Zentrum $O$ sich die punktförmig angenommene Quelle befindet, immer der gleiche Energiestrom, da sich das Licht gradlinig ausbreitet. Dies gilt auch für einzelne Kugelkappen, die durch einen gemeinsamen Kegel mit der Spitze in $O$ begrenzt werden. Dieser Kegel legt einen „Raumwinkel" $\Omega$ fest, der folgendermaßen definiert ist:

$$\Omega := \frac{A_{Kugelkappe}}{R^2} \Omega_0 \, , \; [\Omega] = \frac{m^2}{m^2} := sr \qquad (6.105)$$

Dabei ist $A$ die Fläche einer Kugelkappe auf der Kugeloberfläche um $O$ mit einem Radius $R$. Der Definition (6.105) zufolge ist $\Omega$ dimensionslos, zur besseren Unterscheidung wurde in der Optik die Einheit „Steradiant" (1 sr := 1 m²/m² := $\Omega_0$) für den Raumwinkel festgelegt. Nimmt $A$ die gesamte Kugeloberfläche ein, so ergibt sich ein Raumwinkel von $4\pi$ sr. Häufig beschreibt man einen Kegel durch den halben Öffnungswinkel, d. h. den Winkel des Kegelmantels zur Symmetrieachse. Zwischen der Fläche der Kugelkappe und dem halben Öffnungswinkel $\alpha$ des Kegels besteht der Zusammenhang $A_{Kugelkappe} = 2\pi R^2(1 - \cos\alpha)$, damit beträgt der Öffnungswinkel des Kegels, der einen Raumwinkel $\Omega$ festlegt,

$$\Omega = 2\pi(1 - \cos\alpha) \quad \Rightarrow \quad \alpha = \arccos(1 - \frac{\Omega}{2\pi}) . \tag{6.106}$$

Insbesondere beträgt der Öffnungswinkel für den Raumwinkel 1 sr 32,75°, für den Raumwinkel $4\pi$ 180°. Die Fläche, die einen Raumwinkel festlegt, ist jedoch nicht auf eine Kugelkappe beschränkt, vielmehr können beliebig geformte Flächen auf der Kugeloberfläche analog zu (6.105) einen Raumwinkel definieren:

$$\Omega = \frac{A_{auf\ der\ Kugeloberfläche}}{R^2} \Omega_0 \tag{6.107}$$

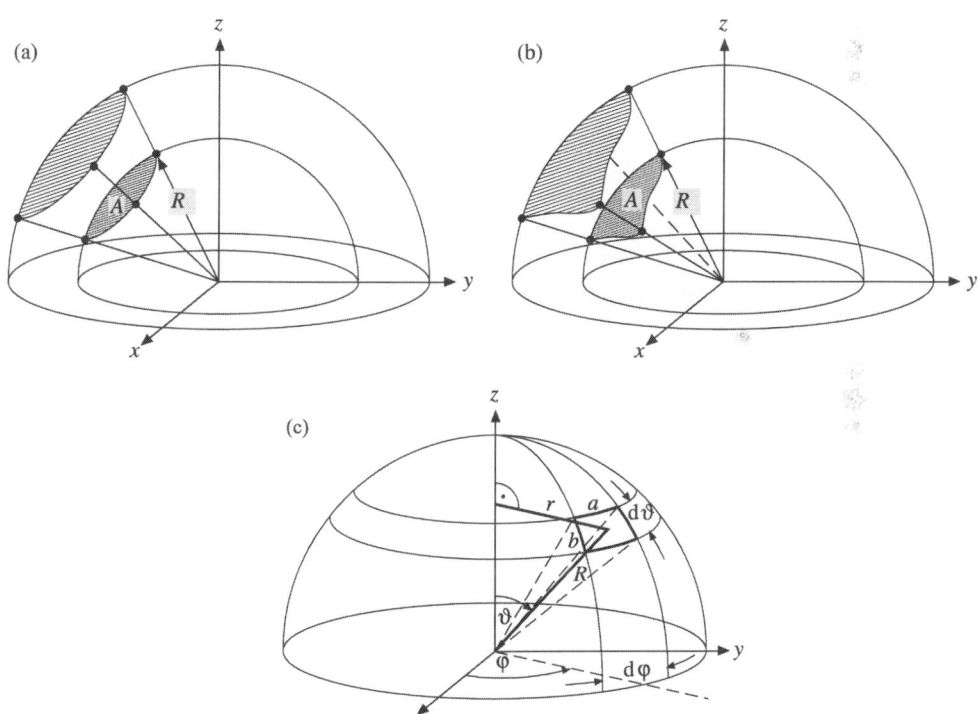

***Abb. 6.69*** *(a) Zur Definition des Raumwinkels. (b) Raumwinkel, festgelegt durch eine beliebige Fläche auf der Kugeloberfläche. (c) Differentielles Raumwinkelelement in Kugelkoordinaten.*

Zur Berechnung von Raumwinkeln beliebiger Flächen auf der Kugeloberfläche zerlegen wir $A$ in einzelne infinitesimal kleine viereckige, von Kreisausschnitten begrenzte Flächenelemente $\mathrm{d}A$, die ihrerseits das differentielle Raumwinkelelement $\mathrm{d}\Omega$ in **Abb. 6.69** (c) festlegen. In Kugelkoordinaten, bei denen die Richtungen durch den Azimutwinkel $\varphi$ und den Polarwinkel $\vartheta$ angegeben werden, beträgt die Länge der Kante $a$ des Flächenelementes $r\mathrm{d}\varphi = R\sin\vartheta\,\mathrm{d}\varphi$, die der Kante $b$ dagegen $R\mathrm{d}\vartheta$. Damit ergibt sich $\mathrm{d}\Omega$ zu

$$\mathrm{d}\Omega = \frac{\mathrm{d}A}{R^2}\Omega_0 = \frac{ab}{R^2}\Omega_0 = \sin\vartheta\,\mathrm{d}\vartheta\,\mathrm{d}\varphi\,\Omega_0\,. \tag{6.108}$$

Den von der Fläche $A$ festgelegten Raumwinkel $\Omega$ erhalten wir durch Integration von (6.108) über die entsprechenden Bereiche von Azimutwinkel $\varphi$ und Polarwinkel $\vartheta$. Somit beträgt der Raumwinkel einer zur $z$-Achse symmetrischen Kugelkappe wie in **Abb. 6.70** (a), die einen Kegel zum Ursprung mit dem halben Öffnungswinkel $\alpha$ einschließt,

$$\Omega_{Kugelk.} = \int\limits_{Kugelk.}\mathrm{d}\Omega = \int\limits_0^{2\pi}\int\limits_0^{\alpha}\sin\vartheta\,\mathrm{d}\vartheta\,\mathrm{d}\varphi\,\Omega_0 = 2\pi\int\limits_0^{\alpha}\sin\vartheta\,\mathrm{d}\vartheta\,\Omega_0 = 2\pi[-\cos\vartheta]_0^{\alpha}\Omega_0$$

$$\Omega_{Kugelk.} = 2\pi(1-\cos\alpha)\Omega_0\,. \tag{6.109}$$

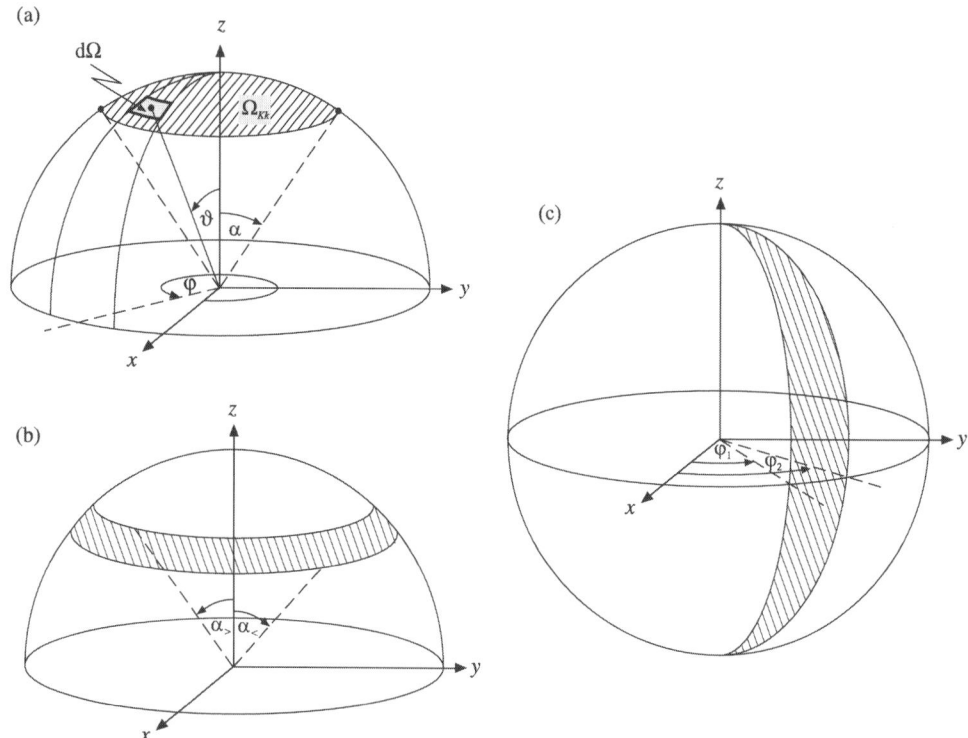

**Abb. 6.70** *Raumwinkel von (a) Kugelkappe, (b) Kugelschicht und (c) Kugelsegment.*

Entsprechend kann der Raumwinkel einer Kugelschicht in **Abb. 6.70** (b) aus der Differenz zwischen den Raumwinkeln der Kugelkappen berechnet werden.

$$\Omega_{Kugelschicht} = \Omega_{Kugelk.}(\alpha_>) - \Omega_{Kugelk.}(\alpha_<) = 2\pi(\cos\alpha_< - \cos\alpha_>)\Omega_0 \qquad (6.110)$$

Den Raumwinkel eines Kugelsegmentes aus **Abb. 6.70** (c), das durch die Winkel $\varphi_1$ und $\varphi_2$ (wobei $\varphi_2 > \varphi_1$ ist) begrenzt wird, berechnen wir entsprechend:

$$\Omega_{Kugelsegment} = \int_{\varphi_1}^{\varphi_2}\int_0^{\pi}\sin\vartheta\, d\vartheta\, d\varphi\,\Omega_0 = (\varphi_2 - \varphi_1)\left[-\cos\vartheta\right]_0^{\pi}\Omega_0$$

$$\Omega_{Kugelsegment} = 2(\varphi_2 - \varphi_1)\Omega_0. \qquad (6.111)$$

Auch die Beschränkung auf Teilflächen von Kugeloberflächen für die Festlegung von Raumwinkeln kann aufgehoben werden, wenn man eine beliebig geformte Fläche $A$ in viele Flächenelemente $dA$ zerlegt. Diese wiederum legen jeweils Raumwinkelelemente $d\Omega$ fest, wobei aber zu beachten ist, dass die Flächenelemente unterschiedlich große Abstände $R$ zum Ursprung haben. Weiterhin ist zu berücksichtigen, dass die Normalen der Flächenelemente $d\vec{A}$ um einen Winkel $\varepsilon$ zum Ortsvektor $\vec{s}$ des Flächenelementes, welcher radial zur Kugel in **Abb. 6.71** (a) verläuft, geneigt sein können. Damit reduziert sich die Fläche des zu $dA$ äquivalenten Flächenelementes $dA'$ auf der Kugeloberfläche mit dem Radius $R = |\vec{s}|$, durch das der gleiche Energiestrom geht wie durch $dA$, auf die Fläche der Projektion von $dA$ auf die Kugeloberfläche. Entsprechend reduziert sich die Größe des von $dA'$ festgelegten Raumwinkelelementes.

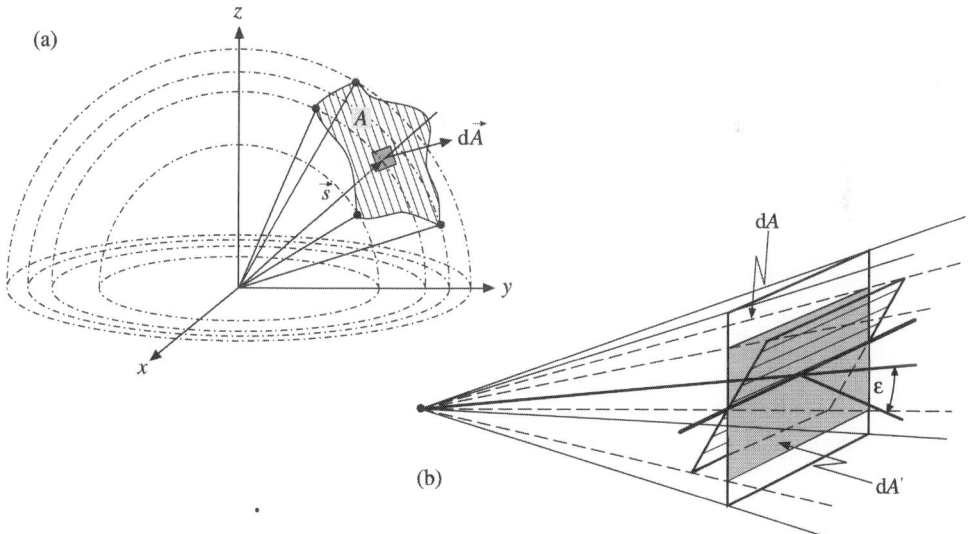

***Abb. 6.71*** *(a): Raumwinkel, festgelegt durch eine beliebige Fläche. (b) Das Raumwinkelelement wird verkleinert, wenn die Fläche dA zur radialen Richtung geneigt ist.*

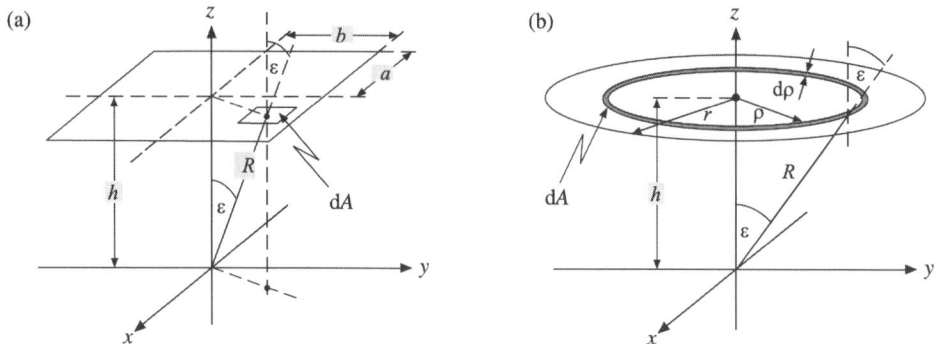

**Abb. 6.72**  *(a) Raumwinkel eines Rechteckes. (b) Raumwinkel einer Kreisscheibe.*

$$d\Omega = \frac{dA'}{R^2}\Omega_0 = \frac{dA\cos\varepsilon}{R^2}\Omega_0 = \frac{\vec{s}\bullet d\vec{A}}{|\vec{s}|^3}\Omega_0 \tag{6.112}$$

Als Beispiel berechnen wir den Raumwinkel, der durch ein Rechteck wie in **Abb. 6.72** (a) festgelegt wird. Die Normale des Flächenelementes $dA = dx\,dy$ weist in $z$-Richtung, d. h. $d\vec{A} = (0,0,dx dy)$, es befindet sich an der Stelle $\vec{s} = (x, y, h)$. Damit betragen der Abstand $R$ zum Ursprung sowie der Winkel $\varepsilon$

$$R = |\vec{s}| = \sqrt{h^2 + x^2 + y^2}, \quad \cos\varepsilon = \frac{\vec{s}\bullet d\vec{A}}{|\vec{s}|\,\|d\vec{A}|} = \frac{h}{R}. \tag{6.113}$$

Somit ergibt sich der Raumwinkel unter Beachtung der Symmetrie des Rechteckes zur $z$-Achse zu

$$\Omega = \int_{Rechteck} \frac{\cos\varepsilon\,dA}{R^2}\Omega_0 = 4\int_0^a\int_0^b \frac{h dx dy}{R^3}\Omega_0 = \int_0^a\int_0^b \frac{4h dx dy}{(h^2 + x^2 + y^2)^{3/2}}\Omega_0. \tag{6.114}$$

Die Lösung des Doppelintegrals lautet:

$$\Omega = 4\arcsin(\frac{a}{\sqrt{a^2 + h^2}}\frac{b}{\sqrt{b^2 + h^2}})\Omega_0 \tag{6.115}$$

Streben die Kantenlängen des Rechtecks gegen unendlich, so strebt $\Omega = 4\arcsin(1)\Omega_0$ gegen $2\pi\Omega_0$, dem Raumwinkel des Halbraumes.

Für die Berechnung des Raumwinkels einer Kreisscheibe in **Abb. 6.72** (b) wählen wir als Flächenelemente zur $z$-Achse konzentrische Kreisringe mit dem Radius $\rho$ und der Dicke $d\rho$.

Ihre Fläche beträgt somit $dA = 2\pi\rho\,d\rho$, ihr Abstand vom Ursprung $R = \sqrt{h^2 + \rho^2}$, der Winkel zur Flächennormalen $\cos\varepsilon = h/R$. Der Raumwinkel, den die Kreisscheibe festlegt, beträgt

$$\Omega = \int\limits_{Kreisscheibe} \frac{\cos\varepsilon\,dA}{R^2}\Omega_0 = \int\limits_0^r \frac{h2\pi\rho d\rho}{(h^2+\rho^2)^{3/2}}\Omega_0 = \left[-\frac{2\pi h}{\sqrt{h^2+\rho^2}}\right]_0^r \Omega_0$$

$$\Omega = 2\pi(1 - \frac{h}{\sqrt{h^2 + r^2}})\Omega_0 . \tag{6.116}$$

Der Grenzwert von $\Omega(r \to \infty)$ ist $2\pi\Omega_0$, d. h. der Raumwinkel des Halbraumes.

Bei den bisherigen Überlegungen zum Raumwinkel haben wir punktförmige Lichtquellen angenommen, die räumliche Gestalt blieb unberücksichtigt. Den Einfluss, den die Orientierung der Oberfläche einer Lichtquelle auf den Energiestrom hat, der in ein Raumwinkelelement abgestrahlt wird, können wir uns anhand **Abb. 6.73** verdeutlichen:

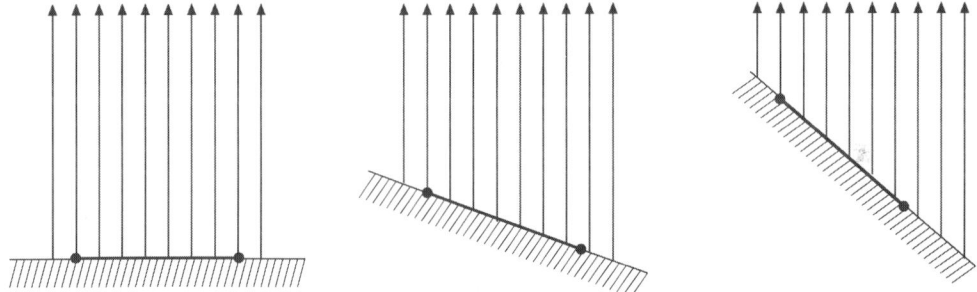

***Abb. 6.73*** *Parallele Lichtstrahlen, die von unterschiedlich orientierten ebenen Oberflächen abgestrahlt werden.*

Die Anzahl der Strahlen pro Länge (räumlich pro Fläche) sinkt mit dem Kosinus des Winkels $\varepsilon_Q$, den die Oberflächennormale der Lichtquelle mit der Richtung der Lichtstrahlen einschließt. Somit können wir die Orientierung der Quellenfläche berücksichtigen, indem wir die Raumwinkelelemente (6.112) mit $\cos\varepsilon_Q$ wichten. Diese nennt man dann auch „Raumwinkelprojektionen" $d\Omega_p$ des Normaleneinheitsvektors vom Flächenelement $dA_Q$ auf den Vektor von $dA_Q$ zum Flächenelement $dA_E$ des Empfängers, das das Raumwinkelelement $d\Omega$ festlegt.

$$d\Omega_p = \cos\varepsilon_Q\,d\Omega = \cos\varepsilon_Q \frac{\cos\varepsilon_E\,dA_E}{R^2}\Omega_0 \tag{6.117}$$

Befinden sich $d\vec{A}_Q$ und $d\vec{A}_E$ an den Orten $\vec{s}_Q$ bzw. $\vec{s}_E$, so ist $\vec{s}_E - \vec{s}_Q$ der Vektor von $d\vec{A}_Q$ zu $d\vec{A}_E$, sein Betrag ist $R$. Damit können wir $d\Omega_p$ auch vektoriell formulieren:

$$d\Omega_p = \frac{(\vec{s}_E - \vec{s}_Q)\bullet d\vec{A}_Q}{|\vec{s}_E - \vec{s}_Q|\,dA_Q}d\Omega = \frac{(\vec{s}_E - \vec{s}_Q)\bullet d\vec{A}_Q}{dA_Q}\frac{(\vec{s}_E - \vec{s}_Q)\bullet d\vec{A}_E}{|\vec{s}_E - \vec{s}_Q|^4}\Omega_0 \tag{6.118}$$

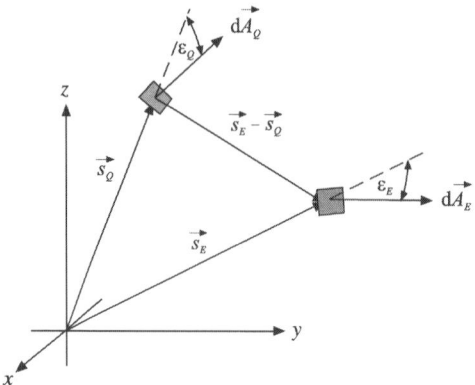

**Abb. 6.74** *Raumwinkelprojektion in vektorieller Darstellung.*

Die Raumwinkelprojektion einer Kugelkappe mit dem halben Öffnungswinkel $\alpha$ aus **Abb. 6.70** (a), bei der das Flächenelement $\mathrm{d}\vec{A}_Q$ sich im Ursprung befindet und in Richtung der $z$-Achse zeigt, können wir mit (6.108) und (6.117) berechnen, wenn wir berücksichtigen, dass $\cos\varepsilon_E = 1$ und $\varepsilon_Q = \vartheta$ ist:

$$\Omega_{p,\,Kugelk.} = \int\limits_{Kugelk.} \mathrm{d}\Omega_p = \int\limits_0^{2\pi}\int\limits_0^{\alpha}\cos\vartheta\sin\vartheta\,\mathrm{d}\vartheta\,\mathrm{d}\varphi\,\Omega_0 = \pi\sin^2\alpha\,\Omega_0 . \tag{6.119}$$

Für den gesamten Halbraum über $\mathrm{d}\vec{A}_Q$ ist $\alpha = \pi/2$, somit beträgt $\Omega_p = \pi\,\Omega_0$, unabhängig von der Art der Empfängerfläche.

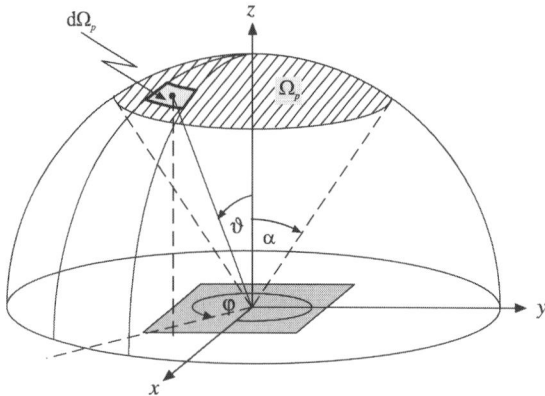

**Abb. 6.75** *Raumwinkelprojektion einer Kugelkappe.*

### Strahlungstechnische Größen

Lichtquellen bestehen aus sehr vielen elementaren Strahlern, die mit der Ausnahme von Lasern völlig unkoordiniert Licht emittieren. Dabei kann der Energiestrom sowohl mit dem Ort der Emission als auch mit der Richtung, in die das Licht abgestrahlt wird, variieren. In der geometrischen Optik wird die Lichtausbreitung durch Lichtstrahlen beschrieben. Die Energiestromdichte des sich in eine bestimmte Richtung ausbreitenden Lichtes wird durch den Poynting-Vektor (5.555) ausgedrückt. Er stellt anschaulich die Menge paralleler Lichtstrahlen pro Flächeneinheit dar, dabei weist die Normale der Fläche, auf die der Energiestrom bezogen wird, in die Lichtrichtung.

Mit realen, inkohärenten Lichtquellen kann jedoch kein Licht mit ausschließlich parallelen Strahlen erzeugt werden. Um auch die Verteilung der unterschiedlichen Richtungen von Lichtstrahlen erfassen zu können, definiert man daher die Strahldichte[1] $L_e$.

$$L_e := \frac{Energiestrom}{Fl\ddot{a}che \times Raumwinkelelement\ um\ die\ Fl\ddot{a}chennormale},$$

$$[L_e] = \frac{W}{m^2 \cdot sr}. \tag{6.120}$$

Jedem Punkt einer Lichtquelle und des Raumes, der von ihrem Licht beleuchtet wird, kann man eine Strahldichte zuordnen, sie ist im Allgemeinen orts- und richtungsabhängig. Zur Messung der Strahldichte kann ein Rohr wie in **Abb. 6.57** dienen, bei dem an einem Ende ein Detektor zur Erfassung des Energiestroms platziert ist. Die Flächennormale des Detektors verläuft parallel zur Rohrachse, sie definiert die „Blickrichtung" dieses Messinstrumentes. Je kleiner die Fläche dieses Detektors ist und je stärker die Feldblende die Neigung der erfassten Strahlen zur Rohrachse beschränkt, umso exakter wird die Strahldichte erfasst. Wie wir im Abschnitt 6.2.8 sehen werden, entspricht der Helligkeitseindruck an einer bestimmten Stelle des Bildes, das das menschliche Auge von der Umwelt sieht, der Leuchtdichte, dem visuellen Gegenstück der Strahldichte, in der Pupille.

Für jeden Punkt $P$ des von einer Lichtquelle beleuchteten Raumes kann man aus den Strahldichten in die unterschiedlichen Richtungen einen mittleren Poynting-Vektor berechnen.

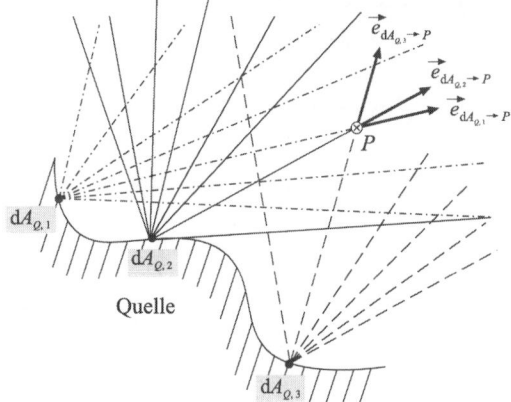

**Abb. 6.76** *Die Punkte auf der Oberfläche der Lichtquelle und im von ihr beleuchteten Raum haben unterschiedliche Strahldichten. In den einzelnen Punkten ist sie auch noch von der Blickrichtung abhängig.*

---

[1]    Der Index „$e$" steht für „energetisch".

Seine Richtung gibt an, in welche Richtung der von allen durch $P$ verlaufenden Lichtstrahlen bewirkte Energietransport geht.

$$< \vec{S} >= \int_{\Omega_{Quelle}} L_e (\vec{e}_{dA_Q \to P}) \vec{e}_{dA_Q \to P} d\Omega \tag{6.121}$$

Dabei ist $d\Omega$ der Raumwinkel, unter dem das Flächenelement $dA_Q$ der Quelle im Punkt $P$ gesehen wird. Die Richtungen der Lichtstrahlen können wir durch Einheitsvektoren $\vec{e}_{dA_Q \to P}$ vom Flächenelement $dA_Q$ der Quelle zum Punkt $P$ beschreiben. Bei der Berechnung von $< \vec{S} >$ muss die Integration für die $x$-, $y$- und die $z$-Komponente durchgeführt werden. Befinden sich $P$ und $dA_Q$ an den Stellen $\vec{s}_P$ bzw. $\vec{s}_Q$, so ist $\vec{e}_{dA_Q \to P} = (\vec{s}_P - \vec{s}_Q)/|\vec{s}_P - \vec{s}_Q|$ und wir erhalten unter Beachtung von (6.112)

$$< \vec{S} >= \int_{A_Q} L_e (\vec{e}_{dA_Q \to P}) \frac{\vec{s}_P - \vec{s}_Q}{|\vec{s}_P - \vec{s}_Q|} \frac{\cos \varepsilon_Q dA_Q}{|\vec{s}_P - \vec{s}_Q|^2} \Omega_0$$

$$< \vec{S} >= \int_{A_Q} (\vec{s}_P - \vec{s}_Q) L_e (\vec{e}_{dA_Q \to P}) \frac{(\vec{s}_P - \vec{s}_Q) \bullet d\vec{A}_Q}{|\vec{s}_P - \vec{s}_Q|^4} \Omega_0 . \tag{6.122}$$

Zu bemerken ist, dass eine von null verschiedene Energiestromdichte nur von Bündeln mit einem gewissen Öffnungswinkel erreicht wird. Insbesondere emittiert jeder Punkt einer realen Lichtquelle divergentes Licht. Die Strahldichte an diesen Punkten ist eine charakteristische Eigenschaft der Lichtquelle. Hinsichtlich der Richtungsabhängigkeit der Strahldichte unterscheidet man grob zwischen gerichteten und ungerichteten (diffusen) Lichtquellen. Bei Letzteren ist der „Lambert-Strahler" hervorzuheben.

> Die Strahldichte eines Lambert-Strahlers ist örtlich konstant und richtungsunabhängig. Die Oberfläche eines Lambertstrahlers erscheint unter allen Blickrichtungen gleich hell.

Viele in der Praxis verwendete Lichtquellen sind Lambert-Strahler, insbesondere die in Abschnitt 6.1.2 beschriebenen Temperaturstrahler. Ebenso haben diffus reflektierende Oberflächen oder Streuscheiben die Eigenschaften von Lambert-Strahlern. Ein Beispiel für gerichtete Strahler sind dagegen Leuchtdioden oder TFT-Flachbildschirme. Bei ihnen ist die Strahldichte senkrecht zur Oberfläche am größten, sie erscheinen in dieser Richtung am hellsten.

Als Beispiel berechnen wir den Poynting-Vektor einer leuchtenden Kugelkappe (Lambert-Strahler) mit dem halben Öffnungswinkel $\alpha$, wie in **Abb. 6.70** (a) dargestellt, für den Kugelmittelpunkt $P$, der gleichzeitig auch Koordinatenursprung ist. Die Einheitsvektoren $\vec{e}_{dA_Q \to P} = (\vec{s}_P - \vec{s}_Q)/|\vec{s}_P - \vec{s}_Q|$ von den Punkten auf der Quelle zum Punkt $P$ stellen wir in Kugelkoordinaten gemäß **Abb. 6.69** (b) dar, wobei $|\vec{s}_P - \vec{s}_Q|$ dem Kugelradius $R$ entspricht.

$$\vec{e}_{dA_Q \to P} = \frac{\vec{s}_P - \vec{s}_Q}{R} = \begin{pmatrix} -\sin \vartheta \cos \varphi \\ -\sin \vartheta \sin \varphi \\ -\cos \vartheta \end{pmatrix} \tag{6.123}$$

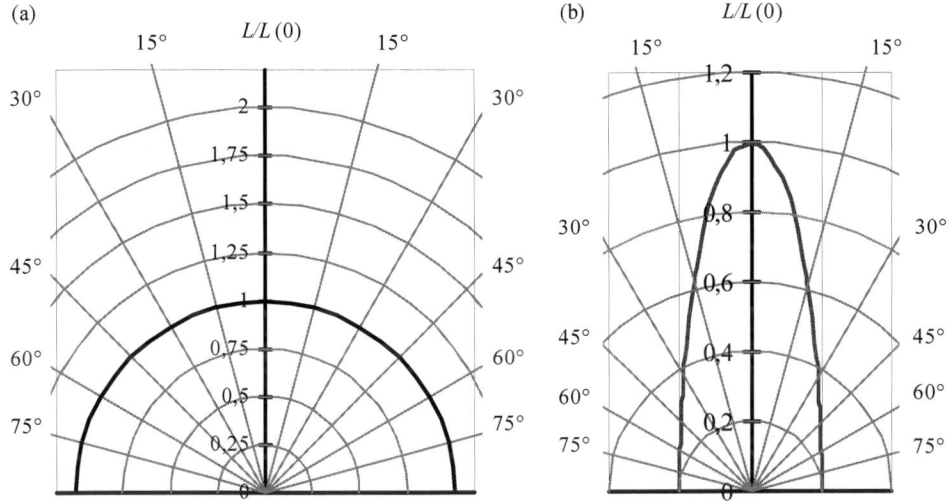

**Abb. 6.77** *Richtungsabhängigkeit der Strahldichte im Polardiagramm: (a) Lambert-Strahler, (b) Leuchtdiode.*

Mit $dA_Q = R^2 \sin\vartheta\, d\vartheta\, d\varphi$ und $\cos\varepsilon_Q = 1$ erhalten wir aus (6.122) für die Komponenten des Poynting-Vektors

$$<S_x(P)> = -L_e \int_0^{2\pi}\int_0^{\alpha} \sin^2\vartheta\cos\varphi\, d\vartheta\, d\varphi = -L_e \int_0^{\alpha} \sin^2\vartheta\, d\vartheta\, [\sin\varphi]_0^{2\pi} = 0$$

$$<S_y(P)> = -L_e \int_0^{2\pi}\int_0^{\alpha} \sin^2\vartheta\sin\varphi\, d\vartheta\, d\varphi = -L_e \int_0^{\alpha} \sin^2\vartheta\, d\vartheta\, [-\cos\varphi]_0^{2\pi} = 0$$

$$<S_z(P)> = -L_e \int_0^{2\pi}\int_0^{\alpha} \sin\vartheta\cos\vartheta\, d\vartheta\, d\varphi = -L_e\, 2\pi\sin^2\alpha \qquad (6.124)$$

Das Verschwinden der $x$- und $y$-Komponenten wird durch die Symmetrie bezüglich der $z$-Achse bewirkt, die Energiestromdichte im Punkt $P$ ist entgegen der $z$-Achse von der Quelle weg gerichtet.

Nun wollen wir den Energiestrom, den eine ausgedehnte Lichtquelle auf einen ausgedehnten Empfänger transportiert, berechnen. Jedes Flächenelement der Lichtquelle emittiert auf die Empfängerfläche einen Energiestrom

$$dP_{Q\to E} = dA_Q \int_{\Omega_E} L_e\, d\Omega_{p,E} = dA_Q \int_{A_E} L_e \cos\varepsilon_Q\, \frac{\cos\varepsilon_E}{R^2}\, dA_E \Omega_0 . \qquad (6.125)$$

Hier wurde der Tatsache Rechnung getragen, dass die Quelle im Allgemeinen kein Lambert-Strahler ($L_e \neq$ const.) ist. Der gesamte Energiestrom von der Lichtquelle zum Empfänger lautet somit

$$P_{Q \to E} = \int_{A_Q \Omega_E} \int L_e \, d\Omega_{p,E} dA_Q = \int_{A_Q A_E} \int L_e \cos\varepsilon_Q \frac{\cos\varepsilon_E}{R^2} dA_E dA_Q \Omega_0 \, . \tag{6.126}$$

Diesen Zusammenhang nennt man auch das „Grundgesetz der Photometrie". Ist die Strahldichte konstant, so kann $L_e$ in (6.126) vor die Integrale gezogen werden. Dies wird auch als „optischer Fluss" $G$ bezeichnet.

$$G := \int_{A_Q A_E} \int \cos\varepsilon_Q \frac{\cos\varepsilon_E}{R^2} dA_E dA_Q \Omega_0 \, , \; [G] = \text{m}^2 \cdot \text{sr} \, . \tag{6.127}$$

Er ist völlig symmetrisch hinsichtlich der Größen für die Lichtquelle und den Größen für den Empfänger. Somit können Lichtquelle und Empfänger vertauscht werden, ohne dass sich der optische Fluss ändert. Bislang haben wir die Raumwinkel immer über die Empfängerfläche festgelegt. Wegen der Quellen-Empfänger-Symmetrie von (6.127) können wir den optischen Fluss bzw. den Energiestrom auch über den Raumwinkel, unter dem die Fläche der Lichtquelle einem Flächenelement des Empfängers erscheint, beschreiben:

$$G = \int_{A_Q A_E} \int \cos\varepsilon_E \frac{\cos\varepsilon_Q}{R^2} dA_E dA_Q \Omega_0 = \int_{A_E \Omega_{p,Q}} \int d\Omega_{p,Q} dA_E \tag{6.128}$$

Die im Zusammenhang mit dem Wärmetransport durch Strahlung im Abschnitt 3.10.3 eingeführten Sichtfaktoren (3.365) können aus (6.126) berechnet werden, allerdings muss man den Ausdruck durch den gesamten von der Quelle ausgehenden Energiestrom dividieren. Unter der Voraussetzung, dass jedes als eben angenommene Flächenelement $dA_Q$ der Lichtquelle in den Halbraum darüber emittiert, beträgt mit (6.119) der gesamte Energiestrom eines Lambert-Strahlers

$$P_{Q,ges.} = L_e \int_{A_Q Halbraum} \int d\Omega_p dA_Q = L_e \pi \Omega_0 \int_{A_Q} dA_Q = L_e \pi \Omega_0 A_Q \, . \tag{6.129}$$

Somit können wir für Lambert-Strahler den Sichtfaktor $F_{QE}$ durch den optischen Fluss ausdrücken:

$$F_{QE} := \frac{P_{Q \to E}}{P_{Q,ges.}} = \frac{L_e G}{\pi \Omega_0 L_e A_Q} = \frac{G}{\pi A_Q \Omega_0} \, . \tag{6.130}$$

Ist die Strahldichte einer Lichtquelle bekannt, so kann mit (6.126) der für die Beleuchtung anderer Objekte relevante Energiestrom berechnet werden, wenn auf dem Lichtweg keine Absorption oder Streuung stattfindet.

Neben Strahldichte und Energiestrom verwendet man zur Vereinfachung von Berechnungen weitere strahlungstechnische Größen. Ausgedehnte Lichtquellen charakterisiert man mit der „spezifischen Abstrahlung" $M_e$:

$$M_e := \frac{Energiestrom\ in\ einen\ Raumwinkel}{Quellenfläche} = \frac{dP_{Q \to \Omega_{p,E}}}{dA_Q},$$

$$[M_e] = \frac{W}{m^2},\ \text{mit (6.125)} \Rightarrow$$

$$M_e = \int_{\Omega_E} L_e\, d\Omega_{p,E} = \int_{A_E} L_e \cos\varepsilon_Q \frac{\cos\varepsilon_E}{R^2}\, dA_E \Omega_0 \qquad (6.131)$$

Für Lambert-Strahler beträgt die spezifische Abstrahlung in eine zur Flächennormalen der Lichtquelle symmetrische Kugelkappe (siehe **Abb. 6.75**) mit dem halben Öffnungswinkel $\alpha$ unter Berücksichtigung von (6.119)

$$M_e = L_e \Omega_{p,Kugelk.} = L_e \pi \sin^2 \alpha\, \Omega_0 . \qquad (6.132)$$

In dem gesamten Halbraum über der Lichtquelle ($\alpha = \pi/2$) ist somit

$$M_e(\frac{\pi}{2}) = L_e \pi \Omega_0 . \qquad (6.133)$$

Vergleichen wir (6.133) mit (6.129), so besteht für Lambert-Strahler der Zusammenhang

$$P_{Q,\,ges.} = M_e(\frac{\pi}{2}) A_Q = L_e \pi \Omega_0 A_Q . \qquad (6.134)$$

Analog zur spezifischen Abstrahlung können wir für einen ausgedehnten Empfänger die „spezifische Einstrahlung" oder „Bestrahlungsstärke" $E_e$ definieren:

$$E_e := \frac{Energiestrom}{Empfängerfläche} = \frac{dP_{Q \to E}}{dA_E},\ [E_e] = \frac{W}{m^2},\ \text{mit (6.125)} \Rightarrow$$

$$E_e = \int_{\Omega_Q} L_e\, d\Omega_{p,Q} = \int_{A_Q} L_e \cos\varepsilon_E \frac{\cos\varepsilon_Q}{R^2}\, dA_Q \Omega_0 \qquad (6.135)$$

Wird der Empfänger von einem Lambert-Strahler aus einem durch eine Kugelkappe festgelegten Raumwinkel beleuchtet (siehe **Abb. 6.75**), so besteht ein ähnlicher Zusammenhang zwischen Bestrahlungsstärke und dem halben Öffnungswinkel $\alpha$

$$E_e = L_e \Omega_{p,Kugelk.} = L_e \pi \sin^2 \alpha\, \Omega_0 . \qquad (6.136)$$

Füllt die Lichtquelle den ganzen Halbraum aus wie z. B. der Himmel mit gleichmäßiger Bewölkung, so beträgt die Bestrahlungsstärke auf den Boden $E_{e,Boden} = L_{e,Himmel}\, \pi \Omega_0$.

Zur Beschreibung der Richtungsabhängigkeit des Energiestroms, den eine Lichtquelle emittiert, verwendet man die „Strahlstärke" $I_e$. Sie ist folgendermaßen definiert:

$$I_e := \frac{Energiestrom}{Raumwinkelelement} = \frac{dP_{Q \to E}}{d\Omega_E} \, , \, [I_e] = \frac{W}{sr} \, , \text{mit (6.125)} \Rightarrow$$

$$I_e = \int\limits_{A_Q} L_e \cos\varepsilon_Q dA_Q \, . \qquad (6.137)$$

Dabei ist $\varepsilon_Q$ der Winkel zwischen Oberflächennormale von $dA_Q$ und der Richtung, für die die Strahlstärke angegeben wird („Blickrichtung"). Aus (6.137) wird deutlich, dass Energie nur von Lichtbündeln mit einem von null verschiedenen Öffnungswinkel transportiert werden kann, im Fall paralleler Bündel mit $d\Omega = 0$ wäre bei endlicher Strahlstärke der Energiestrom $P_{Q \to E} = I_e d\Omega_E$ null. Parallelbündel stellen daher eine Idealisierung dar, die in der geometrischen Optik nur unvollständig verwirklicht werden kann.

Ist die Lichtquelle ein Lambert-Strahler, so können wir $L_e$ vor das Integral in (6.137) ziehen. Dann ist dieses aber nichts anderes als die Projektion der Flächenelemente $dA_Q$ auf eine Ebene senkrecht zur Blickrichtung. Somit stellt das Integral die Projektion der Lichtquelle auf diese Ebene dar. Im Falle eines ebenen Lambert-Strahlers entspricht $\varepsilon_Q$ dem Winkel zwischen Blickrichtung und Ebenennormale und ist somit konstant (Siehe **Abb. 6.79** (a)).

$$I_{e,Ebene}(\varepsilon_Q) = L_e \cos\varepsilon_Q \int\limits_{Ebene} dA_Q = L_e A_{Ebene} \cos\varepsilon_Q = I_e(0)\cos\varepsilon_Q \, , \text{mit}$$

$$I_{e,Ebene}(0) = L_e A_{Ebene} \, . \qquad (6.138)$$

Den gesamten Energiestrom (6.134) des ebenen Strahlers können wir auch durch $I_e(0)$ ausdrücken:

$$P_{Ebene} = L_e \pi \Omega_0 A_{Ebene} = I_{e,Ebene}(0)\pi \Omega_0 \, . \qquad (6.139)$$

Bei einer kugelförmigen Lichtquelle, z. B. einer Glühbirne mit matter Oberfläche, ist die Projektion der Kugel auf eine Ebene senkrecht zur Blickrichtung ein Kreis mit dem Radius der Quelle (Siehe **Abb. 6.79** (b)). Damit lautet die Strahldichte einer leuchtenden Kugel

$$I_{e,Kugel} = L_e \pi r_{Kugel}^2 \, . \qquad (6.140)$$

Sie ist für alle Richtungen konstant. Da die Kugel den gesamten sie umgebenden Raum ausleuchtet, beträgt der gesamte von ihr abgestrahlte Energiestrom

$$P_{Kugel} = 4\pi \Omega_0 I_{e,Kugel} = L_e 4\pi^2 r_{Kugel}^2 \Omega_0 = M_e A_{Kugel} \, . \qquad (6.141)$$

Die Projektion eines leuchtenden Zylinders in **Abb. 6.79** (c) mit dem Radius $r_Z$ und der Länge $l_Z$, z. B. eine Leuchtstoffröhre, auf eine Ebene senkrecht zur Blickrichtung ergibt ein Rechteck der Fläche $2r_Z l_Z \cos(90° - \gamma^*)$ zuzüglich der Ellipsenfläche $\pi r_Z^2 \cos\gamma^*$ aus der Pro-

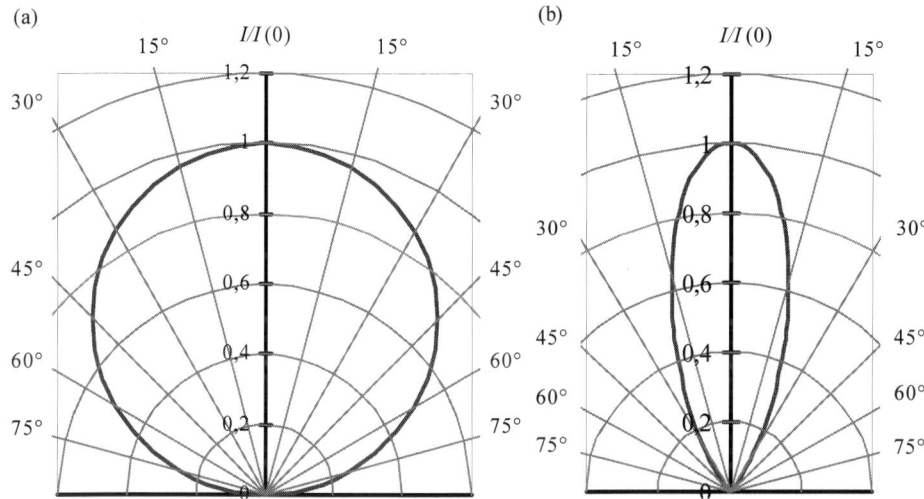

**Abb. 6.78** *Strahlstärken ebener Lichtquellen im Polardiagramm: (a) Lambert-Strahler, (b) Leuchtdiode.*

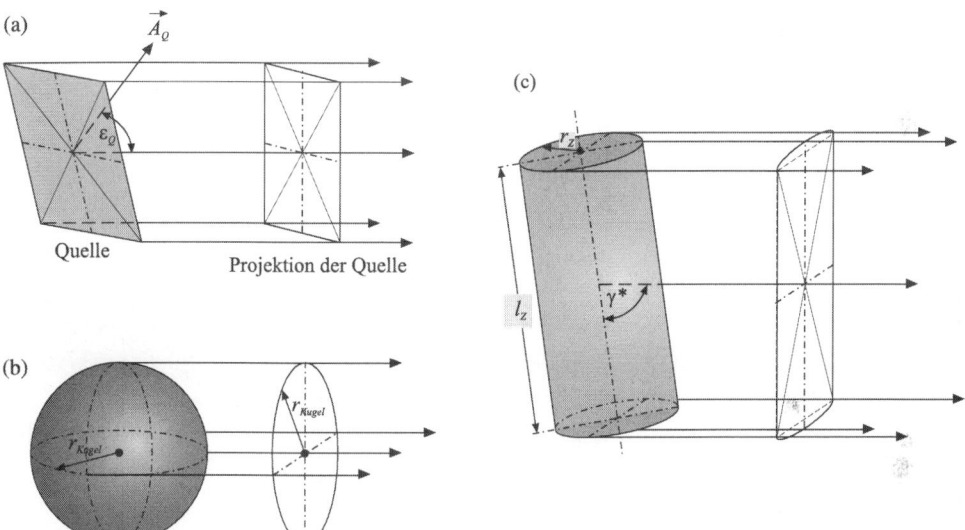

**Abb. 6.79** *Zur Bestimmung der Strahlstärke (a) einer Ebene, (b) einer Kugel, (c) eines Zylinders.*

jektion der Deckflächen. Dabei ist $\gamma^*$ der Winkel zwischen der Zylinderachse und der Blickrichtung. Die Strahlstärke des Zylinders ergibt sich mit $\gamma := 90° - \gamma^*$ zu:

$$I_{e,Z}(\gamma) = L_e\left(2r_Z l_Z \cos(\gamma) + \pi r_Z^2 \cos(90° - \gamma)\right)$$

$$I_{e,Z}(\gamma) = I_{e,Z}(0)\cos(\gamma) + I_{e,Z}(90°)\sin(\gamma),$$

mit $I_{e,Z}(0) = L_e 2 r_Z l_Z$ . und $I_{e,Z}(90°) = \pi r_Z^2$ \hfill (6.142)

Den gesamten Energiestrom (6.134), den der Zylinder emittiert, können wir wieder durch $I_{e,Z}(0)$ ausdrücken:

$$P_{Zylinder} = L_e \pi \Omega_0 A_{Zylinder} = L_e \pi \Omega_0 (2\pi r_Z l_Z + \pi r_Z^2) = (I_{e,Z}(0) + I_{e,Z}(90°))\pi \Omega_0. \quad (6.143)$$

Einen in der Beleuchtungstechnik häufig verwendeten Zusammenhang zwischen Strahlstärke einer Lichtquelle und der von ihr auf einer Fläche bewirkten Bestrahlungsstärke wollen wir noch herleiten. Multiplizieren wir die Definitionsgleichung der Strahlstärke (6.137) mit dem Ausdruck $\Omega_0 \cos \varepsilon_E / R^2$, der als Konstante behandelt werden kann, wenn $R^2 \gg dA_Q$ ist, so erhalten wir

$$I_e \frac{\cos \varepsilon_E}{R^2} \Omega_0 = \int_{A_Q} L_e \cos \varepsilon_Q \frac{\cos \varepsilon_E}{R^2} dA_Q \Omega_0, \quad \Rightarrow$$

$$E_e = I_e \frac{\cos \varepsilon_E}{R^2} \Omega_0. \quad (6.144)$$

(6.144) nennt man auch das „photometrische Entfernungsgesetz", die Bestrahlungsstärke fällt bei gegebener Strahlstärke $I_e$, d. h. in einer bestimmten Richtung von der Quelle, mit dem Quadrat des Abstandes $R$ von der Quelle ab. Zu beachten ist die Voraussetzung für (6.144), die Projektion der Lichtquelle auf eine Ebene senkrecht zur Blickrichtung muss wesentlich kleiner als das Abstandsquadrat zwischen Quelle und dem Punkt, in dem die Bestrahlungsstärke bestimmt werden soll[1]. Das bedeutet anderseits, dass sich die Blickrichtung beim Beleuchten des Punktes durch die Quelle nicht wesentlich ändert.

In der Beleuchtungstechnik muss häufig die Bestrahlungsstärke, die eine Lichtquelle auf einer Ebene, z. B. dem Fußboden oder einem Schreibtisch erzielt, bestimmt werden. Ist der Verlauf der Strahlstärke bekannt und ist die Quelle hinreichend klein, so kann (6.144) zur Berechnung herangezogen werden. Befindet sich eine kugelförmige Glühbirne in einer Höhe $h$ über dem Fußboden, so beträgt die Bestrahlungsstärke im Punkt $P$ in **Abb. 6.80**

$$E_e = I_{e,Kugel} \frac{\cos \varepsilon_E}{R^2} \Omega_0 = I_{e,Kugel} \frac{\cos^3 \varepsilon_E}{h^2} \Omega_0 = \frac{P_{Kugel}}{4\pi} \frac{\cos^3 \varepsilon_E}{h^2}. \quad (6.145)$$

Wir haben hier die Strahlstärke durch den gesamten, von der Glühbirne abgestrahlten Energiestrom sowie den Abstand $R$ des Punktes $P$ von der Glühbirne durch $\cos \varepsilon_E / h$ ausgedrückt. Bei mehreren Glühbirnen an unterschiedlichen Positionen addieren sich die Bestrahlungsstärken (6.145) der einzelnen Birnen zur Gesamtbestrahlungsstärke im Punkt $P$.

Die Bestrahlungsstärke kann messtechnisch einfach bestimmt werden. Über sie ist es möglich, die Strahldichte, welche die Lichtemission einer Quelle charakterisiert, zu ermitteln, auch wenn diese, wie z. B. die Sonne, nicht zugänglich sind. Die Bestrahlungsstärke der Sonne beträgt außerhalb der Atmosphäre bei senkrechtem Lichteinfall etwa 1,35 kW/m². Diesen Wert nennt man auch die „extraterrestrische Solarkonstante". Da der Abstand $R$ Son-

---

[1]    Ein Richtwert hierfür ist $R^2 \approx 100 \, dA_Q$.

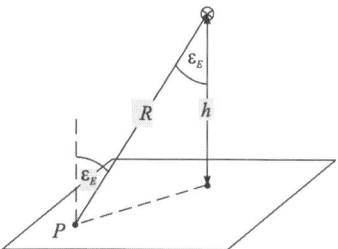

***Abb. 6.80*** *Zur Berechnung der Bestrahlungsstärke, die eine Glühbirne auf einer Ebene bewirkt.*

ne – Erde wesentlich größer ist als der Radius $r_S$ der Sonne, können wir das photometrische Entfernungsgesetz (6.144) zu Hilfe nehmen. Wir nehmen dabei an, dass sich die Sonne wie ein Lambert-Strahler verhält.

$$E_{e,S}(\varepsilon_E = 90°) = I_e \frac{\Omega_0}{R^2} = L_{e,S}\pi \frac{r_S^2}{R^2}\Omega_0 \qquad (6.146)$$

Das Verhältnis $r_S/R = 4{,}65\cdot10^{-3}$ entspricht dem halben Öffnungswinkel, unter dem die Sonne beobachtet wird. Damit berechnet sich die Strahldichte der Sonne zu 19,8 MW/(m²sr).

Lichtquellen emittieren, wie wir im Abschnitt 6.1.2 gesehen haben, Licht bei unterschiedlichen Wellenlängen. Ihr Spektrum ist neben den geometrischen Eigenschaften der Strahldichte ein bedeutendes Merkmal der Quelle. Daher definiert man die spektrale Strahldichte

$$L_{e,\lambda} := \frac{dL_e}{d\lambda} \qquad (6.147)$$

sowie in analoger Weise die spektralen Dichten für die anderen photometrischen Größen wie Strahlstärke, spezifische Einstrahlung und Bestrahlungsstärke. Ist die funktionale Abhängigkeit einer dieser Größen von der Wellenlänge bekannt, so kann aus der spektralen Dichte die photometrische Größe für ein Wellenlängenintervall berechnet werden:

$$L_e = \int_{\lambda_1}^{\lambda_2} L_{e,\lambda}d\lambda \qquad (6.148)$$

**Energietransport und optische Abbildung**
Bei den obigen Betrachtungen sind wir davon ausgegangen, dass sich das Licht gradlinig von der Quelle zum Empfänger ausbreitet. Die Strahldichte eines sehr schmalen Bündels, das die Quelle in eine bestimmte Richtung emittiert, bleibt konstant, solange das Licht nicht absorbiert oder gestreut wird. Durch optische Abbildung wird das Licht einer Quelle so umgelenkt, dass die von einem Gegenstandspunkt ausgehenden Lichtstrahlen reell oder virtuell in einem Bildpunkt vereinigt werden. Wie wirkt sich die Lichtführung auf die Strahldichte aus? Dies wollen wir anhand der Abbildung eines Lambertstrahlers auf einen Empfänger durch eine Sammellinse diskutieren:

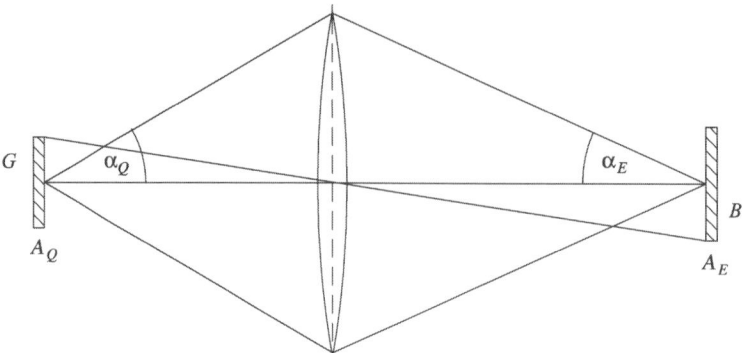

**Abb. 6.81** *Energietransport bei der Abbildung einer Quelle auf einen Empfänger.*

Die Lichtbündel, die von den Gegenstandspunkten der Quelle mit der Fläche $A_Q$ ausgehen und die Linsenfläche durchsetzen, haben näherungsweise den gleichen Öffnungswinkel $\alpha_Q$. Damit ist die spezifische Abstrahlung (6.132) in den durch den halben Öffnungswinkel $\alpha_Q$ definierten Raumwinkel gleich für alle Gegenstandspunkte. Der Energiestrom von der Quelle auf die Linsenfläche beträgt damit

$$P = M_{e,Q} A_Q = L_{e,Q} \pi \sin^2 \alpha_Q \Omega_0 A_Q. \tag{6.149}$$

Dieser Energiestrom gelangt in das Bild auf den Empfänger, wobei wir wieder annehmen, dass das Licht weder absorbiert noch gestreut wird. Ohne Abbildungsfehler ist die Helligkeitsverteilung des Bildes der des Gegenstandes ähnlich, d. h. es hat die gleiche Charakteristik wie ein Lambert-Strahler. Es weist daher über die Bildfläche $A_E$ in dem durch halben Öffnungswinkel $\alpha_E$ definierten Raumwinkel $\Omega_E$ eine konstante Strahldichte $L_{e,E}$ auf. Da $\Omega_E$ für alle Bildpunkte ebenfalls näherungsweise konstant ist, gilt dies auch für die Bestrahlungsstärke $E_e$. Aus der Umkehrbarkeit des Lichtweges folgt, dass $E_e$ der spezifischen Abstrahlung $M_e$ entspricht, wenn Gegenstand und Bild, also Quelle und Empfänger vertauscht würden. In $E_e$ aus (6.136) ist die relevante Strahldichte $L_{e,E}$.

$$E_e = L_{e,E} \pi \sin^2 \alpha_E \Omega_0 \tag{6.150}$$

Aus der Gleichheit der von der Quelle abgestrahlten und beim Empfänger ankommenden Energieströme folgt

$$P = M_{e,Q} A_Q = L_{e,Q} \pi \sin^2 \alpha_Q \Omega_0 A_Q = E_e A_E = L_{e,E} \pi \sin^2 \alpha_E \Omega_0 A_E \Rightarrow$$
$$L_{e,Q} \sin^2 \alpha_Q A_Q = L_{e,E} \sin^2 \alpha_E A_E \Rightarrow L_{e,Q} \alpha_Q^2 A_Q \approx L_{e,E} \alpha_E^2 A_E. \tag{6.151}$$

Zwischen den Neigungswinkeln und der Quellen- bzw. Empfängerfläche besteht der durch die Helmholtz-Lagrangesche Gleichung (6.81)) vorgegebene Zusammenhang, wobei $A_Q = G^2$ und $A_E = B^2$ zu berücksichtigen ist.

$$n_Q G \alpha_Q = -n_E B \alpha_E \Rightarrow n_Q^2 A_Q \alpha_Q^2 = n_E^2 A_E \alpha_E^2 \tag{6.152}$$

Damit ergibt sich der Zusammenhang zwischen den Strahldichten an der Quelle und am Empfänger:

$$L_{e,Q} = L_{e,E}\,\frac{n_Q^2}{n_E^2} \quad \Rightarrow \quad \frac{L_{e,Q}}{n_Q^2} = \frac{L_{e,E}}{n_E^2} \tag{6.153}$$

Dies kann für den gesamten Lichtweg verallgemeinert werden:

> An jeder Stelle des Lichtweges eines Strahls (Bündels) ist der Quotient aus Strahldichte und dem Quadrat des dort vorliegenden Brechungsindex konstant.

Sind die Brechungsindizes gleich, so bleibt die Strahldichte konstant. Obwohl wir diesen Satz für schmale Bündel hergeleitet haben, ist er auch für Bündel mit größerem Öffnungswinkel gültig, solange die Abbildung nicht durch Aberrationen gestört wird. Die Strahldichte eines Temperaturstrahlers hängt über (6.8) und (6.133) u. a. von seiner Temperatur ab. Daher kann der Strahlungsempfänger, wenn er sich im gleichen Medium wie die Strahlungsquelle befindet, höchstens deren Temperatur erreichen. Dann befinden sich beide im thermischen Gleichgewicht, der Energiestrom vom Empfänger zur Quelle ist gleich dem Energiestrom von der Quelle zum Empfänger.

Zu beachten ist, dass sich auch bei konstanter Strahldichte die Bestrahlungsstärke durch eine Abbildung ändert. Aus (6.151) geht hervor, dass bei gegebener spezifischer Abstrahlung der Quelle die Bestrahlungsstärke

$$M_{e,Q} A_Q = E_e A_E \quad \Rightarrow \quad E_e = M_{e,Q}\,\frac{A_Q}{A_E} = M_{e,Q}\left(\frac{G}{B}\right)^2 = \frac{M_{e,Q}}{m^2} \tag{6.154}$$

ist und damit umgekehrt proportional zum Quadrat des Abbildungsmaßstabes $m$ ist.

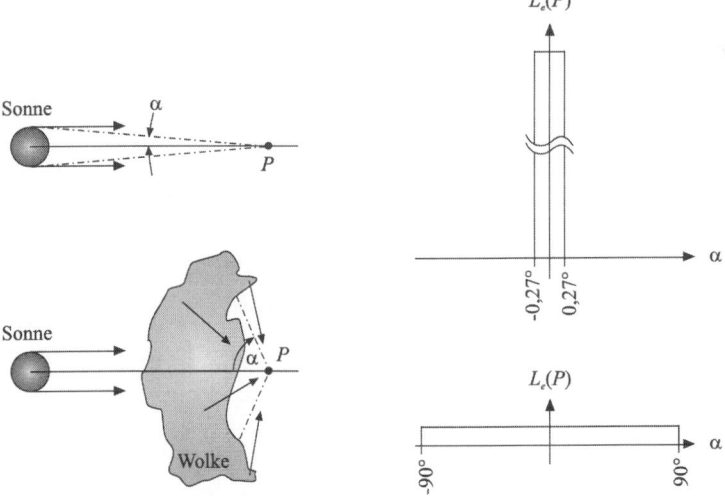

*Abb. 6.82 Verringerung der Strahldichte durch Streuung.*

Die Strahldichte wird verkleinert, wenn das Licht ein Raumgebiet durchquert, in dem es gestreut oder absorbiert wird. Bei gegebenem Energiestrom und gegebener Querschnittsfläche wird der Öffnungswinkel des Bündels durch die Streuung stark vergrößert, ein schmales Bündel verliert seine Vorzugsrichtung und das Licht verteilt sich im Extremfall in den Halbraum um die Vorzugsrichtung. Die Streuung von Licht mit einer Vorzugsrichtung ist ein irreversibler Vorgang, hat sich die Strahldichte dadurch einmal verringert, so kann dies durch Abbildung mit Linsen oder Spiegeln nicht rückgängig gemacht werden.

**Strahlungsphysiologische Betrachtung, lichttechnische Größen**

Das menschliche Auge ist empfindlich für Licht mit Wellenlängen zwischen etwa 360 nm (violett) und 830 nm (dunkelrot) Der Helligkeitseindruck des menschlichen Auges variiert bei gleicher spektraler Bestrahlungsstärke $E_{e,\lambda}$ mit der Wellenlänge des Lichtes. Grünes Licht wird heller wahrgenommen als rotes oder blaues. Daher ist es z. B. für die Auslegung von beleuchtungstechnischen Anlagen von großer Bedeutung, welcher Sinneseindruck hervorgerufen wird. Da das Helligkeitsempfinden subjektiv ist und von Mensch zu Mensch schwankt, wurde auf der Basis von Befragungen einer großen Zahl von Personen eine genormte Kurve des „Hellempfindlichkeitsgrades" $V(\lambda)$ in Abhängigkeit von der Wellenlänge erstellt. Mit dieser Kurve werden die energetischen Größen wie Strahldichte, Strahlstärke usw. gewichtet, um die korrespondierenden lichttechnischen Größen zu erhalten.

Das Auge hat zwei unterschiedliche Typen von lichtempfindlichen Zellen: Zapfen und Stäbchen. Mit Ersteren ist Farbsehen möglich, sie sind aber bei weitem nicht so empfindlich wie die zweiten, die allerdings nur Helligkeitsunterschiede wahrnehmen können. Daher werden Zapfen am Tage bei größeren Helligkeiten gebraucht, während die Stäbchen für das Nachtsehen vorgesehen sind.

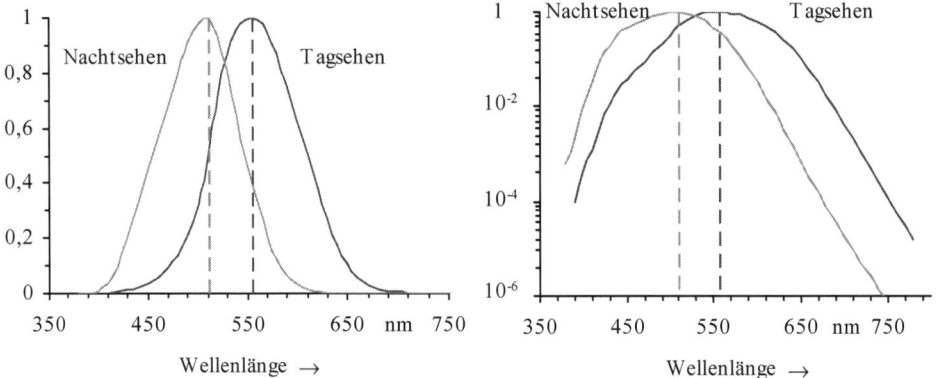

*Abb. 6.83 Verlauf des Hellempfindlichkeitsgrades V(λ) für das Tagsehen und V'(λ) für das Nachtsehen einer Standardperson.[1] Rechtes Diagramm mit logarithmischer Ordinatenteilung, um sehr kleine Werte darstellen zu können.*

---

[1]  Von der CIE (Commission Internationale de l'Eclairage, Internationale Kommission für Beleuchtungstechnik) ermittelte Werte.

Die auf eins normierten Kurven für Tag- und Nachtsehen haben einen etwas unterschiedlichen Verlauf: $V(\lambda)$ hat ihr Maximum im Gelben bei 550 – 560 nm, während $V'(\lambda)$ maximal bei 510 nm (grün) wird. Zu kürzeren Wellenlängen als 380 nm und zu längeren als 780 nm streben beide Kurven gegen null.

Die spektralen lichttechnischen Größen[1] $X_{v,\lambda}$ gehen aus den strahlungsphysikalischen Größen $X_{e,\lambda}$ durch Multiplikation mit $V(\lambda)$ bzw. $V'(\lambda)$ sowie einem Faktor $K_m$, der die Einheiten umrechnet, hervor:

$$X_{v,\lambda} = K_m X_{e,\lambda} V(\lambda) \quad \text{bzw.} \quad X'_{v,\lambda} = K'_m X_{e,\lambda} V'(\lambda) \tag{6.155}$$

Die Faktoren $K_m$ bzw. $K'_m$ heißen „Maximalwerte des photometrischen Strahlungsäquivalents" für Tag- bzw. Nachtsehen. Sie werden über die lichttechnische Basisgröße „Candela" für „Lichtstärke", die der Strahlstärke entspricht, festgelegt.

---

1 cd (Candela[2]) ist die Lichtstärke der monochromatischen Strahlung von 540 THz einer Quelle in eine bestimmte Richtung mit der Strahlstärke von 1/683 W/sr.

---

Für dieses Licht ist $V(\lambda)$ maximal. Damit beträgt $K_m$ 683 cd·sr/W. Für $K'_m$ wurde der Wert 1700 cd·sr/W festgelegt. Die unterschiedlichen Werte dokumentieren die unterschiedliche Empfindlichkeit des Auges für Tag- und Nachtsehen. Die Einheit cd·sr hat man zur Einheit „Lumen[3]" (lm) für den „Lichtstrom" zusammengefasst, er korrespondiert mit dem Energiestrom. Der Bestrahlungsstärke entspricht in der Lichttechnik die „Beleuchtungsstärke", die in der Einheit lm/m² angegeben wird. Die Bedeutung der Beleuchtungsstärke wird durch die Definition einer eigenen Einheit, dem „Lux[4]" (lx = lm/m²) herausgestellt.

*Tab. 6.5* Zusammenstellung strahlungsphysikalischer und lichttechnischer Größen.

| Strahlungsphysikalische Größen | | | Lichttechnische Größen | | |
|---|---|---|---|---|---|
| | Symbol | Einheit | | Symbol | Einheit |
| Energiestrom | $P$ | W | Lichtstrom | $\Phi_v$ | lm=cd·sr |
| Strahlstärke | $I_e$ | W/sr | Lichtstärke | $I_v$ | cd=lm/sr |
| Strahldichte | $L_e$ | W/(m²sr) | Leuchtdichte | $L_v$ | cd/m² |
| Spezifische Abstrahlung | $M_e$ | W/m² | Spezifische Lichtausstrahlung | $M_v$ | lm/m² |
| Bestrahlungsstärke | $E_e$ | W/m² | Beleuchtungsstärke | $E_v$ | lx=lm/m² |
| Lichtenergie | $Q_e$ | J=W·s | Lichtmenge | $Q_v$ | lm·s |
| Bestrahlung | $H_e$ | J/m² | Belichtung | $H_v$ | lx··s |

---

[1] Lichttechnische Größen werden mit dem Index „v" für „visuell" gekennzeichnet. Die gestrichenen Größen gelten für das Nachtsehen.
[2] Candela, lat. Kerze.
[3] Lumen, lat. Licht.
[4] Lux, lat. (Tages)licht.

Bei breitbandigen Lichtquellen wie z. B. Temperaturstrahlern muss man zur Berechnung der lichttechnischen Größen (6.155) die spektralen Größen $X_{v,\lambda}$ wie in (6.148) über den sichtbaren Spektralbereich integrieren.

$$X_v = \int_{380\,\text{nm}}^{780\,\text{nm}} X_{v,\lambda}\,\text{d}\lambda = K_m \int_{380\,\text{nm}}^{780\,\text{nm}} X_{e,\lambda} V(\lambda)\,\text{d}\lambda \tag{6.156}$$

**Tab. 6.6** *Lichtströme verschiedener Lichtquellen.*

| Quelle | Lichtstrom [lm] |
|---|---|
| Leuchtdiode | $10^{-2}$ |
| Glühlampe, 230V, 60W | ca. 800 |
| Leuchtstoffröhre, 230V, 40W | 2400 |
| Energiesparlampe, 230V, 10W | 780 |
| Quecksilberdampflampe, 230V, 125W | 5500 |
| Natriumdampflampe | 51700 |

Nicht alle Lampen emittieren weißes Licht, die Natriumdampflampe erzeugt gelbes Licht einer Wellenlänge von 589 nm. Diese Lampen werden häufig bei der Straßenbeleuchtung eingesetzt, da nachts keine Farben wahrgenommen werden. Allerdings ist bei gleichem Energiestrom der Lichtstrom nachts wegen der zu kürzeren Wellenlängen verschobenen $V'(\lambda)$ Kurve wesentlich kleiner als für das Tagsehen. Einen hohen Lichtstrom weißen Lichts liefern Quecksilberdampflampen, die früher oft in Projektoren eingesetzt wurden. Ein wichtiges Auswahlkriterium für Lichtquellen ist die Lichtausbeute, der Lichtstrom, bezogen auf die elektrische Leistungsaufnahme.

**Tab. 6.7** *Leuchtdichten natürlicher und künstlicher Lichtquellen.*

| Quelle | Leuchtdichte [cd/m²] | Quelle | Leuchtdichte [cd/m²] |
|---|---|---|---|
| Wahrnehmungsschwelle Nachtsehen | $3 \cdot 10^{-6}$ | Zimmerwand | 40 |
| Nachthimmel ohne Mond | $5 \cdot 10^{-4}$ | Kerze | $8 \cdot 10^3$ |
| Nachtsehen | $< 10^{-3}$ | Neonröhre | $10^4$ |
| Tagsehen | $> 10$ | Natriumdampflampe | $4 \cdot 10^6$ |
| Vollmond | $3 \cdot 10^3$ | Glühbirne, klar | $1,5 \cdot 10^7$ |
| Bedeckter Himmel | $5 \cdot 10^3$ | Xenonhöchstdruckl. | $1,8 \cdot 10^8$ |
| Blendung des Auges | $> 10^6$ | | |
| Sonnenscheibe | $5 \cdot 10^9$ | | |

## 6.2.8 Optische Instrumente

Optische Bauelemente, die die Ausbreitung von Licht beeinflussen, werden für eine Vielzahl von Anwendungen zu optischen Instrumenten miteinander kombiniert. Ein bedeutender Einsatzbereich ist die Erhöhung der Leistungsfähigkeit des menschlichen Auges, um die Betrachtung von Gegenständen zu erleichtern, die zu weit entfernt, zu klein oder schwer zugänglich sind. Kameras dienen der Aufzeichnung, Projektoren der Wiedergabe von Bildern. In der Beleuchtungstechnik werden Systeme zur Lichtführung eingesetzt, um das Licht einer Quelle an die Stelle, wo es genutzt wird, zu transportieren. Ein weiterer Bereich, in dem optische Instrumente eingesetzt werden, ist die Analyse der Lichteigenschaften wie Polarisation, Spektrum usw. Außerdem gibt es eine Vielzahl von Sensoren, die optische Eigenschaften von Objekten zu messtechnischen Zwecken nutzen.

**Auge**
Mit dem Auge besitzt der Mensch (und auch viele Tiere) ein komplexes optisches Instrument, mit dem Licht aus der Umwelt mit Hilfe von lichtempfindlichen Zellen in Nervenreize umgewandelt wird, welche dann im Gehirn weiterverarbeitet werden. Wie wir gesehen haben, arbeitet das Auge mit zwei unterschiedlichen Zelltypen, den Zapfen für das Tagsehen und den Stäbchen für das Nachtsehen. Im Auge wird das Licht homozentrischer Bündel von Licht emittierenden Gegenstandspunkten (manchmal auch „Szene" genannt) auf die „Netzhaut" mit den etwa 125 Millionen lichtempfindlichen Zellen abgebildet. Erst durch die Verarbeitung der Nervenreize im Gehirn „entsteht" das Bild, das dem Menschen die Informationen über die Umwelt liefert. Insbesondere das räumliche Sehen wird erst durch eine raffinierte Verarbeitung der Bildsignale beider Augen möglich. Da die Funktion vieler optischer Instrumente nur im Zusammenspiel mit dem Auge zu verstehen ist, wollen wir zuerst dieses kennen lernen.

Die Abbildung des Lichts auf die Netzhaut erfolgt durch ein optisches System, bestehend aus Hornhaut, einem mit Kammerwasser gefüllten Zwischenraum (Augenkammer) und einer flexiblen Linse. Das Auge hat eine kugelähnliche Gestalt und wird daher „Augapfel" genannt, somit ist auch die Netzhaut gekrümmt, so dass die Bildfeldwölbung kompensiert ist. Der Glaskörper zwischen Linse und Netzhaut besteht aus einer gallertartigen durchsichtigen Masse mit einem Brechungsindex wie das Kammerwasser. Vor der Linse befindet sich die Pupille, sie hat die Funktion der Aperturblende, ihr Durchmesser kann von etwa 1 mm – 8 mm variiert werden. Mit Hilfe des Ziliarmuskels können die Krümmung der Linse und damit ihre Brennweite verändert werden, um nah vor dem Auge befindliche Gegenstände abzubilden. Diesen Vorgang nennt man auch „Akkommodation[1]". Zur Abbildung naher Gegenstände wird also nicht die Bildweite, sondern die Brennweite des Auges geändert.

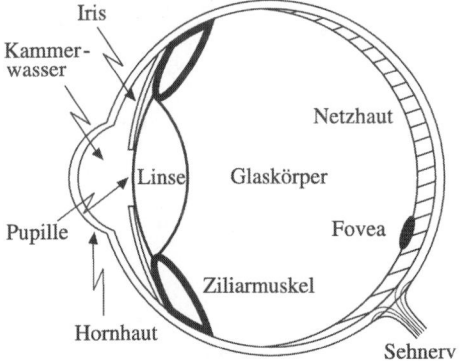

***Abb. 6.84** Horizontaler Schnitt durch das menschliche Auge.*

---

[1]    Accommodatio, lat. Anpassung.

Das optische System des Auges hat insgesamt eine Brennweite von ca. 17 mm, dabei befinden sich die Hauptebenen in der Augenkammer vor der Pupille. Der Abstand zwischen dem Scheitelpunkt der optischen Achse des Systems auf der Hornhaut und der Netzhaut beträgt etwa 25 mm. Die Eintrittspupille befindet sich ebenfalls in unmittelbarer Nähe zur Pupille und erscheint wegen der Abbildung durch die Hornhaut und das Kammerwasser um etwa 13% vergrößert. Durch die Akkommodation kann die Brennweite der Linse auf etwa 14 mm reduziert werden, dies ermöglicht die scharfe Abbildung von Gegenständen, die sich in einer Entfernung von 8 cm vor dem Auge, d. h. vor der Hornhaut befinden. Diesen Punkt nennt man den „Nahpunkt" des Auges, während der „Fernpunkt" bei entspanntem Ziliarmuskel beim normalsichtigen Auge im Unendlichen liegt. Da die Betrachtung sehr naher Gegenstände mit starker Akkommodation recht anstrengend ist, hat man die „deutliche Sehweite" auf 25 cm Entfernung vom Auge festgelegt.

Mit zunehmendem Alter lässt die Fähigkeit zur Akkommodation nach, weil die Elastizität der Linse abnimmt und sie vom Ziliarmuskel nicht mehr so stark gekrümmt werden kann. Entsprechend verlagert sich der Nahpunkt zu größeren Augenabständen, mit 50 Jahren kann sich die deutliche Sehweite auf über 1 m erhöhen. Allgemein bezeichnet man Augen, die nicht mehr auf die deutliche Sehweite von 25 cm akkommodieren können, als „alterssichtig".

Da beim Auge die Bildweite konstant ist, wird die Bildgröße durch den Winkel bestimmt, unter dem der Hauptstrahl des vom Gegenstandspunkt kommenden Bündels in der Eintrittspupille die optische Achse schneidet. Diesen Winkel nennt man auch „Sehwinkel" $\sigma$, unter dem der Gegenstand erscheint.

Da sich die Eintrittspupille in der Nähe der Hornhautoberfläche befindet, ist ihr Abstand zur Netzhaut etwa gleich dem Augapfeldurchmesser von 25 mm. Ersetzen wir vereinfachend das Linsensystem des Auges durch eine dünne Linse mit der Hauptebene in der Eintrittspupille, so beträgt die Bildweite $b^*$ ebenfalls 25 mm. Damit besteht folgender Zusammenhang zwischen Sehwinkel $\sigma$, Bildweite $b^*$ und Bildgröße $B$ auf der kugelförmigen Netzhaut:

$$\sigma = \frac{B}{b^*} \tag{6.157}$$

Speziell für sehr weit entfernte Gegenstände ist die Beschreibung der Bildgröße durch den Sehwinkel vorteilhaft: Die Bündel sind parallel und werden in einem Punkt fokussiert, der

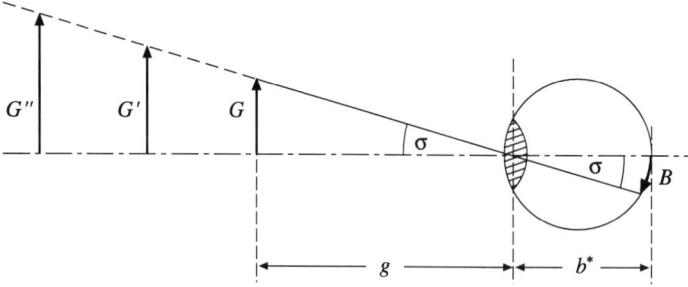

**Abb. 6.85** *Zur Definition des Sehwinkels $\sigma$. Gegenstände mit gleichem $\sigma$ erscheinen gleich groß.*

durch den Winkel des Parallelbündels zur optischen Achse bestimmt ist. Anderseits ist der Sehwinkel mit der Gegenstandsgröße $G$ und -weite $g$ durch $\tan\sigma = G/g$ verknüpft. Für kleine Sehwinkel gilt näherungsweise

$$\frac{B}{b^*} = \sigma \approx \tan\sigma = \frac{G}{g} = m\,, \qquad (6.158)$$

wobei $m$ der laterale Abbildungsmaßstab ist. Der Sehwinkel kann damit näherungsweise dem Abbildungsmaßstab des Auges gleichgesetzt werden. Gegenstände, die unter dem gleichen Sehwinkel erscheinen, werden auch gleich groß wahrgenommen. Um beurteilen zu können, ob es sich um einen großen, weit entfernten oder um einen nahen kleinen Gegenstand handelt, sind weitere Informationen erforderlich. Diese können sich aus den unterschiedlichen Perspektiven, mit denen die beiden Augen des Menschen den Gegenstand abbilden, ergeben. Räumliches oder stereoskopisches Sehen ist nur durch die Auswertung von zwei Bildern aus unterschiedlichen Blickwinkeln möglich. In begrenztem Umfang können auch „Einäugige" die Abstandsinformation über einen Gegenstand erhalten, allerdings nur aufgrund der Erfahrungen, die sie mit der Umwelt gemacht haben. Diese Erfahrung ist in vielen Fällen auch Ursache für „optische Täuschungen", weil die reale Bildinformation vom Gehirn falsch ausgewertet wird.

Mit Hilfe des Pupillendurchmessers kann das Auge den einfallenden Lichtstrom regeln. Allerdings reicht der hier erreichbare Faktor 100 bei weitem nicht aus, um alle in der Umwelt vorkommenden Leuchtdichten verarbeiten zu können (siehe **Tab. 6.7**). Durch unterschiedliche lichtempfindliche Zellen passt sich das Auge den vorliegenden Leuchtdichten an. Unterhalb von 10 cd/m² sprechen die sehr lichtempfindlichen Stäbchen an, während die farbempfindlichen Zapfen oberhalb von $5 \cdot 10^{-3}$ cd/m² zu reagieren beginnen. Unterhalb von diesem Wert liegt reines Nachtsehen vor, oberhalb von 10 cd/m² reines Tagsehen, den Zwischenbereich bezeichnet man als „Dämmerungssehen". Das „Umschalten" zwischen Tag- und Nachtsehen wird als „Adaption[1]" bezeichnet. Die Adaption vom Nacht- zum Tagsehen (Helladaption) erfolgt bei abrupter Steigerung der Leuchtdichte sehr schnell, während umgekehrt die Dunkeladaption wesentlich mehr Zeit benötigt. Beim Eintreten in einen dunklen Raum ist man zuerst „blind", erst nach einigen Minuten sieht man wieder etwas. Nach etwa 30 Minuten ist die Adaption abgeschlossen. Weiterhin kann die Empfindlichkeit der Zellen durch photochemische Prozesse an die vorhandene Leuchtdichte angepasst werden, so dass sich das Auge auf sehr unterschiedliche Leuchtdichten (siehe **Tab. 6.7**) einstellen kann.

Ein weiteres wichtiges Leistungsmerkmal des Auges ist das „Auflösungsvermögen", d. h. die Fähigkeit, Einzelheiten eines Gegenstandes zu trennen. Das hängt davon ab, ob das von zwei durch einen gewissen lateralen Abstand getrennten Gegenstandspunkten in den Bildpunkten fokussierte Licht eine oder zwei Sehzellen anregt. Im ersten Fall werden die beiden Gegenstandspunkte als ein Punkt, im zweiten Fall als zwei getrennte Punkte wahrgenommen. Die Dichte der Sehzellen ist in der Netzhautgrube oder Fovea in der Nähe der optischen Achse am größten, dort sind auch nur Zapfen vorhanden. Beim Tagsehen werden die Gegenstände mit den Augen fixiert, so dass sie auf die Fovea abgebildet werden. Zwei Punkte werden aufgelöst, wenn der Winkel zwischen den Hauptstrahlen ihrer Bündel etwa eine Winkelmi-

---

[1] Adaptere, lat. anpassen.

nute beträgt. Bei der deutlichen Sehweite von 25 cm entspricht dies einem Abstand der Gegenstandspunkte von 73 µm.

Viele Menschen tragen Brillen, da ihre Augen nicht normalsichtig sind, denn Gegenstände werden nicht immer auf der Netzhaut abgebildet. Bei kurzsichtigen Augen liegt der Bildpunkt eines weit entfernten Gegenstandes vor der Netzhaut, daher müssen einfallende Parallelbündel durch eine Zerstreuungslinse etwas aufgeweitet werden, damit der Gegenstand scharf auf der Netzhaut abgebildet wird. In der Regel liegt die Kurzsichtigkeit an einem zu langen Augapfel. Als weitsichtig bezeichnet man Augen, die einen nahen Gegenstand hinter der Netzhaut abbilden. Aufgrund der geringer werdenden Elastizität der Augenlinse sind ältere Menschen weitsichtig. Der Nahpunkt kann bei diesem Fehler durch eine Sammellinse vor dem Auge wieder auf die Netzhaut verlagert werden.

Beim Kurzsichtigen befindet sich der Fernpunkt, d. h. der Punkt, der bei entspanntem Ziliarmuskel scharf auf der Netzhaut abgebildet wird, in einem endlichen Abstand vor dem Auge. Ein unendlich entfernter Gegenstandspunkt muss durch das Brillenglas auf den Fernpunkt des kurzsichtigen Auges abgebildet werden. Da sich der Bildpunkt auf der gleichen Seite der Linse wie der Gegenstandspunkt befindet, ist das Bild virtuell und die Bildweite $b_{FP}$ negativ. Die erforderliche Brennweite des Brillenglases berechnet sich aus der Linsengleichung (6.88):

$$\frac{1}{f} = \frac{1}{\infty} - \frac{1}{|b_{FP}|} \quad \Rightarrow \quad f = -|b_{FP}| \qquad (6.159)$$

(a)

(b)

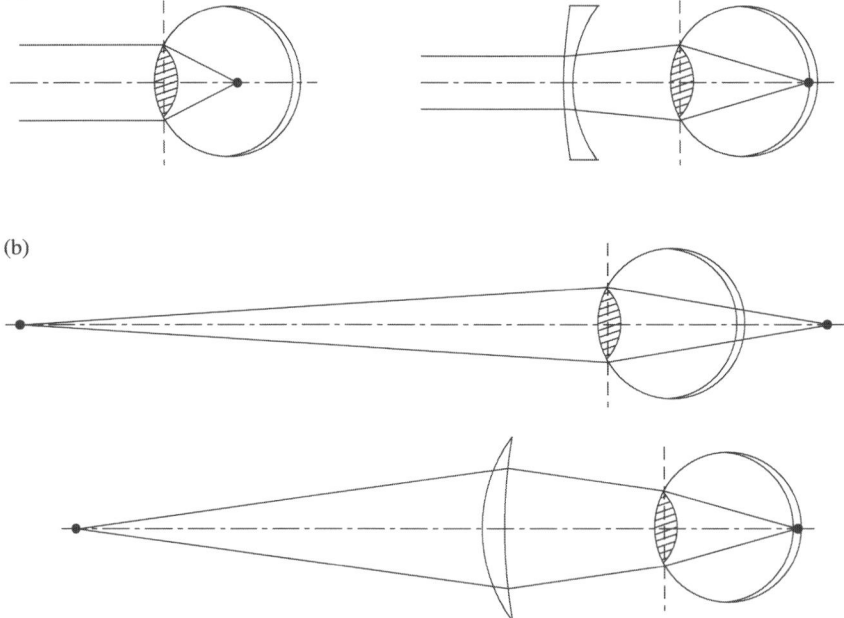

**Abb. 6.86** *Fehlsichtigkeit beim Auge: (a) Kurzsichtigkeit, (b) Weitsichtigkeit.*

Der weit entfernte Gegenstand wird in die Brennebene der Zerstreuungslinse ($f < 0$) virtuell abgebildet. Zu beachten ist bei (6.159), dass $|b_{FP}|$ der Abstand des Fernpunktes von der Hauptebene des Brillenglases ist. Üblicherweise befindet sich diese etwa 2 ... 3 cm vor dem Auge. Bei einem Fernpunkt von 40 cm und einem Brillenabstand von 2,5 cm vom Auge beträgt die Brennweite des Brillenglases –37,5 cm, die Brechkraft –2,67 dpt.

Da die erforderliche Brechkraft des Brillenglases wegen (6.98) mit steigendem Abstand der Brille vom Auge ebenfalls größer wird, ist bei stark kurzsichtigen Menschen der Einsatz von Kontaktlinsen vorteilhaft. Der Abstand der Korrekturlinse vom Auge ist praktisch null, ihre erforderliche Brechkraft daher minimal.

Ist das Auge weitsichtig, so muss die Brille den Gegenstandspunkt, der sich im Abstand der deutlichen Sehweite $g_{DS}$ vom Auge befindet, in den Nahpunkt bei $b_{NP}$ des Auges abbilden. Da dieser auf der gleichen Seite von der Linse wie der Gegenstandspunkt liegt, ist $b_{NP}$ negativ und das Bild virtuell. Die Linsengleichung (6.88) ergibt

$$\frac{1}{f} = \frac{1}{g_{DS}} - \frac{1}{|b_{NP}|} \quad \Rightarrow \quad f = -\frac{|b_{NP}| \, g_{DS}}{g_{DS} - |b_{NP}|} . \tag{6.160}$$

Da $|b_{NP}| > g_{DS}$ ist, wird die Brennweite $f$ des Brillenglases positiv. Auch hier werden $|b_{NP}|$ und $g_{DS}$ als Abstände von der Hauptebene angegeben. Bei einem Nahpunkt bei $|b_{NP}| = 70$ cm und $g_{DS} = 22,5$ cm (die Brille sitzt 2,5 cm vor dem Auge) muss das Brillenglas eine Brennweite von 33,2 cm oder eine Brechkraft von 3,0 dpt aufweisen.

Neben Weit- und Kurzsichtigkeit ist auch der Astigmatismus als Fehlsichtigkeit weit verbreitet. Wie beim Astigmatismus einer sphärischen Linse wird wegen der unterschiedlichen Brennweiten in der Meridional- und der Sagittalebene ein Gegenstandspunkt linienförmig abgebildet. Korrekturgläser kompensieren diesen Augenfehler durch einen entgegengesetzten Astigmatismus. Die Linsenflächen sind keine Kugeloberflächen, sondern haben eine ellipsoide Form. Zur Verminderung von Aberrationen durch die Brillengläser werden diese üblicherweise als Meniskuslinsen ausgeführt.

## Lupe

Um kleine Gegenstände mit dem Auge hinreichend groß zu sehen, muss der Sehwinkel entsprechend groß sein. Dies bedeutet aufgrund (6.158) jedoch, dass die Gegenstandsweite sehr klein wird. Zur scharfen Abbildung auf der Netzhaut muss durch Akkommodation der Augenlinse deren Brennweite der Linsengleichung (6.86) zufolge ebenfalls verkleinert werden. Dies ist jedoch nur bis zu einer Grenze, die bei Jugendlichen bei etwa 10 cm liegt, möglich. In der Praxis zieht man die Grenze schon bei der deutlichen Sehweite von 25 cm. Unterschreitet die Gegenstandsweite diesen minimalen Abstand, so kann der Gegenstand nicht mehr scharf gesehen werden.

Dieser Sachverhalt ist dem Problem eines weitsichtigen Menschen ähnlich: Er kann den Gegenstand nicht scharf sehen, da seine Entfernung zum Auge kleiner ist als der Abstand des Nahpunktes. Gelöst wird das Problem durch eine dem Auge vorgeschaltete Sammellinse, die ein virtuelles Bild des Gegenstandes entwirft, wobei die Bildposition im Nahpunkt

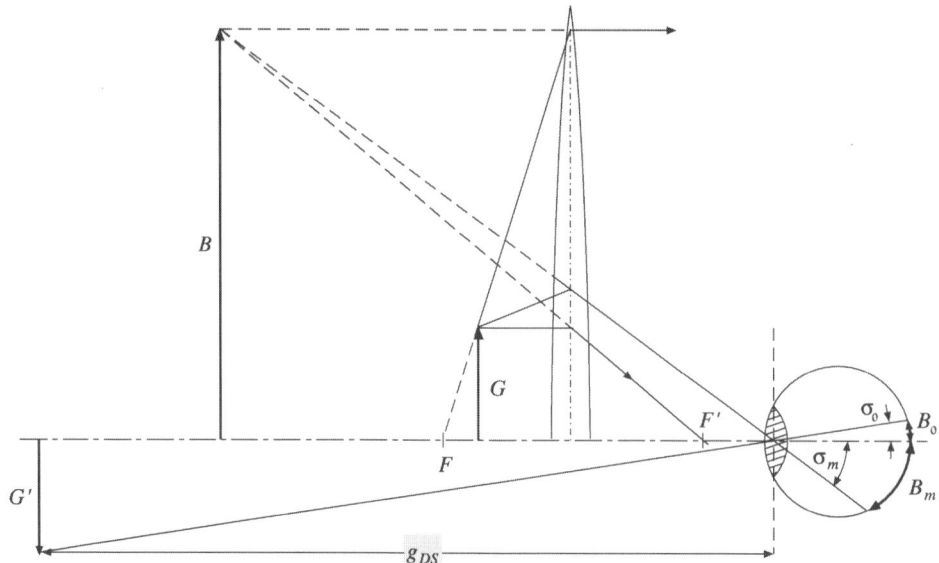

**Abb. 6.87** *Zur Wirkungsweise einer Lupe: Eine Sammellinse entwirft ein virtuelles Bild eines Gegenstandes, das dann vom Auge betrachtet wird. Der Sehwinkel $\sigma_m$, unter dem das virtuelle Bild erscheint, ist größer als der Sehwinkel $\sigma_o$ des Gegenstandes, wenn dieser sich in der deutlichen Sehweite befindet. (Der Übersichtlichkeit halber wurde die Abbildung des Gegenstandes ohne Lupe spiegelbildlich zur optischen Achse gezeichnet.)*

des Auges ist. Aus der Linsengleichung (6.88) folgt mit (6.70), dass der Gegenstand vergrößert abgebildet wird. Dieses virtuelle Bild wird vom Auge betrachtet.

Aus **Abb. 6.87** geht hervor, dass der Sehwinkel $\sigma_m$, unter dem das virtuelle Bild, das die Lupe vom Gegenstand entwirft, erscheint, größer ist als der Sehwinkel $\sigma_o$ des Gegenstandes, wenn er am Ort der deutliche Sehweite ohne Lupe betrachtet wird. Daher definiert man als Vergrößerung eines optischen Instrumentes, in diesem Fall der Lupe, die Vergrößerung, genauer gesagt die Winkelvergrößerung

$$V_L := \frac{Sehwinkel\ mit\ Instrument}{Sehwinkel\ ohne\ Instrument}. \tag{6.161}$$

Der Gegenstand befindet sich dabei in der deutlichen Sehweite. Die Größe der Sehwinkel ist abhängig vom Abstand des Auges vom Gegenstand bzw. vom virtuellen Bild. Damit ist die Winkelvergrößerung im Gegensatz zum Abbildungsmaßstab (6.70), der nur von der Gegenstandsweite und der Brennweite der Linse bestimmt wird, von der Position des Betrachters abhängig. Wie wir noch sehen werden, dienen Fernglas und Mikroskop ebenfalls der Vergrößerung des Sehwinkels.

Um nicht die Positionen von Betrachter und Lupe berücksichtigen zu müssen, gibt man üblicherweise bei der Lupe die „Normalvergrößerung" bei der Betrachtung des virtuellen Bildes mit nicht akkommodiertem Auge an. In diesem Fall befindet sich das virtuelle Bild

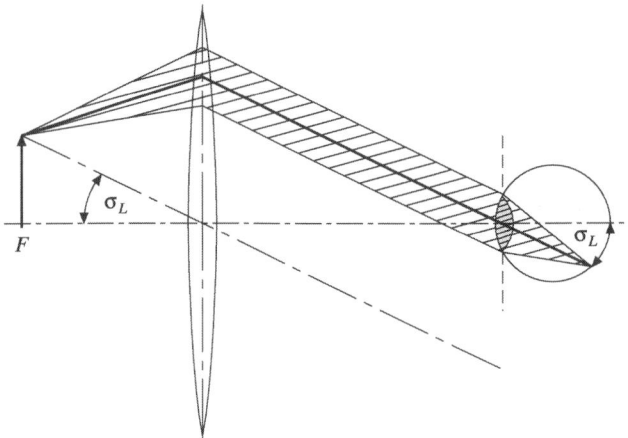

**Abb. 6.88** *Lupe, bei der sich der Gegenstand in der Brennebene befindet, vergrößert ihn mit Normalvergrößerung. Die Augenpupille ist die Aperturblende des Systems.*

im Fernpunkt des Auges, d. h. bei $b = -\infty$, der Gegenstand somit in der Brennebene der Lupe. Homozentrische Lichtbündel, die von Gegenstandspunkten ausgehen, verlassen die Lupe als Parallelbündel, welche dann durch die Augenlinse auf die Netzhaut fokussiert werden. Die Größe des Bündels und sein Hauptstrahl werden durch die Position des Auges, genauer der Position der Augenpupille, die als Aperturblende des Systems Lupe-Auge wirkt, festgelegt. Näherungsweise ist die Augenpupille die Austrittspupille des Systems. (Wir setzen immer voraus, dass Lupe und Auge eine gemeinsame optische Achse haben)

Das Parallelbündel fällt unter dem Winkel $\sigma_L$ des Mittelpunktstrahls zur optischen Achse auf das Auge. Damit ist $\sigma_L$ auch der Sehwinkel, unter dem das von der Lupe entworfene virtuelle Bild des Gegenstandes erscheint. Der Abstand des Auges von der Lupe spielt dabei keine Rolle. Damit ergibt sich die Normalvergrößerung der Lupe zu

$$V_{N,L} = \frac{\sigma_L}{\sigma_o} \approx \frac{\tan \sigma_L}{\tan \sigma_o} = \frac{G/f}{G/g_{DS}} \;\Rightarrow\; V_{N,L} = \frac{g_{DS}}{f}\,. \tag{6.162}$$

Befindet sich der Gegenstand innerhalb der Brennweite der Lupe, so wird die Bildweite des virtuellen Gegenstandes endlich. Aus **Abb. 6.87** können wir sehen, dass der Sehwinkel $\sigma_L$ mit kleiner werdenden Augenabstand von der Lupe wächst. Befindet sich das Auge sehr nah an der Lupe, so wird $\sigma_L$ maximal. Der Hauptstrahl des vom Auge wahrgenommenen Bündels entspricht dann dem Mittelpunktstrahl durch die Lupe.

Das Auge muss so akkommodiert werden, dass das virtuelle Bild scharf abgebildet wird. In diesem Fall gilt für $\sigma_L$

$$\tan \sigma_L = \frac{G}{g} = \frac{B}{b}\,. \tag{6.163}$$

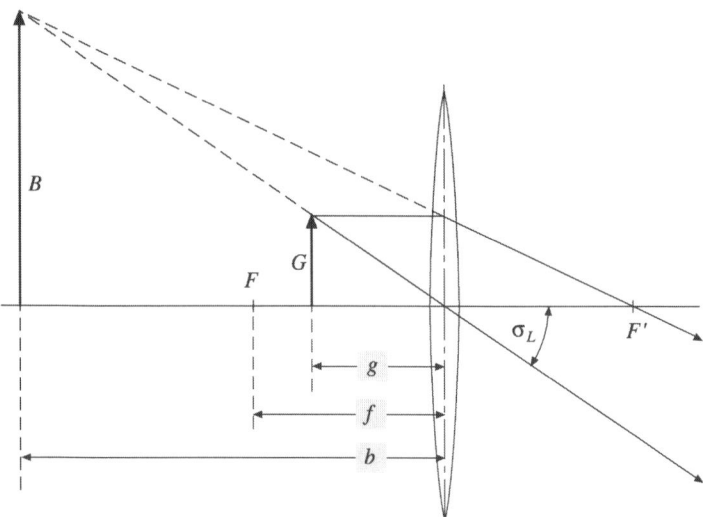

**Abb. 6.89** *Der Gegenstand befindet sich innerhalb der Brennweite einer Lupe, das Auge (hier nicht gezeichnet) befindet sich sehr nah an der Lupe.*

Wählt man $g$ so, dass die Bildweite der deutlichen Sehweite entspricht, so ergibt sich dann die Winkelvergrößerung mit Augenakkommodation der Lupe zu

$$V_{A,L} = \frac{\tan \sigma_L}{\tan \sigma_o} = \frac{G / g}{G / |b_{DS}|} = -\frac{b_{DS}}{g} = m \, . \tag{6.164}$$

Hierbei wurde die Vorzeichenkonvention in **Tab. 6.4** berücksichtigt. Befindet sich das Auge sehr nah an der Lupe, so ist die Winkelvergrößerung gleich der Lateralvergrößerung oder dem Abbildungsmaßstab, wenn der Gegenstand in die deutliche Sehweite abgebildet wird. Ersetzen wir in (6.164) mit Hilfe der Linsengleichung (6.88) $g$ durch $b_{DS}$, so erhalten wir

$$\frac{1}{b_{DS}} = \frac{1}{f} - \frac{1}{g} \quad \Rightarrow \quad g = \frac{f b_{DS}}{b_{DS} - f} \quad \Rightarrow \quad m = -\frac{b_{DS} - f}{f} = 1 - \frac{b_{DS}}{f} \, . \tag{6.165}$$

Beachten wir, dass $b_{DS} < 0$ ist und betragsmäßig $g_{DS}$ in (6.162) zur Berechnung der Normalvergrößerung $V_{N,L}$ der Lupe entspricht, so können wir (6.164) auch durch $V_{N,L}$ ausdrücken.

$$V_{A,L} = m = 1 + V_{N,L} \, . \tag{6.166}$$

Durch Augenakkommodation und dem damit verbundenen „Heranholen" des von der Lupe entworfenen virtuellen Bildes vom Unendlichen auf die deutliche Sehweite wird die Winkelvergrößerung um eins gesteigert, wenn der Abstand des Auges von der Lupe sehr klein ist. Größere Abstände verringern die Vergrößerung.

## Mikroskop

Für große Normalvergrößerungen (6.162) der Lupe müssen die Brennweiten sehr klein werden, eine 50-fache Vergrößerung erfordert eine Brennweite von 5 mm. Derartige Linsen können aber nur mit großem Aufwand hergestellt werden und haben nur kleine Durchmesser, wodurch das Gesichtsfeld stark eingeschränkt wird. Außerdem wirken sich Linsenfehler viel stärker aus als bei geringen Vergrößerungen, so dass die Bildqualität einer derartigen Lupe sehr schlecht wäre. Stattdessen kombiniert man bei einem Mikroskop zwei Sammellinsen relativ großer Brennweite zu einem Linsensystem, dessen Gesamtbrennweite gemäß (6.98) wesentlich kleiner sein kann als die Brennweiten der Einzellinsen. Man bezeichnet die dem Objekt nähere Linse als „Objektiv", die dem Auge nähere als „Okular[1]". Zur Korrektur von Abbildungsfehlern werden beide bei Mikroskopen nicht als Einzellinsen, sondern auch als Linsensysteme realisiert.

Aus konstruktiven Gründen wird die Abbildung eines sehr kleinen Gegenstandes durch ein Mikroskop folgendermaßen realisiert: Das Objektiv bildet den Gegenstand vergrößert und reell in den Raum zwischen Objektiv und Okular ab. Von diesem Zwischenbild entwirft das Okular ein virtuelles Bild im Unendlichen, das das Auge wie bei der Lupe mit Normalvergrößerung ohne Akkommodation wahrnehmen kann. Das Zwischenbild befindet sich somit in der Brennebene des Okulars, die Orientierung der Strecken im reellen Bild ist umgekehrt zu denen im Gegenstand. Die Gesamtvergrößerung ist somit negativ.

Der Sehwinkel $\sigma_M$, unter dem das virtuelle Bild dem Betrachter erscheint, können wir aus den Winkeln und Abständen in **Abb. 6.90** berechnen.

$$\tan \sigma_M = \frac{ZB}{f_{Ok}} = \frac{m_{Obj} G}{f_{Ok}} .$$                                                   (6.167)

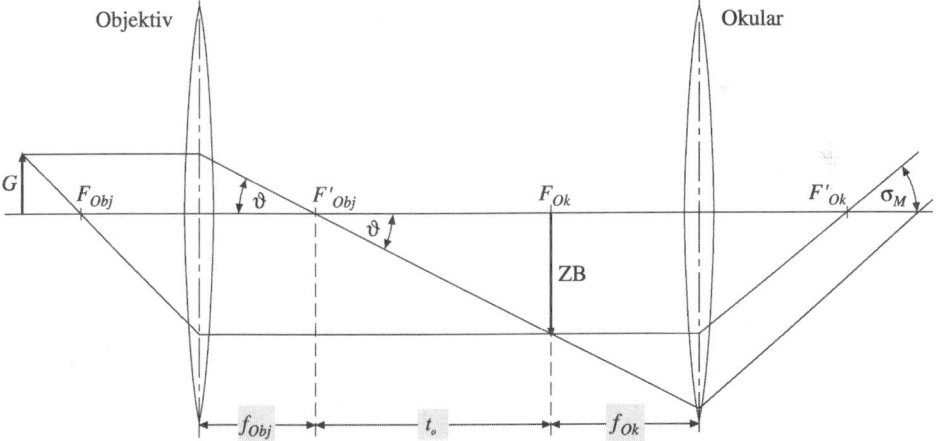

***Abb. 6.90*** *Zweistufige Abbildung durch ein Mikroskop. Das Zwischenbild ZB in der Brennebene des Okulars ist reell. Objektiv und Okular werden zur Vereinfachung als dünne Linsen angenommen.*

---

[1]    Von oculus, lat. Auge.

Damit beträgt die Winkelvergrößerung des Mikroskops

$$V_M = \frac{\sigma_M}{\sigma_o} \approx \frac{\tan \sigma_M}{\tan \sigma_o} = m_{Obj} \frac{g_{DS}}{f_{Ok}} = m_{Obj} V_{Ok} \,. \tag{6.168}$$

Sie ist das Produkt aus dem Abbildungsmaßstab $m_{Obj}$ des Objektivs und der Winkelvergrößerung $V_{Ok}$ des Okulars. $V_M$ ist negativ, da der Abbildungsmaßstab $m_{Obj}$ negativ ist. Bei den in der Praxis verwendeten Objektiven und Okularen ist in der Regel der Abbildungsmaßstab $|m_{Obj}|$ und $V_{Ok}$ angegeben, so dass die Vergrößerung des Mikroskops durch (6.168) leicht berechnet werden kann.[1] Sind anderseits die Brennweiten von Objektiv und Okular bekannt, so kann die Vergrößerung des Mikroskops auch durch sie ausgedrückt werden. Dazu wird die optische Tubuslänge[2] $t_o$ eingeführt, sie ist der Abstand zwischen bildseitigem Brennpunkt des Objektivs und dem gegenstandsseitigem Brennpunkt des Okulars. Aus **Abb. 6.90** folgt der Zusammenhang zwischen Gegenstands- und Zwischenbildgröße

$$\tan \vartheta = \frac{G}{f_{Obj}} = \frac{ZB}{t_o} \quad \Rightarrow \quad m_{Obj} = \frac{ZB}{G} = -\frac{t_o}{f_{Obj}} \,. \tag{6.169}$$

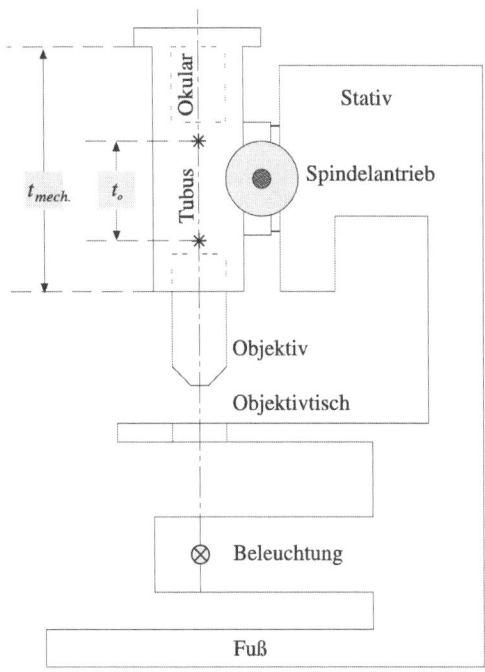

**Abb. 6.91** *Mechanischer Aufbau eines Mikroskops (schematisch).*

---

[1]   Bei Objektiven ist meist eingraviert: $|m_{obj}|/NA$, z. B. 40/0,65. Letztere gibt die „numerische Apertur" $NA$ an, auf die später eingegangen wird. Ein Okular mit 10-facher Vergrößerung wird mit 10x gekennzeichnet.
[2]   Tubus, lat. Rohr, Röhre.

Dabei wurde berücksichtigt, dass das Bild reell, der Abbildungsmaßstab $m_{Obj}$ negativ ist. Mit (6.168) erhalten wir

$$V_M = m_{Obj} \frac{g_{DS}}{f_{Ok}} = -\frac{t_o}{f_{Obj}} \frac{g_{DS}}{f_{Ok}} . \tag{6.170}$$

**Abb. 6.91** zeigt schematisch den mechanischen Aufbau eines Mikroskops: Objektiv und Okular sind an den Enden des Tubus eingelassen, dieser ist wiederum über einen Spindelantrieb höhenverstellbar am Stativ montiert. Damit kann der Abstand des optischen Systems zum Objekt so eingestellt werden, dass der Betrachter ein scharfes Bild sieht. Mit dem Stativ fest verbunden ist der Objekttisch, auf dem sich der abzubildende Gegenstand, das Objekt, befindet. Alternativ kann auch der Tubus starr am Stativ befestigt sein, während der Objekttisch beweglich ist. Um eine ausreichende Helligkeit des Bildes zu gewährleisten, muss das Objekt beleuchtet werden, denn das Streulicht aus der Umgebung ist in der Regel nicht ausreichend. Hinsichtlich der Beleuchtung unterscheidet man zwei Arten von Mikroskopen.

- Durchlichtmikroskope: Ist das Objekt (teilweise) lichtdurchlässig, so kann es von seiner Rückseite beleuchtet werden. Entweder wird das vom Objekt durchgelassene Licht zur Abbildung verwendet oder das vom Objekt gestreute Licht wird nach Passieren des Mikroskops vom Betrachter wahrgenommen. Im ersten Fall spricht man von „Hellfeldmikroskopen", denn ohne ein Objekt ist das Gesichtsfeld hell. Den zweiten Fall bezeichnet man als „Dunkelfeldmikroskope". Durch geeignete Lichtführung wird das direkte Licht von der Beleuchtung aus dem Strahlengang ausgeblendet, ohne Objekt bleibt das Gesichtsfeld dunkel.
- Auflichtmikroskope: Bei nicht transparenten Objekten erfolgt die Beleuchtung von der Objektivseite, nur das vom Objekt gestreute oder reflektierte Licht trägt zur Abbildung bei. Daher sind Auflichtmikroskope immer auch Dunkelfeldmikroskope.

Es gibt noch weitere Varianten, auf die hier aber nicht eingegangen werden soll. Üblicherweise beträgt bei Mikroskopen die mechanische Tubuslänge 160 mm, damit die Geräte nicht zu unhandlich werden und im Sitzen bedient werden können. Objektive und Okulare sind so konstruiert, dass das Zwischenbild an einer bestimmten Stelle im Tubus, die ja die Brennebene des Okulars ist, entsteht. Die Brennebene des Objektivs wird durch passende Abgleichlängen in der Halterung an die richtige Position gebracht, so dass sich die entsprechende optische Tubuslänge ergibt. Häufig sind mehrere Objektive in einem „Objektivrevolver" montiert, so dass die Vergrößerung des Mikroskops schnell geändert werden kann.

Zur vollständigen Charakterisierung des Strahlengangs müssen Größe und Lage von der Apertur- und Feldblende des Mikroskops bekannt sein. Die Aperturblende wird meist in der bildseitigen Brennebene des Objektivs platziert, die Eintrittspupille liegt dann objektseitig im Unendlichen, so dass der Strahlengang objektseitig telezentrisch ist. Kleine Änderungen der Gegenstandsweite haben daher keinen Einfluss auf die Bildgröße. Die Austrittspupille, das Bild, das das Okular von der Aperturblende entwirft, befindet sich bei

$$b_{AP} = \frac{f_{Ok} g_{AB}}{g_{AB} - f_{Ok}} = \frac{f_{Ok}(t_o + f_{Ok})}{t_o} = f_{Ok} + \frac{f_{Ok}^2}{t_o} \tag{6.171}$$

hinter der Hauptebene des Okulars. Das Bild ist reell ($b_{AP} > 0$), die Augenpupille des Betrachters sollte sich am Ort der Austrittspupille des Mikroskops befinden. Dann ist gewährleistet, dass die Augenpupille nicht als Gesichtsfeldblende in Erscheinung tritt und eine Abbildung ohne Randabschattung möglich ist. Wie wir im Kapitel 6.2.5 gesehen haben, ist eine vignettierungsfreie Abbildung möglich, wenn sich die Feldblende in der Objektebene oder dazu konjugierten Bildebenen befindet. Daher wird die Feldblende vorzugsweise am Ort des Zwischenbildes angeordnet. Da dieses in der objektseitigen Brennebene des Okulars liegt, ist die Austrittsluke im Unendlichen. Die Größe des Gesichtsfeldes wird mit der „Sehfeldzahl", dem Durchmesser der Feldblende, angegeben.

Aus dem Strahlengang in **Abb. 6.92** geht hervor, dass der bildseitige Brennpunkt $F_M'$ des Mikroskops in der Mitte der Austrittspupille ist, denn der achsenparallele Hauptstrahl des Bündels eines Gegenstandspunktes am Rand des Objektfeldes schneidet dort die optische Achse. Die dazugehörige bildseitige Hauptebene $H_M'$, die durch den Schnittpunkt der Verlängerung des einlaufenden achsenparallelen Strahls und des auslaufenden Brennstrahls festgelegt ist, befindet sich hinter dem Brennpunkt $F_M'$. Somit ist die Brennweite des Mikroskops negativ. Dies kann auch anhand (6.98) begründet werden: die Summe der Brennweiten von Objektiv und Okular sind kleiner als ihre Abstände, somit wird die resultierende Brennweite des Systems negativ. Trotzdem kann das Mikroskop ein reelles Bild des Gegenstandes erzeugen. Dazu muss das Zwischenbild aus der Brennebene des Okulars in Richtung Objektiv verlagert werden, dies kann man durch einen größeren Abstand des Gegenstands vom Objektiv erreichen.

Auf dem Markt verfügbare Objektive haben Abbildungsmaßstäbe von etwa 3 ... 100, Okulare Vergrößerungen von etwa 6 ... 25. Somit könnten Vergrößerungen von bis zu 2500 erreicht werden. Aus Gründen, die in der Wellennatur des Lichtes begründet sind, sind jedoch nur Objektdetails bis zu einer Vergrößerung von etwa 1300 auflösbar, eine weiter Steigerung der Vergrößerung liefert keine weiteren Informationen über das Objekt.

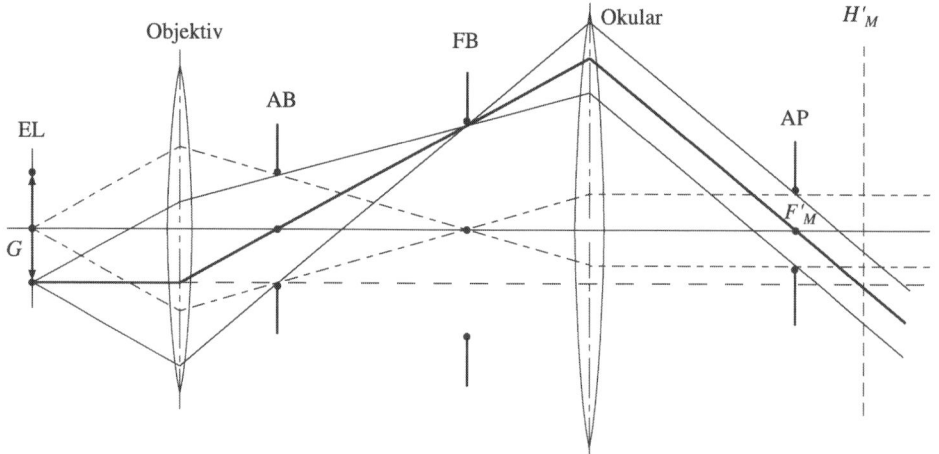

**Abb. 6.92** *Strahlengang eines Mikroskops. AB: Aperturblende, AP: Austrittspupille, FB: Feldblende, EL: Eintrittsluke. Eingezeichnet sind Bündel eines Gegenstandspunktes am Rand und in der Mitte des Objektfeldes.*

**Fernglas oder Teleskop**

Während die Lupe und das Mikroskop den Sehwinkel bei der Betrachtung sehr kleiner Gegenstände vergrößern, damit sie mit ausreichender Größe wahrgenommen werden können, muss ein Fernglas den Sehwinkel weit entfernter Gegenstände erhöhen. Da das vom Fernglas entworfene Bild ohne Augenakkommodation betrachtet werden soll, muss das Strahlenbündel, welches das Fernglas verlässt, ein Parallelbündel sein. Weil die Strahlen von sehr weit entfernten Gegenstandspunkten einfallenden Bündeln ebenfalls parallel sind, überführt ein Fernglas Parallelbündel wieder in Parallelbündel. Derartige Systeme bezeichnet man als „afokal", sie haben keinen Brennpunkt, ihre Brennweiten sind unendlich. Allerdings wird die Neigung der Bündel zur optischen Achse verändert. (Sonst wäre jede Fensterscheibe ein Teleskop!)

Durch Kombination von zwei Linsen(systemen), einem Objektiv und einem Okular, kann ein afokales System konstruiert werden. (6.98) zufolge muss der Abstand von Objektiv und Okular, die wir vereinfachend als dünne Linsen ansehen, gleich der Summe ihrer Brennweiten sein. Der bildseitige Brennpunkt des Objektivs muss mit dem objektseitigen Brennpunkt des Okulars zusammenfallen. Dies kann auf zwei Arten realisiert werden.

- Keplersches oder astronomisches Fernrohr: Objektiv und Okular sind Sammellinsen. Das Objektiv entwirft ein reelles Zwischenbild, das wie beim Mikroskop durch das als Lupe wirkende Okular betrachtet wird. Die Baulänge ergibt sich aus der Summe der Brennweiten von Objektiv und Okular.
- Galileisches oder holländisches Fernrohr: Das Objektiv ist eine Sammellinse, das Okular dagegen eine Zerstreuungslinse. Sie überführt das konvergente Bündel zu einem Punkt des vom Objektiv entworfenen Zwischenbildes in ein Parallelbündel. Dadurch kommt es nicht zu einer Strahlvereinigung im Zwischenbild. Die Baulänge dieses Teleskops ist die Differenz der Beträge der Brennweiten von Objektiv und Okular und ist somit kürzer als das Keplersche Fernrohr.

Die Winkelvergrößerung eines Fernglases ist wie bei Lupe und Mikroskop in (6.161) definiert als das Verhältnis der Sehwinkel $\sigma_T$ mit Instrument und Sehwinkel $\sigma_o$ ohne Instrument. Dabei ist $\sigma_o$ der Winkel zur optischen Achse, unter dem ein Parallelbündel eines weit entfernten Gegenstandspunktes auf das Objektiv fällt und $\sigma_T$ der Winkel des Parallelbündels hinter dem Okular. Für das Keplersche Fernrohr ergibt sich aus **Abb. 6.93** (a) die Winkelvergrößerung

$$V_T = \frac{\sigma_T}{\sigma_o} \approx \frac{\tan \sigma_T}{\tan \sigma_o} = -\frac{ZB / f_{Ok}}{ZB / f_{Obj}} = -\frac{f_{Obj}}{f_{Ok}} . \tag{6.172}$$

Hier wurde durch das negative Vorzeichen berücksichtigt, dass das Zwischenbild reell ist. Im Bild, das der Betrachter sieht, haben die Strecken die umgekehrte Orientierung wie beim Gegenstand.

Den gleichen Ausdruck für die Winkelvergrößerung erhalten wir für das Galileische Fernrohr in **Abb. 6.93** (b), allerdings ist zu beachten, dass die Brennweite der Zerstreuungslinse negativ ist. Somit ergibt sich im Gegensatz zum Keplerschen Fernrohr eine positive Winkelver-

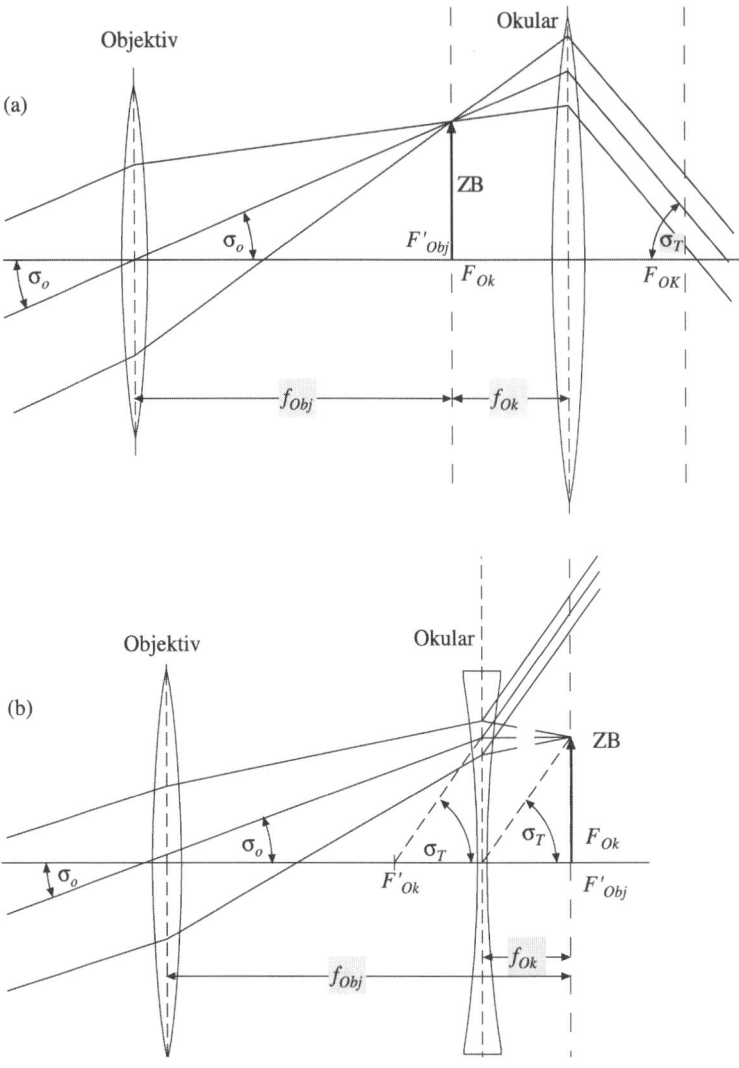

***Abb. 6.93*** *(a) Keplersches Fernrohr, (b) Galileisches Fernrohr.*

größerung. Strecken im Bild haben die gleiche Orientierung wie im Gegenstand. Aus (6.172) folgt, dass eine hohe Winkelvergrößerung durch ein Objektiv langer Brennweite und ein Okular mit kurzer Brennweite erzielt werden kann.

Die Aperturblende von Ferngläsern ist in der Regel der Linsendurchmesser des Objektivs und ist somit identisch mit der Eintrittspupille. Die Austrittspupille beim Keplerschen Fernrohr ist das reelle Bild der Aperturblende, denn diese befindet sich außerhalb der objektseitigen Brennweite des Okulars. Da die Brennweite des Objektivs größer ist als die des Okulars, ist die Gegenstandsweite der Aperturblende größer als die doppelte Brennweite des Okulars, somit wird die Aperturblende verkleinert hinter das Okular abgebildet. Wie beim Mikroskop sollte an dieser Stelle die Augenpupille des Betrachters sein. Die Austrittspupille befindet sich im Abstand von

$$b_{AP} = \frac{g_{AB}f_{Ok}}{g_{AB} - f_{Ok}} = \frac{f_{Obj} + f_{Ok}}{f_{Obj}}f_{Ok} = f_{Ok} + \frac{f_{Ok}^2}{f_{Obj}} \qquad (6.173)$$

zur Hauptebene des Okulars. Der Abbildungsmaßstab für die Abbildung der Aperturblende beträgt mit (6.70)

$$m = \frac{f_{Ok}}{f_{Ok} - g_{AB}} = -\frac{f_{Ok}}{f_{Obj}} = \frac{1}{V_T}. \qquad (6.174)$$

Beim Galileischen Fernrohr wird die Aperturblende virtuell von der Zerstreuungslinse des Okulars abgebildet. Die Austrittspupille befindet sich auf der Seite des Objektivs, da die

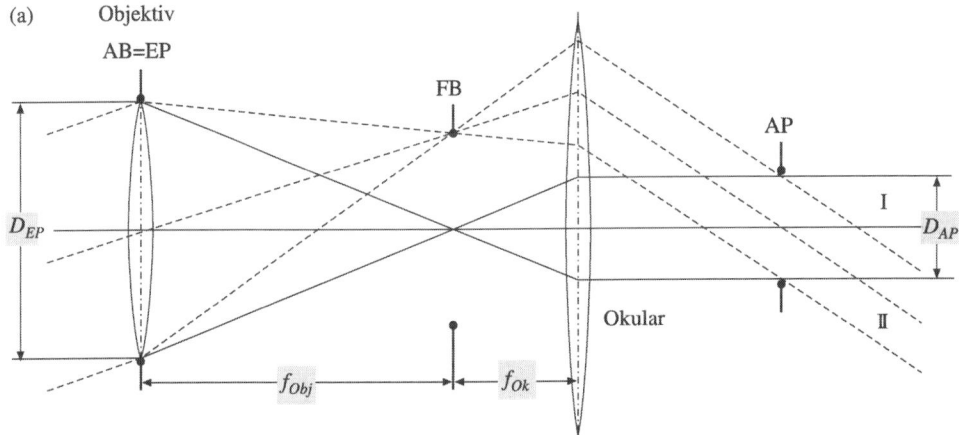

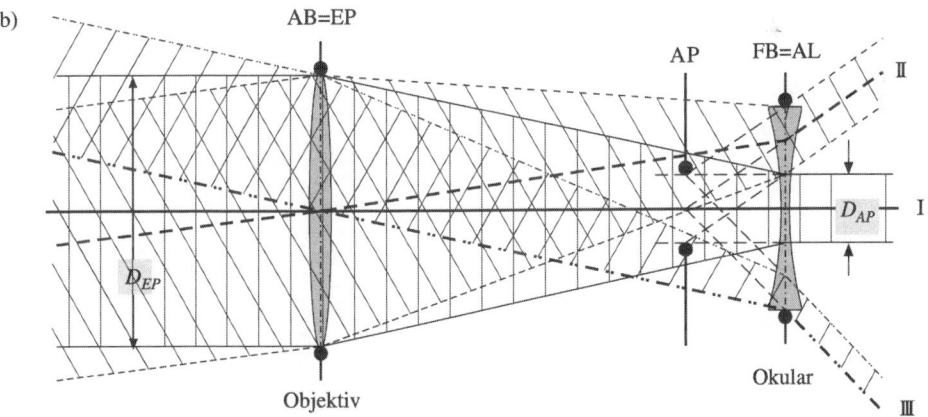

***Abb. 6.94*** *Lage von Eintritts- und Austrittspupille beim (a) Keplerschen und (b) Galileischen Fernrohr. Bündel I: achsenparallel, Bündel II: steilstes vignettierungsfreies Bündel, III: Bündel, das das Gesichtsfeld begrenzt. Sein Hauptstrahl kann die Feldblende gerade noch passieren und durchsetzt die Aperturblende zur Hälfte.*

negative Okularbrennweite in (6.173) eine negative Bildweite zur Konsequenz hat. Der Abbildungsmaßstab (6.174) ist dem Betrag nach gleich dem des Keplerschen Fernrohrs. Da sich die Austrittspupille zwischen Objektiv und Okular befindet, ist es nicht möglich, das Auge des Betrachters an diese Stelle zu bringen.

Beim Galileischen Fernrohr wirkt die freie Öffnung des Okulars als Feldblende. Sie ist innerhalb der Brennweite des Objektivs platziert. Damit befindet sich die Eintrittsluke bei

$$b_{EL} = \frac{g_{FB} f_{Obj}}{g_{FB} - f_{Obj}} = \frac{f_{Obj} + f_{Ok}}{f_{Ok}} f_{Obj} = f_{Obj} + \frac{f_{Obj}^2}{f_{Ok}} = f_{Obj} - \frac{f_{Obj}^2}{|f_{Ok}|} \qquad (6.175)$$

als virtuelles Bild auf der Okularseite des Objektivs. Da Eintrittsluke und Objektebene (im Unendlichen) nicht zusammenfallen, ist das Gesichtsfeld nicht scharf begrenzt, es liegt Vignettierung vor.

Aus diesem Grund wird bei Ferngläsern das Keplerscher Fernrohr bevorzugt. Am Ort des reellen Zwischenbildes wird die Feldblende platziert, so dass das Gesichtsfeld scharf begrenzt ist. Aus **Abb. 6.94** geht hervor, dass zwischen den Durchmessern von Eintritts- und Austrittspupille und den Brennweiten von Objektiv und Okular folgende Relation gilt:

$$\frac{D_{EP}}{f_{Obj}} = \frac{D_{AP}}{|f_{Ok}|} , (6.172) \quad \Rightarrow \quad \frac{D_{EP}}{D_{AP}} = |V_T| . \qquad (6.176)$$

Beim Keplerschen Fernrohr bedingt die Platzierung der Feldblende am Ort des Zwischenbildes einen Durchmesser der Okularlinse, der deutlich größer ist als der der Feldblende, insbesondere bei Okularen mit größerer Brennweite. Abhilfe kann geschaffen werden durch ein zweilinsiges Okular mit einer „Feldlinse" am Ort des Zwischenbildes. Da hier die Bündel auf die Hauptstrahlen reduziert sind, hat die Feldlinse praktisch keinen Einfluss auf die Abbildung, sie bewirkt nur, dass sich die Hauptstrahlen nicht zu weit von der optischen Achse entfernen.

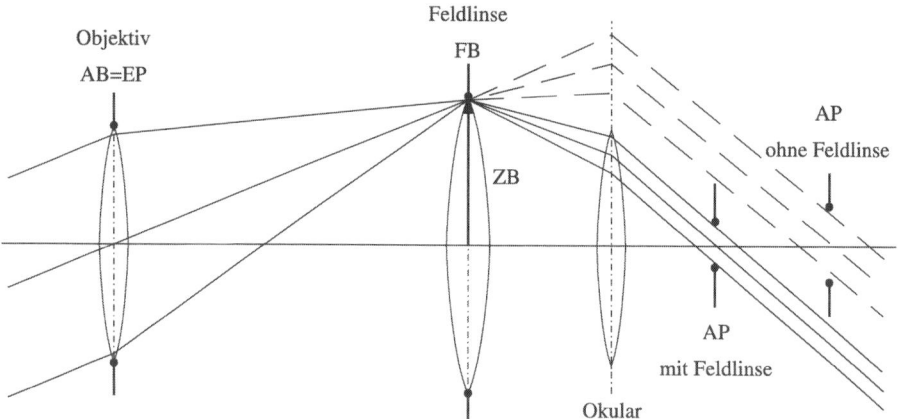

*Abb. 6.95 Keplersches Fernrohr mit Feldlinse am Ort des Zwischenbildes.*

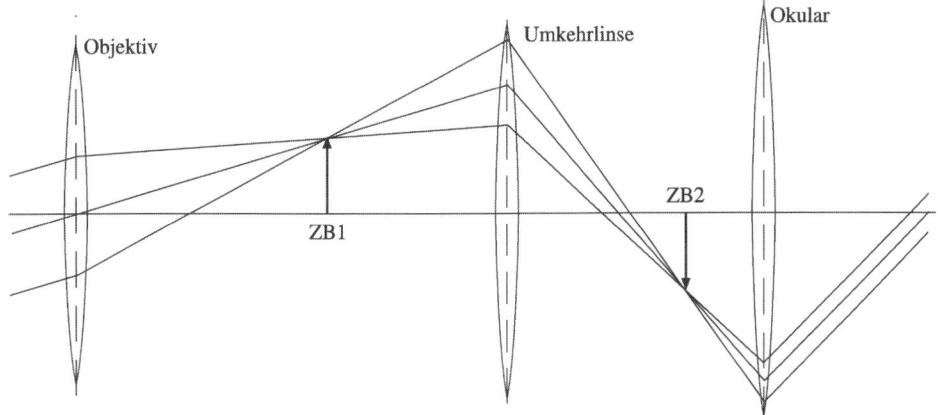

**Abb. 6.96** *Bildumkehr beim Keplerschen Fernrohr durch eine Umkehrlinse.*

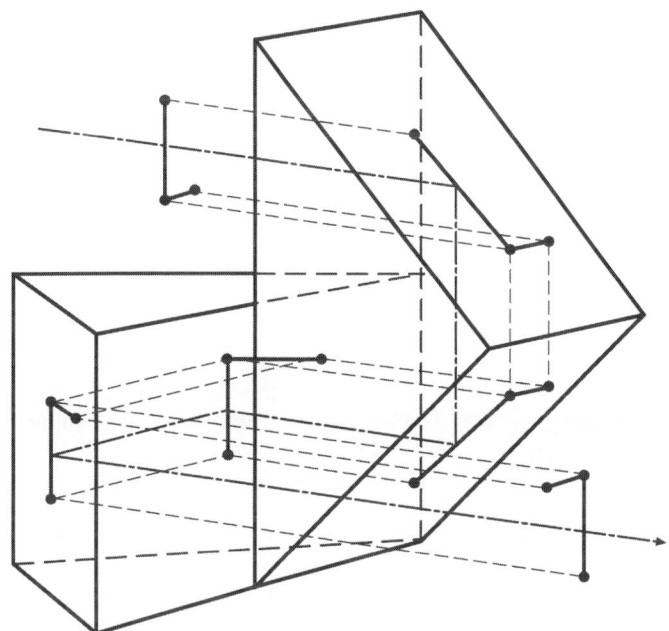

*Abb. 6.97  Bildumkehr durch einen Porroschen Prismensatz.*

Während es für astronomische Anwendungen meistens unerheblich ist, ob das Bild seiten-verkehrt ist und auf dem Kopf steht, so muss für den „normalen" Einsatz auf der Erde das Bild wieder umgekehrt werden. Dies kann entweder durch Prismen oder durch ein weiteres Zwischenbild geschehen. Hier wird das vom Objektiv entworfene Zwischenbild durch eine weitere Sammellinse (Umkehrlinse) mit dem Abbildungsmaßstab −1 in ein weiteres Zwischenbild reell abgebildet. Der Abstand der beiden Zwischenbilder beträgt dann gemäß

(6.91) die vierfache Brennweite der Umkehrlinse. Dadurch wird die gesamte Baulänge des Fernglases sehr groß. Diese Art der Bildumkehr wird bei Zielfernrohren häufig angewendet.

Bei der Bildumkehr mit Prismen zwischen dem Objektiv und dem Okular, meist in der Anordnung nach Porro, wird die Baulänge des Keplerschen Fernrohrs verkürzt, da der Strahlengang „gefaltet" wird. Außerdem wird das räumliche Sehen unterstützt, wenn bei einem „Binokular", d. h. einem Fernrohr für jedes Auge, der Abstand der Objektive größer gemacht werden kann als der Augenabstand des Menschen.

Ferngläser werden meistens durch zwei Kenngrößen charakterisiert: Vergrößerung und Durchmesser der Eintrittspupille. Sehr verbreitet sind Ferngläser vom Typ „8 × 30". Sie haben eine achtfache Vergrößerung und einen Durchmesser der Eintrittspupille von 30 mm.

Die Größe der Eintrittspupille ist von großer Bedeutung, wenn lichtschwache Objekte betrachtet werden sollen. Durch den Durchmesser der Augenpupille wird der Lichtstrom festgelegt, der auf ein Stäbchen oder Zapfen der Netzhaut trifft. Ferngläser (Keplersche Fernrohre) sind so konstruiert, dass ihre Austrittspupille am Ort der Augenpupille ist. Der größte nutzbare Durchmesser der Austrittspupille ist der maximale Durchmesser $D_{P,A,\max}$ von ca. 8 mm, den die Augenpupille bei schwacher Beleuchtung aufweist. Beim „unbewaffneten" Auge legt die Fläche der Augenpupille den Raumwinkel für den Empfang von Licht, das von einem Gegenstandspunkt emittiert wird, fest. Bei einem Fernglas mit entsprechend großer Austrittspupille ist die dazugehörige Eintrittspupille (6.176) zufolge um den Faktor $V_T$ größer. Der empfangene Lichtstrom, bezogen auf den Lichtstrom, der auf das unbewaffnete Auge trifft, beträgt bei näherungsweise konstanter Lichtstärke

$$\frac{\Phi_T}{\Phi_o} = \frac{\Omega_T}{\Omega_o} = \frac{D_{EP}^2}{D_{P,A,\max}^2} = \frac{V_T^2 D_{AP}^2}{D_{AP}^2} = V_T^2 \,. \tag{6.177}$$

> Der vom Auge wahrgenommene Lichtstrom, der von einem Gegenstandspunkt emittiert wird, kann durch ein Teleskop maximal um das Quadrat der Vergrößerung gegenüber dem unbewaffneten Auge gesteigert werden.

Ist die Austrittspupille des Fernglases kleiner als der maximale Durchmesser der Augenpupille, so ist die Steigerung des Lichtstroms gegenüber (6.177) geringer. Besonders bei Teleskopen, die für astronomische Beobachtungen eingesetzt werden, hat (6.177) eine sehr große Bedeutung. Wegen der beschränkten Empfindlichkeit von Detektoren, Filmen etc. können viele Himmelskörper nur beobachtet werden, weil der Lichtstrom entsprechend gesteigert werden kann. Trotzdem können Details weit entfernter Sterne in der Regel nicht aufgelöst werden, sie werden als Punkte abgebildet. Die Vergrößerung der Teleskope dient in diesen Fällen daher nur der Steigerung der Helligkeit, nicht aber der Sehwinkelvergrößerung zur Auflösung von Objektstrukturen. Auf die Auflösung werden wir im Kapitel 6.3 eingehen.

Moderne Teleskope für die Astronomie sind meist Spiegelteleskope mit sphärischen oder parabolischen Hohlspiegeln als Objektiv, denn diese sind mit großen Durchmessern mit der erforderlichen Präzision leichter herzustellen als Linsen. Bei diesen muss zum einem der

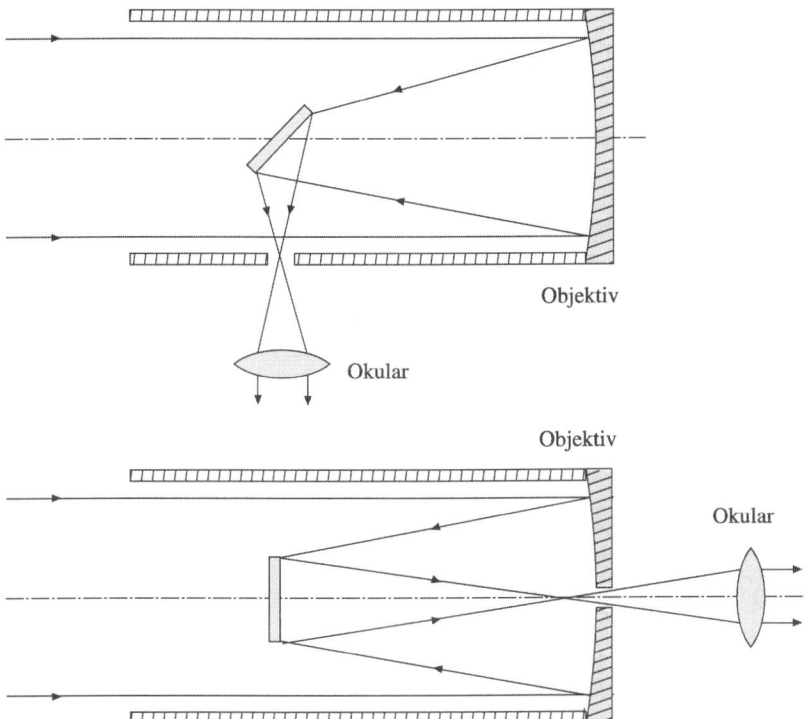

*Abb. 6.98* Spiegelteleskop mit einem Hohlspiegel als Objektiv: Ein zweiter Spiegel lenkt das Licht um und vermindert die Abschattung des Objektivs.

Werkstoff sehr definierte Eigenschaften hinsichtlich Brechungsindex und Absorptionsverhalten aufweisen, zum anderen müssen zwei Oberflächen sehr genau bearbeitet werden. Außerdem können Linsen nur am Rand befestigt werden, während bei Spiegeln die gesamte Rückseite dafür zur Verfügung steht. Damit der Beobachter nicht das einfallende Licht abschattet, wird das Licht ein zweites Mal durch einen weiteren Spiegel umgelenkt. Nur dessen Fläche wirkt dann abschattend.

Werden auf der Erde bei guter Beleuchtung Gegenständen mit einem Fernglas betrachtet, so ändert sich im Idealfall die Beleuchtungsstärke auf der Netzhaut gegenüber der Betrachtung ohne Fernglas nicht. Bei starrem Auge ist das Gesichtsfeld am größten, wenn es durch die Größe der Netzhaut beschränkt wird. Die Abbildung der Netzhaut durch Augenlinse und Okular an den Ort des Zwischenbildes legen die (minimale) Größe der Feldblende an dieser Stelle sowie die maximale Neigung der vom Fernglas erfassten Strahlen gegenüber der optischen Achse fest. Diese Neigung ist mit (6.172) um den Faktor $|V_T|$ kleiner als die maximale Neigung der Strahlen, die vom unbewaffneten Auge erfasst werden. Damit ist der Raumwinkel, aus dem Licht von Gegenstandspunkten empfangen werden kann, um $|V_T|^2$ kleiner, jedoch ist der Lichtstrom von jedem Gegenstandspunkt gemäß (6.177) um $|V_T|^2$ größer als beim unbewaffneten Auge. Der Lichtstrom auf die gesamte Netzhaut bleibt somit gleich, ein Gegenstand erscheint gleich hell, gleichgültig ob er mit bloßem Auge oder mit einem Fernglas betrachtet wird. In der Praxis ist die Abbildung durch ein Fernglas nicht verlustfrei, Reflexionen an den Grenzflächen sowie Absorption schwächen den Lichtstrom durch das Instrument, so dass das Bild dunkler ist gegenüber der Betrachtung ohne Instrument.

**Kamera**

Mit einer Kamera werden Gegenstände „fotografiert", d. h. die Lichtverteilung des von einem Linsensystem, dem Objektiv, entworfenen reellen Bildes wird auf einem lichtempfindlichen Film dauerhaft durch eine photochemische Reaktion fixiert. Abgesehen von Spezialkameras ist der Film eben, d. h. bei einem räumlichen Gegenstand erzeugt das Bild eine Projektion des Gegenstandes. Dieses Bild kann dann beim Betrachten des „Fotos" über das an ihm gestreute Licht der Beleuchtung mit dem Auge wahrgenommen werden, ohne dass der Gegenstand „anwesend" sein muss. Moderne Digitalkameras haben statt eines Films einen lichtempfindlichen Halbleiterdetektor, dessen Zellen (mehrere Millionen „Pixel") die Lichtverteilung des Bildes in elektrische Signale umwandeln, deren Werte digital, d. h. als Binärzahl gespeichert werden. Zum Betrachten des Bildes müssen diese Zahlen in elektrische Signale zurückgewandelt werden, die zur Ansteuerung entsprechender Bildschirme dienen. Filmkameras funktionieren nach dem gleichen Prinzip, nur werden hier viele Bilder in kurzen Zeitabständen aufgenommen, so dass auch Bewegungen erfasst werden können. Damit kein Streulicht am Objektiv vorbei auf den Film trifft, befindet sich dieser in einem lichtdichten Kasten[1] mit einer Öffnung, in der das Objektiv montiert ist.

Wie das Auge haben Filme und Halbleiterchips ein bestimmtes Auflösungsvermögen, da sie ebenfalls aus diskreten lichtempfindlichen Zellen (Pixel[2]) aufgebaut sind. Diese sind bei Filmen kleine Kristallite von wenigen μm Größe, während bei Digitalkameras der Chip aus Fotodioden besteht. Sie sind typischerweise etwas größer als die Kristallite (Körner) des Films. Die Pixel kann man sehen, wenn ein Bild mit starker Vergrößerung betrachtet wird. Werden zwei Gegenstandspunkte auf einem Pixel abgebildet, so erscheinen sie bei der Betrachtung des Bildes als ein Punkt. Umgekehrt ist es nicht erforderlich, dass ein Gegenstandspunkt in die Filmebene abgebildet werden muss. Das von ihm ausgehende Lichtbündel muss dort nur einen Durchmesser aufweisen, der kleiner ist als die Größe eines Pixels. Wird an dem Objektiv eine bestimmte Gegenstandsweite eingestellt, so erscheinen im Bild auch Gegenstandspunkte als scharf, deren Gegenstandsweiten größer oder kleiner als die eingestellten sind. Diesen Effekt nennt man auch „Schärfentiefe".

Im Gegensatz zum Auge wird die Abbildung eines Gegenstandspunktes in die Filmebene nicht durch Variation der Brennweite bewirkt, sondern durch Anpassen der Bildweite. Diese kann durch einen Stellring am Objektiv eingestellt werden. Allerdings ist auf diesem Ring nicht die Bildweite, sondern die korrespondierende Gegenstandsweite eingraviert. Bei sehr weit entfernten Gegenständen entspricht die Bildweite der Brennweite.

Bewegt sich der Gegenstand oder ein Teil von ihm, so muss diese Bewegung bei der Aufnahme „eingefroren" werden, um ein scharfes Bild zu erhalten. Der Zeitraum für die Belichtung des Films oder des Chips muss so bemessen werden, dass bewegte Gegenstandspunkte

---

[1]     Daher der Name „Kamera" für dieses Gerät. Camera, lat. (kleines) Zimmer, Vorrats- oder Schatzkammer.
[2]     Von picture cell, engl. Bildzelle.

während dieser Zeit ein so kurzes Wegstück zurücklegen, dass dessen Bild als Punkt erscheint. Ist dies nicht der Fall, so werden die Stücke der Bahnkurven aufgezeichnet, auf denen sich die Gegenstandspunkte während der Belichtungszeit bewegen.

Zum Auslösen der photochemischen oder photoelektrischen Reaktion auf dem Film oder Chip ist eine bestimmte Lichtenergie = Energiestrom × Belichtungszeit (siehe **Tab. 6.5**), die auf ein Pixel treffen muss, erforderlich. Da ein Pixel recht klein ist, ist der vom Licht transportierte Energiestrom $P_{Px}$ proportional zum Produkt von Pixelfläche $A_{Px}$ und dem Raumwinkel $\Omega_{Px}$, aus dem das Licht auf das Pixel trifft. $\Omega_{Px}$ ergibt sich für achsennahe Bildpunkte gemäß (6.105) aus der Fläche der Austrittspupille und der Bildweite näherungsweise zu

$$\Omega_{Px} = \frac{A_{AP}}{b^2}\Omega_0 = \frac{\pi D_{AP}^2}{4b^2}\Omega_0 . \tag{6.178}$$

Meistens ist die Aperturblende zwischen den Linsen des Objektivs angeordnet. Eintritts- und Austrittspupille sind dann virtuelle Bilder der Aperturblende in der Nähe der Hauptebenen des Objektivs. Die Durchmesser von den Pupillen unterscheiden sich nur unwesentlich von dem der Aperturblende. Daher wird als Maß für den Energiestrom die „relative Öffnung" $D_{EP}/f$ definiert, wobei $g \to \infty$ $(b = f)$ angenommen wird. Zur Regelung des Lichtstroms kann der Durchmesser der Aperturblende in bestimmten Stufen verändert werden. Diese sind so gewählt, dass sich der Energiestrom von Stufe zu Stufe halbiert. Auf den Objektiven ist in der Regel der Kehrwert der relativen Öffnung, die Blendenzahl

$$k := \frac{f}{D_{EP}} \tag{6.179}$$

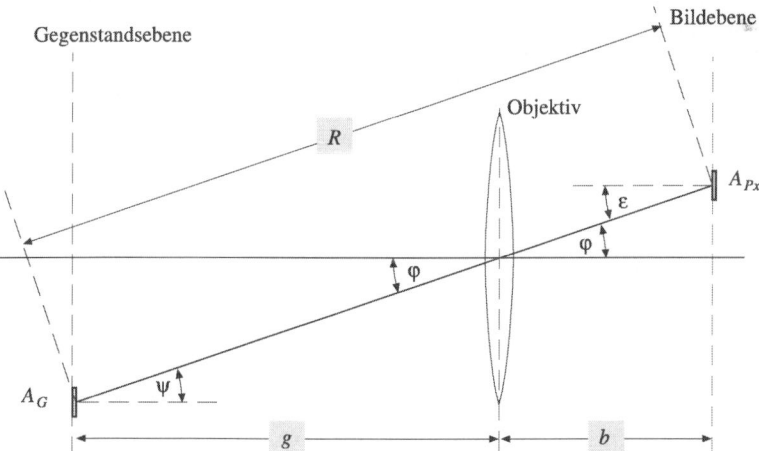

**Abb. 6.99** *Zur Berechnung der natürlichen Vignettierung außeraxialer Pixel.*

angegeben. Aus (6.178) folgt, dass sich die Blendenzahlen um $1/\sqrt{2}$ ändern müssen, um den Lichtstrom zu verdoppeln. Die genormte Hauptreihe der Blendenzahlen, wie sie bei Kameras verwendet wird, lautet:

$$1; \; 1,4; \; 2; \; 2,8; \; 4; \; 5,6; \; 8; \; 11; \; 16; \; 22. \tag{6.180}$$

Zu beachten ist, dass der Energiestrom für Pixel mit großem Abstand zur optischen Achse aufgrund der Neigung der Filmebene zum Hauptstrahl des Bündels kleiner wird. Zur Abschätzung dieser „natürlichen Vignettierung" nehmen wir vereinfachend an, dass das Objektiv durch eine dünne Linse repräsentiert wird und die Neigung der Strahlen im Bündel nur wenig von der Neigung $\varphi$ des Hauptstrahls, der gleichzeitig Zentralstrahl ist, abweicht.

Unter Beachtung des fotometrischen Grundgesetzes (6.126) beträgt der Energiestrom von einem senkrecht zur optischen Achse orientierten Flächenelement $A_G$ des Gegenstandes mit der Leuchtdichte $L_{e,G}$ zu einem Pixel (Fläche $A_{Px}$) des Bildes

$$P_{Px} = L_{e,G} \frac{\cos\psi\cos\varepsilon}{R^2} A_G A_{Px} = L_{e,G} \frac{\cos^4\varphi}{(g+b)^2} A_G A_{Px} , \tag{6.181}$$

da $\varphi = \psi = \varepsilon$ und $R = (g + b)/\cos\varphi$. Der Energiestrom nimmt bei sonst gleichen Verhältnissen mit der vierten Potenz des Kosinus des Neigungswinkels ab. Bei einem Neigungswinkel von 33° ist der Energiestrom auf die Hälfte des Energiestroms zu einem Pixel auf der optischen Achse abgefallen.

Die Größe der Aperturblende bzw. der Eintrittspupille hat entscheidenden Einfluss auf die Schärfentiefe, denn sie bestimmt über den Raumwinkel $\Omega_{Px}$ den Winkel der Randstrahlen des Bündels zur optischen Achse. Dieser Winkel ist auch der Öffnungswinkel der Bündel. Wir betrachten dazu die Abbildung von zwei Gegenstandspunkten, die sich in unterschiedlichen Gegenstandsweiten auf der optischen Achse befinden. Ist das Objektiv auf eine Gegenstandsweite zwischen den beiden Punkten eingestellt, so werden diese in Bildpunkte abgebildet, die sich vor bzw. hinter der Filmebene auf der optischen Achse befinden. In die Filmebene wird der Punkt abgebildet, auf den die Entfernung eingestellt wurde.

Beträgt die Größe eines Pixels $d_{Px}$, die Größe der Eintrittspupille $D_{EP}$, so können wir mit der eingestellten Bildweite $b$ die Öffnungswinkel der Bündel an den Grenzen des Schärfenbereiches berechnen. Deren Durchmesser in der Filmebene ist $d_{Px}$.

$$\tan\varphi_1 = \frac{D_{EP} + d_{Px}}{2b} , \quad \tan\varphi_2 = \frac{D_{EP} - d_{Px}}{2b} \tag{6.182}$$

Hieraus ergeben sich die Bildweiten $b_1$ und $b_2$ der Grenzen des Schärfenbereiches.

$$b_1 = \frac{D_{EP}}{2\tan\varphi_1} = \frac{D_{EP}}{D_{EP} + d_{Px}} b , \quad b_2 = \frac{D_{EP}}{2\tan\varphi_2} = \frac{D_{EP}}{D_{EP} - d_{Px}} b \tag{6.183}$$

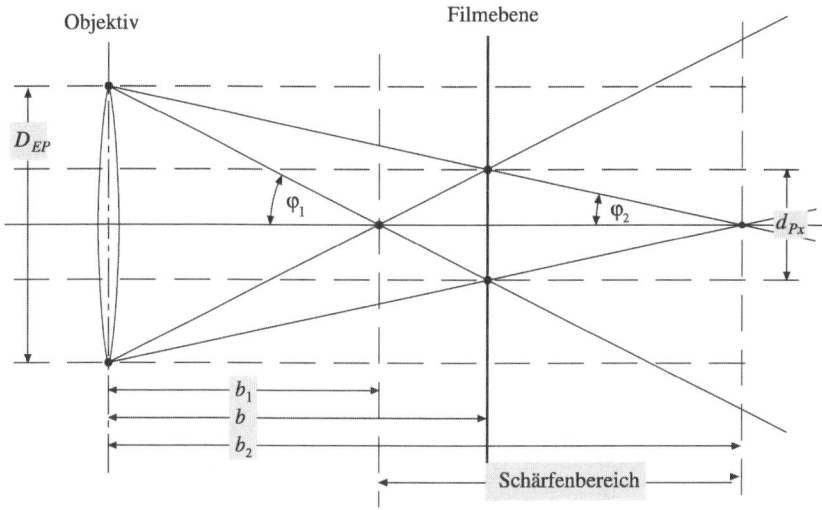

**Abb. 6.100** *Einfluss der Eintrittspupille auf die Schärfentiefe.*

Die dazugehörigen Gegenstandsweiten erhalten wir mit Hilfe der Linsengleichung (6.88). Ist $b_1 < b$, so ist $g_1 > g$, die Gegenstandsweite, die am Objektiv eingestellt wurde. Entsprechend ist $g_2 < g$. Außerdem drücken wir die Größe der Eintrittspupille durch die Blendenzahl (6.179) und die Brennweite $f$ des Objektivs aus.

$$g_1 = \frac{b_1 f}{b_1 - f} = \frac{\dfrac{D_{EP}}{D_{EP} + d_{Px}} bf}{\dfrac{D_{EP}}{D_{EP} + d_{Px}} b - f} = \frac{\dfrac{D_{EP}}{D_{EP} + d_{Px}} \dfrac{f^2}{g - f}}{\dfrac{D_{EP}}{D_{EP} + d_{Px}} \dfrac{fg}{g - f} - f} \Rightarrow$$

$$g_1 = \frac{gf}{g - (1 + \dfrac{d_{Px}}{D_{EP}})(g - f)} = \frac{gf}{g - (1 + \dfrac{d_{Px} k}{f})(g - f)} \Rightarrow$$

$$g_1 = \frac{gf^2}{f^2 - d_{Px} k(g - f)} = g_{fern}, \quad g_2 = \frac{gf^2}{f^2 + d_{Px} k(g - f)} = g_{nah} \tag{6.184}$$

Die Schärfentiefe $\Delta g$, der Bereich der Gegenstandsweite, aus dem Gegenstandspunkte in ein Pixel der Filmebene abgebildet werden, ergibt sich aus der Differenz

$$\Delta g = g_{fern} - g_{nah} = \frac{gf^2 d_{Px} k(g - f)}{f^4 - (d_{Px} k(g - f))^2} . \tag{6.185}$$

Von besonderem Interesse ist die „Fixfokuseinstellung" $g_0$, bei der $g_{fern} \to \infty$ geht. Gegenstände ab einer Mindestentfernung $g_{nah,\,0}$ vom Objektiv werden scharf abgebildet. Wir können $g_0$ und $g_{nah,\,0}$ aus (6.184) berechnen:

$$g_{fern} \to \infty \;\; \Rightarrow \;\; f^2 - d_{Px}k(g_0 - f) = 0 \;\; \Rightarrow \;\; g_0 = f + \frac{f^2}{d_{Px}k}. \tag{6.186}$$

$$g_{nah,0} = \frac{(f + \frac{f^2}{d_{Px}k})f^2}{f^2 + d_{Px}k(f + \frac{f^2}{d_{Px}k} - f)} = \frac{1}{2}(f + \frac{f^2}{d_{Px}k}) = \frac{1}{2}g_0. \tag{6.187}$$

Speziell bei Filmen ist es meistens nicht erforderlich, einzelne Körner aufzulösen, da Aberrationen und Beugung des Lichts die real erreichbare Auflösung beschränken. Als Richtwert für $d_{Px}$ kann man ansetzen

$$\frac{Bilddiagonale}{1500} \leq d_{Px} \leq \frac{Bilddiagonale}{1000}. \tag{6.188}$$

Aus (6.186) geht hervor, dass die Fixfokuseinstellung $g_0$ mit wachsender Brennweite steigt, mit wachsender Blendenzahl (sinkendem Durchmesser der Aperturblende) sinkt. Langbrennweitige Objektive, die Bilder mit großem Abbildungsmaßstab erzeugen, bilden mit einer geringeren Schärfentiefe ab als kurzbrennweitige.

In der Fotographie unterscheidet man zwischen „Normal"-, „Weitwinkel"- und „Teleobjektiven". Fotos, die mit einem Normalobjektiv aufgenommen werden, vermitteln den gleichen

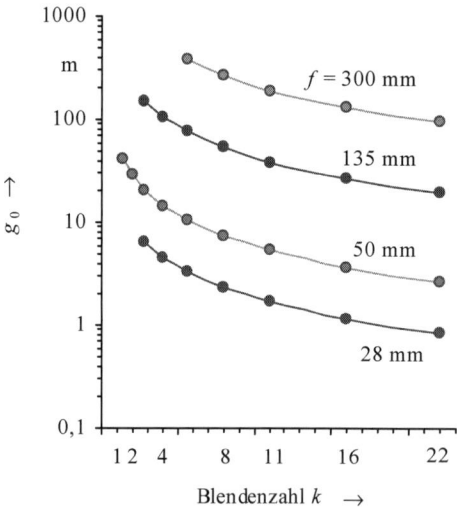

**Abb. 6.101** *Fixfokuseinstellung für $d_{Px} = 42\ \mu m$ von Objektiven mit unterschiedlichen Brennweiten.*

perspektivischen Eindruck wie das unbewaffnete Auge mit einem Gesichtsfeld (maximalem Sehwinkel) von etwa 45°. Die Brennweite dieser Objektive entspricht etwa der Bilddiagonalen, bei den sehr verbreiteten „Kleinbildkameras" mit einem Bildformat von 24 mm × 36 mm sind dies 43 mm. Objektive mit kürzerer Brennweite bilden ein größeres Gesichtsfeld ab, bei längeren Brennweiten wird das Gesichtsfeld kleiner. Bei weit entfernten Gegenständen entspricht die Bildweite etwa der Brennweite, mit (6.69) ist der Abbildungsmaßstab proportional zu ihr. Teleobjektive werden häufig aus einer Kombination von Sammel- und Zerstreuungslinse aufgebaut. Die Hauptebenen befinden sich (6.99) und (6.100) zufolge vor, d. h. auf der Gegenstandsseite des Objektivs, dessen Baulänge daher wesentlich kürzer sein kann als die Brennweite.

Bei gegebener Lichtempfindlichkeit des Films oder Chips der Digitalkamera kann die für die Belichtung erforderliche Lichtenergie durch die Blende (Energiestrom) oder durch die Belichtungszeit eingestellt werden. Hierfür haben die Kameras einen „Verschluss" zwischen Objektiv und Film, der den Lichtweg nur für die Dauer der Belichtungszeit freigibt. Soll das Foto eine große Schärfentiefe aufweisen, so sollte eine große Blendenzahl und eine lange Belichtungszeit gewählt werden, sollen dagegen bewegte Objekte scharf abgebildet werden, sind kurze Belichtungszeiten vorzuziehen. Die Stufen sind bei manueller Einstellung so gewählt, dass sich die Belichtungszeit verdoppelt bzw. halbiert. Um z. B. „verwackelungsfrei" zu fotografieren, sollte die Belichtungszeit kürzer als 1/60 s sein. Bei vielen Kameras können folgende Verschlusszeiten manuell eingestellt werden:

$$1/1000 \text{ s}; \ 1/500 \text{ s}; \ 1/250 \text{ s}; \ 1/125 \text{ s}; \ 1/60 \text{ s}; \ 1/30 \text{ s}; \ 1/15 \text{ s}; \ 1/8 \text{ s} \dots \tag{6.189}$$

Die Empfindlichkeit eines Films wird mit den Kenngrößen DIN oder ASA angegeben. Letztere Skala ist linear, mit Verdoppelung der ASA-Zahl verdoppelt sich auch die Empfindlichkeit. Typische Werte sind 100 ASA für Filme, die bei Aufnahmen mit Tageslicht im Freien verwendet werden. Die DIN Empfindlichkeitsskala ist logarithmisch, bei einer Empfindlichkeitsverdoppelung erhöht sich der DIN-Wert um 3. Eine Empfindlichkeit von 100 ASA entspricht 21 DIN. Die photochemische Reaktion verläuft in gewissen Grenzen proportional zur Bestrahlung des Films, Helligkeitsunterschiede im Gegenstand werden im Bild korrekt wiedergegeben, das Bild weist einen guten Kontrast auf. Sind dagegen Fotos über- oder unterbelichtet, so sind die Helligkeitsunterschiede kleiner und verschwinden im Extremfall, der Kontrast ist kleiner als bei einem richtig belichteten Foto.

# 6.3 Interferenz und Beugung von Licht

Bei der im vorigen Kapitel behandelten geometrischen Optik spielen Interferenzeffekte der Lichtwellen keine Rolle, da das von den Quellen emittierte Licht hinreichend inkohärent ist. Zusammenhängende Wellenzüge mit kosinusförmiger Variation der elektrischen und magnetischen Feldstärke gibt es nur in einem beschränkten Raumgebiet während einer kurzen Zeitspanne. So interferieren im Laufe der Zeit immer andere Wellenzüge kurzzeitig miteinander und erzeugen die charakteristischen Interferenzmuster von Abschwächung und Verstärkung der Felder an unterschiedlichen Orten. Daher wird nur eine mittlere Helligkeit wahrgenommen. Die räumliche Ausbreitung der Lichtwellen kann durch Lichtstrahlen beschrieben werden, die in Ausbreitungsrichtung senkrecht zu den Wellenfronten verlaufen. Je nach Lichtquelle wird eine an einer bestimmten Stelle im Raum befindliche Messfläche unterschiedlich häufig von Wellenzügen verschiedener Richtungen durchsetzt. Ein Maß für die mittlere Zahl der Wellenzüge, die die Messfläche passieren, ist die Bestrahlungsstärke bzw. spezifische Abstrahlung (6.132), der Anteil in eine bestimmte Richtung wird durch die Strahldichte (6.120) beschrieben.

## 6.3.1   Kohärenz

Interferenz ist eine charakteristische Eigenschaft aller Erscheinungen, die als Welle beschrieben werden können. Überlagern sich in einem Raumgebiet zwei oder mehrere Wellen, so addieren sich, wie wir in den Kapiteln 4.3.3 und 4.3.4 gesehen haben, an jeder Stelle die momentanen Auslenkungen aus der Gleichgewichtslage des Mediums. Bei Licht sind es die elektrischen und magnetischen Felder der elementaren Dipolstrahler. Nehmen wir vereinfachend nur zwei Dipolstrahler gleicher Frequenz an, die in gleicher Weise exponentiell mit $\delta$ gedämpft sind, so beträgt das elektrische Feld an einem Punkt mit dem Ortsvektor $\vec{r}$ im Interferenzgebiet

$$\vec{E}(\vec{r},t) = \vec{E}_1(\vec{r},t) + \vec{E}_2(\vec{r},t) \text{, mit}$$

$$\vec{E}_1(\vec{r},t) = \hat{\vec{E}}_1(\vec{r},t)\cos(\omega t - \vec{k}_1 \bullet \vec{r}) = \hat{\vec{E}}_1^*(\vec{r})e^{-\delta(t-t_{0,1})}\cos(\omega t - \vec{k}_1 \bullet \vec{r})$$

und

$$\vec{E}_2(\vec{r},t) = \hat{\vec{E}}_2(\vec{r},t)\cos(\omega t - \vec{k}_2 \bullet \vec{r} + \gamma)$$

$$\vec{E}_2(\vec{r},t) = \hat{\vec{E}}_2^*(\vec{r})e^{-\delta(t-t_{0,2})}\cos(\omega t - \vec{k}_2 \bullet \vec{r} + \gamma) \,. \tag{6.190}$$

Dabei geben $t_{0,1}$ und $t_{0,2}$ die Startzeitpunkte der Emissionen an. Für $t < t_{0,1}$ bzw. $t_{0,2}$ sollen die Feldstärken der Strahler null sein. Die Wellenvektoren $\vec{k}_1$ und $\vec{k}_2$ geben die Ausbreitungsrichtung der Wellenzüge im Punkt $\vec{r}$ an. In Anlehnung an (4.288) und (4.289) wurde die Differenz der Nullphasenwinkel und die Phasenverschiebung aufgrund des Abstandes der Strahler zur relativen Phasenverschiebung $\gamma$ zusammengefasst.

Im Gegensatz zu anderen Empfängern elektromagnetischer Strahlung sind Lichtdetektoren aufgrund der hohen Frequenzen nicht in der Lage, den zeitlichen Verlauf der Feldstärken zu erfassen. Sie registrieren vielmehr den Energiestrom auf die Detektorfläche, gemittelt über einen Zeitraum, der groß gegen die Schwingungsdauer des Feldes ist. In einem Punkt des Detektors ist somit die Bestrahlungsstärke oder Intensität maßgeblich. Sie wird durch den Betrag des Poynting-Vektors bestimmt, der sich aus der Überlagerung der elektrischen und magnetischen Felder von den Wellenzügen ergibt, die diesen Punkt passieren. Mit (5.557) und $Z$ als Wellenwiderstand des Mediums ergibt sich die Bestrahlungsstärke im Punkt $\vec{r}$ zu

$$M_e(\vec{r}) = \frac{1}{Z} < (\vec{E}_1(\vec{r},t) + \vec{E}_2(\vec{r},t))^2 > = \frac{1}{Z} < E_1^2 + E_1^2 + 2\vec{E}_1 \bullet \vec{E}_2 > ,$$

$$M_e(\vec{r}) = \frac{1}{Z}(< E_1^2 > + < E_1^2 > + 2 < \vec{E}_1 \bullet \vec{E}_2 >) ,$$

$$M_e(\vec{r}) = M_{e,1} + M_{e,2} + \frac{2}{Z} < \vec{E}_1 \bullet \vec{E}_2 > . \tag{6.191}$$

Es addieren sich zunächst die Bestrahlungsstärken der einzelnen Wellenzüge, zuzüglich eines so genannten Interferenzterms, der verstärkend oder abschwächend wirkt und für die Interferenzmuster verantwortlich ist. Aus (6.191) geht sofort hervor, dass Wellenzüge, deren Feldstärken senkrecht zueinander stehen, keine Interferenzmuster erzeugen können, da der Interferenzterm null ist. Überlagert sich Licht aus senkrecht zueinander polarisierten Strahlern, so addieren sich die Bestrahlungsstärken. Zur Berechnung des zeitlichen Mittelwertes formen wir den Interferenzterm in (6.191) mit Hilfe des Additionstheorems $2\cos\alpha\cos\beta = \cos(\alpha+\beta) + \cos(\alpha-\beta)$ um.

$$< \vec{E}_1 \bullet \vec{E}_2 > = < \hat{\vec{E}}_1 \bullet \hat{\vec{E}}_2 \cos(\omega t - \vec{k}_1 \bullet \vec{r})\cos(\omega t - \vec{k}_2 \bullet \vec{r} + \gamma) >$$

$$= \frac{1}{2} < \hat{\vec{E}}_1 \bullet \hat{\vec{E}}_2 (\cos(2\omega t - (\vec{k}_1 + \vec{k}_2) \bullet \vec{r} + \gamma) + \cos((\vec{k}_1 - \vec{k}_2) \bullet \vec{r} - \gamma)) > \qquad (6.192)$$

Der erste Kosinus variiert zeitlich mit $2\omega$, bei einer zeitlichen Mittelung über viele Schwingungsdauern ist dieser Term null. Der zweite Term wird von den Amplituden der Wellenzüge und der relativen Phase bestimmt. Er ist nur von null verschieden für Zeiten nach den Startzeitpunkten der Emissionen. Sind diese sehr unterschiedlich, so ist die Feldstärke eines Wellenzuges so klein, dass der Interferenzterm ebenfalls null ist. Emittieren die Strahler nacheinander mehrere Wellenzüge und ist der Interferenzterm von null verschieden, so schwankt jedoch die relative Phase γ statistisch und damit der Wert des Interferenzterms, so dass sein Mittelwert über einen längeren Zeitraum wieder null ist. Diese Einschränkungen sind der Grund, warum die Wellennatur des Lichtes erst relativ spät entdeckt wurde. Licht von zwei unterschiedlichen Lichtquellen kann keine Interferenzmuster erzeugen, die über einen beobachtbaren Zeitraum stabil sind.

Um trotzdem Interferenzmuster beobachten zu können, muss man das Licht eines Strahlers in zwei Bündel aufteilen, so dass die gleichen Wellenzüge eines jeden elementaren Strahlers der Lichtquelle, der zu einem bestimmten Zeitpunkt Licht emittiert hat, sich auf unterschiedlichen Wegen ausbreiten. Kreuzen sich diese Wege, so können die Teilwellenzüge interferieren. Ihre relative Phase ist konstant, das Interferenzmuster ist gleich, auch wenn im Laufe der Zeit der Strahler eine Folge von Wellenzügen emittiert[1]. Allerdings darf sich die Länge der Lichtwege vom Strahler bis zu einem bestimmten Punkt im Gebiet der Interferenz höchstens um die Länge der Wellenzüge unterscheiden. Den maximalen Längenunterschied der beiden Lichtwege nennt man daher auch „Kohärenzlänge" $l_c = c\tau$ des Lichtes, dabei ist $\tau$ die Dauer der Lichtemission des elementaren Strahlers.

Verlaufen die Lichtwege durch Medien mit unterschiedlichen Brechungsindizes, so sind diese bei den Weglängen zu berücksichtigen. Da die Lichtgeschwindigkeit gegenüber dem Vakuum um den Faktor $1/n$ reduziert wird, verlängert sich die Zeit zum Durchqueren der Zone mit $n > 1$ um $n$. Entsprechend kann der Weg durch die Zone durch einen äquivalenten, um $n$ längeren Lichtweg durch Vakuum ersetzt werden.

---

[1]    Die Polarisation der Wellenzüge ist gleich, wenn sie nicht auf den Lichtwegen beeinflusst wird, z. B. durch optisch aktive Stoffe.

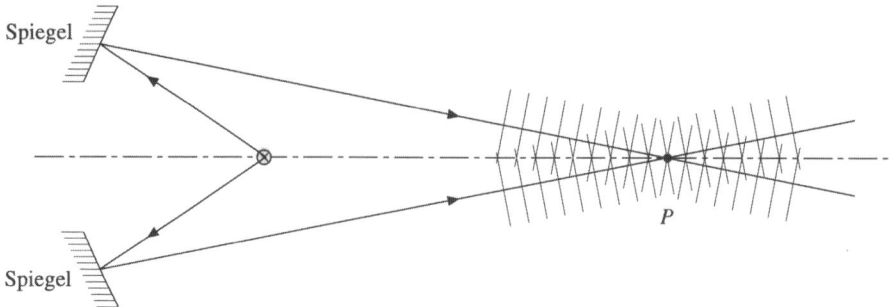

**Abb. 6.102** *Interferenz von Licht durch Teilung des Wellenzuges eines elementaren Strahlers.*

Konstruktive Interferenz im Punkt *P* in **Abb. 6.102** liegt immer dann vor, wenn dort der Gangunterschied, das ist die Differenz der Lichtwege vom Strahler zum Punkt *P*, zwischen den beiden Wellenzügen null oder ganzzahlige Vielfache der Wellenlänge beträgt. Destruktiver Interferenz erfolgt bei einem Gangunterschied von ungradzahligen Vielfachen der halben Wellenlänge.

Wie im Kapitel 6.1.2 erwähnt, beträgt die mittlere Emissionsdauer eines ansonsten ungestörten angeregten Atoms etwa $\tau = 10^{-8}$ s, woraus eine Kohärenzlänge von etwa 3 m resultiert. Im Modell der exponentiell gedämpften harmonischen Welle entspricht der Dämpfungskoeffizient $\delta = 2\pi/\tau$. Bei realen Lichtquellen wird diese durch verschiedene Einflüsse wie Stöße der Atome in Gasen, Schwingungen der Atome in Festkörpern und Flüssigkeiten erheblich reduziert. Insbesondere bewirkt die Geschwindigkeitsverteilung der Atome aufgrund des Doppler-Effektes (siehe Kapitel 4.3.5) eine Verbreiterung des Spektrums wie in **Abb. 6.2** und damit eine Verringerung der Kohärenzlänge.

**Tab. 6.8** *Halbwertsbreite des Spektrums und Kohärenzlänge verschiedener Lichtquellen.*

| Quelle | Halbwertsbreite $2\delta$ | Kohärenzlänge |
|---|---|---|
| Weißes Licht | $2 \cdot 10^{14}$ Hz | 1,5 μm |
| Spektrallampe, $T = 300$K | $1,5 \cdot 10^{9}$ Hz | 0,2 m |
| Spektrallampe, $T = 100$K | $4 \cdot 10^{8}$ Hz | 0,8 m |
| GaAs-Laserdiode | $2 \cdot 10^{6}$ Hz | 150 m |
| NeNeLaser | $1,5 \cdot 10^{5}$ Hz | 1500 m |

Wie aus **Tab. 6.8** hervorgeht, sind Interferenzexperimente mit weißem Licht praktisch unmöglich, da die Kohärenzlänge nur etwa drei Wellenlängen (gelbes Licht $\lambda = 0,5$ μm) beträgt. Erst die Verwendung einer Spektrallampe oder das Herausfiltern eines schmalen Wellenlängenintervalls lassen beobachtbare Interferenzmuster zu. Durch Kühlung werden die mittlere Geschwindigkeit der Atome im Gas und damit die Doppler-Verbreiterung der Spektrallinien reduziert. Erst Laserlichtquellen haben „makroskopische" Kohärenzlängen, durch Frequenzstabilisierung können Kohärenzlängen von über 1000 km erreicht werden.

Lichtquellen bestehen aus vielen elementaren Strahlern, die mit Ausnahme von Lasern zeitlich unkorreliert Licht emittieren. Der Gangunterschied im Punkt $P$ zwischen den Wellenzügen eines weiteren Strahlers, der sich in unmittelbarer Umgebung von dem Strahler in **Abb. 6.102** befindet, gleicht praktisch dem Gangunterschied von dessen Wellenzügen. Obwohl beide Strahler unabhängig voneinander emittieren, ist die Interferenz (z. B. konstruktiv) im Punkt $P$ die gleiche. Wir wollen nun untersuchen, wie groß der Abstand zweier Strahler sein darf, ohne dass sich die Interferenz wesentlich ändert. Dieser Abstand legt die Größe der Lichtquelle aus unkorrelierten Strahlern fest, deren Licht Interferenzmuster in einem Raumgebiet, das durch die Kohärenzlänge festgelegt wird, erzeugen kann.

Dazu betrachten wir die gleiche Anordnung wie in **Abb. 6.102**, dabei sollen die Lichtwege vom Punkt $a$, der linken Grenze der ausgedehnten Lichtquelle $L$, zum Punkt $P$ über die beiden symmetrisch platzierten Spiegel gleich sein. Den realen Lichtwegen entsprechen die Lichtwege von den virtuellen Bildern $L'$ und $L''$ der Lichtquelle. Für die von $a$ bzw. $a'$ und $a''$ ausgehenden Wellenzüge erwarten wir konstruktive Interferenz, da der Gangunterschied zwischen den beiden Lichtwegen null ist. Der Lichtweg der Wellenzüge vom Punkt $b$, dem

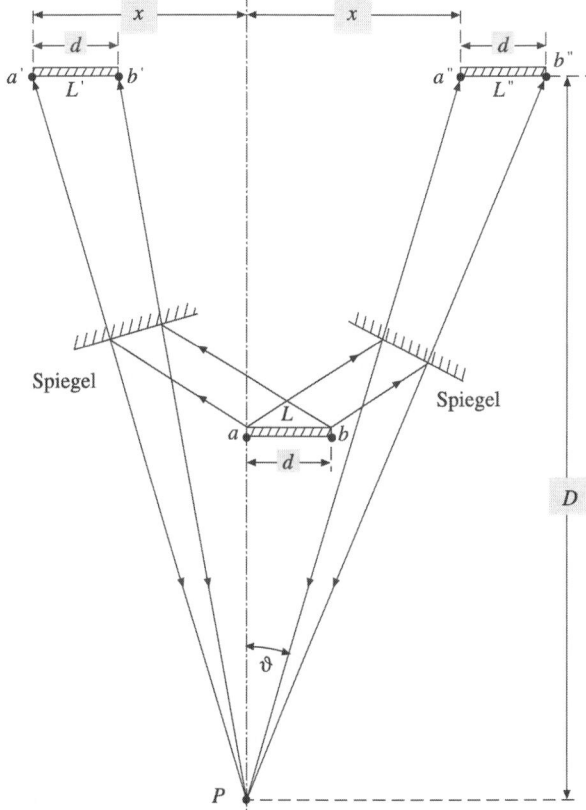

*Abb. 6.103 Anordnung wie in Abb. 6.102, allerdings mit einer ausgedehnten Lichtquelle.*

rechten Ende der Lichtquelle, bzw. den Bildpunkten $b'$ und $b''$ ist dagegen unterschiedlich lang. Daher muss der Gangunterschied zwischen ihnen klein gegen die halbe Wellenlänge sein, denn dann würden sich die Wellenzüge nicht verstärken, sondern gegenseitig auslöschen. Mit den Abständen $x$ und $D$ sowie der Ausdehnung $d$ der Lichtquelle beträgt der Gangunterschied zwischen den von $b'$ und $b''$ ausgehenden Wellenzügen

$$\Delta l = l_{b''} - l_{b'} = \sqrt{D^2 + (x+d)^2} - \sqrt{D^2 + (x-d)^2} \ \Rightarrow$$

$$\Delta l = D\left(\sqrt{1 + (\frac{x+d}{D})^2} - \sqrt{1 + (\frac{x-d}{D})^2}\right).$$

Da $(\frac{x+d}{D})^2 \ll 1$ und $(\frac{x+d}{D})^2 \ll 1 \ \Rightarrow$

$$\Delta l = D\left(1 + \frac{1}{2}(\frac{x+d}{D})^2 - 1 - \frac{1}{2}(\frac{x-d}{D})^2\right) = \frac{(x+d)^2 - (x-d)^2}{2D} \ \Rightarrow$$

$$\Delta l = \frac{(x+d+x-d)(x+d-x+d)}{2D} = d\frac{2x}{D} = 2d\tan\vartheta \ . \tag{6.193}$$

Dabei ist $\vartheta$ der halbe Winkel, unter dem sich die Wellenzüge, die vom Punkt $a$ der Lichtquelle ausgehen, im Punkt $P$ kreuzen. Da die Ausdehnung $d$ der Lichtquelle in der Regel klein gegen $D$ ist, gilt das auch für die Wellenzüge von $b$. $\Delta l$ soll klein gegen die halbe Wellenlänge sein. Damit gilt

$$\Delta l = 2d\tan\vartheta \ll \frac{\lambda}{2} \ \Rightarrow \ d \ll \frac{\lambda}{4\tan\vartheta}, \ D \gg x \ \Rightarrow \ d \ll \frac{\lambda}{4\vartheta} \ . \tag{6.194}$$

Lichtquellen, deren Strahler völlig unkorreliert Licht aussenden, können Interferenzmuster erzeugen, wenn sie der Bedingung (6.194) genügen. Das Licht bezeichnet man auch als „räumlich kohärent", im Gegensatz zur zeitlichen Kohärenz, die durch die kurze Dauer der Lichtemission bedingt wird. Bei nahezu punktförmigen Lichtquellen können die aufgeteilten Wellenzüge einen großen Winkel einschließen, während bei ausgedehnten Lichtquellen die Wellenzüge unter einem sehr spitzen Winkel einfallen müssen.

Einer der ersten Versuche zur Lichtinterferenz wurde 1821 von Fresnel mit einer Spiegelanordnung ähnlich der in **Abb. 6.102** durchgeführt. Zwei etwas zueinander geneigte Spiegel reflektieren das Licht einer Quelle, so dass sich die Wellenzüge nach ihrer Teilung durch die Spiegel in einem bestimmten Gebiet überlagern.

Die Wellenzüge, die von den virtuellen Bildern $L'$ und $L''$ der Quelle $L$ in **Abb. 6.104** auszugehen scheinen, haben die Geometrie von Kugelwellen. In dem Raumgebiet, in dem sich die optischen Weglängen der Strahlen in den Bündeln um weniger als die Kohärenzlänge unterscheiden, ergibt sich ein Interferenzmuster wie das zweier Kugelwellen in **Abb. 4.67**. Die Zonen konstruktiver Interferenz, in denen Wellenberge auf Wellenberge oder Wellentäler auf Wellentäler treffen, haben die Form konfokaler Rotationshyperboloide mit den virtuellen

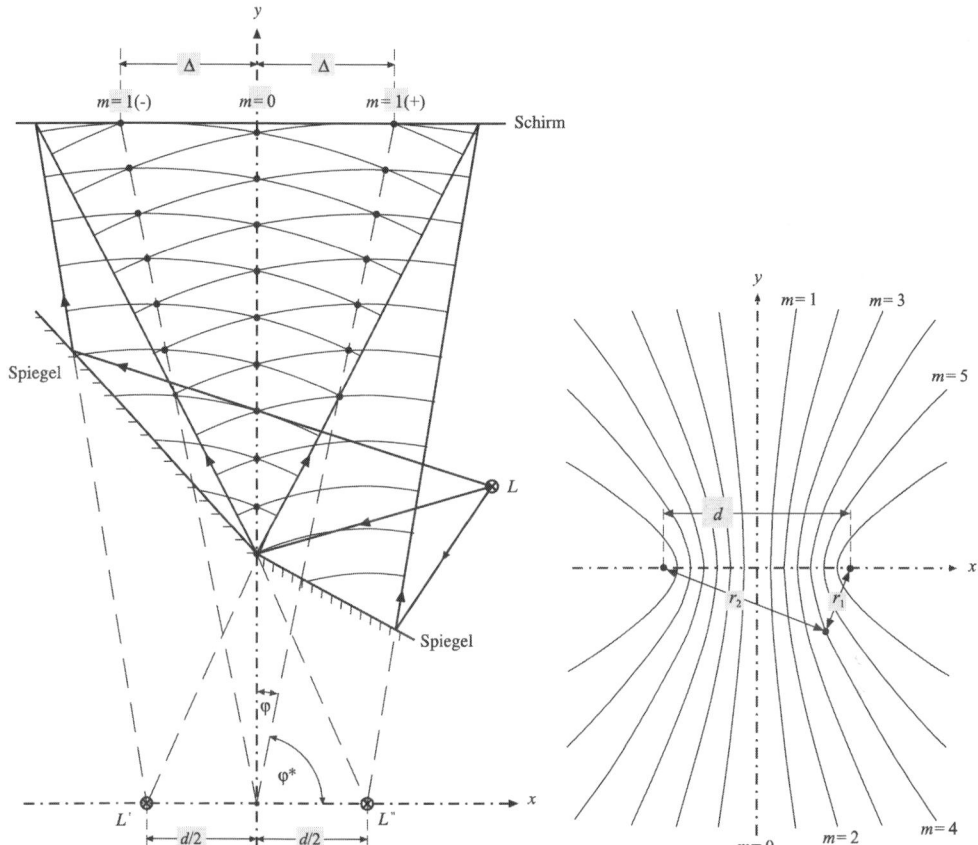

***Abb. 6.104*** *Fresnelsche Anordnung zur Erzeugung von Interferenzmustern.*

Quellen $L'$ und $L''$ als Brennpunkte. In **Abb. 6.104** sind nur die Wellenberge eingezeichnet. Aus Symmetriegründen ist die Ebene senkrecht durch die Mitte der Strecke zwischen den virtuellen Quellen $L'$ und $L''$ eine Zone konstruktiver Interferenz, der Gangunterschied zwischen den Wellenzügen von $L'$ und $L''$ ist null. Bei den weiteren Zonen konstruktiver Interferenz betragen die Gangunterschiede $n = 1$, $m = 2$ ...Wellenlängen, $m$ bezeichnet die Ordnung der Interferenz. In dem in **Abb. 6.104** dargestellten Schnitt der Versuchsanordnung werden die Hyperbeln konstruktiver Interferenz wie bei der Interferenz von Kreiswellen durch (4.292) beschrieben, die asymptotisch in die Geraden (4.293) übergehen. Die Steigung dieser Ursprungsgeraden beträgt

$$\tan \varphi^* = \pm\sqrt{\frac{d^2}{m^2\lambda^2} - 1} \,, \tag{6.195}$$

dabei ist $\varphi^*$ der Winkel der Geraden zur x-Achse und $d$ der Abstand von $L'$ und $L''$. Häufig gibt man statt $\tan\varphi^*$ den Sinus des zu 90° komplementären Winkels $\varphi$, den die Gerade mit der y-Achse einschließt, an. Zwischen den beiden Winkeln besteht die Beziehung

$$\sin\varphi = \frac{\tan\varphi}{\sqrt{1+\tan^2\varphi}} = \frac{1/\tan\varphi^*}{\sqrt{1+1/\tan^2\varphi^*}} = \pm\frac{1}{\sqrt{\tan^2\varphi^*+1}} \quad\Rightarrow$$

$$\sin\varphi = \pm\frac{1}{\sqrt{\dfrac{d^2}{m^2\lambda^2}-1+1}} = \pm m\frac{\lambda}{d}. \tag{6.196}$$

Auf einem Schirm, der in einem gewissen Abstand vom Ursprung senkrecht zur y-Achse platziert wird, erscheint dort das Interferenzmuster als eine Schar von Hyperbeln, die spiegelsymmetrisch zur Geraden mit $m = 0$ verlaufen. Ihre Schnittpunkte mit der Geraden, die auf dem Schirm parallel zur x-Achse verläuft und die y-Achse schneidet, sind äquidistant und proportional zur Wellenlänge. In **Abb. 6.104** ist das der Abstand $\Delta$ von der Geraden konstruktiver Interferenz mit $m = 0$ und $m = 1$ bzw. $m = -1$. Die Ordnung $n$ der Interferenzen ist beschränkt: Der Gangunterschied zwischen zwei Wellenzügen muss kleiner als der Abstand der virtuellen Lichtquellen sein (siehe **Abb. 4.67**), sonst interferieren sie nicht, daher gilt $m < d/\lambda$.

Wird bei diesem Experiment weißes Licht verwendet, so bleibt der Bereich der konstruktiven Interferenz mit $m = 0$ unverändert, die anderen Interferenzordnungen verschieben sich jedoch mit wachsender Wellenlänge gemäß (6.196), so dass farbige Interferenzstreifen entstehen. In manchen Fällen kann die destruktive Interferenzzone einer Farbe von der konstruktiven Interferenz einer anderen überlagert werden. Zu beachten ist, dass die Gangunterschiede aller beteiligten Wellenzüge kleiner als die Kohärenzlänge sein müssen. Die Beschränkungen für eine ausgedehnte Lichtquelle gelten entsprechend: Je kleiner der Winkel zwischen den Wellenzügen an einem Punkt ist, an dem sie interferieren, umso größer kann die Ausdehnung der Lichtquelle sein. Günstig bei der Fresnelschen Anordnung sind daher große Abstände des Schirms sowie kleine Interferenzordnungen. Bei höheren Ordnungen verwischen die Streifen bis zum Verschwinden des Interferenzmusters.

In den folgenden Kapiteln werden wir Interferenzerscheinungen kennen lernen, die durch Reflexion oder durch Beugung entstehen. In allen Fällen sind die Gangunterschiede von Wellenzügen, die aus den unterschiedlichen optischen Weglängen resultieren, entscheidend. Diese entsprechen den Längen der Lichtstrahlen von den möglicherweise virtuellen Lichtquellen zu einem Punkt im Raumgebiet, in dem die Interferenz beobachtet werden soll. Durchquert das Licht dabei Medien mit unterschiedlichen Brechungsindizes, so sind die Lichtwege mit ihnen zu gewichten.

## 6.3.2    Interferenzen an dünnen Schichten

Betrachtet man Seifenblasen oder Ölfilme auf Wasseroberflächen, so schillern diese in verschiedenen Farben. Dieses Phänomen beruht auf der Interferenz von Wellenzügen, die an den Grenzflächen der Seifenblase oder des Ölfilms teilweise reflektiert werden. Dadurch werden die Wellenzüge geteilt und können, wenn sie wieder überlagert werden, Interferenzmuster erzeugen.

**Interferenzen gleicher Neigung**
Der Einfachheit halber soll die von Luft umgebene Schicht mit dem Brechungsindex $n$ durch zwei parallele Ebenen mit dem Abstand $d$ begrenzt sein und der Wellenzug von einer weit entfernten, nahezu punktförmigen Lichtquelle stammen. Die Wellenfronten sind somit eben und die Lichtstrahlen verlaufen parallel.

Wir betrachten einen Strahl des Wellenzuges $e$, der unter dem Winkel $\vartheta_i$ im Punkt $A$ in **Abb. 6.105** auf die Grenzfläche 1 trifft und dort teilweise reflektiert (Strahl $a$) und gebrochen wird. In $A'$ wird das Licht an der Grenzfläche 2 wieder teilweise reflektiert und gebrochen (Strahl $a'$). Das reflektierte Licht trifft in $B$ auf die Grenzfläche 1, dort erfolgt ebenfalls Reflexion und Brechung (Strahl $b$). Aus Symmetriegründen sind die Strahlen $a$ und $b$ parallel zueinander. Der in $B$ reflektierte Strahl wird in $B'$ erneut geteilt, der gebrochene Strahl $b'$ verläuft parallel zum Strahl $a'$. Das reflektierte Licht wird in $C$ und $C'$, $D$ und $D'$ ... weiter geteilt, wobei die Strahlen $c$, $d$ ... bzw. $c'$, $d'$ ... parallel zueinander sind.

Zur Berechnung des Gangunterschiedes zwischen den Strahlen $a$ und $b$ bzw. $a'$ und $b'$ müssen wir zunächst untersuchen, ob die Grenzflächen für die Wellen ein loses oder ein festes Ende des Mediums darstellen, d. h. ob ein Phasensprung von $\pi$ zwischen den Feldern von einlaufen-

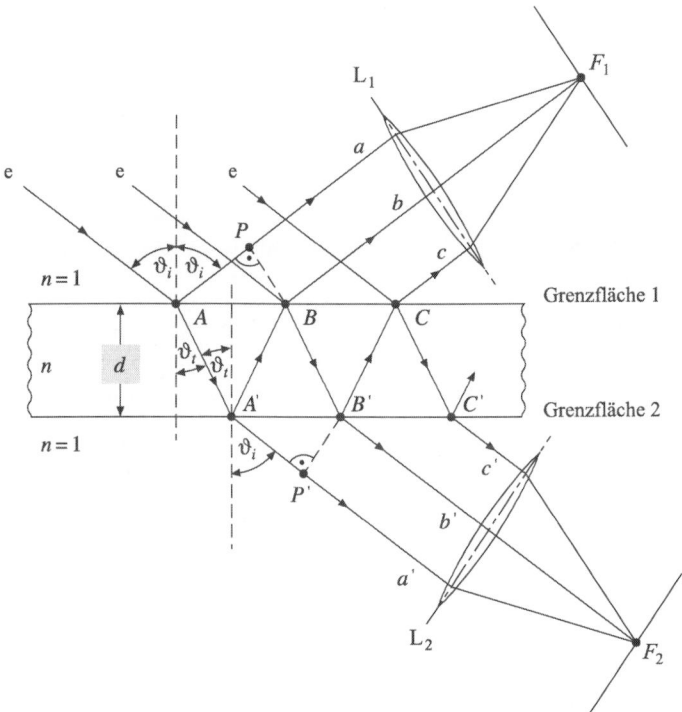

**Abb. 6.105** *Zur Entstehung von Interferenzen an einer planparallelen Platte.*

der und reflektierter Welle erfolgt. Dies ist der Fall, wenn sich das Vorzeichen der Felder aufgrund der Reflexion umkehrt. Aus (6.24) und (6.33) geht hervor, dass ein Phasensprung um $\pi$ vorliegt, wenn der Brechungsindex $n_t$ des Mediums, in das die Welle eindringt, größer ist als der Brechungsindex $n_i$ des Mediums, in dem sich die einfallende Welle ausbreitet. Somit erfährt der Strahl $a$ an der Grenzfläche 1 einen Phasensprung um $\pi$ oder $-\pi$, die anderen Strahlen an der Grenzfläche 2 dagegen nicht. Diesem Phasensprung entspricht ein Gangunterschied um $\lambda/2$. Damit beträgt der Gangunterschied zwischen den Strahlen $a$ und $b$

$$\Delta = n(\overline{AA'} + \overline{A'B}) - \overline{AP} + \frac{\lambda}{2}. \tag{6.197}$$

Die Strecke zwischen den Punkten $A$ und $P$ legt Strahl $a$ zurück, während das im Punkt $A$ in die Schicht gebrochene Licht über $A'$ zum Punkt $B$ gelangt. Mit den Strecken $\overline{AA'} = \overline{A'B} = d / \cos \vartheta_t$, $\overline{AP} = \overline{AB} \sin \vartheta_i$ und $\overline{AB}/2 = d \tan \vartheta_t$ ergibt sich der Gangunterschied zu

$$\Delta = \frac{n2d}{\cos \vartheta_t} - 2d \tan \vartheta_t \sin \vartheta_i + \frac{\lambda}{2} = \frac{2d}{\cos \vartheta_t}(n - \sin \vartheta_t \sin \vartheta_i) + \frac{\lambda}{2},$$

$$\text{mit } \sin \vartheta_t = \frac{1}{n}\sin \vartheta_i, \ \cos \vartheta_t = \sqrt{1 - \sin^2 \vartheta_t} = \frac{1}{n}\sqrt{n^2 - \sin^2 \vartheta_i} \ \Rightarrow$$

$$\Delta = \frac{2d(n - \frac{1}{n}\sin^2 \vartheta_i)}{\frac{1}{n}\sqrt{n^2 - \sin^2 \vartheta_i}} + \frac{\lambda}{2} = 2d\sqrt{n^2 - \sin^2 \vartheta_i} + \frac{\lambda}{2}. \tag{6.198}$$

Bei den durch die planparallele Platte tretenden Strahlen $b'$, $c'$ ... erfolgt die Reflexion an der Grenzfläche 2 ohne Phasensprung, Strahl $a'$ wird nur (ohne Phasensprung) gebrochen, so dass zwischen den Strahlen $a$ und $b'$ nur der „geometrische" Gangunterschied

$$\Delta' = n(\overline{A'B} + \overline{BB'}) - \overline{A'P'} = 2d\sqrt{n^2 - \sin^2 \vartheta_i} \tag{6.199}$$

besteht. Um Interferenzmuster beobachten zu können, müssen die Wellenzüge, die zu den Strahlen $a$, $b$, $c$... bzw. $a'$, $b'$, $c'$... gehören, überlagert werden. Dies kann durch Sammellinsen geschehen, die das Licht in einem Punkt in der Brennebene vereinigen[1], aber auch durch das Auge des Betrachters.

Die Wellenzüge interferieren konstruktiv, wenn der Gangunterschied $\Delta$ bzw. $\Delta'$ ein ganzzahliges Vielfaches der Wellenlänge beträgt.

$$\Delta = m\lambda = 2d\sqrt{n^2 - \sin^2 \vartheta_i} + \frac{\lambda}{2}, \ \Delta' = m\lambda = 2d\sqrt{n^2 - \sin^2 \vartheta_i} \tag{6.200}$$

---

[1]  Die Linsen führen keine zusätzlichen Gangunterschiede zwischen den Strahlen ein, denn die optischen Wege der Strahlen von einfallenden Parallelbündeln sind hinter der Linse gleich: Der Mittelpunktstrahl muss ein längeres Stück der Linse durchqueren als ein Randstrahl.

Destruktive Interferenz liegt dagegen bei Gangunterschieden von ungradzahligen Vielfachen der halben Wellenlänge vor.

$$\Delta = (2m+1)\frac{\lambda}{2} = m\lambda + \frac{\lambda}{2} = 2d\sqrt{n^2 - \sin^2 \vartheta_i} + \frac{\lambda}{2},$$

$$\Delta' = (2m+1)\frac{\lambda}{2} = m\lambda + \frac{\lambda}{2} = 2d\sqrt{n^2 - \sin^2 \vartheta_i} \qquad (6.201)$$

Vergleichen wir (6.200) und (6.201), so sind die Interferenzen der Wellenzüge, die durch die planparallele Platte gelangen (Gangunterschied $\Delta'$), komplementär zu denen, die auf die gleiche Seite der Lichtquelle reflektiert werden (Gangunterschied $\Delta$)[1]. Liegt für ein bestimmtes $m$ beim durchgelassenen Licht konstruktive Interferenz vor, so ist die Interferenz beim reflektierten Licht destruktiv und umgekehrt. ($m\lambda + \lambda/2$ führt zur gleichen Interferenz wie $m\lambda - \lambda/2$.)

Da die Wellenzüge, die von den Linsen zur Interferenz gebracht werden, die gleichen Richtungen haben, kann aufgrund (6.194) eine sehr ausgedehnte Lichtquelle verwendet werden. Somit fallen auf die Platte parallele Wellenzüge mit unterschiedlichen Einfallswinkeln $\vartheta_i$ ein, die den Interferenzbedingungen (6.201) genügen. Die von den verschiedenen Wellenzügen mit der Normalen auf die Platte definierten Einfallsebenen sind zueinander um die Normale verdreht, die Zonen konstruktiver oder destruktiver Interferenz daher zylindersymmetrisch zur Richtung der Normalen. Verläuft die optische Achse der Beobachtungslinsen $L_1$ bzw. $L_2$ ebenfalls in Richtung der Normalen, so erscheint in deren Brennebenen ein Interferenzmuster aus konzentrischen Kreisen, die Helligkeit des Mittelpunktes wird durch die Interferenz von senkrecht auf die Platte einfallenden Wellenzügen festgelegt. Diese Linien nennt man auch „Interferenzlinien gleicher Neigung" oder Haidingersche Ringe. Mit Hilfe ihrer Form kann sehr genau geprüft werden, ob eine Platte wirklich planparallel ist. Bei schräger Beobachtungsrichtung wird die Interferenz des senkrecht auf die Platte einfallenden Lichtes, das Zentrum der Ringe, in den Schnittpunkt der Plattennormalen, die durch den Linsenmittelpunkt verläuft, mit der Brennebene abgebildet. Aufgrund des eingeschränkten Gesichtsfeldes wird u. U. nur ein Ausschnitt des Interferenzmusters beobachtet, der das Zentrum nicht enthält. Wird nur Licht mit großem $\vartheta_i$ von der Linse erfasst, so erscheinen nahezu gradlinige Ausschnitte der Kreisbögen.

Allerdings sind die Interferenzmuster des Lichtes, das durch die planparallele Platte gelangt, nicht so gut sichtbar wie beim reflektierten Licht. Dies ist darin begründet, dass bis zu Einfallswinkeln von etwa 60° die Reflektivität $R$ für die meisten transparenten Stoffe gegenüber Luft < 0,1 ist (siehe **Abb. 6.12** bzw. **Abb. 6.14**). Der Energiestrom $P_r$ nach der Reflexion beträgt mit der Definition der Reflektivität (6.25) $P_r = RP_i$, wobei $P_i$ der einfallende Energiestrom ist. Die Feldstärkenamplituden ergeben sich mit (6.25) zu $E_r = \sqrt{R}E_i$, dies ist auch die Amplitude $E_a$ von Strahl $a$ in **Abb. 6.105**.

$$E_a = \sqrt{R}E_i \qquad (6.202)$$

---

[1]    Der Gangunterschied $\Delta$ entsteht bei Interferenzen mit den an Grenzfläche 1 in **Abb. 6.105** reflektierten Wellenzügen. Wellenzüge, die an Grenzfläche 2 reflektiert werden, weisen den Gangunterschied $\Delta'$ auf.

Aus Gründen der Energieerhaltung beträgt der durch die Grenzfläche tretende Energiestrom $P_r = (1 - R)\ P_i$, damit wird von Strahl $b$ der Energiestrom $P_b = (1 - R)^2 R\ P_i$ transportiert, dabei ist die Amplitude

$$E_b = (1 - R)\sqrt{R}\,E_i .$$                                                                                   (6.203)

Da die Brechungsindizes an den beiden Grenzflächen gleich sind, gilt das auch für die Reflektivitäten. Das Verhältnis $E_b/E_a$ beträgt dann etwa 0,9, daher sind besonders die Zonen der Abschwächung gut sichtbar. Dagegen ist die Amplitude des durch die Platte tretenden Strahls $a'$ mit $E_{a'} = (1 - R)E_i$ wesentlich größer als die Amplitude $E_{b'} = (1 - R)RE_i$ des Strahls $b'$, so dass die Helligkeitsunterschiede zwischen Zonen der Verstärkung und der Auslöschung gering sind. Zu beachten ist, dass die Amplituden der Strahlen $c$, $c'$ um $R$ gegenüber $b$ und $b'$ kleiner sind, da sich die Zahl der Reflexionen an den Grenzflächen von Strahl zu Strahl um zwei erhöht. Außer bei streifendem Einfall interferieren nicht mehr als zwei bis drei Wellenzüge.

Aus (6.200) bzw. (6.201) folgt bei gegebener Plattendicke $d$, Brechungsindex $n$ sowie Wellenlänge $\lambda$ ein bestimmtes Intervall für die Ordnungen $m$ der Interferenz, da die möglichen Einfallswinkel nur zwischen 0° und 90° variieren können. Bei konstruktiver Interferenz ergibt sich aus (6.200) für $\vartheta_i = 0°$ die höchste Ordnung, für $\vartheta_i = 90°$ die kleinste Ordnung. Da $m$ ganzzahlig sein muss, ist für $m_{max}$ die nächst kleinere ganze Zahl von $m(\vartheta_i = 0°)$, für $m_{min}$ dagegen die nächst größere ganze Zahl von $m(\vartheta_i = 90°)$ zu nehmen. Beim reflektierten Licht beträgt

$$m(\vartheta_i = 0°) = \frac{2dn}{\lambda} + \frac{1}{2}, \quad m(\vartheta_i = 90°) = \frac{2d\sqrt{n^2 - 1}}{\lambda} + \frac{1}{2}.$$                          (6.204)

Für gelbes Licht einer Natriumdampflampe ($\lambda = 589$ nm) ergibt sich für eine Glasplatte von 2 mm Dicke und einem Brechungsindex $n = 1,5$ ein $m_{max}$ von 10 187 und ein $m_{min}$ von 7 594. Ist die Platte dagegen nur 2 µm dick, so ist $m_{max} = 10$ und $m_{min} = 9$. Während man bei der dicken Platte sehr viele, sehr nahe beieinander liegende Maxima beobachtet, sind es bei der dünnen Platte nur zwei Maxima. Die mit (6.200) bestimmten Einfalls- und damit Reflexionswinkeln betragen bei den Maxima 32,8° und 55,8°.

Zu beachten ist, dass bei relativ dicken Platten der Gangunterschied zwischen den interferierenden Wellenzüge nicht größer wird als die Kohärenzlänge. Während die Gangunterschiede beim Fresnelschen Winkelspiegel in **Abb. 6.104** nur wenige Wellenlängen betragen, können es bei planparallelen Platten durchaus mehrere Tausend sein. Daher können mit dem Winkelspiegel Interferenzmuster mit weißem Licht erzeugt werden. Um dies auch bei Planplatten zu ermöglichen, darf deren Dicke nur wenige Wellenlängen betragen. Da unter jedem Winkel Licht einer bestimmten Wellenlänge ausgelöscht wird, erscheint das restliche Licht in der entsprechenden Komplementärfarbe. Daher schillern Seifenblasen in unterschiedlichen Farben, da man die gekrümmte Oberfläche unter verschiedenen Winkeln sieht.

Unsere Betrachtungen haben sich auf planparallele Platten beschränkt, die auf beiden Seiten von Luft umgeben werden. Die Interferenzmuster verändern sich, wenn die Platte z. B. auf der Seite gegenüber der Lichtquelle an ein Medium mit größerem Brechungsindex grenzt.

Ein solcher Fall liegt vor, wenn Licht durch einen dünnen Wasserfilm auf einer Glasscheibe tritt. Da Wasser mit $n_W = 1,33$ einen kleineren Brechungsindex als Glas ($n_G = 1,5$) aufweist, erfolgt bei der Reflexion am Punkt $A'$ in **Abb. 6.105** ebenfalls ein Phasensprung um $\pi$. Damit heben sich die Phasensprünge für die Wellenzüge, die auf die Seite der Lichtquelle reflektiert werden, auf. Die Gangunterschiede $\Delta$ und $\Delta'$ in (6.200) und (6.201) sind gleich und damit auch die Interferenzmuster.

Die Interferenz von Licht an dünnen Schichten wird in der Optik verwendet, um Reflexionen an Linsenoberflächen bei Brillen oder in optischen Geräten zu unterdrücken. Dies ist in zweierlei Hinsicht vorteilhaft: Zum einen wird die Abbildung nicht durch schwer zu kontrollierende Reflexe gestört, anderseits erhöht sich die Bestrahlungsstärke auf dem Empfänger, da keine Lichtenergie mehr „verloren" wird. Beschichtet man die Linse mit einem Material, dessen Brechungsindex $n_S$ zwischen dem von Luft und dem Glas der Linse liegt, so erfahren die an der Luft- und der Linsenseite reflektierten Wellenzüge einen Phasensprung um jeweils $\pi$. Die Interferenz ist destruktiv, wenn die Schichtdicke bei senkrechtem Lichteinfall $\lambda/(4n_S)$ beträgt. Das reflektierte Licht wird vollständig ausgelöscht, wenn die Amplituden $E_a$ und $E_b$ der beiden Wellenzüge $a$ und $b$ in **Abb. 6.105** gleich sind. Aus (6.202) und (6.203) erhalten wir mit den Reflektivitäten (6.20) an den Grenzen Luft-Schicht und Schicht-Glas für senkrechten Einfall den Brechungsindex $n_S$ der Antireflexschicht.

$$E_a = \sqrt{R_{LS}}\, E_i = E_b = (1 - R_{LS})\sqrt{R_{SG}}\, E_i \;\Rightarrow$$

$$R_{SG} = \frac{R_{LS}}{(1 - R_{LS})^2} \approx R_{SG} \;\Rightarrow\; (\frac{n_L - n_S}{n_L + n_S})^2 = (\frac{n_S - n_G}{n_S + n_G})^2 \;\Rightarrow$$

$$n_S = \sqrt{n_L n_G} \qquad\qquad\qquad\qquad (6.205)$$

Bei einer Glaslinse mit $n_G = 1,7$ muss der Brechungsindex der Antireflexschicht $n_S = 1,30$ betragen. Häufig verwendet man Kryolith ($Na_3AlF_6$) mit einem Brechungsindex von 1,33, so dass das reflektierte Licht nicht vollständig unterdrückt wird. Die Schichtdicke ist für eine Wellenlänge ausgelegt, bei sichtbarem Licht wählt man ungefähr die Mitte des Spektralbereiches von 400 nm … 750 nm, also etwa 575 nm, aus. Die Schicht bewirkt für 400 nm einen Gangunterschied von $0,35\lambda$, für 750 nm von $0,65\lambda$, so dass die Antireflexwirkung stark reduziert wird. Schräger Einfall reduziert den Gangunterschied, daher werden bei Linsen Randstrahlen stärker von Reflexion betroffen als achsennahe und achsenparallele Strahlen.

Umgekehrt kann man durch dünne Schichten auf einer Glasunterlage Spiegel mit sehr hoher Reflektivität konstruieren, dann muss der Brechungsindex der Schicht im Gegensatz zur Antireflexschicht größer sein als das Glas. Bei so genannten dielektrischen Spiegeln wird eine Folge von Schichten, deren Brechungsindizes abwechselnd größer und kleiner als das Glas sind, verwendet. Diese Spiegel erreichen Reflektivitäten von über 99%, während Aluminiumspiegel weit unter 90% liegen.

### Interferenzen gleicher Dicke
Ein anderer Typ von Interferenz entsteht, wenn die Teilung der Wellenzüge an zwei nicht parallelen Grenzflächen geschieht. Sind die Grenzflächen eben, so liegt ein keilförmiger Körper vor, der z. B. durch zwei dicke Glasplatten realisiert werden kann, deren Kanten an

einer Seite aufeinander liegen, an der gegenüberliegenden Seite jedoch einen kleinen Abstand voneinander aufweisen. Statt eines solchen „Luftkeils" betrachten wir die Interferenzmuster, die bei einer Teilung der Wellenzüge an einem Glaskeil entstehen. Dabei nehmen
wir an, dass die Grenzflächen nur sehr wenig gegeneinander geneigt sind.

Ein Lichtbündel in **Abb. 6.106** mit den Strahlen $a$ und $b$, die der Kohärenzbedingung (6.194)
genügen, trifft in den Punkten $A$ und $C$ auf die Grenzfläche des Glaskeils mit dem Keilwinkel $\alpha$
und dem Brechungsindex $n$. Im Punkt $A$ wird der Strahl $a$ gebrochen und im Punkt $B$ an der
zweiten Grenzfläche reflektiert. Er trifft im Punkt $C$ auf die erste Grenzfläche, der dort auftref-
fende Strahl $b$ wird reflektiert. (Der in $A$ reflektierte Anteil vom Strahl $a$ sowie der in $C$ transmittierte Anteil vom Strahl $b$ spielt für unsere Betrachtungen keine Rolle.) Dort überlagern sich
die reflektierten Wellenzüge $a'$ und $b'$. Aufgrund der unterschiedlichen Lichtwege weisen
beide einen Gangunterschied auf. Da der Öffnungswinkel $2\vartheta$ des einfallenden Bündels sehr
klein ist, kann der Gangunterschied $\Delta$ in $C$ durch (6.198) beschrieben werden, da der Einfallswinkel $\varphi$ näherungsweise gleich ist für die beiden Strahlen. Allerdings variiert die (mittlere)
Dicke des Keils zwischen den Punkten $A$ und $C$ mit dem Abstand $x$ vom Scheitel $S$ des Keils.

$$\Delta = 2d(x)\sqrt{n^2 - \sin^2 \varphi} + \frac{\lambda}{2} \tag{6.206}$$

Der gleiche Zusammenhang für den Gangunterschied $\Delta$ ergibt sich für ein anderes Strahlen-
paar aus der Lichtquelle unter der Voraussetzung, dass die Lichtquelle so weit vom Keil
entfernt ist, dass alle Strahlen näherungsweise mit dem gleichen Einfallswinkel $\varphi$ auftreffen.
Somit gibt es auf der der Lichtquelle zugewandten Grenzfläche, abhängig von der lokalen
Dicke des Keils, Bereiche konstruktiver und destruktiver Interferenz. Da die Dicke auf Linien parallel zur Scheitellinie konstant ist, kann man helle und dunkle Streifen auf der Grenz-

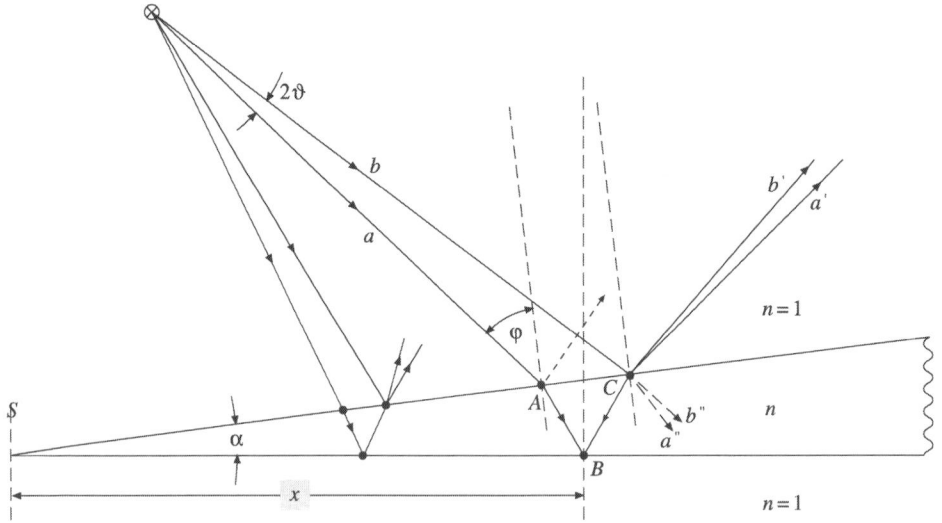

*Abb. 6.106* Interferenzen an einem Glaskeil.

fläche beobachten, die parallel zur Scheitellinie verlaufen. Daher nennt man Interferenzen aufgrund Wellenzugteilung an nicht parallelen Grenzflächen auch „Interferenzen gleicher Dicke". Selbstverständlich können auch Interferenzen des durch den Keil getretenen Lichtes (Strahlen $a''$ und $b''$ in **Abb. 6.106**) beobachtet werden, das Streifenmuster ist komplementär zu dem in Reflexion.

Für konstruktive bzw. destruktive Interferenz gelten für den Gangunterschied $\Delta$ die Bedingungen (6.200) bzw. (6.201). Zwei Streifen konstruktiver oder destruktiver Interferenz unterscheiden sich um die Ordnung eins, mit der lokalen Dicke $d(x) = x\tan\alpha \approx x\alpha$ betragen die Abstände zwischen zwei aufeinander folgenden hellen bzw. dunklen Streifen

$$D = x(m+1) - x(m) = \frac{d(m+1)}{\alpha} - \frac{d(m)}{\alpha} \quad \Rightarrow$$

$$D_{hell} = \frac{1}{\alpha}\left(\frac{(m+1-\frac{1}{2})\lambda}{2\sqrt{n^2 - \sin^2\varphi}} - \frac{(m-\frac{1}{2})\lambda}{2\sqrt{n^2 - \sin^2\varphi}}\right) = \frac{\lambda}{2\alpha\sqrt{n^2 - \sin^2\varphi}}. \tag{6.207}$$

Der gleiche Streifenabstand ergibt sich für dunkle Streifen. Da ihr Abstand leicht zu messen ist, kann er zur Bestimmung sehr kleiner Keilwinkel verwendet werden, wenn die übrigen Größen bekannt sind. So beträgt der Streifenabstand bei senkrechtem Lichteinfall, $n = 1{,}5$ und $\lambda = 589$ nm bei einem Keilwinkel von 1' etwa 0,7 mm. Der Scheitel des Keils (Dicke null) erscheint immer dunkel, da der Gangunterschied zwischen den Strahlen $\lambda/2$ beträgt.

So genannte „Newtonschen Ringe" werden ebenfalls durch Interferenzen konstanter Dicke verursacht. Sie treten auf, wenn ein sphärisch gekrümmter Glaskörper, z. B. eine Plankonvexlinse, mit der gekrümmten Seite so auf eine ebene Glasplatte gelegt wird, dass die optische Achse der Linse senkrecht zur Plattennormalen verläuft. Aufgrund der Rotationssymmetrie der Linse entsteht bei Beleuchtung mit zur optischen Achse parallelem Licht ein Interferenzmuster aus konzentrischen Kreisen mit einem dunklen Fleck in der Mitte, denn an der Kontaktstelle von Linse und Platte ist die „Keildicke" null, der Phasensprung um $\pi$ verursacht einen Gangunterschied um $\lambda/2$ zwischen den Strahlen, die an der Linsenfläche und an der

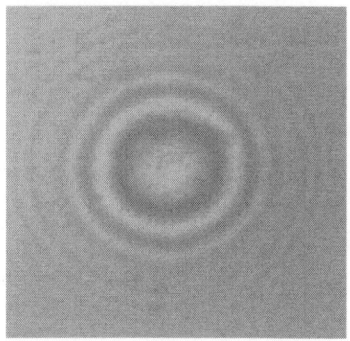

**Abb. 6.107** *Newtonsche Ringe an einem Diapositiv, das sich zwischen zwei Glasplatten befindet.*

Platte reflektiert werden. Da die Dicke der Luftschicht zwischen Linse und Platte überproportional mit dem Abstand zur Kontaktstelle steigt, werden die Abstände zwischen den Interferenzstreifen immer kleiner.

Interferenzen konstanter Dicke eignen sich sehr gut, um kleinste Formabweichungen, die sich als Dickenunterschiede bemerkbar machen, sichtbar zu machen. Der Gangunterschied zwischen zwei benachbarten Interferenzstreifen beträgt dabei immer eine Wellenlänge. Während bei einer perfekten planparallelen Platte nur Interferenzen gleicher Neigung im Unendlichen auftreten, verursachen Abweichungen von der Form zusätzlich Interferenzen gleicher Dicke, die auf der Plattenoberfläche beobachtet werden können.

**Interferometer**
Mit Hilfe von Interferenzen können Gangunterschiede zwischen kohärenten Teilbündeln detektiert werden, die nur Bruchteile einer Wellenlänge betragen. Interferometer sind entsprechende Messvorrichtungen, mit denen man sehr kleine Längenunterschiede, Winkel, Unterschiede im Brechungsindex und damit verbundene Größen bestimmen kann. Es sind zahlreiche Interferometertypen für unterschiedliche Aufgaben entwickelt worden, wir wollen hier auf einen Grundtyp, den Michelson-Interferometer, näher eingehen.

Das Licht einer Lichtquelle fällt auf einen Strahlteilerwürfel, das sind zwei miteinander verkittete rechtwinklige Dreikantprismen. Die Kontaktfläche der beiden Prismen ist so ausgelegt, dass die Hälfte des einfallenden Lichtes unabgelenkt durchgelassen (Strahl $t$), der Rest im rechten Winkel reflektiert wird (Strahl $r$). Im Abstand $l_1$ bzw. $l_2$ vom Strahlteiler befinden sich

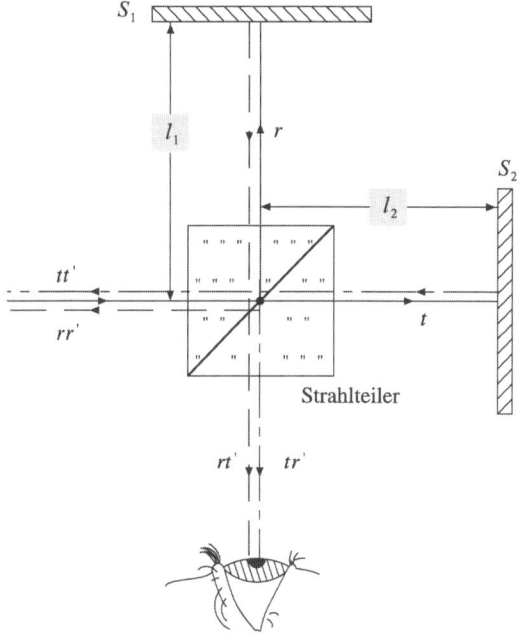

**Abb. 6.108** *Michelson-Interferometer. (Der Übersichtlichkeit halber sind die Strahlen nach der Reflexion an den Spiegeln $S_1$ und $S_2$ etwas versetzt gezeichnet.)*

die Spiegel $S_1$ und $S_2$, die das Licht auf den Strahlteiler zurückwerfen. Das an den Spiegeln reflektierte Licht wird durch den Strahlteiler wieder in zwei Teilbündel zerlegt (Strahl $t$ in $tt'$ und $tr'$ sowie Strahl $r$ in $rt'$ und $rr'$). Zur Interferenz gelangen die Strahlen $tt'$ und $rr'$ auf der Seite des einlaufenden Lichtes sowie $rt'$ und $tr'$, die üblicherweise aus Gründen der Bequemlichkeit mit dem Auge oder einem Fernrohr bzw. einer Kamera betrachtet werden. Die Geometrie des Strahlteilers bedingt, dass die optischen Lichtwege in ihm für reflektiertes und durchgelassenes Licht gleich sind. Für die (mittleren) von den Lichtbündeln transportierten Energieströme gilt $P_{rt} = (1/2)^2 P_i = P_{tr'}$, dabei ist $P_i$ der Energiestrom des einfallenden Lichtes. In Beobachtungsrichtung gelangt somit die Hälfte des einfallenden Energiestroms.

Welche Art von Interferenz das Auge beobachtet, hängt von der Stellung der Spiegel ab. Sind Ebenen von Spiegel $S_1$ und dem virtuellen Bild von $S_2$ parallel zueinander, so entspricht die Anordnung einer planparallelen Platte aus Luft. Es werden Interferenzen gleicher Neigung, die im Unendlichen liegen Haidingerschen Ringe, beobachtet. Verschiebt man einen Spiegel in Richtung seiner Normalen, so ändert sich die Dicke der virtuellen Planplatte und damit auch der Einfallswinkel für konstruktive Interferenz, die Ringe haben andere Radien. Durchläuft der Mittelpunkt des Ringsystems während des Verschiebens $N$ aufeinander folgende Helligkeitsmaxima (konstruktive Interferenz, die Ordnung $m$ ändert sich um $N$), so kann mit (6.204) für $\vartheta_i = 0$ und $n = 1$ aus der Differenz der Spiegelstellungen die Wellenlänge des Lichtes bestimmt werden.

$$\Delta l = |\, l_1 - l_2 \,| = \frac{\lambda}{2}(m + N + \frac{1}{2} - m - \frac{1}{2}) \;\Rightarrow\; \lambda = \frac{2\Delta l}{N} \tag{6.208}$$

Sind die Spiegelebenen dagegen leicht gegeneinander verkippt, so bilden sie einen Luftkeil mit einer virtuellen Oberfläche. Dann beobachtet man in der Nähe der Oberfläche des Keils Interferenzen gleicher Dicke als gradliniges Streifenmuster parallel zur Keilkante. Wird nun einer der Spiegel verschoben, so ändert sich die Keildicke überall im Gesichtsfeld und das Streifensystem verschiebt sich. Da der Lichtweg zweimal durchlaufen wird, entspricht die Verschiebung um einen Streifenabstand im Interferenzmuster der Verschiebung des Spiegels um eine halbe Wellenlänge. Ist diese z.B. durch Auswertung der Haidingerschen Ringe bekannt, so können sehr genau Längenänderungen im Lichtweg gemessen werden. Bis 1983 wurde so das Urmeter als ein Vielfaches der Wellenlänge der orangen Kryptonlinie (Isotop Kr-86) definiert.

Die Länge des Lichtweges kann auch durch Einbringen von transparenten Stoffen mit einem Brechungsindex, der von Luft abweicht, variiert werden. Schon sehr kleine Unterschiede bewirken eine gut beobachtbare Verschiebung des Streifenmusters. Legt das Licht durch das in den Strahlengang eines Interferometerarms eingebrachte Medium die geometrische Distanz $l_M$, zurück, so beträgt die optische Weglänge $n_M l_M$. Damit ergibt sich ein Unterschied zum optischen Weg durch Luft von $\Delta l = n_M l_M - n_L l_M$. Beträgt dieser $\lambda/2$, so kann daraus die Differenz der Brechungsindizes berechnet werden.

$$\Delta l = n_M l_M - n_L l_M = \frac{\lambda}{2} \;\Rightarrow\; n_M - n_L = \frac{\lambda}{2l_M} \tag{6.209}$$

Ist $l_M$ wesentlich größer als $\lambda$, so können auch sehr kleine Unterschiede im Brechungsindex gemessen werden. Durchquert das Licht eine Vakuumkammer ($n_{Vakuum} = 1$), so kann der Brechungsindex von Luft bestimmt werden. Er ist temperatur- und druckabhängig und beträgt bei Normalbedingungen etwa 1,0003.

Die Interferenzen konstanter Dicke werden durch die Oberflächenstruktur der Spiegel beeinflusst, da diese die lokalen Dicken des Luftkeils bestimmen. Ist einer der Spiegel sehr eben, so kann die Oberfläche des zweiten untersucht werden, seine Abweichungen von der Ebene bewirken die Abweichungen der Interferenzstreifen von geraden Linien. In einem Interferenzmikroskop sind in die Strahlengänge der Interferometerarme gleichartige Mikroskopobjektive eingebracht, so dass der Beobachter sowohl Prüfling als auch Referenzplatte stark vergrößert sieht.

Dank ihrer großen Empfindlichkeit werden Interferometer zur Klärung von Grundsatzfragen in der Physik verwendet. Michelson prüfte in seinem berühmten Experiment, ob die Lichtgeschwindigkeit richtungsabhängig und damit abhängig von der Bewegung der Erde im „Äther", dem hypothetischen Medium, in dem sich elektromagnetische Wellen ausbreiten, ist. Die Konstanz der Lichtgeschwindigkeit war Grundlage für die spezielle Relativitätstheorie Einsteins und führte zum Verwerfen der Ätherhypothese. Elektromagnetische Wellen können sich auch im Vakuum ausbreiten. Mit Hilfe eines Michelson-Interferometers wird seit neuestem versucht, die Existenz von Gravitationswellen nachzuweisen, die der allgemeinen Relativitätstheorie zufolge den Lichtweg beeinflussen. Wegen der Kleinheit des Effektes sind einige Kilometer lange Interferometerarme, sehr schmalbandige Laserlichtquellen und eine aufwendige Unterdrückung von Störeinflüssen erforderlich.

## 6.3.3    Beugung von Licht

Wellen breiten sich in einem homogenen Medium gradlinig aus. Im Abschnitt 4.3.4 haben wir das Huygenssche Prinzip als allgemeines Modell für die Ausbreitung von Wellen kennen gelernt: Jeder Punkt einer Wellenfront im Raum ist ein Anregungszentrum einer elementaren Kugelwelle, aus der Überlagerung der Elementarwellen ergeben sich die Wellenfronten zu späteren Zeitpunkten. Wird die Wellenausbreitung durch Hindernisse an bestimmten Stellen des Raums unterbunden, so dringen die Elementarwellen in den geometrischen Schattenraum, in dem das Anregungszentrum der Welle durch das Hindernis verdeckt wird. Im Fall einer ebenen Welle mit parallelen Strahlen, die auf ein Hindernis trifft, ändern sich die Ausbreitungsrichtung der Welle und damit die Richtung der Strahlen gegenüber der Einfallsrichtung. Man spricht dann von einer „Beugung" der Welle. Durch die Interferenz der Elementarwellen im Gebiet des geometrischen Schattens ist die Intensität nicht konstant, es treten Zonen von Verstärkung und Abschwächung auf (siehe **Abb. 4.70**).

Während bei Schallwellen oder Wasserwellen die Wellenlängen und die Kohärenz der Wellenzüge sehr groß sind, so dass Beugungserscheinungen sehr leicht beobachtet werden können, ist dies bei Licht nicht der Fall. Bei wenig kohärentem weißem Licht und gegenüber der Wellenlänge großen Abmessungen der Hindernisse tritt die Beugung von Licht kaum in Erscheinung. Erst wenn die Kohärenzlänge des Lichtes größer als die zu erwartenden Gangunterschiede der Elementarwellen beim Aufbau der Wellenfronten ist, die Lichtquelle der

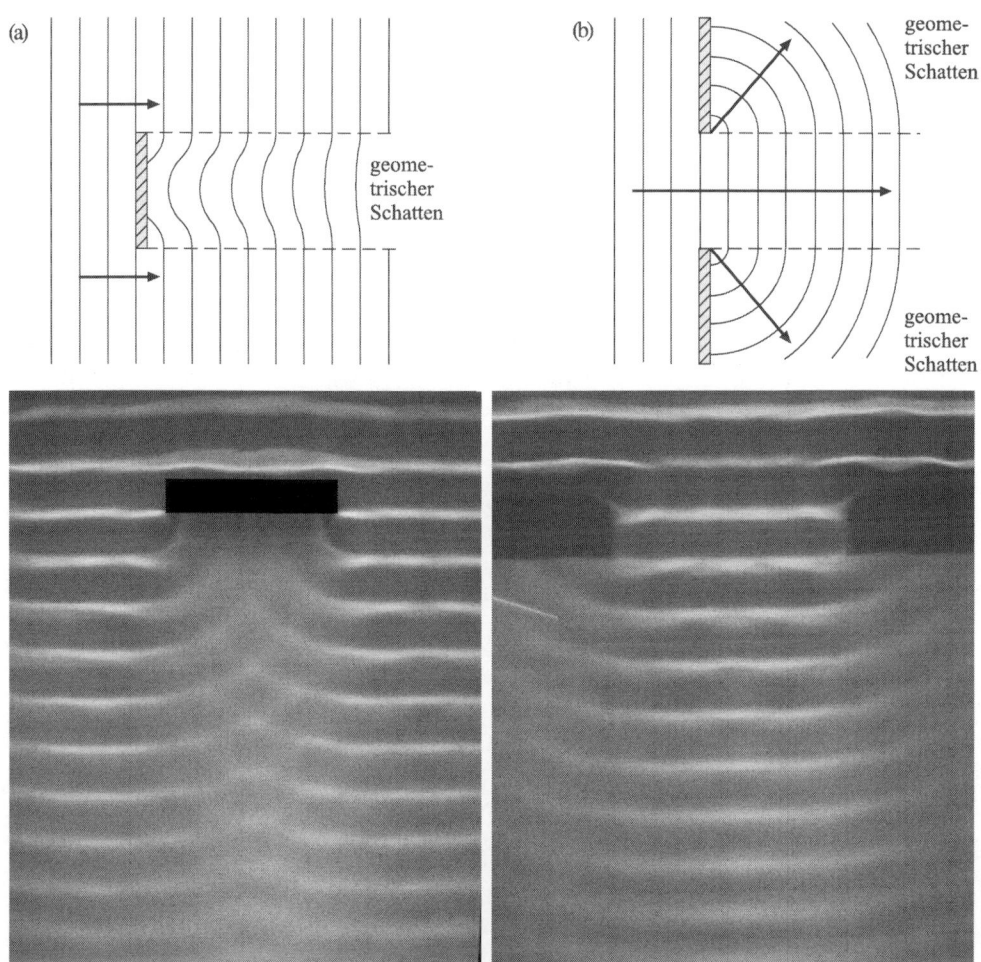

**Abb. 6.109** *Beugung einer ebenen Welle (a) an einem Hindernis, (b) an einer Öffnung in einem Hindernis.*

Bedingung (6.194) genügt und die Abmessungen der Hindernisse in der Größenordnung der Wellenlänge sind, können Beugungserscheinungen beobachtet werden. Licht dringt in den Raum des geometrischen Schattens ein, die Intensität bzw. die Bestrahlungsstärke variiert aufgrund der Interferenz der Wellenzüge in charakteristischer Weise.

Hinsichtlich der räumlichen Anordnung von Lichtquelle, Hindernis und Punkt der Beobachtung des gebeugten Lichtes unterscheidet man zwischen „Fresnelscher" und „Fraunhoferscher[1]" Beugung. Bei Ersterer befinden sich Lichtquelle und der Schirm, auf dem das gebeugte Licht beobachtet wird, in endlicher Entfernung von dem Hindernis. Das Lichtbündel, welches das Hindernis beleuchtet, ist divergent, die Wellenzüge, in die das Bündel aufgeteilt wird, laufen konvergent auf den Punkt der Beobachtung zu. Bei der Fraunhoferschen Beugung dagegen sind

---

[1]     J. Fraunhofer (1787 – 1826).

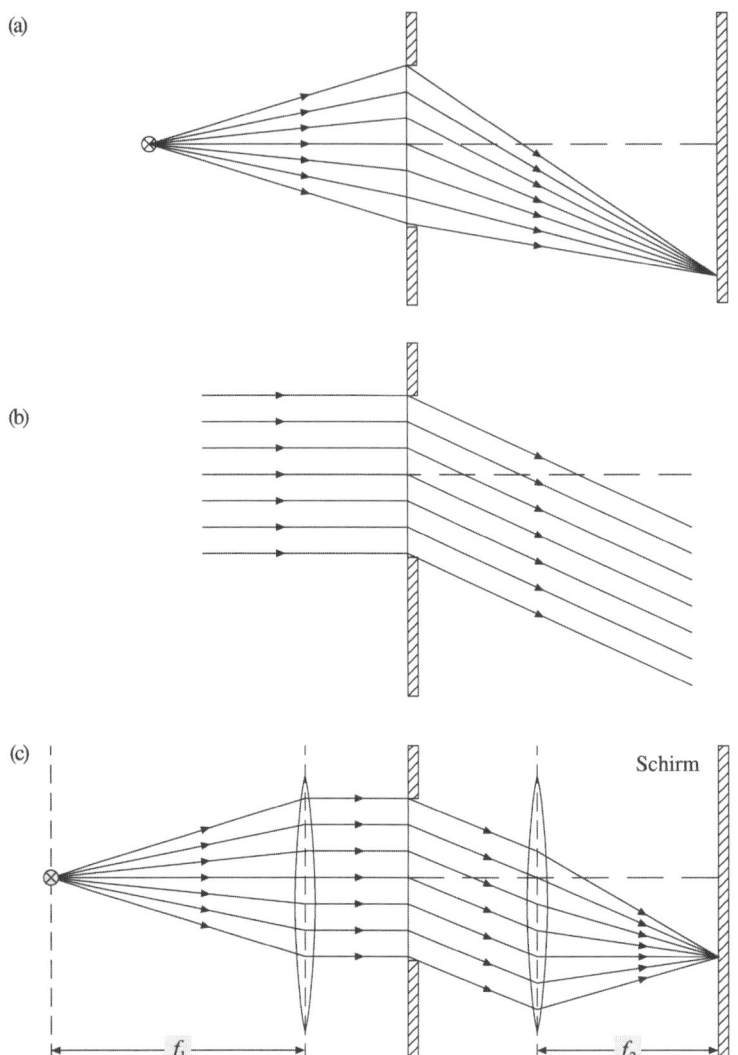

**Abb. 6.110** *Beugung von Licht an einer Öffnung. (a) Fresnelsche Beugung, (b) Fraunhofersche Beugung, (c) Fraunhofersche Beugung bei endlichen Abständen.*

die Abstände sehr groß, die Beleuchtung geschieht mit parallelem Licht und es interferieren Wellenzüge mit praktisch gleicher Ausbreitungsrichtung, so wie bei den Interferenzen gleicher Neigung an einer planparallelen Platte. Man kann die Fraunhofersche Beugungsgeometrie auch mit endlichen Abständen realisieren, indem man die Lichtquelle in der Brennebene einer Linse platziert und das gebeugte Licht mit einer zweiten Linse in deren Brennebene fokussiert.

Da in den meisten praktischen Fällen, in denen Beugungserscheinungen von Bedeutung sind, die Divergenz des Lichtes sehr klein ist, wollen wir die folgenden Betrachtungen auf die Fraunhofersche Beugung, d. h. auf parallele Wellenzüge bzw. ebene Wellen beschränken.

Das Licht soll dabei hinreichend monochromatisch mit der Wellenlänge $\lambda$ sein, damit die Beugungserscheinungen beobachtet werden können. Meistens werden Beugungsexperimente mit einer Anordnung wie in **Abb. 6.110** (c) durchgeführt, die Linse hinter dem Hindernis kann dabei die Augenlinse des Beobachters sein.

### Beugung am Spalt

Ein häufig vorkommendes Beugungsobjekt ist der Spalt, eine rechteckige Öffnung in einem Hindernis. Die Kantenlängen sind sehr unterschiedlich, so dass die Interferenzmuster, die durch die Beugung des Lichtes hinter dem Spalt entstehen, in Ebenen senkrecht zur im Idealfall unendlich langen Kante gleich sind. Daher können wir unsere Betrachtungen auf eine solche Ebene beschränken.

Wir wollen zunächst qualitativ die Beugung einer ebenen Welle, die sich senkrecht zur Spaltebene ausbreitet, deren Wellenfronten also parallel zur Spaltebene verlaufen, untersuchen. In der Spaltebene definiert die einlaufende Welle die Anregungszentren der Elementarwellen, die dort in Phase mit gleicher Amplitude schwingen.

Das Licht, das sich hinter dem Spalt in Richtung des einfallenden Lichtes ausbreitet, ist eine Überlagerung von Elementarwellen, deren Wellenfronten den gleichen Radius haben. Die Gangunterschiede zwischen ihnen sind null, die Wellen interferieren nach der Fokussierung

(a)                          (b)                          (c)

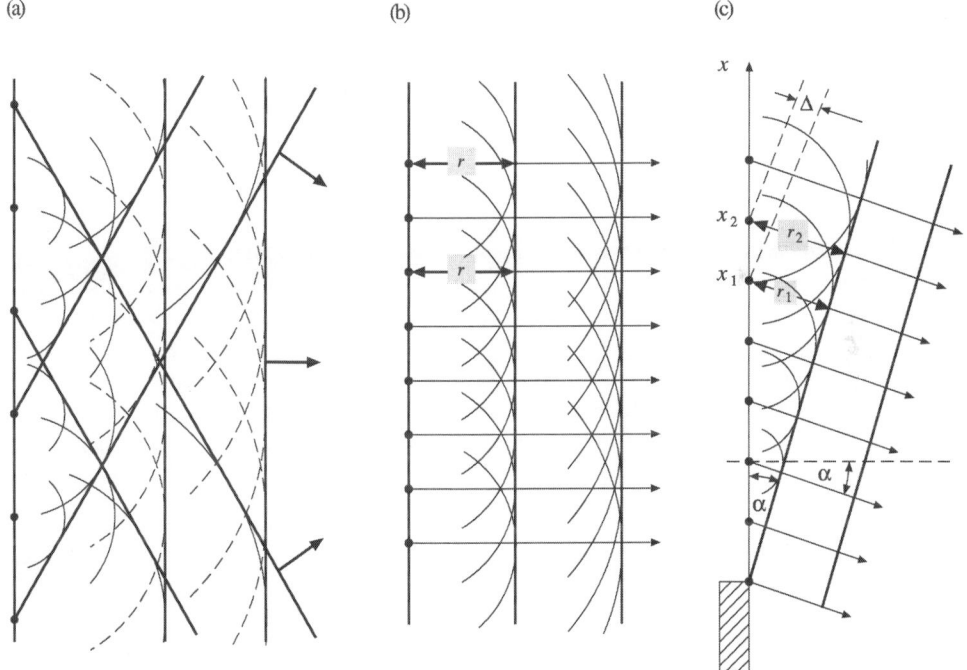

*Abb. 6.111* *(a) Formierung ebener Wellenfronten des gebeugten Lichts aus den Einhüllenden der elementaren Wellenfronten. (b) Davon nur in Richtung des einfallenden Lichtes, (c) unter einem Winkel $\alpha$ zum einfallenden Licht.*

durch eine Linse konstruktiv mit einem Intensitätsmaximum. Licht, das sich hinter dem Spalt als Parallelbündel mit einem Winkel $\alpha$ zur Richtung des einfallenden Lichtes ausbreitet, wird durch eine Überlagerung der Wellenfronten von Elementarwellen gebildet, deren Radius linear mit der Position ihres Anregungszentrums im Spalt variiert. Alternativ können wir das Licht, das sich hinter dem Spalt unter einem Winkel $\alpha$ zur Einfallsrichtung ausbreitet, als eine Überlagerung paralleler Wellenzüge ansehen, die von den Anregungszentren der Elementarwellen mit entsprechender Phasenverschiebung ausgehen.

Zwischen den Wellenzügen bzw. den Wellenfronten der Elementarwellen, aus denen die ebene Welle gebildet wird, bestehen Gangunterschiede. Die Interferenz ist nicht mehr vollständig konstruktiv, so dass die Intensität kleiner ist als die des nicht abgelenkten Lichts. Wählen wir als Bezugsposition im Spalt z. B. die untere Spaltbegrenzung in **Abb. 6.111** (b), so beträgt der Gangunterschied $\Delta$ zwischen den Elementarwellen mit den Anregungszentren bei $x_1$ und $x_2$

$$\Delta = r_2 - r_1 = x_2 \sin\alpha - x_1 \sin\alpha = (x_2 - x_1)\sin\alpha. \tag{6.210}$$

Mit wachsendem Winkel $\alpha$ kommen die Elementarwellen immer stärker „außer Takt", bis schließlich die Elementarwellen destruktiv interferieren und die Lichtintensität in diese Richtung minimal wird. Das ist dann der Fall, wenn zu jeder Elementarwelle eine zweite mit einem Gangunterschied von $\lambda/2$ gefunden werden kann. Sind Amplituden der Wellenpaare näherungsweise gleich, was aufgrund des großen Abstandes des Beobachtungsschirms vom Spalt immer der Fall ist, so löschen sie sich gegenseitig aus, die Lichtintensität ist null.

Der Gangunterschied $\Delta$ zwischen dem Elementarwellenpaar aus den Anregungszentren bei $x_1$ und $x_2$ (Abstand halbe Spaltbreite $b/2$) beträgt im Intensitätsminimum $\lambda/2$. Mit (6.210) gilt für den Winkel $\alpha_{Min}$

$$\Delta = \frac{\lambda}{2} = (x_2 - x_1)\sin\alpha_{Min} = \frac{b}{2}\sin\alpha_{Min} \Rightarrow \sin\alpha_{Min} = \frac{\lambda}{b}. \tag{6.211}$$

Da die Spaltbreite $b$ in der Regel wesentlich größer ist als die Wellenlänge des Lichtes, kann $\sin\alpha_{Min}$ durch $\alpha_{Min}$ ersetzt werden. Senkrecht zum einfallenden Licht in der Zeichenebene von **Abb. 6.112** ist keine Richtung ausgezeichnet, somit ist die Intensitätsverteilung des gebeugten Lichts spiegelbildlich zur Richtung des einfallenden bzw. nicht abgelenkten Lichts. Der Winkel $\alpha_{Min}$ definiert die halbe Breite des Intensitätsmaximums um das nicht abgelenkte Licht. Weitere Nullstellen der Intensität entstehen, wenn die Abstände von den Anregungszentren der Elementarwellenpaare mit $\lambda/2$ Gangunterschied 1/4, 1/6 … der Spaltbreite betragen.

$$\Delta = \frac{\lambda}{2} = (x_2 - x_1)\sin\alpha_{Min} = \frac{b}{2m}\sin\alpha_{Min} \Rightarrow \sin\alpha_{Min} = m\frac{\lambda}{b}. \tag{6.212}$$

Zwischen den Minima ist die Interferenz nicht destruktiv, es treten weitere Interferenzmaxima auf. Wie bei den Interferenzen an dünnen Schichten nennt man $m$ auch die „Ordnung" der Beugung. Sie ist ganzzahlig, die spiegelbildlichen Minima kennzeichnet man durch ein negatives Vorzeichen.

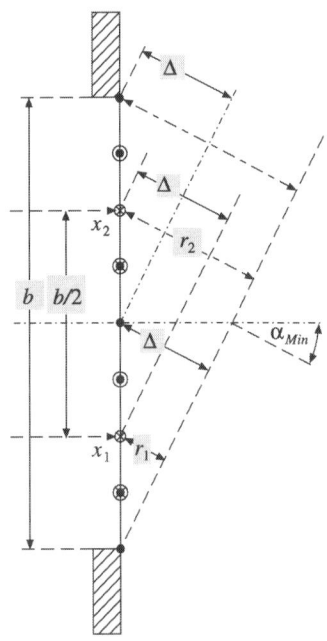

**Abb. 6.112** *Destruktive Interferenz der Elementarwellen: Zu jeder Elementarwelle in der oberen Hälfte des Spaltes gibt es im Abstand b/2 eine Elementarwelle in der unteren Hälfte mit einem Gangunterschied von λ/2. Die Wellenpaare löschen einander aus, die Intensität des in diese Richtung abgestrahlten Lichtes ist null.*

Nun wollen wir die Intensität des gebeugten Lichtes in Abhängigkeit vom Ablenkwinkel $\alpha$ zur Richtung des einfallenden Lichtes berechnen. Dazu nehmen wir an, dass im Spalt $N$ Anregungszentren, die gleichen Abstand $b/N$ voneinander haben sollen, schwingen. Zwei Elementarwellen benachbarter Anregungszentren, deren Wellenfronten die ebene Welle in diese Richtung bilden, haben in Richtung $\alpha$ einen Gangunterschied von

$$\delta = \frac{b}{N}\sin\alpha\,. \tag{6.213}$$

Die Feldstärke des Lichts im Beobachtungspunkt ist die Summe der Feldstärken aller Wellenzüge in die Richtung $\alpha$. Zwischen zwei benachbarten Wellenzügen resultiert daraus eine Phasenverschiebung der Feldstärken von

$$\varphi = k\delta = \frac{2\pi}{\lambda}\delta = \frac{2\pi}{\lambda}\frac{b}{N}\sin\alpha\,. \tag{6.214}$$

Dabei ist $k = 2\pi/\lambda$ die Wellenzahl. Ist der Abstand der Anregungszentren ein Vielfaches $i$ von $b/N$, so haben die Wellenzüge einen Gangunterschied von $i\delta$ bzw. eine Phasenverschiebung $i\varphi$. Beginnen wir die Nummerierung an einer Begrenzung des Spaltes, so beträgt die Feldstärke im Beobachtungspunkt

$$E(\alpha) = \sum_{i=0}^{N-1} \hat{E}\cos(\omega t - kr - i\varphi)\,. \tag{6.215}$$

Dabei ist $r$ der kleinste Radius der Elementarwellen, welche die ebene Wellenfront im Beobachtungspunkt bilden. Der Term $kr$ stellt eine für diese Elementarwellen konstante Phasenverschiebung gegenüber ihren Anregungszentren dar. Da $r$ bei der Fraunhoferschen Beugung sehr groß ist, sind die Feldamplituden $\hat{E}$ aller Wellenzüge gleich. Die Summation in (6.215) kann leicht in der Gaußschen Zahlenebene als Summation der Zeiger der Feldstärken durchgeführt werden. Der Zeiger der resultierenden Feldstärke ergibt sich zu

$$\underline{E}(\alpha) = \sum_{i=0}^{N-1} \hat{E}e^{j(\omega t - kr - i\varphi)} = \hat{E}e^{j(\omega t - kr)} \sum_{i=0}^{N-1} e^{-ji\varphi} = \hat{E}e^{j(\omega t - kr)} \sum_{i=0}^{N-1} (e^{-j\varphi})^i \ . \tag{6.216}$$

Die Summe in (6.216) ist eine geometrische Reihe mit $N$ Summanden. Damit lautet (6.216)

$$\underline{E}(\alpha) = \hat{E}e^{j(\omega t - kr)} \frac{(e^{-j\varphi})^N - 1}{e^{-j\varphi} - 1} = \hat{E}e^{j(\omega t - kr)} \frac{e^{-jN\varphi} - 1}{e^{-j\varphi} - 1} \ . \tag{6.217}$$

Zur Berechnung des Realteils von $\underline{E}(\alpha)$ drücken wir den Zähler und den Nenner des Bruchs in (6.217) durch ihren Betrag und Phasenwinkel aus. So ist der Nenner in der komplexen Zahlenebene ein Zeiger zu einem Punkt $P$ auf den Einheitskreis in **Abb. 6.113** mit dem Mittelpunkt bei $-1$ auf der reellen Achse. Die Strecke vom Mittelpunkt des Kreises zur Spitze des Zeigers schließt mit der reellen Achse den Winkel $\varphi$ ein.

Für die Beträge von Zähler und Nenners in (6.217) gilt

$$| (e^{-j\varphi})^N - 1| = \sqrt{(1 - \cos(N\varphi))^2 + \sin^2(N\varphi)} = \sqrt{2 - 2\cos(N\varphi)} \quad \Rightarrow$$

$$| (e^{-j\varphi})^N - 1| = \sqrt{2}\sqrt{1 - \cos(2\frac{N\varphi}{2})} = 2\sin\frac{N\varphi}{2} \ , \tag{6.218}$$

$$| e^{-j\varphi} - 1| = 2\sin\frac{\varphi}{2}$$

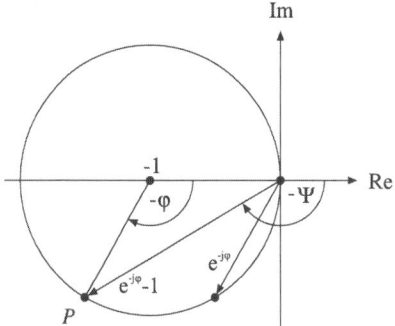

**Abb. 6.113** *Zur Bestimmung von Betrag und Phase von $e^{-jN\varphi} - 1$ und $e^{-j\varphi} - 1$.*

Für die Phasenwinkel $\psi$ folgt aus **Abb. 6.113** der Zusammenhang zur Phasenverschiebung $\varphi$ benachbarter Wellenzüge:

$$180° = -\varphi + 2(180° + \psi) \quad \Rightarrow \quad -\psi = 90° - \frac{\varphi}{2}. \tag{6.219}$$

Setzen wir dies in (6.217) ein, so erhalten wir

$$\underline{E}(\alpha) = \hat{E}e^{j(\omega t - kr)}\frac{2\sin\frac{N\varphi}{2}e^{j\frac{\pi}{2}}e^{-jN\frac{\varphi}{2}}}{2\sin\frac{\varphi}{2}e^{j\frac{\pi}{2}}e^{-j\frac{\varphi}{2}}} = \hat{E}e^{j(\omega t - kr - (N-1)\frac{\varphi}{2})}\frac{\sin\frac{N\varphi}{2}}{\sin\frac{\varphi}{2}}. \tag{6.220}$$

Berücksichtigen wir (6.214) und beachten, dass bei großem $N$ $\sin\varphi/2 \approx \varphi/2$ ist, so lautet der Realteil von (6.220)

$$\mathrm{Re}\,\underline{E}(\alpha) = E(\alpha) = \hat{E}\cos((\omega t - kr - (N-1)\frac{\varphi}{2})\frac{\sin(\frac{kb}{2}\sin\alpha)}{\frac{kb}{2N}\sin\alpha} \quad \Rightarrow$$

$$E(\alpha) = N\hat{E}\cos((\omega t - kr - (N-1)\frac{\varphi}{2})\frac{\sin(\frac{kb}{2}\sin\alpha)}{\frac{kb}{2}\sin\alpha} \quad \Rightarrow$$

$$E(\alpha) = \hat{E}(0)\cos((\omega t - kr - (N-1)\frac{\varphi}{2})\frac{\sin(\frac{kb}{2}\sin\alpha)}{\frac{kb}{2}\sin\alpha}. \tag{6.221}$$

Dabei ist $\hat{E}(0) = N\hat{E}$ die resultierende Amplitude von den Wellenzügen, die nicht abgelenkt werden ($\alpha = 0$). Wegen der konstruktiven Interferenz addieren sich die Amplituden der einzelnen Wellenzüge zur Gesamtamplitude. Die Intensität des gebeugten Lichtes berechnet sich bei einer ebenen Welle aus dem zeitlichen Mittelwert des Poynting-Vektors (5.551). Dieser ist proportional zum Quadrat der Feldstärke. Damit lautet die Intensität des Lichtes, das in die Richtung mit dem Winkel $\alpha$ zum einfallenden Licht gebeugt wird,

$$I(\alpha) = I(0)\frac{\sin^2(\frac{kb}{2}\sin\alpha)}{(\frac{kb}{2}\sin\alpha)^2} = I(0)\frac{\sin^2(\frac{\pi b}{\lambda}\sin\alpha)}{(\frac{\pi b}{\lambda}\sin\alpha)^2}. \tag{6.222}$$

Für $\alpha = 0$ wird (6.222) unbestimmt, da Zähler und Nenner null werden. Für sehr kleine $\alpha$ kann der Sinus im Zähler durch sein Argument ersetzt werden, im Grenzwert $\alpha = 0$ strebt dann $I(\alpha)$ gegen die Intensität $I(0)$ des nicht abgelenkten Lichtes.

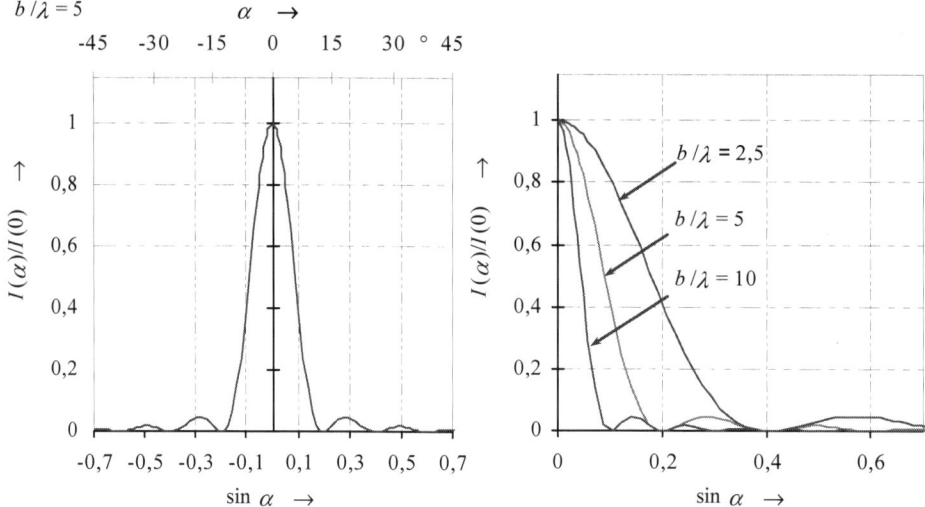

**Abb. 6.114** *Verlauf der Intensität des an einem Spalt gebeugten Lichts in Abhängigkeit vom Beugungswinkel $\alpha$ für verschiedene Spaltbreiten.*

Die Intensität fällt auf null, wenn $\sin\alpha = m\lambda/b$ ist. Dies ist aber die Bedingung (6.212) für destruktive Interferenz der Elementarwellen. Die Gangunterschiede zwischen den Wellenzügen, die von den Grenzen des Spaltes ausgehen, betragen ganzzahlige Vielfache der Wellenlänge. Das Maximum der Intensität um $\alpha = 0$ nennt man auch „Hauptmaximum" oder „Zentralbild" des Spaltes mit der Ordnung $m = 0$. Es wird umso breiter, d. h. die Minima der ersten Beugungsordnung erscheinen bei umso größeren Ablenkwinkeln $\alpha$, je enger der Spalt ist. Zwischen den Minima steigt die Intensität bis zu relativen Maxima an. Diese Nebenmaxima befinden sich bei kleinen Ablenkwinkeln näherungsweise an den Stellen, an denen der Zähler von (6.222) maximal wird, dann kann der Nenner als konstant angesehen werden.

$$\sin\alpha_{Max} \approx \frac{2m+1}{2}\frac{\lambda}{b} \tag{6.223}$$

Bei größeren Winkeln verschieben sich die Nebenmaxima aus der Mitte zwischen den Minima zu kleineren Winkeln hin, wie man auch in **Abb. 6.114** erkennen kann. Abgesehen vom Hauptmaximum sind die Lagen der Nebenmaxima und der Minima abhängig von der Wellenlänge. Ist das Licht nicht monochromatisch, so ergeben sich farbige Streifen.

Durch Beugung gelangt einerseits Licht in den geometrischen Schatten eines Hindernisses, anderseits führt die Interferenz der Elementarwellen zu charakteristischen Interferenzmustern bzw. Beugungsbildern, d. h. Zonen von Auslöschung und Verstärkung nicht nur im Schattenraum, sondern auch in dem Bereich, in dem sich das Licht ungehindert ausbreiten kann. Dieser Effekt tritt insbesondere bei der Beugung an einem lang gestreckten, dünnen Draht auf. Dieses Hindernis ist „komplementär" zum Spalt. Würde man das Hindernis „Draht" durch eine Spaltöffnung, die das gleiche Licht emittiert, das vom Draht absorbiert wird,

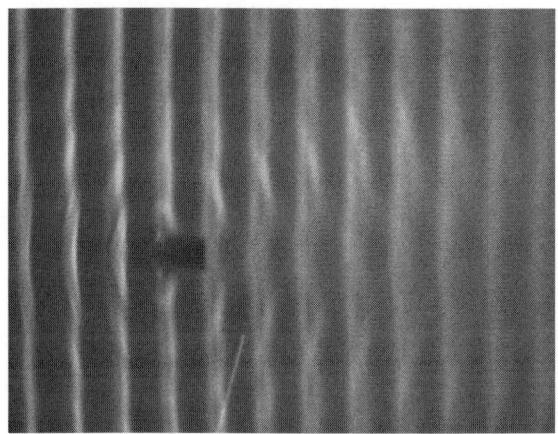

***Abb. 6.115*** *Babinetsches Theorem: Eine ebene Welle trifft auf ein punktförmiges Hindernis, eine Elementarwelle entsteht.*

ersetzen, so wird das Licht überhaupt nicht gebeugt, da faktisch kein Hindernis die Ausbreitung behindert. Man kann diesen Sachverhalt auch so formulieren: Alle Wellenzüge, die entweder vom Draht oder vom Spalt aus der Einfallsrichtung gebeugt werden, interferieren destruktiv, die Phasenverschiebung zwischen ihnen beträgt 180°. Somit ist die Intensität des in eine bestimmte Richtung bezüglich Einfallsrichtung am Draht gebeugten Lichtes die gleiche wie bei der Beugung am Spalt. Diese Tatsache ist Inhalt des Babinetschen[1] Theorems:

> Wird Licht an zueinander komplementären Hindernissen gebeugt, so entstehen die gleichen Interferenzmuster.

Bei den bisherigen Betrachtungen war die Länge des Spaltes sehr groß gegenüber der Breite b, so dass in dieser Richtung die Breite des Hauptmaximums sehr klein ist. Sind dagegen Breite und Länge des Spaltes vergleichbar, so tritt in beiden Richtungen beobachtbare Beugung des Lichtes auf.

### Beugung an kreisförmigen Blenden

Diese Geometrie von Hindernissen ist für die Praxis besonders wichtig, da die Strahlengänge vieler optischer Instrumente durch kreisförmige Blenden begrenzt werden, an denen das Licht gebeugt wird. Da keine Richtung radial vom Mittelpunkt der Kreisblende ausgezeichnet ist, ist auch das Beugungsbild rotationssymmetrisch um die Richtung des senkrecht zur Blendenebene einfallenden Lichtes. Die Berechnung der Intensitätsverteilung ist mathematisch recht anspruchsvoll, daher kann hier nicht darauf eingegangen werden. Die Richtungsabhängigkeit wird durch die Bessel[2]-Funktionen, deren Werte tabelliert sind, beschrieben.

---

[1]  J. Babinet (1794 – 1872).
[2]  F. W. Bessel (1784 – 1846).

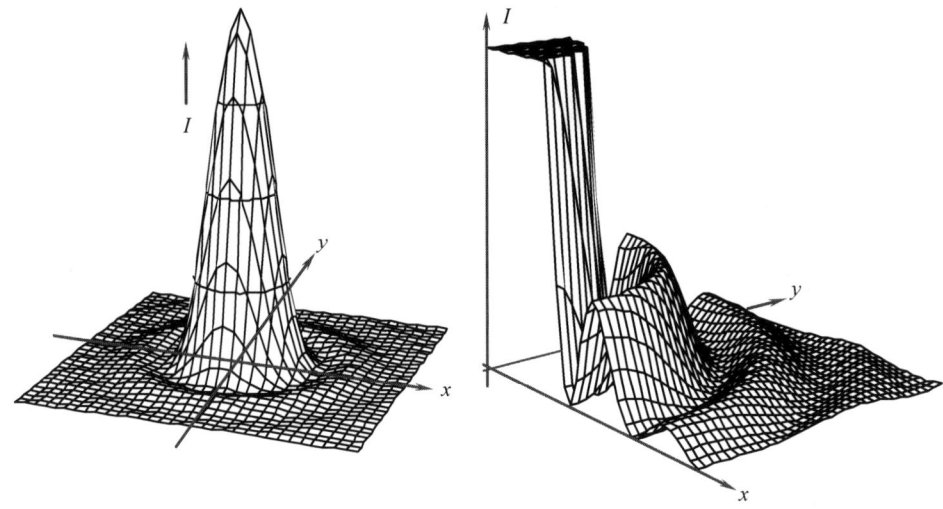

**Abb. 6.116** *Intensitätsverteilung des an einer kreisförmigen Blende gebeugten Lichtes.*

Von Bedeutung ist die Richtung der Intensitätsminima. Aus den tabellierten Nullstellen der Bessel-Funktion ergeben sich ihre Richtungen bei einer Kreisblende mit dem Radius $R$ zu

$$\sin \alpha_{Min,1} = 1{,}220 \frac{\lambda}{2R} \, . \tag{6.224}$$

Weitere Minima treten bei $\sin \alpha_{Min,2} = 2{,}232 \lambda/(2R)$, $\sin \alpha_{Min,3} = 3{,}238 \lambda/(2R)$ ... auf. Das zentrale Maximum nennt man zu Ehren von G. B. Airy[1], der 1835 die Berechnung der Intensitätsverteilung durchgeführt hat, auch „Airysches Beugungsscheibchen".

Um Fraunhofersche Beugungserscheinungen beobachten zu können, muss das gebeugte Licht von einer Linse in deren Brennebene fokussiert werden. Die Wellenzüge, die sich hinter dem Hindernis in einer bestimmten Richtung zum einfallenden Licht ausbreiten, werden von der Linse in deren Brennebene an Positionen fokussiert, die von der optischen Achse der Linse bestimmt werden. Ist diese parallel zur Richtung des auf das Hindernis einfallenden Lichtes, so befindet sich der Mittelpunkt des Hauptmaximums auf der optischen Achse im Brennpunkt der Linse mit der Brennweite $f$. Das Hauptmaximum wird umgeben von konzentrischen Ringen, auf denen die Intensität null ist. Unter der Annahme kleiner Beugungswinkel beträgt dann der Radius des ersten dunklen Ringes

$$r_{Min,1} = f \tan \alpha_{Min,1} \approx f \sin \alpha_{Min,1} = 1{,}220 \frac{\lambda}{2R} f \, . \tag{6.225}$$

Wie beim Spalt befinden sich zwischen den Minima die Nebenmaxima, deren Intensität verglichen mit jener bei der Beugung an einer rechteckigen Öffnung wesentlich geringer ist.

---

[1]    G. B. Airy (1801 – 1891).

**Auflösungsvermögen optischer Instrumente**

Der Strahlengang der im Kapitel 6.2.8 behandelten optischen Instrumente wird in der Regel durch Kreisblenden begrenzt, diese können an bestimmten Stellen platziert werden, um die Eigenschaften zu beeinflussen, sie können aber auch durch die Linsenfassungen gegeben sein. Das Licht, das durch das optische Instrument tritt, wird an den Blenden gebeugt. Licht, das von einem Punkt eines Gegenstandes emittiert wird, wird nicht in einem Bildpunkt vereinigt, sondern in einer Beugungsfigur der Kreisblende verteilt. Nur wenn die Zentren der Beugungsfiguren zweier benachbarter Bildpunkte hinreichend weit entfernt sind, kann man sie als getrennte Punkte wahrnehmen. Dabei können die von den zugehörigen Gegenstandspunkten ausgehenden Wellenzüge inkohärent sein. Das Auflösungsvermögen, d. h. die Fähigkeit, nah beieinander liegende Gegenstandspunkte in getrennte Bildpunkte abzubilden, ist somit beschränkt, auch wenn alle anderen Störungen wie Aberrationen ausgeschaltet sind. Man spricht in diesem Fall von einer „beugungsbegrenzten" Abbildung. Da nahezu die gesamte Intensität in den Bereich des Hauptmaximums gebeugt wird, legt man für die Abschätzung des Auflösungsvermögens den Durchmesser des Airyschen Beugungsscheibchens zugrunde.

Üblicherweise legt man fest, dass zwei Bildpunkte als getrennt anzusehen sind, wenn sie das Rayleigh-Kriterium erfüllen: Das Zentrum des Beugungsscheibchens eines der Bildpunkte liegt auf dem Ring des ersten Beugungsminimums des zweiten Bildpunktes, der Abstand der Zentren der Beugungsfiguren entspricht also dem Radius des Beugungsscheibchens.

Bei einem Teleskop sind die Gegenstandspunkte sehr weit entfernt, so dass die von ihnen ausgehenden Strahlen parallel sind. Nehmen wir vereinfachend an, dass die Begrenzung der Bündel durch eine Blende mit dem Radius $R$ vor dem Objektiv mit der Brennweite $f$ geschieht, so entspricht dieses der Linse hinter dem Hindernis in **Abb. 6.110** (c). Zwei Beugungsscheibchen werden als getrennte Punkte wahrgenommen, wenn ihr Abstand

$$d_{Min} \geq 1{,}220 \frac{\lambda}{2R} f \qquad (6.226)$$

beträgt. Gemäß (6.225) entspricht dies einem Winkel zwischen den Parallelbündeln beider Gegenstandspunkte von

$$\sin \alpha_{Min} \approx \alpha_{Min} \geq 1{,}220 \frac{\lambda}{2R}. \qquad (6.227)$$

Der Kehrwert wird als Auflösungsvermögen des Teleskops bezeichnet. Er ist umso größer, je größer die Öffnung des Objektives und je kleiner die Wellenlänge des Lichts ist. Die Erhöhung der Vergrößerung des Teleskops durch eine große Objektivbrennweite führt nicht zu einer verbesserten Auflösung, da (6.225) zufolge die Beugungsscheibchen der Bildpunkte mit vergrößert werden.

Entsprechendes gilt für das menschliche Auge und Kameras, bei Letzteren sind jedoch die Objektive in der Regel nicht beugungsbegrenzt. Beim Auge ist das Auflösungsvermögen von etwa einer Winkelminute durch den Abstand der Zapfen begrenzt. Um diese Auflösung nicht zu unterschreiten, muss die Augenpupille einen Durchmesser von mindestens 1,7 mm auf-

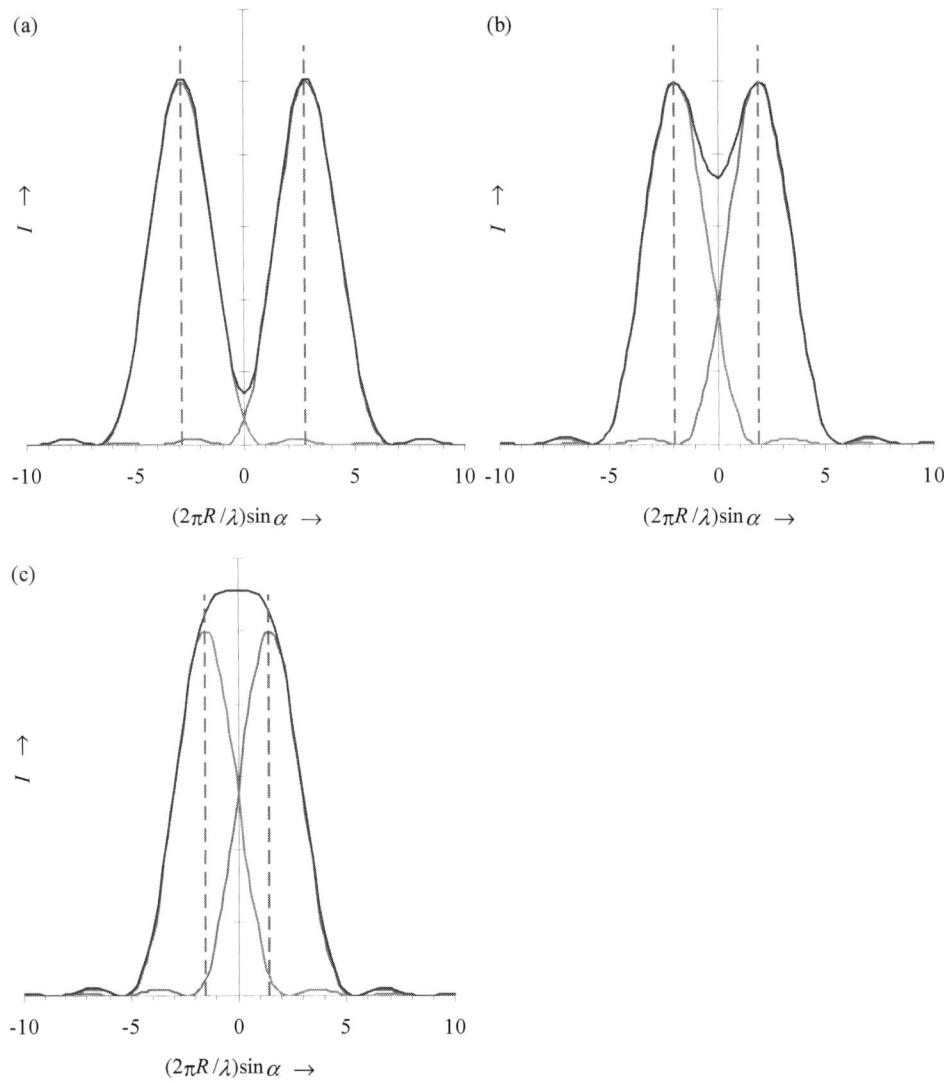

**Abb. 6.117** *Beugungsscheibchen zweier Bildpunkte in unterschiedlichem Abstand: (a) größer als vom Rayleigh-Kriterium gefordert, (b) erfüllt genau das Rayleigh-Kriterium, (c) kleiner als vom Rayleigh-Kriterium gefordert. Die Punkte in (c) werden nicht mehr aufgelöst.*

weisen, dies ist auch bei großer Helligkeit der Fall. (Hier wurde eine Wellenlänge von 500 nm zugrunde gelegt.)

Auch beim Mikroskop wird die Auflösung durch die Beugung an den Blenden begrenzt. Wir können die gleichen Überlegungen wie beim Teleskop anstellen, wenn wir das als dünne Linse angesehene Objektiv (Brennweite $f$) in zwei dünne Linsen mit verschwindendem Abstand aufteilen. Dabei soll die Brennweite der objektseitigen Linse der Gegenstandsweite $g$, die Brennweite der zum Zwischenbild orientierten Linse der Bildweite $b$ des Objektivs mit dem Blendenradius $R$ entsprechen. Zwischen den Linsen breitet sich das von den einzelnen Objektpunkten ausgehende Licht als Parallelbündel aus. Der Abstand der Beugungsscheibchen zweier benachbarter Bildpunkte in der Zwischenbildebene darf

$$d_{Min,B} = 1{,}220 \frac{\lambda}{2R} b \qquad (6.228)$$

nicht unterschreiten. Diesem Minimalabstand in der Bildebene entspricht ein minimaler Abstand der Gegenstandspunkte von

$$d_{Min,G} = \frac{g}{b} d_{Min,B} = 1{,}220 \frac{\lambda}{2R} g = 0{,}610\lambda \frac{g}{R} \approx 0{,}610\lambda \frac{f}{R} . \qquad (6.229)$$

Beim Mikroskop befindet sich der Gegenstand in der Nähe der Brennebene des Objektivs, daher kann $g$ näherungsweise durch die Brennweite $f$ ersetzt werden. Analog zum Teleskop wird das Auflösungsvermögen des Mikroskops als Kehrwert von $d_{Min,G}$ angegeben. Es wird umso größer, je größer die Öffnung $R$ des Objektivs ist und je kleiner die Wellenlänge des Lichtes ist. Außerdem steigert eine kurze Brennweite des Objektivs das Auflösungsvermögen.

**Beugung am Gitter**
Unter einem Gitter versteht man eine räumlich periodische Anordnung gleichartiger Objekte wie z. B. Atome oder Atomgruppen in einem Kristall. Von besonderer Bedeutung sind Beugungserscheinungen an Hindernissen, die mit einer Vielzahl gleichartiger Öffnungen in regelmäßigen Abständen versehen sind. Speziell spricht man von einem Beugungsgitter, wenn diese Öffnungen parallele schmale Spalte sind. Derartige Gitter können dadurch hergestellt werden, indem in eine Glasplatte mit einem Diamanten Striche eingeritzt werden, die kein Licht durchlassen.

Fällt ein Parallelbündel (ebene Wellenzüge) senkrecht auf ein solches Gitter ein, so wird das Licht beim Durchtritt durch jeden Spalt gebeugt. Wir setzen voraus, dass die Wellenzüge über das gesamte Gitter die Kohärenzbedingung (6.194) erfüllen und die Kohärenzlänge so groß ist, dass auch Wellenzüge, die durch weit voneinander entfernte Spalte treten, miteinander interferieren können. Diese Bedingung ist wesentlich schärfer als beim Einzelspalt, denn die Welle muss über die gesamte Gitterbreite eben sein und die Gangunterschiede können beim Gitter sehr viel größer sein. Das Beugungsbild, das ein Gitter entwirft, kann dann durch die Überlagerung der Beugungsbilder aller Einzelspalte gefunden werden. Wir betrachten ein Gitter aus $p$ Spalten der Breite $b$, die einen Abstand $g$ voneinander haben sollen.

Wie bei der Beugung am Einzelspalt formieren sich aus den Einhüllenden der Elementarwellenfronten ebene Wellen in unterschiedliche Richtungen. In der Fraunhoferschen Anordnung (siehe **Abb. 6.110** (c)) werden diese ebenen Wellen mit einer Linse auf einem Schirm fokussiert. In **Abb. 6.118** sind Wellenzüge, die sich unter einem Winkel $\alpha$ zum einfallenden Licht ausbreiten, von drei aufeinander folgenden Spalten dargestellt. Die Anregungszentren haben in den jeweiligen Spalten die gleichen Positionen. Zwischen den Wellenzügen zweier benachbarter Spalte besteht ein Gangunterschied $\Delta = g\sin\alpha$. Dieser Gangunterschied besteht

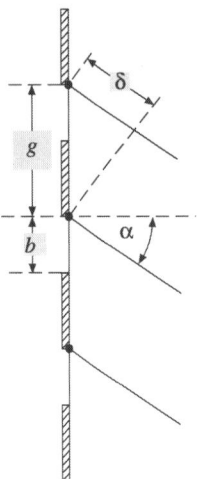

**Abb. 6.118** *Beugung am Gitter: die Spalte sind senkrecht zur Zeichenebene sehr lang.*

zwischen allen Wellenzügen aus den beiden Spalten, deren Anregungszentren sich an gleichen Positionen in den Spalten befinden. Hieraus resultiert eine Phasenverschiebung zwischen den Feldstärken dieser Wellenzüge von

$$\Phi = k\Delta = \frac{2\pi}{\lambda}\Delta = \frac{2\pi}{\lambda}g\sin\alpha\,. \tag{6.230}$$

Im Beobachtungspunkt werden durch die Linse die Feldstärken aller Wellenzüge in Richtung $\alpha$ zur resultierenden Feldstärke überlagert. Diese ergibt sich mit (6.216) in der komplexen Ebene zu

$$\underline{E}(\alpha) = \sum_{l=0}^{p-1}\sum_{i=0}^{N-1}\hat{E}e^{j(\omega t - kr - i\varphi - l\Phi)} = \hat{E}e^{j(\omega t - kr)}\sum_{i=0}^{N-1}(e^{-j\varphi})^i\sum_{l=0}^{p-1}(e^{-j\Phi})^l \Rightarrow$$

$$\underline{E}(\alpha) = \underline{E}_{Spalt}(\alpha)\sum_{l=0}^{p-1}(e^{-j\Phi})^l\,. \tag{6.231}$$

Die erste Summe geht über alle $p$ Spalte, die zweite summiert wie in (6.216) über die $N$ Wellenzüge der einzelnen Spalte.[1] Die Summe über die Phasenverschiebungen zwischen den Spalten stellt auch eine geometrische Reihe dar, die wir wie beim Einzelspalt berechnen, wir brauchen nur in (6.220) $\varphi$ durch $\Phi$ und $N$ durch $p$ ersetzen. Die resultierende Feldstärke lautet somit

$$\underline{E}(\alpha) = \hat{E}e^{j(\omega t - kr - (N-1)\frac{\varphi}{2} - (p-1)\frac{\Phi}{2})}\frac{\sin\frac{N\varphi}{2}}{\sin\frac{\varphi}{2}}\frac{\sin\frac{p\Phi}{2}}{\sin\frac{\Phi}{2}}\,. \tag{6.232}$$

---

[1]   Die übrigen Größen sind wie in (6.191) definiert.

Die Intensität des Lichtes, das sich in Richtung $\alpha$ ausbreitet, berechnet sich analog zu (6.221) und (6.222) durch Realteilbildung und Quadrieren von (6.232).

$$I(\alpha) = I_{Spalt}(\alpha) \frac{\sin^2(\frac{p\pi g}{\lambda}\sin\alpha)}{\sin^2(\frac{\pi g}{\lambda}\sin\alpha)}, \text{ mit (6.222) und (6.230)} \Rightarrow$$

$$I(\alpha) = I_{Spalt}(0) \frac{\sin^2(\frac{\pi b}{\lambda}\sin\alpha)}{(\frac{\pi b}{\lambda}\sin\alpha)^2} \frac{\sin^2(\frac{p\pi g}{\lambda}\sin\alpha)}{\sin^2(\frac{\pi g}{\lambda}\sin\alpha)} \qquad (6.233)$$

Zu beachten ist, dass wir hier nicht $\sin\Phi/2$ durch $\Phi/2$ ersetzt haben, da die Phasenverschiebung zwischen den Wellenzügen benachbarter Spalte wesentlich größer ist als die zwischen benachbarten Wellenzügen in einem Spalt.

Aus (6.233) geht hervor, dass das Beugungsbild eines Gitters dem Beugungsbild eines Spaltes entspricht, dessen Intensität von einem Faktor, der die Interferenz der Wellenzüge aus verschiedenen Spalten beschreibt, moduliert wird. Dieser wird durch die Periodizität des Gitters bestimmt, während der andere Faktor die Eigenschaften der einzelnen Öffnung charakterisiert. Hat die Intensität des Beugungsbildes eines Einzelspaltes, der „Spaltfunktion", bei einem bestimmten Winkel ein Minimum, so gilt dies auch für das Beugungsbild eines aus diesen Spalten aufgebauten Gitters. Allerdings können durch Nullstellen des Interferenzfaktors weitere Minima auftreten. Daher wollen wir diesen Term genauer untersuchen.

Für $\alpha = 0$ wird der Interferenzfaktor unbestimmt, da Zähler und Nenner verschwinden. Setzen wir $\alpha \approx 0$, können wir den Sinus durch sein Argument ersetzen. Die Intensität des Lichts, das sich hinter dem Gitter in Richtung des einfallenden Lichtes ausbreitet, beträgt

$$I(0) = I_{Spalt}(0)p^2. \qquad (6.234)$$

Die Intensität wird um das Quadrat der Spaltanzahl gegenüber dem Einfachspalt vervielfacht. Außer bei $\alpha = 0$ verschwinden Zähler und Nenner des Interferenzfaktors bei

$$\frac{\pi g}{\lambda}\sin\alpha = m\pi \Rightarrow \sin\alpha_{Max} = m\frac{\lambda}{g}. \qquad (6.235)$$

Hier wird die Intensität maximal und beträgt das $p^2$-fache der Intensität des Lichtes, das von einem Einzelspalt in diese Richtung gebeugt wird.[1] Diese Maxima nennt man auch „Hauptmaxima" der Ordnung $m$ des Beugungsbildes eines Gitters. An diesen Stellen interferieren alle Wellenzüge aus unterschiedlichen Spalten konstruktiv. Da das Beugungsbild symmetrisch zu $\alpha = 0$ ist, gibt es Hauptmaxima bei $\pm m$.

---

[1] Auch bei diesen Winkeln kann der Sinus durch sein Argument ersetzt werden, denn es gilt $\sin(x+m\pi) = \sin x\cos m\pi + \sin m\pi\cos x = \sin x$.

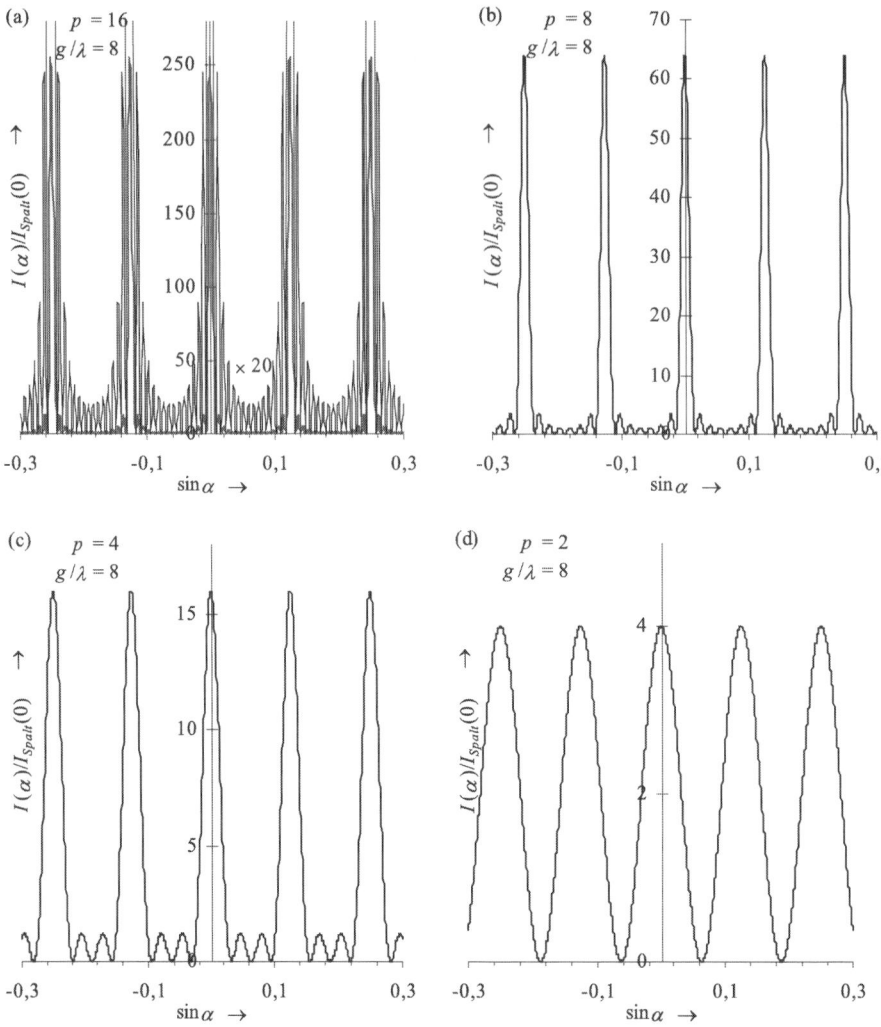

**Abb. 6.119** *Interferenzfunktion (a) 16 Spalte, (b) 8 Spalte, (c) 4 Spalte, (d) 2 Spalte. Der Abstand der Spalte ist gleich. Die Höhe der Hauptmaxima steigt mit wachsender Spaltzahl, die Breite nimmt ab. Die Höhe der Nebenmaxima relativ zu den Hauptmaxima sinkt mit der Spaltzahl.*

Die Intensitätsverteilung (6.233) weist Minima bei den Winkeln auf, an denen der Zähler des Interferenzfaktors verschwindet, der Nenner dagegen $\neq 0$ ist. Dies ist der Fall für

$$p\frac{\pi g}{\lambda}\sin\alpha = m'\pi \implies \sin\alpha_{Min} = \frac{m'}{p}\frac{\lambda}{g}, \, m' \neq Np, \tag{6.236}$$

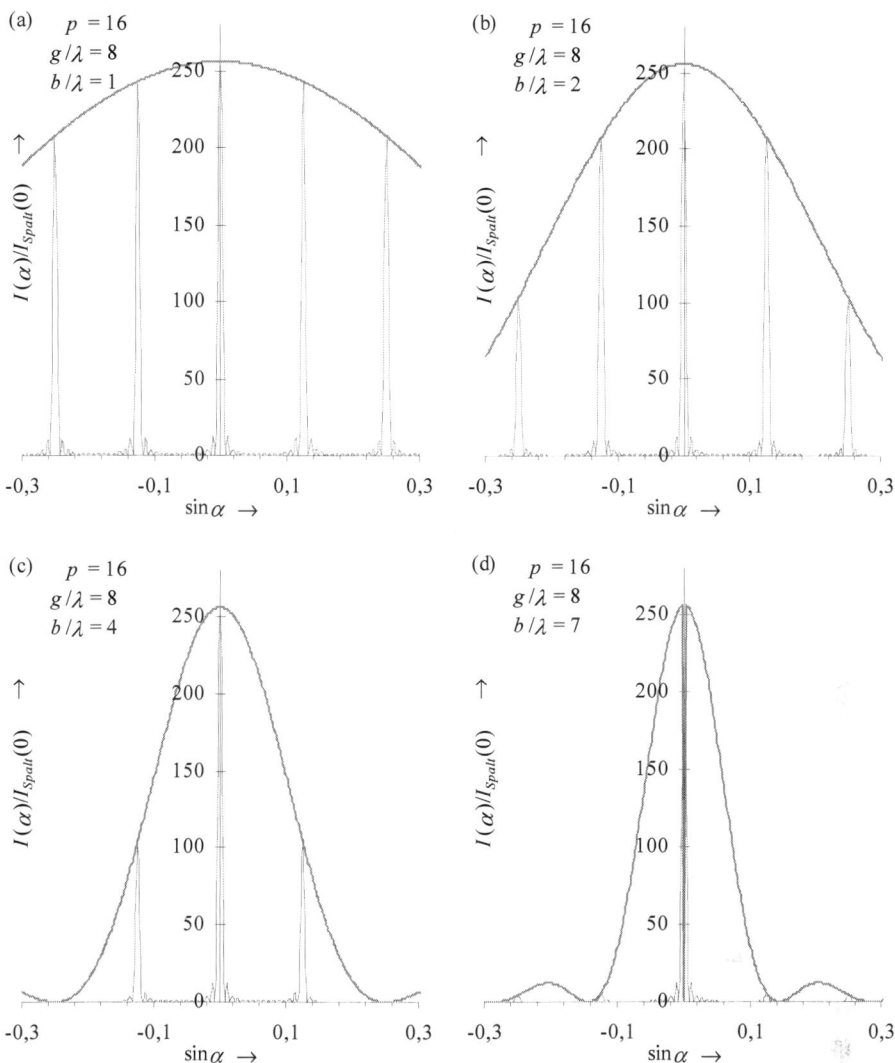

**Abb. 6.120** *Einfluss der Spaltfunktion auf die Größe der Hauptmaxima des Beugungsbildes. Je schmaler die Spalte, umso höher sind die Intensitäten der Hauptmaxima höherer Ordnungen.*

d. h. $m'$ darf kein ganzzahliges Vielfaches von der Spaltanzahl $p$ sein, denn an diesen Stellen hat das Beugungsbild aufgrund (6.235) ein Hauptmaximum. Die halbe Breite des Hauptmaximums um $\alpha = 0$ wird durch den Winkel des angrenzenden Minimums ($m' = 1$) festgelegt und beträgt $\lambda/(pg)$. Diese halbe Breite haben auch die Hauptmaxima höherer Ordnung. Mit wachsender Spaltzahl werden sie immer schmaler. Zwischen den Hauptmaxima befinden sich $p - 1$ Minima, diese begrenzen ihrerseits $p - 2$ Nebenmaxima, deren Intensität mit wachsendem $p$ immer kleiner wird. Bei großen Spaltzahlen herrscht zwischen den Hauptmaxima praktisch Dunkelheit.

Die Intensität der Hauptmaxima wird auch durch die Spaltfunktion bestimmt. Anzustreben ist ein breites Hauptmaximum der Spaltfunktion, so dass sich möglichst viele Hauptmaxima der Interferenzfunktion, zumindest aber jene geringer Ordnung, im Hauptmaximum der Spaltfunktion befinden. Dann wird die Intensität der Hauptmaxima geringer Ordnung im Beugungsbild nicht wesentlich verringert. Aus (6.211) und (6.235) folgt, dass die Breite $b$ der Spalte wesentlich kleiner sein muss als die Spaltabstände $g$. Selbstverständlich können die Ablenkwinkel $\alpha$ nicht größer als 90° werden. Somit muss $g/m \geq \lambda$ sein, um ein Hauptmaximum der $m$-ten Ordnung beobachten zu können.

Wird das Gitter um eine Achse, die in Richtung der Spalte verläuft, um den Winkel $\beta$ gekippt, so verkleinert sich zum einen die effektive Spaltbreite um $\cos \beta$, da nur noch die Projektion des Spaltes als Öffnung wirkt. Anderseits besteht schon ein Gangunterschied $\sim \sin \beta$ zwischen den Wellenzügen, die an unterschiedlichen Stellen auf das Gitter einfallen, so dass der Gangunterschied hinter dem Gitter durch diesen zusätzlichen Gangunterschied vermindert wird. Dies berücksichtigen wir in allen Ausdrücken, die die Intensität im Beugungsbild in Abhängigkeit vom Winkel $\alpha$ zur Gitternormalen beschreiben, indem wir „$\sin \alpha$" durch „$\sin \alpha - \sin \beta$" ersetzen. So folgt für die Lage der Hauptmaxima in (6.235)

$$\frac{\pi g}{\lambda}(\sin \alpha - \sin \beta) = m\pi \;\; \Rightarrow \;\; \sin \alpha_{Max} - \sin \beta = m\frac{\lambda}{g}. \qquad (6.237)$$

Der gegenüber senkrechtem Einfall verringerte Gangunterschied hat zur Konsequenz, dass sowohl der Winkelunterschied zweier aufeinander folgender Hauptmaxima der Interferenzfunktion größer wird, als auch die Breite des Hauptmaximums der Spaltfunktion. Die Lage der Hauptmaxima hängt von der Wellenlänge des Lichts ab, rotes Licht mit größerer Wellenlänge wird stärker abgelenkt als violettes Licht. Der Unterschied der Ablenkwinkel vergrößert sich mit steigender Ordnung $m$ der Hauptmaxima. Daher sind Gitter mit hoher Spaltanzahl $p$ gut geeignet, um Licht hinsichtlich seiner Wellenlänge zu analysieren oder bei monochroma-

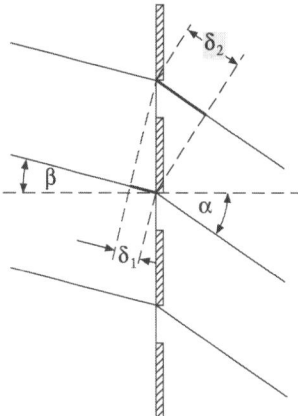

**Abb. 6.121** *Ebene Welle fällt unter einem Winkel $\beta$ auf das Gitter ein. Zwischen zwei parallelen Strahlen, die in zwei benachbarten Spalten an äquivalenter Stelle auf das Gitter treffen, besteht auf der Eintrittsseite der Gangunterschied $\delta_1$, auf der Austrittsseite der Gangunterschied $\delta_2$.*

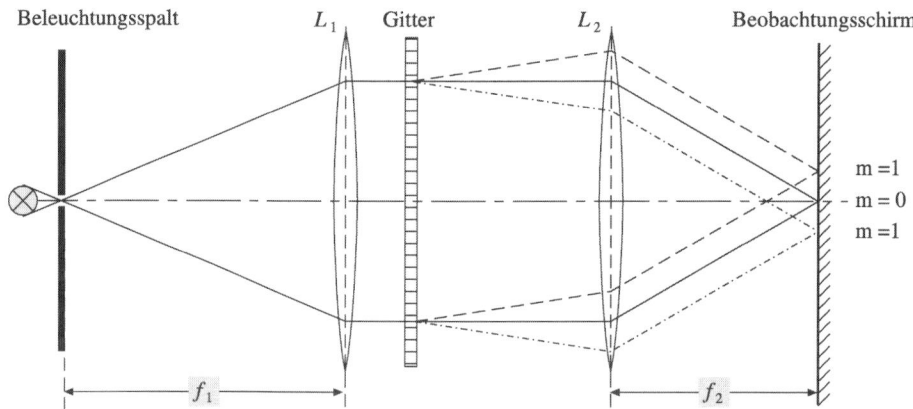

**Abb. 6.122** *Prinzipieller Aufbau eines Gitterspektralapparates.*

tischem Licht dessen Wellenlänge zu bestimmen. Mit Hilfe der Spektralanalyse des Lichts einer Quelle können wichtige Informationen über ihre Eigenschaften gewonnen werden wie z. B. welche Atome Licht emittieren (siehe 927) oder welche Temperatur ein „schwarzer" Strahler hat. Mit höherer Auflösung aufgenommene Spektren erlauben Rückschlüsse auf die Struktur der Elektronenhülle sowie der Wechselwirkung von Atomkern und Hülle.

Beugungsgitter sind zentrale Bestandteile von „Gitterspektralapparaten" zur spektralen Analyse von Licht. Die Beugungsanordnung ist in der Regel vom Typ „Fraunhofer", daher haben sie folgenden prinzipiellen Aufbau:

Die zu untersuchende Lichtquelle beleuchtet einen Spalt, der sich in der Brennebene einer Linse $L_1$ befindet. Dieser „Beleuchtungsspalt" stellt die eigentliche Lichtquelle für das Gitter dar. Die Linse formt das divergente Bündel in ein Parallelbündel um, das dann am Gitter, dessen Spalte parallel zum Beleuchtungsspalt verlaufen, gebeugt wird. Nach dem Durchtritt durch das Gitter werden die Parallelbündel in der Brennebene der zweiten Linse $L_2$ fokussiert. Sieht man von dem Gitter ab, so bilden die beiden Linsen den Beleuchtungsspalt in die Brennebene der zweiten Linse ab. Durch die Beugung entstehen neben dem Bild, das durch die nicht abgelenkten Wellenzüge gebildet wird (dem Hauptmaximum nullter Ordnung), weitere Bilder an den Orten der Hauptmaxima höherer Ordnung. Dabei wird vorausgesetzt, dass die Spaltzahl $p$ des Gitters so hoch ist, dass zum einen nur Licht nennenswerter Intensität in die Hauptmaxima gebeugt wird und zum anderen die Breite dieser Maxima sehr gering ist. Emittiert die Quelle Licht unterschiedlicher Wellenlängen, so entstehen zu einer bestimmten Beugungsordnung mehrere Bilder des Beleuchtungsspaltes, die wegen ihrer Gestalt „Linien" genannt werden. Zu bemerken ist, dass die Breite des Beleuchtungsspaltes und der halbe Öffnungswinkel des von ihm ausgehenden Lichtkegels die Kohärenzbedingung (6.194) erfüllen müssen, damit die Wellenzüge am Gitter gebeugt werden können. Dabei ist es gleichgültig, wie groß und divergent die Lichtquelle selbst ist.

Das Auflösungsvermögen solcher „Spektralapparate" (neben dem Gitterspektralapparat gibt es auch noch andere wie z. B. den Prismenspektralapparat, bei dem die Dispersion zur Trennung von Licht verschiedener Wellenlängen verwendet wird) wird analog zum Auflösungsvermögen optischer Instrumente definiert: Emittiert ein Linienstrahler Licht mit zwei unterschiedlichen Wellenlängen $\lambda$ und $\lambda + \Delta\lambda$, so unterscheiden sich die Richtungen des Lichts, das in das $m$-te Hauptmaximum gebeugt wird, gemäß (6.235), entsprechend wird der Beleuchtungsspalt an etwas unterschiedlichen Orten abgebildet. Die beiden Bilder können dann als zwei unterscheidbare Linien angesehen werden, wenn das Rayleigh-Kriterium erfüllt ist: Das Maximum der Linie mit der Wellenlänge $\lambda + \Delta\lambda$ muss am Ort des Minimums von der Linie mit der Wellenlänge $\lambda$ erscheinen. Es muss daher für die Hauptmaxima der $m$-ten Beugungsordnung gelten

$$\sin\alpha_{Max}(\lambda + \Delta\lambda) = m\frac{(\lambda + \Delta\lambda)}{g} = \sin\alpha_{Min}(\lambda) = m\frac{\lambda}{g} + \frac{\lambda}{pg} \;\Rightarrow$$

$$m\lambda + m\Delta\lambda = m\lambda + \frac{\lambda}{p} \;\Rightarrow\; \frac{\lambda}{\Delta\lambda} = mp \,. \tag{6.238}$$

Das Verhältnis $\lambda/\Delta\lambda$ definiert das spektrale Auflösungsvermögen eines Gitters. Es wächst zum einen mit der Beugungsordnung, weil die Beugungswinkel mit ihr steigen, und zum anderen mit der Zahl $p$ der beleuchteten Spalte. Dabei ist wichtig, dass das Licht kohärent ist, ansonsten reduzieren sich $p$ und damit das Auflösungsvermögen.

Eine eindeutige Zuordnung der Beugungswinkel zu den Wellenlängen ist bei einem Gitterspektralapparat nur möglich, wenn das Licht mit unterschiedlichen Wellenlängen in einen Winkelbereich gebeugt wird, der kleiner ist als der Abstand zweier Hauptmaxima. Der Winkel, in den das $m$-te Hauptmaximum der größten Wellenlänge $\lambda_>$ des Bereiches gebeugt wird, muss kleiner sein als das $(m + 1)$-te Hauptmaximum der kürzesten Wellenlänge $\lambda_<$. Damit ergibt sich der nutzbare Spektralbereich $\lambda_> - \lambda_<$ zu

$$\sin\alpha_{Max}(\lambda_>) = m\frac{\lambda_>}{g} < \sin\alpha_{Max}(\lambda_<) = (m+1)\frac{\lambda_<}{g} \;\Rightarrow$$

$$m\lambda_> < m\lambda_< + \lambda_< \;\Rightarrow\; \lambda_> - \lambda_< < \frac{\lambda_<}{m} \,. \tag{6.239}$$

Mit höherer Ordnung wird der nutzbare Spektralbereich immer kleiner, da sich die Bereiche immer mehr überlappen.

Bei den Gittern, deren Beugungseigenschaften wir bislang behandelt haben, handelt es sich um Transmissionsgitter, bei denen das Licht durch enge Spalte tritt und dabei gebeugt wird. Für die Spektroskopie ist bedeutend, wie viel von dem einfallenden Licht in eines der Hauptmaxima erster Ordnung gebeugt wird. Entsprechend wird der „Beugungswirkungsgrad" als Verhältnis der Intensität des in eine Ordnung, in der Regel die erste, gebeugten Lichts zur einfallenden Lichtintensität definiert. Bei einem Spaltabstand $g$ und der Spaltbreite $b$ beleuchtet jedoch nur der $b/g$-te Teil des einfallenden Lichts die lichtdurchlässigen Spalte des Gitters. Auf die beiden Hauptmaxima erster Ordnung entfällt davon jeweils ein Anteil, der durch die Spaltfunktion in (6.233) bestimmt wird. Daher ist bei Transmissionsgittern der Beugungswirkungsgrad mit Werten unter 10% sehr klein.

Eine wesentliche Steigerung des Beugungswirkungsgrades wird erzielt, wenn Reflexionsgitter verwendet werden, denn dann entfallen die lichtundurchlässigen Bereiche. In einen Spiegel werden lange Furchen mit sägezahnförmigem Profil geritzt, die dann wieder verspiegelt werden. Diese Furchen bei so genannten Echelette[1]-Gittern übernehmen die Rolle der Spalte beim Transmissionsgitter.

Zwischen Wellenzügen, die an äquivalenten Stellen auf benachbarte Furchen in **Abb. 6.123** treffen, besteht ein Gangunterschied wie bei Wellenzügen, die benachbarte Spalte eines Transmissionsgitters durchlaufen. Mit den Winkeln $\alpha$ und $\beta$ bezüglich der Gitternormalen für das einfallende und das gebeugte Licht beträgt der Gangunterschied

$$\Delta = a - b = g(\cos(90° - \alpha) - \cos(90° - \beta)) = g(\sin\alpha - \sin\beta)\,. \qquad (6.240)$$

Für konstruktive Interferenz in den Hauptmaxima muss der daraus resultierende Phasenunterschied ganzzahlige Vielfache von $2\pi$ betragen.

$$\frac{2\pi}{\lambda}\Delta = m2\pi \;\Rightarrow\; \sin\alpha_{Max} - \sin\beta = m\frac{\lambda}{g} \qquad (6.241)$$

Nahezu das gesamte einfallende Licht wird in das Hauptmaximum einer bestimmten Ordnung gebeugt, wenn dessen Richtung mit der Richtung des reflektierten Lichts übereinstimmt. Dann muss wegen des Reflexionsgesetzes (6.15) folgende Beziehung zwischen Einfalls- und Beugungswinkel sowie dem Neigungswinkel $\delta$ der Furchen gelten:

$$\beta - \delta = \alpha + \delta\,. \qquad (6.242)$$

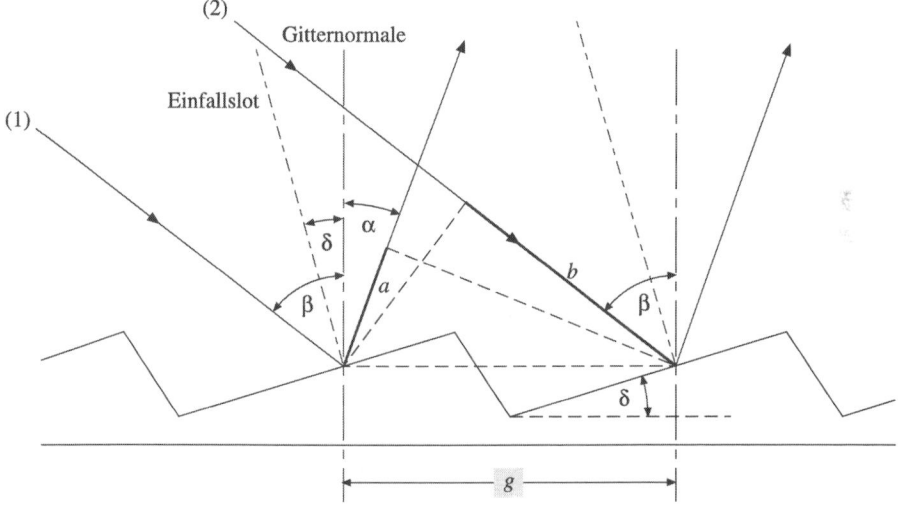

**Abb. 6.123** *Beugung am Reflexionsgitter (Echelette-Gitter). Zwischen den einlaufenden Wellenzügen (1) und (2) besteht nach der Beugung bzw. Reflexion der Gangunterschied a − b.*

---

[1]  Frz. kleiner Maßstab.

Sind durch Furchenabstand $g$ und Wellenlänge $\lambda$ die Winkel $\alpha_{Max}$ und $\beta$ festgelegt, so muss der Neigungswinkel $\delta = \frac{1}{2}(\beta - \alpha_{Max})$ betragen. Gitter mit einer derart angepassten Furchenform nennt man auch „Blaze[1]-Gitter". Sie werden häufig in Spektralapparaten eingesetzt, denn auch für einen gewissen Wellenlängenbereich um die optimierte Blaze-Wellenlänge ist der Beugungswirkungsgrad sehr hoch.

Da Linsen chromatische Aberration aufweisen, werden diese bei Spektralapparaten häufig durch Hohlspiegel ersetzt. Ein weit verbreiteter Aufbau ist der nach Czerny-Turner[2] in **Abb. 6.124**. Da die Hauptstrahlen der Bündel außerhalb der optischen Achsen der Spiegel verlaufen, wird die Abbildung durch Astigmatismus gestört.

Spektren von Lichtquellen können auf unterschiedliche Weise erfasst werden. Wird an die durch (6.241) für eine bestimmte Wellenlänge vorgegebene Stelle in der Brennebene des Spiegels $S_2$ in **Abb. 6.124** ein schmaler, zum Beleuchtungsspalt paralleler Austrittsspalt platziert, so beleuchten diesen die Hauptmaxima des gebeugten Lichts anderer Wellenlängen, wenn das Gitter um eine Achse parallel zu den Furchen gedreht wird. Wird das Licht hinter dem Austrittsspalt durch einen Detektor nachgewiesen, so kann das Spektrum einer

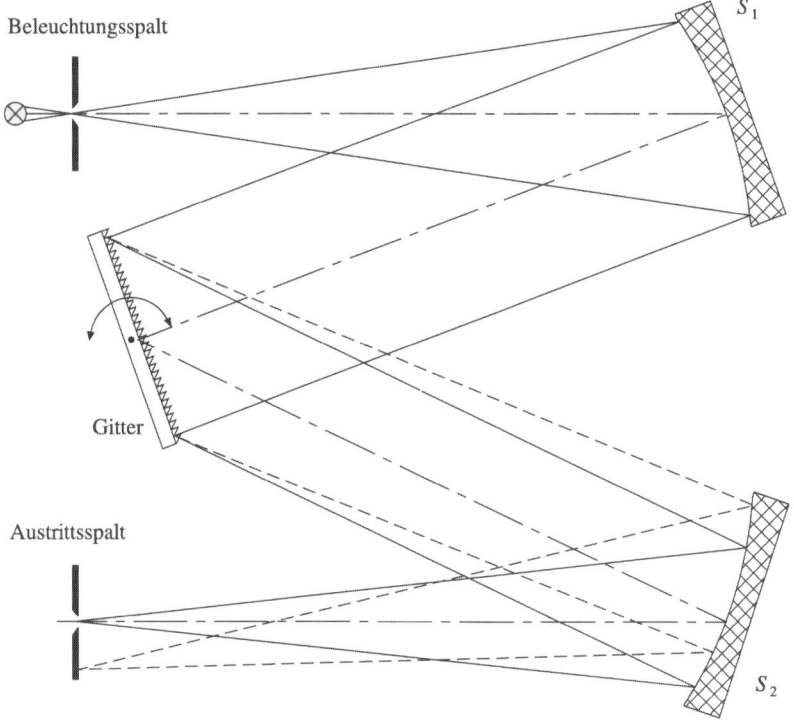

*Abb. 6.124  Gitterspektralapparat nach Czerny-Turner.*

---

[1]     Blaze, eng. heller Schein. Es wird besonders viel Licht reflektiert.
[2]     Von M. Czerny und A. F. Turner 1930 angegeben.

Lichtquelle in Abhängigkeit vom Drehwinkel des Gitters aufgenommen werden. In diesem Fall nennt man den Spektralapparat auch „Monochromator". Wird das Licht dagegen durch einen Film oder eine Fotoplatte nachgewiesen, so spricht man von einem „Spektrographen" oder „Polychromator". In modernen Geräten wird statt des Films ein lichtempfindlicher Aufnahmechip ähnlich denen in Digitalkameras eingesetzt.

Die Abbildung des Eintrittsspaltes und die Beugung des Lichts können in ein Bauelement zusammengefasst werden, wenn statt eines Plangitters ein Hohlspiegel verwendet wird, in den Furchen eingeritzt sind. Dies ist besonders bei der Spektroskopie von UV-Licht vorteilhaft, da die Reflektivität für diese Wellenlängen klein ist und so zwei Spiegel gegenüber dem Aufbau nach Czerny-Turner eingespart werden können. Bei einem solchen Spektralapparat müssen Eintrittsspalt und Austrittsspalt auf dem „Rowland-Kreis" liegen, dessen Durchmesser gleich dem Krümmungsradius des Konkavgitters ist.

**Fraunhofersche Beugung und Fouriertransformation**
Beugung von Licht an Hindernissen beruht dem Huygensschen Prinzip zufolge auf der Interferenz von Elementarwellen, die von Anregungszentren einer Wellenfront am Ort des Hindernisses ausgehen. In der Fraunhoferschen Näherung wird das gebeugte Licht in großer Entfernung vom Hindernis betrachtet, daher sind die Wellenfronten der Elementarwellen praktisch eben. Zur Berechnung der Feldstärke, die sie hinter einem Spalt der Breite $b$ in einer bestimmten Richtung $\alpha$ bewirken, haben wir in (6.216) über $N$ Elementarwellen, die von äquidistanten Anregungszentren im Spalt ausgehen, summiert. Beschreiben wir den Ort der Anregungszentren von einem Referenzort im Spalt mit der Koordinate $\xi$, so haben benachbarte Anregungszentren den Abstand $\Delta\xi = b/N$. Zwischen den von ihnen ausgehenden Elementarwellen besteht die Phasenverschiebung (6.214). Drücken wir diese durch $\Delta\xi$ aus, so lautet die resultierende Feldstärke (6.216) der sich in Richtung $\alpha$ ausbreitenden Elementarwellen

$$\underline{E}(\alpha) = \hat{E}e^{j(\omega t - kr)} \sum_{i=0}^{N-1} e^{-jik\Delta\xi\sin\alpha} = \frac{N\Delta\xi}{b}\hat{E}e^{j(\omega t - kr)} \sum_{i=0}^{N-1} e^{-jik\Delta\xi\sin\alpha} \, . \qquad (6.243)$$

Die in (6.243) verwendeten Größen haben die gleiche Bedeutung wie in (6.216), außerdem haben wir für die spätere Rechnung (6.216) mit $b = N\,\Delta\xi$ erweitert. Der Ausdruck $i\,\Delta\xi$ beschreibt den Ort $\xi_i$ des Anregungszentrums der betreffenden Elementarwelle.

Lassen wir $\Delta\xi$ gegen null und $N$ gegen unendlich streben, so gehen in (6.243) die Phasenverschiebungen $k\sin\alpha(i\Delta\xi)$ über in $k\sin\alpha\xi$. $N\hat{E}$ entspricht der resultierenden Amplitude der nicht abgelenkten Wellenzüge. Damit können wir in (6.243) die Summe durch ein Integral mit $\Delta\xi \to d\xi$ über die Spaltbreite $b$ ersetzen ($N\hat{E} = \hat{E}(0)$, siehe Seite 919).

$$\underline{E}(\alpha) = \hat{E}(0)e^{j(\omega t - kr)} \sum_{i=0}^{N-1} e^{-jk\sin\alpha(i\Delta\xi)} \frac{\Delta\xi}{b} \quad \to$$

$$\underline{E}(\alpha) = \frac{\hat{E}(0)}{b} e^{j(\omega t - kr)} \int_0^b e^{-jk\sin\alpha\xi} d\xi \qquad (6.244)$$

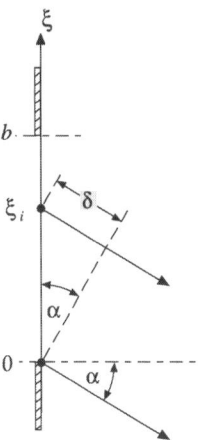

**Abb. 6.125** *Beugung am Spalt: Zur Bestimmung der Phasenverschiebung von Elementarwellen gegenüber einer Referenzwelle, die vom Ort ξ = 0 ausgeht.*

Die Integration ergibt

$$\underline{E}(\alpha) = \frac{\hat{E}(0)}{b} e^{j(\omega t - kr)} \left[ -\frac{e^{-jk\sin\alpha\xi}}{jk\sin\alpha} \right]_0^b = \frac{\hat{E}(0)}{b} e^{j(\omega t - kr)} \frac{(1 - e^{-jk\sin\alpha b})}{jk\sin\alpha} \quad \Rightarrow$$

$$\underline{E}(\alpha) = \frac{\hat{E}(0)}{b} e^{j(\omega t - kr)} e^{-j\frac{kb\sin\alpha}{2}} \frac{(e^{j\frac{kb\sin\alpha}{2}} - e^{-j\frac{kb\sin\alpha}{2}})}{jk\sin\alpha} \quad \Rightarrow$$

$$\underline{E}(\alpha) = \frac{\hat{E}(0)}{b} e^{j(\omega t - kr - \frac{kb\sin\alpha}{2})} \frac{2\sin(\frac{kb\sin\alpha}{2})}{k\sin\alpha}$$

$$\underline{E}(\alpha) = \hat{E}(0) e^{j(\omega t - kr - \frac{kb\sin\alpha}{2})} \frac{\sin(\frac{kb\sin\alpha}{2})}{\frac{kb\sin\alpha}{2}} . \tag{6.245}$$

Nach Bildung des Realteils erhalten wir für das Feld das gleiche Ergebnis wie in (6.221). Bei der Berechnung können wir die Spalteigenschaften durch eine „Transmissionsfunktion"

$$T(\xi) = \begin{cases} 1 \text{ für } 0 \leq \xi \leq b \\ 0 \text{ sonst} \end{cases} \tag{6.246}$$

beschreiben. Damit können wir in (6.244) die Integration von $-\infty$ bis $\infty$ durchführen.

$$\underline{E}(\alpha) = \frac{\hat{E}(0)}{b} e^{j(\omega t - kr)} \int_{-\infty}^{\infty} T(\xi) e^{-jk\sin\alpha\xi} d\xi = \underline{E}(k\sin\alpha) \tag{6.247}$$

Bis auf einen Faktor $(2\pi)^{-1/2}$ entspricht das Integral in (6.247) der Fouriertransformierten (4.168) einer zeitabhängigen Funktion. Dabei korrespondiert die Koordinate $\xi$ im Spalt der Zeit $t$, während $k\sin\alpha := k_\xi$, die Komponente des Wellenvektors des gebeugten Lichts in $\xi$-Richtung, der Kreisfrequenz $\omega$ entspricht. Damit gilt allgemein für die Beugung in Fraunhoferscher Näherung:

> Die Intensität im Beugungsbild ist proportional zum Quadrat der Fouriertransformierten der Transmissionsfunktion des Objektes, an dem das Licht gebeugt wird.

$$I(\alpha) = I(k\sin\alpha) = I(k_\xi) \sim |\tilde{T}(k_\xi)|^2 \tag{6.248}$$

Zu beachten ist, dass in (6.247) vorausgesetzt wurde, dass der Abstand $r$ der Spaltebene vom Ort, an dem das Beugungsbild betrachtet wird, sehr groß und damit für alle Beugungswinkel gleich ist. Beobachtet man das gebeugte Licht in der Brennebene einer Linse mit der Brennweite $f$ wie in **Abb. 6.110** (c), so wird das Licht von $k_\xi = k\sin\alpha$ dort an der Stelle

$$x = f\sin\alpha = f\frac{k_\xi}{k} = f\frac{\lambda}{2\pi}k_\xi. \tag{6.249}$$

fokussiert. Die Berechnung der Intensitätsverteilung im Beugungsbild mit Hilfe der Fouriertransformation ist ein wichtiges Hilfsmittel, um Beugungsbilder beliebig geformter Hindernisse zu berechnen. Ist aufgrund der Abmessungen des Hindernisses Beugung in zwei Dimensionen zu erwarten, so hängt die Transmissionsfunktion in (6.247) von zwei kartesischen Koordinaten $\xi$ und $\eta$ ab. Ihnen zugeordnet sind zwei senkrecht zueinander stehende Richtungen mit den Beugungswinkeln $\alpha_x$ und $\alpha_y$ und die dazugehörigen Fourierkomponenten $k_\xi = k\sin\alpha_x$ und $k_\eta = k\sin\alpha_y$. Für den zweidimensionalen Fall lautet (6.248)

$$I(\alpha_x, \alpha_y) = I(k_\xi, k_\eta) \sim |\tilde{T}(k_\xi, k_\eta)|^2 \text{, mit}$$

$$\tilde{T}(k_\xi, k_\eta) = \int_{-\infty}^{\infty}\int_{-\infty}^{\infty} T(\xi, \eta)e^{-jk_\xi\xi}e^{-jk_\eta\eta}\,d\xi d\eta. \tag{6.250}$$

Auf diesem Weg kann z. B. das Beugungsbild einer kreisförmigen Blende berechnet werden. Die Transmissionsfunktion $T(\xi, \eta)$ kann nicht nur die Werte null und eins annehmen, es können auch Absorption und Phasenverschiebung durch transparente Medien oder Stufungen wie beim Reflexionsgitter berücksichtigt werden. Diese können im Bereich der Hindernisse unterschiedliche Werte annehmen. Im Allgemeinen ist $T(\xi, \eta)$ komplex. Fällt z. B. das Licht unter einem Winkel $\beta$ auf einen Spalt (eindimensional) ein, so bestehen Gangunterschiede zwischen den einlaufenden Wellenzügen, die sich als Phasenverschiebung zwischen den Anregungszentren der Elementarwellen auswirken (siehe **Abb. 6.121**, dort allerdings für ein Gitter). Mit dem Koordinatensystem im Spalt von **Abb. 6.125** ergibt sich $T(\xi)$ zu

$$T(\xi) = \begin{cases} e^{jk\sin\beta\xi} & \text{für } 0 \le \xi \le b \\ 0 & \text{sonst} \end{cases}. \tag{6.251}$$

Die Rechnung zeigt, dass die Intensitätsverteilung im Beugungsbild durch (6.221) beschrieben wird, wenn „sin $\alpha$" durch „sin $\alpha$ – sin$\beta$" ersetzt wird.

Mit Hilfe der Fouriertransformation kann das Beugungsbild eines Objektes bestimmt werden. Im Kapitel 4.2.6 haben wir gesehen, dass ein Signal entweder durch seinen zeitlichen Verlauf oder durch sein Frequenzspektrum unter Berücksichtigung der Phasenlage der Fourierkomponenten beschrieben werden kann. Durch Fouriertransformation können die Darstellungen umgerechnet werden. Ähnliches gilt für ein Objekt und der Feldstärke des an ihm gebeugten Lichts. Aus deren Fourierkomponenten $k_\xi$ kann auf das Objekt zurückgeschlossen werden. Eine Linse, die das gebeugte Licht wie in **Abb. 6.110** (c) in ihrer Brennebene fokussiert, bildet gleichzeitig das Objekt in der Bildebene ab. Während in der Brennebene die Wellenzüge der gleichen Fourierkomponente $k_\xi$ in einem Punkt vereinigt werden, sind es in der Bildebene die Wellenzüge unterschiedlicher $k_\xi$. Nur wenn die Wellenzüge aller Fourierkomponenten $k_\xi$ die Linse passieren, entspricht das Bild hinsichtlich der Helligkeit dem Objekt.[1]

Welche Auswirkungen hat es auf das Bild, wenn nicht alle Wellenzüge der Fourierkomponenten in den Bildpunkten vereinigt werden? Dies soll am Beispiel eines Gitters aus Spalten

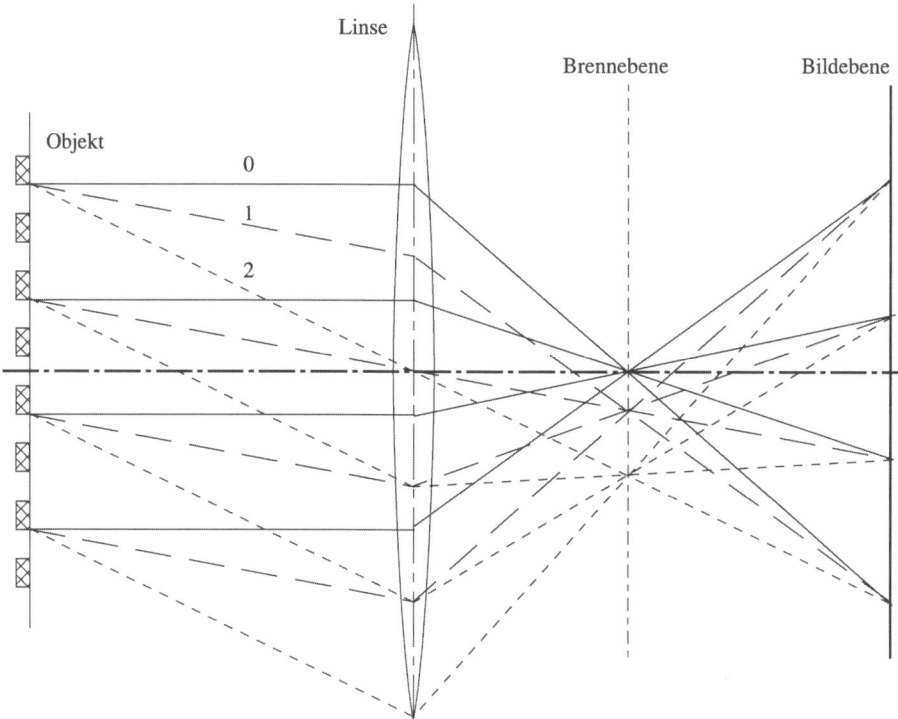

***Abb. 6.126*** *Abbildung eines Objektes (Gitter), an dem Licht gebeugt wird. In der Brennebene entsteht das Beugungsbild, in der Bildebene das reelle Bild. Nur wenn die Wellenzüge aller Fourierkomponenten in den Bildpunkten vereinigt werden, entsteht eine detailgetreue Abbildung des Objektes.*

---

[1]    Dabei wird vorausgesetzt, dass die Linse fehlerfrei abbildet.

mit „rechteckigen" Transmissionsfunktionen wie (6.246) verdeutlicht werden. Das Beugungsbild besteht bei hinreichend großer Spaltanzahl praktisch nur aus den Hauptmaxima. Ist der Abstand der Linse vom Gitter so groß, dass nur Licht der nullten Ordnung durch die Linse gelangt, so wird die Bildebene zwar gleichmäßig ausgeleuchtet, aber es ist keine Gitterstruktur zu erkennen. Erst wenn Wellenzüge der ersten Ordnung zur Abbildung beitragen, erscheint ein „verwaschenes" Bild des Gitters.

Die zu diesem verwaschenen Bild gehörende Transmissionsfunktion kann durch die Rücktransformation wie in (4.167) der aus der nullten und ersten Ordnung gebildeten Feldstärkeverteilung in der Brennebene der Linse bestimmt werden. Da das Gitter eine Periodizität hinsichtlich des Spaltabstandes $g$ aufweist, kann die Transmissionsfunktion durch eine Fourierreihe wie (4.145) ausgedrückt werden. Sind die Spalte symmetrisch zur optischen Achse der Linse wie in **Abb. 6.126** angeordnet, so ist die Transmissionsfunktion $T(\xi)$ eine gerade Funktion, so dass in der Fourierreihe nur Kosinusterme auftreten. Deren Kreisfrequenzen entsprechen den $k_{\xi Max} = mk\lambda/g = m2\pi/g$ der Hauptmaxima, ihre Amplituden $a_m$ werden u. a. durch die Spaltfunktion bestimmt. Da die Beugungswinkel nicht größer als $90°$ werden können, ist die Beugungsordnung auf $m_{Max} \leq g/\lambda$. beschränkt. Damit lautet die Transmissionsfunktion

$$T(\xi) = \sum_{m=-m_{Max}}^{m_{Max}} a_m \cos(m\frac{2\pi}{g}\xi) \,. \tag{6.252}$$

Gelangen nur Wellenzüge der nullten und ersten Ordnung des gebeugten Lichts in die Bildpunkte, so wird nur ein Objekt mit der Transmissionsfunktion

$$T'(\xi) = a_0 + a_1 \cos(\frac{2\pi}{g}\xi) + a_{-1}\cos(-\frac{2\pi}{g}\xi) = a_0 + 2a_1 \cos(\frac{2\pi}{g}\xi) \tag{6.253}$$

abgebildet. Die Funktion $T'(\xi)$ gibt zwar die Periodizität des Gitters wieder, lässt aber keine Rückschlüsse auf die konkrete Form der Spalte zu. Erst wenn mehr Beugungsordnungen berücksichtigt werden, nähert sich die Helligkeitsverteilung im Bild der realen Transmissionsfunktion an, die Kanten der Spalte werden erkennbar. Die Fourierkomponenten periodisch aufgebauter Objekte bezeichnet man auch als „Ortsfrequenzen" oder „Raumfrequenzen". Da eine Linse immer Wellenzüge mit großen Beugungswinkeln, also hohen Ortsfrequenzen bei der Abbildung ausblendet, ist das Bild „verwaschen", eine perfekte Abbildung ist nicht möglich.

Eine weitere Beschränkung hinsichtlich der Größe von Objektstrukturen ergibt sich aus der Bedingung, dass mindestens Wellenzüge der ersten Beugungsordnung zum Bildaufbau beitragen müssen. Ist die Periodenlänge $g < \lambda$, so gibt es überhaupt keine erste Beugungsordnung mit Beugungswinkeln $\leq 90°$. Daher gilt:

---

Eine Abbildung von Objektstrukturen, die kleiner sind als die Wellenlänge des dabei verwendeten Lichts oder anderer Strahlung, ist nicht möglich.

---

Dies ist das wesentliche Ergebnis der Abbeschen Theorie zum Auflösungsvermögen von Mikroskopen. Mit einem Lichtmikroskop liegt die Grenze von Objektstrukturen bei etwa 1 μm. Für die Abbildung feinerer Strukturen, wie sie bei der Herstellung elektronischer Chips erforderlich ist, verwendet man UV-Licht. Noch kürzere Wellenlängen erreicht man mit Synchrotronstrahlung oder Teilchenstrahlung wie z. B. beim Elektronenmikroskop.

Anderseits ist es möglich, bei der Abbildung mit kohärentem Licht die Abbildung zu manipulieren, indem gezielt bestimmte Ortsfrequenzen ausgeblendet werden, die z. B. von periodischen Störungen in der Transmissionsfunktion des Objektes herrühren. Blendet man dagegen Ortsfrequenzen niedriger Ordnung aus, so werden Kanten und andere feinere Objektstrukturen im Bild hervorgehoben.

## Holographie

Betrachtet man die Photographie eines räumlich ausgedehnten Gegenstandes, so erscheint dieser auf dem Bild „flach", denn die Information über die „dritte Dimension" senkrecht zur Bildebene ist großteils verloren gegangen. Nur über die perspektivische Anordnung kann ein vager Eindruck über die räumliche Gestalt des photographierten Objektes gewonnen werden. Insbesondere ändert sich die Perspektive im Gegensatz zur direkten Betrachtung mit beiden Augen nicht, wenn die Photographie verkippt wird. Der Grund, weshalb Gegenstand und sein Foto einen so unterschiedlichen Eindruck beim Betrachten hinterlassen, liegt in der unterschiedlichen Verteilung der Feldstärke am Ort der Netzhaut in den Augen, die ein beleuchteter Gegenstand und ein beleuchtetes Foto verursachen.

Hier setzt die Holographie[1] an: Sie ist ein Verfahren, bei dem die Verteilung der Feldstärke so in einem Bild aufgezeichnet wird, dass bei entsprechender Beleuchtung dieses „Hologramms" eine räumliche Verteilung der Feldstärke entsteht, die der ursprünglichen entspricht. Wird diese von den Augen eines Betrachters wahrgenommen, so „sieht" er das Objekt so, als wäre es wirklich an der Stelle, an der die Aufnahme gemacht worden ist.

An dieser Stelle wird schon deutlich, dass für holographische Aufnahmen inkohärentes Licht ungeeignet ist, da sich die Feldstärke innerhalb von etwa $10^{-8}$ s statistisch ändert, so dass bei üblichen Belichtungszeiten keine eindeutige Verteilung der Feldstärke aufgezeichnet werden kann. Daher muss sowohl bei der Aufnahme als auch bei der Betrachtung des Hologramms kohärentes Licht verwendet werden. Allerdings konnte die von D. Gabor[2] 1948 entwickelte Holographie erst praktisch umgesetzt werden, als entsprechende Laserlichtquellen zur Verfügung standen.

Die Feldstärke[3] des Lichts, das der mit kohärentem Licht beleuchtete Gegenstand in den Raum emittiert, ist die Resultierende aus der Interferenz aller von den Gegenstandspunkten ausgehenden Wellenzüge. Sie kann an jedem Punkt durch eine Amplitude $\hat{E}_G$ und einen Phasenwinkel $\Phi_G$ beschrieben werden.

$$E_G(x,y,z) = \hat{E}_G(x,y,z)\cos(\omega t + \Phi_G(x,y,z)) . \tag{6.254}$$

[1]    Von holos, griech. vollständig und graphein, griech. schreiben.
[2]    D. Gabor (1900 – 1979).
[3]    Solange die Polarisation des Lichtes nicht beeinflusst wird, können wir mit der skalaren Feldstärke des elektrischen Feldes rechnen.

Da auch ein Hologramm nur mit einem lichtempfindlichen Film aufgenommen werden kann, bei dem die auf ihn eingestrahlte Intensität (Bestrahlungsstärke) erfasst wird, führt die Bestrahlung des Films mit einem Feld (6.254) allein zu einer Helligkeitsverteilung, die nur von der Amplitude $\hat{E}$ beeinflusst wird. Um auch den Phasenwinkel in der Helligkeitsverteilung auf dem Film zu berücksichtigen, muss das Feld (6.254), die „Objektwelle", mit einem weiteren Feld $E_R$, das von einer „Referenzwelle" gebildet wird, zur Interferenz gebracht werden. Wichtig ist, dass Objekt- und Referenzwelle kohärent zueinander sind. Nehmen wir an, dass sich der Film in der $xy$-Ebene befindet, so ergibt die Überlagerung beider Wellen dort die Intensität

$$I(x,y) \sim <(E_G(x,y)+E_R(x,y))^2>$$
$$I(x,y) \sim <E_G^2>+<2E_GE_R>+<E_R^2>=\hat{E}_G^2+\hat{E}_R^2+2<E_GE_R>,$$

dabei ist

$$<E_GE_R>=<\hat{E}_G\hat{E}_R\cos(\omega t+\Phi_G)\cos(\omega t+\Phi_R)>$$
$$<E_GE_R>=<\hat{E}_G\hat{E}_R\frac{1}{2}(\cos(2\omega t+\Phi_G+\Phi_R)+\cos(\Phi_G-\Phi_R))>$$
$$<E_GE_R>=\frac{1}{2}\hat{E}_G\hat{E}_R\cos(\Phi_G-\Phi_R) \Rightarrow$$
$$I(x,y) \sim \hat{E}_G^2+\hat{E}_R^2+\hat{E}_G\hat{E}_R\cos(\Phi_G-\Phi_R). \tag{6.255}$$

Die beiden ersten Terme beschreiben die Intensitäten von Objekt- und Referenzwelle, während in den letzten Term die Phasen beider Wellen eingehen. Diese Intensitätsverteilung wird mit einem Film aufgenommen, dessen Transmission proportional zur Intensität ist. Wird das Hologramm mit dem Licht einer Rekonstruktionswelle, deren Feld gleich dem der Referenzwelle ist, beleuchtet, so wird deren Feld am Ort des Hologramms mit dessen Transmissionsfunktion $T(x,y) \sim I(x,y)$ moduliert. Unmittelbar hinter dem Hologramm ergibt sich eine Feldverteilung

$$E(x,y) = T(x,y)E_R(x,y),$$
$$E(x,y) \sim (\hat{E}_G^2+\hat{E}_R^2+\hat{E}_G\hat{E}_R\cos(\Phi_G-\Phi_R))\hat{E}_R\cos(\omega t+\Phi_R) \Rightarrow$$
$$E(x,y) \sim (\hat{E}_G^2+\hat{E}_R^2)\hat{E}_R\cos(\omega t+\Phi_R)+\hat{E}_G\hat{E}_R^2\cos(\omega t+\Phi_G)$$
$$+\hat{E}_G\hat{E}_R^2\cos(-\omega t+\Phi_G-2\Phi_R). \tag{6.256}$$

Der erste Summand in (6.256) beschreibt die Referenzwelle, der zweite ist proportional zur Objektwelle, während der dritte eine zur Objektwelle konjugierte Welle darstellt. Nach dem Huygensschen Prinzip stellen die Punkte unmittelbar hinter dem Hologramm mit der Feldstärke (6.256) Anregungszentren von Elementarwellen dar, durch deren Interferenz die Wellenfronten von Referenz-, Objekt- und konjugierter Welle im Raumgebiet hinter dem Hologramm entstehen. Die drei Wellen stellen die nullte und die ± erste Beugungsordnung der Rekonstruktionswelle dar.

(a)

(b)

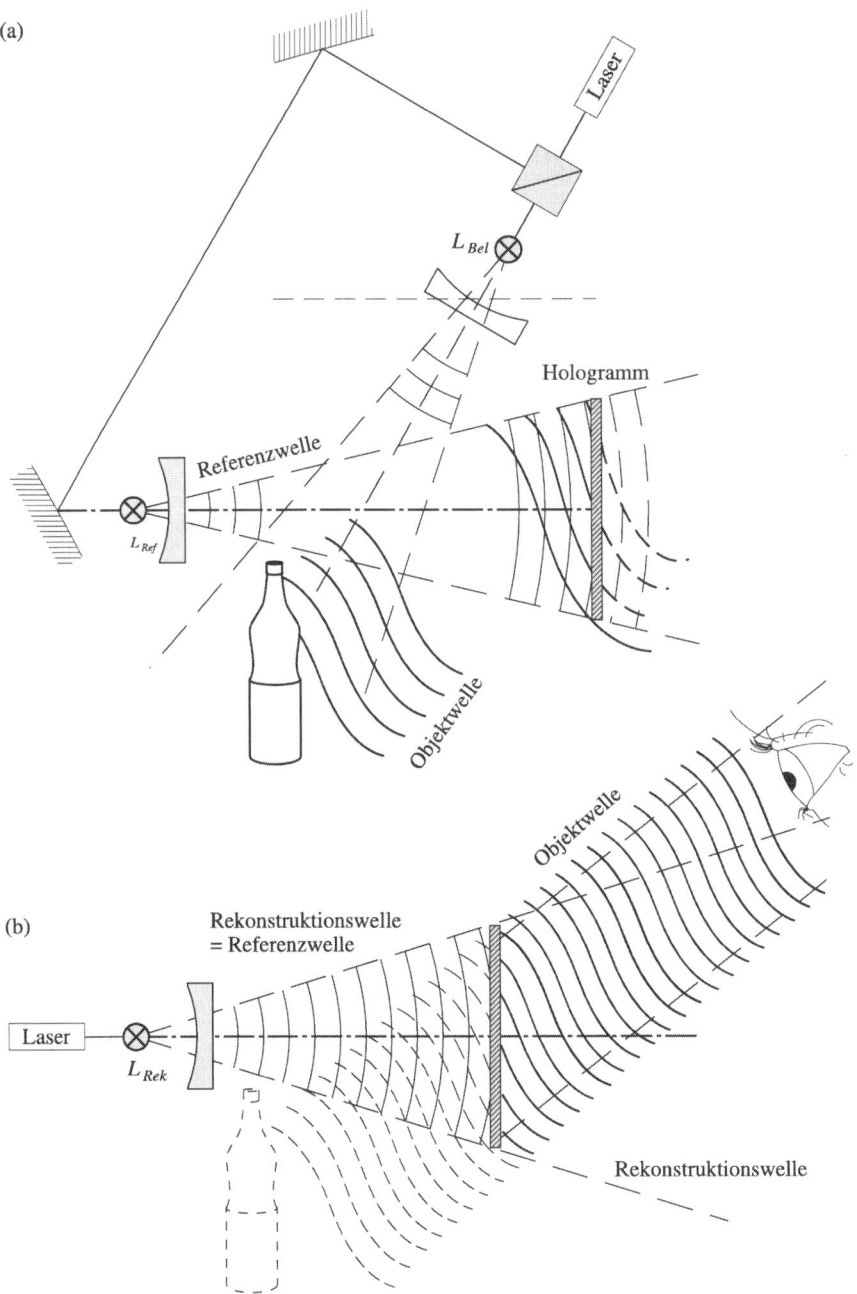

***Abb. 6.127*** *(a) Anordnung zur Aufnahme eines Hologramms, (b) Rekonstruktion der Objektwelle, die beiden anderen Wellen wurden weggelassen.*

Von Interesse ist nur die rekonstruierte Objektwelle, denn sie vermittelt dem Betrachter ein (virtuelles) Bild des Gegenstandes, während die beiden anderen stören. Allerdings können die drei Wellen durch eine geeignete Wahl von Referenzwelle und Geometrie voneinander getrennt werden. Meist benutzt man als Referenzwelle ebene Wellen oder Kugelwellen, wobei die Ausbreitungsrichtungen von Objekt- und Referenzwelle unterschiedlich sind. Üblicherweise werden beide Wellen durch Teilung des Lichtbündels einer Laserlichtquelle gewonnen, so dass die Polarisation des Lichts keine Rolle spielt. Da das Feld der Objektwelle an einem Punkt des Hologramms durch die Interferenz von Wellenzügen aller Gegenstandspunkte gebildet wird, ist die Information über den Gegenstand auf der gesamten Fläche des Hologramms abgelegt. Auch wenn nur Teile des Hologramms von der Rekonstruktionswelle beleuchtet werden, wird die Objektwelle rekonstruiert, allerdings mit eingeschränkter Wiedergabe von Details.

Wir wollen nun einige einfache Sonderfälle untersuchen:

Der Gegenstand soll nur aus einem Punkt bestehen und als Beleuchtungs- bzw. Referenzwelle soll eine Kugelwelle verwendet werden. In der Hologrammebene überlagern sich zwei Kugelwellen: Eine geht vom Gegenstandspunkt aus, die andere vom Punkt der Lichtquelle. Das Interferenzmuster entspricht dem des Fresnelschen Spiegelversuchs in **Abb. 6.104**, ein Schnitt durch das System konfokaler Rotationshyperboloide, deren Brennpunkte die ggf. virtuellen Zentren der Kugelwellen sind.

Wird im obigen Fall statt einer Kugelwelle eine ebene Welle als Referenzwelle verwendet, so wandert der ihr zugeordnete Brennpunkt des Interferenzmusters ins Unendliche. Es entsteht ein System aus konzentrischen Kugelschalen um den Gegenstandspunkt. In der Ebene des Hologramms ergeben sich daraus konzentrische Kreise, deren Mittelpunkt der Schnittpunkt der Ebenennormalen durch den Gegenstandspunkt ist. Nehmen wir vereinfachend an, dass die Hologrammebenennormale und Normale der ebenen Wellenfronten parallel zueinander verlaufen, so ergibt sich das Interferenzmuster aus **Abb. 6.128** (a).

Je nach Lage des Gegenstandspunktes und der Größe der lichtempfindlichen Fläche des Hologramms kann auch nur ein Ausschnitt des Kreissystems erfasst werden. Die Radien $R$ der Kreise maximaler Intensität (konstruktive Interferenz von ebener Welle und Kugelwelle) betragen

$$R^2 = r^2 - d^2 \text{, mit } r = d + m\lambda \;\Rightarrow\; R^2 = 2m\lambda d + m^2\lambda^2 \text{, da}$$
$$d \gg \lambda \;\Rightarrow\; R = \sqrt{2m\lambda d} \,. \tag{6.257}$$

Mit wachsendem $m$ wird der Unterschied zwischen den Radien von zwei aufeinander folgenden Kreisen immer kleiner, das Interferenzmuster wird immer feiner. Wird das Hologramm mit einer ebenen Rekonstruktionswelle beleuchtet, so wird zum einen der Gegenstandspunkt als virtuelles Bild rekonstruiert. Zum anderen wird das Licht in einen dazu symmetrischen Punkt fokussiert. Dieses Licht stammt von der zur Objektwelle konjugierten Welle.

a)

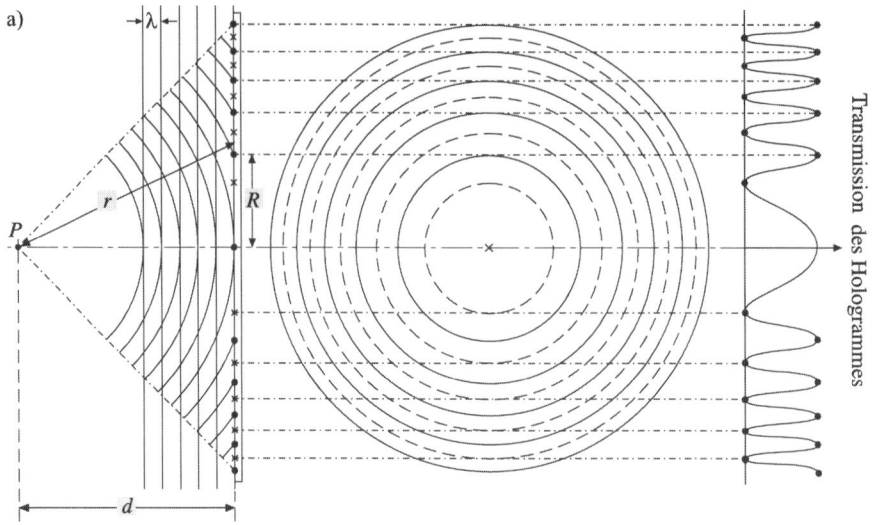

b)

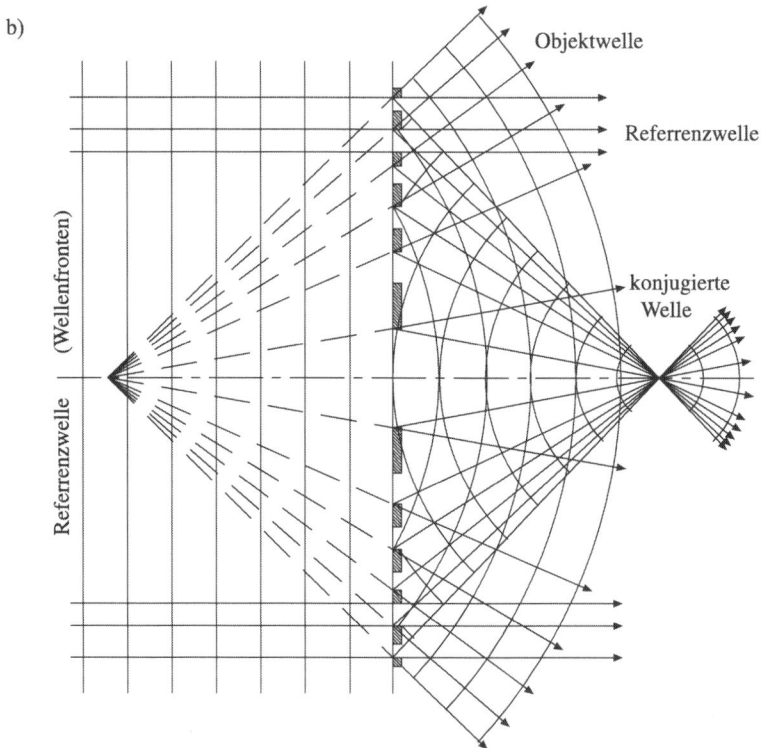

**Abb. 6.128** *(a) Hologramm eines Punktes bei Verwendung einer ebenen Referenzwelle. Das Interferenzmuster besteht aus konzentrischen Kreisen. (b) Die Rekonstruktion des Hologramms ergibt den Gegenstandspunkt (virtuell) und den dazu konjugierten Punkt (reell).*

Anschaulich kann man sich die fokussierende Eigenschaft eines Interferenzmusters aus **Abb. 6.128** folgendermaßen verdeutlichen: Die Abstände zwischen zwei Kreisen maximaler Transmission werden mit wachsendem Radius immer kleiner, d. h. die „Spalte" werden immer enger. Damit nehmen auch die Beugungswinkel der ersten Ordnung zu und die Wellenzüge werden in einem reellen und in einem virtuellen Punkt vereinigt. Derartige „Zonenplatten" können statt Linsen verwendet werden. Die Brennweite dieser Linse, die sowohl als Sammel- als auch als Zerstreuungslinse wirkt, entspricht dem Abstand $d$ des Gegenstandspunkts vom Hologramm während der Aufnahme.

Bei der Aufnahme eines realen Gegenstandes wird die Überlagerung der Kreissysteme aller Gegenstandspunkte im Hologramm gespeichert. Bei der Rekonstruktion mit einer ebenen Welle entsteht ein virtuelles Bild des Gegenstandes, das sich für einen Betrachter nicht vom Gegenstand unterscheidet. Die durch die zu den Objektwellen konjugierten Wellen erzeugen ein reelles Bild, dessen Bildpunkte spiegelbildlich zu den virtuellen Bildpunkten liegen. Für einen Betrachter kehren sich damit die Tiefenverhältnisse um: Beim Gegenstand hinten liegende Punkte erscheinen nun im Vordergrund. Diesen Effekt nennt man auch „Pseudoskopie". Das reelle Bild einer Sammellinse weist dagegen die korrekten Tiefenrelationen auf, wenn Lichtstrahlen nach ihrer Vereinigung im Bildpunkt sich weiter unbeeinflusst ausbreiten, bevor sie vom Auge des Betrachters erfasst werden. (Der Gegenstand muss sich dann auf der anderen Seite der Linse befinden!)

Einen anderen einfachen Hologrammtyp erhält man durch die Überlagerung zweier ebener Wellen, bei der als Interferenzmuster ein System aus parallelen Ebenen entsteht. Wie wir im Kapitel 4.3.4 in (4.290) gesehen haben, sind deren Ebenennormalen in Richtung von $\vec{k}_{Obj} - \vec{k}_{Ref}$ gerichtet, wenn $\vec{k}_{Ref}$ und $\vec{k}_{Obj}$ die Wellenvektoren von Referenz- und Objektwelle sind. Sind die Feldamplituden der interferierenden Wellen gleich, so variiert die Amplitude im Interferenzmuster in Richtung der Ebenennormalen kosinusförmig. Bei nicht gleichen Amplituden schwanken die Feldstärken nicht um den Nullpunkt, sondern um einen konstanten Wert. In der Hologrammebene, die das Interferenzmuster unter einem bestimmten Winkel schneidet, werden parallele Streifen konstanter Transmission, die proportional zur Intensität (Bestrahlungsstärke) ist und in senkrecht zu den Streifen kosinusquadratförmig variiert, aufgezeichnet. Diese Streifen stellen ein Gitter dar, dessen Spalte ein entsprechendes Transmissionsverhalten aufweisen. Die Periodizität dieses Gitters können wir durch einen „Gitterwellenvektor" $k_G$ beschreiben: Seine Richtung verläuft in der Hologrammebene senkrecht zu den Streifen maximaler Transmission, sein Betrag ist $2\pi/g$, wenn $g$ der doppelte Abstand der Streifen ist.[1] Dieser Vektor wird auch „reziproker Gittervektor" genannt. Nehmen wir vereinfachend an, dass die Wellenvektoren von Referenz- und Objektwelle sowie die Normale des Hologramms in einer Ebene liegen, so lautet die Transmissionsfunktion des Hologramms im Interferenzgebiet

$$T(\xi) = \cos^2(k_G \xi) = \frac{1}{2}(1 + \cos(2k_G \xi)) . \tag{6.258}$$

---

[1]  Sowohl die Überlagerung von zwei Wellenbergen als auch die Überlagerung von zwei Wellentälern ergibt einen Streifen maximaler Transmission.

Aus 6.105 geht hervor, dass $k_G$ die Länge der Projektion von $(\vec{k}_{Obj} - \vec{k}_{Ref})/2$ auf $\vec{e}_\xi$, dem Einheitsvektor in $\xi$-Richtung in der Hologrammebene ist.

Wird ein derartiges Hologramm mit einer ebenen Rekonstruktionswelle beleuchtet, so können wir die Intensitätsverteilung im Beugungsbild in Fraunhoferscher Näherung mit Hilfe der Fouriertransformation von (6.258) gemäß (6.248) berechnen. Die Fourierkomponenten $k_\xi = k\sin\alpha$ sind die Komponenten der Wellenvektoren des gebeugten Lichts in $\xi$-Richtung, der Winkel $\alpha$ ist allerdings der Winkel zwischen $\vec{k}$ und der Hologrammnormalen. Daher kann $k_\xi$ auch als $\vec{k} \bullet \vec{e}_\xi$ ausgedrückt werden. Berücksichtigen wir außerdem wie in (6.251) die Phasenverschiebung, die durch eine schräg zur Hologrammnormalen einfallende Rekonstruktionswelle verursacht wird, so lautet die Fouriertransformierte von (6.258)

$$\widetilde{T}(k_\xi) = \int_{-\infty}^{\infty} \frac{1}{2}(1 + \cos(2k_G\xi)) e^{j\vec{k}_{Rek} \bullet \vec{e}_\xi \xi} e^{-j\vec{k} \bullet \vec{e}_\xi \xi} d\xi \text{, mit}$$

$$k_G = \frac{1}{2}(\vec{k}_{Obj} - \vec{k}_{Ref}) \bullet \vec{e}_\xi, \quad \cos\alpha = \frac{1}{2}(e^{j\alpha} + e^{-j\alpha}), \quad \Rightarrow$$

$$\widetilde{T}(k_\xi) = \frac{1}{2} \int_{-\infty}^{\infty} e^{-j(\vec{k}-\vec{k}_{Rek}) \bullet \vec{e}_\xi \xi} d\xi + \frac{1}{4} \int_{-\infty}^{\infty} e^{-j(\vec{k}-\vec{k}_{Rek} - 2\frac{1}{2}(\vec{k}_{Obj}-\vec{k}_{Ref})) \bullet \vec{e}_\xi \xi} d\xi$$

$$+ \frac{1}{4} \int_{-\infty}^{\infty} e^{-j(\vec{k}-\vec{k}_{Rek} + 2\frac{1}{2}(\vec{k}_{Obj}-\vec{k}_{Ref})) \bullet \vec{e}_\xi \xi} d\xi \tag{6.259}$$

In (6.259) wurde nicht berücksichtigt, dass das Hologramm eine endliche Größe hat. Es wird so getan, als ob es unendlich ausgedehnt sei, so wie auch die Referenz-, Objekt- und Rekonstruktionswelle. Die Integrale in (6.259) sind für beliebige $\vec{k}$ proportional zu den Mittelwerten von Sinus und Kosinus und ergeben daher null. Wenn allerdings $\vec{k} = \vec{k}_{Rek}$ ist, so strebt der Wert des ersten Integrals gegen unendlich, da der Nenner der Stammfunktion null wird. Fasst man das Integral als Funktion von $\vec{k}$ auf, so verhält es sich wie eine so genannte „Delta-Funktion" mit dem Argument $Z = (\vec{k} - \vec{k}_{Rek}) \bullet \vec{e}_\xi$, für sie gilt

$$\delta(Z) = \begin{cases} \infty & \text{für } Z = 0 \\ 0 & \text{sonst} \end{cases}, \text{ wobei } \int_{-\infty}^{\infty} \delta(Z) dZ = 1. \tag{6.260}$$

Damit ergibt (6.259)

$$\widetilde{T}(k_\xi) = \frac{1}{2}\delta((\vec{k} - \vec{k}_{Rek}) \bullet \vec{e}_\xi) + \frac{1}{4}\delta((\vec{k} - \vec{k}_{Rek} - \vec{k}_{Obj} + \vec{k}_{Ref})) \bullet \vec{e}_\xi)$$

$$+ \frac{1}{4}\delta((\vec{k} - \vec{k}_{Rek} + \vec{k}_{Obj} - \vec{k}_{Ref})) \bullet \vec{e}_\xi) \tag{6.261}$$

Der erste Term beschreibt das nicht gebeugte Licht der Rekonstruktionswelle ($\vec{k} = \vec{k}_{Rek}$), der zweite Term trägt nur zum gebeugten Licht bei, wenn $\vec{k} = \vec{k}_{Rek} + \vec{k}_{Obj} - \vec{k}_{Ref}$ ist. Ist die Rekonstruktionswelle gleich der Referenzwelle bei der Aufnahme des Hologramms, so entspricht das in die +1. Ordnung gebeugte Licht der Objektwelle. Das durch den dritten Term

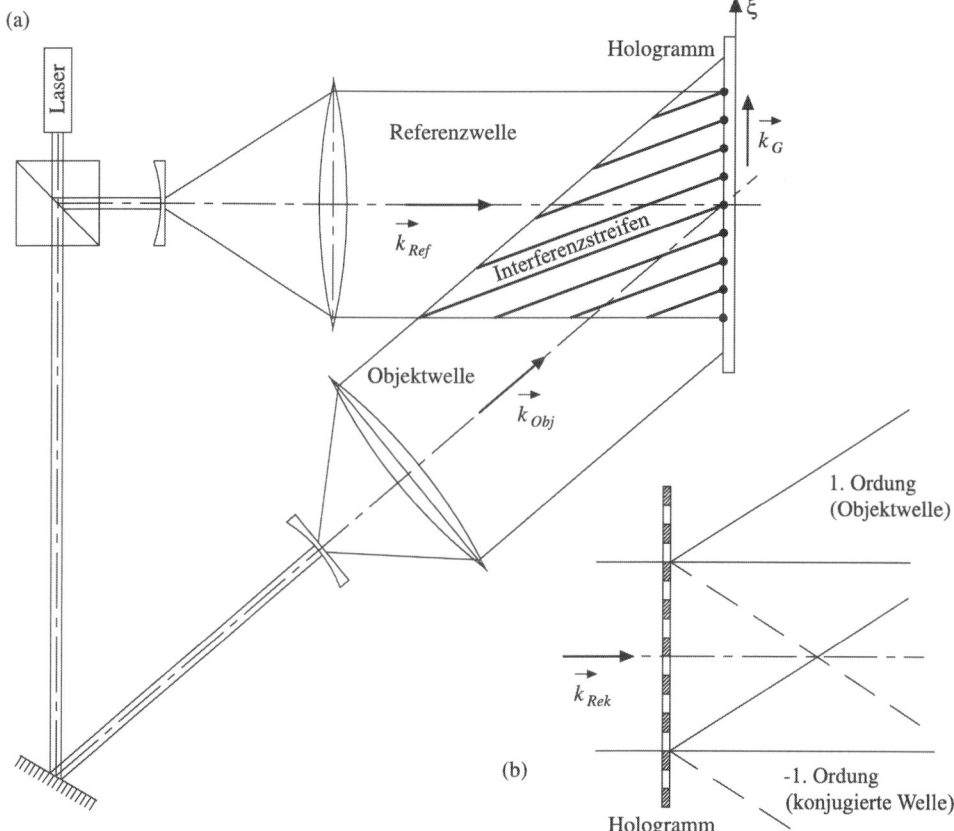

**Abb. 6.129** *Holographisches Gitter (a), erzeugt aus der Interferenz zweier ebener Wellen. (b): Rekonstruktion.*

beschriebene Licht breitet sich mit $\vec{k} = \vec{k}_{Rek} - \vec{k}_{Obj} + \vec{k}_{Ref}$ aus. Das in die −1. Ordnung gebeugte Licht stellt die zur Objektwelle konjugierte Welle dar, wenn die Rekonstruktionswelle gleich der Referenzwelle ist. Beleuchtet man dagegen bei der Rekonstruktion das Hologramm mit der Objektwelle, so entspricht das in die +1. Ordnung gebeugte Licht der Referenzwelle bei der Aufnahme.

Hologramme der obigen Art können dazu verwendet werden, Gitter herzustellen. Zunächst entstehen „Amplitudengitter", welche die Amplitude des einfallenden Lichts beeinflussen und in Transmission betrieben werden. Allerdings ist der Beugungswirkungsgrad mit $(1/4)^2 = 6{,}25\%$ für die erste Ordnung sehr klein.[1] Durch fotochemische Prozesse können die Hologramme „gebleicht" werden, d. h. absorbierende Zonen werden in transparente Zonen mit höherem Brechungsindex umgewandelt. Die so entstandenen Phasengitter haben einen

---

[1] Die Intensität des gebeugten Lichts ist gemäß (6.223) $\sim |\tilde{T}(k_\xi)|^2$, daher beträgt die Intensität der nullten Ordnung $(1/2)^2$ der eingestrahlten Intensität, die der beiden ersten Ordnungen dagegen nur je $(1/4)^2$. Die übrige Intensität $(10/16 = 2 \cdot 1/2 \cdot 1/4 + 2 \cdot 1/2 \cdot 1/4 + 2 \cdot 1/4 \cdot 1/4)$ ist auf die Interferenzen des Lichts verschiedener Ordnungen verteilt.

wesentlich höheren Beugungswirkungsgrad. Man kann auch aus der Halbleiterherstellung bewährte Belichtungs- und Ätztechniken verwenden, um Reflexionsgitter mit „geblazter" Furchenform (siehe Seite 934) herzustellen.

Werden mehrere ebene Objektwellen mit unterschiedlichen Wellenvektoren, deren Ausgangspunkt sehr weit entfernte Objektpunkte sind, in einem Hologramm gespeichert, so spricht man von einem „Fourierhologramm". Man kann sie auch dadurch erzeugen, indem in **Abb. 6.127** (a) zwischen Objekt und Hologramm eine Sammellinse platziert wird, wobei sich das Objekt in der Brennebene der Sammellinse befinden muss. Dies aber bedingt, dass nur flache Objekte aufgenommen werden können. Selbstverständlich muss auch die Referenzwelle eben sein. Wird bei der Rekonstruktion das gebeugte Licht mit einer Sammellinse fokussiert, so erscheinen rekonstruiertes und konjugiertes Bild scharf in einer Ebene, der Brennebene der Linse.

Die Abstände der Interferenzstreifen in Hologrammen betragen einige Wellenlängen des bei der Aufzeichnung verwendeten Lichtes, daher müssen die Filme sehr feinkörnig sein, um z. B. einen Transmissionsverlauf wie in (6.258) korrekt wiedergeben zu können. Üblicherweise haben die Filme Korngrößen von weniger als 0,5 μm, während bei den in der normalen Fotographie verwendeten Filmen die Körnung zehnmal größer ist. Entsprechend geringer ist auch die Empfindlichkeit holographischer Filme, so dass die Belichtungszeiten recht lang oder die Bestrahlungsstärken sehr hoch werden. Damit sich die Interferenzmuster während der Aufnahme nicht verschieben, muss der Aufbau stabil und schwingungsisoliert sein, außerdem darf sich der Brechungsindex der Luft nicht ändern, z. B. durch Temperaturschwankungen.

Ist die lichtempfindliche Schicht wesentlich dicker als die Wellenlänge des Lichts, so entsteht ein dreidimensionales Streifensystem, das man sich aus vielen übereinander geschichteten zweidimensionalen Hologrammen aufgebaut denken kann. Wird ein solches „Volumenhologramm" bei der Rekonstruktion mit weißem Licht beleuchtet, so interferieren nur die Wellenzüge, die mit den Wellenzügen der Referenzwelle übereinstimmen, konstruktiv und formieren die Objektwelle. Allerdings ist der Winkelbereich, unter dem man das rekonstruierte Bild betrachten kann, sehr klein. Da konstruktive Interferenz auch von der Wellenlänge des Lichts abhängt, ändert bei einem solchen Weißlichthologramm das Bild beim Betrachten bei verschiedenen Blickwinkeln seine Farbe.

Häufig werden Weißlichthologramme als Reflexionshologramme hergestellt. Objekt- und Referenzwelle fallen bei der Aufnahme auf unterschiedlichen Seiten des Hologramms ein. Wird das Hologramm von der Seite aus betrachtet, von der es bei der Rekonstruktion beleuchtet wird, so entsteht das Bild des Objekts aus der Überlagerung der reflektierten Wellenzüge auf der anderen Seite des Hologramms. Dies soll anhand des Hologramms eines Punktes mit einer ebenen Referenzwelle erläutert werden: Im Gegensatz zu **Abb. 6.128** befindet sich der Objektpunkt $P$ auf der Rückseite des Hologramms, während auf der Vorderseite die ebene Referenzwelle einfällt. Bei der Beleuchtung des Hologramms mit der Referenzwelle muss die rekonstruierte Objektwelle von einem virtuellen Bildpunkt ausgehen, welcher sich am Ort des ursprünglichen Objektes befindet. Das divergente Licht der Objektwelle kann daher nur in Reflexion beobachtet werden. Sind bei der Aufnahme der Wellenvektor der Referenzwelle und der (mittlere) Wellenvektor der Objektwelle antiparallel, so haben die Schichten konstruktiver Interferenz im Volumenhologramm einen Abstand von

$\lambda/2$. Die Wellenzüge des bei der Rekonstruktion an zwei aufeinander folgenden Schichten reflektierten Lichts haben einen Gangunterschied von $\lambda$, interferieren also konstruktiv, während die transmittierten Wellenzüge destruktiv interferieren.

Sehr große Verbreitung haben „Prägehologramme" gefunden, vor allem als Sicherheitsmerkmal auf Geldscheinen, Scheckkarten etc. Zu ihrer Herstellung werden Methoden aus der Fertigung von integrierten Halbleiterschaltungen angewandet. Aus einem Hologramm, das mit Photolacken aufgezeichnet worden ist, wird durch Ätzverfahren ein Stempel erstellt, mit dem dessen Relief in eine Folie aus Kunststoff geprägt wird. Diese Folie wird dann durch Bedampfen mit Aluminium verspiegelt. Bei der Rekonstruktion kann weißes Licht verwendet werden, da von dem Phasenhologramm nur Licht der passenden Wellenlänge konstruktiv zur Objektwelle interferiert. Bei Betrachtung unter verschiedenen Blickwinkeln erscheint das rekonstruierte Objekt wie bei den Volumen-Reflexionshologrammen farbig. Da Vervielfältigung sehr einfach ist, der Stempel aber nur sehr aufwendig herzustellen ist, werden Folienhologramme als Echtheitsmerkmal verwendet.

Die von den oben beschriebenen Hologrammen rekonstruierten Bilder geben nicht die Farben des aufgenommenen Objektes wieder. Um Farbhologramme realisieren zu können, nimmt man das Objekt mit rotem, grünem und blauem Licht im gleichen (Volumen)Hologramm auf, so dass für jede der drei Farben ein System von Interferenzstreifen aufgezeichnet wird. Bei Beleuchtung mit weißem Licht überlagern sich die Bilder der drei Farben zu einer farbigen Rekonstruktion des Objektes.

Wir haben gesehen, dass das Hologramm eines Punktes, aufgenommen mit einer ebenen Referenzwelle als Linse wirkt. Auch andere optische Bauelemente können durch Hologramme ersetzt werden. Statt komplexer Linsensysteme zur aberrationsfreien Abbildung kann ein entsprechendes „holographisch-optisches Element" eingesetzt werden. Allerdings wirken diese HOEs nur bei einer definierten Wellenlänge, oder mit anderen Worten: ihre chromatische Aberration ist sehr groß.

Die beugende Struktur von Hologrammen kann man in vielen Fällen auch berechnen, ein einfaches Beispiel ist die eines holographischen Gitters (6.258). Erzeugt man diese Struktur nicht durch Interferenz, sondern direkt z. B. mit Hilfe eines Plotters oder mit Verfahren wie bei der Maskenherstellung in der Halbleiterfertigung, so spricht man von synthetischen oder computergenerierten Hologrammen. Auf diesem Weg können holographisch optische Elemente erzeugt werden, die auf konventionellem Weg nicht herstellbar sind. Insbesondere können auch Abbildungsfehler korrigiert werden, deren Korrektur durch eine Kombination sphärischer Linsen nicht möglich ist.

Da sich das Interferenzmuster eines Objektpunktes über das ganze Hologramm erstreckt, können auch Bruchstücke zur Rekonstruktion verwendet werden. Die Information ist redundant gespeichert. Diesen Vorteil kann man auch zur Speicherung von digitalen Daten ausnutzen. Diese werden in einem Punktmuster kodiert, das dann holographisch aufgenommen wird. Beim Auslesen wird das gesamte Bild gleichzeitig erfasst, so dass auch alle Daten gleichzeitig zur Verfügung stehen im Gegensatz zum seriellen Auslesen der Daten einer Festplatte in einem Computer. Trotz der immensen Speicherkapazität von etwa $10^{13}$ bit/cm$^3$

haben holographische Speicher bislang keine Anwendung gefunden, da es praktisch keine wiederbeschreibbaren Materialien gibt und auch die Schnittstellen zur restlichen Elektronik noch im Entwicklungsstadium sind.

Zwei Messverfahren, bei denen Hologramme eingesetzt werden, sollen zum Schluss erwähnt werden: Die optische Korrelation und die holographische Interferometrie.

Das erste wird zum Erkennen bzw. Vergleichen von Objekten eingesetzt. Beleuchtet man ein Hologramm, das aus der Überlagerung zweier ebener Wellen entsteht, mit der Objektwelle, so entspricht der ersten Beugungsordnung die Referenzwelle bei der Aufnahme. Dies kann man auch bei komplexeren Objekten erreichen. Dazu platziert man das Objekt und sein Hologramm in **Abb. 6.127** (a) an die gleichen Stellen, an denen sie sich bei der Aufnahme befunden haben. Das Objekt wird in gleicher Weise wie bei der Aufnahme beleuchtet, allerdings wird das an ihm gestreute Licht am Ort des Hologramms nicht von einer Referenzwelle überlagert. Ausschließlich die Objektwelle wird am Hologramm gebeugt, so dass in der ersten Beugungsordnung die Referenzwelle entsteht. War diese bei der Aufnahme wie in **Abb. 6.127** (a) eine Kugelwelle, so sieht der Betrachter einen leuchtenden Punkt bei $L_{Rek}$. Unterscheidet sich das Objekt von dem, das im Hologramm aufgenommen wurde, so weicht die erste Beugungsordnung ebenfalls von einer Kugelwelle ab, der Punkt bei $L_{Rek}$ erscheint verschwommen. Je schärfer der Punkt erscheint, umso besser ist die Übereinstimmung zwischen dem aktuellen Objekt und dem, das im Hologramm aufgenommen wurde.

Auch die holographische Interferometrie wird dazu verwendet, um Unterschiede, in diesem Fall beim gleichen Objekt zu unterschiedlichen Zeitpunkten, zu erkennen. Diese Unterschie-

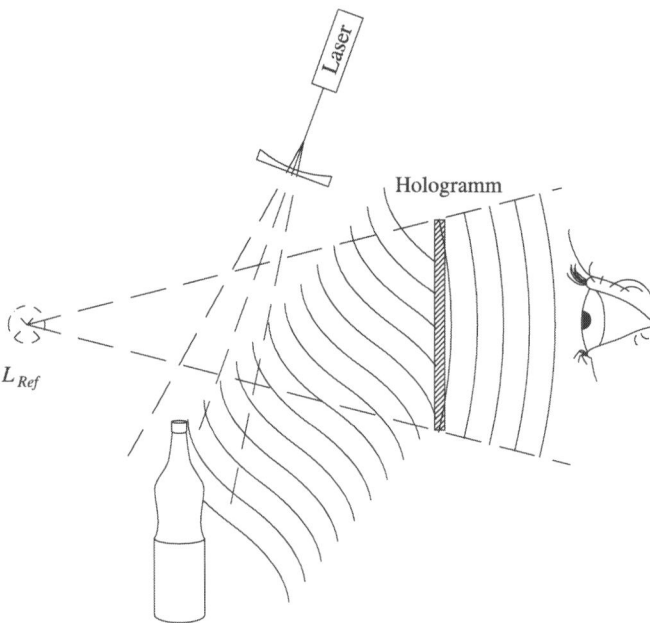

**Abb. 6.130** *Holographische Korrelation.*

de können durch Deformationen aufgrund mechanischer oder thermischer Einflüsse verursacht werden. Bei der Doppelbelichtungstechnik wird der Gegenstand zu zwei verschiedenen Zeitpunkten im gleichen Hologramm aufgenommen. Bei der Rekonstruktion mit der Referenzwelle entstehen in der ersten Beugungsordnung die zu den beiden Aufnahmen gehörigen Objektwellen. Diese interferieren und es entsteht auf dem rekonstruierten Bild ein Interferenzmuster gleicher Dicke. Die Interferenzstreifen sind hell, wenn der Gangunterschied zwischen den Wellenzügen, die von den gleichen Objektpunkten der beiden Aufnahmen ausgehen, ein Vielfaches der Wellenlänge beträgt.

Beim Echtzeitverfahren wird eine Anordnung wie in **Abb. 6.127** (a) verwendet, allerdings ist in dem Hologramm die Aufnahme des Gegenstandes zu einem bestimmten Zeitpunkt gespeichert. Die Referenzwelle rekonstruiert die Objektwelle zu diesem Zeitpunkt, diese interferiert mit der aktuellen Objektwelle und der Betrachter kann direkt das Bild mit dem Streifenmuster beobachten.

Zur Schwingungsanalyse wird meist das Zeitmittelverfahren angewandt. Hier ist die Belichtungszeit bei der Aufnahme des Hologramms groß gegen die Schwingungsdauer der stehenden Wellen, die die Oberfläche des Objektes in Schwingung versetzen. In Bereichen, in denen Schwingungsknoten der stehenden Wellen vorliegen, erscheint das rekonstruierte Bild in seiner „normalen" Helligkeit, während bei den Schwingungsbäuchen die Helligkeit kleiner ist, da über konstruktive und destruktive Interferenz zeitlich gemittelt wird.

# 7 Messungen und ihre Auswertung

Wie schon in der Einleitung beschrieben wurde, beruhen letztlich alle Erkenntnisse der Physik auf Experimenten, bei denen die Zahlenwerte physikalischer Größen gemessen werden. (Diese sind ja bekanntlich ein Produkt aus dem Zahlenwert und der Einheit der betreffenden Größe.) Hier soll nun auf die Frage nach der Genauigkeit und der Verlässlichkeit von Messergebnissen eingegangen sowie geklärt werden, welche Schlussfolgerungen aus Experimenten gezogen und wie Ergebnisse verschiedener Messungen verglichen werden können.

Zur experimentellen Bestimmung einer bestimmten physikalischen Größe, genauer gesagt ihres Zahlenwertes, werden entsprechende Messverfahren angewandt. Dabei werden Messgeräte eingesetzt, die Messwerte liefern, welche dann im Rahmen der Auswertung miteinander verrechnet werden. Das Ergebnis dieser Rechnung, in die ggf. weitere Angaben einfließen können, ist der gesuchte Zahlenwert der physikalischen Größe. Eine wichtige Forderung an das Ergebnis ist, dass es durch weitere Experimente nachgeprüft werden kann, d. h. es soll „reproduzierbar" sein. Diese weiteren Experimente können entweder das gleiche Messverfahren oder ein anderes verwenden.

Dabei stellt sich heraus, dass die Ergebnisse der verschiedenen Experimente sich in der Regel numerisch unterscheiden. Der Grund liegt darin, dass auch bei größter Sorgfalt bei der Durchführung der Experimente die Bedingungen nicht identisch waren[1], die verwendeten Messgeräte ihrerseits Messwerte mit einer beschränkten Genauigkeit liefern und beim Ablesen dieser Geräte unterschiedliche Werte ermittelt werden. Diese Vielzahl von Effekten, die jeweils einen (kleinen) Einfluss auf das Messergebnis haben, werden auch „Messfehler" genannt. Man sagt auch, jede Messung „schätzt" den (unbekannten) Zahlenwert der zu messenden physikalischen Größe. Diese Schätzung ist mit einer gewissen Unsicherheit behaftet. Ihre Größe ist ein Maß für die Güte der Messung bzw. des Messverfahrens.

> Je kleiner die Messunsicherheit ist, umso genauer ist die Messung.
> Genaue Messungen haben eine große Aussagekraft.
> Eine Messung ohne Angabe der Messgenauigkeit hat überhaupt keine Aussagekraft!

---

[1] Dabei nehmen wir an, dass im Rahmen der klassischen Physik durch eine Messung das Messobjekt selbst nicht verändert wird.

Zu bedenken ist allerdings, dass eine sehr genaue Messung einen großen Aufwand erfordert. Daher verfährt man in der Technik gern nach der Maxime: „So genau wie nötig, so viel Pfusch wie möglich". Mit anderen Worten: Zunächst sollte geprüft werden, welche Aussage anhand der Messung bzw. des Experimentes gemacht werden soll, erst dann wählt man das passende Messgerät bzw. -verfahren aus. Genügt beim Einkaufen von Kartoffeln eine Massenangabe mit einer Unsicherheit von 20 g, so ist dagegen die gleiche Menge Gold auf wenige Milligramm genau zu bestimmen. Eng verbunden mit der Messgenauigkeit ist der Begriff der „Toleranz", der meist in der Fertigung verwendet wird: Eine bestimmte Kenngröße eines Produktes darf nur Werte innerhalb eines bestimmten Intervalls annehmen.

Ist nun eine physikalische Größe in mehreren Experimenten gemessen worden, so erwarten wir, dass

- die Messergebnisse in den durch die Messunsicherheit bestimmten Intervallen liegen,
- auch weitere Messungen diese Ergebnisse reproduzieren, d. h. deren Werte in diesem Intervall liegen, und
- der wahre Wert der Größe in diesem Intervall liegt.

In diesem Fall bezeichnet man die Auswirkung einer Vielzahl von unterschiedlichen Einflüssen, die die Abweichung des gemessenen Wertes einer physikalischen Größe von ihrem wahren Wert bedingen, als „zufälligen" Fehler. Charakteristisch für zufällige Fehler ist, dass die Einflüsse sich von Messung zu Messung anders auswirken und daher nicht beherrscht werden können, somit sind Abweichungen vom wahren Wert zu größeren und zu kleineren Werten gleich wahrscheinlich. Wie wir noch sehen werden, bedingt dies eine symmetrische Verteilung der Häufigkeit des Auftretens von Messwerten.

Von anderer Natur sind die „systematischen" Fehler. Die von ihnen verursachten Abweichungen der Messergebnisse vom wahren Wert können auf bestimmte Einflüsse zurückgeführt werden. Nach dem Motto „erkannte Gefahr, gebannte Gefahr" können diese Einflüsse (im Prinzip) abgestellt werden. Im Gegensatz zu zufälligen Fehlern sind systematische Fehler häufig „echte" Fehler:

- falsche Bedienung von Geräten
- fehlerhafte Kalibrierung und Justierung
- unterschiedliche Umwelteinflüsse wie Temperaturen, Luftdruck, Feuchte…
- Ablesefehler, z. B. durch Parallaxe bei Zeigerinstrumenten
- Reaktionszeiten beim Bedienen oder Ablesen

Systematische Abweichungen können auch auf unterschiedliche Messverfahren zurückgeführt werden. Um derartige Effekte erkennen zu können, werden kritische Messungen in so genannten „Ringversuchen" in verschiedenen Laboratorien durchgeführt. Erste Hinweise auf systematische Fehler erhält man durch eine unsymmetrische Häufigkeitsverteilung der Messwerte oder mehrere Häufungspunkte.

Für die folgenden Betrachtungen wollen wir annehmen, dass alle systematischen Fehler erkannt und beseitigt worden sind, die Messergebnisse und die Messgenauigkeit nur noch durch zufällige Effekte beeinflusst werden. Da nichts mehr „falsch" ist, spricht man besser von zufälligen Abweichungen statt von zufälligen Fehlern.

# 7.1    Direkte Messung einer Größe

Wie aus Messungen der unbekannte wahre Wert einer physikalischen Größe geschätzt werden kann und welche Aussagen zur Messunsicherheit bzw. Messgenauigkeit getroffen werden können, soll nun untersucht werden. Dabei nehmen wir in diesem Kapitel an, dass die physikalische Größe direkt mit einem Gerät gemessen wird. Bei vielen Geräten wird die Messgenauigkeit vom Hersteller als „Güteklasse" angegeben, bei einem Amperemeter z. B 0,5% vom Skalenendwert. Bei einer einzelnen Messung ist der Messwert auch der Wert, mit dem der wahre Wert, in diesem Fall des elektrischen Stroms, geschätzt wird. Da Abweichungen möglicher Folgemessungen symmetrisch um den wahren Wert verteilt sind, gibt man das Ergebnis einer Messung immer so an:

$$Messgröße = (Messwert \pm Messunsicherheit) \cdot Einheit \qquad (7.1)$$

Werden bei einer Messung 30,0 mA am Amperemeter bei einem Messbereich von 100 mA abgelesen, so lautet das Ergebnis $I = (30,0 \pm 0,5)$ mA. Damit löst sich auch das im Kapitel 1.2.2 angesprochene Problem der gültigen Stellen, mit der eine physikalische Größe anzugeben ist. Die Zahl der gültigen Stellen ist gemäß der Regel für eine Verknüpfung durch Strichrechnung (in (7.1) werden Messwert und Messunsicherheit durch Strichrechnung miteinander verknüpft) die gemeinsame Zahl der gültigen Dezimalstellen.

Häufig wird statt der absoluten Messunsicherheit in (7.1) auch die relative Messunsicherheit (meist in % vom Messwert) angegeben. Dann lautet das Messergebnis

$$Messgröße = Messwert \cdot Einheit \pm \frac{Messunsicherheit}{Messwert} 100\% . \qquad (7.2)$$

Die Zahl der gültigen Stellen der relativen Messunsicherheit ist gleich der kleinsten Zahl der gültigen Stellen von absoluter Messunsicherheit und Messwert. Das Ergebnis der Strommessung ist dann $I = 30,0$ mA $\pm 1,67\%$.

Bei wiederholter Messung des gleichen Stroms variieren die die Messergebnisse zufällig um den wahren Wert. Weil Abweichungen zu größeren und kleineren Werten gleich wahrscheinlich sind, ist das arithmetische Mittel aller Messwerte eine bessere Schätzung für den wahren Wert als die einzelnen Messwerte, denn die Abweichungen vom wahren Wert kompensieren sich teilweise. Soll eine physikalische Größe $x$ durch eine Messreihe mit $n$ Einzelmessungen mit den Ergebnissen $x_i$ bestimmt werden, so wird der wahre Wert durch ihr arithmetisches Mittel

$$\bar{x} = \frac{1}{n} \sum_{i=1}^{n} x_i \qquad (7.3)$$

oder den Mittelwert abgeschätzt. Hinsichtlich seiner Zahl gültiger Stellen gilt ebenfalls die Regel zur Verknüpfung durch Strichrechnung.

Gibt es für das Messinstrument keine Angabe der Messunsicherheit, so kann diese bei digitalen Anzeigen der Messwerte hilfsweise durch die Unsicherheit der letzten Stelle abgeschätzt werden. Das setzt aber voraus, dass Messwerk und Anzeige hinsichtlich ihrer Genauigkeit aufeinander „abgestimmt" sind, die Anzeige also keine Genauigkeit vorgaukelt, die nicht vorhanden ist. Bei analogen Anzeigen versagt jedoch dieses Vorgehen, außerdem bleiben alle anderen Einflüsse, die zufällig auf das Messgerät einwirken, unberücksichtigt. Daher bestimmt man die Messunsicherheit besser aus den Ergebnissen von Messreihen, die z. B. zu verschiedenen Zeiten von unterschiedlichen Personen... durchgeführt werden.

Ein Maß für die Messunsicherheit ist die mittlere quadratische Abweichung der einzelnen Messwerte vom Mittelwert, mit dem der wahre Wert der zu messenden Größe abgeschätzt wird. Weil Abweichungen zu größeren oder kleineren Werten gleich wahrscheinlich sind, interessiert nur der Betrag der Abweichung. Dem trägt man aus Gründen, die auf der Gaußschen Theorie der Beobachtungsfehler fußen, durch das Quadrieren Rechnung. Da bei einer Messreihe die Ursprungsmessung mindestens einmal wiederholt werden muss, bezieht man die Summe der quadratischen Abweichungen $(x_i - \bar{x})^2$ auf die Zahl der Wiederholungsmessungen $n - 1$. Damit die Messunsicherheit die gleiche Einheit wie die Messgröße hat, gibt man dafür die Wurzel aus der mittleren quadratischen Abweichung, die Standardabweichung $s_x$ an.

$$s_x = \sqrt{\frac{1}{n-1} \sum_{i=1}^{n} (x_i - \bar{x})^2} \tag{7.4}$$

Die Berechnung der Standardabweichung kann durch Berücksichtigung von (7.3) vereinfacht werden.

$$\sum_{i=1}^{n} (x_i - \bar{x})^2 = \sum_{i=1}^{n} x_i^2 - 2\bar{x} \sum_{i=1}^{n} x_i + n\bar{x}^2 = \sum_{i=1}^{n} x_i^2 - 2\bar{x}n\bar{x} + n\bar{x}^2 \Rightarrow$$

$$s_x = \sqrt{\frac{1}{n-1} (\sum_{i=1}^{n} x_i^2 - n\bar{x}^2)} \tag{7.5}$$

## 7.1.1   Normalverteilung

Häufig möchte man wissen, wie groß die Wahrscheinlichkeit einer „Fehlmessung" ist, deren Abweichung vom wahren Wert besonders groß ist. Dies ist besonders dann wichtig, wenn dadurch z. B. Schäden drohen. Es ist von der Anschauung klar, dass große Abweichungen vom wahren Wert weniger wahrscheinlich sind als geringe Abweichungen, da dann die verschiedenen Ursachen für die Abweichungen in eine Richtung wirken müssen, während sie sich sonst großteils „wegmitteln".

Um herauszubekommen, wie häufig bestimmte Messergebnisse bei der Anwendung eines Messverfahrens vorkommen, muss zunächst eine Messreihe mit sehr vielen Einzelmessungen durchgeführt werden, damit möglichst viele Kombinationen verschiedener Einflüsse erfasst werden. Für einen groben Überblick trägt man die Werte der Einzelmessungen auf einem Zahlenstrahl auf. Dabei sollte sich ein Häufungspunkt herauskristallisieren, in dessen Umgebung mehr Messergebnisse fallen als in weiterer Entfernung von ihm. Nach unseren

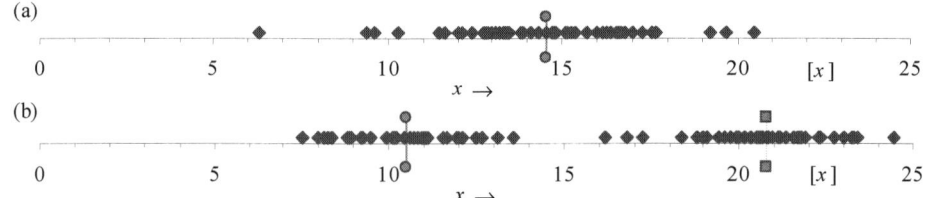

**Abb. 7.1** *Ergebnisse einer Messreihe, dargestellt auf dem Zahlenstrahl. (a): ein Häufungspunkt, der Mittelwert ist durch einen senkrechten Strich gekennzeichnet, (b): zwei Häufungspunkte.*

bisherigen Überlegungen sollte dieser Häufungspunkt dem Mittelwert der Messwerte entsprechen. Sind jedoch mehr Häufungspunkte erkennbar, so ist dies ein Hinweis auf systematische Abweichungen zwischen den Messwerten.

Einen besseren Eindruck über die Verteilung der Messwerte erhält man durch ein Histogramm, bei dem die Werte gegen die Häufigkeit, mit der sie aufgetreten sind, aufgetragen werden. Unter der (relativen) Häufigkeit, mit der ein bestimmter Messwert auftritt, versteht man dabei

$$ \textit{relative Häufigkeit} := \frac{\textit{Zahl der Messungen mit einem bestimmten Wert}}{\textit{Gesamtzahl Messungen}}. \tag{7.6} $$

Die Summe aller relativen Häufigkeiten ist natürlich eins. Um ein aussagekräftiges Histogramm zu erhalten, sollte die relative Häufigkeit der Messwerte in der Nähe des Häufungspunktes wesentlich größer sein als in größerer Entfernung. Ist dies nicht der Fall, so teilt man den Wertebereich der Messwerte in mehrere, gleich große Intervalle auf und bestimmt die Häufigkeiten, mit denen die Werte in den einzelnen Zählintervallen, den „Klassen", auftreten. Dabei ist darauf zu achten, dass die Anzahl der Intervalle nicht zu klein ist.[1]

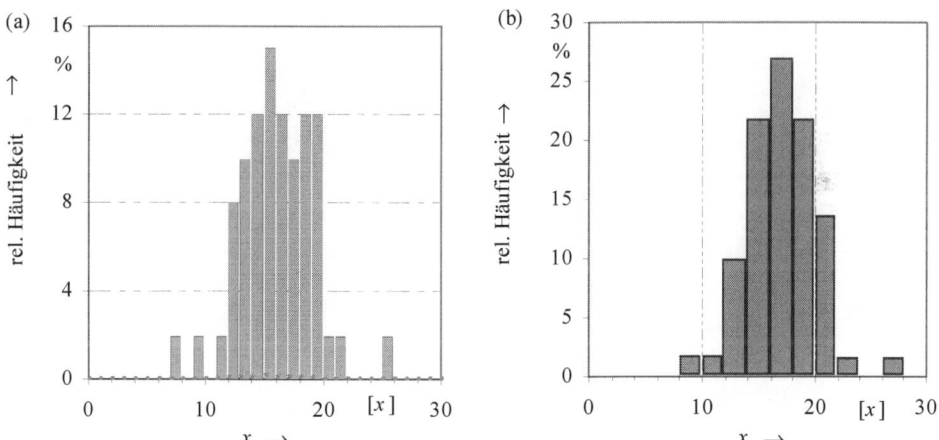

**Abb. 7.2** *Histogramm der relativen Häufigkeiten, mit denen die Messwerte der Messreihe in **Abb. 7.1** (a) auftreten. (a): Zählintervall 1[x], (b): Zählintervall 2[x].*

---

[1] Faustregel für die Anzahl $k$ der Klassen: $k \approx \sqrt{n}$, mit $n$: Anzahl der Messungen.

Beeinflussen nur zufällige Fehler die Messung, so haben alle Histogramme einen „glockenförmigen" Verlauf. Große Abweichungen vom Maximum treten seltener auf als geringe Abweichungen. Strebt die Zahl der Messungen gegen unendlich, wobei die Breite der Zählintervalle
unendlich klein wird, so wird die relative Häufigkeit $H(x)$, mit der ein Messwert $x$ aus dem Intervall $[x, x + dx]$ auftritt, durch die erstmals von Gauß angegebene „Normalverteilung" $h(x)$ mit

$$H(x) = h(x)dx = \frac{1}{\sqrt{2\pi\sigma^2}} e^{-\frac{(x-\mu)^2}{2\sigma^2}} dx \tag{7.7}$$

beschrieben. Ihr Verlauf wird von zwei Kenngrößen bestimmt:

- Bei $x = \mu$ hat die Glockenkurve der Normalverteilung ihr Maximum. Dieser Wert tritt
  am häufigsten auf und ist der „Erwartungswert" des (unbekannten) wahren Wertes der
  Messreihe.
- $\sigma^2$ wird als „Varianz" bezeichnet und legt die Breite der Glockenkurve fest. Sie ist ein
  Maß für die Streuung der einzelnen Messergebnisse um den Erwartungswert.

In der Statistik bezeichnet man die Messreihe mit unendlich vielen Messungen auch als
„Grundgesamtheit", wobei die Häufigkeit, mit der einzelne Messwerte auftreten, durch die
Verteilungsfunktion $h(x)$ gegeben ist. Eine Messreihe mit endlich vielen Messungen ist eine
„Stichprobe" aus der Grundgesamtheit. Die Wahrscheinlichkeit, dass bei einer Stichprobe
ein bestimmter Wert $x$ gemessen wird, entspricht der Häufigkeit $h(x)dx$ seines Auftretens in
der Grundgesamtheit. Ist die Varianz groß, so ist es wahrscheinlicher, einen Messwert mit
einer gewissen Abweichung vom wahren Wert zu erhalten.

> Die Varianz charakterisiert die Güte des Messverfahrens. Um die Varianz zu vermindern,
> muss das Messverfahren verbessert werden.

Der Definitionsbereich der Gaußverteilung erstreckt sich von $-\infty < x < \infty$, d. h. jeder Messwert kann prinzipiell auftreten. Das Maximum liegt bei $x = \mu$, die Funktion verläuft symmetrisch zu $\mu$. Ihre Wendepunkte liegen bei $x = \mu \pm \sigma$. Um beurteilen zu können, wie groß die

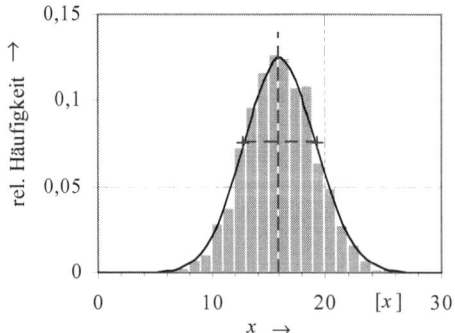

**Abb. 7.3** *Bei einer sehr großen Zahl von Messungen strebt die Form des Histogramms gegen die Normalverteilung.*

Wahrscheinlichkeit ist, dass ein Messwert in einem bestimmten Werte-Intervall liegt, muss über die Häufigkeiten (7.7) integriert werden. Insbesondere gilt:

- 68,3% der Messwerte liegen im Intervall $[\mu - \sigma, \mu - \sigma]$,
- 95,4% liegen in $[\mu - 2\sigma, \mu - 2\sigma]$ und
- 99,7% befinden sich in $[\mu - 3\sigma, \mu - 3\sigma]$

Die Wahrscheinlichkeit, Messwerte zu erhalten, die mehr als $\pm\,\sigma$ vom wahren Wert abweichen, beträgt immerhin über 30%, während Abweichungen von $\pm\,2\sigma$ nur noch in weniger als 5% der Fälle vorkommen. Abweichungen von $\pm\,3\sigma$ treten nur in 0,4% der Messungen auf. Für andere Intervalle greift man auf die tabellierten Werte der integrierten Normalverteilung mit $\mu = 0$ und $\sigma^2 = 1$, der so genannten Standard-Normalverteilung zurück.

Erwartungswert $\mu$ und Varianz $\sigma^2$ einer normalverteilten, unendlich großen Grundgesamtheit müssen in der Regel aus endlich vielen Messwerten, also aus einer Stichprobe, geschätzt werden. Theoretische Betrachtungen, auf die wir hier nicht eingehen wollen, ergeben als beste Schätzung für $\mu$ und $\sigma^2$:

$$\mu \xrightarrow{\ schätzen\ } \quad \overline{x} = \frac{1}{n}\sum_{i=1}^{n} x_i \tag{7.9}$$

$$\sigma^2 \xrightarrow{\ schätzen\ } \quad \tilde{s}^2 = \frac{1}{n}\sum_{i=1}^{n}(x_i - \overline{x})^2 = \frac{n-1}{n}s^2 \approx s^2 \tag{7.10}$$

Die Parameter $\mu$ und $\sigma^2$ werden durch das arithmetische Mittel (7.3) und die Standardabweichung (7.5) abgeschätzt. Ob die Messwerte wirklich aus einer Grundgesamtheit stammen, deren Verteilung der relativen Häufigkeiten durch eine Nomalverteilung mit $\mu = \overline{x}$ und $\sigma^2 = s^2$ beschrieben werden kann, muss mit einem so genannten $\chi^2$-Test geprüft werden. Allerdings setzt man häufig ohne diese Prüfung, die hier auch nicht weiter behandelt werden soll, eine normalverteilte Grundgesamtheit voraus.

## 7.1.2 Vertrauensbereiche

Mittelwert und Standardabweichung einer Messreihe werden natürlich von zufälligen Fehlern, welche die Abweichungen der einzelnen Messwerte vom wahren Wert verursachen, beeinflusst. Ihre Werte sind daher auch zufällig. Wir wollen nun versuchen, ein Intervall um den Mittelwert einer Messreihe anzugeben, in dem mit einer bestimmten Wahrscheinlichkeit der wahre Wert, der Erwartungswert $\mu$ der Grundgesamtheit, liegt.

Dazu führen wir (in Gedanken) unendlich viele Messreihen mit je $n$ Einzelmessungen durch. Die Mittelwerte $\overline{x}_i$ der Messreihen sind normalverteilt. Da die verschiedenen Mittelwerte aus Messwerten der gleichen Grundgesamtheit berechnet werden, ist der Erwartungswert der Normalverteilung der Mittelwerte ebenfalls der Erwartungswert $\mu$ von der Grundgesamtheit der Messwerte. Die Varianz $\sigma_{\overline{x}}^2$ beträgt jedoch nur $\sigma^2 / n$, wenn $\sigma^2$ die Varianz der Grundgesamtheit ist, da immer $n$ Werte von Einzelmessungen über (7.3) zum jeweiligen Mittelwert zusammengefasst werden. Mit wachsender Zahl $n$ der Einzelmessungen in den Messreihen verringert sich die Varianz der Normalverteilung der Mittelwerte, die mittlere Abweichung vom „wahren Wert" wird kleiner. Den Schätzwert für die Varianz $\sigma_{\bar{x}}^2$ nennt man auch „Standardabweichung" $s_{\bar{x}} = s / \sqrt{n}$ des Mittelwertes.

Für die Wahrscheinlichkeit $P$, dass der Mittelwert einer Messreihe eine gewisse Abweichung vom wahren Wert $\mu$ nicht überschreitet, gelten ebenfalls die Grenzen von (7.8). Drücken wir diese Abweichung in Vielfachen $\xi_P$ von $\sigma_{\bar{x}}^2$ aus[1], so gilt mit einer Wahrscheinlichkeit $P$

$$\mu - \xi_P \sigma_{\bar{x}} \leq \bar{x} \leq \mu + \xi_P \sigma_{\bar{x}} . \tag{7.11}$$

Lösen wir die beiden Ungleichungen in (7.11) nach $\mu$ auf, so erhalten wir

$$\mu \leq \bar{x} + \xi_P \sigma_{\bar{x}} \text{ und } \bar{x} - \xi_P \sigma_{\bar{x}} \leq \mu \Rightarrow$$

$$\bar{x} - \xi_P \frac{\sigma}{\sqrt{n}} \leq \mu \leq \bar{x} + \xi_P \frac{\sigma}{\sqrt{n}} . \tag{7.12}$$

Dieses Intervall um den Mittelwert $\bar{x}$ bezeichnet man als „Vertrauensbereich" oder Konfidenzintervall $v_x$, in dem mit der Wahrscheinlichkeit oder statistischen Sicherheit $P$ der wahre Wert liegt. Ist die Varianz $\sigma^2$ der Grundgesamtheit nicht bekannt, sondern muss mit der Standardabweichung $s$ der $n$ Messwerte geschätzt werden, so müssen in (7.12) die Faktoren $\xi_P$ durch die größeren $t_P$-Werte ersetzt werden. Diese sind abhängig von der Zahl der Wiederholungsmessungen in der Messreihe und ergeben sich aus der $t$-Verteilung nach Student[2], die breiter und flacher ist als die Standard-Normalverteilung. Für sehr große Anzahlen $n$ der Messwerte gehen die $t_P$-Werte in die $\xi_P$-Werte über.

**Tab. 7.1**  *Zahlenwerte von $t_P$ für verschiedene statistische Sicherheiten.*

| Anzahl $n$ der Messwerte | $P = 68,3\%$ $t_{0,68}$ | $P = 95,4\%$ $t_{0,95}$ | $P = 99,7\%$ $t_{0,99}$ |
|---|---|---|---|
| 2 | 1,84 | 12,71 | 235,8 |
| 3 | 1,32 | 4,30 | 19,21 |
| 4 | 1,20 | 3,18 | 9,22 |
| 5 | 1,14 | 2,78 | 6,62 |
| 6 | 1,11 | 2,57 | 5,51 |
| 7 | 1,09 | 2,45 | 4,90 |
| 8 | 1,08 | 2,36 | 4,53 |
| 9 | 1,07 | 2,31 | 4,28 |
| 10 | 1,06 | 2,26 | 4,09 |
| 20 | 1,03 | 2,23 | 3,45 |
| 30 | 1,02 | 2,05 | 3,28 |
| 50 | 1,01 | 2,01 | 3,16 |
| 100 | 1,01 | 1,98 | 3,08 |
| 200 | 1,00 | 1,97 | 3,04 |
| > 200 | 1,00 | 1,97 | 3,00 |

---

[1]  $\xi_P = 1$ für $P = 68,3\%$, $\xi_P = 2$ für $P = 95,4\%$ und $\xi_P = 3$ für $P = 99,7\%$.

[2]  Pseudonym von W. S. Gosset (1876 – 1937).

Da in der Regel der Vertrauensbereich

$$v_x = t_P \frac{s}{\sqrt{n}} \qquad (7.13)$$

der relevante Informationsgehalt über die „Verlässlichkeit" einer Messung ist, gibt man ihr Ergebnis $x$ folgendermaßen an:

$$x = (\{\overline{x}\} \pm t_P \frac{\{s\}}{\sqrt{n}})[x] \quad \text{oder} \quad x = \{\overline{x}\}[x] \pm t_P \frac{\{s\}}{\{\overline{x}\}\sqrt{n}} 100\% \qquad (7.14)$$

Je größer die statistische Sicherheit bei der Angabe des Messergebnisses ist, umso unschärfer wird der wahre Wert eingegrenzt. Extremfälle sind: Mit 100% Sicherheit liegt der wahre Wert irgendwo zwischen $\pm \infty$, eine richtige Aussage, die aber wertlos ist. Genauso unsinnig sind zu geringe statistische Sicherheiten, da man sich auf die Angabe nicht verlassen kann. Im technischen Bereich verwendet man üblicherweise $P = 95{,}4\%$, die „doppelte" Sicherheit. Für medizinische Probleme, bei denen es um Leben oder Tod gehen kann, ist die „dreifache" Sicherheit mit $P = 99{,}7\%$ gebräuchlich. Bei der Grundlagenforschung in der Physik beschränkt man sich dagegen häufig auf die „einfache" Sicherheit.

In seltenen Fällen kann es vorkommen, dass bei einer Messreihe immer der gleiche Messwert auftritt, die nach (7.4) berechnete Standardabweichung somit null ist. Dies ist besonders dann der Fall, wenn die Genauigkeit des Messgerätes klein ist gegen die Varianz der Normalverteilung, die die verschiedenen Einflüsse auf die Messung der betreffenden Größe beschreibt. Aus Standardabweichung null können wir natürlich nicht schließen, dass das Messverfahren eine beliebig große Genauigkeit hat! Der wahre Wert der Größe kann durchaus von den zu groß erfassten Messwerten abweichen.

Den Vertrauensbereich können wir dann folgendermaßen bestimmen: Ist die Messunsicherheit des Messinstrumentes z. B. durch die Herstellerangabe oder hilfsweise durch die Zahl der gültigen Stellen, mit denen die $n$ Messergebnisse angegeben werden, bekannt, so können wir diese als Varianz $\sigma^2$ der normalverteilten Grundgesamtheit ansehen. In diesem Fall lautet der Vertrauensbereich

$$v_x = \xi_P \frac{\sigma}{\sqrt{n}} . \qquad (7.15)$$

Zu beachten ist, dass hier die Messunsicherheit nicht als zufallsabhängiger Schätzwert für die Varianz $\sigma^2$, sondern als Varianz selbst in die Rechnung eingeht.

Ein weiterer in der Praxis wichtiger Sonderfall soll noch beleuchtet werden: Es werden nicht Messwerte einer Größe, sondern schon Mittelwerte von ihnen erfasst. So wird z. B. die Schwingungsdauer von Oszillatoren häufig bestimmt, indem die Zeit $T_k$ gemessen wird, um $k$ Perioden zu vollenden. Die Zeit für eine Periode beträgt dann $T = T_k/k$. Wird $n$-mal die Zeit $T_k$ gemessen, so berechnet man mit (7.4) die Standardverteilung $s_k$. In Anlehnung an die obigen Überlegungen zum Vertrauensbereich beträgt dann die Standardabweichung $s$ für die Dauer $T$ einer Periode $s = s_k / \sqrt{k}$.

Hier stellt sich die Frage, mit wie vielen gültigen Stellen ein Messergebnis anzugeben ist. Bei einer einzelnen Messung legt das verwendete Gerät die Zahl der gültigen Stellen fest. Diese ist auch eine erste Näherung für die gültigen Stellen vom Mittelwert der Messreihe. Die sinnvolle Zahl gültiger Stellen kann noch verändert werden, wenn die Größenordnung des Vertrauensbereiches sich wesentlich von der Größenordnung der kleinsten gültigen Stelle des Mittelwertes unterscheidet. So bewirkt eine große Zahl von Messungen eine Verkleinerung des Vertrauensbereiches, die sich dann in einer größeren Zahl gültiger Stellen niederschlagen muss. Anderseits kann die Zahl gültiger Stellen auch verkleinert werden, weil weitere, nicht im Messgerät begründete zufällige Fehler die Messungen beeinflussen. Da der Vertrauensbereich aus der Standardabweichung der Messreihe berechnet wird, ist sein konkreter Wert so wie der Mittelwert zufällig. Für die Genauigkeit $\Delta s$, mit der die Standardabweichung $s$ als Schätzwert für die Varianz $\sigma^2$ einer normalverteilten Grundgesamtheit angegeben werden kann, gilt jedoch $\Delta s = s/n$.

> Die Größenordnung von $s/n$ bestimmt die Zahl der gültigen Stellen des Messergebnisses.

## 7.2     Fehlerfortpflanzung

Bei vielen Messverfahren kann die physikalische Größe nicht direkt mit einem Messgerät ermittelt werden, sie muss vielmehr aus Messwerten verschiedener Messgeräte berechnet werden. Die Rechenvorschrift dazu liefert das physikalische Gesetz, das die Messwerte miteinander verknüpft. Soll z. B. das Trägheitsmoment eines starren Körpers mit Hilfe von (4.63) bestimmt werden, so kann die Periodendauer gemessen werden, wenn der Körper als physikalisches Pendel schwingt. Außerdem muss die Masse ermittelt werden sowie der Abstand des Schwerpunktes von der Drehachse. Selbstverständlich sind alle Messgrößen zufälligen Fehlern unterworfen, so dass für deren wahren Werte nur Konfidenzintervalle um die jeweiligen Mittelwerte angegeben werden können. Wie wirken sich diese zufälligen Fehler auf das Ergebnis $E$ der Rechnung aus, bei der die Messgrößen $x$, $y$, ... zu $E = f(x, y, \ldots)$ verknüpft werden?

Ein möglicher Ansatz ist, $\overline{E}$, den Schätzwert für den wahren Wert von $E$, aus dem Mittelwert aller Kombinationen der einzelnen Messwerte $E_i = f(x_j, y_k, \ldots)$ zu berechnen. Allerdings wird der Aufwand schon bei einer geringen Anzahl von Messwerten für jede Größe sehr groß. Werden z. B. drei Messgrößen mit jeweils 10 Messwerten verknüpft, so ergeben sich schon 1000 Kombinationen $E_i$! Da unsere Betrachtungen voraussetzen, dass nur zufällige Fehler die Messungen beeinflussen, kann $\overline{E}$ aus den Mittelwerten $\overline{x}$, $\overline{y}$, ... der Messwerte, den Schätzungen für die wahren Werte von $x, y, \ldots$ berechnet werden.

$$\overline{E} = f(\overline{x}, \overline{y}, \ldots) .$$                                                                (7.16)

Die Messwerte $x_j$, $y_k$, ... stammen aus normalverteilten Grundgesamtheiten mit den Varianzen $\sigma_x^2$, $\sigma_y^2$, ..., welche durch die Quadrate der Standardabweichungen $s_x$, $s_y$, ... geschätzt werden. Daher erwarten wir, dass $E$ ebenfalls normalverteilt ist mit der Varianz $\sigma_E^2$. Wie wirken sich die zufälligen Fehler, die die Messwerte $x_j$, $y_k$, ... beeinflussen, auf die Varianz $\sigma_E^2$ aus? Dazu betrachten wir zunächst den einfachsten Fall, nämlich die Berechnung von $E$ aus nur einer Messgröße $x$, d. h. $E = f(x)$. Ein Beispiel ist die Berechnung des Volumens einer Kugel aus dem gemessenen Durchmesser. Zur Abschätzung des Einflusses der zufälligen Fehler der Messgröße $x$ nähern wir $f(x)$ durch die Tangente in $\bar{x}$ an. Die Steigung der Tangente ist die erste Ableitung von $f(x)$ an der Stelle $\bar{x}$. Schwankungen $\delta x$ um $\bar{x}$ verursachen dann Schwankungen um $\bar{E}$ von

$$\delta E = \frac{df(x)}{dx}\bigg|_{\bar{x}} \delta x \,.$$  (7.17)

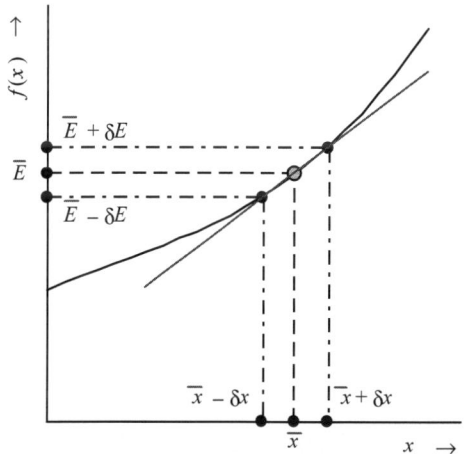

**Abb. 7.4** *Schwankungen $\delta e$ in $E = f(x)$ aufgrund von Schwankungen $\delta x$.*

Je geringer die Steigung von $f(x)$ ist, umso weniger wirken sich Schwankungen in $x$ auf $E$ aus. Werden mehrere Messgrößen miteinander verknüpft, so haben die Schwankungen jeder einzelnen Messgröße den Einfluss

$$\delta E_x = \frac{\partial f(x, y....)}{\partial x}\bigg|_{\bar{x},\bar{y},...} \delta x\,, \quad \delta E_y = \frac{\partial f(x, y....)}{\partial y}\bigg|_{\bar{x},\bar{y},...} \delta y \, ...$$  (7.18)

auf das Ergebnis. Die Messgrößen $x$, $y$, ... sind normalverteilt, somit werden die Schwankungen $\delta x$, $\delta y$, ... von den Varianzen $\sigma_x^2$, $\sigma_y^2$, ... bzw. ihren Schätzungen $s_x$, $s_y$, ... beschrieben. Außerdem sollen die Messgrößen statistisch unabhängig voneinander sein, d. h. sich nicht gegenseitig beeinflussen. Da die Streuungen der Messwerte durch zufällige Fehler verursacht werden, mitteln sich ihre Auswirkungen teilweise weg, so dass nach Gauß die

Summe der Quadrate von $\delta E_x$, $\delta E_y$, ... aus (7.18) die Standardabweichung $s_E$ als Schätzung der Varianz $\sigma_E^2$ ergeben.

$$\sigma_E^2 = (\frac{\partial f(x,y....)}{\partial x}\bigg|_{\bar{x},\bar{y},...})^2 \sigma_x^2 + (\frac{\partial f(x,y....)}{\partial y}\bigg|_{\bar{x},\bar{y},...})^2 \sigma_y^2 + ...., \tag{7.19}$$

$$s_E = \sqrt{(\frac{\partial f(x,y....)}{\partial x}\bigg|_{\bar{x},\bar{y},...})^2 s_x^2 + (\frac{\partial f(x,y....)}{\partial y}\bigg|_{\bar{x},\bar{y},...})^2 s_y^2 + ....} \tag{7.20}$$

Diese beiden Gleichungen sind auch als „Gaußsches Fehlerfortpflanzungsgesetz" bekannt. Je größer die Standardabweichung einer Messgröße ist, umso stärker wirkt sie sich auf die Standardabweichung der berechneten Größe aus.

Wird beispielsweise aus einem gemessenen Durchmesser ($\bar{d}$, $s_d$) das Volumen einer Kugel bestimmt, so beträgt dessen Standardabweichung

$$s_V = \frac{dV}{dd}\bigg|_{\bar{d}} s_d = \frac{d(\frac{4\pi}{3}(\frac{d}{2})^3)}{dd}\bigg|_{\bar{d}} s_d = \frac{4\pi}{3}\frac{1}{8}3\bar{d}^2 s_d = \frac{\pi}{6}\bar{d}^2 s_d . \tag{7.21}$$

Die Standardabweichung des Trägheitsmomentes $J_S$ eines starren Körpers, das aus dessen Masse $m$, der Periodendauer $T$, wenn der Körper als physikalisches Pendel schwingt, sowie dem Abstand $d$ des Schwerpunktes von der Drehachse bestimmt werden kann[1], beträgt

$$s_{J_S} = \sqrt{(\frac{\partial J_S}{\partial m}\bigg|_{\bar{m},\bar{d},\bar{T}})^2 s_m^2 + (\frac{\partial J_S}{\partial d}\bigg|_{\bar{m},\bar{d},\bar{T}})^2 s_d^2 + (\frac{\partial J_S}{\partial T}\bigg|_{\bar{m},\bar{d},\bar{T}})^2 s_T^2} \tag{7.22}$$

Dabei haben wir angenommen, dass die Erdbeschleunigung $g$ keine Messunsicherheit aufweist. Mit den entsprechenden Ableitungen erhalten wir

$$s_{J_S} = \sqrt{(\frac{g\bar{d}\bar{T}^2}{4\pi^2} - \bar{d}^2)^2 s_m^2 + (\bar{m}(\frac{g\bar{T}^2}{4\pi^2} - 2\bar{d}))^2 s_d^2 + (\frac{2\bar{m}g\bar{d}\bar{T}}{4\pi^2})^2 s_T^2} . \tag{7.23}$$

Die $(\partial f(x,y....)/\partial x\big|_{\bar{x},\bar{y}})^2$ in (7.19) bzw. (7.20) kann man auch als „Wichtungsfaktoren" interpretieren, die den Einfluss der Unsicherheiten einzelner Messgrößen ausdrücken. Dies kann man bei der Auswahl der Messverfahren für die einzelnen Messgrößen berücksichtigen, wenn eine bestimmte Standardabweichung der berechneten Größe gefordert wird. Ist der Einfluss einer Messgröße gering, so kann sie mit einem ungenauen Messverfahren (große

---

[1]    Der aus (4.63) hergeleitete Zusammenhang lautet: $J_S = mgdT^2/(2\pi)^2 - md^2$, wobei $g$ die Erdbeschleunigung ist.

Standardabweichung) ermittelt werden, bei großen Wichtungsfaktoren ist dagegen eine hohe Messgenauigkeit erforderlich.

Für spezielle Arten von Verknüpfungen der Messwerte vereinfachen sich (7.19) bzw. (7.20):

- **Strichrechnung**: $E = x + y + \dots$ Dabei sind $x$, $y$, $\dots$ physikalische Größen, die in den gleichen Einheiten gemessen werden. Die partiellen Ableitungen nach $x$, $y$, $\dots$ ergeben eins, so dass die Standardabweichung von $E$ lautet

$$s_E = \sqrt{s_x^2 + s_y^2 + \dots} \ . \tag{7.24}$$

> Werden Messgrößen durch Strichrechnung miteinander verknüpft, so addieren sich deren Standardabweichungen quadratisch zur Standardabweichung des Ergebnisses.

- **Punktrechnung**: $E = xy$ oder $E = x/y$. Die partiellen Ableitungen ergeben

$$s_E = \sqrt{\bar{y}^2 s_x^2 + \bar{x}^2 s_y^2} \ , \text{ bzw. } s_E = \sqrt{\frac{s_x^2}{\bar{y}^2} + \frac{\bar{x}^2}{\bar{y}^4} s_y^2} \ . \tag{7.25}$$

Die relative, d. h. auf $\bar{E}$ bezogene Standardabweichung lautet

$$\frac{s_E}{\bar{E}} = \sqrt{\frac{\bar{y}^2 s_x^2}{\bar{x}^2 \bar{y}^2} + \frac{\bar{x}^2}{\bar{x}^2 \bar{y}^2} s_y^2} = \sqrt{(\frac{s_x}{\bar{x}})^2 + (\frac{s_y}{\bar{y}})^2} \ , \text{ bzw. }$$

$$\frac{s_E}{\bar{E}} = \sqrt{\frac{\bar{y}^2}{\bar{x}^2} \frac{s_x^2}{\bar{y}^2} + \frac{\bar{y}^2}{\bar{x}^2} \frac{\bar{x}^2}{\bar{y}^4} s_y^2} = \sqrt{(\frac{s_x}{\bar{x}})^2 + (\frac{s_y}{\bar{y}})^2} \ . \tag{7.26}$$

> Werden Messgrößen durch Punktrechnung miteinander verknüpft, so addieren sich deren relativen Standardabweichungen quadratisch zur relativen Standardabweichung des Ergebnisses.

Werden Potenzen von Messgrößen durch Punktrechnung miteinander verknüpft, d. h. $E = x^a y^b$ (bei Division sind die Exponenten negativ), so lauten die relativen Standardabweichungen $s_E / \bar{E}$

$$s_E = \sqrt{(a\bar{x}^{a-1}\bar{y}^b)^2 s_x^2 + (b\bar{x}^a \bar{y}^{b-1})^2 s_y^2} \ \Rightarrow \ \frac{s_E}{\bar{E}} = \sqrt{(a\frac{s_x}{\bar{x}})^2 + (b\frac{s_y}{\bar{y}})^2} \ . \tag{7.27}$$

Die Quadrate der Exponenten gehen als Wichtungsfaktoren für die relativen Standardabweichungen der Messgrößen in die relative Standardabweichung des Ergebnisses der Verknüpfung ein.

In den bisherigen Betrachtungen haben wir geklärt, wie der wahre Wert einer physikalischen Größe, die aus mehreren Messgrößen berechnet wird, geschätzt werden kann und welche Standardabweichung diese berechnete Größe hat. Bei einer direkt aus Messungen bestimmten Größe konnten wir mit der Standardabweichung einen Vertrauensbereich um den Mittelwert der Messergebnisse angeben, in dem der wahre Wert mit einer bestimmten statistischen Sicherheit ist. Unter bestimmten Voraussetzungen ist auch die Angabe eines Vertrauensbereiches $v_E$ für eine berechnete Größe möglich. Diese Voraussetzungen sind:

- Die Zahl $n$ der Einzelmessungen ist bei allen Messgrößen gleich,
- die statistische Sicherheit für die Vertrauensbereiche aller Messgrößen und damit $t_P$ aus **Tab. 7.1** ist gleich.

Dann können wir (7.20) mit $t_P / \sqrt{n}$ erweitern. Als Abkürzung führen wir die Wichtungsfaktoren $w_x := (\partial f(x, y....) / \partial x|_{\bar{x}, \bar{y},...})^2$ ein und erhalten

$$v_E = s_E \frac{t_P}{\sqrt{n}} = \sqrt{w_x (s_x \frac{t_P}{\sqrt{n}})^2 + w_y (s_y \frac{t_P}{\sqrt{n}})^2 + ....} \quad \Rightarrow$$

$$v_E = \sqrt{w_x v_x^2 + w_y v_y^2 + ...}. \tag{7.28}$$

Der Vertrauensbereich der errechneten Größe ergibt sich aus den gewichteten Vertrauensbereichen der Messgrößen. Unterscheiden sich die Anzahlen der Messungen, so müssen die Vertrauensbereiche (7.13) auf gleiche Anzahlen umgerechnet werden. Werden alle Größen außer $y$ mit $n$ Messungen bestimmt, $y$ dagegen mit $n_y$, so ergibt sich aus dem Vertrauensbereich $v_y$ mit dieser Anzahl von Messungen der Vertrauensbereich $v_y'$ mit $n$ Messungen zu

$$v_y = t_P \frac{s_y}{\sqrt{n_y}}, \; v_y' = t_P \frac{s_y}{\sqrt{n}} \quad \Rightarrow \quad \frac{v_y'}{v_y} = \frac{\sqrt{n_y}}{\sqrt{n}} \quad \Rightarrow \quad v_y' = \frac{\sqrt{n_y}}{\sqrt{n}} v_y \quad \Rightarrow \tag{7.29}$$

$$v_E = \sqrt{w_x v_x^2 + w_y v_y'^2 + ...} = \sqrt{w_x v_x^2 + w_y \frac{n_y}{n} v_y^2 + ...} \tag{7.30}$$

Ist $n_y < n$, so ist bei gleicher Standardabweichung $s_y$ der Vertrauensbereich $v_y$ größer als $v_y'$, der Faktor $n_y/n$ „korrigiert" dies. Zu bemerken ist aber, dass die umgerechneten Vertrauensbereiche der Messgrößen nur Hilfsgrößen sind. Um über den wahren Wert der Messgrößen Aussagen zu treffen, muss man deren Vertrauensbereiche mit der Zahl der wirklich durchgeführten Messungen betrachten. Die Korrektur der einzelnen Vertrauensbereiche bewirkt allerdings, dass die Aussagekraft der Messgrößen künstlich verändert wird. Daher sollte die Korrektur nur erfolgen, wenn die Zahlen der Einzelmessungen nicht zu unterschiedlich sind.

# 7.3 Ausgleichsgeraden und Kurvenanpassung

Viele physikalische Gesetze beschreiben die Abhängigkeiten zwischen den physikalischen Größen in Form (analytischer) Funktionen. Der einfachste Fall ist die lineare Abhängigkeit zwischen zwei Größen, die man üblicherweise durch eine Gerade darstellt. Ein Beispiel ist die lineare Abhängigkeit $U = RI$ zwischen dem elektrischen Strom $I$, der durch einen Ohmschen Widerstand $R$ fließt, und der anliegenden Spannung $U$.

Um den Wert des Widerstandes zu bestimmen, könnte man wie im Kapitel 7.2 beschrieben vorgehen: Man schließt den Ohmschen Widerstand an eine Konstantspannungsquelle an und misst mehrfach den Strom sowie die anliegende Spannung. Aus dem Quotienten der Mittelwerte von Spannung und Strom wird der Widerstandswert berechnet. Die relative Standardabweichung ergibt sich aus (7.26), daraus kann mit (7.30) der Vertrauensbereich bestimmt werden. Der Nachteil dieses Verfahrens ist, dass systematische Fehler z.B. bei der Spannungsmessung unerkannt bleiben.

Besser ist es, die Spannung zu variieren und den Widerstandswert aus der Steigung der Geraden, die die lineare Abhängigkeit von Strom und Spannung wiedergibt, zu bestimmen. Dazu wird bei mehreren unterschiedlichen Spannungen der Quelle Strom und Spannung am Widerstand gemessen. Üblicherweise trägt man die Wertepaare, die „Messpunkte", in einem rechtwinkligen Koordinatensystem, z.B. den Strom auf der Abszisse und die Spannung auf der Ordinate, auf. Werden bei einem Wertepaar die Messwerte von systematischen Fehlern beeinflusst, so kann man dieses als Abweichung von der Geraden erkennen. Im Prinzip wird der Ohmsche Widerstand mit unterschiedlichen Messverfahren ermittelt, sie unterscheiden sich hier um die anliegende Spannung. In der Regel liegen aufgrund unterschiedlicher zufälliger Einflüsse die Messpunkte nicht auf einer Geraden, daher wird eine „Ausgleichsgerade" konstruiert, von der der mittlere Abstand der Messpunkte minimal ist.

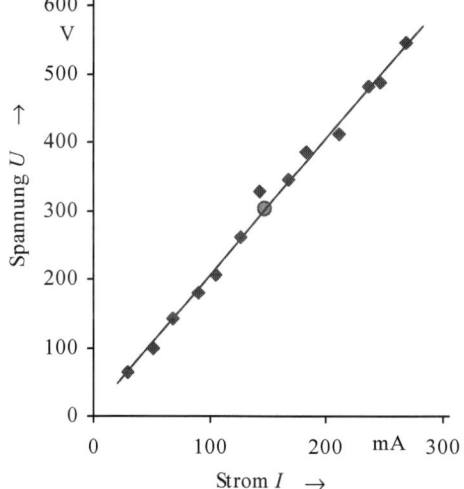

**Abb. 7.5** *Ausgleichsgerade zwischen den Wertepaaren aus Strom und Spannung an einem Ohmschen Widerstand. Gekennzeichnet ist auch der Schwerpunkt der Messpunkte.*

Der Verlauf einer Geraden wird bestimmt durch ihre Steigung und durch ihren Schnittpunkt mit der Ordinate, dem „Achsenabschnitt". Diese stellen physikalische Größen dar, die indirekt aus den Messpunkten bestimmt werden. Ist der Verlauf einer Ausgleichsgerade bekannt, so können zum einen Wertepaare zwischen den Messpunkten interpoliert werden, zum anderen ermöglicht die „Extrapolation", Wertepaare außerhalb der von den Messpunkten vorgegebenen Intervalle zu bestimmen, selbst wenn diese Wertepaare experimentell nur schwer oder gar nicht zugänglich sind. Beispiele solcher Extrapolationen sind die Bestimmung der Urspannung einer Spannungsquelle oder deren Kurzschlussstrom (siehe auch Kapitel 5.1.4 (Reale Spannungsquellen), **Abb. 5.21** und **Abb. 5.22**).

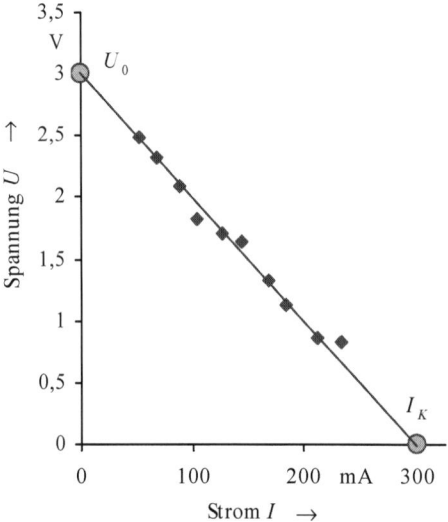

**Abb. 7.6** *Durch Extrapolation bestimmte Urspannung und Kurzschlussstrom einer Spannungsquelle.*

## 7.3.1    Graphische Konstruktion der Ausgleichsgeraden

Die rechnerische Bestimmung von Steigung und Achsenabschnitt der Ausgleichsgeraden ist recht aufwendig und sollte mit einem Computer durchgeführt werden. Mit etwas Augenmaß kann die Ausgleichsgerade ohne große Abweichungen von der „exakten" Lösung auch graphisch durch Einzeichnen in das Diagramm der Messwerte bestimmt werden. In den meisten Fällen sind die Resultate des graphischen Verfahrens ausreichend. Dabei ist zu beachten, dass die Ausgleichsgerade durch den „Schwerpunkt" der Wertepaare verläuft. Dieser wird bestimmt durch die Mittelwerte der auf der Abszisse bzw. Ordinate aufgetragenen Größen. Die Steigung der Geraden bestimmt man mit Hilfe eines „Steigungsdreiecks". Dazu wählen wir zwei Punkte $(x_1, y_1)$ und $(x_2, y_2)$ auf der Ausgleichsgeraden, die möglichst weit auseinander liegen sollen. Aus rechentechnischen Gründen sollten die

Koordinaten der Punkte möglichst „glatte" Zahlen sein. Da die beiden Punkte die Geradengleichung $y = mx + b$ erfüllen, gilt

$$y_1 = mx_1 + b \, , \ y_2 = mx_2 + b \ \Rightarrow \ y_1 - y_2 = m(x_1 - x_2) \ \Rightarrow$$

$$m = \frac{y_1 - y_2}{x_1 - x_2} = \frac{\Delta y}{\Delta x} \, , \tag{7.31}$$

d. h. der Quotient $\Delta y / \Delta x$ definiert die Steigung der Geraden bzw. den Tangens des Steigungswinkels.

Die einzelnen Wertepaare werden durch zufällige Fehler beeinflusst, daher liegen sie nur in Ausnahmefällen auf der Ausgleichsgerade, deren Steigung und Achsenabschnitt somit auch vom Zufall abhängen. Außerdem ist das Einzeichnen der „besten" Ausgleichsgerade selbstverständlich subjektiv, so dass auch andere, steilere oder flachere Geraden in Frage kommen können. Dies können wir ausnutzen, um die Unsicherheit von Steigung und Achsenabschnitt abzuschätzen. Dafür werden zunächst steilere und flachere Geraden als die „beste" Ausgleichsgerade eingezeichnet, die ebenfalls durch den Schwerpunkt der Wertepaare verlaufen und auch eine „ausgleichende" Eigenschaft aufweisen sollen. Dabei verlaufen die beiden Grenzgeraden in der Regel nicht spiegelbildlich zur „besten" Gerade.

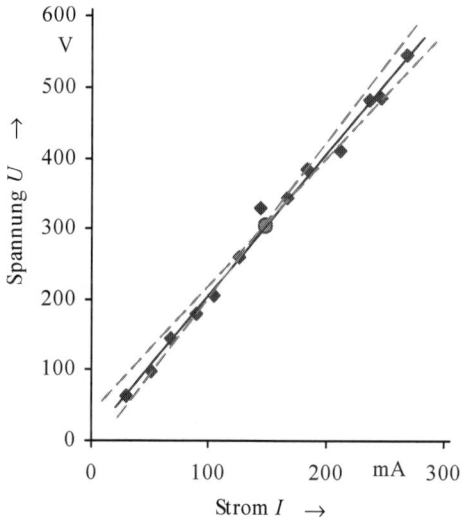

**Abb. 7.7** *Steilere und flachere Ausgleichsgeraden zur Abschätzung der Genauigkeiten von Steigung und Achsenabschnitt der „besten" Ausgleichsgeraden.*

Die Unsicherheit $\Delta m$ der Steigung $m_{opt.}$ der „besten" Ausgleichsgerade berechnet man aus den Steigungen $m_{steil}$ und $m_{flach}$ der steilsten und flachsten Grenzgeraden zu

$$\Delta m = \left| \frac{m_{steil} - m_{flach}}{2} \right| \, . \tag{7.32}$$

Durch die Bildung des Betrages wird gewährleistet, dass sowohl für steigende als auch für fallende Geraden $\Delta m$ immer positiv ist. Die Unsicherheit $\Delta b$ des Achsenabschnitts wird in ähnlicher Weise ermittelt, allerdings muss dabei berücksichtigt werden, dass der Schwerpunkt der Messpunkte ebenfalls mit einer Unsicherheit behaftet ist. Von Bedeutung ist die Unsicherheit des Ordinatenwertes, denn dieser wirkt sich insbesondere dann aus, wenn der Schwerpunkt sehr nah an der Ordinatenachse liegt. Als Maß für die Unsicherheit nimmt man dabei die Standardabweichung $s_{yS}$ der Ordinate des Schwerpunktes $y_S$. Diese ergibt sich aus der Standardabweichung der Ordinaten $y_i$ der Messpunkte, wobei diese Werte um die korrespondierenden Werte auf der Geraden vermindert werden.

$$s_{yS} = \sqrt{\frac{1}{n-1} \sum_{i=1}^{n} (y_i - m_{opt} x_i - b_{opt})^2} \; . \tag{7.33}$$

Damit lautet die Unsicherheit des Achsenabschnitts der „besten" Ausgleichsgeraden

$$\Delta b = \left| \frac{b_{steil} - b_{flach}}{2} \right| + s_{yS} \; . \tag{7.34}$$

Interpretiert man die Unsicherheiten von Steigung und Achsenabschnitt als Standardabweichungen, und nimmt man an, dass sie normalverteilt sind, so kann man auch Vertrauensbereiche (7.13) angeben. Bei der Bestimmung der $t_P$-Werte aus **Tab. 7.1** muss die Zahl der Messwerte mit $n-1$ angegeben werden, da die Gerade durch zwei Parameter bestimmt wird und sich somit die Zahl der Wiederholungsmessungen, die in der Tabelle zugrunde gelegt werden, um eins verringert.

## 7.3.2    Rechnerische Bestimmung der Ausgleichsgeraden

Hierzu ist es erforderlich, folgende vereinfachende Annahme zu machen: Nur die Ordinaten $y_i$ der Messwerte sollen von zufälligen Fehlern beeinflusst werden, die Abszissen $x_i$ sollen dagegen „genau" vorgegeben werden, d. h. hier sollen die zufälligen Fehler vernachlässigbar klein sein. Daher soll bei der Ermittlung der Ausgleichsgeraden $y = mx + b$ die Summe der Quadrate der Ordinatenabstände $d_i := y_i - mx_i - b$, also

$$D = \sum_{i=1}^{n} d_i^2 = \sum_{i=1}^{n} (y_i - mx_i - b)^2 \tag{7.35}$$

minimiert werden. Die Parameter $m$ und $b$ müssen so gewählt werden, dass die partiellen Ableitungen $\partial D / \partial m$ und $\partial D / \partial b$ verschwinden. Dadurch werden zwei „Normalgleichungen" definiert, deren Lösungen die Steigung und den Achsenabschnitt der Ausgleichgeraden liefern.

$$\frac{\partial D}{\partial m} = \sum_{i=1}^{n} 2(y_i - mx_i - b)(-x_i) = 2(m \sum_{i=1}^{n} x_i^2 + b \sum_{i=1}^{n} x_i - \sum_{i=1}^{n} x_i y_i) = 0 \tag{7.36}$$

$$\frac{\partial D}{\partial b} = \sum_{i=1}^{n} 2(y_i - mx_i - b)(-1) = 2(m \sum_{i=1}^{n} x_i + nb - \sum_{i=1}^{n} y_i) = 0 \tag{7.37}$$

Beachten wir die Definition (7.3) der Mittelwerte, so erhalten wir

$$m \sum_{i=1}^{n} x_i^2 + nb\overline{x} = \sum_{i=1}^{n} x_i y_i \tag{7.38}$$

$$mn\overline{x} + nb - n\overline{y} = 0 \quad \Rightarrow \quad \overline{y} = m\overline{x} + b . \tag{7.39}$$

Aus (7.39) folgt unmittelbar, dass der Schwerpunkt der Wertepaare die Geradengleichung erfüllt. Setzen wir $b$ aus (7.39) in (7.38) ein, so können wir $m$ berechnen.

$$m \sum_{i=1}^{n} x_i^2 + n(\overline{y} - m\overline{x})\overline{x} = \sum_{i=1}^{n} x_i y_i \quad \Rightarrow$$

$$m(\sum_{i=1}^{n} x_i^2 - n\overline{x}^2) = \sum_{i=1}^{n} x_i y_i - n\overline{x}\overline{y} \quad \Rightarrow \quad m = \frac{\sum_{i=1}^{n} x_i y_i - n\overline{x}\overline{y}}{\sum_{i=1}^{n} x_i^2 - n\overline{x}^2} \tag{7.40}$$

$$b = \overline{y} - m\overline{x} = \overline{y} - \frac{\sum_{i=1}^{n} x_i y_i - n\overline{x}\overline{y}}{\sum_{i=1}^{n} x_i^2 - n\overline{x}^2}\overline{x} = \frac{\overline{y}\sum_{i=1}^{n} x_i^2 - \overline{x}\sum_{i=1}^{n} x_i y_i}{\sum_{i=1}^{n} x_i^2 - n\overline{x}^2} \tag{7.41}$$

Die Überprüfung anhand der zweiten Ableitungen, die wir hier nicht durchführen wollen, ergibt, dass $m$ und $b$ aus (7.40) bzw. (7.41) die Minima von (7.35) sind. Vergleichen wir die Nenner von (7.40) bzw. (7.41) mit (7.5), so betragen diese $(n-1)s_x^2$, der Standardabweichung der Abszissenwerte $x_i$.

Steigung und Achsenabschnitt werden aus fehlerbehafteten Messgrößen $y_i$ bestimmt, daher können wir mit Hilfe des Gaußschen Fehlerfortpflanzungsgesetzes (7.20) die Standardabweichungen der Geradenparameter berechnen.

$$s_m^2 = \sum_{i=1}^{n} (\frac{\partial m}{\partial y_i})^2 s_{y_i,R}^2 = \sum_{i=1}^{n} (\frac{\partial}{\partial y_i}(\frac{\sum_{j=1}^{n} x_j y_j - \overline{x}\sum_{j=1}^{n} y_j}{(n-1)s_x^2}))^2 s_{y_i,R}^2 \quad \Rightarrow$$

$$s_m^2 = \sum_{i=1}^{n} (\frac{x_i - \overline{x}}{(n-1)s_x^2})^2 s_{y_i,R}^2 \tag{7.42}$$

Dabei ist $s_{y_i,R}^2$ die Standardabweichung der (vertikalen) Abstände zwischen Messpunkten und Ausgleichsgerade. Unter der Annahme, dass die vertikalen Abstände in ähnlicher Weise von zufälligen Fehlern beeinflusst werden, gilt $s_{y_i,R}^2 = s_R^2$, ist also für alle $y_i$ gleich und kann vor die Summe in (7.42) gezogen werden.

$$s_m^2 = \frac{s_R^2}{(n-1)^2 s_x^4} \sum_{i=1}^{n} (x_i - \overline{x})^2 = \frac{s_R^2}{(n-1)s_x^2} \tag{7.43}$$

$s_R^2$ wird aus der Summe der quadrierten Abstände $D_R$, die sich aus (7.35) mit den Parametern (7.40) bzw. (7.41) berechnet, bestimmt. Unter Beachtung von (7.39) ergibt sich $D_R$ zu

$$D_R = \sum_{i=1}^{n}(y_i - mx_i - \bar{y} + m\bar{x})^2 = \sum_{i=1}^{n}(y_i - \bar{y} - m(x_i - \bar{x}))^2 \Rightarrow$$

$$D_R = \sum_{i=1}^{n}(y_i - \bar{y})^2 - 2m\sum_{i=1}^{n}(x_i - \bar{x})(y_i - \bar{y}) + m^2\sum_{i=1}^{n}(x_i - \bar{x})^2 . \tag{7.44}$$

In Anlehnung an (7.4) definiert man $s_R^2 = D_R/(n-2)$. Die Division durch $n-2$ ist in den zwei Parametern, durch die die Zahl der Wiederholungsmessungen um eins reduziert wird, begründet. Der erste und der dritten Term von (7.44) entspricht $(n-1)s_y^2$ bzw. $(n-1)s_x^2$. Als Abkürzung führen wir die „Kovarianz"

$$s_{xy} := \frac{1}{n-1}\sum_{i=1}^{n}(x_i - \bar{x})(y_i - \bar{y}) \tag{7.45}$$

ein. Diesen Ausdruck formen wir folgendermaßen um:

$$s_{xy} = \frac{1}{n-1}(\sum_{i=1}^{n}x_i y_i - \bar{y}\sum_{i=1}^{n}x_i - \bar{x}\sum_{i=1}^{n}y_i + n\bar{x}\bar{y}) = \frac{1}{n-1}(\sum_{i=1}^{n}x_i y_i - n\bar{x}\bar{y}) \tag{7.46}$$

Damit lautet (7.40)

$$m = \frac{s_{xy}}{s_x^2} \tag{7.47}$$

und

$$s_R^2 := \frac{n-1}{n-2}(s_y^2 - 2ms_{xy} + m^2 s_x^2) = \frac{n-1}{n-2}(s_y^2 - m^2 s_x^2) . \tag{7.48}$$

Dies eingesetzt in (7.43) ergibt schließlich die Standardabweichung der Steigung

$$s_m^2 = \frac{s_y^2 - m^2 s_x^2}{(n-2)s_x^2} . \tag{7.49}$$

In ähnlicher Weise können wir die Standardabweichung des Achsenabschnitts bestimmen. Aus dem Gaußschen Fehlerfortpflanzungsgesetz, angewandt auf (7.41), erhalten wir

$$s_b^2 = \sum_{i=1}^{n} (\frac{\partial}{\partial y_i}(\bar{y} - m\bar{x}))^2 s_R^2 = \sum_{i=1}^{n} (\frac{\partial \bar{y}}{\partial y_i} - \bar{x}\frac{\partial m}{\partial y_i})^2 s_R^2$$

$$s_b^2 = \sum_{i=1}^{n} (\frac{1}{n}\frac{\partial}{\partial y_i}(\sum_{j=1}^{n} y_j) - \frac{x_i - \bar{x}}{(n-1)s_x^2}\bar{x})^2 s_R^2 = \sum_{i=1}^{n} (\frac{1}{n} - \frac{\bar{x}(x_i - \bar{x})}{(n-1)s_x^2})^2 s_R^2$$

$$s_b^2 = (\sum_{i=1}^{n} \frac{1}{n^2} - 2\frac{\bar{x}(x_i - \bar{x})}{n(n-1)s_x^2} + \frac{\bar{x}^2(x_i - \bar{x})^2}{(n-1)^2 s_x^4})s_R^2$$

$$s_b^2 = (\frac{1}{n} + \frac{\bar{x}^2}{(n-1)s_x^2})s_R^2 = \frac{(n-1)s_x^2 + n\bar{x}^2}{n(n-1)s_x^2}\frac{n-1}{n-2}(s_y^2 - m^2 s_x^2)$$

$$s_b^2 = \frac{(n-1)s_x^2 + n\bar{x}^2}{n}\frac{s_y^2 - m^2 s_x^2}{(n-2)s_x^2} = \frac{(n-1)s_x^2 + n\bar{x}^2}{n}s_m^2. \tag{7.50}$$

Dabei wurde berücksichtigt, dass die Summe über $x_i - \bar{x}$ null ist. Zur Berechnung der Vertrauensbereiche ist bei der Ermittlung der $t_P$-Werte aus **Tab. 7.1** zu beachten, dass für die Zahl der Messungen aus der Tabelle $n - 1$ zu nehmen ist. Wegen $n - 2$ im Nenner von (7.49) müssen mindestens drei Messwertepaare vorliegen.

## 7.3.3 Ausgleichsgeraden bei nicht linearen Zusammenhängen

In vielen Fällen kann die funktionale Abhängigkeit physikalischer Größen nicht durch eine lineare Funktion, deren Parameter Steigung und Achsenabschnitt mit den oben angegebenen Verfahren bestimmt werden können, beschrieben werden. Beispiele sind das Weg-Zeit-Gesetz (2.8) einer gleichmäßig beschleunigten Bewegung, die barometrische Höhenformel (2.369) usw. Man kann aus den $n$ Messdaten ($x_i, y_i$) die Parameter dieser Funktionen $y = f(x)$ ebenfalls nach dem Prinzip der „kleinsten Abstandsquadrate" ermitteln, d. h. die Summe $D$ dieser Größen minimieren.

$$D = \sum_{i=1}^{n} (y_i - f(x_i))^2 \tag{7.51}$$

Eine graphisch orientierte Vorgehensweise ist nicht empfehlenswert, da zum einen nicht lineare Funktionen „von freier Hand" nur sehr ungenau gezeichnet, und zum anderen die Parameter dieser Funktion nicht ermittelt werden können.

Man kann jedoch in einigen Fällen die nicht lineare Funktion in eine lineare transformieren. Aus den Parametern der Geraden können dann die Parameter der nicht linearen Funktion berechnet werden. Hier wollen wir die wichtigsten Transformationen kennen lernen:

**Exponentieller Zusammenhang $y = A\,e^{Bx}$**
Beispiele sind die Abhängigkeit des Luftdrucks von der Höhe gemäß der barometrischen Höhenformel (2.369), die Absorption von Licht gemäß dem Lambertschen Gesetz (6.12)

sowie der Verlauf der Spannung beim Entladen eines Kondensators (5.241). Allgemein gilt der Zusammenhang

$$y = Ae^{Bx} \text{ bzw. } \frac{y}{A} = e^{Bx}. \tag{7.52}$$

Im Falle des Kondensators bedeutet $y$ die Spannung zu einem Zeitpunkt $t > 0$, $A$ die Spannung zum Zeitpunkt $t = 0$, $B$ ist die „Entladekonstante" $\tau = -1/(RC)$ mit $C$: Kapazität des Kondensators, $R$: Widerstand, über den der Kondensator entladen wird (siehe **Abb. 5.101**). Wir logarithmieren (7.52) und erhalten

$$\ln y = \ln A + \ln(e^{Bx}) = \ln A + Bx \text{ bzw. } \ln(\frac{y}{A}) = Bx. \tag{7.53}$$

Tragen wir $y^* := \ln y$ bzw. $\tilde{y} = \ln(y/A)$ gegen $x$ ab, so ergibt sich eine Gerade mit der Steigung $B$. In der ersten Form von (7.53) hat die Gerade den Achsenabschnitt $\ln A$, in der zweiten Form ergibt sich eine Ursprungsgerade.

Ist der Parameter $A$ bekannt, so wird in der Technik die zweite Form von (7.53) bevorzugt, da linke und rechte Seite dimensionslos ist, während in der ersten Form die Einheiten der logarithmierten Größen nicht definiert sind. (Bei der Entladekurve des Kondensators hätte $\ln a$ die Einheit ln(Volt), während $Bx$ dimensionslos ist, was aber ein Widerspruch zu der Regel (1.3) darstellt, dass nur Größen gleicher Dimension durch Strichrechnung verknüpft werden dürfen!) Den für die Ausgleichgerade erforderlichen Schwerpunkt der Messdaten berechnen wir aus den Mittelwerten der $x_i$ und $\tilde{y}_i$. Die Steigung $B$ der Ausgleichsgeraden ermitteln wir aus dem Steigungsdreieck

$$B = \frac{\Delta\tilde{y}}{\Delta x} = \frac{\tilde{y}_1 - \tilde{y}_2}{x_1 - x_2} = \frac{\ln(y_1/A) - \ln(y_2/A)}{x_1 - x_2} = \frac{\ln(y_1/y_2)}{x_1 - x_2}. \tag{7.54}$$

Ist der Parameter $A$ in (7.52) nicht bekannt, so muss er ebenfalls aus den Messdaten als Achsenabschnitt der ersten Form von (7.53) bestimmt werden. Um die Schwierigkeiten mit den Einheiten zu umgehen, trägt man den funktionalen Zusammenhang $y = Ae^{Bx}$ mit einer logarithmisch geteilten Skala für die Ordinate ab (halblogarithmische Darstellung). Im Diagramm streuen die Messdaten dann um eine Ausgleichsgerade. Der Schwerpunkt der Messdaten bestimmt sich aus dem arithmetischen Mittel ihrer Abszissenwerte sowie dem geometrischen Mittel der Ordinatenwerte. Dieses entspricht dem arithmetischen Mittel der logarithmierten Ordinatenwerte, mit dem $e$ potenziert wird.

$$\frac{1}{n}\sum_{i=1}^{n}\ln y_i = \frac{1}{n}\ln(y_1 y_2 y_3 \ldots y_n) = \ln(\prod_{i=1}^{n} y_i)^{\frac{1}{n}} = \ln \sqrt[n]{\prod_{i=1}^{n} y_i} \Rightarrow$$

$$y_S = \sqrt[n]{\prod_{i=1}^{n} y_i}. \tag{7.55}$$

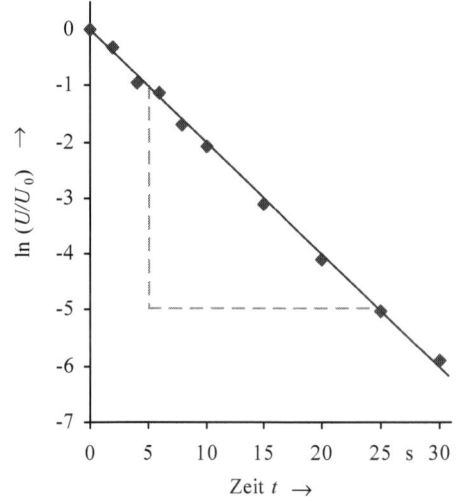

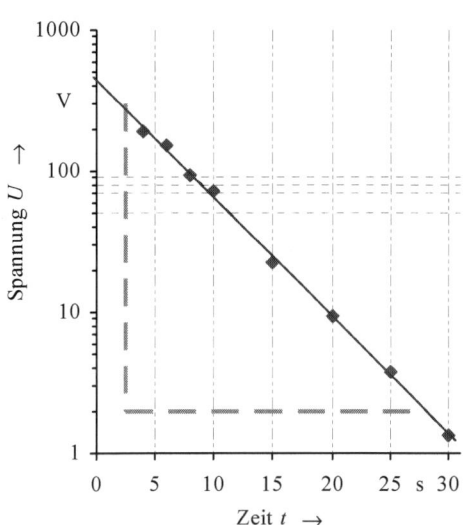

**Abb. 7.8** *Entladekurve eines Kondensators. Abgetragen ist ln(U/U₀) gegen die Zeit. Die Steigung kann direkt aus dem Diagramm über ein Steigungsdreieck entnommen werden.*

**Abb. 7.9** *Entladekurve eines Kondesators, dargestellt mit einer logarithmisch geteilten Ordinate (halblogarithmische Darstellung).*

Der Parameter $A$ kann direkt als Achsenabschnitt abgelesen werden, wobei die logarithmische Teilung die Interpolation erschwert. Die Steigung erhalten wir wiederum aus dem Steigungsdreieck, wobei die Ordinatenwerte zu logarithmieren sind. Wegen der Schwierigkeit bei der Interpolation wählt man am besten „glatte" $y$-Werte für das Steigungsdreieck.

$$B = \frac{\Delta \ln y}{\Delta x} = \frac{y_1^* - y_2^*}{x_1 - x_2} = \frac{\ln y_1 - \ln y_2}{x_1 - x_2} = \frac{\ln(y_1 / y_2)}{x_1 - x_2}. \tag{7.56}$$

Zur rechnerischen Bestimmung der Parameter $A$ und $B$ des exponentiellen Zusammenhangs können wir wie in Kapitel 7.3.2 vorgehen, wobei wir die $y$-Werte der Messpunkte in $y_i^* = \ln y_i$ transformieren. Die über (7.40) berechnete Steigung $m$ entspricht dem Parameter $B$, aus dem mit (7.41) bestimmten Achsenabschnitt $b$ berechnet sich der Parameter $A$ zu $A = e^b$. Zu beachten ist allerdings, dass die so bestimmten Parameter $A$ und $B$ nicht zwingend die optimalen sind, die die Funktion $y = Ae^{Bx}$ mit den minimalen Abstandsquadraten (7.51) ergeben. jedoch sind die so erhaltenen Werte in der Praxis völlig ausreichend. Diese Tatsache muss man im Auge haben, wenn mit (7.49) und (7.50) die Standardabweichungen der Parameter bestimmt werden. Die Standardabweichungen können über die Genauigkeit der Parameter Aufschluss geben, allerdings ist die Angabe eines Vertrauensbereiches, in dem der „wahre" Wert der Parameter mit einer vorgegebenen statistischen Sicherheit liegt, nicht möglich.

### Potentieller Zusammenhang $y = A\,x^B$

Derartige Zusammenhänge haben wir bei adiabatischen oder polytropen Zustandsänderungen (3.119) bzw. (3.123) idealer Gase zwischen dem Druck in einem Gefäß und seinem Volumen kennen gelernt. Auch die Kreisfrequenz (4.60) eines mathematischen Pendels hängt über ein Potenzgesetz von der Pendellänge ab. Allgemein lauten die Zusammenhänge

$$y = Ax^B \, . \tag{7.57}$$

Ist beim mathematischen Pendel $y$ die Kreisfrequenz und $x$ die Pendellänge, so entspricht $A$ der Wurzel aus der Erdbeschleunigung. $B$ hätte bei kleinen Auslenkungen der Pendelschwingung den Wert $-1/2$. Um den nicht linearen Zusammenhang in einen linearen zu transformieren, wird wie beim exponentiellen Zusammenhang logarithmiert.

$$\ln y = \ln A + \ln(x^B) = \ln A + B \ln x \, . \tag{7.58}$$

Zur Bestimmung der Parameter $A$ und $B$ aus $n$ Messwertepaaren $(x_i, y_i)$ werden diese in einem Diagramm abgetragen, dessen Abszisse und Ordinate logarithmisch geteilt sind (doppellogarithmische Darstellung). Die Messwerte streuen um eine Ausgleichsgerade, deren Steigung dem Parameter $B$ entspricht. Der Schwerpunkt der Messdaten wird aus den geometrischen Mitteln der $x_i$ und $y_i$ bestimmt.

$$x_S = \sqrt[n]{\prod_{i=1}^{n} x_i} \, , \; y_S = \sqrt[n]{\prod_{i=1}^{n} y_i} \tag{7.59}$$

Um die Steigung mit Hilfe des Steigungsdreiecks zu bestimmen, müssen die Wertepaare logarithmiert werden. Dann gilt

$$B = \frac{\ln y_1 - \ln y_2}{\ln x_1 - \ln x_2} = \frac{\ln(y_1 / y_2)}{\ln(x_1 / x_2)} \, . \tag{7.60}$$

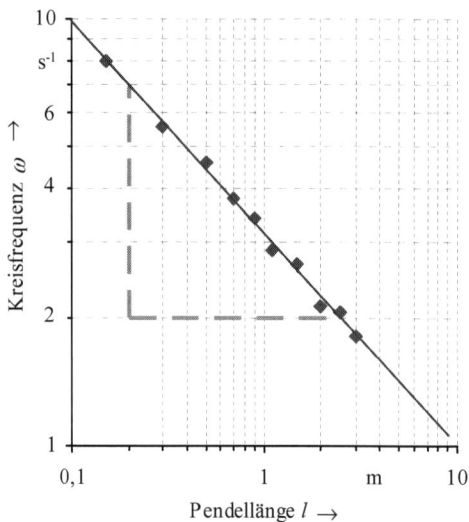

**Abb. 7.10** *Kreisfrequenz eines mathematischen Pendels in Abhängigkeit von der Pendellänge in doppelt logarithmischer Darstellung.*

Um den Parameter $A$ zu bestimmen, stellen wir die Größen $x$, $y$ und $A$ in **Abb. 7.11** als Zahlenwert × Einheit dar. Zu beachten ist, dass die Einheiten keine Größenvorsätze enthalten.

$$\{y\}[y] = \{A\}[A](\{x\}[x])^B \quad \Rightarrow \quad \{y\} = \{A\}\{x\}^B \frac{[A][x]^B}{[y]} \text{, mit}$$

$$\frac{[A][x]^B}{[y]} = 1 \tag{7.61}$$

Da aber $1^B = 1$ ist, erhalten wir den Zahlenwert von $A$ aus dem Zahlenwert von $y$ beim Zahlenwert von eins für $x$. Sind die Einheiten mit Größenvorsätzen versehen, so ist der Zahlenwert des Ausdrucks $\{y\}/(\{A\}\{x\}^B)$ der Größenvorsätze statt eins zu nehmen.

$$\{A\} = \{y(\{x\} = 1)\} \tag{7.62}$$

Alternativ können wir (7.61) logarithmieren und die so transformierten Werte in einem Diagramm mit linear geteilten Abszissen und Ordinaten darstellen.

$$\ln\{y\} = B\ln\{x\} + \ln\{A\} + \ln(\frac{[A][x]^B}{[y]}) = B\ln\{x\} + \ln\{A\} \,. \tag{7.63}$$

Auch hier erhalten wir eine Ausgleichsgerade, die durch den Schwerpunkt der transformierten Wertepaare geht, der sich aus den arithmetischen Mitteln der $\ln\{y_i\}$ und $\ln\{x_i\}$ berechnet. Die Steigung $B$ der Geraden bestimmen wir mit Hilfe des Steigungsdreiecks:

$$B = \frac{\ln\{y_1\} - \ln\{y_2\}}{\ln\{x_1\} - \ln\{x_2\}} = \frac{\ln(\{y_1\}_1/\{y_2\})}{\ln(\{x_1\}/\{x_2\})} \tag{7.64}$$

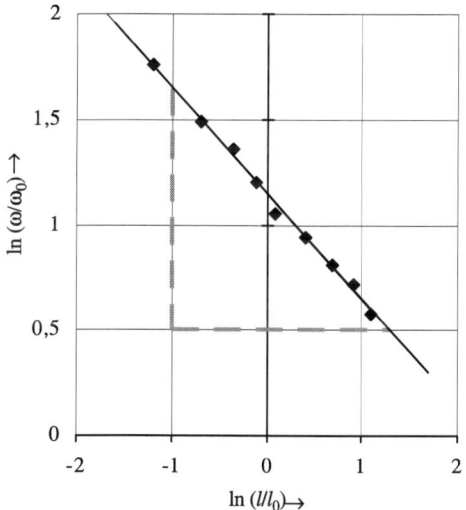

**Abb. 7.11** *Wie* **Abb. 7.10**, *allerdings wurden die Logarithmen der Zahlenwerte von Kreisfrequenz (Ordinate) und Pendellänge (Abszisse) abgetragen.*

Dies entspricht dem Wert (7.60), den man aus der doppelt logarithmischen Darstellung erhält. Nennen wir $\ln\{y\} := y^*$, $\ln\{x\} := x^*$, so wird die Ordinate bei $y^*( x^* = 0)$ geschnitten.[1] Damit erhalten wir den Parameter $A$:

$$\ln\{A\} = y^*(x^* = 0) \;\Rightarrow\; \{A\} = e^{y^{*(0)}} \tag{7.65}$$

Bei der rechnerischen Bestimmung der Ausgleichsgeraden und damit der Parameter $A$ und $B$ des Potenzgesetzes können wieder die Verfahren von Abschnitt 7.3.2 für $x_i^*$ und $y_i^*$ verwendet werden. Auch hier gilt, dass die aus den Geradenparametern berechneten Parameter der Potenzfunktion nicht optimal sind, so dass für sie kein Vertrauensbereich angegeben werden kann.

**Parabolischer Zusammenhang $y = A\,x^2 + B\,x$**
Ein einfaches Beispiel ist das Weg-Zeit-Gesetz der gleichmäßig beschleunigten Bewegung mit einer bestimmten Anfangsgeschwindigkeit, wie der senkrechte Wurf nach oben. Durch eine geeignete Transformation kann auch dieser Zusammenhang durch eine Gerade beschrieben werden.

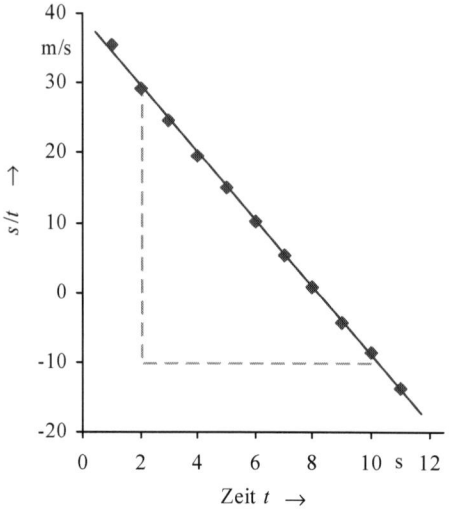

*Abb. 7.12 Senkrechter Wurf mit Anfangsgeschwindigkeit. Abgetragen sind die Flugzeit (Abszisse) sowie Position/Flugzeit (Ordinate).*

$$y = Ax^2 + Bx = x(Ax + B) := y^* \cdot x \;\Rightarrow\; y^* = Ax + B \tag{7.66}$$

$y^*(x)$ beschreibt eine Gerade mit der Steigung $A$ und dem Achsenabschnitt $B$.

---

[1]    Bei Größenvorsätzen ist von $y^*$ gemäß (7.63) $\ln(\{A\}\{x\}^B/\{y\})$ abzuziehen.

**Gebrochen rationaler Zusammenhang**

Ein Beispiel für diese Abhängigkeit ist der durch die Linsengleichung (6.88) beschriebene Zusammenhang zwischen Bildweite $b$ und Gegenstandsweite $g$ bei der Abbildung eines Gegenstandes durch eine Linse. Allgemein lauten gebrochen rationale Zusammenhänge z. B.

$$y = \frac{Ax}{B+x} \quad \Rightarrow \quad \frac{1}{y} = \frac{B}{A}\frac{1}{x} + \frac{1}{A}. \tag{7.67}$$

Bei der Abbildungsgleichung ist $A = B = f$, die Brennweite der Linse. Die Transformation $y^* = 1/y$ und $x^* = 1/x$ formt (7.67) in eine Geradengleichung um mit der Steigung $B/A$ und dem Achsenabschnitt $1/A$.

Andere gebrochen rationale Zusammenhänge sind

$$y = \frac{A}{B+x} \quad \Rightarrow \quad \frac{1}{y} = \frac{1}{A}x + \frac{B}{A}, \text{ Transformation } y^* = \frac{1}{y} \tag{7.68}$$

oder

$$y = \frac{A}{x} + B, \text{ Transformation } x^* = \frac{1}{x}. \tag{7.69}$$

Die oben aufgeführten Transformationen formen die gebrochen rationalen Zusammenhänge in lineare um.

## 7.3.4 Korrelation

Im vorigen Kapitel haben wir vorausgesetzt, dass zwischen zwei Größen ein linearer Zusammenhang besteht. Dies kann in der Regel anhand physikalischer Gesetzt auch begründet werden. Um aber solche Gesetze aufstellen zu können, muss untersucht werden, ob überhaupt zwischen zwei physikalischen Größen $x$ und $y$ ein linearer Zusammenhang oder eine „Korrelation" besteht.[1] Ein Maß dafür ist der „Korrelationskoeffizient"

$$r := \frac{s_{xy}}{s_x s_y}. \tag{7.70}$$

Dabei sind $s_{xy}$ die Kovarianz (7.45) und die $s_x$ bzw. $s_y$ die Standardabweichungen (7.4) der Messgrößen $x$ und $y$. Damit lautet $r$

$$r = \frac{\sum_{i=1}^{n}(x_i - \bar{x})(y_i - \bar{y})}{\sqrt{\sum_{i=1}^{n}(x_i - \bar{x})^2 \sum_{i=1}^{n}(y_i - \bar{y})^2}} = \frac{\sum_{i=1}^{n} x_i y_i - n\bar{x}\bar{y}}{\sqrt{(\sum_{i=1}^{n} x_{i_i}^2 - n\bar{x}^2)(\sum_{i=1}^{n} y_{i_i}^2 - n\bar{y}^2)}}. \tag{7.71}$$

---

[1]   Diese Fragestellung ist nicht nur auf die Physik beschränkt. Man denke an die Korrelation zwischen dem Auftreten von Störchen und der Häufigkeit von Geburten.

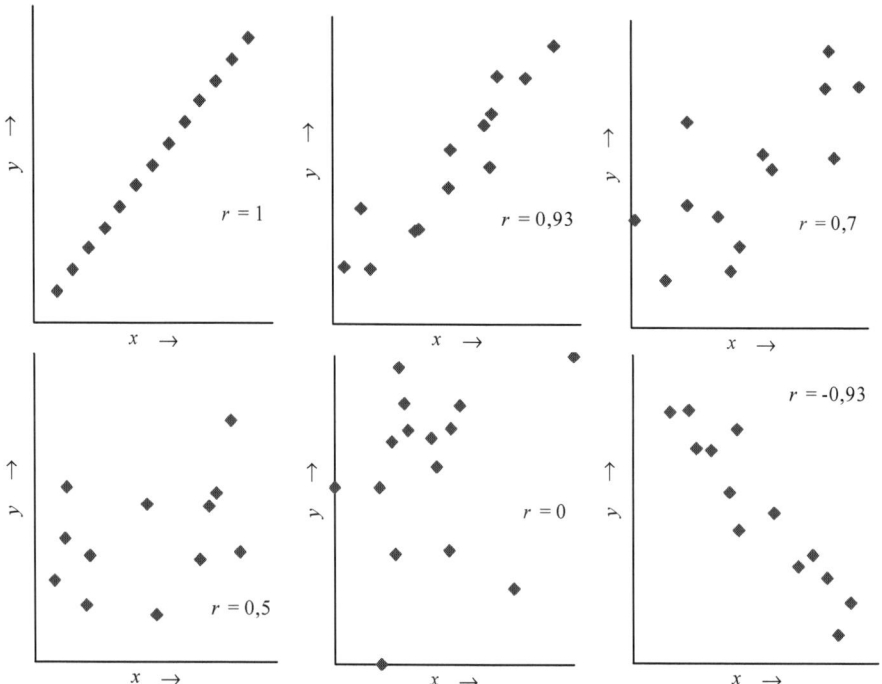

**Abb. 7.13** *Korrelation zwischen zwei physikalischen Größen.*

Der Korrelationskoeffizient $r$ kann Werte zwischen $-1$ und $1$ annehmen. Je stärker sich $|r|$ dem Wert eins nähert, umso größer ist die Korrelation zwischen $x$ und $y$, zwischen beiden besteht ein linearer Zusammenhang. Überhaupt kein Zusammenhang besteht, wenn $r = 0$ ist. Ist $r$ positiv, so kann die Abhängigkeit durch eine steigende Gerade, im anderen Fall durch eine fallende Gerade beschrieben werden.

# 7.4    Spezielle Probleme

## 7.4.1    Vergleich eines Messergebnisses mit dem Literaturwert

Für viele physikalische Größen liegen „Literaturwerte" oder theoretisch berechenbare Werte vor. Beispiele sind die sieben Basisgrößen, die Vakuumlichtgeschwindigkeit usw. Häufig muss geklärt werden, ob die Messung einer Größe deren Literaturwert reproduziert, d. h. ob die Abweichungen des Messergebnisses vom Literaturwert durch den Zufall erklärt werden kann. Ähnlich gelagert ist die Frage, ob eine gemessene Größe nur zufällig von einem vorgegebenen Sollwert abweicht.

Diese Frage können wir anhand des Vertrauensbereiches (7.13) um den Mittelwert der Messwerte beantworten. In diesem Intervall liegt mit der vorgegebenen statistischen Sicherheit $P$ der wahre Wert der Größe. Nehmen wir an, dass der Literaturwert dem wahren Wert entspricht, so hat die Messung mit der statistischen Sicherheit $P$ den Literaturwert reproduziert, die Abweichung des Mittelwertes kann auf zufällige Fehler zurückgeführt werden.

Liegt dagegen der Literaturwert außerhalb des Vertrauensbereiches, so kann die Abweichung nur noch mit $1 - P$, der Irrtumswahrscheinlichkeit $\alpha$, durch zufällige Fehler erklärt werden, mit der Wahrscheinlichkeit $P$ haben systematische Fehler die Abweichung verursacht. Zu bemerken ist, dass grundsätzlich nur geprüft wird, ob bestimmte Schwellen für $P$ unter- oder überschritten worden sind. Da der Mittelwert einer Messreihe nur aus einer endlichen Stichprobe einer normalverteilten Grundgesamtheit stammt, ist er ebenfalls zufällig. Bei gleichen Messbedingungen (und evtl. gleichen systematischen Fehlern) ergibt eine zweite Messreihe einen anderen Wert. Ob die Messergebnisse zweier Messreihen sich wirklich nur zufallsbedingt unterscheiden, klären wir in Kapitel 7.4.3.

## 7.4.2 Ausreißer

Bei der Auswertung von Messreihen kann es vorkommen, dass sich ein Messwert von den übrigen stark unterscheidet. In welchen Fällen darf man diesen Wert, den „Ausreißer", verwerfen, obwohl kein Grund für die Abweichungen erkennbar ist, also alle Möglichkeiten systematischer Fehler ausgeschlossen sind? Wir müssen daher klären, mit welcher Wahrscheinlichkeit auch eine große Abweichung von den anderen Werten und damit auch vom Mittelwert, der Schätzung für den wahren Wert der Größe, vorkommen kann. Auch hier gibt der Vertrauensbereich in ähnlicher Weise wie bei der Frage, ob eine Messung den Literaturwert reproduziert hat, die Antwort.

Befindet sich der Ausreißer außerhalb des Vertrauensbereiches mit der statistischen Sicherheit $P$, so kann die Abweichung nur mit der Irrtumswahrscheinlichkeit $\alpha = 1 - P$ durch den Zufall erklärt werden. Mit der Wahrscheinlichkeit $P$ liegt ein unerkannter systematischer Fehler vor. In diesem Fall kann man den Ausreißer verwerfen und die Messreihe noch einmal ohne ihn auswerten. Das Risiko, den Ausreißer irrtümlich verworfen zu haben, wird dadurch verkleinert, dass der zunächst berechnete Mittelwert der Messreihe in Richtung des Ausreißers verschoben ist.

## 7.4.3 Vergleich der Mittelwerte zweier Messungen

Um physikalische Größen möglichst „objektiv" experimentell zu bestimmen, führt man die Messreihen unter verschiedenen Bedingungen mit unterschiedlichen Messgeräten durch bzw. wendet unterschiedliche Messverfahren an. Diese Methode wird insbesondere dann bevorzugt, wenn es für eine bestimmte Größe keine „Literaturwerte" gibt. Man spricht dann von so genannten „Ringversuchen". Ist die Bestimmung einer Größe, z. B. eines Schadstoffgehaltes, von großer Bedeutung, so werden die Proben u. U. von unterschiedlichen Laboratorien mit unterschiedlichen Messverfahren untersucht.

Sind die Abweichungen der Mittelwerte, den Schätzwerten für den wahren Wert der physikalischen Größe, zufällig, so können die Messergebnisse nach den im Kapitel 7.4.4 beschriebenen Verfahren zusammengefasst werden. Im anderen Fall liegen unerkannte systematische Effekte vor, welche die Abweichungen unter den Mittelwerten verursachen. Hier soll zunächst untersucht werden, ob die Abweichungen der Mittelwerte zweier Messreihen zur Bestimmung der gleichen physikalischen Größe zufällig sind.

Dies können wir anhand der Vertrauensbereiche um die Mittelwerte zumindest qualitativ beurteilen. Da im Allgemeinen unterschiedliche Messverfahren benutzt werden, sind die Varianzen der zu den einzelnen Messreihen gehörigen Grundgesamtheiten in der Regel unterschiedlich, wir prüfen daher nur, ob die Grundgesamtheiten den gleichen Erwartungswert (wahren Wert) haben. Dabei sind folgende Fälle zu unterscheiden:

- Die Vertrauensbereiche überlappen sich vollständig. Liegen die Mittelwerte in den jeweiligen Vertrauensbereichen der anderen Messreihen, so kann davon ausgegangen werden, dass die Abweichung nur zufällig ist. Sind die Größen der Vertrauensbereiche sehr unterschiedlich, so kann es vorkommen, dass zwar der Mittelwert der Messreihe mit dem kleineren Vertrauensbereich im Vertrauensbereich der anderen Messreihe liegt, aber umgekehrt nicht. Da jedoch der wahre Wert der gemessenen Größe mit der vorgegebenen statistischen Sicherheit in beiden Intervallen liegt, können wir vermuten, dass auch in diesem Fall die Abweichung zufällig ist.
- Die Vertrauensbereiche überlappen sich überhaupt nicht. Die Aussagen beider Messreihen, dass der (gemeinsame) wahre Wert der gesuchten Größe mit der statistischen Sicherheit $P$ in den jeweiligen Vertrauensbereichen liegt, widersprechen sich. Die Erwartungswerte der normalverteilten Grundgesamtheiten sind mit der Wahrscheinlichkeit $P$ unterschiedlich, vermutlich aufgrund noch zu ermittelnder systematischer Einflüsse.
- Die Vertrauensbereiche überlappen sich teilweise. Der gemeinsame wahre Wert ist in dem Überlappungsbereich zu vermuten, allerdings ist die Wahrscheinlichkeit, dass er in diesem Bereich liegt, kleiner als die statistische Sicherheit $P$ der einzelnen Vertrauensbereiche. Je kleiner der gemeinsame Bereich, umso geringer ist auch die Wahrscheinlichkeit, dass die Unterschiede zwischen den beiden Mittelwerten nur zufällig sind.

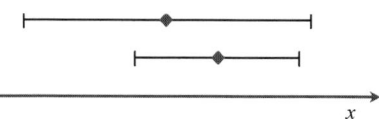

*Abb. 7.14* Die Vertrauensbereiche zweier Messreihen überlappen sich vollständig. Die Unterschiede zwischen den Mittelwerten sind zufällig

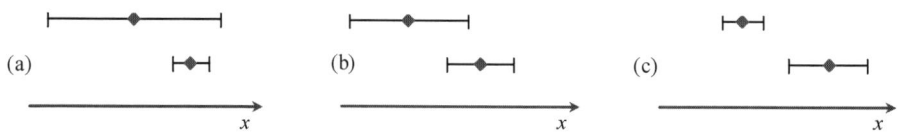

*Abb. 7.15* (a) Die Vertrauensbereiche überlappen sich, aber ein Mittelwert liegt nicht im Vertrauensbereich des anderen. (b) Die Vertrauensbereiche überlappen sich teilweise, die Mittelwerte liegen nicht im Vertrauensbereich des anderen. (c) Die Vertrauensbereiche überlappen sich nicht.

Um genauere Aussagen treffen zu können, muss eine statistische Prüfung auf Gleichheit der Erwartungswerte beider Grundgesamtheiten durchgeführt werden. Darauf wollen wir aber nicht weiter eingehen.

## 7.4.4    Ergebnisse verschiedener Messreihen zusammenfassen

**Gewichteter Mittelwert**

Ist davon auszugehen, dass Abweichungen zwischen den Ergebnissen verschiedener Messreihen zufällig sind, so können diese Ergebnisse zu einem Gesamtergebnis zusammengefasst werden. Die Größe der jeweiligen Vertrauensbereiche ist ein Maß für die Schärfe der Aussage über den wahren Wert der physikalischen Größe. Dabei ist die Bedeutung einer Aussage umso größer, je schärfer sie ist, also je kleiner der Vertrauensbereich ist. Selbstverständlich gehen wir davon aus, dass die statistische Sicherheit $P$ für alle Vertrauensbereiche gleich ist.

Um die Bedeutung der $N$ Mittelwerte $\bar{x}_i$ der Messreihen beim Gesamtergebnis $\bar{\bar{x}}$ zu berücksichtigen, wird dieses nicht als einfacher arithmetischer Mittelwert, sondern als „gewichteter" Mittelwert berechnet. Die Wichtungsfaktoren sind dabei die Kehrwerte der quadrierten Vertrauensbereiche $v_i$. Da das Gesamtergebnis in der Einheit der physikalischen Größe angegeben werden muss, ist auf die Summe der Wichtungsfaktoren zu normieren.

$$\bar{\bar{x}} = \frac{\sum_{i=1}^{N} \dfrac{\bar{x}_i}{v_i^2}}{\sum_{i=1}^{N} \dfrac{1}{v_i^2}} \tag{7.72}$$

**Innerer und äußerer Fehler des Gesamtergebnisses**

Fasst man die Berechnung des gewichteten Mittelwertes (7.72) als Berechnung einer Größe $\bar{\bar{x}}$ aus Größen $\bar{x}_i$ mit Standardabweichungen $s_i$ auf, so können wir die Standardabweichung von $\bar{\bar{x}}$ mit Hilfe der Fehlerfortpflanzungsrechnung (7.20) berechnen. Setzen wir statt der Standardabweichungen $s_i$ die Vertrauensbereiche $v_i$ ein, so ist wegen der unterschiedlichen Zahlen der Messwerte in den einzelnen Messreihen das Ergebnis der Rechnung kein Vertrauensbereich mehr in dem mit einer bestimmten statistischen Sicherheit der wahre Wert liegt. Man nennt das Ergebnis den „inneren" Fehler $\Delta\bar{\bar{x}}$ des Gesamtergebnisses, er gibt Aufschluss über dessen Güte.

$$\Delta\bar{\bar{x}} = \sqrt{\sum_{i=1}^{N} \left(\frac{\partial \bar{\bar{x}}}{\partial \bar{x}_i} v_i\right)^2} = \sqrt{\sum_{i=1}^{N} \left(\frac{\dfrac{1}{v_i^2}}{\sum_{i=1}^{N} \dfrac{1}{v_i^2}} v_i\right)^2} = \sqrt{\frac{1}{\left(\sum \dfrac{1}{v_i^2}\right)^2} \sum_{i=1}^{N} \frac{1}{v_i^2}} \Rightarrow$$

$$\Delta\bar{\bar{x}} = \frac{1}{\sqrt{\sum_{i=1}^{N} \dfrac{1}{v_i^2}}} \tag{7.73}$$

Anderseits können wir auch aus den $N$ Mittelwerten $\bar{x}_i$ den Fehler in Anlehnung an die Berechnung der Standardabweichung (7.4) ermitteln. Wichten wir wiederum die $\bar{x}_i$ wie bei der Berechnung des Gesamtergebnisses, so erhalten wir den „äußeren" Fehler des Messergebnisses.

$$\Delta \bar{\bar{x}}_a = \sqrt{\frac{1}{N-1} \sum_{i=1}^{N} \left( \frac{1/v_i^2}{\sum_{i=1}^{N} 1/v_i^2} \bar{x}_i - \bar{\bar{x}} \right)^2} \tag{7.73}$$

Sowohl innerer als auch äußerer Fehler sind Maße für die Güte des Gesamtergebnisses, allerdings lassen sie im Gegensatz zum Vertrauensbereich keine Wahrscheinlichkeitsaussage über ein Werteintervall, in dem der wahre Wert liegt, zu.

# Index

Die Seitenzahlen 1 bis 459 des Indexes beziehen sich auf Band 1 und die Seiten 481 bis 984 auf Band 2